国家科学技术学术著作出版基金资助出版

公共卫生与家庭用杀虫剂型及其应用技术

INSECTICIDES FORMULATIONS FOR PUBLIC HEALTH & HOUSEHOLD USES AND ITS APPLICATION

蒋国民　主编

北京科学技术出版社

图书在版编目（CIP）数据

公共卫生与家庭用杀虫剂型及其应用技术/蒋国民主编. —北京：北京科学技术出版社，2016.9

ISBN 978 - 7 - 5304 - 8116 - 5

Ⅰ. ①公… Ⅱ. ①蒋… Ⅲ. ①杀虫剂－研究
Ⅳ. ①TQ453

中国版本图书馆 CIP 数据核字（2015）第 251752 号

公共卫生与家庭用杀虫剂型及其应用技术

主　　编：蒋国民
责任编辑：李　鹏
封面设计：申　彪
出 版 人：曾庆宇
出版发行：北京科学技术出版社
社　　址：北京西直门南大街 16 号
邮政编码：100035
电话传真：0086-10-66135495（总编室）
　　　　　0086-10-66113227（发行部）
　　　　　0086-10-66161952（发行部传真）
电子信箱：bjkj@ bjkjpress.com
网　　址：www.bkydw.cn
经　　销：新华书店
印　　刷：三河市国新印装有限公司
开　　本：787mm×1092mm　　1/16
字　　数：1099 千
印　　张：46.5
版　　次：2016 年 9 月第 1 版
印　　次：2016 年 9 月第 1 次印刷
ISBN 978 - 7 - 5304 - 8116 - 5/T·861

定　　价：268.00 元

编 委 会

主编简介及履历

蒋国民　生于上海，1956 年吴淞中学高中毕业，1961 年毕业于吉林大学，高级工程师，兼职教授，中国民盟盟员。从事喷雾技术 40 年，原上海交大现代应用技术研究所副所长兼总工程师，现任上海艾洛索（气雾剂）化工技术研究所所长，上海喷雾与气雾剂研究中心主任，上海市轻工科技协会气雾剂与喷雾技术专业委员会常务副主任兼秘书长，曾兼任中科院动物所科技成果中心名誉顾问等多种社会职务，*Aerosol & Spray Technology* 杂志特聘编委，在国内外享有较高的知名度，被英国剑桥大学列入第 25 版世界名人辞典。在拥有完整的技术与理论体系的基础上，自 2001 年起在高等院校开设气雾剂技术不定期专题讲座，同时走出国门讲学与交流，促进世界气雾剂工业及卫生杀虫药物与器械的发展。通晓俄语、英语、世界语、日语及科技德语，除喷雾技术专著外，还翻译出版过《国外家用电器标准汇编》及《数学王国探奇》等多部译著。

1969 年　主持上海市科委重大科研项目——手持式电动超低容量喷雾器及应用技术研制。

1976 年　获上海市重大科技成果奖。

1978 年　主持"五二三"军工科研项目——静电喷雾器及应用技术；以中国军事医学科学院朱成璞教授为首，创建中央爱卫会卫生杀虫药械专家组（现中华预防医学会媒介生物与控制分会杀虫药械学组）。

1979 年　获上海市重大科技成果二等奖，特等创作设计奖。

1980 年　获轻工业部重大科技成果奖。

1981 年　获中国人民解放军总后勤部重大科技成果二等奖；设计系列小型多功能家庭用塑料喷雾器并获国家专利。

1982 年　编著《超低容量喷雾技术》（福建科学技术出版社）。

1983 年　编著《静电喷雾技术》（上海喷雾技术中心）；翻译《静电学及其应用》（上海喷雾技术中心）。

1984 年　建立上海科协气雾剂与喷雾技术研究中心；设计手持式与背负式电动齿轮泵喷雾器并获国家专利。

1984—1987 年　在国内 20 多个省、市植保总站，卫生防疫站、爱卫会以及全军总后培训班讲授超低容量喷雾技术及静电喷雾技术；主持编著《卫生杀虫药械应用指南》（上海交通大学出版社）。

1986 年　主持组建中西气雾剂股份公司，由上海交大，中西药厂，上海铁路，新海农场及余姚塑料喷雾器厂合资成立。

1988 年　设计杀虫气雾剂及充空气式塑料气雾器，后者获国家专利；翻译出版《当代施药新技术》及《CDA 喷雾技术》（上海交通大学出版社）。

1989 年　设计电热片蚊香及电热液体蚊香并获国家专利。

1990 年　为海军装备技术部（珠海）开发水基杀虫气雾剂。

1991 年　设计 360 度气雾剂阀门并获国家专利。

1992 年　开发微毒安全型杀虫气雾剂；受中国民航总局委托开发飞机舱内用杀虫气雾剂。

1993 年　开发金属探伤气雾剂及脱模剂；编著《电热蚊香技术》（上海交通大学出版社）。

1995 年　编著《气雾剂技术》（复旦大学出版社）。

1996 年　编著《卫生杀虫药剂、器械及应用手册》（百家出版社）。

1997—2000 年　受上海市出入境检验检疫局之邀，协助研制一种消毒除害剂，用于集装箱熏蒸处理，获国家出入境检验检疫总局重大科技成果奖。

1996—2005 年　先后开发系列气雾剂产品，包括 360 度气雾剂阀门、充空气式塑料气雾罐、双室式气雾剂产品、水基杀虫气雾剂、飞机舱用杀虫气雾剂、空气清新剂、润滑剂、脱膜剂、剃须膏、彩带与人造雪、一拍净气雾剂、个人护理用品及外用药气雾剂等；组织气雾剂级烃类抛射剂的开发论证并号召企业投入生产；组织甲缩醛溶剂开发生产（与二甲醚水基配套使用）；参与国家标准的制定；主持召开气雾剂技术讲座与交流。

1997 年　编著《气雾剂抛射剂手册》中文版（上海科协气雾剂与喷雾技术研究中心）。

1998 年　编著《气雾剂抛射剂手册》英文版（COSMOS BOOKS）；编著《气雾剂阀门与泵手册》中文版。

1999 年　编著《气雾剂阀门与泵手册》英文版（COSMOS BOOKS）。

2000 年　编著《卫生杀虫药剂剂型技术手册》中文版（化学工业出版社）。

2001 年　协助编著《气雾剂安全技术》中文版。

2002 年　编著《卫生杀虫药剂剂型技术手册》英文版（COSMOS BOOKS）。

2001—2004 年　与深圳彩虹精细化工有限公司合作研发"一种高效杀虫，灭鼠，消毒剂的配制及使用方法"并获国家发明专利；在高等院校开设气雾剂技术不定期专题讲座。

2004 年　协助编著《气雾剂安全技术》英文版（COSMOS BOOKS）；2000 年起，《气雾剂抛射剂手册》《气雾剂阀门与泵手册》《卫生杀虫药剂剂型技术手册》及《气雾剂安全技术》英文版陆续在美国和欧洲国家发行。

2007 年　受联合国环境规划署（UNEP）及国家环境保护总局委托，翻译《气雾剂安全指南》。

2007 年　协助澳大利亚 MI 公司开发锤钉枪用双室式定量燃料气雾剂。

1987—2007 年　多次以中央爱卫会杀虫药械专家、上海气雾剂专业委员会与研究中心名义应邀出访日本、法国、德国、加拿大、荷兰、希腊、瑞典、挪威、比利时、新加坡、印度尼西亚、马来西亚、泰国等国，以及我国香港，台湾地区，进行学术交流及授课。

1996—2003 年　主持举办了十余届国际及国内气雾剂及卫生杀虫药械技术交流与展览会。

2008—2009 年　研发环保型多功能复配熏蒸剂并获国家发明专利。

2010 年　翻译《气雾剂理论与技术》（化学工业出版社）。

专家简介

顾宝根 博士，农业部农药检定所副所长、研究员，联合国粮农组织（FAO）/世界卫生组织（WHO）农药管理专家组成员、植物保护协会副理事长，中国卫生有害生物防治协会副会长，北京农药学会副理事长。

刘起勇 博士，中国疾病预防控制中心传染病预防研究所所长助理、科技处处长、研究员、博士生导师，世界卫生组织（WHO）媒介生物控制专家委员会主任，中国疾病预防控制学会媒介生物控制分会主任。

黄清臻 主任医师，中国人民解放军有害生物监控中心主任，总后消杀灭专家组成员、农药检定所专家组成员，全国爱国卫生运动委员会专家组成员。

梁忠禄 MBA 学位，高级农艺师、高级工程师，云南南宝生物科技有限公司总经理。

姜志宽 研究员，原南京军区疾病预防控制中心所长，中华预防医学会媒介生物学及控制分会副主任、杀虫药械学组组长，《中华卫生杀虫药械》杂志主编。

戚明珠 家庭卫生杀虫用品专业委员会主任，江苏扬州农药化工股份有限公司董事长。

张子明 原农业部农药检定所药政处处长。

陈凯旋 广州立白集团总裁。

黄吉金 台湾昆言企业股份有限公司董事长。

序

公共卫生与家庭用杀虫剂是人们驱除蚊子、苍蝇、蜚蠊、螨虫、跳蚤及老鼠等有害生物骚扰，预防疟疾、登革热、乙型脑炎等病媒传播疾病的主要手段，它的使用不仅保障了人们的安全健康，也满足了人们提高生活质量的需要，已经成为人们正常生活和工作不可或缺的重要组成部分。随着我国城镇化的发展，我国居民居住环境的变化、生活质量的提升、安全要求的提高、环保意识的增强，这些都对公共卫生和家庭杀虫剂的研发和使用提出了新要求。例如，使用场所、用途及功能的多样化，需要更多的卫生杀虫剂产品和剂型；对健康安全和环境保护的关注，需要更加安全环保的产品和使用技术；媒介昆虫的抗性、生活规律和使用场所等发生变化，需要对有害生物防治的理念和方法进行调整，进一步应用综合防治技术（IVM）；专业的有害生物防治（PCO）公司的出现和发展，有利于有害生物防治工作的统一和规范，也对药剂和器械提出了新的要求。这些发展趋势和新的变化，必将导致公共卫生与家庭杀虫剂的研发、管理和使用随之发生变化，为适应这些变化，公共卫生与家庭杀虫剂行业不仅需要实践经验的总结，更需要理论技术的指导。

可喜的是，在蒋国民先生的带领下，国内有关的专家联合编著了这本《公共卫生与家庭用杀虫剂型及其应用技术》，以顺应新的形势和新的要求。该书系统阐述了杀虫剂的历史和发展，杀虫剂的使用与有害生物综合防治，公共卫生与家庭卫生杀虫剂剂型特点和发展趋势；介绍了植物源杀虫剂、熏蒸剂、蚊香、麻氏方香与电热液体蚊香，安全环保的水基杀虫气雾剂产品和技术；研究了药剂、器械、使用技术、应用场所、靶标对象等五个要素对卫生杀虫剂使用效果和安全性的影响，提出了安全科学使用的新技术、新概念。该书内容丰富，资料全面，相信能为我国公共卫生与家庭用杀虫剂的发展及安全使用提供帮助。

顾宝根

前　言

一、编写本书的目的

我们在与一些国外同仁的交流中了解到，目前为止，公共卫生及家庭用杀虫剂领域还没有与这本《公共卫生与家庭用杀虫剂型及其应用技术》类似的书籍，我们希望这本书能够在公共卫生及家庭用杀虫剂型的科学合理的研发及应用，明确开发目的及定位，采用科学、切合实际的药效检测原理与方法，确保合理的使用技术，安全有效使用，防止昆虫产生抗药性，保护人群健康安全，降低药物对环境的不良影响等方面起到一定的引领作用，努力完成我们应该或者可以完成的社会使命和责任。我们感到十分欣慰的是，各方有识之士都从不同角度积极参与合作，或者对我们的工作给予支持。

我们把这本书作为我国公共卫生与家庭用杀虫剂的微型简史。在编写中，我们不仅对过去做了简单的总结和叙述，而且列举了编写者新的研究成果，以及一些独特、创新的观点和见解。

作为唯物主义者，我们在编写中坚持科学、认真、负责、实事求是的态度，摆事实讲道理，以客观综合、以理服人的态度，对过去及现存的某些法规或者标准做出客观的、必要的评判，予以肯定或否定。例如，1992年制定且沿用至今的某些卫生杀虫剂的测试方法及药效等级评价标准，由于采用了错误的原理，设计出了脱离实际、不合理的试验方法，长期以来对社会各方产生了误导，迫使厂家不断增加杀虫剂有效成分的用量，从而导致昆虫的抗药性快速上升，导致亿万消费者吸入更多的杀虫剂从而对健康产生潜在危害，更导致环境中增加了大量杀虫剂残留污染及潜在危害。这绝不是在危言耸听，这些负面影响目前都已经造成了不可逆转的后果，读者们应当认识到这一点。

针对这个问题，朱成璞先生和笔者早在20多年前就已经以多种形式提出了警示，但是始终没有引起有关部门的重视。为此，我们在本书中再一次呼吁，希望引起读者重视，从而能够对这些标准做出评价、补充、修整和筛选。

我们在编写中，考虑了未来的发展趋势，把眼光放长远，有一定的前瞻性和预见性。我们1993年在《电热蚊香技术》中提出的一些预见性观点，对电热蚊香的发展起了很好的指导作用，即使在今天仍然具有参考价值。我们希望现在这本书中的一些观点，在十年、二十年后，仍然能够发光，经得起历史的验证和考验。所以，我们编写这本书时不止着眼于当下，也不把我们现在应该做，可以做，或者需要我们抓紧做的事留给后人去做，我们义不容辞的担当起了这一历史责任。

二、杀虫剂、剂型与化学防治

对有害生物进行防治有多种方法，如化学防治，物理防治，生物防治等。在不断总结实践经验的基础上，又出现了综合防治的概念和措施。但在有害生物肆虐、疫情暴发流行时，化学防治具有速杀、高效的特点，能快速控制有害生物，所以在今后相当一段时期中仍是主要手段。

化学防治离不开杀虫药物和器械，而选择适宜的药物和与其相匹配的器具是达到快速有效防治的关键。在20世纪70年代的防治实践中，我们发现，操作时的人为因素、使用技术对防治效果影响很大。因此，1984年上海科协喷雾技术中心成立时，我们首先提出了"喷雾杀虫技术是一门综合性的应用技术，包括杀虫器械、药物及应用技术三方面"的理论，形成了将杀虫药物、器械及应用技术三者有机结合的观点。这一观点在 1985 年 1 月 23 日的学术研讨会上获得了农业、林业、卫生等各领域专家和其他与会者的一致认可和赞赏。"上海科协喷雾技术中心把药物、器械及使用技术三者统一了起来，把喷雾杀虫技术作为一门完整的科学"（喷雾技术文集，1985）。朱成璞教授把三者的关系比喻为枪、子弹及使用技术的关系。

认识来自于实践，实践反过来又促进认识的深化。在不断探索总结的基础上，我们发现仅凭上述三方面结合还不够，还必须要很好地了解防治的靶标。这不单指害虫的种类、活动规律、生态习性等，还包括更深层次的内容，如药物对害虫的作用机制、害虫对药物的抗药性、害虫的不同生长期等。为此，我们在 20 世纪 90 年代又将药物、器械及使用方法扩展到了防治对象身上，形成了化学防治中更为完整的"四维"概念，确立了为达到安全、有效、快速、经济的化学防治效果，必须从四个方面予以综合考虑的新观点。

到了 21 世纪，随着实践工作的深入和认识的不断升华，我们的思路又得到了进一步的提升，从四维拓展到了更为广阔的五维，也就是还要考虑有害生物所处的环境状态的多样性及复杂性。如化学防治时，要考虑处理空间的大小，处理环境中的物品堆放及包装状态，室内的气流方向、速度、温度及湿度，处理场所发生火灾的可能性及防火要求，对毒性的要求（如宾馆，医院，潜艇等不能用高毒及中毒的药物做熏蒸处理）等因素。

综上所述，对有害生物的防治效果，是上述五个方面有机组合的最终结果，不是其中之一可以决定的。这是一个完整的综合体系，它们之间存在着相互制约，相互影响，相辅相成的作用机制，只有这样综合考虑，才能最终获得所需要的处理效果。

三、公共卫生及家庭用杀虫剂型的特点

公共卫生及家庭用杀虫剂有很多共性，如防治靶标不多，使用场合多以室内及人群活动场所为主，对杀虫剂的剂型、毒性、残留要求等，具有许多共同特点，特别应该强调的是必须坚持"安全第一，药效第二"的原则。

为此，我们将本书的书名定为《公共卫生及家庭用杀虫剂型及其应用技术》，比"卫生杀虫剂"更科学，含义更广，更符合实际。这样有利于读者理顺杀虫剂及其剂型的分类及管理，有利于新开发的杀虫剂及剂型的定位，对卫生杀虫剂的使用目的与安全性要求更明确，也有利于引导PCO 专业队伍及消费者安全、合理使用，更符合环保，安全及健康理念。

四、植物源杀虫有效成分——本书的第一个重点

出于保护环境，维护公众健康，满足人们日益提高的生活质量的要求，适应新形势发展的需要，我们将植物源杀虫有效成分的应用作为本书的第一个重点，

植物源杀虫剂在国内外已经引起了广泛的关注，并得到不断开发和应用。我国以云南南宝生物科技有限责任公司、广州立白集团公司等为首的企业及有关科研院校已经在这方面开展了积极有效的工作。特别是云南南宝生物科技有限责任公司，与美国安治南宝公司合作，在植物源卫生杀虫剂有效成分研发及产业化方面开展了大量系统的工作，包括原料的种植、有效成分的萃取、不同剂型的研发推广、产品的药政登记及商品化等，形成了完整的产业链，已经处于世界先进水平，为拓展和深化我国植物源杀虫剂的研发和应用工作，推动和加快产业化的步伐奠定了基础。

五、熏蒸剂的重要性与特殊性——本书的第二个重点

目前使用的熏蒸剂毒性高（剧毒或高毒），带来了严重的危害和环境影响。由于毒性较高，很多有特殊要求的重要公共场所及军备场所都不允许使用。在疫情或者有害生物危害暴发，需要快

速有效应急熏蒸处理时，目前处于没有高效安全熏蒸剂可以使用的尴尬局面。而且在这类密闭场所里的有害生物多是随机的，不存在选择性。而现在常用的熏蒸剂在处理效果上存在局限性。

为此，国家农药产业政策（2010年6月）第四章第二十条，已经把发展安全环保的熏蒸剂列入重点发展计划。

对此我们在第七章"熏蒸剂"中做了重点叙述。将我们17年来深入研究、试验、实践的结果，全面、详细、系统地贡献给读者，并且把我们探索出来的将普通杀虫剂与传统熏蒸剂进行复配的原理、理论依据，复配的程序、要点及第一手数据毫无保留地公开，希望对环保复配熏蒸剂的开发有所启发，为开发环保，安全，有效，快速的熏蒸剂提供参考，以满足特种军备，各种重要的密闭场所，交通运输工具，出入境口岸及宾馆、饭店、医院等各类公共卫生场所等的有害生物处理需求。希望相关方面的人员从环保、安全、有效性、综合使用成本、合理评价及创新应用技术等方面对它有一个科学的认识。

六、麻氏方香与温度可调式定时电热液体蚊香是蚊香行业的两大发展方向——本书的第三个重点

点燃式蚊香在今后相当长的历史时期中仍将具有市场，不过这个市场会随着客观环境的变化发生地域转移。由于点燃式蚊香的固有客观缺陷，不时地会面临挑战，包括烟气污染、资源大量消耗、不利于可持续发展、质量差和使用不方便等诸多方面。对此，麻氏方香在简单、实用及有效性等方面为点燃式蚊香的持续生存及发展增加了活力。

有远见的企业必然着眼于创新改革，电热蚊香，特别是电热液体蚊香是必然的发展方向，20年前我们编写的《电热蚊香技术》中预测，电热液体蚊香是蚊香类产品的必然发展方向。现今的市场已经证明了这一预言。

水基溶剂的电热驱蚊液的研发已开始起步。它能满足消费者的进一步需求，具有巨大的发展前景和潜在的广阔市场。

精确控制药剂挥发时间及挥发量的电热液体蚊香产品，以及使用固体燃料，适合野外使用的蚊香产品，我们20年前已经提出来了，现在已经成为现实。

七、水基型植物源杀虫气雾剂——本书的第四个重点

为符合环保要求，笔者2005年在希腊雅典国际气雾剂技术交流会上做的报告《水基杀虫气雾剂的配方设计原理及其效果》（*The Design Principle of Water Based Aerosol Insecticides and Its Biological Efficacy*）受到了特别的关注，各个媒体争相报道。本书中对此做了介绍及补充说明。

我们推荐采用以植物源杀虫剂作为有效成分的水基杀虫气雾剂。对于防治家庭卫生害虫的卫生杀虫剂，我们建议向有效成分天然化、水基化方向发展。云南南宝生物科技有限责任公司在此方面已经成功地开展了不少工作。

八、物理与化学结合的防治技术——本书的第五个重点

本书中引入了物理与化学结合的蚊虫控制技术。台湾的刘宪雄博士等为读者提供了美国的环保型蚊虫防治器具——蚊虫诱捕器（Mosquito Magnet）及其应用技术。我们相信，这一新器具和其应用技术将会给国内蚊虫控制及监测工作提供一个新的思路。

九、标示剂量，使用量与有效成分含量三者的关系不能混淆

根据农药监管部门办理农药登记证要求所得的试验剂量，实际上是标示剂量，作为推荐或参考用量。

世界卫生组织对卫生药剂中的有效成分给出了推荐用量，但并没有对实际使用药剂量提出量化数

据。某种有效成分的固有毒性是一个常量，不同的有效成分其毒理指标是不同的，给出推荐用量的目的是控制它在制剂配方中的百分比，以最大限度降低该制剂的毒性。

实际使用量，即常说的施药（剂）量，则不是一个常量，是一个根据控制对象及使用场合等多种因素决定的变量。施药剂量涉及的是药剂对环境的残留污染及潜在危害。

使用同一种有效成分，其毒理数据是一定的；但是因为在实际应用中使用了不合理的剂量，或者与其他因素的匹配不合理，导致药剂对环境产生的最终危害大大高于农药本身固有的毒性。

所以，毒性和危害是两个不同的概念，不能相互混淆。这一点更加突出地证明了化学防治中从五个方面综合考虑的重要性。

在本书中，对标示剂量，使用量与制剂中有效成分含量，以及世界卫生组织推荐使用的卫生杀虫剂品种及推荐用量都做了明确的阐述。

十、本书的内容安排

公共卫生与家庭用杀虫剂是一个从农药中分离出来，正在逐步发展的领域。它所涉及的许多概念及产品都是最近几十年发展起来的。例如，制剂、剂型的分类或归属往往相互交错与渗透，一种剂型可以有很多制剂，几种剂型的制剂又可以归为一大类，它们之间存在着交错或跨越现象，又有着一定的内在联系。我们力求将它们之间的关系交代清楚。

本书的章节安排如下。

第一章简单扼要地介绍了我国公共卫生与家庭用卫生杀虫剂的起源、发展、逐步完善的过程、目前存在的一些问题以及今后发展的趋势和机遇。可以作为一部公共卫生与家庭用杀虫剂的微型简史。

第二章至第五章，对公共卫生与家庭用杀虫剂剂型中的基本概念及其相互关系、植物源杀虫剂、杀虫剂的混合和复配、药滴与药粒等基本概念进行了适当的叙述。

第六章至第十四章，分别介绍各种主要的卫生杀虫剂剂型。

第十五章介绍了对于卫生杀虫剂的质量及安全性需要全面认识的观点，不能只看到有效成分本身的毒性，还应该重视由于使用了不当的配套器械或者使用技术不当引起的毒性危害。

第十六章中介绍了公共卫生与家庭用杀虫剂的有关检测方法及评价标准，对某些不合理甚至错误的检测方法，对某些不能客观、真实反映药剂实际效果，甚至带有误导性的测试方法与评价标准，对由这些错误而产生的某些严重后果，以充分的理由和事实进行了严肃、认真的分析，并且提出了许多新的或者与传统观念不同的观点和建议，供读者参考探讨。本章可以看作本书的一个重点。

第十七章介绍了家庭与公共卫生用杀虫剂的应用技术，包括常见病媒和有害生物的常规防治技术，超低容量喷雾技术，静电喷雾技术，熏蒸技术等。由具有多年理论与实践经验的上海市疾病控制中心病媒科主任冷培恩及笔者撰稿。

第十八章介绍我国卫生杀虫剂的登记管理情况，便于企业及相关读者参考。

附录包括可用于卫生杀虫剂有效成分的杀虫剂原药，世界卫生组织推荐用于卫生杀虫剂的有效成分及含量等内容，供读者参考。

对于配套用药械（具）的相关内容，在本书中未予列入，可参阅其他相关著作。

本书由农业部农药检定所副所长顾宝根博士、中国疾病预防与控制中心传染病预防研究所所长助理刘起勇博士、中国人民解放军全军疾病预防与控制中心主任黄清臻主任医师、云南南宝生物科技有限责任公司梁忠禄，与笔者一起合作编写，这充分体现了公共卫生与家庭用卫生杀虫剂在研发、管理、应用及生产方面"四位一体"的最佳组合，也照顾到了方方面面，包括台湾地区的专家同行。我们祈望本书对公共卫生及家庭用杀虫剂的研发及其应用技术的发展完善起到积极的推动作用。

具有40年媒介生物控制及杀虫药械实践经验的南京军区疾病控制预防中心主任、卫生杀虫药械组组长姜志宽研究员审核了本书。

中国家庭卫生杀虫制品专业委员会主任戚明珠、麻毅以及原农药检定所药政处处长张子明等都参与和指导了本书的编写工作。

　　参加本书部分章节编写或提供材料的，还有来自农业部农药检定所、疾病控制中心以及著名企业的资深专家与科技人员，包括吴茂军、贾炜、陈清国、刘亚军、李光英、季颖、白小宁、胡真铭、张京玉、贾丕淼、徐仁权及孙红专等人员。

　　本书编写与出版过程中得到了中国疾病预防与控制中心相关研究所、农业部农药检定所、国家质检总局、国家标准化管理委员会、全军疾病预防与控制中心，中国日杂协会家庭卫生杀虫用品专业委员会、上海市轻工科技协会气雾剂与喷雾技术专业委员会，有关省市农药检定所、环保局、疾病预防与控制中心、云南南宝生物科技有限责任公司、江苏扬农化工股份有限公司、成都彩虹电器公司、广州立白集团公司、中山榄菊日化实业有限公司、上海西艾艾尔气雾剂推进剂制造与灌装有限公司、温州欧斯达电器公司、江苏比图特种纸板公司、浙江武义通用科技公司、义乌蓝剑蚊香厂、安徽康宇生物科技工程有限公司、台湾昆言企业股份有限公司及盛怡（香港）公司 等的大力支持。本书得到国家科学技术学术著作基金的审查批准资助，并得到北京科技出版社的全力支持与配合，在此表示衷心的感谢！

蒋国民

2014 年 5 月 8 日于上海

FOREWORD

1. The purpose of writing this book

In communicating with some foreign colleagues, we have learned that there is no such a professional and technical book like *INSECTICIDE FORMULATIONS FOR PUBLIC HEALTH & HOUSEHOLD USES AND THEIR APPLICATIONS* so far. We hope this book can contribute as a guide function to the scientific and rational development and application of public health and household insecticides; to clearly position their development purpose; according to scientific and feasible principle design a set of practicable test methods; to ensure rational application to get the safe use; to delay the insecticide resistance; to protect the health and safety of people; to decrease negative influence on environment; to guide the correct understanding of insecticide formulations, their function & application, actual biological efficacy and so on. In a word, we should do a social mission and responsibility that we can do and/or may perfect.

We are very pleased to appreciate the active participation and cooperation of all people of insight from different fields.

We will regard this book as a micro brief history of public health and household insecticide in China. So the book is not only a brief summary to the past, but also cites new research results, as well as some unique, innovative ideas and insights.

We are materialists, so we should adhere to the scientific attitude – serious, responsible, pragmatic, objective, comprehensive and reasonable. We dare to make objective and necessary judgment towards previous and recent regulations or standards – positive or negative. For example, test methods and efficacy of pesticides grade evaluation criteria developed in 1992 and continuously being used afterwards. They have been misleading the community for twenty years; forcing manufacturers to continue to increase the amount of active ingredients, resulting in a rapid increase resistance of insecticides. It brings the issues of hundreds of millions of consumers inhaling and/or swallowing toxicity that its potential harm to the health of the human being; environment and air facing pollution from residual hazards. These issues are not exaggerated. The negative impacts mentioned above have caused irreversible consequences, we are not sure if readers already know or will be able to realize all of this.

Professor Chengpu Zhu raised various forms warning with us 20 years ago, but did not catch the attention of authority experts and relevant departments. Therefore, how can we not once more call for the attention in this book? We all hope that we can make the evaluation, supplements, trimming and screen out of these standards. If we do not fulfill these tasks, we believe this will be inevitably done by the descendants. It is only a matter of time.

We also considered the development trend – having visions of long – term, forward – looking and predictability during the process of writing.

In 1993, We voiced some of the points and predictability in the book of *Electric Mosquito Mat & Liquid Vaporizer Technology*, which has played an important role on the development of electric mosquito mat & liquid vaporizer and It is still valuable even today. We hope that some of the views and new things are now presented in this book, also in the next ten or twenty years it will be still capable of emitting their guide function, and it can withstand the history and verification. So the starting point cannot and should not just look at now in this book. We should take the historical responsibility, not leaving the responsibility to the descendant.

2. Insecticides, formulations and chemical control

Effective pest control has a variety of methods, such as chemical control, physical control and biological control, and so on. Based on practical experience, integrated control has also been developed. But in the pest outbreak, epidemic outbreaks, the Chemical Control is still considered as the most effective one and can quickly control the epidemic hazard; so it will be still the primary means for quite some time in the future .

Chemical control is inseparable from insecticide and equipment, and the selection both of them to get rapid and effective control is the key point. In practice of 1970s, it was found in the actual operation the human factors and the application has great impacts on the result of control. Therefore, in 1984, we, the founders of "Shanghai Spray Technology Center", first proposed the view of "spray insecticide application is a comprehensive application of technology, which includes insecticide equipment, medical drugs and application of technical methods". This view is recognized and appreciated by experts and participants in areas of agriculture, forestry and public health etc.

Shanghai Spray Technology Center combines the equipment, the insecticide and the application of technology, stating spray insecticide technology as a complete scientific (*Spray technical Paper*, 1985). Professor Zhu Chengpu used metaphor of their relationship for the relationship of gun, bullets and the method.

Understanding is based on the practice; practice, in return, promotes the further understanding. Based on the continuous exploration, discovering the combination of the three areas mentioned above is not enough, the prevented target must be well understood.

This not only means the superficial things, such as pest species, activity patterns, ecological habits, etc. , but also includes a deeper content, such as insecticides' different functional mechanism on the pest, pest resistance to insecticides, pest growth period and so on. This is not the issue of guns and bullets, plus being able to shot. Therefore, in the 1990s, we extend the combination of insecticides, equipments and methods to control targets, forming a more complete concept of chemical control which includes four subjects. This established the new view that in order to achieve safe, effective, fast and economical control effects, the four subjects mentioned above must be considered at the same.

In 21st century, with in – depth understanding of the practical work and continuous distillation, our thoughts have been further expanded from four – dimension to a more complete five – dimension.

That is, control targeted pests as well need to be considered — diversity and complexity of the environment that the pests are in. Such as the size of the Chemical Control of processing space; processing environment items, stacking and packing state; indoor air flow direction, speed, temperature and humidity; disposal sites and the possibility of fire; toxicity requirements (hotels, hospitals, submarines, etc. , cannot be treated with highly toxic fumigation and inseccides).

In summary, for pest control effect, it is the result of the combination of these five subjects mentioned above, not just one of them. This is a complete integrated system. There is an interaction mechanism complementary which has mutual restraint and mutual influence. Only the integral consideration like this will lead the ultimate desired effect.

3. The features of the insecticides used for public health and household

Public health and household used insecticides have a lot in common, for example, the control targets are not many; the occasion to use are mainly indoor and public places; toxicity, residues, etc. have many common features, in particular, it should be emphasized that we must adhere to the "safety first, efficacy second" principle.

For this reason, the name of the book as a "public health and household used insecticides and application technology," is more scientific, broader – meaning and realistic than the name of "hygiene insecticides".

This helps to rationalize the classification and management of the insecticides and their formulation; identify the position of development of the insecticides and their formulation, classify their purpose, safety and requirement, as well guides the PCO professional teams and public consumer safety and rational use. It is complied with the concept of environmentally friendly, safe and health.

4. Active ingredients of botanical insecticide—The first focus of this book

For the protection of the environment, maintenance of public health, meeting the requirement of people improve the quality of life, adaption to the needs of the new situation, we make the application of active ingredients of botanical insecticide as the first focus of the book.

Botanical insecticides have aroused widespread concern – domestically and abroad, and has been continuously developed and applied. Yunnan Nanbao Biological Technology Co., Ltd., Guangzhou Liby Group, etc, have researched institutions concerned in this field, have been carried out active and effective work.

Especially, Yunnan Nanbao Biological Technology Co., Ltd. is in cooperation with the U. S. An Bowes Co., Ltd, the R & D and industrialization of active ingredients of botanical insecticides, a large number of systematical work has been carried out, including the cultivation of raw materials, purified extraction of the active ingredient, promotion of research and development of different formulations, product registration and commercialization of insecticide administration. It has been formed a complete industrial chain, and already is in the world advanced level. In order to improve the breadth and depth of the botanical insecticides of R & D, it promotes and accelerates the expansion pace of industry.

5. The importance and specificity of fumigants—The second focus of this book

Due to the current used of high toxic fumigants (toxic or highly toxic), it is just a small problem on the microstructure; but serious risks and effects on the environment, at the macro, it is a devastating blow to humanity!

Due to the high toxicity of fumigants, and they are not allowed to use in many important public occasions and armaments that have special high demands. But the outbreak or pest damage emergency needs quick and efficient fumigation treatment, at the embarrassing situation that no fumigant can be used efficiently and safely. The importance and strategic significance of this issue is no trivial matter!

And the pest in such confined spaces is random with no selectivity. The current commonly used fumigants have limitations on the treatment effect.

Therefore, the state insecticides industry policy of China (June 2010) has put the development of safe and environmentally friendly fumigants in the key development plans.

This special emphasis is described in Chapter 7 of the fumigant. At the same time, we will present our in – depth study, testing and practical result to everyone comprehensively, systematically and in – details, also we make the principle of compound of the general insecticides with traditional fumigant, theoretical basis, compounded procedures, important points and first – hand data unreservedly to public.

We would like to inspire the development of environmentally friendly compounded fumigant, providing the reference of environmental friendly, safe, effective, fast fumigants and method targeting insects in the public health occasions such as special arms, various important confined spaces, transport, frontiers, hospitals, hotels, restaurants, etc.

Hope that all relevant aspects of personnel have a scientific understanding towards the above mentioned from the perspective of environment, safety, effectiveness, overall cost, the rational evaluation and innovative application methods.

6. Mashi square mosquito coil and electric mosquito liquid vaporizer with adjustable timing and temperature are the two inevitable development directions in mosquito coil industry—The third focus of the book

Ignited mosquito coil still has its own market in near future for quite a long time, but the market will change with the objective circumstances and requirements will be regional changed. However, due to the inherent weakness, ignited mosquito coil will face with challenges from time to time, including smoke pollution, resources consumption, unsustainable development, a variety of comprehensive resource wastage, improvement of human quality life, convenience of usage, etc.

The simplicity、practicality and effectiveness of Mashi square coil can increase vitality for the continued survival and development of traditional mosquito coil

Visionary entrepreneurs should consider from the perspectives of innovation, reform and restructure. Electric mosquito mat, especially electric mosquito liquid vaporizer should be the inevitable direction of development. 20 years ago, we wrote *Electric mosquito repellent incense Technology*, stating electric mosquito liquid is the development direction of mosquito coil products. Today's market proved this prophecy.

The development of water – based solvent electric mosquito liquid vaporizer has started. It can meet further requirements of consumers, has potential and broad market prospects

For the electric mosquito liquid products with agents volatile time and volatile amount controlled by the electron, the use of solid fuels is suitable for field use, we've raised this view 20 years ago, and now it is starting to become a reality.

7. Water – based aerosol insecticide—The fourth focus of the book

In 2005 in Athens, on the occasion of the 25th International Aerosol Congress Prof. Jiang Guomin gave a presentation of Water – based Aerosol Systems *The Design principle of Water Based Aerosol Insecticides and Its Biological Efficacy* in order to meet increasing environmental concerns, especially the protection of the ozone layer and reduction of the release of VOCs, and to decrease the disadvantages of solvents, such as smell, flammability, stain after spraying and so on. It received a special attention, various media reported. In this book, the related presentation and its supplementary are covered.

In particular, we recommend the use of the botanical active ingredients of water – based aerosol insecticide.

In terms of health insecticides against household pests, recommendations of development are made towards the direction of the active ingredients of natural, water – based formulations. China Yunnan Nanbao Biological Technology Co., Ltd. has successfully carried out a lot of work.

8. Physical and chemical combined technology—The fifth focus of the book

This book introduced a combination of physical and chemical mosquito control techniques. Dr. Liu Xianxiong from Taiwan was very warmly provide American environmentally friendly mosquito control appliances – Mosquito Magnet and application technology. We believe that this new equipment and application will provide a new way of thinking regarding the domestic mosquito control and monitoring!

9. The relationship between labeled dose, used amount and content of active ingredients should not be confused

According to the pesticide registry requirements, obtained test dose is actually labeled as a recommendation or reference amount.

World Health Organization gives the recommended content of active ingredients to hygiene insecticide, but not the actual use dosage of the insecticide, which is not quantifiable data. Toxicity of a certain active ingredients is a constant; different active ingredients have different toxicological data. The purpose of recommended dosage is to control the amount used in the formula, and to minimize the final toxicity .

Actual usage, that is often called the amount of agent applied is not a constant, but is a variety of factors which will affect result, such as the control object, the occasion applied etc. The final applied dose is related to its residues in the environment pollution and potential hazards.

Using the same active ingredient, its toxicological data is constant; but because in the field application, the use of unreasonable dosage or other factors do not match, resulting in harm to the environment being much higher than the inherent toxicity of the insecticide itself.

Therefore, The toxicity and hazards are two different concepts, they should not be confused too. Therefore, the importance of consideration of five aspects in chemical control should be paid much attention.

In this book, it has a clear narrative of dosage labeled, active ingredient content, as well as varieties of insecticides and recommended dosage by World Health Organization.

10. Content of the book

Public health and household used insecticide is a gradual separation from the pesticides, and also is developing gradually. It involves a lot of concepts and products are subsequently developed. Preparation, formulation and classification or own property often cross and penetrate each other, a formulation can have a lot of preparation, several preparations of different formulations can be classified in a same category. They are staggered and crossed, or have some intrinsic link between them. We strive to present clearly their relationships.

In the book, the first chapter provides an overview of formation of insecticides of public – health and household used, and gradual improvement of the process, some of the existing problems, the opportunities and future development trend. It is basically as a brief history of miniature.

The second chapter to the fifth chapter describes the concepts of insecticides used for public health and household, their relationships, plant – sourced insecticides, insecticides compounded, drops and particles, etc.

Chapter 6 to 14 introduces various commonly used insecticide formulations.

Chapter 15 proposes the necessity of comprehensive understanding of quality and safety of insecticides, not only the toxicity of the active ingredient itself, also the potential hazard due to the use of matchless equipment or improper application.

Chapter 16 introduces the test methods and evaluation criteria of insecticides of public health and household uses. While for some irrational and misleadinly testing methods and evaluation criteria that cannot objectively and truly reflect the actual efficacy of the insecticide formulation, and their serious misleading and irreversible consequences by full reason and fact, this chapter has criticized conscientiously strictly and raises some new or innovational points of view and suggestions. This can be an another focus of the book.

Chapter 17 introduces vector pest control techniques, and application technology for public health and household insecticides, including the common vector, conventional application, ultra – low volume spray application, electrostatic application , fumigation technology. They are written by Jiang Guomin and Leng Peien who have many years experience in the theory and practice in Shanghai Municipal Center.

Chapter 18 describes the registration and management of pesticides which can be used for business and related audience.

Appendix introduces some raw materials which are allowed to use as active ingredient of hygiene insecticide formulation and recommended by the World Health Organization.

Equipments for matching the application of the relevant formulations have not been included in the book, you can refer to what we've written in other relevant manuals.

The book is written cooperated by Ph. Dr. Gu Baogen, Deputy Director of Institute of Pesticide Inspection, Ministry of Agriculture; Ph. Dr. Liu Qiyong, director of the CDC assistant from China Institute of Infectious Diseases; Huang Qingzhen, director and chief physician of the CDC's Liberation Army of China; Liang Zonglu, YunnanNanbao Biological Technology Co. , Ltd. and me. It is fully embodies the best combination of development, management, applied technology and manufacturers in public health and household used insecticides. We do hope the book can play a positive role and an useful guide in promoting the research , development and application technology of the insecticide formulations and their application for public health and household uses both for in China and worldwide.

Jiang Zhikuan, who has 40 years experience of disease vector control and practice and experience, has been involved.

Director Qi Mingzhu, Health Professional Committee of China's household insecticide products, Mr. Ma Yi and Zhang Ziming, former Director of Insecticide Inspection are also involved in the book.

Participated in the preparation of this manual chapter, or provide material include Institute of Pesticide Inspection, Centers for Vector Born Disease Control, scientific and technical personnel and senior experts from well – known companies, including Wu Maojun, Jia Wei, Chen Qingguo, Liu Yajun, Li Guangying, Ji Ying, Bai Xiaoning, Hu Zhenming, Zhang Jingyu, Jia Pimiao, Xu Renquan, Sun Hongzhuan and so on.

In writing and publishing process of the book, supports have received from China Institute for Disease Prevention and Control Center, Institute of Pesticide Inspection, the State Administration of Quality Supervision and Standardization Committee, the army and the CDC, China Association for Family Health insecticide grocery supplies professional Commission, Shanghai light Industry Science &technology Association, Shanrhai Aerosol & Spray Technology Committee, the relevant provincial, EPA, and CDC, Yunnan, Nanbao Biological Technology Co. , Ltd. , Yangzhou Pesticide Chemical Co. , Chengdu Rainbow Electric Company, Guangzhou Liby Group, Zhongshan Daily Chemical Industry Co. , Ltd. Lanju, the Aerosol propellant manufacturing and filling Ltd. , Wenzhou Ousda Electric Company, Jiangsu Special Cardboard, Zhejiang Wuyi GM Technology Co. , Yiwu Blue Sword Mosquito Plant, Anhui Kang Yusheng Biotechnology Engineering Co. , Taiwan Kun Yan Enterprise Co. , Ltd. and Sheng Yi (Hong Kong) Company. Also it received fund from China Science& Technology Work and the Cooperation of Beijing Science and Technology Press.

Here I express my heartfelt thanks!

Jiang Guomin
2014 – 05 – 08

目　　录

第一章

绪 论

第一节 杀虫剂发展概述

在地球上 4 亿年前就有昆虫存在，现已发现超过 100 万种，人类根据自身的利益将昆虫分为益虫与害虫，所谓害虫主要是对农业而言。人们在长期的农业生产实践中，为了对付害虫的侵袭，使用各种方法来进行防治，包括天然的药剂。直到第二次世界大战为止，人类主要利用天然杀虫剂来防治害虫，如烟碱、天然除虫菊、砷酸盐、鱼藤酮及冰晶石等。现在大量使用的各种化学杀虫剂是 20 世纪中叶发展起来的，特别是第二次世界大战期间，许多杰出的研究成果，以及当时对粮食产量增长的急切要求，促使杀虫剂得到迅猛发展，各种新的化学产品替代了天然杀虫剂，取得了意想不到的防治效果。化学合成杀虫剂的发展仅仅有 60 多年的历史，时间虽短，却不断出现许多新的高效、低毒、低残留的杀虫剂。其发展按时间可以分为三个主要时期。

1945 年，第一代杀虫剂：有机氯化合物。

这一类杀虫剂包括滴滴涕、六六六、氯丹。瑞士科学家 P·缪勒发现滴滴涕具有显著的杀虫性质，从害虫口中拯救了大量的农作物和无可计数的人类的生命，因而荣获诺贝尔奖。人们继而又发现了含氯化合物六六六，杀虫广谱，效果好，价廉，生产工艺简单，在很长一段时间内被广泛使用。但后来发现它在人和动物的脂肪组织内积累，导致中毒，且在环境中不易降解，污染环境。害虫又会产生抗性。第一代杀虫剂已在世界上被禁止使用。

1960 年，第二代杀虫剂：有机磷化合物和氨基甲酸酯。

在第二次世界大战期间，德国化学家西拉特研发了有机磷化合物，如磷酸酯和硫化磷酸酯化合物。由于这类化合物通常不会长期在脂肪组织中积累，逐渐开始取代滴滴涕及六六六等有机氯化合物，但它们对高等动物的毒性很强。随后又研发了乙烯基磷酸酯（如敌敌畏）及芳香基有机磷化合物（如二嗪农等），它们兼具触杀、胃毒、熏蒸等多种杀虫性能，有的还有内吸作用，广谱高效，对环境污染影响小。在同一时期，另一类氨基甲酸酯杀虫剂也相继出现，如残杀威、叶蝉散等。这类杀虫剂对环境的影响也很小，容易降解。不少害虫对这类杀虫剂很快产生了抗药性。

1973 年，第三代杀虫剂：拟除虫菊酯。

天然除虫菊花作为杀虫剂，中国至少在公元前 1 世纪已有使用，在古书《周礼》上已有记载。但在西方，才只有 150 多年的历史。它对害虫有强烈的触杀作用，其蒸气对害虫有熏蒸驱赶作用，高效广谱，但对哺乳动物低毒，易于降解，不污染环境。特别是它对昆虫击倒作用快，常在使用后的几秒钟内就能使虫体麻痹而停止活动，所以成为家庭、畜舍及仓储防治害虫的一种理想杀虫剂。

1924 年 Staudinger Ruzicka 首先发现，天然除虫菊干花能杀虫主要是由于它含有 6 种密切相关的物质——环丙烷羧酸酯类，其中除虫菊素 I 和除虫菊素 II 的含量最多，活性也最高。

1949 年 3 月 11 日，美国农业部昆虫与植病检疫局正式宣布美国农业研究领域中的一项重大成就，

Schechter 及 Laforge 等 3 人第一次根据除虫菊素的结构式全过程地合成出除虫菊素类似物——拟除虫菊酯杀虫剂（烯丙菊酯）。

以后又合成了许多种拟除虫菊酯，如日本住友化学的胺菊酯、苄呋菊酯及苯醚菊酯等。

除虫菊酯类产品对害虫具有与天然除虫菊相近的作用及效果，具有以下优点。

1）对人和哺乳动物毒性很低或无毒。

2）对多种害虫有快速击倒作用。

3）大部分昆虫对它不易产生抗性。

4）增效剂可以使它的药效提高几十倍或上百倍。

5）对某些害虫还有拒避作用。

但这些拟除虫菊酯类化合物有共同缺点，如持效期太短、对光不稳定、容易分解失效等。1973 年英国的 Elliott 博士又合成了一种新的拟除虫菊酯——二氯苯醚菊酯，它对光稳定，杀虫效力为除虫菊素 I 的 30 倍，为拟除虫菊酯的发展开拓了新的境界。

拟除虫菊酯的迅速发展，为卫生杀虫剂提供了物质基础。目前它在卫生杀虫剂中作为有效成分应用的比例，占卫生用农药的 84.45%。除此之外，有机磷类占 2.43%、氨基甲酸类占 2.54%、无机物类占 0.61%、有机氯类占 0.11%、微生物类占 0.28%、其他类型占 9.58%。

近年来，我国江苏扬农化工有限公司研发了系列拟除虫菊酯类产品，其中有不少具有自主知识产权，并且很快产业化投入市场，几乎替代了进口产品，满足国内市场的同时，还大量出口，为我国公共卫生及家庭用卫生杀虫剂行业的健康快速发展提供了强有力的物质保证，做出了重要贡献。

第二节　公共卫生及家庭用杀虫剂

一、卫生杀虫剂概念的提出

有害生物防治有多种方法，如化学防治、物理防治、生物防治等。在不断总结实践经验的基础上，又出现了综合防治的概念和措施。但在有害生物肆虐、疫情暴发流行时，化学防治具有速杀性的特点，能快速控制疫情危害。所以，在今后相当一段时期中仍是主要手段。

在化学防治中，首先离不开各种消毒杀虫灭鼠药物，即农药（pesticide）。农药包括杀虫剂（insecticide）、杀菌剂（fungicide & bactericide）、除草剂（herbicide）、杀鼠剂（rodenticide）、植物生长调节剂（growth regulator）等。

在早期，一提到杀虫剂，就是指防治农业害虫的农药，虽然当时已在用 DDT 等来杀蚊、蝇等，但没有形成卫生杀虫剂的概念。

在 1978 年，卫生部及中央爱卫会在无锡召开了"全国农村除四害工作会"。为配合和促进爱国卫生运动的开展，分别成立了蚊、蝇、鼠、蟑螂及卫生杀虫药械等五个专题组，直接归中央爱卫会办公室领导。这是第一次出现卫生杀虫剂的提法。以后在各种场合对它做出了解释，卫生杀虫剂的概念就此形成。为了进一步让广大公众认识，1985 年朱成璞和蒋国民编著了《卫生杀虫药械及应用指南》，这是我国第一本公开出版的卫生杀虫剂及器械方面的技术著作，成为全国爱卫会及卫生防疫系统的专业参考书。

随着卫生杀虫剂概念的提出，杀虫剂又根据其用途被进一步分为农业害虫用杀虫剂、林业害虫用杀虫剂、园艺害虫用杀虫剂、畜牧害虫用杀虫剂、卫生害虫用杀虫剂、仓储害虫用杀虫剂等。当然它们之间并不是完全分开的，有很多是兼用的。例如，熏蒸剂就是一个典型的品种，既能用于对卫生害虫的处理，也能用于对农业害虫、仓储害虫、其他害虫以及鼠类的处理。

二、公共卫生及家庭用杀虫剂型的概念

公共卫生及家庭用杀虫剂型的概念是指以适宜的杀虫剂原药为有效成分，经加工制成用于防治卫生害虫的多种剂型的药物，用于控制蚊、蝇及蟑螂等卫生害虫。虽然它属于农药，且大都是从农药衍生发展而来，但又与一般的农用杀虫剂不同。

农用杀虫剂的毒性相对较高，但可以借助环境中的空气、阳光及水而自然分解，与人畜接触机会不多。而卫生杀虫剂则直接应用在人类居住环境，尤其是室内，这些药剂长时间与人接触，保护人免受媒介昆虫侵扰，因此在要求其对卫生害虫有相对良好的防治效果的同时，对人的安全性，即低毒性显得格外重要。按毒性分级，配制完成用于喷洒的药剂，其毒性已相当低，按农业部农药检定所农药登记管理要求的规定，当 $LD_{50} < 5000mg/kg$ 及 $LC_{50} < 5000mg/m^3$ 时定为微毒级，有时称为无毒级。即便如此，实际上还是有毒的。对此，必须要有明确的认识，否则就有误导消费者之嫌。

因此，不是所有的农药都可用于卫生杀虫剂，只能用其中一部分适宜的品种。

但在实际应用中，由于在卫生杀虫剂型中使用的杀虫剂原药有效成分只占千分之几或万分之几，所以加工成制剂后其毒性大都能控制在规定范围内。另一方面作为卫生杀虫药剂开发的杀虫剂品种十分少，所以现在大量使用的杀虫剂原药都借用了农业级品种，而农药品种又大多没有标出分级指标及要求，此时选用纯度较高的品种显得十分必要。因为一个农药品种开发过程中，对其有效成分对人体的毒害都有过研究，但农药中含的杂质，对人体的潜在毒害可能会更为严重，而这方面的研究很少，因此应该严格控制。随着人类对环保问题的关注，以及对自身健康保护意识的加强，正在逐步开发卫生害虫防治专用的杀虫剂。例如，日本住友化学公司开发并获商品化的右旋苯氰菊酯（高克蟑），我国扬农股份有限公司开发的氯氟醚菊酯等就是卫生害虫防治专用，它对人的刺激性及毒性相对要比氯氰菊酯及溴氰菊酯低得多。

三、公共卫生及家庭用杀虫剂型及应用

公共卫生及家庭用杀虫剂型用的原药含量一般都很高，如专为卫生害虫防治用的右旋苯氰菊酯的含量（纯度）为92%，它是一种黏性液体，无法直接使用，而且在实际应用中只要千分之几的含量就能达到对卫生害虫的有效防治，所以必须要借助于一定的载体，将它加工成适当的剂型后才能使用。

加工成何种剂型合适，要从多方面考虑。

1）从所用的原药的毒性考虑，必须是低毒及以下的品种；

2）从防治对象的生活习性上考虑，如飞翔、爬行等；

3）从对昆虫致死作用的方式上考虑，如触杀、胃毒、驱赶、熏杀等；

4）从杀虫剂本身的理化性能考虑，如是否适宜于加热而不会分解等；

5）从使杀虫剂分散成药滴的器具或者手段考虑；

6）从药剂施播或扩散到达昆虫靶标的方式考虑；

7）从有害生物所处的环境状态的特性考虑；

8）从达到同等杀灭效果的前提下尽量降低成本考虑；

9）从其他方面，如使用方面的考虑。

公共卫生及家庭用杀虫剂的剂型很多，现还在不断增加。目前已获得广泛使用的有蚊香、电热蚊香（驱蚊片及驱蚊液）、气雾剂、乳剂、悬浮剂、粉剂、涂料、毒饵、药笔、药胶、熏蒸剂及喷雾剂等。在我国尤以"四大金刚"，即杀虫气雾剂、电热片蚊香、电热液体蚊香及盘式蚊香为主。据近年的粗略统计，年产值近200亿元人民币。

第三节　公共卫生及家庭用杀虫剂型的特点

在英国及澳大利亚等国，只把农药笼统分为农业用及非农业用（beyond agriculture use）两类。笔者认为，这种分类法把公共卫生及家庭用杀虫剂型的重要性及特殊性掩盖了。

公共卫生及家庭用杀虫剂型有很多共性，如防治对象比较有限，使用场合多以室内及公共活动场所为主，对杀虫剂种类及其剂型的要求严格，包括安全低毒、低残留污染、不损害环境及物品等。

公共卫生与家庭用杀虫剂型有以下四个共同特点。

一、对安全性要求很高，应该放在第一位

两者都直接应用在人类居住环境，尤其是室内及各种公共场所，与人接触时间长，对安全性要求很高，即要求毒性很低，应该放在第一位。而农用杀虫剂可以通过环境中的空气、阳光及水自然分解，与人畜接触机会相对较少。

因此，不是所有的农药都可用于卫生杀虫剂型，只能用其中低毒的或卫生级的品种。

在早期，不少人对卫生级农药的概念认识模糊，或只从杀虫剂的纯度上来区分农业级和卫生级，认为"所谓卫生级主要是指纯度"（《卫生杀虫药械讲座：卫生用杀虫药剂基础学》杀虫药械学组编），认为有效成分含量高的就可用于卫生级。纯度高，即杂质含量少，固然在某种程度上对降低毒性有利，但真正对靶标产生毒力作用的还是有效成分，尤其是有效成分中的某些异构体，所以这种认识是不够全面的。这种认识的形成与我国的农药发展水平有关。

例如，除虫菊酯类杀虫剂的化学结构有顺反异构体之分，两者具有一定的比例。以氯菊酯为例，它的分级如下。

顺反比 40/60 为农业级；顺反比 25/75 为卫生级。

从杀虫效果上来说，40/60 的要比 25/75 的为好，但其毒性也相对较高，用作卫生杀虫剂不合适。权衡效果与毒性两方面的关系，选择顺反比为 25/75 的作为卫生级用药。

在此需要特别指出的是，大多数人只重视药物本身的毒性，而对于因为使用不匹配的器械造成环境中药物过量带来的危害往往不够重视。故需要关注药物与器械之间的整体性关系。

二、对药物与器械整体协调性要求很高

公共卫生及家庭用杀虫剂剂型主要是杀虫气雾剂及电热蚊香等。它们不是单纯的杀虫药物，而是药物与器具的结合体，所以对药物与器械整体协调性要求很高。

一旦剂型确定，它的使用范围就已确定了，如杀虫气雾剂用于空间喷洒杀飞虫，或用于滞留喷洒杀爬虫，或飞虫与爬虫全杀。而喷洒剂则不同，用于空间喷洒时用细雾喷头喷雾器，用于滞留喷洒时要改用扇形喷头喷粗雾。电热蚊香类也是如此，在产品出厂上市时，它的各个组成部分，如驱蚊液挥发芯、加热器、药剂等之间应达到完美配合，发挥最佳整体效果。

杀虫气雾剂及电热蚊香的设计加工是一个比较复杂的系统工程，并不是将几种组分简单组合而成。选择合适的杀虫有效成分及配比是关键，与之相适应的配制工艺也非常重要，而最终的效果还离不开施药器械的协同作用。

药物与器械一体类剂型，其安全性要求除材料药剂的毒性外，对于蚊香及电热蚊香还应该包括点燃安全及电气安全；对于杀虫气雾剂应该包括机械及燃烧、爆炸安全等，根据不同的剂型，应有相应的特殊要求。

三、控制的有害生物种类有限，但控制难度高

公共卫生及家庭用杀虫剂型用以控制的有害生物种类有限，主要为蚊虫、苍蝇、蟑螂、蚤、蜱、

螨及鼠等，虽然没有大田农药需要控制的害虫那么多，但是它们的控制难度，有时并不比杀灭大田害虫低；它们的分布及危害地域十分广泛，几乎无处不在、无孔不入、遍及全球，所处的环境又十分复杂多样、千变万化。

四、应用技术及要求有它的特殊性及专用性

以上几点决定了公共卫生及家庭用杀虫剂有其特定的应用技术及要求，不是用一般处理大田害虫的方法及杀虫剂剂型就能够解决的，有它的特殊性及专用性，所以应该开发相应的杀虫剂剂型及应用技术。

为此笔者将本书的书名定为《公共卫生与家庭用杀虫剂型及其应用技术》（The Insecticide Formulations for Household & Public Health Uses and its Applications），本书有以下几个特点。

1）理顺对公共卫生及家庭用杀虫剂及其剂型的分类及管理。

2）有利于新开发药剂及剂型的定位，对它的目的性（包括使用领域、场合及处理靶标）、安全性及要求更明确。定位及目的性这一点对于制定检测方法及评价标准有重要意义，如目前对于蚊香及杀虫气雾剂的检测方法及评价标准就缺乏科学性。（详见后面有关章节中的叙述）

3）有利于引导有害生物专业防治人员及普通消费者安全、合理地使用杀虫剂，使其更符合环保、安全及健康理念。

第四节　对公共卫生及家庭用杀虫剂型的要求

一、概述

在实际应用中，杀虫剂原药一般不能直接使用，必须要将它稀释在一定的溶剂内，利用外力将它分散（或者称之为雾化）成为一定大小的药滴。它自身不可能分散成所需大小的药滴。熏蒸剂及熏蒸性制剂是例外。

这种外力有很多种，如热力、电动力、离心力、汽化力、超声波等。不是只有加热或者吸热一种途径才能使得杀虫剂蒸发、挥发或者分散。

不同的外力能够形成的药滴大小是不一样的。究竟采用哪一种外力，取决于需要获得的药滴大小，所处理的生物种类及其活动习性，以及它所处的环境等多个方面。

例如，将苯醚氰菊酯制作成为气雾剂、喷雾剂型等使用时，只需要微米级大小的药滴，可以借助抛射剂产生的液力，手动加压产生的压力、电动力、离心力或者其他力就可以了。但如果用来处理躲在各种密闭场所中的有害生物，必须使它具有良好的穿透力和扩散能力。在复配熏蒸剂中，苯醚氰菊酯虽然也作为一个组分，但必须将它们分散成为纳米级气体分子大小的药滴。所以将它们全部充分溶解在二氧化碳中，借助液态二氧化碳强大的汽化力才能做到这一点，这样它才可以作为复配熏蒸剂型来使用。这与它们作为气雾剂或者喷雾剂使用时所要求的药滴大小是完全不同的。

二、对公共卫生及家庭用杀虫剂型的要求

众所周知，防治卫生害虫可以有许多种方法，如物理防治、化学防治、生物防治等。近年来又一直提倡综合防治，通过对环境的治理以最大限度地控制卫生害虫的滋生繁殖，然后再辅之以其他各种方法来杀灭卫生害虫的卵、蛹及成虫。其中，化学防治仍不失为使用最广泛、最有效的重要手段，能迅速有效地控制病媒昆虫的繁衍及疾病的传播。

在化学防治中，离不开杀灭病媒昆虫的药物及施播药物的器械，还要辅之以科学的施药方法和时期，也离不开操作者对昆虫的习性与活动规律的了解，方能达到有效的防治。

化学防治的核心是将卫生杀虫药剂以适宜的方式及状态扩散到靶标昆虫并发挥效用。

首先，不是所有的农药都可用于卫生杀虫剂型，只能用其中小部分适宜的品种。有的品种也可两者兼用，但分为农业级和卫生级，显然应该使用卫生级的品种。

其次，卫生杀虫剂的剂型的加工是一个比较复杂的系统工程，并不是将几种成分简单混配就成。选择合适的杀虫有效成分及一定的配比是关键，但与之相适应的配制工艺也非常重要，而最终的效果还离不开施药器械的协同作用。如果配制工艺不合适，即使再好的杀虫有效成分，仍然可能达不到应有的效果。

在卫生杀虫剂设计加工中，首先应该考虑的重要问题就是安全性。所以一般不可采用毒性高的杀虫剂原药，而应选择对人畜比较安全的拟除虫菊酯类杀虫剂。前些年在杀虫气雾剂中使用敌敌畏较普遍。敌敌畏对人的肝脏有破坏作用，还有致畸的潜在危险，在不少国家均已禁止将它用在气雾剂及室内，必要时由专业消毒组织（PCO）有控制的使用。尽管在我国还未将它列入禁用药物，但应用场合及方式还是要认真考虑的。还有如 S_2 在蚊香中的使用，尽管在 20 世纪末开禁时有明确规定，一是 S_2 的纯度要达95%以上，二是其在蚊香中的总含量不能大于2.5%，但当时有的厂家生产的 S_2 纯度达不到95%，加入量过多，滥用的情况也不少。这些在当时都没有引起关注。（注：S_2 现在已被禁止在卫生杀虫剂型中作为增效剂使用。）

在此要着重指出的是，可用于卫生杀虫剂的杀虫剂原药（农药）不是在任何场合都可使用，也不是可以加工成任意剂型的，对此要有深刻的认识。尤其是我国目前的经济、技术状况，各地的差异十分大，监督部门对此要加强指导与管理，以切实起到防治媒介昆虫、控制疾病、保障人民身体健康的目的。

第五节　卫生杀虫剂型应用中的整体观

一、卫生害虫及其防治

如果说对农业害虫进行防治的目的，是为确保农林作物丰收，提高农产品的质量，那么对卫生害虫进行防治的目的，则是除害防病、改善环境和生活质量，保障人民群众的生命健康。

在害虫防治方法中，根据所使用手段的性质不同，大致可以分为六大类，即化学防治法、物理防治法、环境防治法、激素防治法、生物防治法及遗传绝育防治法。

在不断总结实践经验的基础上，又推出了综合防治的概念和措施，并且逐渐为疾病媒介生物控制及环境保护工作者所采纳和重视，并充分应用到害虫防治实践中。

上述六类防治方法，虽然各有其特点，但其中化学防治仍是当前乃至今后相当一段历史时期内对害虫防治应用最广、最多的主要手段，这是基于它的高效性和速杀性特点，特别是在媒介昆虫肆虐、虫媒病暴发流行时，更显示出它的重要作用。

即使在综合防治中，有时要数种方法结合并用，化学防治仍不失其在整个防治过程中的主导作用，而其他方法常作为辅助。当然在某些特定环境中，化学防治并不起主导作用，但仍少不了它在必要时的有力配合。

在化学防治中，离不开杀虫药物和器械，为了使杀虫剂被运载到昆虫靶标上，除了某些杀虫剂是依靠自然缓慢挥散或蒸发的形式发挥药剂作用外，绝大多数卫生杀虫剂必须要被加工成一定的剂型，再辅之以适宜（或相匹配）的器械（具）的帮助才能得以实现。

二、化学防治是一个由五个方面组成的完整的综合体系

为了达到对害虫安全、有效、快速、经济的化学防治效果，必须从五个方面予以综合考虑。

（一）在化学防治中，药物是化学防治的核心，是达到有效防治有害生物的基础

药物选择得合适与否，对防治效果具有决定性的影响。例如，要求快速击倒时可以选择胺菊酯或炔丙菊酯；要求致死率高的可选用氯菊酯或苯醚菊酯；在室内空间喷洒不宜用敌敌畏，敌敌畏对人的健康危害较大；对密闭场所使用熏蒸剂、烟剂或油雾剂的效果比其他剂型更好；防治飞虫时要选择击倒作用快的杀虫剂，防治爬虫时则要选用具有奔出效应的杀虫剂；全杀虫型气雾剂并不是一个科学合理的设计，杀飞虫与杀爬虫所需要的雾滴大小相差四五倍，效果不理想不说，还造成药物的浪费和给环境增加毒性滞留危害等。

在选择使用杀虫有效成分时，首先必须考虑它的毒性。如溴氰菊酯原药被加工成三种剂型：卫生害虫用的奋斗呐，畜牧害虫用的 Butox，以及农业害虫用的 Decis。但是在 20 世纪 90 年代，国内某个知名化工研究院竟然用 Decis 配制成喷射剂后，作为卫生杀虫剂转给浙江某个工厂生产销售，供农民家庭用于杀灭蚊虫、苍蝇及蟑螂等卫生害虫。这是一个十分错误的用药例子。

杀虫剂的剂型对防治效果具有明显的影响，并不是将杀虫剂的有效成分加工成任何的剂型，都能适用于任意的喷洒目标，而是具有相当的选择性。如对吸收性强的表面喷洒时，用可湿性粉剂配制成乳悬液，比单纯使用乳剂或水剂具有更好的效果，但喷洒后会在处理表面上留下讨厌的斑迹。加工成微胶囊剂则能有效控制或延长它的生物效果。

现今要开发一个新杀虫剂原药，成功率很低。在 20 世纪 60 年代可从 3000 个化合物中筛选出一个，而现在则要从数万个化合物中方能获得一个。但现今可以将杀虫剂原药通过复配加工成不同的剂型。通过复配后，其效果往往比单剂使用好，且毒性降低。以硫酰氟为例，它对蚊虫的杀灭效果不大好，毒性中等；将它与菊酯类药物复配后，改善了杀灭蚊虫效果，毒性降为微毒，使用更安全，扩大了它的适用领域，且更环保。这和开发一种新杀虫剂原药具有同等的价值。

（二）选择与所用的药物相匹配的器具，是达到快速有效防治的关键

器具本身无杀虫效果，但它却能对药物最大限度地发挥效用起到举足轻重的影响。药物具有杀虫效果，但它要通过器具将它粉碎（喷雾器）或蒸发（蚊香）后达到害虫活动途径上使害虫有机会得以受药致死。所以两者的合理结合，是达到害虫防治的基本前提。若进行空间喷洒时使用粗雾滴的喷雾器，或电热蚊香加热器温度不够等，均属器具与药物匹配不当。不是药物与器具两者之一的质量控制好就能得到预期的良好效果，也不是任何的药物与器具进行搭配都能获得良好效果的。药物与器具间相互影响、相互制约的关系，是一个不容忽视的重要方面。施药的最终结果是在药物与器具的联合作用下得出的。

（三）要掌握正确的使用方法，这是达到有效防治的重要保证

不适当的使用方法，除了浪费人力物力，达不到预期的防治效果外，还给环境增加了污染和毒害。如将老鼠毒饵投放在不是它行走的途径，就达不到良好的效果，因为老鼠总是沿着墙角右边进入室内，偷食后，仍然沿着原路返回；将飞机舱内使用的精细雾滴的杀虫气雾剂用于杀灭室外垃圾堆的苍蝇，将蚊香或电热蚊香放在下风处使用，以及作滞留喷洒时将药剂大量喷向空间等，都是偏离了正确使用方法的例子。如果使用的药物与器具已经达到了最佳配合，正确的使用方法犹如锦上添花，而不正确或不合理的使用方法可使之前功尽弃，此时再好的药物与器具也无济于事。

笔者在多年的实践中，深深感到在实际操作时人为的因素，即使用技术对防治效果影响很大。这样，笔者在 1985 年上海科协喷雾技术中心成立时，首先提出了"喷雾杀虫技术是一门综合性的应用技术，它包括杀虫器械、药物及使用技术方法三个方面"，必须将杀虫药物、器械及使用技术三者有机结合的观点。这一观点在 1985 年 1 月召开的学术研讨会上获得了农业、林业、卫生等各方面专家和与会者的一致肯定，认为："上海科协喷雾技术中心把药物、器械及使用技术三者统一了起来，把喷雾杀虫技术作为一门完整的科学，使控制农业与卫生害虫的应用、药物和器械、工厂、科研与使用单位、军用和民用、海陆空等多方面多层次协作，对改变国内喷雾杀虫技术的落后面貌具有积极的现实意义。"

（喷雾技术文集，1985）。

在 20 世纪 80 年代，朱成璞研究员领导的卫生杀虫药械学组，不断将这一观点充实、完善、系统化，逐步开始孕育卫生杀虫药械的概念。朱成璞研究员将它形象化比喻为"枪与子弹"的关系。

（四）必须要充分了解防治的靶标——有害生物（或称媒介生物）

认识来之于实践，实践反过来又促进认识的深化。我们在不断探索总结的基础上，发现单就上述三方面结合还不够。中国有句古语"知己知彼，方能百战百胜"。在对有害生物防治中，必须要很好了解防治的靶标——害虫。这不单是指表面性的东西，诸如害虫的种类、活动规律、生态习性等，还要包括更深一层的内容，如药物对害虫的作用机制，害虫对药物的抗药性，害虫的不同生长期等，如同有了枪和子弹，再会射击还要了解敌人。为此，我们又将药物、器械及使用方法三结合的观点，进一步扩展到了防治对象方面，形成了化学防治中四位一体的更为完整的概念。

这样，为了对有害生物达到安全、有效、快速、经济的化学防治效果，必须从四个方面予以综合考虑。这个观点，我们在 1997 年编写的《卫生杀虫药剂、器械及应用手册》的序言中已经提出来了。要求在应用中还要对防治靶标——有害生物的种类、分布情况、活动规律、栖息习性、抗药性情况都有一个完整清晰的了解。

如果仅从药物本身的固有性能或效果出发，脱离了防治对象，就脱离了实际，达不到用药的目的。例如，溴氰菊酯的致死能力显然很强，但若只据此加以选用，而忽视了它所防治的害虫已对溴氰菊酯产生了抗药性这一事实，就不难想象会出现怎样结果。再如在设计杀虫气雾剂时，不考虑飞虫、爬虫个体上的差异，一味加大击倒剂及致死剂的含量，虽能使击倒效果及致死效果提高，但似有以拳击蚊之嫌，是否有此必要？浪费且不说，增加害虫的抗药性，加大对环境污染的后果难以估量，这种危害还是不可逆转的。因此这不能说是一种科学、合理的配方。所以无论在选择药物品种，还是在设计药剂中有效成分的含量等各个方面时，均需结合防治对象认真考虑。

（五）要考虑防治靶标——有害生物所处的环境状态的多样性及复杂性

21 世纪，随着实践工作的深入和认识的不断升华，我们的思路又得到了进一步的提升。这就是，还要考虑防治靶标——有害生物所处的环境状态的多样性及复杂性。如化学防治处理空间的大小；处理环境中物品的多少，是多而杂还是零星堆放；熏蒸处理时场所的密闭程度；室内的气流方向、速度、温度及湿度；对集装箱内的货物熏蒸处理时，还要考虑它的包装材料透气性好不好，要考虑集装箱的密闭程度，必要时须要补充施药；处理场所发生火灾可能性及其他安全性方面的要求（如电气操作房）；对毒性高低的要求（如宾馆、医院、食品操作场所及潜水艇等，不能用高毒及中毒的药物，如不可用硫酰氟或甲基溴进行熏蒸处理）等。

所以，在对害虫实施化学防治中，为了达到对害虫安全、有效、快速、经济的化学防治效果，不是卫生杀虫剂型决定一切的，必须从药物、器具、使用技术、处理靶标及其所处的环境状态五个方面全方位地予以整体考虑。

综上所述，对有害生物的防治效果，绝不是药物决定一切的，而是上述这五个方面有机结合的最终结果，不是只有其中之一就可以决定的，而是这五个方面有机结合的结果，是一个完整的综合体系。它们之间存在着相互制约、相互影响、相辅相成的相互作用机制。只有这样，最终才能获得所需要的效果。

三、化学防治中卫生杀虫药剂与器械的整体性关系

卫生杀虫药剂与器械整体性关系应该包括两个方面：安全及效果。

有害生物是防治的靶标，使用技术是达到有效防治的手段，而杀虫药物和器械则是获得有效防治的最根本武器。离开了杀虫药物和与之相匹配的合适器械，一切就都无从谈起。

杀虫药物与器械两者也并不是并列的。药物是核心，器械本身没有杀虫功能，但它能帮助药物最大限度地发挥出其药效，反之，其严重抑制药物本身所具效果的发挥。所以它们两者之间的整体性关

系特别强。

中国卫生杀虫药械的创始人朱成璞简单而又形象地将杀虫药物与器械的关系比之为子弹与枪的关系。子弹用以杀伤敌人，但必须要借助于枪械的作用，两者不能分开，缺其一，即不能发挥其杀伤敌人的功能。但子弹和枪械有着严格的搭配关系，因为它们两者各具有其各自的固有性能，将它们组合时，必须使它们的固有性能得到发挥，否则它们之间的联合作用就不会产生。不能设想将手枪子弹放在机关枪中使用的情形。

在杀虫药物与器械之间也存在着同样的相互依存的关系。例如，用常量喷雾器去喷洒高浓度的超低容量药剂，在农业上就会对作物带来严重的药害，用于卫生杀虫时，会对环境带来严重的污染危害。再如一般喷洒用的杀虫剂，因为它不具有所需的足够的热稳定性，若将它用作蚊香或电热蚊香中的杀虫有效成分，显然可以想到在高温下药物自身的化学结构已发生了变化，还怎么能对害虫有驱赶或击倒效果呢？

笔者曾经见到机场内一个工作人员在喷洒一种空气消毒清新剂，喷出的药滴在离喷头不到 1m 的距离内全部往地面下落。笔者接过此产品一看，罐体上还有某著名大学研制及防疫站监制的字样，其用意显然是突出该药剂的权威性及可信度。

这是一个明显的药物与器械配套失败的例子。也许某大学研制的液剂确实是好的，因为他们使用严格的实验室手段获得了可信的结果，但生产厂家将此液剂灌入气雾罐内制成气雾剂剂型时，他们忽略了抛射剂的配比与压力，也忽略了气雾剂阀门与促动器组合以及药剂空间喷雾所需药滴的大小。但令人疑惑的是，防疫站在检测厂家这一产品时是如何获得"合格"结论而发证的呢？或许试验设计或手段有误，或许移植了某大学的结论。

然而事实是很明显的，在喷头前方 1m 距离内液滴全部下落到了地面，还怎么能达到对空气消毒呢？

同样的例子发生在杀灭飞行害虫气雾剂产品上，笔者见到不少这类产品的雾滴直径大于 $80\mu m$，所以也较快下沉到地面上。而适宜的喷出药滴直径应在 $30\mu m$ 左右。

随着对环保意识的加强，目前正在由油基型杀虫剂向水基型杀虫剂方向发展。此时，有些开发者将用于油基型杀飞虫气雾剂上的阀门与促动器组合及抛射剂配比移植到水基型杀飞虫气雾剂上，这样他可能会失望。因为水的密度及表面张力比煤油大，要将它粉碎成同样大小的雾滴，所需的雾化力（能量）必然随之加大。需要加大雾化能量，或者调整抛射剂配比，或者选择使用适合于水基型液剂的气雾剂阀门与促动器组合。国外一些阀门厂商已开发了此类水基产品专用阀门。

上述例子中所涉及的是气雾剂产品。气雾剂产品是一种药剂与喷洒器具的结合体，药剂与器具之间相互制约、相互影响，整体性关系很明显。好的药剂，因为与之匹配的器具不合适，掩盖了药剂原来具有的良好效果。反之，如果一种药剂本身的效果比上面所述的药剂效果可能差一些，但在制成气雾剂产品时，因为选择了合适的气雾剂阀门与促动器组合以及所需蒸气压的抛射剂配比，喷出的液滴直径小于 $20\mu m$，因而能在空间飘浮停留一段较长时间，对空气起到了较好的消毒效果。

从上面列举的两种空气消毒剂的最终效果上来看，后面一种最终的效果肯定优于前面一种的效果。

这就充分证明了好的药剂一定要采用与之相适合的器具配合，才能充分发挥其本身固有的效果，反之就会降低甚至掩盖了它的效果。另一方面，药剂本身的效果即使差一点，但若有合适的器具与之相配，助其一臂之力，倒能使它发挥出较好的最终效果。

药物与器具之间的相互制约、相互影响、相辅相成的关联性关系，从下面所述的电热片蚊香试验中也可以充分看到。

湖北省卫生防疫站董大华、岳木生两人进行了试验。试验采用的是同一种驱蚊片（英国利高曼公司提供的必扑电热驱蚊片，30mg a. i/片），因而试验具有可比性。电加热器分别为电热器（A）、电热器（B）及电热器（C）。

结果如表 1－1 所示。

表 1-1　对不同电加热器的综合效果测试

加热器编号	加热时间（min）			测试时段（h）				
	20	30	60	1	2	4	6	8
	加热器上升温度（℃）			对致乏库蚊的击倒效果				
				KT$_{50}$（min）	KT$_{50}$（min）	KT$_{50}$（min）	KT$_{50}$（min）	KT$_{50}$（min）
A	50	72	145	5.58	4.32	4.51	4.62	4.57
B	40	55	110	6.33	6.12	6.25	6.05	6.23
C	40	58	103	6.69	6.15	6.82	6.20	6.41

笔者在 1991 年曾对同一种益多克 0.66% 驱蚊液以几种不同的电加热器进行了生物效果试验。

试验方法：0.34m³ 玻璃柜法；

试验昆虫及虫数：致乏库蚊 40 只雌蚊；

使用药物：益多克 0.66% 驱蚊液；

试验结果：试验三次，取其平均值，结果见表 1-2 所示。

表 1-2　不同加热器的生物效果

加热时间（h）	加热器编号	不同时间（min）的平均击倒率（%）					KT$_{50}$（min）	KT$_{50}$的95%可信限（min）
		2	4	8	16	20		
2	A*	11	41	77	93	96	5.17	4.53～5.90
	B	13	30	73	95	98	5.25	4.13～6.68
	C	7	25	81	96	99	4.85	4.35～5.46
	D						6.63	6.53～8.72
3.8	A	2	37	88	98	99	4.23	3.84～4.78
	B	14	35	75	93	97	4.99	3.87～6.23
	C	4	32	68	88	96	5.83	5.09～6.69
	D						6.01	4.61～7.82
8.6	A	2	38	86	97	99	4.69	4.18～5.26
	B	15	40	78	93	96	4.73	3.68～6.09
	C	8	28	74	94	96	5.26	4.60～6.01
	D						5.65	4.76～6.72
17.0	A	2	29	93	95	97	5.17	4.08～6.56
	B	15	38	63	90	97	5.12	3.95～6.65
	C	13	33	85	98	100	4.27	3.82～4.78
	D						5.17	4.39～6.08
24.0	A	6	18	65	98	99	4.48	3.98～5.03
	B	8	35	68	93	97	5.43	4.33～6.81
	C	4	29	73	94	96	6.42	4.26～5.68
	D						6.42	5.55～7.42

注：＊表 1-2 中加热器 A，为笔者所设计专利产品。

试验二：

试验方法：30m³（3.9m×3.3m×2.3m）模拟现场法；

试验昆虫：淡色库蚊，羽化后 3~5 天未吸血雌蚊成虫；

使用药物：某厂配制驱蚊液；

试验结果：试验两次，取平均值，结果见表 1-3 所示。

表 1-3　使用相同驱蚊液的五种加热器药效比较

加热器编号	不同时间（min）的平均击倒率（%）						KT_{50}（min）
	10	20	30	40	50	60	
A*	10.4	56.9	85.5	92.7	95.8	98.4	18.65
B	4.2	37.9	67.1	77.8	96.1	100	21.50
C	2.9	29.6	66.7	89.8	95.9	98.3	23.87
D	7.1	54.5	82.5	90.3	94.2	100	20.15
E**	1.7	42.2	76.7	83.3	94.0	98.3	22.17

注：＊加热器 A 为笔者设计的专利产品。

　　＊＊加热器 E 为日本住友化学工业株式会社提供的日本产品。

从上面几个实验明显可见，对某一种电热驱蚊药剂，不是用任何电加热器与之搭配使用都能获得相同效果的，其实际所得结果将随电加热器参数的不同而变化。

对电热片蚊香及电热液体蚊香来说，不同的温度及其分布梯度，不同的形式及结构都会对驱蚊片药量的挥散量及速率产生影响。

反之，同一种电加热器，使用不同的杀虫有效成分，或者同一种有效成分，但其含量不同或使用的溶剂不同，也会得出不同的最终结果。表 1-4 至表 1-6 可以说明这一点。

表 1-4　不同时段右旋烯丙菊酯驱蚊片的 KT_{50} 及 24h 死亡率

供试驱蚊片（mg/片）	通电时间（h）	KT_{50}（min）
A. 右旋烯丙菊酯（39.2）	0.5	4.6
	2	4.3
	4	4.3
	8	4.8
B. 右旋烯丙菊酯（46.5）	0.5	4.8
	2	4.4
	4	3.4
	8	4.4
C. 右旋烯丙菊酯（53.0）	0.5	4.5
	2	4.0
	4	3.8
	8	4.0

表1-5 右旋烯丙菊酯驱蚊片经过不同时间的击倒率

供试驱蚊片	通电时间（h）	不同时间（min）的击倒率（%）									KT$_{50}$（min）
		2	3	4	5	6	7	10	15	20	
A	0.5	0	5	25	65	90	95	100	100	100	4.6
	2	0	3	43	80	93	93	100	100	100	4.3
	4	0	3	38	83	95	100	100	100	100	4.3
	8	0	3	20	58	88	93	100	100	100	4.0
B	0.5	0	0	20	58	83	98	100	100	100	4.0
	2	0	8	33	73	90	100	100	100	100	4.4
	4	3	35	73	90	98	100	100	100	100	3.4
	8	0	8	35	70	85	95	100	100	100	4.4
C	0.5	0	5	33	60	90	95	100	100	100	4.0
	2	5	23	43	78	85	98	100	100	100	4.5
	4	0	30	50	75	93	96	100	100	100	3.8
	8	0	20	45	78	88	93	100	100	100	4.0

在喷药应用中，也同样存在着药物与器械之间的最佳搭配关系。

表1-6 不同药剂与喷雾机对笼蚊的致死率比较试验

	药剂 A（剂量0.1ml/m³）24h 死亡率（%）	药剂 B（剂量0.1ml/m³）24h 死亡率（%）
WS-1型手提式超低容量喷雾机（甲）	>90	90
Microgen 超低量喷雾机（乙）	≈40 *剂量提高到0.25ml/m³ >90	90

从表1-6可见，甲机具有较好的喷雾技术特性，对药剂的适应性比乙机强。药剂 B 比药剂 A 具有较好的理化性能，对喷雾机的配合适用性比药剂 A 强。

但是甲机是否对任何配方的药剂都适用，或药剂 B 是否对任何喷雾机都适用，这是不能下肯定结论的，只有严格进行过药剂与喷雾机的匹配性试验后方能获得客观的判断。

四、结论

从上面的论述中，可以明显地看到药物与器械之间的整体性关系。

系统论的创立人贝塔朗菲在谈论整体时说："物体以系统的形式存在。但系统不是以各部分的简单相加形成的，而是由各部分有机结合形成的。各部分之间彼此相互联系，相互作用，存在着反馈机制，而每一部分又是开放系统。整体性功能具有各部分功能之和。整体表现出有序性和一种目的性。"

杀虫药剂是一个独立的系统，施药器械是另一个独立的系统。它们之间组合后形成一个新的系统整体。要获得新系统的最佳整体效果，必须通过实验采用择优组合后才能实现，并不是将它们任意搭配就可以的。所以在使用某一种药剂时，必须对施药器具有所选择，绝不是一种简单的相加组合。杀虫药剂和器械的最终整体效果是在它们的联合作用下得出的特定值，不存在普遍的适用性或互换性。所以在选择器械时，必须要充分顾及器械对施药效果的相互制约或补偿作用。

当然，除了从整体上考虑杀虫药剂与器械之间的相互匹配关系、防治靶标及环境因素外，在实际应用中在很大程度上还要依存于所采取的应用技术。只有这样，才能获得所需的预期效果。

这就是化学防治中的整体性关系。这是在对害虫实施安全有效化学防治中必然会遇到并应予以认真对待的课题。

第六节　我国公共卫生及家庭用卫生杀虫剂型的形成及发展

我国卫生杀虫剂的最早剂型可能要追溯到点燃艾蒿及由植物源粉末制成的烟熏纸条了。在20世纪40年代初开始生产和使用盘式蚊香。在50年代初期滴滴涕引入生产投放市场后，出现了乳油剂型，将其用水稀释，灌入手动往复推拉式喷雾筒中喷出使用，用于防治蚊虫。因为当时手动推拉喷筒中用的杀虫剂主要是滴滴涕，所以也就将这种手动推拉式喷筒称之为滴滴涕喷筒。此后又开始将敌百虫用水稀释后，以毛笔蘸涂在需处理部位。六六六粉剂出现后常将它撒在墙脚角落处，防治臭虫及跳蚤等爬虫。也开始将六六六制成可湿性粉剂及烟剂。这种落后状况一直延续到70年代，有机磷杀虫剂开始在我国获得发展，但在卫生杀虫剂方面主要还是应用敌敌畏。相比之下，在部队中因当时战备的需要，在卫生杀虫剂型的开发、应用方面要较地方超前得多，在新中国成立初期至60年代中期，就在部队中研究应用驱避剂，以保护边防及野营战士免受蚊虫、蠓、蚋等吸血昆虫的叮咬。此外还开展了用超低容量飞机大面积灭蚊和地面灭蚊的研究。

20世纪70年代末，上海联合化工厂在国内首先研究合成了我国第一个拟除虫菊酯品种——二氯苯醚菊酯，以酒精稀释后配制成灭害灵喷射剂，开创了以菊酯为有效成分的先例。由于它带有淡香气味、喷后在室内物件上几乎不留污斑且效果好，立即受到市场的青睐，全国各地都纷起仿制。1981年笔者设计的小型手扳式塑料喷雾器的问世，使它有了配套器具，方便了消费者使用。

1978年12月，卫生部在无锡召开的全国除四害科研协作组大会上，中国军事医学科学院五所的朱成璞、上海的笔者，以及广东、杭州四五个厂家共8人，在"5·23"军工科研协作组的基础上，宣布成立了"卫生杀虫药械专题组"（现为中华预防医学会媒介生物与控制分会杀虫药械学组）。

尽管当时成立的"卫生杀虫药械专题组"是以研究开发喷雾器械为主，但后来将研究内容逐步扩大到卫生杀虫剂型及应用技术方面，形成了药、械与应用技术三结合的一个完整体系。它标志着我国的卫生杀虫剂型的开发应用进入了一个新发展阶段。

1985年起，以中国军事医学科学院五所朱成璞及上海喷雾与气雾剂研究中心笔者等为首的卫生杀虫药械工作者开展了大量工作，包括与国外同行的技术交流与合作，举办全国卫生杀虫药械与应用技术培训班及每年一次的年会，先后编写《超低容量喷雾技术》《静电喷雾技术》《卫生杀虫药械应用指南》《电热蚊香技术》《卫生杀虫药剂、器械及应用手册》《卫生杀虫剂剂型技术手册》及《气雾剂技术》等书，对国内卫生杀虫药物与器械及应用整体水平的提高提供了技术基础。

我国公共卫生及家庭用杀虫剂型发展中的主要应用剂型，可以分成以下几个阶段。

第一阶段：从新中国成立前至新中国成立初期，主要以烟纸及蚊香类烟熏剂为主。

第二阶段：从20世纪50年代至80年代初期，主要以蚊香和喷雾剂为主。

第三阶段：从20世纪80年代中期至今，电热类蚊香和气雾杀虫剂得到发展，并逐步成为家庭卫生用药的两大主体。其剂型也开始得到发展。

由于我国人多地广，经济发展不平衡，在公共卫生及家庭用杀虫剂型的开发与应用方面，上海、浙江、广东及江苏等省市走在了前面，逐步带动其他地区的发展。

浙江省是我国卫生杀虫剂最早得到发展的地区，而且每当转换到新一类产品剂型时，几乎都是由浙江省带头起步的，这可能得益于浙江省经济的发展及当地人们的超前思维。

首先是喷射剂的发展。据20世纪80年代中期不完全的统计，大大小小生产卫生杀虫制剂的单位有上百个，最小的是家庭作坊，一家几口人由棒罐起家。笔者在1981年帮助浙江余姚市企业在国内率先生产小型塑料喷雾器，为喷射剂的发展及喷洒器械配套创造了有利条件。经过多年的发展，浙江余姚、慈溪在20世纪90年代起就已经成为我国各种小型塑料喷雾器及泵的最重要生产供应基地，配套应用领域也越出卫生杀虫剂的范围，而且还大量出口外销。

在1990年前后，浙江省又率先由生产喷射剂转产为气雾杀虫剂。但由于浙江省受经济模式所制约，企业规模始终不大，杀虫气雾剂年产量都在300万罐以下，相比之下，河北、山东及江苏等省的一些企业年产量已达800万甚至超千万罐。

到了20世纪90年代后期，盘式蚊香又得到了长足的发展，生产厂家逐渐增多。在萧山、武义、诸暨等地都建起了一批颇具规模的蚊香生产厂。而且在盘式蚊香的生产工艺上，浙江省的厂家率先采用了香坯杀虫有效成分外涂法，并且一改传统的孔雀绿而出现了引人注目的黑色蚊香。

浙江省对我国卫生杀虫剂发展的贡献，还表现在许多方面，如浙江浪潮集团首先生产电热片蚊香用的驱蚊片；诸暨市李氏蚊香厂颇具特色的李氏黑蚊香的崛起及获得商品化，显示了我国蚊香工业的活力；武义通用电器厂在当时是我国唯一生产供应电热片蚊香自动滴注包装机的，其质量性能可与进口机相比，被国外名牌产品选为加工设备，接着又生产了系列盘式蚊香生产设备；杭州精密阀门厂又为我国杀虫气雾剂用配套阀门提供了保证。

1991年浙江省在我国率先对卫生杀虫剂制定了监督管理条例《浙江省卫生杀虫药剂、蚊香卫生监督暂行规定》，起到了很好的表率作用，其他一些省份相继效法。

上海在国内卫生杀虫剂型的发展中也是起步早的。上海三星日化厂生产的三星牌蚊香在很长一段时期内一直在市场上占有重要位置。上海联合化工厂开发的灭害灵喷射剂带动了国内喷射剂发展。之后到80年代初，在灭害灵喷射剂基础上，开发制成了第一个商品化的品晶牌杀虫气雾剂，促进了国内由喷射剂向气雾剂发展的进程。

此外，上海在国内率先生产拟除虫菊酯——氯菊酯，并将其用于卫生杀虫剂配方中。

河北省在1995年时市售卫生杀虫剂10余种剂型，113个品牌，126个品种，其中具有有效生产许可证的产品94种、无证产品32种。

山东省1993年至1995年卫生杀虫剂以喷射剂占主导（50%左右），气雾杀虫剂占第二位，但到1996年时，气雾杀虫剂已上升为第一位，说明生活水平提高，对卫生杀虫剂剂型的档次要求提高了。生产厂家到1997年时达70多个，几乎增多了1倍。

据湖南省卫生防疫站胡玉凤等报道，在1991年至1995年间，每年检测卫生杀虫剂样品90多个，产品质量合格率较高。但是在产品结构分布上，还偏重于中低档次。

福建省历来是我国蚊香的故乡，所以该省的特点是各种蚊香品牌多，后来也开发了一些气雾杀虫剂产品。按1996年统计，该省有55家蚊香厂生产60种产品。

广东省地处我国南部，气候温热，各类卫生害虫生长繁殖季节长，所以该省的卫生杀虫剂生产及使用量在国内居首位。该省灭鼠用品与杀虫剂的生产已形成10亿多元总产值的产业。1998年8月统计，全省有111家卫生杀虫剂生产厂，领取197个产品的检验合格证。其中以气雾剂产品最多，达89个品种，占总量的45.2%，年产量在百万罐以上的有10家，超过300万罐的也有4家，剂型有20多个。其中，中山凯达公司及中山榄菊日用化学制品公司等产量较大的企业均建立了化学及生物测试实验室。

第七节　我国公共卫生及家庭用卫生杀虫剂型的现状

经过40多年发展，在良好的经济环境和管理政策促进下，我国公共卫生及家庭用卫生杀虫剂型的产业由小变大、由弱变强，从单一蚊香到多种剂型，从手工作业到自动化生产，从家庭作坊到现代化工厂，从几十人到上万人，从制剂加工到原药生产等，实现了跨越式发展。目前注册登记的生产企业已达311家，其中中山榄菊、江苏扬农、上海庄臣、浙江正点、广州立白、河北康达、浙江黑猫神、成都彩虹、浙江李字等都是行业内的骨干企业。尤其是江苏扬农，作为我国卫生杀虫剂的原药生产厂，在新产品研发方面始终紧跟国际前沿，有的产品还有自主知识产权，为我国卫生杀虫剂产品抵御外来冲击、参与国际竞争，提供了有力的卫生杀虫剂的原药竞争基础。

生产企业主要分布在沿海省份。产品种类超过 100 个的省份分别是广东（309 个）、江苏（328 个）、河北（196 个）、山东（188 个）、福建（160 个）和浙江（132 个）。

到 2011 年初，已登记的产品达 2413 个。其中临时登记 1080 个，正式登记 1333 个。从发展趋势看，环保友好剂型产品在悄然兴起，气雾剂产品仍在上升，蚊香产品有所下降，电热液体蚊香产品上升较显著，还开发了防蛀、驱避、防腐等产品。植物杀虫剂也已经开始得到重视，有了初步发展。

可用于公共卫生及家庭用卫生杀虫剂型的有效成分有 81 个，以菊酯类占多数，有 50 多个品种。大部分蚊香和气雾剂的有效成分都已经采用菊酯类有效成分。基于安全和环保原因，近几年生物农药在卫生杀虫剂中的应用得到重视，新产品的开发和应用加快，如羟哌酯（icaridin）、硼酸锌（zinc borate）、氟酰脲（novaluron）、诱虫烯（muscalure）、多杀霉素（spinosad）、依维菌素（ivermectin）、甲氨基阿维菌素苯甲酸盐（emamectin benzoate）、甲氧苄氟菊酯（metofluthrin）、四氟醚菊酯（tetramethylfluthrin）、氯氟醚菊酯等品种，其中后 2 个品种是我国江苏扬农自主创新农药，且都已取得 ISO 通用名。

登记产品涉及 50 多种剂型，其中，防治蚊虫产品约占卫生用农药的 55%，剂型 20 多种。目前取得登记产品的剂型比例为：原药类（包括母药、滴加液）7%，气雾剂 29%，蚊香 20%，电热蚊香片 7%，电热蚊香液 5%，饵剂 6%，驱避剂 3%，防蛀剂 3%，烟剂（包括蝇香、蟑香）3%，直接使用类 5%，稀释使用类 11%，其他 1%。新剂型还在不断出现。

据不完全统计，公共卫生及家庭用杀虫剂行业产品零售总额已突破 200 亿元，我国已成为卫生杀虫剂用药生产和使用大国。其中以杀虫气雾剂和蚊香类产品为主，占总销售额的 70% 以上。据 2008 年的统计，不同剂型卫生杀虫剂产值所占比例分别为：气雾剂 44.1%，蚊香 30.2%，电热蚊香片 5.9%，电热蚊香液 5.0%，驱避剂 2.26%，防蛀剂 4.2%，饵剂 1.3%，长效蚊帐 0.38%，其他 6.66%。

行业得到较快发展和进步的另一个重要原因是技术创新的推动。以蚊香为例，碳粉作为原料使蚊香"从绿色到黑色""从有烟到微烟"，蚊香加香技术的突破使蚊香"从烟雾缭绕、气味难闻到芬芳宜人"，成为群众欢迎的产品；有效成分从 DDT 到拟除虫菊，再到现在的四氟醚菊酯及氯氟醚菊酯等新品种，使产品更加高效和安全；蚊香生产技术从单模机到十八模自动成型机，从混合拌药到自动喷药，再到低温喷药，使蚊香生产效率和质量大幅提高。

行业得到较快发展和进步还有一个重要原因是，中国日用工业杂品协会家庭卫生杀虫用品专业委员会在这些年中开展了大量积极有效的组织领导工作，努力协助企业解决生产经营中遇到的各种问题和困难，帮助修改有关标准与法规，为企业争取和维护合法权益。

第八节　我国公共卫生及家庭用卫生杀虫剂型的管理

1949 年新中国成立时，农药工业几乎是零。20 世纪 50 年代初研发出六六六，并开始工业化生产，20 世纪 60 年代开始生产有机氯和有机磷类农药，开展了粉剂、可湿性粉剂、乳油等剂型和复配制剂的研究。

1978 年农林部、化工部和卫生部联合报送国务院批转了《关于加强农药管理工作的报告》，要求由农林部负责审批农药新品种的投产和使用，复审农药老品种，审批进出口农药品种，监督检查农药质量和安全合理用药。

1982 年，农业部、林业部、化工部、卫生部、商业部、国务院环境保护领导小组联合颁发了《农药登记规定》（〔82〕农业保字第 10 号），成立了全国农药登记评审委员会。同年，农业部颁布《农药登记规定实施细则》，明确卫生杀虫剂属于农药管理范畴，应办理农药登记。1993 年，农业部和商业部联合发布《关于加强卫生杀虫剂登记和销售管理的通知》，未经批准的卫生杀虫剂产品，不准生产、销售和使用，境外产品未经批准不准进口。

根据 1997 年 5 月 8 日国务院第 216 号文《中华人民共和国农药管理条例》第一章第二条，明确农药是指用于预防、消灭或者控制危害农业、林业的病、虫、草和其他有害生物以及有目的地调节植物、昆虫生长的化学合成或者来源于生物及其他天然物质的一种物质或者几种物质的混合物及其制剂。其中第五款"预防、消灭或者控制蚊、蝇、蜚蠊、鼠和其他有害生物的"，其实就是指卫生杀虫剂（制剂）。再次把家庭及公共卫生杀虫剂纳入农药范畴，必须进行登记。

2000 年，农业部印发《关于进一步做好农药登记管理工作的通知》，审批发放《卫生杀虫剂登记证》，由农业部进行统一管理。

当时首家取得临时登记的产品是日本大日本除虫菊株式会社的 5.3% 滴加液（右旋炔呋菊酯）WP23 - 86，首家取得正式登记的产品是该公司的 2.2% 蚊香母药（右旋烯丙菊酯）WP4 - 85，国内首家取得原药登记的是江苏扬农化工股份有限公司的胺菊酯 WP86149。

2001 年 4 月，农业部农药检定所在苏州西山召开了药政工作会议。这次会议把"卫生杀虫剂"与"大田农药"实行区别对待统一管理的方法，为推动家庭及公共卫生杀虫剂的发展开创了新局面。但当时尚未对卫生杀虫剂安全问题的重要性给予重点关注。

2006 年农业部发布第 747 号公告，停止受理和批准含有八氯二丙醚的农药产品登记，严格抛射剂管理。为了保障儿童安全，限制部分卫生杀虫剂的外观形状。由于毒死蜱的神经毒性问题，不能在室内以易接触方式使用，如饵剂必须做成儿童触摸不到的饵盒，限定毒死蜱的使用方式。

2007 年农业部颁布 10 号令《农药登记资料规定》，要求申请登记时应提交农药产品相关的物化参数及其测定方法等资料。首次提出需要农药产品安全数据单（MSDS），为科学评价产品的安全性提供技术依据，确保农药生产、加工、包装、贮运、销售和使用安全。

2007 年 12 月，农业部、国家发展和改革委员会发布第 945 号公告，加强农药名称管理。对卫生用农药，不经稀释直接使用的，以功能描述词语和剂型作为产品名称；经稀释使用的，以农药有效成分的通用名称或简化通用名称作为农药名称。

2008 年 12 月，农业部发布第 1132 号公告，对卫生用农药产品使用香型实行备案制度。规定农药生产企业申请卫生杀虫剂登记时可以申请使用不同香型，同一种卫生杀虫剂产品最多可以申请使用 3 种香型。

2009 年又专门制定了一个《卫生杀虫剂安全技术通则》国家标准。

针对卫生杀虫剂的特殊性，积极采取措施，加强安全性评价和使用管理。根据《农药管理条例》和农业部农药临时登记评审会意见，为保障人畜健康和环境安全，规定不能用高毒、剧毒的原药加工卫生用农药产品；要求室内用卫生杀虫剂的毒性一般控制在低毒以下。

2010 年鉴于蝇香使用存在较大的安全隐患，停止了蝇香产品的登记。突出安全性成为卫生杀虫剂登记评审的核心内容。

近年来，作为我国农药登记管理的技术支撑，加快了农药标准化建设步伐。目前，已制订卫生杀虫剂产品质量、测定方法及评价、环境要求等与登记相关的主要标准 34 个，为卫生杀虫剂的生产和监管提供了技术保障。

随着对环境、安全、健康的重视，2011 年 3 月，农业部农药检定所在北京组织召开了"卫生杀虫剂产品安全管理研讨会"，邀请有关毒理、卫生、农药等方面的专家以及一些骨干企业共同研究探讨。会议主要针对家庭及公共卫生杀虫剂多年来用药不规范、含量超标，导致昆虫抗药性增强，对环境及消费者健康造成的一些负面影响，重新进行审视，并提出与 WHO 推荐的家庭及公共卫生杀虫剂有效成分含量接轨。对"二组分、三组分、复配"制剂超量用药的危害提出了预警，做出相应的修正。会议把安全性作为家庭及公共卫生杀虫剂的首要指标，即"安全有效"。把过去 20 多年来一直片面强调药效作为测试评价指标，忽视安全性的不科学做法纠正回了符合卫生杀虫剂属性的正常轨道。所以，该会议是我国卫生杀虫剂管理中的一个转折点和重要的里程碑，对我国卫生杀虫剂的健康发展具有积极的历史意义。

第九节　我国公共卫生及家庭用卫生杀虫剂型存在的问题及发展前景

一、行业中存在的整体问题

1）企业规模小、设备落后，产能过剩。我国已有300多家卫生杀虫剂企业，为了生存和发展，还在不断扩大生产能力和水平。以蚊香为例，据统计，近3年扩增蚊香生产能力7 000万～8 000万件，产能翻了一番。由于准入门槛低，加之对企业核准监管缺位，不断有新的生产企业出现，使生产能力过剩，但是企业数量多、规模小、设备落后，安全环境差，质量难保证。

2）研发能力薄弱。在卫生杀虫剂新品种研发方面，除了江苏扬农具有一定的基础和实力外，我国尚没有专门的卫生杀虫剂研发机构。大多数企业都没有新产品开发评价体系，新品种研发能力薄弱，与国际先进水平相比有很大的差距。制剂加工和剂型研究相对落后，创新性产品开发速度不快；产品应用技术研究不够，市场评估工作不完整。虽然有的企业开始建立自己的研发中心，但仅是简单的技术改进和产品开发。

3）质量安全水平存在差距。根据国家家用杀虫产品质检中心质量监督抽查结果显示，蚊香类产品几乎全部合格，杀虫气雾剂的合格率为84.8%。大企业产品合格率为100%，小企业合格率只有82.1%。有些企业为了取得好的药效，应对市场竞争，在产品中添加未经登记批准的有效成分，或者有效成分含量大于国家批准或WHO推荐的上限，存在安全隐患。最近几年不断有气雾剂爆炸等事故发生；前几年开发的高浓度蝇香，使用后出现不良反应；儿童和婴儿长时间吸入蚊香类产品可能存在安全隐患。

4）经营使用问题突出。卫生杀虫剂产品类同性强，企业间竞争相对激烈，有的企业做违规标签和宣传，超低价倾销，进行恶性竞争。超市入市门槛高，收费项目多，企业负担重，某些企业为降低成本，购买低级原料，或者将成本转嫁给消费者。缺乏安全合理使用指导，导致蚊虫产生抗药性，特别是蚊香类产品靶标昆虫的抗药性水平升高快。

二、在卫生杀虫剂药效检测方法及评价标准中存在的问题

1）目前对卫生杀虫剂的药效检测方法严重脱离实际，需要尽快修改。药效测定的目的在于科学、真实、客观、公正地验证卫生杀虫剂在实际使用中的效果。从这一点出发，采用的测试手段或者方法应该越接近实际使用环境越好。这是真正从实际情况出发判断事物本质的重要思维方法。

目前采用的密闭圆筒法（closed cylinder method）及通风式圆筒法（open cylinder method），只有0.0135m³及0.025m³这么小一个圆筒空间中的静态气流状况，怎么能够用来替代一间普通住房空间的动态气流呢？脱离实际使用情况太远了，实在不可想象。

经过20多年的发展，密闭圆筒法与通风式圆筒法应该退出历史舞台了。建议以玻璃小柜法（glass chamber method）做实验室试验。

2）一些新的卫生杀虫剂的药效检测方法需要加紧制定。随着对环保及健康安全要求的提高，建议对熏蒸剂、水基杀虫气雾剂及某些植物源杀虫剂等制定相应的药效测试方法。

3）对某些剂型的药效评价及标准分级不符合它本身的功能定位，例如，对于蚊香不应该将24h死亡率列入药效测试范围，而应该考虑以驱赶和拒避作为主要依据，还蚊香本来的功能和用途，避免蚊香的有效成分含量过高。

4）对于杀虫气雾剂及盘式蚊香的药效测试，应该在它们的整个有效使用寿命中设定几个时段进行，而不是只测试它喷出来的一瞬间，或者只测试前20分钟时间内的药效，这样才能充分反映出该产品完整的药效。

5）单纯对卫生杀虫剂药效进行分级有没有必要？建议要么对卫生杀虫剂进行全面评价，划分等级标准，要么只分合格或者不合格两种，合格的发给登记证，不合格的不发。要防止只以药效作为整个产品的等级，而忽视了安全性等重要方面。特别是在农药检定所评审颁发药证时，应该突出毒性第一、药效第二的原则，包括其对环境的影响，还应该考虑到安全性，如电气安全、机械性安全等，对其进行全面的评审。

这样虽然麻烦了一些，但是可以从根本上把好卫生杀虫剂的安全质量监督管理关，确实保护消费者的健康安全和合法权益。

三、在制定行政监督管理法规中存在的一些值得商议的问题

除了上面提到的药效测试方法等方面以外，行政监督管理部门在制定一些有关法规条例时，建议不宜采取"一刀切"的做法。这种思维方式不符合科学逻辑及基本哲学原理，也有违辩证唯物主义事物发展规律。事物都有一般性与特殊性。一般是建立在特殊之上的，而特殊是包含在一般之中的，它们之间不是对立的。"一刀切"绝对化的做法是形而上学的典型例子。这样做，也许在管理上是方便了很多，但是往往会扼杀新生事物的诞生与发展。

例如，世界卫生组织关于卫生用杀虫剂的有效成分及其含量，也只是作为推荐，而不是强制规定。在此举几个"一刀切"的例子。

1）杀虫剂型中只允许采用两种有效成分复配，用三元有效成分的一律不批。理由是控制剂型的毒性。

这种提法具有极端化及片面性。复配制剂中究竟需要几种有效成分，这是取决于开发该制剂的目的及使用定位。如果采用两种有效成分可以达到设计要求，没有人会一定要去多加一种有效成分的。

例如，同样属于击倒类的烯丙菊酯对于蚊虫击倒效果好，而胺菊酯对于蝇的效果好，再加上致死类菊酯，这个三元组合配方专门用于处理飞虫，在设计上是合理的，整个配方的毒性也在 $5000mg/m^3$ 以内，它的效果肯定比二元组合配方好。

如果把原来的规定改为：复配制剂原则上推荐以两种有效成分为主。如果确实需要采用三种有效成分的，它的毒性应该控制在微毒级。

这样不但没有影响规定的效力，反而尊重客观实际，增加了它的科学性。

顺便一提的是，无论是 WHO 提出的推荐使用量，还是我国规定配方中可以使用几种有效成分，都只涉及有效成分本身的固有毒性，没有综合考虑到因为使用的器械与药剂不匹配而带来的过量药物残留危害。如果从药剂总量方面来计算，极有可能后者的安全性问题更大。

2）关于高毒类农药一律不准用作为卫生杀虫剂的有效成分。

一般看来，这个提法没有不对，目的是为了保证卫生杀虫剂的安全。但是，如果把它与其他有效成分复配以后得到的最终制剂的毒性能够达到低毒，甚至微毒级呢？这是不是可以了呢？

例如，氯化苦属于高毒农药，具中等毒性。它被联合国环境规划署批准在一些国家用于替代甲基溴。

氯化苦主要用于粮食熏蒸及土壤消毒，防治土传病害、线虫、地下害虫；也可用于木材防腐，具有杀虫、杀菌、杀线虫、杀鼠作用；还应用于房屋、船舶消毒以及合成染料和药物等。对害虫的成虫和幼虫熏杀力很强。能警示人中毒，无残留，使用安全可靠。将氯化苦与二氧化碳复配，可以得到低毒—微毒的复配熏蒸剂，可以说是世界领先的环保熏蒸剂，用它来替代甲基溴，既不破坏臭氧层，又没有温室效应，而环保熏蒸剂又是国家农药产业政策鼓励的。

可是"高毒类农药一律不准用作为卫生杀虫剂的有效成分"这一规定，是否与国家政策相矛盾？它不是限制了创新发展吗？

如果把原来的规定改为：原则上一般不允许使用高毒有效成分作为卫生杀虫剂的成分。但是对于通过复配，能够使最终得到的制剂降低为低毒或者微毒，并且能够提供确切的相关资料的，可以作为特例处理，以确保卫生杀虫剂的毒性安全。

3）其他例如对卫生杀虫剂限定三种香型等，是否有必要由行政出面作这些规定或者干预，还是让企业与市场自己去决定，都是值得探讨的。

世界卫生组织关于卫生用杀虫剂的有效成分及其含量，也只是作为推荐，而不是强制规定，并没有说在此推荐表之外的有效成分不能使用。因为科学技术是在不断发展的，这个推荐表必然也会随之不断的修改、补充或者调整。

综上所述，建议在我们的规定中，措辞应该具有一定的灵活性和前瞻性，结合国家的农药产业发展规划，留出一点余地，便于能够切实执行。

四、关于药政

1. 需要加强药政的法律权威性

农业部农药检定所是一个代表国家农药行政管理的部门，其颁发的药政应该是具有法律效力的司法文件，相关的生产、经营、使用单位或者系统应该严格遵照执行。但是有的系统竟然以所谓配方设计不合理为借口拒绝采纳，而他们自己制定的一些行业标准却既无试验数据，标准之间又互相矛盾。

事实上，农药检定所的专家应该是这方面的内行专家。当一个农药制剂产品申报时，首先要求企业提交一份申请表，内容包括配方设计的依据、合理性及初步试验效果等多方面材料，经过审查批准后，还要由两个异地法定药效检测单位出具药效报告、毒理检测报告、企业标准、产品质量检测报告等一系列材料，再经过专家综合评审通过。

农药检定所对于申报产品的这一系列流程应该说是严格的、合理的、完整的。哪个系统或者部门即使有什么异议，也应该通过正常途径提出，而不应该，也无权擅自否定。

对此，希望行政部门能够充分维护药政的法律权威性及企业的合法权益。

2. 在药政的整个申请过程中，对申请内容应该保持一致性

例如，某个企业申请一种复配熏蒸剂，就遇到这类问题。在企业申请材料中，用途栏中写明"集装箱及类似密闭场所"；到了省农药检定所，他们的批复文件中变成了"码头船舶集装箱等"；最后农药检定所的药政上为"集装箱"。不知为什么把"类似密闭场所"去除了。

这样给企业的推广销售带来了难题。当企业拿着这份药政联系各类密闭场所（除了粮食仓库外）时，被对方以"这个产品只能用于集装箱"为由，拒之门外。

笔者推想，只有一种可能，那就是这些审查人员对于熏蒸剂剂型的知识及应用缺乏应有的了解。

据此，笔者建议应该加强对农药检定系统、疾病控制系统的相关主管与业务部门的人员在新技术、新知识，特别是对于卫生杀虫剂剂型的功能、定位及应用等各个方面的培训，不断更新他们的知识，帮助他们认真做好教育提高，这样才能跟上形势发展的步伐，把本职工作做得更完善。

五、发展前景

我国地处亚热带、温带区域，幅员辽阔，各地环境、气候等自然条件差异较大，病媒生物发生复杂。全球气候变暖、害虫的繁衍和变迁等，使媒介生物控制更具有挑战性。城镇化建设步伐的加快，居住条件和环境的变化，对病媒生物防治的要求不断提高。病媒有害生物综合治理（IVM）也开始得到重视和应用。随着市场国际化，卫生杀虫剂发展面临新的挑战和机会，对我国公共卫生及家庭用卫生杀虫剂的开发、生产、经营和管理提出了新的要求。

1）产品更加安全环保。城市快节奏的生活需要卫生杀虫剂产品功能全、效果好、使用方便；更重要的是，产品必须安全和环保，要把安全放在第一位。生物农药、植物农药和昆虫调节剂，包括驱避剂和引诱剂，因其安全性好风险小，在美国大量用于卫生杀虫剂。我国植物卫生杀虫剂的发展具有很

大潜力。

目前使用的熏蒸剂品种少、毒性高（剧毒或高毒），但这还只是微观上的问题。它们在宏观上对环境带来的危害影响巨大，所以环保熏蒸剂的开发，受到世界各国的重视和关注，必然会有较大的潜在发展机遇和前景。

气雾剂、蚊香、电热蚊香液和电热蚊香片 4 种公共卫生及家庭用卫生杀虫剂产品，要求异味越少越好。随着气候变暖、臭氧层破坏和环境保护要求的提高，各国都十分关注降低有机挥发物（VOCs）污染的危害性，鼓励发展水基型产品。我国杀虫气雾剂主要是油基型产品，约占 87.6%，酊基气雾剂占 7.7%，水基气雾剂只有 4.7%，所以我国的杀虫气雾剂产生的 VOCs 总量偏高（抛射剂与溶剂）。2008 年环保部制定了杀虫气雾剂环境标志产品技术要求标准（HJ/T 432—2008），规定 VOCs 限量：杀爬虫气雾剂不超过 40%、杀飞虫气雾剂不超过 45%、全害虫型气雾剂不超过 45%、全释放型气雾剂不超过 55%，其限量标准高于美国。按环保部标准，根据 2008 年气雾剂产量计算 VOCs 量：如按 45% 平均限量计算为 0.81 亿升。美国主要是水基气雾剂，所以我国杀虫气雾剂也将逐步水基化，降低 VOCs 总量。

2）生产走向规模化。企业数量多、规模小、产业结构不合理是目前我国卫生杀虫剂行业的特征，产业集中度低，缺乏国际竞争力，难与国际大公司抗衡。2010 年国家颁布了《农药产业政策》，鼓励和促进农药企业的兼并重组，提高产业集中度。

3）管理更加严格。卫生杀虫剂关系到千家万户，直接接触人群，对产品的质量和安全性要求高，产品登记管理政策将越来越严。国家《农药产业政策》的实施，将进一步提高企业准入门槛，资金、技术和条件差的小企业，将面临淘汰。企业违法生产违规经营将受到严厉惩处，市场秩序会越来越规范。严格的管理环境将使行业得到持续健康发展。

4）使用更加专业化。卫生有害生物的发生和活动具有流动性和区域化的特点，它们活动的隐蔽性和特殊性，需要有专业化防治技术和措施。有害生物防治具有公益属性，需要重视集体和社会公共防治活动。社区组织也将参与有害生物的统一防治工作。民营的专业化防治公司近几年得到快速发展，在今后的防治工作中将起到积极的作用。

5）市场走向国际化。经济全球化、市场一体化、贸易自由化为卫生杀虫剂行业走向国际创造了条件。去年我国出口农药 112 万吨，其中只有小部分是卫生杀虫剂。尽管我国卫生杀虫剂走向国际相对滞后于农用农药，但是出口的潜力较大。国际化是我国卫生杀虫剂实现产业升级的一个机遇和途径。进入新的发展阶段，产品更新、产业升级、企业重组将是行业今后一段时间的特点。我国公共卫生及家庭用卫生杀虫剂行业将会有新的突破和跨越。

第十节　我国公共卫生及家庭用杀虫剂型中的几个历史性人物

一、写在前面

在本章前面部分，将我国卫生杀虫剂的诞生、发展、现状及目前存在尚需要进一步完善的问题做了全面、简要、客观、真实的介绍，可以说是一部我国公共卫生与家庭用卫生杀虫剂发展简史。我们是科技工作者，也应该是历史唯物主义者，所以在叙述时，力求抱着正视历史、辩证、实事求是，对社会、公众负责的态度。

我国公共卫生与家庭用卫生杀虫剂近 40 年来得到如此迅速的发展，这是全行业相关企业、研发单位、应用部门、管理部门以及有关单位共同努力的结果，当然也离不开国外同行给予的支持。例如，在蚊香方面，浙江武义通用技术公司的陈一钢做了不少领先行业的工作，如大头蚊香、蚊香喷涂工艺及设备、第一个开发了电热片蚊香药剂自动包装机等；中山榄菊公司与成都彩虹公司首先开发了电热蚊香类产品；1993 年笔者的《电热蚊香技术》一书出版后，浙江温州欧斯达公司的陈大为等以他们的聪明智慧及勇气投入了电热蚊香用加热器的生产，已经成为我国及世界范围内电热蚊香生产厂家的供应商；中山榄菊公司首先开发了无烟蚊香，改善了蚊香的使用性能；浙江的李经春开发了黑蚊香，改进了绿色传统蚊香等，更多的例子将会在有关章节中介绍。这一切都体现了我们中国人对于公共卫生与家庭用杀虫剂剂型的发展做出的贡献。

在此介绍几个在我国公共卫生与家庭用杀虫剂型领域中，在开拓、技术研发、学术交流、行业发展及管理方面做出不同贡献的代表性人士。

二、几个具有重要意义的代表人士

1. 在科技开发方面

1998 年，北京的朱成璞教授带领笔者等 8 人努力争取，获得批准组建了中央爱卫会卫生杀虫药械专题组，这是我国卫生杀虫药械事业的一个里程碑。

朱成璞为了发展中国的卫生杀虫药械事业，有计划有步骤地组织开发杀虫药械项目和开展学术交流活动，大家都为他这种坚韧不拔的毅力和敬业精神所感动。朱成璞在"奋斗呐应用技术专辑"中说："那些天天呐喊者，大吹大擂者究竟干了些什么呢？"而他自己则严格遵照自己"说实话，办实事，求实效"的"三实"原则默默地为社会奉献，认真地坚守岗位，直至引退。朱成璞的崇高形象令人敬佩和怀念，值得人们效为榜样。这是国内外同仁有目共睹，一致公认的。

在朱成璞多年的领导与培植下，卫生杀虫药械学组得到迅速扩大，并为以后的发展奠定了基础。

1993 年，南京的赵学忠接班后，他创办了《中华卫生杀虫药械》杂志。但是他错误地把非专业的组织"中国气雾剂信息中心"（Aerosol Information Center）及"气雾剂通讯编辑部"（Aerosol Communication，China）引入合作开展活动，误导与蒙蔽了社会长达十余年，一些企事业单位被欺诈，遭受不同程度的损失。

赵学忠接班以后，卫生杀虫药械学组偏离了原来的宗旨和目的，甚至将初中文化的经销商伪造成的"高级工程师"等拉入作为成员，将一个严肃的科研开发组织变成了形式上的每年例会，而在研发卫生杀虫药物与器械方面开展工作不多。

2000 年，南京的姜志宽接班。姜志宽主持研发成功的灭蚊涂料等科研成果在媒介生物控制中发挥了很大的作用。他以从事媒介生物控制 40 年的经历，全力投入卫生杀虫药械的继续研发工作，并进一步把《中华卫生杀虫药械》杂志办成国际媒介生物控制领域中的前卫性刊物，组织出版了论文资料汇编等，做出了很大的贡献。

卫生杀虫药械学组创始人之二，上海的蒋国民（即笔者）虽然于 1993 起离开了学组，但仍然以各种不同方式继续为充实朱成璞倡导的中国卫生杀虫药械学这一伟大事业添砖加瓦。笔者在 20 世纪 80 年代对于化学防治开创性地提出了杀虫药剂、配套器械与使用技术的"三结合"，1997 年又提出了应该把控制靶标也考虑进去的"四方位"观点，现在本书中提出应该将化学防治技术扩展到控制靶标所处的环境状态，形成了更为完整的五维综合体系，始终在技术方面与实践方面引领媒介生物控制技术前进。笔者花了十多年不懈努力开发的环保复配熏蒸剂技术，为媒介生物控制提供了一种新型的药物与器械结合途径。笔者在 40 多年中，先后编著了杀虫药械方面的 20 余种中英文著作，对公共卫生与卫生杀虫药剂、器械及应用技术，以及气雾剂理论与技术的发展起到了积极的启发及引导作用。其中 4 种英文版技术专著都是世界同行中的第一本，而且至今仍是唯一的技术文献，美、欧、日、俄都将它作为主要技术参考书推荐给他们的读者，俄罗斯人高度评价其为"世界该行业内的金矿"。

2014 年，笔者对二十多年来在错误原理指导下制定的剂型药效检测方法及评价标准提出了挑战及剂效建议，获得了有识人士的认可。

刘起勇，自从担任中华预防医学会媒介生物学及控制分会主任以来，他利用自己在世界卫生组织工作过的经验与关系，积极挑起与世界卫生组织及各国的联系与合作的重担，努力把我国的媒介生物与控制工作引向国际层面。此后他担任世界卫生组织媒介生物监测与管理合作中心主任，对于促进我国的媒介生物与控制工作的快速健康发展起到了积极作用。

2. 在推动行业发展方面

近十年来，我国卫生杀虫药械行业得到极大发展，行业队伍不断壮大，凝聚力大大提高，这是日用杂品工业协会家庭卫生杀虫用品专业委员会积极、大胆、创新、开拓的领导与组织工作的结果。

麻毅，其在任协会秘书长期间，为中国百年蚊香发展史主持编著了第一部《中国蚊香》专著。他开发的"麻氏方香"，以它的有效性、经济性及生产工艺便于转换，为我国蚊香行业持续生存发展开拓了一个新路子。

3. 在卫生杀虫剂管理方面

农业部农药检定所副所长顾宝根，他根据环保、安全、健康的理念，提出应将卫生杀虫剂的安全性置于首位，改变长期以来的以药效作为产品质量分级评价的错误导向，把过去二十多年来的仅以药效作为测试评价指标，忽视安全性的做法拨正到了符合卫生杀虫剂属性的正常轨道上来。

三、引以为戒的教训

卫生杀虫药械行业的从业者们，其技术开发、控制病媒、保护环境的目的都是为了维护人类的健康安全，应该时刻牢记自己所承担的社会责任。有人试图借此满足个人私欲，甚至不惜造假，进行索贿受贿等犯罪行为，都将受到应有的惩罚。在此列出两则历史教训，希望后来者引以为戒。

原上海市卫生疾病控制中心病媒科主任梁铁麟，利用职务之便，在办理药效检测及召开年会时，转移、贪污会务费，甚至向企业索贿、受贿、敲诈等，手段卑劣，最后从所谓的"专家"沦落为罪犯。这是历史的判决。

1995 年，江苏非本专业领域的游一中，利用个人关系，将非专业组织"中国气雾剂信息中心"及"气雾剂通讯编辑部"以合作举办会议等活动的名义拉入卫生杀虫药械学组，在长达十余年中以违法手段敛取企业钱财，误导了企业及社会。法律是无情的，2014 年，他终于被揭露并清除出去，其违法的事实终将受到制裁。

以上举的两个例子，应该足以引起重视。这么深刻的历史教训，后来者永不可忘。

综上所述，作为一部卫生杀虫剂型的发展简史，在其中有光明也会有阴暗，但光明永远是主流，我们应该回顾历史的辉煌，振奋人心，使整个行业蒸蒸日上。也不能忘记曾经误导、危害社会的反面教材，应该抱着高度的社会责任感和鲜明的态度将其揭露。这不仅有助于唤醒曾经，或者仍在被误导的人们，还能提示后来者，避免重蹈覆辙。这正是科技工作者及各有关方面义不容辞、应该完成的历史职责。

第二章

植物源杀虫剂

第一节　植物源杀虫剂的研发

一、概述

在世界农药发展史中，植物源杀虫剂是最古老的一类。

我国利用植物源农药的历史可追溯到公元前1000多年，至今已有3000多年的历史。早在唐代就有记载用木屑熏蚊的配方，配方中用木屑、天仙藤，切断挫碎研为粉末，以印香燃之驱蚊；也有用"浮萍、樟脑、鳖甲、楝树"等植物焚烧驱蚊的方法；在公元前7～5世纪，中国就用莽草等植物杀灭害虫，用菊科艾属的艾蒿茎、叶点燃后熏蚊蝇；公元6世纪用藜芦作杀虫剂；10世纪中叶用百部根煎汁作杀虫剂；到17世纪，松脂、除虫菊和鱼藤等已作为农药使用。最初往往直接使用对昆虫有毒的植物干粉，后来发展为使用水或各种溶剂的萃取液。早期的烟熏带等就是利用植物制成的。在20世纪六七十年代开展的大规模驱避剂研究中，从3000余种民间驱蚊植物中筛选出100余种具有较好效果的驱避剂，如柠檬酸、舒薄荷等，其中驱蚊灵（对－孟烷二醇－3，8）是一种具有优良驱避效果的驱避剂新品种。

我国自20世纪60年代以来，对国内外植物源杀虫剂进行了广泛的研究。据相关资料不完全统计，已发现1600多种植物具有杀虫效果，其中我国广泛分布的就有400多种。据目前资料显示，植物源杀虫剂一般集中在楝科、豆科、卫矛科、菊科、樟科、柏科、姜科、芸香科、瑞香科、杜鹃花科、唇形科、蓼科、大戟科、百合科、茄科等植物中。它们所含的有效成分大多较为复杂，往往以多种类似物和异构体共同起作用，被称为天然的混配复剂。根据其有效成分的来源可分为两类，即植物本身所具有的生化物质和次生代谢产物，第一类往往集中于种子和果实等储存组织器官中，如植物精油、脂肪酸、碳氮化合物等；第二类是植物抵抗和适应逆境的产物，在植物中含量不高，其作用是抵抗外界的侵袭。根据其化学结构不同可分为植物碱类、糖苷类、醌类、酚类、木聚糖类、甾类、丹宁、黄酮类、独特的氨基酸和壳多糖、蛋白质、萜烯类、聚乙炔类及植物挥发油（香精油）等。

在卫生害虫的防治过程中，由于害虫种类的不同，杀虫剂杀虫的作用原理和作用方式呈现出多样性。使用植物源杀虫剂可以通过影响它们的神经系统、呼吸系统、消化系统、感觉系统、内分泌系统等作用原理来起到毒杀、驱避、拒食、生长发育调节等作用。

目前，我国植物源农药的研发主要是植物资源的直接利用，在科研方面包括：有效成分的生物合成——组织培养、细胞培养、发状根培养等技术，可从"时""空"上解决资源和争地问题；有效成分的人工完全模拟合成，将植物萃取转为工厂化学合成，即仿生农药；将有效成分作为农药前体，进行人工修饰合成，以获取更有效的新品种。

国外也一直在对植物源杀虫剂进行研究，例如 Veena 等（2005）报道生姜精油及迷迭香精油对数种蚊虫的蚊卵具显著的杀灭效果。Sengottayan 等（2006）的研究结果表明2%的苦楝种子甲醇萃取物可导致

96%的史帝芬疟蚊成年个体死亡。Jarial（2001）则发现6%的大蒜萃取物处理过的蚊卵不能正常孵化。

近年来采用添加香草醛的方法以提高植物精油或萃取物的驱避效果。如杨频等（2005）试验发现用15%桉油驱避白纹伊蚊时，对人的保护时间只有3 h，添加5%香草醛后保护时间延长至5 h。Tuetun等（2005）及Choochote等（2004）证实，旱芹的己烷萃取物对埃及伊蚊雌性个体的驱避效果，加5%香草醛后明显加强。

科研人员目前在以下几个方面开展研究工作：

1）植物中有效成分结构、作用机制及构效关系的研究；

2）寻找发现先导化合物进而进行人工合成；

3）植物源农药剂型加工工艺与合理使用技术的研究。

二、植物源杀虫剂的应用

目前，我国植物源杀虫剂在卫生害虫防治领域的应用主要从两个方面入手：直接利用和间接利用。

直接利用是将植物中的有效物质粗萃取后，直接加工成可利用的制剂。最初人们直接使用有毒植物干粉，后来使用水或各种溶剂的萃取液。因此植物源杀虫剂在早期的常用剂型主要有粉剂、浸剂、煎剂、油剂等，其优点主要是能够发挥粗萃物中各种成分的协同作用，且投资少、开发周期短。

间接利用则是在明确了有效物质的结构、作用机制、结构与效果间的构效关系后，进行人工模拟合成筛选，开发得到新型、高效的植物源杀虫剂制剂。近年来，国内外科研人员努力从植物中寻找具有杀虫作用的成分，来解决长期使用有机合成杀虫剂所带来的农药残留、害虫抗药性和害虫再猖獗等严重问题，力争缓解抗药性的产生，从而满足对卫生害虫等的防治需要，力求做到生态、社会、经济三大效益的可持续发展。目前，植物源杀虫剂可以加工成多种剂型，但考虑到其属性，主要加工成乳剂、粉剂，可以单独使用或者几种配合使用，也可以将植物杀虫剂与化学杀虫剂混配使用。

目前市场上已商品化的植物源杀虫剂品种主要有天然除虫菊、鱼藤酮、苦参碱、印楝素、烟碱及一些植物精油等。

植物源农药在我国家庭卫生杀虫剂行业中的研究与开发已历经了10多年，但是有些研究成果因无法达到农药登记要求的药效等级标准，难以实现产业化。

在美国，植物精油可以不经过登记许可便直接生产应用。欧盟前不久也制定了在5到10年内，将化学农药减少一半的政策，要求各个国家相继制定相关的政策，鼓励和促进植物农药的推广和应用。

因此不管是国内还是国外，不仅是政府、行业，还是生产企业，都对植物源农药寄予了很大的希望。这也预示着在不久的将来，我国植物源农药一定会有一个更美好的发展前景，这是一个难得的机遇。但是我们也遇到了很多的问题和挑战，我国植物源农药的质量和技术含量还有待提高；产业化水平还比较低，有待进一步的提升；植物源农药的市场推广利用、宣传工作需要加强。

随着经济发展和生活水平提升，国民对家居健康环境越来越重视。近年来，消费者对于家庭卫生杀虫剂产品的天然、安全、环保、有效的呼声越来越高，天然植物源农药在家庭卫生杀虫剂产品中的应用将成为发展方向。而天然除虫菊及其提取物因其作用方式、毒理性与拟除虫菊酯相近（触杀、低毒），同时是目前世界上唯一已能集约化栽培的杀虫植物，因而成了最适合应用于家庭卫生杀虫剂产品的天然植物源农药。

第二节 植物源杀虫剂的定义

植物源农药是指来源于植物，通过一定的加工工艺而制成的，可以作为"农药"来使用的一类物质。

一般来说，植物源杀虫剂可以定义为是由一些具有杀虫有效成分的植物及其萃取物制成的驱、杀虫药剂，也称之为植物杀虫剂。但是各个国家对植物源杀虫剂的定义也有所不同。

美国 EPA 对于植物农药的定义为：来自天然原材料如动物、植物、微生物及某些矿物质等的低风险农药。例如，harpin 蛋白质（harpin protein）、香茅油（citronella）、赤霉素（gibberellic acid）、肉桂醛（cinnamaldehyde）等被用作农药时也归入植物农药类别。主要包括三大类：①微生物农药（microbial pesticides）；②转基因植物农药（plant – incorporate – protectants，简称 PIPs）；③生物化学农药（biochemical pesticides）。

澳大利亚对于植物农药的定义为：有效成分来自于活体生物（植物、动物、微生物等）的农用化学品。主要包括四大类：①微生物农药（microbial pesticides）：细菌、真菌、病毒、原生动物等；②生物化学农药（biochemical pesticides）：信息素、激素、生长调节剂、酶、维生素等；③植物农药（extracts）：植物萃取物、精油等；④其他活体生物（other living organism）：昆虫、植物、动物及其转基因植物。

目前我国相关的法规里没有植物农药这一概念，对于植物农药的定义主要参考联合国粮食与农业组织、美国等国际组织或国家的相关标准，将不同来源的农药产品进行了分类定义①，其中对以下 5 类特殊农药进行了定义：①微生物农药（microbial pesticides）；②生物化学农药（biochemical pesticides）；③植物源农药（botanical pesticide）；④转基因生物（GMO）；⑤天敌生物（natural enemy）。

第三节　常用植物源杀虫剂的品种

据相关资料的不完全统计，目前已发现 1600 多种植物具有杀虫效果，其中在我国广泛分布的就有 400 多种。

在卫生害虫的防治过程中，由于害虫种类的不同，杀虫剂对害虫的作用原理和作用方式呈现出多样性。使用植物源杀虫剂可以通过影响它们的神经系统、呼吸系统、消化系统、感觉系统、内分泌系统等作用原理来起到毒杀、驱避、拒食、生长发育调节等作用。

次生代谢产物有 40 多万种，其中许多化学物质如萜类、植物碱、黄酮、甾类、酚酸类、具有独特结构的氨基酸和多糖等均具有一定的杀虫、抑菌、除草等效果。据统计，全球已发现有 6300 多种具有控制有害生物作用的物质。以下列出几个常用的品种。

1）苦参碱（matrine）：具有广谱性，对害虫具有胃毒和触杀作用。主要作用于昆虫的神经系统，对昆虫神经细胞的钠离子通道有浓度依赖性阻断作用，可引起中枢神经麻痹，进而抑制昆虫的呼吸作用，使害虫窒息死亡。

2）印楝素（azadirachtin）：来源于印楝属印楝（*Azadirachta indica*）植物种核和叶子，作为杀虫剂使用具有拒食、生长调节与产卵驱避作用。以 0.3% 印楝素乳油为主的印楝素杀虫剂被我国国务院绿色食品办公室列为绿色食品生产推荐使用杀虫剂品种。

3）鱼藤酮（rotenone）：作为杀虫剂使用。鱼藤酮对某些鳞翅目害虫有生长发育抑制作用，对一些害虫还有熏杀作用。

4）除虫菊素（pyrethrins）：来源于天然除虫菊花（*Pyrethrum*），作为杀虫剂使用。

杀虫范围：农业害虫及卫生害虫（家蝇、蚊子、蟑螂等）。杀虫机制：驱避、击倒、毒杀，为神经毒剂，作用于钠离子通道，引起神经细胞的重复开放，导致害虫麻痹、死亡；另外，对突触体上 ATP 酶活性也有影响。

5）蛇床子素（osthole）：作为杀虫剂使用。以触杀作用为主，兼有一定胃毒作用。对昆虫的神经

---

① 我国学术界还在对此进行讨论。
生物农药：直接利用生物活体（微生物、动物、植物）作为农药的，如微生物农药、昆虫天敌、Bt 棉等。
植物源农药：来源于植物的植物有效物质和天然植物活体。

系统具有明显的影响。对原粮仓储害虫也有较好的防治效果。

6）藜芦碱（veratridine）：作为杀虫剂使用。作用机制：本药剂经虫体表面或吸食进入消化系统，造成局部刺激，引起反射性虫体兴奋，继之抑制虫体感觉神经末梢，经传导和抑制中枢神经而致害虫死亡。主要特点：具有广谱高效、无有害残留、无污染、无抗药性、持效期长、不产生药害、对作物安全等特点。使用范围：能有效防治多种作物蚜虫、茶树小绿叶蝉、蔬菜白粉虱等刺吸式害虫及菜青虫、棉铃虫等鳞翅目害虫。

7）烟碱（nicotine）：作为杀虫剂使用。

8）儿茶素（catechins）：作为杀菌剂使用。

9）小檗碱（berberine）：作为杀菌剂使用。

10）苦皮藤素（celangulin）：作为杀虫剂使用。

11）樟脑（camphor）作为杀虫剂使用。

12）大黄素甲醚（physcion）：作为杀菌剂使用。

13）莪术醇（curcumol）：作为杀鼠剂使用。

第四节　植物源杀虫剂的作用方式

一、植物的化感作用

植物的化感作用是指植物通过向环境释放特定的次生物质，能够对邻近其他植物（含微生物及其自身）生长、行为和发育产生有益或者有害的影响。它不仅包括植物间的化学作用物质，也包括植物和动物间的化学作用物质，而且这些化学物质并没有被要求必须进入环境，也可以在体内进行。许多化感物质不仅对植物，而且对微生物、动物特别是昆虫都有作用。这些植物的次生代谢物质主要包括酚类、萜类、生物碱等。

以樟树为例，它是高大的乔木植物，寿命长达数千年，而其种子很小，一株樟树一生中可能产生数亿粒种子。樟树的化感作用极其强大，会产生多种多样的化感物质，并且是"广谱"的，可以抑制周边草木的生长繁殖，防止各种病虫害的侵犯。

樟叶的乙醇提取物对金黄色葡萄球菌、大肠杆菌、枯草芽孢杆菌、汉逊酵母菌、青霉、毛霉有一定的抑菌作用。从樟树落叶中提取得到棕黑色色素，在一定浓度范围内对大肠杆菌、金黄色葡萄球菌、枯草杆菌、巨大芽孢杆菌、苏云金杆菌有不同程度的抑制作用。

樟树叶片脂溶性抑菌物比水溶性抑菌物的抑菌效果强，且脂溶性抑菌物对真菌（青霉、曲霉、根霉）的抑制效果比对细菌（大肠杆菌、枯草芽孢杆菌）强。

辛纳毒蛋白是一种包含在樟树种子中的Ⅱ型核糖体失活蛋白质，对库蚊的毒性明显，100mg/L可将90%以上的库蚊杀死，半数致死浓度（LD_{50}）为178mg/L。

樟树具有良好的驱虫效果，民间一直有用樟脑丸驱虫的习惯。樟脑对蚊虫有一定驱避作用，驱蚊时间达6h以上。

樟树全株各部位有多达近300多种单体香料。这些香料大多数对各种动物尤其是昆虫类有驱杀作用。如樟脑对各种蛀虫的驱避作用世人皆知，对蟑螂、虱子和蚂蚁也有驱杀作用；芳樟醇对各种蚊虫、苍蝇、跳蚤、虱子、蚂蚁、蛾、螨虫、蜗牛、德国小蠊以及麻雀、乌鸦、鸽子等有明显的驱避活性；桉叶油素对蚊虫、仓储害虫和稻象鼻虫有驱避作用；柠檬烯对蚊虫、家蝇、蟑螂、蛀虫和米象属、豆象属害虫有驱避作用；柠檬醛对蚊虫、苍蝇有驱避作用；苯甲醛对蚊虫、螨虫有驱杀作用；松油醇－4对蛀虫和仓储害虫有驱杀作用；香叶醇对蚊虫、蟑螂、蛀虫等有驱杀作用等。因此，从樟树的各部位提取的樟叶油、樟木油、樟根油、樟籽精油等可以用来配制驱蚊油、驱蝇油、驱蟑油及其他各种家用、农用驱杀虫剂和动物驱避剂。用这些精油驱杀害虫的一个特点是至今尚未显现害虫产生耐药性。

从樟树根提取的黄樟油对各种害虫都有驱杀作用，黄樟油素是合成杀虫剂增效剂——增效醚的起始原料。樟叶油里的柠檬烯也是农药氯氰菊酯等的增效剂。

多年来的研究已经确认，从樟树的各个部位萃取出来的各种萜类化合物、多酚（黄酮、酚酸、木脂素、花青素等）、生物碱、皂苷等有着各种各样的生物活性，对人和饲养动物的毒性都极低甚至可以忽略不计，使用安全，生态友好，预计今后它们都有可能被大量用作生产、配制驱杀虫剂、除草剂、抗菌抑菌剂和植物生长调节剂的良好原材料或辅助原料。

二、作用方式多样化

（一）毒杀作用

毒杀作用是植物在自然界中对昆虫最直接、最有效的作用方式，并且大多数植物源杀虫剂都具有毒杀作用。毒杀作用主要有胃毒、熏蒸、触杀三种方式。在早期，植物源杀虫剂多属于触杀、胃毒剂。如闹羊花素来自于杜鹃花科植物中，为一系列四环二萜类化合物，对多种害虫具有强烈的毒杀、产卵忌避、拒食、杀卵及生长发育抑制作用，可防治多种卫生害虫，尤其适合防治已有抗性的害虫。闹羊花素－Ⅲ对家蝇幼虫有较高的毒效，对致倦库蚊Ⅲ龄幼虫也有较强的毒杀作用，对蜚蠊的毒效也很明显。掌叶千里光对家蝇（*Musca domestica*）具有很好的杀虫效果；以三角瓶密闭熏蒸法测定菊科植物、芸香科植物、椒样薄荷、留兰香和香茅5种精油对致倦库蚊的熏杀效果，结果显示5种植物精油对致倦库蚊都具有一定的熏杀效果，其中以芸香科植物精油和留兰香油的杀虫效果较好，为进行现场实验提供了基础资料；用毒饵法观察21种植物源杀虫剂对德国小蠊进行的测试，结果表明在20%高浓度与5%低浓度下，鱼藤与闹羊花等都对蜚蠊具有较强的杀灭效果。

在已广泛使用的植物源杀虫剂中，天然除虫菊花对害虫有强烈的触杀作用，其蒸气对害虫还有熏蒸驱赶作用，并且具有高效广谱、对哺乳动物低毒、易于降解、不污染环境、击倒快的特点。

（二）拒食、驱避及生长发育调节作用

除虫菊素除了对昆虫有直接的毒杀作用外，还表现出对蝇和螨的拒食作用。在植物源杀虫剂的多种作用方式中，由于具有拒食和驱避作用的有效物质迫使害虫转移危害目标，而不是直接杀死它，所以害虫不易产生抗药性，可以作为昆虫拒食剂和驱避剂使用。

另一种作用方式就是调节昆虫的生长发育。昆虫生长调节剂（insect growth regulator，IGRs）是扰乱昆虫生理功能的一类化合物的总称，被誉为"第三代杀虫剂"，它对昆虫生长发育的生理过程进行破坏而使昆虫死亡。它具有高效果、高选择性、残留小、安全、可有效地防治一些对于常规杀虫剂已有抗性的害虫品系，对人类和天敌以及环境友好等特点，被称为21世纪的农药。

按其作用方式，IGRs主要分为抗几丁质合成类、保幼激素类似物和抗幼激素类。

鱼藤酮及其类似物广泛存在于豆科鱼藤属、鸡血藤属等植物中，是一种代谢抑制剂和神经毒剂，可引起昆虫拒食、活动迟滞、麻痹、缓慢死亡。非洲山毛豆的萃取物对家蝇等卫生害虫有拒食、生长发育抑制和杀卵作用，目前已从非洲山毛豆中萃取鱼藤酮作为杀虫剂。

印楝素制剂因其安全性高获得广泛开发，在许多国家已有登记，其中已开发成功的商品制剂达40余种，使印楝素制剂在世界范围内得到了应用。印楝素是从楝科植物中分离出的四环三萜类化合物，对许多种昆虫具有高效拒食、胃毒、触杀及抑制生长发育的作用。由于有效成分的组成和使用剂量的不同，印楝素对昆虫会表现出不同的效果，它是目前世界上公认的最有效的拒食剂，而且对昆虫生长调节方面的效果最稳定，表现出很好的剂量—药效关系，被认为是最适合于商品化开发的植物源杀虫剂。

松节油和松脂的萜类化合物及其衍生物毒性低，广谱高效，对蚂蚁、蟑螂、蚊虫等多种病媒生物

具有驱避、拒食和生长抑制作用，同时对赤拟谷盗等仓储害虫和小菜蛾等农业害虫也有很强的药效作用。

植物精油中所含的很多化合物对卫生害虫具有驱避作用和拒食作用。其中最著名的是香茅油，其主要成分是香茅醛（无环单萜烯）和香叶醇，已成为避蚊胺的替代物用于防治蚊蝇。对野薄荷精油中驱避有效成分的结构鉴定发现，它的茎叶精油对白纹伊蚊（*Aedes albopictus*）有 4～6h 的持续驱避效果，从中分离出来的 d-8-己酰氧基别二氢葛缕酮对螨、蚋等的驱避效果更好。研究发现具有驱避效果的物质大多为萜类化合物，而萜类化合物是目前植物源杀虫剂中含量较多、研究较广泛的一类化合物。

研究发现，能防治害虫的精油种类很多，主要有桉树油、薄荷油、香茅油、松节油、百里香油、菊蒿油、菖蒲油、茼蒿精油、石竹油、黑胡椒子油、芫荽油、檀香醇、大茴香脑、芸香精油、八角茴香精油等。在媒介生物的防治中，植物精油主要表现为毒杀、驱避、拒食、抑制生长发育等效果。例如，沙地柏油、山苍子油、香茅油、柑油、橙油、黄樟油、八角茴香油、齿叶黄皮油、猪毛蒿精油、肉桂油等，表现出强烈的杀虫、抑菌作用（古书中称为"驱虫避邪"）。

樟油、柠檬草油、丁香油等80多种植物精油的杀虫抑菌作用，特别适合在卫生害虫防控中应用。

芳樟醇作为驱虫剂和杀虫剂，对蚊子、苍蝇、螨虫等有明显的驱避作用。

（三）光活化杀虫作用

光活化毒素在植物中广泛存在，是一种原先没有或具有较低的植物毒性，但在近紫外光或可见光光活化作用下，对害虫光敏毒杀力会成倍甚至上千倍提高的一类化合物。目前发现这类化合物主要存在于植物的菊科、芸香科、金丝桃科、百合科、桑科和兰科等30个科中，其中菊科植物中的聚乙炔类及其衍生物，由于高杀虫药效而受到关注。

目前光活化杀虫剂方面的研究主要集中于蚊虫及蝇类。王新国等对广东省境内的44种植物萃取物进行了药效试验，发现16种植物对致倦库蚊有较高药效，其中万寿菊、孔雀草、鲤肠有明显的光活化杀虫药效。乐海洋等报道了万寿菊根和花的萃取物对中华按蚊（*Anopheles sinensis*）的幼虫具有光活化毒杀作用，后来又分析了8种菊科植物的20种萃取物对白纹伊蚊和致倦库蚊（*Culex quinquefasciatus*）等的光活化毒性，结果发现万寿菊、三叶鬼针草、胜红蓟、加拿大飞蓬和希莶的萃取物有较好的光活化毒性。

第五节　植物源杀虫剂的优点及局限性

一、植物源杀虫剂的优点

1）大多数天然植物源杀虫剂对哺乳动物的毒性较低，使用中对人畜比较安全。如鱼藤酮大鼠急性经口 LD_{50} 为 132mg/kg；兔急性经皮 LD_{50} 为 1500mg/kg；除虫菊素 I 和 II 大鼠急性经口 LD_{50} 为 340mg/kg，急性经皮 LD_{50} 大于 6000mg/kg。然而这些天然产物中杀虫有效成分含量都很低，因而在使用中对人畜很安全。

2）有较好的环境相容性，在环境中能自然迅速降解，不会对环境造成残留危害，对非靶标生物比较安全。它们一般只含碳、氢、氧、氮4种元素，在环境中易于降解。对非靶标生物，特别是对鸟类、兽类、蚯蚓、害虫天敌及有益微生物影响相对较小。天然植物源杀虫剂的这一特点有利于保持生态平衡，对非靶标生物比较安全。

3）虽然不是所有的杀虫剂使用后都有抗药性现象出现，也不是所有的昆虫对任何杀虫剂都会产生抗性，但是由于植物源杀虫剂的独特作用方式，有害昆虫不易产生抗性，这可以为解决昆虫对化学杀虫剂的抗性提供启示或途径。

4）可以将植物源杀虫剂和化学杀虫剂进行混配，减少合成化合物有效成分的用量，降低对生态环境及人与有益生物的危害。

5）在某些情况下，还可以提高杀虫剂对有害昆虫的防治效果，起到增效作用。如将八角茴香精油、棉籽油及花椒籽油等与某些杀虫剂混用，能明显提高效果。

6）某些植物源杀虫剂具有特殊的作用，可以干扰昆虫的生长或繁殖机制，如胜红蓟的早熟素可以干扰蚊虫的发育生长，阻止蛹的形成和成虫的羽化；印楝素可以控制昆虫的激素，使昆虫拒食而致死亡。又如在实验室中人工合成的和从舞毒蛾雌虫腹部萃取分离的舞毒蛾信息素是完全相同的物质，具有相同的分子结构（包括立体结构），因而具有同样的生物效果，都对雄虫具有引诱能力。

7）来源丰富，可以直接从天然产物中开发商品化农药。目前使用的商品化农药中，相当一部分本身就是天然产物，印楝素制剂、鱼藤酮制剂、除虫菊酯制剂等的有效成分就是植物的次生代谢产物。

二、植物源杀虫剂的局限性

但是，植物源杀虫剂对有害生物的作用，也是有条件的，其功效受到多种因素的影响，也存在着差异。

1）不同的植物种类，同一种植物的不同生长期及生长地域，甚至同一植物体上不同部位采取的活性有效成分，对昆虫常表现出不同的效果。

2）同一种植物源杀虫有效成分对不同的昆虫及同类昆虫的不同品种，或同一品种昆虫的不同发育阶段，其毒力表现敏感度也不尽相同。

3）由不同的溶剂或萃取液取得的植物源杀虫剂，其生物有效性也会表现出较大的差异。

第六节　植物源杀虫剂中有效成分的萃取和分离方法

一、概述

目前从植物源天然产物中萃取有效成分大多以分离的方式进行。

在溶剂和萃取方法的选择方面，主要考虑的问题是：①如何有效地萃取出主要有效成分，尽可能少萃取"杂质"；②萃取过程中尽可能不破坏有效成分的分子结构；③萃取工作应和有效成分的分离结合考虑，甚至萃取本身就带有粗分离性质。

以有效成分分离为目的的萃取，实验室常用浸渍法、渗漏法和回流萃取法。浸渍法和渗漏法的优点是不需要专门的仪器，在室温下进行，可以避免热不稳定的有效成分分解（如在回流萃取或连续回流萃取的过程中），特别适用于大量样品的同时萃取。对挥发油或一些小分子的植物碱，则可考虑采用水蒸气蒸馏法，但这种方法仅局限于能随水蒸气蒸馏而不破坏有效成分的萃取。这些有效成分不溶或难溶于水，且在100℃时有较高的蒸气压，从而被水蒸气带出。

二、萃取和分离方法

目前，主要的萃取和分离方法大致有以下几种。

1. 超临界流体萃取法

所谓超临界流体，是物质处在其临界温度及临界压力以上的状态，物质状态介于气态和液态之间，因而有气体和液体的某些理化性质。常用的超临界流体为二氧化碳，其临界温度为31.1℃，达到这个温度以上，则不管加多大压力都不能使之液化，随着压力增加而密度加大。二氧化碳的临界压力为7.39MPa，如果小于这个压力，则温度无论如何降低，它也不会液化，因此超临界液体又称为高密度气体，其扩散速度大于液体，黏度小于液体，而且具有气体扩散渗透快的特点，又具有液体的溶解能力，并且随着密度增大，溶解能力增强。超临界二氧化碳流体对溶质的溶解度取决于其密度，当在临界点附近，压力和温度发生微小变化时，密度即发生变化，从而引起溶解度的变化。因此，将温度或压力适当变化，可以使溶解度在100~1000倍的范围内变化，因而具有较高的溶解性。一般情况下，超临界二氧化碳流体的密度越大，其溶解能力就越大。在恒温条件下随压力升高，溶质的溶解度增大；在恒压条件下随温度升高，溶质的溶解度减小。利用这一特性可从植物材料中萃取某些亲脂性成分。超临界二氧化碳的高扩散性和流动性，则有助于所溶解的各组分彼此分离，达到萃取分离的目的，并能加速溶解平衡，提高萃取效率。

2. 超声波萃取法

超声波是指频率为20kHz~50MHz的机械波，其传播需要借助一定的载体才能进行。超声波在传递过程中存在着正负压力交变周期，在正相位时，对介质分子产生挤压，增加介质原来的密度；负相位时，介质分子稀疏、离散，介质密度减小。也就是说，超声波在溶剂和样品之间产生声波空化作用，导致溶液内气泡的形成、增长和爆破压缩，从而使固体样品分散，增大样品与萃取溶剂之间的接触面积，提高萃取物从固相转移到液相的传递速率。

3. 微波萃取法

利用微波加热的特性来对物料中萃取成分进行选择性萃取的方法。通过调节相关参数，可有效加热萃取成分，有利于有效成分的萃取。微波加热是利用微波场中介质的偶极子转向极化与界面极化的时间和微波频率相吻合的特点，促使介质传递能级跃升，加剧热运动，将电能转化为热能，这是一种内部加热过程，它直接作用于介质，使整个物料同时被加热。微波萃取的原理是植物样品在微波场中吸收大量的能量，细胞内部含有的水及其他物质对微波能量吸收较多，而周围的非极性萃取剂则吸收能量较少，从而使细胞内部的物质直接与相对较冷的萃取剂接触，因而加速了目标产物由细胞内部转移到萃取液中，从而强化了萃取过程。

4. 亚临界流体萃取法

在天然除虫菊酯萃取的工艺中，国际上普遍使用溶剂浸提法，该方法萃取率低、品质差，环境污染大。国内则普遍使用二氧化碳超临界技术萃取除虫菊酯。云南南宝生物科技有限责任公司结合多种萃取方法的特点，首次在该领域提出"亚临界流体萃取"新概念，建成了两条500L的中试生产线，通过近300批次的试验生产，加工除虫菊干花60t，可以得到50%的除虫菊酯精品1t。

该方法有以下优势：

1）设备投资省：建一条12000L的生产线，其设备投资远低于其他萃取技术。

2）规模大：该工艺设备规模可根据生产需要扩大，生产规模不受限制。

3）萃取率高：该工艺对脂溶性物质的萃取效果较好，对除虫菊酯的萃取率达到97%以上。

4）活性成分保存完好：由于在常温状态下萃取和分离，不破坏物质的活性成分，该公司生产的70%的除虫菊酯其除虫菊酯Ⅰ、Ⅱ的比例为2.9∶1，高于其他萃取技术。（此比例杀虫活性最理想）

5）对环境友好：该工艺无三废排放，是环保型工艺。该公司利用自主开发并拥有自主知识产权的"亚临界流体萃取"技术，自主设计制造了一条3000L×4的"SCE"生产线，可以年产25%的除虫菊酯200t，是目前国内最大的除虫菊生产线。该生产线整个生产过程在全密闭状态下完成，无三废排放，生产过程中排出的花渣是制作蚊香的最好原料，溶剂损失小，电热损耗少，生产成本低。

6）根据"SCE"粗膏的特点，研究开发了脱色、脱蜡精制工艺，拥有自主知识产权。该工艺具有投资小、萃取得率高、产品质量好等优点，能够生产70%~80%高含量的天然除虫菊酯。天然除虫菊酯产品为浅棕黄色透明液体，能够完全溶于脱臭煤油等稀释溶剂，是制造高档卫生杀虫剂及农用剂型最理想的有效成分。

5. 膜分离法

厦门牡丹香化实业有限公司用膜分离法制取芦荟酊、芦荟粉、芦荟水时，先将芦荟净叶经绞碎打成芦荟浆，煮沸芦荟浆得到芦荟叶汁，将芦荟叶汁离心甩干得到芦荟原汁及芦荟渣；将芦荟原汁经膜分离浓缩，得渗透液即为芦荟水；将芦荟浓缩液加入乙醇沉淀，经过滤，滤液即为芦荟酊；滤渣经烘干、研磨得芦荟粉。应用此方法所得芦荟制品，其芦荟的生物活性不会被破坏。

6. 其他方法

（1）一种从芳樟树叶中萃取芳樟叶浸膏和芳樟叶油的方法

①将芳樟树叶浸泡在乙醇中进行萃取；②萃取完毕后，将上述步骤中的物料进行过滤，得滤渣和芳樟叶酊；③将上述芳樟叶酊进行加热精馏，得到回收的乙醇、芳樟叶浸膏和芳樟叶油产品。

用此方法制备的芳樟叶油杂质少，香气自然，留香时间长；芳樟叶浸膏含有丰富的药用价值和保健成分，提高了芳樟叶浸膏和芳樟叶油的商品档次及其在制药、香料和其他工业领域中的应用价值。该方法步骤简单，设备要求低，且所用的药剂价格低廉，获取容易，适合工业化生产；所用的乙醇可完全回收重复使用，避免了环境污染，降低了生产成本。

（2）直接从纯种芳樟树叶蒸馏萃取天然优质芳樟醇法

直接从芳樟植物中萃取的技术方案是：选取芳樟优良单株，通过人工选择，选育出优良的芳樟母株繁殖，从樟树叶中蒸取芳樟醇。其鲜叶蒸馏提油率不低于 1.5%，叶油中芳樟醇含量不小于 97%，樟脑含量不大于 0.2%，桉叶油素含量不大于 0.3%。

第七节 我国植物源农药登记动态

一、概述

自 2000 年以来，我国农业部和各级地方政府相继出台有关法规，禁止了许多高毒、高残留化学农药的使用，并开始鼓励和推动生物源农药（含植物源农药）的发展。

农业部农药检定所于 2011 年 3 月 6 日在北京主持召开了"植物源农药登记管理研讨会"，会议就植物源农药的认识问题、植物源农药的登记管理问题展开了首次研讨。随后在 2011 年 5 月 7 日陕西杨陵召开的"植物源农药高峰论坛"会议上，农业部有关领导做了相关报告，从政策角度鼓励我国植物源农药的发展，并由农业部提出针对植物源农药登记备案的《农药登记资料规定》的修订意见，从资料储备、政策优惠等多角度利好来推广植物源农药在大田、家居卫生环境中的应用。

二、植物源农药在家庭卫生杀虫剂型中应用的可行性分析（表 2-1~2-5）

表 2-1 天然除虫菊素在蚊香中的应用

原料及含量	可行性	风险点
除虫菊素原油（50%~70%）	1. 除虫菊素总体蒸气压 适宜作为蚊香活性成分 2. 按照现有工艺配置成喷药液后进行喷药操作，工艺简单可行且喷药液一般采用铁桶包装，可避光存放	1. 蚊香中水分含量较高，且坯体为弱碱性（pH 值约 8.5），易使除虫菊素降解 2. 从配制喷药液到喷药包装再到储运，过程周期长，除虫菊素不可避免会暴露在空气中，且蚊香仓储运输环境温度较高（最高可达 50℃，持续时间为 24h 以上），易使除虫菊素降解 3. 除虫菊素相对拟除虫菊酯蒸气压较高，现有蚊香包装模式（内袋 + 纸盒 + 收缩膜）难以阻止除虫菊素在传统渠道销售过程中逸出造成损失 4. 除虫菊素原油成本高达 2000 元/kg（50%），效价比约为现用拟除虫菊酯的 1/30~1/40，据此不建议应用于蚊香产品中

续表

原料及含量	可行性	风险点
除虫菊花粉（1.2%～1.6%），除虫菊花渣（0.17%～0.07%）	除虫菊花粉成本约40元/kg，花渣成本约2元/kg（价格接近于炭粉），可以直接捏合成蚊香进行生产，可能不需要进行再次加药包装	1. 由除虫菊花粉、花渣直接黏合制成的蚊香，燃点时不能够产生足够的热量使除虫菊素有效挥发；而由花粉、花渣加载炭粉制成的蚊香必然会导致有效成分含量的降低，使药效无法满足需要 2. 除虫菊花粉、花渣加黏合剂直接制成蚊香香坯时必定需要进行高温干燥处理，此过程中水分和温度作用极易使除虫菊素发生降解 3. 除虫菊素在原花粉、花渣中受其中杂质影响不宜长期存放，一般保质期不超过一年

表2-2　天然除虫菊素在电热蚊香片中的应用

原料及含量	可行性	风险点
除虫菊素原油（50%～70%）	除虫菊素总体蒸气压适宜作为电热蚊香片活性成分	1. 单用除虫菊素可能难以满足目前国内消费者的药效需求，需要与其他植物源驱虫成分（如蓝桉油）或化合物（如PBO）复配 2. 配制成滴加液后与现有工艺相通，可操作性大，成本可接受 3. 与除虫菊素电热蚊香片配套的加热器温度需要重新确定，应低于现用加热器，方可保证除虫菊素的稳定有效挥发 4. 复合铝膜包装，可以避光存放，加强稳定性
除虫菊花粉、花渣（1.2%、0.1%）	不可行	若采用除虫菊花粉、花渣，则需要在基片制造阶段放入，通过整体抄造成基片，操作成本大，抄造及后期干燥过程中有效成分流失严重，不建议采用

表2-3　天然除虫菊素在电热蚊香液中的应用

原料及含量	可行性	风险点
除虫菊素原油（50%～70%）	除虫菊素总体蒸气压适宜作为电热蚊香液活性成分	1. 除虫菊素原药（50%）含有其他如树脂、蜡及胶状物等天然杂质，可能会导致芯棒的堵塞，需要考虑选择合适孔隙率的芯棒 2. 配制成灌装液，与现有工艺相通，成本可接受 3. 应该使用深颜色药液瓶，避免在生产、储运、使用中暴露光照时间长导致有效成分的降解，必要时采用抗氧化剂和紫外线屏蔽剂 4. 由缓释剂、增效剂等油相组成，也可以制成水剂 5. 单用除虫菊素可能难以满足目前国内消费者的药效需求，需要与其他药物（如拟除虫菊酯）复配 6. 需要另外设计相配套的加热元件和加热器，选择合适的温度匹配，以保证除虫菊素稳定挥散，不会分解
除虫菊花粉、花渣（1.2%、0.1%）	不可行	不能采用

表2-4　天然除虫菊素在气雾剂中的应用

原料及含量	可行性	风险点
除虫菊素原油（50%～70%）	1. 除虫菊素具有6种活性结构，其作用方式以触杀为主，可高效、广谱地驱杀蚊虫（目前PCO已采用除虫菊素水乳剂进行别墅庭院的蚊虫防治） 2. 配制成药液，与现有工艺相通，可操作性强，成本可接受；药液体系由溶剂、增效剂等组成，水分、酸度可得到控制 3. 气雾剂型可避光且常温储存，可延长除虫菊素稳定期	1. 除虫菊素原药（50%）在气雾剂罐内高压下（约39N/cm²），如温度同样处于高温（如54℃），此时压力约78N/cm²，是否会加速分解，有待考察 2. WHO推荐气雾剂型最高用量为1.0%，故击倒速度可满足消费者要求，但在致死和持效性方面可能需要加增效剂进行配制 3. 可分别配制成油基及水基气雾剂型
除虫菊花粉、花渣（1.2%、0.1%）	不可行	不能采用

表 2-5　天然除虫菊素在其他剂型中的应用

原料及含量	剂型	可行性	风险点
除虫菊素原油（50%~70%）	烟雾剂	1. 除虫菊素总体蒸气压适宜作为烟雾剂活性成分 2. 烟雾剂可采用铁罐铝膜等密封包装，以延长除虫菊素稳定期	1. 文献中未提及实验样品稳定性，有待进一步实验 2. 实验样品是否可以满足消费者的使用需求和安全性需求有待进一步验证
	驱避剂	1. 除虫菊素为天然除虫菊提取成分，其已测试的急性经口 LD_{50} 为 2370mg/kg，急性经皮 $LD_{50} > 5000mg/kg$，每日允许摄入量为 0.04mg/kg，属于低毒级，但实际对人体的皮肤刺激性远小于化学农药 2. 除虫菊素对大部分卫生害虫均有忌避作用，可防蚊虫骚扰	除虫菊素的持续保护时间需要进一步设计和考虑，一般需制成乳剂、酊剂等喷洒、涂布在人体皮肤或衣物上。夏季使用时，特别是汗液的冲刷、干扰、体温的作用以及环境温度和光照是否会导致菊酯降解加速，有待大量实验进行配方设计工作验证

三、国内植物源农药品种登记情况（表 2-6）

表 2-6　国内植物源农药品种登记情况

特殊农药类别	品种数量	产品数量	生产厂家数量	代表性品种
生物化学	19	202	103	羟烯腺嘌呤/芸苔素内酯/赤霉酸/氨基寡糖素
微生物活体	26	309	140	Bt/蜡质芽孢杆菌/棉铃虫 NPV/金龟子绿僵菌
植物源	22	202	130	苦参碱/鱼藤酮/印楝素/琥胶肥酸铜/除虫菊素
天敌生物	2	4	2	赤眼蜂/平腹小蜂
转基因生物	0	0	0	
抗生素	16	1428	864	阿维菌素/井岗霉素/多抗霉素/春雷霉素

注：截至 2011 年 4 月底的统计结果，包括单剂和混配药剂。

植物源农药已经登记注册的有 22 个品种，202 个产品，主要的品种如苦参碱、鱼藤酮、印楝素、腐植酸、琥胶肥酸铜等。涉及 130 个生产厂家。从登记的品种和产品的数量上可以看出，植物源农药在近两年发展比较迅速。已经注册登记的植物源农药的品种如表 2-7。

表 2-7　已经注册登记的植物源农药的品种及生产企业数量

有效成分	登记产品数量（原/母药）	生产企业数量	用途
苦参碱	50（3）	42	杀虫剂、杀菌剂
鱼藤酮	18（3）	11	杀虫剂
印楝素	16（4）	11	杀虫剂
烟碱	5（1）	4	杀虫剂
除虫菊素	13（3）	8	杀虫剂
除虫菊素（Ⅰ+Ⅱ）	4	2	杀虫剂
腐殖酸铜	4	4	杀菌剂
樟脑	21（4）	15	杀虫/杀菌剂
松脂酸铜	8	8	杀菌剂
混合氨基酸铜	11	11	杀菌剂
琥胶肥酸铜	28	15	杀菌剂
混合脂肪酸铜	2	1	杀菌剂

有效成分	登记产品数量（原/母药）	生产企业数量	用途
蛇床子素	4（1）	2	杀虫/杀菌剂
柠檬酸铜	1	1	杀菌剂
苦皮藤素	2（1）	1	杀虫剂
雷公藤甲素	2（1）	1	杀鼠剂
藜芦碱	6（2）	3	杀虫剂
大黄素甲醚	2（1）	1	杀菌剂
丁子香酚	4	4	杀菌剂
香芹酚	1	1	杀菌剂
桉油精	2（1）	1	杀虫剂
八角油	1	1	杀虫剂
小檗碱	1	1	杀菌剂

实际上还有些属于植物源类的产品已经获得了注册登记，但是在这里没有列出来，因为已经过了登记有效期。

括号中表示的是原（母）药获得登记的数量。从表2-6及表2-7可以看到，在化学农药的总体品种中，植物源农药占的比例很小，大约只是1%。

第八节　植物源农药产品开发中遇到的问题及挑战

一、遇到的问题

主要表现在以下两个方面。

1）在研究方面：对植物源杀虫剂的研究面较宽，但研究深度不够，尤其是对有效成分的分子结构、理化性质、毒理实验、构效关系等方面的系统研究；植物源杀虫剂中有效成分和化学结构复杂，含量较低；有效成分易分解，有效成分的确定较困难，不易合成或合成成本太高。

2）在应用方面：直接利用多，间接利用少；品种单一，剂型少；易受环境因素影响，稳定性差，不易标准化；大多数植物源杀虫剂药效发挥慢、效力低、用量大、残效短、杀虫谱较窄，不适合应急处理大面积的害虫防治，且目前新药价格相对较高，成本上无法与化学农药竞争，不易为人们接受；有些化合物的毒性较大，如鱼藤和烟碱，也要注意使用过程中的人畜安全；植物的分布存在地域性，植物的采集具有季节性，加工场地的选择上也存在诸多限制因素。生产用原材料的持续可获得性存在问题。

二、解决措施

1）提高药效功能，是未来植物源杀虫剂研究的重点所在，提高植物源杀虫剂的稳定性和控制产品质量是其开发利用的关键。如何有效克服抗性的产生，提高杀虫效力，减少药物用量，降低成本，是需要十分重视的课题。

2）加大对植物源杀虫剂的重视度。我国有着丰富的植物资源和研究应用经验，应加大投入，继续加强对其的基础研究，特别是资源普查、有效成分分析、构效关系、作用机制和抗性预测的研究；还应该加快成果转化的步伐，使更多的成果转化成商品服务于社会；不断加强植物源卫生杀虫剂的质量和安全性监督与管理；加强对新原料药剂型及其使用方法的研究，寻找有效的先导化合物，对其进一步模拟修饰，合成结构全新、机制独特、安全高效的新品种，以满足日益增长的社会需要。

3）加强宣传普及，提高环境保护意识，从根本上改变人们对卫生害虫的防治观念，促进植物源杀虫剂在国内的推广，同时积极开展国际交流与合作。

4）为了保持生态平衡和杀虫药物资源的可持续利用，坚决执行综合利用、合理开发的原则，同时还要积极地利用生物技术来解决资源匮乏等诸多限制因素。

5）拓宽试虫试验试虫范围，扩大防治对象。现已发现大量的植物源杀虫剂对农业害虫具有多种毒效作用，并研发出大量产品，可以此为基础尝试从以农业害虫为主，延伸到对仓储害虫、卫生害虫的防治上来。

6）不断改进对有效成分萃取技术方面的研究。寻找和选用合理的萃取新工艺技术，达到科学高效的萃取、纯化有效成分。

植物中所含的成分复杂，有效成分的富集和萃取是制约其开发的关键。传统的萃取方法存在有效成分损失大、周期长、工序多、萃取效率低等缺陷，需要进一步完善。

7）解决植物源杀虫剂的稳定性问题是推广利用植物源杀虫剂的关键之一。

目前，增加或改善植物源杀虫剂稳定性的方法有两种：一种是在分子内部用对光稳定的部分来代替对光不稳定的部分；第二种方法是加入稳定剂。后者具有更大的潜在优势。

8）大力促进合理复配、混配方面的研究，深入研究其与增效剂、缓释剂的结合应用，使植物源杀虫剂的药效得到充分发挥。

随着研究的深入和拓宽，可开发应用的植物源杀虫剂的种类越来越多，作用方式更加趋于多元化，因此可以加强对多种植物杀虫成分复配、混配的研究和应用。在研制复、混配配方时必须强调要有科学依据，要以昆虫的生态化学、生理化学、毒理学及遗传学为基础，同时可以根据卫生杀虫剂型的作用机制，加强增效剂、缓释剂在不同杀虫剂型中的应用研究，提高剂型质量和杀虫效力，从而减少杀虫剂的使用量，节省制剂的成本，有效克服和延缓抗性的产生。

9）要重视各领域之间的互助互动。卫生杀虫剂是一门多学科的应用科学，涉及医学、化学、植物、机械、毒理、环境和生态学等学科，各学科之间的互助互动将能够促进卫生杀虫剂型的不断发展和长期繁荣。

三、展望

植物源杀虫剂对有害生物高效，对非靶标生物安全、易分解，对环境积蓄毒性可能性不大，具有生态、社会和经济效益统一的综合优势，符合社会可持续发展的需要。随着生活质量的提高，尤其是近年来人们对自身健康及生态治理观念的关注程度日益加强，我国植物源杀虫剂的研究和开发得到关注和重视，也取得了显著的进展。随着色谱、磁共振、质谱等技术的进步，各地区植物源杀虫剂资源被大量发现，有效成分分离、纯化及鉴定技术日益完善，为植物源杀虫剂有效成分的确定及开发奠定了良好的基础。

另一方面，对植物源农药成分的提纯、结构鉴定、理化性质和作用方式的深入研究，植物源农药的相互复配和稳定性的提高，必然能推动家庭卫生杀虫产品的天然化、安全化、有效化，给消费者带来健康的居家环境。

第九节　已用于卫生害虫防治的植物源制剂及其商品

一、我国常用杀蚊植物及其制剂

我国常用防治蚊虫的植物源及其制剂见表2-8所示。

表2-8　我国常用杀蚊植物及其制剂

名称	用途	制剂	杀蚊作用
除虫菊	灭蚊	粉剂、油剂、乳油气雾剂	触杀
鱼藤	灭蚊蚴、蚊	粉剂、乳剂、油剂	触杀、胃毒
百部	灭蚊蚴、蚊	浸剂、酊剂、毒饵熏蒸剂	触杀、胃毒、熏杀
藜芦	灭蚊	粉剂、浸剂、毒饵	触杀、胃毒
闹羊花	灭蚊蚴、蚊	粉剂、浸剂	触杀、胃毒、熏杀
泽泻	灭蚊蚴	浸剂、块剂	触杀
蓖麻	灭蚊蚴	浸剂、块剂	触杀
辣蓼	灭蚊蚴	块剂、浸剂、熏蒸剂	触杀、熏杀
龙葵	灭蚊蚴	浸剂	触杀
狼毒	灭蚊蚴	块剂	触杀

二、国内外已登记的植物精油类农药商品与专利

印棟种核萃取物：美国产 Margosorr O；加拿大产 Therogech；华南农业大学 0.3% 印棟素乳油。制成天然源气雾剂，用于处理埃及伊蚊幼虫。

美国 EcoSmart 公司基于植物精油开发出 30 余种卫生杀虫喷雾剂；防治对象：蚊，蝇，臭虫，白蚁，蟑螂等；保护对象：人，宠物等；使用环境：家庭，家庭内花园、草坪。

表2-9　国外已登记的植物精油类农药的商品及专利

商品名	含精油种类	防治对象	产品登记国家	备注
—	柑橘属精油的萜烯部分（主要含 α - 柠檬烯）	各种小害虫如蚊子、臭虫、飞虱等	美国	专利
EcoPCO	丁子香酚和其他精油成分	爬虫、飞虫	美国	
CinniGuard	肉桂油为有效成分	杀蚜虫剂、杀螨剂	美国	
Cinnamite	肉桂油为有效成分	杀蚜虫剂、杀螨剂、防治蔬菜白粉病	美国	
—	香茅油	蚊、蝇	—	避蚊胺（N，N - 二乙基 - 间 - 甲苯甲酰胺）最流行的替代物
—	柑橘皮油中成分（＋）- 萜二烯	跳蚤	—	已上市的无毒替代品
Apilife VAR	百里酚（76%）、少量桉树脑、樟脑等	大蜂螨	意大利	

三、我国已经开发的产品

（一）天然除虫菊酯

除虫菊原产于地中海地区，是一种菊科多年生草本植物，于1840年起逐渐引种到世界各地，至今已有150多年的栽培使用历史。中国云南玉溪江川县在20世纪30年代就有人引种，80年代楚雄州曾进行试种，90年代中期云南玉溪、红河、曲靖等地区开始推广种植，中国现已成为继肯尼亚、澳大利亚之后世界第三大种植国。

天然除虫菊为除虫菊素Ⅰ（pyrethrin Ⅰ）、除虫菊素Ⅱ（pyrethrin Ⅱ）、瓜叶素Ⅰ（cinerin Ⅰ）、瓜叶素Ⅱ（cinerin Ⅱ）、茉酮菊素Ⅰ（jasmolin Ⅰ）、茉酮菊素Ⅱ（jasmolin Ⅱ）6种组分的混合物，其含量随着除虫菊花的品种、栽培条件、气候、土壤性质的不同而不同。除虫菊素Ⅰ、Ⅱ在天然除虫菊素中

占有最大组分（60%～70%），而瓜叶菊素Ⅰ、Ⅱ起主要的杀虫作用，一般不到几秒钟就可击倒害虫，还能破坏昆虫的神经组织，使昆虫很快中毒死亡。

据报道，2000～2003年度肯尼亚、塔斯马尼亚及我国云南除虫菊干花样品中的除虫菊素Ⅰ、Ⅱ含量分别为：肯尼亚平均含量1.2%～1.3%，塔斯马尼亚平均含量1.3%～1.4%，我国云南泸西地区平均含量1.3%～1.6%，最高地区达到2.0%（新采干花）。除虫菊干花中除虫菊素主要含量在瘦果中，占90%以上。由此可见，我国天然除虫菊品种在云南南宝生物科技有限责任公司科技人员的不断改良下已经达到国际先进水平。

天然除虫菊是目前世界上唯一集约化种植的杀虫植物。它与其他合成制剂相比，其优势表现为：由于哺乳动物体内有能将其分解的酶，在体内不会蓄积残留，对温血动物无害；在自然界中易降解，对环境无污染；杀虫高效广谱，除虫菊几乎对所有的农业害虫及苍蝇、蚊子、跳蚤、蟑螂等均具有极强的触杀作用，具迅速麻痹作用或击倒作用，使用浓度极低；天然除虫菊素具有六组成分，昆虫不易识别，不产生抗药性；天然菊酯原料来源广泛，且不会对生态造成破坏，其萃取过程和使用对环境污染较小，因此被称为是世界上最安全、最有效的天然杀虫剂。

1）欧盟规定允许在有机食品生产上使用的杀虫有效成分为天然除虫菊和印楝。

2）联合国粮农组织向全世界推荐了12种生物杀虫剂，其中有几种是天然除虫菊素（pyrethrins）或拟除虫菊素类化合物。

3）中国农业部于2000年3月发布《绿色食品农药使用准则》，允许在A级、AA级绿色食品中使用的杀虫剂，天然除虫菊素位列第一。

天然除虫菊素是国内外公认最理想的杀虫剂，在人类的生产、生活中有着广泛的用途。

农林牧业生产：制成微胶囊剂或其他剂型农药，可用来灭杀蚜虫、飞虱、螟虫、毛虫、菜青虫、红蜘蛛、介壳虫、棉铃虫、黑尾叶蝉等害虫。

粮食仓储：制成粉剂或烟熏剂可防治谷蠹、赤拟谷盗和玉米象等蛀虫。

日常生活：制成气雾剂或蚊香可杀灭蚊子、苍蝇、白蚁、蟑螂、臭虫、蜘蛛等；还可制成洗洁剂用来灭杀动物身体上的虱、蚤、螨等寄生虫。除虫菊花渣可制作盘香，用于驱赶蚊虫、苍蝇等卫生害虫。

以天然除虫菊素为有效成分生产制剂的公司有日本大日本除虫菊公司，美国MGK公司等。

（二）我国已经开发的产品

1. 云南南宝生物科技有限责任公司

我国云南的云南南宝生物科技有限责任公司目前已经研究成功并且投入实际应用的植物源杀虫剂，见表2-10。

表2-10　云南南宝生物科技有限责任公司研发中心植物源产品

有效成分	产品名称	防治对象	施药量及防治效果				实验单位
			实验室测试		模拟现场		
			施药剂量（制剂量）	药效	施药剂量（制剂量）	药效	
除虫菊素	0.6%除虫菊素气雾剂	淡色库蚊	(1.0±0.1) g	KT$_{50}$：1.42min；24h死亡率100%	0.3g/m^3	24h死亡率100%	微生物流行病研究所
		德国小蠊	(1.0±0.1) g	KT$_{50}$：<1.0min	5.10g/m^2	24h死亡率100%	微生物流行病研究所
		家蝇	(1.0±0.1) g	KT$_{50}$：1.42min；24h死亡率100%	0.3g/m^3	24h死亡率100%	微生物流行病研究所

续表

有效成分	产品名称	防治对象	施药量及防治效果				实验单位
			实验室测试		模拟现场		
			施药剂量（制剂量）	药效	施药剂量（制剂量）	药效	
除虫菊素	0.9% 除虫菊素水基气雾剂	淡色库蚊	(1.0±0.1) g	KT$_{50}$：0.92min；24h 死亡率 100%	0.3g/m³	24h 死亡率 100%	湖南省疾病预防控制中心
		家蝇	(1.0±0.1) g	KT$_{50}$：1.47min；24h 死亡率 100%	0.3g/m³	24h 死亡率 100%	湖南省疾病预防控制中心
除虫菊素	1.5% 除虫菊素水乳剂（卫生型）	淡色库蚊	1.43ml/m³	KT$_{50}$：6.83min；24h 死亡率 95.10%	1.50ml/m³	24h 死亡率 96.2%	军事医学科学院 微生物流行病研究所
		跳蚤	7.143ml/m³	KT$_{50}$：1.76min；24h 死亡率 100%	—	—	湖南省疾病预防控制中心
		家蝇	1.43ml/m³	KT$_{50}$：3.59min；24h 死亡率 100%	—	—	
除虫菊素	0.1% 除虫菊素驱蚊护肤品	白纹伊蚊	1.5mg/cm²	4.3h（有效保护时间）			辽宁省疾病预防控制中心
除虫菊素	1.8% 除虫菊素热雾剂	蚊子	1.43ml/m³	KT$_{50}$：4.25min；24h 死亡率 100%	3.04ml/m³	24h 死亡率 100%	微生物流行病研究所
		苍蝇	1.43ml/m³	KT$_{50}$：3.46min；24h 死亡率 100%	3.04ml/m³	24h 死亡率 100%	微生物流行病研究所
		蜚蠊	7.143ml/m³	KT$_{50}$：<1.0min；72h 死亡率 100%	3.39ml/m³	72h 死亡率 100%	微生物流行病研究所
		跳蚤	7.143ml/m³	KT$_{50}$：<1.0min；24h 死亡率 100%	3.39ml/m³	24h 死亡率 100%	微生物流行病研究所
印楝油	70% 印楝油乳油	红蜘蛛	7mg/ml	48h 死亡率 99.07%	—	—	云南南宝生物科技有限责任公司
		蚜虫	7mg/ml	48h 死亡率 98.96%	—	—	云南南宝生物科技有限责任公司
蛇床子素	1% 蛇床子素微乳剂	白粉病	0.02mg/ml	75.72%	16.875g/hm²（有效成分用量）	末次药后防效 65.66%	甘肃省农业科学院植物保护研究所
			0.017mg/ml	68.89%	21.9g/hm²（有效成分用量）	末次药后防效 71.18%	甘肃省农业科学院植物保护研究所
			0.014mg/ml	66.22%	27g/hm²（有效成分用量）	末次药后防效 75.65%	甘肃省农业科学院植物保护研究所
			0.0125mg/ml	58.88%	—	—	甘肃省农业科学院植物保护研究所
		灰霉病	0.05mg/ml	75.30%	27g/hm²（有效成分用量）	末次药后防效 62.90%	云南南宝生物科技有限责任公司

植物源卫生杀虫剂型产品大多对有害媒介生物（如蚊虫）存在作用缓慢的状况，消费者对这些制剂产品的药效是"驱"而不是"杀"观念的转变还有一个过程。但选择绿色、环保、健康的产品是消费者今后消费行为中的主流观念，所以使用纯天然的植物源卫生杀虫剂作为家用卫生杀虫产品的有效成分将是今后研究人员的一个重要研究课题，利用丰富可持续的植物资源保护环境，也是对人类做出的重大贡献。

应该充分看到在这方面的优势和发展潜力。对于以天然除虫菊为有效成分的家庭卫生驱杀蚊虫用产品，在农业部农药检定所登记时，是否应当按现有的化学杀虫剂为有效成分的检测评价标准来对待，值得研究探讨。

2. 广州立白集团公司

广州立白集团公司凭借其雄厚的科研、经济及管理实力，已经开发成功水基植物源杀虫气雾剂。其他剂型也正在研发之中。

3. 厦门牡丹香化公司

厦门牡丹香化公司采用膜分离技术萃取的10倍、20倍、30倍芦荟浓缩液，可100%保留芦荟中的有效成分，可用于配制化妆品、食品、饮料及各种保健品、药品等，使芦荟的天然功效得到最大程度的发挥。

4. 深圳馥稷生物有限公司

采用国家统一标准测试方法，以密闭圆筒法、5.8m³小屋法以及模拟现场法相结合，通过对1300多种天然源物质进行筛选，发现了几种天然源物质对菊酯类农药具有明显的增效作用。现已开发出植物源蚊香增效剂产品2个系列3个产品。

（1）植物源蚊香增效剂 MS－A－16（表2－11、表2－12）

表2－11 MS－A－16 对四氟甲醚菊酯增效活性测定结果（5.8m³ 小屋法）

样品	KT_{50}	KT_{95}
0.045% 四氟甲醚菊酯	16min26s	39min5s
0.03% 四氟甲醚菊酯 + 1% MS－A－16	16min48s	41min2s

注：各组数据均为3组数据的平均结果。

表2－12 MS－A－16 对四氟甲醚菊酯增效活性测定结果（5.8m³ 小屋法）

样品	KT_{50}	KT_{95}
0.03% 四氟甲醚菊酯	9min2s	16min10s
0.03% 四氟甲醚菊酯 + 1% MS－A－16	7min49s	13min43s

注：各组数据为4次试验的平均结果。

（2）植物源气雾剂增效剂 S－100 系列（表2－13 ~ 表2－16）

气雾剂增效剂 S－100 系列产品为浅黄色透明油状液体，具有对环境危害小，对人、畜等高等动物安全、无残留毒害等特点，且油基、醇基均可使用。

对以富右旋反式烯丙菊酯、右旋胺菊酯、氯氰菊酯和高效氯氰菊酯等拟除虫菊酯类杀虫剂为主要有效成分的气雾剂均有较好的增效效果。用量少、药效稳定、击倒速度快。

表2－13 气雾剂配方1中增效剂 S－110 活性测定结果（5.8m³ 小屋法）

样品	KT_{50}	增效比率 RF	KT_{95}
CK	14min46s		54min16s
S110	12min8s	1.217 （+2min38s）	42min43s

表2－14 气雾剂配方2中增效剂 S－110 活性测定结果（5.8m³ 小屋法）

样品	KT_{50}	增效比率 RF	KT_{95}
CK	10min20s		30min54s
S110	9min12s	1.123 （+1min8s）	27min46s

注：以上数据为6组数据的平均值，增效剂含量为0.3%；CK 为一市场化的杀虫气雾剂对照样品。

表 2 - 15 S - 110 对气雾剂产品的增效活性测定结果（5.8m³ 小屋法）

组别	样品	KT₅₀	KT₅₀置信区限	KT₉₅	毒力方程
1	S110	9min28s	8min30s ~ 10min34s	23min16s	$Y = -6.612 + 4.216X$
	CK	12min10s	10min46s ~ 13min45s	32min36s	$Y = -6.007 + 3.844X$
2	S110	9min37s	8min32s ~ 10min49s	25min34s	$Y = -5.684 + 3.870X$
	CK	14min04s	12min10s ~ 16min15s	47min27s	$Y = -4.111 + 3.114X$
3	S110	9min49s	8min46s ~ 10min58s	25min29s	$Y = -5.989 + 3.967X$
	CK	11min28s	10min2s ~ 13min6s	35min52s	$Y = -4.420 + 3.32X$

注：增效剂含量为 0.3%；CK 为未加增效剂的对照组样品。

表 2 - 16 植物源气雾剂增效剂 S - 110 理化指标

理化项目	检测指标	检测方法
外观	浅黄色透明油状液体	目测
密度（g/ml）	1.0456	GB/T 1884 - 2000
酸值（mg KOH/g）	2.020	GB/T14455.5 - 2008
含水量（%）	≤0.15	GB/T 1600 - 2001

（3）植物源杀虫气雾剂 Q - T（表 2 - 17 ~ 表 2 - 19）

在对植物精油对卫生害虫生物活性的研究中，发现艾叶油、橘子油、薄荷油、蓝桉油、松油烯 -
4 - 醇等植物精油及其成分对淡色库蚊具有较好的触杀活性、熏蒸活性、驱避活性。

植物源杀虫气雾剂 Q - T 配方组成为：0.5% 天然除虫菊素 + 助剂 + 精油 + 植物源提取液。

表 2 - 17 气雾剂 Q - T 对家蝇和淡色库蚊的生物测定结果（密闭圆筒法）

试虫	药剂	KT₅₀（min）	毒力方程	95%置信区间（min）	24h 死亡率（%）
家蝇	CK	4.52	$Y = -6.357 + 5.211X$	4.15 ~ 4.95	97.33
	Q - T	4.70	$Y = -5.905 + 4.933X$	4.38 ~ 5.10	96.67
淡色库蚊	CK	3.10	$Y = -5.048 + 4.428X$	2.49 ~ 3.88	100
	Q - T	3.55	$Y = -6.214 + 4.814X$	2.87 ~ 4.41	98.33

注：CK 为国内某知名品牌的气雾剂产品。

表 2 - 18 气雾剂 Q - T 对淡色库蚊的生物测定结果（5.8m³ 小屋法）

药剂	KT₅₀（min）	毒力方程	95%置信区间（min）	24h 死亡率（%）
CK	14.07	$Y = -3.300 + 2.863X$	11.99 ~ 16.50	79
Q - T	13.55	$Y = -6.402 + 3.918X$	12.02 ~ 15.28	75

注：CK 为国内某知名品牌的气雾剂产品。

表 2 - 19 气雾剂 Q - T 对淡色库蚊的生物测定结果（模拟现场法）

药剂	1h 击倒率（%）	24h 死亡率（%）
CK	61	61
Q - T	72	69

注：CK 为国内某知名品牌的气雾剂产品。

第十节　天然除虫菊介绍

一、概述

天然除虫菊（*Pyrethrum cinerariaefolium* Trev.）是一种菊科菊属植物，原产于地中海地区，1876 年引进美国，其后日本、非洲、南美国家广泛栽培，形成产业。1940 年非洲肯尼亚和坦桑尼亚先后引进，1976 年澳大利亚引进，逐渐发展成非洲和澳大利亚两大规模化种植区，至今已有超过 150 年的栽培和使用历史。我国由中科院昆明植物研究所于 1987 ~ 1988 年引进，至 1992 年在云南大理等地试种成功。随后，昆明植物所完成了天然除虫菊提取技术的开发，并与企业合作，于 1999 年开始相继在云南曲靖、红河、玉溪等地规模化种植，经过近 10 年的发展，云南已发展成世界第三大天然除虫菊生产地，推广种植面积达到 6 万亩，产品品质得到国际认可。

天然除虫菊是世界上唯一集约化种植的杀虫植物，其花朵中含有高效的杀虫活性物质，通称天然除虫菊素（pyrethrins），由六种结构相似的化合物组成。由于天然除虫菊素源于天然，在自然界中很容易降解，在人及动物体内没有积累的记录，不残留任何有毒物质，不会沿食物链传递，不污染使用空间，因此被世界公认为安全有效的杀虫剂，尽管其生产成本比化学合成杀虫剂高，但仍然受到欧洲、美国、日本等发达国家的青睐，应用广泛。在发达国家，约 50% 以上的天然除虫菊用于家居卫生消灭蚊、蝇、蟑螂等害虫，约 20% 用于医院、超市、食品加工场所等公共环境，约 10% 用于有机农产品的生产。

随着世界各国对食品安全的重视，国内对食品安全整治力度的加大，我国的天然除虫菊产品市场需求快速发展，产业的发展空间迅速扩大，我国天然除虫菊产业的发展出现难得的历史性发展机遇。然而，由于我国天然除虫菊产业起步较晚，阻碍产业发展的一些关键技术必须尽快解决，其中，天然除虫菊连年种植发生了严重的品种退化，品种含量及单位面积产量低下，天然除虫菊品种及其种植技术成为阻碍产业发展的关键。而非洲和澳大利亚都有较成熟的种植技术和优良品种。因此，通过国际技术合作与交流，加快我国天然除虫菊品种改良工作和种植技术完善，促进我国天然除虫菊产业化的发展，有重要的意义。

二、天然除虫菊素理化参数

沸点（℃）：

除虫菊素Ⅰ，146 ~ 150（6.67×10^{-2} Pa）；瓜叶菊素Ⅰ，136 ~ 138（1.06 Pa）；除虫菊素Ⅱ，192 ~ 193（0.93 Pa）；瓜叶菊素Ⅱ，182 ~ 184（0.13 Pa）。

蒸气压（Pa）：

除虫菊素Ⅰ，2.70×10^{-3}；瓜叶菊素Ⅰ，1.46×10^{-4}；茉酮菊素Ⅰ，6.38×10^{-5}；

除虫菊素Ⅱ，5.29×10^{-5}；瓜叶菊素Ⅱ，6.11×10^{-5}；茉酮菊素Ⅱ，2.52×10^{-5}。

溶解度：不溶于水，易溶于甲醇、乙醇、石油醚、四氯化碳、煤油等有机溶剂。

稳定性：强光、紫外光、高温、强碱性和强酸性条件下不稳定。

三、国内外天然除虫菊发展情况

20 世纪 40 年代在非洲肯尼亚、坦桑尼亚等国广为栽培天然除虫菊，80 年代中后期，在澳大利亚实现机械化种植。在美国、日本等发达国家，已将天然除虫菊列为高效、安全的生物农药，在农业生产中重点加以推广使用，这些国家已成为天然除虫菊的消费大国。

肯尼亚有半个多世纪的天然除虫菊种植历史，自 20 世纪 60 年代开始，系统地进行群体改良工作及品种选育工作，在天然除虫菊育种和栽培各个环节上，拥有成熟的技术、思路以及丰富的经验。肯尼亚种植的常规天然除虫菊品种，有效成分含量为 1.8%，干花产量达 1950kg/hm²。

澳大利亚于 1976 年引进天然除虫菊试种，1985 年在 Tasmania 州实现机械化种植，并逐渐成为世界第二大天然除虫菊生产区。1981 年政府与 Tasmania 大学开始系统地进行天然除虫菊品种选育工作，在该领域取得重大突破，使天然除虫菊有效成分达到 2.0%，干花产量超过 2250kg/hm²，品种的开花时期较一致，实现了机械化采收。

我国天然除虫菊主要在云南种植，云南生态环境和自然条件与世界天然除虫菊主产区肯尼亚相似，特别是滇中地区，土地肥沃，温度适宜，水利发达，非常适合种植天然除虫菊。昆明植物研究所 20 世纪 90 年代初开始天然除虫菊的推广种植和应用的研究，取得了一系列成果，在玉溪选育了"峨山 1 号""峨山 2 号"等新的优良品系，在实验种植中，其天然除虫菊素含量达到 1.3%，产量达到 1950kg/hm²。然而经过多年种植，目前品种退化严重，有效成分含量下降至 1.2%，平均产量仅有 1125kg/hm²。各级部门和研究机构高度重视天然除虫菊优良品种选育，中科院还利用神舟五号返回式卫星搭载种子，进行太空诱导优良品种选育，以推动天然除虫菊优良品种选育工作的进展。

四、我国云南省内的发展状况

早在 20 世纪 80 年代，云南省曾设想大力推动天然除虫菊产业化，促进生态农业发展，成片推广种植天然除虫菊，鼓励天然除虫菊产业的发展。但受到当时人们食品安全意识不强的影响，化学农药的使用没有得到有效控制。在农作物种植中使用化学农药，产品成本低于使用生物农药，人们更容易接受价格较低的产品，天然除虫菊产品一时销路困难，很多企业改变经营方向，天然除虫菊产业的发展受到影响。对天然除虫菊品种、种植和加工技术的研发，一时处于停滞状态。近年来，随着人们生活水平的提高，国内媒体对食品安全问题的报道，人们的食品安全意识普遍提高，使用生物农药种植的农产品受到大众的青睐。在农产品出口贸易中农药残留问题受到严格监控，迫使种植户放弃化学农药的使用，天然除虫菊销量逐年攀升，逐步显示出其巨大的市场潜力和广阔的市场空间。目前，国内天然除虫菊种植规模达不到市场需求，产品处于供不应求的状况。近年来在云南玉溪、红河、曲靖，天然除虫菊产业化重新崛起，快速发展。目前，已在省内形成两家规模较大的天然除虫菊生产企业。

但是，由于前期天然除虫菊产业化发展不景气，目前国内天然除虫菊品种选育和产业化种植技术水平相对滞后，云南省内前几年研究培育出来的天然除虫菊新品种，经过多年栽培，出现品质退化、产量低、天然除虫菊素含量低的严重问题。现国内育种和种植的技术与国外先进技术相比出现很大的差距。各地天然除虫菊品种的对比情况如表 2 - 20 所示。

表 2 - 20　三个主要天然除虫菊生产地的含量及产量对比情况

主产区	干花中天然除虫菊素含量（%）	天然除虫菊干花产量（kg/hm²）	品种一致性及采收方式
云南省	1.2	1125	混杂、人工采收
非洲	1.8	1950	较一致、人工采收
澳大利亚	2.0	>2250	较一致、机械化生产

目前，在天然除虫菊种植生产中存在两个方面的主要问题：一是在品种问题上，经过 6 年的连续种植，田间出现了严重的品种混杂和退化，表现为干花有效成分天然除虫菊素含量明显下降，平均有效成分只有 1.2%，成熟期晚，影响了下一轮农作物的种植时间；二是田间管理技术落后，产量较低，花期不整齐，植株外观形态差异性大，群体花开整齐性很差，农户需要进行成熟的单朵采收，劳动强度大，生产效率低。受两方面问题的影响，农户种植的经济利益下降、企业的生产成本升高，严重影响了云南省天然除虫菊产业的发展。

第三章

公共卫生及家庭用杀虫剂剂型

第一节　概　述

一、为什么要讲剂型

1997 年笔者等人编写出版的《卫生杀虫药剂、器械及应用技术》，根据当时的认识水平，详细叙述了实施化学防治中卫生杀虫药剂、器械及应用技术三个方面以及三者之间互相影响、相辅相成的整体性关系，但不少业内人士对于什么是剂型、剂型的定位、剂型在应用中的作用和相互之间的关系，以及将杀虫剂原药加工成剂型的优点等诸多问题认识不足。虽然有一些文章陈述卫生杀虫剂剂型，但是在观念上不够明确，缺乏系统性和完整性，有些表述是矛盾甚至是错误的。

剂型关系到杀虫剂的作用和功能，有的剂型用于杀虫，有的用于驱赶、拒避。例如，蚊香就不是用来杀蚊虫的，而是用于驱赶蚊虫，不让它来叮咬骚扰人。但是 1992 年制定国家标准时，把它当作杀虫的杀虫剂，所以就以半数击倒时间（KT_{50}）来判定它的药效。GB/T 17322.4—1998 中，进一步把 24 小时死亡率的检测也作为蚊香药效 A/B 等级的评价标准。将蚊香这个剂型的功能定位从驱赶蚊虫为主变成了杀灭蚊虫。这种错误概念应用到制定国家标准上，多年来已产生严重的负面影响，卫生杀虫剂应用的健康安全、抗药性、环境污染危害等已经不可逆转。

又如，杀虫气雾剂属于触杀类杀虫剂剂型，将杀虫气雾剂说成是害虫熏蒸剂就不合适。杀飞虫气雾剂罐体上大都标示着"喷雾后若使门窗关闭 20 分钟效果更好"的字样，但事实上，飞行害虫与爬行害虫全杀型杀虫气雾剂喷出的油基药滴，门窗关闭 20 分钟除了可以防止很少部分尚没有沉降的小药滴飞出室外，对于大部分在喷出后已快速沉降到地面的药滴，没有什么实际意义。气雾剂是触杀类杀虫剂，不是熏蒸剂，这一点千万不要被误导。如果该气雾剂喷出的药滴比较粗的话，关闭门窗更无意义。

再有，喷雾剂、喷射剂或者喷粉剂，不是一种独立的、固定的剂型，而是需要借助喷雾或者喷粉器械来达到药剂应用的综合剂型。它是根据使用方式对剂型做出的分类。如液体制剂、粉末制剂、微胶囊剂、可湿性粉剂、乳悬液剂、驱避剂及引诱剂等，它们在应用时，都制成了喷雾剂、喷射剂或者喷粉剂。

上述种种，说明对卫生杀虫剂剂型的概念、功能及定位有一个正确认识和了解是非常重要的。

二、为什么要制成剂型

未经加工的杀虫剂原药，它们的有效成分含量高，除极少数可直接用于熏蒸或超低容量喷洒以外，大多要将它与各种非杀虫活性成分混合或适当稀释，加工处理成适合于一定场合、以一定的器械或施药方式撒布的形式后方可使用。

之所以很少直接使用纯品或原药，是因为在大多数应用场合下，与需处理面积（或空间）相比，杀虫剂有效成分的施用量极小，如不将杀虫剂原药进行加工或稀释，要使其在处理面积（或空间）内均匀分布，以获得所需的防治效果，几乎是不可能的。即使采用超低容量喷雾，也只有个别农药品种如马拉硫磷可行，其余均需要加工稀释成可以利用的剂型。

非活性成分各自起着不同的作用，它们与活性成分结合后可以增强一定剂型的制剂活性，增强效果降低毒性，减少对环境的残留污染，或便于药剂的使用。将原药加工成一定形式的剂型后，在某些情况下也有利于改进杀虫有效成分的理化性质，便于使用，或延长它的持续作用效果及时间。加工成气雾剂型，可以直接做到对害虫的快速击杀；加工成微胶囊剂，使杀虫剂有效成分包裹于微胶囊中，有效成分在使用中通过胶囊壁逐渐释放出来发挥作用，这样就可以使药物具有缓释作用，增加持效时间；加工成烟雾剂或者熏蒸剂，则可以使杀虫剂有效成分扩散渗透到液剂或粉剂难以到达的空间或隐蔽部位。

杀虫剂并不是对所有的有害生物都有良好的药效，具有一定的选择性；加工成剂型的杀虫剂也不是对每一种有害生物都合适，也具有相当的选择性。

杀虫剂的剂型对防治效果具有明显的影响，将杀虫剂有效成分加工成不同的剂型，是为了适用于其喷洒目标。如在喷洒吸收性强的表面时，使用可湿性粉剂配制成的乳悬液要比单纯使用乳剂或水剂具有更好的效果，但不足之处是喷洒后会在表面上留下讨厌的斑迹，而微胶囊剂则能有效控制或延长暴露环境下的生物效果。将原药加工成一定形式的剂型，可以降低有效成分本身的刺激性或毒性，如有些药物的口服毒性和经皮毒性高，以一般的剂型不能使用，但若将它制成适当的颗粒剂，就可以安全地使用。

因此，杀虫剂剂型是对害虫实施有效防治中一个不可缺少的途径，可以将其视为化学杀虫剂与害虫之间的媒介，其重要性不言而喻。

三、现今新开发农药的两个途径

一是直接开发新杀虫剂原药，但是成功率很低。杀虫剂原药的结构十分复杂，筛选成功率很低。在 20 世纪 60 年代可从 3000 种化合物中筛选出一个，1990 年需要筛选 2 万个化合物，2000 年需要筛选 20 万个化合物才能得到几个有效成分相对安全的新化合物。开发一个新杀虫剂的成本从 20 世纪 50 年代的 100 万美元增加到 2003 年的 2 亿多美元。随着安全性要求的不断提高，开发周期也不断延长。迄今为止，世界上有能力开发新杀虫剂原药的公司，可能只有十余家。

二是通过复配将杀虫剂原药加工成新的剂型，是一条多快好省的途径，这种方式成本低、速度快、改善抗药性的快速上升，老药新用，有利于环保等，其优势和开发潜力很大。如溴氰菊酯被加工成凯素灵，适用于卫生杀虫；加工成敌杀死，适用于防治农业害虫；加工成 Butox 剂型后，专用于畜牧业的害虫防治。

将杀虫剂原药加工成一定剂型不但能发挥有效成分的优点，弥补其缺点，扩大其使用场合或范围，还有利于改善现有剂型的效能，或创制新的杀虫剂型，以新剂型替代老剂型。例如，由于杀螟硫磷易被土壤中的微生物分解，原有的常用剂型无法用于防治白蚁，但将它加工成微胶囊剂型后，就可以用于防治白蚁。

在杀虫剂剂型的开发、质量及品种方面，美国最多，原药品种有 1000 多种，制剂则有 40000 种，为原药品种的 40 倍。日本原药有 300 多种，制剂约有 1600 种，约为原药的 5.3 倍。剂型品种之所以远远多于原药的品种，是因为开发剂型的投资及风险，远较杀虫剂原药少得多，开发时间也相对较短，此外在效果、毒性与环境试验登记及法规方面均没有杀虫剂原药那么复杂和严格，但投资收益却不亚于杀虫剂原药。

据不完全统计，我国现有农药品种 156 种，制剂约为 780 种，其中用于卫生杀虫剂的更少。据农药检定所统计，已登记农药生产厂家 1645 个，其中卫生杀虫剂生产厂家 327 个，主要分布在沿海一带，远远落后于发达国家。从 1997 年在我国登记的国内外卫生杀虫剂来看，气雾剂与蚊香为两大主要品种，其中气雾剂占 47.3%，蚊香占 20.4%，电热蚊香片占 12.1%，电热蚊香液占 5.2%，其他剂型占 15.1%。这是值得重视和投入开发的潜在大市场。

第二节　公共卫生及家庭用杀虫剂剂型与制剂之间的关系

原药是指含有较高纯度活性成分，未经任何加工或稀释的杀虫剂最初产品（纯品）。原药产品一般有固体和液体两种形式，为便于区别，通常将固体原药称为原粉，液体原药称为原油（液体原药都呈油状）。

剂型是指杀虫剂原药经过一定的物理或化学方法加工处理后形成的适用于一定场合、使用一定的器械（具）或施药方式，或者通过其作用方式及药物释放方式，杀灭或驱赶所需防治的害虫的制剂形式，是各种具有特定相同或相近物理形态或效用的制剂的总称。从这个意义上来说，剂型也可以作为制剂物质形态上的一种分类，但它与制剂物质形态上的分类不完全相同，剂型形式多，而物质形态仅有固态、液态及气态三种。有的剂型没有固定的一种形态，而可以制成许多形式，如缓释剂可以是微胶囊、薄膜式、带式、丸粒式等十余种形式。

制剂是根据设计的配方将杀虫剂原药通过添加不同的助剂（如载体、表面活性剂、溶剂、稀释剂、增效剂、稳定剂、物性改善剂等）加工制成一定剂型的各种药剂（制品）的总称，每一个制剂都是具有一定的配比组成或技术质量规格的最终可使用产品。

浓缩剂是指大量生产、便于供他人稀释配制成制剂的中间制品，如日本住友化学工业株式会社生产的 ETOC-6 浓缩液专供用于配制 0.66% 电热蚊香液，喷杀高 FG-11 浓缩液用于配制油剂杀虫气雾剂。它们也都可以称为制剂。但为了与最终药剂有所区别，一般将它们称为浓缩剂（TK）。液体浓缩液称为母液，固体浓缩料称为母粉。

在许多情况下，浓缩液（料）常常为某一专用制剂开发，如日本住友的强力毕那命 81 专用于盘式蚊香，喷杀高 ME75% 用于配制涂药式蚊香用有效成分，霹杀高 FE 用于油基杀虫气雾剂，FGW-11 20% 浓缩液则用于配制水基杀虫气雾剂。

在每种剂型中可以包括许多种制剂，如气雾剂剂型按使用对象分为杀飞虫型、杀爬虫型、杀黄蜂型等。其中每一种用途可以有许多不同的配方，每一个特定的配方都构成一个制剂。但一种专用制剂一般都开发用于某一种剂型，如日本住友开发的益多克 0.66% 驱蚊液，专用于电热蚊香液中的驱蚊液，英国捷利康公司开发的大灭 CS 微胶囊制剂作为喷射剂使用。

制剂与剂型是两个既有联系、又有区别的概念，它们之间的关系并不是单一的对应关系，如 5% 高克螂微胶囊剂，作为一种制剂按其被加工成的形态，被划分为微胶囊剂型，但其药物具有缓释的释放方式，此时可将它称为缓释剂。再从其在控制目标上施布的方式，可将它列为喷射剂或涂抹剂（使用时需用一定量水稀释）。此例可明显看出对制剂所属剂型的概念，一种制剂可因其形态、作用方式及施用方式等不同，可能会出现跨越几个剂型的现象。

在此顺便一提的是，不要把商品名与剂型或制剂相混淆。例如美国氰胺公司开发的奋斗呐（商品名），它有两种制剂（5% 可湿性粉剂和 1.5% 悬浮剂），它们的有效成分都是顺式氯氰菊酯。前者属粉剂，后者属悬浮剂，分别为两种不同的剂型。它们都是浓缩制剂，均需加水稀释后作喷射剂使用。当然对不同的防治害虫及不同的处理方式（或场合），其所需的稀释浓度及喷洒量是不同的。

反之，同一种剂型的制剂，因生产厂商不同可以有许多商品名称。

此外还应该了解到，用于防治同一种害虫的制剂，可以制成多种不同的剂型，如杀灭蚊虫的制剂，可以制成喷射剂、气雾剂、蚊香、电热蚊香、可湿性粉剂、微胶囊剂及其他多种剂型。灭蚤剂有香波、微乳剂及粉剂等，举不胜举。反之，同一种制剂（或剂型）可以用于防治不同的害虫的例子比比皆是，如大多数杀虫气雾剂都同时能防治蚊、蝇及蟑螂等多种害虫。

综上所述，对原药、剂型、浓缩剂、制剂与商品名之间的关系，可以得出以下结论（图 3－1）。

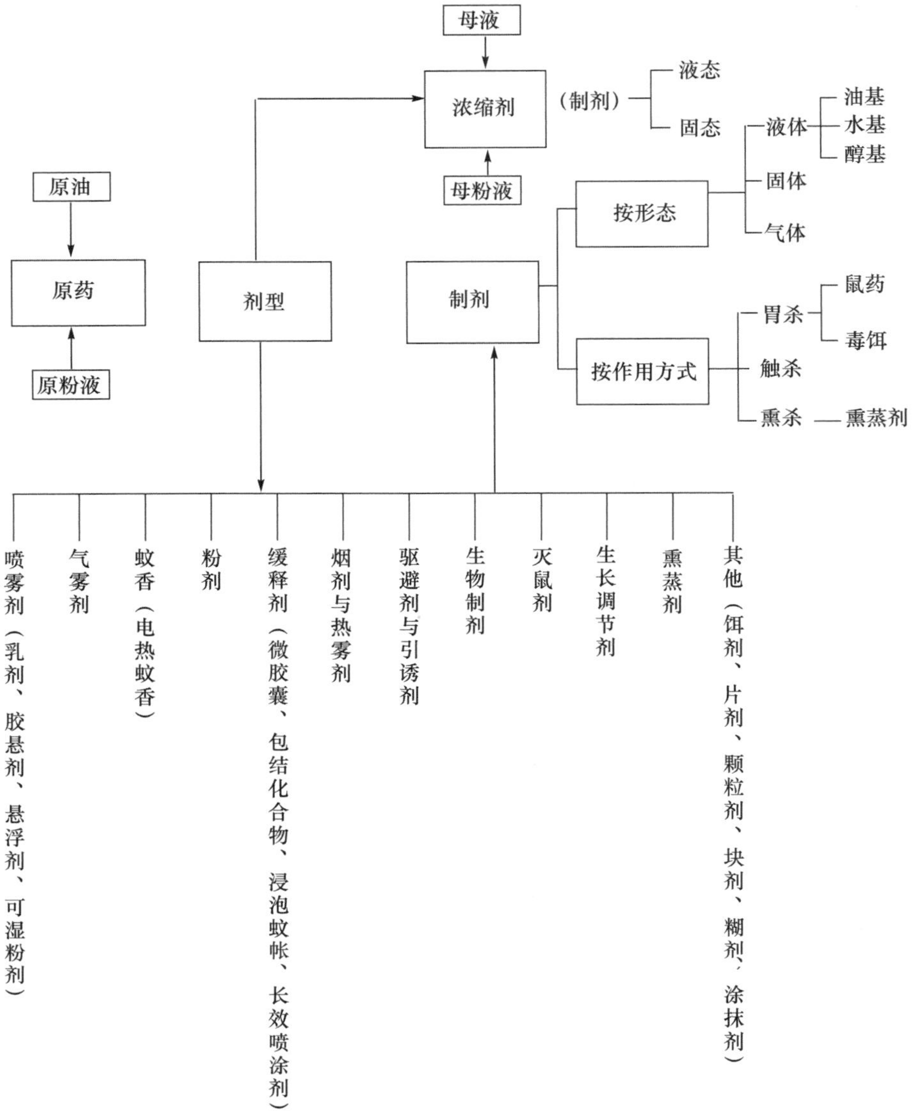

图 3－1　剂型的分类和原药、剂型、浓缩剂与制剂之间的关系示意图

1）制剂是卫生杀虫剂的最基本单位，每一个由一定配方组成的卫生杀虫剂产品都是一个制剂，在理论上可以有无数多个。只要改变组成制剂的配方中的一种成分的加入量，就使配方中各成分之间的比例关系发生了变化，也就产生了一种新制剂。

2）原药是制剂中的核心——杀虫活性成分。每一个制剂中至少含有一种或几种原药活性成分。

3）在某些情况下，为保证配制制剂的效果及方便性，或者为着商业上的目的，先将原药加工成浓缩（母液或母粉）作为中间产品，然后再按规定要求配制成相应的制剂。

浓缩剂也是一种制剂，但不是最终产品，不能直接将它用于靶标昆虫。

不是所有的原药都需要先加工成浓缩剂，然后再配制成制剂的。

4）剂型是为使原药便于使用而将它按一定的目的及施用方式或对象加工成的一类具有相同或相似形态或发挥相近效用方式的许多个制剂的总称。

5）剂型与制剂之间存在着交叉关系，如一个制剂可以跨越几个不同的剂型，往往按其本身被加工成的形态归属于一种剂型，按其药物发挥作用的方式可被划入另一种剂型，按其施用方法还可被划入又一种剂型。

6) 在剂型之间也存在着相互包容或交叉的关系。如缓释剂是一种对药物具有控制缓释作用的剂型名称，它本身没有固定的形态，但它可以包含各种形态的具有缓释作用的剂型，如气雾剂型、微胶囊型、膜型、带型。

7) 在一种剂型中还有子剂型，如气雾杀虫剂作为一种药械一体化的剂型，根据其溶剂的特性，还可以分为溶剂型（煤油、醇剂）及水剂型两大类。所以剂型的概念可大可小，大到可以包含一大批剂型，小到只有一种剂型，它还可以派生出很多个制剂。例如，油基型气雾杀虫剂就是最小的基本剂型，市场上五花八门的油剂型气雾杀虫剂品种，都是隶属于这一剂型的一个特定制剂。

8) 以相同的或不同的原药活性成分配制成的一种剂型的制剂可同时用于防治几种不同的害虫。

9) 对同一种卫生害虫，可以使用同一种剂型的不同制剂来防治，也可以使用不同剂型的多种制剂来防治。这些制剂中的有效成分品种及其含量可以是相同的，也可以是不同的。

10) 对同一种卫生害虫，对它的不同生长期，以及不同的栖息场合，有其最佳的适用剂型，并不是所有剂型都适合，如可湿性粉剂适用于粗糙的吸收性表面，水乳剂适用于浸泡蚊帐，若将两者互换，就达不到所需的良好防治效果。

11) 对同一种卫生害虫，对它取得良好防治效果的制剂并不是唯一的，可以有许多种不同有效成分配比的制剂，这些制剂可以跨越多个不同的剂型。

12) 一个商品名下可以包括几个不同剂型的制剂。相同剂型的制剂因生产厂家不同而可以有许多不同的商品名。

第三节　卫生杀虫剂剂型的代码及分类

一、剂型的代码

按照国际代码系统，卫生杀虫剂剂型大致有以下几类（表 3 - 1）。

表 3 - 1　卫生杀虫剂剂型代码及分类

代码	中文名	英文名及说明
（一）原药及浓缩剂		
TC	原药（原粉或原油）	technical material 在制造过程中形成的有效成分及随之产生的杂质组成的最后物质
TK	浓缩剂（母粉或母液）	technical concentrate 原药浓溶液或用固体填充料稀释的原药，用于配制各种制剂
（二）液体剂型		
AS *	水剂	aqueous solution 有效成分或其盐的水溶液制剂。有效成分以分子或离子状态分散在水中的真溶液制剂
CS	微囊悬浮剂	capsule suspension 流动性稳定的胶囊悬浮剂，一般用水稀释后成悬浮液施用
DC	可分散液剂	dispersible cxoncentrate 用水稀释后成固体微粒悬浮液施用的一种均一液体制剂
EC	乳油	emulsifiable concentrate 用水稀释后成乳状液施用的一种均一液体制剂

代码	中文名	英文名及说明
EW	水乳剂	emulsion, oil in water 有效成分溶于有机溶液中，以微小的液珠分散在水中为连续相的非均一液体制剂
ME *	微乳剂	micro emulsion 透明或半透明液体制剂，用水稀释后成微乳状液施用
OL	油剂	oil miscible liquid 均相液体制剂，用前以有机溶剂稀释为均一液体
SC（FL）	悬浮浓缩剂	suspension concentrate（flowable concentrate） 有效成分呈流体状的稳定悬浮液，也含其他溶解的有效成分。水稀释后成悬浮液施用
SE	悬浮剂	suspo－emulsion 含有至少两种有效成分，以固体粒子和微细液珠形式稳定地分散在以水为连续相的流动的非均一制剂
SL	可溶性液剂	soluble concentrate 为均一液体制剂，用水稀释后有效成分形成真溶液
SO	展膜油剂	spreading oil 施于水面形成薄膜的油剂
ULV	超低容量剂	ultra low volume concentrate 直接在超低容量喷雾器械上使用的均相制剂
（三）固体剂型		
CG	微囊胶粒	encapsulated granule 具有控制释放的保护膜的粉粒状制剂
DF *	干悬浮剂	dry flowable 为粉粒状制剂，分散于水中成悬浮液施用
DP	粉剂	dustable powder 自由流动粉状制剂，适用于喷粉
FG	细粒剂	fine granule 粒径范围在 300~2500μm 的粒剂
GR	颗粒剂	granule 具有一定粒径的可流动固体制剂，可直接施用
GG	大粒剂	macrogranule 粒径范围在 2000~6000μm 的粒剂
MG	微粒剂	microgranule 粒径范围在 100~600μm 的粒剂
SG	水溶性粒剂	water soluble granule 粒状制剂，加水稀释后有效成分溶于水中形成真溶液。可含有非水溶性的惰性物质
SP	水溶性粉剂	water soluble powder 粉状制剂，加水稀释后有效成分溶于水中形成真溶液。可含有非水溶性的惰性物质
WG	水分散粒剂	water dispersible granule 入水后能迅速崩解、分散形成悬浮液的粒状制剂
WP	可湿性粉剂	wettable powder 为粉状制剂，可分散于水中形成悬浮液施用
WT	水溶性片剂	water soluble tablet 片状制剂，入水后有效成分成真溶液施用
（四）其他		
AE	气雾剂	aerosols 利用喷射剂将制剂从容器中喷出形成微小液珠或颗粒，直接施用

续表

代码	中文名	英文名及说明
BF *	块剂	block formulation 块状制剂
BR	缓释剂	controlled releaser 有效成分能缓慢释放的制剂
EL *	电热蚊香液	liquid vaporizer 驱蚊用均相液体制剂
EM *	电热驱蚊片	electric mats（vaporizing mats）
ET *	电热驱蚊浆	master 驱蚊用浆状制剂
FU	烟剂发生器	smoker generator 一般为固体，点燃后有效成分释放为烟状的可燃制剂。包括：烟罐剂（smoke tin）、FK 烟蜡剂（smoker candle）、FT 烟片剂（smoker tablet）
GA	压缩气体制剂	gas 装在耐压钢瓶或罐内的气体制剂
GS	乳膏	grease 难流动的高浓度膏状乳剂，水稀释后成乳状液施用
KK KL KP	桶混剂（液/固） 桶混剂（液/液） 桶混剂（固/固）	combi – pact solid／liquid combi – pact liquid／liquid combi – pact solid／solid 液/固（液/液、固/固）制剂装入各自包装材料里，再用外包装材料包在一起，在田间桶混后施用
MC *	蚊香	mosquito coils
MP *	防蛀剂	moth – proofer
PA	糊剂	paste
PF *	涂抹剂	paint formulation
PT	丸剂	pellets
RB	毒饵或饵剂	bait（ready for use） 为引诱目标害虫取食而设计的制剂。包含如下制剂：BB 块状毒饵（block bait）；GB * 胶饵（gel bait）；SB 小粒毒饵（scrap bait）；PB * 粉状毒饵（powder bait）
SF *	喷射剂	spray fluid 可从容器中喷出成较粗的液滴或液柱的制剂
TA *	片剂	tablet
TP	追踪粉剂	tracking powder 粉状制剂，触杀性杀鼠或杀虫剂
Fu	熏蒸剂	fumigant 含有一种或多种易挥发的有效成分，其蒸气释放到密闭空间中，其挥发速度一般通过选择适宜的制剂或施药器械加以控制

注：大部分代码与国际农药工业协会代码系统一致，但带 * 代码为后者系统中没有的剂型代码。

　　上述所列未包括许多新剂型，如片剂、驱避剂、膜剂、农药金属盐络合物、生物制剂、引诱剂以及各种其他物理与化学相结合的除虫器具，如蚊帐、防蚊涂料、防虫纸、黏蝇带及驱蟑螂带等。

二、剂型的分类

（一）按使用方法分类

1）可直接使用。

2）需稀释后使用（如浓缩剂）。

3）特殊使用。

（二）按物态分类

1. 液体（表3-2）

表3-2 主要液体剂型的分类及使用方法

剂型	形态	主要组成（除有效成分）	使用方法
乳油	透明液体	有机溶媒+乳化剂	用水稀释，用喷雾器喷洒
油剂	透明液体	有机溶媒	直接或用有机溶媒稀释后用喷雾器喷洒
微量喷洒剂	透明液体	有机溶媒或水	用喷雾器喷洒
液剂	透明液体	水	直接或用水稀释后用喷雾器喷洒
悬浮剂（凝胶剂SC、FL）	白色液体	水+分散剂+增黏剂	直接或用水稀释后用喷雾器喷洒
浓乳剂（EW）	白色液体	水+乳化剂（+增黏剂）	用水稀释后用喷雾器喷洒
微乳剂（ME）	透明液体	水+乳化剂	用水稀释后用喷雾器喷洒
悬乳剂（SE）	白色液体	水+乳化剂+分散剂	用水稀释后用喷雾器喷洒
微胶囊剂（CS、MC）	白色液体	水+高分子膜物质	用水稀释后用喷雾器喷洒

2. 固体（表3-3）

表3-3 主要固体剂型的分类及使用方法

剂型	形态	主要组成	使用方法
粉剂	细粉末（95%以上<45μm）	矿物载体	
一般粉剂	细粉末（95%以上<45μm）	矿物载体	喷粉机撒施
DL粉剂	细粉末（10μm以下占20%，其他为20μm以上）	矿物载体	喷粉机撒施
可流动粉剂	细粉末（平均粒径5μm以下）	矿物载体	喷粉机撒施
粉粒剂	粗至细粉末（1700μm以下）	矿物载体+黏合剂	喷粉机撒施
细粒剂F	（180~710μm，95%以上）	矿物载体+黏合剂	喷粉机撒施
微粒剂	（106~300μm，95%以上）	矿物载体+黏合剂	喷粉机撒施
微粒剂F	（63~212μm，95%以上）	矿物载体+黏合剂	喷粉机撒施
颗粒剂	细颗粒（300~1700μm，95%以上）	矿物载体（+黏合剂）	用手或喷粒机喷撒
可湿粒粉剂	细粉（63μm以下，95%以上）	矿物载体+分散剂	加水稀释后用喷雾器喷施
水溶剂	细粉	水溶性载体	加水稀释后用喷雾器喷施
可湿性颗粒剂（WG）	微粒至细粒	矿物载体+分散剂	加水稀释后用喷雾器喷施
DF	微粒至细粒	分散剂	加水稀释后用喷雾器喷施
片剂	片状	矿物载体（+黏合剂）	加水稀释后用喷雾器喷施
锭剂	锭状	矿物载体（+黏合剂）	加水稀释后用喷雾器喷施
大型剂	发泡锭剂和水溶性包装	矿物载体（+发泡剂）	用于喷洒

3. 其他（表 3 - 4）

表 3 - 4　其他剂型的分类及使用方法

剂型	形态	主要组成（除有效成分）	使用方法
熏烟剂	颗粒、条状	矿物质载体＋发热剂	烟雾
熏蒸剂	片状、气状、锭形	水或溶媒	汽化
蚊香	线香状	植物质基材（＋黏合剂）	烟化
电蚊片	片状	植物质基材	加热挥散
液体蚊香	液体	溶媒	加热挥散
喷雾剂	液体	有机溶媒或水＋喷射剂＋表面活性剂	喷雾
涂抹剂	糊状	水＋高分子＋无机微粉＋分散剂	涂抹
糊剂	糊状	水＋高分子＋无机微粉＋分散剂	涂抹或稀释后喷洒
毒饵	细颗粒	毒饵基材（＋黏合剂）	设置
片剂	片状	高分子、纸	设置或喷施
黏结剂	薄膜、片	黏结性高分子材料	设置

（三）按作用方式分类

1）触杀剂：如气雾剂、喷射剂。

2）熏蒸剂：如溴甲烷、环氧乙烷、硫酰氟等。

3）胃毒剂：如毒饵、蟑螂开胃饼干。

4）驱避剂。

（四）按有效成分的释放特性分类

1）自由释放的常规剂型。

2）控制释放剂型：如微胶囊。

　　当然，有些剂型如微胶囊具有缓释作用，因而被列为缓释剂；但对昆虫属触杀致死，又可称为触杀剂。所以，如制剂与剂型存在交错关系，在杀虫剂剂型分类中也存在着这种跨越的交错关系。

　　表 3 - 5 列出了不同剂型及再分散体系的粒径范围。

表 3 - 5　不同剂型及再分散体的粒径范围

序 号	剂 型	剂型粒径（μm）	再分散体粒径（μm）
1	熏蒸剂（气体制剂）	<0.001	0.0004 ~ 0.003（气）
2	水剂、油剂	<0.001	50 ~ 150（气）
3	热雾溶液	<0.001	<5（气）
4	气雾溶液	<0.001	10 ~ 30（气）
5	微乳剂	0.001 ~ 0.1	0.005 ~ 0.08（水）
6	浓乳剂	0.2 ~ 2	0.2 ~ 2（水）
7	乳油	0.001 ~ 0.1	1 ~ 5（水）
8	悬浮剂、糊剂	0.5 ~ 5	0.5 ~ 5（水），约 60 ~ 90（气）
9	微胶囊剂	30 ~ 50	30 ~ 50（水）弥雾法
10	可湿性粉剂、种衣粉	5 ~ 44	5 ~ 44（水），约 100 ~ 150（气）
11	干悬浮剂	100 ~ 3000	1 ~ 3（水）普通喷雾法
12	可湿性、可溶性、悬浮性粒剂	300 ~ 3000	1 ~ 5（水）
13	流动性粉剂	0.5 ~ 10	1 ~ 5（气）

序　号	剂　型	剂型粒径（μm）	再分散体粒径（μm）
14	粉剂	5～74	5～74（气）
15	粗粉剂	45～105	45～105（气）
16	烟（雾）剂	100～150	烟0.5～5（气），雾1～50（气）
17	微粒剂 F	63～210	63～210（气）
18	微粒剂	105～300	105～300（气）
19	粒剂	300～1700	300～1700（气）
20	片剂	5000～15000	2～5（水分散片），<0.001（缓释片）
21	丸、板、块、盘、条、管、筒、棒结合剂	>5000	0.0004～0.001（气）

第四节　卫生杀虫剂制剂的标示及其配方组成基础

一、制剂的标示

一个制剂的标示应包括几个部分：制剂名称、含量（%）、有效成分名称、剂型名称。

例如，拜耳公司的制剂：

1）杀飞虫（Solfac®）　10%　（氟氯氰菊酯 Cyfluthrin）　可湿性粉剂（WP）；

2）拜虫杀（Responsar®）　12.5%　（高效氟氯氰菊酯 Beta‑Cyfluthrin）　悬浮剂（SC）；

3）立克命（Racumin®）　0.75%　（杀鼠迷 Coumatetralyl）　追踪粉（TP）；

4）拜力坦（Blattanex®）　20%　（残杀威 Propoxur）　乳油（EC）。

住友化学公司的制剂：

1）喷杀高　0.3%　喷杀高 FG11　气雾剂（AE）；

2）霹杀高 FE　78.75%　浓缩液。

美国氰胺公司的制剂：

奋斗呐　10%　顺式氯氰菊酯　悬浮剂（SC）。

英国捷利康公司的制剂：

大灭　2.5%　（1‑三氟氯氰菊酯）　微胶囊剂（CS）。

日本三井东压化学株式会社的制剂：

1）利来多（Lenatop）　20%　醚菊酯（Etofenprox）　可湿性粉剂（WP）；

2）利来多（Lenatop）　5%　醚菊酯（Etofenprox）　微胶囊剂（CS）。

我国也有类似的标法，如江门农药厂生产的太康悬浮剂，标示为：

太康　5%　高效氯氰菊酯　悬浮剂。

但在实际上，大多数厂商均将有效成分一栏省略，这是因为这些公司对其制剂采用一个专用名称，并进行注册。但如果没有制剂名称的话，有效成分名称是不能省略的，如溴氰菊酯2.5%胶悬剂，其中有效成分名称"溴氰菊酯"就不可省略。

制剂的概念还不能与品牌相混淆。一个品牌的产品可以有许多制剂（品种），这些制剂甚至于可以跨越不同的剂型。

二、制剂的配方组成基础

每一种制剂均由几个相应的部分组成其基础。

（1）液体制剂的组成

有效成分：杀虫剂原药（击倒剂＋致死剂），增效剂；

溶剂：脱臭煤油或水，助溶剂；

其他成分：表面活性剂，稳定剂，防腐剂，香料，消泡剂，着色剂，酸度调节剂及其他；

抛射剂：气雾剂需要。

（2）固体制剂的组成

有效成分：杀虫剂原药（击倒剂＋致死剂），增效剂；

载体：植物性粉末，矿物性粉末，合成品；

其他成分：表面活性剂，稳定剂，颗粒黏结剂，结块防止剂，分散剂，润湿剂及其他。

对于某一种液体或固体制剂，有其特定的具体组成，不一定都含有上述各组成部分，在某些情况下可能还要加入适量的其他组分。

第五节　剂型与制剂对杀虫剂生物效果的影响

卫生杀虫剂剂型对靶标昆虫的生物效果具有很大的影响。由同一种杀虫有效成分配制成的制剂，因其制成的剂型不同，对所防治的靶标昆虫显示出的生物效果也不同。例如，将氯氰菊酯分别配制成微胶囊制剂与乳剂，对淡色库蚊的持效作用时间显示出很大的差异，从表3-6可见，微胶囊剂型较乳剂具有更好的生物效果。表3-7列出胶悬剂与可湿性粉剂的效果比较。

表3-6　氯氰菊酯微胶囊剂与乳油的死亡率（%）效果比较

作用时间	25h	50h	75h	100h	150h	200h
微胶囊剂	100	100	95	94	90	80
乳剂	95	85	70	55	20	0

表3-7　胶悬剂与可湿性粉剂的效果比较

有效成分	处理表面	剂型	蚊		蝇		蟑螂	
			KT_{50}（min）	24h 死亡率（%）	KT_{50}（min）	24h 死亡率（%）	KT_{50}（min）	24h 死亡率（%）
5%高效氯氰菊酯	水泥面	胶悬剂 可湿性粉剂	3.27 8.44	100.00 91.67	2.36 10.19	100.00 83.33	5.49 11.38	100.00 91.67
	油漆面	胶悬剂 可湿性粉剂	3.56 9.23	100.00 88.33	3.04 10.25	100.00 81.67	6.12 11.52	100.00 80.00
	石灰面	胶悬剂 可湿性粉剂	2.48 8.32	100.00 91.67	2.18 9.41	100.00 86.67	4.53 10.41	100.00 83.33

注：以上资料来源于石健峰、陈志龙、孙俊试验报告。

分别将拟除虫菊酯制成 β-CD 糊精包结化合物剂型与乳油剂型，在相同的有效成分处理浓度下，对昆虫显示出不同的速效和持效作用，如表3-8所示。

表 3 - 8　拟除虫菊酯包结化合物与乳油的效果比较

剂　型	处理浓度（%）	昆虫死亡率（%）		
		速效	7 天后	14 天后
β - CD 糊精包结化合物	0.05	100	100	40
乳油	0.05	50	0	0

Mehr 等人在 1985 年以避蚊胺分别制成 27% DEET 微胶囊剂型与 75% DEET 乙醇液剂，对埃及伊蚊显示出不同的有效保护率（表 3 - 9）。

表 3 - 9　不同剂型的有效保护率比较

剂型	有效保护率（%）	
	4h	8h
27% DEET 微胶囊剂	98	93
75% DEET 乙醇液剂	70	60

卫生杀虫剂剂型不同，不仅可提高生物活性效果，还可以降低有效使用剂量。如有人以两类聚合物缓释剂与乙醇液剂比较，前两者对埃及伊蚊测定 4h 的半数有效剂量（ED_{50}）均较乙醇液剂低。如表 3 - 10 所示。

表 3 - 10　不同剂型的 ED_{50}（%）比较

剂　型	ED_{50}（%）	剂　型	ED_{50}（%）
乙醇液剂	0.16	丙烯酸酯聚合物型缓释剂 D	0.05
硅胶聚合物缓释剂 A	0.02	丙烯酸酯聚合物型缓释剂 E	0.03
硅胶聚合物缓释剂 B	0.08	丙烯酸酯聚合物型缓释剂 F	0.07
硅胶聚合物缓释剂 C	0.04	丙烯酸酯聚合物型缓释剂 G	0.20

但同一种剂型的制剂，因施用表面材质及状态不同，对靶标昆虫也会显示出不同的生物效果。表 3 - 11 所示分别为 10% 高克蟑微胶囊剂处理装饰板、灰泥板、胶合板及烧泥板表面对德国小蠊的持效作用。表 3 - 12 为 62.5% 氯氰菊酯乳油对美洲大蠊的持效作用。

表 3 - 11　"高克蟑" 10% MC 对德国小蠊的持效作用

药剂（药量：a. i. mg/m²）	药剂处理面（材质）	经过不同时间（周）致死率（%）		
		初期	4 周后	12 周后
"高克蟑" 10% MC（62.5）	装饰板	100	100	100
	灰泥板	100	100	100
	胶合板	100	95	95
	烧泥板	100	100	100

表 3 - 12　氯氰菊酯 EC 对美洲大蠊的持效作用

药剂（药量：a. i. mg/m²）	药剂处理面*（材质）	经过不同时间（周）致死率（%）		
		初期	4 周后	12 周后
氯氰菊酯 EC（62.5）	装饰板	100	100	100
	灰泥板	75	50	—
	胶合板	100	87.5	62.5
	烧泥板	25	—	—

注：* 在经过不同时间的每次试验中，使用室温条件保存药剂处理板后，使蟑螂强制接触 2 小时。

由相同杀虫活性成分及含量制成的不同剂型制剂，对靶标昆虫显示出不同的生物效果。如均以右旋胺菊酯和右旋苯醚菊酯相同有效成分及含量制成的水基杀虫气雾剂与油基杀虫气雾剂，对家蝇及蚊虫显示不同的生物效果。

表3－13　水基及油基气雾剂对蚊蝇的击倒效果及其配方组成比较

剂　型	家　蝇		蚊　虫	
	KT$_{50}$（min）	KT$_{90}$（min）	KT$_{50}$（min）	KT$_{90}$（min）
水　基	3.0	6.0	5.8	10.8
油　基	2.3	8.2	5.4	>20.0

组　成	水　基（%）	油　基（%）
右旋胺菊酯（a.i.）	0.25	0.25
右旋苯醚菊酯（a.i.）	0.25	0.25
乳化剂	1.0	—
去臭煤油	加至10.0	平衡
去离子水	50.0	—
LPG（丙烷/丁烷）	40.0	40.0
合计	100.0	100.0

注：a.i. 有效成分。

如表3－13所示，水基对家蝇及蚊虫的KT$_{50}$值比油基的KT$_{50}$值大，这一点是众所周知的，其原因是因为油基药滴对昆虫表皮蜡质层的渗透性较水基药滴好，所以显示较好的生物效果。但从90%击倒时间（KT$_{90}$）值来看，水基的KT$_{90}$值反比油基的KT$_{90}$值小，这一结果打破了多年来的习惯看法，为水基杀虫气雾剂的发展提供了理论基础。对喷出后水基药滴及油基药滴在空气中保持浓度的测定结果显示，由于水基药滴的蒸发速度比油基的快，大水基药滴在数分钟内很快蒸发变为小雾滴而停留在空气中，但油基大药滴却很快掉落，所以在喷出数分钟后水基药滴在空气中的浓度比油基的高，提示对昆虫有更多的触杀机会，因而后期的击倒效果水基反比油基来得好（有关详细分析，可参见第九章"杀虫气雾剂"第八节的介绍）。

此外，环境条件（如温度与湿度）对不同剂型的药剂的生物效果均有影响。表3－14所示为在不同环境温度及相对湿度条件下，避蚊胺乙醇液剂型及控释型剂型防蚊虫叮咬保护率的结果。

表3－14　不同环境条件不同剂量药剂对生物效果的影响

环境条件	乙醇液剂保护率（%）		控释剂型保护率（%）	
	8h	10h	8h	10h
24℃，RH 95%	100	71.9	100	96.9
30℃，RH78%～98%	71.4	45.5		
37℃，RH 31%	62.5	55.6	83.3	94.4

同一种剂型的制剂，因施用靶标昆虫对象不同，显示出不同的生物效果。表3－15列出了同一种剂型的驱避剂制剂对不同虫种在不同时间的保护率。

表3－15　75%DEET乙醇液剂对不同蚊虫的保护率

蚊　种	8h 保护率（%）	12h 保护率（%）
埃及伊蚊	100	63.6
三带喙伊蚊	87.5	62.5
斯氏按蚊	87.5	57.9

同一种剂型的制剂，因使用浓度不同而显示出不同的生物效果，这一点更易于理解。表 3 – 16 列出了不同浓度驱蚊灵对白纹伊蚊的有效驱避保护时间。

表 3 – 16　不同浓度驱蚊灵对人的有效保护时间

制剂浓度（%）	使用剂量（mg/cm²）	有效保护时间（h）
15	0.26	4.4
20	0.35	5.3
30	0.53	9.4
50	0.88	13.0

第六节　卫生杀虫剂剂型发展的趋向

一、符合环保要求

为了保护人类健康的屏障——大气臭氧层，减少环境污染，保护生态环境，卫生杀虫剂剂型的发展正在实现如下转型。

1）在杀虫气雾剂及其他气雾剂中以烃类化合物、醚类化合物及压缩气体等全面替代氯氟烃类化合物。

2）降低挥发性有机化合物（VOC_s）含量，液体类杀虫剂转向水基型。

在气雾剂方面，采用与水相溶性好的二甲醚（DME）做抛射剂。但由于 DME 的溶解性强，对气雾罐、阀门密封材料及灌装设备具有一定的腐蚀及溶胀影响，因此需研究适宜的配方系统。

研究水基杀虫剂的生物效果，为水基型杀虫剂的开发应用奠定理论基础。日本住友化学公司的研究人员对水基及油基杀虫剂的最佳雾滴尺寸所做的比较实验，从实测生物效果与理论分析证明，对同一种害虫达到相同或最佳击倒与致死效果及作用持续时间所需的适宜雾滴尺寸是不一样的。试验证明水基型的雾滴尺寸应比油基型的大一些，因为水性雾滴在空气中的挥发较油性雾滴快。

二、提高杀虫剂应用的方便性，降低运输及使用成本

可借鉴人用口服药中的片剂型，将杀虫剂浓缩制成片剂。这种新片剂型包括速溶片、微型片及缓释片等多种。将杀虫剂有效成分加上相应的辅料，如溶胀辅料、崩解剂等压制成片。日本、美国等发达国家均在开发研究。这种片剂型优点很多，它能在 1～2 分钟内使活性成分迅速均匀分散到水性液体载体中进入使用状态。有时为了加快活性成分的溶出速度，可根据配方需要加入适量的表面活性剂。

与片剂类似的有水分散性颗粒剂、水溶性粒剂。

三、不断开发更高效的新药剂型，以对付卫生害虫可能产生的抗性，加快对害虫的击倒速度，提高致死效果

日本住友化学公司最近推出了霹杀高 FE 油基杀虫气雾剂浓缩液。与以往开发的一些药剂比较，FE 对主要卫生害虫蚊、蝇及蟑螂均有优异的击倒效果，而其他药剂往往只能对其中一种或两种具有优异的击倒效果，不能全面兼顾。如表 3 –17 所示。

表 3-17　霹杀高 FE、强力诺毕那命、强力毕那命对卫生害虫的击倒效果

药剂	对卫生害虫的击倒效果		
	家蝇	淡色库蚊	蟑螂
霹杀高 FE	⊙	⊙	⊙
强力诺毕那命	⊙	○	⊙
强力毕那命	○	⊙	○

注：⊙效果优异；○效果一般。

四、注重应用技术及药剂与配套使用的器械的整体性效果

许多事实已证明，应用技术的研究改进是实现卫生杀虫剂制剂取得预期效用的关键步骤之一，也是促进新制剂发展的重要因素。一种药剂不能配之以适宜的应用技术或方法，就达不到预期的良好效果。

药物与器械（具）的配合关系已获得重视，如美国一些烟雾机生产供应商，在使用说明书中着重指出，为了要取得较好的效果，建议使用与之匹配的烟雾剂商品牌号。这种做法符合药剂与器械的整体性效果的观点。不同的烟雾机，它的发热温度是不相同的，而不同的烟雾剂中所使用的溶剂的闪点及燃点不同，任意搭配使用，不一定能取得满意的效果。

类似的例子很多，如日本、意大利等厂商供应的电热片蚊香或电热液体蚊香，也大都注明药剂与加热器配套使用要求。

尽管药械的整体性关系是由我国在 20 世纪 80 年代初首先明确提出的，但是国外率先采用了。

五、在蚊香与电热蚊香方面

1）改变传统蚊香的加工工艺。原来将活性成分与蚊香辅料一起拌和后压坯加热烘干，现在是待蚊香坯制成后再将活性成分喷洒或涂刷在坯表面，再行烘干，这样可以比传统工艺节省约 20% 的有效成分。

2）将电热片蚊香与电热液体蚊香制成两用型。

20 世纪 90 年代初日本首先推出，90 年代中期意大利也开发成功，笔者于 1992 年研制成功。目前国内市场上出现的两种两用型电热蚊香对不同温度的要求尚有一定距离。

3）有人研制利用天然植物油替代常用的烯丙菊酯，如用印度的印楝油制成电热驱蚊片来驱蚊，效果与烯丙菊酯相当。

六、缓释剂的进一步开发研究受到高度重视，尤其是微胶囊悬浮剂的发展获得支持

开发控制释放剂型，延长药物作用时间和效果。

由于微胶囊剂采用了先进的微胶囊技术，使之既具备乳化剂使用方便的优点，又兼有可湿性粉剂持效性好的特点。杀虫有效成分在胶囊中获得较好的保护，使之具有缓释作用，因而药效持久，且能降低或掩盖杀虫有效成分的刺激性气味等，近年获得较快发展，如日本三井东压公司 5% 醚菊酯微胶囊剂，英国捷利康公司大灭 CS（2.5% L - 三氟氯氰菊酯）微胶囊悬浮剂等，均可用于大范围害虫防治。醚菊酯是一种只由碳、氢、氧三种元素组成的化合物，被认为是目前安全性最高的一种活性成分，而且水稳定性好。大灭 CS 产品的独特的水相溶性，避免使用有机溶剂，减少了对环境的污染。而且其有效成分 L - 三氟氯氰菊酯被认为是当今防治蚊虫、蟑螂及臭虫等卫生害虫最有效的产品之一。

日本住友化学公司也推出了高克螂微胶囊剂。经测试，显示出对蟑螂较好的致死效果。例如，按 $100mg/m^2$ 剂量喷洒在水泥板上，对美洲大蠊的密度下降率第一天为 99.8%，并持效 120 天，至 225 天密度下降率仍可达 97.7%。

微胶囊剂的这一特点，对于水泥墙等难以持久维持药效的目标表面尤为适合。将它喷在此类表面上，水分蒸发后留下的胶囊杀虫有效成分通过胶囊壁缓慢释放出来，当害虫爬经处理过的表面时，这

些微胶囊小颗粒粘在害虫的躯体、腿、触角及毛上，或被害虫吞入后致害虫死亡。

七、杀虫剂的混用及混剂发展备受重视

某种杀虫剂在一个地区长时间使用后，被控制的生物群体为了维持其自身的生存，会逐渐适应有药的环境，使自身的多功能氧化酶、酯酶等降解酶系的种类和酶数量增大，对药物产生抗性，表现为药物对昆虫体表的渗透性降低，药物对昆虫体作用点的敏感性减弱；昆虫也可能通过神经纤维或神经鞘的微妙变化，使药剂不能或难以通过生物体中的钠离子通道，降低药物对昆虫的毒力。

为此，除合成新的化学结构和不同作用机制的化合物之外，通过应用增效剂、各种助剂及加工技术，将杀虫剂混合使用或制成混合制剂。特别是将不同化学结构、不同作用机制或不同生物特性的负交、互抗性的品种混合，可以延长杀虫剂的使用寿命。混剂可以通过抑制昆虫体内多功能氧化酶等的生物降解作用，提高药效，延缓抗性，改善对昆虫体表的溶解和渗透性，降低毒性，扩大广谱性和选择性，节省处理成本。如复合型灭蟑螂粉剂，对蟑螂的 3 天防效达 100%，90 天后尚未见蟑螂活动。将化学杀虫剂与生物杀虫剂混配，也都有增加生物效果及延缓抗性增长的可能。

八、新药剂及剂型的开发层出不穷

1）据 1998 年美国喷雾技术与市场刊物报道，美国 St. Gabriel 实验室一改传统的灭鼠药剂型，制成气雾剂型灭鼠诱饵。测定效果优于传统的诱饵。

2）农药金属盐络合物的开发应用。通过将杀虫剂与金属盐形成络合物，可以延长杀虫剂的作用时间及效果，降低药剂的毒性，还能转变药剂的剂型（由液体转化为固体），改善杀虫剂的作用方式（如由非内吸性转为内吸性）。

已有试验证明，地亚农对家蝇达到 100% 的毒杀时间只有 4 周，但将其形成络合物后，其毒杀时间可延长到 20 周。

九、加速开发生物制剂及植物源剂型，以应对抗性的增加

昆虫与植物相互作用达 4 亿多年。昆虫一方面影响到植物中次生物质的演化，另一方面也受到植物中所含的这些物质的抗御作用。如印棟树产生的印棟素，能干扰害虫为害，抑止害虫生长，影响其正常生理行为，造成拒食。类似的还有苦棟油、川棟素等，可从天然植物源中提取。

第四章

杀虫剂的混配及增效剂与助剂的使用

第一节 杀虫剂的混配

一、概述

由于化学杀虫剂过量施用，给生态环境及人类生存带来的危害日益加剧，合理用药开始受到关注。杀虫剂的合理混用作为重要措施之一，对有效发挥杀虫剂的作用、降低对人群和环境的负面影响、降低施药成本具有重要的意义。

将两种或两种以上具有不同或相似化学结构、对卫生害虫能产生互补防治作用的杀虫有效成分进行混合后一起使用的方法，称之为杀虫剂的混用。为混合使用而制备出的含两种或两种以上杀虫有效成分的制剂，称之为杀虫剂混剂。

杀虫剂之间的混用，可以在具有相同或相似化学结构的化合物之间进行。

在有机磷杀虫剂之间：如以苯硫磷与马拉硫磷混配，不但对鼠和狗的毒力会增强，而且对美洲大蠊和家蝇的毒力也会加强。

在氨基甲酸酯之间：如恶虫威和久效威虽属同一类杀虫剂，但它们的结构差异大，相互混配具有增效作用。

在拟除虫菊酯之间：如将苄呋菊酯与烯丙菊酯或胺菊酯按适当比例配合，增效作用明显。

也可以在具有不同化学结构或不同类的化合物之间进行杀虫剂的混用。

如将有机磷农药中对抗性品系昆虫显示高毒力的品种与氨基甲酸类杀虫剂混用，能提高药效。

拟除虫菊酯类杀虫剂与有机磷杀虫剂的混用，如胺菊酯与杀螟松、烯丙菊酯与杀虫螟混用，对家蝇具有明显的增效作用。

在拟除虫菊酯与氨基甲酸酯类杀虫剂之间，将烯丙菊酯与西维因混用，对家蝇和蚊虫有增效作用。据日本住友化学公司报道，将以9:1配制成的西维因与胺菊酯混剂（10%乳油）稀释20倍后喷在家蝇羽化场所，阻止家蝇生长发育效果达100%，如使用单剂则都只有20%的效果。

杀虫剂与昆虫生长调节剂混用，增效作用十分明显。如用$20mg/m^2$灭幼宝和$50mg/m^2$氯氰菊酯混用，对家蝇及其幼虫和对有机磷有抗性的家蝇都有良好的杀灭效果。

此外，在化学杀虫剂与微生物制剂之间的混配，如苏云金杆菌能广泛杀灭昆虫病原菌，将其低剂量与某些杀虫剂混合，可以增强杀灭病菌能力。例如，在加入少量DDT杀虫剂后，4%浓度的苏云金杆菌灭菌率为27.8%；0.1%苏云金杆菌与0.075%DDT配合，灭菌能力提高；1%苏云金杆菌与0.002%DDT混配，灭菌率可达100%，而单用苏云金杆菌，其灭菌率仅为69.3%。

二、混用的优点

（一）增强对卫生害虫的防治效果

在现今普遍使用的拟除虫菊酯中，有些品种如胺菊酯与右旋胺菊酯、烯丙菊酯与右旋烯丙菊酯及炔丙菊酯等对卫生害虫具有较快的击倒作用，但致死作用不强，卫生害虫接触药后虽被击倒，但容易复苏。另有一些品种如氯菊酯、氯氰菊酯、苯氰菊酯、苯醚菊酯及苄呋菊酯等对卫生害虫具有优异的致死效果，但击倒作用不明显。在使用中将它们按不同的比例配合使用，使最终的混合制剂对卫生害虫既有速效性（快速击倒作用），又具有持效性（优异的致死能力），能有效满足防治卫生害虫的目的。

将苯硫磷与马拉硫磷混配，不但比单剂对狗和老鼠的毒性增加，而且增强了对美洲大蠊和家蝇的毒性。

苄呋菊酯和氯菊酯的杀灭效果好，但速效性差，对家蝇的半数致死量（LD_{50}）为 $0.012 \sim 0.023\,\mu g/$个与 $0.010 \sim 0.039\,\mu g/$个，如各以 0.2% 有效成分配制成的气雾剂，对雌蝇的 KT_{50} 分别为 3min11s 和 2min58s。

而胺菊酯和烯丙菊酯的速效性好，但杀灭效果差，对家蝇的 LD_{50} 为 $0.863\,\mu g/$个和 $0.574\,\mu g/$个，分别将它们以 0.2% 有效成分配制成气雾剂后，对雌蝇的 KT_{50} 分别为 1min22s 和 2min39s。

但将苄呋菊酯与胺菊酯以 3:2、2:3 和 1:4 配合使用后，对家蝇显示出有增效，以孙氏方法测得的共毒系数分别为 136.52、193.09 及 482.59。

将苄呋菊酯与烯丙菊酯以 2:3 与 1:4 配合使用后，也显示出明显的增效作用。

（二）扩大防治谱

由于化学结构的差异，胺菊酯对蝇类具有最佳的击倒作用；而烯丙菊酯对蚊虫表现出良好的击倒作用，如在气雾杀虫剂中将它们以适当的比例混合，再与一定量的致死剂配制，将会比单用其中一种对蚊蝇的击倒作用都更明显。

如将杀虫剂与杀菌剂混合使用，可以使该制剂同时具有杀虫和灭菌功效。

将杀（成）虫剂、杀幼虫剂及杀卵剂混用时，可以使混配制剂兼具杀成虫、幼虫及卵的功能，克服目前一些药剂只能杀成虫或卵等单一功能的不足，有利于彻底杀灭处在不同生长期的昆虫。

（三）延缓及防止昆虫抗药性的产生

在一个地区较长时期使用一种杀虫剂，被杀伤的生物群体为维持其生存会对杀虫剂产生抗药性。这种抗药性表现为昆虫体表渗透性降低；杀虫剂对昆虫体表作用点的敏感性减弱，难以通过钠离子通道；昆虫体内多功能氧化酶、酯酶等降解化学杀虫剂等。

由于各类杀虫剂的化学结构对昆虫的作用机制不同，或者一种有效成分能够破坏另一种有效成分的抗性机制，如将这样两类有效成分混配使用，有助于降低或延缓昆虫对它的抗性。

（四）延长新杀虫剂品种的使用寿命，使老杀虫剂品种获得新生

将不同化学结构、不同作用机制和不同生物特性的交互抗性的新老杀虫剂品种混合，可以使昆虫受到的选择压力缓解，从而使新品种延长有效使用寿命，老的品种获得新生，继续应用。

如拟除虫菊酯与有机磷杀虫剂混用，它们的毒理机制不同，对昆虫的作用靶标部位不同，因而解毒酶系也有区别。拟除虫菊酯与有机磷杀虫剂之间混配，没有交互抗性，对蚊、蝇及蟑螂等卫生害虫作用显著，有的能防治已有抗性的害虫。

另据国外试验报道，一种拟除虫菊酯已因某些害虫产生抗药性而无效，但在加入一定比例的增效醚后，又可继续使用。

（五）有利于降低施药成本

由于每年杀虫剂的使用量极大，所以通过将高价杀虫剂有效成分与低价有效成分混用，可以大幅

降低施药成本。

三、混配中单剂的选择

如前所述，对杀虫剂进行混配使用的目的主要是为了增加其活性效果，防止抗性，扩大应用谱，也有利于降低成本，减轻大量施用化学杀虫剂对人类生存环境以至人类本身的危害。因此，在选择混用的单剂时必须十分注意。

1）在选择单剂时，应尽可能采用对哺乳类动物毒性低或很低、对生态环境不存在潜在威胁的杀虫剂品种。因为杀虫剂混合后会产生联合毒性，如增毒、相加或拮抗等，应避免增毒作用，以保证使用的安全性。

2）要选择具有不同杀虫机制、对昆虫作用不同靶标部位的品种，这样可以使混配后的制剂在对昆虫发挥作用时，形成对昆虫各部位的多点攻击，提高杀虫效果。

3）选择对昆虫比较敏感的或昆虫对其抗性水平较低的杀虫剂作为混用的单剂，这样可以使昆虫种群中多抗性基因频率维持在很低水平，不容易产生多抗性。如若采用抗性水平较高的杀虫剂作为单剂，可能会因昆虫的交互抗性，对另一本无抗性的杀虫剂也表现出抗性现象。

4）要考虑各单剂的选择平衡，以控制昆虫对混剂中任一种单剂抗性的发展。杀虫剂对昆虫的作用机制以及昆虫对杀虫剂的反应是十分复杂的，它们受多种因素的影响，既有昆虫本身的因素，如遗传因素（抗性基因的频率及其数目）及生物因素（昆虫的繁殖力及行为）；也有化学杀虫剂方面的因素，如品种、理化性质及剂型；还有施药方式的因素，如剂量、复配形式等。不是所有的杀虫剂都对任何昆虫有效，也不是所有的杀虫剂使用后都有抗药现象出现，昆虫也不是对任何杀虫剂都产生抗性。例如，植物源天然杀虫剂就很少产生抗性，而溴氰菊酯的抗性上升速度很快，我国在 1980 年用其防治家蝇，至 1985 年时抗药性已提高 20000 倍以上，几乎每年递增 1 个数量级。在其他地区使用，在二三年后也表现出明显的抗药性。

昆虫的抗药性程度可以用抗性指数表示（LC_{50} 为半数致死浓度）：

$$抗性指数 = \frac{抗性品系的 LD_{50}（或 LC_{50}）}{敏感品系的 LD_{50}（或 LC_{50}）}$$

在选择单剂时，还必须要注意交互抗性问题，因为昆虫在对某一种杀虫剂产生抗性后，会对其他未接触过的杀虫剂也表现出抗性，如对 DDT 有抗性的家蝇，对天然除虫菊酯也表现出交互抗性，这可能是两种杀虫剂的化学结构上的某些相似处与家蝇之间的反应。在拟除虫菊酯品种之间，这种交互抗性现象更严重。

5）要考虑所用各单剂混用后相互之间是否产生物理变化，或者有所改善，或者物理性能变差。例如，混用单剂之间的相容性，是否发生分层、沉淀、絮凝以及性状恶化等。

6）要考虑所用各单剂混用后相互之间是否产生化学变化，这些变化包括水解、脱氯化氢作用、产生金属置换以及其他一些变化。这些变化会对混配制剂的效果及毒性带来影响。

四、混配程序

杀虫剂的混用，原则上在各类具有不同化学结构和作用机制的化学杀虫剂同类产品及不同产品之间都可以有选择、有条件地进行。但要着重指出的是，并不是在任意品种之间均可以进行混配，要从它们之间混配后是相加作用、增效或增毒作用还是拮抗作用，以及从昆虫对它们的抗性角度等方面做出综合考虑。在进行混配时，必须要遵照一定的程序。

（一）初选混用单剂

1. 从增效性角度选择单剂，以确定最佳有效成分配比

混剂对昆虫的联合作用可以有三种形式。

1）分别作用：各单剂按其固有的作用方式及生物活性分别作用，相互之间互不影响。

2）相加作用：混合制剂的作用等于各单剂的作用（毒力）之和。一般来说，凡化学结构相类似、作用机制相同的品种作为单剂混用时，会形成相加作用。根据这一原理，可以根据实际应用需要，分别选择具有速效性、残留活性、杀卵活性等生物活性的单剂混用，能起到相互补充的相加作用。当然还应该考虑成本。

3）增效或增毒作用：混合制剂的作用大于各单剂作用之和。通过选择适当单剂，有利于提高杀虫剂的防治效果，克服昆虫抗药性，扩大药剂的生物活性，降低成本。若各单剂混合后对人畜的毒性提高，则称之为增毒。这是应该避免的。

4）拮抗作用：在混剂中一种单剂能够减弱或抵消另一种药剂的作用，从而使混剂的作用小于各单剂作用之和，称为拮抗。

理想的混配应是对昆虫有增效作用，而对温血动物无增毒作用。

在进行混合测定时，先测出各单剂的 LD_{50} 或 LC_{50} 值，然后按各单剂在配方中的百分含量称取药量，以丙酮为溶剂配制药液，按与单剂同样方法测出混合制剂的 LD_{50} 或 LC_{50} 实测值。

同时用 Finney 公式求出混合制剂的 LD_{50} 理论值：

$$\frac{1}{LD_{50}} = \frac{a}{LD_{50}(A)} + \frac{b}{LD_{50}(B)} + \cdots\cdots$$

式中 a、b…分别为各单剂 A、B…在混合液中的百分含量。再根据 LD_{50} 实测值与 LD_{50} 理论值之比进行判定。

$$\frac{LD_{50}(\text{实测值})}{LD_{50}(\text{理论值})} = K$$

若 $K > 2.7$——增效作用；

$K < 0.4$——拮抗作用；

$0.4 \leqslant K \leqslant 2.7$——相加作用。

2. 混剂理化性质的测定（包括贮存稳定性）

3. 联合毒性研究，做出毒理评价，实测经口 LD_{50}，计算理论 LD_{50} 与实测 LD_{50} 之比值

由于卫生杀虫剂的安全性尤为重要，必须要查清混配制剂的联合毒性。混剂的毒性不能根据单剂的毒性简单地推测，因为两种或两种以上杀虫剂混在一起后，它们的联合毒性也表现出增强作用、相加作用和拮抗作用三种情况。混剂中各单剂在哺乳动物体内独立作用，互不影响对方的吸收、分布、转移和排出时，联合毒性往往表现为相加作用。反之，若各单剂在哺乳动物体内会相互影响对方的吸收、分布、转移和排出，联合毒性则表现为增强或拮抗作用。混配后使毒性增加甚至使原有杀虫剂的毒性变成高毒或极毒时，不适合采用。

在计算联合毒力时，先以常规方法测定混剂及各组成单剂的 LD_{50} 值，再以一种单剂为标准计算各单剂的毒力指数、混剂的实际毒力指数和理论毒力指数，最后计算共毒系数，根据共毒系数判定其毒性。

$$K_{mp} = \frac{LD_{50}(A)}{LD_{50}(M)} \times 100$$

$$K_{mt} = K_A \cdot P_A + K_B \cdot P_B + K_C \cdot P_C + \cdots$$

$$共毒系数 = \frac{K_{mp}}{K_{mt}} \times 100$$

式中 K_{mp}——混剂的实际毒力指数；

$LD_{50}(A)$、$LD_{50}(B)$——分别为各单剂 A、B…的50%致死剂量；

K_A、K_B——分别为各单剂 A、B…的毒力指数；

P_A、P_B——分别为各单剂 A、B…的百分含量。

4. 通过生物活性测定，最后确定该混配制剂的有效性

在做生物活性测定时，不能只停留在实验室评价上，因为实验室测定时大都用标准的敏感性品系

试虫，这只能用于比较不同杀虫剂之间的毒力，但不能证明该混配制剂的实际有效性。而该制剂的设计配制是为用于对付已经产生或可能产生抗性的昆虫群体，所以应该进行不同地域的野外品种或抗性地区的昆虫品种的评价。

（二）确定混剂的使用方式

混合制剂可以有两种使用方式：一种是不能现用现配的，如蚊香、烟熏剂、粉剂以及药械一体化的气雾剂等，必须将它们制成随时可直接使用的最终产品。另一种是在实际使用时需要用水稀释后才能进行喷洒使用的，必须现配现用，如乳油、可湿性粉剂、微胶囊剂及水分散性颗粒剂等。它们对生产厂家来说是最终产品，但只是最终应用产品的主要组分。

（三）确定混剂的剂型、加工工艺及分析方法

综合考虑确定混剂的最合适剂型以及生产工艺，确定混剂的质量指标及检验方法。

（四）经济性分析

略。

第二节　增效剂及其在卫生杀虫剂型中的应用

一、概述

氧化胡椒基丁醚（PBO）首先由美国研制成功，并应用于公共卫生杀虫剂型。起因是从 1937 年起，随着南北美之间的商业往来日益频繁而产生的对来源于不列颠和非洲的疟疾及其他虫媒疾病被蚊虫通过飞机快速传播扩大蔓延的担心。

在当时，天然除虫菊酯被认为是控制蚊虫及其他病媒昆虫的主要杀虫剂。日本及东非是天然除虫菊酯的主要产地，但在进口时存在难度。为此在以下几个方面着重作为开发的目标。

1）开发更为有效的控制飞虫的施药方法。

2）寻找天然除虫菊酯的替代物，这些替代物必须具有对昆虫的快速击倒、致死能力，而对人是绝对安全的。

3）开发天然除虫菊酯的激活剂，将它加入除虫菊配方中后，可以改善配方的效果。

从 1938 年 2 月至 1941 年 6 月，在美国有 75 位专利申请人共提出了 1400 多种天然及合成的有机化合物，试图作为天然除虫菊酯的替代物或激活剂、增效剂。

1947 年，Herman Wachs 和 Hedenburg 合成了氧化胡椒基丁醚（PBO）。1952 年 PBO 已在美国开始大量生产和销售。美国 FMC 取得了它的专利权。以后英国的 Cooper Mc Dougall 和 Roberston，澳大利亚的 Samuel Taylor，瑞典的 Rexolin 和日本的 Tagasako 取得生产许可。1960 年意大利的 A. Tozzi 开始生产，公司取名为 Endura（恩都拉），生产的 PBO 占全世界总量的 60%，成为全球最大的供应商。

1973 年又开发了一系列增效剂，其中只有 MGK － 264 获得认可，并使用至今，但它的活性较 PBO 低。

目前对增效醚（PBO）的应用量及应用面还在扩大。PBO 在目前被认为是最好最有前途的增效剂品种。

二、增效剂的作用、常用品种及比较

（一）增效剂的定义与作用

增效剂是一种用于加入杀虫剂有效成分中以显著增加杀虫剂对昆虫毒力的物质，本身对昆虫没有毒力活性或有可忽视的毒力活性。

1973 年日本山木将增效剂定义为"在单用时无毒或其毒性可以忽略不计，但在配方中可以增加化

学杀虫剂的毒力的化合物"。

1968 年 Hewlet 在说明增效与加强作用之间的区别时指出，一种化合物本身具有毒力，而另一种是无毒的，如果将这两种化合物混合后，其所含有的毒力较原来单独的杀虫剂化合物来得高，说明有增效作用形成，将两种化合物混合后的毒力大于其分别对昆虫的毒性时，则有加强作用。

1967 年 Brown 等人指出，以两种化合物混合处理昆虫时，能获得大于各化合物单独活性之和，称之为加强。而其中一个单独使用时没有或只具有很小毒力的化合物，被认为是增效剂。

杀虫剂中加入增效剂的目的，一般来说有以下几个方面。

1. 提高杀虫有效成分对昆虫的毒效

一般以增效度（FOS）来表示：

$$增效度（FOS） = \frac{LD_{50}（杀虫剂单剂）}{LD_{50}（杀虫剂 + 增效剂）}$$

如增效醚 PBO 对不同拟除虫菊酯的增效度见表 4-1～表 4-7。

表 4-1　PBO 对天然除虫菊酯用于家蝇时的增效度（FOS）计算值

PBO/天然除虫菊酯	天然除虫菊酯的 LD_{50}（μg/每虫）	PBO 的 LD_{50}（μg/每虫）	常规 FOS	实际 FOS
单用	0.338	36.398		
0.01	0.395	0.004	0.9	0.9
0.02	0.450	0.009	0.8	0.8
0.05	0.313	0.016	1.1	1.1
0.10	0.169	0.017	2.0	2.0
0.20	0.271	0.054	1.2	1.2
0.50	0.209	0.105	1.6	1.6
1	0.212	0.212	1.6	1.6
2	0.082	0.164	4.1	4.0
10	0.082	0.821	4.1	3.8
30	0.053	1.593	6.4	5.0
50	0.042	2.120	8.0	5.4
100	0.031	3.070	11.0	5.7
200	0.029	5.840	11.6	4.1
400	0.019	7.400	18.3	3.9
800	0.019	15.440	17.5	2.1

表 4-2　生物苄呋菊酯与 PBO 各自对家蝇的致死剂量及搭配时的致死量

生物苄呋菊酯/PBO	生物苄呋菊酯的 LD_{50}（μg/每虫）	PBO 的 LD_{50}（μg/每虫）
单用	0.017	42.0530
0.01	0.016	0.0002
0.05	0.025	0.0013
0.50	0.021	0.0105
5	0.020	0.1000
30	0.015	0.4500
200	0.011	2.2000
500	0.008	4.0000
1500	0.006	9.0000

表4－3 对家蝇达 LD_{50} 剂量时 PBO 对生物苄呋菊酯的增效度（FOS）

PBO/生物苄呋菊酯	常规 FOS	在 PBO 实际量时的附加 FOS	在该比例时 FOS
0.01	1.1	1.1	1.1
0.05	0.7	0.7	0.7
0.50	0.8	0.8	0.8
5	0.9	0.8	0.8
30	1.1	1.1	1.1
200	1.5	1.5	1.4
500	2.1	1.9	1.8
1500	2.8	2.2	1.8

表4－4 在不同比例时天然除虫菊酯与 PBO 单独及不同比例配合时对家蝇的毒力

PBO/天然除虫菊酯	天然除虫菊酯的 LD_{50} （μg/每虫）	PBO 的 LD_{50} （μg/每虫）	天然除虫菊酯的 LD_{95} （μg/每虫）	PBO 的 LD_{95} （μg/每虫）
单用	0.338	36.398	0.873	57.626
0.01	0.395	0.004	0.830	0.008
0.02	0.450	0.009	1.009	0.020
0.05	0.313	0.016	0.806	0.040
0.10	0.169	0.017	0.495	0.050
0.20	0.271	0.054	0.687	0.137
0.50	0.209	0.105	0.433	0.217
1	0.212	0.212	0.491	0.491
2	0.082	0.164	0.165	0.329
10	0.082	0.821	0.164	1.636
30	0.053	1.593	0.111	3.330
50	0.042	2.120	0.104	5.210
100	0.031	3.070	0.069	6.930
200	0.029	5.840	0.067	13.340
400	0.019	7.400	0.048	19.360
800	0.019	15.440	0.042	33.920

表4－5 PBO 加入不同拟除虫菊酯后对家蝇的增效度（FOS）

拟除虫菊酯	LD_{50} （mg）	按5倍量加入 PBO 后 LD_{50} （mg）	FOS
天然除虫菊酯	0.58	0.10	5.8
生物烯丙菊酯	0.42	0.12	3.5
S－生物烯丙菊酯	0.18	0.12	1.5
胺菊酯	0.45	0.17	2.6
氯菊酯	0.025	0.015	1.7

表 4 - 6　PBO 对胺菊酯的增效作用

试验药物	含量（%）	15min 击倒率（%）	24h 死亡率（%）
胺菊酯	0.20	64.6	46.0
胺菊酯	0.50	80.5	50.1
胺菊酯 PBO	0.20 1.00	84.8	81.0

注：试验昆虫为家蝇。

表 4 - 7　PBO 不同加入量对胺菊酯的增效作用

配方	5min 击倒数（只）	10min 击倒数（只）	15min 击倒数（只）	24h 死亡数（只）
胺菊酯	176	340	517	368
胺菊酯　0.20% PBO　0.20%	238	409	558	441
胺菊酯　0.20% PBO　0.40%	259	425	563	516
胺菊酯　0.20% PBO　0.80%	284	487	621	598
胺菊酯　0.20% PBO　1.60%	354	541	660	648

注：试验昆虫为家蝇，对每个配方试验分 4 组，每组均为 20 只。

增效灵（MGK - 264）对胺菊酯及氯菊酯的增效作用如表 4 - 8 及表 4 - 9 所示。

表 4 - 8　增效灵对胺菊酯及二氯苯醚菊酯的增效作用

有效成分	剂量（mg/m²）	KT$_{50}$（min）	24h 死亡率（%）	增效倍数
二氯苯醚菊酯	54	3.4	88.9	
二氯苯醚菊酯 + 增效灵	54 + 162	2.0	100	1.7
胺菊酯	54	2.4	63.6	
胺菊酯 + 增效灵	54 + 162	1.5	100	1.6

注：试验昆虫为德国小蠊。

表 4 - 9　增效灵对二氯苯醚菊酯杀灭蚊蝇的增效结果（喷雾法）

杀虫剂	剂量（ml/m²）	KT$_{50}$（min）	24h 死亡率（%）	增效倍数
0.3% 二氯苯醚菊酯	0.5	蚊 31.4 蝇 7.3	蚊 87.5 蝇 82.7	—
0.3% 二氯苯醚菊酯 + 0.9% 增效灵	0.5	蚊 12.0 蝇 6.5	蚊 100 蝇 92.3	蚊 2.6 蝇 1.1
0.3% 二氯苯醚菊酯 + 1.5% 增效灵	0.5	蚊 10.8 蝇 4.0	蚊 100 蝇 100	蚊 2.9 蝇 1.8
0.3% 二氯苯醚菊酯 + 3.0% 增效灵	0.5	蚊 8.7 蝇 3.1	蚊 100 蝇 100	蚊 3.6 蝇 2.3

注：试验昆虫为家蝇、埃及伊蚊。

2. 在保证杀虫有效成分同等效果时，加入增效剂后可以减少有效成分的用量，从而降低制剂的成本

从表 4-10 可见，当加入有效成分剂量约 10 倍量的增效剂后，可以使有效成分的加入剂量减少近一半。

表 4-10　PBO 加入胺菊酯对蟑螂的毒力增效度

胺菊酯/PBO	LC_{50}	LC_{90}
1:0	0.287	0.672
1:1	0.224	0.438
1:5	0.152	0.456
1:10	0.148	0.359
1:20	0.088	0.171

另有报道，苄呋菊酯加入 PBO 后，其作用剂量减至常用剂量的一半，仍能对蚊虫保持原来的击倒与致死效果，大大降低了使用成本。

一般来说，从商业角度考虑，其比例应在 5:1~10:1（PBO/拟除虫菊酯）之间为适宜。

3. 氧化胡椒基丁醚（PBO）有助于延缓昆虫对杀虫剂的抗性，延长杀虫剂的使用寿命

在某些情况下，加入 PBO 后能使已被昆虫产生抗性的杀虫剂恢复其对昆虫的杀虫活性。增效剂的作用机制主要是抑制昆虫体内的多功能氧化酶（MFO 酶）和酯酶的代谢能力，降低昆虫对杀虫剂的代谢与降解作用，使杀虫有效成分的分解度降低，从而有更多的有效量对昆虫体内的作用点——靶标起作用，增加昆虫的死亡率。

对昆虫体内化合物氧化分解过程的抑制程度与所加入的增效剂的量有关。由 PBO 形成的代谢作用减低使昆虫对杀虫有效成分的敏感范围变小，有助于提高防治的可靠性。

另一方面，PBO 也会增加天然除虫菊酯和拟除虫菊酯对哺乳动物的毒性。

在此还要指出的是，对于那些没有氧化分解能力的昆虫，以及那些需要通过氧化作用来产生杀虫活性代谢作用的化合物，增效剂的使用不但无效，反而会降低化合物的性能。

4. PBO 还能延长配方中天然除虫菊酯及其他光敏感性拟除虫菊酯的有效性，增强它们的稳定性

另据报道，PBO 对暴露在阳光下的天然除虫菊酯具有保护作用。

表 4-11 列出了这种作用。这是将天然除虫菊酯及生物烯丙菊酯在 28℃ 温度下储存后对昆虫所做的稳定性试验的结果。从表可见，PBO 能够降低有效成分的分解率。

表 4-11　PBO 对暴露在阳光下的天然除虫菊保护作用

有效成分	起始浓度（%）	经过不同时间有效性降低率（%）			
		3 个月	6 个月	12 个月	18 个月
天然除虫菊	0.5	40	100	—	—
天然除虫菊 + PBO	0.1 + 1.0	<13	<17	<26	19~30
生物烯丙菊酯	1.5	—	65	—	—
生物烯丙菊酯 + PBO	0.15 + 1.5	—	—	<10	10

5. PBD 是一种良好溶剂

据 1968 年 Hewlett 及 Hayashi 等人报道，PBO 对许多化合物而言是良好溶剂，这一点有助于许多杀虫剂配方的配制工作。PBO 的挥发性低，与许多油类物质相近。Lindsay R. Showyin 也报道了 PBO 对许多化合物，特别是天然除虫菊萃取物具有优良溶解性这一特点。

（二）常用品种及比较

目前常用的增效剂有氧化胡椒基丁醚（PBO，S_1），增效胺（MGK-264），八氯二丙醚（S_{421}，

S_2）及增效磷（SV_1）。近年我国开发出了多功能增效剂（九四零）。

在这些品种中，PBO 是目前为止国际上一致公认增效最好的增效剂，其次是 MGK－264。

PBO 最适宜用于气雾剂配方，原因如下。

1）具有较好的增效活性，所需用量较低；

2）对最终配方具有较好的毒理指标；

3）有利于改善成本/效果比，可以降低使用者与制造者的经济成本，因而也有利于减少对环境的影响；

4）提高对已产生杀虫剂抗性的昆虫的作用；

5）容易配制，对杀虫活性成分相溶性好；

6）配制后制剂稳定性好，即使在水基气雾剂中也显示出良好的稳定性；

7）对气雾罐金属几乎无腐蚀性，因为在 PBO 中不含有能产生侵蚀作用的原子。

相比之下，八氯二丙醚（S_2）含有 8 个氯原子，它会产生高腐蚀性的盐酸，对气雾罐会产生腐蚀作用，为此往往要在配方中加入稳定剂，但众所周知，一些稳定剂常常是致癌物。此外，S_2 的毒理特性不好，至今尚缺乏长期毒理资料，所以 S_2 在欧洲及美国均不能获得登记支持。

但 PBO 经美国环保局获准予以登记可用于家庭、公共卫生及农业，包括作物和谷粒保护。这是因为 PBO 已具有大量的安全毒理资料，符合美国环保局的严格要求。

MGK－264 也是一种获得国际公认的增效剂，但它更多是作为一种共增效剂，常常建议与 PBO 联合使用。

不同增效剂加入各种杀虫有效成分中后的增效机制比较试验表明，当昆虫有氧化解毒作用，即显示抗性存在时，PBO 总是最有效的增效剂。

值得指出的是，PBO 具有优良的溶解特性，这一点十分有利于杀虫有效成分在配制中的溶解。

对 PBO、S_2 与 MGK－264 进行的对比试验如表 4－12 及表 4－13 所示。

表 4－12　PBO、S_2 分别与胺菊酯以相同比例复配后对家蝇的击倒及致死效果

配方	经过时间（min）	击倒数（只）					死亡数（只）				
		1	2	3	4	合计	1	2	3	4	合计
A	5	144	121	119	106	490					
	10	173	174	155	149	651					
	15	190	189	177	192	748	190	187	174	182	733
B	5	92	99	107	122	420					
	10	131	140	143	157	571					
	15	154	161	162	195	672	101	145	131	108	485

注：1. 试验昆虫为家蝇，每个时段均进行 4 次试验，每次试验昆虫均为 200 个。

　　2. 配方组成如下。

组分	质量分数（%）	
	A	B
胺菊酯	0.20	0.20
PBO	1.00	—
S_2	—	1.00
溶剂＋抛射剂	加至 100	加至 100

从表 4－12 可见，在相同剂量及相同时段中，无论是家蝇击倒个数还是死亡个数，PBO 对胺菊酯的增效作用明显高于 S_2。

日本住友化学公司提供的材料显示，PBO 对胺菊酯的增效度为 2.4，而 S_2 对胺菊酯的增效度仅为 1.8，前者为后者的 1.34 倍。胺菊酯是目前公认的击倒型杀虫有效成分。

表 4-13 PBO、S_2 及 PBO+MGK-264 与胺菊酯复配后对家蝇的增效作用

配方	经过时间（min）	击倒数（只）					死亡数（只）				
		1	2	3	4	合计	1	2	3	4	合计
A	5	144	121	119	106	490					
	10	173	174	155	149	651					
	15	190	189	177	192	748	190	187	174	182	733
B	5	77	62	79	109	327					
	10	118	133	141	155	547					
	15	165	188	171	189	713	131	141	132	163	567
C	5	129	87	104	121	441					
	10	162	161	149	157	629					
	15	165	184	182	187	738	181	180	172	168	701

注：1. 试验昆虫为家蝇，每个时段均进行 4 次试验，每次试验昆虫均为 200 个。

2. 配方组成如下。

组分	质量分数（%）		
	A	B	C
胺菊酯	0.20	0.20	0.20
PBO	1.00	—	0.50
S_2	—	1.00	—
MGK-264	—	—	0.50
溶剂+抛射剂	加至 100		

从表 4-13 可见，将 PBO 与 MGK-264 按 1:1 比例联合使用于胺菊酯中时，对家蝇的生物效果明显优于 S_2，与 PBO 较接近。

在欧洲及美国 S_2 是不被认可的。但由于 S_2 价格比较便宜，在国内卫生杀虫剂方面应用较多。前些年，因为对其在蚊香点燃中的三致突变有争议一直被禁用，20 世纪 90 年代初开禁后，使用量加大。值得关注的是，允许 S_2 应用在蚊香中是有两个前提的，一是 S_2 的加入量不得超过蚊香总量的 2.5%，二是 S_2 本身的纯度应达到 95% 以上，防止其中杂质可能产生的不良影响。而在实际操作中，有些厂家没有按规定执行。S_2 最终在我国也被禁止使用。

我国浙江省已有厂家生产 S_1，这对规范我国卫生杀虫剂中增效剂的应用创造了条件。S_1 的生产及销售有潜在的市场。

MGK-264 在我国尚无正常生产供应。

SV_1 适用于有机磷杀虫剂，将其与有机磷或拟除虫菊酯混用，对多种害虫有明显的增效作用，即使对已有抗性的害虫增效也很明显，广谱性好，效果优于 S_2，但有腥味。

多功能增效灵对拟除虫菊酯、有机磷及氨基甲酸酯类多种杀虫剂有明显的增效作用，加入卫生杀虫剂中后对蚊、蝇及蟑螂等卫生害虫的增效比达 2~3 倍，可使击倒率明显提高。

综上所述，由于大多数杀虫气雾剂采用拟除虫菊酯作为杀虫有效成分，PBO 作为增效剂效果更好，理由可概括如下。

1）从增效度来说，PBO 对拟除虫菊酯的增效度高于 S_2。表 4-14 列出了 S_1 与 S_2 在气雾剂中对胺菊酯增效作用的对比。

表4－14 S₁ 与 S₂ 在气雾剂中对胺菊酯的增效作用

试验昆虫	有效成分及质量分数（%）	气雾剂剂型	喷药量（mg/8.5m²）	击倒率（%）				KT₅₀（min）	24h死亡率（%）
				5min	10min	15min	20min		
家蝇	胺菊酯 0.2 S₂ 1.0	WBA	710	24	65	78	82	8.0	64
		OBA	680	24	65	79	84	8.0	65
	胺菊酯 0.2 S₂ 1.0	WBA	705	27	64	80	87	7.8	45
		OBA	730	25	58	73	79	8.7	45
埃及伊蚊	胺菊酯 0.2 S₁ 1.0	WBA	680	7	44	79	89	10.4	89
		OBA	710	4	25	51	67	15.0	67
	胺菊酯 0.2 S₂ 1.0	WBA	705	5	44	65	76	11.8	75
		OBA	730	7	33	57	80	12.5	80

注：1. 试验方法：彼得·格拉特柜法；
    2. 试验气雾剂配方中未加致死剂，故24h死亡率不高。

2）在毒性方面，PBO 对白鼠的 $LD_{50} > 7950mg/kg$，而 S₂ 的 LD_{50} 仅为 1900～2000 mg/kg，PBO 的安全性比 S₂ 的高。PBO 在欧洲及美国获准登记，但 S₂ 未能获准。

3）从最终制剂的刺激性来说，PBO 无刺激性，而 S₂ 的刺激性较大，特别在水剂中，S₂ 的刺激性十分明显。

4）在稳定性方面，PBO 在制剂中的稳定性好，即使在水剂中也显示出良好的稳定性，不会有原子分离出来。

5）在腐蚀性方面，PBO 对金属没有腐蚀性，但 S₂ 含有 8 个氯离子，分解游离后会对金属罐产生腐蚀。

6）从对昆虫的作用方面，PBO 能够抑制昆虫体内多功能氧化酶对杀虫活性成分的代谢解毒能力，因而在提高对昆虫的杀灭效果的同时，可以抑制或降低昆虫对杀虫剂的抗性。国外已有大量资料报道证实这一点，但 S₂ 在这方面尚未有资料报道。

三、增效醚（PBO）的优点

（一）增效醚（PBO）的优点

1）对许多种杀虫剂都具有很高的增效作用。

2）单独贮存或配制在杀虫剂中都具有良好的稳定性。

3）由恩都拉、MGK、艾格福、S. C. Johnson Wax 及 Tagasako 等公司组成的 PBO 工作组提供了大量技术资料，确认其对人、动物、鸟的高安全性。

4）纯度不断获得改进，从 1952 年的 80% 已提高到 1997 年的大于 90%。

5）除用于家庭及工业害虫控制外，还被大量用于人、动物、鸟、植物及食物贮存。

因为以上优点，增效醚 PBO 是目前国际上公认的增效作用最好的增效剂品种。

（二）PBO 的毒性

自 20 世纪 40 年代 PBO 开发研制起，人们对其毒理作用进行了大量的试验工作，试验资料证明它对人、动物及食物贮存具有良好的安全性，没有不良反应。PBO 的这种低毒性当时并未引起政府部门的重视。后来，美国国家环保局要求提供有关 PBO 的毒理资料，此项工作由 PBO 工作组（PBTF）来完成。目前在 PBO 的药效学及毒理两方面均已积累了大量的资料。表4－15～表4－17列出部分予以介绍。

表 4-15 PBO 对动物的急性毒性

试验动物	方式	LD$_{50}$（g/kg）	LC$_{50}$（g/L）	试验人及日期
小白鼠	经口	4.0		Negherbor（1959）
小白鼠	经口	8.3		Draize, et al（1944）
大白鼠	经口	4.57		Gabriel（1991a）
大白鼠	经口	7.22		Gabriel（1991a）
大白鼠	经口	8.0～10.6		Sarles, et al（1949）
大白鼠	经口	12.8		Lehman（1948）
大白鼠	吸入		>5.9	Hoffman（1991）
大白鼠	皮下	>15.9		Sarles, et al（1949）
兔	经口	2.7～5.3		Sarles, et al（1949）
兔	经皮	>2.0		Gabriel（1991b）
猫	经口	>10.6		Sarles, et al（1949）
狗	经口	>8.0		Sarles, et al（1949）

表 4-16 PBO 对动物的亚慢性口服毒性

试验动物	剂量	观察期限	现象	试验人及日期
大白鼠	2.5～5ml/kg	31 天	烦躁，失重，昏迷，死亡	Sarles and Vandegrift（1952）
大白鼠	1857mg/kg	90 天	40% 死亡，肝肿大	Bond, et al.（1973）
大白鼠	62.5～2000mg/kg	28 天	肝肾肿大	Modewege, Hausen, et al.（1984）
大白鼠	250～4000mg/kg	10 天	运动失调，抽搐，呼吸困难	Chun, Neeper Bradley（1992）
大白鼠	6000～24000ppm	13 周	鼻腔出血，异常扩张，肝肾肿大，无死亡	Fujilani, et al（1992）
小白鼠	1000～9000ppm	20 天	无死亡，肝大、坏死及发炎细胞渗入肝内	Fujilani, et al（1993）
小白鼠	10～1000mg/kg	90 天	未发现与药物有关的死亡，肝肿大	Chun, Wagner（1993）
小白鼠	1500～6000ppm	7 周	血液纳入量减少，习性稍有改变	田中（1993）
兔	1～4ml/kg	每周 1 次，共 3 周	无中毒症状	Sarles, et al（1949）
猴	0.03～0.1ml/kg	4 周	无临床中毒症状，肝略有变异	Sarles, Vandegrift（1952）
狗	500～3000ppm	8 周	无死亡，体重减轻，肝重增大	Goldenthal（1993）

注：1ppm = 10^{-6}，下同。

表 4-17 PBO 急性口服毒性

试验动物	剂量	持效时间	反应	试验人及日期
小白鼠	45～133mg/kg	18 个月	未见异常临床症状	Innes, et al（1969）
小白鼠	30～300mg/kg	78 周	无与处理有关的毒性症状，雄鼠肝肿大	Hermanski, Wagner（1993）
大白鼠	100～25000ppm	2 年	高剂量下肝破坏而死亡，高剂量时肝、肾肿大	Sarles, Vandegrift（1952）
大白鼠	30～500mg/kg	2 年	肝和卵泡肥大，淋巴结肿大	Graham（1987）
大白鼠	5000～10000ppm	2 年	死亡率随剂量增加，粪便中有血	Maekawa, et al（1985）
大白鼠	6000～24000ppm	95～96 周	由盲肠出血而致死亡，肝重增加，胃出血	Takahashi, et al（1994b）
大白鼠	PBO = 2000ppm	2 年	无临床毒性症状，无明显异常，无死亡	Hunter, et al（1977）
狗	3～320mg/kg	1 年	最高剂量时肝损伤而死，最低剂量时无中毒症状	Sarles, Vandegrift（1952）
狗	100～2000ppm	1 年	无死亡，中等剂量及高剂量时体重减轻，肝重增加，肝大，最高剂量时甲状腺增大	Goldenthal（1993b）
山羊	2ml PBO（吸入量约 0.1%）	1 年	无临床毒性症状，轻微肝病变	Sarles, Vandegrift（1952）

PBO 的安全性极高，几十年来大量的毒理试验资料，对动物及某些食品的应用实践以及长期良好的声誉有力地支持了这一观点。它对人体的危害很小。除了不能与眼睛和黏膜接触外，PBO 是一种十分安全的化合物。对许多动物所做测试表明，PBO 的 LD_{50} 值很高，即使摄入大剂量，也不会对人体构成严重威胁。所以 PBO 也被广泛用于防治人体虱的商品配方中。

以 PBO 对白鼠、狗及猫进行的眼刺激和皮肤刺激试验，未显示有刺激性或略有轻微刺激。对几内亚猪和白兔进行的致敏性研究显示 PBO 不含致敏因子。

对肝器官进行的急性实验表明，在低剂量时会有轻微影响，长期暴露在高剂量下会引起严重变化。

对大白鼠、小白鼠及白兔进行的试验证明，使用剂量下 PBO 在对试验动物生殖毒性和致畸毒性方面无不良作用。

大量试验资料显示 PBO 无潜在诱变性及遗传性，PBO 也不是致癌物。

（三）PBO 的其他应用

1. 防治螨

1）英国杜伯林大学研究者在 1996 年用不同剂量 PBO 处理动物耳螨，取得了良好的效果。其持效期达 18 天时，耳螨密度降为零。图 4-1 所示为对白兔进行的防治耳螨成虫试验结果。PBO 使用剂量分别为：油基 0.20%、0.10% 及 0.05%，水基为 0.10%。

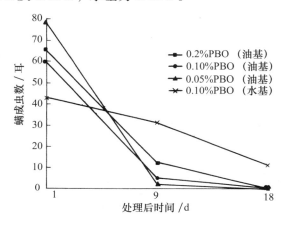

图 4-1 以不同剂量 PBO 处理后，白兔耳螨成虫的密度随时间下降

另据 1995 年 Eremina 与 Stepanova 报告，单独使用 PBO 处理，对美国马种尘螨的毒力与氯菊酯相当，但对欧洲马种尘螨的毒力略差。

2）欧洲 Nijhuis 等人于 1987 年以天然除虫菊酯加 PBO 防治蜜蜂栖螨取得良好效果。1996 年 Hillesheim 等人报道，对 Taufluvalinate 加入 PBO 后，对敏感品系和抗性品系螨的半数致死浓度（LC_{50}）值均大为降低。此外，单以 PBO 对敏感品系和抗性品系螨的毒力做了测定，结果如图 4-2 所示。

2. 防治臭虫、虱、蜱及黄蜂

南非及肯尼亚等国通常用天然除虫菊酯或氯菊酯加 PBO 配制成水基制剂来防治臭虫，有效期达 1 个月以上。

由扁虱引起的寄生虫病在美国许多地区严重威胁着人的健康，对此一般用由 PBO 与氯菊酯或天然除虫菊酯配成的水基配方来处理。使用 PBO 的优点是可以提高有效成分的活性，降低施用成本/效果比。

在德国也以 0.08% 天然除虫菊酯加上 4 倍 PBO 来处理蜂螨，没有发现蜂死亡，也抑制了螨对药的抗性。

在世界范围内用 0.15% 或 0.30% 天然除虫菊酯加 3.0% PBO 处理头虱，经济有效，可直接用于感染部位，一周后重复处理一次。

近年来黄蜂和马蜂对野外作业人员的侵袭及骚扰已成为世界范围的问题。美国艾格福 PCO 开发了

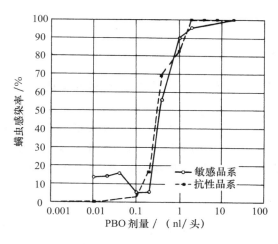

图 4 - 2　以 PBO 处理 48 小时后，对敏感品系和抗性品系螨虫的毒力

对敏感品系螨虫，$n = 418$，对抗性品系螨虫，$n = 270$

含胺菊酯、氯菊酯及 PBO 的配方，具有快速击倒作用，并能直接喷向昆虫巢。

3. 防治蚤

蚤常栖在猪、狗、人及其他哺乳动物身上，生长周期为 3 ~ 6 周，分四个不同生长阶段。个体小，迁移性大，给处理带来难度。烟雾处理方法比较有效，在第一次处理后间隔 10 ~ 14 天再处理一次。使用药剂的配方为 0.05% 天然除虫菊酯加 1.00% PBO，另加入 1.00% 残杀威，对地毯及家具处理，能够同时杀灭蚤的成虫和幼虫。

猫狗比其他动物对杀虫剂更为敏感。将杀虫剂制成泡沫型，其中含 0.15% 天然除虫菊酯加 0.70% PBO，能快速杀灭蚤，并能在猫身上持效 8 天以上。

还可以配制成微胶囊剂型，其中含 0.11% 天然除虫菊酯、0.22% PBO 和 0.37% MGK - 264，用于防治室蚤、虱，或直接用在宠物身上。

4. 防治家畜及食用动物昆虫

牛、羊及家禽的昆虫感染问题十分普遍，其中感染最多的昆虫为跳蚤、蜱及虱等。常用于防治的油基配方为 0.10% 天然除虫菊酯加 1.00% PBO，做空间喷洒时剂量为 209ml/m³。也可将它配制为水基剂型。其他配方为 1.00% 天然除虫菊酯加 2.00% PBO，0.50% 天然除虫菊酯加 1.00% PBO，可防治寄生于猪、马等身上的叮咬蝇。

5. PBO 能对昆虫生长调节剂（IGR）增效

由于 PBO 与其他化合物具有良好的相容性、增效作用及溶解性，PBO 可以用于含有昆虫生长调节剂的配方以防治室内跳蚤成虫，并具有阻止蚤卵发育成成虫的作用，持效期达 30 周。

这类配方可以配制成喷射剂、沐浴液及粉剂，预先喷施在地毯或其他蚤栖息处。

天然除虫菊酯加 PBO 的气雾剂可以防治蚤成虫，但若再加入 IGR，则还能阻止蚤幼虫发育成成虫。

（四）PBO 在气雾杀虫剂中的应用演变（表 4 - 18）

表 4 - 18　PBO 在气雾剂配方中应用演变

年份	成分质量分数
20 世纪 60 年代	天然除虫菊酯 0.2%，Methoxychlor 1.5%，PBO 1.50%
20 世纪 60 年代后期	天然除虫菊酯 0.2%，PBO 1.5%，MGK - 264 0.75%
1974	天然除虫菊酯 0.4%，PBO 0.8%，生物苄呋菊酯 0.025%
1978	部分天然除虫菊由胺菊酯替代
20 世纪 80 年代	烯丙菊酯（20/80）0.27%，胺菊酯 0.241%，PBO 1.083%
20 世纪 90 年代	烯丙菊酯（20/80）0.27%，胺菊酯 0.241%，PBO 0.409%，MGK - 264 0.659%

四、植物精油增效剂

(一) 概述

植物精油是植物体内挥发性次生物质，除了对昆虫具有多种生物活性，如触杀、熏杀及驱避，还具有增效作用。

天然冬青油、冷榨橘子油、蒸馏橘子油、柠檬草油、蓝桉油、艾叶油等6种植物精油对天然除虫菊素具有增效作用。研究显示，在10μg/头的剂量下，6种精油对家蝇无明显毒杀活性，家蝇的24h死亡率均不超过10%；与天然除虫菊素以10∶1（质量比）混配后，6种植物精油均能使天然除虫菊素对家蝇的24h死亡率提高10%以上，显示出一定的增效活性，其中柠檬草油的增效活性最好，家蝇的24h死亡率提高了29%。

植物源杀虫剂作为现代新农药开发的一条重要途径，在卫生害虫防治领域的应用越来越受到重视。从除虫菊中提取天然除虫菊素杀虫活性成分，具有广谱高效、环保低毒及昆虫不易产生抗药性等优点，是国际公认的无公害杀虫剂。但杀虫活性偏低、生产成本高、资源短缺等问题，限制了其推广和应用。

(二) 试验方法及结果

1. 试验方法

微量点滴法：将供试药剂用丙酮稀释至一定浓度，试验时将家蝇用乙醚轻度麻醉，用微量点滴器将供试药剂点滴于家蝇的前胸背板上，点滴量为0.128μl/头，每次处理设3次重复，每重复用试虫20头，以点滴相同量的丙酮为空白对照，处理后24h检查试虫的死亡率。

柠檬草精油与天然除虫菊素的较优配比筛选方法：将柠檬草油与天然除虫菊素分别按2∶1、4∶1、6∶1、8∶1、10∶1质量比混合，用丙酮稀释至一定浓度供试。

2. 试验结果

试验结果显示，在供试剂量下，用6种精油单独处理家蝇，24h死亡率均不超过10%，可见6种精油本身对家蝇均无明显毒杀活性，符合作为增效剂的条件。

常用化学增效剂的推荐使用量一般为原药的2~8倍，本试验在筛选6种精油的增效活性时，选用与除虫菊素以10∶1（质量比）的比例进行混配，结果显示6种植物精油对天然除虫菊素均有一定的增效活性，但增效活性的大小存在一定差异（表4-19）。其中柠檬草油的增效活性最高，使家蝇的24h死亡率增加了29%。

表4-19　6种植物精油对家蝇的触杀活性及其对天然除虫菊素的增效活性测定结果

供试样品	24h死亡率（%）	供试样品	24h死亡率（%）
艾叶油	10.00	艾叶油+天然除虫菊素	66.67
冬青油	6.67	冬青油+天然除虫菊素	65.00
蓝桉油	3.33	蓝桉油+天然除虫菊素	61.67
蒸馏橘子油	3.33	蒸馏橘子油+天然除虫菊素	63.33
柠檬草油	5.00	柠檬草油+天然除虫菊素	80.67
冷榨橘子油	8.33	冷榨橘子油+天然除虫菊素	68.33
丙酮	0.00	天然除虫菊素	51.67

注：1. 供试精油单独处理家蝇的剂量为10μg/头；天然除虫菊素处理家蝇的剂量为0.218μg/头；混配药剂处理家蝇的剂量为2.398μg/头。

2. 混配药剂中精油与天然除虫菊素的质量配比为10∶1。

由于6种精油中柠檬草油的增效活性最高，因此选择柠檬草油研究其与天然除虫菊素的较优配比以及在较优配比时的增效比值。结果是随着柠檬草油使用量的增加，家蝇24h的死亡率逐渐提高，柠檬草油对除虫菊素的增效活性逐渐增大，在8∶1和10∶1时死亡率并没有显著差异，从活性和成本综合考虑，柠檬草油与天然除虫菊素的较优配比为 8:1（质量比）。

由表 4-20 中的数据可知，柠檬草油与天然除虫菊素按较优配比 8:1 混合时，对家蝇 24h 的 LD_{50} 为 0.1362μg/头，天然除虫菊素对家蝇 24h 的 LD_{50} 为 0.2134μg/头，增效比值为 1.567，增效效果明显。

表 4-20　柠檬草油与天然除虫菊素 8:1（质量比）混配的增效活性

样　品	毒力方程（Y =）	LD_{50}（μg/头）	相关系数 r	卡方值 χ^2	95%置信限（μg/头）	增效比值 SR
1	$6.4811 + 2.2082X$	0.2134	0.9821	1.89	0.1821 ~ 0.2502	—
2	$7.0830 + 2.4061X$	0.1362	0.9881	1.39	0.1140 ~ 0.1630	1.567

注：样品 1 为天然除虫菊素，样品 2 为柠檬草油与天然除虫菊素以 8:1（质量比）混配的药剂。

柠檬草油的增效效果最好，增效比值达到 1.567，具有很好的研究和开发价值。天然柠檬草油是由多种单体化合物组成的混合物，其增效活性可能是其中某一种单体化合物起作用。

3. 讨论

早在第二次世界大战初期，美军就以芝麻油作为增效剂来使除虫菊素增效，取得了很好的效果。以后相继研发了增效酯、增效醛、增效醚、增效胺、增效磷等增效剂，它们的增效机制主要是抑制昆虫体内的多功能氧化酶。

但是植物精油是植物体内次生代谢产生的挥发性小分子化合物，对杀虫剂可能具有多种不同的增效方式和增效途径。有些精油对昆虫表现出不同程度的触杀、驱避、抑制生长发育等作用；另外有一些植物精油可以破坏昆虫的体壁结构，溶解角质层，增强杀虫物质的渗透、吸收、转运和进入气孔等能力，以此提高杀虫效果。

五、植物源应用例

1. 植物源蚊香增效剂的研究（表 4-21）

表 4-21　MS-J-16 对蚊香中四氟甲醚菊酯增效效果测定结果（5.8m³ 小屋法）

药剂处理	KT_{50}	增效比率 SR	KT_{95}
0.03%四氟甲醚	13min01s	1.14	37min57s
0.03%四氟甲醚 + 1.0% MS-J-16	11min27s	—	30min49s

2. 植物源气雾剂增效剂的研究（表 4-22）

表 4-22　增效剂 S110 对拟除虫菊酯药剂组合的增效效果测定结果（5.8m³ 小屋法）

处理	KT_{50}	KT_{50} 置信区限	KT_{95}	毒力方程 Y =	喷药量（g）
S110 - pery	11min23s	9min42s ~ 13min22s	43min28s	$-3.011 + 2.826X$	1.524
S100 - pery	14min11s	11min58s ~ 16min49s	60min37s	$-2.641 + 2.608X$	1.555
pery	16min00s	12min57s ~ 17min22s	72min43s	$-3.899 + 3.012X$	1.490

3. 天然除虫菊素杀虫气雾剂（醇基型）植物源增效剂 NS-1 的研究

NS-1 来源天然，增效效果好，安全无残留，环保无污染，害虫不易产生抗药性，还能改善气雾剂药液的理化性质（如透明度、挥发性等），是天然除虫菊素杀虫气雾剂的专用、高效植物源增效剂。使用时将增效剂 NS-1 与天然除虫菊素按质量比 12:1 的比例混合均匀（天然除虫菊素若为 50%原药，使用质量比为 6:1），然后加入无水乙醇配制成气雾剂母液，装罐充气即可。

4. 对蚊香中四氟甲醚菊酯有增效作用的植物萃取物

以淡色库蚊为试虫，采用密闭圆筒法和 5.8m³ 小屋法筛选 269 种植物萃取物对四氟甲醚菊酯的增效效果；9 种植物萃取物对四氟甲醚菊酯有一定的增效效果，增效比值大于 1.3 的植物萃取物分别是商陆根萃取物、亚麻子萃取物、半枝莲萃取物、黄药子萃取物和土茯苓萃取物等；亚麻子等 3 种植物萃取物对四氟甲醚菊酯增效作用最为明显。

第三节　卫生杀虫剂型用助剂

一、概述

从广义上来说，助剂可定义为在各种制剂及剂型最终产品中起不同辅助作用的各种化合物和在制剂及剂型加工工艺流程中所需的各种辅助物质的总称。其种类很多，涉及面很广。目前全世界已有百余大类，数千个品种。为满足不断开发各种化学新制剂及剂型的需要，新助剂的开发速度也逐步加快，原有助剂的更新换代周期缩短。特别是专用化和功能化助剂的开发获得重视和支持，这对适用于不同领域和应用目的的化学制剂和剂型的发展起到了促进作用。虽然助剂在化学制剂和剂型中不起主导作用，但它对于最大限度地发挥主剂的有效性、安全性、稳定性及经济性起一定的改善作用。助剂与主剂虽有着明确的主次关系，但它们之间也存在着相容及反馈机制。

由于大多数助剂是在加工过程中添加到产品中去的，因此助剂也常被称为"添加剂"或"配合剂"。

助剂的种类和品种虽然多，但其中每一个品种的开发都是为着一个或相近的几个特定化学制剂或剂型的应用目的，并不具有普遍适用性。其中也存在着少量的交错关系，即主要应用于一类或一种化学制剂和剂型，也可小范围或少量应用于其他化学制剂或剂型。也就是说，某些类似品种助剂适用于一类化学制剂和剂型，而另一些助剂适用于另一类化学制剂和剂型。这是由多方面因素决定的，如主剂的理化性质及制成的剂型等，需要相应的助剂与之配合使用，这就要求助剂的理化性质必须与主剂相容、兼容，能对主剂的理化性能起到改善、掩盖作用。

助剂与表面活性剂的概念尚有区别，两者不能等同。助剂的含义比表面活性剂更为广泛，但表面活性剂是助剂家族中最大的一类化合物，可说是助剂的主体。

助剂的种类跨越了有机与无机化工产品两大范畴。助剂对各种化学制品及其剂型的作用及功能是多方面的，如润湿、渗透、分散、乳化、破乳、增溶、助溶、起泡、消泡、稳泡、润滑、柔软、抗静电、减磨、防锈、防腐蚀、增效、增稠、酸度调节、抗氧化、稳定、展着、发烟、降温、助燃、悬浮、防霉、杀菌、黏接、崩解、填充、包裹等，不胜枚举。

助剂的应用范围十分广泛，几乎涉及国民经济的各个领域。选择适宜的助剂对提高各种化学品的质量、改善其理化及使用性能、简化工艺、增加产量、降低能耗、节约成本起着十分重要的作用。随着化学合成技术的飞速发展，助剂的类别、品种和功能也相应得到发展。它们有的是单一化合物，有的是混合物，不同类型及范畴的化学制剂和剂型，有其特定的适用助剂群。

由于杀虫剂原药（原油及母粉）不加工成一定剂型的制剂就不能直接使用，所以杀虫剂剂型加工是杀虫剂开发应用中极其重要的一个环节。可以说，一个杀虫剂制剂的成功研制，一半在于剂型的加工。简而言之，杀虫剂的剂型加工就是将杀虫剂原药与各种助剂按一定比例进行调配，所以助剂与原药是构成杀虫剂制剂的两大主要部分。

在杀虫剂中助剂本身虽无生物活性，但它与杀虫剂原药混合加工后能改善制剂的理化性质，在提高制剂的效果、方便使用等方面起着十分重要的作用。所以助剂的合理选择，对杀虫剂剂型及制剂的性能有很大的影响。

本节仅就与卫生杀虫剂剂型及制剂生产与使用有关的助剂进行介绍。

二、助剂的分类及其选择应用

（一）助剂的分类

可以从不同的角度对助剂进行分类。按其功能大致可分成以下几类。

1. 抗老化作用的助剂

化学制品在贮存、加工和使用过程中受到光、热、氧、辐射和微生物等因素的影响而发生老化变质，相应的助剂有抗氧剂、光稳定剂、热稳定剂、防霉剂等。

2. 改善性能的助剂

增加杀虫剂的润湿，使其能对靶标昆虫体表接触的润湿剂；促进杀虫有效成分向靶标昆虫体内渗透或增强药液由昆虫体表进入体内能力的渗透剂；防止或抑制泡沫产生的消泡剂及抑泡剂；使杀虫剂产生泡沫或使泡沫稳定的发泡剂及泡沫稳定剂等。

3. 改善加工性能的助剂

在对杀虫剂进行加工时，常因化合物的热降解及黏度等因素，使加工发生困难。这一类助剂有润滑剂、分散剂（改善悬浮颗粒在分散体系中的分散性）。加工黏度很小的液体时，可加入增稠剂，这是一些具有相当大表面积（$\geqslant 200\mathrm{m}^2/\mathrm{g}$）的不溶性添加剂，是可以阻止分子或其他任何微小粒子进行布朗运动的助剂。反之，为促进溶解，可加入增溶剂或助溶剂，以及解决杀虫剂各组分之间相容性的掺合剂等。

4. 改进表观性能和外观的助剂

在这类助剂中，有防止使用中产生静电危害的抗静电剂，防止塑料薄膜（农业温床覆盖薄膜）内壁形成雾滴而影响阳光透过率的防雾滴剂，用于颗粒或液剂着色的着色剂，促进杀虫有效成分在靶标表面覆盖面积或能力的展着剂，使杀虫剂具有一定形状的赋形剂等。

5. 与燃烧有关的助剂

这类助剂有抑燃剂、温度降低剂、助燃剂及阻燃剂等。

合成材料需要添加阻燃剂，这个问题近年来已被人们所重视。含有一定量助剂的烟剂能缓慢生烟。近年来又发现许多聚合物燃烧时能产生大量使人窒息的烟雾，因而作为阻燃剂的一个分支，又发展出新的助剂——烟雾抑制剂。

（二）选择应用

助剂的合理使用是一件十分复杂细致的工作，在选择和使用上应充分考虑以下因素。

1. 助剂与主剂的配伍性

所谓配伍性，是指主要成分和助剂之间的相容性和在稳定性方面的相互影响，这个问题是选择助剂时需要优先考虑的。因为助剂需要长期、均匀和稳定地存在于制品中，不断地发挥其效能，如果该助剂和主剂相容性不好的话，助剂就很容易析出。固体助剂的析出俗称"喷霜"，液体助剂的析出又称"渗出"或"出汗"，助剂析出不仅失去作用，还影响杀虫剂制剂的性能和外观。

助剂和主剂的相容性主要取决于它们的结构相似性。如在抗氧剂和光稳定剂中引入较长的烷基，就可以改善它们与聚烯烃的相容性，酚类和亚磷酸酯类抗氧剂的溶解度，因为相容性好，不产生喷霜现象。

对于一些无机填充剂等不溶性的助剂，由于它们不存在相容性问题，则要求它们细度小、分解性好，在制剂中呈非均相分散，不会析出。也有些例外的情况，如作为助剂添加到聚合物中去的润滑剂不要求有很大的相容性，否则润滑剂大量与聚合物相容反而失去了其作用。

助剂和主剂配伍性的另一个重要问题是在稳定性方面的相互影响，如有些组分能分解而产生酸性产物，进而会使某些助剂分解，也有些助剂能加速主剂的降解等。

2. 助剂的耐久性

助剂加到制剂配方中，由于助剂本身的结构和性质，会逐渐产生挥发、抽出和迁移。例如，采用邻苯二甲酸二丁酯做助剂就不如邻苯二甲酸二辛酯耐久，因为后者分子量大，挥发性低。所谓迁移是指助剂由制品中向邻近固体物质扩散转移的过程。

3. 助剂对加工条件的适应性

助剂在制剂配方中，必须能耐受或适应聚合物在不同加工过程中的工艺条件。其中最主要的是温度，不少助剂在高温下易分解、挥发或升华，因此不同的加工方法和条件往往就要选择不同的助剂。另外还有一些别的因素，如助剂有可能对制剂的加工设备或模具产生腐蚀等。

4. 助剂必须适应产品的最终用途

不同用途的产品对助剂的外观、颜色、气味、污染性、稳定性、热性能、耐候性、毒性等都有一定要求。例如，磷酸三甲苯酯是一个具有阻燃性能的助剂，但由于其毒性大而不能用于某些制剂中。国内外对助剂的毒性及其适用品种和用量都有严格的规定。

5. 助剂配合中的协同作用和拮抗作用

一个卫生杀虫剂制剂或剂型制品中往往同时添加多种助剂，这些助剂互相间会有所影响。如果配合得当，可以起增效作用，即"协同作用"，反之则起拮抗作用，而削弱各种助剂原有的效能。另外，还应注意不同助剂可能发生化学反应引起不良后果。

三、助剂在卫生杀虫剂中的应用

总的来说，卫生杀虫剂必须具有安全性、有效性、稳定性及经济性，所以助剂的作用，也应围绕这四个方面予以考虑。对其中每一个方面，对不同的剂型及使用要求，可以从多种不同的角度和途径来满足，有的与剂型加工有关，有的与使用性能有关，有的则同时与加工及使用性能有关。

一种助剂在制剂中往往兼有几种作用。

（一）乳化剂

乳化剂是表面活性剂中的一种，它是在加工液相制剂如乳油、浓乳剂等时所用的助剂，以使两种以上互不相溶的液体形成具有一定稳定度的均匀液体。以一种液体的微粒（液滴或液晶）分散于另一种液体中形成的体系称为乳浊液或乳液，这种乳液又可分为两种：油分散在水中形成水包油型（O/W）和水分散在油中形成油包水型（W/O）。此外还可能会形成水包油包水型乳液（W/O/W）及油包水包油型乳液（O/W/O）。

由于在形成乳液时两种液体的界面积增大，所以这种体系在热力学上处于不稳定状态。为了使乳液具有一定的稳定度，需要加入第三种组分——乳化剂，以降低体系的界面能。

乳化剂除了主要起乳化作用外，还具有增溶、湿润、渗透、分散、破坏、发泡或消泡等作用。

乳化剂在本质上也可以说是一种分散剂，但它是指应用于液—液相分散体系中而形成乳液的一类分散剂，与应用于固—液相分散体系中形成悬浮液时用的分散剂不同。

表面活性剂是能显著降低溶剂（一般指水）的表面张力及液体与液体界面张力，并具有一定亲水亲油特性和特殊吸附性能的化学物质。

在结构上，所有的表面活性剂都是由极性的亲水基和非极性的亲油基两部分组成的。亲水基与水分子作用，将表面活性剂分子引入水，而亲油基与水分子相排斥，与极性或弱极性溶剂分子作用，将表面活性剂分子引入油（溶剂）。表面活性剂分子的亲油基一般由烃基构成，而亲水基则由各极性基团组成，种类较多。表面活性剂性质上的差异主要与亲水基团的类型有关，故表面活性剂的分类也依亲水基团的结构是否带电荷而分为离子型和非离子型两大类。离子型表面活性剂在水中能电离，形成带正电荷、负电荷或同时带正电荷与负电荷的离子。带正电荷的称为阳离子表面活性剂，带负电荷的称阴离子表面活性剂，同时具有正负电荷的称两性表面活性剂。而非离子型表面活性剂分子在水中不电离，呈电中性。

乳化剂在应用时，可以单用一种，但将两种或几种复合使用往往具有更好的乳化效果。最典型的混合乳化剂是将吐温40与司盘80根据不同的需要以一定的比例联合使用。由于分子间的强烈作用，界面张力显著降低，乳化剂在界面上吸附量显著增多，形成的界面膜密度增大、强度增高，使乳液的稳定性提高。

（二）分散剂

分散剂又称分散助悬剂，是一种用于降低分散系中固体微粒在液体分散相中，或液体微滴在液体分散相中的悬浮体相互聚集和结块的物质。例如在制备可湿性粉剂及乳油时，要求它在水分散系中具有良好的分散性，并保持悬浮一定时间，使最终形成的分散体系或悬浮体系保持有相对稳定的性能，就要加入适量的分散剂。

当固体药剂微粒均匀分散在固体填料介质中时，为提高药剂的分散性能，也要使用分散剂。

分散剂的作用原理是能在微粒（滴）表面形成强有力的吸附层和保护屏障，阻碍微粒（滴）间的相互凝集沉积或结块，同时还能与分散介质亲和，所以要求在分散剂分子结构中有足够大的亲油基团和适当的亲水基团，以利于微粒（滴）在分散介质中的悬浮稳定性。常用的分散剂有阴离子型和非离子型，如烷基萘磺酸盐及其甲醛缩合物（NNO），二丁基萘磺酸钠，烷基酚聚氧乙烯醚，脂肪酸聚氧乙烯酯，环氧乙烷—环氧丙烷嵌段共聚物，多芳基酚聚氧乙烯醚磷酸酯等。此外有些无机或有机络合剂，如三聚磷酸钠、柠檬酸、酒石酸及乙二胺四乙酸等及盐类，也可以抑制或束缚水介质中高价阳离子（如 Ca、Mg、Fe 等）的凝集作用，保护双电层，使悬浮体稳定。

分散剂的使用量一般为 0.3% ~ 3%。如果以阴离子型和非离子型组成混合的润湿分散系，则其分散效果要比单用好，但两者混合的比例及总用量具有最佳范围，过多或过少均不利，对某一特定浓度的杀虫剂有效成分要通过筛选后确定。

分散剂是保证乳油、可湿性粉剂、干悬浮剂等乳液体系具有良好的分散性和稳定性的重要助剂。

喷射剂中所用的表面活性剂不仅要无异味、无毒性、稳定性好、经济，并与配方中各组分有良好的适应性，而且要使杀虫剂最大限度发挥杀虫效力。以拟除虫菊酯类复配的灭蚊喷射剂都属触杀剂，当触杀剂与虫体接触药量确定后，其毒效就决定于药剂对蚊虫表皮的穿透速度，而药剂对蚊虫表皮的穿透速度又决定于昆虫体壁的构造和药剂的理化性质，对已确定为靶虫的蚊虫（或苍蝇）、固定的杀虫剂、以水为分散介质的固定条件，表面活性剂就成为最关键的因素。

昆虫表皮是一个蜡水两相系统，因此最适合的表面活性剂应具有最佳的油水分配系数。这样制得的药剂具有良好的脂溶性，有利于穿透上表皮，而水溶性能使之从上表皮进而通过内表皮。在表面活性剂的选择上，通常选用非离子表面活性剂，因为杀虫剂的毒理学研究认为昆虫体壁是一种生物膜，药剂穿透体壁受到细胞质膜的选择性影响，非离子表面活性剂比较容易通过，而离子化合物通过比较困难，离解度越高，越是困难。所以在配制水性乳剂中，通常选用非离子表面活性剂。为了改善单独使用非离子表面活性剂的某些缺陷，有时配入适量的阴离子表面活性剂，构成表面活性剂组。

非离子型表面活性剂在水中不电离出离子，对水的亲和能力较强，在水中易形成胶束状并对水温有很好的适应能力，当与阴离子表面活性剂复配在一起，对水质的变化也能较好适应，并使分散相的胶团带有较高的电荷。离子型表面活性剂在界面上吸附的同时，伸入水中的极性基团带有较高的电荷。由于同一体系中液滴带有相同的电荷，故液滴之间相互排斥，不会凝聚产生沉淀，提高了乳液的稳定性。

（三）增溶剂与助溶剂

增溶剂与助溶剂都属于表面活性剂。虽然它们都主要用于液相分散系统中，作用是提高溶剂对有效成分及乳化剂的溶解度，但它们的作用机制是不一样的。

在溶液中加入增溶剂后，可以使溶液变成透明。如对它继续加入被增溶物并达到一定量后，溶液又由透明状变为浑浊，再加入增溶剂，浑浊溶液又变成透明。虽然这种变化是连续的，但乳化和增溶在本质上是不同的。增溶可使溶液的化学势显著降低，因而体系在热力学上是稳定的。

增溶作用是一个动态平衡过程。它主要是由于表面活性剂在水溶液中形成胶束，这种胶束具有能使本来不溶或微溶于水的有机物的溶解度显著增大的能力，使原本浑浊的溶液呈透明状。

增溶剂的碳氢链越长，增溶作用越强。

常用的增溶剂有聚氧乙烯型非离子表面活性剂、油酸钾、二甲基甲酰胺、异丙醇、乙酸乙酯、二甲基亚砜等。

助溶与增溶不同，其主要区别在于加入的第三种物质是低分子化合物，而不是胶体电解质或非离子表面活性剂。助溶是增加有效成分溶解度的主要方法之一。即使对有些固体制剂，有时为了提高制剂的稳定性，也需要加入助溶剂。

助溶原理是因为助溶剂加入后，在溶液中形成了可溶性的络合盐、有机分子复合物或可溶性盐类而使溶解度得以提高。

常用的助溶剂有两类：一类是某些有机酸及其钠盐，如苯甲酸钠、水杨酸钠等；另一类是酰胺化合物。

在选择助溶剂时，应该考虑到：在较低的浓度下，也能使难溶性有效成分增加溶解度；与有效成分及其他成分相容；使用时无刺激性和毒性；贮存稳定性好；价廉易得。

（四）稳定剂

稳定剂是一类助剂的总称。在卫生杀虫剂型中使用的稳定剂包括两大类，一类是能够延缓或防止杀虫有效成分降解的化学助剂，称之为化学稳定剂；另一类是使悬浮性制剂的悬浮性能在长期贮存中保持相对稳定，包括防结晶、抗絮凝沉淀、抗结块等，称之为物理稳定剂。

化学稳定剂的作用是保持和增强产品化学性能，防止和减少有效成分的分解，包括防止分解、抗氧化、防紫外线辐射等。

抗氧剂也是一种稳定剂。BHT（2，6 - 二叔丁基 - 4 - 甲基 - 苯酚，即 264）就是最常用的一种抗氧剂。这是一种白色结晶，熔点为 69~71℃，用量 0.2%~2%。这类酚抗氧剂具有不变色、不污染的优点，所以被广泛使用。

在杀虫剂制剂中用的稳定剂品种很多，可以分为三类：

1）表面活性剂类，如阴离子型烷基磷酸酯及其烷氧化合物等；

2）溶剂类，如芳香烃类、醇类、醚类和酯类等；

3）其他，如 BHT，苯并三唑，有机环氧化物稳定剂。

一些相对密度小、吸附性和水合性强的无机物可以作为物理稳定剂。如由于膨润土的水合作用，在分散体系中加入 2%~5%，能大量吸水形成高黏度的胶态分散体，pH 为 8.5~9.5，具有一定的中和酸的能力。此外还有轻质碳酸钙、硅胶、沸石粉等也可作为物理稳定剂。

（五）消泡剂和抑泡剂，发泡剂及稳泡剂

泡沫是一种气体在液体中的分散系统，当微小气体被一层表面张力小、但黏度高的很薄的液膜包围时，就形成小气泡。一些表面活性剂溶液在搅拌时会有大量泡沫产生，若再对此泡沫系统加入另一类表面活性剂后，能够使已产生的泡沫维持稳定。一般将这种具有产生泡沫作用的表面活性剂称为发泡剂，而将具有稳定泡沫作用的表面活性剂称为稳泡剂。有些发泡剂既具有发泡能力，又兼有良好的稳泡能力，例如肥皂就是如此，但十二烷基苯磺酸钠却只能发泡，稳泡能力差，只能维持很短时间就消泡。

消泡剂与发泡剂及稳泡剂相反，它是使泡沫具有快速消散作用的表面活性剂，如水溶性低的司盘 20 及司盘 80 等。

在水基气雾剂中，含有亲水性表面活性剂的乳液系统，可以由于丁烷、戊烷类抛射剂的膨胀与汽化而形成稳定持久的泡沫，如驱避用泡沫气雾剂就是利用这一原理制成。由于发泡后能使驱避剂的比表面积大幅度增加，制成泡沫剂型对驱避剂的涂抹使用是十分方便的。

杀虫剂用消泡剂、抑泡剂与发泡剂正好是一对既具有共性又互相对立的化学助剂。消泡剂与抑泡剂的目的是用于消除泡沫，保证雾化效果，而发泡剂的目的是使喷出物产生细腻稳定的泡沫。

这类助剂一般应用于水基型杀虫剂中，用于消除液体杀虫剂加工中产生的泡沫，也用于使用时在喷出过程中泡沫的消除。

消泡及抑泡可以用物理方法，例如对生产过程中产生的气泡，可以调换加料顺序、设备形式调整，或采用加热、真空脱泡等方法，避免气泡产生。在使用喷出过程中，则常常采用调整喷嘴结构来消除气泡。也可以用化学方法，例如在配制悬浮剂过程中，由于物料中含有表面活性物质，以及空气的混入，常会产生许多大气泡，影响生产过程的顺利进行。此时可加入的消泡剂有泡敌〔甘油的环氧乙（丙）烷化聚合物〕、硅酮类、$C_{8\sim10}$脂肪醇、$C_{10\sim20}$饱和脂肪酸类（如月桂酸、硬脂酸、棕榈酸等）及醚类。

消泡剂是一种能降低空气和乳液面的界面自由能，从而使气泡难以生成或形成后立即消失的化学物质。消泡剂本身的表面张力应低于泡膜的表面张力，因其低表面张力而进入泡膜，由于不能形成稳定的泡膜而被周围的泡膜拉去，其结果是泡膜从侵入处受到破坏。如乙醚、异丙醇等均可做消泡剂。磷酸三丁酯能显著降低表面黏性，这是因为它的分子占有面积大，减弱了活性剂分子间的凝聚。凡具有疏水性的各种微粉体都具有消泡作用。

粗略说来，消泡剂与抑泡剂都可称之为消泡剂，但它的应用顺序有所不同。消泡剂的主要作用是使已产生的泡沫迅速消除，不形成积累。对生产中产生的泡沫采用逐步加入或需要时加入，而对使用中可能产生的泡沫，如喷射剂，则在制剂配制时就加入。

抑泡剂的应用则重在抑制系统的发泡和泡沫积聚，一般在未起泡前预先加入。从这个意义上，严格说来，用于消除在使用中产生泡沫的消泡剂，其作用方式与抑泡剂有相似之处。

消泡剂、抑泡剂、发泡剂及稳泡剂的加入量都很少，视配方中不同组分的理化特性及使用性能要求综合取定。

（六）增黏剂

增黏剂又称增稠剂。

在制备悬浮剂时，黏度是一项重要的物理性能指标。适宜的黏稠度是保证悬浮剂质量稳定性及施用效果的重要因素。

在粒料研磨中，若黏度大，剪切力也就大，研磨细度容易变高。根据斯托克斯关于颗粒沉降速度的公式，如果介质黏度大，颗粒沉降慢。

增黏剂可以增大 Zeta 电位，有利形成保护膜，改变介质黏度，减少密度差，有助于制剂的稳定悬浮。

适宜的黏度对控制形成雾滴尺寸大小，调节水分蒸发，减少药滴漂移和损失，降低对环境的污染有重要影响。还能改善药剂在靶标昆虫表面的固着性，延长持效。

一般将黏度控制在 $0.2\sim1Pa\cdot s$（$200\sim1000cP$）为宜。

常用的增黏剂以触变性大的亲水性高分子聚合物为好。

在使用增黏剂时，因为乙醇等醇类具有降低黏度的作用，常用来作为黏度调节剂配合使用。

（七）润湿剂和渗透剂

润湿剂和渗透剂的作用都是降低液固界面张力，促进液体对固体表面铺展或渗透。润湿剂在卫生杀虫剂生产及应用中都用得到。

首先在生产中，如果固体原药粒子不被润湿，就无法在水中被磨细，更不能使之分散和悬浮，当然就不能应用。由于用作分散媒的液体不易在药粒粉末或颗粒表面铺展，这些固体颗粒粉末在液体表面漂浮，或者往下沉淀。加入合适的润湿剂后，这些问题就能获得解决。

在应用时，加入润湿剂可以使药剂的表面张力降低，增大雾滴的分散度，也易于在处理靶标表面展开、附着，帮助杀虫有效成分进入作用部位，迅速发挥对昆虫的生物效应。

在卫生杀虫剂制剂中加入渗透剂后，可以增强药剂对靶标昆虫表皮蜡质层的溶解，从而由表皮向体内渗透到作用部位，对昆虫产生生物效应。

润湿剂与渗透剂在使杀虫有效成分对昆虫发挥生物效应中起了"接力赛"的作用。润湿剂增加有效成分与昆虫的接触机会，渗透剂则进一步加速有效成分对昆虫体内的渗透，它们对昆虫的作用具有连贯性。所以如将两者适当搭配使用，则能提高杀虫有效成分对昆虫的生物效果。

某些现有的，以及一些新开发的润湿剂或渗透剂，往往兼具润湿与渗透作用。

一般润湿剂的分子结构中既有亲水性很强的基团，又有能与杀虫剂亲和力较强的亲油性基团，这样的润湿剂就会具有良好的润湿性能。当然润湿剂本身还应该具有较好的稳定性，不易分解失效。

杀虫剂中的润湿剂和渗透剂可以分成天然和化学合成两大类。天然的品种有皂素，环戊烷类的衍生物，木质素磺酸盐等。合成的品种以烃基磺酸盐或硫酸盐的阴离子型与非离子型表面活性剂较多，效果也好。

其中阴离子型有十二烷基苯磺酸钠、琥珀酸二辛酯磺酸钠、油酸钾（钠）、脂肪醇硫酸盐、烷基酚聚氧乙烯醚硫酸盐等。

阴离子润湿剂的作用机制是其亲油基部分吸附于被润湿分散的颗粒表面上，亲水基团向外使各分散颗粒表面具有同名电荷，产生排斥力，避免和降低阳离子的凝聚和沉淀，抑制晶粒变大，起到保持体系稳定的作用。

非离子型润湿剂有吐温、山梨醇聚氧乙烯醚、硬脂酸铵的聚氧乙烯或聚氧丙烯聚合物、壬基酚聚氧乙烯醚等。其中 HLB 值较大的品种，其润湿性和分散能力较强。

非离子型润湿剂的水溶液呈负电性，具有较强的水合作用，可降低表面张力，帮助不溶性分散相分散，使之形成触变性良好的悬浮剂。这类润湿剂的热稳定性较阴离子型略差。

润湿剂在可湿性粉剂中应用较多，在水基型制剂中也常常需要加入润湿剂和渗透剂。在片剂颗粒成分中加入适量润湿剂，可使片剂在应用时加速其润湿、崩解和溶化过程。

随着助剂的发展，具有多功能的复合型品种已不断出现，如润湿剂 – 成膜剂，润湿剂 – 黏着剂等。

（八）其他

1. 防腐剂

为了防止微生物对某些添加剂的腐败作用而造成体系物理性能及有效成分的破坏，常常需要加入非离子型的水溶性防腐剂，如甲醛、水杨酸钠等，加入量为 0.1% 左右。

2. 缓蚀剂

缓蚀剂又称腐蚀抑止剂，如在气雾剂中，为了防止系统对容器的腐蚀，常常需要加入缓蚀剂，如苯甲酸钠、亚硝酸钠、吗啉、吡啶等，加入量为 0.1% ~ 0.2%。有时为了提高缓蚀作用，往往采用两种缓蚀剂以一定的比例混合加入的方式，对金属容器的抑腐作用比单用更为有效，如将亚硝酸钠与吗啉混用。苯甲酸钠对中性和碱性溶液都有效，若与少量亚硝酸钠混用，防腐效果也可得到提高。

3. 酸度调节剂

主要调节配方组成物的 pH 值。具体要根据产品的特点来调节，如杀虫有效成分在碱性溶液中易分解，降低活性，则应使它的 pH 值在 6.5 ~ 7 之间为好。还要从产品对罐的腐蚀性方面来考虑，不适当的 pH 值会加速对罐的腐蚀。

第五章 >>>

雾滴与颗粒

第一节　概　述

一、颗粒和雾滴的基本概念

一般来说，液体分散成的微细液滴称为雾滴（droplets），固体分散成的微粒称为颗粒（particles）。颗粒（大的称粒子）及雾滴（大了称水滴或者液滴）包含了三个方面的特征。

第一，大小。粒子分为粗粒子、中粗、细、中细及精细，再小就是微粒，能够构成固气溶胶的就是微粒，直径至少要小于 $5\mu m$（它也会很快沉落下来）。

$PM_{2.5}$ 就是直径小于 $2.5\mu m$ 的颗粒，它们会在空气旋涡产生的浮力作用下在空气中悬浮一段时间（air born），颗粒及雾滴大小只决定它的物理特性，如运动（沉降）方向与速度、沉积速度及沉积目标等。但是大颗粒（或雾滴）只能沉降在水平表面上。

第二，内含物（在药剂中称为有效成分）。只有它才对被沉积物（或吸收物）产生作用（如杀虫）或影响（如导致肺癌等）。

第三，形态，即液态、固态或气态。它能影响颗粒（或雾滴）的运动速度（如雾滴蒸发变小）、被沉积物表面的吸收（如黏性小颗粒或雾滴会随着沉积物附近的微气候乱流而黏附沉积在小目标物直立表面，甚至在下表面）。

近年来，随着人们对于环境保护及自身安全健康的要求，对于空气中存在的雾滴与颗粒物开始关注和重视起来。其中一个大家最为熟悉，而且十分关心的就是近来几乎天天提到的 $PM_{2.5}$，即细颗粒物污染了，因为 $PM_{2.5}$ 颗粒中所包含的有害物质能够诱发疾病或者致癌。

由于本书研究的重点是杀虫剂，比较关心的是液体杀虫剂的雾滴与固体杀虫剂的颗粒所包含的有效成分和含量，以及它们的大小。这关系到它们的效果、毒性、作用方式以及运动特性。

同样，杀虫剂的药滴或者药粒也包含三个方面：大小，物态及其包含的杀虫有效成分及其他非活性成分（杂质及填充物）。

药滴或者药粒的大小关系到它的物理特性，包括运动特性、沉积速度、穿透性及扩散性等。这对于使杀虫剂与有害生物达到有效接触，最大限度地发挥杀虫剂的作用，取得良好的防治效果，起到了十分重要的作用。

杀虫剂药滴或者药粒的物态是使药滴中的活性成分杀灭有害生物的帮手，包括能否黏附在有害生物体上，或者有助于使有效成分溶化有害生物蜡质体表而渗入到其体内等。

药滴或者药粒所包含的杀虫有效成分，是对有害生物起作用，包括驱赶、击倒、致死的最关键因素，即杀虫剂核心。所以不管哪一种杀虫剂，它能够杀灭有害生物的关键是其药滴本身所包含的活性成分，不是药滴的大小或者它的物质状态（气态，液态或者固态）。

从数量级上定位，液体与固体杀虫剂的药滴或者药粒的大小在微米级，其范围在 $10 \sim 300 \mu m$ 之间，根据不同的处理要求选择相应的雾化方式。例如飞机舱内用杀虫气雾剂喷出的药滴直径应在 $10 \mu m$ 左右，不得小于 $8 \mu m$，否则容易被乘客吸入呼吸道；但也不能太大，否则会影响药滴对于舱内缝隙的穿透性，也就无法对缝隙中有害生物达到百分之百的有效防治。一般杀虫气雾剂的药滴直径在 $30 \sim 100 \mu m$ 范围；而喷雾剂的药滴直径相对较大，在 $100 \sim 300 \mu m$ 之间；烟剂及油雾剂的药滴直径在 $20 \sim 30 \mu m$ 范围。

在谈到气溶胶时，应该想到能够悬浮在空气中的颗粒或者液滴必定是很小的，大了以后它就会往下沉降到它首先碰到的水平面上。其中气气溶胶的气体分子动力学直径为纳米级，固气溶胶及液气溶胶的药滴或者药粒直径为微米级。气气溶胶的气体分子动力学直径与固气溶胶及液气溶胶的药滴或者药粒直径之间相差 4 个数量级，而它们之间体积之差更是达到 12 个数量级，它们的沉降速度，决定于其自身的大小。

在此顺便提一下，用于治疗呼吸道疾病的药滴或者药粒直径都很小，一般以在 $0.5 \sim 5 \mu m$ 范围内最适宜。《中国药典》2005 年版二部附录规定吸入气雾剂的雾粒或药物微粒的细度应控制在 $10 \mu m$ 以下，大多数应小于 $5 \mu m$。这一点正好与杀虫剂要求的药滴大小相反。

气体杀虫剂的分子运动直径都小于 $1 nm$，即在纳米级，所以一般不适宜将它们称为药滴或者药粒。但是可以相应称为气体分子级药物微滴或者气体分子级药物微粒，例如化学熏蒸剂溴甲烷与硫酰氟汽化成为纳米级大小的气体分子级药物微滴，固态熏蒸剂樟脑丸与萘则直接升华为气体分子级药物微粒。

二、药滴与药粒在化学防治中的作用

在对有害生物实施的化学防治中，杀虫剂一般不可直接使用，需要将它稀释后，依靠外力才能粉碎成为所需大小的药滴。它自身没有粉碎能力。

这种外力有多种，如热、电动力、离心力、汽化能及液力等。不是只有加热或者吸热一种途径才能使得杀虫剂蒸发、挥发或粉碎。不同外力产生的药滴或者药粒大小是不同的。使用哪种外力，取决于所需的药滴或者药粒大小、处理的生物种类及其活动习性、所处的环境等多个方面。

例如，将苯醚氰菊酯制成为气雾剂、喷雾剂使用，微米级大小的药滴可由抛射剂或其他压力产生的液力来粉碎（或称之为雾化）。

如用它来处理躲在各种密闭场所中的有害生物，需要液体或者固体杀虫剂的药滴有良好的穿透和扩散能力。此时可以把它们作为复配熏蒸剂的一个组分，溶解在液态二氧化碳中，各种成分组成一个均匀相，释放时借助储存在液态二氧化碳中的强大汽化潜能，将液态苯醚氰菊酯汽化成为纳米级大小的气体分子级药物微滴（而不是将它们分散成为气体分子）。这样它就具备了很好的运动特性，如穿透和扩散性能，也就具备了熏蒸剂的功能，可以用来熏蒸处理躲在各种密闭场所内的有害生物。

至目前为止，喷雾方法仍然是将化学杀虫剂施布到所需目标上去的最重要方法。所谓喷雾方法就是使液体或者固体杀虫剂通过各类喷洒器具粉碎成大量细微药滴（或药粒），并且将它们向喷洒目标发送并使其沉积在目标上。其中药滴（或药粒）从发射至沉积在目标过程中的运动特性对它的沉积效率起着十分重要的作用。而药滴（或药粒）的运动特性又在很大程度上取决于其本身的物理性质（包括尺寸、沸点、蒸气压、密度等）及周围环境微气候的综合作用。适宜的喷出药滴大小是杀虫剂的理化特性与喷洒机具的工作方式综合作用的结果。

由于化学杀虫剂的使用量在急剧增长，对杀虫剂的安全合理使用越来越引起关注。这就要求我们一方面改进对卫生害虫的防治效率，同时又要降低防治成本，还要消除不利副作用带来的危险（如环境污染，在食物上的药物残留等），要求施药技术更精确（包括降低容量、低漂移、高效率、高效果、毒性低、微污染等）及更经济（包括设计简单实用、用药量少、耗能省及效率高等）。所以近 50 年来逐渐形成了一个新的概念，即通过选择最佳药滴（或药粒）大小及其在靶标上的覆盖密度（或者需要时在空间的浓度）来减少化学杀虫剂的浪费。国外有一批专家都一直在致力于这方面的研究实验。

第二节　表示雾滴（或药粒）尺寸的几个名词术语和雾滴的均匀度

一、有关雾滴的几个名词术语

我们谈论液体雾滴时，总是把它假设成球形作为出发点。但要比较确切而全面地表征出由雾化器生成的雾滴的尺寸及均匀度，只用雾滴直径的概念是远远不够的，它不能完整表明喷雾的实际效率。因此，一般要同时用下面几个量综合进行评估。

1. 雾滴体积（或容量）中径（volume median diameter，VMD）

VMD 表示在一次喷雾的全部雾滴中，如果大于某直径的所有雾滴体积之和与小于该直径的所有雾滴体积之和正好各占一半，那么该雾滴直径就称为雾滴体积中径。说得完整些，就是体积中值直径。

在某些资料中，也有人以雾滴质量中径 MMD（mass median diameter）来代替体积中径 VMD 的。事实上，因为质量与体积之间成密度关系，所以最后的结果还是一致的。

2. 雾滴颗数中径（number median diameter，NMD）

NMD 表示在一次喷雾的所有雾滴中，大于某直径的雾滴颗数之和与小于该直径的雾滴颗数之和正好各占总雾滴颗数的一半，则该雾滴的直径就称为颗数中径。

3. 雾滴的均匀度（或称扩散比 DR）

DR 表示不同大小雾滴的体积中径 VMD 与颗数中径 NMD 之比。单用体积中径 VMD 或颗数中径 NMD 其中之一来作为雾化性能指标是不全面的，不能得出有效的雾滴的量度。因为，对超低容量喷雾来说，雾滴谱的宽窄，主要由某一适宜大小的 NMD 与 VMD 的比值来决定，公式如下：

$$DR = \frac{NMD}{VMD} > 0.67$$

$$即扩散比 = \frac{颗数中径}{体积中径} > 0.67$$

DR 值越接近 1，则表明喷雾器喷出的雾滴尺寸越趋于一致，机具的雾化性能越好。若 DR 值等于1，就说明喷雾中的每一个雾滴实际上都一样大小。这种情况当然是不可能的。若 DR 值小于 0.67 或远小于 0.67，说明喷雾器所产生的雾滴大小很不均匀，雾滴在作物上的覆盖和穿透性能就会很差。DR 值大于 0.67 可以认为喷雾中的雾化质量已经相当有效地达到使用要求。

此外，由于超低容量喷雾采用浓度较高的油剂杀虫剂，不希望有过多的特大雾滴，以免造成药物浪费或药害，也不希望有过多的极细小雾滴，否则这些雾滴会被风带走飘散，造成空气污染。因此，在超低容量喷雾中，对 VMD 小于 5μm 及 VMD 大于 150μm 的雾滴有一定的控制，要求两者都低于总雾滴量的 5%。

在此应该说明的是，上面的观点以英国的 E. J. Bals 为代表，同时反映出所喷出雾滴谱带的范围及均匀度。由于以静态沉积法进行测定时，小雾滴在喷出后的快速蒸发和挥发，不能真实地反映出测试结果。以美国 Akeson 教授为代表，提出了以 $D_{V.10}$、$D_{V.50}$ 和 $D_{V.90}$ 以及 $D_{V.10} \sim D_{V.90}$ 等指标来衡量雾化特性，认为这样可以更真实地体现出实际状况。其中 $D_{V.10}$ 及 $D_{V.90}$ 相应表示将取样的雾滴体积从小到大顺序累积，当累积值等于取样雾滴的体积总和的 10% 及 90% 时所对应的雾滴直径。$D_{V.50}$ 则就是前面所述的雾滴体积中值直径 VMD。而雾滴谱宽度 $D_{V.10} \sim D_{V.90}$ 则代表在一次喷雾中，占喷雾液体积80% 的雾滴的直径范围（即去除了最小与最大的雾滴）。

二、雾滴均匀度的重要性

要使一定的液体杀虫剂获得良好的雾化性能，完整的概念应包括两个方面：一是应使所产生的雾滴尺寸在所需的雾化细度范围内；二是所生成的雾滴尺寸的均匀度。

前者指的是雾滴的体积中值直径在雾滴谱数轴上的相对位置，直径小的在左，越大越往右边移。这主要由结构设计及采用的雾化方式获得。后者指的是喷出的最大最小雾滴在雾滴谱数轴上所占两个位置之间的宽度（即雾滴谱带宽）。这固然与雾化方式有关，但还要取决于生产制造工艺和手段。

在这两者中，前者要根据喷洒对象及方法选定，不能笼统单就喷雾器喷出的雾滴大还是小来评价它好或是不好，因为能喷出 $20\mu m$ 雾滴的喷雾器，对防治某些卫生害虫可能是比较理想的，而对另一些害虫就可能不合适。而后者，即均匀度，不管对哪种喷雾都是需要的。试看一下喷出雾滴尺寸差异产生的影响。以最小雾滴直径为 $20\mu m$，最大雾滴直径为 $400\mu m$ 为例予以说明。

1. 浪费惊人

$20\mu m$ 雾滴与 $400\mu m$ 雾滴两者直径之差为 20 倍。从数学计算可知，一颗 $400\mu m$ 的大雾滴可以粉碎成 8000 颗 $20\mu m$ 的小雾滴。如果说一颗小雾滴（假定其直径为 $20\mu m$）所包含的有效药剂成分已足以使一只害虫致死的话，那么用一颗大雾滴（假定直径为 $400\mu m$）去杀死同样的一只害虫，就比 $20\mu m$ 雾滴浪费了 7999 倍的药剂，这就大大增加了施药成本。

2. 污染严重

从以上计算可知，仅一颗不适当的大尺寸雾滴就可给环境多增加 7999 倍的污染。在大量使用化学杀虫剂的今天，长此以往，会产生什么样的严重后果？

3. 覆盖面积损失

一颗 $400\mu m$ 直径的雾滴的有效覆盖面积为 $0.125mm^2$。若把它粉碎成 8000 颗 $20\mu m$ 直径的雾滴，以每平方厘米 10 颗雾滴的密度分布，则可以有效地覆盖 $800cm^2$ 的面积，等于前者的 640000 倍。显然，在使用相同量的化学药剂的情况下，小雾滴所能达到的有效覆盖面积比大雾滴大得多。

4. 防治效果上的差异

雾滴直径减少一半，雾滴数可增加 8 倍。用统计方法比较，100 颗雾滴与 100 只昆虫随机撞击，其相碰机会仅为 37%，而当雾滴数增加 8 倍后，使昆虫的撞击机会增加到 79% 左右。

5. 不适当的施药使害虫的抗药性急速增加

这一点已为多年实践所证实，并且引起了各方人士的广泛关注。所施药液雾滴大小不均匀时，由于过小雾滴所含杀虫剂有效成分不够而杀不死害虫，而特大雾滴所含杀虫剂有效成分比杀灭害虫所需剂量大成百上千倍，等于不适当地给害虫滥施药剂。这两种情况都会导致害虫抗药性的快速增加。

从上述五个方面就不难看出，雾滴尺寸的均匀度对科学合理有效防治害虫，减少浪费，降低对环境的污染，延缓害虫的抗药性很重要。而要使施布药剂获得所需尺寸的均匀雾滴，必须借助于喷施器具才能达到。

在此要补充说明的是，对粉末类杀虫剂型，其粉剂颗粒常用多少目来表示它的大小，如 200 目、180 目等。比较完整确切的应该是小于 200 目或小于 180 目，即在多少"目"前应该加一限定词"小于"，因为通过 200 目丝网孔的粉末颗粒直径，包括小于 200 目的所有粒子，而 200 目是作为最大能通过的粒子大小，所以对此来说，200 目是一个最大值。凡通过此 200 目网孔筛出的粉末颗粒大小，称为小于 200 目粉粒。从理论上来讲，200 目的粉末颗粒直径应该与 200 目网孔的直径一样大，但实际上正好等于 200 目尺寸的颗粒是通不过 200 目网孔的，因为根据零公差原理，一般来说通过 200 目网孔的颗粒直径总要比 200 目网孔直径小一些。

"目"是英文 Mesh 的音译，是一种英制度量单位，表示每平方英寸的网孔数。200 目就是指每平方英寸面积的网有 200 个网孔。一般而言，其前面的数字越大，表示其网孔直径（或颗粒直径）越小。

三、气体分子动力学直径

气体分子的动力学直径一般为几分之一纳米，如 CO_2 的气体分子动力学直径为 $0.33nm$，CH_4 的气体分子动力学直径为 $0.38nm$。蚊香的烟雾粒子直径为 $2\sim5\mu m$，一般杀虫气雾剂的药滴质量中径为 $30\sim120\mu m$，虽可同属气溶胶范畴，但它们的直径差数万倍，而体积之差更达百亿倍。

熏蒸剂是以纳米级气体动力学分子直径大小的药物微滴起作用的，而不是气体分子。如果能够把右旋苯醚氰菊酯或者恶虫威分散成为纳米级大小的药物微滴，它们就具有很好的穿透性和扩散性，能作为熏蒸剂使用。在复配熏蒸剂中，它们不是单独存在，而是已经完全溶解在液态二氧化碳中成为一体，不需要吸热或者采用其他外力，只依靠二氧化碳巨大的汽化能量就能达到。

第三节 雾滴尺寸的分类与分布密度的关系

一、雾滴尺寸的分类

雾滴尺寸通常以体积中径（VMD）来表示，单位为微米。目前一般将雾滴类型按其尺寸分成五类（表5-1）。

表5-1 雾滴按其尺寸的分类及使用范围

雾滴的体积中径（μm）	雾滴尺寸分类	使用范围
<25	烟雾	烟雾
<50	气雾滴	超低容量喷雾（空间喷洒）
50~100	弥雾滴	超低容量喷雾
101~200	细雾滴	低容量喷雾
201~400	中等雾滴	高容量喷雾
>400	粗雾滴	常规喷雾

在此要指出的是，随着新技术的发展，表5-1对雾滴的分类概念不能与某些特定条件下的情况相混淆。如以气雾剂来说，它喷出的雾滴大小已超越小于50μm的范围。以杀虫气雾剂为例，油基型杀飞虫气雾剂的最佳雾滴直径应小于30μm，确实在表5-1所列范围，但杀爬虫气雾剂的最佳雾滴直径则应大于50μm为好，超出了气雾滴分类的范围。这说明，气雾滴与气雾剂喷出雾滴并不等同。气雾滴只是雾滴尺寸大小的一个粗略分类范围，它可以从多种器具或方式获得，不一定只用气雾剂产品这种形式来获得。反过来，气雾剂产品这种形式可以喷出符合气雾滴分类范围的雾滴尺寸（小于50μm），但在许多情况下也可以喷出弥雾滴以及细雾滴范围内的雾滴尺寸，甚至包括喷出凝胶及泡沫。

二、雾滴尺寸与分布密度的关系

一定的药液产生的雾滴数目，与这些雾滴直径的立方成反比，这样，落在1cm²平滑表面上的雾滴数目 n 可以由下式算出：

$$n = \frac{60}{\pi} \left(\frac{100}{d}\right)^3 Q$$

式中　　d——雾滴直径，μm；

　　　　Q——10000m²表面施液量，L。

在10000m²面积内喷药1L时每平方厘米内不同直径雾滴数的理论值见表5-2。

表5-2 每10000m²面积内喷药1L时每平方厘米内不同直径雾滴数的理论值

雾滴尺寸（μm）	每平方厘米内雾滴数	雾滴尺寸（μm）	每平方厘米内雾滴数
10	19099	200	2.4
20	2387	400	0.298
50	157	1000	0.019
100	19	—	—

注：设每10000m²面积内有相当于20000m²的沉降面积。

在农业喷雾中，对于内吸性杀虫剂，因为药剂被作物吸收后，在作物体内传导，达到杀虫的作用，所以雾滴可略大，覆盖密度可小一些。但对于杀菌剂，则相应要求雾滴很小，相同容量的药液可以产生更多的药滴，增加单位面积表面的覆盖率，以更有效控制病菌。

直径 $70\mu m$ 的雾滴，它的体积为 0.2nl。1L 药液可以产生 500 亿个这样大小的雾滴。若把它喷在 $10000m^2$ 表面上，每平方厘米上有 50 个雾滴的理论覆盖密度。假定 $10000m^2$ 表面上有 $30000m^2$ 的沉积面积，则可以期望每平方厘米上平均有近 20 个雾滴沉积。

表 5－3 列出了雾滴大小与单位面积理论覆盖密度的关系。

表 5－3 雾滴大小与单位面积理论覆盖密度的关系

雾滴大小（μm）	覆盖密度（颗/cm^2）	雾滴大小（μm）	覆盖密度（颗/cm^2）
20	4768	120	22
30	1414	130	18
40	596	140	14
50	306	150	12
60	176	160	10
70	116	170	8
80	74	180	6
90	52	190	6
100	38	200	4
110	28		

雾滴数量与雾滴直径之间呈三次方的关系，从表 5－2 及表 5－3 也可看出这一点。如在表 5－2 上，由于一颗 $100\mu m$ 直径的雾滴可以产生 1000 颗 $10\mu m$ 直径的雾滴，$10\mu m$ 雾滴的分布密度为 19099 颗/cm^2，而 $100\mu m$ 直径雾滴的分布密度为 19 颗/cm^2，也等于 1000 倍。表 5－3 上，$20\mu m$ 直径雾滴的分布密度为 4768 颗/cm^2，而 $100\mu m$ 直径雾滴的分布密度为 38 颗/cm^2，也等于 125 倍。

从上可知，对一定喷液量来说，雾滴直径减少一半，分布面积可以增加 8 倍，呈三次方关系。

需要说明的是，表 5－3 上所列分布密度比表 5－2 上的大 1 倍，这是因为表 5－2 上的分布密度是以 $10000m^2$ 表面积上有相当于 $20000m^2$ 沉积表面积计算。

第四节 雾滴的形成原理及影响雾滴尺寸的因素

一、雾滴的形成原理

（一）概述

要了解雾（液）滴的形成原理，可以先从一个实验开始。

取一根直径很细的毛细管（孔径为 0.3mm），向管内慢慢注水，就可以在毛细管下端见到逐渐有一颗梨状水珠形成。水珠由小慢慢变大，大到一定程度后就掉离管口，接着第二颗水珠又形成、变大、掉离，以后第三颗、第四颗……每颗水珠几乎都一样大。若再进一步仔细观察水珠的变大过程，你就会发现在水珠的内部水往下运动，而水珠的外部水在往上翻转，如图 5－1 中的 C 图所示。是什么力量把水珠悬挂在管端的呢？是液体的表面张力。当水珠逐渐变大到它的重力克服水在管端的表面张力时，水珠就掉离了。

若向毛细管连续注水时，在毛细管下端出现的不是一颗水珠，而是一根细丝状水柱。当水柱长度超过一定值后，水柱就在表面张力的作用下，自动断裂成一颗颗水珠，而且这些水珠的大小，可说是均匀一致的。

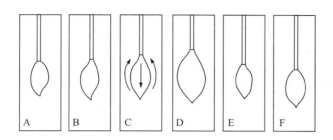

图 5 - 1　水滴的形成

图 5 - 1 中的 A、B、C、D 是对 0.3mm 毛细管供水时水滴的形成与逐渐变大过程。水滴内部水往下运动，外部水在向上翻转。当水滴的质量克服表面张力时就掉下。图中的 E、F 是在水中加了稀释剂后，掉下的水滴，体积明显减小。

一个长度为直径 3 倍以上的液体圆柱体是无法持续存在的，只要它的一段稍微有一点收缩，收缩处的压力增加，使变细段向粗段加压，直到细段的侧面彼此相遇，即缩成一个液滴。根据大量试验证实，液柱能够保持稳定的最大长度为它直径的 3 倍多一点，约为 3.14 倍，即液柱的长度等于它横截面的圆周长。一旦超过此长度，就马上变为不稳定，自己粉碎成一颗颗均匀液珠，如图 5 - 2 所示。

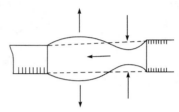

图 5 - 2　液细丝在表面张力作用下自动收缩断裂成液滴的过程

用削尖的铅笔或其他小尖杆来代替毛细玻璃管，从它上端慢慢倒水后，在笔尖下端也出现相同的结果（图 5 - 3）。这说明与从内部供水还是外部供水无关，只与下端形状有关。实验证实，下端越尖，水珠在尖端挂住的可能性越小，越容易掉离，形成的小水珠越小。

在进行喷液时，要求药液源源不断供给，而且往往需要达到一定的流量，显然，细丝状雾化方式是可取的。

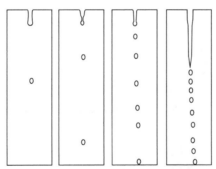

图 5 - 3　铅笔尖端水滴的形成

水从尖点外部释离时形成单个均匀水滴，供液量加大时，
先呈液细丝，然后断裂成均匀液滴

要将液体粉碎成一定尺寸的雾滴，可以有许多种方式，如液力雾化、气力雾化、离心式雾化、静电雾化及热力雾化等，其基本原理都是采用一定形式的外力或消耗一定形式的能量来克服液体的表面张力，使其先呈薄膜，或先呈丝状，再粉碎断裂成雾滴，或直接粉碎成所需尺寸的雾滴。对固体粉剂，则主要以研磨筛选的方法来获得所需尺寸大小的颗粒。

为了使液体雾化，必须对液体加入足够的能量，以克服液体的分子间力。液体雾化时，在三个方面需要能量，即：形成新表面需要能量，克服黏滞阻力以改变液体的形状需要能量，以及输送液体需要能量。

大片液体碎裂形成直径为 $d\mu m$ 的雾滴时,单位质量液体产生新表面所需能量 E_s 为:

$$E_s \approx \frac{66}{d\rho_L} \times 10^4 \text{J/g}$$

式中 6——液体的表面张力;

  ρ_L——液体的密度。

例如,大片水形成直径约为 $2\mu m$ 的雾滴,产生新表面所消耗的能量 E_s 约为 0.215J/g。

此外,在所需的能量中,还必须考虑在雾化过程中所形成的表面面积超过最终表面面积时所消耗的少量能量。

由大片液体形成许多小雾滴的示意图如图 5 - 4 所示。

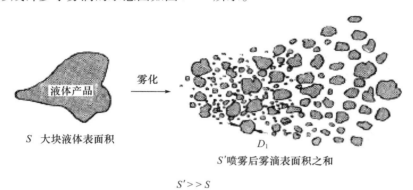

图 5 - 4 大片液体形成许多雾滴的示意图

液体雾化时,往往先形成线状或薄膜状,然后再碎裂成为雾滴。在一般情况下,液体形成雾滴的时间相当短促,其变形速度也很快,因此液体变形时克服黏滞阻力所消耗的能量相当大。以蒙克(Monk)模型为例,液体形成线状,其直径由 $d_1\mu m$ 缩小为 $d_2\mu m$,如果此线状的缩小是通过锥形过渡区域,而在该区域内,其速度按等速递增,则单位质量液体变形所消耗的最小能量 E_d 为:

$$E_d \approx \frac{8\mu_L d_1^2 Q_L}{3\pi d_2^2} l\rho_L \text{J/g}$$

式中:μ_L——液体的黏度,P(1P=0.1Pa·s);

  l——锥形过渡区域的长度,cm;

  Q_L——液体的流量,L/s。

莱恩(Lane)和格林(Green)指出,蒙克的计算公式比较粗糙,量纲亦不一致,只能定性地说明黏滞阻力对于液体变形的影响。

至于液体雾化所消耗的能量中损失的部分,除非在特定的条件下,否则是难以估计的,但是,有时可以创造一些条件来降低其损失。例如,在雾化过程中,依靠空气动力将能量从气体输入液体,其功效是不高的;可是,如果提高气体所含的能量,就可提高其功效;而对受压液体输入能量使其在雾化过程中降低能量损失,就比较困难些。

(二)液力雾化

液力雾化是近代喷雾器上应用最广泛的一种雾化方式。它们具体的工作过程可能随机具结构不同而有差异,但基本原理都是利用液力使药液在喷头内绕喷孔轴线或在分流器旋水槽内旋转,借助药液在涡流中形成的离心力使药液雾化。当药液从喷嘴中喷出后,喷头内体壁所给的向心力就消失,此时药液雾滴在离心力的作用下沿直线向外飞散,一般先呈薄膜状,然后分裂成液丝,再断裂成大小不等的雾滴。这些液丝都与药液在喷头内原来的运动轨迹(圆锥面)相切,该圆锥面的轴线与喷孔轴线重合,因此喷出的雾呈雾锥体形状。

喷液的特性(如表面张力、黏度及密度),及周围气象条件都对薄膜的形成有影响(Fraser,

1958）。一旦薄膜形成，它可能有三种粉碎方式，即分裂薄膜，波浪薄膜及周缘（或边界）破裂。最常见的方式是当薄膜分裂时形成一个液细丝，然后粉碎成主雾滴及卫星雾滴，或呈一大段一大段的丝带状离开喷头。特别在较高压力时波浪薄膜破裂常常附加在先前的雾化方式中。喷头设计影响第一种雾化方式向第二种雾化方式的转变（Coulter，Dombrowski，1949）。周缘或边界破裂在扇形喷嘴上形成，比上面的雾化方式产生的雾滴大，在一定条件下可以成为薄膜分裂的唯一方式（Clark，Dombrowski，1971）。薄膜分裂的不同方式导致较宽的雾滴粒谱，这给喷雾造成了麻烦：小雾滴的漂移对操作者及当地的周围环境会造成危害，而大雾滴又浪费了药物，尽管其数量不多，但在整个喷雾量中占有很大的比例。

这三种粉碎方式可以通过喷嘴孔的设计互相转化。

薄膜破裂及液细丝断裂成雾滴的示意如图 5－5 所示。

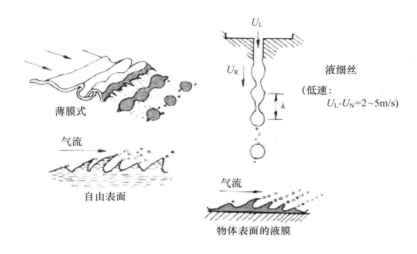

图 5－5　薄膜破裂与液细丝断裂成雾滴示意图

当压力增大时，喷孔处喷出药液的轴向和切向速度增大，一方面使雾锥体的液膜变薄，而且由于对空气冲击力的增大，雾滴变细；另一方面使喷雾量增大，雾锥角也加大。但当压力增加到一定值后，雾滴变细及喷雾量的增加也就不明显，这是因为压力增高到一定值后，液体的内摩擦增大，阻力也随之增大，增加的压力所产生的能量几乎全都消耗在喷头内部的能耗上。

在压力不变的情况下，喷嘴孔直径增大，喷量增加，雾锥角增大。但超过一定值时，药液的旋转速度降低，喷孔处的切向速度也减小，液膜变厚，雾滴变粗，射程增大，因为大喷量集中的药液容易冲破空气阻力，所以喷得较远。喷孔直径变小，喷量减小，雾锥角减小，药液喷出速度增加，对空气的撞击力也增大，雾滴变细，射程缩短。

常用杀虫剂喷雾器采用的喷嘴结构设计有三种形式，它们的目的都是使喷液产生旋转运动。

1. 平面切向离心式

平面切向离心式喷头的结构及雾化原理见图 5－6 和图 5－7。

在这种形式结构中，喷头内有一带切向进液槽的分流器。由于切向进液槽的横截面积比进液孔道急剧减小，使进入槽的喷液压力下降，流速增加，以较高的切向速度进入涡流室，产生强烈的旋转运动，通过喷孔后形成一个空心雾锥体。

若压力增大，使喷液在喷孔处的轴向及切向速度增大，雾锥体的液膜变薄。此时由于对空气冲击力的增大，雾滴就变细。若使喷雾量增大，雾锥角也加大。但有一个极限值，即当压力增加到一定值后，由于液体的内摩擦增大，阻力也随之增大，此时增加的压力所产生的能量几乎全都消耗在喷头内部的能耗上，所以雾滴直径不再会有明显的变小，喷雾量的增加也不明显。

若压力不变，喷出孔直径加大，喷雾量就增加，雾锥角也会增大。但当超过一定值时，液体的旋转速度会降低，进而使喷出孔处的切向速度也减小，液膜变厚，雾滴变粗，射程增大，因为大喷量集中的液体容易冲破空气的阻力。喷出孔直径变小，喷雾量减少，雾锥角减小，喷出速度增加，对空气的撞击力增大，雾滴变细，射程缩短。所以在一定条件下，喷出孔直径对雾滴直径有重要影响。

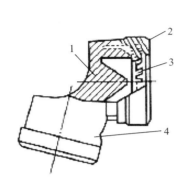

图 5-6　切向离心式喷头

1—垫片；2—喷头帽；3—喷孔片；4—喷头体

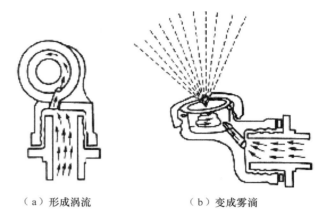

（a）形成涡流　　　　　（b）变成雾滴

图 5-7　切向离心式喷头雾化原理

2. 螺旋涡流芯式

螺旋涡流芯式喷头的雾化原理见图 5-8。

在这种形式结构中，喷头中有一刻有螺旋槽的涡流芯。当液体进入喷头内，经过涡流芯后，便作高速旋转运动。进入涡流室后，沿着螺旋槽方向作切线运动。喷液在离心力作用下高速从喷出孔中喷出时，与相对静止的空气撞击后形成锥形雾体。

压力、喷出孔直径与雾滴尺寸、雾锥角及射程之间的关系与上述平面切向离心式雾化相同。

涡流芯上螺旋槽的螺旋角及截面积越小，流速越大，旋转运动加快，因而雾滴变细，雾锥角变大，射程减短。

涡流室可以调节。涡流室加深，使液体旋转速度减慢，雾化作用变差，雾滴变粗，雾锥角变小，射程增加。当涡流室加深到一定深度时，雾锥角变为零，喷出物呈一液束状。

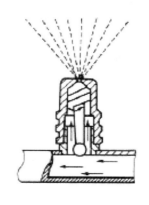

图 5-8　涡流芯式喷头的雾化原理

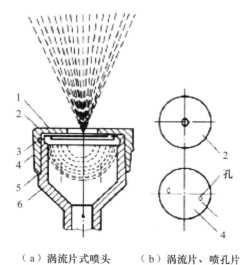

（a）涡流片式喷头　　　（b）涡流片、喷孔片

图 5-9　涡流片式喷头的雾化原理

1—喷头罩；2—喷孔片；3—垫圈；

4—涡流片；5—滤网；6—喷头帽

3. 涡流片式

在喷头中有一涡流片，片上有两个对称的螺旋槽斜孔，当具有一定压力的液体流入片上螺旋斜孔后产生旋转运动，再从喷出孔喷出时形成雾锥体。

它的雾化原理（图 5-9）基本上与螺旋槽涡流芯式相似。涡流室的深浅也可以调节。

杀虫气雾剂促动器及微雾化器的设计主要参照了液力喷头的这种结构及工作原理。

有些小型手动式塑料喷雾器的喷头的涡流室可以调节，若将涡流室调节加深，药液旋转速度减弱，雾化作用变差，雾滴变粗，雾锥角变小，射程增加；加深到一定深度时，雾锥角变为零，喷射呈一细液柱状。

（三）气力雾化

用一股高速气流撞击一种液体，可以将其粉碎成小雾滴。过去常用的以手来回拉动的滴滴涕喷雾器就是采用了气力雾化的原理。

利用这一原理设计的喷头称作气力喷头，也可称为双流体喷头。这种喷头一般只有一个药液喷出口。它可以分为内混式和外混式两种。内混式是气体或液化气体和液体在喷头体内撞混后从喷孔中喷出成雾（如气雾罐及充气式气雾器），而外混式则在喷头体外撞混雾化（如手推式滴滴涕喷筒）。

内混式喷头要控制两种流体彼此作用的压力，即控制雾滴的尺寸，可以通过变换气液比率来达到。一般当液流减少，增加气流速度时，就可获得较细的雾滴。

常规喷杆式飞机喷雾也属于此类雾化。当药液从药箱中压出，通过喷管进入喷头喷到空间后，由于飞机高速飞行，它便受到一股强大的空气阻力的冲击形成雾化。

（四）离心式雾化

其基本原理是利用高速旋转喷头产生的离心力，使进入喷头中心的药液获得很大的动能。开始时，药液先贴合在旋转圆盘（转杯、转笼等）表面伸展成一层薄膜，附着在圆盘表面上，当继续供液时，薄膜向圆盘边缘伸展。一旦有雾滴从边缘甩出后，圆盘上的薄膜就被"拉"成一条条径向及螺旋交替的细丝。这些细丝是不稳定的，经常变动自己的位置，不时有粗丝及大滴出现并飞出，如图5-10所示。这有点像水滴落在热锅上时产生的无规则滚动的情景。这对产生均匀雾化是不利的。

图 5-10　雾滴从圆盘上释离时，很不规则，不时有大雾滴甩出

在液体流量增加的情况下形成雾滴有 3 种方式。

1）在低流量时，单颗雾滴直接从旋转喷头甩出。

2）液体从喷头转盘甩出时，为一液丝或液带，然后再断裂成雾滴。

3）液体离开喷头转盘时为一液膜，然后破裂。大多是由于空气动力使振幅增加，使液膜破裂成液丝，再断裂成雾滴。

下雨时，雨滴不是从伞骨之间的布沿上滴下，而都是从每一根伞骨尖上滴下的，而且几根伞骨尖上滴下的情况几乎是相同的（图5-11）。雨量小时，一颗颗水珠从骨尖上滴下；雨大时，在骨尖下形成一丝丝液柱。液柱又因其固有的不稳定性，在瞬时内即粉碎成许多相互分离的均匀水珠。

为什么雨滴不从伞骨间的布沿上滴下，而始终只从伞骨尖上滴下呢？因为雨水在伞骨尖处表面张力最弱，表面张力越小，雨滴越容易掉离。若进一步把伞旋转，此时伞骨尖的细丝液柱不是垂直往下滴，而是稍呈弯曲状，并且伞转得越快，所得的水珠越小。

在旋转圆盘的周边上设置了许多尖齿，所得的雾化结果是相似的。齿数增加，雾化量就提高，齿形做得越是细而尖，产生的雾滴越细（图5－12）。

图5－11　水从伞骨尖上掉下的情形

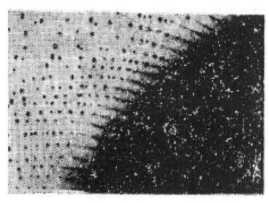

图5－12　带齿圆盘雾化状态

仔细观察雾滴离开旋转圆盘时的情形，液体在圆盘上借离心力的作用，从圆盘中心向边缘伸展。当它离开齿尖形成细丝液柱后，离心力消失，细丝液柱靠着它在圆盘齿尖旋转时获得的惯性，朝着与该齿尖成切线的方向甩离，图上细丝液的微弱弯曲，是由于空气阻力的影响。

图5－12圆盘周围制有许多半角锥形细齿，这些齿尖成了雾滴甩出圆盘的始发射点。旋转圆盘上加了这些齿后，雾化状态与图5－10所示的就大不相同，齿尖就起着液体从转盘上甩离时的始发射点作用。同一周边上的齿，在圆盘旋转中获得雾化液的机会是相同的；在齿的加工成形工艺中又保证了它们几乎相同的几何形状，这些齿产生的雾化状况也就接近相同，从而为获得比较均匀的雾滴创造了条件。这种带齿转盘的雾化状态显然比不带齿圆盘有利得多。

离心式雾化目前被公认为是获得均匀雾滴的较好方式。生成雾滴的尺寸与雾化头的转速成反比，与雾化头的直径及雾化液密度的平方根成反比，与雾化液的表面张力的平方根成正比。在喷头结构及雾化液一定时，只要改变雾化头的转速就可获得不同尺寸的雾滴。

例如，I. D. Clipsham 1978 年报告，离心式雾化盘每分钟转速为 2600 转时，测得雾滴直径为 $150\mu m$，转速为 1700 转时，雾滴直径为 $250\mu m$，转速为 1250 转时，雾滴直径为 $350\mu m$。当然这是在转盘结构与直径、流量、雾化液及其他条件都一定时进行试验所得的特定结果。显然，如果上述中一个或几个参数改变后，试验结果也会有变化。

（五）静电雾化

静电雾化是指利用静电力或电气动力学的方法来使喷液产生裂解雾化；而静电喷雾则不但包括液体雾化过程，而且包括雾化成的雾滴向目标的沉积过程。前一过程可以用静电（雾化后雾滴也即带了电），也可以用机械力，后一过程则应通过建立静电场来达到。

在静电雾化过程中，需要对雾滴进行充电。充电有多种方式，目前应用较多的有感应充电及电晕放电充电。

在感应充电中，将水性杀虫剂随高速气流以薄膜的形式，通过接有高压电源的充电环后达到感应充电。当薄膜在空气中粉碎成雾滴后，所充得的电荷就分散附着在生成的雾滴表面，这样就使雾滴获得了单极性电荷。

在电晕充电中，对雾滴的充电是靠电场中电晕放电的离子流来进行的。雾滴的最大充电量由下式确定（这是理论上无限长时间留在电晕放电场中可以达到的数值）：

$$q = 4\pi\varepsilon_0\varepsilon\left(1 + 2\frac{\varepsilon-1}{\varepsilon+2}\right)Ed^2$$

式中　ε_0——介电常数；

ε——介质的相对导电率；

E——电场强度；

d——雾滴直径。

电晕充电法的优点是可以使用任何的喷雾器及液剂，其缺点是需要相对较高的电压，一般为数万伏，功率也要比感应充电法大，因为电流要通过空气形成回路。这种方法的设备费用也较贵。

在电晕充电法静电喷雾中，需要在目标附近建立必要的电场。因为地电场的电势较低（1V/cm），气浪本身虽能在喷射靶标及地面的感应电场下促进雾滴在目标上的沉积量，但实际应用中效率很低。最可靠的方法是在喷雾器喷头处设置一个专门的高压静电极，以使目标周围建立一个人造电场。足够强的静电场就能使雾滴得到充电，并在目标上得到浓密而均匀的沉积。

也有应用电气动力学的方法来对雾滴充电的。它可用较低电压的电流，然后通过机械方法将药液（或粉）从喷头中高速喷出时使电压提高到 $1.5 \times 10^5 \sim 2.0 \times 10^5 V$，也就是说，药滴成了电荷载流子。有人在此基础上发展了一种"摩擦电气动力"装置，使雾滴以30m/s的速度与喷管壁摩擦来充电，省去了充电源。据报道实验用这种摩擦充电法也能使雾滴获得 $3 \times 10^{-6} C/m^2$ 的电荷密度，电压高达 $1.7 \times 10^5 V$。这种充电法使用的设备也比较便宜。

（六）热力雾化

热力雾化是构成烟雾机雾化过程的基础。在热力雾化过程中，脉冲喷气发动机的燃烧室内充满了燃料与空气的可燃混合气。火花塞点火后使可燃混合气燃烧，产生大量高温高速气体。高温高速气体的热能和动能以及烧热的金属表面等，能使进入烟化喷管的液态油溶性烟剂急剧汽化，并与高温高速气体混合后一起喷到空气中，由于温度差异而呈雾状。

一般来说，热气流可以减少油剂药液的黏度，容易使液体粉碎成小雾滴。它们离开喷头后由于蒸发而进一步变小，凝集成云状的气雾雾滴。

（七）毛细管尖嘴雾化

雾滴可以由许多方法产生，其中不少方法是十分复杂而难于理解的。最简单最基本的雾滴产生方法是从毛细管的尖嘴形成下垂的细丝或薄片，在细丝或薄片的表面产生不稳定的波纹，然后波纹发展，使液体碎裂而形成雾滴。

瑞利（Rayleigh）在1878年即进行了这项研究工作，在他的报告中谈到：从圆形毛细管尖嘴以缓慢速度落下的圆柱形细丝，在细丝表面上产生珠状肿胀和收缩，其波纹并不稳定，振幅逐渐增大而波长亦有变化，最终形成雾滴。此雾滴尺寸与该尖嘴所形成的细丝的平均直径 d_f 成比例，大部分形成了直径为 $4.5d_f$ 的雾滴。由于制成 $10\mu m$ 以下的毛细管较为困难，因此，所形成的雾滴的最小尺寸也受到一定限制。通常采用这种方法进行基本雾化过程研究。

（八）汽化

某些经过加压使气体变成液体的液化气，或者本身具有高蒸气压的化学熏蒸剂，对它的压力解除时，它们就会依靠自身储存的汽化能量将液态相在瞬间汽化为纳米级大小的气体分子，扩散到大气中。

通过外力将液态物质分散成为微米级药滴，药滴的直径必然会受到所受外力大小的影响。但是汽化成的纳米级气体分子动力学直径，是受其本身所具有的理化特性的影响，例如蒸气压、沸点等，而不是决定于外力。混合气态的蒸气压则可以根据拉乌尔定律计算。

拉乌尔定律，一种混合液态物质的蒸气压决定于各组成物的蒸气压。在理想状态下，由两种液态物质组成的混合物的蒸气压，等于各组成液态物质的摩尔数分别乘以每种液态物质在该温度的蒸气压之和。这种关系可用公式表示如下：

$$P_a = \frac{n_a}{n_a + n_b} \cdot P'_a = N_a P'_a$$

$$P_b = \frac{n_b}{n_a + n_b} \cdot P'_b = N_b P'_b$$

式中　P_a，P_b——分别为液态物质 A 与 B 的分压；

　　　　P'_a，P'_b——分别为液态物质 A 与 B 的蒸气压；

　　　　n_a，n_b——分别为液态物质 A 与 B 的摩尔数；

　　　　N_a，N_b——分别为组分 A 与 B 的摩尔分数。

混合物的总蒸气压为

$$P = P_a + P_b$$

式中　P——混合物的最终蒸气压。

当其中一种成分的浓度相当低时，该混合物系统接近理想状态，按此公式计算的结果与实际的结果相近。在实际应用中，计算得出的大多数蒸气压数值，具有足够的精确度，以液态物质 1 与液态物质 2 按 30∶70 的比例组成的混合物为例，用拉乌尔定律计算它在 70 ℉时的蒸气压。计算步骤如下：

先分别求出液态物质 1 及液态物质 2 的摩尔数

$$\text{液态物质 1 的摩尔数} = \frac{\text{质量（CFC} - 12）}{\text{相对分子质量（CFC} - 12）} = \frac{30}{120.93} = 0.2481$$

$$\text{液态物质 2 的摩尔数} = \frac{\text{质量（CFC} - 11）}{\text{相对分子质量（CFC} - 11）} = \frac{70}{137.38} = 0.5095$$

代入拉乌尔定律

$$P_1 2 = \frac{n_1 2}{n_1 2 + n_1 1}$$

$$P_1 2 = \frac{0.2481}{0.2481 + 0.5095} \times 84.9 = 27.8 \text{（绝对压，psig，1 psig} = 6894.76 \text{Pa）}$$

$$P_1 1 = \frac{n_1 1}{n_1 1 + n_1 2}$$

$$P_1 1 = \frac{0.5095}{0.5095 + 0.2481} \times 13.4 = 9.01 \text{（绝对压，psig）}$$

由此得到液态物质 1/液态物质 2（30/70）混合物的压力：

$$P_1 2 + P_1 1 = 27.80 + 9.01 = 36.81 \text{（绝对压，psig）}$$

具体到某一种液态混合物能够产生多大的气体分子动力学直径，这是一个十分复杂的问题，需要通过复杂的理论计算，并且要经过实验验证。这些不是本书讨论的范围，不再进一步详述。

（九）其他雾化方式

如超声波雾化等。

二、影响生成雾滴的大小的因素

（一）药剂因素

1. 剂型

由于采用不同的溶剂，因而调制成的杀虫剂剂型不同，如水基、酊基及油基，它们的表面张力不同，在使用相同形式及大小的雾化力时，其所生成的雾滴尺寸是不一样的。

常用溶剂的表面张力如表 5 - 4 所示。

表 5 - 4　不同溶剂的表面张力

化合物	温度 (℃)	表面张力 (10^{-3} N/m)	化合物	温度 (℃)	表面张力 (10^{-3} N/m)
乙酰苯胺	120	35.24	氯仿	20	27.28
乙醛缩二甲醇	20	21.60		30	25.89
苯乙酮	20	39.8	十四烷	21.5	26.53
丙酮	20	23.32	甲苯	20	28.53
	30	22.01		30	27.32
苯甲醚	20	35.22	硝基乙烷	20	32.2
苯胺	26.2	42.5	硝基苯	20	43.35
烯丙醇	20	25.68	丙醇	20	23.70
异丁醇	20	22.8	2 - 丙醇	20	21.35
异戊烷	20	14.97	苯	15	25.99
乙醇	20	22.27		20	28.86
	30	21.43		30	27.56
	40	20.20		40	26.41
	80	17.97		50.1	24.97
乙基环乙烷	20	25.7		80	20.28
乙苯	20	29.04	丁醇	20	24.57
丁酮	20	24.6	戊烷	20	15.97
环氧乙烷	-5	28.4	甲醛缩二甲醇	20	21.12
辛醇	20	26.71	甲醇	20	22.55
辛烷	20	21.76		30	21.69
氯乙烷	10	20.58	甲基环乙烷	20	23.7
乙醚	20	17.06			
	30	15.95			

2. 药剂的理化性质

除表面张力外，药剂的密度与黏度等也直接影响生成雾滴的大小。

常用溶剂和抛射剂的黏度如表 5 - 5 所示。

表 5 - 5　常用溶剂和抛射剂的黏度

成　　分	黏　　度	成　　分	黏　　度
水	1.002	n - 癸烷（煤油成分）	0.785
甲醇	0.593	CFC - 11	0.405
乙醇	1.194	CFC - 12	0.261
异丙醇	2.370	CFC - 13	0.629
二乙醚	0.233	HCFC - 22	0.239
n - 丙醇	0.448	HCFC - 142b	0.330
酮	0.331	HFC - 152a	0.210
丙三醇	1069.0	卤 114B$_2$（CBrF$_2$ - CBrF$_2$）	0.753
丙烷	0.147	卤 12B$_2$（CBr$_2$F$_2$）	0.478
异丁烷	0.231	二氯甲烷	0.441

成　分	黏　度	成　分	黏　度
n－丁烷	0.221	过氯甲烷	1.70
n－戊烷	0.240	甲苯	0.590
n－己烷	0.326	三甲基胺	0.190
n－庚烷	0.416	CO_2	0.0915
n－辛烷	0.542	棉籽油、豆油及谷物油	70.0
n－壬烷	0.625		

（二）雾化方式及雾化器的结构与参数

1. 离心式雾化

在上述五种雾化方式中，一般认为离心式雾化是获得均匀雾滴的最佳方式，在其他参数（如药液的黏度、密度、流量及雾化器结构形式与参数等）一定的情况下，只要简单地调节雾化盘的转速就能得到所需大小的均匀雾滴。

当雾滴上产生的离心力克服了将它保持在转盘（转杯或转笼）上的表面张力时，雾滴就从转盘边缘被甩出去。

离心式雾化所得的雾滴大小，一般可由华尔顿利惠吉公式求得：

$$d = \frac{K}{\omega} \sqrt{\frac{\gamma}{D\rho}}$$

式中　　d——雾滴直径，μm；

　　　　ω——旋转雾化器的速度，cm；

　　　　γ——雾化液的表面张力，dyn/cm（$1 dyn = 10^{-5} N$）；

　　　　D——雾化器的直径，cm；

　　　　ρ——雾化液的密度，g/cm^3；

　　　　K——常数。

这是单个雾滴从转盘边缘甩出时确定其尺寸的第一个关系。式中的常数 K 不但视雾化器的形式（转盘、转杯、转笼等）而有所不同，而且还与雾化器的结构有关，如在转盘四周带锯齿时，在其他条件都相同的情况下，它所产生的雾滴直径要小一些，而且更为均匀，因为液体在锯齿尖端时的表面张力最小，需要克服的离心力相对较小。在转速（转盘的速度 ω）不变时，它产生的雾滴尺寸比不带锯齿圆盘产生的小。而且因为转盘周边的锯齿状况相同，所以从这些锯齿尖形成的雾滴尺寸均匀度也好。

据研究，离心式雾化可以有三种基本方式。

第一种方式是雾滴从转盘周边甩出时直接形成，根据其表面张力情况，当雾滴甩出时，先形成液细丝，然后断裂产生卫星（随从）雾滴。这种方式产生的雾滴大小最均匀，但只是对流量小的手持式喷雾器而言。第二种方式是在大流量及高转速时产生，此时雾化液以带状甩离转盘边缘，然后粉碎成雾滴。由于液带本身的内在不稳定性而产生波纹，使它有规则地粉碎成雾滴（Rayleigh，1897）。第三种雾化方式也是产生在大流量下，但这是可控雾滴应用技术所不希望的。此时雾化液以断裂薄膜状甩离转盘边缘，这与从液力喷嘴上形成的大小不均匀雾滴一样。雾滴形成同样受到液体性质，如表面张力、密度及莱赛能级、黏度的影响（Boizt，Dombrowski，1976）。转盘设计对雾滴形成影响很大，如它的表面状态（Boshoff，1952；Lake，*et al*，1976）、供液位置（Boshoff，1952），特别是转盘周边的齿（Bals，1970）及转盘上的槽（Pattison，*et al*，1957；Fraser，1958；Heijne，1979）起主要的影响。还需特别指出，在转盘转速较高时由于周围空气的摩擦作用，雾滴会经受二次粉碎现象（Pattison，*et al*，1957；Heijne，1979）。

从上可知，在离心式雾化中，转盘直径与转速、结构及边缘特征、表面状态等，对雾滴大小均有影响。

在后两种离心式雾化方式中，如增大转速、转盘直径和液体密度，或减少液体黏度和表面张力都可加速其雾滴的形成。实验表明，如果将液体流量减少到一定的程度，在转盘边缘可直接形成雾滴，这种雾滴最均匀。对于许多喷雾机来说，转盘上能流过的最大液体流量（即喷头喷量）有一定的范围，如直径为 80mm 的转盘产生 200μm 水剂雾滴时其最大流量为 0.3ml/s，这意味着一台拖拉机悬挂的喷雾机在喷洒量为 50L/hm²，机具前进速度为 2m/s，1m 喷幅时需要有 33 个转盘喷头进行雾化。加大转盘周长可以提高液流量。提高流量的另一种办法是把几个转盘叠加在一起，但这种喷头制作要比单盘喷头复杂。现在常用的转盘式喷头多为双盘式。

液细丝形成雾滴时，雾液在转盘边缘产生液体细丝，这些液细丝极不稳定，在离转盘边缘一定距离处就会断裂形成雾滴。由液细丝形成的雾滴大小及均匀度较好，但是液细丝产生雾滴的工作状况往往难以达到，不是转盘设计不合理，就是转盘的工作条件不合适。由液细丝形成的雾滴的大小一般由下式决定。

$$d = 1.87 \frac{Q^{0.44} \sigma^{0.15} \mu^{0.17}}{D^{0.80} \omega^{0.75} \rho^{0.16}}$$

式中　d——雾滴直径；

Q——总喷量；

σ——液体表面张力；

μ——液体动力黏度；

D——转盘直径；

ω——转盘的角速度；

ρ——液体的密度。

液膜形成雾滴的原理是，使液膜突破转盘表面直接形成雾滴和由液细丝形成雾滴的过程延伸到转盘外面，然后再不规则地破裂成雾滴。由于这一过程是紊流过程，其雾滴谱较宽。

流体从转杯上流出时，如果转杯的圆周速率较低，液体流量较小，转杯边缘产生液体薄片，薄片外缘液体逐渐积累变厚，处在很不稳定的状态，瞬即破裂成为细丝，从液体薄片上甩出去，进一步破碎而成为雾滴，如同转杯直接形成雾滴一样。转杯转速较高时，在转杯边缘处产生细丝，向外飞出，最后破碎而形成雾滴。如果转杯的圆周速率较高，而注入的液体流量亦大，转杯边缘先形成液体薄片，由于周围静止空气的剪切力的作用，使液体薄片上径向传播的波纹发展，薄片随着波纹前进而破碎。

2. 液力雾化

液力雾化的应用场合最多，但液力雾化因受压力的变化而影响到释放雾滴的大小，所以由它得到的雾滴尺寸均匀度相对较差，即雾滴谱较宽。

由于从喷嘴形成的薄膜形式（分裂，波浪及周缘或边界薄膜）不同，所得到的雾滴尺寸也不一样，导致雾滴粒谱较宽。宽雾滴谱往往偏离了最佳应用效果。

从上可知，在液力雾化中，雾化压力、喷嘴孔径及结构、旋涡器结构与尺寸以及各通道的表面状态均会对雾滴尺寸大小有重要影响。

3. 气力雾化

气力雾化产生的雾滴尺寸也会因气压力的变化而使最终形成的雾滴粒谱较宽，降低了它的均匀性。

4. 抛射剂雾化

对使用液化气体作抛射剂的喷雾状气雾剂来说，从某种角度可以说是液力雾化与气力雾化两者的结合，共同发挥作用。这是由于容器内对液相内容物所施加的压力是抛射剂气相饱和压产生的，根据液化气在密闭容器中的特点，它的气相饱和蒸气压在喷洒过程中不断得到补偿和平衡而能够保持不变，因而可以得到较好的喷出雾滴尺寸均匀度。而且由于喷出雾滴中所包含的液相抛射剂汽化产生的粉碎力，可以使雾滴尺寸进一步减小，最终获得均匀的特细雾滴。对气雾剂来说，雾滴尺寸的大小还要受到抛射剂的种类及加入量的影响，但由于气雾剂产品的结构特点，对雾滴大小的影响因素似显得更为复杂。

以下可以举几例予以说明。

从表5-6可见，促动器喷出孔径加大时，雾滴尺寸变大。

表5-6 促动器喷出孔直径对雾滴大小的影响

促动器孔径 （mm）	阀杆计量孔径 （mm）	阀室尾孔径 （mm）	释放率 （g/5s）	雾滴直径 （μm）
0.41	0.61	2.03	1.8	34.2
0.51	0.61	2.03	4.0	39.3
1.02	0.61	2.03	5.0	55.7

从表5-7可见，当阀室有气相旁孔，且直径加大，可使雾滴尺寸变小。

表5-7 阀室气相旁孔直径对雾滴大小的影响

气相旁孔径 （mm）	促动器孔径 （mm）	阀室尾孔径 （mm）	释放率 （g/5s）	雾滴直径 （μm）
1.02	0.41	2.03	1.8	43.1
0.64	0.41	2.03	2.3	38.3
0	0.41	2.03	4.6	60.0

从表5-8可见，在无气相旁孔时，阀杆计量孔径加大，释放率增加，雾滴尺寸变大。

表5-8 无气相孔时阀杆计量孔对释放率及雾滴尺寸的影响

阀杆计量孔径 （mm）	促动器孔径 （mm）	阀室尾孔径 （mm）	释放率 （g/5s）	雾滴直径 （μm）
0.61	0.51	2.03	6.7	68.7
0.76	0.51	2.03	11.2	109.0

从表5-9可见，阀杆计量孔直径减少，有气相旁孔作用时，随着孔径的变小，雾滴直径变大。此表进一步证明气相旁孔有利于使喷出雾滴细化。

表5-9 有气相孔时阀杆计量孔直径对雾滴大小的影响

阀杆计量孔径 （mm）	促动器孔径 （mm）	阀室尾孔径 （mm）	气相旁孔径 （mm）	雾滴直径 （μm）
0.61	0.41	2.03	1.02	34.2
0.46	0.41	2.03	0.64	38.3
0.33	0.41	2.03	0.51	43.1

但是，另一方面也应该认识到，对不同剂型的气雾杀虫剂，可以通过调整促动器喷出孔径、阀杆计量孔径、气相旁孔径及阀室尾孔径尺寸，获得较为近似的雾滴尺寸。从表5-10可见此点。

表5-10 不同剂型杀虫剂可以获得近似大小的雾滴尺寸

剂　型	阀门的几个孔径（mm）				雾滴尺寸 （μm）
	促动器孔	阀杆计量孔	气相孔	阀室尾孔	
油基	0.41	0.33	0.33	2.03	38.0
水基	0.51	0.61	0.46	2.03	36.0

上述几例足以说明，在杀虫气雾剂产品设计中，可以调节阀门上的几个不同孔径来获得所需的雾滴尺寸。

5. 静电雾化

在静电雾化中由于生成的雾滴均带有同名电荷，因而它们之间产生的是相互斥力，不会凝集成大雾滴，同时带电雾滴在空气中不产生电晕的最大带电量是一定的，所以由静电雾化所获得的雾滴尺寸均匀度较好。

在静电雾化中，雾滴尺寸将受到施加电压的影响。在一定范围内，电压增加，雾滴尺寸显著变小，从电动力喷头上获得不同 VMD 的雾滴，雾滴直径与荷质比平方的倒数成比例。

6. 热力雾化

热力雾化主要生成热烟雾。烟雾粒子的直径尺寸与在燃烧室内的可燃混合气的燃烧热有关，它们生成的高温高速气体的热能和动能大小决定了烟雾粒子的大小。此外与流量大小也有关，流量小，生成的烟雾粒子尺寸小。

一般来说，热烟雾粒子的直径较小，在雾滴分类中属最小的。

7. 机械振动雾化

利用在毛细管上的外加机械振动或者从装有振杆的容器中吸取液滴的方法，均能产生小而均匀的液滴。这种雾滴形成法利用了两种液体的分散原理。

第一种是类似于喷嘴的分散原理，即由于液柱不稳定性而破裂成液滴。加强机械振动可以增大破碎能力，并能产生极其均匀的雾滴。这种发生器中典型的振动小孔直径在 $3 \sim 25\mu m$ 之间，由频率为 $100kHz$ 的压电陶瓷来驱动。其典型的微粒大小范围为 $10 \sim 50\mu m$，挥发性液体和悬浮液所产生的粒子直径有的可以扩展到 $0.5\mu m$，有人使用这种振动小孔式发生器来产生各种物质溶液的烟雾滴。据报道，用这种发生器发生的烟雾滴数每秒高达 400000 颗，通常可以利用其操作特性来获得非常均匀的粒子尺寸，精度在 1% 以内。如果使用 $5 \sim 20\mu m$ 小孔，不需任何修正就可以使用下式求得粒子直径：

$$D = \left[\frac{6Q_L \cdot C}{\pi f}\right]^{1/3}$$

式中　Q_L——液体流量，cm^3/s；

　　　C——溶液体积浓度，无量纲；

　　　f——信号频率。

第二种原理是在液体贮存器内，用部分浸没的振杆，或者用液流流速很低的毛细管吸取或喷射粒子，由这种原理形成的液滴为 $100\mu m$ 数量级。也能产生直径为 $8 \sim 10\mu m$ 的液滴。

8. 超声波雾化

实验表明，利用高频声波的强波束，可以产生弥雾。此波束通过凹面反射体或其他形式的超声波辐射体在液面进行聚焦，当超声波束的强度相当大时，焦距区域即有喷泉产生，喷泉的基部形成浓雾。这是由于超声波的空穴作用所造成，即在液体中诱发形成空腔和空腔崩溃，从而产生浓雾。

超声波雾化还可采用别的原理进行。如果在剧烈振动的表面上，散布薄的液体层，就可看到液体表面上有微小的波纹，波纹的图样十分复杂。如果这些波纹的振幅相当大，其波峰将破碎而散发出非常小的雾滴，此雾滴尺寸与波纹的波长或振动的频率有关。

在超声雾化器中，分散力是一种机械能，这种机械能是电子高频率振荡器中的晶体振荡产生的。这种发生器的雾浓度较高，而产生的粒子比常用雾化器小，雾滴谱也较窄。Lang 和 Mercer 等人报道，对超声雾化可用下式计算液滴中值直径：

$$d_N = 0.34\left[\frac{8\pi\sigma}{\rho f^2}\right]^{1/3}$$

式中　σ——液体的表面张力，dyn/cm（$1dyn = 10^{-5}N$）；

　　　ρ——液体密度，g/cm^3；

　　　f——频率，MHz；

　　　d_N——雾滴数量中径。

超声雾化器的成雾量高，可以根据液体的物理性质和发生器的特点来预测出系统产生的雾滴大小。

9. 风送雾化

风送雾化或空气动力雾化是利用高速气流和液流相互作用而使液流碎裂来完成的。在开始阶段，液流表面引起小的扰动，产生许多凸点或凹点；空气动力继续使这些突出点产生变形，把它们从主液流中拉出来而形成细丝；细丝进一步崩溃而形成雾滴。当气流速度增大时，所形成的细丝直径缩小，细丝存在的时间也变短，从而产生细小雾滴。当细丝的尺寸缩小到一定极限时，在它形成的瞬间就立刻粉碎成小雾滴。

利用空气动力所形成的弥雾雾滴尺寸分布相当宽，下式是计算风送弥雾的雾滴尺寸公式：

$$\frac{\Delta N_i\ (d_i)}{\Delta d_i} = ad_i^m \exp\ (-bd_i^n)$$

式中　d_i——雾滴直径；

　　　Δd_i——雾滴直径分级公差；

　　　ΔN_i——在雾滴直径范围内的雾滴数目；

　　　a，b，m 和 n——某一雾化器的常数，由实验求得。

日本的贯山和棚尺报道，在下列工作条件下 $m = 2$ 和 $n = 1$，该条件为：

$$\frac{\text{气体体积流量}}{\text{液体体积流量}} = \frac{V_G}{V_L} > 5000$$

气流速度 $V_G > 180\mathrm{m/s}$。

（三）环境及气象因素

雾滴的生成，以及雾滴在到达目标的过程中尺寸大小的变化，还受到环境及气象因素的影响。

1）温度。环境温度高，生成雾滴的尺寸因蒸发（或挥发）而很快变小。其中油性雾滴比水性雾滴的蒸发速度慢，因而相对来说尺寸变小速度较慢。

2）湿度。湿度也可以影响雾滴尺寸的变化。湿度高时，可以延缓水性雾滴的挥发，尺寸变小速度减慢。

3）风速。空气流通速度快，加速雾滴的蒸发或挥发，特别是对水性雾滴。一个 $70\mu m$ 直径的水性雾滴，会在数秒钟内变为一个 $7\mu m$ 直径的雾滴。雾滴尺寸的变化，将会改变雾滴的沉降特性，这与获得最佳雾滴尺寸的初始愿望是相违的。

第五节　雾滴的运动特性及对目标的沉积

一、雾滴的运动特性

许多种化合物往往需要通过将它粉碎成雾滴的形式方能有效使用。对几乎所有的液体杀虫剂来说，雾滴更是它们发挥防治卫生害虫作用的重要形式。适宜的卫生杀虫剂雾滴尺寸是达到对卫生害虫快速击倒和有效致死的途径。因为杀虫剂的高效性，往往只要极少一点有效成分量（如几微克甚至更少）就能达到对卫生害虫的有效防治。但在实际上是不可能直接以这么少的量来应用，只有通过将它均匀溶解在比杀虫有效成分体积大几百倍的溶剂中后，利用溶剂作为载体来运送杀虫有效成分到达所需防治的靶标昆虫上，而雾滴，尤其是适宜尺寸的雾滴，就能包含所需的有效成分量，与靶标昆虫接触（或被吞食）后使其死亡。所以将杀虫有效成分以一定的溶剂溶解，然后一起被粉碎成含有一定量有效成分的适宜大小的雾滴，是卫生杀虫剂应用中的一个极为重要的环节。

要将杀虫剂溶液粉碎成所需大小的雾滴，就要借助于喷雾或粉碎系统来完成。从喷雾系统中释放出的雾滴，在到达喷射目标的整个过程中，大致可分成三个阶段。

首先是雾滴的生成。即如何使药液雾化或粉碎成适当大小的雾滴。雾滴的生成原理及影响生成雾滴大小的因素是十分复杂的。如前所述，它取决于许多方面相互之间的综合作用，是一个复杂的过程。当然在某些情况下，如使其中的大多数影响因子不变，此时只要改变某个因素，就可以改变喷出雾滴的大小。例如在喷出物的压力、流量与物性，喷嘴的旋涡室及结构参数，以及喷嘴结构与形式保持不变的情况下，改变喷嘴孔径大小，就能使喷出雾滴尺寸产生变化。当然还可以有其他情况。这种情况正好为我们选择调整所需的合适雾滴尺寸提供了可选择的途径。

从喷头处释放出的雾滴具有较高的初速度。但这个阶段是短暂的，只有零点几秒到几秒。当它进入大气中后，它的起始速度很快就因空气的阻力而减缓。

接着要使喷出的雾滴通过一定的媒介缓慢地随流动空气飘移，沉积到被喷目标表面。它在空间飘浮的时间长短及能飞行的距离也与许多因素有关，但最主要的是与它的大小有关。在环境温度、压力、湿度及气流速度都相同的条件下，小雾滴可以在空中悬浮很长一段时间，而大雾滴则会很快降落至水平面上。这是因为小雾滴的质量小，它的沉降速度慢，大雾滴的质量大，沉降速度快。

表 5 - 11 列出了不同尺寸雾滴在自由下落时的沉降末速度。

表 5 - 11　不同尺寸雾滴在自由下落时的沉降末速度

雾滴大小（μm）	末速度（m/s）	雾滴大小（μm）	末速度（m/s）
500	2.08	50	0.07
250	0.94	10	0.003
100	0.27		

表 5 - 12 是各种不同直径雾滴在不考虑蒸发的情况下从 3m 高度下落到地面所需的时间。

表 5 - 12　雾滴下降时间

滴径（μm）	从 3m 高下落时间	滴径（μm）	从 3m 高下落时间
5	67min30s	200	4s
33	1min33s	500	2s
50	37.6s	1000	1s
100	11s		

将表 5 - 11 与表 5 - 12 对照起来看，若环境温度为 23.9℃时，50μm 以下的雾滴几乎不可能从 3m 高处下落到地面，在半空中就早已蒸发完毕。对于 100μm 的雾滴经过 11s 的蒸发落到地面，其雾滴直径也不是 100μm。对于 200μm 以上的雾滴，因其下落时间很短，故其蒸发的影响就可忽略不计。所以一般来说，常量喷雾用不着考虑蒸发的影响，而对低量、微量喷雾，就不能忽略蒸发的影响。

在静止的空气中，雾滴在重力的作用下加速下落，直至重力与空气的阻力相平衡为止。这时雾滴再以一恒定的末速度下落，一般直径小于 100μm 的雾滴的末速度约为 25mm/s，直径 500μm 的雾滴的末速度可达 70cm/s。末速度受雾滴的大小、密度、形状以及空气的密度与黏度等综合因素的影响。雾滴下降的末速度可用下式表示：

$$V_t = \frac{gd^2\rho}{18\eta}$$

式中　V_t——末速度，m/s；

　　　d——雾滴直径，m；

　　　ρ——雾滴的密度，kg/m^3；

　　　g——重力加速度，m/s^2；

　　　η——空气的黏度，N·s/m^2。

影响末速度的最重要的因素是雾滴的大小，不同大小雾滴的末速度如表 5 - 13 所示，密度相同的其他液体的雾滴末速度也与此相近似。但较大的雾滴由于空气动力而使其有效直径减少，其末速度要比按球体计算的数值为低。

表 5 – 13 雾滴的末速度

雾滴直径（μm）	下落末速度（m/s）	
	密度 1.0	密度 2.5
1	3×10^{-5}	8.5×10^{-5}
10	3×10^{-3}	7.6×10^{-3}
20	1.2×10^{-2}	3.1×10^{-2}
50	7.5×10^{-2}	0.912
100	0.279	0.549
200	0.721	1.40
500	2.139	3.81

小于 30μm 的雾滴，由于其末速度低，所以它们在静止的空气中下落需要几分钟。小雾滴在空气中暴露这样长的时间，就要受到空气运动的影响。

在微风情况下，与地面平行的恒定风速为 1.3m/s 时，1μm 的雾滴从 3m 高处喷出后，在达到地面以前，理论上要顺风运动 150km。但是对一颗直径为 200μm 的雾滴，假使其雾滴直径保持恒定，顺风飘移不到 6m 就可着地。

除密闭室内的空气可视作为处于静止状态外，大多数场合空气总是流动的。这种空气的流动，包括顺气流向前或随乱流向上向下的运动，却正是可以使雾滴到达目标上所需的外力。可以设想，如果没有这种空气的流动，将会使喷雾对靶标害虫的防治产生什么结果。

在气流的运动下，几乎很少的雾滴能作垂直向下的自由落体运动。除特大雾滴外，大多数雾滴都要飞行一段距离，按抛物线甚至更为复杂而难以描述的运动轨迹沉积。一些特小雾滴会在空中悬浮很长一段时间。这一点正是空气消毒清新剂及空间喷洒所需要的。

不同雾滴直径在不同空气流动速度时的飘移距离如表 5 – 14 所示。

表 5 – 14 雾滴飘移距离与雾滴直径及气流速度之间的关系

雾滴直径（μm）	飘移距离（m）				
	1m/s	2m/s	3m/s	4m/s	5m/s
20	8.9×10^3	1.8×10^4	2.7×10^4	3.6×10^4	4.5×10^4
30	7.5×10^2	1.5×10^3	2.3×10^3	3×10^3	3.8×10^3
40	1.4×10^2	2.8×10^2	4.2×10^2	5.6×10^2	7×10^2
50	3.7×10	7.3×10	1.1×10^2	1.5×10^2	1.8×10^2
60	1.2×10	2.5×10	3.7×10	4.9×10	6.1×10
70	4.87	9.75	14.6	19.5	24.3
80	2.19	4.38	6.57	8.76	10.95
90	1.08	2.16	3.24	4.32	5.40
100	0.57	1.15	1.72	2.30	2.87

但是各种不同尺寸的雾滴的运动规律并不是千篇一律的。在 3.6~18km/h 的顺风中，雾滴的运动及沉积与其本身的大小直接有关。基本上，雾滴的沉降末速度与它们的直径的平方成比例。直径小于 5μm 的雾滴几乎很难沉降下来，直径在 10~50μm 的雾滴能较多地沉积，而直径为 100μm 的雾滴就能很快沉积下来，飘移的距离很短。当然，雾滴的飘移距离还与风速有关，风速高时，即使是 100μm 的雾滴也会飘散。

此外，雾滴的运动距离还与它的降落高度有关，可以用下式进行计算：

$$L = \frac{H \cdot V_{侧}}{V_{降}}$$

式中　　L——雾滴飘移距离，m；

　　　　H——雾滴降落高度，m；

　　　　$V_{侧}$——侧向风速，m/s；

　　　　$V_{降}$——雾滴沉降速度，m/s。

由此式可看出，侧向风速度越大，或雾滴降落高度越大时，雾滴运动的距离越大；而雾滴沉降速度越大（雾滴直径越大）时，飘移的距离越小。

从物理学的角度来看，雾滴向目标的沉积运动不是自由落体运动，也不是水平匀速运动，而是接近于平抛物运动的情况。当然实际情况远远不是这么简单。

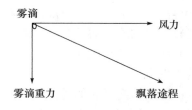

图 5 – 13　雾滴的沉降示意

雾滴飞行距离与雾滴直径及风速之间的关系见表 5 – 14。此外，细小雾滴在空中飘移时，还会受到两种地面气体乱流的影响：一种是风速过大（大于 5m/s），接近地面处有较大的机械乱流，使细小雾滴不易沉积下来，造成雾滴飘失；另一种是烈日照射地表，使地面气温升高，有强烈的热气乱流上升，也使细小雾滴不往下沉积而造成飘失。

当然，如果在雾滴形成的同时，给它一个趋向目标的沉积力（如高速气流推动力，静电场力等），则雾滴向目标的运动速度会大大加快，尤其是在静电力的作用下，这种沉积作用，会在 1 秒或数秒之内瞬间完成。雾滴带上静电力后，抗风速能力也加大，当然，如果风速对雾滴的运载力大于电场力的话，也会受到影响。

最后，雾滴以沉降末速度沉积在目标表面，之后产生位移或再分布，即从沉落目标表面移至害虫的药效作用位置，最终达到防治的目的。如前所述，雾滴的沉降末速度与它们的直径的平方成比例。

所以喷洒化学杀虫剂是一个完整的体系，包括上述三个过程。当然要完美地实现这三个过程，还需借助于其他诸多因素的配合与作用，如适宜的器械、操作方式、施药时间、周围气象条件等。配合得好，相得益彰，犹如锦上添花，反之，配合不好或不当，就可能事倍功半，前功尽弃。

二、雾滴向目标的沉积

喷出雾滴或颗粒向被喷洒目标的沉积是一个十分复杂的过程，它要受到许多因素的影响，而且在大多数情况下总是其中几个因素相互复合作用的结果。雾滴的沉积过程不是在静止空间环境中完成的，而开放空间的气流情况瞬息万变，在气流中乱流、湍流、紊流以及变化多端的回流、环流等，加之温度、湿度及压力对雾滴尺寸的影响，更使这个过程变得难以捉摸。所以，除了在实验室条件下采用模拟试验的方法可以建立某些粗略的数学式外，试图以纯理论的数学推导方程式来描述雾滴的沉积过程往往是徒劳无功的。

雾滴向目标的沉积，需要有一定的动量——沉积力，但这个沉积力也并不是越大越好。沉积力的大小取决于它的发射速度及其本身质量的乘积，即

$$F = ma$$

其中，a 为加速度，对发射出的雾滴，它的初速度 V_0 总是大于末速度 V_e，所以它的加速度为负值，即逐渐减弱，最后直至为零。当然在它运动过程中还可能会有其他外力施加的影响。

雾滴所需的最佳沉积力大小也是一个变量，它将是沉积目标大小的函数。一般来说，大的目标适合于大雾滴沉积，而小雾滴的最佳沉积对象是小面积表面。其道理很简单，因为流动的气流到达大目标表面时会产生一股回流或环流，目标对气流所产生的反推力足以将没有足够沉积力的小雾滴排斥，甚至使它环绕着目标表面作随机飘动，而大雾滴具有的动量则很容易使它沉降在目标表面。

在日常自然现象中，这种现象到处可见。或许下面的例子能够十分明显地说明这一现象。

可能大家都见过这样的现象，在大风大浪中，大船能十分平稳地靠向码头，而小船要靠上码头就

不那么容易,当它靠近码头时,会被冲向码头的波浪的反推力推回而随河水一起离开码头,如此反复多次,除非水手用绳束套住码头桩后再用力拉,才能帮助它达到靠码头的目的。

再如,若观察在大风下墙脚处垃圾或树叶的运动情况,就可明显看到,较大的垃圾或树叶被吹到墙脚处后就停留不动,但较小的垃圾或树叶就会在即将到达墙脚前就被墙面的反推力斥回,之后开始打转,或者被回流带至别处。

使雾滴向目标沉积的第一个外力是雾滴被释放时具有的高初速度所产生的惯性冲击力。但当雾滴一旦进入大气中后它的初速度很快被空气阻力所减弱稀释,而且会因蒸发及挥发使雾滴直径很快变小。此时,雾滴本身的质量减小,其重力也随之变小,在这种情况下要使小雾滴有效达到目标表面就相当不容易了。但有两种情况倒是例外的,一种是杀飞虫气雾剂及空气消毒剂,它本身要求很细小的雾滴能较长时间飘移而不沉降才能发挥其作用。另一种情况是当喷头与目标相距较近时,雾滴高初速度所具有的撞击力足以使它沉积到目标上。所以,许多喷雾产品要求不要离喷洒目标太远,就是基于这样的出发点。

雾滴本身具有的重力是恒定不变的自然力。一个给定大小,即具有特定重力的雾滴,以它预定的沉降末速度穿过周围的空气而下降。表5-15为重力作用下雾滴的自由下落沉降末速度。

表5-15　雾滴在重力作用下的自由下落沉降末速度

雾滴大小（μm）	末速度（m/s）	雾滴大小（μm）	末速度（m/s）
10	0.003	250	0.94
50	0.07	500	2.08
100	0.27		

第三种自然力是水平方向或垂直方向的空气流动,即风。虽然它可利用,但它是随时在变化的。

如果把有普通的风考虑作为大气候区,则由于热对流及雾滴遇到障碍后产生的较小的空气向下向上运动可视作为微气候区。有两种促进力来供给雾滴动能,使它能与目标撞击。

一颗重力为1个单位的70μm大小雾滴的沉降末速度近似于每小时0.5km,而每小时135km的风速将给雾滴一个水平与垂直7:1的飞行途径。从理论上来说,也就是将雾滴从2m高处释放时,将在14m距离处着落。事实上,大自然会以当地风力骚动来全盘推翻我们经过仔细计算的结果,因为风力骚动带动雾滴向上向下运动,倘若它不因挥发而改变其自身的大小,不受热不稳定性的影响,它们将会顺风沉降在2~50m之间的距离内。表5-16列出了不同雾滴大小及不同风速下的雾滴飞行距离。特别是当喷洒目标具有一片过滤区时,雾滴很难飘移出50m之外。而直径为5~15μm范围的极小雾滴只占整个喷液量的1%。

表5-16　雾滴飞行距离与雾滴直径及风速之间的关系

雾滴直径（μm）	飞行距离（m）				
	1m/s	2m/s	3m/s	4m/s	5m/s
20	8900	18000	2700	36000	45000
30	750	1500	2300	3000	3800
40	140	280	420	560	700
50	37	73	110	150	180
60	12	25	37	49	61
70	4.87	9.75	14.6	19.5	24.3
80	2.19	4.38	6.57	8.76	10.95
90	1.08	2.16	3.24	4.32	5.40
100	0.57	1.15	1.72	2.30	2.87

由重力产生的雾滴的垂直运动，相对于周围空气来说是一个绝对速度。雾滴动能的垂直分量（是一个绝对值）保证它在水平面上的最后沉降。可见大雾滴容易沉降在水平面上。而当雾滴相对于周围空气之速度为零时，它的水平运动由风速支配。当流动的空气遇到不可渗透的障碍物时，那部分不能渗透过障碍物的空气就携带着小雾滴围着障碍物飘浮，除非雾滴具有足够的动能继续它原来的飞行途径，然后与目标相撞。雾滴越大，惯性动能越大，对目标的撞击可能性也更大。另一方面，风力越大，它传递给均匀尺寸雾滴的动能也越大，撞击作用越好。平衡地利用这些力，再通过选用适宜大小的雾滴，使它们部分撞击在第一个障碍物上，另一部分继续向目标内部深入渗透，这样可得到较好的覆盖度。

如图 5-14 所示，当细小的雾滴经过目标上层过滤渗透入内部后，其中较大一些的雾滴在目标间的气体乱流中能得到足够的能量，直接撞击在它所遇到的第一个目标正面上，而较小雾滴的能量太小，就随着乱流转向，绕过目标物的正面，沉降到背面或其他部位上。因此，使用这种细小雾滴进行的超低容量喷雾，就为喷洒物目标背面药滴的沉积提供了较大的可能性，这对解决隐藏在目标背面的虫害的防治是十分有利的。

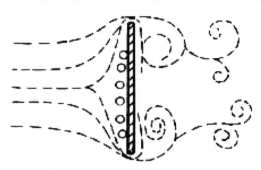

图 5-14　雾滴的沉积特性

雾滴在目标上的撞击率，又称沉积效率，它与气流速度和雾滴直径的平方成正比，与目标宽度成反比。

$$E = \frac{\rho \cdot V \cdot d^2}{18\eta \cdot r}$$

式中　E——撞击率；

　　　ρ——雾滴的密度；

　　　d——雾滴直径；

　　　V——气流速度；

　　　η——空气黏度；

　　　r——目标物宽度。

通常，在气流的作用下，大雾滴漂移时间短，在很短距离内就会降落，而且沉积在水平面上的居多。小雾滴则不同，漂移时间长，大都沉积在垂直面上。雾滴在目标物的垂直面和水平面上的分布量是随风速的大小不同而不等。风速大，雾滴在空中的飘移角（即雾滴沉积途径与水平面之间的夹角）就小，垂直面与水平面的雾滴分布量比值就大。当风速一定时，雾滴越小，垂直面与水平面的雾滴分布量比值也越大。

使雾滴沉积到目标上的第四个作用力是静电力。

静电力主要是利用了静电的两个基本法则：第一法则，同名电荷相斥，异名电荷相吸；第二法则，带电体通过它附近的导体（或电介质）时，感应（或极化）使导体（或电介质）上诱发出等量的异名电荷。

要利用静电力解决两个问题：对药滴（或粒）充以单极性电，使它具有足够大的电荷 q；在喷头和喷射目标之间建立起具有足够电场强度 E 的电场。这样，药滴上的电场力就等于乘积 Eq。带电粒子的沉积能力就决定于此电场力 Eq 的大小。

考虑到喷洒的油剂或液性药滴大都由中性分子构成，使它们获得一个电子呈负电荷的可能比使它失去一个电子而带正电荷的可能性大，因为在空气中有一定浓度的负离子存在，同时带负电荷时带电药滴的电晕击穿电压又比带正电时的高，而且由于电子与正离子质量大小不同，电子在空气中的移动速度比正离子快得多，所以大都采用使药滴充以负电荷的方法，这样可以提高电场强度 E，也即提高药滴的电场沉积力 Eq，显然，这对静电喷雾是有利的。

根据上述喷雾要求，若能通过适当的方法使雾滴（或药粒）带上同号负电荷，则从第一法则可知，雾滴与雾滴之间彼此互相排斥，而不会凝聚。同时在喷头处设置一个高压电极，与雾滴带的电荷同号，它就会对附近的目标诱发出异名电荷。根据第一法则，雾滴与喷头电极也互相排斥，而与目标互相吸引。这样带电雾滴与目标之间的吸引力主要来自两个方面，第一个是带电雾滴本身产生的电场，第二个是喷头电极产生的电场。若使电极电场导向目标，则雾滴就会被吸向目标（图 5 – 15）。

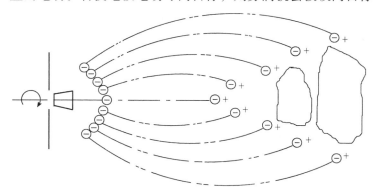

图 5 – 15　喷嘴诱发目标产生异名电荷，及带电雾滴从喷嘴被迅速吸引向目标的示意图

分析这两个电场。第一个电场 $E_1 = q/4\pi\varepsilon_0 d^2$，式中 q 为雾滴带电量，一般很小，为 10^{-13} 级库仑，d 为雾滴与目标之间的距离，$\varepsilon_0 = 8.85 \times 10^{-12} C/N \cdot m^2$。第二个电场，当喷头离目标较近时，$E_2 \approx V/d$（式中 V 为喷头电极电压，一般为数万伏）。雾滴与目标之间的电场力 $F_1 = qE_1$，电极与目标之间的电场力 $F_2 = qE_2$。由于 $E_2 >> E_1$，所以 $F_2 >> F_1$。由此可知，对雾滴朝目标定向沉积起主要作用的是 F_2。F_1 的作用，是在雾滴到达目标之前，使它们彼此之间造成一个斥力，不致相互碰撞凝集成大雾滴；在到达目标时，则使雾滴吸向目标。这对于雾滴从形成到吸附在目标上的整个过程中保持不变是有利的。

当然，实际上带电雾滴的受力远非这么简单，还有错综复杂的雾滴之间的相互作用力的存在。同时，目标上不同部位的电场强度也并非是一致的，仔细计算是一件十分繁复，且也无多大实用意义的事。涉及的理论也已超出我们所讨论的范围。

在宏观世界中，虽然静电力的作用力是很小的，但随着带电粒子质量的减少，这么小的静电力却能对这些粒子的运动起支配作用。例如，一个直径为 $10\mu m$ 的雾滴，它在空气中不产生电晕的最大带电量为 $0.5 \times 10^{-14} C$，在 $E = 10^6 V/m$ 的电场中，它受到的静电力为 $0.5 \times 10^{-8} N$，而它的重力仅为 $0.5 \times 10^{-11} N$（设雾滴的密度为 1 个单位）。显然静电力较重力大 3 个数量级，控制着雾滴的运动。

当然静电力控制着雾滴的运动，并不是说静电力代替了所有其他的运动力，而是它与运动力一起结合作用。静电力和运动力两者的结合，在喷洒目标上就有可观的覆盖密度，改善了雾滴在目标上的分布状况。静电力能使雾滴沉降在即使其他十分巨大的运动力也无法使它沉降到的表面上。

在普通喷雾中，雾滴的运动力有重力、风力，雾滴运动中遇到的空气阻力，目标的反推力。其中重力是使雾滴沉降的主要力。由于运动粒子的惯性，当带动雾滴运动的空气被目标表面的反推力改变运动途径时，雾滴能保持其继续直线运动的趋向。此时静电力的作用，主要取决于雾滴的带电量的大小及雾云中电荷的分布情况。空气对于雾滴运动的阻力却能使雾滴随气流而被带至目标的各种不同表面上。要改变空气阻力，就要改变雾滴的大小。雾滴越小，空气阻力对于阻止它沉积的影响越大。对目标表面的反推力虽未完全认识，但在阳光充足的条件下，直径小于 $20\mu m$ 的雾滴单靠其自身重力是很难沉积到目标表面的，这是由于"热推力"，即一种在温度差情况下形成的力，作用在小质点上的现象。除了在质量很大的情况下，重力与其他力相比，是一个很小的力。从节省药液角度来看，当然希望雾滴尽量小，只要它能有效地沉落在目标表面上。直径小于 $10\mu m$ 的雾滴单靠其一般运动是很难沉落下来的，但静电力却能使它很好地沉积。根据计算，一颗直径为 $20\mu m$ 的药液雾滴，在无风的情况下其下落速度仅为 3.5cm/s，一阵微风就可使它以 100cm/s 的速度飘去，但在 $10^5 V/m$ 的电场中，它可以得到 $10^{-5} C/m^2$ 的表面电荷，就会以 40cm/s 的速度直奔向目标，而不会被风刮跑。

但在利用静电力时，必须要考虑到湿度对它的影响。湿度对静电电压的影响很大，这主要表现在两个方面。

首先，随着湿度的增加，空气中的小分子增多，电子与小分子碰撞的机会增多，碰撞后形成负离子。由于负离子的活动能力较电子差，因此使得碰撞电离能力减弱，使火花放电现象变得不易发生。同时随着湿度增加，空气中很多导电性蒸气及其他能够导电的杂质，使击穿电压降低，因此使静电电压自然降低。

另一方面，空气中湿度增加后，在绝缘体，特别是吸湿性大的绝缘体的表面凝结成一层薄薄的水膜，这层水膜很薄，厚度只有 10^{-5}cm。它能溶解空气中的二氧化碳气体和绝缘体析出的电解质，有较好的导电性，使绝缘体表面电阻大为降低，从而加速静电的泄漏。

如在某试验中，当相对湿度低于50%时，测得静电电压为40kV，但当相对湿度增加到65% ~ 80%时，静电电压降为18kV，当相对湿度超过80%时，静电电压仅为11kV。

一般来说，当大气相对湿度增加到高于50%时，湿气会被吸附在大多数固体上，使电介质表面导电率明显的增加。即使是十分优良的绝缘体也能增加到这种程度，即它们表面上的薄湿气层形成后，就会有电流产生。虽然在高湿气条件下也会产生摩擦起电或接触起电，但这样积聚起来的电荷在数分之一秒内就流掉了。因此在相对湿度较低时表现比较明显的静电效应，在湿度较高时就几乎消失了。高湿度对增加介质表面电导率的影响，即使是擦得很干净的表面，也是十分明显的，对于粗糙表面，特别是一些常常含有吸湿的盐分层的表面，则更明显。

湿度除了使电介质的电阻率发生剧烈变化外，也从影响电荷的分离过程上影响静电现象。在一些实验中已经观察到在湿度增加时，撞击在金属电极上颗粒状蔗糖粒子所得到的电荷数量减少到零，而在相反极性上的电荷却增加。

如前所述，由于湿度的增加减弱了静电场强度，所以使静电沉积能力随之下降。这样带电雾滴在目标上的沉积密度也就减少。但是有人进行的理论计算却得到相反的结论，即湿度增加时电荷量也会增加。在这一计算方程式中其主要影响因子是离子迁移率及雾滴充电的时间常数。

在利用静电力时，还要考虑施加电压对雾滴沉积量及雾滴尺寸的影响。实验表明，施加电压无论对电阻率为 $1.1 \times 10^7 \Omega \cdot cm$ 的油基型液剂，还是对电阻率为 $8.5 \times 10^3 \Omega \cdot cm$ 的水基型液剂都有明显的影响。

如果喷出雾滴靠流动空气（风力）移载沉积是随机的话，它将受到目标周围附近的微气候区机械乱流的影响，雾滴本身对目标缺乏定向能力，对气象条件的依存性很大，在室内及无风情况下就难以应用。同时雾滴直径大幅度减小后，小雾滴的飘失问题不能很好解决。如一个 $15\mu m$ 的雾滴，在 $1m/s$ 的风速下可以飘移 120m 之远。此外，如果说中小雾滴有可能借助于地面向上热辐射气流的作用，而达到在目标背面（下风面）沉积的话，其结果是随机的。实践证明，实际所得结果与理论上的分析差距是很大的。在解决目标背面药滴沉积这一点上，在很大程度上还是无能为力的。

静电喷雾技术的特点是使喷射药滴带有一种电荷（一般以负电荷为宜），并使药滴在静电场力的作用下向目标快速而有效地定向沉积。这样就解决了室内及无风情况下的高效快速均匀喷雾问题。而且大量实践已证明，静电喷雾技术对目标所需总药物沉积量大大减少（1/5 ~ 1/10）；由于带电药滴间的相互推斥作用，在目标表面不会产生雾滴重叠，使其分布均匀（因为药滴大小均匀，因而带电量也差不多，周围造成的电场也近乎相等）；由于静电独具的包裹效应，小面积目标背面的药滴沉积大幅度增加，有利于解决目标背部虫害的防治；带电药滴在电场力作用下向目标的快速撞击，使药滴对目标的机械黏附性更好，不易受风雨冲刷，保证了药滴较长的持效作用；药滴在目标上的回收率大幅度提高，残留在空气中的药滴就减少，对环境污染的威胁大大减低。

在此还要补充说明的是，由不同的雾滴形成方式产生的雾滴，其飞行时间之间存在着差异。表5－17为由旋转圆盘上喷出起始速度为零的雾滴的飞行时间（计算值）。表5－18为由液力喷嘴喷出的雾滴的飞行时间（测定值）。

表 5 - 17 旋转圆盘喷出起始速度为零的雾滴的飞行时间（计算值）

单位：s

喷出高度	飞行时间（s）			
（m）	50μm	100μm	200μm	400μm
0.25	3.0	0.96	0.46	0.32
0.50	5.9	1.9	0.84	0.50
1.00	11.8	3.8	1.6	0.84

表 5 - 18 液力喷嘴喷出雾滴的飞行时间（测定值）

单位：s

喷出高度（m）	雾滴直径（μm）	50	100	200			
	压强（kN/m²）	100	200	100	200	100	200
0.25		0.094	0.084	0.060	0.044	0.034	0.022
0.50		0.29	0.22	0.21	0.13	0.10	0.061
1.00		0.70	0.51	0.54	0.35	0.38	0.20

表 5 - 19 为垂直下落的初速度为零的带电雾滴的下落时间（计算值）。

表 5 - 19 垂直下落的初速度为零的带电雾滴的下落时间（计算值）

释放高度（m）	下落时间（s）			
	50μm	100μm	200μm	400μm
0.25	0.31	0.27	0.23	0.22
0.50	0.61	0.53	0.41	0.35
1.00	1.20	1.04	0.78	0.60

表 5 - 20 列出了在下落高度为 0.5m 时由三种不同雾化方式形成雾滴的下落时间的比较。

表 5 - 20 雾滴下落 0.5m 高度所需的时间

雾化方式	下落时间（s）		
	50μm	100μm	200μm
液力雾化（200kN/m²）	1	1	1
充电雾化（垂直初速度为零）	2.8	3.6	6.7
离心式雾化（垂直初速度为零）	26.8	14.6	13.8

从上述结果可见，离心式雾化形成的雾滴降落时间最长，液力雾化形成的雾滴所需时间最短。雾滴充电对小雾滴的下落时间影响最大。

在进行上述对比试验时，未考虑蒸发的影响及风速与气流的影响，是在静态下进行的。在实际情况中，都要受到这些因素的影响，尤其是风速和气流骚动情况在不同的地面高度是不同的，综合作用影响更为复杂。

第六节 雾滴尺寸的决定因素及其对生物效果的影响

一、雾滴大小的决定因素

在实施化学防治中，将各种杀虫剂剂型粉碎成不同尺寸的雾滴（或颗粒）的根本目的，是将它所包含的杀虫有效成分与所需防治的靶标害虫相接触，从而达到对害虫预期的防治效果。

但杀虫剂的剂型很多，如粉剂、可湿性粉剂、缓释剂、喷射剂、气雾剂、熏蒸剂、烟剂、毒饵等；使害虫与药滴相接触的方式也很多，可以通过消化道、表皮、气孔进入虫体，从而麻痹神经，抑制昆虫体酶，破坏其生理功能，使害虫中毒死亡。化学杀虫剂的作用方式不同，分为胃毒、触杀、熏杀、内吸中毒、拒食引诱及驱避等；如熏杀对雾滴就要很细，即使触杀用杀虫剂，雾滴大小要求也不一样。所防治的害虫种类、生活周期、生态习性、栖息场所、活动与危害方式等也很不相同，如杀飞虫的雾滴要小，杀爬虫的雾滴可大些。

而且就药物本身来说，不同的品种具有的理化性质不一。根据所用的溶剂不同而有水基、油基、酊剂之分，它们的黏度及表面张力不同，用相同的雾化力所产生的雾滴大小不一；反之要得到尺寸大小相同的雾滴，就需要施加不同的雾化力；药物的理化性质（如表面张力、黏度及蒸气压等）以及浓度不同，也都对雾滴尺寸大小产生影响。

以它的黏度来说，要使液体粉碎成雾滴，必须克服液体内部的黏滞力。为此，首先得消耗较大部分的雾化能量用于将液体在喷口处破裂成薄膜或液丝，然后产生一个较大的速度梯度，将薄膜或液丝伸展至破裂点，最后形成雾滴。当然这一过程也与雾化方式有关。

液体的黏度产生自两个方面：分子缔合力及分子间的相互结合力。具有极性的水分子靠 Heitter - London 电力及其他力相互紧密吸引在一起，所以要将水粉碎成小雾滴需要消耗较大的能量。水在30℃（86 ℉）时的黏度为 0.80mPa·s，而此温度下正戊烷的黏度才只有 0.22mPa·s，可见将正戊烷粉碎成雾滴远远比水容易得多。

此外，水还可以使某些溶剂的黏度增高。如乙醇在30℃时的黏度为 1.00mPa·s，但若与水以50：50 的重量百分比相混合后，此混合液的黏度可达 1.99mPa·s，这是由于—OH 极性基加在烃组分上后，使黏度急剧增加的缘故，所以含水乙醇比无水乙醇更难雾化。对 C_3 系列化合物，如丙烷在30℃时的黏度仅为 0.12mPa·s，单羟基化合物（丙醇及异丙醇）在30℃时的黏度为 1.88mPa·s，双羟基化合物（丙烯醇）在30℃的黏度为 11.6mPa·s，而三羟基化合物（甘油）在30℃时的黏度高达 752mPa·s。一般来说，甘油除了水、乙醇、丙醇及二乙醇外，几乎不溶于所有其他溶剂，即使对二甲醚及二氯甲烷也不溶。

此外表面张力对雾化也有很大的影响。在雾化设计中往往要使得加到液体上的能量使液体形成尽量大的比表面积，以减小其表面张力，然后粉碎成雾滴。凡雾化效率高的雾化器的主要功能首先在于将大量液体转变成许多薄膜或液细丝。这是因为液体的雾滴尺寸越小，其面积与体积之比越大。由于液体呈球形时表面张力处于最小状态，可以将液体雾滴视为球体。球的表面积与体积分别为：

$$S = 4\pi r^2$$

$$V = 4\pi r^3/3 \ \left(\text{或}\ \frac{4}{3}\pi r^3\right)$$

式中　r——球状雾滴的半径。

此时可得雾滴面积与体积之比 R 为：

$$R = \frac{S}{V} = \frac{4\pi r^2}{4\pi r^3/3} = \frac{3}{r}$$

此外，环境气象因素，如雾化时的温度、湿度、气压以及风速都会对雾滴的形成以及雾滴在沉降过程中的尺寸变化产生影响。

从表 5-21 可以看出，50μm 的雾滴在 23.9℃，湿度为 60% 的情况下，需19s 时间蒸发完毕，而在同样温度、湿度为 80% 的情况下需要37s 蒸发完毕，两者相差近1倍；而同样在湿度 60% 的情况下，温度 -0.5℃时需59s 蒸发完毕，两者相差3倍之多，这说明环境温度和湿度对雾滴的蒸发影响相当大，也直接影响到雾滴尺寸。表 5-22 列出不同化合物的蒸气压。

表 5 – 21　一颗 50μm 的水雾在不同温度湿度空气中的变化

环境温度（℃）		23.9	23.9	– 0.5	– 0.5
环境相对湿度（%）		60	80	60	80
变化到不同直径所需时间（s）	50μm	0	0	0	0
	40μm	6.6	13.5	22	45
	30μm	12.4	23.5	37	82
	20μm	16	31	48	106
	10μm	18.4	35.5	56	122
	0μm	19	37	59	127

表 5 – 22　不同化合物的蒸气压

化合物	温度（℃）	蒸气压（mmHg）	蒸气压（Psi – abs）
丙酮	10	108	2.1
	40	404	7.8
乙醇（100%）	20	42	0.8
乙酸	35	100	1.9
乙酯	30	108	2.1
正庚烷	20	36	0.7
	40	95	1.8
正己烷	15	99	1.9
	50	403	7.8
异丙醇（100%）	20	37	0.7
	30	59	1.1
甲基醋酸酯	10	103	2.0
	40	398	7.7
二氯甲烷	25	415	8.0
正戊烷	20	411	7.9
丙二醇	40	0.9	0.02
石油精馏物	40	12	0.2
甲苯	30	38	7.3
水	21	19	0.4
	30	32	0.6
	40	55	1.1
二甲苯	30	11	0.2

注：1MPa = 145Psi（bf/in²），1mmHg = 133.32Pa。

二、合适的雾滴尺寸及其对生物效果的影响

如前所述，由于所需防治的害虫的种类、习性、危害方式、活动规律及栖息场所等的多变性，化学杀虫剂品种、剂型及其物化性质的多样性，药物对害虫的作用原理与途径不一，环境、气象因素的外加影响，以及操作中的差异等，所有这些因素的综合，使得对害虫的防治工作提出了更高的要求。人们总是希望采用最简便的方法，耗用最少量的药物，以求获得最佳的防治害虫效果，对人和环境造成的污染又最小。这在很大程度上，取决于针对所有这些不同的实际情况，使用最佳雾滴尺寸来满足这些综合要求。

（一）合适的雾滴尺寸应根据不同的情况从多方面考虑

如在农业喷雾应用中的雾滴，希望它们向下沉积到作物上，所以要求这种雾滴的沉降性能好，不会长时间停留在空中被风带走，它的直径就要大一些，保证它有一定的质量及沉积速度。但也有完全

相反的情形，如在防治蚊、蝇及不食性飞蛾时，则要求雾滴细（如直径在 $20\mu m$ 左右），它们能在空中长时间存在，且对小表面的撞击性能好。当飞虫在空中飞行时，翅膀的拍打就能有效地采集雾滴而致死。这种喷雾法在此类飞虫栖息处只留下极少的药滴沉积。

有些研究试验者为了寻找较好的雾滴沉积效率，在地面铺设了大量纸来做实验。这些人的错误在于没有看到，在实际喷雾中，地面不是药滴沉积的目标，根本就不应让它们降落在地面上。而且，由于喷洒目标物状态及其内部微气候区气流情况复杂，绝不是在地上铺几张纸就可以替代的。

喷出的所有雾滴应该全部被目标所滤收，这才是我们的目的。这意味着在地面上的药滴回收应为零。当然，这实际上是不可能的，我们努力的目标是尽量减少这部分的比例。

值得一提的是，国外有人在从未喷过 DDT 药液的地球极区内，做了喷洒 DDT 液的实验。结果发现具有错综复杂结构的雪花片，是 DDT 药滴的良好的集积表面，因此回收率很高。事实上，在我们喷洒的杀虫剂中只要有 5% 能真正集积在害虫体上，就可以说是已经构成了创纪录的回收率了。但遗憾的是，95% 还是白白地浪费掉了，并且形成了对环境的污染。然而，没有这种超量的污染，也就不可能有效地杀灭害虫。因为害虫不只栖息在某些表面上，为了保证有效地防治，就必须要将药物喷洒在所有表面上。

如前所述，较大雾滴沉积性好，而较小雾滴在目标物中的穿透性好。如果将被喷目标物设想为一空气过滤器，则过滤器的最大过滤深度位于其水平面上。均匀高度目标物在垂直面的过滤深度为 1m，在水平面则通常为数百米。由此可见，雾滴水平飞行路径较垂直路径能更有效地过滤。因此为了使目标物的上、中、下部及内部都能有均匀的药滴沉积，要求的雾滴大小并不是单一的，而是有一定的范围，不过这个范围要尽量小，习惯上把它称为粒谱范围或粒谱带。

农作物通常要求的雾滴直径大致在 $40\sim100\mu m$ 之间，但不同作物对雾滴大小的要求也不同。棉花等宽叶作物要求的雾滴大小在 $60\sim80\mu m$ 之间，水稻、麦等窄叶作物则要求在 $40\sim60\mu m$。一般来说，雾滴的直径可以在 $70\mu m$ 左右。当它的重力为一个单位时，它的沉降末速度约为 15cm/s（或 0.5km/h）。这样的雾滴的穿透性和覆盖均较好。它在静止空气中将会沉降在所有大大小小的水平表面上。而任何空气运动将使这样一个雾滴撞击在垂直于雾滴飞行轨道的表面上。

对于内吸性杀虫剂，因为药物被作物吸收后，在作物体内传导，达到能杀虫的作用，所以雾滴可略大，覆盖密度可以小些。但对于杀菌剂，则相应要求雾滴小些，相同容量的药液可以产生更多的药滴，增加了单位面积作物表面的覆盖率，以达到更有效的控制病虫害的目的。

在防治卫生害虫中，控制大田中的蚊虫密度，以及外环境卫生害虫的防治与农业害虫有些相近的地方，但对室内卫生害虫的防治，与农林业害虫的情况则大有不同之处。首先表现在所需控制的室内卫生害虫的种类不如农业及林业害虫种类那样多；其次表现在室内环境中气象因素的变化不如田野及森林中那么瞬息万变；再次害虫栖息处的情况没有像在田间作物及树林中那样复杂，也没有作物在雾滴飘移沉降过程中对雾滴的过滤吸收；所需使用的杀虫剂种类及剂型也不需像农药那么多。所以相对来说，没有农林业害虫防治那样要动"重武器"。但另一方面，因为卫生害虫直接与人群混居，对人群生活安宁及身体健康的骚扰和危害更直接和严重，所以牵涉的人群之广之多，却要远远超过农林业害虫防治。

在此还应提到的是，对害虫的控制与对病菌的控制的目的是一样的。都希望能以最高的效率覆盖喷洒目标且花的功夫最少。但两者的喷洒目标不同。在控制害虫时，喷洒目标是虫体；而在控制病害时，喷洒目标是要完整地覆盖病害污染物，不让细菌生长。这虽然不是指需要盖上一层薄膜，但的确是要覆盖得相当稠密，以致没有一个细菌能不接触到附近的一个杀菌剂药粒而得以发育。

尽管如此，人们在喷洒化学杀虫剂或杀菌剂进行病虫害防治时，都采用同样的方法，用杀虫剂或杀菌剂尽量不遗漏地喷洒一遍，使目标物像被雨淋一样，或洒满在整个空气中，犹如一层连续的薄膜均匀地覆盖在目标物表面，使病虫无处躲藏。如前所说，即使操作者面临全然不同的对象，但也只能采用这种折中的办法。

所以并不能一概而论地说，喷出的雾滴小的好，或喷出的雾滴大的好，这要视具体情况而定。对某一特定目标寻找到了适宜的最佳雾滴尺寸只是其一，还要设法使此最佳雾滴能够确实到达目标物并与之相接触，这才算完成了最终的目的。

因此，我们面临着这样一个问题，即希望产生的化学杀虫剂药滴大小尽量均匀。这些雾滴既要尽可能的小，可以使单位容积产生最大数量的雾滴，获得对目标物表面的最大覆盖度及渗透性，不被它们首先碰到的障碍物全部吸收掉；另一方面，又要使这些雾滴尽可能的大，以使它们具有能够撞击或沉积在目标物表面上的能力，因为我们最终的希望是它们沉积在目标物上。

（二）雾滴尺寸对生物效果的影响

雾滴尺寸大小对生物效果的影响，从以下几个方面可见一斑。

1. 雾滴大小的影响

各地所做的许多试验及无数实践证明，对飞行类及爬行类卫生害虫获得最好防治效果的适宜雾滴尺寸是不同的。

以油基杀虫气雾剂为例，无论从对昆虫的击倒时间，还是在致死效果方面，对蚊蝇类飞虫的最佳雾滴尺寸在 $30\mu m$ 左右，而对爬虫的最佳雾滴尺寸在 $70\sim100\mu m$，如图 5-16 及图 5-17 所示。

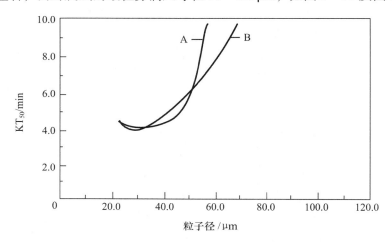

图 5-16　油基气雾剂喷雾粒子直径与家蝇（A）和淡色库蚊（B）KT$_{50}$值关系

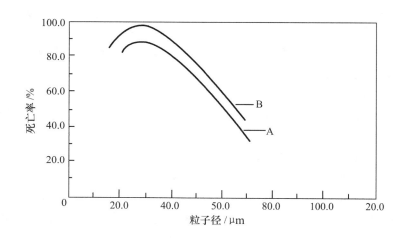

图 5-17　油基气雾剂喷雾粒子直径与家蝇（A）和淡色库蚊（B）死亡率的关系

从图 5-16 及图 5-17 可看到，采取 $30\mu m$ 雾滴对飞虫的击倒与致死效果好，但用它来杀灭爬虫时效果就并不是最好的。若取 $100\mu m$ 雾滴，则效果相反。而若取介于两者之间的雾滴，则无论对飞虫还是对爬虫，都不能取得最佳的效果，显然不会使消费者满意。

事实上，飞虫与爬虫的个体差异较大，所需的最大击倒与致死剂量当然也不一样，若用杀蟑螂的大剂量去杀灭小飞虫的话，犹如用拳头打蚂蚁，显然是浪费了。所以，在设计杀虫气雾剂时，将杀飞虫气雾剂与杀爬虫气雾剂分开，是科学合理的，将会有针对性地获得更好的击倒与杀灭效果。

用地面超低量喷雾器进行的马拉硫磷野外杀蚊试验表明，雾滴直径尺寸对昆虫的杀死率有明显的影响，如直径为 $10 \sim 15 \mu m$ 时，对三带喙伊蚊和四斑按蚊的杀死率为 82%，直径为 $5 \sim 24 \mu m$ 时，杀死率在 67% $\sim$ 72%，直径为 $39 \mu m$ 时，杀死率降为 33%。小雾滴的效果比大雾滴的好。

实验室的试验结果与野外所得的结果一致，如以马拉硫磷对不同距离所挂蚊笼喷洒结果，直径为 $17.4 \mu m$ 时，蚊笼内蚊虫的平均死亡率为 71%，直径为 $12.3 \mu m$ 时，蚊虫死亡率为 76%，直径为 $9.7 \mu m$ 时，蚊虫死亡率为 96%，直径为 $6.4 \mu m$ 时，蚊虫死亡率为 97%。雾滴小，效果好。

从上面的叙述中还可以看到，不同的应用方法，所需的最佳雾滴尺寸也是不一样的，不能将某种杀虫剂上的尺寸套在其他应用场合。

对于杀灭某种昆虫的最佳雾滴尺寸方面，学者们还存在着争议。如有人认为喷洒 95% 工业马拉硫磷对杀死三带喙伊蚊的最适雾滴直径应在 $11 \sim 18 \mu m$ 之间，蒙特等认为雾滴直径在 $5 \sim 25 \mu m$ 或 $5 \sim 10 \mu m$ 之间时效果好，另一些人认为雾滴直径为 $20 \mu m$ 或略小于 $20 \mu m$ 时更好，马斯则认为雾滴直径在 $10 \sim 30 \mu m$ 范围内更好。国内朱成璞教授用 WS—1 型手提式超低容量喷雾机喷洒杀螟松、辛硫磷及拟除虫菊酯油剂时，雾滴直径在 $22 \sim 55 \mu m$ 范围内，在室内和野外灭蚊中都取得了良好的杀灭效果。

国外的研究发现，在 12 只进行实验的试验蚊虫体各部位上共找到 476 个雾滴，其中直径在 $3 \sim 8 \mu m$ 的雾滴占总数的 87%，最小的为 $1 \mu m$，最大的为 $16 \mu m$，但小于 $1 \mu m$ 及大于 $16 \mu m$ 的雾滴一颗也没有找到。而且在蚊虫翅膀和触角上撞击到的雾滴最多。

从表 5-23 所列的试验结果可以进一步看到雾滴直径大小与杀虫效果之间的关系，但这是对蚊虫这一特定昆虫的结果。对其他卫生害虫，如蟑螂，雾滴直径大小与杀虫效果之间并不呈现类似的关系，其取决于多方面的制约因素的影响。

表 5-23　喷洒工业马拉硫磷（$0.0615 kg/hm^2$）的不同粒径与笼蚊死亡率关系

VMD（μm）	不同距离笼蚊死亡率（%）			平均死亡率（%）
	150cm	300cm	600cm	
17.4	90	52	70	71
12.3	98	98	32	76
9.7	100	100	88	96
6.4	92	100	98	97

较小雾滴能较长时间悬浮在空中，因而与飞行昆虫相遇的机会较多，而大雾滴则会很快往下沉降在地上或水平面上，这是一般的规律。如对家蝇最能致命的平均适宜雾滴直径为 $8.5 \mu m$，它可以在空中飘浮 $25 \sim 30 min$ 之久，而 $20 \mu m$ 的雾滴在 $5 min$ 之内就会落地。当然这也不是绝对的，还会受到其他各种因素的影响，如冷热空气对流，人在行走时或开关门时对室内气流引起的搅动等。雾滴也并不是越小越好，这里还涉及该雾滴所包含的杀虫有效成分量是否能足以杀死所需防治的昆虫，如当雾滴小于 $5 \mu m$ 时，它所含的有效成分就不能将家蝇杀死，因为 $4.25 \mu m$ 雾滴所含有效成分的毒力仅为 $8.5 \mu m$ 雾滴所含有效成分的 1/8。

研究表明，$39 \mu m$ 左右油基气雾剂雾滴对家蝇的击倒效果最好，$27 \mu m$ 左右的雾滴对家蝇的致死效果最佳。

从这里可以看出，昆虫个体大小的差异，对所需雾滴的大小是不一样的，如对家蝇适宜的雾滴尺寸就比蚊虫的大。

2. 雾滴数量的影响

雾滴数量的多少，对空间喷洒来说，影响到雾滴与飞翔害虫的碰撞概率，对同样数量的害虫，显然雾滴数量多时，可以提高杀灭效果。前面列举的例子已经说明了这一点。

对滞留喷洒来说，影响到雾滴的覆盖面积与密度。从前面表 5 - 3 所列数字可以清楚地看到，$160\mu m$ 直径雾滴在每平方厘米上的覆盖密度仅为 10 颗，而比它直径小一半的 $80\mu m$ 雾滴的覆盖密度达 74 颗，后者几乎是前者的 8 倍，覆盖密度的大幅度提高，使它们与害虫的接触机会增多，对防治效果的提高是不言而喻的。

3. 雾滴的运动方式的影响

在上一节中已对雾滴的运动方式做了较为详细的描述，从中可以见到，一般来说，由于小雾滴的质量决定了它的运动主要以水平随空气流动飘移，较多沉积在目标的垂直面上，更小直径的雾滴则会飘浮在空气中很长一段时间，随空气一起向上向下或其他随意的运动。大雾滴的沉降末速度大，较快沉降下落，主要沉降在水平表面上。

雾滴的这一运动特性对于杀飞虫与杀爬虫气雾剂分开设计制造很有指导意义。爬虫一般躲藏在室内下方或缝隙处，而飞虫则或在空中飞翔，或在目标上的不定方位栖停，如苍蝇在光线下停在侧壁上，在晚间喜欢栖停在吊中空间的绳索上，类似这些目标正是小雾滴的运动轨迹能够撞击到的位置，这就为杀灭飞虫创造了条件。

而且由于细小均匀雾滴在飘移过程中对飞虫所停留或栖息的各种障碍物（如室内家具等），显示出较好的过滤及穿透作用，随着其间微气候区的作用，这些细小雾滴还有可能沉积在目标背面或下表面上，这为扩大它的杀虫范围增加了机会，因而有利于提高防治效果。

专用于飞机机舱内的杀虫气雾剂，由于飞机机舱内的特殊性（如缝隙很多），以及要求保证百分之百的将可能进入机舱的携带有病原菌的病媒昆虫杀灭，除了要求必须有足够的药剂量外，对它的雾滴要求就特别细，一般在 $5 \sim 6\mu m$，至少小至 $10\mu m$ 以内，这就是充分利用了细小雾滴的良好穿透特性。

当然，如果使喷出雾滴带上一种电荷，由于在感应或极化作用下会在目标上诱发异名电荷，它们之间形成的电场力就会将带电雾滴引导沉积向目标，完全控制了雾滴的运动特性，不会在空中飞散，即使是正在空中飞翔的害虫，只要处于电场力能够作用到的范围内，带电雾滴也会毫不留情地击中业已带电的飞翔害虫体上，犹如导弹打飞机，可以说是毫无逃离机会的。加上静电包裹效应（法拉第笼），即使是栖躲在室内家具背面的害虫，也会被击中。

4. 药液雾滴的理化性质的影响

前面已经说到药液本身的理化性质对雾滴尺寸的影响。药液的理化性质对雾滴在目标上的扩散及渗透也有很大的影响，因而直接影响到它的生物效果。

众所周知，煤油的表面张力比水要小得多，所以以煤油作为溶剂配制成的杀虫剂溶液比水性药液在目标表面更容易扩散渗透，因而有利于提高与害虫的接触机会。当然，还因为对害虫体表的蜡质层，煤油比水能更快浸润溶解破坏后渗入害虫体内，到达害虫神经中枢使害虫致死。

在日常生活中许多人一定会有这种体验，当手心中有一滴水时，在水滴周围的皮肤不会有湿润的感觉，但当将一滴煤油滴入手心时，煤油马上会通过皮肤表面的肤纹而很快向各方扩散，甚至破坏皮肤表面的油脂层。

5. 不同的杀虫有效成分的影响

国外大量野外杀蚊试验证明，不同的杀虫有效成分，杀死成虫所需的最佳雾滴直径尺寸是不同的。工业马拉硫磷的最佳雾滴尺寸为 $25\mu m$，二溴磷为 $20\mu m$，倍硫磷为 $17.5\mu m$，氯菊酯为 $20 \sim 30\mu m$。因为不同的杀虫有效成分，其对昆虫的毒力程度是不同的。

但要补充说明的一点是，不同的杀虫有效成分对不同昆虫所显示出的毒力大小，顺序并不都是一致的。虽然药物本身固有的毒性是一定的，但不同的昆虫因其生理状态及对药物的敏感程度不同，会显示出差异。如试验中显示 DDT 对蚊幼虫的毒性是很高的，但用蚜虫、甲壳虫及蝗虫幼虫做试验时，DDT 的毒性就低。再如对黏虫及某些蜡象，DDT 的毒性大于六六六，但对于蝗虫及蚜虫，六六六的毒性就大于 DDT。

6. 不同的剂型，其最佳雾滴尺寸不同

在对处理表面施药时，并不是使用任何剂型的杀虫剂都是合适的，也不是使用该剂型的任何雾滴（或颗粒）大小都是合适的。

以对处理表面做滞留喷洒为例，若处理表面比较粗糙，则可湿性粉剂的效果要优于乳油/水乳剂的效果，而且可湿性粉剂的颗粒尺寸在 $20 \sim 50 \mu m$ 范围最为合适。反之，对平滑不吸收表面，则需要较小颗粒，它在表面上的展开性比大颗粒好，此时使用乳油/水乳剂的效果要比使用可湿性粉剂更合适。如图 5-18（a）及图 5-18（b）所示。

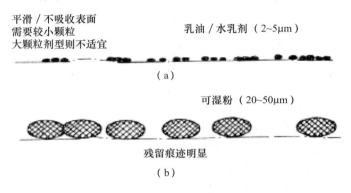

（a）光滑表面　（b）粗糙表面

图 5-18　不同处理表面对剂型的要求

再以对浸泡蚊帐的处理为例，使用水乳剂的效果又要优于可湿性粉剂。前者的颗粒直径小，能较牢固地黏附于蚊帐网孔纤维上，不易被洗涤掉，有效期长；若使用可湿性粉剂，则因其颗粒较大，在使用中及水洗时易振落，持效期短。如图 5-19 所示。

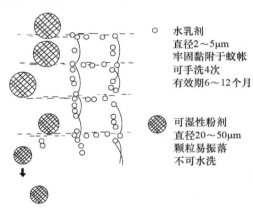

图 5-19　处理浸泡蚊帐时，水乳剂较可湿性粉剂效果好

第七节　减少雾滴尺寸的途径

在喷雾类产品中，以喷出雾状产品居多。如何使内容物喷出成雾，以及使喷出雾滴的尺寸根据需要减小，这一直是配方设计者孜孜以求的问题。

如前所述，在喷头中设置旋涡槽是使液束喷出成雾的最为普遍的方法。使喷出雾滴的尺寸减小的途径大致可有以下几种：

1）增加气雾剂中抛射剂的量；

2）采用较高的压力；

3）使用挥发性较强的，低比热的，或低黏度的溶剂；

4）通过加入表面活性剂降低浓缩液的表面张力；

5）减少聚合物的用量，或选用相对分子质量最小及交联键最少的聚合物；

6）使用不会形成共沸物的溶剂，这样它们之间不会相互结合，即不会使黏度增加，或产生缩胀；

7）使用相互可溶，但彼此又能排斥的溶剂，如极性/非极性对会产生膨胀或能降低黏度；

8）使用机械裂碎式（MBU）喷头，而且选用其中具有最高裂碎效率的，如倒锥式；

9）使用具有旋涡作用的阀室（与气相孔设计结合）；

10）使用具有相对较宽雾锥角的喷头，这样有利于在离心力作用下将边缘雾滴分离，减少雾滴在空中凝聚变大的概率；

11）降低释放率；

12）在液体与高速气体接触之前使其先成薄膜丝状物（如气相孔设计）；

13）通过结构设计，使液体在雾化气体中均匀分布，这样可以最大限度地发挥气体的能量；

14）减小各通道的摩擦阻力，使液体运动黏度减小到最低值。

当然要将这些可行途径落实到具体结构设计上，并不是一件轻而易举的事，需要经过大量的实验验证，以对某一种情况获得最佳的特定值。因为就气雾剂产品而言，它的变化因素实在是多得难以使人捉摸，每个变化因素都有可能推翻或修改原来的设计。所以只有对所设计的特定的气雾剂配方体系做出仔细的分析研究后，才能根据自己的或别人的经验，初步选定几个设计方案，最后通过试验筛选出最佳方案。

第八节　雾滴尺寸及其分布的测定

一、概述

自从化学杀虫剂被引入植物保护以来，如何精确地和迅速地采取由喷雾器产生的雾滴及测量其尺寸大小，一直成为十分关注的重要议题。这一方面是为了要寻找出雾滴尺寸与防治效果之间的关系，同时也为了提高施药效率，在保证施药效果的同时尽量降低用药量，减少对生态环境的污染，降低对人群及有益生物的危害，也有利于降低施药成本。

但直到20世纪70年代末将激光技术成功应用于雾滴测量技术以后，才使持续了35年之久的间接雾滴采集与测量技术产生了根本性的变化。

在一次喷出的雾云中，雾滴总要最后脱离雾云而撞击或沉降在目标上，并在目标表面形成一个药滴斑迹。但这个斑迹并不是雾滴本身。所以以往所能测定到的只是这个斑迹，而不是雾滴本身。因为环境因素的影响会使雾滴因蒸发或挥发而尺寸变小；在撞击或沉降在目标表面上时又会产生变形，使斑迹尺寸要比沉降时的雾滴尺寸大一些。雾滴在飞行与沉积过程中尺寸的这种变小与变大趋向并不是相等的，因而不可能抵消，这是由周围多种因素综合决定的，所以斑迹的尺寸和雾滴直径之间的关系常常是不定的，不存在一种常数关系。所谓校正系数也只是在严格的实验条件下用统计方法求得的一个即时常数，但常常也会受到人为及实验操作等多种因素的影响。

对雾滴的测定包括数量和尺寸两个方面。而且因为各种喷雾状态的不同，有的是大雾滴多，有的又是小雾滴居多，粗的可达上百至数百微米，小的可到零点几到几个微米，雾滴尺寸相差悬殊，且雾云密度差异也十分之大。

在采用沉积法静态测定时，为测定雾滴，先要对雾滴进行采样。采样方法及正确性又对雾滴测定工作具有很大的影响。

　　所以，雾滴的测量有其特殊性和复杂性，这是因为，第一，具有一定喷射速度并弥散在气体（空气）中的雾滴难以像固体粉末那样能够可靠地"取样"，使得测量结果变得不可靠。第二，单位容积内的雾滴数通常很多，为了得到有代表性和统计意义上的可靠结果，每次测量的雾滴数应不少于1万个。表5-24中的数据表明，当被测量的雾滴数较少时（例如采用显微镜测量时），将可能导致较大的测量偏差。这就延长了测量时间，也加大了操作人员的劳动强度。第三，由于蒸发和凝聚，雾滴的尺寸还会随着时间而改变，例如，表5-25中给出了在20℃和50%相对湿度下，一个水滴在空气中完全蒸发所需时间的理论计算值，这个时间一般是非常短促的。

表5-24　不同雾滴数时的测量偏差

试样雾滴数（个）	偏差（%）	试样雾滴数（个）	偏差（%）
500	±17	5000	±5
1500	±10	35000	±2

表5-25　水性雾滴寿命

直径（μm）	完全蒸发所需时间（s）	直径（μm）	完全蒸发所需时间（s）
0.1	4.7×10^{-3}	10	0.15
0.4	3.6×10^{-3}	40	2.3
1.0	1.7×10^{-3}	100	12.0
4.0	0.024		

　　理想的雾滴测量方法除要保证足够的测量精度外，还应该是非接触式的，无需对雾滴"取样"，使测量过程直接在雾滴群中进行，这样才能得到雾滴大小的真实值；仪器的测量范围要宽，能覆盖雾滴的全部粒径范围；测量系统的响应速度要快，能实现对运动中雾滴的快速测量；为了得到具有代表性和统计意义上的可靠结果，每次测量的雾滴数要尽可能多，以及其他一些相关要求。

　　1976年，Malvern激光粒谱尺寸测定仪问世，可以在雾滴飞行时对它进行测量，这种非接触式动态测定法，从根本上消除了由于雾滴采集给测定带来的影响。这种测定仪是通过雾滴在激光束中产生的衍射图形来测定的。测得的数据输送到Rosin-Rammler数学分布计算器，直到使探测值与分配器计算值之间的差异最小时为止，然后打印出一张表，表上列出100∶1的尺寸范围的15组体积数量百分比。体积中径VMD由每张表首所给的两个变量值很容易求得，也可以近似算出颗数中径NMD。

MALVERN Instruments SB. OC 15 Nov 1991　3∶16pm

FGW11-1

100mm lens

2753 Ids lm00328

000000502

Upper	in	Lower	Under	Upper	in	Lower	Under	Upper	in	Lower	Under	Span
				57.7	8.3	49.8	77.0	9.82	1.7	8.47	5.7	1.58
				49.8	9.4	43.0	67.6	8.47	1.3	7.30	4.4	
				43.0	10.0	37.0	57.6	7.30	1.0	6.30	3.4	D [4, 3]
				37.0	9.3	32.0	48.3	6.30	0.8	5.43	2.6	36.18μm
188	0.2	162	99.8	32.0	8.9	27.5	39.4	5.43	0.6	4.68	2.0	
162	0.3	140	99.5	27.5	7.3	23.8	32.1	4.68	0.5	4.05	1.5	D [3, 2]
140	0.3	121	99.2	23.8	6.6	20.5	25.5	4.05	0.4	3.45	1.1	20.72μm
121	0.4	104	98.8	20.5	5.4	17.7	20.1	3.48	0.3	3.02	0.9	
104	0.5	89.8	98.4	17.7	4.3	15.3	15.9	3.02	0.2	2.60	0.7	D [v, 0.9]
89.8	1.7	77.5	96.6	15.3	3.5	13.2	12.4	2.60	0.2	2.23	0.5	63.52μm
77.5	4.5	66.8	92.1	13.2	2.8	11.4	9.6	2.23	0.1	1.93	0.4	D [v, 0.1]
66.8	6.8	57.7	85.4	11.4	2.2	9.82	7.4	1.93	0.4	0.50	0.0	11.63μm
Scurce = : Sample				Beam lengtb = 10.0mm				Rosin – Ramm				
				Log. Diff = 4.763				X = 40.25，N = 1.81				D [v, 0.5]
Focal length = 100mm				Obscuration = 0.1290				Volume Cone. = 0.0096%				32.87μm
Presentation = lds				Volume distribution				Sp. S. A 0.2896m²/cc.				

图 5 - 20 为由 Malvern 激光粒谱尺寸测定仪对日本住友化学工业株式会社 FGW - 11 水基气雾剂测定所给出的雾滴分布曲线及计算数据，$D_{V.50} = 32.87\mu m$（VMD）。但这种方法不适合于对低雾密度测定。

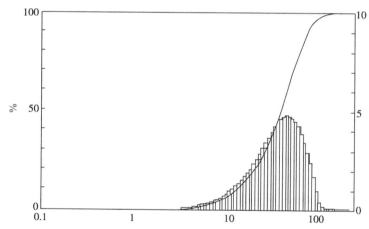

图 5 - 20 Malvern 激光粒谱尺寸测定仪对 FGW - 11 水基气雾剂测定结果

Knollenberg 是另一种这类仪器，它是通过遮盖投入到一排探测器上的激光束时单个测定粒子大小的。这个测量系统不适于高密度雾滴测定。因为同时会有几个粒子遮盖激光束。所有常规静态值测量都可使用这台仪器（包括一台彩色图表 TV 显示仪）。

1979 年研究开发了一种简单的旋转式载玻片握持器（Thornhill，1979），世界卫生组织（WHO）应用很成功。它装有两块涂氧化镁显微镜载玻片，由多级变速齿轮马达带动旋转。Rotorod 测量仪的工作原理与它相同，但采集器的直径减小（约 1.6mm），而转速高得多。

静电采样工作（Arnold，1979）是利用了雾滴通常总是带有一种极性的微弱电荷这样一个事实。将一根细金属丝夹入两块标准显微镜载玻片之间时，表面上就会形成一个电荷，去吸引带有相反极性的雾滴。氧化镁涂层加在一对载玻片上，这对玻片分开约 10mm，对一块玻片充电，另一块接地，以使形成的电场加倍，捕获两极性的雾滴。但这个方法可靠性不大。

下面将对沉降测定法和激光粒谱尺寸测定仪作一介绍。

二、沉降测定法

（一）采样垫子的制作和保存

为了采好样，必须使用特殊的采样垫子。所谓采样垫子就是让雾滴沉积的基板。由于杀虫剂大多用油溶性农药原油或高浓度乳剂，故采样垫子一般采用水溶性的物质较好，以免发生混溶。制作方法：取阿拉伯树胶 3 份、甘油 1 份、清洁水 6 份及少量经过充分研磨细的酚红粉末。配制时先将酚红粉末加入水中，搅拌使其完全溶解，然后倒入阿拉伯树胶粉中用玻璃棒搅拌到完全溶解，用漏斗滤去沉渣和泡沫，将滤得的纯净溶液盛装在干净的容器中。接着用吸管吸取 3ml（约 5、6 滴）溶液滴在玻璃片的一端，用玻璃棒沿玻片表面将溶液向另一端推移，尽量使溶液均匀地分布在玻片上，以获得厚度一致的采样垫子。为了不使玻片上的溶液流向一端，玻片应放平。涂好溶液的玻片平放着晾干或烘干，然后放在标本盒内，供试验取样时用。

在采样垫子中用酚红颜料的目的，是使垫子有了着色剂后便于在显微镜下观察雾滴的尺寸和形状。加入甘油的作用，可以减少树胶液干燥后爆裂，使垫子保持平整，能很好地承接沉降的雾滴。

（二）雾滴采样方法

1. 采样前的准备工作

记录下试验时气温及湿度；用测速仪（或压力表）测量雾化盘（或喷嘴）的转速（压力）并记录。用秒表和量杯测定流量器的流率并记录。在远离采样地合上电源开关试喷一下，观察雾化是否正常。

2. 采样设备的安置及操作

在离喷头 2、4、6、8m 处（此距离根据情况确定）均匀放置 4 个高度为 50cm，直径为 38cm 的带盖圆形沉降筒。此桶用铁皮或塑料制均可。在每个筒的正中放置两片涂有采样垫子的载玻片。取样时喷头离地高 1m，即距筒口高度为 50cm（图 5－21）。在喷雾时，把筒盖卸掉。喷雾持续时间为 10～30s，根据雾化出的雾滴的浓度决定。喷雾结束后过数秒钟，即将沉降筒盖盖上，待雾滴在筒内沉降 1h 后再打开盖子，取出玻片在显微镜下测数雾滴。

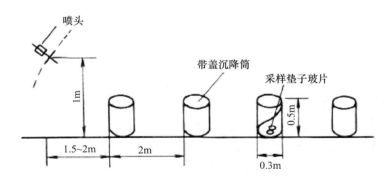

图 5－21　沉降法雾滴采集装置

3. 目镜测微尺标定法

目镜测微尺每格为 10μm。其标定方法是：①先在目镜测微筒内放进目镜测微尺。②将物镜测微尺放在载物台上。③使物镜及目镜测微尺的同一端刻度线重合，然后再往另一端看，在哪一条线再重叠吻合，分别记下两对重叠线之间各自的格数。最后用公式计算：

目镜测微尺每小格长度 ＝（10μm×物镜测微尺格数）÷目镜测微尺格数

4. 粒谱测定法

将一个标定好的目镜测微尺放在目镜筒内，把采有雾滴的垫子（即载玻片）放在载物台上，测定中间部分的雾滴数。每个样测 1 片垫子，每片垫子上测 100～200 颗雾滴，总共测 500～1000 颗。在可能的情况下，尽量测定 1000 颗，以更客观地反映出雾滴的真实情况。把每次测数雾滴的尺寸都记入表 5-26 的相应栏内，如第一片采样垫上一颗 30μm 的雾滴，就记录在表上"采样垫号" 1 栏内第 2 格 30μm 一栏中。记录方法一般可用划"正"字方法，最后计算总数，写在表上"各种雾滴数（颗）"栏相应格下。格数下微米格 15、30、45……一般记大不记小，即大于 15μm，小于及等于 30μm 的雾滴记在 30 一格下；大于 30μm，小于或等于 45μm 雾滴记在 45 一格内，余类推。最后计数各种直径雾滴数占总数的百分比。这样就比较清楚地表示出了粒谱的范围。

表 5-26 所列的测定方式是比较烦琐的，也很费时，还需人工进行计算。

近来，在雾滴测定方面已逐渐广泛采用激光粒谱仪，由电脑直接计算打印出雾滴的体积中值直径（VMD 或 $D_{V.50}$）及雾滴谱宽度（$D_{V.10}～D_{V.90}$）。这种方法速度快，只要几分钟就可做完。但据称，它所反映的粒谱带宽范围，尚有一定的局限性。

表 5-26 雾滴直径测定记录

测定日期及时间：　　　　　　　　　　　喷头转速：

试剂名称：　　　　　　　　　　　　　　流量：

温度：　　　　　　　　　　　　　　　　湿度：

使用显微镜：

采样垫编号	物镜测微尺格数	1	2	3	4	5	……	总雾滴数（颗）
	μm	15	30	45	60	75	$N×15$	
1								
2								
3								
4								
5								
各种雾滴数（颗）								
占总雾滴数比例（%）								

（三）雾滴体积中径、雾滴粒数中径及扩散比的计算

将由表 5-26 统计得到的数据分别填入表 5-27 中 1、2、3 栏。然后根据每栏前的公式及要求逐项进行计算，分别填入 4、5、7、8、9 各栏，如按第 4 栏的公式 nd，将第 2 与第 3 栏相乘，然后将积填入第 4 栏，以此类推。第 6、10 栏由求百分比得到。

然后根据表 5-27 上的数值，第一步算出测量雾滴（也称透镜雾滴）的 VMD 及 NMD，第二步将它们乘以修正系数 K，就得到等效球体的雾滴 VMD 及 NMD，后者就是我们所要求的。

在进行第一步运算时，应先利用下面公式算出 VMD 及 NMD 的格数 B：

$$B = Q + (R - Q) × \frac{50 - c}{b - c}$$

式中　Q——临界线（50%）下的雾滴直径格数；

　　　R——临界线（50%）上的雾滴直径格数；

　　　c——临界线下累积百分数；

b——临界线上累积百分数。

例如，临界线发生在第 2 及第 3 格之间，临界线下累积百分率为 28.3，临界线上累积百分率为 67.9，则 $Q = 2$，$R = 3$，$c = 28.3$，$b = 67.9$。

代入上式得：$B = 2 + （3 - 2）\times \dfrac{50 - 28.3}{67.9 - 28.3} = 2.55$（格）

然后将此格数乘以每一格代表的微米数，就得雾滴体积中径：

$$VMD（或 NMD）= B \times 15 = 2.55 \times 15 = 38.25（\mu m）$$

在进行第二步运算时，只要将上述数值乘以修正系数 K。假设修正系数为 0.5，则：

$$VMD（或 NMD）= 38.25 \times 0.5 = 19.125（\mu m）$$

雾滴粒数中径 NMD 的计算程序和公式是一样的，不同的是代入的数值。前者 b、c 用的是表 5 - 27 中第 6 栏中的数值，后者用的是表 5 - 27 中第 9 栏中的数值。

只要求出 VMD 及 NMD，扩散比 DR 是很容易算出的：

$$DR = \frac{NMD}{VMD}$$

如果取 100% 雾滴计算得的 DR < 0.67，则可以取 80% 的雾滴进行计算，若得出 DR > 0.67，仍可认为该喷雾器的雾化性能良好，符合超低容量喷雾使用要求。

这里可以把表 5 - 26 与表 5 - 27 合成一张表来进行测定计算。但也有把表 5 - 27 分成单独求 VMD 与 NMD 的两张表来进行计算的。

表 5 - 27　雾滴粒数中径与体积中径计算表

序号	计算公式	内容				合计
1		目镜测微尺格数	1、2、3、4、5…			
2	d	每种雾滴直径	15、30、45、60、75…		$n \times 15$	1000
3	n	每种雾滴数目				
4	nd	每种雾滴直径之积				
5	$\dfrac{nidi}{n\sum d}$	占总直径的百分比				
6		累积粒数百分率（%）				
7	$\dfrac{d^3}{1000}$	每种雾滴的体积				
8	$\dfrac{nd^3}{1000}$	每种雾滴的体积占总体积的百分比				
9	$\dfrac{nid^3}{\sum nd}$					
10		累积体积百分率（%）				

注：第 4 栏用 nd，第 7 栏用 $d^3/1000$，第 8 栏用 $nd^3/1000$ 都是为了简化计算，减少运算数字。

（四）雾滴直径的修正系数（或称扩散系数）

当药液雾滴沉积在采样垫子载玻片上时，不管它如何小，总有一定的质量及沉降末速度，也就有一定的动量 mv。当它与垫子撞击的一瞬间，就变成冲量 Ft；由于冲力 F 的作用，使雾滴产生变形，在垫子上铺开而直径增大。所以从显微镜下测得的雾滴已经不是它原来的直径，而是已经变大了。根据这些透镜雾滴直径算得的 NMD 及 VMD 也不代表沉降前雾滴的实际 VMD 及 NMD，因此必须要对它进行修正，这就引入了修正系数 K 的概念。

假设雾滴沉降前的球体直径为 D（半径为 R），载玻片测得的雾滴直径为 d（半径为 r），修正系数为 K，则存在以下关系式：

$$D = K \cdot d$$

因此，根据表 5-26、表 5-27 求出 NMD 及 VMD 后，关键在于找出修正系数 K。

修正系数 K 有两种测定法：测高法（窄片法）和焦距法（查表法），前一种方法比较简单。

在测高法中除使用显微镜、目镜测微尺外，还要用 0.5~1cm 的窄载玻片，将它四周表面磨毛，使它不透明。进行雾滴采样时，方法程序同前，但不要采得过密。

测量时，将载玻片侧立（应垂直）放在显微镜的载物台上，适当调节焦距，使其影像清晰，用测微尺测出雾滴直径 d，然后将测微尺转 90° 测出雾滴高度 h。

设球状雾滴的半径为 R，则其体积为 $V_1 = \frac{4}{3}\pi R^3$。而透镜雾滴的半径为 r，高为 h，则其体积 $V_2 = \frac{1}{6}\pi h \cdot (3r^2 + h^2)$，由于两者在变形前后体积应相等，即 $V_1 = V_2$，经整理后得：

$$R = \frac{1}{2}h(2r^2 + h^2)$$

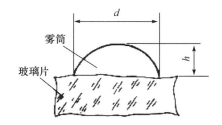

校正系数 $K = \frac{R}{r} = \frac{1}{2r}h(3r^2 + h^2)$

因为 K 值求得是否正确，将直接影响到雾滴直径的计算，所以最好在测定时，同时测 10 颗以上的雾滴，然后用统计方法求出 K 的平均值，这样比较可靠。

采样雾滴的变形及校正见图 5-22。

图 5-22　采样雾滴的变形及校正

三、激光粒谱尺寸测定仪

激光雾滴测定仪是利用了光的散射原理。当激光束穿过雾滴群时，在光与颗粒（雾滴）之间的相互作用下，入射光将向空间四周散射，如图 5-23 所示。根据光的散射原理，散射光的空间分布规律与雾滴的粒径大小存在着严格的对应关系。用一接受透镜和光电探测器采集散射光信号的空间分布送入计算机，按事先编制的程序，即可由散射光信号求得被测雾滴群的粒径大小和尺寸分布，并由打印机输出全部测量结果。激光测粒仪的工作原理比较复杂，这里无法详细讨论。作为示例，表 5-28 和图 5-24 分别给出了用激光测粒仪对某一气雾剂雾滴直径和尺寸分布测量结果的表格和曲线输出格式。可以看出，测得的该气雾剂的雾滴直径分布范围比较宽（由 5.7μm 到 564μm），但大多数在 46μm 到 270μm 之间。大于 564μm 的雾滴已经很少，只占全部雾滴质量的 0.3%，而小于 5.7μm 的雾滴约占 3.4%。除雾滴粒径的频率分布和累计分布外，表中还给出了雾滴群的中位体积中径 $D_{V.50}$（即 VMD）为 88.1μm，平均粒径 D_{32} 等于 31.35μm 和各种不同的特征径 $D_{V.10}$ 为 15.64μm、$D_{V.90}$ 为 265.5μm 等。比较起来，表格输出格式比较精确，而曲线输出格式更为直观。

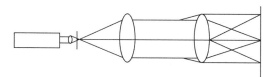

图 5-23　光与雾滴相互作用下入射光向四周散射

表 5-28　对一气雾剂雾滴直径的测量结果

累积分布（小于）		频率分布	
直径（μm）	质量（%）	直径范围（μm）	质量（%）
>564	0.3	>564	0.3
564	99.7	486~564	0.6
486	99.1	363~486	2.8

累积分布（小于）		频率分布	
直径（μm）	质量（%）	直径范围（μm）	质量（%）
363	96.3	269.7～363	5.7
269.7	90.6	200.7～269.7	8.7
200.7	81.9	149.4～200.7	11.0
149.4	70.9	111.3～149.4	11.7
111.3	59.2	82.8～111.3	11.4
82.8	47.8	61.5～82.8	10.3
61.5	37.5	45.9～61.5	8.5
45.9	29.0	34.2～45.9	7.0
3 4.2	22.0	25.5～34.2	5.5
25.5	16.5	18.9～25.5	4.3
18.9	12.2	14.1～18.9	3.2
14.1	9.0	10.5～14.1	2.4
10.5	6.6	7.8～10.5	1.8
7.8	4.8	5.7～7.8	1.4
5.7	3.4	<5.7	3.4

$$D_{50} = 88.1 \mu m$$
$$D_{32} = 31.35 \mu m$$
$$D_{10} = 15.64 \mu m$$
$$D_{90} = 265.5 \mu m$$

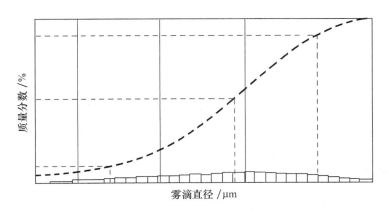

图 5-24　雾滴尺寸测定曲线输出格式

图 5-25 中给出了该仪器的工作原理。激光束经空间滤波及扩束透镜后成为一直径 8～10mm 的平行光束，气雾剂通常与光束呈直角方向喷出，雾滴穿过激光束并被激光照射，位于激光束中的全部雾滴即被测量到，并以表 5-28 和图 5-24 所示的表格和曲线形式输出测量结果。

表 5-29 给出了用激光测粒仪对 14 台医用超声波气雾器雾化性能的测量结果。对治疗呼吸道系统疾病的医用超声波气雾剂，根据临床使用要求，药物经雾化后的液滴直径应不大于 6μm，以便最大限度地被患者由口腔吸入，并输送到病位，迅速地发挥药物的治疗作用，而大于 6μm 的颗粒则有可能在患者的口腔或喉管被截留而不能抵达病位。对这类情况，可以采用以下两个参数表征其雾化性能，一是雾滴群的体积（质量）中径 $D_{V·50}$，另一是系数 R，R 定义为小于 5μm 的雾滴在全部雾滴中所占的

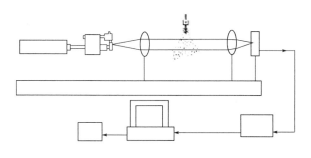

图 5 – 25 测定仪的工作原理

质量百分比，R 的数值越大越好，一般应不小于 60%。由表 5 – 29 可知，除个别气雾器外，大部分产品的性能均符合使用要求。

表 5 – 29 14 台超声波气雾器的雾化性能

编号	D_{50}（μm）	R（%）
1	3.45	99.0
2	3.48	87.3
3	3.78	84.6
4	4.04	75.0
5	4.13	73.4
6	4.19	69.4
7	4.23	68.9
8	4.36	68.7
9	4.42	65.4
10	4.53	64.6
11	4.55	63.6
12	4.57	60.8
13	4.66	60.2
14	4.76	56.2

　　液滴蒸发及液滴互相之间的可能凝聚，使离气雾剂喷嘴出口不同距离处所测得的雾滴细度会有很大的不同。在对比不同的气雾剂，特别是评价气雾剂在不同运行工况下的雾化性能时，测量应在相同的喷嘴出口距离下进行。图 5 – 26 中给出了两种香型空气清新剂的雾化特性曲线，两者差异不大，其粒径均较小，约为 30μm，这有利于使清新剂飘逸到室内各个角落。图中的纵坐标为中位径，而横坐标为喷嘴出口到激光束的距离。不难看出，随着距离的加大，液滴尺寸迅速减小。

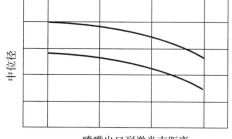

图 5 – 26 两种空气清新剂的雾化特性曲线

　　利用光散射原理的激光雾滴测定仪用于雾滴直径和尺寸分布测量，它的主要特点是：测量结果精确可靠，重复性好，测量周期短，速度快，一般只需 1 ~ 2min 即可完成一次测量并打印输出全部测量结果，每次测量所检测到的液滴数很多，一般在 10^4 个以上，测量结果的统计性好，仪器自动化程度高，操作简单，对试验人员的业务素质要求低等，为此，得到了广泛的应用。在国外以 Marlven 为代表，价格较贵。现国内已由上海理工大学研制成功并投入生产，价格便宜，只有国外同类仪器价格的 1/6 ~ 1/10。

第六章

喷雾剂

第一节 概 述

喷雾剂一词源于英文 spray，它与缓释剂一样，并不是指杀虫剂剂型的一种形态。缓释剂是对一种药物均衡控制释放的剂型的称法，但这些制剂本身的物态不限于一种，可以呈固态，也可以呈凝胶态。而喷雾剂是对使用一种药剂施布方式的制剂的称法，但这类制剂本身都只能为液态。当然并不是所有液态的制剂都被列入喷雾剂中，如有些液态制剂通常主要是用喷雾的方式，偶尔也采用涂、刷、浸或混拌的方式施布。也有对固体制剂（如粉剂）采用喷的方式施布，但此时称之为喷粉，而不是喷雾。

一般来说，将液体粉碎喷出称为喷雾，将固体粉碎喷出称为喷粉。

从上面的说明出发，为缩减篇幅，在此将一些具有不同剂型形态，但都采用喷雾施布方式的液体以及以液体稀释后使用的制剂全部归入本章内容分节予以叙述。但千万不可因此就将这些剂型的制剂都笼统地称为喷雾剂，只能说它们在实际应用时都是采用喷雾的方式施布的剂型。施布方式并不能改变这些制剂的剂型归属。这类需要喷雾施用的剂型很多，大多为浓缩剂型。按稀释剂的品种，可以分成两类，一类为用水稀释的，另一类为用有机溶剂稀释的。如用水稀释后喷施的有乳油（EC），乳剂（油包水 EO，水包油 EW），浓悬浮剂（SC），微胶囊悬浮剂（CS），浓缩可溶剂（SL），可溶性粉剂（SP），水溶性颗粒或片剂（SG），可湿性粉剂（WP）及水分散性粒剂或片剂（WG）。用有机溶剂稀释后喷施的有油剂（OL），可流动浓缩油或油悬剂（OF）及油分散性粉剂（OP）。此外还有可直接喷雾使用的超低容量液剂（UL）及超低容量悬浮剂（SU）等。

本章选择其中几种主要的剂型分别作一简介。但其中有一些液体制剂虽然也是采用喷雾施布方式，如微胶囊剂，并没有将它们归在本章中叙述，这是因为笔者认为将它按药物释放方式列在缓释剂一章中介绍更好。

气雾杀虫剂也是一种喷雾剂，但由于它所具有的特殊性，单独列章介绍。

作为喷雾剂使用的制剂中的杀虫有效成分，可以是单一的，只要加以稀释盛入喷雾器中就可以使用，也可以由几种有效成分复配而成。复配工作可以现用现配进行，也可以事先配制好直接可用。还可以将它先配制成浓缩剂，然后在使用时再进一步稀释（二次稀释）。

喷雾剂按所使用的稀释剂的种类，可以分为水基、醇基及有机溶剂型三大类。

在 20 世纪 80 年代中期以前，喷雾剂占据了国内卫生杀虫剂的主要市场，与盘式蚊香一起构成家用卫生杀虫剂的两大支柱剂型。近年来，随着经济水平的提高，在家庭居室中大都使用气雾剂与电热蚊香后，家庭中喷雾剂的使用量不断减少，但在公共场所及外环境处理中，仍占据了重要地位。

在此值得一提的是，国内喷射剂名称的由来，得益于卫生杀虫剂的发展。尤其是在 20 世纪 80 年代上海联合化工厂推出灭害灵醇基杀虫剂后，各地纷纷仿制，加之当时小型塑料喷雾器的问世为它提供了配套的喷雾器具，灭害灵一时成为当时家庭卫生用药中的主要品种，喷射剂的名称也开始为各界熟悉和认可。

所以喷射剂的概念，大都只作为家用卫生杀虫剂中这一剂型的专用词，一提到喷射剂，人们就会与灭害灵之类液剂联系，似乎这是一种特指，而并未与乳油、悬浮剂、可湿性粉剂等采用喷雾施药方法的剂型联系在一起。

这种情况的发生，当然还与当时的国情及经济水平有关。我国气雾杀虫剂起步较晚，灭害灵等喷射剂的产生正好填补了这一空缺。

第二节　喷射剂

一、概述

在本节中介绍的只是指利用小型塑料喷雾器或 DDT 喷筒，在家庭居室内使用的喷雾剂。为与本章所述的其他喷雾剂有所区别，在此将这种喷雾剂称之为喷射剂。一般来说这种喷射剂配制较简单，直接将一定含量的杀虫有效成分通过适当的添加剂及溶剂（如水、煤油、乙醇等）稀释制成。

这类喷射（杀虫）剂与气雾杀虫剂中的杀虫液料组成基本上相似，构成它们之间区别的主要特征是，前者用手动加压使喷雾液喷出使用，而后者是靠密封灌装在气雾罐内的抛射剂作为动力源喷出成雾。

喷射剂与气雾剂配方组成对比如表 6-1 所示。

表 6-1　喷射剂与气雾剂配方组成对比

组分	喷射剂	气雾剂
杀虫有效成分		
击倒剂	—	—
致死剂	—	—
增效剂	加或不加	加或不加
添加剂	—	—
溶剂	—	—
抛射剂	—	—

当然就具体的制剂形态（水基、油基、醇基）来说，各组分所需添加的量是不尽相同的。尤其是对水基来说，在喷射剂及气雾剂中都需要加入一定量的乳化剂，在气雾剂中尚需加入缓释剂或称腐蚀抑制剂。在这两种类型的制剂中所需加入的添加剂品种及量也需视具体的制剂不同而不同。

二、喷射剂的分类

按照喷射剂所用的溶剂，可以将它分为三种剂型。

（一）油剂

油剂是将杀虫有效成分溶于脱臭煤油后直接喷雾使用的一种剂型。国内在 20 世纪 50 至 70 年代大量使用的 DDT 煤油喷射剂就是典型例子。煤油有合适的沸点（150~200℃），对人畜低毒，杀虫有效成分在煤油中比较稳定，油剂雾滴在空间悬浮性较好，与蚊蝇等飞行昆虫接触机会多。而且煤油对昆虫表皮展着和穿透能力较好，当用同样杀虫有效成分配制成不同剂型后，油剂的药效最高，因此油剂在国外得到广泛的应用。市售商品有 1% 杀螟硫磷、1% 马拉硫磷、0.5% 二嗪磷、0.5% 敌百虫、0.5% 倍硫磷、0.5% 二溴磷、0.3% 敌敌畏、0.1% 胺菊酯/0.45% 敌敌畏、0.075% 胺菊酯/0.5% 杀螟硫磷等。此外还有 0.25% 胺菊酯/1.0% 戊菊酯，对蚊蝇的用量为 0.2~0.3ml/m³；0.1% 胺菊酯/0.3% 氯菊酯，对蚊蝇用量为 $0.75 \sim 1\text{ml/m}^3$。

油剂用于室内喷洒后易留有油迹，且煤油资源较为紧张，因此近年来基本没有得到发展。尽管如此，国内对能用作油剂的溶剂的研究一直没有间断。

（二）醇剂

醇剂是我国独有的将杀虫有效成分溶于乙醇后直接喷雾使用的一种剂型，醇剂的兴起主要是与煤油剂相比，其来源较充足，制剂清晰透明，喷洒后易挥发无痕迹，因而受到用户欢迎，得到迅速发展。但由于乙醇易挥发，亲水性大，对昆虫表皮渗透性较差，一般来说，药效低于油剂。而且杀虫有效成分在乙醇中不如在煤油中稳定。乙醇的易燃性较煤油高。醇剂在贮存、使用、运输中危险性都比较大。配制醇剂大都使用含量95%的高浓度乙醇。有的研究者认为95%的乙醇杀菌能力不如70%的，且由于乙醇价格较高，因此近来的醇剂有使用较低浓度的乙醇，如85%、70%以至40%的趋势。乙醇浓度的降低固然有利于降低成本，但随着含水量的增加，有效成分的分解加速，这是必须引起注意的。

醇剂中由于乙醇直接与人接触，所以必须使用药用乙醇配制以保证使用安全。如果使用工业乙醇必须脱醛及去除杂醇油异味。甲醇是乙醇中对人毒性最大的组分，必须严格控制。用作醇剂的乙醇100ml 中甲醇的含量不得大于 0.25g。

醇剂成本较高，主要用于室内灭蚊。采用广谱杀虫剂配制的醇剂还可同时灭蝇、蟑螂、跳蚤和虱子。醇剂加工时将杀虫有效成分采用分级（通常采用三级）稀释，溶于乙醇制得。对在乙醇中溶解性能较差的原药加增溶剂。醇剂使用时有时需加水稀释（如灭虱）。若采用低浓度乙醇作溶剂时，还需加入适量乳化剂。

20 世纪 80 年代初国内最有影响的醇剂配方是 0.15% 胺菊酯/0.35% 氯菊酯。也有采用 0.15% ~ 0.2% 胺菊酯分别与 1% 残杀威、0.05% 氯氰菊酯复配的。后来有采用益必添作为击倒药物的配方，益必添的用量为 0.05% ~ 0.10%。也有在药剂复配后加入一定比例的增效剂，增效剂的加入比例为有效成分的 3% ~ 5%。加入适量的增效剂后，可以减少配方中原药用量而不致导致药效的下降。

在我国，醇基喷射剂是开发第一个杀虫气雾剂的基础。国产第一个品牌杀虫气雾剂也为醇基型。

（三）水剂

将杀虫有效成分直接溶于水制得的剂型称为水基型制剂，简称水剂。由于常用的原药通常不能直接溶于水，因此实际上水剂的喷射剂是极少的。卫生杀虫剂的水剂具有实际应用价值的只有敌百虫。现在商业上称为水剂的喷射剂实际上都是乳剂。

杀虫有效成分借助于乳化剂分散在水中成为乳液的剂型称为乳剂。乳剂由于采用水作分散剂，因此与油基和醇基比较，不存在来源紧张问题，而且成本低廉，在同配方的剂型中，乳剂的毒性最低。乳剂由于密度较大，喷洒后沉降速度较快，空间喷洒时乳剂药效不如油剂和醇剂，所以必须采用比油基更细的雾滴喷洒。对昆虫表皮的展着和渗透性，水也低于煤油甚至乙醇。如果乳化剂选用得当，药效虽然仍比不上油剂，但可以接近或达到醇剂，因此乳剂的发展速度很快。乳剂外观由于含量和折光率关系，呈不同程度乳白色或接近透明略带彩色。但用于室内的喷射剂要求尽可能做到无色透明，而且要求在贮存期间有效成分不析出，不分解。无色透明的乳剂也叫水性乳剂，具有清洁感。用于乳剂特别是水性乳剂的水必须经过精制，因此乳剂的制剂技术要求较高。通过筛选出合适的乳化剂，用于配制油剂或醇剂的喷射剂配方都能加工成乳剂，但在原药选择上，制剂性能较好、在水中不易分解、高效、用量少的品种容易制得比较稳定的乳剂。

乳剂一般系指一种或一种以上的液体以小液滴的形式分散在另一种与之不相混溶的液体连续相中所构成的一种不均匀分散体系的液体药剂。前者一般称为分散相，又称内相或不连续相；后者称为分散媒，往往又称外相或连续相。分散相的直径一般超过 $0.1\mu\text{m}$，多半在 $0.25 \sim 25\mu\text{m}$ 范围内。主要由大液滴组成的乳剂称为粗乳（coarse emulsion），其平均直径小于 $5\mu\text{m}$ 的乳剂为细乳（fine emulsion）。在特殊情况下可形成分散相小达 $0.1\mu\text{m}$ 的乳剂，往往称为微型乳剂（micro mulsion），此种乳剂与通常的乳剂不同，可呈透明状，故也称透明乳剂（transparent emulsion）。

乳剂有两种类型。一种是水以微小粒子分散在油中，即水为分散相，油为连续相，这种乳状液称为油包水（W/O）型乳状液，通常情况下，这种乳状液比较黏稠。另一种是油以微小粒子分散在水中，即油为分散相，水为连续相，这种乳状液称为水包油（O/W）型乳状液。在杀虫剂乳油中绝大部分是水包油型的。这两种类型乳状液的配制主要取决于所用的乳化剂。前者一般用亲油性较强的乳化剂，后者用亲水性较强的乳化剂，但两者在一定条件下可以互相转变。当乳油在搅拌下加水时，水开始以微小的粒子分散在油中，成为油包水型的乳液，继续加水到一定程度后，乳状液变稠，随着水量的增加黏度急剧下降，转相为水包油（O/W）型乳状液。此过程如图6-1所示。

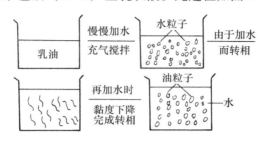

图6-1 乳油转相示意图

由油包水型乳状液转变成水包油型乳状液，或由水包油型的乳状液转变为油包水型乳状液，就是原来的分散相变成连续相，而原来的连续相变成分散相，这种现象叫作转相。转相现象是乳状液的重要性质。温度的变化对转相现象也有一定的影响。

乳油加水稀释时，原药和溶剂在乳化剂的作用下，以其极微小的油珠均匀地分散在水中，形成稳定的乳状液。从乳状液的外观大致可以估计出油珠的大小，以便判断乳状液的好坏（表6-2）。

表6-2 乳状液外观与油珠大小的关系

乳状液外观	油珠大小（μm）	乳状液外观	油珠大小（μm）
透明蓝色荧光	<0.005	乳白色	1~50
半透明蓝色荧光	0.1~1		

从表6-2可以看出，乳油加水稀释成乳剂后，原油的粒子远远小于粉剂的可湿性粉剂中原药的粒子。因此，施药时比较均匀。乳油的润湿性一般高于可湿性粉剂，施药后容易在虫体上黏附和展着，并且容易渗透进它们的体内。受风雨的影响较小，可延长药效期。在加工和使用过程中不受粉尘的危害。根据原药在溶剂中的溶解性质，有些溶解性大的农药还可以按照需要制成高浓度的乳油。例如，80%敌敌畏乳油，就是80%敌敌畏加少量溶剂和乳化剂组成的一种透明的均相溶液，这样可以节约大量包装材料和运输费用。乳油不仅可以充分发挥药效，使用也较方便，加水稀释成乳状液后可用喷雾器或其他器具进行喷洒，所以乳油在杀虫剂各种剂型中是较受欢迎的一种剂型。据统计，我国生产的杀虫剂原药，其中将近一半被加工成乳油。

微型乳剂（micro emulsion）是乳剂的油粒经过进一步微型化后的一种制剂。一般乳油用水稀释后其油粒直径大多在2~5μm范围内，通常药剂用水稀释喷射，粒子越小，药效越高。微型乳剂用水稀释后透明如水，粒子可稳定在0.1μm以下。例如，杀蚊灵（EBT）0.1~0.4g/L，微粒溴氰菊酯0.2g/L，增效醚0.5~2.0g/L，还加有几种助剂和稳定剂，供油粒分散和变细，室内防治家蝇剂量仅为0.06mg/m³，其 KT_{50} 值为12min。

20世纪80年代国内市场上投放的乳剂，其中较有影响的有锐波（0.1%d-烯丙菊酯/0.2%胺菊酯/0.1%氯菊酯）、香菊雾乳剂及速灭灵等。

一般要求乳油在乳化后形成的乳状液在3h以内不会析出油状物或产生沉淀。

在杀虫剂应用中大多数为水包油型乳状液。但对于水基型杀虫气雾剂这一特殊剂型，则应采用油包水型，这主要是出于减少水基内容物对马口铁及铝质气雾罐的腐蚀方面的考虑。当然油包水型还可以提高水基药剂雾滴对靶标昆虫蜡质层表皮的渗透能力，从而提高药剂的生物效果。

三、喷射剂配制工艺

将杀虫剂原药加工成制剂后改变了杀虫剂的理化性能，便于使用，同时通过加工成制剂，可减轻药害和提高对使用者的安全性。与原药比，制剂实际使用的有效浓度都较低。然而由于剂型不同，制剂设计的差异，以及配制工艺等因素，常常影响杀虫剂制剂的效果。

制剂技术、配制工艺在发挥杀虫剂所具有的优点、弥补缺陷上是非常重要的。制剂技术包括的内容有：杀虫剂原药的选用，合理配方，适宜的增效剂、助剂、溶剂等辅助剂的选用，同时还包括配制工艺。

油剂、醇剂及水性乳剂的配制工艺流程见图6-2。

三级稀释的工艺有利于生产程序控制及保证质量。

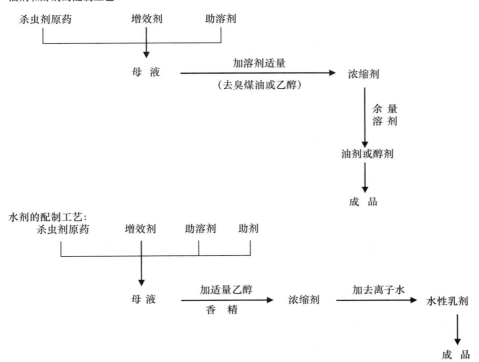

图6-2 喷射剂配制工艺流程

油剂采用去臭煤油作溶剂，将杀虫剂溶解其中。由于煤油对各类杀虫剂原药的溶解度及溶解速度不同，配制油剂常要靠助溶剂作用。先将杀虫剂原药溶于助溶剂中，然后再按比例用煤油稀释。如诺毕速灭松是胺菊酯加杀螟硫磷的煤油乳剂，采用二甲苯作助溶剂。

诺毕速灭松乳剂的制剂配方如下：

杀虫剂：卫生杀螟硫磷，5g；

胺菊酯，0.5g；

乳化剂：3008K（日本），5g；

3006K（日本），1g；

助溶剂：混二甲苯，25g；

溶　剂：煤油，补充至100g。

溶剂对虫体的穿透影响，以拟除虫菊酯类复配的杀虫剂为例，它属于触杀剂，当触杀剂与虫体接触药量确定后，其毒效就决定于药剂对虫体表皮的穿透速度。药剂对昆虫表皮的穿透速度又决定于昆虫体壁的构造和药剂的理化性质，而药剂的理化性质除决定于选定的杀虫剂及表面活性剂外，溶剂也是关键的因素。上面已提及昆虫上表皮是一层脂溶性的蜡质层，而透过内表皮则需要一定的水溶性。即一个好的制剂既要有一定的脂溶性又要有一定的水溶性，否则药剂就被保留在脂层中，不能透过内表皮。

在一定条件下，油剂增加了杀虫剂的穿透性。

四、喷射剂配方及生物效果例

1）室内水基及醇基喷射剂配方及其生物效果例，如表6-3及表6-4所示（测试方法：GB13917.2、GB13917.8—2009）。

表6-3 水基型喷射剂的室内和模拟现场测试结果

配方		试虫	实验室测试结果				模拟现场测试结果	
组成	质量分数（%）		KT_{50}（min）	95%可信限（min）	KT_{90}（min）	死亡率（%）24h 48h 72h	1h击倒率（%）	死亡率（%）24h 48h 72h
胺菊酯	0.25	家蝇	2.21	2.03~2.87	5.16	100	100	100
氯菊酯	0.30							
增效剂	0.5	致乏库蚊	2.54	2.19~2.94	5.54	100	100	100
溶剂	适量							
5302乳化剂	适量	德国小蠊	3.45	2.87~4.35	10.46	100 100	100	100 100 100
胺菊酯	0.15	家蝇	2.05	1.96~2.35	5.04	100	100	100
氯菊酯	0.2							
高效氯氰菊酯	0.01	致乏库蚊	3.01	2.85~3.16	6.65	100	100	97.5
增效剂	0.5							
溶剂	适量	德国小蠊	3.35	2.81~4.26	9.57	100 100 100	94.5	96 97.5 97.5
5302乳化剂	适量							
胺菊酯	0.15	家蝇	3.01	2.75~3.45	6.55	96.5	94.5	95
氯菊酯	0.2							
巴沙	0.6	致乏库蚊	2.83	2.13~3.30	6.40	100	100	100
增效剂	0.6							
溶剂	适量	德国小蠊	5.01	4.35~5.97	11.06	92.5 92.5 92.5	91.5	93 93.5 93.5
7201乳化剂	适量							
EBT	0.06	家蝇	2.01	1.87~2.20	5.06	100	100	100
氯菊酯	0.3							
增效剂	0.5	致乏库蚊	2.35	2.02~2.75	5.33	100	100	100
溶剂	适量							
5302乳化剂	适量	德国小蠊	3.87	3.16~4.15	8.04	100 100 100	100	98.5 99 99

表6-4 醇基及水基喷射剂4m³小模拟现场药效测试结果（挂笼法）

配方		试虫	剂量	KT₅₀（min）		KT₉₀（min）		KT₉₅（min）		24h死亡率（%）					
组成	质量分数（%）			醇基	水基	醇基	水基	醇基	水基	醇基			水基		
										24h	48h	72h	24h	48h	72h
EBT	0.05	家蝇	3.5mg/m³	4.47	5.06	9.12	12.4	14.40	17.2	100			100		
氯菊酯	0.30														
增效剂	0.5	致乏库蚊	3.5mg/m³	5.41	6.71	10.39	13.16	14.31	19.16	100			100		
溶剂	适量														
5302乳化剂	适量	德国小蠊	3.5mg/笼	6.59	8.16	12.33	15.17	18.16	20.12	100	100	100	100	100	100
胺菊酯	0.20	家蝇	3.5mg/m³	5.16	4.56	15.15	13.32	19.56	21.24	100			100		
氯菊酯	0.30														
增效剂	0.5	致乏库蚊	3.5mg/m³	6.54	7.21	20.47	19.57	23.17	27.33	100			100		
溶剂	适量														
5302乳化剂	适量	德国小蠊	3.5mg/笼	7.55	8.55	23.20	21.56	27.33	29.05	100	100	100	100	100	100
胺菊酯	0.15	家蝇	10.5mg/m³	—	5.75	—	13.25	—	22.05	—			100		
氯菊酯	0.30														
巴沙	0.6														
增效剂	0.6	致乏库蚊	10.5mg/m³	—	6.56	—	11.07	—	17.52	—			100		
溶剂	适量														
7201乳化剂	适量	德国小蠊	10.5mg/笼	—	8.90	—	20.55	—	27.65	—			95	95	95

2）外环境用速杀型水乳剂喷射剂实验室和模拟现场药效测定结果如表6-5所示（测试方法：GB1391.2，GB1397.8—2009）。

表6-5 两种水乳剂药效试验结果

配方		试虫	实验室测试结果						模拟现场测试结果			
组成	质量分数（%）		KT₅₀（min）	95%可信限（min）	KT₉₀（min）	死亡率（%）			1h击倒率（%）	死亡率（%）		
						24h	48h	72h		24h	48h	72h
高效氯氰菊酯	0.03	家蝇	3.10	2.67~3.61	6.95	100			100	98.5		
DDVP	0.5											
增效剂	0.5	致乏库蚊	3.27	2.87~3.84	7.68	93.5			97.5	95.5	95	95
5302-A乳化剂	15											
溶剂	平衡	德国小蠊	5.15	4.85~5.67	10.45	92.5	95.5	95.5	100	97.5	98	98
高效氯氰菊酯	0.1	家蝇	2.85	2.65~3.12	5.45	100			100	100		
增效剂	1	致乏库蚊	3.35	3.15~4.20	9.30	92.5			95.5	96.5		
5302-A乳化剂	15											
溶剂	平衡	德国小蠊	4.01	3.07~4.22	9.15	94.5	96.5	96.5	100	97.5	98.5	98.5

第三节 悬浮剂

一、概述

作为一种剂型，悬浮剂出现的历史较长，如古代的墨汁在本质上就是一种悬浮剂，不过当时没有这一名称。但用于杀虫剂剂型，发展历史还短，现正处在开发完善中。

悬浮剂英文名为 suspension concentrate，缩写为 SC，也称为流动剂（flowable），是一种不水溶固体杀虫剂或不混溶液体杀虫剂在水或油中形成稳定分散体的剂型，可将它稀释后施用，也可直接施用。

悬浮剂的分散相颗粒（或液滴）直径一般在 0.1μm 以上。根据分散相的物态，将固体分散相在液体分散系中形成的悬浮剂常称为悬浮液（suspension），而将液体分散相在液体分散系中形成的悬浮剂称之为乳液（emulsion）。所以悬浮剂是液体悬浮剂和固体悬浮剂两大类的总称。

在实际应用中，将悬浮剂分散相的粒径取在 0.5~5μm，胶体的粒径范围在 0.001~0.5μm。

当将水作为连续相的分散体系，固体杀虫剂原药颗粒作为分散相时，悬浮剂称为水悬剂。若液体杀虫剂原药颗粒作为分散相，水为连续相时，悬浮剂称为浓乳剂或乳悬剂。若将矿物油或有机溶剂作为连续相分散体系时，则称为油悬剂。

杀虫剂悬浮剂的最早研究起始于 20 世纪 40 年代水基性 DDT 悬浮剂，当时使用的名称为 colloidal suspension，在国内译为胶悬剂。以后随着相关剂型越分越细，名称也越来越多。在卫生杀虫剂中常用的悬浮剂有可分散液剂（DC）、水乳剂（EW）、浓乳剂（CE）、微乳剂（ME）、固液悬浮剂（SE）、干悬浮剂（DF）、油悬剂（OF）等多种形式。具体的产品如拜尔公司的拜虫杀 12.5% 悬浮剂，美国氰胺公司的奋斗呐 10% 悬浮剂，日本住友化学的白蚁灵 5% 悬浮剂。

悬浮剂、乳油和可湿性粉剂的共同点是以水稀释后喷雾，但它们的配方、产品技术指标、生产工艺和产品形态不同。悬浮剂是一种可流动、具有一定黏度的流体剂型，采用湿法粉碎、混合，需添加水和各种助剂。可湿性粉剂属干制剂，采用干法粉碎、混合，需添加无机矿物载体和各种助剂。而乳剂虽也是液态剂型，但采用液—液和液—固溶解混合，需添加有机溶剂和乳化剂。

二、悬浮剂的特点、组成及基本要求

（一）特点

1. 生物效果好

如由固体杀虫剂制成的悬浮剂，原药的颗粒被磨得细而均匀，粒径在 2~3μm，粒度范围小，近似于球体。在加工过程中有微小气泡吸附在颗粒表面，有利于提高它的悬浮率和稳定度。用它来处理石灰精、水泥表面时其持效作用比乳油长。

2. 施用方便

施用时只要直接用水按所需的任意比例稀释后就可以进行常量、低容量及超低容量喷洒处理，因为粒径很小，悬浮性好，不会产生喷嘴堵塞现象。不受水质和水温的影响，不会在空中滞留，在处理表面上留下的药斑能产生持效作用。

3. 价格低廉，易于推广

由固体原药制成微颗粒时，采用湿法生产，不会有因溶剂挥发而可能引起的燃烧、刺激中毒等危害，生产中无三废，使用中无粉尘飞扬，包装运输方便。

（二）组成

悬浮剂由杀虫剂原药（分散相）、水或有机溶剂分散介质（连续相）和助剂组成。

原药是悬浮剂中的主要成分，一般含量在40%～50%之间。制作悬浮剂的原药在水中的溶解度较低，但熔点在60℃以上。若溶解度大，易产生絮凝成团。熔点太低，在研磨中受摩擦热而熔化，易在水中结块影响研磨粒度。

连续相一般为水、矿物油或有机溶剂。其中不能含铁，或有强酸强碱性杂质。

悬浮剂中用的助剂品种很多，它们对保持悬浮剂的理化性质及产品质量各自起着不同的重要作用。在各种卫生杀虫剂剂型中，悬浮剂中所用的助剂品种可说是最多的，常用的助剂包括以下几类。

1）水基性悬浮剂助剂：乳化剂、分散剂、黏度调节剂、悬浮稳定剂、防冻剂、酸度调节剂、消泡剂。

2）油悬剂助剂：溶剂、分散剂、乳化剂、警戒色。

3）水分散粒剂（WG）助剂：润湿剂、分散剂、崩解剂、黏结剂、悬浮稳定剂、抗凝集剂、抗结块剂、抗结晶剂和填料。

在上述助剂中，有些是通用性助剂，有些是专门为悬浮剂开发的悬浮助剂。

悬浮剂中助剂的应用方式可以是单剂，也可以采用复配助剂。

对用于水基性悬浮剂（SC）的助剂，应该具备以下条件。

1）大量水存在时，助剂不应对原药产生分解或促进原药分解。

2）对酸、碱和水稳定性好。

3）具有良好的分散性和防凝集性。

4）优良的稀释性能。

5）对施药技术及器具有良好的适应性。

6）没有不良气味，对眼、皮肤等无刺激性。

对固体悬浮剂的助剂应具备以下条件。

1）良好的润湿性、分散性和黏结性。

2）优良的悬浮性和再悬浮性。

3）良好的崩解性和自动分散性。

4）优良的相容性，适合桶混技术。

（三）悬浮剂的基本要求

1. 适宜的粒度范围

最佳粒度范围各国有所不同，如英国ICI公司的悬浮剂粒径范围为0.5～5μm，美国为1～5μm，日本为0.6～0.7μm。我国一般控制在1～5μm范围。平均质量粒径最好在1～4μm之间。

2. 适当的黏度和流动性

黏度是悬浮剂的重要指标之一，黏度大，体系稳定性好。但黏度太大，流动性变差。

根据各种制品的不同，黏度一般在100～2000Pa·s范围较为合适，具有较好的可控触变性。

原药干物质量越多，也会使黏度增大，降低流动性。流动性好，使加工容易，应用方便。

3. 稳定性

一般要求悬浮剂在室温下能稳定贮存2年。允许在静置后有少量渗析层，其量不超过总体积的5%，但不能有分离或沉淀，经摇动后又会形成良好的悬浮液。

贮存稳定性通常包括物理稳定性和化学稳定性。前者是指贮存过程中杀虫剂粒子不会因互相黏结或团聚而形成分层、析出或沉淀，降低或破坏悬浮性、分散性和流动性。后者是指在贮存过程中不会因原药与连续相（水）和助剂的不相容性或pH值的变化致使有效成分分解，浓度降低。

4. 分散性和悬浮性

分散性是指杀虫剂粒子悬浮于水中保持分散成微细个体粒子的能力，悬浮性则是指粒子保持悬浮时间长短的能力。分散性与悬浮性两者有密切关系。一般来说，分散性好，悬浮性也好。

分散性与杀虫剂粒子大小有关。粒子过大，容易下降沉积；粒子过小，其表面自由能就大，易受范德华力相互吸引而团聚沉降。这两种情况都会降低悬浮性，所以要加入分散剂，保证足够的细度；加入表面活性剂，降低表面自由能，克服团聚沉降现象。

5. pH 值

杀虫剂有效成分在中性介质中比较稳定，pH 值一般应在 6～8 之间为宜。但有的悬浮剂在偏酸性或偏碱性的介质中稳定，因而需要根据具体配方加入酸度调节剂予以调整。

三、悬浮剂的配制

悬浮液的制造过程因原药的品种及配方不同，可以有不同的制造流程。一般可以采用机制或气流粉碎、结晶选粒或喷雾选粒方法，对原粉采用两级研磨的办法使其微粒达到所需大小。一般都是采用湿法粉碎。然后加入必要的助剂，调整 pH 值、流动性、悬浮性、分散性及润湿性等，最后经过滤后即得到所需的最终悬浮剂产品。

四、卫生杀虫剂中常用的悬浮剂例及其应用

（一）拜虫杀 12.5% 悬浮剂

1. 有效成分

高效氟氯氰菊酯（beta – cyfluthrin，质量浓度 125g/L）。

2. 适用范围

拜虫杀悬浮剂可被广泛用于宾馆、饭店、餐厅、工厂、医院、学校、仓库、家庭居室、火车、飞机、轮船、农牧场等处防治蟑螂、苍蝇、蚊子、蚂蚁等各种卫生害虫。

3. 主要特点

1）广谱高效，可防治几乎所有室内外卫生害虫。

2）击倒快，且残效时间长。

3）对哺乳动物毒性低，使用安全。

4）无刺激气味，无残留痕迹。对物体表面无腐蚀破坏作用。

5）存贮、运输、使用方便。

4. 应用

处理时可用各种喷雾器械喷洒。一般情况下，以 500 倍稀释，即对药剂 10ml 加水至 5L。对于大多数处理表面，可按 50ml/m² 稀释液的用量均匀喷洒。对吸收性强的表面，如水泥墙面，应适当增加喷洒量，而对不吸收的表面，如玻璃、瓷砖面等，可适当降低喷洒量。任何情况下，处理表面应喷洒到表面潮湿或有少量药液流出为止，以保证药剂覆盖均匀。

1）爬行害虫防治：全面喷洒害虫隐蔽处及害虫经常出没的地方。如果隐蔽处不易直接喷到，则可喷在其周围物体上。

2）飞行害虫防治：全面喷洒害虫喜栖息与聚集的地方，如门、窗、天花板、房梁、墙壁等处。

5. 拜虫杀使用指南（表6-6）

表6-6 拜虫杀使用指南

使用范围	防治对象	用药浓度	说　明
下列室内外场所： ·商业和工业建筑物 ·食品加工处理场所 ·办公室 ·贮藏室 ·医院 ·学校 ·营房 ·家庭居室 ·餐馆 ·火车 ·轮船 ·飞机 ·集贸市场 ·仓库	蟑螂 衣鱼 蚂蚁 贮物害虫 千足虫 蟋蟀	正常条件下： 10ml/5L 特别脏乱 环境时： 20ml/5L	50ml/m²，全面喷洒害虫隐蔽处（如裂缝、炉灶和水池后面，碗柜内部，阴沟周围，垃圾桶内外）及害虫出没的地方。如果隐蔽处不易直接喷到，则可喷在其周围。喷药后可维持数月有效，因而尽量不要擦洗
	苍蝇 蚊子		50ml/m²，全面喷洒蚊蝇喜栖息和聚集的地方，如门、窗、天花板、房梁及房屋四周的绿地
	皮革皮毛害虫		50ml/m²，喷洒皮革背面及贮存场所
	白蚁巢穴		药液灌蚁巢，喷洒蚁巢表面及周围区域
	臭虫		洗刷所有卧室被褥，50ml/m²喷洒害虫隐蔽处及整个床架
	跳蚤		涂除染蚤区全部灰尘，50ml/m²喷洒染蚤区，特别是宠物穴室及家具下面
	布料衣物害虫		50ml/m²喷洒，可防治蛀虫侵害
	蜘蛛		喷洒蛛网及蜘蛛，不要立即破坏蛛网，让其保留数月
	蜱		25ml/m²，喷洒花园草坪和其他有蜱场所
垃圾堆	苍蝇 蟑螂	10ml/5L	至少100ml/m²，全面喷洒
蚊帐浸泡	蚊子等	0.08～0.12 ml/m²	根据蚊帐面积大小和吸水量的不同，取适量水和所需药剂混合，浸帐后置于阴凉处晾干

（二）奋斗呐10%悬浮剂

1. 有效成分

顺式氯氰菊酯。

2. 应用范围

适合各种环境的害虫处理，用于对蟑螂、苍蝇、蚊子、蚂蚁、臭虫等各种卫生害虫的防治。该剂型使用方式灵活，能进行滞留喷雾、蚊帐浸泡、超低容量喷雾等多种处理方式。

3. 特点

1）高活性：以极低的剂量提供高效的杀灭效力。

2）击倒速度快，杀灭效果理想。

3）持效长：具有良好的物理稳定性和特殊配方，在多孔的表面也有突出的药效。

4）无色无味，特别适合高标准场所使用。

5）对人畜安全，不会在环境中积累。

6）适合不同场所和处理要求。

4. 应用

（1）滞留性喷雾

奋斗呐适用于背负式喷雾器和其他常用的喷雾工具，对于大多数表面，其施用量通常大约为1kg稀释药液施于20m²的表面。对于吸收性强或过于干燥的表面，有时需要增加喷液量。使用范围及使用方法见表6-7。

表6-7 奋斗呐使用范围及使用方法

防治对象	用 药 量		使用方法
	有效成分（mg/m²）	商品量（ml/5L）	
苍蝇、成蚊	10~20	10~20	滞留喷雾
蟑螂	20~30	20~30	

注：1. 如需要延长滞留时间，使用高剂量。

2. 稀释倍数可根据各地不同使用情况而定，建议使用稀释倍数为200倍。

（2）其他应用

奋斗呐10%悬浮剂还可用于热雾、室内/室外ULV处理和蚊帐浸泡等。参考方法如表6-8所示。

表6-8 奋斗呐10%悬浮剂用于热雾、室内/室外ULV处理和蚊帐浸泡的参考方法

处理方法	用药浓度	说 明
热雾	有效成分0.01mg/m³	将0.5ml药液加入2~5L的柴油中使用机械操作
室内ULV冷雾	75ml/1000m³	以67倍水或油稀释后使用
室外ULV冷雾	75ml/hm²	以67倍水或油稀释后使用
蚊帐浸泡	有效成分25mg/m²	以2.5ml药液加入适量水后可浸泡9m²的常规单人蚊帐，以4ml药液加入适量水后可浸泡16.2m²的常规双人蚊帐

（三）白蚁灵5%悬浮剂

1. 组成

Esfenvalerate（有效成分）：5.2%（质量分数）；

溶剂/其他辅助剂：29.8%；

去离子水：平衡。

2. 理化性质

外观：乳白色；

密度：1.02（20℃）；

黏度：683cP/30rpm（1cP=1mPa·s）；

pH：6~8。

3. 稳定性（表6-9）

表6-9 白蚁灵5%悬浮剂稳定性

保存条件	保存时间	有效成分（%）
初期		100
-20℃	1个月	96
40℃	1个月	98
40℃	3个月	100
50℃	1个月	98
60℃	1个月	100

4. 毒性

急性毒性，经口（大白鼠，雄性）LD$_{50}$：980（mg/kg）；

经口（大白鼠，雌性）LD$_{50}$：1024（mg/kg）；

经皮（大白鼠，雄性）LD_{50}：>2000（mg/kg）；

经皮（大白鼠，雌性）LD_{50}：>2000（mg/kg）；

眼睛刺激性（兔）：极微；

皮肤刺激性（兔）：无；

皮肤过敏性（猪）：无。

5. 稀释倍数及使用方法

（1）稀释倍数

用水稀释20~40倍（相当于有效成分含量0.25%~0.125%）。

（2）使用方法

1）土壤表面喷洒：将稀释的白蚁灵5%悬浮剂，以3~6ml/m² 的剂量喷洒在土壤的表面。

2）灌入土壤内处理：使用钻孔器按照0.5~1m的间隔，在混凝土表面打孔。将稀释的白蚁灵5%悬浮剂，以6L的量灌入进去。

（四）霹杀高5%悬浮剂

1. 组成

顺式氰戊菊酯（有效成分）：50g/L（质量浓度）；

溶剂、助剂、去离子水。

2. 理化性质

外观：乳白色液体；

乳化稳定性：良好；

密度：1.02（20℃）；

黏度：500~3000cP/30rpm（1cP=1mPa·s）。

3. 有效成分稳定性（表6-10）

表6-10 霹杀高5%悬浮剂有效成分稳定性

初期	有效成分残存率（%）	
	40℃，3个月	60℃，1个月
100	100	100

4. 防治对象与使用方法

（1）防治对象

蟑螂、蚂蚁、苍蝇及成蚊。

（2）使用方法

滞留喷雾（表6-11）。

表6-11 霹杀高5%悬浮剂滞留喷雾使用方法

防治对象	稀释倍率	喷药量（ml/m²）
蟑螂	50~100	50
	100~200	100
蚂蚁	50~100	50
	100~200	100
苍蝇	50~200	50~100
成蚊	50~200	50~100

（3）防治蟑螂时使用剂量及稀释比例

1）喷雾剂量为 50ml/m²（表 6-12）。

表 6-12　霹杀高 5% 悬浮剂喷雾剂量 50ml/m² 稀释比例

喷雾液量（L）	霹杀高 5% 悬浮液（ml）	加水量（L）
0.5	5~10	约 0.5
1	10~20	约 1
2	20~40	约 2
3	30~60	约 3
4	40~80	约 4
5	50~100	约 5

2）喷雾剂量为 100ml/m²（表 6-13）。

表 6-13　霹杀高 5% 悬浮剂喷雾剂量 100ml/m² 稀释比例

喷雾液量（L）	霹杀高 5% 悬浮液（ml）	加水量（L）
0.5	2.5~5	约 0.5
1	5~10	约 1
2	10~20	约 2
3	15~30	约 3
4	20~40	约 4
5	25~100	约 5

注：蟑螂密度高时，使用高浓度。

3）对蟑螂的生物效果评价。

①喷在玻璃板、油漆板上对德国小蠊的持效作用（表 6-14）。

表 6-14　霹杀高 5% 悬浮剂喷在玻璃、油漆板上对德国小蠊持效作用

施药板面	剂量（mg/m²）	测定时间（d）	KT$_{50}$（min）	死亡率（%）	
				24h	72h
玻璃板	50	1	2.6	100	100
		15	3.5	100	100
		30	4.6	100	100
		60	4.8	100	100
油漆板	50	1	6.2	89	92
		15	8.8	87	90
		30	11.6	87	97
		60	11.8	78	78

②喷在胶合板上对德国小蠊的持效作用（表 6-15）。

表 6-15　霹杀高 5% 悬浮剂喷在胶合板上对德国小蠊持效作用

药剂	剂量（mg/m²）	稀释倍数	KT$_{50}$（min）—死亡率（%）			
			初期	2 周后	6 周后	12 周后
霹杀高 5%	25	100	28—100	24—100	35—100	58—100
悬浮剂	50	50	24—100	17—100	22—100	31—100
氯氰菊酯	15	50	12—100	18—100	34—97	>120—57
1.5SC	30	25	10—100	9—100	21—100	24—100

第四节　可湿性粉剂

一、概述

可湿性粉剂（wettable powders）是指可以用水稀释后喷雾使用的一种粉状制剂，它的有效成分含量较高，在自身形态上，与粉剂相似，但使用方式与乳油类似。

可湿性粉剂与粉剂虽均是干粉制剂，但其配方组成、产品技术指标、使用方法均不同。可湿性粉剂的有效成分含量高，组成中需加入各种表面活性剂（润湿剂、分散剂等）及辅助剂（稳定剂、警戒剂等），重点是控制在使用时它在分散相中（水）的悬浮率，以喷雾方式施用；而粉剂的有效成分含量低，主要添加稳定剂，重点控制产品的细度及吐粉性，以拌毒土或直接喷粉施用。

可湿性粉剂与可溶性粉剂在形态上和使用上相似。两者都需添加润湿剂、展着剂及分散剂等助剂，但它们的加工工艺和对原药、载体及产品细度方面的要求不同。可溶性粉剂一般要求原药及填料都是水溶性的，但细度比可湿性粉剂粗，因为它能迅速分散并完全溶解于水中。

可湿性粉剂在卫生杀虫剂方面获得了应用，如美国氰胺公司的奋斗呐5%可湿性粉剂，拜耳公司的杀飞克10%可湿性粉剂，爱克宁10%可湿性粉剂，日本三井东压的利来多20%可湿性粉剂，日本住友化学的凯素灵2.5%可湿性粉剂，氯菊酯10%及25%可湿性粉剂，杀螟磷40%可湿性粉剂等。

二、可湿性粉剂的组成及基本性能要求

（一）组成骨架

1）有效成分。

2）载体，如硅藻土，膨润土，陶土，高岭土，白炭黑等。

3）填料。

4）表面活性剂（分散剂，润湿剂）。

5）辅助剂（稳定剂，警色剂等）。

例如，凯素灵可湿性粉剂的组成如下：

有效成分：溴氰菊酯原药（98%），2.55%；

稳定剂：BHT，0.1%；

润湿剂：脂肪醇聚乙氧酯，1%；

分散剂：萘磺酸钠，0.8%；

钝化剂：乙二醇衍生物，3%；

填料：高岭土，85.35%。

（二）基本性能要求

1. 细度

即有效成分粒子的大小。可湿性粉剂的粒子细度，美国为 $3 \sim 5 \mu m$，日本为 $5 \sim 7 \mu m$。一般细度要求为99.5%的粒子能通过200目标准筛。我国现定粒子标准尚粗，要求95%以上的粒子通过325目标准筛，即 $< 44 \mu m$。

粒子的细度影响可湿性粉剂的悬浮率。一般来说，粒子细度越小，悬浮率越高。

粒子的细度包括两个方面，即粒径的大小及其分布，大小分布范围越窄，说明细度均匀性越好。

2. 润湿性

润湿性是指可湿性粉粒被水浸湿的能力，将可湿性粉剂倒入水中，能较快自然完全润湿，而不是

漂浮在水面上。润湿性是可湿性粉剂的一个重要性能指标。

在可湿性粉剂组分中，杀虫剂大多为有机物，不溶于水。加入的载体也不全溶于水，所以必须要加入润湿剂。

润湿性通常以润湿时间来表示，润湿时间越长，说明润湿性越差。联合国粮农组织定的完全润湿时间标准为 1~2min。我国已开始采用此标准。

3. 流动性

流动性对于可湿性粉剂来说，在生产和使用中都会涉及，所以它是可湿性粉剂的一个重要性能指标。杀虫剂原药的含量及黏度、载体的吸附能力都会影响到可湿性粉剂的流动性。

可湿性粉剂的流动性常用流动数来表示，流动数越高，说明流动性越差。

4. 分散性

分散性是指可湿性粉剂应在水介质中具有很好的保持分散成细微个体粒子的能力。可湿性粉剂的分散性影响到它的悬浮性。

但润湿性要求杀虫剂粒子细，而粒子越细，它的表面自由能越大，容易产生团聚现象而降低其悬浮能力。为了解决这一矛盾，就要加入分散剂，阻止药粒之间的凝聚，提高分散性。

通常以悬浮率高低来衡量可湿性粉剂的分散性能，悬浮率高表示分散性好。

5. 悬浮性

悬浮性是可湿性粉剂的一个重要性能，它是指分散在水中的药粒能保持均匀悬浮一定时间的能力。

一般来说，粒子越细，粒子径谱越窄，悬浮性越好。可湿性粉剂的粒径应在 5μm 以下，就能保证有好的悬浮性。

可湿性粉剂的悬浮性能也是以悬浮率表示，悬浮率越高，悬浮性越好。

联合国粮农组织（FAO）规定的可湿性粉剂悬浮率标准为 50%~90%。

6. 水分

水分对可湿性粉剂的物理和化学性能都有重要影响，若含水量过高，在存放期间容易结块，流动性降低，甚至导致有效成分分解，降低药效。

按联合国粮农组织标准，一般要求可湿性粉剂中的含水量≤2%。

7. 贮存稳定性

贮存稳定性是可湿性粉剂的一项重要性能指标。它包括物理贮存稳定性和化学贮存稳定性。

提高物理贮存稳定性的途径是选择吸附性能高、流动性好的载体，选定适当的有效成分浓度和合适的助剂，防止药粒互相黏结或团聚，以免影响药物的流动性、分散性和悬浮性。

提高化学贮存稳定性的方法是选择活性小的载体，提高原药浓度，加入稳定剂。防止原药分解、有效成分浓度降低，影响效果。

联合国粮农组织一般规定在（54±2）℃时存放 14 天，其悬浮率和润湿性均应合格，有效成分浓度变化量在允许范围内，分解率不得超过 5%。

三、可湿性粉剂的加工

可湿性粉剂中用的杀虫剂原药可以是固态的，也可以是液态的。它们的加工工艺流程如图 6-3 及图 6-4 所示。

四、几种常用可湿性粉剂及其生物效果

（一）利来多 20% 可湿性粉剂

1. 有效成分含量

20% 醚菊酯。

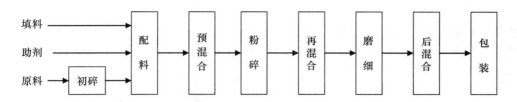

图 6 – 3　用固态原药加工可湿性粉剂的工艺流程

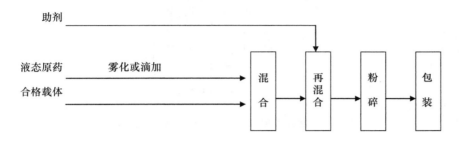

图 6 – 4　用液态原药加工可湿性粉剂的工艺流程

2. 物理性状

白色结晶粉末。

3. 防治对象及用药量

防治对象及用药量见表 6 – 16。

表 6 – 16　防治对象及用药量

防治对象	有效成分用药量（mg/m²）	20% 商品用药量（mg/m²）
蝇、蚊子	30 ~ 100	150 ~ 500
蟑螂及其他卫生害虫	100	500

4. 使用场所

家庭、宾馆、饭店、医院、办公楼、民用机舱内等公共场所。

5. 使用方法

兑水喷雾。每平方米药液量为 40ml 进行均匀喷洒。即将 15 ~ 50g 20% 利来多可湿性粉剂溶于 4L 水中，然后喷洒在 100m² 的墙面或地面。

6. 利来多处理的持效

利来多处理的持效（1992，北京）见图 6 – 5 所示。

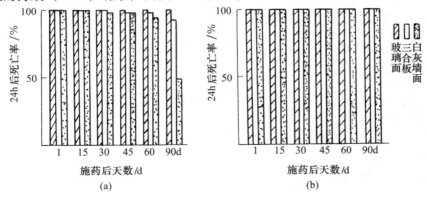

图 6 – 5　利来多处理的持效

（a）对淡色库蚊的持效（剂量有效成分 100mg/m²）；（b）对家蝇的持效（剂量有效成分 100 mg/m²）

7. 利来多模拟现场对德国小蠊的滞留效果

1）对德国小蠊24h后死亡率（剂量有效成分100mg/m²）（1992，北京）见图6-6。

2）对德国小蠊施药后的KT$_{50}$（剂量有效成分100mg/m²）（1992，北京）见表6-17。

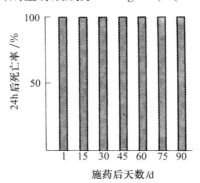

图6-6　利来多模拟现场对德国小蠊的滞留效果

表6-17　德国小蠊施药后日数—KT$_{50}$

试虫	施药后日数	KT$_{50}$（min）
德国小蠊	1	5.9
	15	9.0
	30	9.8
	45	10.7
	60	10.9
	75	11.2
	90	11.9

注：德国小蠊每组30只。

（二）奋斗呐5%可湿性粉剂

1. 有效成分含量

5%顺式氯氰菊酯。

2. 物理性状

白色至奶油色结晶固体。

3. 防治对象及剂量

在高吸收性灰浆表面测定奋斗呐的持效活性。以奋斗呐5%可湿性粉剂进行防治埃及伊蚊（Aedes aegypti）的处理和测定。一般来说，在防治蚊子时所有处理均比防治苍蝇的持久性更长，而且奋斗呐显示出大得多的残留作用，甚至处理后的灰浆表面3个月还能获得100%的死亡率。

各种杀虫剂在灰浆表面上防治蚊子成虫的持效见表6-18。

表6-18　各种杀虫剂在灰浆表面上防治蚊子成虫的持效

处理	剂量（g/m²）	处理后24h平均死亡率（%）				
		1周	2.5周	4周	7周	12周
奋斗呐50g/kg可湿性粉剂	0.03	100	100	100	95	100
凯素灵（敌杀死）25g/kg可湿性粉剂	0.03	100	50	45	15	0
二氯苯醚菊酯（stomoxin-P）250g/kg可湿性粉剂	0.1	100	75	60	20	20
杀螟硫磷400g/kg可湿性粉剂	0.3	85	85	50	55	0

以德国小蠊（Blattella germanica）作为试验虫种，试验在灰浆表面上的持效活性。采用通常用于防治苍蝇的低剂量，对德国小蠊的持久性比蝇类为短，但是奋斗呐与其他合成除虫菊酯类杀虫剂，如

溴氰菊酯（敌杀死）和二氯苯醚菊酯（stomoxin - P）比较，显示残效期比它们长得多（表6-19）。

表6-19 各种杀虫剂在灰浆表面上防治蟑螂的持效

处理	剂量（g/m²）	处理后24h平均死亡率（%）			
		1周	2周	4周	9周
奋斗呐50g/kg可湿性粉剂	0.03	100	100	90	20
凯素灵（敌杀死）25g/kg可湿性粉剂	0.03	50	20	0	0
二氯苯醚菊酯（stomoxin - P）250g/kg可湿性粉剂	0.1	100	70	0	0
杀螟硫磷400g/kg可湿性粉剂	0.3	0	0	0	0

（三）杀飞克10%可湿性粉剂

1. 有效成分含量

10%氟氯氰菊酯。

2. 物理性状

白色粉末。

3. 防治对象及剂量

杀飞克适合做常规滞留喷洒用药，在一般情况下，建议以250~330倍水稀释，即取药剂20g加入5L水中。使用剂量为50ml/m²。

杀飞克可湿性粉剂可用于居家、宾馆等公共场所防治蟑螂、苍蝇、蚊子、蚂蚁等卫生害虫，也可用于防治各种类农牧害虫及害螨。

使用指南可见表6-20。

表6-20 杀飞克可湿性粉剂使用指南

使用范围	防治对象	用药浓度	说明
下列室内外场所：商业和工业建筑物 食品加工处理场所 办公室 贮藏室 医院 学校 营房 家庭居室 餐馆 火车 轮船 飞机 集贸市场 仓库	蟑螂 衣鱼 蚂蚁 贮物害虫 千足虫 蟋蟀	20g/5L	50ml/m²，全面喷洒害虫隐蔽处（如裂缝、炉灶和水池后面，碗柜内部，阴沟周围，垃圾桶内外）及害虫出没的地方。如果隐蔽处不易直接喷到，则可喷在其周围。喷药后可维持数月有效，因而尽量不要擦洗
	苍蝇 蚊子		50ml/m²，全面喷洒蚊蝇喜栖息和聚集的地方，如门、窗、天花板、房梁及房屋四周的绿地
	白蚁巢穴		药液灌蚁巢，喷洒蚁巢表面及周围区域
	臭虫		洗刷所有卧室被褥，50 ml/m²喷洒害虫隐蔽处及整个床架
	跳蚤		清除染蚤区全部灰尘，50 ml/m²喷洒染蚤区，特别是宠物穴室及家具下面
	蜱		25 ml/m²，喷洒花园草坪和其他有蜱场所
垃圾堆	苍蝇 蟑螂	10g/5L	至少100ml/m²，全面喷洒
禽舍 猪舍	苍蝇 刺皮螨 甲虫	20g/5L	沿禽舍或猪舍四周墙壁及地面支撑物均匀喷洒害虫隐蔽处及害虫喜栖息场所，50ml/m²

（四）爱克宁10%可湿性粉剂

爱克宁（ICON）是一种新发展出来的拟除虫菊酯杀虫剂，主要成分为λ-氯氟氰菊酯，可以广泛地用来防治各种卫生害虫。

1. 有效成分

本制剂每千克含 λ - 氯氟氰菊酯100g。

2. 优点

1）在施用低浓度下也有显著的杀虫效果，不仅是对人类有害的害虫，同时亦包括骚扰性昆虫。

2）对于静止和爬行中的害虫均有高效力。

3）药效持久性长。

4）易溶于水，使用方便，成本低，具经济性。

5）不会腐蚀喷嘴。

6）无气味及污染现象，对温血动物安全性高，符合环保要求。

7）稳定性强，在正常状况下，最少可保存2年。

3. 推荐使用药量及稀释比例

推荐使用量及稀释比例见表6-21。

表6-21　推荐使用量及稀释比例

目标害虫	用药量 （有效成分，mg/m²）	稀释物	用药量 （制剂，g/L）	稀释比例	使用方法
户外——骚扰性昆虫	20	水	5	1 + 200	
户内——家蝇	10	水	2.5	1 + 400	
蟑螂及其他爬行昆虫					滞留喷雾， 约40ml/m²
·击倒	20	水	5	1 + 200	
·保持	10	水	2.5	1 + 400	
疟蚊	30	水	7.5	1 + 130	
吸血椿象	50	水	12.5	1 + 80	

4. 使用方法

把外面保护的外包装撕去，留下内部可溶性的包装，再将此产品放入具有正确水量的喷雾器内，盖上盖子并略为摇动，约30s的间隔时间。此包装很容易溶解。

5. 生物效果

生物效果见表6-22、6-23。

表6-22　三合板上处理药剂后经过不同期间对德国蟑螂的杀死率

药剂	用药量 （有效成分，mg/m²）	杀死率（%）				
		2周	4周	6周	8周	10周
爱克宁 ICON	10	99	96	100	80	80
百树菊酯 cyfluthrin	10	80	80	93	40	0
毒死啤 chlorpyrifos	100	67	18	8	0	0
二嗪农 diazinon	200	17	4	0	0	0
巴胺磷 propetamphos	200	35	18	28	0	0
恶虫威 bendiocard	100	47	58	18	0	0
残杀威 propoxur	440	65	66	30	0	0

表6-23 利用实验室中的生物检定法，使用爱克宁10%可湿性粉剂后对各种害虫的杀死率

防治害虫	用药量（有效成分，mg/m²）	介质	杀死率（%）					
			2周	4周	8周	12周	16周	24周
埃及斑蚊	25	三夹板	100	100	93	84	—	—
普通家蝇	10	三夹板	100	100	100	100	100	100
德国蟑螂	20	三夹板	100	100	100	100	100	100
美洲蟑螂	10	三夹板	100	100	100	100	100	100
吸血椿象	50	泥土	—	—	—	100	—	91

6. 毒性

氯氟氰菊酯的毒性评定仍在进行中，到目前为止，试验显示氯氟氰菊酯属中等急性毒性。正如其他拟除虫菊酯一样，急性口服毒性视动物种属、溶剂载体及浓度不同而异。氯氟氰菊酯的急性毒性（大鼠）见表6-24。

表6-24 氯氟氰菊酯的急性毒性（大鼠）

性别	制剂形式或溶剂载体	用药方式	LD_{50}
雄与雌	25g/L乳油	口服	930~1930mg制剂/千克体重
雄与雌	50g/L乳油	口服	467~955mg制剂/千克体重
雄	工业级混于粟米油	口服	79mg/千克体重
雌	工业级混于粟米油	口服	56mg/千克体重
雄与雌	25g/L乳油	皮肤	>1780mg制剂/千克体重
雄与雌	50g/L乳油	皮肤	>1800mg制剂/千克体重
雄	工业级混于丙二醇浆	皮肤	632mg/千克体重
雌	工业级混于丙二醇浆	皮肤	696mg/千克体重

工业级氯氟氰菊酯对皮肤无刺激性，仅对于眼睛有轻微刺激作用，而氯氟氰菊酯制剂对皮肤和眼睛的刺激可能性较大，慎防氯氟氰菊酯高浓度药接触眼睛、皮肤，尤其是面部。

7. 环境评估

1）土壤分解：在实验室研究中，爱克宁可以快速分解，在大多数含氧的土壤中半衰期为4~12周。

2）鱼毒：在自然水栖环境中，爱克宁可以迅速被吸入而沉积于底层；虽然爱克宁对实验室中的水生动物有毒，但其对水生无脊椎动物和鱼类的危害很低。

3）有益昆虫：在田野中，施用有效成分10g/hm²的剂量，对蜜蜂并无害处。但最好的方法还是避免在蜜蜂活动频繁的地区喷洒药剂。

8. 安全注意事项

1）使用时请勿吸烟或饮食。

2）如果不慎沾到皮肤立刻用清水清洗。

3）喷洒时应戴面罩保护鼻和口部，尽量避免接触到药液。

4）请勿污染水源。

5）保存请注意包装之完整，并远离儿童接触的地方。

第五节　乳油与乳粉

一、概述

乳油（emulsifiable concentrate）是农药中的最基本剂型之一，也是卫生杀虫剂中应用得最多的剂型之一。

乳油是将杀虫剂原药（原药或原粉）按所需比例溶解在有机溶剂中，并同时加入一定量的乳化剂及相应的助剂后制成的一种均相透明油状液体剂型。加入一定量水后能够形成稳定的乳状液。

有时也将用于防治卫生害虫的乳油称之为浓缩剂。从这一角度出发，也可将乳油称之为母液。

在实际使用时，对乳油加水稀释即成乳剂。乳剂是一种不透明或半透明的乳状液，在温度变化时，容易产生分层现象，但乳油稳定，不会有分层现象出现。

乳油可以由油溶性原药、水溶性农药及油水不溶性农药以非极性溶液配制而成。

乳油具有很多优点，如药效高，不易被水淋洗掉，持效期长；对喷洒靶标昆虫表皮的渗入渗透性较高，能增加毒杀作用；使用方便，可以任意比例水稀释后就进行喷施；药剂性能稳定，不易分解；加工容易，不会产生"三废"，生产操作较安全。

若由两种或两种以上原药同时与溶剂、乳化剂等配制成的乳油，则称之为混合乳油。

乳粉（emulsifiable powder 或 granule）则是一种以固体载体取代有机溶剂作为杀虫有效成分载体制成的固态药剂，虽然在使用时也是以水稀释喷洒，但对用于配制乳粉的杀虫有效成分的要求是不同的，首先要求原药的熔点应在 $40 \sim 100℃$ 范围之间，其次只能选用油溶性原药及油水不溶性农药，而不能采用水溶性原药。

乳粉与乳油相比，由于没有溶剂，操作安全性较好，因此成本较低，运输、贮存方便。对载体的要求较高，使用量不能太大，否则对处理表面易产生污染。也存在易结块，处理后耐冲刷性能较差等不足。

二、乳油的组成及特性

（一）组成

杀虫剂乳油主要由杀虫剂原药、溶剂和乳化剂组成，必要时加入适量的助溶剂、稳定剂和增效剂及其他助剂。

1. 杀虫有效成分

杀虫有效成分是乳油中的主体。它的物理化学性质是决定最终配制成的乳油的理化性质、生物活性及毒性的主要因素。所以必须对原药的理化性质有充分的了解，这对选择合适的溶剂、乳化剂及助剂十分重要，方能配制出性能好且又稳定的乳油。在这些理化性质中，杀虫剂原药的纯度、溶解特性及化学稳定性是关键。

当配制的乳油是混合产品时，必须重视各杀虫有效成分之间的相互作用，如毒性和毒力变化情况。

2. 溶剂

溶剂在乳油中的作用是稀释和溶解杀虫有效成分，同时促进乳油使用时在水中的乳化分散。

用于乳油中的溶剂应具有良好的溶解度，不会影响有效成分的含量稳定性，对人畜安全，挥发性小，保证贮存安全和对环境无危害。

3. 乳化剂

乳化剂是农药乳油组成中的关键成分。

乳油中的乳化剂应具有乳化、润湿和增溶三方面的作用。乳化是使乳油具有必要的表面活性，使乳油在水中能自动乳化分散。增溶主要是改善和提高原药在溶剂中的溶解度，增加乳油的水合度。润湿是使药剂在喷洒靶标上能完全润湿、展着。

用在乳油中的乳化剂大都是以混合型为主。

在利用 HLB 值选用乳化剂时，对不同的杀虫剂品种及其组成，应在测得其最佳 HLB 后确定。

4. 其他助剂

常用的助剂主要有助溶剂、稳定剂及增效剂等。助溶剂的作用是帮助提高和改善原药在溶剂中的溶解度，增加它的稳定性，使它不出现分层或析出沉淀。

（二）特性要求

一个良好的乳油配方应具有以下特性要求。

1. 乳化分散性

一般要求乳油倒入水中后能自动形成云状分散物向四方扩散，经轻微搅动后能以细微的油珠均匀地分散在水中，形成均匀的乳状液。乳化分散性就是指乳油进入水中后自动乳化分散的性能。

2. 乳化稳定性

乳化稳定性是乳油的一个十分重要的性能，是指在使用时将乳油用水配制成乳状液后不会出现分层或沉淀，具有一定的稳定性。但当将它喷施到靶标上后，却要求它能随着水分的蒸发而自然破乳，有效成分能发挥作用。

乳油倒入水中后能形成两种类型的乳状液，即水包油（O/W）型和油包水（W/O）型。这与配制乳油时所选用的乳化剂有关。若乳化剂为亲水性较强的，则加水后就形成连续相为水、分散相为油的水包油型乳状液。反之，若用的乳化剂为亲油性较强的，则加水后就形成连续相为油、分散相为水的油包水型乳状液。但两者在一定条件下可以互相转变。

3. 生物活性

在将同一种杀虫剂加工成粉剂、可湿性粉剂、颗粒剂及乳油这四种剂型，并按相同剂量使用时，以乳油的生物效果最好。这是因为乳油中的有机溶剂及乳化剂能够使杀虫剂有效成分在处理靶标昆虫表皮具有良好的润湿、展着和渗透作用。

在此顺便一提的是，乳油的施用除普遍使用喷雾方法外，还可以拌种、泼浇或制成毒饵等。

4. 贮存稳定性

乳油应是清晰透明的油状液体，在常温条件下贮存两年以上不分层不变质，仍能保持原有的理化性质和药效。

对某些化学性质不够稳定的杀虫剂，在配制乳油时需要加入适量的稳定剂。

5. 对用于稀释的水质及水温要有较大范围的适应性

（三）乳油配方例

1. 氯氰菊酯 10% 乳油

氯氰菊酯（按 100% 计）：10.0%（质量分数）；

农乳 2201：12.0%（质量分数）；

二甲苯：加至 100%。

2. 喹硫磷 25% 乳油

喹硫磷（按 100% 计）：25.0%（质量分数）；

乳化剂：10% ~12.0%（质量分数）；

稳定剂：3% ~5%（质量分数）；

二甲苯：加至 100%。

3. 胺菊酯、辛硫磷复方乳油（速灭）

胺菊酯（按 100% 计）：8%（质量分数）；

辛硫磷原油（按 100% 计）：40%（质量分数）；

八氯二丙醚：24%（质量分数）；

乳化剂（0203）：28%（质量分数）。

使用时以1∶40倍水稀释后喷雾灭蚊蝇。

4. 诺毕速灭松复方乳油

胺菊酯（按100%计）：5g；

卫生速灭松（按100%计）：0.5g；

乳化剂　3008K（东邦化学）：5g；

　　　　　3006K（东邦化学）：1g；

混二甲苯：25g；

脱臭煤油：加至100g。

5. 苄呋菊酯、胺菊酯混合乳油

苄呋菊酯（按100%计）：14g；

胺菊酯（按100%计）：6g；

乳化剂Sovpol　2020：25g；

二甲苯：55g。

三、卫生杀虫剂中常用的乳油品种

（一）拟除虫菊酯类

如氯氰菊酯5%乳油，氯氰菊酯10%乳油；

高效氯氰菊酯4.5%乳油；

氯菊酯10%乳油；

甲醚菊酯20%乳油（用于蚊香）；

溴氰菊酯2.5%乳油；

氟氯氰菊酯2.5%乳油，氟氯氰菊酯10%乳油，氟氯氰菊酯20%乳油；

胺菊酯10%~20%乳油（用于热烟雾剂）；

d-苯醚菊酯10%乳油（用于热烟雾剂）；

d-烯丙菊酯80%乳油（用于蚊香）；

利来多5%乳油；

功夫2.5%乳油等。

（二）其他

如三氯杀虫酯20%乳油；

敌敌畏50%乳油，敌敌畏80%乳油；

蝇毒磷16%乳油；

速灭威20%乳油；

敌百虫40%乳油，敌百虫50%乳油；

辛硫磷40%乳油，辛硫磷50%乳油；

倍硫磷50%乳油；

马拉硫磷50%乳油，马拉硫磷70%乳油；

杀螟硫磷50%乳油，杀螟硫磷65%乳油；

喹硫磷25%乳油；

胺丙磷40%乳油；

甲基嘧啶磷80%乳油，甲基嘧啶磷25%乳油，甲基嘧啶磷50%乳油等。

（三）混合乳油

如诺毕速灭松55%乳油（诺毕那命/速灭松，5%/50%）。

第七章 >>>

熏蒸剂

第一节　概　述

一、熏蒸剂的重要性与特殊性

熏蒸剂并不是一种新药，已有近百年历史。虽然品种只有十几个，但是用途却很广，尤其在处理各类密闭场所的有害生物时，它的防治效果是其他剂型无法相比的。但是长期以来对它的特性及应用方面的认识却不足或存在误区，没有引起足够的重视。近年来，因为它们的严重环保问题——损耗臭氧层，熏蒸剂开始逐步引起了人们的关注，世界各国都在寻找熏蒸剂的替代物。但是开发一个新的熏蒸剂替代产品，其难度要比开发一个一般的杀虫剂大得多，人们至今仍没有找到溴甲烷的合适替代物。熏蒸剂的发展跟不上经济社会发展的需要，成了一个世界性的大难题。

我国政府也已经将重点发展环保熏蒸剂列入国家农药工业产业政策。

当前，熏蒸剂的第一个特点是，与其他杀虫剂不同，它们在宏观上对环境带来的危害影响极大，如甲基溴破坏臭氧层，硫酰氟的温室效应是二氧化碳的4780倍，以及其他潜在环境危害，使得气候变暖，发生海啸、泥石流、地震等，这都是给人类带来灾难性打击的大问题。

熏蒸剂的第二个特点是，由于它们的毒性一般都比较高（剧毒或高毒），这样使得很多原本需要做熏蒸处理及安全防护的重要公共场合（如宾馆、医院、机船等）及特殊军事环境（舰艇、武器弹药库等）都不允许使用。一旦暴发疫情或者发生有害生物危害时，往往需要快速有效的熏蒸处理，但是目前有害生物防治相关单位却没有高效安全的熏蒸剂可以使用。

熏蒸剂的第三个特点是，应该具有广谱的杀虫活性。因为熏蒸剂主要应用在各种密闭场所，躲在各类密闭场所里的有害生物，以及装卸货物时进入运载工具的有害生物是随机的，不存在选择性。而现在常用的熏蒸剂，如甲基溴和硫酰氟的一个致命不足，就是它们对蚊虫的处理效果达不到要求。而蚊虫是黄热病、登革热、疟疾及乙型脑炎等重要传染病的最主要媒介，严重威胁人类的健康和生命。所以急需具有广谱杀虫活性的环保熏蒸剂。

出入境口岸的安全，涉及国门安全关。以蚊虫传播的疟疾为例，国家检验检疫系统2008年的报告数据显示近年蚊虫的检测率正在逐年提高。上海2011年输入性疟疾病例达到全年疟疾病例的90%之多，这类境况令人对国门安全担忧！根据世界卫生组织统计，目前全世界有15亿多人口受到疟疾威胁。世界卫生组织要求每个国家的口岸都应该具有快速、高效的应急手段和药物，防止输入性疟疾的迅速扩散。这项工作的重要性及战略意义非同小可！

熏蒸剂的第四个特点是由于它们大都呈液化气状态，蒸气压比较高，有的还有易燃易爆的危险（环氧乙烷），所以在研发、生产及应用时，需要特别注意规范操作，应将确保安全放在首要位置来考虑对待。

熏蒸剂的第五个特点是，与一般杀虫剂不同，它们是以纳米级气体分子大小的药滴起作用的，这就决定了它的运动特性，如良好的穿透性及扩散性，与一般杀虫剂微米级药滴不同。

现在可用于各类重要密闭场所有害生物处理的熏蒸剂种类很少，开发环保熏蒸剂已成为全球性的重要课题。

为此笔者经过 17 年的深入研究、试验及实践，开发出一个不破坏臭氧层，又能减少温室效应，而且将毒性从高毒、中毒降低为微毒，还能有效解决对蚊虫处理的新型复配熏蒸剂。当然笔者还在努力研发不含温室气体的环保熏蒸剂。

二、化学杀虫剂的分类及熏蒸剂

（一）化学杀虫剂按照作用机制分类

4 亿年前地球上就有昆虫存在，至今已超过 70 多万种，它们之间有生存竞争，它们与人类之间也存在竞争。人类根据自身利益将它们分为益虫与害虫，后者常被称为有害生物。

有害生物又可分为农业害虫、林业害虫、仓储害虫、畜牧害虫、建筑物害虫及卫生害虫等。

有害生物有其不同的生长及活动特性，所以用来防治它们的杀虫剂的作用方式必须要有针对性，能使它们中毒死亡。

化学杀虫剂的种类很多，分类方法各有侧重。其中根据杀虫剂侵入虫体途径产生毒效，即按其对生物的作用机制来分类的方法，既能明确杀虫剂的作用与致死效应，又指明了使用方法。

据此，化学杀虫剂可分为胃毒剂、触杀剂及熏蒸剂三大类。

1. 胃毒剂

指毒杀咀嚼口器类害虫的杀虫剂，使用时须将它与食料混合在一起后被害虫吞食到消化道里才能发生毒效，对肛吸、刺吸等口器类害虫不适用。

2. 触杀剂

指害虫接触到杀虫剂时，通过躯体壁的表皮和运动器官的膜质构造渗入体内，从而引起害虫代谢功能障碍，或进入害虫神经中枢，使其中毒死亡的杀虫剂。

3. 熏蒸剂

熏蒸剂的作用是它能在密闭场所使杀虫剂形成对有害生物（包括害虫、病菌或其他动物）致死浓度的有毒气体，通过害虫的呼吸系统扩散到整个虫体内使害虫致死。

（二）熏蒸剂的定义

熏蒸剂是一类具有较高蒸气压，在常温下易挥发汽化（升华），或与空气中的水汽、二氧化碳反应，生成具有杀虫、杀菌、杀鼠或驱避、诱杀等生物活性的气体分子状态物质，具有很强的扩散和渗透能力，能有效杀灭潜伏在各种物品内或隙缝内的有害生物。有毒气体通过害虫的呼吸系统扩散到整个虫体内使害虫致死。

熏蒸剂具有处理效率快，范围大，效果好，药物损失少，在处理目标上几乎不留残迹等特点，在各类密闭场所都需要广泛使用，如重要的军事设施、集装箱、粮食仓库、机船等运载工具、土壤病虫的处理、防治白蚁、商品及文物档案仓库等密闭场所的有害生物处理，实现了一般杀虫剂无法达到的功能。

三、需要分清的几个概念

1）做熏蒸剂用的杀虫剂，有的是因杀虫剂本身的理化性能，如沸点及蒸气压等，能适用于以熏蒸作用方式使害虫致死，如溴甲烷、硫酰氟等。但也有的杀虫剂既可以做熏蒸剂使用，也可以用作烟剂或其他触杀剂使用，敌敌畏是最典型的例子。

2）熏蒸剂、烟剂及热油雾剂三者都是呈气溶胶状态扩散分布在空气中的剂型。这里的气溶胶与常说的另一种卫生杀虫剂剂型——气雾剂是两个概念，两者不能混同。气溶胶是指一种物质所处的状态，也称气悬体，是指固体、液体或气体的微粒子或亚微粒子等悬浮在空气中构成的一类云烟状物系，它们相对于重力比较稳定。而气雾剂是一类气雾剂制品的总称，意指这一类产品的归类属性。

气溶胶与气雾剂两者虽不能等同，但相互之间有着交错的关系。某些气雾剂产品的喷出物可达到气溶胶状态。而气溶胶可以由多种方式或途径获得，气雾剂仅是其中可获得途径之一，更多的是可以通过它本身的汽化（或升华），被加热或同时辅之以其他能量来获得。熏蒸剂则大都是借其自身具有的高蒸气压自动形成气溶胶。

3）熏蒸剂、烟剂与热油雾剂三者有共同点，都属气溶胶，都是以某一种物理状态扩散悬浮在空气中。其不同点是，熏蒸剂与烟剂、热油雾剂的粒子大小相差三个数量级，即熏蒸剂是以纳米级气体分子扩散悬浮在空气中，而烟剂是使杀虫剂以微米级固体微粒形态分散悬浮在空气中，热油雾剂则是使杀虫剂以微米级液体微滴形态分散悬浮在空气中。其中热油雾剂是由固体原药溶于有机溶剂中，它们在热油雾机高温加热下挥发生成烟的同时，往往伴随着液体杀虫剂雾滴一起喷出扩散到空气中，所以又常常称热油雾剂为热烟雾剂。但从杀虫剂这一主体最终在空气中形成的悬浮状态来说，热油雾剂的提法比较确切，不会使人产生混淆。

4）在本章中所介绍的熏蒸剂，包括三种类型。

第一种是可做熏蒸剂的几种杀虫剂原药，通常就称之为化学熏蒸剂，例如溴甲烷、硫酰氟等。

第二种是以一定形式对某些挥发性大的生物活性物质，通过化学或物理加工，调整其挥发释放速度，使之符合不同使用条件下的要求而制成的熏蒸剂，称之熏蒸型制剂，它们都以熏蒸的方式对生物产生作用，例如萘、樟脑丸等。

第三种是复配熏蒸剂，这是将一般化学杀虫剂通过完全溶解在化学熏蒸剂（液体相）中，形成一种相互相溶成为均匀一体的混合制剂，然后以纳米级气体分子大小产生作用的复配熏蒸剂。

四、熏蒸剂的应用特点及需要应用的范围

（一）熏蒸剂的应用特点

如何有效、快速、便捷地控制各种密闭场所，如一些重要的移动及固定的密闭场所内的各种有害生物，一直是一个令人关注的课题。而且这些场所往往是多种有害生物，如各类媒介昆虫、啮齿动物（鼠）及致病菌等混栖的情况居多，不存在以人们的意愿为转移的选择性。

熏蒸剂在应用时，是利用它产生的纳米级气体分子，在船舱、仓库、粮食加工厂、面粉厂、资料室以及各种重要及特种密闭场所内进行杀虫、灭菌、除鼠及其他靶标的一种处理方法。它们不需要外界的热源或机械力，而是依靠熏蒸剂自身具有的挥发或升华特性形成气体分子态物质发挥药效作用，具有很强的扩散和渗透能力，因此能杀死潜伏在各种物体内或隙缝中的有害生物，而一般杀虫剂和杀菌剂难以达到这种作用。

熏蒸处理具有以下特点。

1）省时，一次可处理大量物体，远比喷雾、喷粉、药剂浸渍等快得多，药物损失少。

2）便于集中处理，药费和人工都较节省。

3）通风散气后，熏蒸剂的气体容易逸出，消散，无残留，不留痕迹，而一般杀虫灭菌剂残毒问题严重。

因此，熏蒸技术被广泛地应用于动植物及卫生检验检疫，防治各类害虫，包括仓储害虫、原木上的蛀干害虫、商品保护以及文史档案、工艺美术品、土壤中病虫的处理，以及特种重要军事设施。它也是防治白蚁、蜗牛等的重要措施。

（二）需要应用微毒熏蒸剂的场所

正因为熏蒸剂具有一般杀虫剂无法达到的优点，所以适用于很多场合，尤其是各种密闭场所，但是剧毒、高毒、中毒熏蒸剂以及对于大气臭氧层有损害的熏蒸剂不能在下列某些场所使用。

1）对毒性及安全性要求高的场所，如医院、宾馆、餐厅与厨房及电气间等公共及特殊场所灭蟑及

鼠等（硫酰氟毒性高，不可使用）；

2）特种军备环境，军事设备及设施等密闭场所，如武器库、潜水艇、火箭发射基地、导弹发射基地等很多重要及特种军事设备及密闭场所（硫酰氟毒性高，也不可使用）；

3）粮仓、烟草仓库、档案文物，以及建筑物等；

4）出入境口岸的安全检验检疫（集装箱及舰船，车厢及飞机舱等运载工具及物品），防止输入性疟疾及其他疾病的迅速扩散，保护人民生命健康，保护国家经济不会受到损害；

5）建筑物，图书与档案文物等密闭场所；

6）农业大棚、地膜覆盖等；

7）其他类似密闭场所。

所以熏蒸剂的应用场所及需要量十分大，在对有害生物控制中发挥着十分重要的作用。

但是，目前大都采用单一熏蒸剂，因其沸点及蒸气压不同以及穿透性及扩散性各异，处理效果不佳，达不到需要的处理效果。

五、熏蒸剂目前面临的严重挑战及甲基溴替代工作

（一）目前常用的熏蒸剂及其面临的严重挑战

许多有害生物及疾病媒介昆虫会伴随物流及人群流动混入交通工具及集装箱内到处扩散，这些有害生物和疾病媒介昆虫将会危害人民生命健康，导致疫病不断发生，并有扩大蔓延之势。还会侵袭农林作物生长、破坏仓储粮食等，对国家经济造成极大损害。根据 2008 年 11 月国家质量监督检验检疫总局卫生监督司在第二届媒介生物可持续控制国际论坛上的报告，以传播登革热及黄热病的蚊虫为例，2007 年较 2006 年的检出率有明显上升趋势，增加了 16 倍，其中尤以船舶和集装箱为高，占总检出率比例高达 88.98%。

常用的熏蒸剂主要有甲基溴、环氧乙烷、硫酰氟及磷化氢等。

使用最广泛的甲基溴（溴甲烷）损耗大气臭氧层，而臭氧层是人类生存的保护伞。1987 年，蒙特利尔议定书已将其列入淘汰物质，发达国家在 2005 年，发展中国家要在 2015 年前全部淘汰。而且甲基溴属高毒农药，对操作者及环境毒性危害很大。

环氧乙烷主要用于消毒处理，但因其有潜在致癌危险且易燃易爆，已被美国列入 33 种控制使用的化学物。欧盟不少国家已禁止使用。国家质量监督检验检疫总局也已限令使用量不得超过 10%。

磷化氢剧毒，许多国家都已禁止使用。

硫酰氟在美国已经注册用于控制有害生物，如木白蚁、衣蛾、皮蠹、粉蠹、臭虫、钻蛀虫、蜱、蜚蠊、啮齿动物等。硫酰氟在澳大利亚用于控制仓储害虫、白蚁、木材蛀虫等。

硫酰氟能有效杀灭的部分常见危害食品的有害生物包括印度谷斑螟、赤拟谷盗、杂拟谷盗、花斑皮蠹、地中海螟、锯谷盗、苹果蠹蛾、脐橙螟等。

硫酰氟本身毒性也不低，属中毒。它除对鼠类及某些仓储害虫有效外，一个十分致命的缺陷是它对蚊虫杀灭效果较差。所以世界上生产硫酰氟最大的厂商美国陶氏盖农在他们推荐的硫酰氟材料中，只字不提蚊虫。国内生产厂临海利民化工厂、龙口化工公司等硫酰氟产品材料中也无相关对蚊虫处理的资料。事实上，在美国、澳大利亚等发达国家，硫酰氟处理害虫范围也只是停留在木材蛀虫及仓储类害虫，未将蚊虫列入可处理害虫范围中（参见硫酰氟在美国已经注册的有害生物控制领域及澳大利亚的应用范围报道）。而且，美国环保部很快发现硫酰氟的温室效应是二氧化碳的 4870 倍，而降低温室效应减少碳排放又是当前世界十分关注的重要议题，所以硫酰氟的应用已引起环保人士的质疑。美国环保部（EPA）已在 2011 年初发出通知，在三年后禁止将硫酰氟用于食品类加工及其他一些场合使用。

（二）近年来已经开展的甲基溴替代工作

我国自 1996 年起，在甲基溴熏蒸剂替代方面已经做了大量工作，取得了重要的进展。笔者与上海

市卫生检验检疫局陈清国等人从 1996 年起先后开展的甲基溴替代工作，主要跟踪硫酰氟对卫生害虫处理效果的研究，但试验结果都显示硫酰氟对蚊虫等的效果较差。

1996～1997 年首先对目前用于集装箱卫生处理的三种现有熏蒸剂做了试验，但是结果显示，目前使用的熏蒸剂及方法具有不少缺点。三种现用熏蒸剂及剂量对蚊、蝇、蜚蠊的试验效果如表 7-1 所示。

表 7-1　三种现用熏蒸剂及剂量对蚊、蝇、蜚蠊、鼠及大肠杆菌的试验结果

药剂	施药剂量（g/m³）	24h 杀灭率（%）					
		淡色库蚊	家蝇	德国小蠊	美洲大蠊	小白鼠	大肠杆菌
虫菌畏	50	9.07	98.93	26.67	20.00	65.00	70.00
硫酰氟	12	30.13	35.00	24.17	20.00	100.00	0.00
溴甲烷	30	48.00	94.57	27.50	50.00	100.00	25.00
对照	0.00	0.00	0.00	0.18	0.00	0.56	0.00	0.00

注：表中试验结果为重复 3 次试验所得结果的平均值。

为了进一步深入查清三种现用药剂的效果，采用按现用剂量加倍的药剂又重复进行了试验，如表 7-2 所示。结果仍然显示出现用药剂的实际效果离卫生处理要求差距很大。

表 7-2　用三种现用药剂加倍剂量对蚊、蝇、蜚蠊、鼠及大肠杆菌的试验结果

药剂	施药剂量（g/m³）	24h 杀灭率（%）					
		淡色库蚊	家蝇	德国小蠊	美洲大蠊	小白鼠	大肠杆菌
虫菌畏	100	31.47	99.20	39.17	43.33	78.33	100.00
硫酰氟	24	55.20	55.00	34.17	40.00	100.00	91.67
溴甲烷	60	46.53	97.87	53.30	25.00	95.00	50.00
对照	0.00	0.00	0.00	0.00	0.00	0.00	0.00

注：1. 表中试验结果为重复 3 次试验所得结果的平均值。

2. 大肠杆菌杀灭率表达方法按 2002 年前的规定，当时卫生部 2002 年消毒规范还未出。

之后在集装箱卫生处理复配药剂方面进行了研究。1997 年笔者与上海市卫生检验检疫局陈清国等用一年半时间开发成功了一种消毒、杀虫及灭鼠三元复配熏蒸剂，对杀灭卫生害虫、大肠杆菌及鼠三方面都达到 100% 处理效果，获得国家检验检疫总局重大科技成果奖。但由于 2001 年国家检验检疫总局发文规定环氧乙烷用量不得大于 10%，这样的浓度达不到卫生部 2002 年消毒规范中的标准要求，无法达到杀灭大肠杆菌的效果，更不能杀灭金黄色葡萄球菌了。因为配方中的其他两个组分硫酰氟和二氧化碳都不是杀菌剂，没有消毒杀菌功能。

随后，将配方中消毒杀菌功能删除，杀虫范围从卫生害虫扩大到广谱杀虫，保留除鼠功能，开发出了一种环保广谱复配熏蒸剂，不破坏臭氧层，又降低温室效应，不燃，一次处理就能同时达到广谱杀虫、除鼠的多功能的处理要求，定量释放，效果优异，微毒，操作安全可靠，不会在处理物表面残留药痕，能迅速杀死可能躲藏在集装箱及各种类似密闭场所内的蚊、蝇、蟑螂、衣蛾、白蚁、谷蠹、赤拟谷盗、玉米象及老鼠等卫生及仓储害虫及啮齿动物，既能替代甲基溴，又可替代热油雾剂及烟剂。

与此同时，国外也都在纷纷寻找甲基溴替代物，但至今仍未找到合适的替代物。澳大利亚开发的 Eco2Fume 是由 2% 磷化氢和 98% 二氧化碳混合而成的熏蒸剂。已通过美国 EPA 注册为处理仓储害虫用的甲基溴的替代物。操作简单、不易燃烧、熏蒸后无残渣。但不具有广谱杀虫、灭鼠效果。

日本住友化学公司开发了文家能气体制剂，但只能用于处理部分害虫，对除鼠无效，而鼠类在集装箱及类似密闭场所躲藏率不低。

第二节　熏蒸剂的作用机制、优点及要求

一、熏蒸剂的作用机制

熏蒸剂不需要外界的热源或机械力，依靠其自身的挥发或升华，使汽化出的分子态物质发挥药效作用，具有很强的扩散和渗透能力，对潜伏在各种物体内或建筑物隙缝中的有害生物发挥毒杀作用。

熏蒸剂的蒸气主要通过呼吸系统进入昆虫体内。成虫、幼虫、蛹是通过气门，卵是通过特殊的呼吸孔道。某些熏蒸剂可通过昆虫节间膜渗透起作用。

对于熏蒸剂杀虫灭菌的机制目前存在不同的意见，尚在研究探讨之中。

昆虫的躯体结构与生活习性等方面和哺乳动物截然不同，但对溴甲烷、二溴乙烷和二氯乙烷的蒸气，它们的一些组织会有相似的反应。例如昆虫和哺乳动物对溴甲烷的反应均较迟钝。二氯乙烷可对昆虫与哺乳动物起麻醉作用，而二溴乙烷无这种反应。昆虫和哺乳动物之间在生理学上差异很大，昆虫在氧气量异常低的情况下尚有存活的能力，在循环系统和呼吸系统长时间停止工作后仍能存活下来。但哺乳动物和昆虫在药物的作用下，常会产生相似的化合物。这说明在同一种毒性作用下会产生类似的基本代谢过程。这主要是对酶起化学作用。

熏蒸剂对处理对象的作用机制如下。

1）作用于昆虫，使药剂与昆虫体表接触及同时通过呼吸系统进入虫体，损害其中枢神经系统，使神经传导被抑制而死。

2）作用于老鼠，当其吸入药剂后，严重损害其中枢神经系统和心血管系统，进而产生抽搐麻痹、昏迷窒息而死。

二、熏蒸剂的优点

1）熏蒸杀虫消毒省时，一次可处理大量物体，远比喷雾、喷粉、药剂浸渍等快得多。

2）无供热剂的燃烧过程，药物损失少。

3）便于集中处理，药费和人工都较节省。

4）熏蒸通风散气后，熏蒸剂的气体容易逸出消失，残留少，不留痕迹，而一般杀虫灭菌剂残毒问题严重。

三、对熏蒸剂的要求

熏蒸剂可杀灭多种害虫与病菌。其熏蒸效果除取决于药剂本身的理化性质（如蒸气压、沸点、密度等）外，也受到使用状态如密闭程度、环境温度、压力以及所需处理物件的种类、害虫与病菌的不同等多种因素的综合影响。

在选择时，一般应根据以下要求综合考虑。

1）符合环保要求，无损臭氧层。

2）有效渗透和扩散能力强，广谱，对害虫及病菌杀灭效果好。

3）对动植物和人毒性低。

4）有警戒气味，人的感官易发觉。

5）对金属不腐蚀，对纤维及环境物不损害。

6）不爆不燃。

7）不溶于水。

8）化学稳定性好，不容易凝结成块状或液体，不会变质。

9）原料易得，容易生产，价格便宜，使用和贮运方便。

第三节　熏蒸剂的常用品种及分类

一、熏蒸剂的常用品种

作为熏蒸剂使用的化合物有气体、液体和固体三大类，如表7-3所示。

表7-3　常见的熏蒸剂品种

气体（30℃时）	HCN、CH_3Br、PH_3、$COCH_2$、SO_2、Cl_2、N_2、NH_3、H_2S、CH_2O、SO_2F_2、CO_2 等
液体	CCl_3NO_2、二溴乙烷、二溴氯丙烷、二氯乙烷、CCl_4、三氯乙腈、CS_2、环氧丙烷、丙烯腈、乙醇、敌敌畏、甲拌磷等
固体	AlP、Zn_3P_2、Ca_3P_2、Ca（CN）$_2$、萘、樟脑、对二氯苯、多聚甲醛、偶氮苯等

经常使用的16种熏蒸剂，它们的主要特性如表7-4所示。

表7-4　常用熏蒸剂的主要特性表

熏蒸剂名称	沸点（℃）	摩尔质量	密度		蒸气压（Pa）			在空气中可燃性的极限（体积分数，%）		水中的溶解度（g/ml）	毒性限浓度（ppm）	应用的简要说明
			液态（D_4^{20}）	气态（空气=1）	10℃	20℃	30℃	最低	最高			
丙烯腈	77	53.03	0.799	1.8	733.271	11065.726	19331.69	8	17	可溶	20	烟草和植物产品"点"处理。对生长着的植物、新鲜水果和蔬菜有损害。和四氯化碳混用
二硫化碳	46.3	76.13	1.263	2.6	26264.434	41863.108	5828.358	1	50	0.22（20℃）	20	谷类
四氯化碳	76~77	153.84	1.595	6.3	7199.388	11865.658	19465.012	不可燃		0.88（20℃）	25	只有微弱的杀虫能力。主要用于谷物熏蒸、燃烧性熏蒸剂的混合剂，减少着火危险和帮助分布
氯化苦	112	164.39	1.692	5.7	1599.864	2666.44	4532.948	不可燃	不可溶		0.1	谷物和植物产品，对种子安全。损害活植物、水果和蔬菜。高度刺激性催泪剂。可杀细菌和真菌

续表

熏蒸剂名称	沸点（℃）	摩尔质量	密度 液态（D_4^{20}）	密度 气态（空气=1）	蒸气压（Pa）10℃	蒸气压（Pa）20℃	蒸气压（Pa）30℃	在空气中可燃性的极限（体积分数，%）最低	在空气中可燃性的极限（体积分数，%）最高	水中的溶解度（g/ml）	毒性限浓度（ppm）	应用的简要说明
二溴乙烷	131.6	187.88	2.17（25℃）	6.5	933.254	1466.542	2266.474	不可燃		0.43（30℃）	25	一般熏蒸剂。具体应用于某些水果熏蒸，可损害生长着的植物。美国提出停止使用
二氯乙烷	83.5	98.97	1.257	3.4	5332.88	8532.608	13865.488	6	16	0.87（30℃）	100	种子和谷物。一般和四氯化碳混合应用
环氧乙烷	10.7	44.05	0.887（2℃）	1.5	101058.07	145987.59	−	8	80	∞	50	原粮、加工粮和某些植物产品，实际应用的浓度对许多细菌和真菌及病毒均有毒性。具有强植物毒性，影响种子发芽
氢氰酸	26.0	27.02	0.688	0.9	53862.088	83992.86	−	6	41	∞	10	一般熏蒸剂，对植物有毒性。对种子安全，但不推荐应用于水果蔬菜熏蒸
磷化氢	−87.4	34.04	0.746（−90℃）	1.2	−	−	−	2	100	26	0.05	粮食和食品熏蒸剂。气体由磷化铝产生
溴甲烷	3.56	94.45	1.732（0℃）	3.27	125322.68	182117.85	251578.61	13.5	14.5	0.09	20	一般熏蒸剂，可谨慎用于苗圃砧木、生长着的植物、一些水果和含水量低的种子
硫酰氟	−52	102.06	1.342（25℃）	3.5	1219896.3	1601197.2	2067824.2	不可燃		10	5	一般熏蒸剂，用于木材蛀干害虫、林木种子害虫、建筑物的白蚁、纺织品、文史档案、皮毛及带有橡胶垫的精密仪器的仓贮害虫

续表

熏蒸剂名称	沸点（℃）	摩尔质量	密度		蒸气压（Pa）			在空气中可燃性的极限（体积分数，%）		水中的溶解度（g/ml）	毒性限浓度（ppm）	应用的简要说明
			液态（D_4^{20}）	气态（空气=1）	10℃	20℃	30℃	最低	最高			
敌敌畏 DDVP	120（1.87 kPa）	221	1.44（15.6℃）	7.6	0.54662	1.43987	3.59969	不可燃		微溶		建筑物空间熏蒸。穿透货物能力极差
甲酸甲酯	31.0	60.03						3.9	20	30		一般混合二氧化碳应用，以前用于谷物，现在用于皮毛类
三氯乙烯	86.7	131.4						不可燃		不溶		谷物熏蒸剂中不燃烧成分，有时单独使用
对位二氯苯	173.0	147.01								0.008		应用结晶体，防治植物蛀虫、土壤害虫。会影响种子发芽
二氧化碳	44.6			1.5	459800	584600	733400	不可燃		1.51（%，质量分数）（6.86 MPa，25℃）	—	常与环氧乙烷混合使用。近年单独使用，低浓度时可促进昆虫兴奋，增加气门启闭频率和吸入量，加快死亡。高浓度时可使昆虫窒息。与 CH_3Br 混用处理集装箱，可减少 CH_3Br 用量，增加穿透作用

注：1. D_4^{20} 为熏蒸剂在20℃，水在4℃时的密度。空气=1，空气质量为1。

2. 1ppm = 10^{-6}，下同。

二、熏蒸剂的分类

（一）按物理性质分

1）固态，如磷化铝、氰化钠、氰化钾。

2）液态（常温下呈液态），如四氯化碳、二溴乙烷、氯化苦、二硫化碳等。

3）气态（常温下气态），如硫酰氟、溴甲烷、环氧乙烷等，经压缩液化，贮存在耐压钢瓶内。

（二）按化学性质分

1）卤化烃类，如溴甲烷、四氯化碳、二氯乙烷、二溴乙烷等。

2）氰化物类，如氢氰酸、丙烯腈等。

3）硝基化合物类，如氯化苦、硝基乙烷等。

4）有机化合物类，如环氧乙烷、环氧丙烷等。

5）硫化合物类，如二硫化碳、二氧化硫等。

6）磷化合物类，如磷化铝、磷化钙等。

7）其他类，如甲酸甲酯、甲酸乙酯等。

一般以卤化烃的衍生物最多。

（三）从应用角度分

1）低相对分子质量高蒸气压类，如溴甲烷、硫酰氟、氢氰酸、磷化铝、环氧乙烷等。

2）高相对分子质量低蒸气压类，如氯化苦、二溴乙烷、二氯乙烷等。

某些熏蒸剂可能是通过昆虫节间膜渗透，但其重要性尚不清楚。至于熏蒸剂杀虫灭菌的机制，Brown、Page、Blackith、Shepard、Winteringham、Barnes 和 Fraenkel‑Conrat（1994）等都曾有所评述。

第四节 熏蒸剂的蒸发和极限浓度

一、熏蒸剂的蒸发及蒸发潜热

（一）蒸发

不同的熏蒸剂有其不同的沸点。一般来说沸点和相对分子质量有密切关系。除溴甲烷和硫酰氟外，常用熏蒸剂的沸点随相对分子质量增加而提高，如图 7‑1 所示。

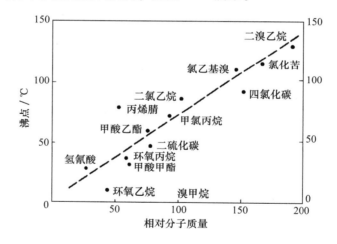

图 7‑1 常用熏蒸剂的相对分子质量和沸点的关系

（二）蒸发潜热

除非外界保持供给热源，呈液态的熏蒸剂的蒸发会耗费液体的总热量。产生 1g 蒸气所耗费的热量值，称之为液体的潜热。熏蒸剂在液态状况下其潜热不同。如氢氰酸和环氧乙烷的潜热分别为 210J/g 和 139J/g，在其蒸发过程中吸收的热量要比之潜热为 61J/g 和 46J/g 的溴甲烷和二溴乙烷高得多。在使用潜热高的熏蒸剂时应有加热设备，以利迅速蒸发。高压液化的环氧乙烷、溴甲烷、硫酰氟应贮存于耐一定压力的钢瓶内，使用时加设喷头和胶管，以利吸热均匀挥发扩散。环氧乙烷应用时一般用热水加温。

二、极限浓度

熏蒸剂以气体分子状态存在于一定的密闭空间，其最大质量依赖于其自身的分子质量。在一般情况下低沸点熏蒸剂较高沸点熏蒸剂能释放出较大量的分子。但气体的体积受阿伏伽德罗定律的支配，在不同的温度条件下，不同的熏蒸剂在每立方米空间内的可能蒸发的极限质量（g）是不同的，表7－5所列数值可作为熏蒸应用时的参考，也可作为不同温度下气体体积计量浓度时的参考。

表7－5　在不同温度条件下不同熏蒸剂在熏蒸空间内能够留存的最高浓度

熏蒸剂	在所示温度下的最大浓度（g/m³）							
	0℃ （32 ℉）	5℃ （41 ℉）	10℃ （50 ℉）	15℃ （59 ℉）	20℃ （68 ℉）	25℃ （77 ℉）	30℃ （86 ℉）	35℃ （95 ℉）
丙烯腈	102.6	129.8	164.4	206.3	252.9	319.1	397.8	482.4
二硫化碳	568.1	701.1	843.7	1010.9	1297.2	1430.8	1740.9	2096.3
四氯化碳	288.5	363.0	460.9	572.6	730.9	916.8	1145.4	1398.5
氯化苦	57.8	79.5	108.7	139.5	179.5	220.6	277.8	358.7
敌敌畏	0.02	0.03	0.50	0.08	0.13	0.21	0.32	0.48
二溴乙烷	38.5	54.1	63.7	83.5	112.8	141.2	173.6	214.7
二氯乙烷	133.4	173.7	223.7	282.0	350.1	430.3	537.1	668.2
环氧乙烷	1331.5	1606.6	1854.5	1862.4	1830.4	1800.0	1771.2	1740.8
氢氰酸	418.7	532.0	643.4	751.3	900.4	1072.2	1084.7	1067.7
溴甲烷	3839.3	4152.8	4709.4	4008.6	3940.2	3874.1	3810.1	3748.3
萘	0.15	0.22	0.33	0.43	0.56	0.69	0.95	1.40
对二氯苯	0.69	1.61	2.49	3.18	5.14	7.89	11.64	17.56
磷化氢	1514.4	1487.2	1460.9	1435.5	1411.0	1387.4	1364.5	1342.3
硫酰氟	4546.0	4464.2	4385.3	4309.2	4235.7	4164.6	4095.9	4029.4
二氧化碳（用于防止燃烧爆炸）	1959.8	1924.6	1890.6	1857.8	1826.1	1795.9	1765.8	1737.1

注：其数值是由 Roark 和 Nelson（1929）根据化学式推算而得。

第五节　影响熏蒸效果的主要因素

一、环境条件

1. 温度的影响

温度高于10℃以上时，温度增高，药剂的挥发性增加，气体分子的活动性和化学作用加快，昆虫的活动、呼吸量增大，单位时间内进入虫体的熏蒸剂蒸气浓度相对提高。

温度在10℃以下称之为低温熏蒸，情况比较复杂。较低温度时货物对熏蒸剂的吸收量增加，熏蒸剂扩散穿透能力减弱，昆虫呼吸率降低，抗毒能力增加。因此，不提倡低温熏蒸。但硫酰氟的沸点较低，在低温下仍能发挥杀虫作用。

害虫在熏蒸前和熏蒸后，所处的温度状况也影响杀虫效果。熏前害虫处于低温环境，新陈代谢率低。如将害虫及其栖息物移入较高温度下熏蒸，由于栖息物的温度不会立刻上升，害虫的生理状况仍受前期低温的影响，抗药能力较高。

2. 湿度的影响

空气中的湿度对熏蒸效果也有影响，但不如温度那样大。用环氧乙烷蒸气杀灭空气中枯草杆菌黑色变种芽孢，相对湿度在28%时，杀菌效果最理想；湿度提高到65%时，灭菌时间需要延长4倍；湿度提高到97%，灭菌时间要延长10倍。

3. 密闭程度

熏蒸处理空间的密闭程度直接影响效果。密闭程度差，熏蒸剂向外泄漏大，使处理空间的浓度降低，减弱熏蒸效果。

4. 处理物品的类别和堆放形式

处理物品的类别和堆放形式是影响熏蒸效果的关键因素之一。处理物品对熏蒸剂的吸附量的高低和处理物品间隙的大小，直接关系到熏蒸剂的穿透能力。

二、熏蒸剂的相对分子质量

根据格雷厄姆气体扩散定律，气体的扩散速度与其密度的平方根成反比，而气体的密度又和它的相对分子质量成正比。因此，较重的气体在空间的扩散速度比较轻的气体要慢。扩散率还和温度有关，高温扩散快，低温扩散慢。

熏蒸剂的蒸气分子与空气分子碰撞后减缓了它在处理空间的扩散速度，并由于表面张力和微细管的作用，以及处理物对熏蒸剂的吸附过滤，使熏蒸空间的蒸气浓度逐渐降低，影响到它的渗透能力。

三、沸点

沸点增高，渗透性减少，吸附量增加。

四、气体浓度

气体浓度越大，弥散作用越强，渗透性也越大。熏蒸物体的吸收能力是决定渗透性的一个重要因素。一般物体对熏蒸剂的吸附量，与该物体所占体积的比例和吸附气体的浓度成正相关。

但物体对熏蒸剂吸附较低时，吸附量与物体所占体积的比例和吸附气体的浓度不一定成正相关。

第六节 熏蒸剂的易燃性及其控制

一、熏蒸剂的易燃性

不是所有的熏蒸剂都是易燃烧的。

熏蒸剂的燃烧性是由于它同空气中的氧发生化学作用所致。当某种熏蒸剂的气体与同等量的空气混合后，在25℃（122℉），一个小火星不会使它引起燃烧时，就称此种熏蒸剂为安全熏蒸剂。

熏蒸剂的蒸气（气体）的可燃性浓度是以着火的最低浓度和最高浓度的范围来表示的。

着火的最低浓度——熏蒸剂的蒸气在空气中碰到火焰或电火花而开始着火的浓度。

着火的最高浓度——熏蒸剂的蒸气在空气中碰到火焰或电火花开始不着火的浓度。

着火浓度的范围——着火的最低浓度与最高浓度之间的范围。

熏蒸剂蒸气燃烧的结果，是产生大量的热气态物质。气体膨胀时，产生强烈的声波和爆炸声。

二硫化碳最易着火和爆炸。1g二硫化碳燃烧以后，可以产生亚硫酸酐和约1L二氧化碳气（在常压和温度20℃条件下）。环氧乙烷的易燃性稍次于二硫化碳。

表7-6　熏蒸剂蒸气在空气中遇有小火星而不产生燃烧时需加入的灭火剂最小量

熏蒸剂名称	灭火剂：质量	熏蒸剂：体积
	二氧化碳比值（熏蒸剂为1）	
二氯乙烷	—	2.30：1
甲酸甲酯	1.7：1	2.30：1
环氧丙烷	8.3：1	11.00：1
环氧乙烷	7.2：1	7.15：1
二硫化碳	12.9：1	22.20：1
	四氯化碳比值（熏蒸剂为1）	
二氯乙烷	0.52：1	0.33：1
二硫化碳	2.70：1	1.35：1

二、熏蒸剂易燃性的控制

在大气中加进灭火物质的蒸气或气体，可防止熏蒸剂可燃蒸气的着火。其中最常用的是四氯化碳和二氧化碳。例如，可制成环氧乙烷和二氧化碳混合剂。四氯化碳和二氧化碳的掺入量一般以能防止着火为宜（表7-6）。

熏蒸剂的着火浓度范围越大，着火的浓度越低，贮存和使用时的着火危险性也越大。配制在空气中不会燃烧的混合剂时，灭火剂的最低加入量决定于灭火剂和熏蒸剂的种类。实际常用的，如对环氧乙烷加入二氧化碳的比例为环氧乙烷12%＋二氧化碳88%。实际应用中有10%＋90%和20%＋80%环氧乙烷和二氧化碳两种混合剂。

加入的灭火剂应当与熏蒸剂具有同样的蒸发速度。为了达到这一点，应选择沸点较接近或蒸气密度较相近的化合物进行混配。

第七节　熏蒸剂的混合使用

由于化学熏蒸剂的毒性及蒸气压大都较高，所以在目前尚未开发出新型高效低毒熏蒸剂之前，也采取一般杀虫剂混配使用的方式，在实际操作中往往选用两种或两种以上的熏蒸剂混合使用。

熏蒸剂的混合使用，可以达到以下目的。

1. 增强气体分子的扩散及穿透力

对杀虫活性较低的熏蒸剂，可以通过稀释主要熏蒸剂来增强它气体分子的扩散与穿透力。如对溴甲烷加入不同浓度的二氧化碳后，其杀虫效果明显提高，见表7-7。

表7-7　对5g/m³ 浓度溴甲烷加入不同浓度 CO_2 的杀虫效果（死亡率）　　　　单位：%

	CH_3Br 5g/m³	CH_3Br 5g/m³＋10% CO_2	CH_3Br 5g/m³＋15% CO_2	CH_3Br 5g/m³＋20% CO_2
谷斑皮蠹幼虫	50.0	100.0	100.0	100.0

注：以上为处理5天的结果，温度24℃。

2. 降低熏蒸剂的易燃易爆性

用不燃不爆的熏蒸剂与易燃易爆的熏蒸剂混合使用，既可抑止或降低它的易燃易爆特性，又可发挥其各自原有的独立作用，增强杀虫毒力。如有报告证实，可用60%环氧乙烷和40%溴甲烷混合气体对宇宙飞船做杀虫灭菌卫生处理，因为这种混合气体不易燃。

3. 提高熏蒸剂的扩散距离及穿透深度

由于熏蒸剂的扩散距离与穿透深度不同，单独使用不能有效穿透渗入捆扎或堆放物件内部，难以杀死躲藏在物件不同深度内部的害虫，影响处理效果。但通过适当混用后，可以明显提高扩散距离与穿透深度，从而保证处理效果。如对于17m高密闭圆筒粮仓做的试验显示，单用 CH_3Br 时，在圆筒底部未检出 CH_3Br，但与 CO_2 混用后，CH_3Br 可渗透17m深处底部，见表7-8。

表7-8　溴甲烷单用和与 CO_2 混用时的 CT 值

离顶部距离	CH_3Br（50g）	CH_3Br（50g）+ CO_2（250g，干冰）
1m	1820	2480
4m	960	1840
17m	0	1100

注：CT 值 = $c \cdot t = K$（c 为溴甲烷浓度，t 为时间值）。

杀虫效果显示，单用溴甲烷熏蒸时，仅上层的处理效果达100%，但底层的虫子仍存活，而对 CH_3Br 加入 CO_2 后，上层和底层的虫样均达100%死亡。

4. 减少熏蒸剂的用量

有报告称，在温度40℃，相对湿度为80%~90%条件下，达到同样处理效果时，单用环氧乙烷需280mg/L，单用溴甲烷需364 mg/L，但将两者按一定比例配合成混合物使用时仅需198 mg/L。

5. 加强警示作用

有的熏蒸剂虽然毒性很高，但无气味，容易使人中毒。如对其混入含有刺激气味的熏蒸剂，既可提高它的警示作用，又能增效。如使溴甲烷与氯化苦混合。

第八节　熏蒸剂安全应用技术及防护要求

一、熏蒸剂安全应用技术

1）对施药现场设立半径200m的安全警戒线，凡吸附性强的物质必须搬离施药现场。撤出一切非操作人员，施药人员应置身于上风位。

2）操作人员必须通过专业培训和备有防护措施方能进场操作。

3）需要熏蒸杀虫和灭鼠的各类密闭场所，应先严格密封，并留好施药孔。

4）施药前检查钢瓶开关、钢针及导管，保证畅通无泄漏及阻塞。

5）操作时将产品钢瓶直立放在地上或吊挂在密闭场所适当位置上。将钢瓶连接软管头部的钢针向上倾斜插入密闭场所施药孔内，打开钢瓶的阀门，待其自然释放完毕即可。

6）密封熏蒸时间为24h，打开密闭场所门窗，自然通风1h。

7）药剂必须远离儿童、食品、种子、饲料及易燃易爆物品。

8）熏蒸处理结束，操作人员必须清洗干净。

9）熏蒸处理结束散毒后，熏蒸现场硫酰氟残留量必须小于等于20mg/m³ 方能解除警戒，准许人员进入。

10）过敏者禁用，使用中有任何不良反应须及时撤离现场就医，宜选用苯巴比妥类药物进行控制和缓解症状。

11）运输时应严防潮湿、曝晒和撞击，必须做到轻装轻卸。

12）钢瓶应直立存放在低于50℃阴凉通风的专用库房内。

13）在保质期内经常检查钢瓶是否漏气。

二、熏蒸剂应用中的防护要求

1）施药时人不准进入密闭场所内。

2）操作人员应穿长袖、长裤防护服，戴手套、面罩和工作帽，防止皮肤意外溅到药物被冻伤。

3）吸入伤害之急救：①若中毒者已停止呼吸，应及时进行人工呼吸（不宜用口对口人工呼吸方式，应使用单向活瓣口袋式面罩）。②如出现头痛、头晕、呕吐、呼吸困难等症状时，应迅速离开现场至空气新鲜处或给以 100% 氧气或立即送医院救治。

4）皮肤接触伤害之急救：①如果皮肤接触产品液体，立刻以大量的清水冲洗患部。②若是衣服受到污染，立刻脱去衣服，并用大量的清水冲洗可接触到的皮肤。③用清水冲洗应持续 15～30min。④冲洗结束后，用干净衣物覆盖受伤部位。

5）眼睛接触性伤害之急救：①立即用温水缓和冲洗眼睛 15～30min。②戴隐形眼镜者必须卸下镜片或用清水将镜片洗出来，然后再继续冲洗 15～30min。冲洗完毕后用干净纱布覆盖，并用纸胶布固定。

6）食入性伤害之急救：①切勿催吐。以避免患者吸入呕吐物可能造成呼吸道阻塞之危险。②若误食者有知觉，用清水彻底润洗口腔。③食入 10min 内，患者已无知觉或发生呕吐，可喂服 240～300ml 的清水或牛奶，以稀释食入物的浓度。④若患者自发性呕吐，让患者向前倾或仰躺头部侧倾，以减低吸入呕吐物造成呼吸道阻塞之危险。

7）严重者送医院救治。

第九节　熏蒸性制剂

一、定义及分类

如前所述，熏蒸性制剂是将在常温下具有较大自然挥发特性的药剂，通过化学或物理方法将其加工成一定的形式，调整其挥发释放速度，使之能根据不同使用条件及场合不断散发出药物蒸气弥散于空间，以达到有效杀灭各种有害生物的目的的各种制品。

熏蒸性制剂，可按其作用和制作原理分为如下两类。

1. 物理型

1）敌敌畏蜡块、敌敌畏塑料块等；

2）萘、樟脑等防蛀药剂；

3）固体乙醇；

4）驱避性制剂。

2. 化学型

1）磷化物与空气中水分反应生成磷化氢；

2）重亚硫酸盐在空气中潮解、氧化，放出 SO_2；

3）漂白粉等含氯消毒剂吸水放出氯气和新生态氧；

4）聚甲醛降解放出甲醛；

5）过氧化钙水解放氧。

二、物理型熏蒸性制剂

（一）敌敌畏熏蒸性制剂

1. 敌敌畏蜡块

敌敌畏蜡块的配方见表 7-9。

表7-9 敌敌畏蜡块配方（1）

组成	质量分数（%）	组成	质量分数（%）
敌敌畏原油（90%）	27.5	氢化豆油	36.25
石蜡（或蜂蜡等蜡类）	36.25		

制法：将石蜡、氢化豆油加热熔融，在熔融状态的适宜温度下加入敌敌畏原油，搅拌均匀后，倒至直径6cm、高1.5cm的圆盘模具中，冷却后即成敌敌畏蜡块。

也可按表7-10配方制成敌敌畏蜡块。

表7-10 敌敌畏蜡块配方（2）

组成	配方①	配方②
敌敌畏原油	25%	25%
褐煤蜡16号	56.2%	37.5%
酞酸酯	18.8%	
氢化棉籽油		37.5%

2. 敌敌畏塑料块（表7-11）

表7-11 敌敌畏塑料块配方

组成	质量分数（%）	组成	质量分数（%）
敌敌畏原油	9.09	聚氯乙烯	45.46
三甲苯基磷酸酯（增塑剂）	18.18	三氯-氟甲烷（CFC-11）	27.27

注：由于CFC-11对大气臭氧层有破坏作用而被禁用，可以用甲缩醛（methylal）代用。此产品笔者已于1998年建议上海永福气雾剂厂投入生产，可批量供应。

制法：敌敌畏先与增塑剂混合，一边搅拌一边加入聚氯乙烯粉，使它成为均匀的浆状液，再加入CFC-11混匀，然后倒入模具中，置于蒸气浴上加热，使之凝胶化。当CFC-11挥发后，即成多孔性的块状物。

上述块剂悬挂室内或仓库，可杀灭家蝇等害虫，持效期可维持2~3个月。

3. 敌敌畏塑料袋

敌敌畏蒸气能穿透塑料薄膜，缓慢放出，又可阻止水蒸气侵入袋内，故能保持稳定长效。用时，将敌敌畏乳油或原油装入0.4mm厚的塑料袋或乳胶袋内，每袋15~20ml，扎紧袋口，悬挂于室内，每40~50m³空间挂一袋，关闭门窗1.5h后，可杀死室内全部家蝇，持效期为2个月左右。

使用敌敌畏熏蒸性制剂时，关闭门窗后的效果较佳，敞开门窗后的效果大减。挂有敌敌畏熏蒸制剂的室内，人不宜久留，以免引起中毒。

（二）防蛀用混合型熏蒸性制剂

萘、樟脑等具有从固态直接升华成气态的特性，而且因为它们的气态分子有驱除害虫的作用，人们很早就将它们加工成球或块状物，用于毛皮毛料衣物的防蛀，由于它们使用方便、持效作用期长，获得广泛采用。但长期使用后也已产生了抗药性，效果减弱，而且萘对人有慢性毒性，对合成的化学纤维有腐蚀性，已基本不用。

近年来，通过与其他化合物混用，更换新品种和采用控制释放技术等，使它的防蛀性能得以改善。

常用的升华性固体杀虫剂，除萘、樟脑之外，还有对二氯苯、六氯乙烷及其混合物。挥发性的液体杀虫剂，如敌敌畏及其衍生物、拟除虫菊酯类化合物，用于毛料衣物的防蛀防霉，在药效上显示新的特点，并能延缓抗药性的发展，见表7-12。

有些混入的其他化合物本身并无杀虫作用，但与萘、樟脑混用后，显示出增效作用。萘、樟脑与添加剂的混合比例及效果见表7-13。

表7-12 对二氯苯的混剂

混配药物组成（质量分数，%）				制剂特点
对二氯苯	敌敌畏	萘	六氯乙烷	
95	5	—		先将固体物压成块，而后浸入液体药物中，装置简化，时间短，制品均匀
80	10	10		
94	5	—	1	

表7-13 萘、樟脑与添加剂的混合比例及效果

	咪唑	脱氢乙酸	环己酮肟	联苯	ε-己内酰胺	苯乙醇酸	二苯并呋喃联苯抱氧
萘	8:2			98:2 7:3	9:1 8:2	10:1 100:1	
樟脑		9:1 5:5	95:5 50:50	98:2 7:3			10:1 100:1
制剂特点	增效、低毒、价廉	低毒、增效1倍，持效期长	低毒、增效1倍，持效期长	增效、低毒，持效期长	低毒、效果优良，持效期长	安全、防霉优、持效期长、价廉	防霉效果好

在制作时，先将具有升华性和极性的金刚烷与三甲基降冰片或环十二烷混合，制成载体（表7-14），再与有效成分混为一体制作升华性防虫剂。升华物和药物同时挥发。因药物挥发变慢，使持效期延长。

具体制法举例如下：将金刚烷20份，三甲基降冰片80份，反丁烯二酸二甲酯4份混合热熔，然后加入驱除剂 L-薄荷醇1份拌匀，急剧冷却，粉碎后在1MPa压力下压制成直径13mm、高5mm的圆片（约0.5g）。

表7-14 防虫剂载体

序号	载体（质量分数，%）			制剂特点
	金刚烷	三甲基降冰片	环十二烷	
1	1~25	99~75		使残效期大大延长，可用于对衣蛾、蚊的驱避剂
2	5~95		95~5	

另外还可将金刚烷20份，环十二烷80份，苯甲酸1份，加热熔化后加入肉桂醇类物4份，冷却成型，即可得成品。

由于混合载体中升华物的升华而使有效成分挥发大大减慢，持效期延长。利用此法可以制成对蚊、衣蛾有长效的驱除剂，如苯乙醇、桉树脑沉香、木醇、薄荷醇、麝香草酚、桂皮醛、香茅醇等的制剂。

将挥发性的有机磷、拟除虫菊酯杀虫剂，涂布于吸附性板片上，再涂以树脂保护层，以控制释放速度，延长持效作用时间。其用量比萘、樟脑等少，但药效更优，如表7-15。

表7-15 防虫片试验

药剂	涂布量（g/m²）	树脂种类	涂布量（g/m²）	衣蛾死亡率（%）	
				2d	4d
对二氯苯	15	硝基纤维素	2.1	89.5	100
樟脑	10	聚酰胺	1.8	57.7	96.2
萘	10	聚酰胺	1.8	73.3	98.3
敌敌畏	3.5	乙基纤维素	1.5	97.8	100
拟除虫菊酯	1.2	丙烯酸酯	1.0	100	100
烯炔菊酯	1.0	硝基纤维素	1.8	100	100

从它的作用特点来看，这类熏蒸剂型也属于缓释剂。

三、化学型熏蒸性制剂

（一）磷化物为主的制剂

1. 磷化物系化学型熏蒸性制剂的性质及作用原理

磷化物系化学型熏蒸性制剂中的有效成分以磷化物为主，如 Ca_3P_2、AlP 及 Zn_3P_2 等，再加上其他辅料制成不同的制剂，大都以片剂形式出现。其中 Ca_3P_2 的原料易得，成本低廉，而 AlP 的效果较好，应用广泛。

磷化氢（PH_3）的熔点为 $-135.5℃$，在 $-90℃$ 时为液体。密度 $0.746g/cm^3$。沸点为 $-87.5℃$。常温下为无色、无味的气体。与空气相对密度 1.184。不溶于热水，稍溶于冷水，溶于酒精、醚、丙酮等有机溶剂和 $CuCl_2$ 溶液。每升 PH_3 气体重 $1.529g$。渗透力达 $1.6\sim1.8m$。临界温度 $52℃$。在空气中 $150℃$ 左右着火，着火临界浓度 $26.15\sim27.06\ g/m^3$。对金、银、铜等金属有腐蚀性。在空气中易燃。在空气中的安全临界浓度为 $0.0003mg/L$，当空气中达 $0.002\sim0.004mg/L$ 时，能闻到臭味。

PH_3 气体主要通过昆虫呼吸系统进入虫体，作用于细胞线粒体的呼吸链和细胞色素氧化酶，抑制昆虫呼吸致死。所以 PH_3 对高等动物的神经系统、血管及呼吸器官均有毒性。当空气中浓度达 $0.0069mg/L$ 时，对 $AgNO_3$ 溶液的试纸有显色反应。在 $0.138mg/L$ 浓度时，高等动物能忍耐 $30\sim60min$，在 $0.552mg/L$ 浓度时可使高等动物在 $30\sim60min$ 内死亡。若浓度高达 $1.33mg/L$ 时，可立即引起动物死亡（最大允许浓度美国定为 $0.3mg/L$）。因此，PH_3 气体无法直接用于防治害虫、鼠类，常常将它制成三价磷化物，如 Ca_3P_2、AlP、Zn_3P_2 等后使用。

这类熏蒸性制剂的作用主要是利用这些磷化物与空气中水分发生化学反应时能分解出毒力很强的 PH_3 气体，在密闭的环境中起到杀虫、灭螨及灭鼠作用。

$$Ca_3P_2 + 6H_2O \rightarrow 3Ca(OH)_2 + 2PH_3\uparrow$$
$$AlP + 3H_2O \rightarrow Al(OH)_3 + PH_3\uparrow$$
$$Zn_3P_2 + 3H_2SO_4 \rightarrow 3ZnSO_4 + 2PH_3\uparrow$$

若在制剂中含有 $H_2NCOONH_4$ 或 CaC_2、亚硫酸盐、$NaHCO_3$、硫化物或有机发泡剂时，同时可产生 CO_2、NH_3、C_2H_2（乙炔）、SO_2、H_2S、N_2 等气体，对 PH_3 起增效、阻燃和警戒作用。

2. 磷化物片剂

（1）磷化铝片剂配方

AlP（85% 以上）：66%；

氨基甲酸铵（$20\sim40$ 目）：25%～30%；

石蜡（20 目）：4%

硬脂酸镁（或滑石粉）：2%～5%；

苯胺或吡啶（阻燃剂）：0.1%～0.3%。

（2）磷化铝片剂质量指标

外观：黄绿色或灰绿包的圆凸片（厚 14mm，直径 16mm）；

有效含量：≥56%；

片重：（3.3±0.1）g/片；

硬度（破碎率表示）：≤20%；

氨基甲酸铵：30% 左右；

石蜡：2.5%～4%。

3. 磷化物熏蒸性制剂的特点

磷化物熏蒸性制剂与熏蒸剂氯化苦、溴甲烷的比较如表 7－16 所示。从表中可以明显看出，以磷化物作为熏蒸性制剂的活性成分，具有很多优点。

表7-16　几种常见熏蒸剂比较

熏蒸剂	气体渗透深度（m）	安全性	熏蒸要求温度（℃）	处理粮食对象	施用方法	用量（g/m³）
Ca_3P_2	>3	++	不限制	不限	简	20
AlP	>3	++	不限制	不限	简	15
Zn_3P_2	>3	+	不限制	不限	繁	8
氯化苦	>3	-	昼夜均温>10	成品粮不用，种粮慎用	繁	50
溴甲烷	>3	-	不限制	油料不能用	繁	30

　　某市卫生防疫站潘恒亮以磷化铝片对烟草熏蒸灭虫效果做的研究中，分别按 3~6g/m³ 的剂量对密闭程度不同的库房布药，取得了良好的效果，并对布药后磷化氢（PH_3）气体浓度与时间的关系及开仓通风后，PH_3 气体的解吸附情况做了测定，其结果分别如图7-2与图7-3所示。

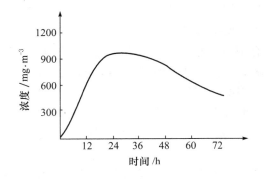

图7-2　布药后磷化氢气体浓度与时间关系　　　　图7-3　开仓通风后磷化氢气体解吸附情况

　　从图7-3可以看出，在开仓通风1天后，仓内 PH_3 浓度基本上降低到安全浓度以下，但当夜间关闭门窗后，由于吸附在烟包中的 PH_3 的解吸附作用，仓内 PH_3 浓度有所上升，这表明第二天需继续通风。但是测定表明，在自然通风3天后，人就可在库房内工作。若采用强制通风，时间似可缩短。

　　（二）漂白粉

　　漂白粉又名氯化石灰，是次氯酸钙、Ca(OH)₂、$CaCO_3$ 和 $CaCl_2$ 的混合物。为白色粒状粉末，在水中呈混浊液，碱性，稳定性差。可逐渐吸收空气中水分和 CO_2 而分解，在日光、热、潮湿条件下反应加快，放出氯气和氧。

$$Ca(ClO)_2 + 2H_2O \longrightarrow Ca(OH)_2 + CaCl_2 + 2HOCl \uparrow$$
$$Ca(OH)_2 + CO_2 \longrightarrow CaCO_3 + H_2O$$
$$2HOCl \longrightarrow [O] + Cl_2 \uparrow + H_2O$$
$$2HOCl \longrightarrow 2HCl + O_2 \uparrow$$
$$HCl + HOCl \longrightarrow Cl_2 \uparrow + H_2O$$

　　利用漂白粉放出的氯气和新生态氧漂白、饮水消毒，还可用于驱避蟑螂。

　　如将漂白粉或氯胺T、三氯异氰尿酸、二氯异氰尿酸及钠、钾盐等含活性氯化合物与硼酸、黏合剂、滑石粉等混合均匀，在压力机内压成片（7.5g/片）。在 6~7m² 面积厨房中，分放两处，每处一片，2个月之内不见蟑螂出现。

第十节　熏蒸剂应用新进展

一、概述

随着物流和人流的增加，交通工具的快速发展，疾病和病媒生物的传播速度和广度也发生了变化，防治难度加大。化学药剂的长期使用和不合理的滥用，使病媒生物产生抗性，造成防治效果差、用药量大、污染环境的问题进一步突出。

另一方面，世界各国的经贸发展迅速，货物运输吞吐量日益增长。以集装箱为例，它作为一种高效、安全、快捷的装运手段，在各类货物运输方面均获得了大量的应用。如近 15 年中，上海每年的吞吐量已达 3000 多万标准箱，增长了 20 倍。全国 1 亿多箱，位列世界第一，周转量还在不断增加。

与此同时，各种害虫、病菌及啮齿动物也随之夹杂在货物中随集装箱一起到处传播，带来严重的灾难性的疫病，危及国家的卫生安全及人群生命健康。如检疫中查到一种美洲毒蜘蛛，咬后可致人死亡。还有各种致病菌及传染病媒。近几年的情况表明，有卫生处理指征的箱量占总量的 10% ~ 20%，工作量大，处理对象复杂，且集装箱内害虫、病菌及老鼠等有害生物常常以混栖为多，目前沿用的熏蒸处理药剂及方法已不适应集装箱运输日益发展的需要。因此，如何安全、有效、可靠、便捷地解决好每天大量进出港口的集装箱的卫生处理（包括消毒、杀虫及灭鼠）工作，将洋垃圾及货物中夹带的有害生物堵截在国门之外，是各地卫生检疫中的一项十分重要的工作，具有巨大的经济效益和社会效益。

许多特种军备环境，如高端精密仪器、高级电子设备室，火车、导弹发射舱、舰艇、坦克、电子对抗设备、航天器、坑道，各类电子、电器设备间，以及粮仓及烟草储存场所，贵重档案、字画、图书储存场所等都要对有害生物进行熏蒸处理。而这类密闭场所往往也是多种有害生物、各类媒介昆虫及啮齿动物（鼠）等混栖的情况居多，不存在选择性。

目前使用的硫酰氟对重要的疾病媒介，如传播登革热、黄热病及乙型脑炎的蚊虫，效果不佳。而烟剂及热烟雾剂，粒子直径大（微米级，比纳米级的气体分子直径大 3 个数量级，体积更是大 9 个数量级），遇明火会燃烧，药滴沉积残留，留下药液痕迹，污染被处理物及环境，甚至造成电器电子设备短路，使精密仪器损坏。

为此需要开发一种环保广谱新熏蒸剂，要求不破坏臭氧层，降低温室效应，不燃，一次处理就能达到广谱杀虫、灭鼠的目的，使杀虫与灭鼠多次操作变为一次处理完成，定量释放、保证剂量，效果优异，毒性很低，操作简单、安全可靠，以及不会在处理物表面残留药滴斑痕等。它能迅速杀死可能躲藏在各种类似密闭场所内的蚊、蝇、蟑螂、衣蛾、白蚁、谷蠹、赤拟谷盗、玉米象及老鼠等多种卫生及仓储害虫及啮齿动物。

二、现用集装箱熏蒸剂存在的缺点

（一）概述

目前国内在处理集装箱货物的消毒杀虫灭鼠工作中，主要采用虫菌畏、溴甲烷及硫酰氟三种药物单剂处理，操作时一般将药剂钢瓶（或容器）装在手推车上，由人力推着逐个对集装箱进行消毒或杀虫。操作中由人工将与钢瓶连接的软管的金属细针管通过集装箱门橡胶密封条穿透入箱内，然后旋开钢瓶阀门，以人工计时来控制药物释放剂量。

20 世纪 90 年代，国内卫生及动植物检验检疫系统都在寻找一种能同时消毒、杀虫及灭鼠的熏蒸剂，始终未取得进展。1996 年，笔者应上海卫生检疫局集装箱管理处张华浜之邀请，一起合作开发。

（二）现行熏蒸处理方法存在的弊端

多年来一直沿用的方法存在很多弊端，如人工（估计）计时释放药物剂量不准确，效果得不到保证。且施药时，使用单一药剂处理，存在以下的问题。

1）根据使用的药剂，或者只能杀虫，或者只能消毒，或者只能灭鼠，不能同时达到消毒杀虫灭鼠一次处理的目的。但病菌、害虫及老鼠等有害生物在集装箱中大都是混栖的情况多，不存在选择性单栖的情形。所以用现有的药剂及方法，要同时处理病菌、害虫及老鼠，就需要分别操作数次，费时费力，效率低，操作成本高，集装箱货主负担加重。

2）单一药剂，因其沸点及蒸气压不同，使用时受环境温度影响大，如溴甲烷在低于4℃时，就无法使用。

3）单一药剂的作用效果不佳，如药物在箱内货物中的穿透性及扩散性差，影响处理效果。

4）人工逐个进行操作处理，要等一个箱处理完后方能对下一个箱进行处理，效率低，劳动强度大。遇有较多箱需处理时，这种方法更不能满足及时处理的需要，必须延长集装箱留场时间，影响堆场的周转量，还增加货主的场地费用。

5）操作人员与药剂接触时间长，中毒危险性较大，不利于对工人的劳动卫生安全保护。

6）其中使用的溴甲烷，损耗大气臭氧层，属臭氧层损耗物质（ODS），已经被世界环保组织列入禁用淘汰范围之列。

（三）实际调查发现现用的药剂及处理方法实际效果存在不确定性

试验证明，按目前沿用药剂及剂量对集装箱做卫生处理，即使在保证规定剂量的情况下（排除人为计时因素误差），其实际效果也很差。表7-1列出了使用三种现用熏蒸剂，按沿用剂量对蚊、蝇与蜚蠊卫生害虫、老鼠及大肠杆菌在33.4m³空间进行的模拟现场试验结果。

试验结果已能充分证明，现用的熏蒸剂、剂量及处理方法，难以满足日益发展的集装箱卫生处理要求。

三、消杀灭复配熏蒸剂

（一）消杀灭复配熏蒸剂开发的目的

由于单剂药剂本身只有消毒、杀虫或灭鼠单一效果，为了兼顾消毒、杀虫、灭鼠，应采取药物复配的制剂。制剂复配效果要凭经验，更要通过大量繁复认真细致的试验筛选才能获得。而且药剂必须借助于器械的有效散布才能发挥作用。施药器械对最大限度地发挥药剂的应用效果具有十分关键的作用，两者的合理配合是达到良好防治效果的前提。所以，新药剂系统一方面采用药剂复配技术，另一方面选择药物与器械结合的方式，能够使药物与器械的配合使用效果达到最佳化。

（二）消杀灭复配熏蒸剂的处理方法及优点

1）按一箱一罐（或数罐）向集装箱内定量释放药物，剂量准确，保证处理效果。

2）采用药剂复配方法，消毒、杀虫与灭鼠三道工序一次操作处理完成，提高了处理效率，节省了处理时间，有利于快速提箱，提高堆场的周转利用率。

3）采用药剂复配方法，具有增效作用，减少了药剂用量，保证药剂处理效果。模拟现场试验及集装箱现场试验证实，复配制剂已达到100%的效果。表7-17为复配制剂的三次模拟现场试验结果，表7-18为集装箱现场试验结果。

表 7-17　消杀灭复配熏蒸剂对蚊、蝇、蠊、鼠及大肠杆菌的模拟现场 24h 试验结果

剂量（g/m³）	试验重复次数（次）		淡色库蚊	家蝇	德国小蠊	美洲大蠊	小白鼠	大肠杆菌
76	第一次	试验前头数	125	125	40	40	20	8
		试验后头数	0	0	0	0	0	0
		24h 死亡率（%）	100	100	100	100	100	100
	第二次	试验前头数	125	125	40	40	20	8
		试验后头数	0	0	0	0	0	0
		24h 死亡率（%）	100	100	100	100	100	100
	第三次	试验前头数	125	125	40	40	20	8
		试验后头数	0	0	0	0	0	1
		24h 死亡率（%）	100	100	100	100	100	87.50
	平均 24h 死亡率（%）		100	100	100	100	100	95.83
	对照组死亡率（%）		0	0	0	0	0	0

表 7-18　消杀灭复配熏蒸剂对集装箱空箱现场试验结果

集装箱编号	剂量（g/m³）	24h 杀灭率（%）			
		家蝇	德国小蠊	小白鼠	大肠杆菌
1	76	100.00	100.00	100.00	100.00
2	76	100.00	100.00	100.00	100.00
3	76	100.00	100.00	100.00	100.00
平均值		100.00	100.00	100.00	100.00
对照组		0.00	0.00	0.00	0.00

4）采用药剂复配方法后，充分发挥药剂之间的互补作用，使药剂释放不受环境温度影响，在 -30~40℃ 环境下均可操作使用。

5）采用一箱一罐的方式处理后，操作者只要将药剂金属导管插入箱内后打开阀门即可离开，继续进行下一箱处理，使操作人员与药物接触时间缩短，提高了对人的安全性。

6）由于减少了重复处理次数，缩短了对每箱的操作时间，加快集装箱周转速度，可以大幅度降低每箱处理成本，减轻货主负担。

7）材料国内自主供应，不需进口，价格便宜。

8）由于消杀灭复配熏蒸剂不采用对臭氧层有损耗的溴甲烷，无损大气臭氧层（这是当前国际环保的重点课题），大大降低了对环境的污染，是检验检疫工作中的一个突破。

综上所述，研究开发的集装箱消杀灭复配熏蒸剂系统具有良好的经济效益、社会效益和环境效益。

（三）结论

1）通过多项试验已证实，现用药剂与剂量，甚至加倍剂量均达不到对集装箱卫生处理的基本要求。

2）通过大量复配制剂的筛选试验，已经寻找出可以一次性对集装箱杀虫、消毒、灭鼠达到100%有效处理要求的三元组合消杀灭复配熏蒸剂。而且在这种复配制剂中，已剔除了对大气臭氧层有损耗，被蒙特利尔议定书列入要被淘汰替代，不久将禁止使用的溴甲烷，这对环保具有重要意义。

上述资料已先后公开发表在 2000 年及 2001 年《中国媒介生物学及控制杂志》及《中国国境卫生检疫杂志》上。该项目获得中华人民共和国国家出入境检验检疫局 2001 年 3 月"检验检疫科技成果奖"。

上述三元组合配方科技成果得到了国家检验检疫总局 2001 年重大科技成果奖，也是上海局三局合并后第一个重大科技成果奖。

（四）最佳药剂与器械配套性试验

为了进一步发挥药剂与器械良好搭配的整体性效果，尚需进行最佳药械配套性试验；针对几种典型的集装箱进行实箱效果试验，以寻求针对不同情况所需的最佳剂量；进行复配制剂的温度压力特性试验；进行复配制剂的毒理试验；进行复配制剂的易燃易爆安全性试验等。

四、消毒杀虫灭鼠一体复配熏蒸剂试验结果

（一）对蚊、蝇、蠊、白蚁、黑皮蠹、衣蛾及鼠的实验室试验结果

试验结果数据见表 7-19。

表 7-19　对蚊、蝇、蠊、白蚁、黑皮蠹、衣蛾及鼠的实验室试验结果

试验样品	试虫数（只）	KT_{50}（min）（上限—下限）	24h 死亡率（%）	24h 复苏率（%）	48h 复苏率（%）
致乏库蚊	100	3.6（4.0—3.1）	100.0	0.0	0.0
家蝇	100	2.2（2.4—2.0）	100.0	0.0	0.0
德国小蠊	100	4.2（4.8—3.7）	100.0	0.0	0.0
衣蛾	100	3.3（3.7—2.9）	100.0	0.0	0.0
黑皮蠹	20	1.2（1.4—1.1）	100.0	0.0	0.0
家蚁	100	1.2（13—1.1）	100.0	0.0	0.0
大白鼠	10	3.1（3.5—2.8）	100.0	0.0	0.0
对照组		0	0	0	0

注：以上数据为 3 次试验平均值。

（二）对蚊、蝇、蠊、白蚁、黑皮蠹、衣蛾及鼠的模拟现场试验结果

试验结果数据见表 7-20。

表 7-20　对蚊、蝇、蠊、白蚁、黑皮蠹、衣蛾及鼠的模拟现场试验结果

试验样品	试虫数（只）	30min 击倒率（%）	24h 死亡率（%）	24h 复苏率（%）	48h 复苏率（%）
致乏库蚊	100	100.0	100.0	0.0	0.0
家蝇	100	100.0	100.0	0.0	0.0
德国小蠊	100	98.0	100.0	0.0	0.0
衣蛾	100	100.0	100.0	0.0	0.0
黑皮蠹	20	100.0	100.0	0.0	0.0
家蚁	100	99.8	100.0	0.0	0.0
大白鼠	10	99.8	100.0	0.0	0.0
对照组		0	0	0	0

注：以上数据为 3 次试验平均值。

（三）对大肠杆菌及金黄色葡萄球菌的试验结果

试验结果见表 7-21 和表 7-22。

表7-21 对大肠杆菌及金黄色葡萄球菌的实验室试验结果

菌种	试验次数	对照组回收菌（cfu/片）	作用不同时间的杀灭率（%）		
			5h	7h	9h
大肠杆菌	1	8.75×10^5	99.96	99.99	100
	2	2.15×10^6	99.95	99.99	100
	3	3.50×10^6	99.95	99.99	100
	均值	2.18×10^6	99.95	99.99	100
金黄色葡萄球菌	1	6.75×10^5	99.59	99.98	100
	2	1.95×10^6	99.85	99.99	100
	3	8.25×10^6	99.77	99.98	100
	均值	1.15×10^6	99.78	99.98	100

表7-22 对大肠杆菌及金黄色葡萄球菌的模拟现场试验结果

菌种	试验次数	对照组回收菌（cfu/片）	24h杀灭率（%）				
			东	南	西	北	中
大肠杆菌	1	3.75×10^6	100	100	100	100	100
	2	6.25×10^5	100	100	100	100	100
	3	2.10×10^6	100	100	100	100	100
	均值	2.10×10^6	100	100	100	100	100
金黄色葡萄球菌	1	6.25×10^5	100	100	100	100	100
	2	1.95×10^6	100	100	100	100	100
	3	2.10×10^6	100	100	100	100	100
	均值	2.16×10^6	100	100	100	100	100

（四）现场试验结果

试验结果数据见表7-23及表7-24。

表7-23 $33m^3$ 及 $67m^3$ 现场试验结果

试验样本	样本数	12h及24h死亡率（%）	对照组死亡率（%）	48h复苏率（%）
蚊子	100	100	0	0
家蝇	100	100	0	0
德国小蠊	100	100	0	0
黑皮蠹	50	100	0	0
衣蛾	50	100	0	0
白蚁	100	100	0	0
鼠	10	100	0	0

表7-24 12h及24h杀灭率

菌种	东	西	中	南	北
大肠杆菌	99.9%	99.9%	99.9%	99.9%	99.9%
金黄色葡萄球菌	99.9%	99.9%	99.9%	99.9%	99.9%
对照组	0	0	0	0	0

它可将消毒、杀虫、灭鼠从分别作三次处理变为一次性有效处理，大大提高了处理效率。具有良

好的环保效益、经济效益及社会效益。

五、杀虫除鼠复配熏蒸剂

（一）开发目的

由于 2001 年国家检验检疫总局发文规定，在熏蒸剂中环氧乙烷用量不得大于 10%，根据卫生部 2002 年消毒规范要求，已达不到杀灭大肠杆菌的效果，更不能杀灭金黄色葡萄球菌了。因为消杀灭配方中的其他两个组分硫酰氟和二氧化碳都不是杀菌剂，没有消毒杀菌功能。

因而将配方中消毒杀菌功能删除，加入其他杀虫有效成分，使杀虫范围从卫生害虫扩大到广谱杀虫，保留灭鼠功能。

通过国内两地实验室和模拟现场药效试验，显示用同样剂量一次处理对卫生害虫、仓储害虫、林业害虫，以及啮齿动物（鼠）都有良好的杀灭效果，能满足集装箱内各种害虫随机混栖熏蒸处理的需要。

同时，毒理检测提示，按我国毒性分级，它属低毒以下，与高毒的甲基溴及中毒的硫酰氟相比，安全性大大提高。可以替代甲基溴，为解决全球性这一难题迈出了可喜而有效的一步。

（二）药效试验

1. 实验害虫

库蚊、家蝇、德国小蠊、衣蛾、黑皮蠹、白蚁、白鼠、赤拟谷盗、天牛、果蝇。

2. 试验方法

1）实验室：玻璃方箱法（0.34m³）。

2）模拟现场：28m³（图 7 - 4）。

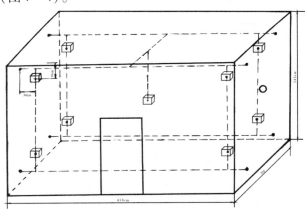

图 7 - 4 模拟现场

模拟现场试验中将试验靶标分上部东南西北四个点，下部东南西北四个点及中央一个点共 9 个点平均分布。

3）现场试验：20 英尺集装箱，33.4 m³，试虫放置方式同模拟现场。

3. 试验条件

温度：（26 ±1）℃；

湿度：（60 ±5）% RH；

每个试验均重复 3 次，并做空白对照。

4. 试验结果

（1）实验室试验结果

实验室试验结果见表 7 - 25、表 7 - 26 中的数据。

表 7 - 25　第一省地试验结果

试虫及鼠	试虫数	1h 击倒率（%）	24h 死亡率（%）	48h 复苏率（%）	72h 复苏率（%）	空白对照
库蚊	20	100.0	100.0	0	0	0
家蝇	20	100.0	100.0	0	0	0
德国小蠊	20	100.0	100.0	0	0	0
衣蛾	20	100.0	100.0	0	0	0
黑皮蠹	20	100.0	100.0	0	0	0
白蚁	20	100.0	100.0	0	0	0
大白鼠	5	100.0	100.0	0	0	0
赤拟谷盗	20	100.0	100.0	0	0	0
天牛	20	100.0	100.0	0	0	0
果蝇	20	100.0	100.0	0	0	0

表 7 - 26　第二省地试验结果

试虫及鼠	试虫数	KT_{50}（min）	KT_{50} max	24h 死亡率（%）	空白对照
库蚊	20	3.6	4.0	100.0	0
家蝇	20	2.2	2.4	100.0	0
德国小蠊	20	4.2	4.8	100.0	0
衣蛾	20	1.2	1.4	100.0	0
黑皮蠹	20	1.2	1.3	100.0	0
白蚁	20	3.3	3.7	100.0	0
大白鼠	10	3.1	3.5	100.0	0
赤拟谷盗	10	4.5	4.9	100.0	0
天牛	20	3.3	3.5	100.0	0
果蝇	20	2.3	2.5	100.0	0

（2）模拟现场试验结果

模拟现场试验结果见表 7 - 27、表 7 - 28 中的数据。

表 7 - 27　第一省地试验结果

试虫及鼠	试虫数	1h 击倒率（%）	24h 死亡率（%）	48h 复苏率（%）	72h 复苏率（%）	空白对照
库蚊	90	100.0	100.0	0	0	0
家蝇	90	99.7	100.0	0	0	0
德国小蠊	90	85.0	100.0	0	0	0
衣蛾	90	100.0	100.0	0	0	0
黑皮蠹	90	99.8	100.0	0	0	0
白蚁	90	100.0	100.0	0	0	0
大白鼠	45	100.0	100.0	0	0	0
赤拟谷盗	90	100.0	100.0	0	0	0
天牛	45	100.0	100.0	0	0	0
果蝇	90	100.0	100.0	0	0	0

表 7-28　第二省地试验结果

试虫及鼠	试虫数	30min 击倒率（%）	24h 死亡率（%）	空白对照	48h 复苏率（%）	72h 复苏率（%）
库蚊	90	100.0	100.0	0	0	0
家蝇	90	99.7	100.0	0	0	0
德国小蠊	90	85.0	100.0	0	0	0
衣蛾	90	100.0	100.0	0	0	0
黑皮蠹	90	99.8	100.0	0	0	0
白蚁	45	100.0	100.0	0	0	0
大白鼠	90	100.0	100.0	0	0	0
赤拟谷盗	90	100.0	100.0	0	0	0
天牛	45	100.0	100.0	0	0	0
果蝇	90	100.0	100.0	0	0	0

（3）现场试验结果

现场试验结果见表 7-29 中的数据。

表 7-29　现场试验结果

试虫及鼠	试虫数	24h 死亡率（%）	空白对照	48h 复苏率（%）	72h 复苏率（%）
库蚊	90	100.0	0	0	0
家蝇	90	100.0	0	0	0
德国小蠊	90	100.0	0	0	0
衣蛾	90	100.0	0	0	0
黑皮蠹	90	100.0	0	0	0
白蚁	90	100.0	0	0	0
大白鼠	45	100.0	0	0	0
赤拟谷盗	90	100.0	0	0	0
天牛	45	100.0	0	0	0

六、苯醚·硫酰氟复配熏蒸剂

（一）硫酰氟在国内外的使用情况

1. 硫酰氟在美国、日本、德国、瑞典、澳大利亚、英国等国的使用情况

美国最早生产与使用硫酰氟，目前已注册用于控制多种有害生物，包括木白蚁、衣蛾、皮蠹、粉蠹、天牛、臭虫、钻蛀虫、蜱、蜚蠊、啮齿动物等。应用场所主要为住宅（包括活动房）、建筑物（包括博物馆、图书馆、档案馆、医学实验室、科学研究所等）、家具（家庭用品）、建筑材料、集装箱、交通工具（除飞行器）等。大约有 85% 以上的建筑物用硫酰氟熏蒸处理。在白蚁的控制方面，它已基本替代了甲基溴。

澳大利亚也是硫酰氟使用较多的国家之一，主要用于杀灭建筑物、集装箱、木制品、带木垫的机械设备、仪器、电子设备及有橡胶成分的精密仪器中的各类仓储害虫、白蚁、木材蛀虫等有害生物。

日本、英国、德国、瑞典及加勒比海诸国等，将硫酰氟主要应用于建筑物的熏蒸处理，德国每年熏蒸处理古建筑，主要为教堂。

令人感到困惑的是，美国陶氏益农公司所公布的各种材料中没有硫酰氟对蚊虫的处理效果。在列出的可控制害虫的品种中，对用于控制蚊虫只字不提。国外各种有关文献列出了硫酰氟对许多害虫的

处理及应用，都只是重点介绍了它对仓储害虫及老鼠的防治效果，但却回避了对蚊虫的处理及效果。

2. 硫酰氟在国内的使用情况

国内两个硫酰氟生产厂，其工厂技术资料中都没有硫酰氟对蚊虫处理有效的资料。

国内的文献报道，如熏蒸剂专家徐国淦所编的《病虫害熏蒸处理技术》中，列出了硫酰氟对许多害虫的处理剂量及其效果，唯独没有提到它对蚊虫的处理及效果。

（二）开发目的

1. 通过复配，弥补硫酰氟对蚊虫的控制效果空白，扩大防治有害生物的范围，使它更为广谱

在总结国内外同类产品和大量实验基础上，笔者等人经过十多年寻求探索，经过实验室、模拟现场、集装箱现场、毒理学试验，研制成功新一代熏蒸制剂——苯醚·硫酰氟复配熏蒸剂。

0.40% 苯醚菊酯加 CO_2 的混合制剂，以 $20g/m^3$ 的剂量对躲在集装箱及其他密闭场所的卫生害虫如蚊、蝇及蜚蠊有良好效果。但对灭鼠无效，而鼠类在集装箱及其他密闭场所内的躲藏概率不低。

硫酰氟对多种害虫有不同效果，但对蚊虫杀灭效果欠佳，以 $24g/m^3$ 剂量处理，对淡色库蚊 24h 的死亡率仅为 55.20%（1997，上海）；以 $50g/m^3$ 剂量处理，对淡色库蚊 24h 的死亡率仅为 66.70%（2011，北京），而蚊虫是疾病的最主要传播媒介之一。国内外有关硫酰氟的资料上都未提及对蚊虫的处理及效果。

2011 年 1 月中国疾病预防控制中心传染病预防控制所专门将硫酰氟对蚊蝇及蜚蠊的效果做了测试，结果显示以 $50g/m^3$ 剂量，对淡色库蚊 24h 的死亡率仅为 66.7%；对家蝇 24h 的死亡率为 53.3%；对德国小蠊 24h 的死亡率为 50.0%。

但它对老鼠有良好的致死效果，当鼠与高浓度硫酰氟长时间接触后，中枢神经被抑制，呼吸系统受刺激，随后出现肺水肿导致死亡。加入二氧化碳后，能够使鼠产生窒息而加快死亡。

经过多年研究试验证实，复配后各个组分之间具有互补作用，扩大杀虫谱，能满足对躲藏在集装箱及其他密闭场所多种害虫与鼠类的处理要求。

2. 通过复配，降低硫酰氟的温室效应及其他潜在危害

在复配熏蒸剂中将硫酰氟组分的用量降低到 50% 以下，有利于降低它的温室效应，同时也可以减少它的大量使用产生的其他潜在危害。

（三）结果

本产品的开发符合环保要求，杀虫广谱。能有效地杀死可能躲藏在集装箱及各种类似密闭场所内的蚊、蝇、蟑螂、衣蛾、白蚁、谷蠹、赤拟谷盗、玉米象及老鼠等多种害虫及啮齿动物。

三者混合后毒性大为降低，经中国疾病预防控制中心试验结果：大白鼠急性吸入浓度（LC_{50}）大于 $10000mg/m^3$，根据国家标准 GB15670 - 1995《农药登记毒理学试验方法》及农业部 2007 年《农药登记资料规定》中对急性吸入毒性分级标准，属微毒级。同时将硫酰氟的温室效应降低了 50% 以上。

（四）苯醚·硫酰氟复配熏蒸剂的特点

1）符合环保要求，无损臭氧层，并将硫酰氟的温室效应降低了 50% 以上。

2）杀虫广谱，用同一药剂一次熏蒸处理能同时有效杀灭可能混藏在各类密闭场所内的卫生害虫（蚊、蝇、蟑螂），仓储害虫（谷蠹、玉米象、赤拟谷盗），林业害虫（天牛），果虫（果蝇）及其他害虫（衣蛾、白蚁）和鼠类（老鼠）。

3）使用安全，产品为世界卫生组织推荐成分，经中国疾病预防控制中心传染病预防控制研究所试验结果：对雌雄 SD 大白鼠急性吸入浓度（LC_{50}）大于 $10000mg/m^3$，属微毒级，比一般杀虫气雾剂的毒性低。因而大大降低了对操作者及环境的毒性危害，从剧毒（磷化氢），高毒（甲基溴），中毒（硫酰氟）降为微毒。

4）扩大了使用范围，如特种军备环境（军事设备及设施等密闭场所，如武器库，潜水艇，火箭发射基地等）宾馆餐厅与厨房及电气间等特殊场所灭蟑及鼠等，而单用硫酰氟及溴甲烷是不行的。

5）各组分均不燃，遇明火也不会燃烧，使用安全。不同于有可燃物质的烟剂及热烟雾剂。

6）可根据需要，定量释放处理，流水操作，提高了处理效率及流转速度。

7）穿透力强，喷出物粒子直径为气体分子级（<1nm），可穿过各种缝隙，无孔不入，可以有效杀灭躲藏在深处的各种害虫，这是烟剂、热油雾剂及喷射剂等其他剂型无法到达的。

8）在低温下（-40℃）也能进行药剂释放处理，不受环境温度影响。

9）使用方便，估算体积，定量释放即可。

（五）可以及需要使用的场所

1）特种军备环境（军事设备及设施等密闭场所），如高端精密仪器、高级电子设备室，飞机、轮船、火车、发射舱、潜艇、坦克、电子对抗设备、航天器、坑道，各类电子、电器设备间。

2）对毒性及安全性要求高的场所，如宾馆餐厅与厨房及电气间等特殊场所灭蟑及鼠等。

3）建筑物、图书与档案文物等存放场所的有害生物处理，对贵重档案、字画、图书等不会产生损害。

4）集装箱及舰船、车厢及飞机舱等运载工具的检验检疫。

5）粮仓及烟草仓库等类似密闭仓库的有害生物处理。

6）农村地膜大棚。

7）其他类似密闭场所。

苯醚·硫酰氟复配熏蒸剂的研制成功，是对各种类似密闭场所有害生物处理中甲基溴替代的一个重大突破，有利于加速中国乃至世界集装箱检疫处理及类似密闭场所熏蒸剂处理中臭氧损耗替代工作的进程。

（六）苯醚·硫酰氟复配熏蒸剂的试验结果

经中国疾病预防控制中心传染病预防控制研究所对蚊、家蝇、蜚蠊的室内药效试验：24h死亡率均为100%。

模拟现场药效试验：淡色库蚊、家蝇、蜚蠊1h击倒率均为100%，24h死亡率均为100%。

经湖南省疾病预防控制中心对蚊、蝇、蜚蠊、黑皮蠹及白蚁的室内药效试验：24h死亡率均为100%。

模拟现场药效试验：蚊、蝇、蜚蠊、黑皮蠹及白蚁1h击倒率均为100%，24h死亡率均为100%。

经国家粮食储备局成都粮食储藏科学研究所及广东粮食科学研究所对谷蠹、赤拟谷盗、玉米象熏蒸处理结果：24h死亡率及校正死亡率均为100%。

经中国疾病预防控制中心试验结果：对雌雄SD大白鼠急性吸入浓度（LC_{50}）大于10000mg/m³，属微毒级。

全军疾病预防控制所模拟现场药效试验结果如表7-30。

表7-30　苯醚·硫酰氟熏蒸剂模拟现场不同施药剂量效果

试虫	施药不同时间（h）击倒或致死情况		
	20g/m³	10g/m³	5g/m³
淡色库蚊	2min全部击倒，5min全部死亡		5min击倒30%，8min击倒80%，10min全部击倒，12min全部死亡
家蝇	1.5min全部击倒，5min全部死亡	—	
德国小蠊	5min击倒30%，10min击倒80%，15min全部击倒，30min全部死亡	—	10min击倒30%，20~30min击倒80%，1h全部击倒，死亡90%，3h全部死亡

续表

试虫	施药不同时间（h）击倒或致死情况		
	20g/m³	10g/m³	5g/m³
黑皮蠹	20min 击倒 20%，30min 击倒 50%，1h 击倒 80%，2h 全部死亡	30min击倒30%，1h 击倒85%，2h 全部击倒，24h 死亡率100%	30min 击倒 20%，1h 击倒 90%，2h 全部击倒，24h 死亡率 80%，48h 死亡率 80%，72h 死亡率 100%，击倒者无复苏现象
褐家鼠	5min 时出现中毒症状，表现兴奋蹿跳，1h 部分因兴奋抽搐后瘫痪，部分死亡，部分全身和四肢抽搐、翘尾、呼吸困难、流涎明显、坐站不稳，2h 全部死亡	10min 出现轻度呼吸困难，1h 中毒症状明显，2h 出现死亡，死亡时间集中在 2～3h，死亡率为 25%。未死亡者 24h 恢复正常活动	10min 出现轻微呼吸困难，小白鼠相对明显些，20～30min 小白鼠呼吸困难明显，1h 中毒症状缓解，24h 均恢复正常活动
小白鼠	5min 时出现中毒症状，表现兴奋蹿跳，30min 呼吸困难，1h 全部死亡		
小黑鼠	5min 时出现中毒症状，表现兴奋蹿跳，30min 全部死亡		

注：与放置高度关系不明显。

　　试验结果表明，苯醚·硫酰氟熏蒸剂对蚊、蝇、蟑、蠹虫等有害节肢动物的推荐使用剂量为 5g/m³，鼠类等有害啮齿动物的推荐使用剂量为 20g/m³。

　　全军疾病预防控制所现场灭蟑药效试验结果如表 7-31。为了观察苯醚·硫酰氟熏蒸剂现场熏蒸灭蟑效果，选择具有代表性的某宾馆餐厅特殊场所施用一定剂量观察一定时间蟑螂密度变化。结果显示对蟑螂现场使用 10～20g/m³ 剂量，标示蟑螂 6～72h 死亡率为 88.04%～100%，处理后 72h 现场蟑螂密度平均下降率为 82.46%～98.09%。可见苯醚·硫酰氟熏蒸剂可用于密闭场所灭蟑。

表 7-31　苯醚·硫酰氟熏蒸剂餐厅操作间现场灭蟑药效试验结果

部位与体积		施药前平均密度指数 CDI	按 10g/m³ 剂量施药的防效		
楼层	体积（m³）		施药 6h 后（次日早晨）	施药 72h 后	
				CDI	防效（%）
2 层	370	9.13	目测可见许多蟑螂击倒死亡，也见有少量在爬行	1.73	81.05
4 层	350	9.21		1.07	88.38
6 层	410	11.43		2.43	78.74
平均值	—	9.92		1.74	82.46
			按 20g/m³ 剂量施药的防效		
3 层	356	12.62	目测可见众多蟑螂击倒死亡，有个别爬行	0.0	100
5 层	408	6.77		0.23	96.60
另楼 12 层	420	5.18		0.12	97.68
平均值	—	8.19		0.12	98.09

注：每层基本包括后厨与面点间，高 2.5m。楼道外垃圾箱底有残存蟑螂。

　　现场杀灭标示蟑螂结果，按 20g/m³ 剂量施药 6h 蟑螂平均死亡率为 97.78%，72h 后死亡率 100%，结果见表 7-32。

表 7 - 32　苯醚·硫酰氟熏蒸剂现场杀灭标示蟑螂试验结果

部位与体积		只数	按 10g/m³ 剂量施药不同时间平均杀灭率（%）	
位置	体积（m³）		6h 后（次日早晨）	72h
2 层	370	120	76.67	85.00
4 层	350	118	93.22	96.61
6 层	360	120	75.83	82.50
平均值	—	—	81.91	88.04
			按 20g/m³ 剂量施药不同时间平均杀灭率（%）	
3 层	350	120	98.33	100.0
5 层	320	120	100.0	100.0
另楼 12 层	420	120	95.00	100.0
平均值	—	—	97.78	100.0

硫酰氟浓度检测结果显示，施药后施药空间浓度很高，楼道和施药者体表有一定残留，但低于安全允许浓度，结果见表 7 - 33。

表 7 - 33　苯醚·硫酰氟熏蒸剂现场灭蟑试验后硫酰氟的残留量检测结果

楼层与部位	施药剂量 20g/m³ 不同部位、时间空气中硫酰氟含量（mg/L）							
	房间内		房间门口		楼道或楼梯口		施药者体表	
	施药后 5 ~ 30min	施药后 6h	施药后 5 ~ 30min	施药后 6h	施药后 5 ~ 30min	施药后 6h	施药后 5 ~ 30min	施药后 6h
3 层	>500	300 ~ 80	50 ~ 20	0	40	0 ~ 30	60 ~ 20	0 ~ 5
5 层		480 ~ 130	>500 ~ 205*	0	500*	0 ~ 15		
另楼 12 层		80 ~ 40	25 ~ 0	12	0	0		

注：1. ＊为服务人员开启封闭胶条入室洗碗约 3min，气体外泄所致，服务员无不良反应。
　　2. 室内开窗通风后检测仪指示迅速回零（室外风速 4 ~ 5 级，5 ~ 10m/s）。
　　3. 试验场所位于某市一宾馆，餐厅为宾馆西侧相对独立的 6 层楼，2 ~ 5 层均有一操作间提供主副食、冷热菜，室内炊事工具、设备较多，密闭性较好。平时用胶饵施药，但蟑螂密度仍较高。场所具有一定代表性。

餐厅等特殊场所灭蟑螂是一件较为复杂的工程，食物丰富，使用饵剂效果不明显，烟雾剂、热雾剂、滞留喷洒易造成食品、炊事器械和环境污染，防治效果也不够理想。寻找和使用新型药物及剂型很有必要。

试验结果表明，苯醚·硫酰氟熏蒸剂用于现场密闭场所灭蟑具有高效性，为餐厅、操作间等其他方式灭蟑困难的特殊场所灭蟑提供了一高效、安全、方便的新剂型。

作为熏蒸气体制剂，使用环境的密闭性很关键，现场应用情况复杂，很难做到"绝对"密闭，因此施药剂量要略高于实验室推荐剂量。必要时可采用连续动态监测施药空间有效成分浓度。

在时间上，对单位或宾馆、饭店餐厅操作间，一般可在晚上 12 时到早上 6 时熏蒸，浓度适当提高，即可达到 CT 值。

现场试验同时表明该制剂的安全性（$LC_{50} > 10000mg/m^3$），操作者及其他工作人员等与药物接触后均无不良反应。

（七）其他技术指标

1. 喷出率和产品内压

分别对 10 瓶产品在 25℃时，及在常温下储存半年后的 5 瓶（6# ~ 10#）产品做了检测，结果显示产品内压、喷出率性能稳定。

产品包装用钢瓶耐压达到15.0MPa，符合二氧化碳用钢瓶技术规范。检测结果如表7-34。

表7-34 产品喷出率及内压检测结果

序号	喷出率（%）	内压，25℃（MPa）	序号	喷出率（%）		内压，25℃（MPa）	
				灌装后	半年后	灌装后	半年后
1#	99.99	4.7	6#	99.99	99.9	4.64	4.65
2#	99.99	4.6	7#	99.99	99.9	4.81	4.80
3#	99.99	4.8	8#	99.99	99.9	4.80	4.78
4#	99.99	4.4	9#	99.99	99.9	4.75	4.75
5#	99.99	4.5	10#	99.99	99.9	4.68	4.68

注：6#~10#产品为灌装后及常温贮存半年后测得数据。

2. 稳定性

配方中的苯醚菊酯在二氧化碳中的加入量仅为它在二氧化碳中极限溶解度的60%，所以达到充分溶解。

硫酰氟在400℃以下稳定。

另据国外文献报道，使用二氧化碳对硫酰氟复配，以稀释硫酰氟的浓度，显示它们相溶。二氧化碳本身具有惰性，不会与它们起化学反应。

贮存一年后喷出率及压力试验，以及热贮稳定性（54℃±2℃，14d）显示，产品稳定性好。

（八）苯醚·硫酰氟复配熏蒸剂与常用熏蒸剂及其他剂型的比较

1. 苯醚·硫酰氟熏蒸剂与硫酰氟对比（表7-35）

表7-35 苯醚·硫酰氟熏蒸剂及使用方法与硫酰氟对比

	苯醚·硫酰氟熏蒸剂	硫酰氟
温室效应	比硫酰氟降低一半	是二氧化碳的4870倍
毒性	微毒	中毒
药物释放	定量，剂量及效果有保证	剂量控制不方便，效果难保证
效果分布	药剂在处理的整个密闭空间上中下分布均匀，各处效果无差异 ①气体相对密度≈2.4（空气为1） ②蒸气压高，4.8MPa（25℃）	上部效果低于下部效果，有明显差异 ①气体相对密度3.5 ②蒸气压低，1.8MPa（25℃）
杀虫广谱性	对蚊虫作用快	对蚊虫反应迟钝
处理方式及效率	①一箱一罐、流水作业、效率高 ②可直接装车运走，只需1min，不占场地，节省费用 ③可同时对堆高四、五层的集装箱全部或部分抽查处理，无需搬动	

2. 苯醚·硫酰氟复配熏蒸剂与常用熏蒸剂及其他剂型的比较（表 7-36）

表 7-36 苯醚·硫酰氟复配熏蒸剂与常用熏蒸剂、烟剂及热油雾剂比较

	苯醚·硫酰氟复配熏蒸剂	甲基溴与硫酰氟	磷化氢	烟剂	热油雾剂
技术先进性	①自主知识产权、具有高度创新性，填补国内外空白，处于世界领先水平。突破了世界寻找甲基溴替代物的难点 ②在 -25~+45℃ 之间均可使用，避免了在低温时加热而产生的危险性	①传统方法，不能保证有效处理及满足发展需要 ②环境温度低于 5~10℃ 时使用困难	传统方法	传统方法	传统方法
环保	不破坏臭氧层	甲基溴破坏臭氧层；硫酰氟温室效应很高，是二氧化碳的 4870 倍			
有效性	用同一剂量处理，对蚊、蝇、蟑螂、黑皮蠹、白蚁、老鼠及仓储害虫玉米象、谷蠹、赤拟谷盗等，24h 都能达到 100% 致死率	硫酰氟对老鼠有优异的致死效果，对多种害虫也有不同效果，但对蚊虫杀灭效果不佳，而蚊虫是疾病的最主要传播媒介之一；杀虫用 50~80g/m³ 甲基溴或 20~60g/m³ 硫酰氟还不到规定效果		不能保证有效处理及满足发展需要；对老鼠无致死效果	不能保证有效处理及满足发展需要；对老鼠无致死效果
雾滴粒径	纳米级	纳米级~微米级	纳米级~微米级	微米级	微米级
穿透性	优异	优良	一般	一般	
效果	广谱优异	有选择性	有局限性	不广谱	不广谱
毒性及安全性	①由高毒农药改为微毒以下的复配药剂。LC_{50} 大于 10000mg/m³ ②减少了操作者与药的接触时间，降低了中毒危险性 ③降低了人员劳动保护费用及要求	①甲基溴属高毒农药 ②硫酰氟属中毒农药 ③操作者与药的接触时间长 ④劳动保护要求严，费用高	剧毒，使用受到严格控制		
残留污染	无	无	无	严重	严重
使用剂量	10~30g/m³	甲基溴 50~100g/m³；硫酰氟 20~60g/m³			
效率	效率高，速度快	效率低，不能保证有效处理及满足发展需要	效率低，不能保证有效处理及满足发展需要	效率低，不能保证有效处理及满足发展需要	效率低，不能保证有效处理及满足发展需要
易燃易爆	不燃	不燃		易燃	易燃
劳动保护费用及要求	降低了人员劳动保护费用及要求	①操作者与药的接触时间长 ②劳动保护要求严，费用高			
综合成本	综合成本大大降低，可以处理更多的集装箱	综合成本高			

第十一节　将一般杀虫剂复配成熏蒸剂的技术

一、基本理论依据

一般杀虫剂常见的有两种形态：液态与固态。前者多为油性液体，后者以粉末状态为主。杀虫剂一般不直接使用，需要将它稀释后，依靠外力才能粉碎成为所需大小的药滴。它自身没有粉碎能力，如化学熏蒸剂是依靠它在被压缩时的汽化潜能，或利用它的升华特性而粉碎。

如用它来处理躲在各种密闭场所中的有害生物时，需要药滴有良好的穿透和扩散能力。此时可以把它作为复配熏蒸剂的一个组分，溶解在二氧化碳或者其他化学熏蒸剂液态中，使它们相互溶解成为一个均匀液态相，释放时借助储存在液态二氧化碳或者化学熏蒸剂中的强大汽化潜能，将其汽化成为纳米级大小的气体分子级药物微滴（而不是将它们分散成为气体分子）。这样它就具备了很好的运动特性，如穿透和扩散性能，也就具备了熏蒸剂的功能，可以用来熏蒸处理躲在各种密闭场所内的有害生物。

不是任何的油性液体或者固体粉末都会，或者可以溶解在二氧化碳/化学熏蒸剂液态中的，例如氯菊酯以及沙子就不会溶解在二氧化碳/化学熏蒸剂液态中。必须通过试验才能获得何种油性液体，或者固体粉末是否会，或者可以溶解在二氧化碳/化学熏蒸剂液态中。

这一点不是本领域中任何技术人员都了解的。只有对专业很熟悉，而且基础知识扎实，实践经验丰富的技术人员，才能掌握这种开发研究过程。

二、复配技术的作用

1）可以提高或者改善对有害生物的防治效果，扩大防治谱。如将苯醚氰菊酯与硫酰氟复配，可以弥补硫酰氟对蚊虫防治效果不良的问题。

2）调整它的毒力，同时符合环保要求。将拟除虫菊酯类杀虫剂与熏蒸剂复配，加上其他辅助成分，毒性从中毒降低为微毒，符合环保熏蒸剂低毒安全的发展方向。

3）有利于提高复配制剂的生物效果，有利于降低施药成本。例如硫酰氟与二氧化碳复配，在处理老鼠过程中，可以加快老鼠窒息死亡的速度。还可以降低药剂成本。

在杀虫剂与熏蒸剂之间进行复配，还没有相关文献报道。因为大多数化学熏蒸剂都是蒸气压较高的液化气，将它们与一般杀虫剂复配时，必须在压力容器中全封闭状态下进行盲配。

通过复配后，它的效果往往比单剂使用好，毒性可能降低，以硫酰氟为例，它对蚊虫的效果不好，毒性高，将它与菊酯类药物复配后，杀灭蚊虫效果很好，毒性降为微毒（$LC_{50} > 10000mg/m^3$）。

通过复配将硫酰氟的毒性降为微毒，扩大了它的适用领域，可以广泛应用在宾馆等公共场所甚至家庭使用，提供了一种新的有害生物控制途径。也可以应用在特种军备场合及其他安全性要求高的场所。而且复配成新的制剂后更环保，可以降低硫酰氟的温室效应，以及其他潜在毒性危害。

所以采用复配技术来开发新的熏蒸剂剂型，比开发一种新熏蒸剂具有同等、甚至更高的价值，而且成本极大地降低，周期缩短了许多。这是现代农药开发中一个鲜为人知的新途径。

三、复配技术对于开发环保熏蒸剂具有特别重要的意义

1）因为熏蒸剂品种少，现在可用于各类重要密闭场所有害生物处理的熏蒸剂很少，不少重要场合及特种场所正处于没有环保低毒高效的熏蒸剂可以使用的局面。

2）目前常用的几个熏蒸剂有着严重的环保及其他危害。

3）要开发一个新的环保低毒高效熏蒸剂，比开发一般杀虫剂的难度高得多，这也是甲基溴至今没

有找到合适的替代物的最重要原因之一。

所以发展环保熏蒸剂已被列入国家农药产业政策（2010年6月）。

四、一般杀虫剂与熏蒸剂之间的复配

（一）概述

1）杀虫剂按照形态，可以分为固态、液态及气态三类。

按照作用原理，可以分为胃毒剂、触杀剂及熏蒸剂三大类。

胃毒剂及触杀剂大多数为液态及固态，化学熏蒸剂以液化气为主，而固态熏蒸剂具有升华作用，直接从固态升华成气体分子药粒。

2）杀虫剂一般不可直接使用，需要将它稀释后，依靠外力才能分散成为所需大小的药滴。它自身没有分散能力，而熏蒸剂是依靠它在被压缩时的汽化潜能，或利用它的升华特性变成气体分子药滴。这种外力有多种，如热、电动力、离心力、汽化力及液力等，不是只有加热或者吸热一种途径才能使得杀虫剂蒸发、挥发或分散。不同外力产生的药滴大小是不同的。用哪种外力，取决于所需的药滴大小，处理的生物种类及其活动习性，所处的环境等多方面。

将菊酯类杀虫剂制成为气雾剂、喷雾剂使用时，微米级大小的药滴可由抛射剂产生的液力来分散（或称之为雾化）。如用它来处理躲在各种密闭场所中的有害生物时，需要它的药滴具有良好的穿透和扩散能力。如果把液态或固态杀虫剂分散成为纳米级大小的药滴，它们就具有很好的穿透性和扩散性，具备了熏蒸剂的功能。在复配熏蒸剂中，它们已经不再单独存在，此时它已经完全溶解在熏蒸剂液态相中成为一个均匀相，不需要吸热，而是依靠二氧化碳或者熏蒸剂液态中储存的巨大的汽化能量达到分散为纳米级气体动力学分子大小的。

3）药滴包含三个方面：大小、物态及杀虫有效成分。

不管哪一种杀虫剂，它能够杀灭有害生物的关键是其药滴本身所包含的活性成分，不是药滴的大小或者它的物质状态（气态，液态或者固态）。

药滴大小关系到它的运动特性，在使杀虫剂与有害生物达到有效接触中起到了重要作用；还能够改变杀虫剂的剂型。物质状态则有助于使杀虫剂进一步渗入有害生物神经中枢，所以它们是使药滴中的活性成分杀灭有害生物的帮手。

（二）复配熏蒸剂的基本原理

1）化学熏蒸剂大多呈液相态存储在压力容器中，它们的沸点很低，蒸气压较高。要将液态或者固态杀虫剂与化学熏蒸剂复配，其前提条件是，必须使它们全部溶解在液相熏蒸剂中。也就是说，它们之间必须相容及相溶，能够在容器中成为一种均匀的液相混合物。

不是任何液态或固态杀虫剂都能与液态相熏蒸剂相容及相溶的，如油液态氯菊酯就不溶解在液态相熏蒸剂（如液化态二氧化碳）中。也不是所有液态及固态杀虫剂都不能与液态相熏蒸剂相容及相溶，如油液态苯醚菊酯就能少量溶解在液态相熏蒸剂（如液化态二氧化碳）中。

当然，能与液态相熏蒸剂相容及相溶的液态或固态杀虫剂在液态相熏蒸剂中有一定的饱和溶解度。若加入量超过其饱和溶解度，就不能全部溶解。

必须通过大量反复的试验，才能获得某种油性液体或固体是否可以溶解在哪一种液态相熏蒸剂中，以及它们的饱和溶解度。

2）化学熏蒸剂具有良好的熏蒸作用，是因为它的蒸气压很高，沸点很低，在压力容器阀门打开后，它所存储的巨大汽化潜能瞬间就把它汽化为纳米级气体分子大小的药滴。它们具有优良的穿透性和扩散性，很快就会渗透到密闭场所内所有的空间，包括缝隙、物品背面及下表面，以及阴暗角落处，甚至渗入被处理物内部。熏蒸性制剂，如萘升华为纳米级气体分子大小的药滴的熏蒸作用也是如此。

其关键点是因为它们具有纳米级气体分子大小的药滴，具备了发挥熏蒸作用所需要的运动特性。

3）如果能够将一般杀虫剂分散成为纳米级气体分子大小的药滴，就使这些药滴也具备了优良的穿

透性和扩散性，具有了熏蒸作用，也就可以将它们作为熏蒸剂使用了。

从这个意义上来说，具有熏蒸作用的不是只有熏蒸剂。

如前所述，要将一般杀虫剂分散成为一定大小的微米级药滴需要借助外力，如热、电动力、离心力、超声波及液力等，而这样微米级的药滴无法起到熏蒸作用。

要使一般杀虫剂分散成为纳米级气体分子大小药滴，只有依靠汽化力才能达到。这样就能起到熏蒸作用。

（三）复配熏蒸剂开发过程

（1）复配熏蒸剂各个组分之间相容相溶性比例的确定方法

复配熏蒸剂各个组分之间必须呈完全相容相溶的单一均匀液态相，这样才能一起以纳米级气体分子动力学直径药滴喷出，药滴内所含各种组分的配比是不变的。

如果以二氧化碳作为液态相，它的压力很高（490N，20℃），做相溶及相容性的复配试验必须在耐压1470N钢瓶中全封闭状态下盲配进行，具有一定的危险性和不可预见性，各组分间是否相容及相溶？效果如何？毒性如何？这一切都是无法以常规理论方法推想完成的。

首先要分别确定每个组分在液态二氧化碳中的饱和溶解度。为此，必须分别将每个组分灌入压力罐中与液态二氧化碳混合，做一系列大量反复的筛选实验，才能得到它们的饱和溶解度。

在确定复配熏蒸剂中单个组分在二氧化碳中的饱和溶解度之后，还要确定它们一起在二氧化碳中的饱和溶解度，这样喷出物才能达到纳米级药滴。

（2）饱和溶解度试验

1）液态杀虫剂在液态二氧化碳中的饱和溶解度试验。

液态杀虫剂加入百分比设计：根据液态杀虫剂能达到有效控制疾病媒介的最小和最大剂量，及其中间值设定3个量，分别灌入3个能够承受二氧化碳压力的钢瓶内，对钢瓶加盖后灌入液态二氧化碳并关闭阀门。

喷出试验：将3张白纸分别直立放置在离喷口3m、5m及7m远处，白纸中心与喷口处于同一高度，作为喷出物的沉积目标。将3个灌装好的试验样品分别对这3个目标做喷出试验（图7-5）。

若钢瓶内容物全部喷完，在这3张白纸上面都没有浅黄色斑迹，说明它们全部相溶了。

若在3m或5m白纸上有一点微湿，是由于喷出速率极高，喷出物来不及蒸发，但在数秒内即挥发干了，没有留下任何痕迹。在7m处白纸上无任何喷出物痕迹，也说明它们全部相溶。

如果在这3张白纸上留有浅黄色微小斑迹，这是未被溶解的液态杀虫剂残留物，说明加入量超过了它的饱和溶解度。此时，要重新设计及调整它的加入量，直到它们之间达到全部相溶为止。

经过多次反复试验，最终找到液态杀虫剂在该特定温度下在液态二氧化碳中的饱和溶解度。

2）固态粉末杀虫剂在液态二氧化碳中的饱和溶解度试验。

与液态杀虫剂相同，根据上述的方法和顺序，做固态杀虫剂在液态二氧化碳中的饱和溶解度试验。

（3）确定液态与固态杀虫剂在二氧化碳中的比例

根据实际经验及复配技术，选定液态与固态杀虫剂之间的比例，确定它们可以在液态二氧化碳中达到全相溶及相容的3组比例。

然后，还是按照上述相同的方法和顺序，做混合物在液态二氧化碳中的饱和溶解度试验（确定的3种比例中的最大值不可以大于它们中单个组分的最大值）。

液态或固态杀虫剂全部溶解在二氧化碳中后，借助二氧化碳及硫酰氟强大的汽化能量，喷出时被分散成纳米直径的药滴，与二氧化碳及硫酰氟气体分子一起喷出。此时它们虽然没有，也不会变成气体分子，仍然是它们原来的液态及固态，但是已经被分散成纳米级直径的药滴，这就具备了与熏蒸剂气体分子同样良好的扩散及穿透性功能（按配方比例，它们的粒子直径约为二氧化碳及硫酰氟气体分子直径的百分之几）。气体分子的动力学直径一般均为几分之一纳米，如二氧化碳的气体分子的动力学直径为 0.33nm，甲烷为 0.38nm 等。蚊香的烟雾粒子为 2~5μm，一般杀虫气雾剂的雾滴质量中径为 30~120μm，虽然可同属气溶胶范畴，但它们的直径差数万倍，而体积之差更达百亿倍天文数字。

复配熏蒸剂的喷出率理论上应为 100%，但考虑到即使容器内液相内容物已经全部喷出，在容器内还留有极少量气相内容物，它与容器内的空气一起构成混合物。但此时容器内混合物的压力仅为一个大气压，与瓶外空气大气压相平衡，所以无法再喷出了。将喷出率取为大于 99.99% 是符合实际情况的（表 7-34）。

图 7-5　喷出试验

（4）将选定的液态、固态杀虫剂与二氧化碳相溶及相容的样品，再加入不同比例的化学熏蒸剂，反复做这四个组分的相容性及相溶性试验，确定它们可以达到全部相溶及相容的 3 种比例

（5）对确定的 3 种比例，设定 3 个剂量做实验室及模拟现场生物效果筛选试验

（6）对生物效果筛选出的配方做毒理试验

（7）对生物效果筛选出的配方做残留试验

（8）对上述样品做温度—压力关系测试

（9）对上述样品做喷出率及内压试验

（10）对上述样品做热储存稳定性试验

以上从第 4 至第 10 项中，只要有一个项目不合格或者不能满足要求，必须重新调整配方再做。所以这是一项十分繁复的工作。

五、复配熏蒸剂是发展环保熏蒸剂的方向

（一）复配熏蒸剂可以作为公共卫生及家庭用产品的一大创新

熏蒸剂涉及保护人类生存的环境，保护国门安全，以及满足各种特种军事及其他重要场所的需要，并且还可以进一步扩展到家庭及公共卫生场合用于对有害生物的处理。

现今要开发一个新杀虫剂，成功率很低，要从数万个化合物中筛选获得一个，开发新的熏蒸剂更是不容易。但是通过复配技术，可以获得和开发一种新杀虫剂原药同等，甚至更高的价值。以硫酰氟为例，温室效应很高，对蚊虫效果不好，毒性高，但将它与非熏蒸剂复配后，杀蚊效果优良，毒性降为微毒，使用更安全，可扩大适用领域，而且更环保。现在可用于各类重要密闭场所有害生物处理的熏蒸剂很少，开发环保熏蒸剂已经成为全球性的重要课题和难题。各国都在积极研发。我国农药产业政策中也规定要重点发展。

（二）复配熏蒸剂的优点

1）排除了臭氧层损耗物质——高毒的甲基溴，降低了硫酰氟的温室效应，符合环保、低毒、安全

的发展方向。

2）符合我国农药产业政策（2010 年 6 月），除了可以杀灭多种害虫以外，还对老鼠有效。

3）毒性大幅度降低，扩大了使用范围，可以解决对毒性及安全性要求高的场所，如宾馆餐厅与厨房及电气间等的有害生物处理，以及特种军备环境下的熏蒸灭蟑及鼠等的处理；也可以扩大到家庭使用（$LC_{50} > 10000mg/m^3$）。

4）广谱杀虫，对各种害虫都有高效。权威单位检测结果证明，用同一复配药物及相同剂量，一次处理能同时有效杀灭卫生害虫（蚊、蝇及蟑螂），农业仓储害虫（黑皮蠹、赤拟谷盗、玉米象、果蝇、衣蛾及白蚁），林业害虫（天牛）及鼠类等，24h 死亡率都达到 100%。

5）创新的使用方法，可以保证剂量，保证效果，加快处理速度，减少防护要求，降低综合成本。

（三）需要或者可以应用的场合

1）检验检疫（集装箱及舰船，车厢及飞机舱等运载工具）。

2）粮仓及其他类似密闭仓库。

3）农村地膜大棚。

4）特种军备环境（军事设备及设施等密闭场所，如武器库，潜水艇，火箭发射基地等）。

5）建筑物，图书与档案文物存放处等密闭场所。

6）要求毒性低、安全性高的场所，如宾馆餐厅与厨房及电气间等特殊公共场所灭蟑及鼠，以及家庭使用等。

7）其他类似密闭场所。

第十二节　高克螂二氧化碳制剂

一、高克螂二氧化碳（文家能）制剂

（一）特征

1）由于该制剂使用液态二氧化碳作为有效成分的溶媒，喷出的是二氧化碳气体，不会对环境产生污染。

2）喷出的粒子很细（粒径 $0.3 \sim 2\mu m$），同时喷出距离达到 10m 以上，粒子扩散均匀。

3）高克螂和速灭灵都是杀虫活性高的拟除虫菊酯，效果好安全性高。能以一定的比例溶解在二氧化碳中配成制剂。但其他许多杀虫有效成分存在着溶解度等物理性质问题，不能调制成二氧化碳制剂。

4）将高克螂或速灭灵作为有效成分配成的二氧化碳制剂，与目前使用溴化甲烷（methyl bromide）进行的熏蒸处理相比较，没有必要强调采取防止漏气及发生爆炸等措施。

5）二氧化碳液化气来源于石油提炼过程中的产物，原来排放到大气中浪费了，现在可以进行有效的利用。另外，根据劳动卫生方面有关规定，在室内二氧化碳的允许浓度为 $6465mg/m^3$。但是，使用本制剂时二氧化碳的释放浓度在 $2400 \sim 3000mg/m^3$ 范围，低于上述规定。

（二）杀虫效果

1. 试验室试验

（1）材料及方法

1）药剂与喷头：文家能制剂；使用的喷头口径为 0.5mm。

2）试验昆虫。

烟草窃蠹：成熟幼虫、成虫各 10 只；

赤拟谷盗：成熟幼虫、成虫各 10 只；

粉蠹：成虫 10 只；

小衣蛾：成熟幼虫 10 只。

3）试验室：模拟大房间（$3.0m \times 4.0m \times 2.3m$：$28m^3$）。

4）试验方法：将供试虫各 10 只分别装入直径为 4cm 金属制空心球纱网内，再将这些金属制空心球纱网分别放在地面、吊挂天棚，以及装进开口为 2cm×20cm，容量 8L 的硬纸盒箱（20cm×20cm×20cm）内。然后，将文家能（高克螂）二氧化碳制剂按照 5g/m³ 和 3g/m³ 的用量进行喷雾，暴露时间分别为 4h 和 15h。昆虫与药物接触后，投以饲养饵，观察记录 24h，计算成虫的死亡率和 10 天后幼虫的死亡率（苦闷挣扎虫也作为死亡虫记录）。为了解活虫苦闷虫能否羽化，另进行长期观察记录，求出阻害羽化率。阻害羽化率的计算，按照以下公式求出。

$$阻害羽化率（\%）= \frac{供试虫总数 - 羽化虫数}{供试虫总数} \times 100\%$$

（2）试验结果

试验结果见表 7 − 37。

表 7 − 37　高克螂二氧化碳制剂对各种害虫的效果

供试虫	苦闷死虫率（%）	阻害羽化率（%）	无处理区羽化率（%）
	地面—天棚—箱内*	地面—天棚—箱内*	
（5g/m³ 暴露 4h）			
烟草窃蠹成虫	100—100—100		
赤拟谷盗成虫	100—100—92		
粉蠹成虫	100—100—90		
烟草窃蠹幼虫	80—88—60	100—100—100	60
小衣蛾幼虫	100—100—100		
赤拟谷盗幼虫	95—78—88	100—95—98	72
（3g/m³ 暴露 15h）			
烟草窃蠹成虫	100—100—100		
赤拟谷盗成虫	100—100—97		
粉蠹成虫	100—100—100		
烟草窃蠹幼虫	83—100—55	100—100—93	60
小衣蛾幼虫	100—100—100		
赤拟谷盗幼虫	68—90—33	98—95—70	72

注：＊在模拟大房间内各种供试虫的设置地点。

（3）讨论

1）对各种供试成虫的致死效果：将高克螂二氧化碳制剂按 5g/m³ 和 3g/m³ 剂量，对供试的各种成虫喷雾试验结果表明，地面、天棚的死虫率都达到 100%，纸箱内也达到 90% 以上，显示出良好的致死效果。

2）对各种供试幼虫致死及阻害羽化效果：以文家能药剂按 5g/m³ 和 3g/m³ 的剂量对供试的各种幼虫喷雾试验结果表明，地面、天棚的死虫率差距不太大，但是在纸箱内以 3g/m³ 剂量喷雾的处理区，特别是对赤拟谷盗成熟幼虫，死虫率明显较低。阻害羽化效果也显示出类似的倾向。

以上结果显示，以 5g/m³ 剂量喷雾之后暴露 4h 的处理法，要比以 3g/m³ 剂量喷雾之后暴露 15h 的效果理想。

2. 现场试验

（1）实验项目

1）对各种害虫的效果；

2）观察有效成分的扩散性；

3）空气中二氧化碳浓度；

4）调查色调变化。

（2）材料及方法

1）药剂与喷头：高克螂二氧化碳制剂，容量5kg，2瓶；喷头口径0.5mm。

2）试验昆虫。

烟草窃蠹成熟幼虫、成虫：各10只；

赤拟谷盗成熟幼虫、成虫：各10只；

小衣蛾成熟幼虫、成虫：各10只；

麦标本虫成虫：10只；

德国蜚蠊成虫：10只；

粉蠹成虫：10只。

3）试验地点：博物馆收藏库（约2000m³）。

4）试验方法：将10只蟑螂成虫，放进内壁涂黄油的塑料容器（体积为490ml）内。另外，将其他各种供试虫10只，分别装入直径4cm金属制空心球纱网内，然后按图7-6所示将这些金属制空心球纱网放置在8个不同的部位。将试验用的文家能（高克螂）两罐制剂全量喷出（相当于5g/m³剂量）。喷雾后，让害虫接触药物暴露时间4h。害虫与药物接触完毕，投以饲养饵，观察记录24h后成虫的死亡率和一周后幼虫的死亡率（苦闷挣扎虫也作为死亡虫记录）。为了解活虫苦闷虫能否羽化，进行较长期观察记录，求出阻害羽化率。

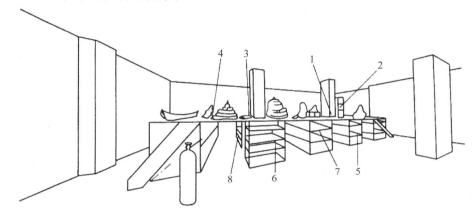

图7-6　各种供试虫及色调调查用试验片的设置位置图

1—脱粒机；2—上数第二段书架隔板；3，4—二楼地面；5，6—地面起第2段书架隔板；7，8—地面起第1段书架隔板

（3）试验结果及讨论

1）对各种害虫效果见表7-38。

表7-38　高克螂二氧化碳制剂对各种害虫的试验效果

供试虫	死虫率（%）								无处理区生存率（%）
	位置1	位置2	位置3	位置4	位置5	位置6	位置7	位置8	
赤拟谷盗成虫	100	100	100	100	100	100	100	100	97
烟草窃蠹成虫	100	100	100	100	100	100	100	100	88
小衣蛾成虫	100	100	100	100	100	100	100	100	85
粉蠹成虫	100	100	100	100	100	100	100	100	100
麦标本虫成虫	100	100	100	100	100	100	100	100	100
德国蜚蠊成虫	100	100	100	100	100	100	100	100	100
赤拟谷盗幼虫	67	90	75	100	100	100	100	100	100
烟草窃蠹幼虫	70	50	67	90	38	100	56	90	94
小衣蛾幼虫	100	100	100	100	100	100	100	100	100
阻害羽化率（%）									
赤拟谷盗幼虫	67	100	100	100	100	100	100	100	87
烟草窃蠹幼虫	100	100	100	100	100	100	100	100	61

试验结果表明，供试昆虫（成虫）放置在任何部位，以文家能喷雾处理后，24h 都显示出 100% 的死亡率。

试验结果还表明，高克螂二氧化碳制剂对小衣蛾幼虫的死虫率，在喷雾处理后一周仍有 100% 的优异效果。但对烟草窃蠹、赤拟谷盗成熟幼虫的死虫率，根据设置部位不同而有差异。但是，长期调查表明这些幼虫几乎全部不能羽化，并且都死亡，说明该制剂具有截止生命循环的效果。

2）有效成分的扩散性见表 7 - 39。

表 7 - 39　有效成分在各设置部位滤纸上的附着量

设置部位	1	2	3	4	5	6	7	8
附着量（mg/m²）	14	8	16	17	22	21	16	18

各设置部位滤纸上的有效成分附着量在 $8 \sim 22\text{mg/m}^2$ 的范围内，显示在杀虫效力方面没有较大的变化。例如："1"是在脱粒机的斜面位置，而"3"却是放在木材的下面位置，附着量分别为 14mg/m^2 与 16mg/m^2，差别不大，说明有效成分的扩散基本上呈均匀状态。

3）空气中二氧化碳浓度。

空气中离地面高度不同位置二氧化碳浓度见表 7 - 40。

表 7 - 40　离地面高度不同位置二氧化碳浓度

经过时间	二氧化碳浓度（ppm）	
	0.3m	3m
喷雾之后	2500	3000
65min	2600	2800
125min	2800	2800
185min	2600	2600
215min	2400	2500

注：$1\text{ppm} = 10^{-6}$。

由表 7 - 40 可见，用高克螂二氧化碳制剂喷雾后空气中二氧化碳浓度的最高数值为 3000ppm。215min 后，二氧化碳的浓度降低到 2400~2500ppm，基本上在允许范围之内。

4）色调调查。

由 10 名评审员以目视检查，进行官能性的测定。2 名认为试验中的色调试验材料一氧化铅有微小的变化（白颜色及明亮度降低），2 名认为变化可见，另外 6 名没有看出有什么变化。对其他试验材料没有看出有什么变化。已知一氧化铅与二氧化碳反应敏锐，生成白色的碱式碳酸铅（铅白）。这样根据 X 线结晶衍射再进一步做详细的调查，发现一部分生成碱式碳酸铅（铅白），且显示明亮度的变化。但是，一氧化铅是作为喷漆前防锈的底漆涂料，或作为反应触媒使用，不是眼睛经常能够接触到的。因此，可以判断文家能制剂不会对于保护文物产生色调变化的问题。

二、高克螂二氧化碳制剂的应用效果

1. 制剂

高克螂二氧化碳制剂：高克螂 0.48%（质量分数）

2. 试验昆虫

家蝇（*Musca domestica*）成虫：一群 20 只；

淡色库蚊（*Culex pipiens*）成虫：一群 20 只；

美洲大蠊（*Periplaneta americana*）成虫：一群 6 只。

3. 试验方法

将供试虫家蝇成虫及淡色库蚊成虫各20只，分别装入两个尼龙纱网笼内，如图7-7所示，再将尼龙纱网笼吊挂在模拟试验小屋（5.8m³）的天棚下。另将美洲大蠊成虫各6只分别装进敞口塑料容器和容器盖设直径2cm开口的塑料容器（容量为950ml）内，然后将容器放在模拟试验小屋地上。将高克蟑二氧化碳制剂按照10.3g/m³的用量进行喷雾，在规定的不同时间里记录被击倒的虫数，求出KT_{50}值。喷雾后经过1h再将供试虫移到新的容器中，投与水和饲养饵。观察记录24h后家蝇成虫及淡色库蚊成虫的死亡率和72h后美洲大蠊成虫的死亡率。

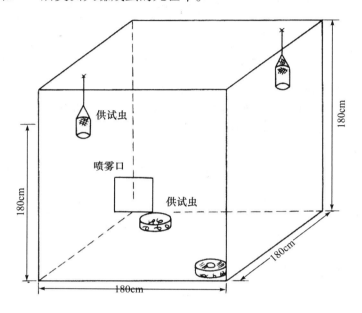

图7-7 试验昆虫的放置部位

4. 试验结果

试验结果见表7-41。

表7-41 试验结果

检样	制剂喷雾量（g/m³），有效成分50mg/m³	KT_{50}（min）—致死率（%）			
		家蝇	淡色库蚊	美洲大蠊	
				敞口	开孔2cm
高克蟑0.48% CO_2制剂	10.3	3.9—100	5.1—100	14.2—100	21.1—100

5. 讨论

将高克蟑二氧化碳制剂按照50mg/m³的比例喷雾进行效果观察，认为对家蝇及淡色库蚊具有显著的杀虫效果；同时对敞口容器内的美洲大蠊也显示出卓越效果，并且通过观察认为对开孔盖容器内的美洲大蠊也有十分明显的效果，示意对隐藏在缝隙间的蟑螂也能进行防治。

第十三节 熏蒸剂的常用品种及用途

一、磷化铝（aluminum phosphide）

1）分子式及分子量：AlP，57.96。

2）化学名称：磷化铝。

3）物化性质：商品磷化铝为灰绿色药片，每片重3g。内含磷化铝66%，氨基甲酸铵28%，硬脂酸镁2%和石蜡4%。磷化铝极易吸潮，分解出磷化氢。大量磷化铝触及水时，易发生爆炸和燃烧。超出60℃时会自燃，一般使用时应掌握温度。

4）毒性：磷化铝释放出磷化氢，空气中最高允许浓度为0.3mg/m^3。人在556mg/m^{3}空气中，30~60min有生命危险。

5）剂型：片剂。

6）应用范围：广谱杀虫，对各种粮贮害虫有效，对螨类休眠体杀灭作用较差。使用时温度在25℃，相对湿度为75%~85%时，应密闭熏蒸3~4日；16~20℃时需4~5日；低于16℃需5~7日。熏蒸完毕后开窗通风5~7日，并用硝酸银试纸法测试，检验有无磷化氢。

二、磷化钙（calcium phosphide）

1）结构式。

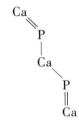

2）分子式及分子量：Ca_3P_2，182.19。

3）化学名称：磷化钙。

4）物化性质：本品为棕褐色块或粉末，易受潮分解释放出磷化氢。在相对湿度70%空气中，3h左右可分解1/2，24h后分解95%。

5）毒性：由于释放出磷化氢，毒性同磷化铝。

6）剂型：粉剂。

7）应用范围：同磷化铝，用量为磷化铝的4倍。但它生产容易，价格较低，由于尚未解决定量问题，使用不及磷化铝方便。

三、溴甲烷（methyl bromide）

1）结构式。

2）分子式及分子量：CH_3B_r，94.94。

3）其他名称：甲基溴，brozone，ernbafurne。

4）化学名称：溴甲烷（bromomethane）。

5）物化性质：常温下无色、无臭气体。比密度$d_4^{25}3.27$，沸点3.56℃，熔点-93.7℃。不溶于水，能溶于乙醇等有机溶剂中。易挥发，一般情况下不燃烧，当空气中含量在13.5%~14.0%（按体积）时，有爆炸危险。扩散性和渗透性强。对金属无腐蚀。4℃时被压缩成液体装入钢瓶中。

6）毒性：对大鼠致死量，10mg/L时，为42min；20mg/L时，为24min；50mg/L时，为6min。对兔致死量，10mg/L时，为132min；50mg/L时，为30min。对人有剧毒，空气中最高允许浓度为1mg/m^3；急性致死浓度为3000~3500mg/m^3，主要侵犯神经系统，对皮肤可灼伤。

7）作用特点：溴甲烷为一种卤代物类熏蒸杀虫剂，是较早用于防治仓储害虫的熏蒸剂，由于该药剂杀虫广谱，药效显著，扩散性好，尽管毒性较高，目前仍用于防治仓储害虫。该药渗透性受被熏蒸物表面、温度以及不同种类的害虫或同一种类不同生态等因素的影响，使用剂量需随环境的变化而不同，这样才能达到以最低用量获得最佳效果。该药在正确使用的情况下对种子发芽率影响不大，对多种物品如食品、水果（含芳香油较多的柑橘、葡萄柚，较成熟的柠檬和梨，某些品种的苹果、葡萄、樱桃、香蕉等除外）、花卉、苗木等，以及木材、丝、羊毛、棉织品等均无不良影响。

8）使用方法：在密闭条件下使用该药杀虫效果较好，且因其比空气重，需在仓库上层施药。使用剂量因环境及被熏蒸物体表面而异，一般来说温度低，被熏蒸物体颗粒小，吸附性强，用于防治幼虫和卵及钻蛀性害虫，使用剂量要高些。同等剂量，温度越高、熏蒸时间越长，则效果越好，但熏蒸时间一般不能超过72h。

9）剂型：液体，市售溴甲烷装在钢瓶中。

10）应用范围：主要用于仓储害虫防治。在低温下使用仍有熏杀作用。一般仓库用量为 $25g/m^3$，熏蒸 2~4 日。也应用于对集装箱内的害虫防治，剂量为 $12g/m^3$，防治鼠害时，温度宜在 10℃ 以上，按剂量 4~6g/m^3，连续熏蒸 4~5h。

四、氯化苦（chloropicrin）

1）结构式。

2）分子式及分子量：CCl_3NO_2，164.29。

3）通用名称：chlorpicrion。

4）其他名称：氯苦，硝基氯仿，Nitrochloroform。

5）化学名称：三氯硝基甲烷（trichloronitromethsne）。

6）物化性质：纯品为无色油状液体，工业品呈黄绿色，有强烈刺激性气味。比密度 1.66，沸点 112.4℃，熔点 -64℃。易溶于石油醚、二氧化硫等有机溶剂中，难溶于水。易挥发，20℃ 以上使用效果好，低于 12℃ 不宜使用。蒸气比密度 5.7，能很快下沉。性质稳定，贮藏时应放在有色玻璃瓶，置于暗处。

7）毒性：雄小鼠急性口服 LD_{50} 为 271mg/kg，雌小鼠为 126mg/kg。空气中氯化苦浓度为 0.8mg/L 时，豚鼠、兔接触 20min，2~3 日死亡；当浓度为 5mg/L 时，兔 10min 死亡。空气中最高允许浓度为 1mg/m^3。主要作用于呼吸道及中枢神经。

8）剂型：氯化苦原液。

9）应用范围：氯化苦系一种有效的灭蚤剂，主要用于灭鼠洞内的老鼠和寄生蚤。若用于仓储害虫时，应用量为 20~40g/m^3，于气温 20℃ 以上，应密封熏蒸 3~4 日。完毕启开门窗通风 5~10 日。

10）使用方法：氯化苦除不可熏蒸成品粮、花生仁、芝麻、棉籽、种子粮（安全水分标准以内的豆类除外）和发芽用的大麦外，其他粮食均可使用，但地下粮仓不宜采用。

喷洒法。适用于包装粮、散装粮和器材的熏蒸。若散装粮堆装不超过1m，可不用探管。施药前将粮面整平，铺盖三层麻袋，而后将药液均匀地喷洒在麻袋上。

挂袋法。适用于包装粮、散装粮及器材和加工厂的熏蒸。施药前在地面以上或粮面以上1.8m处拉好绳索。将药液喷洒在麻袋上，经充分吸收后，均匀地挂在绳索上。喷洒时一般每4条麻袋可喷洒药液1kg。

探管法。适用于堆高1m以上的散装粮，熏蒸时应使用探管或利用供粮食散热的通气竹笼。探管可用竹制或塑料制成，下端钻许多小于粮粒的孔眼，内部以麻袋条为芯，施药时将药液徐徐倒在麻袋芯上，以利挥发。

探管施药法通常是作为喷洒法和悬挂法的辅助措施，以使气体更均匀地在粮堆内扩散和分布。

仓外投药法。采用一定形式的投药器将药液喷入仓内。此法适用于包装粮、散装粮及器材和加工厂的熏蒸，也可用于空仓熏蒸。

上述各法使用纯度98%的氯化苦，处理空间20～30g/m³；处理粮堆35～70g/m³；处理器材20～30g/m³。施药后密闭时间至少3日，一般应达5日。其气体极易被储粮强烈吸附，而且不易消散，熏蒸后的散气时间一般应掌握在5～7日，最少3日。具有通风设备的仓库，应充分利用。熏蒸时最低平均粮温应在15℃以上。

氯化苦可与二氧化碳混合熏蒸。用药量氯化苦15～20g/m³，二氧化碳20～40g/m³。投药时可先按上述方法施氯化苦，然后在仓外施入二氧化碳。密闭时间不得少于72h。

由于氯化苦杀虫谱广，并对多种害虫的各个虫期都有很强的杀伤力，害虫产生抗性的可能性甚少，目前有明显抗性的只限于个别地区的个别虫种，近期内不会造成失效问题。

氯化苦对铜有很强的腐蚀性，使用时对库内的电源开关、灯头等裸露器材设备，应涂以凡士林等防护。

氯化苦熏蒸灭鼠时，按鼠洞的复杂程度及土质的情况，每洞使用5～10g，特殊的鼠洞使用剂量可增至50g以上，在消灭黄鼠时，每洞5～8g，黄毛鼠每洞4～5g，沙土鼠每洞5g，旱獭则需50～60g。

氯化苦药液可以直接注入鼠洞内使用，也可以将其倒在干畜粪上、草团上、烂面团上投入鼠洞内。投毒者应站在旁风位置，以防吸入毒气。药剂投入鼠洞后应立即堵洞，先用草团、石块等物塞住洞口，然后用细土封严实。

仓库、船舶的熏蒸灭鼠，一般用量为10～30g/m³。将门窗、气孔等全部密封，将氯化苦喷洒在地面上；或者喷洒在麻袋、纸板等物体上，然后悬挂在仓库上层，氯化苦蒸气自上而下，分布更为均匀。密封时间一般为48～72h，启封后通风排毒，并收集鼠尸。

五、硫酰氟（sulfuryl fluoride）

（一）基本化学特性

1）中文通用名称：硫酰氟（建议用名）。

2）其他名称：熏灭净。

3）化学名称：硫酰氟。

4）化学结构式。

5）理化性质及规格：纯品在常温下为无色无味气体，沸点－55.2℃，25℃时蒸气压为1.78×10³kPa。25℃时在100g水中能溶解0.075g，22℃时在100g丙酮中能溶解1.74g，在100g氯仿中能溶解2.12g。与溴甲烷能混溶，在400℃以下稳定，在水中水解很慢，遇碱易水解。工业品经液化装入钢瓶内，有效成分含量为99%或98%；水分含量一级品小于等于0.1%，二级品小于等于0.3%；酸性气体（在无二氧化碳蒸馏水中通入一定量样品后测定溶液pH值）含量合格。

6）毒性：按我国毒性分级标准，硫酰氟属中等毒杀虫剂（熏蒸剂）。大鼠急性吸入LC_{50}为920.6～1197.4mg/m³，小鼠急性吸入LC_{50}为660～840mg/m³，家兔的致死浓度为3250mg/m³，其耐受浓度为2400mg/m³。大鼠吸入无作用剂量为55.6mg/m³，小鼠吸入无作用剂量为20mg/m³。

7）作用特点：硫酰氟是一种优良的广谱性熏蒸杀虫剂，具有渗透力强、用药量少、解析快、不燃不爆、对熏蒸物安全、尤其适合低温使用等特点。该药通过昆虫呼吸系统进入虫体，损害中枢神经系统而致害虫死亡，是一种惊厥剂。对昆虫胚后期毒性较高。

（二）使用方法

1. 仓储害虫的防治

1）谷斑皮蠹，赤拟谷盗：大船熏蒸棉花，温度 26～27℃，硫酰氟用量 60g/m³，熏蒸 24h，幼虫和蛹死亡率可达 100%，卵亦不能孵化。

2）花斑皮蠹、玉米象、绿豆象：库温 15～16℃，用药 50～70g/m³，熏蒸 24h，幼虫死亡率可达 100%。在 ZX－350 真空熏蒸机中，真空度 99～95kPa，12～20℃，用药 40g/m³，熏蒸 3h，幼虫死亡率可达 100%。

3）烟草甲：用油布覆盖烟草垛，再用牛皮纸将油布和地面糊好密封，上部留有进气口，用药 30g/m³，熏蒸 48h，效果可达 100%。

2. 白蚁的防治

1）家白蚁：测量好受害房间的体积，用纸将门、窗封好，门下留进气孔，按 30g/m² 药量从进气孔进药至所需药量，封闭进气孔，熏蒸 48h，可倾巢全歼。

2）黑翅土白蚁：选择 2cm 左右的蚁道，每巢用药 0.75kg，熏蒸 2～18 日，可整巢杀死白蚁。

3. 林木及种子害虫的防治

1）木蠹蛾、光肩星天牛、桃红颈天牛、双条杉天牛、白杨透翅蛾：在被害树上，选受害严重有蛀孔的部位，除去虫粪，用 0.1mm 厚塑料薄膜围住树干，接头部位折叠几层贴紧树干，用绳捆扎两头并用泥封严。根据捆扎部位计算体积，用 100ml 注射器经气垫注射入所需药量。20℃时，用药 40g/m³。施药后轻拍塑料膜使药分布均匀。或用喷漆枪前接注射针，后接钢瓶，制成气体注射器，从蛀孔或排粪孔打入药，然后用胶泥封口。3g 硫酰氟可打 35～40 棵树。

2）柠条豆象、洋槐种子小蜂、落叶松种子广肩小蜂：温度 17.5～19℃时用药 25g/m³，处理柠条种子 24h，幼虫和蛹死亡率可达 100%。或用 ZX－350 型真空熏蒸剂，真空度 97～98kPa，17～18℃时每立方米用药 70g，熏蒸 2h，幼虫和蛹可 100% 死亡。

3）紫惠槐豆象：方法与用量同柠条豆象，若大量处理种子，可用帐幕法，用药 40g/m³，温度 0～1℃时处理 3～5 日，幼虫死亡率可达 97.8%～100%。用 ZX－350 型真空熏蒸机，方法与用量同柠条豆象。

4. 文物档案、纸张、布匹害虫的防治

小圆皮蠹、百怪皮蠹、黑皮蠹幼虫和中华粉蠹：在密封条件下，室温 20℃，相对湿度 40% 左右，每立方米用药 10g，熏蒸 48h，害虫死亡率可达 100%，且对纸张及颜色等无明显影响。药剂必须纯度高，其杂质含量应尽量少，否则会影响颜色的变化。

（三）注意事项

1）硫酰氟在含有高蛋白和脂类的物质上，如肉和乳酪中，可有较高的残留，而目前尚未测定出残留标准。因此，暂缓用于粮食和食品熏蒸。

2）根据动物试验，推荐人体长期接触硫酰氟的安全浓度应低于 6.47mg/m³。

3）施药人员必须身体健康，并佩戴经预先检查过的有效防毒面具。为安全起见，施药人员应在室外向室内或熏蒸装置内施药，并严格检查各处接头和密封处，不能有泄漏现象，可采用涂布肥皂水的方法来检漏。施药时，钢瓶应直立，不要横卧与倾斜。熏蒸完毕，打开密封容器或装置，用电扇或自然通风散气，也可用真空泵从熏蒸容器或装置往外抽气通入稀氨水或水溶液中，然后再自然通风。熏蒸及散毒时，应在仓库四周设警戒区。

4）硫酰氟能通过呼吸道引起中毒，主要损害中枢神经系统和呼吸系统，动物中毒后发生强直性痉挛，反复出现惊厥，脑电图出现癫痫波。尸检可见肺脏、胸腺和脑膜充血、出血及肝、肾病变。中毒者应立即离开中毒现场，保持呼吸的顺畅，采取一般急救措施和对应处理，注意防治脑水肿和保护肝脏、肾脏。可注射苯巴比妥类药物，如苯巴比妥钠和硫喷妥钠进行治疗。镇静、催眠的药物如地西泮（安定）、硝西泮等对中毒治疗无效。

5）硫酰氟钢瓶应贮藏在干燥、阴凉和通风良好的仓库中，严防受热，搬运时应注意轻拿、轻放，防止激烈震荡和日晒。

（四）其他

硫酰氟在美国已经注册控制的有害生物有木白蚁、衣蛾、皮蠹、粉蠹、臭虫、钻蛀虫、蜱、蜚蠊、啮齿动物等。范围包括住宅（包括活动房）、建筑物、家具（家庭用品）、建筑材料、集装箱、交通工具（除飞行器）。

澳大利亚应用在建筑物、集装箱、木制品、带木垫的机械设备、仪器、电子设备、有橡胶成分的精密仪器等，用于杀灭仓储害虫、白蚁及木材蛀虫。

硫酰氟能有效杀灭的部分常见危害食品的有害生物为：印度谷斑螟、赤拟谷盗、杂拟谷盗、花斑皮蠹、地中海螟、锯谷盗、苹果蠹蛾、脐橙螟和其他。

六、环氧乙烷（epoxyethane）

1）结构式。

$$CH_2 \underset{O}{\overset{\displaystyle \diagup \diagdown}{\longrightarrow}} CH_2$$

2）分子式及分子量：C_2H_4O；44.05。

3）其他名称：氧化乙烯（ethylene oxide），氧丙环，oxirane 等。

4）物化性质：无色透明液体，具乙醚味。在4℃时密度为0.89，沸点为10.8℃；只能装灌于耐压钢瓶。60℃时，蒸气压为0.5MPa。气体易燃易爆，闪点小于0℃，空气中浓度达3%以上有爆炸危险。液体能溶于水，在水中与金属盐类反应生成金属氢氧化物。环氧乙烷气体具有良好扩散和穿透能力。

5）毒性：环氧乙烷液体和气体对人均有毒，空气中浓度为（3878～7758）mg/m^3 时，经30～60min 即可使实验动物死亡。一般允许空气中浓度为90mg/m^3。

6）剂型：安瓿和金属耐压钢瓶两种。

7）应用范围：在杀虫上主要用于灭虱。用量为35g/m^3 或染虱衣被用药5ml/kg，熏蒸6h以上。4～6h即可全部杀死虱子成虫、卵。须在15℃以上使用。使用时，将染虱衣被装在塑料袋内，将液体通入塑料袋内，使之汽化充满袋内达到灭虱目的。目前也广泛应用在集装箱方面消毒杀虫。

第八章

蚊香与电热蚊香

第一节　蚊虫传布疾病及人类的防治手段

一、蚊虫及其传布的疾病

　　蚊虫虽小，但种类繁多，它属于昆虫纲，双翅目，蚊科，目前全世界已知有2500多种，也有说4000多种的，说法不一。它的分布遍及全世界各个角落，在地球上70多万种昆虫中，它是对人类影响及危害最大的害虫之一。它有季节性的活动规律，一到温暖季节开始，它就异常活跃，与人类几乎形影不离，对人类的生活带来严重的骚扰和威胁。

　　蚊虫的生存能力很强，除了具有较强的耐饿本领外，还有特别旺盛的生殖繁衍能力。凡是只要稍有积水的场所，如阴沟、树穴、破瓮缶、池沼、洼渍、檐顶、水井、下水道、积肥池、稻田、甚至是很小的污水坑，它便可传宗接代。蚊虫当然也有雌雄之分，雄蚊食物为植物的液或蜜，并不是人畜的血液，雌蚊才叮咬吸血。在吸取新鲜血液后，雌蚊获得营养，使卵巢发育产卵。一般在吸血后过3天，血液就被消化掉，随之卵巢开始发育，再过4~5天卵巢胀大，开始产卵，一次可以产卵近300个，一生中可产下几百至一千多个卵。卵孵化成孑孓潜伏在水中，在一周左右便会四易其皮，复为蛹。蛹通常藏在水面之下，以呼吸管伸出水面与空气接触，不食，少活动。1~2日后便羽化为成蚊，24小时后即可交配、吸血。蚊虫交配一次，雌蚊可将其一生所需的精子全部都贮存在贮精囊里。成蚊最远可顺风飘至100km以外。

　　蚊虫的生命不长，短则1~4周，若营养充足，气候适宜则可活到4~5个月之久。它除了活动繁殖期外，也有越冬期，隐藏在温度较高的场所，不食不动，处于蛰伏状态。不过能经受越冬期而活到次年夏天的蚊虫不多，大部分自然死亡。

　　蚊虫的生活史如图8-1所示。

　　蚊虫的种数虽然多，但常见而又会入侵居室的虫种却不多。在中国已发现的300多种蚊虫中只有不多几种侵入居室。在日本约有100种蚊虫，入侵居室的也只有几种，且以红家蚊为主。其中与传布疾病有关的主要有按蚊、库蚊及伊蚊三属，常见的媒介蚊种如下。

　　（1）中华按蚊（*Anopheles sinensis*）

　　此为家野两栖蚊种，常是水稻产区的优势蚊种，分布广，数量多，黄昏后开始活动，兼吸人血和畜血，为疟疾及丝虫病的重要传布媒介。

　　（2）窄卵按蚊嗜人亚种（*Anopheles lesteri anthropophagus*）

　　是中华按蚊的一个近缘种，偏嗜吸人血，全夜皆可活动，子夜前后是其叮咬活动高峰，吸血后多栖息于室内。是疟疾及丝虫病的重要媒介。

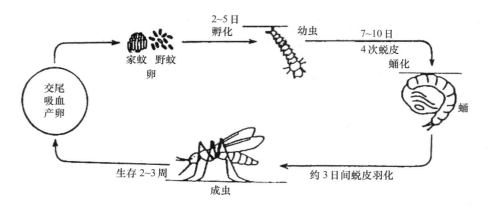

图8-1　蚊虫的生活史

（3）微小按蚊（*Anopheles minimus*）

在中国分布于长江以南，是山区传布疟疾的主要媒介。

（4）淡色库蚊（*Culex pipiens pallens*）

是最多见的蚊种，主要栖息于室内，是室内优势蚊种，体型中等，淡褐色，嗜吸人血。是班氏丝虫及乙型脑炎的主要传布媒介。

（5）致倦库蚊（*Culex pipiens fatigans*）

与淡色库蚊的形态及生活习性相似。嗜吸人血，飞行力强，在傍晚及黎明活动最盛。主要传布乙型脑炎。

（6）三带喙库蚊（*Culex tritaeniorhynchus*）

分布面广，数量多，家野两栖。体型较小，深褐色。嗜吸人及家畜血。主要传布乙型脑炎。

（7）白纹伊蚊（*Aedes albopictus*）

主要栖息于竹林、草丛及缸、缶内壁。体型较小，黑色，间有白斑。嗜吸人血，以白天为主。主要传布乙型脑炎及登革热。

（8）埃及伊蚊（*Aedes aegypti*）

成蚊栖息于屋室附近的草堆及缸缶。体型中等，黑色，中胸背板有四条白纵纹。嗜吸人血，昼夜均能活动。主要传布登革热及黄热病。

据报载，世界上最大的蚊虫首推中国湖北省神农架的一种蚊虫，它的身长达40mm，展开翅膀有93mm宽，犹如一只蜻蜓。被它叮咬后，轻则皮肤水肿，浑身麻木，重则可能会生一场大病。

蚊虫在吸血的同时通过它的口器附属器官将其唾液腺产生的分泌物注入人的皮下。因为人血的浓度太高，不宜直接吸入，所以蚊虫将一种含甲酸（也称蚁酸）的分泌物首先注入人体血液。甲酸是一种有刺激性的液体，会使叮咬处的皮肤表面红肿、发痒，由于不同体质的人对甲酸的耐受力及抗过敏能力不一样，造成的皮肤局部反应也就有很大的差异。有的蚊虫的唾液分泌物中还含有麻醉剂，使人被刺咬时感觉不到疼，以便它尽情吸吮。分泌物中也含有防止凝血成分，使它吸血顺利无阻。不同的蚊种有不同的吸血嗜好，但也不是绝对的。蚊虫的吸血活动与环境、光线及温、湿度有关，人、畜等排出的二氧化碳是对蚊虫的特异引诱源。因为蚊虫的头部有一对触角，触角上的一些短毛对二氧化碳和人体周围的气流与热量很敏感，只要空气中的二氧化碳达到一定的浓度，蚊虫就起飞，人体的周围的气流和人体散发的热量又引导它到达人体，之后就开始刺叮吸血。

蚊虫成虫在白天一般都隐藏在暗处，日落后才开始活动。除伊蚊白天也吸血外，其他蚊种皆在夜间进行吸血。所以蚊香、电热蚊香都在晚间使用来防治蚊虫。

千百年来，蚊虫给人类传布的疾病和造成的死亡，比老鼠、虱子等加在一起所造成的后果更为严重。

蚊虫一直是登革热、黄热病、疟疾、乙型脑炎及禽流感等许多致命的传染病的最主要疾病媒介之一。

在大多数国家中，疟疾仍是主要的媒介源性疾病，疟疾的死亡率相当之高。在中国每年有数千万人受到不同程度的疟疾威胁甚至死亡。东南亚地区更是疟疾常年发生流行的地方。在美洲，如玻利维亚、秘鲁、尼加拉瓜、哥伦比亚、危地马拉、海地、洪都拉斯等国家疟疾比较严重。1981 年统计，所罗门群岛 25 万人中就有多达 61000 名疟疾患者。据史料记载，罗马帝国与古希腊的衰落，与蚊虫传布疟疾有关。巴拿马运河开凿中，许多工人染上疟疾，工程一度被迫停顿。中国宋代范仲淹任官泰州，因被蚊害所困，几度欲弃官返家。清代时，郑存胥率部守广西龙州，三千将士全部死于蚊虫传布的疟疾。20 世纪 40 年代，云南思茅县因流行疟疾，居民相继死亡或外逃，四万多人的县城只剩下千余人。据统计全世界每年有数亿人之多困扰在疟疾病之中，这就是蚊虫对人类造的孽。

蚊虫传布登革热病，蔓延迅速，对人类的健康及生命危害也极大。1954 年在中国汉口发生爆发性大流行，80% 的人口受到了感染，1978 年、1979 年、1980 年先后在中国的佛山市、中山市及海南省发生流行，危及了数千万人。1981 年在古巴也发生登革出血热，后又传入玻利维亚和巴拉圭。这也是蚊虫造的孽。

乙型脑炎又是一种危害较大的蚊虫媒介疾病。在日本，脑炎已逐渐成为一大突出问题，其传布媒介是小型红蚊，它主要以水稻田为栖息场所，也喜好躲藏在其他有污水的地方，在盛夏即形成活动危害高峰。它的行动范围广泛，已成为日本最重要的害虫之一而被重视。在中国乙型脑炎也曾广泛流行。在越南、印度、泰国、柬埔寨、朝鲜等国，也常见有由三带喙库蚊传布的乙型脑炎。

在中国福建，被闽南人称为"大脚筒"的丝虫病，也是蚊魔大恶之一。丝虫病原虫随着蚊虫叮咬进入人体后，寄生于人的淋巴系统及肌肉组织中，引起人体四肢的红肿。此病在南美洲、非洲、亚洲等地广泛流传，估计约有两亿五千万人深受其害。

二、人类在防治蚊虫中采取的手段

蚊虫对人类带来的威胁和危害程度之严重，波及面之广，可以说比战争要可怕得多。例如，在第二次世界大战中，同盟国在东南亚战场上死于疾病的人数不少于倒在枪林弹雨下的人数，美国农业部的戈得林和沙利文工程师发明了利用贮存在液化气体中的化学能来散发杀虫剂的杀虫气雾剂，称之为"臭虫炸弹"，才拯救了上万士兵的生命。近年德国生产的灭蚊弹，大小如鸭蛋，供野营使用，它的杀虫有效成分是除虫菊素，再充入抛射剂氟利昂。据实验资料介绍，在无风情况下，一颗这样的灭蚊炸弹可以杀死一亩面积内的蚊子和害虫。

自古以来人们常为蚊虫的骚扰伤透脑筋。中国宋代诗人陆游苦于蚊虫叮咬而写的诗句"蛙吹喧孤枕，蚊雷动四廊"，小小蚊虫的嗡嗡声竟然如雷震动居室内外，形象刻画了当时的情景。

蚊虫对人类的侵袭从不讲半点仁义之心，据中国历史记载曾有过慈悲为怀的慧明和尚，居然袒胸露背，任蚊叮咬，当然是丝毫不能感化蚊虫而使其手下留情的。所以人们对蚊虫唯有斗争到底。

自古至今，人类与蚊虫的斗争从未间断过，也可以这样说，人类的历史也是一部与蚊虫相斗争的历史。慧明和尚的事是否为真，无须去考证，恐也无二例。人们更多的是在与蚊虫斗争实践中尽情发挥聪明才智，想出了各种各样对付以至杀灭蚊虫的办法。

人类对付蚊虫最初的武器是蚊帐。至于使用蚊帐的历史，具有记载的，最早是在公元前 51 ~ 前 30 年的克利奥巴特拉（Cleopatra）时代了。在世界各地蚊帐一直沿用至今。

最早发明的驱赶蚊虫的办法，大概可推烟熏法了。古人已经观察到用某种植物或花能驱赶昆虫，这在中国和日本的史料中均有记载，如在中国《医学类聚》一书中有熏蚊药的记载："每木屑一斗，入天仙藤四两，裁断挫碎为粉末，如印香燃之，蚊蚋悉去。"又如在《古今秘苑》一书中也载了使用浮萍、樟脑、鳖甲、栋树等中草药焚烧驱蚊的例子。早期使用的干艾叶、苍术及百部等药材，在目前的烟熏剂中还有使用。公元 700 年，日本奈良时代的传统烟熏剂中包含橘皮、艾蒿及榧树叶等植物，不含杀虫有效成分，只是利用燃烧中产生的烟雾及其特有气味来驱赶蚊虫，后来随着陆海贸易途径传至西方。陆路方面可能从丝绸之路传入波斯，即现在的伊朗。所谓波斯杀虫粉，其主要成分是除虫菊花粉。

随着烟熏剂的不断使用及发展，逐渐发明了棒状蚊香。中国史料记载，在南宋时期已经有人用中草药制作棒香。日本则在1890年用天然除虫菊花制成线香，每根长约30cm，可以点燃一个小时。日本可称得上是除虫菊工业化的先驱，尤以上山家族著称，在1855年已开拓了第一个除虫菊种植场所，并大规模生产及应用。美国加利福尼亚州种植除虫菊则是在1873年的事了。

进入20世纪，又发明了螺旋状盘式蚊香，就是目前常用的蚊香，蚊香的诞生虽只有一百多年的历史，但它是人类在与蚊虫斗争中经历了漫长的摸索与实践之后才得到的产物。全世界众多人群的大量使用证实，蚊香的作用足以保护人们远离蚊虫困扰，另外它还具有无与伦比的经济性，故获得广泛的推广使用。

当然，人类的历史是一部充满不断改革与探索的发展史。人类在与蚊虫长期不息的斗争中，并不会因为获得了蚊香而就此停步。特别是进入20世纪后，随着工业生产及科学技术的高度发展，人们自然也会想到利用这些高新技术来与蚊虫斗争，以获得更好的自我保护。

（一）物理防治

1. 利用音波来驱蚊

日本、美国及德国都已相继试验成功。如日本通过对红蚊的音测，发现蚊虫的羽振的频率范围为350~500Hz，同时也发现蚊类最讨厌8000~15000Hz的高频率振动。根据这一原理，日本发明了音波驱蚊器，它只有香烟盒般大小，使用时可以放在窗口或门口驱蚊，据称有效率能达95%。

德国一对科学家夫妇共同经过多年观察，研制成一种小巧的圆柱形驱蚊仪器，它能发出类似雄蚊的声音，使雌蚊虫不敢靠近而达到忌避效果。作用范围可达4km，但对人无影响。

日本科学家还研制出一种灭蚊蝇机。它是根据蚊蝇害怕某种频率的声波和气味的特点研制成的。它能不停地散发出使蚊蝇不敢接近的气味，其有效范围可达25m²，能满足室内使用，也适用于食堂。

2. 利用光来驱蚊

蚊虫对某些光有趋光性，而对另一些光具有避光性，根据这一原理可以制作简易驱蚊灯。如用一张橘红色的玻璃纸或透光性强的橘红色绸布罩包裹在灯泡上，蚊虫遇到橘红色光谱便会逃避而去。该设备对光线的强度有一定的要求，电灯泡的功率在25W以上效果为佳，如果灯泡本身为橘红色的，那就更方便。

与上述相反，也有一种利用紫外线（黑光）吸引蚊虫，使它进入高压充电线圈或高压电网（直流电压在数千伏）将蚊虫击死的电子灭蚊灯（又称电子灭蚊器）。

在美国也有光诱蚊器，如新泽西诱蚊灯就是利用普通紫外线灯泡发光吸引蚊虫，靠灯下风扇的吸力，把飞近的蚊虫吸入毒瓶或笼袋内。这种诱蚊灯工作比较稳定，操作简便。

意大利达比公司制造的宁静电子灭蚊器靠发出蓝色霓虹灯光吸引蚊虫，当蚊虫飞近时，会被灭蚊器内急速转动的三叶扇吸进去，然后被送入一个暗格内，使蚊虫脱水迅速死亡。这种灭蚊器的有效作用面积可达280m²。

3. 利用静电对蚊虫的作用设计驱蚊装置

有人做过试验，把捉来的许多蚊虫放进玻璃缸内，当向缸内插进一根经过摩擦后带静电的胶木棒后（从物理学可知胶木棒带的是负电），蚊虫就立即乱飞乱扑。而当向缸内插入未经摩擦过，因而不带电的胶木棒时，蚊虫几乎就没有动弹，说明电场对蚊虫的活动有影响。进一步的实验表明，蚊虫对周围电场的变化十分敏感。因为晴空天气带负电，云雨区带正电，当附近天空出现雷雨区时，蚊虫很快感知电场的变化，所以在雷雨天气蚊虫吸血活动频繁。夏季晚间的大气中负电性比白天强，所以大多数蚊虫在晚间叮咬人的活动厉害。科学家就根据这一原理，已设计出一套减少空间负电性的装置，来抑制蚊虫的活动或驱赶蚊虫。

4. 其他

澳大利亚推出了一种新型的驱蚊耳环，它除有一般耳环的装饰佩戴作用外，还能在晃动时散发出阵阵香味。这种香味不仅能驱赶蚊蝇，而且能清净周围的空气，使佩戴者减少感冒的发病率。

用蚊蝇拍子拍打，及蚊帐防蚊，当然也是物理防治方法，已为众所周知，不需累述。

驱蚊肥皂是又一种物理防蚊产品。根据世界卫生组织太平洋区域办事处报道，这种新型驱蚊肥皂涂在人体外露部位时，能够有效防止蚊虫的叮咬，可持续发挥防蚊作用数个小时。

（二）生物防治与遗传防治

1）提倡应用食蚊幼鱼作为防治蚊虫的手段，正在逐渐受到更大的关注。一些国家正在应用当地或外来的不同鱼类来防治蚊幼。1980～1982年在索马里半沙漠地区蓄水库中，利用食蚊幼鱼对蚊虫滋生地进行的现场防治试验获得显著的成功。

这是世界卫生组织（WHO）提倡综合防治措施的一部分，这对在防治虫媒疾病的活动中由于经济或现场实施等原因不可能对成虫进行防治的地方，采用这种防治方法是十分有效的。

2）生物防治中还包括采用杀蚊幼剂及微生物毒素。球形芽孢杆菌 BS－10 菌株、苏云金杆菌、白僵真菌及链霉菌都相继研究成功并正在逐步进入实用阶段。

3）绝育防治是当前研究发展最快的方法之一，有照射绝育、化学绝育及杂交绝育三种。杂交绝育就是通过大量释放绝育的雄虫，使之与自然界的雌虫交配，达到消灭自然种群的目的，或释放部分绝育昆虫或遗传变更的绝育昆虫，来变更自然种群。

4）采用家庭栽植驱蚊花卉，是一种既供观赏又可驱蚊的好办法。夜来香，又名夜香花，在夏秋季开花，花冠呈交脚碟状，黄绿色，香气浓，在夜间香味尤甚，而蚊虫闻到此香味就会远离而去，达到驱赶的目的。

山胡椒花，它的香气浓烈，可以制成特效的防蚊油。这种乔木的枝叶熏烧后放出的烟雾也能驱赶蚊虫，故又称驱蚊树。

此外，凤仙花及薄荷也具有一定的驱蚊作用。

（三）化学防治

随着化学杀虫剂的迅速发展，化学防治在杀灭蚊虫中的应用量大面广，形式多样，奏效迅速，起到了十分积极有效的作用。在国内外，化学杀虫剂仍然占统治地位，尤其是室内外滞留喷洒杀虫剂，是世界卫生组织（WHO）作为全球性根除疟疾的规划之一。尽管近年来大量使用化学杀虫剂带来的生态平衡失调及环境污染问题引起了十分的关注和重视（这也是积极开展上述物理防治、生物防治及遗传防治等的原因），但目前化学防治方法在整个病媒昆虫防治中仍然占据了绝对的优势。当然生态和环境问题也已深深引起化学杀虫剂研究人员的注意。

化学防治的种类和方法很多，在此只作简单介绍。

从喷洒方法分，有表面滞留喷洒和空间喷洒之分。

从剂型上看，则可以将杀虫剂制成多种形式，如粉剂、胶悬剂、喷射剂、气雾剂、蚊香和电热蚊香、烟熏剂、毒饵、缓释剂、药笔（膏）、涂料等，不一而足。

经过了50年的发展，近年来杀虫气雾剂获得了大量推广。在中国市场上，用于杀灭蚊虫的气雾剂占整个杀虫气雾剂市场的70%以上。关于气雾剂，在此不作详述。

浸泡蚊帐是后来发展起来的又一种防蚊方法，它也是物理防治与化学防治的综合。用二氯苯醚菊酯，按 $0.2g/m^2$ 的用药量（一般选用10%二氯苯醚菊酯乳剂）加水稀释后，将蚊帐浸入，搅拌均匀，使蚊帐各处的含药量一致，然后将蚊帐在阴处晾干后使用。试验结果表明，蚊帐在浸泡二氯苯醚菊酯后使成蚊密度减少95%以上的保护时间在35天左右，减少80%以上的保护时间在70天以上。也就是说，用二氯苯醚菊酯浸泡后的蚊帐，一次浸药可有效防蚊隔帐叮咬2个月左右，而且该药毒性极低，对人无刺激，不污染环境，使用安全，方法简便。

灭蚊涂料是根据缓释及滞留喷洒的原理研究开发的一种灭蚊新剂型。它是将拟除虫菊酯杀虫剂（如二氯苯醚菊酯）、成膜组分、漆膜固化剂、稳定剂及涂料按一定的比例配制而成。其关键是各组分之间的配伍性、有效成分的表露性及制剂的特效性。日本、美国及中国均已制成这种涂料并获商品化应用。这种杀虫涂料既可作表面防护和装饰性产品用，同时又是一种环境卫生保护剂，有的可持效长达数年之久。中国某单位开发的灭蚊涂料，在标准的实验小屋中，按 $0.33kg/m^2$ 的量在墙壁四周及天花板上均匀涂刷两次，蚊虫的吸血率下降近 30%。不同条件的现场试验表明，在使用灭蚊涂料 4~17 个月后，城乡居民住室的蚊蝇密度下降率达 75.1%~100%。

本章所述的蚊香及电热蚊香是物理防治与化学防治的结合，是过去、现在以至将来很长一段历史时期中在灭蚊防病斗争中大量应用的十分重要的武器和手段之一。

第二节 蚊香与电热蚊香的起源与发展

一、概述

进入 20 世纪，日本人上山利用阿基米德螺旋线和中国的阴阳八卦原理，把两条长为 90cm 的线香巧妙地圈在一个直径为 12cm 的圆盘内，发明了螺旋状盘式蚊香，成为世界蚊香技术的第一个专利，就是目前常见的蚊香。这提高了蚊香的生产效率，方便了运输储存和使用，推动了蚊香工业的发展。

20 世纪 60 年代是电子工业兴旺发展的时期。人们自然也会想到利用这些高新技术来与蚊虫斗争。据传，日本有一位蚊香的研究人员正在河边散步，忽见有人将一只已坏的线绕电阻扔出，正好掉在他的脚下。当时在这位研究者的脑海中突然闪出一个念头：是否可以用它来对蚊香加热，使杀虫有效成分挥发，代替燃烧呢？

科学发明不少都来自于突发的灵感，电热蚊香的设想就在这一瞬间诞生了。1963 年电热片蚊香正式问世。当时的发热体是由合金丝绕制成的电阻体，但在实际使用中，因为没有温度调节功能，对杀虫有效成分的均匀挥发不利。而盘式蚊香却能随着燃烧点的不断后移，使挥散温度自动保持平稳，使有效成分挥散均匀一致。

另一方面，1950 年荷兰的海曼发现了 $BaTiO_3$ 陶瓷材料的 PTC 效应，20 世纪 60 年代初开始实用化。由于 PTCR 组件具有温度自动调节功能，能使温度保持在一定值，只与材料设定的居里温度有关，可以制成恒温发热体。将 PTCR 组件安装到电热蚊香加热器上替代金属丝线绕电阻发热器后，加热器的温度自动调节稳定问题得到解决，才为电热蚊香的顺利迅速发展奠定了基础。

与此同时，在杀虫有效成分及其他添加剂的配比及选择，作为药剂载体的原纸片等方面，都经过了不断地摸索试验，逐步调整完善，才达到今天这样成熟的程度。

电热片蚊香较之盘式蚊香虽然是大大进了一步，没有了明火与烟灰，也没有呛人的烟气，但因一片只能用一个晚上，仍要天天换片。加之其驱蚊效果不太理想，如前期效果好后期效果差，还有部分药物挥散不尽浪费掉等。种种因素使蚊香的发展不能停留在这一步。

煤油灯在点燃中只要有油，它的亮度自始至终是不变的，而且可以维持到灯油全部用完。根据煤油灯的这一原理，可以把驱蚊药物制成液体装在瓶子里，然后向瓶内插入一根多孔芯棒（犹如煤油灯芯），使药液在毛细作用下由瓶内通过多孔芯棒吸至上端，同时再对芯棒上端加热使药液挥散到空中，达到驱蚊效果。实践证实了这一设想的可行性。但由于种种复杂的原因，20 世纪 60 年代中期问世的第一代电热液体蚊香一瓶药液只能使用 8 天。

与电热片蚊香相比，电热液体蚊香显然复杂得多。这也是它为什么在发明之后又大约经历了 20 年才趋成熟，得以商品化的原因，现在的电热液体蚊香，45ml 药液可以连续使用 1 个月时间，综合了盘式蚊香和电热片蚊香的优点，是当前蚊香行业发展中的最新一代器具。

二、我国的蚊香及电热蚊香

中国是蚊香发展最早的国家之一，但中国的蚊香工业过去一直很落后，民间长期靠烟熏植物及纸条包裹的粉末来驱赶蚊虫，烟气呛人，十分难受。中国最早的厦门蚊香厂建于 1904 年，曾在 1926 ~ 1928 年连续三次获得巴拿马国际商品博览会金奖。当时蚊香中用的杀虫有效成分天然除虫菊花粉主要靠进口。20 世纪 40 年代初，当时的中央农业实验所在成都种植除虫菊后，用手工制出了农友牌蚊香，但数量不多，大部分还得靠进口的野猪牌蚊香。后来在很长一段时期内，由于杀虫有效成分的缺乏，进口的原料又不能满足需要，1957 年开始采用 DDT 作为蚊香的杀虫有效成分来制作蚊香。尽管 DDT 对人的毒性及残留危害已普遍引起重视，国家卫生主管部门又三令五申发出限期禁用的通知，但这种情况一直延续到 20 世纪 80 年代初期。1982 年我国正式禁止 DDT 用于蚊香，许多蚊香厂改用仲丁威（巴沙），以后又有采用 7504（三氯杀虫酯）的。但使用仲丁威（巴沙）为有效成分的蚊香在燃烧过程中可能产生毒性很大的异氰酸甲酯，如果纯度不高，产生这种物质的量会更高。2000 年 3 月农业部农药检定所发布农药检（药政）〔2000〕30 号《关于限制仲丁威在卫生杀虫剂上登记的通知》，鉴于其分解物异氰酸甲酯的毒性问题，限制和停止它在家用卫生杀虫剂上的登记和使用。我国从 20 世纪 80 年代起用比较安全的拟除虫菊酯作为杀虫有效成分来生产蚊香，以后随着化学工业的发展，国内虽能合成出为数不少的拟除虫菊酯农药，但与实际的蚊香使用要求和生产需求量差距实在太大，还得靠进口才能满足蚊香工业发展的需求。日本住友化学生产供应的毕那命（烯丙菊酯）及右旋烯丙菊酯杀虫剂，对推动中国蚊香工业的迅速发展起了很大作用，解决了随着中国改革开放经济发展，人们生活水平改善后对蚊香大量需要的燃眉之急。

目前中国的蚊香工业已遍及福建、湖南、广东、上海、浙江、安徽等 18 个省市，300 多家工厂共有 300 多个比较著名的品牌，加上一些小批量的产品，现已登记共 600 多个蚊香品种，年产量已超过 4000 多万箱，出口量约占三分之一。其中尤以福建省的品种和产量最多，品种 40 多个，生产工厂 30 余家，福建厦门蚊香厂是国内最具盛名的厂家之一。福建省出口蚊香约占全国年出口量的 30% 之多，素有蚊香故乡的称号，是中国蚊香的最重要生产基地之一。其次是湖南省，也有 30 多个品种，其中白鹤等名牌蚊香历年来经销不衰，出口外销连年不断，益阳蚊香厂和津市蚊香厂是湖南省最具规模的两家蚊香厂。近年来浙江省生产蚊香的厂家逐渐增多，其总产量名列国内第二位。浙江诸暨李氏蚊香厂是浙江省最大的蚊香厂，尤以黑蚊香为其特色。其他还有黑猫蚊香厂、武义星原化工厂等都是颇具规模的工厂。

浙江武义通用电器厂在我国蚊香行业中采用了最新的黏结剂技术和与之配合的高温密炼捏合工艺，使蚊香的坯料塑性强、韧性好。自动成型机以每分钟 192 片的高速出片，同时与机械手同步配合将多余的边角料回收，生产效率和成品率高，且产品的平整度好，抗折强度高，超过国标规定值 3 ~ 4 倍。为了保证蚊香质量，该厂建立自己的炭粉基地。为了解决蚊香在点燃中的熄火现象，该厂加入了均化工艺及均化库装置，具备了配方合理、工艺成熟、设备先进三个生产优质蚊香的条件。

前几年因为国内 80% 以上的蚊香生产厂家都已采用烯丙菊酯杀虫剂原药作为蚊香的有效成分，所以蚊香的质量是比较稳定的，对人的安全性有保障。

近年来随着我国对卫生用杀虫剂原药的开发，如富右旋反式烯丙菊酯及甲醚菊酯等，部分取代了进口蚊香用药。针对巴沙在蚊香中使用的限制，部分药厂开发了采用富右旋烯丙菊酯和灭蚊菊酯复配的方案，取得较好的效果，为蚊香的发展创造了有利条件。

目前，蚊香涂药法新工艺获得了广泛的推广，已形成了由传统的盘式蚊香混合法生产工艺向蚊香涂药法工艺转化的趋势。

蚊香虽小，但使用量大面广，使用时间长，在驱赶杀灭蚊虫、保护人群安定生活的同时，不得不考虑长期吸入对人的健康影响问题。为此，国家爱卫会及卫生主管部门对此十分重视，在 1986 年就对蚊香的卫生监督做出了暂行规定，对蚊香生产用的杀虫有效成分的要求、蚊香中有害物质的残留量指标、药效及分级、生产销售及卫生监督管理方面都做了较为明确而详细的规定。这对保证中国蚊香工业的健全发展，确保人民生命健康具有重要指导意义，起了很大的作用。

在 20 世纪 60 年代后期，上海某电器厂曾试制过用耐高温特制金属电阻丝制成的加热器（电阻值在 3 ~ 4kΩ），外层用云母片包绕，然后一起固定在金属导热板上，再放在绝缘胶板上，装入耐高温陶瓷外壳内，接通电源 10 分钟后金属板表面温度达 200℃左右，用来加热蚊香片。后因无法调节温度，加之杀虫有效成分上的配套性没有调整好，不久就从市场上消失了。

中国的电热片蚊香和电热液体蚊香真正获得发展，是在 80 年代初期到后期，当然也是遵循先片蚊香后液体蚊香的顺序。首先在广东、上海和福建开始试制，以后又扩展到浙江、湖南、广西、四川及江苏等省市。北方地区，如河北、天津、山东等地，由于相关工业的限制，通常向南方厂家购进散件进行组装，而南方一些大厂家大都能独立设计、生产，因为这些厂原先都有生产蚊香或电器的基础。目前在国内比较负有盛名的，在电热片蚊香方面有广东中山榄菊公司的榄菊牌、四川成都电热器厂的彩虹牌、广西柳州华力电器厂的华力牌及上海庄臣的雷达牌等。在电热液体蚊香方面，有珠海海宏卫生药械厂的海宏牌、广东中山榄菊公司的榄菊牌及上海昆虫所的沪昆牌等。上述这些厂家的产品之所以能获得良好信誉，除了加热器的生产技术基础良好外，配套用的驱蚊药剂都使用右旋烯丙菊酯 40（片蚊香）及益多克驱蚊液，这是一个十分重要的因素。多年的应用证明，这些药剂对蚊虫的驱赶效果良好，挥散均匀稳定，对人群安全。这期间也不乏在用药上走弯路的例子，如山东省几家电热片蚊香生产厂，原来使用右旋烯丙菊酯 40 作为配套药剂，在用户中信誉较好，市场反应良好，在 1991 年一度改用其他药剂，购买率立即下降，消费者意见很大，不得不又立即改回采用右旋烯丙菊酯 40，才又夺得了市场。在电热液体蚊香配套用的驱蚊液上也是如此。一些驱蚊液在空中挥发后较快地向室外扩散，使室内空间药物不能维持驱蚊所需的浓度，因而显示生物效果较差，而在使用益多克驱蚊液时，它则能在室内弥留，因而驱蚊效果较好，得到用户的欢迎。

电热片蚊香产品短短几年内几乎遍及全国各个省市，发展十分迅速。电热液体蚊香虽起步较晚，开发时间较短，但它显著的优点已越来越被人们所认识和接受，所以发展速度也较快。

第三节　蚊香类产品的分类、作用机制及整体性关系

一、分类

蚊香、电热蚊香及其他类蚊香，虽然被加工成了不同形式的剂型，但在本质上都是蚊香，都属于热烟雾剂这一剂型大类。但因为蚊香的生产使用量在整个卫生杀虫剂型中所占的比例十分大，它与气雾杀虫剂一起构成了家庭卫生用药中的两大主体，所以将它们从热烟雾剂这一剂型大类中分离出来，单独成章予以介绍。

热烟雾剂按性状分类见图 8 - 2。

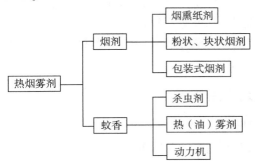

图 8 - 2　热烟雾剂按性状分类

蚊香类产品的分类见图 8 - 3。

尽管它们的工作方式有所不同，如可以通过自燃方式（蚊香），也可以通过电加热方式（电热蚊

香），还可以通过化学作用产生的热来使有效成分加热挥散，但它们对蚊虫的作用机制和方式都是相同的。

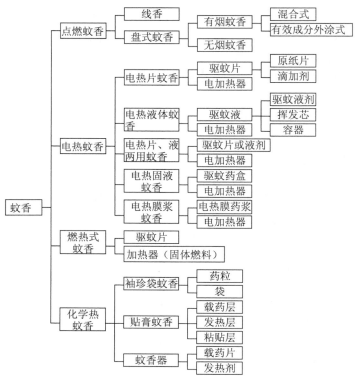

图 8 - 3 蚊香产品的分类

从图 8 - 3 中可以清楚地看到制剂与剂型之间及剂型之间的关系。蚊香作为一种特殊剂型，可以有许多不同的配方，根据每一个配方可以制出一种制剂：电热蚊香作为另一种从蚊香演变来的新剂型，也可以有许多不同的配方构成的制剂，以此类推。但蚊香、电热蚊香及其他类蚊香这些剂型，又可以归属于热烟剂这一大剂型中。所以，剂型的概念可大可小，它们既具有各自特征的一面，从这点上来说，它们可以是独立的或相互排斥；但某些剂型之间，虽然存在着形态上的某些差异，但也存在着一定的共性，因而从这点上来说，它们之间又具有互相包容性。

在此还要顺便一提的是，20 世纪 80 年代至 90 年代初对电热蚊香的提法上存在着一些混乱，这无论对生产、流通，还是对消费者都带来了不便。笔者在 1993 年编写的《电热蚊香技术》一书中，初步对电热片蚊香与电热液体蚊香做出了便于区别的概念及称法。这些称谓是出于对线蚊香及盘式蚊香名称上的连续性考虑取定的，将区别不同蚊香特征的修饰（定）语，如线、盘式、电热气及电热液体加在主体词蚊香前面，如电热固液蚊香、电热膜浆蚊香、燃热式蚊香、化学热蚊香等，避免了主体词与定语词的颠倒混乱，如图 8 - 3 所示。

二、蚊香类成品对蚊虫的作用机制

蚊虫对人的叮咬吸血过程如图 8 - 4 所示。

蚊香及电热蚊香在点燃或加热，使有效成分向空间挥散到一定浓度时，对蚊虫的作用过程见图8 - 5。

1）极低剂量的药物浓度，对室内蚊虫产生刺激和驱赶作用，使蚊虫从室内被驱赶出去。这种浓度大大低于对蚊虫的中毒剂量。当蚊虫在飞行中接触到更多的药物时，进一步产生拒避或击倒。

2）对室外附近蚊虫的拒避，阻止室外蚊虫进入室内，并将原来栖息在室内的蚊虫驱逐出去，即由驱赶而产生拒避。

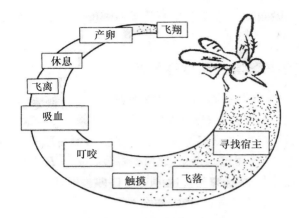

图 8 - 4　蚊虫的吸血过程

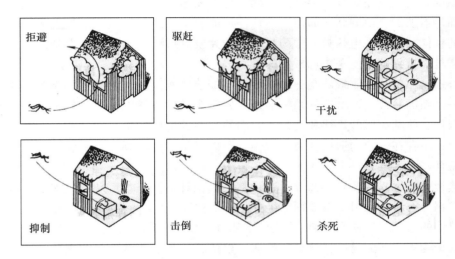

图 8 - 5　蚊香对蚊虫的作用示意图

3）干扰蚊虫寻觅被咬者。

4）抑制蚊虫叮咬的响应频率，麻痹和抑止蚊虫叮咬。

5）蚊虫受到药物的作用，一般只要很短时间（几分钟）即发生麻痹，继而被击倒跌落在地上，有的近乎死亡。浓度越高、击倒的时间越快。

6）使蚊虫致死。

在使用蚊香（及电热蚊香）的场合，保持尚不致死的击倒作用，使蚊虫不会飞近有药物存在的区域，就能防止蚊虫的骚扰。因为这类药物一般都用在敞开式条件下，如打开门窗的房间或室外凉台庭院内，杀虫剂在空间的浓度不断被稀释，所以这种尚不致死的作用就更重要。当然，空间的杀虫剂有效成分的浓度达到一定值时，也可以使蚊虫致死，但杀死蚊虫不应是蚊香类产品的主要功能。

"制止叮咬"是使用蚊香的主要功能之一。可用以下简便方法测定。

取 2 个笼子，每笼内放雌性埃及伊蚊 100 只。将手清洗后伸入一个无蚊香作用的笼内 3 分钟，记录下蚊虫叮咬次数（B）。将另一只笼子放在 40m³ 的房中，该房中已点燃蚊香 30 分钟。待 10 分钟后取出该笼子，也将清洗干净的手伸入笼内 3 分钟，再记录下蚊虫叮咬的次数（C）。然后按下式计算制止蚊咬的系数（A）。

$$A = \frac{B - C}{B} \times 100$$

若 C 为 0，则 A 为 100，即表示该蚊香的效果达到 100%。

研究蚊香对阻止蚊虫叮咬吸血的实际效果，对改进蚊香的配方具有一定的意义。自 20 世纪 60 年代以来，先后已有多人对天然除虫菊、拟除虫菊酯及烯丙菊酯制成的蚊香烟雾对蚊虫的驱避及阻止叮咬作用作过试验。

三、蚊香类产品中药物与器具的整体性关系

蚊香的质量及生物效果受诸多因素的影响，如蚊香料的粒度、湿度、黏度、温度、有效成分、配方比例、生产工艺控制等对蚊香的成品都有影响。但是，这些影响因素大多是在生产中调节，一旦制得了蚊香成品，它的挥散情况及药物效果也就确定了，在使用中一般不会再受到外界的干扰，随着燃烧点的逐渐后移，有效成分总在它后面 6~8mm 处均匀挥发，因而在点燃过程中保持比较稳定的生物效果。但电热片蚊香及电热液体蚊香的情况就远远复杂得多，即使将驱蚊片及驱蚊液的质量控制好，也不一定能获得预定的生物效果。生产配制驱蚊片及驱蚊液的过程受到许多因素的影响，如有效成分的品种、浓度及质量，基料及添加剂的选择，配制工艺及质量控制等；加热器的质量则取决于结构设计是否合理，温度的高低及稳定性，器件的材质、电气安全性能等各个方面；在使用中，要考虑驱蚊片或驱蚊液与加热器的配合协同状态如何，不是任何的驱蚊片或驱蚊液与任何种类的加热器搭配使用都能取得良好的整体效果的。电热蚊香中药物（驱蚊片及驱蚊液）与器械（电加热器）的优组配套关系，就是朱成璞教授首创的卫生杀虫药械学的核心。

在电热蚊香中，驱蚊片与驱蚊液是一个系统，电加热器则是另一个独立的系统。这两个系统合在一起，又成为一个新的系统。这个新的系统不是原先两个单独系统的简单的机械相加，而是存在着相互制约、相互依存、相辅相成的规律和关系。它们的最终的整体效果是在药物与器械的最佳配合作用下得出的特定值，不存在普遍的适用性或互换性，所以必须综合考虑它们的整体性、综合性、目的性和实用性四大特征。

特别是电热液体蚊香，涉及众多的学科、材料、理论计算及工艺。从驱蚊液的角度，应用到杀虫剂、稳定剂、溶剂、香料、颜料、增效剂等组分，涉及物理、化学、生物学及毒理学中的许多理论和原理；从电加热器的角度，应用到塑料、陶瓷、绝缘材料、电子电气组件等，涉及电学、热力学、材料学、工艺学、结构等方面的设计及计算。单从一根似不显眼的药液挥发芯来说，也应用到多种无机及有机填料、黏合剂、抗氧剂及各种有机纤维，涉及复杂的成型工艺和测试。从药液与器具的整体性效果来评定，又涉及通过综合评价筛选出优化组合的一系列实验、设计及调整。还要顾及电热蚊香的作用靶标——蚊虫的生态习性及活动规律，以控制药物的挥散状况等。

第四节　点燃式蚊香

一、概述

蚊香是将杀虫有效成分混合在木粉等可燃性材料中，从一端点燃后，在一定的时间内缓慢燃烧，逐渐地将杀虫有效成分挥散入空间形成气溶胶的一种特殊杀虫剂型。当空间的杀虫有效成分达到一定浓度后，就能对蚊虫产生刺激、驱赶、麻痹、击倒及致死作用。即使在敞开门窗的条件下，尽管室内空间的杀虫有效成分浓度因不断向室外扩散而降低，但从蚊香中持续挥发出的杀虫有效成分能使室内空间的有效成分浓度保持在使蚊虫尚不致死的水平，因而在蚊香的整个点燃过程中，能持续对蚊虫产生驱赶、击倒或致死作用，保护人们免受其叮咬骚扰。

现在使用的蚊香呈螺旋状，因此称之为盘式蚊香，由冲压制成。它的全长达 130cm，从一端点燃后缓慢燃烧，燃烧速度每小时 1.7~2.0g，一般可以连续作用 7~8 个小时。它的密度为 0.73~0.80g/cm³。它的挥散效率在 60%~70%，其中约有 30% 左右的杀虫有效成分在蚊香生产的干燥过程及使用燃烧过程中损失。蚊香燃烧点的温度高达 700~800℃，但在它前面 6~8cm 处的温度在 170℃左右，正

好是蚊香中杀虫有效成分所需的挥散温度。（图8-6）

蚊香在刚发明时并不呈盘状，而是细棒状，称之为线香。线香各点温度分布和有效成分挥散区如图8-7。线香长约30cm，可以点燃一个小时。蚊香中的杀虫有效成分也经过了多次的改变，才成为目前比较理想的右旋烯丙菊酯。

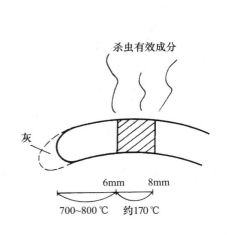

图8-6　盘式蚊香燃烧及杀虫
有效成分挥散示意图

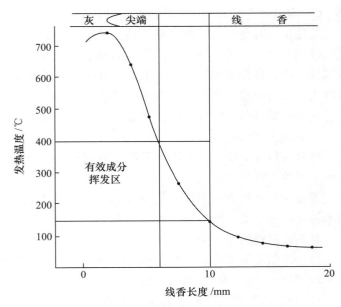

图8-7　线香各点温度分布和有效成分挥散区

二、蚊香的组成及典型配方

（一）蚊香的组成

蚊香一般由杀虫有效成分、可燃性材料、其他添加剂及水混合组成。目前世界各国生产的蚊香的常用配合比例如下。

有效成分：0.1%～0.3%（质量分数）；

黏合料：20%～40%；

植物性粉末：60%～80%；

添加剂（颜料、防霉剂）：0.1%～2.0%；

水：40%～50%。

并不是只要加入一定浓度的有效成分就必定能够获得确定的生物效果，蚊香中的基料会影响到燃烧速度，进而影响杀虫剂的挥散效率。所以要获得优质的蚊香，配方是十分关键的。但单有好的配方还不够，还要辅之以科学合理的配制工艺和生产质量管理。如何选择各种原、辅材料，也是至关重要的。

（二）各组分的作用

1. 杀虫有效成分

杀虫有效成分是蚊香中的主体，有它蚊香才能对蚊虫产生驱杀作用。在早期的蚊香中，杀虫有效成分大都采用天然除虫菊花粉，但自20世纪50年代初拟除虫菊酯实现工业化生产以后，蚊香中的杀虫有效成分开始采用拟除虫菊酯，绝大多数用烯丙菊酯及其系列产品，近年来尤以右旋烯丙菊酯产品使用量为多。

右旋烯丙菊酯之所以能在蚊香生产中获得大量应用，主要是因为以下特点。

1）对人的安全性高；

2）它有适宜的蒸气压，在蚊香中的挥散率好；

3）热稳定性好；

4）对蚊虫击倒效力优异；

5）对蚊虫忌避效果好；

6）具有适合在蚊香中使用的经济性。

虽然也有其他几个拟除虫菊酯品种可用于制造蚊香，但有的价格太高，有的药效不理想，也有的蒸气压不合适。因为蚊香中的拟除虫菊酯杀虫有效成分应在170℃左右就能成为蒸气挥散至空间。如蒸气压太高，挥散就要较高的温度，有效成分容易受高温分解而导致药效减低。但如蒸气压过低，挥散度太大，有效成分在贮存放置期间或燃烧区温度未到170℃时就会逸失，蚊香的药效保持时间不长。

杀虫有效成分在蚊香中的使用量，右旋烯丙菊酯一般为0.1%～0.3%（质量分数）。

2. 黏合材料

黏合材料通常使用的有以下几种：榆树皮粉、胶木粉、α-淀粉或其他，如高分子聚合物（羧甲基纤维素钠CMC）等。

黏合材料在蚊香中的加入量约为10%左右，其作用主要是增加韧性，提高强度，因为植物性燃料如木粉等均疏松无黏性。

对黏合材料的要求如下。

1）pH值应调节在6左右，略呈偏酸性为宜，因为拟除虫菊酯有效成分在碱性条件下容易分解；

2）粉末粒度在80～150目之间；

3）与植物性粉末一起作为蚊香的基料，用量为基料总量的16%。

3. 可燃性物质

常用的可燃性物质主要是植物性粉末，是蚊香的基料。

植物性粉末常用的有以下几种：除虫菊花残粉、木粉、椰子壳粉、杉木粉。

植物性粉末是蚊香中的基料，作为杀虫有效成分的载体，通过木粉的燃烧将有效成分挥散至空间。植物性粉末作为填充料，使香条疏松，易于燃烧。

对植物性粉末的要求如下。

1）植物性粉末的粒度应在80～150目范围，可以保持蚊香的表面细度及蚊香条内部的紧密度，从而保证蚊香有一定的强度，密度在0.73～0.8g/cm³，燃烧速度达到1.7～2.0g/h。若粒度太粗，则蚊香表面粗糙，内部疏松，容易折断，燃烧时间太快，一盘蚊香维持不到一个晚上（8h）。

2）在蚊香中的用量应适当，一般占蚊香总质量的60%～80%。用量过多，使香条的燃烧速度太快，有效成分大量挥发，颇不经济。用量过少，燃烧不良，产生间熄。

4. 添加剂

添加剂是指蚊香中除有效成分、基料（黏合材料和植物性粉末）和水以外的其他材料。在蚊香中常用的添加剂有以下几类。

颜料：孔雀绿（现在已不用）、品绿、淡黄；

防霉剂：脱氢醋酸钠，苯甲酸，环己胺亚硝酸盐类；

助燃剂：对硝基苯酚，硝酸钾；

香料：液体麝香。

添加剂在蚊香中虽然只作为辅料，不是主要成分，但它对保证蚊香的质量和效果仍有相当重要的影响。如质量好的蚊香，把它的香条从横剖面切开，在显微镜下就可以看到面上有极小微孔，能让空气透入以助燃烧，所以在一般情况下可以不加助燃剂。但当榆树皮粉质量差，香条黏合不良时，就要加入适量的对硝基苯酚作助燃剂，以防止蚊香在点燃过程中产生间熄。

添加剂在蚊香中的加入量只占很少的比例，总加入量不大于2.0%，其中颜料加入量为0.20%，防霉剂加入量为0.25%～1%，视品种不同而异。助燃剂的量也在0.5%～1.0%。另有数据表明，在蚊香中加入环己胺亚硝酸盐类 0.07%，不仅对蚊香本身，同时对包装材料也能起到防止霉菌生长的效果。

（三）典型配方

1. 除虫菊蚊香

除虫菊花：10%（质量分数，下同）；

黏木粉：85.5%；

火硝：3.5%；

品绿：0.4%；

淡黄：0.3%；

液体麝香：0.3%。

2. 除虫菊浸膏蚊香

除虫菊浸膏：0.12%；

混合二醇：4.00%；

青蒿：10.00%；

烟末：5.00%；

基料：61.00%；

榆树皮粉：10.00%；

香料：0.88%。

3. 烯丙菊酯蚊香

烯丙菊酯：0.24%；

混合二醇：4.00%；

青蒿：10.00%；

烟末：5.00%；

基料：60.88%；

榆树皮粉：10.00%；

香料：0.88%。

4. 右旋烯丙菊酯蚊香

右旋烯丙菊酯：0.25%；

除虫菊花残粉：49.30%；

榆木粉：30.00%；

木粉：20.00%；

颜料：0.20%；

防霉剂：0.25%。

（四）生物效果

对蚊香的评价，应从所含杀虫有效成分的种类及浓度、驱灭蚊虫的效力以及点燃时间等各方面来综合判断，因此，不能单从其测试所得的生物效果来断定。例如，某种蚊香的拟除虫菊酯含量虽然低，但因它的点燃时间短，而单位时间内有效成分挥散量多，其生物效果显示也好。表 8-1 和表 8-2 列出了不同厂家对不同品种蚊香的药效测试。

蚊香的生物效果与点燃后烟气中的拟除虫菊酯的挥散含量有关。加入与拟除虫菊酯蒸气压相近的化合物，有助于提高拟除虫菊酯的挥散量，就有可能提高它的生物效果。

表8-1 不同厂家对三种拟除虫菊酯蚊香的药效测试

拟除虫菊酯名称	浓度（%）	开始~全部击倒时间（min）	KT₅₀（min）	测试厂家
右旋烯丙菊酯	0.18	4.18~21.52	7.11	厦门蚊香厂
	0.23	3.33~9.33	5.91	
益必添	0.1	5.26~15.76	6.79	
	0.13	3.33~9.33	6.34	
右旋烯丙菊酯	0.2	0.4~9.00	2.54	南京军事医学研究所
益必添	0.1	0.4~13.00	3.13	
	0.2	0.26~9.00	2.10	
甲醚菊酯	0.5	0.86~11.00	3.95	
右旋烯丙菊酯	0.24		3.83	江陵农药厂
益必添	0.13		3.84	
甲醚菊酯	0.24		5.70	

表8-2 不同拟除虫菊酯蚊香对成蚊的击倒效果

拟除虫菊酯名称	浓度（%）	试验次数	KT₅₀（min）	95%可信限（min）
烯丙菊酯	0.2	4	2.54	0.4771~6.6180
益必添	0.1	4	3.13	1.3358~7.3370
	0.2	4	2.10	0.8616~5.8789
甲醚菊酯	0.5	4	3.95	1.6156~8.3412
甲醚菊酯+S₂	0.3	4	2.93	1.3861~4.8476

　　杀虫有效成分还可以进行复配后使用。已有试验证实，将右旋烯丙菊酯与甲醚菊酯按适当的比例复配，其药效能得到相加（见表8-3），因而可以降低成本，提高蚊香的效力。

表8-3 右旋烯丙菊酯与甲醚菊酯复配蚊香的效果

拟除虫菊酯名称	浓度（%）	试验次数	KT₅₀（min）	95%可信限（min）
右旋烯丙菊酯	0.16	4	3.84	1.21290~6.77618
甲醚菊酯	0.50	4	3.95	1.17272~9.98918
右旋烯丙菊酯+甲醚菊酯	0.1+0.20	4	4.24	2.10709~10.25578
右旋烯丙菊酯+甲醚菊酯	0.05+0.40	4	5.57	3.36261~11.90804
右旋烯丙菊酯+甲醚菊酯	0.1+0.30	4	3.27	1.38415~9.76531
右旋烯丙菊酯+甲醚菊酯	0.05+0.40	4	3.54	1.86735~0.03024

　　右旋烯丙菊酯与天然除虫菊酯对蚊虫的药效比较见表8-4。

表8-4 右旋烯丙菊酯与天然除虫菊酯的药效比较

有效成分	KT₅₀（min）		
	0.15%	0.30%	0.60%
右旋烯丙菊酯	5.7	3.9	2.7
天然除虫菊酯	9.5	7.8	6.4

注：试验方法为0.34m³玻璃柜法，试验蚊虫为红家蚊。

三、蚊香的配制工艺及用料计算

（一）蚊香的配制工艺

在配制蚊香时，先将杀虫有效成分（拟除虫菊酯）与植物性粉末混合，然后再加入榆木粉及淀粉等黏合料，一起由搅拌机混合后变成混合粉。此后将混合粉送入捏合机内，同时定量加入颜料、防霉剂及水进行搅拌。接着由挤出机将蚊香混合料呈带状挤出，每隔一定长度进行切断后，再由冲压机冲出螺旋状蚊香坯，在干燥机上烘干，使它的水分保持在 7% ～ 10% 。传送带与隧道式烘炉，是目前较好的干燥设备。蚊香的制造工艺流程如图 8 - 8 所示。

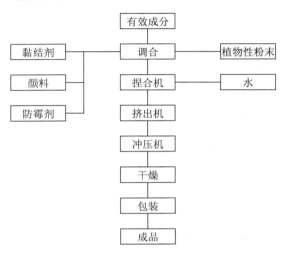

图 8 - 8　盘式蚊香的生产流程图

在现在的蚊香生产中，从搅拌、挤出、冲压成型到烘干，各道工序已完全实现了自动化。盘式蚊香的生产技术初看起来似乎很简单，但因蚊香在使用时需要燃烧，所以具有与其他剂型所不同的特点，有许多技术难点要加以注意掌握和考虑，特别应注意以下三个方面。

1）杀虫有效成分混合要均匀。这将保证蚊香在点燃中有效成分得以均匀挥散，这样才能维持均匀稳定的生物效果。因为一般从蚊香中挥散出的有效成分是极其微量的，一小时仅数毫克，所以在生产过程中必须注意有效成分的均匀混合，这是在蚊香制造中首先必须认真考虑的质量要点。

2）提高有效成分的挥散率。盘式蚊香杀虫效力并不一定与蚊香中所含的有效成分的量成正比，而是与它所含的有效成分在其挥散烟气中的比例有关。蚊香质地的粗糙度与有效成分的挥散率有着密切的关系。质地粗松，有效成分挥散率就高，点燃时间就短。所以在选择原材料基材时就应予以注意。而且有效成分越接近蚊香表面，有效成分的挥散率越快，所以在以前曾因搅拌工艺及设备限制，先将蚊香制成不含杀虫有效成分的坯材，然后将有效成分涂在蚊香的表面。

3）减少蚊香在烘干过程中有效成分的损失。盘式蚊香中的杀虫有效成分（拟除虫菊酯）受热过度后，会分解而降低活性，所以在烘干过程中，必须采用不易使有效成分受热分解的设备及工艺条件。干燥温度越高或越是接近干燥时，有效成分的损失将越大。一般将干燥温度控制在 70℃ 以下，有效成分的损失就很小。土法制造蚊香，在烈日下曝晒干燥，有效成分损失就很大。所以，在蚊香生产中，在材料的选择，配方的确定以及配制技术等各个环节，都应力求使蚊香中所含的拟除虫菊酯能发挥出最好的效果。

（二）右旋烯丙菊酯蚊香配制例

1. 右旋烯丙菊酯蚊香的标准配方（表8－5）

表8－5　右旋烯丙菊酯蚊香标准配方

	含量（%）	用量（kg）	
右旋烯丙菊酯浓缩液（81%）	0.25	0.22	0.275
除虫菊花残粉	平衡	40.42	50.525
榆木粉	30.00	24.00	30.00
木粉	20.00	16.00	20.00
颜料	0.20	0.16	0.20
防霉剂	0.25	0.20	0.25
总计	100.0	80.00	100.00

2. 生产工艺流程及要求

生产工艺流程如图8－9所示。

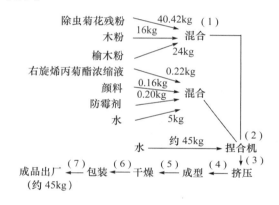

图8－9　右旋烯丙菊酯蚊香的生产工艺流程

1）把三种粉混合均匀后，倒入捏合机。

称好一定量的右旋烯丙菊酯浓缩液、颜料和防霉剂，用5kg温水（约50℃）稀释后倒入捏合机中。再加入45kg的温水（约50℃），同时开始搅拌。

2）约搅拌12分钟。

3）挤压。

4）成型。抽查每盘蚊香的质量（以燃烧时间7小时的蚊香为例，其质量应为49g）。

5）干燥。如进行30℃左右的热风干燥，则需要干燥16个小时左右，这时也要抽查其质量。

6）包装。

7）成品出厂。

四、生物效果

1. 不同浓度右旋烯丙菊酯蚊香在不同时间内对淡色库蚊的击倒率（表8-6）

表8-6 不同浓度右旋烯丙菊酯蚊香的击倒效果

有效成分	浓度（%）	击倒率（%）									KT$_{50}$（min）
		1min	2min	3min	4min	5min	7min	10min	15min	20min	
右旋烯丙菊酯	0.1	0	0	4	19	50	97	97	99	100	50
	0.2	0	5	36	72	91	100	100	100	100	33
	0.3	1	19	61	95	99	100	100	100	100	2.6
	0.4	1	45	86	99	100	100	100	100	100	2.1

2. 0.3%右旋烯丙菊酯蚊香对不同蚊种的击倒及致死效果

（1）密闭圆筒法（表8-7）

表8-7 0.3%右旋烯丙菊酯蚊香对不同蚊种的效力

蚊种	击倒率（%）						KT$_{50}$（min）
	1min	2min	3min	4min	5min	6min	
三带喙库蚊	70	40.6	79.8	96.0	97.4	100	2.213
白纹伊蚊	11.2	66.0	96.0	100	100	100	1.645
淡色库蚊	8.6	28.6	83.0	94.6	98.0	100	2.069

注：对照组用卫生香，在6分钟内均无蚊虫击倒。

（2）0.34m³玻璃柜法（表8-8）

表8-8 0.34m³玻璃柜法测得0.3%右旋烯丙菊酯蚊香的效力

蚊种	击倒率（%）								KT$_{50}$（min）
	1min	2min	3min	4min	5min	6.5min	7.5min	8min	
三带喙库蚊	4.6	14.0	28.0	48.0	60.0	93.2	97.2	100	3.636
白纹伊蚊	0.6	21.2	81.2	90.0	100	100	100	100	2.479
淡色库蚊	0	6.6	32.0	66.6	82.0	96.0	100	100	3.540

注：对照组用卫生香，在15~30分钟内均无蚊虫击倒。

（3）36m³试验房法（表8-9）

表8-9 36m³试验房法测得0.3%右旋烯丙菊酯蚊香的效力

蚊种	击倒率（%）								KT$_{50}$（min）
	10min	20min	30min	40min	50min	60min	70min	80min	
三带喙库蚊	20.0	76.5	89.5	95.5	100	100	100	100	14.79
白纹伊蚊	1.5	23.5	64.0	89.0	100	100	100	100	24.72
淡色库蚊	0	20	36.5	66.5	90.0	92.5	96.0	100	31.61

注：室温26℃，相对湿度55%。

3. 蚊香对埃及伊蚊的阻碍吸血效果（表 8 - 10）

表 8 - 10　各种不同蚊香对埃及伊蚊的阻碍吸血效果

有效成分	阻碍吸血率（%）［暴露前吸血率（%）－暴露后吸血率（%）］	
	暴露 30s	暴露 1min
0.1% 右旋烯丙菊酯	42（100 - 58）	67（100 - 33）
0.2% 右旋烯丙菊酯	67（100 - 33）	100（100 - 0）
0.3% 右旋烯丙菊酯	100（100 - 0）	100（100 - 0）

有效成分	暴露 1min	暴露 3min	暴露 5min
巴沙 1.5%	0（100 - 100）	0（100 - 100）	0（100 - 100）
空白蚊香	0（100 - 100）	0（100 - 100）	0（100 - 100）

注：模拟试验房间 28m³。

结果表明，蚊虫在右旋烯丙菊酯 0.2% ～ 0.3% 蚊香中暴露 1min 时间，阻碍吸血率都可达到 100%，效果显著。蚊虫在巴沙 1.5% 蚊香中暴露长达 5min，但看不到阻碍吸血的效果。

五、炔丙菊酯蚊香

日本住友公司在 1997 年推出了炔丙菊酯 70EC 制剂，并以此制剂制成含炔丙菊酯 0.08% 的盘式蚊香，它具有以下优点。

1）对不同蚊种均具有较高的击倒与致死效果。
2）具有优异的驱赶活性，能防止蚊对人叮刺。
3）室内及室外均可使用。
4）炔丙菊酯是目前为止击倒效果较优良的拟除虫菊酯。

其贮存稳定性及生物效果测试结果见表 8 - 11、表 8 - 12。

表 8 - 11　炔丙菊酯盘式蚊香的贮存稳定性

有效成分及质量分数（%）	不同时间贮存后的保持率（%）		
	40℃，1 个月	40℃，3 个月	54℃，2 个月
炔丙菊酯 0.08	95.5	95.2	96.3

结果显示炔丙菊酯盘式蚊香具有较高的稳定性。

表 8 - 12　炔丙菊酯盘式蚊香对淡色库蚊的生物效果

蚊香有效成分及质量分数（%）	KT_{50}（min）	KT_{90}（min）
炔丙菊酯 0.08	30.0	41.9
右旋烯丙菊酯 0.3	35.8	54.7

注：1. 试验室容积为 28m³。
　　2. 以右旋烯丙菊酯蚊香作为比较。

结果显示炔丙菊酯盘式蚊香对淡色库蚊的击倒效果优于目前的右旋烯丙菊酯蚊香。

六、富右旋烯丙菊酯蚊香

富右旋烯丙菊酯蚊香的生物效果见表 8 - 13。

表 8 – 13　富右旋烯丙菊酯蚊香的生物效果（测试方法：GB13917.4 – 92）

有效成分	质量分数（%）	KT$_{50}$（min）
富右旋烯丙菊酯	0.32	5.60
S$_2$	0.8	
富右旋烯丙菊酯	0.3	3.75
巴沙	1	
S$_2$	1	
9708 助溶剂	适宜	

七、蚊香 KT$_{50}$ 值与浓度的关系

蚊香中有效成分的效力比较，一般都采用标准的试验方法。测得不同时间间隔的击倒率，然后再以 Finney 法或 Bliss 法，用计算机求出 KT$_{50}$ 值。

（一）同一 KT$_{50}$ 值下，不同有效成分所需浓度及效力比

取三种不同的杀虫有效成分 A、B、C，将每种有效成分分别制成三个不同浓度的蚊香，分别求出每个浓度蚊香的 KT$_{50}$ 值。然后如图 8 – 10 作图。

纵坐标表示 KT$_{50}$ 值（s），横坐标为有效成分浓度。在图上 D 点代表某一特定的 KT$_{50}$ 值，通过 D 点作一条平行于横坐标的直线，因为此直线上的每一个点的 KT$_{50}$ 值均相同（等于 D），所以与三个浓度效力曲线 A、B、C 相交点（a′、b′、c′）的 KT$_{50}$ 值都相同，然后从各自的交点作平行于纵坐标的直线，它们与横坐标的交点 a、b、c 即代表在同一 KT$_{50}$ 值时，不同有效成分 A、B、C 所需的浓度。这样，三种不同有效成分的效力比为：

$$A:B:C = \frac{c}{a}:\frac{c}{b}:\frac{c}{c}$$

若设 a 为 0.1%，b 为 0.2%，c 为 0.5%。以此代入，A:B:C = 5:2.5:1。

即 A 种杀虫剂的效力是 C 种杀虫剂的 5 倍，是 B 种杀虫剂的 2.5 倍。

（二）相同浓度下 KT$_{50}$ 值

根据上面作的图，反过来也可以求出三种不同有效成分的蚊香在浓度相同时的 KT$_{50}$ 值。如图 8 – 11 所示。

取浓度为 E，过 E 点作平行于纵坐标的直线，分别与 A、B、C 相交于 a′、b′、c′ 点，显然此三点所代表的浓度都是相同的，都为 E。然后再通过 a′、b′、c′ 作平行于横坐标的直线与纵坐标交于 a、b、c。此 a、b、c 三点就是代表三种不同有效成分 A、B、C 蚊香在浓度相同时（均为 E）的 KT$_{50}$ 值。

上述算法，对于确定有效成分所需的合适浓度是十分方便的。

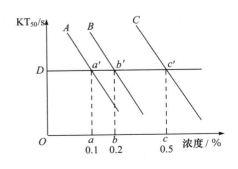

图 8 – 10　获得相同 KT$_{50}$ 值时不同有效
成分 A、B、C 所需的浓度

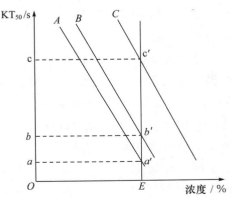

图 8 – 11　相同浓度下的 KT$_{50}$ 值

（三）右旋烯丙菊酯蚊香与 Sr – 生物烯丙菊酯蚊香的效力比较

关于右旋烯丙菊酯与 Sr – 生物烯丙菊酯在蚊香中的效力比，表 8 – 14 和表 8 – 15 中数据可供参考。

表 8 – 14　右旋烯丙菊酯与 Sr – 生物烯丙菊酯在蚊香中的效力比

右旋烯丙菊酯质量分数（%）	与右旋烯丙菊酯显示同等效力的 Sr – 生物烯丙菊酯质量分数（%）	相对效力比（设右旋烯丙菊酯的效力为 1）
0.10	0.055	1.82
0.15	0.084	1.79
0.20	0.115	1.74
0.25	0.147	1.70
0.30	0.187	1.60

表 8 – 15　不同浓度右旋烯丙菊酯与 Sr – 生物烯丙菊酯在不同时间（min）的击倒率（%）

编号	有效成分	指示浓度（质量分数,%）	分析浓度（质量分数,%）	不同时间的击倒率（%）									KT_{50}（min）
				1min	2min	3min	4min	5min	7min	10min	15min	20min	
1	右旋烯丙菊酯	0.1	0.094	0	5	18	44	70	94	100	100	100	4.1
2		0.15	0.158	3	21	49	92	96	100	100	100	100	2.7
3		0.2	0.194	10	35	71	96	99	100	100	100	100	2.1
4		0.3	0.303	9	66	92	100	100	100	100	100	100	1.8
5	Sr – 生物烯丙菊酯	0.05	0.049	0	0	9	32	58	88	99	100	100	4.6
6		0.1	0.100	3	22	62	90	99	100	100	100	100	2.5
7		0.15	0.143	5	27	86	99	100	100	100	100	100	2.2
8		0.2	0.202	12	69	95	100	100	100	100	100	100	1.6

八、蚊香的烘干

（一）蚊香的配方

有效成分：右旋烯丙菊酯原药（T·G）0.3%（A.I）（0.27% 制造目标值）；

基料：80kg；

防腐剂：0.2kg；

色素：0.24kg；

水：77.3kg。

注：基料为木粉 84% 与黏粉 16% 混合料，粉末在 80～150 目之间，水分含量为 7%。

（二）烘干条件

烘干后质量标准为 25.5g/双盘。

烘干温度分别为室温（26℃）、30℃、40℃、60℃、80℃、100℃。

（三）各烘干条件下（换气量 86m³/min）蚊香效力与有效成分质量分数的关系（图 8 – 12）

图 8 – 12 是表 8 – 15 的质量分数与 KT_{50} 的关系用对数进行表示的图解。

图 8 – 12 的两条回归线解释如下：

右旋烯丙菊酯 lg KT_{50}（min）＝ －0.7244 Log₁₀ Content（%）－0.1485

Sr – 生物烯丙菊酯 lg KT_{50}（min）＝ －0.7244 Log₁₀ Content（%）－0.2954

由此可见：右旋烯丙菊酯与 Sr – 生物烯丙菊酯（益必添）的效力比为

右旋烯丙菊酯：Sr – 生物烯丙菊酯（益必添）＝1：1.60

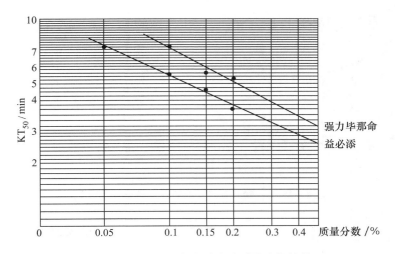

图 8 - 12　蚊香效力与有效成分质量分数的关系

（四）蚊香的烘干温度和所需时间与有效成分含量的关系

根据图 8 - 13 ~ 图 8 - 18，不同烘干温度下所需时间与有效成分含量的关系见表 8 - 16。

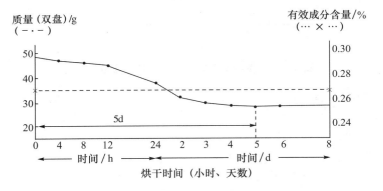

图 8 - 13　在 26℃室温下烘干时有效成分含量的变化

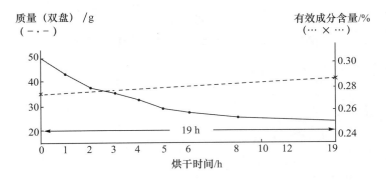

图 8 - 14　在 30℃室温下烘干时有效成分含量的变化

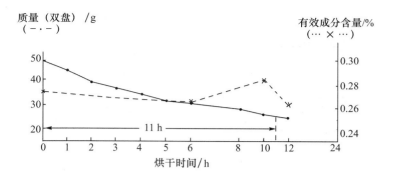

图 8 - 15　在 40℃ 下烘干时有效成分含量的变化

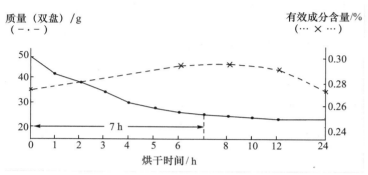

图 8 - 16　在 60℃ 下烘干时有效成分含量的变化

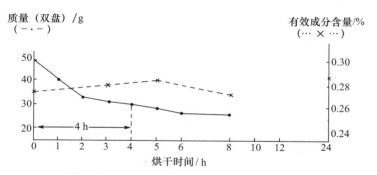

图 8 - 17　在 80℃ 下烘干时有效成分含量的变化

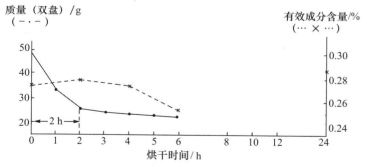

图 8 - 18　在 100℃ 下烘干时有效成分含量的变化

表 8 – 16　烘干时间对有效成分含量的影响

烘干温度	最适合的烘干时间	水分含量（%）	有效成分含量的变化情况
26℃	5d	10.1	几乎没有变化
30℃（空调、换气）	19h	7.9	几乎没有变化
40℃	11h	5.7	几乎没有变化
60℃	7h	5.3	几乎没有变化
80℃	4h	5.4	几乎没有变化，略有变形
100℃	2h	8.3（6.9）	4 小时之后，有效成分含量降低，有变形

九、蚊香有效成分用量计算

（一）传统工艺法

盘式蚊香中杀虫有效成分用量及生产盘数的计算方法如下。

$$蚊香中有效成分含量 = 蚊香质量 \times 有效成分含量 \times 100\%$$

根据上式就可以计算出 1kg 工业纯有效成分可以生产的蚊香数。

$$N = \frac{1000（g）\times 工业纯有效成分含量（\%）}{蚊香中有效成分质量（g）}$$

以右旋烯丙菊酯蚊香为例，标准蚊香中右旋烯丙菊酯的含量为 0.20%，使用的右旋烯丙菊酯 81 浓缩乳油中有效成分含量为 81%，一盘蚊香中有效成分为 30mg，根据上面公式计算。

$$N = \frac{（1000 \times 81\%）\times 1000}{30} = 27000（盘）$$

即 1kg 右旋烯丙菊酯 81 可以生产标准蚊香 27000 盘。

有的生产厂家采用右旋烯丙菊酯 90% 原液制造蚊香，表 8 – 17 分别列出了不同蚊香料质量中所需添加的右旋烯丙菊酯 90% 原液的量。

表 8 – 17　不同蚊香料质量中所需右旋烯丙菊酯的添加量

质量分数（%）	不同蚊香料质量中所需的右旋烯丙菊酯量（g）			
	30kg	40kg	50kg	60kg
0.10	33	44	55	67
0.15	50	66	83	100
0.20	66	88	110	134
0.25	83	110	138	168
0.30	100	132	165	201

（二）涂层法工艺

盘式蚊香坯之间的质量相差可达 20% 左右（27～32g）。传统生产工艺中，假定杀虫有效成分均匀混合在每盘蚊香中，则盘与盘之间有效成分的最大误差也将达 20%，按右旋烯丙菊酯含量 0.3% 计，它在蚊香中的含量范围在 0.081g/盘～0.096g/盘之间。

采用涂层法工艺时，每盘蚊香可得到均匀的涂药量。但对每盘蚊香来说，由于其坯质量之间的差异，有效成分在各盘蚊香中的含量就不同。所以此时就不能用百分含量来计算。

若每盘蚊香中含有效成分 0.084g，加上溶剂，每盘涂药 1.4g，则 300 盘蚊香（十箱）需用 90% 右旋烯丙菊酯原药量如下：

$$300 \times \frac{0.084 \text{（g）}}{90\%} = 28 \text{（g）}$$

需用药剂量为 $300 \times 1.4 = 420$（g）；

其中溶剂为 $420 - 28 = 392$（g）。

在实际应用时，由于涂层法可以选用喷涂与刷涂，所以在大量生产时应先作涂层（称重）试验，确保每盘蚊香的涂药量。

十、蚊香的安全性

蚊香是以毒性很低的拟除虫菊酯类杀虫剂为有效成分，加上木粉及榆树粉等植物性粉末混合后制成的产品，作为一种外用的家庭卫生杀虫剂已经有了百年的实际使用历史，在使用安全性方面得到了较高的评价。

其中的有效成分，如右旋烯丙菊酯的毒性数据，大鼠经口 LD_{50} 为 440～730mg/kg，小鼠为 310～1320mg/kg，显示其毒性很低。皮下及经皮等急性毒性及摄入慢性毒性（经历 80 周）实验显示吸入毒性较低。也无刺激性及三致突变。

（一）经口误食服下时

蚊香对雌性大鼠及小鼠急性经口毒性实验，最大经口投入量为 4.8g/kg 时，无任何影响。这一数字相当于一盘蚊香（13g）的 1/3。这就保证了蚊香的经口摄入安全性。当人经口大量摄入时，可直接洗胃，或以其他适当的方法进行治疗，不会出现什么危险。

（二）在使用中吸入时

蚊香对大鼠和小鼠在约 $9m^2$（相当于 $24m^3$ 空间）的密闭房间内进行吸入毒性实验，实验动物未见中毒症状，体重增加，尿、血液及其他生化检查均无变化。对实验动物的内脏进行解剖及病理组织检查，均未发现因吸入蚊香烟气引起的变化，直接受影响的眼睑及呼吸器官也未发现异样。需要说明的是，上述实验条件要较一般家庭居室的实际使用条件苛刻 30 倍以上。所以，可认为蚊香的吸入影响极小，只要掌握并遵循适当的使用方法，其安全性是无须疑虑的。（表 8－18）

表 8－18　右旋烯丙菊酯与天然除虫菊酯的大白鼠急性经口毒性比较

杀虫有效成分	LD_{50}（mg/kg）
右旋烯丙菊酯	1320
天然除虫菊酯	470

0.3% 右旋烯丙菊酯蚊香的吸入毒性实验例。

试验动物：大白鼠（12 头雌和雄；各 2 群）、小白鼠（12 头雌和雄，各 2 群）；

试验条件：试验室容积 $24.13m^3$，密闭状态；暴露时间为 8h/d，6d/周；共处理 240h（5 周）。

试验结果：实验动物无异常，无死亡例。体重正常，饲料摄取正常，尿分析无异常，血液分析无异常，各器官无异常。

从上述结果可以判定，0.3% 右旋烯丙菊酯蚊香对实验动物无毒性变化产生。

另据其他毒性试验结果表明，0.3% 右旋烯丙菊酯蚊香对实验动物没有过敏反应和畸形变化，进行 3 个月饲养实验，未见任何受害现象。由此可见，右旋烯丙菊酯蚊香使用是十分安全的。

十一、影响蚊香质量的因素

（一）材料粒度的影响

基料粒度太粗，不但使蚊香的外观粗糙，而且使香条内部疏松，降低蚊香的密度，使蚊香燃烧快，达不到规定的连续点燃时间。

如果基料粒度太细，蚊香的表面虽很细腻，但成型后内部过分紧密，蚊香在点燃过程中可能会使香条内部供氧不足而致中途熄灭。或者难以点燃。此时不得不在蚊香配料中加入适量的助燃剂（如1%硝酸钾）。

根据长期的生产经验及使用实践，基料粉末的粒度控制在 80～150 目范围内是适宜的。

（二）含水量的影响

蚊香的燃烧速度与混料中加入的水量有关。稍微潮湿的蚊香比干燥的蚊香燃烧得好，因为在燃烧中蚊香中的水会生成氢气和一氧化碳，所以在配比中，应严格控制混料中的加水量，同时辅以适宜的烘干条件。

蚊香中的含水量越大，越容易发生黑霉。此外，大气相对湿度对蚊香的点燃时间也有影响。大气中的相对湿度大，蚊香的点燃时间长；反之，大气湿度低，点燃时间短。大气相对湿度每增加 1%，点燃时间约延长 1.3～1.4min。

（三）黏度的影响

蚊香中的可燃性基料木粉疏松而不易成型，强度及抗折能力差，因此在制作时要混入适量的黏合材料，使蚊香基料具有一定的黏度，成型后增加韧性及抗折能力，在运输及使用中不会断裂。

蚊香的湿料黏度随着放置时间（从成型到进入烘干为止）的延长，黏度下降，下降的幅度大小与使用的黏合材料有关。黏度下降，蚊香的抗折能力及点燃时间都下降，所以不应使蚊香湿料在成型后至烘干前搁置过长时间。还应指出，在相同的放置时间内退黏速度很快的蚊香湿料，不适宜于制造蚊香，它的点燃时间和抗折力无法保证。当蚊香湿料还未成型，尚为浆状液时，在室温下其黏度的变化很少。一般情况下蚊香湿料的黏度应在 40～60mPa·s。一般情况下，蚊香的抗折力在 1～2N，点燃时间为 7.5～8h。

（四）温度的影响

1. 烘干温度对蚊香的质量及有效成分含量的影响

烘干温度越高，所需的时间越短，但并不呈线性比例关系。实验表明，在室温下进行烘干，蚊香内的有效成分几乎不受损失。而烘干温度为 100℃时，前 4 小时内没有变化，4 小时后有效成分含量开始迅速下降。

2. 环境温度对蚊香驱蚊效果的影响

室温越高，KT_{50} 值越小，生物效果越好。26℃时测得的 KT_{50} 值分别比 12℃、18℃及 22℃时测得的 KT_{50} 值提高 14.1、0.45 及 0.30 倍。

十二、关于蚊香的分级及质量要求

关于蚊香的分级，尚有着不同的看法。这关系到如何对蚊香作科学客观的评价问题，也涉及对蚊香这个剂型的定位及作用的认识。在 1986 年，根据蚊香对成蚊的药效，当时的中央爱卫会办公室发文，用统一规定的密闭圆筒法（0.013m³），以蚊香点燃后对标准实验规定蚊虫数 50% 的击倒时间（KT_{50}值）为标准，评定蚊香的等级。

KT_{50} 值少于 2min 为特级蚊香；

KT_{50} 值在 2～3min 为一级蚊香；

KT_{50} 值在 3～5min 为二级蚊香；

KT_{50} 值在 5～8min 为三级蚊香；

KT_{50} 值在 8min 以上为不合格蚊香。

对市场蚊香的监督就依此为依据。

也有的人对市场上的蚊香按 KT_{50} 值划分为三级：优质蚊香（KT_{50} 为 3～5min）；中级蚊香（KT_{50} 值为 6～7min），一般蚊香（KT_{50} 值为 7～16min）。

首先，该标准错误地把毒理实验中对昆虫强迫给药方式使用在随机给药的药效测试场合。其次，$0.013m^3$ 实验条件与实际使用的条件相差太远。另外，从安全性的角度，完全没有将蚊香的有效成分考虑进去。对人毒性高的杀虫剂的 KT_{50} 值可能比毒性低的杀虫剂的 KT_{50} 值小，难道就能说前者的蚊香等级比后者的好？这种只考虑药效的做法，实际上忽略了对人健康安全的影响。

在日本，蚊香中的有效成分多为右旋烯丙菊酯，其有效成分与药效分级之间的关系如表 8-19 所示。

表 8-19　日本右旋烯丙菊酯蚊香有效成分含量与 KT_{50}（min）之间的关系

蚊香等级	右旋烯丙菊酯质量分数（%）	KT_{50}（min）
优质蚊香	0.30	<5
标准蚊香	0.20	<6
普通蚊香	0.10	≤7

从表 8-19 可见，日本蚊香因为采用相同的杀虫有效成分，分级只需从有效成分浓度及 KT_{50} 值上划定。

英国威康基金会采用 $25m^3$ 实验房测试法，将蚊香按 KT_{50} 值分为三级。

$KT_{50} \leq 10min$，为优质蚊香；

$KT_{50} = 10.1 \sim 14.9min$，为标准蚊香；

$KT_{50} \geq 15min$，为普通蚊香。

但它对每种药物都分别规定了能达到此 KT_{50} 值所需的大致剂量，所以还是比较客观的。

英国威康基金会的优级蚊香标准见表 8-20，它比较客观地列出了不同药效等级蚊香所需的各种烯丙菊酯有效成分的大致浓度。

表 8-20　蚊香效力等级

KT_{50}（min）	效力等级	有效成分质量分数（%）	
		右旋烯丙菊酯	益必添
≤10	优	0.276	0.162

笔者认为，蚊香的质量分级首先应该从安全性方面考虑，应同时从有效成分（包括品种、浓度、毒性等）与生物效果（KT_{50} 值）两方面综合评价，这是一个事物的两个方面，这两个方面有一定的内在联系，如对同一种有效成分，浓度高，KT_{50} 值小，但不同种的有效成分，获得同样的 KT_{50} 值，所需浓度不同，显示的毒性大小也不一样。

生物效果测定的目的在于科学、真实、公正地验证蚊香在实际使用中的效果。采用的测试手段应以接近实际使用环境为好。事实上，大而开放的空间与封闭的小空间中，气流活动状态是截然不同的。即使是在同一空间内，不同部位的气流情况也不一样。蚊香大多在敞开式条件下使用，采用密闭圆筒法来取定 KT_{50} 值，这个值本身已与实际情况背离，在此基础上还单纯以 KT_{50} 值作为蚊香的分级评定依据，其真实性及公正性，是值得反思的。

此外，在考虑蚊香等级评价时，不应只以效力作为蚊香评级的唯一标准。蚊香作为最常用的家用卫生杀虫剂剂型之一，它的毒性，即安全性，绝对不能忽视。例如，有的蚊香用毒性较高的药剂，它的药效一般来说好于用毒性较低的药剂的蚊香，如果只按药效评价的话，那前者的等级就高于后者，这明显违背了公正、客观、科学的原则。

还有，若甲种产品蚊香在测定方法规定的 20min 内，测得的 KT_{50} 值符合现行国家标准分段标准中的甲级标准，但在点燃后 1~2h 内熄火了。而乙种产品蚊香的 KT_{50} 测定结果符合分级标准中的乙级标准，但它能点燃至结束，中间没有熄火。按目前现行国家标准蚊香的室内药效测定方法及现行国家标准分段标准，甲种蚊香产品被判定为 A 级，而乙种蚊香产品被评为 B 级。在对蚊香测试时，测定的时段仅限于 20min，这种方法只能反映蚊香前期的效果，不能反映蚊香在整个点燃过程中的效果，点燃中的熄火或断裂等问题被掩盖了。

即使用玻璃小柜法（$0.34m^3$、$2 \sim 32min$、5 个时段）及彼得—格拉第法（$7.8m^3$、$5 \sim 60min$、9 个时段）等，也不能像电热片蚊香与电热液体蚊香测试分段那么客观、全面。

单以 KT_{50} 值作为依据，显然是不全面的。例如，使用毒性较高有效成分的蚊香的 KT_{50} 值可能显示比毒性较低有效成分的蚊香的 KT_{50} 值小；或含有相同有效成分的两种蚊香，第一种蚊香因挥散率高而产生了较好的效果，但只能使用 5.5h，而第二种蚊香因挥散率略低，显示的生物效果较第一种略差，但能使用 7h。在这两种情况下，都不能笼统地下结论说 KT_{50} 值较小的蚊香质量比较好。

在此顺便一提的是，早在 1971 年马来西亚标准局制定第一个蚊香标准之前 30 多年的 1935 年，日本的中川氏已指出，蚊香的"质"在于它所用的有效成分及其含量。1940 年日本的中西氏再次指出，单凭 KT_{50}，而不讲究"质"是不合乎蚊香作为一种家庭卫生保健用品的要求的。对它们的质量要全面综合地予以评估。

十三、蚊香的质量要求与管理

（一）强度

常用以下方法来测定蚊香的强度。

重量承受试验（加重）：先取长约 6cm 的蚊香安装在试验装置上。把加重器调整到零。然后慢慢地向蚊香上加重。测定蚊香折断的最小重量限度。一般加重范围在 $90 \sim 120g$ 之间。

（二）燃烧速度

根据行业标准 QB1692.1 - 93 的规定，整个蚊香的燃烧时间应大于 8h。因为要在睡觉时防止蚊虫的叮咬。

取长约 7cm 的蚊香，安装在实验装置上。把两个重标（重量皆为 3g）挂在蚊香上，相距 4cm，分别为 A 和 B。点燃靠近 A 端的蚊香。当 A 落下时，启动计时，在 B 落下时，停止计时，此时可以简单地计算出燃烧速度。蚊香的燃烧速度应在 $1.7 \sim 2g/h$。

（三）可燃性

这项实验常使用一根长 5cm 的火柴。如果用一根这样的火柴就可以简单地点燃的话，此蚊香就属于 A 级，如果用一根这样的火柴不能点燃的话，此蚊香就属于 B 级。

（四）外观

外观虽不会影响蚊香的性能，但会影响其商品价值。一般可以在正常光线下，距离被检查蚊香 0.5m 处，通过肉眼目测法和嗅觉法同标准蚊香加以比较来检查其外观。

蚊香的外观应完整，色泽均匀，表面无霉斑，香条无断裂、变形及缺损，无刺激性异味。

（五）烟雾味

可以通过鼻闻来检查其烟雾气味的特点和刺激性。

（六）平整度

整盘蚊香的平整度应小于 9mm。

（七）易脱圈

除连结点外，双盘蚊香中单盘之间的其余部分均不得粘连。

检验时，扳开蚊香的连结点，从相反方向用手轻轻脱开蚊香中心的两端，然后用手捏牢两端，稍为松动，逐渐拉开为两个单圈，香圈不应有断裂。

（八）有效成分含量

有效成分应达到设计值，其偏差应在±10%范围内。测定时，可以采用气相色谱法。

（九）蚊香的技术性能

蚊香的技术性能如表8-21所示。

表8-21 蚊香的技术性能

外观	颜色一致，香面平整，无断裂及霉斑现象
燃点时间	≥8h
燃点气味	对人体皮肤及黏膜无刺激性异味，无过敏反应
易脱圈	除连接点外，其他部位应冲穿，易脱
有机氯、DDT、六六六残留量	≤50mg/kg
砷化物残留量	≤5mg/kg

注：上述有害物质的含量根据中国爱卫会1986年第37号文件的规定。

蚊香的技术参数见表8-22所示。

表8-22 蚊香的技术参数

技术参数	彩色蚊香			黑蚊香			无烟蚊香		
模具直径Φ（mm）	135	138	145	135	138	145	135	138	145
干香重量（g）	18~24	20~27	25~32	28~35	30~38	38~45	30~38	33~42	40~49
抗折力≥（N）	1.5	1.5	1.5	1.5	1.5	1.5	1.5	1.5	1.5
连续燃点时间≥（h）	7	7	9	7	7	9	7	7	9
平整度8mm平幅卡	自然通过			自然通过			自然通过		
水分含量（%）	10			10			10		
pH值≤	8			8.5			8.5		
烟尘量（需明示）				微烟蚊香≤30 mg			≤5 mg		
有效成分允许波动范围	$x^{+40\%}_{-20\%}$			$x^{+40\%}_{-20\%}$			$x^{+40\%}_{-20\%}$		

十四、四类蚊香参考配方及制法

四类蚊香参考配方见表8-23至表8-26。

表8-23 除虫菊蚊香配方

组分名称	除虫菊花粉	黏木粉	木粉	碱性品绿	淡黄	香精	硝酸钾
质量分数（%）	10	79	10	0.4	0.3	0.3	适量

注：硝酸钾可根据蚊香的燃点时间来决定用量。

将除虫菊花粉、黏木粉、木粉混匀。用热水分别溶解硝酸钾和色素，再将香精用热水配制成悬浊液，然后依次加到混合粉中，混合均匀，充分搅拌后，上机器压制成型，低温烘干或晾干。

采用喷药工艺生产蚊香的参考配方及制法。

表8-24 彩色蚊香配方

组分名称	植物黏性粉	木粉	变性淀粉	填充剂	色素	硝酸钾
质量分数（%）	60~85	15~30	2~5	2~5	0.2~0.5	适量

将植物黏木粉、木粉、变性淀粉、填充剂混匀备用，用热水将色素溶解，将溶解好的色素加入已混匀的粉料中搅拌均匀后，压制成型，烘干。再在干燥后的蚊香表面喷上用溶剂稀释规定量驱蚊有效成分。

采用淀粉糊化工艺生产的黑蚊香参考配方及制法。

表 8 – 25　黑蚊香配方

组分名称	炭粉	植物黏性粉	木粉	变性淀粉	填充剂	硝酸钾
质量分数（%）	30 ~ 65	10 ~ 45	5 ~ 20	2 ~ 5	5 ~ 10	适量

将植物黏木粉、木粉、变性淀粉、填充剂混匀备用，将 5% ~ 15% 的玉米淀粉进行糊化。将糊化好的淀粉浆加入已混匀的粉料中搅拌均匀后，压制成型，烘干。再在干燥后的蚊香表面喷上用溶剂稀释规定量驱蚊有效成分。

表 8 – 26　无烟蚊香配方

组分名称	炭粉	羧甲基纤维素	填充剂	陶土	硝酸钾
质量分数（%）	70 ~ 90	4 ~ 5	5 ~ 10	1 ~ 3	适量

十五、蚊香的发展趋势

（一）蚊香目前存在的问题

蚊香在 100 多年的生产和使用实践中，它对蚊虫的良好驱赶及击倒作用以及低价格，使它在全世界都确立了较好的声誉。作为家庭用卫生杀虫产品中使用最为广泛、品种最多的一个驱灭蚊剂型。目前还在大量制造使用。尽管电热片蚊香及电热液体蚊香近来相继问世，取得较快的发展，但要完全取代盘式蚊香，恐怕还需几十年。特别是作为一种量大面广的小商品，它在价格方面的优势是颇具吸引力的，因此，在今后相当长的一段历史时期内，蚊香还会被广泛地使用。

任何事物都不是十全十美的，蚊香产品也不例外。它有明火，在使用中容易引起火灾；它有烟灰，不干净；使用也颇不方便。这些缺点是一目了然的。

更严重的问题可能在不易觉察的点燃烟气中。有的蚊香烟气呛人，甚至对眼造成一定的刺激性。近年来已有各方面的实验报告证实，蚊香中的有机填料在燃烧中产生有害气体，污染室内空气，其中苯并芘（BaP）具有潜在的致癌危险。有关部门曾经在市场上抽测了十种蚊香，在实验室燃烧后，室内的苯并芘浓度为 38.7ng/m³，这已逐渐引起研究者和使用者的重视。

（二）蚊香的发展趋势

从防治蚊虫用药具的发展来看，蚊香逐渐向电热片蚊香及电热液体蚊香发展，是历史的必然。这是因为随着经济的发展，特别是城市、集镇居住条件的改善，房间的密封度提高，清洁又安全的电热蚊香逐渐成为首选。但电热片蚊香及电热液体蚊香的发展将受经济条件、居住环境、地域习俗等诸多因素的制约影响，发展将是很不平衡的，这就给蚊香在今后较长一段时期内的生存发展提供了条件。

蚊香从发明至今 100 多年，在外观形状、有效成分、填充料及生产工艺、设备等方面都经历了较大的演变。为了适应当今社会的发展，蚊香在今后也必然会加快改良的步伐。蚊香的发展目标主要是进一步提高药效；降低有毒物质的含量及残留；改善使用性能和条件（如点燃时间、减少烟气）；改革工艺设备，提高生产效率，降低成本。

在 20 世纪 60 年代，日本近木惟好发明无烟蚊香，本质上仍属蚊香，其配方、主要成分及生产工艺等方面与蚊香大同小异，唯有不同的是以炭粉取代作为蚊香燃料的植物性填充料木粉，以新的黏结剂代替榆树皮粉等，这样就将燃烧时的烟雾减少到几乎没有的状态，降低对人的眼睛、鼻及咽喉的刺激。

但炭粉呈碱性，而拟除虫菊酯在碱性条件下会分解而降低药效。所以在配制无烟蚊香时，应先将炭粉用硝酸预先处理。通过酸处理后使炭粉的 pH 值小于 7，略呈酸性。经过酸处理后所得的副产物硝酸盐，如硝酸钾，具有助燃作用，这对提高无烟蚊香的燃烧性能有利。

关于无烟蚊香的效果问题，实验测定时其 KT_{50} 值比有烟蚊香好些，但实际使用场合，有烟蚊香效果似比无烟蚊香的好一些。烟中是否有其他物质在起作用（蚊香本身就起源于烟熏剂），还是烟作为有效成分的载体而提高了有效成分向空间的扩散效果，而这种扩散效果的影响在密闭圆筒中是不明显的，有待进一步研究。

（三）木炭蚊香可减少有毒物质的释放

目前蚊香中应用的杀虫有效成分大都是菊酯类杀虫剂，它对人体的伤害，远不及由燃烧引起的不完全燃烧物。不完全燃烧物是蚊香在燃烧过程中产生的，与普通木材和烟草的不完全燃烧物相同，包括微粒、一氧化碳、大量的有机挥发物。有些不完全燃烧物有致癌作用，如多环芳烃、甲醛、苯类等；有些物质刺激呼吸道和眼睛，如醛类；有些物质是小颗粒，尤其是粒径小于 $2.5\mu m$、具有空气动力的微粒，即 $PM_{2.5}$。

事实上，这是由于蚊香中用作基料的有机物质（锯屑、椰子壳、苎麻壳等）在燃烧时产生颗粒状和气态的有毒化合物，有毒物质的排放速率取决于基质材料的加入量及品种。在气态下检测蚊香时，都能检测出多环芳烃类物质，如二环芳烃，三环芳烃包括苊、芴、菲、蒽，大部分四环芳烃包括荧蒽、芘、苯并蒽。高分子量多环芳烃如苯并荧蒽、二苯并蒽、茚并芘，由于它们的挥发性差，在气态下未检出，其中有 16 种多环芳烃类能在蚊香燃烧物检测到，这些物质可能有致癌作用。

蚊香燃烧排放的颗粒大部分是超微颗粒（粒径 $\leqslant 0.1\mu m$），剩余部分粒径也都小于 $0.35\mu m$，还检测到小于 $0.01\mu m$ 的颗粒。超微颗粒会进入并且沉着在肺深部，甚至直接进入血液中。

表 8 - 27　5 种测试蚊香的 $PM_{2.5}$ 聚合物及总颗粒数释放速率

	榄菊	必神	高兹拉	将捕	雷达
$PM_{2.5}$ 聚合物	12.6 ± 0.4	62.8 ± 1.8	82.1 ± 0.5	127 ± 2	98.7 ± 1.9
总颗粒数（$10^9/h$）	14.4 ± 3.0	54.2 ± 3.7	59.9 ± 5.4	69.0 ± 7.3	43.4 ± 4.1

注：必神，将捕和雷达为传统蚊香，燃烧后发烟，榄菊为木炭无烟蚊香。

使用木炭作为基料的木炭无烟蚊香，其产生的 $PM_{2.5}$、总颗粒、多环芳烃类和醛类物质显著低于其他传统蚊香（相差可达 10 倍），燃烧时产生的颗粒物为细颗粒，其中大部分为超细颗粒。木炭无烟蚊香可以减少 80% 的细颗粒排放，并且显著减少甲醛和多环芳烃类等污染物的排放（表 8 - 27）。

（四）盘式蚊香的生产工艺改良趋向

蚊香表面杀虫活性成分涂层法：为了提高蚊香的生物效果，降低生产成本，国内外都在研究如何对传统的蚊香生产工艺进行改良。日本的"红牌坊"蚊香已在 1988 年采用了杀虫活性成分涂层法生产工艺，并在日本取得专利。中国厦门蚊香厂也在这方面作了探索，并对杀虫活性成分涂层法蚊香与传统蚊香作了驱蚊效力比较测试（图 8 - 19），使用的杀虫剂为住友化学的右旋烯丙菊酯。

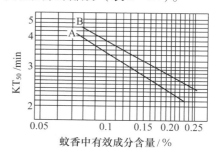

A—涂层法；B—传统法

图 8 - 19　杀虫活性成分涂层法蚊香与传统生产法蚊香驱蚊效力比较

从实验结果明显可见，若使用相同的右旋烯丙菊酯含量，则涂层法蚊香的 KT_{50} 值较小，驱蚊效力比传统法生产的蚊香要好；若想获得相同的生物效果，则涂层法可比传统法节省 20% 左右的杀虫剂，这是因为蚊香表面的有效成分比蚊香内部的有效成分更容易挥发。

为了验证它的储存稳定性，对涂层蚊香和传统蚊香作了右旋烯丙菊酯含量与存储期的变化关系实验。

表8-28　不同工艺制蚊香的有效成分含量变化

传统蚊香		涂层法蚊香	
分析日期	含量（%）	分析日期	含量（%）
生产后半个月	0.33	生产后半个月	0.29
生产后4.5个月	0.32	生产后3个月	0.28
生产后8个月	0.32	生产后10.5个月	0.28

如表8-28所示，涂层法蚊香中的有效成分含量在储存中比较稳定。在此顺便一提的是，涂层法并不是近年来的新发明，在很早以前就已有采用，但由于制造工艺复杂、成本也高，所以没有广泛使用，现在不过是随着制造工艺的改进重新投入应用而已。

（五）水基蚊香的开发和应用

1. 水基蚊香优点

1）用水作溶剂，没有煤油的气味，香精用量减少，有利于生产工人及附近居民的健康；产品气味大为改善。市场调查结果显示95%的人认为水基蚊香好、无刺激。

2）烟尘量有所降低。蚊香烟尘由白坯、煤油及添加物等燃烧产生。测试显示油基无烟蚊香烟尘量为3.21mg/g，水基无烟蚊香烟尘量为2.55mg/g，水基蚊香烟尘量低。

3）煤油价格高，去离子水成本低廉。可以降低成本。

2. 水基蚊香药液的组成和配制方法

水基蚊香药液主要包括药物、助剂、乳化剂、去离子水。配制时先将除去离子水以外的其他物质混合均匀，再将去离子水缓慢加入，搅拌成均匀透明稳定的溶液。

3. 水基蚊香研发及生产的技术要求

1）必须首先配制成均匀稳定的稀薄溶液。如果药液太稠，不容易在白坯上均匀分散；同时药物的稳定性非常重要，要防止药液破乳从而导致药液油水分层，影响蚊香含药量的稳定。

2）制剂中的乳化剂、助剂要尽量少用，因为这些物质在蚊香燃烧过程中亦会挥发或分解出气味、污染环境。

3）喷药量要尽量少，能均匀喷洒在香坯上即可。国家标准中蚊香水分≤10%，水容易使蚊香发霉，影响蚊香燃烧甚至导致熄火。

4）喷药机要有良好的过滤性能。水基蚊香在喷药过程中会溶解香坯的表层，导致药液变成"泥浆"，容易堵塞喷药机的喷头。

5）应该尽量采用无烟坯。无烟坯表面较光滑，在喷药过程中不容易被水溶解。

6）应注意防腐。在配方中需要加入适量防腐剂。生产中防止设备产生污垢。

7）要注意控制药液的挥发损耗。在30℃条件下水的挥发量为煤油的5~6倍，油基蚊香的生产损耗为3%左右，但水基蚊香的损耗高达18%，所以应尽量减少水分的挥发损耗。例如，可以降低生产车间的环境温度；减少车间的排风量；加强设备的密封性；定期或定量补充水，减少损耗；或者采用滚筒刷药的方式。

水基蚊香存放两年后，各项质量检测数据见表8-29。

表8-29　存放两年后水基蚊香和油基蚊香的主要质量检测数据对比

检测项目	水基蚊香	油基蚊香
模拟房药效，野蚊，KT_{50}（min）	63.52	62.20
有效成分降解率（%）	3.57	2.94
抗折力（N）	338	343
燃烧时间（h）	8.19，中途不熄火	7.82，中途不熄火

检测项目	水基蚊香	油基蚊香
烟尘量（mg/g）	2.55	3.21
水分（%）	7.86	6.02
脱圈性	易脱圈	易脱圈
气味评价	95%认为好，5%认为一般	62%认为好，38%认为一般
结论	合格，气味好	合格

测试结果显示，水基蚊香放置两年后各项理化指标皆符合国家标准的要求，气味好，烟尘量小，符合消费者的需求。

水基蚊香研究的关键是要选择一个好的乳化体系，在乳化剂及添加剂尽量少的情况下，要使药剂达到稳定透明又不破乳状态。

（六）麻氏蚊香

雌蚊在一天24小时中，吸血活动有两个高峰期，一次在傍晚，一次在黎明，半夜中是休息的。麻毅首先想到了将蚊虫的这个吸血规律用到了改造蚊香上。他采用汉字"回"字造型，据此构思出了方形蚊香——麻氏方香（图8-20）。麻氏方香不仅仅是对蚊香形状的简单改变，而且具有一定的科学性、使用有效性、经济性，是蚊香发展历史中的一个创新。

A. 成型后双盘蚊香　　　　B. 分开后单盘蚊香

图8-20　麻氏蚊香成型后双盘蚊香与分开后单盘蚊香

首先，麻氏方香的创新具有科学性。不是简单地将圆形改为方形，而是巧妙地将蚊香设计成前段宽、中段窄、后段宽的不等宽度结构，尽管厚度相同，但宽段的体积比窄段的大。这样蚊香在开始及结束时的药剂挥发量大，有效成分浓度高，效果好；在中间部分将药剂挥发浓度维持在基本水平，仍然能有效预防蚊虫叮咬。（图8-21）

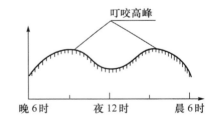

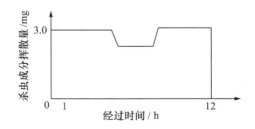

图8-21　蚊虫对人的吸血规律与麻氏方香的挥发浓度曲线

注：上图为夜晚蚊虫对人的吸血规律；下图为麻氏方香杀虫成分的挥发浓度变化规律。

麻毅将蚊香的挥发浓度与蚊虫对人的吸血规律匹配设计，从根本上彻底、有效控制了传统蚊香无法控制的蚊虫在黎明时对人的叮咬高峰。

实验室实验及模拟现场实验都证实了麻氏蚊香的设计合乎科学性并具有实用性（表 8－30、表 8－31）。

表 8－30　圆筒法实验比较（有效成分：0.08％氯氟醚菊酯）

	方形蚊香（宽段）	圆形蚊香	方形蚊香（窄段）
KT_{50}（min）	2.16	3.28	3.23

表 8－31　模拟现场实验比较（有效成分：0.08％氯氟醚菊酯）

	方形蚊香（宽段）	圆形蚊香	方形蚊香（窄段）
KT_{50}（min）	11.80	15.27	14.48

其次，这一改变也带来了一定的经济效益。

麻氏方香采用特殊的"回字形"结构，其香面表面积、双盘质量、抗折力、燃点时间等理化性能与圆形蚊香无显著差异（表 8－32、表 8－33），但是在经济效益方面，包括加工、包装、运输上显示出很好的经济效益。

表 8－32　麻氏方香与圆形蚊香的燃烧对比实验结果

	锯齿盘上平均燃点时间	支架上平均燃点时间
麻氏方香	8h45min	8h32min
圆形蚊香	8h55min	8h43min

表 8－33　麻氏方香与圆形蚊香的物理指标对比

项目	方形蚊香	圆形蚊香
外观及形状	正方形	近圆形
尺寸（mm）	边长112.5	最大直径131
香条长度（mm）	700	896
香面面积（cm²）	126.5	126.7
香坯平均质量（g）	34.6	34.5
抗折力（N）	3.5	3.3

麻氏方香成型加工时的生产效率比圆形蚊香高 16.36％。

由于成型时麻氏方香坯在同样的挂模板上可增加三个模具位，在冲压速度一致的情况下，班产量（24 小时）在原来基础上可增加 16.36％（表 8－34）。

表 8－34　生产效率比较

	班产量（件/台机）	提高生产效率
麻氏方香	1280	16.36％
圆形蚊香	1100	—

麻氏方香比圆形蚊香成型加工时可节约能源 11.63％。

方形蚊香由于其特殊的形状，在蚊香坯生产成型时其成型模具的摆放可以更有效节约空间，现有 18 模自动成型机挂模板上可增加 3 个模具位，摆放方形模具 21 个，综合计算可节约能耗 11.63％（表 8－35）。

表 8 − 35　生产成本比较

	煤耗（元/件）	水电（元/件）	折旧（元/件）	合计（元/件）	节约成本
麻氏方香	2.1	1.8	0.43	4.33	11.63%
圆形蚊香	2.4	2.0	0.50	4.90	—

由于成型时麻氏方香方形坯用同样的挂模板可增加 3 个模具位，冲压速度相同，班产量可增加 16.36%，考虑到配料、拌料、捡片、进仓等综合因素，可节约人工工资 11.43%（表 8 − 36）。

表 8 − 36　人工成本比较

	班产量（件/台机）	人工工资（元/件）	节约成本
麻氏方香	1280	3.1	11.43%
圆形蚊香	1100	3.5	—

麻氏方香在喷药后行进过程中能自动靠边叠整，无须人工对头。可节约人工包装成本（表 8 − 37）。

表 8 − 37　人工包装成本比较

	班产量（件/线）	自动对头工序人工工资（元/件）	节约成本
麻氏方香	750	0	100%
圆形蚊香	750	0.44	—

边长 112.5mm 的麻氏方香与最大直径 131mm 的圆形蚊香燃烧时间一致，可满足正常使用。麻氏方香方形香坯的形状与方形纸盒形状吻合，纸盒空间利用度高，纸盒成本可节约 23.1%，纸箱成本可降低 17.3%（表 8 − 38、8 − 39）。

表 8 − 38　纸盒成本比较

	纸盒外形尺寸（mm）	纸盒展开净面积（cm²）	单价（元/只）	节约成本
麻氏方香	115×115×24	401.0	0.123	23.1%
圆形蚊香	135×135×24	521.4	0.160	—

表 8 − 39　纸箱成本比较

	纸箱外形尺寸（mm）	纸板展开净面积（m²）	单价（元/只）	节约成本
麻氏方香	370×250×260	0.726	3.72	17.3%

麻氏方香用纸箱比圆形蚊香纸箱节约占地面积 23.61%，如按堆码 8 层，10000m² 仓库（有效仓容 8000m²）计算，麻氏方香比圆形蚊香可多堆码（86486 − 66061）×8 = 163400 件，大大提高仓储效率。

按 500 ~ 1000km 运输距离测算，麻氏方香比圆形蚊香平均可节约运输成本 11.4% 左右

表 8 − 40　经济效益对比汇总表（按 5 双盘/盒，60 盒/件计算）

节约项目	圆形蚊香（元/件）	麻氏方香（元/件）	每件节约成本（元/件）	100 万件节约成本（万元）	300 万件节约成本（万元）	600 万件节约成本（万元）
能耗	4.90	4.33	0.57	57	171	342
人工工资（成型）	3.50	3.10	0.40	40	120	240
人工工资（包装：对头工序）	0.44	0	0.44	44	132	264

续表

节约项目	圆形蚊香（元/件）	麻氏方香（元/件）	每件节约成本（元/件）	100万件节约成本（万元）	300万件节约成本（万元）	600万件节约成本（万元）
纸盒	9.60	7.38	2.22	222	666	1332
纸箱	4.50	3.72	0.78	78	234	468
运输（1000km）	7.0	6.2	0.8	80	240	480
合计			5.21	521	1563	3126

另外，圆形香坯改为生产麻氏方香坯只需更换专用方形模具就可以投入生产，无须增加其他投入。麻氏方香产品新颖，卖点鲜明，为世界首创，可增加外销出口机会。

十六、蚊香的测定

（一）生物效果的测定

1. 通风式圆筒法

笔者对容积仅为 $0.0251m^3$ 的圆筒法持否定态度，此处不再介绍。

2. 玻璃小柜法（图 8-22）

（1）仪器设备

1）电子天平；

2）电子秒表；

3）玻璃箱；

4）玩具小风扇。

（2）试验材料

1）预测样品；

2）固定蚊香用小铁夹；

3）干净纱笼。

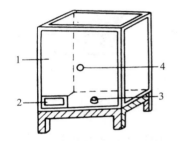

图 8-22 玻璃小柜法
1—玻璃柜；2—小门；3—药剂（蚊香、
电热蚊香等）；4—放虫口

（3）试验步骤

1）蚊香：将蚊香取其中央一块（0.5g），用小铁夹夹住其中央处，将蚊香两头点燃放入 70cm×70cm×70cm 玻璃箱内，并在旁放入一个旋转的小风扇让其烟雾充分散匀。待蚊香烧尽后，将成蚊 20 只从放虫口放入玻璃箱内，同时计时并在不同时间间隔观察试虫的击倒数。此法又称定量熏烟法。

2）电热蚊香：把 20 只成蚊放入玻璃箱内，再将已通电 15min 的电热驱蚊器放入箱内同时计时，观察试虫的击倒情况，20min 后，将驱蚊器从箱内拿出并打开箱门放烟 2min，将试虫收集观察其 24h 死亡率。此外驱蚊器在通电 2、4、6、8、10h 后，按上述步骤测试。

3. 模拟现场药效评价方法

对蚊香的模拟现场药效评价包括击倒活性评价与驱避活性评价两部分。日本住友化学株式会社介绍了一种实验方法，其操作步骤如下。

（1）试虫

2～3 日龄雌蚊。

（2）设备

$28m^3$ 大柜（4.3m×2.65m×2.45m）；

电风扇；

蚊笼（评价击倒活性使用 4 只带有金属框架和尼龙网的蚊笼，其直径 30cm，长 30cm；评价驱避活性使用 2 只带有金属框架和尼龙网的蚊笼，其直径 25cm，长 40cm）。

（3）操作方法（图8-23）

1）评价击倒活性：在4只蚊笼中，每只均放入25只雌蚊，悬挂于距底面60cm处。4只蚊笼呈等距对称放置，每只距正方形中心点60cm；

2）评价驱避活性：柜内一只蚊笼中放入50只雌蚊，与柜外另一只蚊笼通过连通管相联通，挂架在柜一侧的上方。

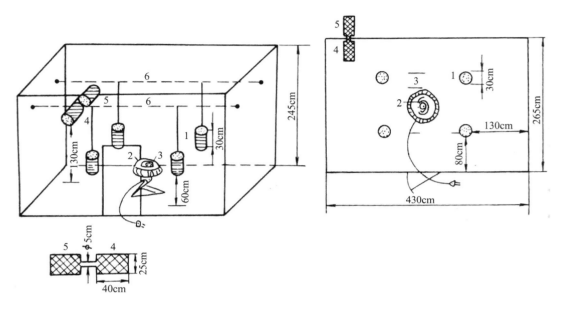

图8-23 蚊香的模拟现场实验

1—蚊笼；2—托盘；3—电风扇上点燃的蚊香；4—柜内蚊笼；5—柜外蚊香；6—悬挂蚊笼的线

柜底放一台小电扇，电扇上方放一只同样直径大小的托盘，将实验用蚊香放于托盘上。点燃蚊香，开启电扇，使烟雾向各个方向均匀扩散。

（4）实验结果观测与评价

1）击倒活性评价：在80min内观察不同时间间隔中蚊虫击倒数。将被击倒蚊虫转至有食物和水的干净器皿饲养，计算24h死亡率；

2）驱避活性评价：观察从柜内蚊笼通过连通管飞至柜外蚊笼的蚊虫数，做出评价。

（5）实验条件

1）实验室温度（26±2）℃；

2）实验室相对湿度60%±10%。

（二）阻碍蚊虫吸血叮咬率的测定

（1）实验设备

金属圆筒（直径20cm，高80cm）；

玻璃管2个（两端盖有16目尼龙网，直径4cm，高12cm）；

实验蚊香。

（2）试虫

5头未吸血雌蚊。

（3）操作方法

1）将实验蚊香放入金属筒底中央，并点燃；

2）将放入试虫的玻璃管置于金属筒上部，使蚊虫受蚊香烟熏适当时间，（一般取30s）；

3）用手掌心紧按住熏过后的玻璃管两端尼龙网，保持3min，检查蚊虫的叮刺情况。为防止被蚊虫直接叮刺，在人手掌心与玻璃管尼龙网之间衬以直径4cm，厚1cm的塑料圆片。

4）观察蚊虫在受药后 1～2h 的叮刺情况，记录下蚊虫的叮刺数。

（4）说明

此法也可以用来观察蚊虫受蚊香烟熏后的击倒及致死情况。

此实验也可以在 28m³ 实验室内进行。实验前先使室内通风 4～5min。实验时将蚊香放在室内中央地面上。点燃 10min 后，一名志愿者进入实验室内坐下。然后向室内释放 1 头雌蚊。对蚊虫的活动倾向观察 3min，记录下它停落在志愿者身上的时间。3min 之内不会停落在志愿者身上的蚊虫，被认为是无叮刺能力的。记录下能停落蚊虫的百分比及停落所需的平均时间。

随后调查叮咬情况。在此之前，将 5 头未吸血雌蚊放入玻璃容器笼内。观察叮刺情况，实验方法同上。然后将全部蚊虫移入直径为 8cm、高为 12cm 的尼龙网笼中，放在试验室内受蚊香烟熏数分钟。熏后立即将蚊虫移入上述玻璃管，用同样的方法观察蚊虫的叮咬情况，并予记录。

也可用此法，将 10 头雌蚊放入尼龙网笼中挂在室内受蚊香烟熏，然后在一定时间段（60min 内）分别记录蚊虫击倒数，计算 KT_{50} 值，记下死亡率。

（三）蚊香强度的测定

一般可用加重法测定。测定时，取一段 6cm 的蚊香，放在测试仪器上，然后逐渐对它加以负载，达到一定值时蚊香即折断。最小能承受负载不应低于 800g。

（四）蚊香燃烧速率测定

在正常使用条件下，一盘蚊香应可连续使用 6～8h。

用 2 根棉纱线各挂重约 3g，悬挂在蚊香一端相距 4cm 处。点燃蚊香，当燃至第一根棉纱线处，挂重掉下时，按下秒表。当蚊香继续燃烧使第二根棉纱线点燃，挂重掉下时，停住秒表。据此可以计算出蚊香燃烧速率。

（五）蚊香密度的测定

蚊香的断面是不规则四边形或梯形。截取一段 7～8cm 的蚊香，量出蚊香断面的上边长及下边长以及厚度，算出截面积，再乘以实际截取的长度，就得出该段蚊香的体积。它的密度就可由质量除以体积求出。

蚊香的密度小，说明其内部空隙大，因而容易较快燃完。

（六）蚊香易点燃性测定

用一根长为 5cm 的火柴，是否可以将蚊香点燃。若此蚊香不容易点着，说明它往往燃不完，中间会熄火。这是一个简易的测定方法，但却具有较高商业价值。

（七）蚊香的原、辅材料的测定

（1）木粉中砂土含量的测定

1）要求：木粉中砂土易使蚊香熄火。一般应控制在 5% 以下。

2）试验仪器设备：马弗炉、磁坩埚（容量 20ml）、干燥器（直径 15cm）、电炉功率（800～1000W）、坩埚钳。

3）操作方法：称取 1g（准确至 0.2mg）木粉样品，置于磁坩埚中，然后把坩埚放在电炉上加热使木粉灰化（不得有明火，若有明火，可盖上坩埚盖使其熄火），至不冒黑烟为止，再将此坩埚置入 850℃的马弗炉中燃烧至恒重。

$$砂土（灰分）\% = \frac{（灰分＋坩埚）质量－坩埚质量}{样品质量} \times 100\%$$

（2）木粉中含水量的测定

1）要求：木粉的含水量应控制在 10% 以下，防止木粉发霉变质。

2）试验仪器设备：电热烘干箱、表玻璃（直径 12cm）、药物天平。

3）操作方法：取 10g 木粉样品（准确至 0.1g）放入已知重量表玻璃中，然后一起放入烘干箱中，

105℃烘干至恒重。

$$含水量 = \frac{（烘干前样品＋表玻璃）质量－（烘干后样品＋表玻璃）质量}{样品质量} \times 100\%$$

（3）黏木粉黏度的测定

1）实验仪器：旋转黏度计、试液杯（内径5cm，高14cm，容积250ml）、酒精温度计、量筒（250ml）。

2）试验条件：试液为黏木粉：水＝3：100；24～25℃；1号转子，转速60r/min。

3）操作方法：先称取黏木粉（80目）7.5g（准确至0.1g）放入石研钵中，加入50ml水，小心研磨至浆状，再加50ml水，研磨均匀，之后，再加入100ml，继续研磨至均匀浆状液，整个操作过程应在20min内完成。

把研磨好的浆状液倒入500ml烧杯中，置此烧杯于冰箱（夏天）或水浴（冬天）中，用搅棒搅拌使液体达到24～25℃（这是在读取黏度读数时的温度，应根据室温情况调整），然后移入试液杯中（约200ml），用NDJ－1型旋转黏度计测其黏度（使用1号转子，转速60r/min），1min后读取黏度读数。

（4）木粉堆积密度的测定

核对测量杯容积：取平口玻璃杯一只，洗净烘干后，称重（准确至0.1g），然后小心倒入蒸馏水至满杯，用滤纸吸干杯外壁水，再称重。求出水量（1g水≈1ml）即可求得杯的容积。

木粉堆积密度测定操作：把测试堆积密度的木粉倒入已核定容积的测量杯中，用木棒轻轻敲打测量杯外壁，使木粉充实，然后用直尺沿杯口刮去多余木粉，用手刷扫去杯外壁木粉，称重，堆积密度计算如下。

$$\frac{（杯＋木粉）质量－空杯质量}{（杯＋水）质量－空杯质量}$$

（5）木粉细度的测定

为保证蚊香香面美观和蚊香条的紧密度，木粉必须通过80目分样筛，小于40目的木粉不得超过3%。

操作方法：称取样品100g，置于40目分样筛过筛，不得有大于40目的粉末存在。将通过40目的样品，再用80目分样筛过筛，大于80目，小于40目的粉末量不得大于3%。

〔八〕蚊香中有效成分含量的测定（图8－24）

（1）气相色谱条件

检测器：氢火焰离子化检测器；

色谱柱：Φ3×1000mm不锈钢柱，内填充涂布3% SE－30 Chromosorb W Aw DMCS 80～100目；

柱温：180℃；

汽化室、检测器温度：210～230℃；

载气：N_2，流速15～20ml/min；

燃烧气：H_2，流速30～40ml/min；

助燃气：空气，流速300～400ml/min；

进样量：1～2μl。

（2）气相色谱图

蚊香中药物含量计算式：

$$\frac{被测成分峰面积比 \times 标准品质量比 \times 试样中内标物质量 \times 内标物纯度 \times 100}{标准品峰面积比 \times 试样质量}$$

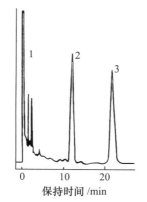

图8－24　蚊香有效成分气相色谱图
1—甲苯；2—烯丙菊酯；3—硬脂酸乙酯

（九）成品检测

蚊香的成品检测，可按行业标准 QB1692.1 - 93 中的有关规定执行，检测的项目包括外观和感观质量，烟雾（对无烟香），点燃时间，抗折力，易脱圈，平整度等。

第五节　电热片蚊香

一、概述

电热片蚊香是电热类蚊香的第一代产物。

最早的设想是将烯丙菊酯类蒸气压高的驱蚊药剂浸渍在纸片上，然后放在电加热器上加热，加热器的温度比盘式蚊香的燃烧温度低，让杀虫药剂逐渐稳定挥发。但在商品化的过程中，发热体成了开发的难点。

在最初设计的加热器上，发热体的温度高低难以控制。后来随着 PTCR 元件的开发，利用 PTCR 元件的正温度系数和自动控制调节的特性，解决了加热器的温度稳定性问题。这样才使电热片蚊香得到了发展，并随之实现了商品化。

1963 年，日本的象球公司将电热片蚊香最早实现商品化，象球公司驱蚊片中用的杀虫药物是日本住友化学工业株式会社生产的烯丙菊酯（毕那命）。此后电热片蚊香在世界市场上快速发展，大有逐步取代盘式蚊香之势。其主要原因是电热片蚊香具有无烟、使用安全、无明火、气味芳香等显著优点。

二、电热片蚊香的工作原理

（一）工作原理及组成

盘式蚊香燃烧处的温度达 700℃。离燃烧点后面 6 ~ 8mm 处的温度为 160 ~ 170℃，正好适合于杀虫有效成分的挥发。随着蚊香的不断燃烧，温度点不断移动，这样保证了药物挥散温度及挥散量的稳定。

电热片蚊香就是利用了盘式蚊香的这一基本原理，把温度设定在 160 ~ 170℃，然后应用 PTCR 元件的温度自动调节性能，用电加热替代燃烧，来达到药物挥散温度及保证挥散量的稳定。它的工作原理如图 8 - 25。

目前习惯上常说的电热片蚊香实际上是浸渍有驱蚊药液的纸片及使驱蚊药剂挥散的电子恒温加热器两部分的总称。前者称驱蚊药片，简称驱蚊片；后者称驱蚊药片用电子恒温加热器，简称电加热器，当电加热器通电后，PTCR 元件就开始升温。初期电流较大，使 PTCR 元件很快升温。随着温度的升高，PTCR 元件的电阻值增大，当温度进入阻值跃变区时，电流开始变小，温度下降，随之电阻值下降，电流又开始增大，温度上升。PTCR 元件就是这样在其设定的居里温度点附近自动调节温度，使其保持在一定值的（图 8 - 26）。

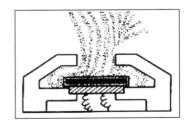

图 8 - 25　电热片蚊香工作原理示意图

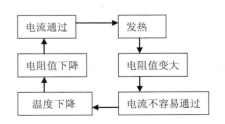

图 8 - 26　PTCR 元件的温度自控过程方框图

PTCR 电阻体产生的热量传到电加热器的导热板上，使导热板的温度也保持在 160～170℃，正好能满足驱蚊片中药物挥散的要求。这样，当将驱蚊片水平贴放在导热板上后，驱蚊片中浸渍的药物就开始缓慢均匀地挥散。当药物达到一定的挥散量时，就对蚊虫产生驱赶、拒避及击倒作用。

（二）驱蚊片

驱蚊药片是指浸渍一定量驱蚊药液的专用纸片。

1. 驱蚊药液的成分

（1）杀虫有效成分

驱蚊片中的有效成分是药液的核心，有效成分的品种及剂量是决定驱蚊片生物效果的关键，也是确定与之配套使用电加热器工作温度的根本依据。当然它还是决定驱蚊片成本的主要因素之一，是选用其他成分的基础。

对有效成分的基本要求：首先，要有适宜的蒸气压；其次，要有良好的杀虫生物活性，这是保证良好生物效果的基础；再次，对哺乳类动物安全低毒，在 8～12h 长时间吸入的情况下，对人畜安全无刺激，无三致突变的潜在危险；还有，对热要有良好的稳定性，在加热过程中不会失效或降低效果。

（2）稳定剂

保持药液在贮存过程中的稳定性。对不同的药物，稳定剂的加入量是不同的。

（3）挥散调整剂

它的作用是有效地降低杀虫剂的挥散率，延长它的有效挥散时间。

（4）颜料

颜料在驱蚊片中主要起指示剂作用，本身无任何杀虫活性。

（5）香料

增加清香。

（6）增效剂

本书另有章节详述。

（7）溶剂

溶剂在整个驱蚊药液中占的质量分数最大，它的作用如下。

1）充分溶解杀虫有效成分（杀虫剂）、稳定剂、挥散调整剂、颜料、香料及增效剂等各种组分。

2）作为载体，使驱蚊药液中的各组分迅速均匀地扩散渗透到纸片中去。

溶剂要与有效成分及各组分具有良好的相溶性，稳定性，不允许有分解、沉淀现象。溶剂的蒸气压及挥散率应与有效成分及其他组分一致，在加热中达到同步挥散。

2. 驱蚊片用原纸片的规格及式样

在电热片蚊香中，原纸片作为驱蚊药物的载体，在蚊香的整个使用过程中起了十分重要的作用，是影响电热片蚊香生物效果的四大因素之一。原纸片的材质、成型工艺、性能参数以至尺寸，综合构成了较为复杂的影响因素。

（1）电热片蚊香原纸片主要性能指标

原纸片主要性能指标应符合下列要求。

长度：（35±0.15）mm；

宽度：（22±0.5）mm；

厚度：（2.8±0.15）mm；

密度：（0.40±0.10）g/cm^3

质量：（0.84±0.04）g；

含水量：≤9%；

扩散速度：≤24n；

吸水性：≤10s；

白度：≥70%。

（2）电热片蚊香原纸片质量要求

1）能充分保证药液的有效成分活性，纸片游离水、毛细管水含量低，刚性好。

2）吸湿变形小，纸片纤维交织好，在使用过程中能与加热器充分贴合。

3）纸片的气孔率、扩散性和透气度高，吸收、挥散药剂的性能好，能持续恒定挥散药液，充分保证 8 ~ 10h 的驱蚊效果。

4）尺寸稳定，公差在控制范围内，在机器滴液包装生产中，能大大减少滴液过程中因纸片厚薄不均而造成的串片、轧片等浪费现象，提高产成品率和生产效率，降低生产成本。

5）原纸片的表面光洁平整，周缘无毛刺，无分层及污迹。厚度及紧密度应均匀一致。

原纸片的标准规格：长 35mm，宽 22mm，厚 2.8mm。呈白色，疏松，具有一定的空隙率，对药液有较好的扩散渗透性能，在密封包装条件下，经过 48 小时的存放扩散，药液能均匀分布在整个原纸片内。一块体积 2.15cm³ 的纸片，能吸收 120 ~ 140mg 驱灭蚊药液而不会流渗出来。同时要能承受 165℃ 左右温度长期烘烤不会产生焦灼，更不能有起火危险。

3. 原纸片用原料及生产工艺

纸浆的生产加工工艺及流程图见图 8 - 27。

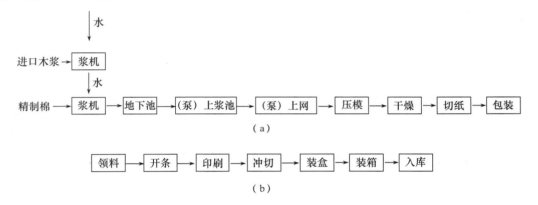

图 8 - 27 纸浆及原纸片的生产加工工艺流程图
（a）纸浆生产加工工艺；（b）原纸片生产加工工艺

（三）驱蚊片用电子恒温加热器

1. 基本结构

电加热器一般由电源线（包括插头）、熔断器、电阻与指示灯、开关、PTC 发热件及塑料外壳等组成。

（1）塑料外壳

塑料罩及塑料底座合在一起构成电加热器的外壳，通过合理设计形成一股适宜的进出气流量，帮助提高药物效果。

塑料罩位于上部，作为加热器的外壳，又作为热气流出口。

塑料底座的作用是固定加热器的零件，作为加热器的主体。

（2）PTC 发热器件

PTC 发热器件是电蚊香加热器中的核心部件。PTC 发热器件的结构设计及其中各零件的选用，直接影响电加热器的稳定温度，电热片蚊香的挥散量及生物效果，而且关系到电加热器的电气安全性能。

PTC 发热器件结构由金属导热板、云母绝缘层、导热电极、PTC 元件、下电极及陶瓷座六个部分组成。图 8 - 28 为驱蚊片用电子恒温加热器的发热器件结构示意图。

1）金属导热板：金属导热板呈矩形，尺寸为 38mm × 25mm，厚度为 0.3 ~ 0.5mm。一般采用不锈钢材料由模具冲压成形。

金属导热板的作用一是起热传导作用，将 PTC 元件产生的热量通过它向驱蚊片传递，二是放置驱蚊片，三是固定 PTC 元件、电极及陶瓷座，将 PTC 发热器件等零件在加热器塑料座上牢固定位。

2）云母绝缘层：绝缘层既要有十分优异的电气绝缘性能，又要具有良好的导热性能，一般云母材质的绝缘耐压在 3000 ~ 5000V/mm，厚度 0.3mm。

3）电极：电极分为上电极与下电极，紧贴在 PTC 元件二圆端表面的镀银电极上构成欧姆接触，使电流形成回路，PTC 元件才能发热。

上电极与 PTC 元件形成面接触，下电极与 PTC 元件形成点状弹性接触，如图 8 - 29 所示。

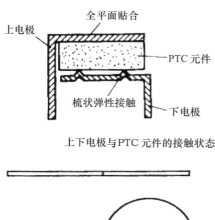

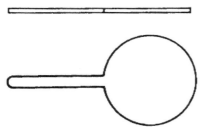

上下电极与 PTC 元件的接触状态

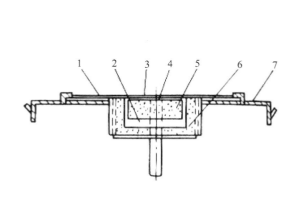

图 8 - 28　PTC 发热器件结构示意图

1—金属导热板；2—弹性梳状电极；3—导热电极；
4—云母；5—PTC 元件；6—陶瓷座；7—支架

图 8 - 29　电极与 PTC 元件的接触状态及上电极冲制图

4）PTC 元件：PTC 元件是核心中的核心。电加热器就是靠 PTC 元件产生热量并保证温度稳定的。

PTC 元件又称 PTCR 元件，英文为 positive temperature coefficient resistance。它是一种在 BaTiO$_3$ 陶瓷材料中掺入少量稀土元素后使它的电阻率具有很大的正温度系数，产生所谓的 PTC 效应（正温度电阻系数）后形成的元件。所需的温度是通过调整掺入的稀土元素的种类及量，调节它的居里温度点来获得的。

对 PTCR 元件两端施加一定电压后，PTCR 元件即会自热升温，进入阻值跃变区时，电阻体表面温度将保持一定值。此温度只与材料的居里温度及施加电压有关，与环境温度基本无关。

PTCR 元件的定温发热作用原理可用下式简单说明：

$$P = \frac{U^2}{R} = \delta \ (T - T_a)$$

式中：P 为耗散功率；U 为施加电压；R 为温度 T 下的电阻值；δ 为耗散系数（W/℃）；T 为平衡温度；T_a 为环境温度。

由上式可见，当 U、δ 及 T 一定时，电阻的温度 T 升高，电阻值 R 随之增大（$T > T_a$ 时），使耗散功率 P 下降，导致温度 T 下降。温度 T 降低时，电阻值 R 也下降，耗散功率上升，导致温度 T 上升。这样反复循环，就能达到自动定温的作用。

上式的耗散系数 δ，在一般情况下可视为定值。在有空气流动的场合，按下式规律变化：

$$\delta = \delta_0 \ (1 + h\mu)$$

式中：δ_0 是风速 $v = 0$ 时的耗散系数；μ 为风速；h 是形状参数。

h 值与耗散系数 δ_0 及 PTC 电阻的形状有关，有效散热面积越大，h 值也越大。在实际应用中，还与加热器结构设计中的进风量有关。

但是，在 PTCR 元件实际工作中，通电后在达到 PTC 效应之前，先出现 NTC 效应（negative temperature coefficient）。

从图 8 – 30 可见，$R – T$ 曲线上 P 点的电阻最低。在 P 点左边曲线的 NP 段，随着温度升高，电阻 R 下降，呈 NTC 现象。在 P 点右边，随着温度升高，电阻 R 上升。特别是 C 点以后，随着温度的升高电阻 R 几乎呈线性急剧增加。

在电热蚊香加热器中应用的是 $R – T$ 曲线上 P 点右边的 PTC 效应。

PTC 元件的主要技术参数如下。

额定工作电压：220V ±20%；

常温下的电阻值（R_{25}）：1 ~ 6kΩ；

元件表面温度：190℃ ±5℃；

耐压强度：≥450V/3min（交流有效值）；

使用寿命：>1500h；

外形尺寸：直径 13mm、厚度 3mm。

其中常温下的电阻值取在这一范围，是因为若 $R <$ 500Ω，会使冲击电流过大，耐压能力降低，若 $R > 6000Ω$，电流偏小，升温速度慢，达到稳定工作温度所需的时间长，分散性也增大。

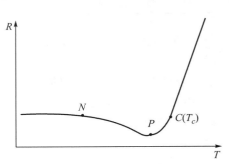

图 8 – 30　$R – T$ 曲线

5）陶瓷座：一般为乳白色，采用氧化铝陶瓷。它的主要晶相是刚玉，又称刚玉瓷。主要化学成分为 95% 的氧化铝（Al_2O_3）及 3% 以下的氧化硅（SiO_2），具有很好的电气性能及强度。

（3）熔断器

电加热器上设置熔断器，是确保电热蚊香安全使用的重要一环。熔断器的规格可以通过计算确定。一般在 220V 时，选用 1 ~ 2A 的熔断器是合适的。

（4）指示灯及电阻

为了使用上的方便及安全，一般在结构设计中考虑装设一个小型指示灯，显示加热器是否在工作。

（5）开关

为了使用上的方便及安全，应设有开关。

（6）电缆线及插头

采用轻聚氯乙烯软线，插头应为不可重拉式的。

2. 电加热器的电气参数、安全性能指标及标志

（1）电加热器的电气参数

额定电压及允许偏差：220V ±10%；

额定频率：50Hz；

额定功率及允许偏差：5W ±20%。

（2）根据国际电工技术委员会 IEC335—1（1976）《家用和类似用途电器的安全》第一部分"通用要求"中的有关防触电的保护方式分类，电热类蚊香所用的电加热器，属于 Ⅱ 类电器。这类电器在防止触电保护方面，不仅依靠基本绝缘，而且还具有附加的安全预防措施，其方法是采用双重绝缘或加强绝缘结构，但没有保护接地或依赖安装条件的措施。

根据 IEC335—1 标准的规定，对 Ⅱ 类电器有以下基本要求。

1）电气强度：电加热器应能在各种条件下承受 3750V，50Hz 的交流电压历时 1 分钟的耐压试验，不发生击穿的闪络现象。

2）泄漏电流：控制泄漏电流也是防触电的一个重要指标。电加热器在工作温度下的泄漏电流不超过 0.25mA。

3）爬电距离和电气间隙：根据 IEC335—1 中第 29 条对Ⅱ类电器爬电距离和电气间隙的规定要求，电加热器不同极性的带电部件以及带电部件与其他金属部件之间的电气间隙和爬电距离不得小于表8 –41的值。

表 8 –41　爬电距离与电气间隙

部位	爬电距离（mm）	电气间隙（mm）
不同极性的带电部件之间	2.0	2.0
带电部件与其他金属部件之间	8.0	8.0

4）电加热器外壳的防护等级不应低于 IP2 × 级。

（3）电气参数标志

根据 IEC335—1 中第 7 条的规定，在电加热器及包装说明上，应有下列标志。

1）电器型号及名称；

2）额定电压；

3）电源种类及符号；

4）额定频率；

5）额定功率；

6）Ⅱ类电器符号；

7）制造厂名及商标；

8）制造厂产品批量代号或出厂日期。

三、驱蚊片配方及生物效果

（一）驱蚊片的药剂配方

驱蚊片中的有效成分一般以丙烯类拟除虫菊酯为主，它有合适的蒸气压，在加温挥散后对蚊虫具有较好的驱赶效果。

（二）驱蚊片的生物效果

实验时，分别将右旋烯丙菊酯40 制剂在 22mm × 35mm，厚度为 2.8mm 的白纸上滴注 100mg 及 125mg，然后将它们放在表面温度为 160 ~ 165℃的加热器导板上，测定经过不同加热时段后的击倒效果（KT_{50}）。

右旋烯丙菊酯电热驱蚊片的杀虫效力见表 8 –42 和表 8 –43。

表 8 –42　不同时段右旋烯丙菊酯驱蚊片的 KT_{50}

供试驱蚊片	通电时间（h）	KT_{50}（min）
右旋烯丙菊酯（39.2mg/片）	0.5	4.6
	2	4.3
	4	4.3
	8	4.8
右旋烯丙菊酯（46.5mg/片）	0.5	4.8
	2	4.4
	4	3.4
	8	4.4
右旋烯丙菊酯（53.0mg/片）	0.5	4.5
	2	4.0
	4	3.8
	8	4.0

表 8 - 43　右旋烯丙菊酯驱蚊片经过不同时间的击倒率

供试驱蚊片	通电时间（h）	不同时间的击倒率（%）									KT$_{50}$（min）
		2min	3min	4min	5min	6min	7min	10min	15min	20min	
右旋烯丙菊酯（39.2mg/片）	0.5	0	5	25	65	90	95	100	100	100	4.6
	2	0	3	43	80	93	93	100	100	100	4.3
	4	0	3	38	83	95	100	100	100	100	4.3
	8	0	3	20	58	88	93	100	100	100	4.0
右旋烯丙菊酯（46.5mg/片）	0.5	0	0	20	58	83	98	100	100	100	4.0
	2	0	8	33	73	90	100	100	100	100	4.4
	4	3	35	73	90	98	100	100	100	100	3.4
	8	0	8	35	70	85	95	100	100	100	4.4
右旋烯丙菊酯（53.0mg/片）	0.5	0	5	33	60	90	95	100	100	100	4.5
	2	5	23	43	78	85	98	100	100	100	4.0
	4	0	30	50	75	93	100	100	100	100	3.8
	8	0	20	45	78	88	93	100	100	100	4.0

右旋烯丙菊酯驱蚊片对蚊虫吸血的阻碍作用见表 8 - 44。

表 8 - 44　右旋烯丙菊酯驱蚊片对蚊虫吸血的阻碍作用

电热驱蚊片	暴露时间（min）	吸血率（%）				相对阻碍吸血率（%）
		第一次	第二次	第三次	平均	
右旋烯丙菊酯（40mg/片）	1	54	37	34	42	42
	4	11	51	53	38	47
	0（对照组）	72	70	74	72	0
右旋烯丙菊酯（48mg/片）	1	38	29	38	35	53
	4	17	27	20	21	70
	0（对照组）	72	76	74	74	0
甲醚菊酯（56mg/片）	1	80	62	72	71	5
	4	68	78	50	65	13
	0（对照组）	83	78	64	75	0

$$相对阻碍吸血率（\%）=100\%-\frac{暴露后吸血率（\%）}{未经处理时吸血率（\%）}\times100\%$$

驱蚊片的挥散量是决定其生物效果的主要因素，因此，在整个加热使用中应挥散均匀，才能保证驱蚊片有持续稳定的驱蚊效果（表 8 - 45）。

表 8 - 45　右旋烯丙菊酯驱蚊片的药物挥散测定

试样	有效成分含量（mg）		不同加热时段中有效成分挥散量（mg）					残存量（mg）-残存率（%）	损失量（mg）-损失率（%）
			0~2h	2~4h	4~6h	6~8h	累计		
右旋烯丙菊酯（39.2mg/片）	40.1	挥散量（mg）	6.3	9.4	7.4	5.0	28.1	8.5 - 21.2	3.5 - 8.7
		挥散率（%）	15.6	23.5	18.4	12.5			
		累计挥散率（%）	15.6	39.1	57.5	70.1	70.1		

续表

试样	有效成分含量（mg）		不同加热时段中有效成分挥散量（mg）					残存量（mg）－残存率（%）	损失量（mg）－损失率（%）
			0~2h	2~4h	4~6h	6~8h	累计		
右旋烯丙菊酯（46.5mg/片）	47.2	挥散量（mg）	5.6	8.1	8.2	7.0	28.9	15.2－32.2	3.1－6.6
		挥散率（%）	11.9	17.2	17.4	14.0			
		累计挥散率（%）	11.9	29.1	46.5	61.2	61.2		
右旋烯丙菊酯（53.0mg/片）	54.3	挥散量（mg）	6.1	8.2	8.5	7.4	30.2	21.4－39.4	2.7－5.0
		挥散率（%）	11.2	15.1	15.7	13.6			
		累计挥散率（%）	11.2	26.3	42.0	55.6	55.6		

住友化学为电热驱蚊片专门开发的右旋炔丙菊酯 10 制剂，对蚊虫具有更优异的击倒效果（表 8-46）。

表 8-46　右旋炔丙菊酯 10mg 对蚊虫的击倒效果

通电时间（h）	击倒效果（%）										KT_{50}（min）
	1min	1.5min	2min	3min	4min	5min	7min	10min	15min	20min	
0.5	0	1	4	16	51	80	96	100	100	100	3.9
4	0	0	4	48	83	96	100	100	100	100	3.1
8	0	0	3	10	42	65	96	100	100	100	4.3
12	0	0		6	20	42	64	100	100	100	5.7

四、影响驱蚊片蚊香挥散量及生物效果的因素

（一）杀虫有效成分及其浓度对挥散量的影响

用于蚊香及电热蚊香中的有效成分，必须要能够充分挥散，即要有合适的蒸气压。烯丙菊酯系列药物是菊酸和丙烯醇酯类的化合物。其中菊酸具有四种立体异构体，丙烯醇有两个异构体，两者组合，可以产生八个立体异构体。在异构体混合物中右旋丙烯醇酮基－右旋反式菊酸酯占的比例越大，其生物活性就越大。表 8-47 是根据右旋丙烯醇中的右旋反式菊酸来进行理论估算所得值。

表 8-47　烯丙菊酯系列的理论相对药效

	右旋醇中反式右旋酸占比（%）	相对药效
烯丙菊酯	20	50
右旋烯丙菊酯	40	100
生物烯丙菊酯	50	125
SR－生物烯丙菊酯	77.4	186
S－生物烯丙菊酯	94.7	227

从表 8-48 明显可见，采用右旋炔丙菊酯 10mg 滴注的驱蚊片其效力远比益必添 25mg 及右旋烯丙菊酯 40mg 滴注的驱蚊片来得好。简言之，右旋炔丙菊酯对蚊虫的效力是益必添的 2.5 倍多，是右旋烯丙菊酯的 4 倍多。右旋炔丙菊酯能显示出更强的杀虫效力，因为它在右旋烯丙菊酯分子结构中的丙烯基由丙炔基取代了的缘故。

表 8-48　右旋炔丙菊酯、益必添及右旋烯丙菊酯的药效

试验用电热驱蚊片有效成分及含量	不同时段的 KT_{50}（min）		
	0.5h	4h	8h
右旋炔丙菊酯 10mg	2.6	2.0	2.8
益必添 25mg	3.4	3.0	3.0
右旋烯丙菊酯 40mg	3.4	3.4	3.2

注：试验昆虫为淡色库蚊雌性成虫，采用 0.34m³ 玻璃箱法，对蚊虫熏蒸 20min。

（二）加热器温度对挥散量的影响

加热温度的高低对药物的挥散是决定性因素之一。温度越高，挥散速度越快，药量挥散越多，杀蚊效力也就越好。

加热器的温度由药物的蒸气压决定，不同的蒸气压，所需的蒸发温度是不一样的。对目前普及使用的右旋烯丙菊酯杀虫剂，加热器表面的温度为 160~170℃ 是比较合适的。

表 8-49 列出了不同杀虫药物适用的加热器表面温度范围。

表 8-49　不同药物适用的加热器表面温度

有效成分	表面温度（℃）
拟除虫菊酯	130~170
EBT、BA、SBA（烯丙菊酯）	140~160
右旋烯丙菊酯，炔丙菊酯	160~165
右旋呋喃菊酯	160~170
烯丙菊酯	110~130

（三）驱蚊片尺寸及结构对挥散量的影响

分别取厚度为 1.14mm、2.14mm 及 2.8mm 的原纸片，长、宽及滴注药量相同，在相同表面温度的加热器上让其挥散。从图 8-31 明显可见，若原纸片的厚度过薄（1.14mm），药物的挥散速率太快，在初期能显示出较好的生物效果，但有效成分很快挥散完，也就失去了所需的持续作用性能。反之，若原纸片厚度太厚，药物挥散不易。原纸片厚度取 2.8mm 是比较合适的，它的挥散率均匀，挥散曲线斜率接近 45°，在整个持续作用期间能保持效力均匀。

由于加热器件导热金属板中心点温度与四角温度存在一定的温度差，使得驱蚊片放在导热板上受热时，在整个驱蚊片平面上的受热温度也存在一定的温度差。这样造成驱蚊片的药物挥散不均匀。从使用中驱蚊片上蓝色变白程度不均匀就说明这一点。为了改善驱蚊片中的药物挥散状况，有对驱蚊片上对称设两个小孔的式样，以增加驱蚊片的挥散面积。经试验证明，有孔纸片不仅比无孔纸片的挥散率结果良好，而且使药物的损失率也减小（表8-50）。

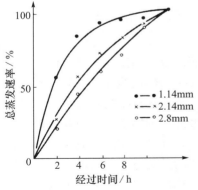

图 8-31　驱蚊片（原纸片）厚度对药物挥散率的影响

表 8 – 50　无孔驱蚊片与有孔驱蚊片的药物挥散量试验

样品	初期含量（mg/片）—含有率（%）	有效成分挥散量（mg/片）—挥散率（%）							残存量（mg）—残存率（%）	损失量（mg）—损失率（%）
		0～2h	2～4h	4～6h	6～8h	8～10h	10～12h	累计		
无孔	52.8—100	10.5—19.9	11.6—22.0	10.2—19.3	6.5—12.3	5.6—9.5	3.0—5.7	46.8—88.6	1.2—2.3	4.8—9.1
有孔	52.0—100	10.1—19.4	11.3—21.7	9.6—18.5	6.9—13.3	5.6—10.8	3.5—6.7	47.0—90.4	0.8—1.5	4.2—8.1

当驱蚊片表面积不变时，即使片中滴浸的药量不同，其挥散量几乎是相近的。药量的增加，只能延长挥散的时间，而不会增加其挥散量，尤其是在加热前期。但是，驱蚊片的表面积不同对有效成分的挥散量有较大的影响，见表 8 – 51。

表 8 – 51　不同表面积的驱蚊片的药物挥散量及挥散率

加热时段	驱蚊片的尺寸（宽×长×厚）（cm）			
	3×6×2.8		2.2×3.5×2.8	
	挥散量（mg）	挥散率（%）	挥散量（mg）	挥散率（%）
0～2h	30.4	25.3	7.9	6.6
2～4h	30.5	25.4	7.7	6.4
4～6h	25.5	21.2	7.8	6.5
6～8h	15.8	13.1	7.4	6.2
8h 后	残留 27.8mg	残留 23.0%	残留 74.1mg	残留 61.7%

注：加热器表面温度 160℃，含药量 120mg。

驱蚊片的密度，既影响它对驱蚊液的吸收量，又影响它的挥散速率。驱蚊片越紧密，吸液量越小，挥散速率越慢；驱蚊片越疏松，吸液量越大，挥散速率越快，但有效挥散时间越短，在所挥散的时间内，能显示较好的生物效果。

驱蚊片的挥散量是决定其生物效果的主要因素，因此，在整个加热使用中应均匀，才能保证驱蚊片有持续稳定的驱蚊效果。

（四）加热器的结构对挥散量的影响

实践证明，尽管许多厂家都使用相同的杀虫药物和剂量、相同规格的原纸片、同样规格和结构、表面温度相同的加热器件，但所产生的生物效果相差很大。这说明它们的药物挥散量相差悬殊，原因在于加热器的结构对药物挥散率的影响。

加热器结构对药物挥散量的影响，主要表现在它是否能在驱蚊片上方产生一股有利于正常均匀挥散的合理的空气流向并保持适宜的对流量。

优良的加热器应该设置有进风口和出风口，进风口的总面积应大于出风口的面积，进风口在下方，进的是冷空气，出风口在加热器周围，输出的是热空气。这样，由下方进风口输入的冷空气在上方变成热空气后，向空中扩散。进风口大于出风口的目的是使空气流动增速，这样有利于药物的挥散。当然进出风口的面积比例并不是一个常数，不同的药物及与之匹配的不同的加热器温度，进出风口面积的比例并不一样，最好先设计确定一个初始值，然后通过实验测定其挥散量及相应的生物效果，再进行适当的修整，直至达到最佳值。

表 8 – 52 列出了使用同一种驱蚊片及相同的加热器温度，因加热器形式及结构不同，因而显示出不同生物效果的实例。

表 8-52　不同加热器形式及结构对生物效果的影响

厂名与牌号	测试蚊种	KT$_{50}$值（min）				
		0.25h	2h	4h	6h	8h
日本住友化学	白纹伊蚊	2.70	2.87	3.21	4.06	4.49
	中华按蚊	2.80	3.54	3.73	3.96	4.83
	致乏库蚊	3.97	3.15	4.00	5.06	5.05
东莞长匙	致乏库蚊	7.12	5.98	6.50	5.58	7.59
中山祥力	致乏库蚊	6.89	5.90	6.88	5.26	6.15
中山松板	致乏库蚊	8.56	8.25	7.14	7.64	7.35
中山菊花	致乏库蚊	5.75	6.97	4.28	4.10	5.98

第六节　电热液体蚊香

一、概述

早在 1965 年，几乎在电热片蚊香率先步入市场的同时，就有人在着手研究开发电热类蚊香的第二代产品——电热液体蚊香（liquid mosquito vaporizer）。

但为什么电热液体蚊香的商品化速度如此之慢，几乎经历了 20 年之后才得以投放市场呢？这是因为，它的技术难度比电热片蚊香高得多，需要解决一系列问题。这些问题包括加热器的结构式样、温度及稳定性，适当的通风量，挥发芯的孔隙率及材质，药液中的有效成分、添加物及溶剂的相溶性、蒸气压及沸点，挥散同步性及稳定性，驱蚊药在空间的浓度等。结构设计中还要考虑材质的耐热，耐蚀，绝缘性，安全性，实用性及使用方便。当然还要考虑价廉物美，才能与电热片蚊香竞争。

尽管电热液体蚊香真正实现商品化的时间比电热片蚊香晚了 20 多年。但近年来发展较快，电热液体蚊香的品种与电热片蚊香的品种数量相当，产销量也十分接近。

电热液体蚊香获得如此迅速的发展，一方面是因为一些关键技术缺陷都已完美解决，另一方面，电热片蚊香本身固有的一些缺点逐渐暴露出来，为广大用户所认识，而电热液体蚊香的优点又迅速为用户所接受，为电热液体蚊香的发展创造了有利的条件。

电热液体蚊香比电热片蚊香有以下五个方面的优点。

1）使用简便，不需天天换药，一瓶 45ml 药液可连续使用 300h，使用时只要简单地开启或关闭开关就可以。

2）药效稳定。当合上开关，加热器达到正常工作状态后，有效成分的挥散量始终是均一的，因此生物效果保持稳定，能有效地控制蚊虫的两个叮咬高峰。而电热片蚊香使用后期的效果就会降低。

3）药液可以全部用完，无浪费，而电热片蚊香中的有效成分挥发不尽，有 15% 以上损失掉。

4）电源接通后有指示灯，即使在黑暗中使用，也不会打翻。

5）使用安全。人手触摸不到发热器件及药物。

电热液体蚊香也起源于日本。中国于 1987 年借鉴了日本的成功经验，先后在上海、福建及广东等地开始研究试制。它的起步比电热片蚊香晚五六年。

日本住友化学将他们研究开发出的最新的适用于电热液体蚊香的驱蚊液右旋炔丙菊酯 0.66% 介绍到中国，为中国电热液体蚊香的发展提供了良好的药剂，起到了一定的积极作用。

笔者在 1987 年设计的电热液体蚊香（图 8-32B），外观造型别致。配合右旋炔丙菊酯 0.66% 驱蚊液使用，经上海、广东、福建及四川等省市卫生防疫站检测，均证实其优异效果，为日本同行看好。

A

B

图 8 - 32　电热液体蚊香外形图

二、电热液体蚊香的工作原理及结构

电热液体蚊香是驱蚊液及使驱蚊液均匀挥散的电子恒温加热器两部分的总称。前者称驱蚊液，后者称驱蚊液用电子恒温加热器，简称电加热器。当电加热器接入电源后，PTCR 元件就开始升温，之后依靠 PTCR 元件自身的温度调节功能，使温度保持在一定值。PTCR 元件产生的热量通过热辐射传递到药液挥发芯，使得通过毛细作用从药液瓶中吸至挥发芯棒上端的药液在加热下挥散。当空间的有效成分达到一定浓度后，就对蚊虫产生驱赶、击倒作用。

电热液体蚊香的工作原理与煤油灯有相似之处。不同的是电热液体蚊香将电能转换成热能，然后又利用物理作用使化合物挥发，最终目标是空间有效成分的浓度。而煤油灯则是将化学能变成热能和光能，最终目标是发光亮度。它们的相似点，包括发光亮度与单位时间的挥散量都是稳定不变的，煤油及驱蚊液均可全部用完，不浪费，这两个特点对电热液体蚊香及煤油灯都是十分有用的，这也正是电热液体蚊香之所以比电热片蚊香更先进的关键所在。

电热液体蚊香的工作原理如图 8 - 33 所示。

电热液体蚊香与电热片蚊香都是利用电加热来使有效成分挥散，但前者是直接对液态有效成分加热，所需要的温度相对较低，而后者是对固态纸片中的有效成分进行加热，所需的温度相对较高。后者 PTCR 元件的表面温度比前者要高 40 ~ 50℃。两者的加热方式也不同，前者是通过热辐射对挥发芯中的驱蚊液加热，后者是通过热传导对驱蚊片中的驱蚊剂加热。

一般来说，电热液体蚊香加热器件中间金属套的内壁温度在 120 ~ 130℃，挥发芯的温度在 90 ~ 100℃范围是比较合适的。

电热液体蚊香的结构如图 8 - 34。

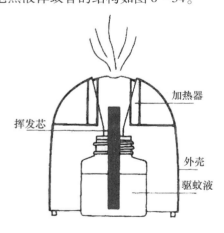

图 8 - 33　电热液体蚊香的工作原理

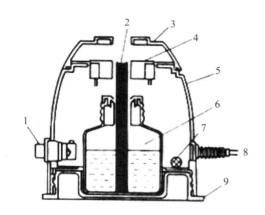

图 8 - 34　电热液体蚊香的结构

1—开关指示灯；2—挥发芯；3—上盖；4—环形加热器；
5—壳体；6—驱蚊液；7—熔断器；8—电源线；9—底座

三、电热液体蚊香的组成

（一）驱蚊液

1. 对驱蚊液的要求

驱蚊药液中包括有效成分、溶剂、稳定剂、挥散调整剂及香料等组分。对这些组分的要求如下。

1）具有良好的相溶性，溶液均相稳定，不可有分层或分离物沉淀；

2）具有相近的蒸气压及沸点；

3）具有较好的热稳定性，能承受电热液体蚊香加热温度而不会分解；

4）对人无刺激性，无令人讨厌的异臭味；

5）对人畜安全低毒，无三致的潜在危害。

2. 驱蚊液的组成

（1）有效成分

与电热片蚊香一样，驱蚊药液的品种及剂量是决定电热液体蚊香生物效果的关键，是确定与之配套使用的电加热器工作温度的根本依据，是选用驱蚊药液中其他所需组分的基础，也是决定驱蚊药液成本的主要因素之一，是驱蚊药液中的核心，因此，对有效成分的选择是至关重要的。

对电热液体蚊香中驱蚊药液的有效成分有以下一些基本要求。

首先，与用于蚊香及电热片蚊香中的药物一样，要有合适的蒸气压，对蚊虫有熏蒸驱赶作用。

其次，要有良好的生物活性，这是保证良好生物效果的基础。

再次，有效成分在驱蚊液中的质量分数越低越好，对于驱蚊液的均匀挥发越有利。关于这一点，中国厦门蚊香厂、广东省卫生防疫站等许多单位已有实验报告证实。

日本市场的电热液体蚊香主要来自三家公司：象球株式会社、地球株式会社及大日本除虫菊株式会社。象球株式会社用的有效成分为右旋炔丙菊酯，地球株式会社用的有效成分主要为右旋烯丙菊酯，都是住友化学生产的。而大日本除虫菊株式会社则用自己生产的右旋呋喃菊酯。中国前些年开发的电热液体蚊香产品中，主要使用日本住友化学的右旋炔丙菊酯，也有少量用卞呋喃菊酯及巴沙等做试验的报道。江苏扬农化工股份有限公司从 1992 年开始，一直致力于新品的开发，从烯丙菊酯的合成，到炔丙菊酯合成、ES－生物烯丙菊酯的研发，2003 年自主创新研发了右旋反式氯丙炔菊酯等 30 多个菊酯产品。目前国内主要采用扬农的氯氟醚菊酯。

（2）溶剂

溶剂在整个驱蚊液中占的质量分数最大，它的作用如下。

1）作为驱蚊液中有效成分、稳定剂、挥散调整剂及香料等组分的溶剂；

2）作为有效成分通过挥发芯输送至加热体挥发的载体。

另外，经实验证明，溶剂的碳原子数对于驱蚊液的生物效果有一定的影响，一般应选择碳原子数在 12～14 之间的溶剂。

日本住友化学的右旋炔丙菊酯 0.66% 驱蚊液中的溶剂是选用得比较好的，在使用的前、中及后期，其生物效果、挥散量与稳定性都配合得科学合理，是目前电热液体蚊香中比较成熟的一个制剂。

（3）稳定剂

稳定剂在驱蚊液中的作用主要有以下两点。

1）减少有效成分在加热中的分解。因为尽管选用的有效成分具有一定的热稳定性，但受热后仍会有部分分解，因而降低效果，因此要加入适量的稳定剂。

2）调节有效成分的挥散量。稳定剂一般可采用抗氧化剂及某些表面活性剂。添加量在总量的 5%～15%，根据不同的配方及组分进行调整。如 d－呋喃菊酯的蒸气压较高，必须要添加稳定剂。

（4）挥散调整剂

挥散调整剂的主要作用，顾名思义就是调整有效成分的挥散量。要使一瓶 45ml 的驱蚊液，在每天使用 10 ~ 12h 的情况下能持续使用 30 天，必须要加入适量的挥散调整剂，通过试验确定加入的品种及比例。根据不同的有效成分及溶剂，以及挥散调整剂本身的品种不同，其加入量是不同的。

不同组分加入后（包括采用两种有效成分复配的制剂），它们的挥散量可以先由理论计算，然后再实验确定。理论计算时可以采用道尔顿分压定律。

（5）增效剂

在用于电热液体蚊香的驱蚊药液中加入适量的增效剂，能有效地提高驱蚊液的生物效果。已经使用的增效剂品种有 PBO 与 MGK - 264。（表 8 - 53）

表 8 - 53 MGK - 264 对右旋烯丙菊酯在液体蚊香中的增效作用

化合物名称	质量分数（%）	试验次数	KT$_{50}$（min）	相对击倒速度	24h 死亡率（%）
右旋烯丙菊酯	1.36	3	3.9	1	100
右旋烯丙菊酯 + MGK - 264	1.36 + 4.08	3	3.2	1.2	100

注：实验昆虫，淡色库蚊；实验方法，密闭圆筒法。

（6）香料

香料的添加量是极少的，能使用天然香料更好，但香料的挥散率较低，所加入的剂量应保证在整个使用期间能持续发出香气。

（7）混合溶液的饱和蒸气压及计算

饱和蒸气压的定义：饱和蒸气压同其液体处于平衡状态时的压力，即在某一给定温度下，气液两相达到饱和状态时所对应的压力。

根据道尔顿分压定律，混合溶液的饱和蒸气压 ΣP 为各组分蒸气压之和：

$$\Sigma P = P_1 + P_2 + P_3 + \cdots\cdots P_i$$

式中 $P_1 = P_1^* \cdot \chi_1$；$P_2 = P_2^* \cdot \chi_2 \cdots\cdots$

P_i^* 为混合溶液中某些组分的饱和蒸气压，可由饱和蒸气压曲线查得；x_i 为各组分的摩尔分数。

（二）驱蚊液用电子恒温加热器

1. 分类

市场上，驱蚊液用电子恒温加热器的品种式样很多，可按不同的方式分类。

1）按通电方式：分带电源线的及不带电源线的（直插式）；

2）按电源线的卷线方式：分为无卷线装置、手动卷线及弹簧自动卷线的；

3）按开关形式：分为不带开关的、带普通拨动开关的及带电脑定时开关的；

4）按一瓶药液的使用期：分为 8 天型、30 天型、60 天型及 90 天型等；

5）按功能：分为电热液体蚊香单用及电热液体蚊香与电热片蚊香两用的；

6）按几何形体：分球型、三棱柱型、抛物线型、椭圆形体型、球面与长方体相贯型、台灯型及四立柱型等。

2. 基本构造

电热液体蚊香一般由电源线（插头）、熔断器、指示灯与电阻、开关、PTC 发热器件、挥发芯、驱蚊药液、药液瓶及塑料外壳等组成。

（1）塑料外壳

电热液体蚊香的塑料外壳，比电热片蚊香的塑料外壳要复杂得多，一般由塑料挥散罩、座及瓶托三部分组成，视不同设计结构而异。

塑料挥散罩位于加热器的最上部，其作用有三，一是作为蒸发药液的挥散口，二是作为气流的出风口，三是作为电热元件的保护罩。

作为热气流出口，有一定的耐热要求；药液又有一定的腐蚀性，塑料要有相应的耐腐蚀性；作为出风口，其大小及结构须仔细计算，并作实验验证；作为发热元件的保护罩，其出风口的大小要使人的手指伸不进，触摸不到发热元件，保证使用安全；作为加热器的最显眼部位，要求色泽鲜明，光亮平整。根据以上几点，在设计中对其结构、材料、装配工艺及成本方面都要兼顾。

图 8 - 35 为笔者设计的驱蚊药液用恒温电加热器结构图。

塑料座是电热液体蚊香加热器的主体，它的作用如下。

作为 PTCR 发热器件及电器零件的安装底座；作为驱蚊药液瓶的基座及包容物；通过合理的窗口设计，形成一股适当的进出气流，提高药物效果。

塑料座无论对耐热、电气绝缘以至机械强度方面都有一定的要求。

在设计中，底座上应设置进风口，使冷空气能从进风口吸入，形成对流后从出风口排出，使药物向空间挥散。

塑料瓶托的作用是盛放驱蚊药液瓶。若是直插式结构，药瓶直接旋在座内，就不需要瓶托了。

罩（外壳）与底之间初期大多采用金属自攻螺钉连接。后来考虑到装配的方便，减少零件及工序，增加电气绝缘性能方面的可靠性及安全性，逐渐改用凹凸搭扣连接方式。

由于电热液体蚊香比电热片蚊香在结构上复杂得多，所以在诸多的电热液体蚊香品种中，电源线大都采用外露式，极少有像电热片蚊香一样将电源线收卷在体内的。若设计成弹簧自动卷（电源）线的结构，该结构设置部位要受到多方面因素的制约。

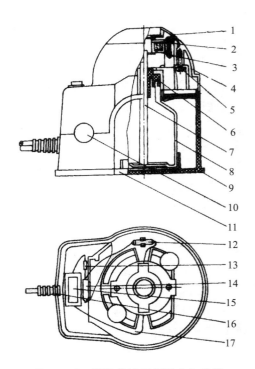

图 8 - 35　驱蚊药液用恒温电加热器
1—散热罩；2—螺钉；3—发热器件；4—盖；
5—螺钉；6—药液；7—挥发芯；8—药瓶；
9—瓶托；10—定位按钮；11—底座；12—熔断器；
13—电阻；14—指示灯；15—开关；16—电源线；
17—连接导线

塑料外壳上下窗口的空气流量设计，是影响电热液体蚊香挥散量及生物效果的一个重要因素。一般出风口在上部，进风口在下部。冷空气从下部进入加热器内部，经加热器内的 PTCR 发热器件加热后变成热空气从上部出风口排出。但空气的流量及速度与诸多因素有关，对加热器外壳来说，进风口与出风口的面积大小及进风口与出风口之间的距离是关键。

从电热液体蚊香的工作状态需要出发，应该使药液的挥散速度大于周围空气的流动速度，根据空气对流的原理，进风口的面积应大于出风口的面积。进风口与出风口之间的距离越大，增速作用越明显。当然，进风口与出风口的面积之比并不是一个固定的常数。它不是唯一的影响因素，而且对于不同的驱蚊液、不同的加热器结构和发热器件温度，所需的进风口与出风口的比例是不一样的。

$$K_s = \frac{S_{出}}{S_{进}} \cdot h$$

式中　K_s——出风口与进风口面积比例乘以距离的系数；

$\quad\quad S_{出}$——出风口面积之和；

$\quad\quad S_{进}$——进风口面积之和；

$\quad\quad h$——进风口与出风口之间的距离。

一般来说，K_s 的范围应满足下列关系：

$$0.3 \leqslant K_s \leqslant 0.5$$

当然，K_s 值的这个范围也不是绝对的。不同的结构、药物、加热器温度及挥发芯，K_s 值范围可能有变化。

（2）驱蚊药液瓶

驱蚊药液瓶的作用是盛装驱蚊药液。驱蚊药液瓶的有效容量为 45ml。

因为驱蚊药液对容器有一定的腐蚀性，所以对容器材质的选用有一定的要求。试验表明使用聚氯乙烯塑料比聚乙烯塑料对药液的保存稳定性更有利。

驱蚊药液中的有效成分，如炔丙菊酯及右旋烯丙菊酯等拟除虫菊酯，对光不稳定，药液瓶应该略带浅蓝、浅绿或浅黄色，但不宜太深。

药液瓶口与瓶塞的配合要紧密，盛装药液后不会在产品流转运输中因倾倒而渗漏。现在多采用热收缩薄膜封装。

驱蚊药液瓶在电热液体蚊香上安装使用时，一般有两种方式，一种是采用瓶托，另一种是直接旋在底座中间。使用瓶托时，瓶托中间应有能使药液瓶定位的结构设计。

（3）PTCR 发热器件

与电热片蚊香一样，PTCR 发热器件也是电热液体蚊香加热器中的核心部件。PTCR 发热器件的结构及其中各零部件的设计与选用，不但直接影响到电加热器的温度，也能影响到驱蚊液的挥散量及生物效果的持续稳定性，而且涉及电加热器的电气绝缘性能。从安全角度考虑，在电热液体蚊香中，因为驱蚊药液中的溶剂属易燃品，比电热片蚊香起火的危险性更大，所以在 PTCR 发热器件的结构设计中要求相应更严格。

电热液体蚊香中采用的 PTCR 发热器件结构，基本上有两大形式。第一种形式如图 8-36，在日本产品中以地球株式会社为代表，第二种形式如图 8-37，在日本产品中以象球株式会社为代表。

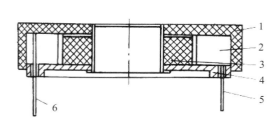

图 8-36　PTCR 发热器件结构示意图（A 型）
1—上盖；2—PTC 元件；3—金属导热套；4—下座；
5—下电极；6—上电极

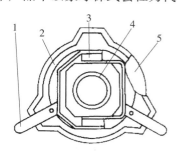

图 8-37　PTCR 发热器件结构示意图（B 型）
1—电极；2—上盖；3—PT（元件）；4—金属
导热套；6—陶瓷座

从图 8-36（A 型）及图 8-37（B 型）可见，这两种 PTCR 发热器件结构都是由上、下电极，PTCR 元件、上盖、下座及金属导热套构成，所不同的是 PTCR 元件的形状不同，上盖、下座用的材料不同。

A 型结构中，由中间金属套将热量辐射至挥发芯，辐射温区较长，且金属导热套上各点的表面温度均匀，驱蚊液的挥发效果良好，装配工艺也比较简单。

B 型结构中，采用两块圆片对称设置，PTCR 元件紧靠加热面的一端与电极呈面接触，而非加热面一端的电极为弹性点接触，有利于提高 PTCR 元件的热效率。但在铜套内壁上产生的温度不如 A 型的均匀，与 PTCR 元件紧贴的一边往往比无 PTCR 元件的一边温度高出 2～3℃。此外，温度测定显示，B 型结构达到正常工作温度所需的时间也略长些。

以下分别对 PTCR 发热器结构中的各个零件作一叙述。

1）金属导热套：金属导热套的作用主要有两个方面，一是导热，即将 PTCR 元件产生的热量通过它向药液挥发芯进行热辐射，使挥发芯的温度升高（一般达 90～100℃），从而增加驱蚊药液的挥散量，以对蚊虫产生驱赶效果；二是用作对 PTCR 发热器件各零件之间的铆接。在此值得一提的是，对于这么小的 PTCR 发热元件，从电气绝缘安全及耐压要求方面考虑，是十分不宜采用螺钉来作为连接件的。

金属导热套呈圆柱形，用铝或铜制成。内孔直径的取定与挥发芯直径有关，一般来说比挥发芯直径大 4～5mm 为宜，还与发热器件在导热套的表面温度高低有关。上述孔径是指导热套的内壁表面温度为 115～135℃时的值。金属导热套一般由模具冲压拉伸成形，壁厚一般为 0.3mm。成型后应进行表面镀层或钝化处理。在作为最后成品之前，应对它进行热处理。否则在铆接中很不方便，不但要用较大的力，会使 PTCR 元件碎裂，而且会使铆接端产生开裂，影响铆接牢度和外观质量。

2）电极：电极分为上电极与下电极，紧贴在环形 PTCR 元件两个环端面的银层电极上形成欧姆接触，使电流形成回路，PTCR 元件才会发热。

在电热液体蚊香中，散热面在 PTCR 发热器件中间的金属套内壁，PTCR 元件产生的热量直接由绝缘座传导到金属套上，上下电极则分别与环形 PTCR 元件的上下圆环端面接触，所以就可以设计成图 8－38、图 8－39 中的结构和形式。为了减少因电极接触而产生的热传递损失，使电极与 PTCR 元件呈弹性点接触，在上下电极的圆环面上制有三个凸起接触点。

图 8－38 所示为 A 型发热器件中的电极结构，图 8－39 所示为 B 型发热器件中的电极结构。

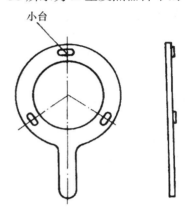

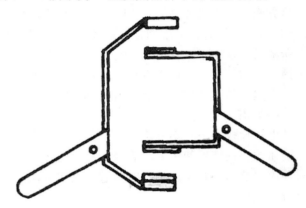

图 8－38　A 型发热器件中的电极结构　　　　图 8－39　B 型发热器件中的电极结构

电极一般采用铜片冲制成型，然后在表面涂硬铬或镀银。

3）PTCR 元件：PTCR 元件是 PTCR 发热器件中的核心零件。与电热片蚊香相同，电热液体蚊香也是靠 PTCR 元件产生热量，并且也靠它自身的调节功能达到稳定温度的。

PTCR 元件所用的材料也是 $BaTiO_3$ 陶瓷材料，其加工成型及银电极镀覆工艺均与电热片蚊香上采用的 PTCR 元件相同。所不同的是形状、尺寸及居里温度点。

图 8－36 发热器件中所采用的 PTCR 元件为环形片，如图 8－40 所示，环片的外径为 20mm，内径 12mm，厚度为 4mm。

两端涂覆的银浆电极也为圆环形。电极圆环与 PTCR 片圆环的外圈及内圈均空留 1mm 间隙。其作用也是加强它的电气绝缘性能。在印制银浆电极时也应注意电极圆环与 PTCR 片圆环的同心度。

环形 PTCR 元件的主要技术参数如下。

额定工作电压：交流 220V±20%；

常温下的电阻值（R_{25}）：1～6kΩ；

元件表面温度：145℃±5℃；

绝缘耐压强度：≥450V/3min（交流有效值）；

使用寿命：>1500h；

外形尺寸：外径 20mm，内径 12mm，厚度 4mm。

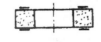

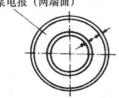

银浆电报（两端面）

图 8－40　环形 PTCR 元件

因为环形片的散热较圆形片好，在生产过程中变形、开裂现象较少，所以其厚度可以取为 4mm，不会对元件功能产生不利影响。

4）上盖及下座：上盖及下座的作用是对 PTCR 元件及金属电极进行封装绝缘，保证电气使用安全，其次是传热作用。所以在材料的选择上要兼顾到这两个方面的要求。

由于电热液体蚊香中 PTCR 发热元件的工作面温度比电热片蚊香低 30~40℃，所以目前除采用陶瓷的外，还有采用胶木的。

在 A 型加热器结构中，上盖及下座采用胶木材料。在选用胶木材料时，除考虑电气绝缘性能及耐热性能外，因为药液有一定的腐蚀性，还要考虑胶木的耐蚀耐潮性。若选择不好，当胶木在反复加热及药液的腐蚀下产生老化或龟裂，药液渗入 PTCR 元件，造成短路，导致 PTCR 元件开裂，严重时引起燃烧。

笔者在实践中将上盖与下座的材料采用 PBT 塑料，在保证电气绝缘强度的同时，改善了上盖及下座的导热性能。因为 PBT 塑料的耐冲击强度大大高于胶木，因此提高了装配工艺性，在使用中也减少了开裂的概率，安全使用性能提高。

在 B 型加热器结构中，上盖与下座的材料采用陶瓷材料。陶瓷材料的电气绝缘性能是较好的。在导热方面，因为陶瓷外壳与 PTCR 元件的热膨胀系数和导热系数相似，在需要获得相同的辐射温度的 PTCR 发热器件时，采用陶瓷上盖及下座比采用胶木上盖及下座时 PTCR 元件的设计温度及功耗均可以有所降低。这对于改善 PTCR 元件的工件状况及降低能耗是有利的。此外，它还具有天然的抗老化、耐蚀、阻燃等特点。但陶瓷材料较重，体积大，在生产、运输及装配中易碎裂，成本也相应较高。

当然，不是任何一种陶瓷材料都适用的，所选用的陶瓷材料，一般以氧化铝陶瓷为主。

（4）开关

电热片蚊香上并不一定设置开关，但电热液体蚊香上几乎全部都装设有一小型开关，这是出于电热液体蚊香的特殊使用要求。因为一瓶药液可连续使用 30 天或 60 天，中间不需调换或将药液取出来，只要简单地断开开关，切断电源后，就能自动停止挥散。一个小开关的设置，给电热液体蚊香的使用上带来极大的方便。

中国市场上的电热液体蚊香产品，其中一些是设置开关的，但也有不少没有设置开关。不管是选用成品开关或专门设计开关，都应符合使用要求，保证一定的使用寿命及电气使用安全。

（5）指示灯及电阻

为了使用上的方便和安全，指示灯在电热液体蚊香上应设置在明显部位。

电热液体蚊香的功率在 4.5~5W 左右，为减少在指示灯上的能耗，一般选用的指示灯都是很小的，它们的端电压不高，大都在 100V 以下，要使它能接入 220V 交流电，需要串联一个电阻器进行分压。所以在电器中使用时，指示灯与电阻器是密不可分的。

在电气线路中，指示灯与电阻器串联相接，与工作部分则是并联相接，如图 8-41 所示。

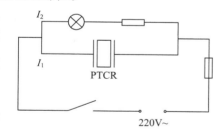

图 8-41　指示灯在电路中的连接

（6）熔断器

熔断器又称保险丝，是确保电器安全使用的重要元件。它的作用是一旦在电气线路中出现短路或击穿现象时，熔断器就自动断路，防止起火燃烧。若因为 PTCR 元件本身内应力造成的裂纹，运输及生产装配中的震动冲击散裂，以及在使用中挥散药物的渗入而致 PTCR 元件老化等原因出现短路现象，使温度急剧升高，若没有熔断器保护，就会引起燃烧。但若加设了熔断器，当电流增大超过限定值时，就会自动切断电路，起火燃烧的情况就可避免。因为电热液体蚊香正好是在晚间人们睡眠期间使用的，防止起火燃烧，保证安全使用更是极其重要的。

纵观日本几个大公司生产的电热液体蚊香产品，几乎无一不装设熔断器的，在产品使用说明书上，也特别强调因为加设了熔断器，可以放心使用，以解除使用者对失火燃烧的后顾之忧。

（7）电源线及插头

参阅电热片蚊香中关于电源线及插头的叙述。

（8）挥发芯

挥发芯可喻为电热液体蚊香的心脏，是影响电热液体蚊香生物效果的关键因素之一。在设计中不乏因为挥发芯选择不当，或所选用的挥发芯的质量、性能达不到使用要求，而导致电热液体蚊香失效的例子。挥发芯大都以无机物粉末加填料制成。挥发芯能否保证驱蚊液持续稳定挥散，是电热液体蚊香是否具有良好驱蚊效果的前提。

日本在电热液体蚊香获得商品化时，挥发芯以碳棒制成，这是经历了无数次的试验和改进后得出的结果。目前对挥发芯的材质及配方仍在不断改进中。对挥发芯的基本要求如下。

1）挥发芯首先要有较好的毛细渗透性能及适宜的孔隙率。

电热液体蚊香中的驱蚊液是通过挥发芯的毛细作用，从药液瓶内吸附药液后在挥发芯上端加热，使药液在挥发芯顶端均匀地按设定量挥散，直至整瓶药液畅通无阻地挥散完。为此，要求挥发芯具有较好的毛细作用。

挥发芯的孔隙率是指微粒（或纤维）内孔隙及微粒（或纤维）间孔隙所占容积与微粒（或纤维）体积之比，通常以百分数表示。总孔隙率 $P_总$ 可表达为：

$$P_总 = \frac{V_b - V_p}{V_b} = 1 - \frac{V_p}{V_b}$$

式中　　V_b——松体积；

V_p——固体物质本身的体积。

有实验资料表明，孔隙率在 20%～40% 较适宜。孔隙率过大，如超过 40% 时，药液的挥散量大，其外溢量也会增大；而低于 20% 时，药液的挥散量太低。

在实际使用中，由于电热液体蚊香中加热器的温度、结构，药液的理化性质不同，因此要想用同一种孔隙率的挥发芯去满足各种使用场合，是不切实际的。对某一种特定的电热液体蚊香，都要根据其各种参数，使用不同孔隙率的挥发芯，使之符合其挥散量的需要，这样才能获得最佳的整体使用效果。

2）挥散量稳定。

挥发芯应在 300 多小时的工作中保持挥散量稳定，在整个挥散过程中，挥散量之间的误差不超过 15%。

以 0.66% 右旋炔丙菊酯驱蚊液来说，一瓶 45ml 驱蚊液的总质量为 34.56g，按 300h 总使用时间计算，其平均挥散量应为 0.115g/h，则其最大挥散量应为 0.127g/h，最小挥散量为 0.104g/h，总使用时间在 270～330h，这是比较合适的。

在此应着重指出的是挥散量稳定应包含两个方面，即驱蚊液的挥散量稳定及其中所含有效成分的挥散量稳定，两者必须同步且均匀一致，这样才能保证液体蚊香持续稳定的生物效果。因为已有测试资料证明，前者与后者不能互相代替，如有的挥发芯测试结果表明驱蚊液的挥散量尚均匀，但有效成分挥散量的变化很大。挥发芯的组成成分及其比例，对挥散量及其稳定性有很大的影响。

3）化学稳定性好。

挥发芯的材质不但要耐药液的溶胀及腐蚀，而且不能与驱蚊药液起化学反应。挥发芯浸入药液中不能有被腐蚀或溶胀现象，否则就会影响孔隙率及挥散量。

有资料显示，活性炭的吸附能力较强。若在挥发芯配方组成中用量过大，容易吸附溶质，使有效成分的挥散量降低，影响电热液体蚊香的生物效果。

4）阻燃耐热性好。

挥发芯的工作温度在 90～105℃ 范围内，在此温度域工作时，挥发芯不应烧焦结炭，更不应有燃烧危险之虞。在工作温度下挥发芯会受热膨胀，但其膨胀率不应使它的孔隙率变化过大，导致药液挥散不稳定，影响生物效果。

5）挥发芯应有一定的抗折强度和硬度。

挥发芯在装配中不应弯曲或折断，不应变形，应保证它与药液瓶塞的正常配合。有的无机粉末挥发芯一遇到药液浸润后会变疏散，在运输及使用中发生表面掉落或断裂。粉粒混入药液中后使药液产生浑浊以至沉淀，对挥散量产生严重影响。因此挥发芯要有一定的抗折强度，一般不应低于0.3MPa。其最大允许弯曲变形量应不大于以下规定值：

$$\triangle C = \pm \ (0.01L + \alpha)$$

式中　△C——最大允许弯曲变形量，mm；

　　　L——挥发芯长度，mm；

　　　α——系数，一般为0.3~0.5。

6）抗阻塞性。

挥发芯材质的选择，还应考虑它与驱蚊液之间的静电电位平衡，不致因静电吸附而阻塞孔隙，影响驱蚊液的均匀挥散。

7）挥发芯应有较好的尺寸精度。

这样一方面有利于提高装配精度，另一方面，可以减少批量产品中驱蚊液挥散量之间的差异。

8）挥发芯的外表面应细致，均匀平整，无凹凸、缺损及夹杂。

强度：>49N；

长度：73mm±1mm；

直径：7.0mm±0.1mm；

质量：2.7g±0.20g。

四、电热液体蚊香用驱蚊液及其生物效果

（一）驱蚊液

驱蚊药液由有效成分、溶剂、稳定剂、挥散调整剂及香料等组成。目前在电热液体蚊香中使用的驱蚊有效成分有右旋炔丙菊酯、右旋烯丙菊酯及右旋呋喃菊酯等拟除虫菊酯杀虫剂。

有效成分在驱蚊液中的含量（质量分数），有人认为以2%~8%为好，但另有人推荐以0.5%~5%较好，说法不一，可能是基于各实验条件不同所致。因为对电热液体蚊香挥散量及生物效果的影响因素实在多，几乎较难获得相同条件的再现性。

因为电热液体蚊香工作时，是依靠挥发芯将驱蚊液从瓶中通过毛细作用吸至上端加热挥散，挥散量往往受挥发芯的孔隙率影响甚大。所以配方应力求保证挥发芯正常的毛细管渗透作用，维持连续稳定的输液。为此，驱蚊液中的有效成分浓度应该是越低越好，这样容易使驱蚊液保持均相状态，不易出现分层及沉淀现象，产生阻塞的情况大大减少。

基于这样的出发点，在选择时，就要选取生物活性相对较高的有效成分。这样，就能以较稀的药液浓度发挥较好的驱蚊作用。

（二）右旋炔丙菊酯0.66%驱蚊液

1. 右旋炔丙菊酯0.66%驱蚊液的配方

右旋炔丙菊酯：0.66%（体积分数）；

溶剂及其他组分：99.34%（体积分数）。

2. 右旋炔丙菊酯0.66%驱蚊液的物理性能

外观：黄色、黄褐色油性液体；

密度：d_4^{20}　0.768；

注：盛装容器应具遮光的浅色。

3. 右旋炔丙菊酯0.66%驱蚊液的生物效果

1）采用0.34m³玻璃框试验法对淡色库蚊成虫试验的生物效果见表8-54。（暴露20min）

表 8 - 54　右旋炔丙菊酯 0.66% 驱蚊液的生物效果

使用时间	使用中不同时段的 KT_{50}（min）				
	1h	2h	4h	6h	8h
当天	4.3	3.8	3.0	3.0	3.4
第 10 天	2.2	2.0	1.9	2.0	1.9

注：1. 一天的使用时间为 10h。

　　2. 上述数据摘自住友化学工业株式会社的材料。

2）采用通风式圆筒试验法对淡色库蚊成虫试验的生物效果见表 8 - 55，圆筒直径 20cm，高 60cm，在通风条件下暴露 20min，与实际使用条件接近。

表 8 - 55　右旋炔丙菊酯 0.66% 驱蚊液的生物效果

使用时间	使用中不同时段的 KT_{50}（min）—致死率（%）				
	1h	2h	4h	6h	8h
当天	3.4—83	2.4—100	1.9—100	2.0—100	2.4—100
第 10 天	2.3—100	1.6—100	2.4—100	2.1—100	2.6—100
第 20 天	1.0—100	1.0—100	1.6—100	1.5—100	1.3—100

注：1. 一天的使用时间为 10h。

　　2. 上述数据摘自住友化学工业株式会社的材料。

3）采用 $0.34m^3$ 玻璃框试验法对致乏库蚊成虫试验的生物效果见表 8 - 56。

表 8 - 56　对致乏库蚊的生物效果

药名	通电时间（h）	击倒率（%）					KT_{50}（min）
		2min	4min	8min	16min	32min	
右旋炔丙菊酯	2	2.5	37.5	92.5	100	100	4.74
右旋炔丙菊酯	36	17.5	45.0	80.0	97.5	100	4.33
右旋炔丙菊酯	84	5.0	22.5	72.5	90.0	100	5.84
右旋炔丙菊酯	168	17.5	37.5	70.0	95.0	100	4.90
右旋炔丙菊酯	336	25.0	45.0	67.5	97.5	100	4.91

注：1. 供试昆虫，40 只雌蚊。

　　2. 试验重复 3 次。

　　3. 试验温度（25±1）℃，相对湿度（65±10）%。

　　4. 加热器为日本住友化学工业株式会社提供。

4）采用通风式圆筒法对致乏库蚊试验的生物效果见表 8 - 57。

表 8 - 57　右旋炔丙菊酯 0.66% 驱蚊液对致乏库蚊的生物效果

使用时间	使用中不同时段的 KT_{50}			
	2h	4h	6h	8h
第 1 天	3min43s	2min05s	2min26s	2min02s
第 14 天	3min48s	2min53s	3min02s	3min26s
第 30 天	3min26s	2min58s	4min13s	3min25s

注：1. 致乏库蚊为羽化后 3~5 天的成虫雌蚊。

　　2. 试验样品为 4 组，取平均值。

　　3. 试验室内温度 25℃，相对湿度 80%。

　　4. 上述结果摘自四川省卫生防疫站对佛光牌电热液体蚊香的检验报告。

5）采用 0.34m³ 玻璃框法及模拟现场法对淡色库蚊试验的生物效果见表 8-58。

表 8-58　右旋炔丙菊酯 0.66% 驱蚊液对淡色库蚊的生物效果

测试方法	时间（h）	KT₁	KT₅₀	95% 可信限	KT₉₅
玻璃框法	2	38s	3min11s	2min53s～3min32s	7min17s
	36	30s	2min54s	2min38s～3min11s	5min49s
	84	56s	2min57s	2min42s～3min14s	6min08s
	168	57s	2min47s	2min33s～3min03s	5min31s
	336	1min43s	3min06s	2min49s～3min25s	6min09s
模拟现场法		2min35s	19min26s	17min18s～1min51s	49min54s

注：以上结果摘自上海市卫生防疫站对闪光牌电热液体蚊香的测试报告。

6）采用 20m³ 密闭房间模拟现场法对淡色库蚊的试验效果见表 8-59。

表 8-59　右旋炔丙菊酯 0.66% 驱蚊液对淡色库蚊的现场效果

KT₁	KT₅₀	KT₉₅	KT₁₀₀
15min30s	38min04s	58min36s	760min

注：1. 加热器温度 130℃，挥发芯中心点温度 101℃。

2. 以上结果摘自浙江省卫生防疫站对益友牌电热液体蚊香的测试报告。

7）用 28m³（2.7m×4.3m×7.4m）试验房对淡色库蚊测试的生物效果见表 8-60。

表 8-60　右旋炔丙菊酯 0.66% 驱蚊液对淡色库蚊的击倒效果

药名	击倒率（%）								KT₅₀（min）
	10min	15min	20min	25min	30min	35min	45min	60min	
右旋炔丙菊酯	0.30	1	6	35	69	91	99	100	21.8

8）使用液体蚊香用溶剂将右旋炔丙菊酯和右旋烯丙菊酯按所定浓度调制成驱蚊液体，然后对不同浓度驱蚊液样品进行效力评价实验，结果见表 8-61 和 8-62。

表 8-61　不同驱蚊液对蚊虫的生物效果

驱蚊液		挥发药量（mg/2h）（实际分析数值）	KT₅₀（min）
有效成分	质量密度（g/ml）		
右旋炔丙菊酯	0.33	1.19	3.6
	0.45	1.23	3.2
	0.67	2.20	2.8
	1.00	2.27	2.5
右旋烯丙菊酯	2.67	8.05	3.7
	4.00	8.26	3.3

注：1. 试虫为淡色库蚊雌蚊成虫，采用通风式圆筒试验方法，测试经过 2h 后挥发药量的生物效果。

2. 根据上表可算得右旋炔丙菊酯与右旋烯丙菊酯在液体蚊香剂型中 KT₅₀ 相对效力比，右旋炔丙菊酯的效果是右旋烯丙菊酯的 6～8 倍。

表 8 - 62 右旋炔丙菊酯与右旋烯丙菊酯效力比较

右旋烯丙菊酯		与右旋烯丙菊酯同等效果时右旋炔丙菊酯剂量（mg）	右旋炔丙菊酯相对效力比（右旋烯丙菊酯 = 1）
剂量（mg/2h）	KT$_{50}$（min）		
8.05	3.7	1.01	8 倍
8.26	3.3	1.30	6 倍

右旋炔丙菊酯挥发药量与 KT$_{50}$ 值按照下记回归方程式求出：

$$\log Y = 0.5662 - 0.4146\log X \quad (r = -0.9279)$$

式中　$Y = KT_{50}$

　　　$X = $ 剂量（g/ml）

上述试验结果分别取自日本及中国对右旋炔丙菊酯 0.66% 驱蚊液的测试报告，从中可以得到以下几点结论。

1）右旋炔丙菊酯 0.66% 驱蚊液作为电热液体蚊香用制剂，在不同时间对蚊虫均具有较好的击倒及杀灭效果。

2）右旋炔丙菊酯 0.66% 驱蚊液对不同蚊种均有较好的击倒及杀灭效果。

3）右旋炔丙菊酯 0.66% 驱蚊液在整个使用过程中有效成分释放均匀，KT$_{50}$ 值波动不大，其 24h 死亡率随着使用时间的延长而增高，45ml 的药液就能持续作用达 300h 以上，是适合电热液体蚊香用的良好制剂。

4. 右旋炔丙菊酯 0.66% 驱蚊液的挥散率（表 8 - 63）

表 8 - 63 右旋炔丙菊酯 0.66% 驱蚊液的挥发率

观察天数	挥发率（mg/2h）	挥发药液量（mg/2h）
当 天	1.1（5.5mg/10h）	236 [1.18g（1.54ml）/10h]
10 天后	1.7（8.5mg/10h）	195 [0.98g（1.28ml）/10h]
20 天后	1.7（8.5mg/10h）	191 [0.96g（1.25ml）/10h]

注：1. 通电使用时间以每天 10h 计算。

　　2. 环形加热器的温度为 123℃，通电后 10～15min 达到工作温度。

　　3. 挥发芯直径 7mm，日本制造。

　　4. 测定挥发率时，分别在当天第 4～6h，10 天后的第 104～106h，以及 20 天后的第 204～206h 间测定。

表 8 - 64 为挥发芯对右旋炔丙菊酯 0.66% 驱蚊液的挥发率测定值。

表 8 - 64 挥发芯对右旋炔丙菊酯 0.66% 驱蚊液的挥发率测定值

观察时间	挥发率（mg/2h）	挥发药液量（mg/2h）
当天的 4～6h	1.96（9.8mg/10h）	302 [1.51g（1.96ml）/10h]
10 天后的 104～106h	2.03（10.15mg/10h）	269 [1.34g（1.74ml）/10h]
20 天后的 204～206h	1.99（9.95mg/10h）	202 [1.10g（1.43ml）/10h]
25 天后的 254～256h	1.85（9.25mg/10h）	200 [1.0g（1.3ml）/10h]

注：1. 通电使用时间以每天 10h 计算。

　　2. 环形加热器的温度为 123℃，通电后 10～15min 达到工作温度。

　　3. 挥发芯直径 7min，日本制造。

一般情况下，在开始使用时往往出现药液的挥发量较多但有效成分挥发量较低的现象，使用一段时间以后挥发量就稳定下来了。

5. 药物挥散量及有效挥散率的测定

（1）挥散量的测定方法

使电热液体蚊香在一定的条件下连续挥散，利用充填硅胶的吸附柱收集气体（图8－42）。硅胶的粒度为60～80目，填充量为5g，每隔一定时间取下硅胶柱和玻璃漏斗，用丙酮提取硅胶中的有效成分，进行浓缩提取，然后再用气相色谱进行定量分析。

$$挥散量 = \frac{总挥散量}{挥散时间}$$

（2）总有效挥散率的测定

按上述方法，直至其挥散量为零时为止，测得其总挥散量。

$$总有效挥散率 = \frac{总挥散量}{C - (A + B)} \times 100\%$$

式中　A——残留溶液中的有效成分量，mg；

　　　B——挥发芯中有效成分量，mg；

　　　C——加热前溶液中的有效成分量，mg。

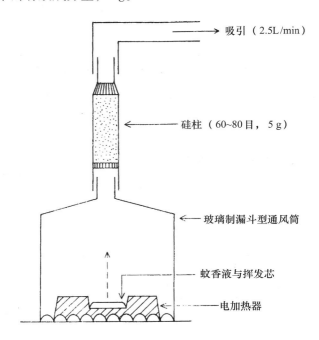

吸引（2.5L/min）

硅柱（60~80目，5g）

玻璃制漏斗型通风筒

蚊香液与挥发芯

电加热器

图8－42　驱蚊片及驱蚊液挥散量测定装置示意图

6. 右旋炔丙菊酯0.66%驱蚊液的毒性

（1）日本住友化学工业株式会社测试结果

1）急性经口毒性。

大白鼠：$LD_{50} > 31250$mg/kg；

小白鼠：$LD_{50} > 3125$mg/kg。

2）急性经皮毒性。

大白鼠：$LD_{50} > 5000$mg/kg；

小白鼠：$LD_{50} > 5000$mg/kg。

（2）中国有关单位对右旋炔丙菊酯0.66%驱蚊液的毒理测试结果

1）上海市化学品毒性评价标准化技术委员会1991年6月对右旋炔丙菊酯0.66%驱蚊液进行毒理测定。

小白鼠急性经口毒性实验，剂量为15g/kg，一周内无动物死亡。最小致死剂量（MLD）大于

15g/kg，属实际无毒级。

小白鼠急性吸入毒性实验，浓度为 $12.7g/m^3$，吸入 2h 动物无明显症状，一周内无动物死亡。最小致死浓度（MLC）大于 $12.7g/m^3$，结果合格。

采用 Maron DM，Ames BN（1993）推荐的组氨酸营养缺陷型鼠伤寒沙门氏菌回复突变平皿掺入法，在加用和不加用 S_g 混合液条件下检测的回复菌落数不超过自发数的 1～2 倍，也无明显剂量反应关系，证明 Ames 基因突变试验结果为阴性。

2）四川省卫生防疫站 1991 年 11 月对右旋炔丙菊酯 0.66% 驱蚊液进行毒理测定结果。

急性经口毒性试验，染毒后 5min 部分大鼠活动增加，持续 2min 左右，活动转为正常，饮食正常，观察期无死亡，$LD_{50}>5000mg/kg$，属实际无毒。

急性吸入毒性试验，染毒后大鼠饮食活动未见异常，观察期无死亡，$LD_{50}>10g/m^3$，属实际无毒。

皮肤斑贴试验，实验组皮肤红斑与水肿形成评分之和为 0，说明它对皮肤无刺激作用。

眼刺激试验，实验组急性眼刺激积分指数为 0，说明它对黏膜无刺激作用。

3）广州市卫生防疫站 1991 年 6 月对右旋炔丙菊酯 0.66% 驱蚊液进行毒理测试。

选用健康 NIH 小白鼠，按卫生部《化妆品安全性毒理学评价程序（试行）》规定的急性试验方法，在实验期间动物可见轻度反应，$LD_{50}>5000mg/kg$，按急性畜性分级标准评价，属实际无毒级。

（3）有害物质的含量

根据日本 Sumika 化学分析服务公司用气相色谱法对右旋炔丙菊酯 0.66% 驱蚊液的质量测定分析，右旋炔丙菊酯 0.66% 驱蚊液中未检出 DDT 及 As_2O_3 等有害物质。中国广东省卫生防疫站 1992 年 5 月分别对玻璃瓶、玻璃瓶中未放置芯棒的右旋炔丙菊酯及放置挥发芯的右旋炔丙菊酯在室温下放置两周后进行采样，然后用气相色谱仪做了仔细的测定，未检测出任何 α - BHC、β - BHC、γ - BHC、δ - BHC、P，P′- DDE、P，P′- DDD、O，P′- DDT 及 P，P′- DDT 等有害物质（粤卫消杀昆检字第 170 号），见表 8 - 65。

表 8 - 65　0.66% 右旋炔丙菊酯（ETOC）药液 BHC、DDT 含量检测结果

样品	α - BHC	β - BHC	γ - BHC	δ - BHC	P，P′- DDE	P，P′- DDD	O，P′- DDT	P，P′- DDT
未放置	未检出	未检出	未检出	未检出	未检出	未检出	未检出	未检出
玻璃瓶中	未检出	未检出	未检出	未检出	未检出	未检出	未检出	未检出
配有芯棒的玻璃瓶中	未检出	未检出	未检出	未检出	未检出	未检出	未检出	未检出
药瓶中	未检出	未检出	未检出	未检出	未检出	未检出	未检出	未检出

所有样品中均未检出六六六及滴滴涕。

各种测定表明，右旋炔丙菊酯 0.66% 驱蚊液未检出任何有害物质，所以在使用中安全，对人的健康不会造成损害或引起刺激等不良反应。

五、影响电热液体蚊香挥散量及生物效果的因素

1. 概述

电热液体蚊香的作用机制，是靠加热使药物挥散，当达到对蚊虫尚不致死浓度时，就能对蚊虫产生拒避、驱赶及击倒作用。因此，在 8～10h 内在所需作用的空间内持续保持一定浓度，是电热液体蚊香达到良好生物效果的必要条件。

2. 加热器温度对药液挥散量的影响

在加热器结构相同，使用同一种驱蚊液及挥发芯的条件下，加热器的温度越高，驱蚊液的挥散量越大，空间的有效成分浓度越高，将得到较好的生物效果，但使用时间较短。反之加热器温度低，驱蚊液的挥散量也小，空间的有效成分浓度低，生物效果可能变差，但使用时间延长。图 8 - 43 显示在不同加热器温度条件下，药物挥散量与使用时间的关系。

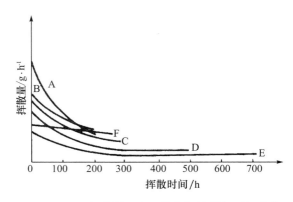

图 8-43　不同加热器温度下药物挥散量与时间的关系

加热器 A 的温度最高，按字母顺序依次下降，加热器 F 的温度最低。从这一组挥散曲线中可以看出，加热器温度越高，曲线下降的坡度越大，起始挥散量与终点挥散量相差越大，总挥散时间短。而加热器的温度越低，曲线下降的坡度小，起始挥散量与终点挥散量相差较小，总挥散时间长。而且从曲线的变化可以看到，在挥散前期挥散量较后期大，挥散量的变化也较后期大，越到后期越趋于平稳。

对于电热液体蚊香来说，当加热器结构、挥发芯材质与规格确定后，应确定最佳的挥散所需加热温度。应从两个方面考虑：从尽快在作用空间达到所需的有效成分浓度出发，加热器的温度应尽可能地取得高一些；在另一方面，从保证一瓶 45ml 驱蚊液能持续工作 300h 左右考虑，加热器的温度应尽可能地取得低一些。综合这两方面的要求，通过实验的方法权衡调整，最终选定适宜的加热器温度。

对于不同的有效成分，由于其沸点及蒸气压的不同，对应的最佳挥散温度是不同的。例如，右旋炔丙菊酯 0.66% 驱蚊液，最适宜的加热器发热套内表面辐射温度在 120~130℃ 范围内。

3. 加热器结构对药液生物效果的影响

试验一，使用 0.34m³ 玻璃柜法、致乏库蚊 40 只雌蚊，测试右旋炔丙菊酯 0.66% 驱蚊液的生物效果，试验 3 次，取其平均值（表 8-66）。

表 8-66　不同加热器的生物效果

| 加热时间（h） | 加热器编号 | 平均击倒率（%） | | | | | KT_{50}（min） | KT_{50} 的95%可信限（min） |
		2min	4min	8min	16min	20min		
2	A	11	41	77	93	96	5.17	4.53~5.90
	B	13	30	73	95	98	5.25	4.13~6.68
	C	7	25	81	96	99	4.85	4.35~5.46
	D						6.63	6.53~8.72
38	A	2	37	88	98	99	4.23	3.84~4.78
	B	14	35	75	93	97	4.99	3.87~6.23
	C	4	32	68	88	96	5.83	5.09~6.69
	D						6.01	4.61~7.82
86	A	2	38	86	97	99	4.69	4.18~5.26
	B	15	40	78	93	96	4.73	3.68~6.09
	C	8	28	74	94	96	5.26	4.60~6.01
	D						5.65	4.76~6.72
170	A	2	29	93	95	97	5.17	4.08~6.56
	B	15	38	63	90	97	5.12	3.95~6.65
	C	13	33	85	98	100	4.27	3.82~4.78
	D						5.17	4.39~6.08

加热时间（h）	加热器编号	平均击倒率（%）					KT$_{50}$（min）	KT$_{50}$的95%可信限（min）
		2min	4min	8min	16min	20min		
240	A	6	18	65	98	99	4.48	3.98～5.03
	B	8	35	68	93	97	5.43	4.33～6.81
	C	4	29	73	94	96	4.92	4.26～5.68
	D						6.42	5.55～7.42

注：加热器 A 为笔者设计专利产品。

试验二，使用 30m^3（3.9m×3.3m×2.3m）模拟现场法、羽化后 3～5 天未吸血的淡色库蚊雌蚊成虫及某厂配制的驱蚊液，测试 5 种加热器的效果。试验 2 次，取平均值，结果见表 8-67。

表 8-67　使用相同驱蚊液的 5 种加热器药效比较

加热编号	平均击倒率（%）						KT$_{50}$
	10min	20min	30min	40min	50min	60min	
A	10.4	56.9	85.5	92.7	95.8	98.4	18min39s
B	4.2	37.9	67.1	77.8	96.1	100	21min30s
C	2.9	29.6	66.7	89.8	95.9	98.3	23min52s
D	7.1	54.5	82.5	90.3	94.2	100	20min09s
E	1.7	42.2	76.7	83.3	94.0	98.3	22min10s

注：加热器 A 为笔者设计专利产品，加热器 E 为日本住友化学工业株式会社提供的产品。

从表 8-67 中明显可见，所测试的 5 种加热器，在不同时间的平均击倒率方面，A 产品较为理想。同时在试验中观察到，即使未被击倒的成蚊，其对人体的攻击力已减弱，不见其口器刺入皮肤。

六、挥发芯对驱蚊液挥散量的影响

1. 孔隙率的影响

在电热液体蚊香中，挥发芯对驱蚊液挥散量的影响，比加热器温度对驱蚊液挥散量的影响更大。经验证明，在加热器结构及温度，驱蚊液配方及剂量都相同的情况下，因为挥发芯的紧密度、孔隙率等的差异，导致单位时间内的挥散量在很大的范围内变化，一瓶 45ml 的驱蚊液总的挥散时间可能从 300 多小时减少到 100 多小时，差距可说是惊人的。

2. 加热器发热套辐射面积对驱蚊液挥散量的影响

已有实验证明，发热套表面温度为 125℃时，2.4cm^2 的热辐射面积与发热套表面温度为 160℃时，0.94cm^2 的热辐射面积，驱蚊液挥散量几乎相同。这一事实，也说明了辐射面积对驱蚊液的挥散有影响。

3. 挥发芯在加热器上的露出长度对驱蚊液挥散量的影响

露出长度越大，驱蚊液在挥发芯上蒸发的表面积增加，挥散量当然就增大。但它们之间并不一定呈线性关系，因为当挥发芯伸出的长度超出 PTC 发热器件的正常热辐射范围时，挥发芯上端的挥散量与接近发热器件处的挥散量是不同的。

4. 挥发芯重复使用对驱蚊液蒸发挥散量的影响

在其他条件都相同的情况下，驱蚊液的挥散量是不同的。挥发芯重复使用时，挥散量明显下降，第二次使用时，挥散量很快下降到第一次使用后期的挥散量，其结果是总挥散时间延长了，但因为空间有效成分浓度降低了，因而显示生物效果下降。

挥发芯重复使用时挥散量的下降，主要是因为药液中组分吸附在挥发芯上造成阻塞，以及在长期热辐射下挥发芯材质分子的变化导致孔隙率改变所致。这一实验提示，在电热液体蚊香使用中，为保证它良好的生物效果，挥发芯以一次性使用为宜，避免重复使用。

图 8 - 44 中曲线 A 为挥发芯初次使用时的挥散曲线，曲线 B 为挥发芯第二次使用时的挥散曲线。

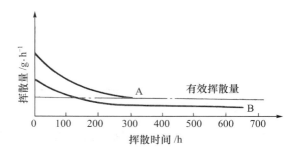

图 8 - 44　挥发芯第一次使用与第二次使用时挥散量与时间的关系

在检测挥散量时，除了测定它单位时间内的液体挥散量外，同时还应该用气相色谱法检测有效成分的挥散量。经验已证明，有的驱蚊液虽然药液挥散量比较均匀，但有效成分的挥散量可能是不均匀的，甚至挥散的只有溶剂，而没有有效成分，这样就直接影响了该液体蚊香的生物效果的稳定性。所以除了测定挥散量以外，检测其中有效成分挥散的均匀性，是保证其效果的充分必要条件。这一点，在分析评定挥发芯时十分重要。

5. 不同有效成分对驱蚊液挥散量的影响

不同的有效成分，由于其沸点及蒸气压的不同，配制成的驱蚊液必然具有不同的挥散特点。分别对 45ml 右旋炔丙菊酯，右旋烯丙菊酯及 Es - 生物烯丙菊酯为有效成分的驱蚊液进行了挥散量的测定（图 8 - 45）。

以右旋炔丙菊酯作为有效成分配制的驱蚊液，其挥散量比较平稳，变化幅度不大，说明它的生物效果稳定，而且可以持续有效使用 300 多小时。而以 Es - 生物烯丙菊酯和右旋烯丙菊酯为有效成分配制的驱蚊液，在前期的挥散量变化大，说明它的效果前期还可以，后期就随着有效成分挥散量的减少而降低。且 Es - 生物烯丙菊酯的持续使用时间比右旋炔丙菊酯短。

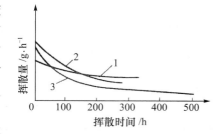

图 8 - 45　不同有效成分对驱蚊液挥散量的影响

在加热器结构及温度、挥发芯均相同的条件下，不同有效成分所产生的生物效果也就不同。

例一，使用 28m³（2.7m × 4.3m × 2.4m）试验房法，淡色库蚊雌性成虫，比较不同有效成分的生物效果。

表 8 - 68　右旋炔丙菊酯与右旋烯丙菊酯的药效比较

有效成分	有效成分（g）	击倒率（%）								KT$_{50}$（min）
		10min	15min	20min	25min	30min	35min	40min	60min	
右旋炔丙菊酯 0.66%	0.30	1	6	35	69	91	99	100	100	21.8
右旋烯丙菊酯 2.6%	1.20	0	2	6	15	31	52	73	93	35.6

注：使用链烷属烃溶剂。

从表 8 - 68 可看出，以右旋炔丙菊酯 0.66% 作为驱蚊液有效成分，较之于右旋烯丙菊酯 2.6% 作为驱蚊液有效成分，其生物效果更加优异。

例二，60m³ 大房现场试验法，淡色库蚊雌性成虫，比较不同有效成分的生物效果。

表 8-69 右旋炔丙菊酯与右旋烯丙菊酯的效果比较

KT$_{50}$ (min)	2h 挥散量（mg）		效力比	
	右旋炔丙菊酯	右旋烯丙菊酯	右旋炔丙菊酯	右旋烯丙菊酯
2.5	1.069	5.951	5.567	1.000
3.0	0.564	3.087	5.473	1.000
3.5	0.328	1.772	5.402	1.000

从表 8-68、表 8-69 可见，在电热液体蚊香中，获得相同的生物效果所需的药物量，右旋炔丙菊酯大大低于右旋烯丙菊酯，而同样剂量下显示的生物效果，右旋炔丙菊酯比右旋烯丙菊酯要高出 4 倍多。

在此要说明的是，表 8-68 所示是用 28m^3 模拟现场试验得出的结果，而表 6-69 为在 60m^3 大房现场试验中得出的结果。当然，后者的结果与实际使用情况更相符合，说明右旋炔丙菊酯作为电热液体蚊香中的有效成分，在实际使用中更能显示出它的优异生物效果。

使用氯氟醚菊酯液体蚊香与四氟甲醚菊酯液体蚊香，以圆筒法及模拟房法比较其生物效果（表 8-70）。

表 8-70 氯氟醚菊酯及四氟甲醚菊酯液体蚊香的生物效果

序号	样品	方式	挥发时间（h）	各时间段 KT$_{50}$		
				初期	中期	末期
1	0.4% 四氟甲醚菊酯	圆筒	240	6min38s	7min13s	7min21s
	1.3% 炔丙菊酯	圆筒	240	21min23s	10min30s	11min50s
	0.4% 氯氟醚菊酯	圆筒	240	9min43s	7min12s	6min23s
	0.6% 氯氟醚菊酯	圆筒	240	6min46s	6min14s	5min05s
	0.9% 氯氟醚菊酯	圆筒	360	5min46s	5min47s	4min50s
	1.2% 氯氟醚菊酯	圆筒	480	6min38s	5min08s	5min03s
	1.8% 氯氟醚菊酯	圆筒	720	5min53s	4min59s	5min08s
2	0.4% 四氟甲醚菊酯	模拟房	240	252min15s	74min57s	86min36s
	0.6% 氯氟醚菊酯	模拟房	240	165min01s	51min48s	49min42s

6. 溶剂对驱蚊液挥散量的影响

电热液体蚊香的溶剂一般使用饱和碳氢化物，因为不饱和碳氢化物有臭味，同时易被氧化。饱和碳氢化物以分子中碳原子数在 12~16 为好。当碳原子数较高时，溶液黏度增大，容易造成芯棒的堵塞，要使它挥散就需要相对较高的温度，而较高的温度又容易造成溶剂氧化，使其中的溶质产生分解或聚合，形成絮状物或沉淀，破坏药剂的有效成分及稳定性，最终使驱蚊液生物效果降低以至失效。反之，当溶剂中的碳原子数相对较低时，药液的挥散量过大，而总挥散效率降低，这也不利于电热液体蚊香的正常有效工作（表 8-71）。

表 8-71 溶剂分子中碳原子数对药剂挥散量的影响

溶剂分子中碳原子数	药剂挥散量（mg/h）	总有效挥散效率（%）
11	2.78	71
12	2.46	80
13	2.21	82
14	2.03	85
15	1.87	83
16	1.75	83

七、电热液体蚊香的使用与维护

1. 操作使用方法

1）除去瓶外的收缩薄膜封胶，旋松瓶盖，垂直向上取出。

有厂家为了防止驱蚊液在运输中的渗漏，在瓶塞的孔下端留有一层 0.05 ~ 0.10mm 的不穿薄膜。将瓶塞塞紧后，再用热缩薄膜封装，防漏效果较好。在使用时，只要将挥发芯插入，把这层薄膜顶穿就可以，也比较方便。

2）将药液瓶装入电热液体蚊香加热器中。

对采用螺纹旋入式的，直接将药液的螺口旋上就行，注意应将瓶旋紧。

对有瓶座或瓶托的加热器，则应先将药液瓶放入瓶托内，并轻轻压紧固定，然后再将瓶托装到加热器座内。

装好驱蚊液后，应仔细检查，使药液瓶中挥发芯处于加热器中间发热套的正中央位置。若有偏歪或一侧靠在发热套内壁上，应用小钳子拨正。

挥发芯应位于加热器发热套的正中央，这一点对于驱蚊药液的正常稳定挥散十分重要。而当挥发芯一侧靠在发热套内壁或几乎靠着发热套内壁时，会使挥发芯的温度过高，在端部出现炭化现象，不利于驱蚊药液的挥散。

3）开关置于关闭位置（OFF），将电源线插头插入电源插座。不带电源线的电热液体蚊香则直接插入插座中。

4）使用时将开关拨至开启位置（ON）。

5）接通电源，指示灯发光，加热器开始工作，5 ~ 10min 后药物开始挥散。

6）使用完毕，关闭开关，切断电源。

7）于 15 ~ 30m³ 的室内使用，能取得较好的驱蚊效果。以每天使用 8 ~ 10h，一瓶 45ml 驱蚊药液总共可使用 250 ~ 300h（25 ~ 30d）。其中不需将药液瓶从加热器中取出。

8）使用前应仔细阅读使用说明书。

2. 安全使用须知

1）驱蚊液中含有杀虫剂，避免直接触摸到药液。如触及，应及时用肥皂水洗净。

2）打开门窗使用时应置放在上风处，有利于加热器中挥散出的药物向整个室内空间扩散，达到较好的驱蚊效果。关闭门窗使用时应适时换气，以减少人的吸入。

3）不要将电热液体蚊香置放在阴暗角落或窗帘下使用，这会使驱蚊效果降低。

4）通电时切忌用手触摸加热器的金属件及发热部件，不要将手指伸入散热罩出风口，以免烫伤。

5）通电工作时，应放在远离火种及热源处，也不要靠近对热敏感的物品、纸及布料衣服。

6）在放置及使用中不可接触到水，以免元件受潮降低电气绝缘强度，产生电击穿或短路。

7）应避免让金属针、金属丝等物件落入加热器内，防止产生故障。

8）使用的电源为 220V 交流电，不能使用其他电源。

9）每次使用完毕，应及时关闭开关或拔去电源插头，切断电源。

10）带电源线卷绕装置的，在通电使用中不可拉出或卷绕电源线。在使用中不可折叠、吊挂或用钉子固定电源线。

11）在使用中应保持驱蚊液挥发芯向上，不可将电热器倾斜、翻倒、倒置或吊挂使用。

12）不要擅自拆卸，修理加热器。

13）按说明书规定，使用与加热器配套的驱蚊液，这样才能保证得到较好的驱蚊效果。

3. 维护保养

1）每次使用完毕，应待冷却后收藏好。

2）在使用及存放中，应避免剧烈冲击及跌落碰撞，避免影响或损坏内部器件。

3）长期存放前，用布或纸轻轻擦净表面灰尘及污斑，切不可用水、洗涤剂、清洁剂及汽油等擦洗，防止引起内部短路及零部件损坏。

4）存放地点应干燥、通风、远离热源，避免阳光直射。

4. 常见故障、产生原因及排除方法（表 8 - 72）

表 8 - 72　电热液体蚊香的常见故障、产生原因及排除方法

常见故障	可能产生的原因	排除方法
合上开关，指示灯亮，加热器不发热	PTCR 元件线路断开	接通线路
合上开关，加热器发热，但指示灯不亮	指示灯丝断或指示灯线路脱开	调换指示灯，接好线路
指示灯不亮，加热器也不发热	熔断丝断，PTCR 元件击穿	调换熔断器，调换 PTCR 元件
合上开关，指示灯亮，加热器发热，但无药液蒸发	挥发芯阻塞，药液吸不上来	调换挥发芯
合上开关，指示灯亮，加热器发热，手摸在散热罩上不烫，药液蒸发很少	加热器温度偏低	调换加热器

第七节　蚊香、电热蚊香之间的关系及发展趋势

一、蚊香、电热片蚊香与电热液体蚊香的发展演变（表 8 - 73）

表 8 - 73　蚊香、电热片蚊香与电热液体蚊香的发展演变

蚊香种类	上市时间	使用时间（h）	有效成分	备注
熏蒸驱蚊	公元前 700 多年		用橘皮、艾蒿，无杀虫活性成分	
线香	1880 年	1	天然除虫菊类	
盘式蚊香	1900 年	6 ~ 8	拟除虫菊酯（右旋烯丙菊酯、呋喃菊酯等）	每晚 12 ~ 13g
电热片蚊香	1963 年	8 ~ 10	拟除虫菊酯（右旋烯丙菊酯、DK - 5 液、右旋炔丙菊酯等）	每晚 100mg（驱蚊成分量）
电热液体蚊香	1966 年	240 ~ 720	拟除虫菊酯（右旋烯丙菊酯、右旋炔丙菊酯、呋喃菊酯等）、氯氟醚菊酯	每晚约 1.0g（驱蚊液量）

二、蚊香、电热片蚊香与电热液体蚊香的比较（表 8 - 74）

表 8 - 74　蚊香、电热片蚊香与电热液体蚊香的比较

项目	盘式蚊香	电热片蚊香	电热液体蚊香
功能	驱赶蚊虫	驱赶、击倒蚊子	驱赶、击倒蚊虫
方便程度	不方便	天天换片不方便	使用方便，可连续使用约 30 天，中间不需加换药
安全性	有明火	无明火	无明火，使用安全
烟气	烟气大呛人，且烟雾中的苯并芘有致癌风险	无烟气	无烟气
利用率	可用完	每片中有 10% ~ 15% 有效成分挥散不尽浪费掉	可以全部用完，无浪费
耗电量	0	1 度/月	1 度/月

三、蚊香、电热片蚊香与电热液体蚊香的挥散量比较

对蚊香和电热蚊香来说，为了防治室内蚊虫，需要不断挥散出有效成分并在空间保持一定的浓度。这是评价蚊香及电热蚊香有效性的重要方面。

电热液体蚊香由于其加热器结构与驱蚊液的良好配合，所以它的有效成分挥散曲线变化甚少，保持在稳定水平。图 8-46 为每天使用 12h，在使用第 10 天、20 天及 30 天中分别测得的有效成分挥散量曲线。为了保证在晚间十多个小时中具有良好的驱蚊效果，每小时的有效成分挥散量应保持在 3mg 左右。从电热液体蚊香的挥散情况来看，确能较好地达到这一要求。在使用第 10 天，第 20 天及第 30 天中连续测定几个小时所得的挥散量曲线基本呈水平直线，变化幅度不大。这意味着可以得到较好而且持续稳定的生物效果。

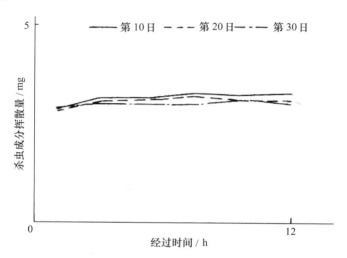

图 8-46　电热液体蚊香的有效成分挥散量曲线

盘式蚊香随着燃烧点的移动，在其之前 6~8mm 有效成分挥散处，其温度基本上也能得到自动控制，在蚊香的整个点燃使用过程中能保持稳定的药物挥散量。挥散量曲线在有效点燃时间中显示为一水平线，也就能较好的防治蚊虫的叮咬骚扰。但它的点燃使用时间有限，一般不敷一个晚上的使用。

电热片蚊香的情形就不同了，它在使用前期 2~4h 内有效成分挥散量尚可，但随后就下降了，其有效成分挥散量曲线就不是一条水平直线，意味着它的生物效果下降。

蚊香、电热片蚊香与电热液体蚊香的有效成分挥散量示意曲线比较如图 8-47 所示。三者之间药物有效成分挥散量的不同从图中一目了然。从电热液体蚊香的有效成分挥散量曲线图形上可以看出，它单位时间内的挥散量十分稳定，当只需要短时间使用时，只要简单方便地打开开关，就能使它发挥有效的作用。

蚊虫的活动规律及时间依蚊种而异，一般蚊虫在室内叮咬吸血以日落后数小时及天明前的数小时两个高峰最活跃。图 8-47（a）就示意了蚊虫从晚上 6 时至第二天晨 6 时之间整个夜晚蚊虫的叮咬活动规律，对照图 8-47（b），就不难得出以下结论。

盘式蚊香在点燃时间内有效成分挥散量是均匀的，但因时间短，在第二个蚊虫叮咬高峰时就失去了效力。

电热片蚊香在第一个蚊虫叮咬高峰中有效，对第二个蚊虫叮咬高峰的效力较低。使用者反映后半夜效果差，就是例证。

电热液体蚊香对两个蚊虫叮咬高峰都有良好的防治效果，从图上一目了然。

所以，将电热液体蚊香称之为当前最先进，防治蚊虫效果最理想的驱蚊器具，是不无道理的。这既来源于理论依据，又已经被大量的使用实践证实。

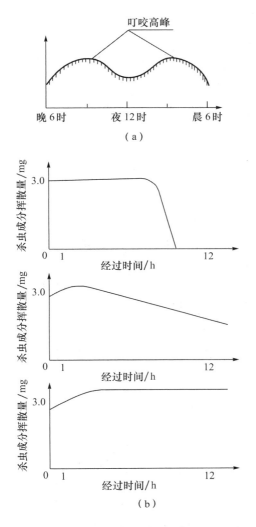

图 8 - 47　三种蚊香对防治蚊虫叮咬的关系
（a）晚间蚊虫叮咬规律；（b）蚊香、电热片蚊香及
电热液体蚊香的有效成分挥散量比较示意图

四、蚊香、电热蚊香效力的比较评定

一般来说，杀虫药剂的毒性越高，对卫生害虫的杀灭效果可能较快或较强，但相应对人的毒性及环境的污染或残留危害也较大。药物急性中毒容易被发觉，而慢性中毒往往被使用者忽视或认识不足。所以，研究设计卫生杀虫制剂配方或生产配制药剂时，一方面不应选用毒性相对较高的原药作为杀虫有效成分，另一方面也要控制有效成分的含量，切忌片面追求瞬时药效而不适当地加大剂量。特别是不应只将 KT_{50} 值作为唯一依据来衡量。事实上，只要所用的剂量能足以对卫生害虫产生生物效果，击倒快慢略有出入并不是最为重要的。许多实验已证明，当卫生害虫一旦受到已能使它最终被驱赶（或致死）的剂量后，受药至死亡前的一段时间中，已处于麻痹抑制状态，对人几乎失去了危害能力。一味加大剂量，不但增加了药物对环境的毒性危害，收效不一定更好，还可能导致成本增加，害虫的抗药性提高。所以，应该从"安全，高效，经济"三个方面来综合考虑。

蚊香及电热蚊香作为一种专用于人群直接居住的室内用卫生杀虫剂的特殊剂型，当然更应将安全放在首要位置。

对蚊香及电热蚊香，还有使用时间问题。以蚊香为例，一般来说要求一盘蚊香可以点燃 7～8h

（一个夜晚）。它们的有效成分浓度、挥散率、相对药效与点燃时间之间存在着一定的关系（表8－75）。

表8－75　不同有效成分浓度下蚊香的点燃时间与效力比较

有效成分（%）	67.3%挥散率相对效力比		低挥散率相对效力比
	5.5h	7h	7h
0.2	0.97	0.87	0.70
0.3	1.09	1.00	0.91
0.5	1.29	1.24	1.08

从表8－75可见，将0.3%有效成分质量分数，挥散率为67.3%的蚊香，点燃7h后，其击倒效力设为1，作为相对效力比，当它只点燃5.5h时，其相对效力比为1.09，似显示了较好的效果。但是它的点燃时间不够，在实际使用中也不方便，不能达到对蚊虫晚间对人叮咬活动规律的控制，也就不能说这蚊香比较好。实际上，蚊香大多使用在门窗开启条件下，对蚊虫主要起到驱赶及忌避作用，只要达到尚不致死浓度就可以了，非要达到100%的死亡率，必然要增加有效成分在空气中的浓度，这不是蚊香类剂型的功能定位，而且对人的健康是十分有害的。

另一种蚊香包含的有效成分的质量分数相同（如0.3%），但其挥散率低，也能达到7～8h的点燃使用时间。虽然它的相对效力比只有0.91，但是它能够对蚊虫起到驱赶及忌避作用，这就达到了目的。

对蚊香品质的评价应综合考虑有效成分的品种和含量、效力、点燃时间及安全性等诸方面的因素，不能光凭蚊香的效力试验情况就给予评定。例如，有的蚊香中除虫菊酯有效成分的含量不高，点燃时间也很短，但这样在单位时间内挥散出的有效成分量就显得很高了，看上去效力很好，但不能因此将这种蚊香定为优质产品。

对盘式蚊香的评价比较原则，也适用于电热片蚊香及电热液体蚊香。其中电热片蚊香的使用情形及每片点燃时间与盘式蚊香相近，对于电热液体蚊香，就要有另外方面的考虑，如使用成本、效力及使用时间等因素。例如，有甲、乙两种电热液体蚊香，它们的相对效力一样，其中甲种驱蚊液零售价每瓶为5.6元，20天就用完，而乙种驱蚊液零售价为每瓶6.6元，但可以使用30天。乍看起来，乙种驱蚊液比甲种驱蚊液每瓶多1元，将近提高18%，价格贵了，但甲种的日使用成本为5.6÷20＝0.28元，而乙种的日使用成本只有6.6÷20＝0.22元，显然使用乙种比甲种便宜。因此，也不能简单地只从零售价格来比较，消费者应从成本、效力及时间上综合考虑其经济性，做出选择。

五、电热液体蚊香的发展趋势

电热液体蚊香尽管从第一个产品问世，已有近50年的历史，但在各方面仍不能称得上十分完善。纵观目前的电热液体蚊香市场现状，及近年来的发展动向，可以预测到电热液体蚊香会在以下几个方面进一步得到发展。

（1）向扩大功能，广谱性方面发展

除了主要用于防治蚊虫外，在日本市场上也有利用电热液体蚊香的原理，来防治苍蝇的产品。其关键主要在所挥散的杀虫有效成分。苍蝇与蚊虫一样是人们讨厌的主要卫生害虫之一，利用电热蚊香的原理和方法来驱杀苍蝇，无疑扩大了电热液体蚊香的使用功能范围，使它具有广谱效果。

此外，笔者认为利用电热液体蚊香驱赶蚊虫的原理和方法，将从杀虫领域扩大到消毒范畴，利用它来进行空气消毒，对防止流感及上呼吸道感染，以及杀灭空气中的病菌，防止疾病传播，将会起到积极的作用。这是一种新设想，无疑也具有较大的潜在市场。如果说用于驱蚊以夏天及南方地区为主要市场的话，那么用它来消毒清新空气，则可以冬天及北方地区为主要市场，因为北方冬天门窗密闭，可以用它改善室内浑浊的空气，杀灭空间的各种病菌，保证人体的健康。当然也适用于空调室内。

（2）从使用更方便出发，延长电热液体蚊香的作用时间

电热液体蚊香在问世之初，一瓶驱蚊药液只能连续使用8天。后来随着各种相关技术难题的突破，特别是驱蚊药液配方及制剂工艺的改善，加之与其匹配的挥发芯棒逐渐成熟，在20世纪80年代大量商品化投放市场时，一瓶45ml驱蚊药液已可延长到300多小时（30天）的使用期。这较之电热片蚊香每片只能用一个晚上，需天天换片的不便来说，已经是大大进步了。

尽管如此，已有研究者开发了一瓶45ml药液连续使用600多个小时（60天）的新产品。1992年，日本市场上已有日本象球公司生产的60天电热液体蚊香。驱蚊液中使用的杀虫有效成分是日本住友化学的右旋炔丙菊酯。

之所以选用右旋炔丙菊酯作为杀虫有效成分，因为右旋炔丙菊酯的杀虫活性是当前可用于蚊香产品中的各种拟除虫菊酯中最高的，只要很少的剂量就能取得良好的驱蚊效果。对于电热液体蚊香用的驱蚊液而言，有效成分的质量分数越低越合适，这样不会带来诸如使挥发芯阻塞之类的问题。从这一点出发，象球公司选择右旋炔丙菊酯，应该说是明智的。

（3）增加产品档次，满足不同层次消费需要，进一步采用电子技术

电热类蚊香采用PTCR元件作为发热器件的主体，但是PTCR元件价格上不甚便宜。近年有人致力于电热膜加热器的研究，这对于降低成本，向广大农村推广具有一定的吸引力。

在日本，地球公司在1991年已推出了采用电子定时开关的电热液体蚊香。使用者只要用手触动一次开关按钮，电热液体蚊香就能连续加热12小时后自动停止。若要使用12小时以上，只要连续触动开关按钮两次就可以，若要使用24小时以上，可连续触动开关按钮三次。这样自动定时，到时间自动切断电源，在使用中不但方便，而且安全、经济，使用者在开启后不必担心忘记关闭电源了。

（4）为了适应野外及其他无电源场合的使用，开发不用交流电的电热液体蚊香

使用以干电池或蓄电池等直流电源为能源的加热器应用于电热蚊香：这种蚊香十分适合于野外作业及汽车上使用，其技术关键是选择合适的PTCR元件。

使用固体燃料或其他燃料加热的蚊香：在这类蚊香上，发热器件不采用PTCR元件。

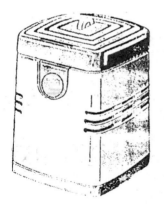

在日本市场上，1991年曾推出了一种以白金作为触媒，利用氧化反应发热的新型加热器。它用的燃料为甲醇和乙醇，引燃一次可以连续发热8～10h，金属导热板的温度能达到160℃左右，满足有效成分的挥散要求。

为了提高白金触媒的功能，将白金附着的陶瓷部分制成1cm见方蜂巢状结构，发热板为铝制。热源不会发出火光，长期使用，也不会产生有害物质。其外形如图8-48所示。

（5）向水基方向发展

近年来电热蚊香液产品的驱蚊药液量越来越小，而使用时间则越来越长。这样做的目的除了可降低成本外，另外一个重要的原因就是可以减少有机溶剂的排放。用水作为溶剂，就能更好地解决成本和有机溶剂排放问题。以下为用水替代烃类溶剂的初步探索与研究。

图8-48　不用电源的加热器

1）配方研究。

配方组成见表8-76。

表8-76　水基电热蚊香液配方表

组分名称	质量分数	组分名称	质量分数
有效成分	0.3%～1.5%	香精（可选）	0.1%～0.3%
乙醇	10%～20%	溶剂	5%～20%
柠檬酸	1%～10%	水	余量

注：该配方的关键除了起增溶作用的溶剂外，柠檬酸也是一个重要的组分，即配方中需加入至少含有两个羧基且25℃下在水中的溶解度大于等于质量分数1%的化合物，柠檬酸在此的另外一个作用是挥散调节剂。

第一步，先将有效成分、香精溶解在溶剂中，定为 A 相；

第二步，柠檬酸、水、乙醇溶解均匀，定为 B 相；

第三步，在搅拌的条件下，把 B 相加入到 A 相中，搅拌均匀即可。

2）生物效果测试。

按上述配方比例，以 1.3% 的四氟苯菊酯作为有效成分配制了水基型电热蚊香液，与同等有效成分含量的油基型电热蚊香液进行了圆筒法的生物效果对比测试。

表 8-77　水基与油基电热蚊香液生物效果对比

水基配方		油基配方	
时间段	KT_{50}（min）	时间段	KT_{50}（min）
2h	3.76	2h	1.89
60h	3.35	60h	1.75
120h	3.37	120h	1.86
180h	3.85	180h	1.85
240h	3.69	240h	1.93

从表 8-77 的测试结果对比可以看出，水基型电热蚊香液的 KT_{50} 效果可达国标 A 级水平，但相比油基型电热蚊香液，还是有一定的差距。

3）产品特点。

环保安全：由于使用的主要溶剂水和乙醇均是对环境友好的，相比油基电热蚊香液产品，可减少有机溶剂的排放，从而减少对环境的污染，减弱对人体呼吸系统的刺激。而且，配方中水的含量比例较大，产品不可燃，提高了产品在生产、运输和使用过程中的安全性。

节约减排：节省成本，在有效成分及净含量相同的情况下，本配方比使用碳十四溶剂的产品节省原料成本约 18%；减少排放，使用水作为电热蚊香液的溶剂，每年至少可减少数千吨的溶剂排放到大气中。

4）不足之处。

驱蚊效果不如油基型：电热蚊香液以熏蒸的作用方式驱赶蚊虫，药剂作用于蚊虫神经系统，药剂浓度低时蚊虫被驱赶出去，药剂浓度高时蚊虫则会被击倒甚至致死。杀虫药剂能否到达蚊虫的神经系统取决于药剂是否能通过蚊虫上表皮进入表皮层，上表皮主要由蜡质层组成，油类溶剂能较好地穿透蜡质层并携带有效成分进入表皮层。本配方中的溶剂乙醇及水，对蚊虫蜡质层的溶解穿透能力都较差，且蒸气挥发较快，能顺利进入蚊虫表皮层的药剂较少，因而驱蚊效果不如油基型电热蚊香液产品。考虑加入渗透剂、增效剂等来弥补。

持效期较短：由于水和乙醇挥发速率比较快，因而产品的持效期比较短。比市场上主流产品的使用时间短，增加了使用成本。

5）水基型电热蚊香液需解决的问题。

蒸气压问题：电热蚊香液产品主要通过对芯棒热辐射加热，使有效成分挥发到空间，当空间的有效成分达到一定浓度时，就起到了驱赶蚊虫的作用。因此，有效成分必须有一个合适的蒸气压。目前，电热蚊香液常用的拟除虫菊酯类杀虫剂蒸气压如表 8-78。

表 8-78　常用杀虫有效成分的蒸气压

拟除虫菊酯名称	蒸气压	拟除虫菊酯名称	蒸气压
炔丙菊酯	1.3×10^{-5}Pa（23.1℃）	四氟甲醚菊酯	0.91×10^{-3}Pa（25℃）
四氟苯菊酯	1.1×10^{-3}Pa（20℃）	氯氟醚菊酯	686.2Pa（200℃）

本配方中的主要溶剂水和乙醇都较易挥发，因此优先选用四氟苯菊酯和四氟甲醚菊酯作为有效成分。

溶剂的蒸气压应该大一些，有利于在较低的温度下蒸发。20℃时水的蒸气压为2.3kPa，而乙醇为5.95 kPa。

药物溶解与降解问题：拟除虫菊酯类杀虫剂均是不溶于水的。因此，必须加入一种既有亲水性又有亲油性的表面活性剂或增溶剂，使拟除虫菊酯有效成分可以很好地溶解在含水的体系内，形成一均相体系。

为了验证配方的稳定性，将产品热贮一个月，它的降解率为6.93%，相对较高，但仍符合国家要求。

挥发芯棒问题：因体系中含水，试用了一种特制的纤维棉芯棒，适合水性配方的渗透，效果较好。

同步挥发问题：为了使溶剂和有效成分可以同步挥发，溶剂的蒸气压最好与有效成分或配方中其他组分的蒸气压一致。由于采用特殊芯棒，使得药液不会造成堵塞，同时也保证了有效成分的同步挥发。

加热器问题：加热器的影响甚大，不但需要合理的结构设计，还需要合适的加热温度。温度太高，效果虽好，但持效期短，增加了使用成本；温度太低，虽能保证达到较为理想的持效期，但是单位时间内挥发到空间的有效成分浓度过低，将减弱驱赶蚊虫的作用。电热蚊香液所用的溶剂的性质和有效成分的蒸气压大小决定了加热器温度的高低。本配方中的主要溶剂水和乙醇都是蒸气压较高的溶剂，加热器的温度不宜过高，试用的加热器温度在80～105℃。

结论：从环保与健康的角度考虑，水基电热蚊香液产品是值得深入研究开发的，商品化应该是可行的。

第八节　其他电热蚊香

一、电热膜浆蚊香

德国拜耳公司开发了一种新型的电热蚊香——电热膜浆蚊香。

这种电热膜浆蚊香由电子恒温加热器与覆盖薄膜蚊香浆液铝器构成。蚊香浆的有效成分为转氟氰菊酯（transfluthrin），质量分数37.5%。

蚊香浆的量有0.25g、1.10g及1.60g三种，根据其浆量分别可以使用70h，240h及360h，试验证明这种电热膜浆蚊香的使用时间随蚊香浆料量的增加而延长。

广东省卫生防疫站林立丰等以致乏库蚊为试虫，对电热膜浆蚊香的生物效果作了测定。结果如表8-79至表8-82所示。

表8-79　"拜高"电热膜浆蚊香（0.25g）的生物效果

加热时间（h）	试虫数（只）	KT_{50}（min）	95%可信限（min）
1	40	8.50	8.09～8.92
8	40	8.25	7.81～8.71
32	40	5.58	5.27～5.92
48	40	5.94	5.62～6.27
56	40	6.17	5.82～6.53
70	40	8.14	7.72～5.85
均值KT_{50}=7.10min		标准差=1.78	

表 8 – 80   "拜高"电热膜浆蚊香（1.10g）的生物效果

加热时间（h）	试虫数（只）	KT_{50}（min）	95%可信限（min）
2	40	5.51	5.23 ~ 5.80
36	40	5.54	5.21 ~ 5.89
84	40	8.34	7.89 ~ 8.81
168	40	7.11	6.70 ~ 7.56
240	40	8.48	8.04 ~ 8.95
均值 KT_{50} = 7.00min		标准差 = 1.45	

表 8 – 81   "拜高"电热膜浆蚊香（1.60g）的生物效果

加热时间（h）	试虫数（只）	KT_{50}（min）	95%可信限（min）
2	40	5.71	5.34 ~ 6.11
36	40	6.80	6.44 ~ 7.19
84	40	4.88	4.62 ~ 5.16
168	40	8.11	7.70 ~ 8.54
240	40	7.21	6.82 ~ 7.63
360	40	7.42	7.13 ~ 7.71
均值 KT_{50} = 6.69min		标准差 = 1.19	

上述结果显示，不管其使用时间多长，期间显示的生物效果是比较稳定的。如表 8 – 82 所示。

表 8 – 82   3 种电热膜浆蚊香药效比较

样品	蚊香浆重量（g）	有效使用时间（h）	平均 KT_{50}（min）
1	0.25	70	7.10
2	1.10	240	7.00
3	1.60	360	6.69

这种电热膜浆蚊香的优点介于电热片蚊香与电热液体蚊香之间。它比电热片蚊香使用时间长（与电热液体蚊香相似，一瓶蚊香浆最长可使用360h），不需要天天换片，较之电热液体蚊香又具有药剂不会渗漏出容器的优点，也弥补了电热固液蚊香受热熔融后药剂流出器皿的缺点。

由于蚊香浆被一薄膜封盖在铝制容器中，不易被误食或被手触及，所以使用方便安全。

蚊香浆有效成分转氟氰菊酯对大白鼠的经口 LD_{50} > 2000mg/kg，经皮 LD_{50} > 5000mg/kg，进一步证实了它的安全性。

二、电热固液蚊香

电热固液蚊香是一种在 20 世纪 90 年代由我国研制出的新型电加热蚊香，由驱蚊药盒和电子恒温加热器组成。它是将驱蚊药剂制成低熔点的固体盛装在金属盒内，使用时将此驱蚊药盒放在电加热器上，与电热片蚊香的工作方式相似。在常温下驱蚊药剂为固态，当电加热器达到一定温度时，固态药剂迅速熔化为液态并开始蒸发，持续向空间扩散，发挥驱蚊作用。

驱蚊药剂有效成分为 E_s – 生物菊酯，加入固控剂后装入直径为 2cm 的小铝盒中。一盒驱蚊药剂可连续使用56h，以每天使用8h计算，可作用 7 天。

电子恒温加热器的结构及工作原理与电热片蚊香及电热液体蚊香用加热器基本相似，加热元件 PTC 的居里点温度范围 140 ~ 180℃。加热器表面温度（105 ± 5）℃。固液蚊香可使用专用加热器，也可使用电热片蚊香加热器。

电热固液蚊香的生物效果，与其他电热蚊香一样，首先取决于所用的药物有效成分。其次，由于药物有效成分受到加热器的温度等特性参数的影响，也会反映在其最终效果上。以现有电热固液蚊香所用的药物有效成分 E_s－生物菊酯为例，实验室测试提示它对埃及伊蚊和三带喙库蚊的效果要较淡色库蚊的好。测定结果显示 KT_{50} 值差别不是太大（见表 8－83）。同时对保护人不被蚊虫叮咬具有较好的效果，如对处在蚊虫密度为 8~30 只/室的卧室及工棚中人群进行的叮咬调查中，106 人中仅有 9 人被叮咬，保护率达 91.5%。

表 8－83　电热固液蚊香对蚊虫的生物效果

蚊种	KT_{50}（min）	
	0.34m³ 方箱法	密闭圆筒法
淡色库蚊	5.9~6.7	1.6~2.0
白蚊伊蚊	3.2	
埃及伊蚊	2.0	
大劣按蚊	2.8	
三带喙库蚊	2.4	
致倦库蚊	5.0	

电热固液蚊香与盘式蚊香相比，也具有无明火、无灰等优点。它比电热片蚊香的优点是连续使用时间长，一小盒可使用 7 天，但比起电热液体蚊香来，显然还存在不足。它的药物挥散量及对蚊虫的生物效果也比较稳定。所用的加热器结构设计较电热片蚊香与电热液体蚊香简单，因为它是敞开式的，当驱蚊药剂在受热后熔为液体，自然挥发，犹如在电炉上加热液体任其挥发一样。此外因为在常温下是固体，不会有药物泄漏。但现有驱蚊药盒中的驱蚊剂的熔化温度偏低，在遇到高温时（>60℃）就会熔化成液体，如存放不当，就会使液状药剂流出药盒外。但只要在药剂固化控制方面作些调整，这些问题还是可以解决的。

三、电热带式蚊香

（一）结构与工作原理

1. 结构

电热带式蚊香结合了各种蚊香的特点，并借助于录音带的工作原理设计而成。它由驱蚊药剂带盒及电加热器两部分构成。

（1）驱蚊药剂带

制作时，先将驱蚊有效成分以浸涂或辊涂的方式均匀地涂抹在特殊的纸质或棉纤维带上，并随即稍作烘干，保持一定的湿度，以药剂不会滴落或流出为原则，可以仿照打字机色带的制法。最后卷绕在盘式盒中，构成驱蚊药剂纸带盒。

这种纸质或纤维带的选择很关键，既要能很好吸收和保存杀虫有效成分，又要能耐 200℃ 左右的温度而不会被烤焦，当然更不允许发生燃烧。同样纸带盒也要能耐高温，不会产生熔化或变形，要能耐杀虫剂腐蚀，不会发生反应或变化，不会将纸带中的有效成分吸收而使纸带的药效降低或有效使用时间缩短。

（2）电加热器

这种电加热器的恒温加热原理与其他电热蚊香用加热器一样，因为也使用了 PTC 发热元件。但它的 PTC 元件的形状不是圆片状或环形，而是制成细圆柱状，外面套以金属套。一是可以防止药剂影响 PTC 元件表面性能，二是可以增加对驱蚊带的加热面积。

电加热器与其他电子恒温加热器相区别的一个显著特点是多了一个使驱蚊药剂带传动运动的微型电机。微型电机的转速相当缓慢，一般可以采用同步电机或步进电机。

在需要驱蚊带像录音带一样作往复传动运动时，所使用的电机应具有逆向运转的功能，其反向的周期可根据要求设定。

电子恒温加热器也应该符合Ⅱ类家用电器的有关技术参数及安全要求。

2. 工作原理

这种电热带式蚊香的工作原理与录音机相似，棒状PTC元件犹如录音机上的磁头。但后者在工作时与磁带接触，而前者与驱蚊药带可以设计成接触，也可以不接触，这主要取决于加热元件温度的设定及驱蚊药带的工作方式。

接通电源后，在PTC元件发热的同时，电机也开始运转，带动驱蚊药带缓慢通过棒状PTC元件，药带上的药剂受热后向空间挥散驱杀蚊虫。

在此顺便一提的是，若将这类电热带式蚊香扩大为一种新的剂型"电热带式驱杀器"，用于对其他卫生害虫的驱杀，也是完全可能的。

（二）技术参数

1）有效成分及含量：富右旋烯丙菊酯（90%），2g/每盒带；

2）可连续使用时间：≥300h；

3）耗电：8W；

4）生物效果：KT_{50}值2.08min（可信限1.45~3.15min）；KT_{95}值9.92min。

（三）特点

1）具有电热蚊香的某些优点，如无明火，无灰，挥散量稳定，可连续使用一段较长时间等。

2）可节省药剂的载体及辅料。

3）电加热器的结构比较复杂，一次投入较高。

4）药剂与加热器之间的匹配关系，除加热温度与受热面积外，还多了一个受热挥散时间因素，所以调整控制相对较繁复。

第九节　化学热蚊香与燃热式蚊香

一、概述

利用某些金属或金属化合物与空气中的氧和水反应产生的热，使有效成分挥发，来驱避和杀灭蚊虫。此法生热温度（低于100℃）比电热温度（100~150℃）低，使用安全、灵活，对缺电的室内驱除蚊虫非常适用，尤其适用于野外、战地作业及旅游时驱除蚊虫。

化学热蚊香的药物基本与电热蚊香用药片相同，主要是提供热源的方式不同。能与水、氧气反应的化合物较多，现举出如下几种。

1）加水发热物，如CaO，$CaCl_2$，$MgCl_2$，$AlCl_3$，$FeCl_3$，$Fe_2(SO_4)_3$等。

2）与水和氧气反应的混合物，金属与氧化剂或离子化倾向小的金属氧化物或氯化物混合，如$Fe + H_2SO_4$，$Fe + NH_4ClO_3$，$Fe + K_2SO_4$，$Fe + KHSO_4$，$Al + KNO_3$或$Al + NaNO_3$等混合物。

3）Na_2S加碳化铁的氧化反应生热。

二、化学热蚊香的形式

（一）袖珍蚊香袋

铁粉（80~100目）：30g；

H_2SO_4：15g；

活性炭：15g。

先将氧化催化剂H_2SO_4（6%）吸附在活性炭或木屑、轻石等吸附剂上，与药物放在一起，密封，使用时与铁粉混合。当与空气接触后产生氧化热，温度可达150℃以上。发热温度与铁粉纯度、粒度、接触程度、用量及外界温度、包装袋透气性等因素有关。可根据使用药剂的要求及有关影响因素来确定成分配比，包装材料的种类、形式和大小，以调整到需要的温度。如图8-49所示，外袋由聚乙烯—铝箔复合膜制成，内袋由透气的高密度聚乙烯制成，备用时真空封装。使用前铁粉与催化剂隔离且与空气隔绝。使用时打开封口，空气进入，铁粉与催化剂混合，生成的热量将药粒中有效成分驱赶出来，发挥生物效果，可维持12h。适用的有效成分包括拟除虫菊酯、敌敌畏、杀螟松等，可先制成粒、片、块状，与催化剂吸附体放在一起。其中以拟除虫菊酯类效果最佳。

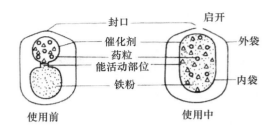

图8-49 袖珍蚊香袋示意

（二）蚊香贴膏

这是一种可以贴放在衣物、器具上的驱避剂蚊香，称之为蚊香贴膏。它的结构示意如图8-50。

这种贴膏的发热剂组成如下。

铁粉：20%～60%；

活性炭：2%～15%；

NaCl：1%～7%；

水：15%～30%。

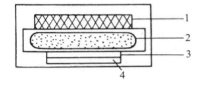

图8-50 蚊香贴膏示意
1—载药层（0.05～0.5cm厚）；2—发热剂袋层；3—黏结层；4—保护层

发热剂包装袋只有黏结层处有透气性，不使用时用不透气的保护膜严密封贴，使用时把保护层撕开，将黏结层贴在衣物、器具上，于是空气从此进入而发热，使上层药物挥发而起作用。其有效成分是由苯胺基硫代甲酸甲酯及同系物与驱蚊胺以1:(3～30)的比例混合组成。

（三）隔离层式化学热蚊香器

将发热剂先分层存放，使它们不会反应发热。使用时戳破隔离层，发热剂发生化学反应后可使温度升高至196℃，然后对上层的药物进行加热使其挥发，如图8-51所示的药剂中含有敌敌畏，加热后可以使82.6%的敌敌畏汽化。

（四）化学发热筒

用CaO做发热剂，如图8-52所示。使用时将它放入水中，化学反应生热，可达300℃，持续较长一段时间后才降温。

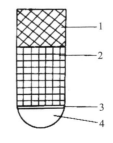

图8-51 隔离层化学热蚊香器
1—药物层（敌敌畏2g，硝化纤维1g，羧甲基纤维素2g）；2—发热剂（对甲苯2g，偶氮草酰胺1g，二亚硝基戊烃甲基丁胺2g，尿素10.5g）；3—隔离层；4—H₂SO₄（50%）5ml

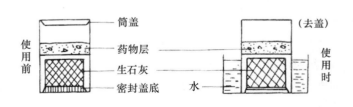

图8-52 CaO发热筒示意图

第九章

杀虫气雾剂

第一节　概述

一、气雾剂的诞生

1922 年，挪威学者爱立克·A. 罗逊在其家乡奥斯陆发明了二甲醚、碳氢化合物等相对压力较低的抛射剂，成功地应用这些液化气来喷射容器中的物质，并申请了专利。因此，罗逊被誉为"气雾剂之父"。

第一个气雾剂产品的诞生及以后获商品化认可，为以后许多不同种类的化工产品及医药产品提供了一种崭新的剂型。

气雾剂产品主要为液体类产品，也有极少数粉末型产品。由于它独有许多优点，很多种产品都可以配制成气雾剂剂型，但不是所有的产品都可以制成气雾剂剂型。气雾剂属于喷雾剂中的一种，不同的是气雾剂产品中加入了抛射剂，作为喷出动力，是一种具有内压的产品，而喷雾剂只是一种液体剂型，在使用时需要给予雾化动力后才能成雾。

气雾剂产品的喷出物除雾状外，还有束状、泡沫状、凝胶状及粉状，已远超出喷雾剂的范围。

气雾剂产品大都属于复配型产品，其最终性能是否符合预先设定的使用性能是评定其产品质量的主要指标。由于不同产品的使用性能因其用途不同而差异很大，包括感官指标，如性状、气味、颜色、对人的刺激性等方面，所以其生产工艺及流程的经验性很强。

二、杀虫气雾剂带动了气雾剂的发展

杀虫气雾剂是世界气雾剂工业首先获得市场化，并得以发展的最重要的基础，各国都是如此。无论是发达国家，还是发展中国家，气雾剂工业的发展几乎都从杀虫气雾剂开始起步。

起步最早的要数美国，其起因是在第二次世界大战的东南亚战场上，蚊虫等病媒传布疾病，导致大量军人患病甚至被夺去生命。1941 年，美国农业部两位科学家戈德林和沙利文研究出了一种新的杀虫剂施布方法，即将氟利昂 CFC - 12 及以麻油溶解的天然除虫菊一起盛装在圆形金属容器内，在首先对蟑螂实验取得成功后，制成了第一批杀虫气雾剂并投放东南亚战场，从飞机上扔下，借助液化氟利昂的汽化作用将杀虫剂粉碎扩散，在控制媒介昆虫上取得了成功。这就是著名的"臭虫炸弹"，因其当时的外形似臭虫而得名，可谓杀虫气雾剂的鼻祖。（图 9 - 1）

"臭虫炸弹"不但开创了杀虫气雾剂的先河，而且为气雾剂工业向纵深发展铺平了道路。二战后，美国两大啤酒罐公司设计出轻巧的马口铁罐后，美国第一批民用杀虫气雾剂于 1943 年投放市场，到1947 年时投放量已达 430 万罐。这一诱人的市场前景促使各个企业倾注大量人力和财力去进一步开发，研究其配方，改进马口铁罐和气雾剂阀门。

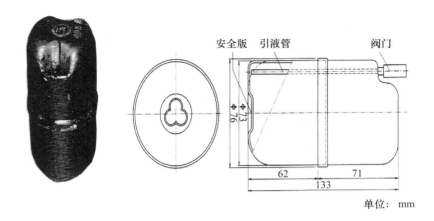

安全版　引液管　　阀门

单位：mm

图9-1 臭虫炸弹

紧随其后的是英国，在1949年也开发出了杀虫气雾剂产品。之后德国、法国、日本及世界各国相继效仿生产杀虫气雾剂产品，并将其商品化。

国外杀虫气雾剂用的容器几乎都是马口铁制的，唯有印度及苏联例外，在当时几乎100%为铝罐。例如，图9-2是苏联生产的用于杀飞虫的400ml铝罐气雾剂。

三、中国杀虫气雾剂的发展历程

1985年，上海联合化工厂利用其生产二氯苯醚菊酯配制酊基喷射剂的基础，引进三台一组半自动灌装设备、马口铁气雾罐及气雾剂阀门，生产出第一批"品晶牌"杀虫气雾剂，见图9-3。它一投入市场就受到消费者的喜爱。当时用的抛射剂也是CFC-12，容量为600ml。年产量仅数十万罐，但它开创了中国杀虫气雾剂的历史。

图9-2 苏联生产的铝罐400ml用于杀飞虫的气雾剂

图9-3 "品晶牌"杀虫气雾剂

20世纪80年代末90年代初，一些原先生产杀虫喷雾剂的企业，尤其是江浙一带的小企业，纷纷转而生产气雾剂，而且都以杀虫气雾剂为主。这些企业规模小，生产设备简陋，以家庭作坊式为主，几乎谈不上懂什么气雾剂技术，只是将原先生产的喷雾剂灌入买来的气雾罐中，以手工封口机将气雾剂阀门封在气雾罐口上，然后将液化气钢瓶倒置，在钢瓶出口阀上安一个接头，将软管另一端的接头套在气雾剂阀杆头上，将液化气借其自身压力灌入气雾罐内，灌完后加上促动器及塑料罩，就成了一罐气雾剂产品。对于灌装量，有的用秤计量，有的凭经验以计时计量。

1986年，在上海市场上，杀虫气雾剂已开始引起消费者的兴趣。上海中西药厂是一家生产医用药的厂家，时任总经理的王海钧见到日本的杀灭菊酯农药在我国山东省等地十分畅销，就起步开发了中西菊酯，在试制成功之后，该厂科技人员就将其配制成中西杀虫灵喷射剂，部分以500ml瓶装，部分由手扳式喷雾器盛装后，由上海医药公司经销，市场看好。1987年年底，该厂主管人员与浙江余姚丈亭一家生产手扳式塑料喷雾器的厂家拟合作生产杀虫气雾剂，但缺乏技术和合伙资金投入，就邀请时任上海交大应用技术研究所副所长兼总工程师的笔者出面支持。他当时兼任中央爱卫会杀虫药械专题组成员，负责杀虫药械及气雾剂的规划、调整工作。经协商，上海交通大学、上海铁路局卫生防疫站、上海中西药厂及余姚市喷雾器厂共同出资组建了中西气雾剂公司，四方以等额比例出资，厂址设在余姚市，由笔者任总经理兼总工程师。在各方通力协作下，1987年10月开始建厂，1988年年初购置设备，于同年4月生产出第一批"中西杀虫灵"气雾剂产品。一进入上海、杭州等市场，就迅速得到了市场的认可，创出了品牌。当时产品用的气雾罐是深圳华特公司生产的，气雾剂阀门是进口的（图9-4）。

图9-4　中西杀虫灵气雾剂

在快速取得成功后，余姚厂方由于气雾剂阀门利润丰厚，串通中西药厂采购经办人，瞒着总经理及董事会，擅自以自制气雾剂阀门替代。由于他们既没掌握阀门技术，又无产品标准及质量检验手段，结果1989年上半年出厂的产品大量出现泄漏及喷不出的情况，成批退货，市场份额迅速被上海强威杀虫气雾剂等取代。中西杀虫灵气雾剂就此被其自身毁灭。

中西杀虫灵气雾剂从迅速崛起、占领市场到毁灭的例子，是中国气雾剂企业不成熟的一个缩影。还有另外一些工厂发生的质量问题及安全事故等，说明很多人把杀虫气雾剂看得过于简单了。笔者从目睹的事例中深深地感到中国气雾剂行业急需提高对气雾剂技术、生产工艺等多方面的认识，于是编著了《气雾剂技术》一书。以生产"枪手牌"杀虫气雾剂闻名的康达公司技术总监王学民等曾十分坦诚地说："我们都是通过《气雾剂技术》这本书的引导进入气雾剂行业的。"

之后，中山石岐农药厂为了改变当时农药市场受到进口农药（如住友化学的杀灭菊酯、法国尤克拉夫的溴氰菊酯等）冲击的局面，开始引进国外马口铁罐、气雾剂阀门生产线及气雾剂产品灌装线，在20世纪90年代前后开始了杀虫气雾剂的生产，产品名称定为"灭害灵"，600ml容量，以煤油为溶剂。由于其价格优势及效果良好，在短短几年内迅速铺开并占领了国内市场。最高峰时年产量达到上亿罐，提到"灭害灵"几乎妇孺皆知。

与此同时，国外的杀虫气雾剂也纷纷进入中国。最先进入中国的，要数20世纪90年代初由天津农资公司引进的100万罐日本福马公司生产的"象球牌"杀虫气雾剂。随后进入的有英国威康公司的黄罐（杀爬虫）及绿罐（杀飞虫）气雾剂，煤油剂，400ml容量，每罐价格高达30元。

随后，美国庄臣公司以其"雷达"牌杀虫气雾剂进入中国市场，产品也分为杀飞虫及爬虫两种。煤油剂，有600ml及450ml两种规格，价格在每罐30元以上，比"必扑"高。

德国拜耳公司则以"拜博"品牌进入中国市场。

其中，美国庄臣公司与上海家化合作，率先在上海建立了上海庄臣公司，并在上海建立了气雾剂灌装车间。英国威康公司比较保守，一直未在国内设立灌装点，直到后来易手，"必扑"杀虫剂才由广州利高曼公司生产。德国的"拜高"杀虫气雾剂由广州顺德华宝精细化工公司灌装生产，后因该厂倒闭而停产。日本"象球牌"杀虫气雾剂由上海申威气雾剂公司及天津另一家工厂两次灌装后进入国内市场，部分返销日本。

杀虫气雾剂在中国市场上发展快速，很快产生了"羊群效应"。

我国北方最初有两家中型气雾剂公司：河南鹤壁天元公司及河北康达精细化工公司，它们均利用其自身优势从生产杀虫气雾剂起步，并以此为主导产品。但前者重虚欠实，面临困境，而康达公司重技术、重质量，"枪手"系列产品已成为名牌。

在江浙一带崛起的气雾剂生产厂家也不少，它们的规模、生产设备与技术、品种及质量已远远超出20世纪90年代由喷射剂改产时的情况。江苏的"飞毛腿"产品，在20世纪末一炮打响，获得市场认可，继之"三笑集团"推出了"睡得香"产品。

浙江武义正点蚊香厂及诸暨黑猫神蚊香厂分别在正点蚊香与黑猫神蚊香市场效应的带动下，其杀虫气雾剂产量也已雄居浙江省的龙头。

具有二十多年历史的广东中山榄菊公司发展迅猛，其生产规模、厂房设备与研发团队皆名列全国同类企业之首，榄菊牌系列杀虫气雾剂已获名牌产品称号。

广东立白集团利用其自身的经济实力和品牌优势，虽然投入杀虫气雾剂生产时间不长，但其生产的杀虫气雾剂等家庭卫生杀虫产品的产值已达7亿元，在国内首屈一指，其产品在市场上十分热销。

福建金鹿集团通过生产杀虫气雾剂产品，从一个生产灭蟑烟熏片的村办企业发展到今天的一个著名的集团公司。

1988年下半年，中国国际航空公司的一架飞机飞抵巴黎戴高乐机场后，当地卫生检疫官员因该航班未在起飞后进行除虫处理，一方面处以高额罚款，另一方面用他们的产品补做处理。当时正好国航卫生处处长谭光政在场，她对此愤愤不平，但又无话可说，只能任凭法国人处理。

谭处长返国后，通过当时中央爱国卫生运动委员会办公室领导找到了时任上海喷雾与气雾剂研究中心主任的笔者并述说了这次事件的经过。由于用于飞机舱内的杀虫气雾剂有许多特殊而严格的要求，不可使用普通杀虫气雾剂，所以谭处长希望在国内自主开发并生产飞机舱用气雾杀虫剂，供我国民航系统使用。

之后，笔者帮助上海皆乐药械厂成功开发了符合世界卫生组织及国际民航组织要求的皆乐牌飞机舱内专用气雾杀虫剂，以日本住友化学生产的2%速灭灵（右旋苯醚菊酯）加上抛射剂制造而成，并会同中国民航总局卫生司及适航司进行了产品鉴定，由民航总局正式发文在全国民航系统使用。（图9-5）

市场上绝大多数杀虫气雾剂均以脱臭煤油为溶剂，即油基型，也有少量是酊基型的，其毒性不低。但有很多使用场所，包括餐饮行业、食品加工场所、医院病房、托儿所、幼儿园等，都希望有一种低毒、安全、喷后又不会使目标物及环境受到喷洒沉积物污染的杀虫气雾剂。

针对这一市场需求，笔者在1996年研究开发了安全微毒型醇基杀虫气雾剂。其主要成分以拟除虫菊酯中毒性最低的醚菊酯（$LD_{50} > 100000mg/kg$）与胺菊酯复配，适量加入PBO，以食用级乙醇为溶剂配制而成。最终产品的$LD_{50} > 10000mg/kg$，与飞机舱用杀虫气雾剂相当。此产品由上海特菱杀虫公司生产，由上海市除四害协会监制，并向上海地区饮食业等行业推荐使用。（图9-6）

1998年10月，浙江光阳化工公司二甲醚生产上马，笔者帮助该公司开发了净克牌安全型杀虫气雾剂（图9-7）。该气雾剂产品由浙江省卫生防疫站监制，这也是浙江省卫生防疫站在本省内唯一监制的杀虫气雾剂产品。

在20世纪90年代中叶，杀虫气雾剂几乎占到中国气雾剂总产量的50%左右。作为人口最多的发展中国家，杀虫气雾剂的年生产总量应占世界第一。

图 9 - 5　皆乐牌飞机舱内专用气雾杀虫剂

图 9 - 6　特菱牌安全微毒型醇基杀虫气雾剂

其他发展中国家，如印度和一些拉美国家，也均从杀虫气雾剂开始发展各自的气雾剂工业。

随着杀虫剂新品的进一步开发，杀虫气雾剂占到气雾剂总产量的比例逐渐降低。以美国为例，从杀虫气雾剂起步，在 20 世纪 40 ~ 50 年代时它居首位，几乎占到 80% ~ 90% 。时至 2006 年，美国杀虫气雾剂年产销量仍然达 2.2 亿罐，但它占气雾剂总量的比例却已经下降了不少。

从环保角度来讲，降低挥发性有机物（VOCs）的含量，由煤油基向水基方向发展，这是杀虫气雾剂的发展趋势，但由于水基杀虫气雾剂开发难度较高，阻碍了转型的步伐。

1992 年，笔者为其专利产品"充空气式气雾剂"配套开发了以醚菊酯为致死剂，右旋炔丙菊酯为击倒剂、增效醚复配的水基杀虫剂，由海军装备部批准，由海宏公司下属珠海海宏卫生杀虫药械公司生产海宏牌充空气式杀虫气雾剂（图 9 - 8）供应珠海市军地使用，满足部队特殊需要。该产品不含易燃易爆抛射剂，可反复灌装，携带方便，使用安全。喷出雾滴体积中径 VMD < 45μm，达到气雾剂粒径范围。数年后，因军队不准参与生产经营而停止生产。

图 9 - 7　净克牌安全型杀虫气雾剂

图 9 - 8　海宏牌充空气式杀虫气雾剂

在 20 世纪 90 年代初，日本住友化学也曾向中国大陆推荐该公司的 FWG－11 浓缩料，再加入水和抛射剂生产水基杀虫气雾剂。但由于灌装工艺繁复，加之烃类抛射剂与水不相溶，生产出的气雾剂在使用时要先摇晃，消费者也不易接受，所以一直没有推广。后来随着二甲醚抛射剂的推出，以及加入乳化剂，使它们在喷雾时不需再摇动，FWG－11 的推广工作就停止。

令人困惑的是，由美国 M. Johnsen 博士执笔，联合国环境署（UNEP）在 2007 年推出的《气雾剂指南》（*Aerosol Safety Guide*）中，水基杀虫剂仍然推荐使用时先摇动，仍然是日本的产品模式，已落后于最新的水基杀虫气雾剂配制技术。例如，我国云南南宝生物科技有限责任公司的水基植物源杀虫气雾剂，已经取得了农药登记证，杀灭飞行害虫的效果十分优良，在同行业中处于领先水平。

对水基杀虫气雾剂进行生物效果测定时，仍然沿用对油基杀虫剂的生物效果测试方法，没有将水与煤油的挥发性差异考虑进去，有值得商榷之处。对比测试结果表明，油基对飞虫的最佳雾滴尺寸为 30μm 左右，而水基雾滴却在 45～50μm 范围；在喷出的瞬间立即进行测定，油基的效果比水基的好，但在喷洒后过数分钟再测定，水基的效果明显好于油基的，特别是对于飞行害虫。希望在以后的国家标准修订中对此问题应予以考虑。

国内杀虫气雾剂能得以迅速发展，得益于日本住友化学提供了杀虫剂原药，并开展了大量技术推广服务工作。住友化学的胺菊酯、右旋胺菊酯、右旋苯氰菊酯、右旋苯醚菊酯以及以右旋胺菊酯与右旋苯氰菊酯配制成的浓缩剂 FG－11，为国内杀虫气雾剂迅速起步并发展提供了原药基础，我们在看到住友化学商业行为的同时，也应客观地评价住友化学在推动国内杀虫气雾剂的迅速发展方面所起的积极作用，尤其是它在带动并激发我国的原药研发热情并投入生产方面的作用。以扬农化工股份公司为例，目前生产的杀虫剂用原药不但能供应国内需要，而且还大量出口。

另外，福建省泉州市蔡荣昌高级工程师率先在水基杀虫气雾剂方面取得了国家发明专利，这在我国杀虫气雾剂发展史上具有转折性意义。本章内对水基杀虫气雾剂的开发做了较为详细的介绍，包括植物源水基杀虫气雾剂，希望对生产厂商及科研单位有参考价值，以带动我国水基杀虫气雾剂的健康迅速发展。

第二节　杀虫气雾剂的工作原理及雾化原理

1. 气雾剂的工作原理

两相气雾剂的内容物一般分为气相和液相。液相在罐内下部，它是产品浓缩液和抛射剂（液体）的相溶混合物。气相在罐内上部，对罐壁及液相产生压力。在罐内，气相和液相处于静止平衡状态。

三相气雾剂（即双液相）需要在使用时将气雾罐摇动一下，使罐内双液相通过外力混合成单液相，即暂时变成两相气雾剂，然后按下促动器使内容物喷出工作。一旦停止喷雾，液相仍然分为双液相。早期的水基气雾剂就属于这种类型。

图 9－9 为标准阀门与促动器组合开启状态时气雾剂内容物的流通途径示意图。

2. 气雾剂阀门工作原理

气雾剂阀门的工作原理，从广义上来说，应包括两个方面，一是在使用时的阀门工作原理，二是在灌装抛射剂时的工作原理。不能简单地认为一进一出只是逆向工作，事实上喷出时和灌入时的情形不尽相同，尤其是对高速灌装阀门。

当阀门关闭时，阀室中充满内容物，但由于内密封圈的内孔表面紧紧包裹住阀杆上的计量孔形成密封，使内容物无法进入阀杆内腔。一旦阀杆受到向下的压力时，它就产生下行位移，使阀杆计量孔也随之下移脱离内密封圈的包裹，此时在阀室中的内容物就通过计量孔流入阀杆内腔。由于阀室内的内容物与罐内液相都处于等压状态，此压力因不同产品而异，但总大于外界一个大气压与流经通道中的各种阻力之和，所以只要有一点空隙，内容物就很快会形成连续液流流出。

当施加给阀杆的压力被卸除后，弹簧的回弹力将阀杆往上推动使其复位，阀杆计量孔又重新被内

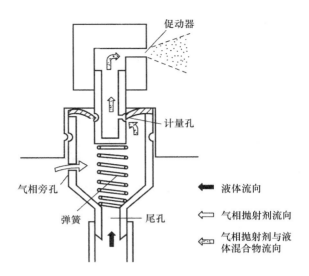

图9-9 标准阀门与促动器组合开启状态时气雾剂内容物流通途径示意图

密封圈紧紧包裹形成密封，阻止内容物流出，使阀门关闭。

从这一工作过程中可以看出以下几点。

1）若内密封圈内圆表面对阀杆计量孔的包紧力不够，就达不到所需的良好密封。若包紧力太大，影响阀杆操作按动的轻便性。

2）压缩弹簧的回弹力应能足以克服阀杆向上运动的阻力，使其及时灵活地复位。当然若此回弹力太大，说明弹簧的设计压力太大，会使阀杆难以往下按动。

3）阀杆、内垫圈、弹簧及阀室等零件，无论是在关闭状态还是开启状态，都始终与气雾剂内容物相接触，所以它们都必须对内容物有很好的兼容性及抗溶胀能力，否则阀门的正常功能很快就会损坏。

对于侧推式阀门来说，它的基本工作原理与标准垂直作用阀门一样，只是内容物从阀室进入阀杆的途径稍有不同，它不是在内密封圈松开后，直接进入阀杆计量孔而至阀杆腔内，而是经由阀杆座的槽后进入阀杆腔内的。

此时的流量由槽的尺寸来决定。这与雌阀的情形有所类似。

3. 促动器的工作原理

促动器结构对气雾剂产品的喷出状态起着最直接的作用，尤其对喷雾类气雾剂产品的雾滴直径、均匀度、射程、雾锥角、喷雾图形等方面的影响最大。

如前所述，要将气雾剂产品内容物从容器中喷出来，需要经过两个大的通道。

第一通道是内容物经由阀门，在容器内气相抛射剂的压力作用下经过阀杆计量孔进入阀腔后流入促动器的途径。第一通道的作用基本上只局限于以一定的压力（流速）及流量将容器内的内容物压送出。但它具有开启与关闭功能，这是它独有的功能。在灌入时，第一通道还作为抛射剂的灌入途径。

第二通道是促动器。内容物通过促动器后喷出。气雾剂产品的喷出形态、性能等特点主要由第二通道，即由促动器（包括微雾化器）的结构参数设计决定。但促动器本身不具有阀门的开关功能。

第一通道在抛射剂灌入过程中所起的作用仅是一条单纯通道，比起阀门来就简单得多。

两个通道分别作为内容物流出的整个通道中的第一级和第二级，而它们联合作用就能使气雾剂产品获得设计中的喷出图形及使用性能，当然也包括气雾剂生产中抛射剂的灌入功能。

在第二通道中，气雾剂内容物流入促动器组合后喷出，虽然从通道长度来说比第一通道短得多，所需的时间只是极快的一瞬间，但是它却应用了流体力学中复杂的漩涡增速原理。如何将它增速，以达到不同的喷出要求，以及如何通过结构控制来获得不同的喷出图形，是令人十分费神的事，不是单纯依靠理论计算就可以决定的，必须要通过实验模型来予以调整才能最终达到所需的预期结果。

气雾剂内容物在压力下高速离开促动器喷出孔时的状态是很复杂的，呈紊流状态，在整个喷出过程中，雾流在每个瞬间都在变化着。产生这种变化的因素十分复杂，因为气雾剂在喷出过程中，容器内的液相在气相压力下产生流动，流动状态并不是稳定的，其中夹杂有乱流及湍流运动；还有阀门各构件流动通道中的表面状态、操作者促动时用力大小及阀杆被压下深度的变化等，均会影响到喷出物的稳定性；有影响的还有促动器喷出端孔的形状及出口处的光整度，如飞边毛刺会使喷出雾流产生凝聚，改变雾流的稳定性等。总之，影响因素是多方面的，其原理也是较为复杂的。

当然，上面所述的成雾原理及雾滴形成过程是在很快的瞬间内完成的，尤其是气雾剂产品，由于在喷出液中混有蒸气压高及沸点低的液化气抛射剂，它一旦离开喷出孔，原先使它液化的压力被卸除，立即汽化，此汽化能量很大，进一步促使喷出雾滴变细。所以在气雾剂产品中的雾滴较之一般压力式喷雾器形成的雾滴速度更快，雾滴更细。

根据漩涡原理来完成增速或使喷雾图形及形态发生变化的关键是嵌件（insert），在国内有称微雾化器或喷嘴的。泡沫型的促动器没有此嵌件。

应注意的是阀门的结构及工作原理与促动器的结构及工作原理不能混为一谈，阀门与促动器组合后的工作原理，也不能代表气雾剂的工作原理，它们之间也是有区别的。阀门与促动器组合的整体工作效果包含在气雾剂工作原理中，属于气雾剂工作原理中的一个重要部分，但不是全部。

按下促动器时，阀门开启，罐内的液相内容物在气相的压力作用下，通过引液管向上压送到阀体内，再通过阀芯计量孔进入阀芯再到促动器，最后从喷嘴喷出。喷出物离开喷嘴时的雾化过程是综合作用的结果。首先，当它从喷嘴高速冲出时，与空气撞击粉碎成雾滴，此后，包含在雾滴中的液相抛射剂，一进入空气中，之前对它所施加的压力被解除，它就汽化，从液相转换到气相时释放出的能量很大。以烃类抛射剂为例，它从液相转换成气相时，体积可以扩大230多倍，这能量将对喷出的产品液滴进行第二次雾化，使喷出的产品液滴进一步变细，形成许多小卫星雾滴。这些过程都是在 $0.2 \sim 1.5\text{ms}$ 的时间范围内，以及离开喷出孔约 25mm 的距离内完成的。显然，在雾化过程中除了阀门与促动器的整体作用外，还包括了抛射剂的作用（图 9-10）。

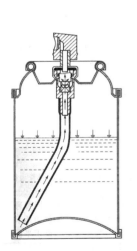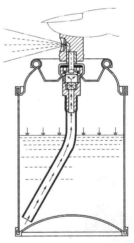

图 9-10　气雾剂的喷射

当然也测定到，在雾滴在被抛离喷嘴 200 mm 时，还有部分抛射剂仍维持在液相状态，使它周围的空气冷凝而产生小水滴。此时测得雾滴中值直径一般为 $4.5\mu\text{m}$。

在使用液化气类抛射剂、内容物为气相和单一均匀液相时，可以使用一般的促动器，若采用两次机械裂碎型的促动器，可以使雾化度更均匀。

但是，当罐内液相内容物呈两相（如水与 CFC，水在上，CFC 在下层；水与 LPG，LPG 在上，水在下层），即双液相时，不但在喷射前要先将整个气雾剂产品用力摇动，使其双液相靠机械搅动暂时混合为乳液，使喷出物中含有抛射剂成分，抛射剂成分参与雾化而获得较细雾滴。而且配套使用的促动器，应有两次机械裂碎结构的喷嘴。

将压缩气体作为抛射剂时，促动器更应采用带两次机械裂碎结构的喷嘴。因为在这种情况下，喷出物中不含抛射剂成分，喷出雾滴的细化主要靠漩涡式喷嘴的机械裂碎来获得。

第三节　杀虫气雾剂的组成

气雾剂产品主要由四部分组成，见图9-11。

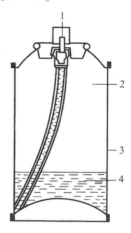

图9-11　气雾剂产品组成

1—阀门与促动器；2—抛射剂（气相）；
3—容器；4—产品浓溶液（含抛射剂液相）

一、产品浓溶液

产品浓溶液通常由杀虫有效成分、增效剂、乳化剂（水基型）、添加剂及溶剂组成，以下分别做一叙述。

（一）杀虫有效成分

1. 早期的杀虫气雾剂

最早期的杀虫气雾剂中用的杀虫有效成分（也称活性成分），主要为天然除虫菊、有机氯（DDT）及有机磷（DDVP）等。

天然除虫菊在杀虫气雾剂中很受欢迎，它杀虫广谱，对人畜低毒，而且容易降解，残留少，无污染。特别是在防治卫生害虫中，对害虫有强烈的触杀和胃毒作用，击倒快，常在使用后的几秒钟内就使害虫麻痹，停止活动，从而能迅速防治媒介昆虫的扩散传布。但天然除虫菊产量、供应量受到限制。现在，我国云南南宝生物科技有限责任公司已经有大面积种植及有效成分萃取供应，这为我国植物源杀虫剂的发展提供了保障。

1949年3月11日，美国农业部昆虫与植病检疫局Schechter、Laforge等3人第一次根据除虫菊素的结构式全过程地合成出除虫菊素类似物——拟除虫菊酯杀虫剂（烯丙菊酯），开启了第三代杀虫剂的新时代。

此后又合成了许多拟除虫菊酯，如日本住友化学的胺菊酯、苄呋菊酯及苯醚菊酯等。这些产品对害虫具有与天然除虫菊相近的作用和效果，公认具有以下优点。

1）对人和哺乳动物毒性很低或几乎无毒；

2）对多种害虫有快速击倒和致死作用；

3）大部分昆虫对它不易产生抗性；

4）增效剂可以使它的药效提高几十到上百倍。

所以，在用于卫生害虫防治的杀虫气雾剂中，从安全、高效、经济的角度综合考虑，以选用拟除虫菊酯为宜。

2. 杀虫气雾剂对卫生害虫的作用过程

首先，要求害虫很快从活动中抑制下来，即要求气雾剂对害虫有较快的击倒作用，防止它的危害；其次，要求被控制的害虫最终尽快死亡，不会复苏重新活动，这就要求杀虫气雾剂有良好的致死效果。为了兼顾这两方面的作用，结合拟除虫菊酯对昆虫的作用方式，杀虫气雾剂中所用的有效成分通常是以击倒型杀虫剂与致死型杀虫剂复配而成，这样既经济又能达到使用效果。

可以作为有效成分使用的原料，如击倒剂有胺菊酯、烯丙菊酯等，致死剂有氯菊酯、苯醚菊酯及速灭松，增效剂有增效醚等。速灭松属有机磷剂，不适用于水基气雾剂。

一般来说，所用的杀虫剂有效成分毒性越高，或浓度越高，它所表现出的活性越明显。但杀虫气雾剂与农药在大田中使用的情况不同，农药会在空气、阳光和水等因素的影响下自然降解，且与人畜接触并不频繁。而杀虫气雾剂则直接应用在人群居室，与人的接触时间长、机会多，除了要考虑它的杀虫效果外，对人的安全性是至关重要的因素。一般应以有效成分浓度尽量低为原则，同时应尽量选用毒性低、安全的杀虫有效成分。还要从长远的观点，充分注意到杀虫有效成分长期大量在环境中积累和残留对生态及后代带来潜在危害的可能性。

3. 杀虫气雾剂用有效成分

关于杀虫气雾剂使用的有效成分，由于用途不同，应根据有效成分的特征进行选择。表 9－1 列举的是杀虫气雾剂常用有效成分。目前这些药都已国产化，如扬州农药化工有限公司有生产。

表 9－1　杀虫气雾剂用有效成分

气雾剂分类	推荐使用的有效成分（质量分数）	
	击倒剂	致死剂
FIK	右旋胺菊酯、右旋烯丙菊酯、炔丙菊酯、单独或混配，（0.1% ~0.3%）	右旋苄呋菊酯 右旋苯醚菊酯、右旋苯醚氰菊酯（0.03% ~0.2%）
CIK	右旋胺菊酯、右旋烯丙菊酯、炔丙菊酯、单独或混配（0.05% ~0.2%）	右旋苯醚氰菊酯（0.15% ~0.5%）
AIK	右旋胺菊酯、右旋烯丙菊酯、炔丙菊酯、单独或混配（0.1% ~0.3%）	右旋苯醚菊酯、右旋苯醚氰菊酯
飞机用		右旋苯醚菊酯 2%

注：FIK 代表飞翔虫用杀虫气雾剂；CIK 代表爬行害虫用杀虫气雾剂；AIK 代表全害虫用杀虫气雾剂。

4. 拟除虫菊酯的杀虫机制

1）拟除虫聚酯类杀虫剂对昆虫的作用机制是比较复杂的，包括穿透、解毒、排泄等多个方面。目前普遍认为拟除虫菊酯杀虫剂为神经毒剂，它作用于昆虫体内的神经系统，产生中毒作用，首先是诱发兴奋（兴奋期），然后神经传导被阻塞（抑制期）。兴奋和传导阻塞之间的时间间隔长短与所用化合物的特征、剂量以及加工剂型有关。

2）拟除虫菊酯类杀虫剂有一个中毒温度效应，与有机磷类杀虫剂不同，它是属于负温度系数的杀虫剂，随着温度的升高而其毒性下降。

3）杀虫剂在昆虫体内的代谢是主要是多功能氧化酶的氧化和酯解，拟除虫菊酯能抑制多功能氧化酶和羧酸酯酶起作用。

4）拟除虫菊酯类杀虫剂中，有的对昆虫的击倒作用优异，而致死作用不太强或较弱，如胺菊酯、右旋胺菊酯、右旋烯丙菊酯及炔丙菊酯等。有的则相反，对昆虫的致死能力很强，但击倒作用不明显，如右旋苯醚菊酯、右旋苄呋菊酯、氯菊酯及右旋苯醚氰菊酯等。拟除虫菊酯类杀虫剂所具有的这种特点对杀虫剂的配制和应用都有很大的影响，在选择时应充分考虑这一特点。

5）昆虫对拟除虫菊酯容易产生抗性，滞留喷洒又比速效性应用产生抗性快。但是昆虫对天然除虫菊不容易产生抗性。

5. 拟除虫菊酯的毒性

拟除虫菊酯比有机氯及有机磷类杀虫剂对人和哺乳动物的毒性要低，但对昆虫的毒性却很高。若对哺乳动物有相等急性毒性的两种化合物，在防治同一种害虫时获得同等效果，而用不相同的剂量时，不能认为它们造成的危险性是一样的，故采用"选择因子"来表示使用某一杀虫剂带来的危险性。

$$选择因子 = \frac{对大白鼠的急性口服 LD_{50}（mg/kg）}{对家蝇的 LD_{50}（\mu g/g）}$$

注：家蝇使用虫体点滴法。

显然，选择因子越大，表明杀虫剂在同等的杀灭力下，对哺乳动物的毒性越低，使用越安全。

（二）增效剂

增效剂本身对昆虫无毒杀作用，但当它与某些杀虫剂混合使用时，能够提高杀虫剂的药效，或在保持原来药效的情况下，减少杀虫剂的使用量，从而节省制剂的成本。

增效剂的作用机理，一般认为它是通过抑制昆虫体内混合氧化酶的解毒能力，提高杀虫剂对昆虫的毒杀作用。从这个角度上，使用增效剂有助于延缓昆虫对杀虫剂产生抗药性。

目前，国际上用在杀虫气雾剂中最普遍的增效剂是增效醚（PBO，简称 S_1），又称氧化胡椒基丁醚，其次是增效胺（MGK－264）。

增效剂的用量一般为杀虫气雾剂中有效成分的 3～5 倍，以质量分数计算。

并不是所有的杀虫有效成分都需要或适于使用增效剂的，如右旋苯醚菊酯本身具有增效作用，当然就不必另加（表9－2）。

表9－2 右旋苯醚菊酯与胺菊酯配方

配方	CSMA 法		BSI 法		
	KT$_{50}$（min）	致死率（%）	KT$_{50}$（min）	KT$_{95}$（min）	致死率（%）
胺菊酯0.2% 右旋苯醚菊酯0.075%	10	100	4	11	99.8
胺菊酯0.2% 增效剂1.0%	10	93	4	12	99.8

（三）溶剂

1. 对载体溶剂的基本要求

杀虫气雾剂中的溶剂，可作为有效成分的载体。对杀虫气雾剂中用的载体溶剂，应满足以下基本要求。

1）对有效成分的溶解性强。

2）与有效成分及其他溶质不起化学反应，不会破坏或降低其效力。

3）不含有害物质，对人的毒性及刺激性小。

4）与有效成分有相适应的理化性能，即相容性要好。

5）经济性好，来源充足，供应稳定。

2. 载体溶剂在杀虫气雾剂中的作用

载体溶剂在杀虫气雾剂对害虫的整个防治过程中所起的作用，事实上要比"溶剂"的字面意义大得多。

首先，它将有效成分及其他组分充分溶解，构成均一、稳定的液相溶液，不会分层，不会沉淀。

当将此均相溶液喷出时，溶剂就作为有效成分的载体，带着有效成分在空中漂浮或向目标沉积。在气雾剂喷出后，溶剂适宜的挥发速度能够使杀虫气雾剂喷出的药滴大小在较长一段时间内保持在一定范围内，增加对飞行害虫的撞击及杀灭概率，提高杀虫剂的效能。

当杀虫气雾滴到达目标昆虫时，载体溶剂的其他物理性能开始发挥作用，如溶液的表面张力低，可以使溶液充分湿润昆虫体，扩大了它与昆虫的接触面积，也就增加了活性成分的效能。接着载体溶剂的溶解能力使昆虫体表的蜡质层很快溶化掉，并迅速渗透入昆虫体内，到达昆虫的中枢神经，导致昆虫死亡。

溶剂的石油馏分沸程高（200~250℃），也可以提高有效成分对昆虫的击倒与杀灭效能。此外，溶剂中的碳原子数与昆虫杀灭效果也有关系，一般选用分子中含 10~14 个碳原子的直链烷烃是较适当的。

3. 溶剂的分类

由于杀虫药物可分为水溶性和油溶性两种，用于杀虫气雾剂的溶剂，目前主要是脱臭煤油及去离子水。在油基型杀虫气雾剂中主要用脱臭煤油，而在水基型杀虫气雾剂中，除需少量用于溶解杀虫有效成分的脱臭煤油外，主要用去离子水。

（1）脱臭煤油

脱臭煤油是一种链烷烃类有机溶剂的通称。在杀虫气雾剂中使用的溶剂，其碳原子数在 8~16 的范围内。

除溶剂的碳原子数以外，其他物理特性，如馏分、杂质含量（主要是芳香烃及硫，它们给溶剂带来异臭味）对它的使用性能都有影响。

对煤油作为溶剂的研究结果表明，高沸石油馏分（200~250℃）作为杀虫气雾剂的溶剂一般具有较高的击倒及杀灭效果，而链烷烃的表面张力在脱臭石油馏分中是最低的，所以含 10~14 个碳原子的直链烷烃是最适合于用作杀虫气雾剂中的溶剂，其活性较好。

中国南京金陵石油化工公司炼油厂研究所利用煤油为原料进行缓和加氢精制，使原料油中芳烃降到 10^{-6}，产物达到无臭味、低芳烃及高纯度的标准。

（2）去离子水

去离子水的电阻率要求在 10~100MΩ·cm 范围内，以控制它对金属罐的腐蚀。

（3）乙醇

酊剂杀虫气雾剂中以乙醇为溶剂，它的含量为 80%~98%。

用作杀虫剂溶剂的乙醇，必须符合以下几个条件。

1）须用新生产的乙醇，不得用回收品。

2）乙醇中甲醇的含量不得超过 0.30%。

3）不得新旧混用。

为控制对罐体的腐蚀，乙醇中所含的水，最好也用去离子水或蒸馏水。

（4）甲缩醛

甲缩醛也可用于杀虫气雾剂。

在某些情况下，还使用一些助溶剂，如二氯甲烷、三氯甲烷、二甲苯及异丙醇等。

杀虫有效成分胺菊酯和右旋苯醚菊酯在不同溶剂中的溶解性见表 9-3。

表 9-3 胺菊酯与右旋苯醚菊酯在不同溶剂中的溶解性

有机溶剂	溶解性（%，质量分数）	
	胺菊酯，25℃	右旋苯醚菊酯，20℃
丙酮	40	>50
苯	50	—

有机溶剂	溶解性（%，质量分数）	
	胺菊酯，25℃	右旋苯醚菊酯，20℃
氯仿	50	>50
环己烷	7	—
环己酮	35	>50
脱臭煤油	2.6	>50
乙醇	4.5	—
乙酸乙醇	35	>50
乙基溶纤剂	6.5	>50
乙二醇	<0.05	—
正乙烷	2	>50
异丙醇	6	>50
煤油	6	>50
甲醇	7	>50
甲基异丁基酮	25	>50
甲基萘	35	>50
三氯乙烷	40	>50
二氯甲烷	50	—
丙（撑）二醇	0.2	—
大豆油	1.5	—
甲苯	40	—
二甲苯	50	>50

表9-4　不同溶剂气雾剂对蝇、蚊、蟑螂杀虫效力

溶剂	KT$_{50}$（min）—致死率（%）					
	家蝇成虫		淡色库蚊成虫		德国蜚蠊	
	油基	水基	油基	水基	油基	水基
①T—1	3.9—90	3.7—99	8.7—100	6.1—100	—	—
②T—3	4.2—94	3.6—97	7.7—100	5.0—100	2.1—100	6.9—100
③sopar M	3.8—92	3.4—95	6.1—100	4.5—100	2.9—100	8.0—90

注：1. 试验方法：对家蝇、淡色库蚊采用美国标准 CSMA 法；对德国蜚蠊采用直接喷雾法。

2. 供试气雾剂配方：①0.3% 油基气雾剂，有效成分为右旋胺菊酯/右旋苯醚氰菊酯，质量分数 0.15%/0.15%。

有效成分（%）	0.375
溶剂（上述试样①～③）（%）	59.625
脱臭 LPG（%）	40.000

②0.3% 水基气雾剂，有效成分为右旋胺菊酯/右旋苯醚氰菊酯，质量分数 0.15%/0.15%。

有效成分（%）	1.5
溶剂（上述试样①～③）（%）	8.5
去离子水（%）	50.0
脱臭 LPG（%）	40.0

（5）增溶剂与助溶剂

增溶剂与助溶剂的作用是提高溶剂对有效成分及乳化剂的溶解度。

常用的助溶剂有两类，一类是某些有机酸及其钠盐，如苯甲酸钠、水杨酸钠等；另一类是酰胺化合物。

在选择助溶剂时，应该考虑到以下条件，在较低的浓度下，也能增加难溶有效成分的溶解度；与有效成分及其他成分相容；使用时无刺激性和毒性；贮存稳定性好；价廉易得。

在气雾剂中促进抛射剂与产品其他成分的相容性。常用的有乙醇及异丙醇，一般加入量约为3%时，就可以使气雾剂内容物在50℃时保持相对稳定性。

（四）杀虫气雾剂中常用的其他成分

其他成分主要是指助剂，见第四章第三节"卫生杀虫剂型用助剂"，在此不再赘述。

二、抛射剂

（一）抛射剂在气雾剂产品中的作用

抛射剂在气雾剂产品中以复杂的方式发挥作用，其主要作用如下。

1）使罐内的气相产生一股压力，当揿压阀门促动器时使产品从容器内喷出。混溶在喷出物中的抛射剂以汽化的方式使喷出雾滴第二次雾化。

2）作为稀释剂、溶剂、喷雾或泡沫成分、黏度调节剂或遮光剂。

3）在某些特殊情况下，它还可作为凝固剂、粉剂、信号剂（如船上的号角）、特种脱脂剂、制冷剂替代物、灭火剂、微生物静电及许多其他用途。

（二）抛射剂赋予气雾剂产品的特性

1）蒸气压 $70 \sim 84.5 kPa$（21.1℃）。

2）喷雾雾滴尺寸 $< 1 \mu m$。

3）提高或改善产品的效能。

4）可燃性、弱燃性或不燃性。

5）改善或调整泡沫浓度、干湿度及破泡速度。

（三）抛射剂的作用机理

当抛射剂溶解在产品浓缩液（或称基料）中时，它能使喷射出的液流粉碎成雾。抛射剂与产品浓缩液之间的相互作用决定了喷雾形成的液滴尺寸及分布。即使抛射剂不能直接使产品成雾，通过配合使用各种机械裂碎式促动器，也足以使喷出物靠惯性能量形成漩涡式喷雾。

要使产品浓缩液成雾，抛射剂气相部分应具有足够的发射能量，以克服液体的表面张力及其他内聚力。如一食盐喷雾，氮气对它产生的压力为686kPa，若不配以机械裂碎式促动器，则只能喷出一股急速液流。在纯水的情况下，即使压力高达1.65MPa，也只能喷出液流。

再如在0.7MPa的压力下，CO_2 在石油精馏物（矿物精油、脱臭煤油及高黏度矿物油）中的溶解度在2.6%～2.9%。使用常规阀门时只能形成一股粗雾。当碳原子数从10增到16时，雾流变更粗，形成一个浓密的雾锥芯。

抛射剂的发射能量是一个复合因子，与蒸气压及分子量有关。较高压力抛射剂能产生细雾。如以90%乙醇与10%丙烷（A-108），以及90%乙醇与10%异丁烷为例，丙烷配方可以形成喷雾，而异丁烷配方只能产生一股液流。若用 n-丁烷，则几乎无压力，只能喷出一股稀薄液体束。

但也有许多例外情况，低分子量的抛射剂也有显示较好喷雾的情况。例如，CFC-12和异丁烷在乙醇或酮中的喷雾比 HCFC-22 要好。

（四）抛射剂的用量

从安全的角度出发，在气雾剂中抛射剂的用量尽可能越少越好。这可以使气雾剂中的产品量达到最大。但在某些情况下，这一原则也不一定切实可行。使用较多的低压力抛射剂能使喷出物更平缓流畅，较少"冲击"式喷出，能使用较大计量孔的阀门，降低黏度，减少起泡，可以通过分析试验选用。例如，A-32（异丁烷）常用于剃须膏，A-85（65%丙烷与35%异丁烷）多用在气雾喷漆中。

若抛射剂被乳化，或用在含有适量表面活性剂的水基产品中，在"喷流型"阀门的作用下，产品会形成泡沫，或是气泡状冒出。一般泡沫的密度约为 $0.10g/cm^3$。若加入抛射剂量过多，则泡沫显得太轻而薄弱，泡沫表面无麻点状，常用的为抛射剂 A-70。

抛射剂应与配方中其他成分具有相容性，不会与其他成分发生化学反应而破坏配方的稳定性及效果。抛射剂应对人无毒，选用的品种、比例应与产品特性相匹配，并保证该产品获得最佳的喷射性能。

三、阀门和促动器

气雾剂内容物经过阀门及促动器后最终变成各种不同形态的喷出物，是气雾剂阀门与促动器（或者还有微雾化器）联合作用的结果，其中还有混入部分喷出物中的抛射剂的作用。简单来说，阀门和促动器都是气雾剂内容物的流出通道，阀门是第一流出通道，促动器是第二流出通道，两者犹如接力赛一样，共同来完成将内容物按预定的设计要求及喷出性能以最佳方式送出气雾剂容器外的功能。在这个"接力赛"中，还有一个"交接动作"的最佳化问题，交接得好而快，就能跑得快，交接时若受阻很大，肯定就跑得慢。这个交接环节就是阀杆计量孔的设计，如孔或槽的大小、个数及分布方式、孔的形式及光整度等。流体力学实验模型显示，当阀杆上计量孔对称设置时，比单边设置一个孔有助于加快流速，因为它们能起到矢量叠加的作用。当然，还与计量孔的大小及形状（如直孔、对称锥孔、斜锥孔及台阶式孔）的设计有关。

从总体上来说，尽管气雾剂产品是在阀门与促动器（及微雾化器）协同作用下最终使产品获得所需的形态和性能，但阀门与促动器各自的工作特点是不一样的。

四、气雾剂容器

气雾剂容器的作用如下。

1）作为气雾剂内容物（包括产品物料与抛射剂）的盛装容器。

2）承受抛射剂气相部分所产生的压力。

3）承受气雾剂内容物的腐蚀侵袭。

4）作为气雾剂阀门的封装基座。

5）罐体外印贴标签，标示气雾剂品种及使用说明。

第四节　杀虫气雾剂应用中的整体效果及分类

一、杀虫气雾剂应用中的整体效果

防治卫生害虫可以有多种方法，如物理防治、化学防治、生物防治等。近年来又一直在提倡综合防治，其中，化学防治仍为使用最广泛、最有效的手段，能迅速有效地控制病媒昆虫的繁衍及疾病的传播。

在化学防治中，离不开杀灭病媒昆虫的卫生杀虫药剂及施播药物的配套器械，还要辅之以科学的施药方法和时间，也离不开操作者对昆虫的习性与活动规律的了解，方能达到有效目的防治。

化学防治的核心是将卫生杀虫药剂以适宜的方式及状态扩散而到达靶标昆虫并发挥效用。

卫生杀虫药剂是指以适宜的杀虫剂原药为有效成分并经加工制造成的各种剂型的卫生害虫药物。因为，专为卫生害虫防治用的右旋苯氰菊酯纯度为92%，是一种黏性液体，在实际应用中只要千分之几的含量就能达到对卫生害虫有效防治的目的，所以必须要借助一定的载体，将它加工成适当的剂型后才能使用。加工成何种剂型，要从多方面考虑。

1）从防治卫生害虫的对象的生活习性上考虑，如飞翔、爬行等。

2）从对昆虫致死作用的方式上考虑，如触杀、胃毒、驱赶、熏杀等。

3）杀虫剂本身的理化性能，如是否适宜加热而不会分解等。

4）药剂的施播或扩散到达昆虫靶标的方式。

5）在达到同等杀灭效果的前提下尽量降低成本。

6）其他。

卫生杀虫剂有许多剂型，如目前广泛使用的有：蚊香、电热蚊香（驱蚊片及驱蚊液）、杀虫气雾剂、乳剂、悬浮剂、酊剂、粉剂、涂料、毒饵、药笔、药胶等，其中杀虫气雾剂与蚊香、电热蚊香（驱蚊片及驱蚊液）是家庭及室内用主要卫生杀虫剂剂型。

为了达到对害虫有效、安全、快速、经济的化学防治效果，设计及使用杀虫气雾剂时必须从五个方面综合予以考虑。

第一，要选择适宜的药物，药物是化学防治的基础，是杀灭害虫的主要因子。药物选择合适与否，对防治效果具有决定性的影响。例如，要求快速击倒的可以选择胺菊酯、烯丙菊酯或炔丙菊酯；要求致死率高的，可选用氯菊酯或右旋苯醚氰菊酯等。

第二，要配之以合用的器具。气雾器具或能帮助药物最大限度地发挥出其药效，对药物最大限度地发挥效用起到举足轻重的影响。药物是核心，具有杀虫效果，但要通过气雾器将它粉碎后方能达到害虫躯体或其活动途径上使害虫有机会得以受药致死。所以两者的合理结合，是达到害虫防治的基本前提。

气雾剂产品是一种药剂与喷洒器具的结合体，药剂与器具之间的整体性关系就很明显。好的药剂，若与之匹配的抛射剂、气雾剂阀门及促动器不合适，便无法发挥药剂的良好效果。

第三，要掌握正确的使用方法，这是达到有效防治的重要保障。不适当的使用方法，除了白白浪费人力、物力，达不到预期的防治效果外，还给环境增加了污染。如将使用于飞机舱内的杀虫气雾剂用于杀灭食品垃圾堆的苍蝇，将杀爬虫的粗雾滴杀虫气雾剂大量喷向空间等，都是偏离了正确使用方法的例子。

第四，要对防治靶标——害虫的种类、分布情况、活动规律、栖息习性、抗药性情况等都要有完整清晰的了解。否则，单从药物本身的固有性能或效果出发，脱离了对象，就脱离了实际，达不到正确用药的目的。例如，在设计杀虫气雾剂时，不考虑飞虫、爬虫对象个体上的差异，一味加大击倒剂及致死剂的含量，不仅浪费，加大环境污染的后果更是难以估量。所以无论在选择药物品种，还是在设计药剂中有效成分的含量等各个方面，均需结合防治对象认真考虑。

第五，要考虑防治靶标——有害生物所处的环境状态的多样性及复杂性。

对有害生物的防治效果，绝不是药物决定一切的，是上述这五个方面有机组合的最终结果，不是只有其中之一就可以决定的。这是一个完整的综合体系。它们之间存在着相互制约，相互影响，相辅相成的相互作用机制。只有这样，最终才能获得所需要的处理效果。

笔者曾经见到一机场工作人员在喷洒一种空气消毒清新剂，喷出的液滴在离喷嘴不到1m的距离内全部下落，成了地面消毒剂。这是一个液剂与气雾器具配套失败的明显例子，也许生产厂家将此液剂灌入气雾罐内制成气雾剂时，忽略了抛射剂的配比与压力，也忽略了气雾剂阀门促动器组合与空间喷雾用细微雾滴的匹配性。

反之，如果一种药剂本身的效果比上面所述的药剂效果差一些，但在制成气雾剂产品时，因为选择了合适的气雾剂阀门与促动器组合及合适蒸气压的抛射剂，喷出的液滴直径小于$20\mu m$，能在空间飘浮停留一段较长时间，反而能对空气达到较好的消毒效果。

同样的例子发生在杀飞行害虫气雾剂产品上，笔者见到不少这类产品的雾滴直径大于$100\mu m$，会较快下沉到地面上，其杀飞虫效果可想而知。

随着环保意识的加强，目前正在从油基型向水基型杀虫剂方向发展。此时，有些开发者以用于油基型飞虫气雾剂上的阀门与促动器组合及抛射剂配比移植到水基型杀飞虫气雾剂上，结果可能令人失望。因为水的密度及表面张力比煤油大，要将它粉碎成同样大小的雾滴，所需的雾化力（能量）必然随之加大。要加大雾化能量，或者调整抛射剂配比，或者选择使用适用于水基型液剂的气雾剂阀门与促动器组合。国外一些阀门厂商已开发了此类水基产品专用阀门。

系统论的创立人贝塔朗菲在谈论整体时说："物体以系统的形式存在。但系统不是以各部分的简单相加形成的，而是由各部分有机结合形成的。各部分之间彼此相互联系、相互作用，存在着反馈机制，而每一部分又是开放系统。整体性功能具有各部分功能之和。整体表现出有序性和一种目的性。"

杀虫药剂是一个独立的系统，施药器械是另一个独立的系统。它们之间组合后形成一个新的系统整体。要获得新系统的最佳整体效果，必须要通过实验采用择优组合后才能实现，并不是将它们任意搭配就可以的。杀虫药剂和器械的最终整体效果是在它们的联合作用下得出的特定值，不存在普遍的适用性或互换性。所以在选择器械时，必须要充分顾及器械对施药效果的相互制约或补偿作用。

当然，除了从整体上考虑杀虫药剂与器械之间的相互匹配关系以及防治靶标外，在实际应用中则在很大程度上要依存于所采取的应用技术。

这就是气雾剂产品的整体性关系。

二、杀虫气雾剂的分类

杀虫气雾剂的分类，可以从不同的角度进行。

（一）按使用目标分类

FIK：飞翔害虫用杀虫气雾剂（防治蚊、蝇等），它喷出的雾滴直径在 35μm 左右，能在空间漂浮扩散，提高它与飞行昆虫的撞击驱杀效果。

CIK：爬行害虫用杀虫气雾剂（防治蟑螂、臭虫等），它喷出的雾滴直径略大一些，可以直接喷洒在爬行害虫出没的途径上，也可以在喷嘴上接上细长管喷入这类害虫的潜伏场所。

MP：多种目的用杀虫气雾剂。

MIK：全害虫用杀虫气雾剂（还包括防治不快害虫，如螨等）。

（二）按理化剂型分类

1. 油基气雾剂（OBA）

油基型杀虫气雾剂是将杀虫有效成分、增效剂及其他添加剂一起充分溶解于脱臭煤油中，成为一种均相溶液，然后在金属罐中抛射剂的作用下，通过阀门及喷嘴呈气雾状喷出。煤油属饱和烃，有合适的沸点，对人、畜均安全。煤油接触到昆虫后就能将其表皮的蜡质层溶化，使有效成分渗入虫体达到中枢神经，很快使昆虫麻痹死亡，所以以煤油做溶剂的杀虫气雾剂杀虫效果好，而且杀虫有效成分在煤油中不会分解，药效稳定性也好。

油基型杀虫气雾剂为两相溶液型。杀虫有效成分、溶剂与抛射剂组成均一的液相；溶剂的蒸气与抛射剂的蒸气共同组成气相。在气雾罐内，气相在罐内上方，液相在罐内下方。

油基气雾剂对气雾剂容器几乎无腐蚀性，所以容器内壁不需要耐蚀涂覆层，在配方中，也不必加入腐蚀抑制剂。但若溶剂中含水量高，它会沉至罐底，对罐内底部四周产生腐蚀。

煤油的缺点是有气味，特别是去臭不良的话，气味令人难以忍受，且对皮肤有一定的刺激，易燃。油基溶剂是 VOCs，最终要被水基取代。

2. 水基气雾剂（WBA）

主要以去离子水为溶剂的杀虫气雾剂称为水基型气雾剂。

水基型杀虫气雾剂的开发起始于 20 世纪 60 年代，它不仅能大幅降低气雾剂的成本，减少溶剂对环境的污染，减弱对人体呼吸道的刺激性。而且水基型不燃，提高了气雾剂生产、运输及使用中的安全性。

20 世纪 70 年代初，在杀虫活性成分相同的情况下，由于水对昆虫体表的渗透能力弱，水基气雾剂的药效往往不如油基气雾剂，稳定性也差。后来经过配制工艺上的不断改进，主要是通过对乳化剂的合理选择，水基气雾剂的有效成分稳定性大大提高，某些产品在 40℃ 高温下经过 19 个月的热储存试验，有效成分基本上没有什么变化。所以从 80 年代起，水基型杀虫气雾剂就成为今后国际上发展的主要趋向。

水基气雾剂应配成油包水型，这样，不但能降低对气雾罐的腐蚀性，同时也有利于加强药滴对昆虫表皮的渗透能力，提高制剂的杀虫效果。

喷射水基杀虫气雾剂时，常常会在喷嘴孔及罐上盖形成雾液及泡沫沉淀。而且，由于水分子间的氢键使水具有特殊结构，以多分子结合体存在，因而沸点高，表面张力大。要保证获得精密雾滴，除了可加入表面活性剂降低表面张力及加入适量消泡剂外，还要考虑的一个重要因素是喷射系统的阀门及促动器结构。必须采用具有两次裂碎的机械分裂型促动器以及阀座上有气相旁孔的阀门机构。

3. 酊基气雾剂

以乙醇做溶剂制成的杀虫气雾剂称为酊基型气雾剂。

乙醇挥发快，在空间持效短，亲水性大，雾滴对虫体表皮渗透力小，所以药效稍差，且杀虫有效成分的稳定性也不如油基型。

酊基杀虫气雾剂使用在食品贮存处及厨房等场所，比油基型安全，刺激性气味也小。

可以说，中国杀虫气雾剂的商品化，就是从酊基型杀虫气雾剂起步的。这是因为它是从喷射剂移植过来的。在 20 世纪 70 年代末上海联合化工厂最早在国内推出了酊基型"灭害灵"喷射剂，以后在此基础上改用进口的马口铁气雾罐灌装，并充以氟利昂抛射剂后，在 1982 年诞生了"品晶牌"气雾剂。在客观上，当时国内的乙醇价格不高，而脱臭煤油又缺乏供应，加入一定的香料后喷出物的气味也令人可接受，所以在很长一段时间内得以生存发展。后来生产厂家也认识到，在相同有效成分的配方条件下，酊基的效果不如油基，而且随着对气雾剂 VOCs 问题的关注，酊基型杀虫气雾剂逐渐减少。

（三）按喷射方式分类

有间歇喷射型，一次性全释型和滞留喷射型杀虫气雾剂。一次性全释喷射型杀虫气雾剂适用于无人并接近密闭状态的室内，按动喷头就能一次性将杀虫液剂全部喷射完，驱除并杀灭隐藏的蟑螂、跳蚤及其他害虫等。而滞留喷射型杀虫气雾剂则直接喷洒在目标表面或缝隙处，可达到防治蟑螂、跳蚤及家螨等害虫的目的。

（四）按作用方式或机制分类

杀虫剂根据其剂型可有吃食后胃毒杀，皮肤或体肢接触后触杀及吸入后熏杀三种形式。

触杀是由于药物对昆虫体内的神经系统产生中毒作用，先诱发其产生兴奋，然后阻塞神经传导使其死亡；熏杀机理是药物气体分子被昆虫吸入后破坏其糖酵解，阻止其体内的代谢作用。

杀虫气雾剂属触杀型，不属熏杀型，它不是熏蒸剂，这一点被许多人误解。例如，在杀虫气雾剂罐体上"使用方法"一栏中，多能见到"喷洒时，先关闭门窗，20 分钟后打开门窗效果更好"之类的文字。应该明确的是，杀虫气雾剂是以触杀功能发挥作用的，杀虫气雾剂不具备熏杀功能，属触杀剂，将其作为熏蒸剂使用是一种误导。

第五节 杀虫气雾剂配方设计中的基础知识

一、气雾剂产品内容物配方的基本概念

包括气雾剂在内的许多日用化学品，如个人用品、家庭用品、汽车用品、工业用品以及药物等，都被制成各种不同的剂型生产及使用。

一般来说，每种产品的剂型都由一些基本成分组成，如主要功能成分、辅助功能成分、溶剂、表面活性剂、赋形剂、增效剂、稳定剂、物性改善剂、酸度和稠度调节剂等，根据使用需要将它们以一定的配比及加工方式制成。

配方中的各种成分大多不能单独发挥作用，或单独使用极不方便，需要加以稀释或加入填充剂（赋形剂）等，制成一定的剂型后方可使用。一个好的配方设计及配制工艺，可以促进这些成分之间产生叠加效果；反之，则会相互抵消而降低整体功能。

同一类功能的产品，之所以要制成不同的剂型，主要是根据使用场合和消费者的需要而决定的。同一种杀虫用产品，根据不同使用场合的需要，可以制成不同的剂型，而每种剂型又有数个不同配方比例的产品，即数个制剂。

以杀虫剂为例，乡村山区蚊虫多，以熏杀驱赶用的蚊香为宜；但在城市蚊虫相对较少，房间又封闭的场合，以使用杀虫气雾剂为好；在飞机舱内，为快速有效杀灭可能携带登革热等病菌的蚊虫，则必须使用飞机舱内用杀虫气雾剂，如2%右旋苯醚菊酯。

气雾剂产品作为一类特殊剂型，之所以得到迅速发展并扩大到许多品种，与它独有的优点是分不开的。有些产品制成气雾剂型后，比其他剂型能取得更好的效果，一种产品是否适合制成气雾剂型，取决于多方面的因素：首先是市场的需要，与原先使用的剂型相比，气雾剂型的综合性价比更高，消费者愿意接受；其次，现有药剂有配成气雾剂型的可能，没有这种可能的，也就无从谈起。

气雾剂产品包括气雾罐、气雾剂阀门与促动器组合（或喷雾盖）、抛射剂及产品料（液）四大部分，这是一个不可分割的整体系统。其中抛射剂与产品料（液）两部分一起构成气雾剂产品的内容物，本节所说的气雾剂产品配方实际上就是指内容物的配方。

二、配方设计

设计配方前，要事先对产品的成本和主要性能设定一定的技术要求和性能指标。

然后就可以选定几种主要原料，设计出基本配方，测算物料成本是否符合预计成本，必要时更换原料或修改配方，直至达到设计要求。

再次就是配制出由基本配方组成的复配物，观察外形，测定主要指标，做必要的修改调整，直至满足要求。

由基本配方组成的复配物不是一开始就很完美的，通常，对产品性能和外观还需要调整及修饰，即在基础配方中加入一些必要的辅助成分，如香精、色素、功能性添加剂、黏度调节剂、透明度调节剂、酸碱度调节剂等。经过调整的基础配方，在成本和性能上都会发生变化，有时变化很大，这时可能又要调整基础配方。

对杀虫气雾剂产品，还要考虑内容物与气雾罐，特别是与气雾剂阀门的匹配性。

三、气雾剂产品内容物配方组成的基础

每一种杀虫气雾剂产品的内容物均由两大部分组成：产品料（液）与抛射剂。

产品料（液）又包含主要成分、溶剂及其他辅助成分等。

主要成分是指对该产品主要功能或性能起决定或关键作用功能性成分，例如，杀虫气雾剂中的杀虫有效成分，主要为适合卫生杀虫剂使用的各种原药，如胺菊酯、烯丙菊酯等。

由于气雾剂产品料中的功能性有效成分用量都十分少，一定要借助于溶剂的溶解稀释，才能使有效成分均匀扩散到喷洒表面，有助于提高有效成分对目标表面的渗透，更好地发挥其功能。溶剂还必须与主要成分及其他成分具有良好的相容性。

当然，不同的气雾剂产品所用的溶剂是不同的，溶剂在同一种产品的不同配方中的用量也不同，视具体情况而定。溶剂向水基方向发展是必然的趋势。

其他辅助成分的种类很多，有时虽然添加量极少，但同时具有辅助成分与功能性成分的双重作用，会对产品的最终性能起到画龙点睛的作用。辅助成分分为功能性辅助成分及非功能性辅助成分，要视其作用主次或产品功能及配制工艺的需要而定。非功能性辅助成分大都用于配制工艺上的需要。

总而言之，杀虫气雾剂的产品浓缩料中的基本组成包括：杀虫活性成分（击倒剂加致死剂，或单用致死剂，如飞机舱用杀虫剂）、增效剂、表面活性剂（尤其是水基）、溶剂、助溶剂等。

四、杀虫气雾剂产品的配制工艺

（一）概述

日用化学品大都由多种成分配制而成，这就涉及配方设计及按一定的程序配制成最终产品的过程，后者就是配制工艺。

要设计一个成功的配制工艺不容易。要有扎实的基础理论知识，对各种组分及其相互之间的相容关系有充分的了解，才能确定合适的配制过程，得到所需的产品。否则，再好的配方也没有用。所以，配方和配制工艺必须匹配。如配制工艺不当，最终产品达不到预定的设计要求，或根本配制不成产品。配制工艺合理性与所设计配方的适应性对产品的配制往往起到十分关键的，有时甚至是决定性的作用。

杀虫气雾剂类产品虽然具有许多其他剂型无法相比的优点（使用方便、性能效果、外观及其他方面），但较之其他剂型的产品，配制工艺要求更为复杂。

相对而言，油基型杀虫气雾剂的配制工艺比较简单，这也是历史上油基型杀虫气雾剂率先起步，投入批量生产并迅速获得商品化的原因之一。

为符合环保要求，杀虫气雾剂中应减少挥发性有机物的含量，向水基方向发展，但水基杀虫气雾剂类产品的配制工艺复杂性极高，客观上阻碍了水基气雾剂类产品的发展进程。

（二）配制工艺

产品不同，产品的物态及剂型不同，配制工艺也不同；即使是同一种产品的相同剂型，为满足其不同功能要求，其组成不同，基型不同（油基或水基）或其相不同（O/W、W/O 或 W/O/W 等），决定了其配制工艺也不同。所以，配制工艺没有一个固定的程序，在每种产品及其剂型（或基型及其相）确定后，根据产品配方所拟定的配制工艺，都是特定的，不具有普遍适用性，而且即使对一个产品而言，只要其中某一个或几个组分改变了，或只是其用量改动了，势必影响原来各组分之间已取得的平衡，就很可能需要对原先拟定的配制工艺做出相应的调整。由此可见，配制工艺是根据已确定的该产品配方及剂型（或基型及其相）拟定的，对其他产品，或同种类产品的其他剂型就不适用了。

首先，产品配方及剂型设计师应当掌握配方中可能要用到的各种组分的理化性质，如产品料与抛射剂的相容性及溶解性关系。如在气雾剂产品中的氯氟化碳物质被淘汰后，烃类抛射剂与很多聚合物及某些组分不相容，给配制工艺带来了困难。这就要寻找功能与原有聚合物及组分相同或相近的替代物；或者能使烃类抛射剂与原有聚合物及某些组分之间达到相容的中间成分。

其次，应该将气雾剂产品的内容物（包括产品料与抛射剂）与气雾剂罐、气雾剂阀门与促动器组合之间的匹配性考虑进去。否则，内容物若对气雾剂罐有腐蚀，其产生的沉淀物将影响产品的稳定性及效果；内容物对气雾剂阀门与促动器组合中的密封件产生溶胀或溶出，会对产品稳定性及效果造成影响，气雾剂阀门与促动器组合也会影响产品内容物喷出性能。

所拟定的配制工艺最终能否使所设计的产品配方及剂型达到应达到的性能和效果，这要通过一系列的性能检验验证。

若杀虫气雾剂产品料的配制比较简单，可以一步到位，当然也不必先分什么A、B、C相了。但有时也可将它分两步配制，目的是使有效成分能充分均匀完全溶解于溶剂，如油基杀虫气雾剂产品料配制中采用两步法，可以使杀虫气雾剂产品在整个使用过程中发挥出均匀一致的生物效果。

有时，出于产品喷出性能及灌装工艺的需要采用两步法，以二氧化碳油基气雾杀虫剂为例做一说明。

杀虫气雾剂的配方如下。

有效成分及香精等：2%；

脱臭煤油：95%；

CO_2：3%。

在使用中，溶解在溶剂中的CO_2，一部分随着产品料的喷出，从液相中气化，补充气相中的压力；另一部分继续溶解在液相中，随着产品液料一起喷出气雾罐外。所以，在开始灌装CO_2时必须把这两种因素都考虑进去，这样才能保证直到产品喷完时罐内仍有所需的喷雾压力。

此产品21℃时的最终压强为686.5kPa（7kgf/cm²），在用预饱和法灌装时，将它按质量分为两个相等的部分。

第一部分，浓缩液（质量分数50%）：

其中，有效成分及香精等：4%；

脱臭煤油：96%。

第二部分，抛射剂（质量分数50%）：

其中，脱臭煤油：94%；

CO_2：6%。

批量生产中，抛射剂部分在3784L压力罐内，CO_2灌入量为143kg，煤油加入量约为罐容积的75%（体积分数），即相当于2245kg。最后得平衡压力，21℃时为1.373MPa（14kgf/cm²），达到所需的喷雾压强。

（三）气雾剂阀门在气雾罐上的封口尺寸

气雾剂阀门在气雾罐上的封口尺寸通常为27mm±0.2mm，这是针对25.4mm标准气雾剂罐口的封口尺寸范围，即应在26.8~27.2mm。具体到某一批气雾剂产品，如果气雾剂阀门及气雾罐口都符合制造标准，封口尺寸就会是26.8~27.2mm的某一个特定尺寸。若不考虑气雾剂阀门与气雾罐口的实际尺寸，而是硬性规定一个具体尺寸，并指定需按此验收，是不切实际的。事实上，若统一要求按某指定尺寸封口，最终产品反而不一定能达到密封要求。

不同厂家生产及用不同材料制成的阀门固定盖、外垫圈，以及气雾罐口尺寸都会有差异，即使是同一厂生产的不同批次间可能也有差异，操作中应根据实际情况对封口尺寸做出调整。

五、杀虫气雾剂典型配方设计

（一）杀虫气雾剂配方设计

用于家蝇的杀虫气雾剂的经典配方如下。

胺菊酯：0.3%（质量分数）；

PBO：1.0%；

溶剂+抛射剂：98.7%。

该配方杀虫气雾剂对家蝇的试验效果见表9-5。

表 9 – 5　对家蝇试验效果

计数时间（min）	击倒数（只）					死亡数（只）				
	第 1 次	第 2 次	第 3 次	第 4 次	合计	第 1 次	第 2 次	第 3 次	第 4 次	合计
5	135	122	118	110	485					
10	184	170	170	167	705	197	193	187	182	759
15	197	187	187	182	759					

注：试验重复 4 次，每次试虫为 200 只。

这一配方经济、有效、安全，至今还在广泛使用。将此配方中的增效剂 PBO 取消，将胺菊酯的量增加至 0.5%，可以获得相同的生物效果。

同时用于蚊虫及家蝇的基本推荐配方如下。

胺菊酯：0.3%（质量分数）

PBO：1.0%；

天然除虫菊萃取物（25%）：0.2%；

溶剂 + 抛射剂：98.5%。

配方中天然除虫菊用于增加对蚊虫的击倒效果，同时又有助于增加对蚊虫的驱避与阻止叮咬效果。PBO 可降低配方成本。如要进一步提高效果，可用生物烯丙菊酯、右旋烯丙菊酯或 S – 生物烯丙菊酯替代天然除虫菊。

若要增加致死效果，如用于防治黄蜂，应适当加入致死剂。

胺菊酯：0.2%（质量分数）；

PBO：1.0%；

氯菊酯（25/75）：0.3%；

溶剂 + 抛射剂：98.5%。

可做致死剂的拟除虫菊酯还有苄呋菊酯、右旋苯醚菊酯。必要时可以加入氨基甲酸酯（如残杀威）或有机磷（如杀螟松）。但不推荐将氯氰菊酯及其他含氰基的拟除虫菊酯用于杀飞虫气雾剂中，以减少刺激性。

表 9 – 6　对德国小蠊及美洲大蠊的试验效果

试验昆虫	击倒数（只）	死亡数（只）
德国小蠊	10	10
美洲大蠊	10	10

注：1. 德国小蠊在喷药后 30s，美洲大蠊在 2min 后计算击倒数；

2. 每次试验虫数为 10 只，表内为 4 次重复试验平均值。

将杀虫气雾剂配制成水基型气雾剂时，其有效成分的使用量与相应的油基型配方相同。但因将水作为溶剂时，它的溶解性能差，穿透昆虫蜡质表皮层的能力较低，为获得相同的效果，就要增加有效成分的量。水基基本配方如下。

胺菊酯：0.3%（质量分数）；

PBO：1.2%；

脱臭煤油：5%；

去离子水：55%；

乳化剂、抗氧剂、抛射剂：38.5%。

采用二甲醚（DME）作为抛射剂，可以配制成单液相的气雾剂，在使用时不需要先摇动气雾罐体，配方如下。

胺菊酯：0.3%（质量分数）；

天然除虫菊萃取物（25%）：0.2%；

PBO：1.2%；

异丙醇：12.5%；

去离子水：40%；

DME：45.0%；

抗氧剂：0.8%。

该水基气雾剂对家蝇的生物效果见表9-7。

表9-7　对家蝇的生物效果

剂量（g）	击倒数（只）					死亡数（只）				
	第1次	第2次	第3次	第4次	合计	第1次	第2次	第3次	第4次	合计
2	195	184	199	189	767	195	184	199	189	767
对照	—	—	—	—	—	0	1	0	0	1

注：1. 试验重复4次，每次试虫200只。

2. 试验方法：玻璃小框法。

一般来说，杀蟑螂类爬虫的气雾剂，也可以用于杀灭蚂蚁、臭虫、蛀虫及跳蚤。

爬虫大都有粗糙的表皮层，杀虫剂难以穿透到达中枢神经。而且爬虫平时躲藏，可能要过几天才会接触到喷洒的药物。所以要求杀虫剂有滞留喷洒作用。从这个角度来讲，水基型杀虫剂对爬虫的杀灭效果要差一些。

对于杀爬虫来说，配方中击倒剂并不是关键。当爬虫接触到药物后，并不会马上被麻痹，它们可能会死在别处，所以使用者看不到该杀虫剂的效果。与之相反，当使用者见到飞虫接触到药就倒下不动时，就会认为该药剂好，便会毫不犹豫地购买。所以，对于杀爬虫气雾剂，就要考虑改进配方的驱出效果，迫使爬虫从隐蔽处出来接触到杀虫剂。

由于杀爬虫的气雾剂一般都喷在地面上，对人的刺激性不大，因此可以加入含氰基的拟除虫菊酯，以下是一个价廉而有效的配方。

胺菊酯：0.35%（质量分数）；

氯氰菊酯：0.125%；

PBO：1.25%；

溶剂＋抛射剂：98.275%。

配方中的氯氰菊酯可以改用氯菊酯、右旋苯醚菊酯、右旋苯醚氰菊酯或其他致死剂。

在拜高杀虫气雾剂中，使用了残杀威。

胺菊酯：0.3%（质量分数）；

残杀威：2.0%；

PBO：0.8%；

溶剂＋抛射剂：96.9%。

用于杀蚂蚁时，配方中残杀威的量可降至1%以下。

试验配方如下。

胺菊酯：0.2%（质量分数）；

PBO：0.8%；

残杀威：0.5%；

异丙醇：18.5%；

溶剂＋抛射剂：80%。

该气雾剂对蚂蚁的试验效果见表9-8。

表9-8 对蚂蚁的试验效果

剂量（ml）	暴露时间（min）	击倒数（只）	死亡数（只）
2.0	2	28	30
对照	—	—	—

注：以上试验为4次平均值，每次试虫用30只。

PBO 对残杀威也有增效作用。拟除虫菊酯对害虫有驱赶效应，但残杀威无此功能。

同时用于防治飞虫和爬虫，具有击倒与致死效果，且没有刺激性的多功能杀虫气雾剂基本配方如下。

胺菊酯：0.3%（质量分数）；

氯菊酯：0.35%；

PBO：1.0%；

溶剂 + 抛射剂：98.35%。

在上述配方中，也可以使用天然除虫菊，而且氯菊酯可改用右旋苯醚菊酯及其他合适的致死剂。

典型的水基型多功能杀虫气雾剂配方如下。

胺菊酯：0.3%（质量分数）；

氯菊酯：0.35%；

PBO：1.5%；

异丙醇：12.5%；

去离子水：40.0%；

DME：45.0%；

抗氧剂：0.35%。

当需要用于杀灭室内及庭院花卉害虫时，必须要考虑配方中所用各成分不会损害花卉植物。

以上是对杀虫气雾剂的设计思路。

近年来，由于国内市场上各种杀虫气雾剂中有效成分滥用，导致昆虫产生抗性，上述介绍的基本配方中有效成分用量可能不够，需根据实际情况做调整。

（二）产品典型配方例

以下列出的配方例，仅作为参考，其中有些是过时的，有些是不合理的。有些含 DDVP 的配方，也是在若干年前国外产品所用，现在已被淘汰了。

（1）以天然除虫菊素为主要成分

例1 除虫菊萃取液（20%）：5%（质量分数）；

芝麻油：2%；

CFC - 12：93%。

注：此为由戈得林和沙利文研制的"臭虫炸弹"配方。

（2）以烯丙菊酯为主要成分

例1 Black flagⅡ（黑旗）

右旋烯丙菊酯：0.16%（质量分数）；

苄呋菊酯：0.80%；

氧化胡椒基丁醚：0.8%。

例2 右旋烯丙菊酯：0.4%（质量分数）；

右旋苯醚菊酯：0.1%。

（3）以胺菊酯为主要成分

例1 胺菊酯：0.20%（质量分数）；

右旋烯丙菊酯：0.15%；

氯菊酯：0.10%；

氧化胡椒基丁醚：0.5%。

例2 ARS

胺菊酯：0.1%（质量分数）；

敌敌畏：0.45%。

例3 速灭松 A plus

胺菊酯：0.3%（质量分数）；

速灭松（杀螟硫磷）：0.75%。

例4 氯菊酯 N plus

胺菊酯：0.3%（质量分数）；

氯菊酯：1.0%。

例5 胺菊酯：0.4%（质量分数）；

右旋苯醚菊酯：0.1%；

氧化胡椒基丁醚：1.0%。

例6 喷杀克 NS$_{40}$

胺菊酯：0.35%（质量分数）；

右旋苯醚菊酯：0.075%。

（4）以右旋胺菊酯为主要成分

例1 喷杀克 FG－11

右旋胺菊酯：0.15%（质量分数）；

右旋苯氰菊酯：0.15%。

例2 右旋胺菊酯：0.25%（质量分数）；

右旋苯醚菊酯：0.25%。

例3 右旋胺菊酯：0.25%（质量分数）；

醚菊酯：0.35%。

例4 炔丙菊酯：0.1%（质量分数）；

右旋苯醚菊酯：0.075%。

（5）以炔丙菊酯为主要成分

例1 炔丙菊酯：0.05%（质量分数）；

右旋苄呋菊酯：0.05%。

例2 炔丙菊酯：0.05%（质量分数）；

氯菊酯：0.05%。

例3 炔丙菊酯：0.10%（质量分数）；

右旋苯醚氰菊酯：0.30%。

（6）以 EBT 为主要成分

例1 TAC

EBT：0.3%（质量分数）；

溴氰菊酯：0.0225%；

氧化胡椒基丁醚：1.655%。

例2 EBT：0.15%（质量分数）；

氯菊酯：0.3%；

MGK－264：1%。

例3 EBT：0.1%（质量分数）；

氯菊酯：0.25%；

氧化胡椒基丁醚：0.5%。

（7）以氯氰菊酯为主要成分

例1　Shelltox 杀蟑

氯氰菊酯：0.24%（质量分数）；

右旋胺菊酯：0.19%；

氧化胡椒基丁醚：0.96%。

（8）以残杀威为主要成分

例1　克蟑一优

残杀威：2.37%（质量分数）；

胺菊酯：0.34%；

敌敌畏：0.8%。

例2　Raid Ⅰ雷达

残杀威：1%（质量分数）；

拟除虫菊酯：0.2%；

氧化胡椒基丁醚：1.1%。

例3　拜高

残杀威：1%（质量分数）；

敌敌畏：0.5%；

氟氯氰菊酯：0.04%。

例4　拜高

残杀威：1%（质量分数）；

敌敌畏：0.5%；

氟氯氰菊酯：0.025%；

五氟苯菊酯：0.04%。

（9）水基杀虫气雾剂配方

例1　水基杀虫气雾剂

胺菊酯：0.3%（质量分数）；

右旋苯醚菊酯：0.075%。

例2　天然除虫菊：0.45%（质量分数）；

PBO：1.20%。

例3　胺菊酯：0.27%（质量分数）；

右旋苯醚菊酯：0.095%；

PBO：1.08%。

例4　胺菊酯：0.44%（质量分数）；

右旋苯醚菊酯：0.045%；

PBO：0.40%。

例5　右旋烯丙菊酯：0.4%（质量分数）；

右旋苯醚菊酯：0.1%。

例6　右旋胺菊酯：0.25%（质量分数）；

右旋苯醚菊酯：0.25%。

例7　炔丙菊酯：0.10%（质量分数）；

醚菊酯：0.30%。

例 8　炔咪菊酯：0.1%（质量分数）；

氰醚菊酯：0.1%。

（三）OTA 标准配方

美国特种化学品制造商协会（CSMA）于 1953 年选定了第一个作为法定测试用的标准杀虫气雾剂（OTA），其中含有天然除虫菊和滴滴涕，但因家蝇的抗性而被修改，在 1970 年推荐用天然除虫菊 0.20% 与 PBO 1.6% 的配方作为临时替代品，1973 年正式被授为法定测试用标准气雾剂 OTA，标志为 OTA - 11（6）。

OTA 一直沿用至今，并扩展到世界各地。以 OTA 作为标准气雾剂所得结果通常用于登记注册。

需要说明的是，在所列配方例中，虽然有的含 DDVP，但是出于对该气雾剂的一种如实描述，现在已将 DDVP 替换掉了。笔者对气雾剂中使用 DDVP 是持否定态度的。

（四）联合国环境署推荐的杀飞虫气雾剂

杀飞虫气雾剂用途十分广泛，既可以配制成无水油基，也可以配制成水基，目前两者均在应用。

1. 无水（油基）杀飞虫气雾剂

（1）配方（表 9 - 9）

表 9 - 9　无水（油基）杀飞虫气雾剂配方

组　分	质量分数（%）
炔丙菊酯（以 100% 含量计）	0.50
右旋苯醚菊酯（以 100% 含量计）	0.125
增效胺 MGK - 264（选用）	1.00
香精（视喜好而定）	0.125
脱臭煤油	58.250
烃混合物（38% 丙烷 + 62% 异丁烷，21℃，内压 480kPa）	40.00
合计	100.00

（2）配套气雾罐与阀门

气雾罐：65mm 直径，无内涂层马口铁罐。

阀门：无涂层固定盖，可用聚乙烯套或聚丙烯涂覆，阀杆计量孔直径 0.46mm，配丁钠橡胶内垫圈，机械裂碎式促动器，孔径 0.40mm，也可用上喷式喷雾盖。

（3）说明

1）喷雾时比水基配方产品噪声小，但成本略高；

2）十分易燃；

3）对一个 4m × 4m 的房间喷药 12s，100% 飞虫及 90% 爬虫可被杀死。

2. 水基杀飞虫气雾剂

（1）配方（表 9 - 10）

表 9 - 10　水基杀飞虫气雾剂配方

组　分	质量分数（%）
右旋烯丙菊酯（以 100% 含量计）	0.15
右旋胺菊酯（以 100% 含量计）	0.11
右旋苯醚氰菊酯（以 100% 含量计）	0.11
氧化胡椒基丁醚	0.32
二乙醇胺油酰胺	0.18
单油酸山梨醇酯	0.005
脱臭煤油	8.50

组　分	质量分数（%）
香精（可选择）	0.10
去离子水	60.207
壬基酚聚氧乙烯醚（三硝基甲苯X－100）	0.018
亚硝酸钠	0.15
苯甲酸钠	0.15
烃混合物（9%丙烷＋91%异丁烷，21℃时，压强280kPa）	30.00
合计	100.00

（2）配套气雾罐与阀门

气雾罐：65mm 直径，有内涂和焊缝补涂的马口铁罐。

阀门：马口铁固定盖，以聚丙烯涂覆，外为罩光清漆。0.61mm 阀杆计量孔，丁钠橡胶内垫圈，阀室带有0.41mm 气相旁孔，尾孔大，插以1.5mm 细引液管。上喷式促动器，带槽，尺寸为0.51～0.58mm，插入带槽塑料喷雾盖。

（3）配制工艺

1）将配方组成中前8种成分在一个大型配料釜内混合，组成油相。

2）将后4种成分在另一个大配料釜内混合，组成水相。

3）在充分搅动下，将水相部分加入油相部分中。保持缓慢搅动，直到形成乳白状产品乳剂。

4）将浓缩料灌入可循环管道，送至灌装机液料箱。

3. 水基杀爬虫气雾剂

杀爬虫气雾剂通常用于防治蟑螂、蚂蚁及臭虫等，一般将药喷在地板、墙脚、炉灶及橱柜等昆虫易藏处。使用烃类抛射剂的油基配方易燃，而水基气雾剂配方成本低，只使用约4%烃类抛射剂，使用也安全。

（1）配方（表9－11）

表9－11　水基杀爬虫气雾剂配方表

组　分	质量分数（%）
毒死蜱	0.5
二甲苯	0.35
蓖麻油	0.85
油酰二乙醇胺	0.45
香精	0.05
去离子水	93.60
亚硝酸钠	0.05
苯甲酸钠	0.25
烃混合物（18%丙烷＋82%异丁烷，21℃，3500kPa）	3.90
合计	100

（2）配套气雾罐与阀门

气雾罐：52 或65mm 直径，单层内涂，焊缝补涂的马口铁罐。

阀门：无涂层马口铁固定盖，以聚丙烯涂覆。阀杆计量孔直径0.43mm，配丁钠橡胶垫圈。阀室无气相旁孔，但尾孔大。促动器为机械裂碎式，喷出孔径0.5mm。标准引液管，向喷雾方向弯曲。

（3）配制工艺

1）将前三种组分在大搅拌釜内与加入所选定的香精混合。

2）将其他组分在另一搅拌釜内混合。

3）在均匀搅拌下，缓慢地将水相液加入油相液。

4）在注入过程中继续缓慢搅拌，并用循环泵使最终料达到最佳状态。

5）最好将 pH 值调节到 6.9～7.3（25℃）。

（4）其他

在使用前，应先将气雾剂摇动。

（五）典型杀虫气雾剂配方及其生物效果

1. 典型杀虫气雾剂配方的生物效果

典型杀虫气雾剂配方的生物效果见表 9-12。

表 9-12　杀虫气雾剂配方的生物效果

气雾剂配方有效成分（质量分数）	KT_{50}（min）—24h 致死率（%）		
	家蝇	淡色库蚊	德国小蠊
胺菊酯/右旋苯醚菊酯（0.3%/0.075%）	4.7—90	8.2—86	2.7—95
胺菊酯/氯菊酯（0.3%/1.0%）	5.2—97	11.7—100	3.8—100
胺菊酯/卫生速灭松（0.3%/0.75%）	8.0—81	8.0—90	2.8—100
右旋胺菊酯/右旋苯醚氰菊酯（油基）（0.15%/0.15%）	5.4—93	5.3—94	2.3，100
右旋胺菊酯/右-苄呋菊酯（0.225%/0.03%）	3.5—87	7.2—84	1.9—85
胺菊酯/右旋苯醚菊酯（水基）（0.3%/0.075%）	6.6—81	7.2—91	4.5—80
右旋胺菊酯/右旋苯醚氰菊酯（水基）（0.15%/0.15%）	5.5—97	6.2—98	3.9—100
炔丙菊酯/S_2（油基）（0.3%/0.3%）	2.7—94	2.4—100	1.5—100
强力诺毕那命/右旋苯醚氰菊酯（油基）（0.1%/0.3%）	3.2—100	5.8—100	3.6—100**
拜高气雾剂（油基）	7.0—100	7.4—100	3.7—100**
炔丙菊酯/右旋苯醚氰菊酯（油基）（0.1%/0.2%）	5.1—9.3	2.8—100	2.0—100**
炔丙菊酯/右旋苯醚氰菊酯（水基）（0.1%/0.2%）	4.7—100	3.2—100	2.6—00**
胺菊酯/醚菊酯（油基）（0.3%/0.30%）	1.62—100	2.10—100	3.28—100*
强力毕那命/醚菊酯（油基）（0.2%/0.3%）	1.54—100	2.13—100	4.15—100*
胺菊酯/醚菊酯/S_1（油基）（0.25%/0.25%/0.5%）	1.75—100	2.32—100	3.63—100*
右旋苯醚菊酯（2%）	8.3—100	13.0—100	10.6—100*

注：1. 家蝇、淡色库蚊杀虫试验：5.8m³ 室内进行空间喷雾，喷雾量：700mg；

2. 德国小蠊杀虫效力试验：向玻璃圆筒内（直径 20cm，高 60cm）直接喷雾，喷雾量：*900mg，**400mg。

日本三井东压公司生产的醚菊酯是一种只由碳、氢、氧三种元素组成的化合物，其安全性在目前是最高的，表 9-13 列出它与不同拟除虫菊酯复配使用的配方及效果。

表 9-13　利来多气雾杀虫剂对蚊、蝇和蟑螂的杀灭效果

气雾剂配方（质量分数）	试验虫种	KT_{50}（min）	KT_{95}（min）	死亡率（%）		
				24h	48h	72h
醚菊酯/EBT（油）（0.3%/0.2%）	淡色库蚊	1.63	6.01	100	—	—
	家蝇	1.61	3.71	100	—	—
	美洲大蠊	4.36	16.29	95.0	100	100
醚菊酯/EBT（油）（0.5%/0.2%）	淡色库蚊	1.27	5.77	100	—	—
	家　蝇	1.53	3.40	100	—	—
	美洲大蠊	3.97	12.36	95.0	100	100
醚菊酯/胺菊酯（油）（0.3%/0.3%）	淡色库蚊	2.10	5.25	100	—	—
	家蝇	1.62	3.64	100	—	—
	美洲大蠊	3.28	8.92	90.0	100	100

气雾剂配方 （质量分数）	试验虫种	KT50 （min）	KT95 （min）	死亡率（%）		
				24h	48h	72h
醚菊酯/胺菊酯（油） （0.5%/0.3%）	淡色库蚊	1.83	3.63	100	—	—
	家蝇	1.50	3.40	100	—	—
	美洲大蠊	2.55	7.06	92.5	100	100
醚菊酯/右旋烯丙菊酯（油） （0.3%/0.1%）	淡色库蚊	2.96	9.20	100	—	—
	家蝇	1.93	4.01	100	—	—
	美洲大蠊	7.66	36.12	80.0	100	100
醚菊酯/右旋烯丙菊酯（油） （0.5%/0.1%）	淡色库蚊	2.54	8.95	100	—	—
	家蝇	1.54	3.58	100	—	—
	美洲大蠊	4.91	16.1	90.0	100	100
醚菊酯/右旋烯丙菊酯（油） （0.3%/0.2%）	淡色库蚊	2.13	6.54	100	—	—
	家蝇	1.86	4.23	100	—	—
	美洲大蠊	7.76	14.83	85.0	100	100
醚菊酯/右旋烯丙菊酯（油） （0.5%/0.2%）	淡色库蚊	1.65	5.86	100	—	—
	家蝇	1.57	4.13	100	—	—
	美洲大蠊	4.15	13.6	95.0	100	100
醚菊酯/胺菊酯/S1（油） （0.25%/0.25%/0.5%）	淡色库蚊	2.32	5.56	100	—	—
	家蝇	1.75	4.74	100	—	—
	美洲大蠊	3.63	7.55	97.5	100	100
醚菊酯/胺菊酯/S1（酊） （0.25%/0.25%/0.5%）	淡色库蚊	4.52	9.47	100	—	—
	家蝇	3.33	6.05	100	—	—
	美洲大蠊	6.05	12.24	97.5	100	100

2. 霹杀高 FE 杀虫气雾剂

（1）特征

1）对蚊、蝇及蟑螂能发挥卓越的效果。

2）可以降低原料成本。

本剂是作为击倒剂使用的原液。因此，在实际加工气雾剂时需要配合适当的致死剂。

（2）组成及理化性质

1）有效成分质量分数 78.75%，其余为有机溶剂。

2）性状：黄褐色透明液体，熔点 >80℃。

（3）霹杀高 FE 与其他单剂对各种害虫的击倒效果观察比较（表 9 - 14）

表 9 - 14　霹杀高 FE 与其他单剂对各种害虫的击倒效果观察比较

药　剂	各种卫生害虫击倒效果		
	家蝇	淡色库蚊	蟑螂
霹杀高 FE	◎	◎	◎
强力诺毕那命	◎	○	◎
强力毕那命	○	◎	○

注：1. 记号 ◎是指效果为优，○是指效果一般。

2. 作为配合的致死剂有：右旋苯醚氰菊酯、二氯苯醚菊酯、氯氰菊酯等。

3. 增效剂为增效醚（PBO）。

（4）生物试验效果

1）霹杀高 FE 与致死剂精高克蟑—S 配合油基气雾剂生物效果，见表 9 – 15。

表 9 – 15　霹杀高 FE 与致死剂精高克蟑—S 配合油基气雾剂生物效果

药剂（质量分数）	KT_{50}（min）—致死率（%）		
霹杀高 FE/右旋苯醚氰菊酯—S（0.2%*/0.1%）	4.8—100	6.6—100	2.4—100
胺菊酯/氯菊酯（0.4%/0.2%）	5.7—100	10.5—79	3.5—78

注：* 强力诺毕那命/炔丙菊酯 = 0.15%/0.00075% as A. I.。

2）气雾剂有效成分为霹杀高 FE/氯菊酯（0.42%/0.2%），广东省卫生防疫站对霹杀高 FE 的生物效果测定（1998 – 09 – 09）见表 9 – 16、表 9 – 17。

表 9 – 16　生物效果测定结果

检验昆虫	试虫数（只）	重复次数	KT_{50}（min）	KT_{50} 的 95% 可信限（min）	24h 死亡率（%）	72h 死亡率（%）
致乏库蚊	20	3	85	0.48 ~ 1.50	100	—
家蝇	30	3	70	0.13 ~ 3.79	100	—
德国小蠊	20	3	48	0.26 ~ 0.91	100	100

注：检验方法参照 GB 13917.2—92。

结论：该杀虫气雾剂对致乏库蚊、家蝇及德国小蠊的杀灭效果均达到 GB/17322.2—1998 国家标准。

表 9 – 17　模拟现场生物效果测定结果

检验昆虫	试虫数（只）	重复次数	60min 击倒率（%）	24h 死亡率（%）	48h 死亡率（%）	72h 死亡率（%）
致乏库蚊	50	3	85	100	—	—
家蝇	50	3	70	100	—	—
德国小蠊	50	3	48	100	100	100

注：检验方法参照 GB 13917.8—92。

结论：该杀虫气雾剂对致乏库蚊、家蝇及德国小蠊的杀灭效果均达到 GB/17322.2—1998 国家标准。

3）吉林省卫生防疫站对霹杀高 FE 的生物效果测定（1998 – 09 – 07），见表 9 – 18。

检验方法采用中国国家标准密闭圆筒法。

气雾剂有效成分为霹杀高 FE/氯菊酯（0.42%/0.2%）。

表 9 – 18　生物效果测定结果

试虫	试虫数（只）	重复次数	KT_{50}（min）—死亡率（%）
致乏库蚊	20	3	0.53—100
家蝇	20	3	0.57—100
德国小蠊	20	3	0.34—100

结论：根据中华人民共和国国家标准，该杀虫气雾剂对各种试虫达到 GB/T 17322.1—17322.11—1998 标准，击倒快、致死率高、刺激性小，是一种良好的室内卫生用品。

4）上海市卫生防疫站对霹杀高 FE 的生物效果测定（1998 – 12 – 08），见表 9 – 19。

表 9 – 19　生物效果测定结果（实验室试验）

供试样品	KT_{50}（min）—死亡率（%）			
	家蝇	淡色库蚊	德国小蠊	72h 死亡率（%）
霹杀高 FE/氯氰菊酯/S_2（0.059%/0.08%/1.0%）	6.0—100	4.2—100	4.2—100	100

注：该配方已不能使用。

检验技术依据：沪卫防疫（91）第 93 号 SOP - 卫生杀虫气雾剂对蚊、蝇、蟑螂的实验室药效测试方法。

5）浙江省卫生防疫站对霹杀高 FE 的生物效果测定（1998 - 08 - 18），见表 9 - 20 和表 9 - 21。

表 9 - 20　生物效果测定结果

供试样品	KT$_{50}$（min），—死亡率（%）			
	家蝇	淡色库蚊	德国小蠊	72h 死亡率
霹杀高 FE 气雾剂：FE/氯菊酯（0.2%/0.2%）	1.43—100	3.63—100	2.06—100	100
对照：中国样品 1 号	2.23—100	3.76—100	3.81—100	100

注：使用实验室密闭圆筒法，参照 GB 13917.2—92。

表 9 - 21　模拟现场生物效果测定结果

供试样品	KT$_{50}$（min）—死亡率（%）				
	家蝇	淡色库蚊	德国小蠊	48h 死亡率	72h 死亡率
霹杀高 FE 气雾剂：FE/氯菊酯（0.2%/0.2%）	13.67—100	21.67—100	28.25—100	100	100
对照：中国样品 1 号	19.50—100	20.50—100	33.66—100	100	100

注：检验方法参照 GB 13917.8—92。

根据表 9 - 21 和表 9 - 21 中气雾剂样品实验室药效测试结果，对家蝇和德国小蠊的 KT$_{50}$（min）值，霹杀高 FE 气雾剂均优于对照样品 1 号气雾剂。

6）住友化学马来西亚研究所对霹杀高 FE 的生物效果测量，见表 9 - 22 和表 9 - 23。

飞行害虫。

试验方法：采用美国 CSMA 法（Peet Grady Chamber 5.8m^3）。

供试害虫：家蝇；

淡色库蚊。

爬行害虫。

试验方法：采用直接喷雾法（美国 CSMA 圆筒法）。

供试害虫：德国蜚蠊。

表 9 - 22　霹杀高 FE 气雾剂生物效果观察

供试样品（%，质量分数）	KT$_{50}$（min）—死亡率（%）		
	家蝇	淡色库蚊	德国小蠊
霹杀高 FE/氯菊酯 0.267/0.2（0.21as A.I.）	4.9—100	5.8—100	1.5—100

注：摘自住友化学马来西亚研究所研究报告：TS - 98127& - TS98123。

表 9 - 23　霹杀高 FE 气雾剂生物效果观察（1998 - 07 - 08）

供试样品 A.I.（%，质量分数）	KT$_{50}$（min）—死亡率（%）		
	家蝇	淡色库蚊	德国小蠊
霹杀高 FE 气雾剂 FE/氯菊酯（0.234/0.2）（中国厂家制样品）	3.6—100	8.3—100	1.0—100
霹杀高 FE 气雾剂 FE/氯菊酯（0.234/0.2）（住友化学制样品）	3.6—100	8.2—100	1.1—100
	3.9—100	5.2—100	2.1—100
对照：中国样品 2 号	6.2—100	5.8—100	2.1—100

注：摘自住友化学马来西亚研究所研究报告 NO - 98077。

3. 炔丙菊酯 S 杀虫气雾剂

近几年，日本住友化学又以炔丙菊酯药物成功地开发了一种专用于杀灭马蜂和黄蜂的气雾剂，已投放市场，商品注册名为"HACHICNOCK"。它分两个品种，L 型用于消灭马蜂及黄蜂巢，S 型用于供人防止马蜂及黄蜂的叮螫。

马蜂对人的叮螫令人烦恼，且又会产生意想不到的危害。日本平均每年死于蜂群叮螫 40 人，最快的在被叮螫后 1h 内即会死亡。所以，日本各地的保健中心时时提醒人们要注意防止受马蜂及黄蜂的叮螫骚扰。

关于这两种气雾剂的有效成分含量、物理性能及使用方法等，见表 9 - 24 至表 9 - 31 及图 9 - 12 至图 9 - 14。

表 9 - 24　炔丙菊酯气雾剂的生物效果

有效成分	含量（%，质量分数）	剂型	KT_{50}（min）—死亡率（%）	
			蝇	蚊
炔丙菊酯/右旋苯醚菊酯	0.05/0.12	OBA	7.3—88	3.5—100
	0.075/0.10	OBA	6.4—86	3.3—94
	0.10/0.075	OBA	5.2—83	3.1—92
炔丙菊酯/右旋苯醚菊酯	0.05/0.12	WBA	6.1—100	4.2—100
	0.075/0.10	WBA	5.4—100	3.4—100
	0.1/0.075	WBA	4.0—95	3.1—100
标准测试气雾剂		OBA	6.9—95	12.5—100
炔丙菊酯/右旋苯醚菊酯/S_1	0.075/0.075/0.30	OBA	6.1—91	4.1—99
	0.10/0.10/0.40	OBA	4.4—95	3.4—100
炔丙菊酯/右旋苯醚菊酯/S_1	0.075/0.075/0.30	WBA	5.7—100	4.8—100
	0.10/0.10/0.40	WBA	5.0—100	4.1—100
标准测试气雾剂		OBA	8.0—93	10.2—100

注：1. 标准气雾剂配方：0.2% 天然除虫菊 + 1.6% S_1。

2. OBA 油基气雾剂；WBA 水基气雾剂。

3. 试验用昆虫：家蝇、埃及伊蚊。

4. 试验方法：CSMA 气雾剂试验法（彼得·格兰特柜）。

表 9 - 25　有效成分及物理特性

形　式	有效成分（%，质量分数）	释放率（g/s）	喷距（m）	雾滴尺寸（μm）
L 型	炔丙菊酯　0.3 增效剂　0.3	16	3.5	7500
S 型	炔丙菊酯　0.3 增效剂　0.3	10	2.0	73.2

表 9 - 26　气雾剂对日本黄蜂的效果

气雾剂形式	昆虫状态	个数										Gh
		喷药后1min	喷药后2min	喷药后3min	喷药后4min	喷药后5min	喷药后6min	喷药后7min	喷药后8min	喷药后9min	喷药后10min	
L 型	正常											
	兴奋飞行	20										
	临死	80	100	95	85	25	15	10	5	5		
	死亡		5	15	85	85	90	95	95	100	100	

气雾剂形式	昆虫状态	喷药后1min	喷药后2min	喷药后3min	喷药后4min	喷药后5min	喷药后6min	喷药后7min	喷药后8min	喷药后9min	喷药后10min	Gh
S型	正常											
	兴奋飞行	5										
	临死	95	95	50	40	25	25	15	10	5		
	死亡		5	50	60	75	75	85	90	95	100	100
FIK	正常											
	兴奋飞行	100	95	10	10	5						
	临死		5	90	90	95	100	100	100	100	100	
	死亡											100

注：1. 试验方法：将20只日本种黄蜂自由释放入30cm×30cm×30cm的笼子里，然后将气雾剂在距笼子30cm处对笼子喷射3s，然后观察效果。

2. FIK杀飞虫气雾剂，其有效成分为右旋胺菊酯/强力菊花粉（0.225%/0.03%，质量分数）。

表9-27 急性毒性数据（白鼠）

	LD_{50}（ml/kg）
口服	>20
经皮	>20

根据这一数据，它与其他杀虫气雾剂一样属于低毒级。

表9-28 不同制剂对黄蜂及马蜂的击倒效果

制剂型号	TL-4237	TL-1238	TL-4239
配方（%，质量分数）	苄呋菊酯 0.025 石油精馏物 96.375 其他 0.375 CO_2 3.000	胺菊酯 0.200 右旋苯醚菊酯 0.125 石油精馏物 95.000 其他 1.675 CO_2 3.000	炔丙菊酯 0.060 右旋苯醚菊酯 0.060 石油精馏物 96.869 其他 0.011 CO_2 3.000
100%击倒时间（s）	25.00	26.00	55.00

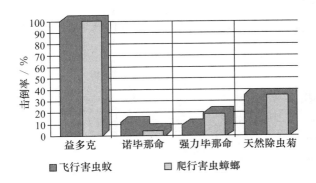

图9-12 不同杀虫剂的相对击倒率之比（炔丙菊酯为100%）

注：埃及伊蚊为玻璃柜法；德国小蠊为油剂、CSMA法。

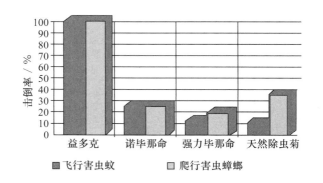

图 9 - 13　炔丙菊酯与常用击倒型拟除虫菊酯的致死效果比较

注：不同杀虫剂的相对致死效果，设炔丙菊酯为 100%

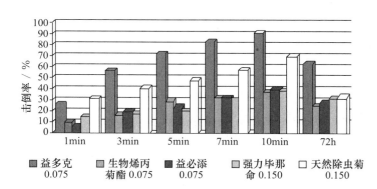

图 9 - 14　炔丙菊酯与烯丙菊酯系列水基配方
对德国小蠊的击倒率对比

表 9 - 29　不同炔丙菊酯制剂对德国小蠊雄性成虫的击倒速度

制剂型号	TL - 4254	TL - 4253	TL - 4852	TL - 4259
炔丙菊酯（%）	0.03	0.02	0.01	—
右旋苯醚菊酯（%）	0.05	0.05	0.05	0.05
其他成分及 CO_2 抛射剂（%）	99.92	99.93	99.94	99.95
击倒速度 KD_{90}（s）	21.50	33.00	50.00	108.00

表 9 - 30　炔丙菊酯与天然除虫菊杀虫气雾剂代号及配方

TL - 4063		TL - 4070	
炔丙菊酯（%，质量分数）	0.200	天然除虫菊（%，质量分数）	0.200
其他（%，质量分数）	0.013		
石油精馏物（%，质量分数）	19.787	石油精馏物（%，质量分数）	19.800
F11/F12（50/50）（%，质量分数）	80.00	F11/F12（50/50）（%，质量分数）	80.00

型号	剂量	1min	2min	3min	4min	5min	10min	24h	48h
TL - 4063	1.69	25	50	80	90	90	95	100	100
TL - 4070	1.73	27	50	60	70	75	90	75	77

表 9 - 31　HACHIKNOCK 用法及特征

型号	用法及特征
L 型	300ml/罐，用于喷杀蜂巢； 适用昆虫：马蜂及黄蜂； 用法：直接从上风头对着马蜂及黄蜂巢喷杀，在确认马蜂及黄蜂已全部击倒后将蜂巢捣毁； 特征：因为喷射药滴大可以在离巢 3～4m 远处对着蜂巢喷，操作者比较安全； HACHIKNOCK 对蝇、黑蝇及蜈蚣也有效
S 型	100ml/罐，手挥式使用； 适用昆虫：马蜂及黄蜂； 用法：当马蜂及黄蜂向你飞来时对着它喷射； 特征：喷出药滴可以飘流 2～3m 距离，一罐药可以有效喷射 10s； HACHIKNOCK 对蝇、黑蝇及蜈蚣也有效

4. 国内一些品牌气雾剂的生物效果（表 9 - 32）

表 9 - 32　不同有效成分品牌气雾剂的生物效果比较

有效成分组成	淡色库蚊		家蝇		德国小蠊	
	KT_{50}（min）	24h 死亡率（%）	KT_{50}（min）	24h 死亡率（%）	KT_{50}（min）	24h 死亡率（%）
胺菊酯、氯菊酯、烯丙菊酯	0.6	100	0.7	100	3.0	100
胺菊酯、氯菊酯、右旋烯丙菊酯	2.2	100	1.5	100	3.2	100
胺菊酯、高效顺反式氯氰菊酯	1.2	100	0.9	100	0.8	100
胺菊酯、氯菊酯	1.6	100	2.9	100	1.6	100
S-生物烯丙菊酯、生物苄呋菊酯	0.9	100	1.6	100	1.6	100
胺菊酯、高效氯氰菊酯	1.7	100	1.1	100	0.8	100
胺菊酯、高效氯氰菊酯	2.0	100	1.8	100	0.7	100
胺菊酯、氯氰菊酯	2.6	100	2.6	100	4.9	100
EBT，右旋胺菊酯	2.6	100	4.2	100	2.8	100
胺菊酯、高效氯氰菊酯、残杀威	2.4	100				
高效氯氰菊酯、仲丁威、残杀威					1.2	100
EBT、胺菊酯、溴氰菊酯	2.1	100	3.2	100	1.8	100

注：上述测试结果仅能做参考，因为除配方中有效成分外，气雾剂阀门（促动器）、抛射剂及溶剂各不相同，因而缺乏可比性。

5. 右旋胺菊酯水基气雾剂配方及其生物效果

（1）水基气雾剂配方

右旋胺菊酯/氯菊酯/增效剂（PBO）＝0.15%/0.3%/0.45%，质量分数。

（2）生物效果试验方法及结果

1）对蝇蚊的效力试验：根据美国标准试验方法，施药量按 $0.7g/5.8m^3$ 进行试验。

2）对德国小蠊的效力试验：采用玻璃圆筒（直径 20cm、高 60cm）直接喷雾方法，按 1g/玻璃圆筒施药量进行。

试验结果表明，本气雾剂对苍蝇、蚊、蜚蠊具有卓越的生物效果，可作为水基气雾剂推荐。

6. 典型杀飞虫气雾剂的有关技术参数

（1）弱燃性标准气雾剂

1）配比。

溶剂（脱臭煤油）：60.0%（质量分数）；

A - 70：40.0%。

2）特性。

内压：0.42MPa（25℃）；

喷射速度：0.4g/s（25℃）；

雾滴直径：32.5μm；

易燃性（EC值）：0.136g/L，弱燃性；

火焰延伸长度40cm。

（2）大喷量标准油基杀飞虫气雾剂

1）配比。

溶剂（脱臭煤油）：50.0%（质量分数）；

A - 70：50.0%。

2）特性。

内压：0.42MPa（25℃）；

喷射速度：2.0g/s（25℃）；

雾滴直径：37.2μm。

（3）二甲醚/烃类混合抛射剂油基杀飞虫气雾剂

1）配比。

溶剂：235.0ml，100g（50%）；

A - 52：90.0ml，50g（25%）；

二甲醚（DME）：75.0ml，50g（25%）。

2）特性。

内压：0.42MPa（25℃）；

喷射速度：4.25g/10s（25℃）；

易燃性（EC值）：0.149g/L，弱燃性；

火焰延伸长度：40cm。

（4）大喷量型水基杀飞虫气雾剂

1）配比。

甘油单油酸酯300：0.8%（质量分数）；

吐温80：0.2%；

溶剂：10.0%；

去离子水：49.0%；

A - 52：40.0%。

2）特性。

内压：0.39MPa（25℃）；

喷射速度：10.2g/5s（25℃）；

雾滴直径：31.69μm。

六、驱避剂配方举例

表9 - 33举出了驱避剂的实用配方，供读者参考。

表 9 – 33　驱避剂配方

成分	含量（%，质量分数）
驱避剂（Deet）	2～7
基料	适量
香料	适量
乙醇	40～60
A–52	40～60

七、驱蚊泡沫气雾剂产品

泡沫气雾剂产品，是在 20 世纪 50 年代初发明的。

不溶性气体分散在液体介质或固体介质中所形成的分散体系为泡沫（foam）。泡沫属于胶态体系中的一种，即气体分散在液体中。

泡沫是许许多多彼此间用薄薄的液膜隔开的气泡聚积物。泡沫的结构在动力学上是不稳定的，泡沫可粗略地分为 2～3 级。例如，"持久性"的泡沫可持续几小时甚至更长时间才破。"亚稳定"泡沫持续几分钟或几十分钟。大多数泡沫属于"亚稳定"泡沫。"短暂性"或"速破"的泡沫持续几秒到几分钟，水和其他溶剂首先干掉，只剩下平面的或立体的骨架。

泡沫气雾剂常被直接称为摩丝，这是因为泡沫在英文中为"mousse"，源自法语。在 1981 年由法国开发了用于头发定型的油/水型气雾剂。由于它以水为载体，避免了有机溶剂对人体的刺激、毒性及对环境的污染，成本也低。当它在喷嘴口喷出时，由于喷出物内含有抛射剂而产生膨胀，形成大量泡沫，赋予喷出物很好的涂饰性能，使用方便，容易在头发上均匀涂抹。

1. 泡沫气雾剂的优点

与其他剂型个人及家庭用产品不同，泡沫气雾剂既能满足消费者的需求，又符合相关法规的要求，主要包括以下优点。

容易安全处理，可被归为一种不易燃或不燃产品，能以安全的方式生产、运输、使用和废弃物处理；使用经济，对环境和人类的不良影响最低；属于以水作为主要溶剂的水基型产品；对皮肤友好，且在化妆品泡沫中使用水基成分，可不加防腐剂；加工方式和处理过程能有效节省资源；给消费者提供最大的便捷性，使用中在目标表面展着性好；其他如可清洗及对人体皮肤安全无害等。

2. 驱蚊泡沫气雾剂产品

配制技术要点如下。

1）气雾剂泡沫产品的发泡性能是由表面活性剂、抛射剂及溶剂所决定的，如减少抛射剂的用量可以提高泡沫的密度，抛射剂的压力和溶解度对泡沫的膨胀性能也有影响。

2）乙醇在气雾剂泡沫产品配方中不但会影响到泡沫的稳定性，也能降低摩丝的黏稠感，所以加入量一般不宜过多，控制在 10%～15%。

3）在许多情况下，必须对容器罐做产品抗腐蚀试验。一般推荐选用具有适当内涂层的铝质容器罐。在使用马口铁气雾罐时，配方的 pH 值必须呈碱性，使用的表面活性剂必须不含电解质。否则，在很短的时间内就会发生腐蚀作用。通常，产品中要加入腐蚀抑制剂。

3. 气雾剂泡沫产品中使用的抛射剂

在早期用 CFC，目前主要用 LPG，常用 5%～10% 的丙烷/丁烷，少量使用 7.5%～15% 的 CFC – 12/CFC – 114。

当氯氟化碳类物质淘汰后，目前主要用烃类化合物的混合物替代，在个人及家庭用气雾剂泡沫产品中主要使用以气雾剂级丙烷与气雾剂级异丁烷混合物，最典型的为 A – 46，以 15% 气雾剂级丙烷与 85% 气雾剂级异丁烷（质量百分比）组成的混合物，在 21.1℃（70℉）时的蒸气压为 317.16kPa。

因为这些烃类化合物在水性体系中的溶解度很差，因此，使用前摇动对在喷雾中保持泡沫质量一致来说是必不可少的步骤，且还要选择正确的乳化剂和（或）表面活性剂，以获得稳定的乳液。在化妆品泡沫产品中使用4%～10%剂量的A-46烃类混合物，以达到所期望的泡沫质量（包括泡沫密度、细度及干湿度等），并能保证罐内产品完全用完，具体的加入量要视产品的要求而定。如剃须用摩丝中，A-46的加入量在3.6%左右，若加入4.0%，过量的A-46会使喷出泡沫相互积聚成大气泡，此时泡沫非常轻（密度降低），表面出现凹坑，泡沫较疏松。反之，若加入A-46的量小于3.0%，开始时得到泡沫密度令人满意，但快用完时，由于乳液中少量的抛射剂较多地气化出来，弥漫在罐内上空，使液相抛射剂减小，出现疏松的大泡泡。由于此时泡沫的内聚力降低会从人手指缝间流掉，或在脸上往下流至颈部，给使用者带来不便。

4. 泡沫的稳定性

在有些场合，如水基杀虫气雾剂中，为了防止它喷出时产生泡沫，通常的办法是加入消泡剂（anti-foaming agent），这些物质往往选择吸附性较强，表面活性较高，能顶替发泡剂，但因这种物质本身碳氢链较短，无法形成坚固的液膜，致使泡沫破坏。消泡剂还可由于与发泡剂发生化学反应，使起泡剂溶解。另外，消泡剂还具有对抗作用等。

5. 配套用喷头

产生泡沫的喷头也十分重要。垂直管状泡沫喷头已被外观更漂亮的产品代替。

第六节　油基及水基杀虫气雾剂的生产

一、气雾剂生产区的布置及流程

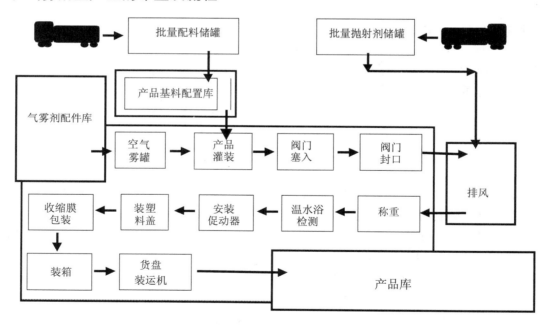

图9-15　气雾剂生产流程示意图

二、气雾剂企业危险性区域的划分

（一）气雾剂企业危险性区域划分的决定因素

1）易燃材料的特性。

2）生产设备的设计及运行。

3）可燃气体/蒸气（或易燃雾）产生的概率、易燃气体的释放方式及释放速率。

4）通风等级（量）及易燃气体的特点（如比空气重还是轻）。

5）爆炸产生的后果（后果严重的地方，危害区域会快速扩大）。

（二）危险区域的划分及定义

1）0区：有持续危险产生的区域。

特征：易爆、易燃气体与空气混合物连续不断出现或出现较长时间。

在该区域内，有蒸气态或挥发性液体构成的易燃易爆物贮存、处理或加工，而同时在此正常操作条件下有连续的或周期性（长时性）的爆炸或点燃浓度出现。

一般出现时间大于1000h/年。

2）1区：有间歇性危险出现的区域。

特征：在正常运行状态下会有易燃、易爆气体与空气混合物产生的区域。

在该区域内，有蒸气态或挥发性液体构成的易燃易爆物贮存、处理或加工，而同时在此正常操作条件下有一定数量能造成危险的爆炸或点燃浓度形成。

一般出现时间为10～1000h/年。

3）2区：在不正常条件下有危险性出现的区域。

特征：一般没有易燃易爆气体与空气混合物出现或只在短时间内出现。

在该区域内，有蒸气态或挥发性液体构成的易燃易爆物贮存、处理或加工，而同时在此正常操作条件下，所产生（或释放）的爆炸或点燃浓度只是在不正常情况下才会构成危险，但在正常条件下会受到控制。

一般出现时间小于10h/年。

各国对危险区域的划分不尽相同，如美国将区域0与区域1合并为区域1。

（三）危险区域划分例

1. 产品料灌装机

1）封闭区内为1区；

2）除非有特别危险辅助设备，在封闭区周围1.5m为2区；

3）沿封闭区逆流进料传送带1.5m距离为2区。

2. 封机口

1）在设备周围的区域1与区域2之间应有1.5m缓冲带；

2）真空封口用真空泵释压周围为区域2，但在若室外释放的例外。

3. 灌气室

1）1级封闭区：离灌气机100mm处为1区，罐气头周围为0区；

2）2级封闭区：在各排气管出口3m半径处为2区。

4. 温水浴检测

在设备周围的区域1与区域2间应有1.5m的缓冲带。

5. 安装促动器

此区域为1区。

6. 储罐场

在相应区域应列出指示牌。

7. 废罐处理

1）剔出柜内为1区；

2）在剔出罐区域（可能会有泄漏）应通风。

8. 称重工序

此区域为 2 区。

三、产品料灌装控制项目及最低要求

（一）配料中应注意的要点

1）贮存在常用油箱中（容量 $0.5 \sim 5m^3$）；

2）混合时一般应在常压下在室内围堤或控制区内搅拌槽内进行；

3）搅拌槽应接地；

4）对搅拌槽应通过火焰消除器向室外上空排气；

5）可以由泵唧（或靠其自重）灌入生产线或产品贮存罐内；

6）产品料灌装机。

（二）易燃产品料准备中的危险性

1. 易燃液体溢出

法兰密封或泵密封渗漏；小孔渗漏；排出阀未关闭；保护传递泵的泄压阀渗漏或损坏；由于应力疲劳或腐蚀而致管路渗漏；检测取样或维护中泄漏；灌装中过量泄漏；管路被撞击损坏产生渗漏。

2. 易燃蒸气释放

通风管道；易燃液体池蒸发。

3. 易燃液体溢出导致的严重后果

在混合室内形成易燃气混合物；混合室内冒火；槽罐起火；财产损失及人员伤害；环境意外事故。

4. 易燃产品料制备中可能产生的后果

最坏情况：储罐爆炸或大火。

可能情况：小储罐起火。

普通情况：在搅拌房中形成可燃气体混合物。

（三）易燃产品料制备中安全控制措施

1. 产品料混料房安全设计

车辆及人员进入室内的通道应设有自动关闭防火门；储罐及管路区内设为 0 区域；将储罐向室外通风周围设为 1 区域；若不是全天候封闭，将人孔周围设为 1 区域；将其余房内设为 2 区域；室内全部电器设备应为防爆型；通风（从地面处抽出）；在控制区内及近传递泵处设气体探测器；热量及烟雾检测器与火灾报警系统相连；喷淋系统要覆盖房顶、储罐及底层地板与楼梯下面。

2. 搅拌槽安全设计

储罐应制成抑爆或顶部泄爆型；搅拌器及所有装置应防爆；所有储罐均应接地。

高液位开关——提醒操作者储罐是否灌满；最高位液面开关——关闭输入阀或停止泵工作。

通过消火器对储罐向室外排气；在储罐出口处有自动隔绝阀。

3. 操作程序

正常作业/排除故障；安全加入少量配料及粉末；消除溢出物。

4. 维护保养

略。

5. 应急反应

略。

四、灌气室及灌气机控制项目及最低要求

（一）概述

在对气雾剂采用 T－t－V（通过阀杆孔及周围）方式灌气时，当灌气头与阀门阀杆接触/分离中约会有 1gLPG（或 DME）向外泄漏，所以灌气工序一般应在隔离的单独室（灌气房）内进行，该室有特殊安全设计，保证使易燃易爆气体安全地排至室外。（当用 U－t－C 方式灌气时，每灌一罐会有 2～3g 抛射剂泄漏，对这种灌气方式应有抛射剂回收或 VOC 回收/降低系统）

1）气雾剂生产中抛射剂灌气室是气雾剂企业中最容易产生危险的区域之一，其可能引起危险的因素如下。

管路连结法兰或软管密封泄漏；小孔径龙头失灵；排出阀未关好；液压阀泄漏或损坏；由于压力/疲劳或腐蚀引起管路损坏；在试验取样或维护保养中释放出易燃易爆气体；卸脱软管中泄出易燃易爆物；气雾罐爆裂；不能正确对灌装机密封；封口不良；每次灌气动作中有少量易燃易爆气体向外泄漏；

2）在灌气室中发生的危险有三种情况。

最坏的情况：灌气室爆炸。可能会出现的情况：灌气室内发生小火险。最常见的情况：灌气室内有易燃气体。

（二）灌气房布置方法及设备要求

灌气室应与生产区分开，灌气室离生产区外墙距离至少应大于1m。

灌气房应呈负压（压力比周围低）。

灌气房内的地面应是气密性，且能防止静电发生。地面要求用防火材料及防火花溅出材料等制成，即使往地面上落下金属工具时也不会产生火花。因为泄漏出的气体比空气重，往下集积在地面上部，若地面气密性不好，会造成可燃气体聚结排除不尽。地面静电起火会使可燃气体增加易燃的危险性。

在15m内不应设下水道排水器。

区域划分应从门和传送带开口处（或双层门）以外1m算起。传送带都应有防止静电起火的措施。

灌气房墙壁上设置的保护性泄爆板及屋顶应建成向外掀出式，当在承受980Pa压力下能被向外掀开，这样遇有意外爆炸事故时，可减少冲击波的影响。泄爆板的大小按每15m³房间体积设置1m²的板为比例设计取定。

灌气房墙应能承受至少4805Pa的压力。若外置式灌气房所处地区经常下雪的话，必须采取措施不使屋顶积雪。泄爆板要朝向与工厂区完全孤立开来的区域。与工厂区相邻的灌气房的墙应能承受减震板设计压力4倍以上的压力（4805Pa）。如果与普通墙相邻，该墙至少应能承受5742Pa的压力，且在灌气房与工厂之间不设有开口。

若条件许可，外置式灌气房是理想的首选方案。灌气房与工厂大楼之间的相隔距离至少1.54m。所有与灌气房发生的接触都应从外部进入。隔离设置可以减少可燃气体逃逸进相邻的工厂区，或把火源带回灌气房。

为了便于对灌气房内进行观察，应在各面墙或门上安置用防震材料制作的窗，窗户耐压要求与所在墙应该相同，除非窗户是特殊设计的，具有排除爆炸压力的能力。门窗的设计应为外开式，并且不能有门闩或锁，便于紧急状态时房内人员迅速撤离。

（三）灌气房通风要求

1. 一级通风要求

1）在正常工作条件下应使易燃易爆混合气浓度保持在20％LEL以下；

2）在灌气头周围达到20％ LEL 时应进行强制通风；

3）气体管路在受压时应连续抽空气；

4）对灌气机设置的抽风口布置如图 9 - 16 所示。

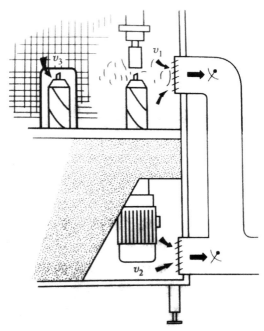

图 9 - 16　抽风口设置位置示意

2. 二级通风要求

1）应有保持 2 级密封区内可靠排放气体，使易燃易爆混合气浓度小于 20% LEL 的设计。

2）保持密闭室内负压。

3）设有两套独立排气扇，其中一套必须连续运转。

4）排风系统的抽气孔应安装在易泄漏部位，或离地坪高度不大于 25cm 处。

5）排风应保证彻底清扫密封区地面，不留死点。

6）正常通风每小时换气 60 次。

7）高速通风每小时换气 120 次。

8）无论在 1 级密封或 2 级密闭区内检测到气体浓度达到一级报警限时，应高速通风。

3. 总通风要求

1）在下列情况下灌气机不应工作：①无足够通风。②排气扇不能工作。

2）应装有气体传感器，当它检测到有气体泄漏时，应有自动停止灌装连锁装置。

3）管路中有气时每小时换气 60 次。

4）灌气室门应常关，在门打开时间超过 20s 时，门上的开关应能使灌气机停机。

5）灌气室顶应位于远离附近建筑物的安全区。

（四）灌气房通风换气量测量

1. 测量换气量的目的是确保灌气房的换气量符合安全运行要求

操作时，工作人员在进入灌气房之前必须按规定佩戴安全眼镜。特殊情况下需要使用防护面罩或护目镜，根据产品的情况来确定。如果噪声超过 85dB，必须使用听力保护罩。工作人员必须穿不带有钉子或任何可能产生火花的金属的全包式工作鞋。灌气房内用的工具经过批准才能带入。

2. 测量通风量（换气量）所用仪器的准备与仪器校正

两根气管分别先接入仪表接口，红色接 " + " 端，黑色接 " - " 端。再接入探头的两个接口，红色接 " + " 端，黑色接 " - " 端。将探棒插入探头结合器。将探头结合器上的流量设定在 0 ~ 10000 处。使仪表置于工作状态，在探头处气流作用时校正仪表的零位。按通风量确定好仪表上的刻度范围，读出数值与偏差。

3. 测量通风量的操作方法

风量的测量需两人进行。一人负责测量数据的记录，另一人负责测量数据的采集和仪表读数。采集数据者应一手拿仪表，并将仪表处于零位校正时的状态；另一手拿探棒，将探棒伸入风量测量孔内收集数据。探棒伸入风量测量孔时，应根据空气流动方向摆正位置，且根据探棒上的标记，一个点一个点地逐步伸入进行测量。采集数据者应及时准确地将风量数据报出，由另一人正确地记录于表格中。

4. 数据的处理

风量采集数据的类型包括：进风口的基本风量，出风口的基本风量，进风口的高速风量，出风口的高速风量。

（五）通风量设计与计算

1. 不同区域的排气量要求

1）在一级区域（灌气机外壳内）每小时至少应换气50次。

2）在二级区域，如可燃气体浓度为爆炸下限（LEL）的10%~20%时，每小时至少应排气5次。

如可燃气体浓度为爆炸下限（LEL）的20%~40%时，每小时至少应排气10次。

如可燃气体浓度高于爆炸下限（LEL）的40%时，应以最大速度进行连续排气，同时立即关闭电源，使生产线停止工作。

2. 通风的设计及要求

从能达到充分有效的角度出发，抛射剂灌气房的设计宜越小越好。室内空气流动模式应设计成能覆盖整个地面的彻底的"清扫"流动。如果可能，让气流由房内后部向前流动，以便把气体集中起来带入排气管抽至室外。

通风的目的是将灌气室内的可燃气体抽走，使它在房内的浓度始终不超过爆炸下限（LEL）15%的水平。

排气管出口与进风口之间的相对位置要有一定的距离，一般不少于6m，这样不会发生将所排出的气体重新吸入房内的可能性。排气管的出口应高出灌气房屋顶3m，比周围建筑物高出2m以上，有利于使排出气得到有效的稀释，不会形成危害。排气管口防雨罩的设计不应使它形成阻力以影响排气量。

排气装置应设计有紧急排风功能，如当可燃气体浓度达到LEL的20%时，应采取紧急排气方式。通风系统实现紧急排气有两种方式：一种是以变速电机驱动排风扇，正常运行时以低速排气，紧急状态时自动转换成高速排气。另一种方式是采用两台风机，正常运行时单机排气，紧急状态时双机同时运转增大排气量。

排气量及排气次数的计算如下。

（1）排气量的计算

通常排气量（通风量）可以下式计算：

$$CFM = \frac{(100 - LEL) \cdot r \cdot R}{DL \cdot LEL}$$

式中　CFM——需要的排气量；

LEL——可燃气体的爆炸下限,%（体积分数）；

r——一加仑液体抛射剂产生的蒸气体积，立方英尺（1立方英尺=0.02832m³，下同）；

R——在正常灌装操作条件下抛射剂损耗量，另加20%意外泄漏量，加仑/分；

DL——最小极限设计值，即实际最大允许浓度，由LEL的一个百分比表示，一般不超过LEL的10%。

例如：

以丁烷为抛射剂灌气时，生产率为每分钟120罐，每罐损耗气体0.5ml，LEL=1.8%（丁烷），$r=30.59$立方英尺/加仑（1加仑=3785ml）。

$$R = \frac{0.5 \times 120 \times 1.2（安全系数）}{3785} = 0.019 加仑／分$$

$$CMF = \frac{(100 - 1.8) \times 30.59 \times 0.019}{0.1 \times 1.8} = 317 \text{ 立方英尺／分}$$

（2）排气次数的计算

排气次数可以下式计算：

$$T = \frac{3 \cdot (100 - LEL) \cdot r \cdot R}{V \cdot DL \cdot LEL}$$

式中　T——换气次数，次/分；

　　　　V——灌气房容积，立方英尺；

　　　　LEL——可燃气体爆炸下限，%（体积分数）；

　　　　r——抛射剂气液比，一般以一加仑液体抛射剂产生的蒸气体积表示；

　　　　R——灌气过程中抛射剂总泄漏量，加仑/分；

　　　　DL——可燃气体的最小极限报警浓度，一般不超过 LEL 的 20%。

例如：

在抛射剂灌气时每分钟生产量为 100 罐，每罐泄漏量为 1.5ml，抛射剂的 LEL 为 2%，$r = 30.5$ 立方英尺/加仑，报警下限为 10% LEL，灌气房容积为 10m³，则每分钟的换气量为 V_1。

$$V_1 = \frac{1.5 \times (100 - 2) \times 30.5 \times 1.5 \times 100}{44 \times 0.2 \times 2.0 \times 3785}$$

换气次数　$T = 440/10 = 44$ 次／分

英国 AEROFILL 公司提供了另一种计算方法。

如设每罐每次灌气中的最大泄漏量为 0.75ml，烃类抛射剂的气液体积比 r 为 280:1，其 LEL 为 2%，可燃气体的最小极限报警浓度下限为 25% LEL，每分钟灌装量为 n，每次灌气同时可灌装数为 m，（多头灌气机）则灌气房所需的新鲜空气量（m³/min）为：

$$V = \frac{0.75 \times 280 \times 3n \times m}{0.02 \times 0.25 \times 1000 \times 1000}$$

式中，3 为安全系数。

上述两种排气次数计算方法所得结果相似。

但是要注意的是，即使在抛射剂泄漏量很小，而灌气房的容积又足够大的情况下，换气次数也不能低于每分钟 1 次。

（六）灌气房设备安全联锁

1. 设备安全联锁的目的

设备安全联锁的目的是确保灌气房运行安全。

2. 进行联锁的设备与位置（表 9 – 34）

表 9 – 34　联锁设备名称及位置与特征

序号	名称	位置与特征
1	抛射剂供液阀	灌气房门外抛射剂进液管处
2	抛射剂排液阀	灌气房门外抛射剂排液管处
3	抛射剂灌装机	灌气房内流水线主机
4	送风机与排风机	灌气房内外屋顶两侧
5	可燃气探头	灌气房内排风口一侧下部
6	报警装置	灌气房内屋顶
7	灭火装置	灌气房内三个球体
8	水喷淋装置	灌气房内屋顶喷淋系统

注：以上设备中，供液阀、排液阀为电—气控制，水喷淋为温度控制，其他均为电控制。

3. 联锁设备的动作状态表（表 9 - 35）

表 9 - 35　联锁设备的动作状态表

序号	设备状态	LPG 供液阀	LPG 排液阀	LPG 灌气机	声光报警	消防报警	基本通风	紧急通风
1	灌气房未关 15s				黄灯		运行	
2	灌气房未关 30s	关闭	开启	停止	红灯			运行
3	可燃气体浓度高于 20% LEL	关闭	开启	停止	红灯	门卫控制面板显示	运行	
4	可燃气体浓度高于 40% LEL	关闭	开启	停止	红灯			运行
5	通风换气停止	关闭	开启	停止	红灯			
6	紧急停止按钮按下	关闭	开启	停止	红灯			运行
7	消防系统失效	关闭	开启	停止	红灯		运行	
8	灭火系统作用	关闭	开启	停止	红灯	开启	停止	停止
9	水喷淋系统作用	关闭	开启	停止	红灯	开启		运行
10	可燃气体探头失效	关闭	开启	停止	红灯			运行
11	电源电压过低	关闭	开启	停止	红灯			

4. 对联锁设备的检查

（1）个人安全

所有受派到灌气房工作的人员，在进入灌气房之前必须戴好规定的安全眼镜。

在特定情况下可能需要使用防护面罩或护目镜。

如果噪声超过 85dB，必须使用听力保护罩。

必须穿不带有钉子和任何可能产生火花的金属的全包式工作鞋。

（2）适用的工具

灌气房使用的工具须经过批准才能带入。

（3）日常检查表

应指定专人使用日常检查表来保证灌气房内或灌气房周围安全装置的正常运行。如果发现这些安全设备不能正常工作，在启动任何设备之前必须通知安全管理人员和设备主管。

千万不可为了让门开着来改变或替代门的安全联锁。

（七）气体监测

1. 监测要求

1）在所有进气管路口的排风罩处或罩内都应安装气体检测器。

2）应该设两级报警装置，即对 1 级密封室在 40% LEL 时应报警。一级报警，即立即高速排风，立即使灌气机停机，立即封闭灌气机隔离阀并报警；若二级报警维持则自动关闭抛射剂主隔离阀，关闭抛射泵，停止全部作业，抽气通风。

对 2 级密封区在 20% LEL 时应报警。一级报警为立即高速排风及报警。若一级报警维持，则灌气机停机，隔离抛射剂与灌气机。

①跳闸机构导线连接牢靠。

②探测器及其执行动作定期校核其有效性。

③灌气室内气体检测器发生可听得见报警声。

2. 气体监测设备

一般来说，基本上有两种类型的可燃气体检测设备：热电阻惠斯通电桥式和红外吸收式。它们都具有单点或多点控制功能，内部线路自我检测校验，以及在 0 ~ 100% 范围内的可燃气体浓度监测与对已知气体浓度的整个系统的自我调整。

（1）热电阻惠斯通电桥式

这种设备的反应速度快，可靠性高，相对成本低，维修容易，但其不足是传感器易被一些化合物侵蚀，导致功能失效或发出信号的误差大。如有机硅衍生物就常会使传感器功能失灵，此时系统内部的检验线路会自动在控制面板上指示出设备发生故障。这样在有紧急情况时，就显得不实用。

（2）红外吸收式

这种设备是利用红外光源照射所需监测的空间，再测量被吸收样的能量，将此测量值转换为电信号来实现监测。这种设备的优点是灵敏度高，但整个系统异常复杂。而且在测量中存在测量值传输的时间滞后，使系统反应速度降低。

3. 气体探头校正

探头校正的目的是确保企业各区域内所有的探头正常运行，必须对气体探头定期进行校正，气体探头的校正周期不能超过3个月。校正应按正确的程序执行，记录必须留案保存。在校正前，必须先通知安全管理员及生产负责人，保证系统内无LPG气，且系统和警报被关闭。校正应根据"Search point Optima"红外探头使用手册规定的程序进行。校正时，通过SHC保护装置，连接手握式探测器与传感器。（注意电线的色号）根据使用手册的校正部分规定，建立传感器的新基线，校正50% LEL。最后向探头输入30% LEL气，记录输出检核校正结果。如果检验结果合格，校正完成；结果不合格，必须重新校正，并及时通知部门主管。每次校正，应做好记录。

（八）其他要求

1. 静电及接地

1）连接灌气缸的软管应有金属加固，能耐受抛射剂压力，并与之相容。

2）软管应定期更换。

3）应使用带自密封接头的软管。这样即使止回阀失灵，打开，该接头脱开时不会有抛射剂泄漏至大气中。

4）金属管路应直接接地。当金属管路之间有软管连接时，软管两端的金属管均应单独接地。

5）地面电阻小于$10^8\Omega$。

2. 加热

1）在灌气室内不应装有明火或电气元件加热装置。

2）不允许对抛射剂贮存容器作任何方式的加热，否则会导致危险。必须加热时只能用热空气或热水，但加热温度不得高于45℃。

3. 摩擦与碰撞火花

防爆应保证符合各区域要求。

五、油基杀虫气雾剂的生产工艺

（一）T-t-V法生产工艺流程

图9-17列出了用T-t-V法生产油基杀虫气雾剂的工艺流程。

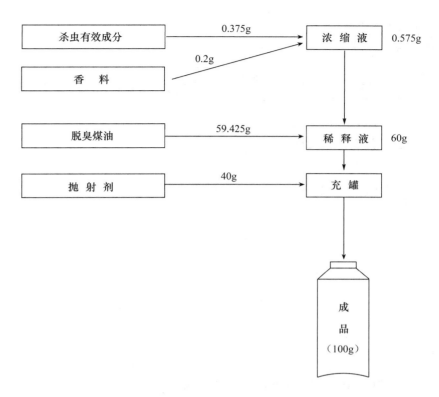

图9-17　油基杀虫气雾剂生产工艺流程（T-t-V法）

（二）T-t-V法生产操作顺序

1）称取杀虫剂浓缩液，倒入配料槽中。

2）加入脱臭煤油，同时开始搅拌（20℃时，20~60r/min）。

3）加入香料并继续搅拌。

4）将母液装罐封口。

5）灌装抛射剂。

6）检查成品是否漏气（温水浴55℃±2℃，2min）。

7）包装和装箱。

8）成品。

（三）稳定性

在不同条件下的稳定性见表9-36。

表9-36　在各种不同保存条件下的稳定性

混合液中有效成分	随经过时间有效成分的变化（%）				
	初期	40℃，1个月	40℃，6个月	60℃，1个月	60℃，3个月
右旋胺菊酯	100	100.5	101.8	99.0	97.5
右旋苯醚氰菊酯	100	100.0	98.1	100.5	97.1

（四）U-t-C法生产工艺流程

图9-18示出了油基杀虫气雾剂的生产工艺流程。

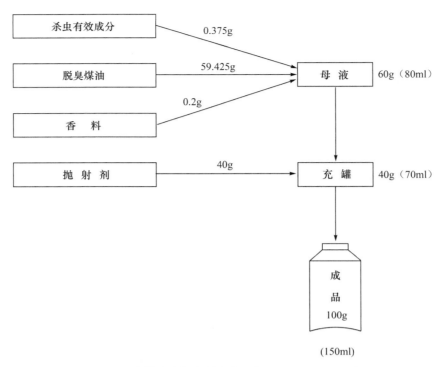

图 9 – 18 油基杀虫气雾剂生产工艺流程（U – t – C 法）

（五）U – t – C 法生产操作顺序

1）称取杀虫剂浓缩液，倒入配料槽中。

2）加入脱臭煤油，同时开始搅拌（20℃时，20～60r/min）。

3）加入香料并继续搅拌。

4）将母液装罐封口。

5）灌装抛射剂。

6）检查成品是否泄漏（温水浴55℃±2℃，2min）。

7）包装和装箱。

8）成品入库。

六、水基杀虫气雾剂的生产工艺

（一）T – t – V 法生产工艺流程

采用直接通过阀门式灌装机，T – t – V 法生产水基杀虫气雾剂的工艺流程见图 9 – 19 所示。

（二）T – t – V 法生产操作顺序

1）称取杀虫剂浓缩液，倒入配料槽中；

2）加入脱臭煤油并搅拌（20℃时，20～60r/min）；

3）将母液加入去离子水继续搅拌，并加入香料及腐蚀抑制剂。

注意事项：使用直接通过阀门灌装抛射剂的灌装机时，必须充分搅拌成高黏度的乳化液；需要设置能够灌装雪花膏状（高黏度）乳化液的装置。

（三）U – t – C 法水基杀虫气雾剂的生产工艺流程

采用多功能式灌装机，U – t – C 法生产水基杀虫气雾剂的生产工艺流程见图 9 – 20 所示。

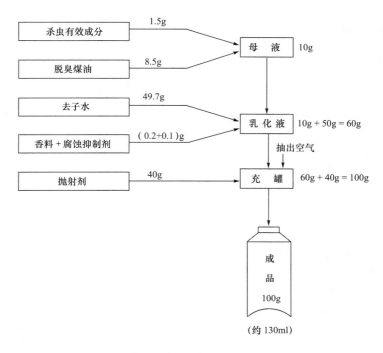

图 9 – 19 水基杀虫气雾剂工艺流程（T – t – V 法）

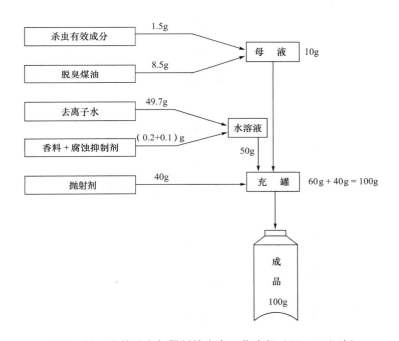

图 9 – 20 水基杀虫气雾剂的生产工艺流程（U – t – C 法）

（四）生产操作顺序

1）称取杀虫剂浓缩液，倒入配料槽中。

2）加入脱臭煤油搅拌（20℃时，20～60r/min）。

3）混合成水基母液（包括去离子水、香料及腐蚀抑制剂）。

注意事项：使用多功能式灌装机时，在上述（1）、（2）、（3）内容物（包括香料，腐蚀抑制剂）加入的同时，充进抛射剂，瞬时即封口，一次完成。

七、灌装工艺的说明

（一）油基杀虫气雾剂作业流程

采用直接通过阀门法（T－t－V）生产油基杀虫气雾剂的工艺流程见图9－21。

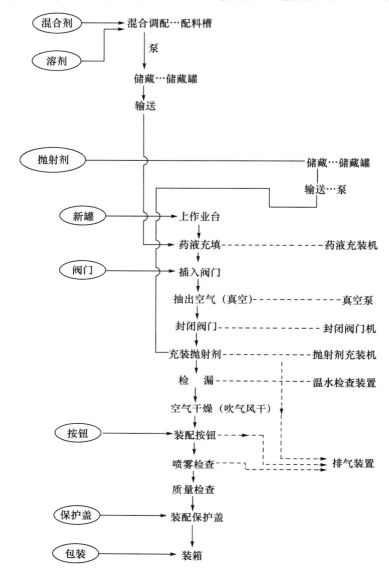

图9－21　油基杀虫气雾剂作业流程（T－t－V）

（二）水基杀虫气雾剂作业流程

1. 直接通过阀门式（T－t－V）灌装工艺流程及灌装作业流程

T－t－V法灌装水基杀虫气雾剂的作业流程见图9－22。

1）拆箱取出新罐，查看罐内情况，必要时清除脏物（使用真空吸尘机）之后，将罐放置在作业台上。

2）将新罐放在药液灌装机的中央，压缩空气动作，使定量药液注入罐内。

3）将充好药液的罐，放置在下一道作业台上，插入阀门。

4）将插入阀门的罐，放置在阀门封口机工作台中央，压缩空气动作，使阀门与罐部接触，利用真空泵抽出罐内空气，同时给阀门封口。

5）将已封口的罐放置在抛射剂灌装工作台中央，压缩空气动作，注入定量抛射剂。

为安全起见，在抛射剂灌装机的侧面应设有排气装置。

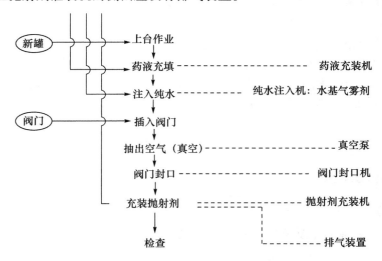

图9-22 水基杀虫气雾剂作业流程（T-t-V）

2. 多功能（U-t-C）灌装机灌装工艺流程及灌装作业顺序

1）拆箱取出新罐，查看罐内情况，必要时清除脏物（使用真空吸尘机）之后，将罐放置在作业台上。

2）将新罐放在药液灌装机的中央，压缩空气动作，使定量药液注入罐内。

3）取下充好的药液罐，放置在下一道作业台上，插入阀门。

4）将插入阀门的罐放置在多功能灌装机的中央，压缩空气动作，抽真空、灌装抛射剂及阀门封口三道工序在一次行程完成。

为安全起见，在抛射剂灌装机的侧面应设有排气装置。

八、检查作业

（一）检查过程的主要作业顺序

检查过程的主要作业顺序见图9-23。

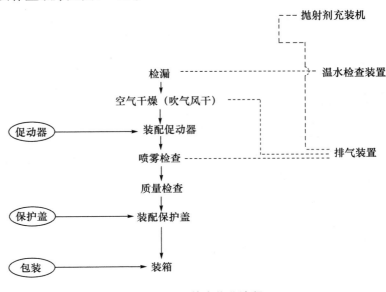

图9-23 检查作业流程

（二）检查作业顺序说明

1）将成品罐放进铁笼（每铁笼约装 30 罐，质量为 150kg 左右），浸在 55℃ 的温水槽里约 2min，检查抛射剂有否泄漏。

2）将经检查的罐取出，用压缩空气吹干表面水渍。

3）装配促动器（在排气装置的风斗内进行）。

4）按抽查方式（5∶300 罐的比例）进行喷雾试验（在排气装置的风斗内进行）。

5）按抽查方式（5∶300 罐的比例）进行质量测定（约 220g/罐）。

6）装配保护盖。

7）装箱入库。

九、药液的混合及调制

（一）混合、调制过程的主要作业顺序

药液的混合和调制作业顺序及设备见图 9–24、图 9–25。

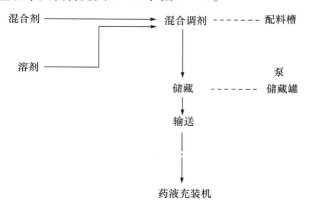

图 9–24　药液的混合及调制顺序

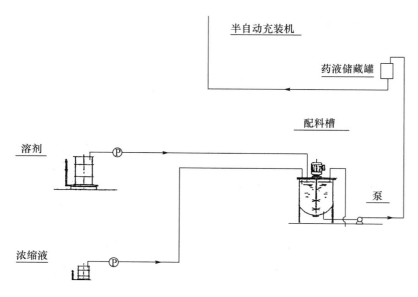

图 9–25　药液的混合及调制设备

（二）混合、调制作业顺序说明

1）将定量的气雾剂用浓缩液投放入配料槽内。

2）将定量的溶剂投放入配料槽内。

3）混合，搅拌。

4）将调制好的药液，由配料槽输送到储藏罐。

5）由储藏罐输送到药液灌装机。

从储藏罐到药液灌装机的高度应为 2m 左右。

十、杀虫气雾剂生产线的说明

（一）生产罐装气雾剂的作业顺序

1. 使用直接通过阀门式灌装机（T－t－V）

1）药液的混合、调制。

2）抛射剂的准备。

3）将药液灌装罐内，阀门封口，注入抛射剂。

4）检验灌装后的气雾剂成品，包装入库。

2. 使用多功能式灌装机（U－t－C）

1）药液的混合、调制。

2）抛射剂的准备。

3）将药液注入罐内，抽真空、注入抛射剂及阀门封口三道工序在一次行程完成。

4）检验灌装后的气雾剂成品，包装入库。

以上是两种灌装机分为四道的作业顺序，但是在制造过程中，最重要的是第三道灌装作业顺序。

（二）生产灌装气雾剂的规模

按每天 8h 生产，使用直接通过阀门灌装机，年产量为 100 万～200 万罐，使用多功能式灌装机年产量则为 200 万～400 万罐。

（三）生产气雾剂过程中注意事项

1）应避免使用对有效成分有影响（破坏或分解）的副材料。

2）抛射剂一般可使用烃类（丙烷、正丁烷、异丁烷及它们的混合物）或烃类与二甲醚混用。通常抛射剂占总组成成分重量的 30%～45%，但也有多至 90% 及 98% 的。所推荐容器的内压为 0.39MPa（20℃）。气雾剂的内压可以通过改变烃类抛射剂的加入量或丁烷和丙烷的混合比例来调整。应使用气雾剂级烃抛射剂。

3）采用脱臭煤油，一方面可以使产品本身不含异臭味，另一方面可以减少香料的用量。目前推荐使用南京金陵日化炼油厂研究所的 NT－3 溶剂。

4）采用电阻率在 10～100MΩ·cm 内的蒸馏水或去离子水。使用不符合标准的水会加剧对罐的腐蚀。

5）避免使用碱性香精，碱性会使有效成分的稳定性受影响。如果使用脱臭煤油，可以使用清香的香精。如果使用一般煤油，可以使用卫生剂香精或薰衣草型香精，根据环境和使用者的爱好，适当选择调整。香料加入量为 0.2% 左右。

6）乳化剂对杀虫效力、乳化性能、有效成分的稳定性、容器的腐蚀等影响很大。用油包水类型的乳化剂是较好的。应该避免使用碱性乳化剂，它会引起有效成分的分解。甘油单油酸酯和司班－80（Span－80）是合适的乳化剂，它们的油包水乳化性能好。为了使乳化性能更稳定，推荐再加入少量的吐温－80（Tween－80）。乳化剂的用量为 1.0%～2.0% 时乳化性能较好，可在配制时适当调整。

7）在正确配制的气雾剂中，不一定需要腐蚀抑制剂。但是，可能会对容器产生腐蚀的情况下，应适当地加入腐蚀抑制剂，腐蚀抑制剂的用量为 0.1% ~ 0.2%。

8）对于水基气雾剂，应采用机械裂碎型、并有气相旁孔的阀门，使喷出的粒子变得更细。

9）在生产过程中必须注意防火、防爆、通风等。

第七节　飞机舱内用杀虫气雾剂

一、飞机舱除虫的特点及要求

一些传染病的潜伏期较长（如黄热病的潜伏期一般为 6 天），在这个期限内，飞机可以绕地球飞若干圈，因此需要尽快地发现和消灭有关媒介昆虫，保护乘客和机组人员免遭传播疾病的侵袭，防止飞机把带有病毒的昆虫从一个地区迅速带到另一个地区，造成疾病的传播和蔓延。所以，飞机上媒介昆虫必须得到及时控制。

根据世界卫生组织的规定，当每架飞机离开处于黄热病疫区的机场或从该疾病媒介存在的地域飞往无这些媒介或这些媒介昆虫已被消灭的地方时，以及飞机飞离处于疟疾或其他蚊媒介区的机场时，均应用世界卫生组织批准的方法进行除虫。

按国际卫生条例的要求，在进行除虫操作时应满足以下需求。

1）不应有令人不愉快的气味，刺激性或有损于健康；不含毒性残留物。

2）不应造成飞机的结构、操作设备、仪表或零件的任何损害，对机窗或风挡无任何腐蚀作用。

3）避免发生火灾的危险。

4）符合可接受的生物效果。

二、飞机舱内用杀虫气雾剂的配方

用液化气作抛射剂的杀虫气雾剂用于飞机，防治卫生害虫及农业害虫，起始于 1942 年。当时气雾剂配方中的杀虫有效成分是天然除虫菊。自 DDT 出现后，有效成分采用 DDT 与除虫菊混配。此后就一直将它作为标准的气雾剂配方。近年来，一些国家采用了 0.45% 除虫菊 + 2.70% 胡椒基丁醚新配方。现在，对环境问题的日益关注，促进了气雾剂配方的研究改进。

美国、英国、日本及法国的科学家研究并开发了一批对卫生害虫及农业害虫具有广谱杀虫效果的合成除虫菊酯，并对这些除虫菊酯进行了一系列飞机除虫的试验。其中两种拟除虫菊酯：苄呋菊酯（NRDC－104）及右旋苄呋菊酯（NRDC－107）经世界卫生组织在世界范围内进行的飞机除虫试验证实，对伊蚊、按蚊及库蚊效果良好。以后又将住友化学生产的右旋苯醚菊酯投入飞机气雾剂中进行除虫试验。于 1977 年 5 月经世界卫生组织第十三次会议（日内瓦）批准，可在飞机用杀虫气雾剂中使用。

国际卫生条例对飞机的除虫建议、气雾剂的规格以及被批准的杀虫气雾剂配方，要求用生物测试法检验时，气雾剂的灭虫作用应不低于标准参考气雾剂 SRA 的作用（在 SRA 标准参考气雾剂中以 DDT 技术为标准得出的生物效果，但在实际使用中决不能将 DDT 包含在机舱杀虫气雾剂中）。

WHO 早期推荐的配方如下。

苄呋菊酯或生物苄呋菊酯（不加溶剂）2%；

抛射剂 CFC－12/CFC－11（50/50）98%。

1977 年 5 月日内瓦会议批准推荐用的配方如下。

右旋苯醚菊酯（不加溶剂）2%；

抛射剂 CFC－11/CFC12（50/50）98%。

右旋苯醚菊酯（日本住友化学）的毒性（$LD_{50} > 10000mg/kg$），比苄呋菊酯（$LD_{50} > 5000mg/kg$）及生物苄呋菊酯（$LD_{50} > 9000mg/kg$）更低，因而更安全。

三、2%右旋苯醚菊酯飞机舱用杀虫气雾剂的试验项目与要求

（一）生物效果试验

2%右旋苯醚菊酯的杀虫效果如表9－37所示。

1. 供试虫及试验方法

1）家蝇成虫：美国 CSMA 法（$0.7g/5.8cm^3$）。

2）淡色库蚊成虫：美国 CSMA 法（$0.7g/5.8cm^3$）。

3）德国蜚蠊成虫：玻璃圆筒直接喷雾法（1g/圈），玻璃圆筒直径20cm、高60cm。

2. 试验结果

表9－38　右旋苯醚菊酯2%气雾剂对蝇、蚊、蟑螂的杀虫效力

试验昆虫	杀虫效力 KT_{50}（min）—致死率（%）
家蝇成虫（Musca domestica）	8.3—100
淡色库蚊成虫（Culex pipens）	13.0—100
德国蜚蠊成虫（Biattella germanica）	10.6—100

（二）毒理试验

大白鼠急性经口 $LD_{50} > 10000mg/kg$；

经皮 $LD_{50} > 5000mg/kg$；

大白鼠急性吸入 $LD_{50} > 1180mg/cm^3$。

对白兔皮肤刺激试验应无红斑及水肿。

对白兔眼刺激试验角膜、虹膜及结膜应无充血红肿、分泌物、浑浊及溃疡。

慢性毒理试验：无致畸、致癌及诱变等有害影响。

（三）物化性能试验

1）喷雾时雾流应连续均匀。

2）喷射速率为 $1.0 \pm 0.2g/s$（20℃）。

3）雾滴直径 $d \leqslant 10\mu m$，其中 $d \geqslant 30\mu m$ 的雾滴占质量百分比不得超过20%；$d \geqslant 50\mu m$ 的雾滴占质量百分比不得超过1%；雾滴直径用莫尔文雾滴谱仪测定。

不应使机舱有机玻璃产生裂纹或银纹；有机玻璃耐介质裂试验按 M1L－P225690 规定的方法进行。

闪点试验按 SAE AMS1450A 中 ASTMD56 规定的方法进行。

织物着色、褪色试验按中华人民共和国卫生部颁发的消毒技术规范规定的方法进行。

四、常见机型机舱内全部进行灭虫的场合所需施药量

标准施药量：$35g/100m^3$。

表9－38为不同型号飞机内右旋苯醚菊酯2%气雾剂的施药量。

表9－38　右旋苯醚菊酯2%气雾剂对不同型号飞机的施药量

飞机型号	每架飞机气雾剂施药量（g）	飞机型号	每架飞机气雾剂施药量（g）
波音747型	320	波音707/727型	160
TRISTAR/DC10型	240	波音737/DC8型	80

2%右旋苯醚菊酯杀虫气雾剂经美国环保局批准（登记号39398－1），许可用于机舱内除虫。在法国及日本，也是唯一准许用于机舱除虫的气雾剂。国内已由笔者1989年组织研制成功，并在民航及远洋运输系统使用，由上海皆乐药械厂生产。民航总局于1993年5月20日发布的第175号文《关于实

施民航业标准"飞机用右旋苯醚菊酯杀虫气雾剂"的通知》中明确规定，从1993年7月1日起执行 MH7001—93号标准，在中国民用航空机舱内使用2%右旋苯醚菊酯气雾剂。该杀虫气雾剂用的右旋苯醚菊酯由日本住友化学工业株式会社生产供应。该杀虫剂含量为92%，顺反异构体比为25/75。

由于2%右旋苯醚菊酯杀虫气雾剂对病媒昆虫优异的致死能力，对人具有高安全性、不燃性，对喷洒环境无残留污染损害，雾滴细而具有良好的缝隙穿透性能，除了用于飞机除虫外，还适合于宾馆、高级住宅、医院、餐厅、食品加工厂及其他交通工具。上海远洋公司防疫站在远洋轮上使用后，深有感触。过去船上的油库及电气间是禁区不能用药，所以除虫总是不彻底。现在采用2%右旋苯醚菊酯杀虫气雾剂后，解决了不燃及穿透性好的问题，提高了船上的除虫效果。在高级精密的仪器间使用，可把隐藏的病媒昆虫引诱出来后杀死，但仪器、仪表无损无蚀。

此外，2%右旋苯醚菊酯气雾剂还可作为检查有无蟑螂的工具，雾滴的穿透性好，加之右旋苯醚菊酯对蟑螂有兴奋、引诱作用。只要稍稍一喷，在几分钟内，蟑螂就会从缝隙中纷纷爬出，逐渐击倒死亡。这一功能，为我国卫生检疫系统检查外来机、船及列车有否携带蟑螂入境，提供了一种小巧、灵活而高效的工具。

五、CFCs 替代后的配方

由于FC–12/CFC–11是臭氧损耗物质，替代后改用HFC–227a及HFC–134a组合。杀灭卫生害虫有效成分不变。

六、其他

1）气雾剂是航空器舱内杀灭卫生害虫最为有效的方法。当航空器准备起飞和着陆时都会引起巨大的振动，隐藏及栖息在固定位置的昆虫都会活动起来，可能与气雾剂小滴接触。

2）气雾剂不是航空器上唯一使用的杀虫剂。也可以在机舱内、配餐间、卫生间以及邻近区域使用经过批准的杀虫剂，如胺菊酯ULV1500（2.4%胺菊酯+4.8%右旋苯醚菊酯）、氯菊酯WP（25%氯菊酯）或恶虫威复配剂（恶虫威+除虫菊酯+增效醚）。恶虫威是目前使用频率很高的产品。

3）在航空器上应着重检查下列害虫躲藏的地方。

蚊子——检查窗沿上死的和将要死的蚊子。

苍蝇——检查窗沿上爬行的或死的家蝇和绿头苍蝇。

苍蝇的蛆——检查腐败的食物垃圾。

蚂蚁、苍蝇和黄蜂——检查垃圾箱周围和所有的窗户区域，包括机舱的窗户。

谷类害虫——检查航空器操纵盘下残留的谷物类食品。

飞蛾卵——检查机身外表面的飞蛾群。

蜘蛛——检查货舱和货物的阴暗隐蔽处，尤其是一些器具、机械、运输工具、货物垫、备用航空器零件上。

检查白天躲在隐蔽的裂缝、间隙和夹缝中的蟑螂时，首先使用拟除虫菊酯气雾剂喷洒把昆虫从它们的藏身处驱赶出来，还需确定用哪种杀虫剂进行滞留喷洒。

4）其他常见害虫还有毒蜘蛛、日本甲虫、科罗拉多马铃薯甲虫、樱桃蛆、地中海果蝇、墨西哥果蝇、苹果蝇、棉铃象鼻虫、东方果蝇及马铃薯块茎虫等。

5）对鼠类啮齿动物等应用熏蒸剂处理。

第八节　CFC 替代后水基杀虫气雾剂配方设计中的相关问题

一、概述

在许多发展中国家，大多数气雾剂产品采用了烃类抛射剂，经过提纯的烃类化合物（HAPs）使气雾剂的成本更经济，而且可以用它来生产许多水基气雾剂产品，而这些产品用其他抛射剂是做不到的。

要配制质量好的烃类抛射剂气雾剂产品并不容易，配方设计者必须做出多方面的考虑。

稳定性：产品不会腐蚀罐和阀门，不会随时间改变颜色、气味或外观，不会被微生物（细菌等）分解；

成本：成本很低，具有竞争力；

相应法规：可燃性；

生产：尽可能使用现有的生产设备；

安全：生产安全，在遵守使用说明条件下，保障消费者安全；

实用：工作可靠，符合标签要求。

二、一般原理

烃类气雾剂抛射剂（HAPs）在水、乙二醇、树脂及其他成分中的溶解度很低。乙醇等类溶剂可以促进它们的溶解。在某些配方中，HAPs 保持不溶解状态，如在许多水基清洁剂、空气清新剂及杀虫剂中，HAPs 浮在上面，与水基产品料呈分离层。

使用 HAPs 的气雾剂一般比使用其他抛射剂的产品更为易燃，无水 HAPs 气雾剂喷出的雾用一根火柴就可以点燃起火，喷有 HAPs 气雾剂的表面也会被点燃，一直到 HAPs 及溶剂挥发殆尽。在标签上必须提醒消费者这类产品都是易燃的。

含有 65% ~ 95% 水的 HAPs 配方一般是不易燃的。但加入水后，会对灌装机产生腐蚀，所以必须加入腐蚀抑制剂，常用的是 0.15% 硝酸钠（$NaNO_3$）。水不容易被粉碎，一般来说水基气雾剂与无水气雾剂配方相比，喷出的雾滴较粗。

有些水基产品浓缩液中可能含有不溶性成分，如硅或香精油，此时可加入表面活性剂。对这类水乳剂的稳定性应仔细检查。若有任何慢性分离，反应釜向灌装机供料管内的产品料必须随时送回至反应釜，而且对反应釜及灌装机料箱中的产品料必须不断进行搅拌。

水做溶剂加入后可大大降低产品成本。比较理想的是对水作纯化处理，至少应做逆渗析，或采用去离子水装置。否则，在水中的各种杂质（如氯）会对气雾剂配方有害。

一般来说由于 20℃ 时液态烃类化合物的密度仅约为 0.53g/ml，约为水密度的一半，HAPs 配方的密度小，每罐质量比原有 CFCs 配方的产品更轻。应灌入罐净容量 88% 的内容物，或使用略大一点的气雾罐。

含有 5% 以上 HAPs 的气雾剂应当标志为"易燃物"。若配方中含 65% 的水，但 HAPs 的含量大于约 30% 时也标志为"易燃物"。这样可以对消费者提出警示，也有利于保护消费者。在某些情况下，也可以用小火焰符号标示。还应包括一些说明，如喷雾应远离明火或火花。另外，气雾剂不应让儿童触及。这些预告性说明一般印在罐标签上。

三、关于水基配方中的用水技术问题

（一）概述

随着环保要求的提高，水基气雾剂产品开始获得快速发展，如水剂气雾杀虫剂、水剂空气清新剂、

万能泡沫清洁剂、汽车发动机外部泡沫清洁剂、玻璃防雾清洁剂等。

水是化学工业中使用最广泛的廉价的溶剂。在气雾剂水基产品中水的质量是影响产品性能的关键因素之一。

自然界中的水多少均含有各种杂质。通过纯化处理的水统称为纯水。纯化水的方法有蒸馏法，离子交换法，化学法和电渗析法等。目前常用由蒸馏法得到的蒸馏水，用去离子法得到的去离子水。

常水又称原水，指人们日常生活用水，包括地面水、地下水和自来水。地面水包括河水、溪水、湖水，一般污染较严重，含有大量泥沙、细菌、腐殖质等不溶物质。地下水包括井水、泉水，由于经过地层过滤，一般较澄清，有机杂质含量少，但无机盐含量较高。自来水是通过净化处理的水，一般杂质和细菌含量较低。

常水中的杂质有多种多样，可分为三大类。颗粒最大的称悬浮物，其次是液体，最小的是离子和分子，即溶解物质。溶解物质是指在水中呈真溶液状态的物质，有离子和分子。常水中所含阳离子多为 K^+、Na^+、Ca^{2+}、Mg^{2+}、Mn^{2+} 等，阴离子多为 HCO_3^-、CO_3^{2-}、SO_4^{2-}、PO_4^{3-}、Cl^- 等。常水中所含的分子，多为一些溶解性气体，常见的有氧气（O_2）和二氧化碳（CO_2），有时还有硫化氢（H_2S）、二氧化硫（SO_2）和氨（NH_3）等。常水须经过产处理，一般自来水厂出来的水均可作为产处理水。

蒸馏水：水通过特制的蒸馏装置，使水受热气化，再经过冷凝结为水的过程。通过蒸馏可除去杂质和杀灭细菌，如反复蒸馏 2 次以上可获较高纯度的水，称双重蒸馏水，但其缺点是除离子效果不如离子交换法好。

（二）去离子水

离子交换水系指用离子交换树脂，除去水中的阴、阳离子（即无机盐类）和其他杂质所制得的纯净水。这种制备方法，设备简单，无须电力及燃料等，而且操作简便。

1. 交换原理

离子交换法制备纯水是用一种离子交换树脂和水中所含的正负离子发生交换反应。

当常水通过 H 型阳离子交换树脂层时，阳离子交换树脂就把原水中阳离子换成 H^+ 离子而变成相应的酸，然后通过 OH 型阴离子交换树脂层，再把其中的阴离子交换成 OH^- 离子，与留下的 H^+ 离子结合成水，再通过混合树脂层，便获得高纯度的水。

2. 离子交换制水器

离子交换制水器主要由离子交换树脂和盛装离子交换树脂的离子交换柱所组成。

（1）离子交换树脂

离子交换树脂是一种高分子共聚物，一般为透明或半透明的球状小颗粒，直径为 0.42 ~ 0.9mm，按其所带交换基团的性质，又分阳离子交换树脂和阴离子交换树脂两种。树脂颜色有白、黄、褐等数种，通常阳离子交换树脂较阴离子交换树脂的颜色为深。制备纯水用的阳离子交换树脂一般是苯乙烯强酸型、阴离子交换树脂是苯乙烯强碱型。较常用的牌号有下列几种。

国产 732 型聚苯乙烯强酸性阳离子交换树脂：全交换量大于或等于 4.5mg/g，粒度 16 ~ 50 目（1.2 ~ 0.3mm），含水量 40% ~ 50%，钠型（出厂时为钠型，因为钠型较氢型稳定）。

国产 717 或 711 型聚苯乙烯强碱性阴离子交换树脂：全交换量大于或等于 4.5mg/g，粒度 15 ~ 60 目，含水量 40% ~ 50%，氯型（出厂时为氯型，因为氯型较氢氧型稳定）。

（2）离子交换柱

盛装离子交换树脂的圆形或方形管柱。柱长最好在 70cm 以上，其长度和直径之比至少应为 5：1。常用的有玻璃柱，有机玻璃和聚乙烯塑料柱。

离子交换柱也可因地制宜用合适的玻璃筒、细长的玻璃瓶或自制塑料管柱。

（3）离子交换柱组合形式

离子交换树脂的组合形式有多种多样，但基本上可归纳为以下三种。

1）复合式：系由两个以上的阳、阴离子交换柱串联在一起，即阳→阴或阳→阴→阳→阴。使水先通过阳树脂柱，后通过阴树脂柱。这样的组合形式称复合式又称复合床。复合床中阴阳两种树脂的用量，按其交换容量值而定。

复合式交换水的质量不高，若安排的对数越多，交换水的质量也就越高，但出水速度随之变慢。

2）混合式：将阳、阴两种树脂均匀地混装入一个或数个交换柱内。这样的组合形式，称为混合式（混合床）。混合式阳、阴两种树脂的用量，通常按体积比 1:(1.5~2) 或按湿重 1:(1.3~1.8) 的比例计算。混合式所得交换水的水质高，但出水速度慢，产水量小。

3）联合式：将复合式和混合式联合组装在一起，这样的组合形式称联合式（联合床）。联合式集中了复合式和混合式的优点。交换能力强，出水质量高，交换容量大，使用时间长，是经常采用的较理想的组合形式。

3. 去离子水的操作

关于去离子水的操作比较简单，主要控制出水流速。离子交换树脂和水中阴、阳离子的交换作用是一个动态平衡，如果出水流速过快，水中离子来不及和树脂进行充分交换，会降低水质。如果出水太慢，水中离子处于滞留状态，不能迅速扩散，影响交换速度，并且已交换过的水如不及时流出，会逆向流动，也会降低水质。因此必须在实践中选定出合适的出水流速。

在制水过程中，也要注意出水质量，当出水量达到一定值，出水质量不合格时，说明树脂开始老化。交换终点也可以从柱内树脂颜色来予以判断。阳离子层会出现黑色圈并逐渐扩大，阴离子层从深变浅甚至发白色逐渐扩大。

到达交换终点后，水质不合格，树脂可以再生，阳离子用 5%~8% 盐酸浸泡冲洗，阴离子用 5%~8% 氢氧化钠溶液浸泡冲洗。详细方法一般在选购去离子设备时厂家均会介绍。

（三）水质的检查

目前对纯水的质量检查有两种：化学及物理检查法。

1. 化学检查法

第一次使用新设备制水时，对水质应逐项全面检查。此后出水可根据具体情况作重点项目检查，一般抽查酸碱度、氯离子、钙镁离子、易氧化物以及氨等项目。

分析方法：

1）酸碱度（即 pH 值）：取检品 10ml，加甲基红 pH 指示液 2 滴，呈黄色或橙黄色，不得显红色。另取检品 10ml，加溴麝香草酚蓝指示剂 5 滴，应呈黄色或绿色，不得显蓝色。亦可用广泛 pH 试纸测之，其 pH 值应在 5~7 之间。

2）氯离子：取检品 10ml 于纳氏比色管中，再加硝酸 5 滴，硝酸银试液 1ml，不得显浑浊。实践证明，氯离子的出现是离子交换树脂老化的重要标志，常先于钙、镁离子的出现。

3）钙、镁离子：取检品 10ml，加氨 – 氯化铵缓冲液（pH 值约为 10）1ml，加少量铬黑丁指示剂，摇匀，应显蓝色，不得显紫红色。

4）易氧化物：取检品 100ml，加稀硫酸 10ml，煮沸后，加 0.1mol/L 高锰酸钾液 0.1ml，再煮沸 10min，粉红色不得完全消失。

5）氨：取检品 50ml，加碱性碘化汞钾试液 2ml，如显色，则与氯化铵溶液（氯化铵 31.5mg，加适量无氨蒸馏水溶解，使成 1000ml）2ml，加无氨蒸馏水（原水中加硫酸使成弱酸性，经蒸馏可得无氨蒸馏水）48ml，碱性碘化汞钾试液 2ml 的混合液做比较，颜色不可更深。

2. 物理检查法

物理检查法主要测定水的电阻率或电导率，纯水为电的不良导体，当水中含有盐类（电介质）时，就具有导电性，水质越纯，电阻率越大，电导率越小。

电阻率（又称比电阻），即 $1cm^3$ 水的电阻值，其单位为 $\Omega \cdot cm$。在 $3 \times 10^5 \Omega \cdot cm$ 以上时，即符合《中国药典》蒸馏水的主要指标。

物理检查法是最容易掌握、最方便的一种检测方法，只要有一台 DDB – 6200 型电导率仪即可。气雾罐产品中采用的去离子水的电导率应小于 $5 \times 10^6 \Omega \cdot cm$。

四、水基气雾剂系统及其设计

（一）概述

在气雾剂处方中用水替代溶剂不仅减少对环境的污染，还能有效降低成本，而且还有减少对呼吸道的刺激以及喷雾不会燃烧等优点。

水基杀虫气雾剂早在 20 世纪 50 年代后期就已在开发，这主要得益于压力气雾剂灌装技术，真空封口机的开发以及适合的阀门结构问世。但当时没有受到市场的欢迎，主要是因为占整个配方 30% 左右的烃类抛射剂（如 A－31、A－40 等）的易燃性及气味。直到 1959 年，一种气味非常低的气雾剂级烃类抛射剂开发后才获关注。

1960 年美国庄臣公司推出了雷达牌水基杀飞虫气雾剂后，在短时间内不少厂商纷纷推出自己的水基杀虫气雾剂。

由美国 MGK 公司开发的用于空间喷雾剂的最早的中间体由乳化剂及抗腐蚀剂组成。它适用于二步灌装法。将灌装物、中间体及油混合，在水中制成转换型乳剂，灌入容器中，封装阀门，充入烃类抛射剂即得成品。这些中间体亦可用于三步灌装法。此法是将中间体或中间体加油注入容器中，而后加入水，再充入抛射剂。这种操作顺序较之将乳剂搅拌过夜更能保持油包水相。

20 世纪 70 年代初，在相同活性成分及用量情况下，水基杀虫气雾剂的药效往往不如油基型，它对昆虫体表蜡质层的渗透能力差，稳定性也差。后来经过配制工艺上的不断改进，通过对乳化剂的合理选择，使水基产品的稳定性大大提高，有些产品在 40℃ 高温下经过 19 个月的热贮存试验，有效成分基本上没有变化，所以自 20 世纪 80 年代起，水基型杀虫气雾剂又成为热点，以满足环保的需要。

在美国，杀虫气雾剂基本上都已是水基型。当前人们已将环保、安全与健康三大议题密切相连，所以气雾剂向水基方向发展是必然趋势。

气雾剂中使用的内容物，无论是替代氯氟化碳作为抛射剂的烃类化合物，还是醚类化合物以及大多数有机溶剂，都是挥发性有机物。这类挥发性有机物在过量紫外线作用下会与氮氧化物发生光氧化反应，使地表的臭氧浓度增加，引起光化学烟雾污染，由此引发人类过敏性病症（如儿童哮喘病）及其他呼吸系统疾病。当这种光化学烟雾浓度增高后，形成酸雨，不但损害人类健康，而且影响植物生长和产量，树木枯死，塑料老化，造成巨大经济损失。

所以严格控制挥发性有机物的释放，已成为全球关注的重要环保问题。而且有些有机物本身的毒性会对人有三致突变危险，发达国家已分批将它们列入禁止使用名单中。一些有机化合物的易燃易爆危险特性，也直接对人类生命财产构成重大威胁。

因此从环保、安全及健康三个方面，同时要求气雾剂降低挥发性有机物的含量，向水基方向发展是最好的选择。

（二）在开发水基气雾剂中遇到的问题

1）产品各种组分与水的相容性。

2）水基气雾剂系统的雾化性能。

3）水基气雾剂系统的效果稳定性。

4）水基气雾剂中乳化剂及防腐剂的选择。

5）水基气雾剂有效成分及辅助成分的选择。

6）水基气雾剂抛射剂与水的匹配及相容性。

7）水基气雾剂用水技术问题。

8）水基内容物对气雾罐的腐蚀问题。

9）其他。

（三）　水基气雾剂日益引起广泛关注

1）环保要求，减少挥发性有机物释放。

2）降低成本。

3）减少异味及对非目标物的残留污染。

（四）　水基气雾剂系统的优点

1）价格便宜。

2）有利于环境保护，水不是挥发性有机物。

3）水无毒，对人及周围物无残留斑迹污染。

4）不燃不爆。

5）对人无刺激。

6）可以通过混配扩大功能。

（五）　水基气雾剂中有效成分与其他成分之间的相容性

当去离子水用于水基气雾剂中作为溶剂时，它必须与配方体系中其他组分具有良好的相容性，否则会导致整个配方系统平衡的破坏。

由于大多数气雾剂内容物不溶或难溶于水，所以即使将它们与水混在一起加上强力的搅拌或加热都不可能构成一个均质的液相，一旦搅拌停止，它们就会很快分离沉淀下来，此时只有借助于乳化剂的帮助。

各组分之间的相容性不好，会产生一系列问题，除沉淀、凝聚、阻塞促动器孔，还可能会在组分之间发生化学反应，产生有害物质，降低气雾剂的效果，使系统分解或发生转相。

相容性也包括水与气雾剂抛射剂之间的相容性。当然相容性还包括内容物与阀门促动器组合之间的匹配性。

解决水基气雾剂的相容性问题，是一个很复杂的问题，需要设计人员做大量的试验，要做短期和长期储存试验，定期观察它们的情况。

（六）　水基气雾剂系统的乳化

1. 概述

在气雾剂生产中，尤其对水基气雾剂，乳化技术相当重要。有时，必须制成乳液才能使其功能性成分均匀地分散在水中。因此，只有通过乳化工艺才能生产出合格的乳化型产品。

（1）乳化剂

乳化剂泛指具有乳化作用的表面活性剂。从亲油性乳化剂到亲水性乳化剂，包括各种类型的表面活性剂。通常选用阴离子表面活性剂和非离子表面活性剂作为乳化剂，而阳离子表面活性剂和两性离子表面活性剂不作为乳化剂使用。

很多表面活性剂具有乳化作用。高级脂肪酸的金属盐主要有硬脂酸、油酸或者混合脂肪酸；中和用的碱包括氢氧化钾、氢氧化钠和三乙醇胺等。三乙醇胺盐因 pH 值低，使用广泛，异丙醇胺盐则有对光稳定性好的特点。其亲油性随着脂肪酸碳原子数增大而增大，而碱类则按 Na > K > NH$_4$ > 烷醇胺 > 环己胺的顺序，亲水性依次变小。

在高级脂肪醇硫酸酯盐中，使用最多的是十二醇硫酸钠和十六醇硫酸钠，或者它们的三乙醇胺盐。这类表面活性剂乳化力高、去污和泡沫力都好，只是对皮肤刺激性强，如果与高级醇等极性有机物并用可弥补上述缺点。

多元醇脂肪酸及其衍生物主要有单硬脂酸甘油醇、山梨醇脂肪酸酯系列（商品名 Span）及其环氧乙烷加成物（商品名 Tween）、蔗糖脂肪酸酯等。由于这类表面活性剂无毒和对皮肤无刺激，被广泛用作乳化剂。

聚氧乙烯醚类非离子表面活性剂是非离子表面活性剂中数量最大、用途最广的产品。因为亲油基可在不同碳数烷基、不同脂肪酸烷基酚或多元醇酯中广泛选择；亲水基环氧乙烷可在很广范围内选择，因此其适用范围很广，尤其是环氧乙烷和环氧丙烷嵌段聚合物，亲水亲油基变化范围大，产品使用前途远大。

严格来说，没有乳化剂就不可能有真正的乳液，因为只有乳化剂才能使乳液保持稳定。因此，首先要选好乳化剂，然后通过实验调整加入量。

（2）乳化剂的选择

根据被乳化物要求的 HLB 值选择乳化剂的 HLB 值。大都是水包油型（O/W 型）乳液或透明液，因此只研究 O/W 型乳液即可。被乳化的物质统称为"油"，只要知道被乳化物要求的 HLB 值，即可定量选择乳化剂的 HLB 值。表 9 - 39 列出了部分物质被乳化所要求的 HLB 值。

表 9 - 39　制备 O/W 型乳状液时分散相所需 HLB 值

被乳化物	要求 HLB 值	被乳化物	要求 HLB 值
低分子醇酮酯	>15	无水羊毛脂	15
硬脂酸	15 ~ 17	粗汽油	13
十六碳醇	13 ~ 15	棉籽油	7.5
十八碳醇	13 ~ 15	重质矿物油	10.5
甲苯	11 ~ 13	硅油	10.5
二甲苯	11 ~ 12	微结晶蜡	9.5
甲基萘	11 ~ 12	蜂蜡	10 ~ 16
煤油	10 ~ 11	凡士林	10.5
机油	9 ~ 11	0 - 二氯苯	13
石蜡	9 ~ 10	0 - 苯基酚	15.5
四氯化碳	9		

根据被乳化物所要求的 HLB 值，选择相应的表面活性剂 HLB 值。表 9 - 40 为表面活性剂的 HLB 值和溶解性，最好是测定后进行计算，得到的数据更为可靠。

表 9 - 40　表面活性剂的 HLB 值和溶解性

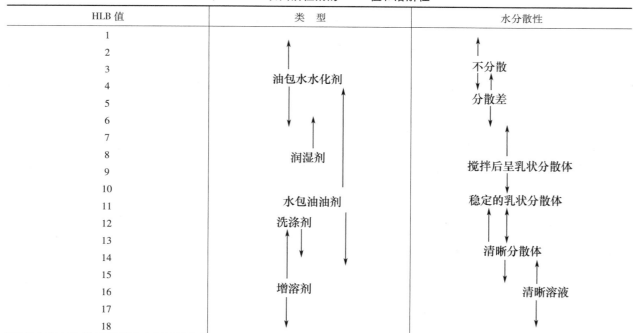

2. 乳化剂的作用

气雾剂中很多成分不溶于水。当加入一定量的乳化剂后，它们在水基系统中呈乳液状态。更确切地说，呈可转换的油包水（W/O）相，达到一个平衡。

乳化剂是水基气雾剂中达到均相稳定系统的决定性成分，用它来完成水基系统的均质液相，在选择时还必须考虑它对气雾罐可能会产生的腐蚀问题及对其他性能的影响。

乳化剂加入水基系统后，可以形成水包油（O/W）及油包水（W/O）两种形态的乳液。对不同的气雾剂产品，哪一种更适合，需要视其性能要求而定。

3. 乳化剂的选择

（1）乳化剂的快速评估及使用（表9－41）

乳化剂的选择，除经验以外，一个快速评估的方法就是根据亲油亲水平衡值（HLB）来确定。

低 HLB 值的乳化剂亲油性好，用于形成油包水（W/O）型乳液，如 HLB 值在 3～6。

高 HLB 值的乳化剂亲水性好，用于形成水包油（O/W）型乳液，如 HLB 值在 8～18。

经验说明，将亲水性与亲油性非离子乳化剂，也即低（或高）HLB 与高（或低）HLB 的两种非离子型乳化剂联合使用，往往比用与之相同的 HLB 值的单一种类乳化剂，乳化液体系更加稳定，不容易产生相转换。

值得一提的是，两种联合使用的乳化剂的 HLB 值要相差大一点，使用量的比例，也应以其中一个为主。究竟是亲油性的多，还是亲水性的多，这要取决于所要得到的相是油包水型（W/O）还是水包油型（O/W）乳液。

表9－41　HLB 值范围及应用范围表

百分比部分		HLB	水分散性能	应用范围
亲水基团	亲油基团			
0	100	0～1	不分散	} 1 3 消泡剂
10	90	2～3		
20	80	4～5	分散态	} 4 6 W－O 型乳化剂
30	70	6～7	搅和后呈乳状	
40	60	8～9	分散体	} 7 9 润湿剂
50	50	10～11	稳定的乳状分散体	O－W 型乳化剂
60	40	12～13	清晰分散体	} 12 15 洗涤剂
70	30	14～15		
80	20	16～17		} 增溶剂
90	10	18～19		
100	0	20		18

（2）常用的乳化剂及 HLB 值选择

乳化剂属于表面活性剂中的一种，它有许多品种，但一般分为阳离子型、阴离子型、非离子型、两性离子型四类。

需要注意的是，列入乳化剂类的乳化剂，其在配方体系中的主要作用是乳化，但往往还有其他作用，如 Tween20 还可以作为增溶剂、洗涤剂、分散剂、润湿剂、黏度控制剂、防腐剂、防霉剂、消泡剂、抗静电剂等。所以在选择时，要根据需要综合考虑选定。

在考虑所选乳化剂的功能的同时，必须要十分注意它与其他组分之间的相容性。

乳化能力大小通常用乳化剂溶解在液体中时能降低该液体的表面张力来衡量。乳化能力可用 3 种方式表示。

1）效率，即乳化效率，指将溶剂的表面张力 γ 降至某一定值所需的表面活性剂的浓度。对比各种表面活性剂的乳化效率，以所用浓度越小者，其乳化效率越高。

2）效力，即乳化效力，加入表面活性剂后使溶剂的表面张力降至最低值来衡量。这实际上是以在临界胶束浓度时的表面张力表示，即以各种表面活性剂的γC_{mc}来比较效力。γC_{mc}小者乳化效力高。

3）效果，是以一定质量浓度的表面活性剂溶液（通常浓度为$1g/L$），所能降低的表面张力表示。表面张力降得越低，效果越好。这种方法对于评价表面活性剂的效果较为简便易行。

（3）非离子表面活性剂 Span 与 Tween 几个典型产品的 HLB 值比较（表9－42）

表9－42　非离子表面活性剂 Span 与 Tween 几个典型产品的 HLB 值比较

名称	代号	HLB	名称	代号	HLB
失水山梨醇月桂酸酯	Span 20	6.8 ~ 8.6	失水山梨醇聚氧乙烯（4）醚月桂酸酯	Tween 21	12.0 ~ 13.3
			失水山梨醇聚氧乙烯（20）醚月桂酸酯	Tween 20	15.7 ~ 16.9
失水山梨醇棕榈酸酯	Span 40	5.3 ~ 6.7	失水山梨醇聚氧乙烯（20）醚棕榈酸酯	Tween 40	15.6 ~ 15.8
失水山梨醇硬脂酸酯	Span 60	4.5 ~ 5.2	失水山梨醇聚氧乙烯（4）醚硬脂酸酯	Tween 61	9.6 ~ 15.2
			失水山梨醇聚氧乙烯（20）醚硬脂酸酯	Tween 60	14.9 ~ 15.6
失水山梨醇三硬脂酸酯	Span 65	2.1 ~ 2.7	失水山梨醇聚氧乙烯（20）醚三硬脂酸酯	Tween 65	10.5 ~ 11.0
失水山梨醇油酸酯	Span 80	4.3 ~ 5.0	失水山梨醇聚氧乙烯（4）醚油酸酯	Tween 81	10.0
			失水山梨醇聚氧乙烯（20）醚油酸酯	Tween 80	15.0 ~ 15.9
失水山梨醇三油酸酯	Span 85	1.8 ~ 4.0	失水山梨醇聚氧乙烯（20）醚三油酸酯	Tween 85	10.9 ~ 11.0

注：1. 失水，又称脱水，缩水。

2. Span 及 Tween 后数字为结构式中平均（w + x + y + z）的值，平均（w + x + y + z）= 20。

（4）两种乳化剂混合之后的 HLB 值（表9－43）

A、B 两种乳化剂混合之后的 HLB 可按下式求得：

$$HLB = （W_A \times HLB_A + W_B \times HLB_B）/（W_A + W_B）$$

式中，W_A、W_B 分别是乳化剂 A 和 B 的混合量，HLB_A 和 HLB_B 分别为 A 和 B 的 HLB。此式适用于非离子表面活性剂。

表9－43　Tween 80、Span 80 混合乳化剂的 HLB

$W_{Tween\,80} : W_{Span\,80}$	$X_{Tween\,80} : X_{Span\,80}$	按 W 计算的 HLB	按 X 计算的 HLB
90 : 10	75 : 25	13.9	12.3
80 : 20	57 : 43	12.9	10.4
70 : 30	43.8 : 56.2	11.8	9.0
60 : 40	33.4 : 66.6	10.7	7.9
50 : 50	25 : 75	9.7	7.0
40 : 60	18 : 82	8.6	6.2
30 : 70	12.5 : 87.5	7.5	5.6
20 : 80	7.7 : 92.3	6.4	5.1

注：当两个组分的 HLB 值相差比较大时，根据摩尔分数（X）计算出的表面活性剂混合物的 HLB 较为准确。

但实际应用中要分别按质量分数和摩尔数计算混合乳化剂的 HLB，然后进行实际观察由其配成的乳状液的稳定性，以判别哪一种计算法较合适。

（5）酯类非离子表面活性剂的 HLB 值

对于酯类非离子表面活性剂的 HLB 值，可以按下式进行计算：

$$HLB = 20 \times （1 - S/A）$$

式中　S——表面活性剂的皂化值；

　　　A——其中脂肪酸部分的酸值。

对于某些无一定形式的乙氧基化的酯和酸，皂化值不易测得，则可用下式计算：

$$HLB = \frac{1}{5} \ (E + P)$$

式中　E——分子中环氧乙烷的质量分数；

　　　P——分子中多元醇的质量分数。

如果分子中的疏水部分只含苯酚和一元醇而不含多元醇，则上式可简化为：

$$HLB = \frac{1}{5} \times E$$

此类非离子型和指定 HLB 的表面活性剂生产厂一般使用这个公式。

另外，推荐用下列通式来计算 HLB 值：

$$HLB = 7 + 亲水基值 - 0.475m$$

式中　m——亲油基的碳原子数。

亲水基值见表 9 – 44。

表 9 – 44　亲水基值

亲水基团	亲水基值	亲水基团	亲水基值
—SO_4—Na^+	38.7	—COOH	2.1
—COO—K^+	21.1	羟基（游离）	1.9
—COO—Na^+	19.1	—O—	1.3
碳酸盐	≈11	羟基（失水山梨醇环）	0.5
酯（失水山梨醇环）	6.8	—（CH_2CH_2O）—	0.33
醇（游离）	2.4		

用上述通式计算的 HLB 值对个别表面活性剂有较大偏差。

（6）混合乳化剂的选择

已知被乳化物所需 HLB 值，并不能立即准确地定出所需的乳化剂，而是选用混合乳化剂进行试配，采用逐步逼近法确定一组混合乳化剂，用其对被乳化物进行乳化实验。这是因为混合乳化剂比单一乳化剂乳化效果更好。

混合乳化剂的 HLB 值：若混合乳化剂 Ⅲ 是由乳化剂 Ⅰ 和 Ⅱ 组成，Ⅰ 的 HLB 值为 16，取 8 份；Ⅱ 的 HLB 值为 10，取 2 份；则 Ⅲ 的 HLB 值为 14.8。

$$HLB = （16 \times 8 + 10 \times 2）\div（8 + 2）= 14.8$$

混合乳化剂各组分的份数用等差方法计算出 HLB 值，与被乳化物所需要的 HLB 值差数不大于 20% 即可使用。为了便于比较，选择不同的"乳化剂对"配制混合乳化剂，各种混合乳化剂的 HLB 偏差也不要超过 20%。经过实际乳化实验，即可确定一组最佳的混合乳化剂。

4. 乳化工艺

乳液制备时涉及的因素很多，还没有哪一种理论能够定量地指导乳化操作。即使经验丰富的操作者，也很难保证每批都乳化得很好。

乳化工艺包括适宜的乳化方法，如乳化剂的添加方法，油相和水相添加方法，以及乳化温度等。

5. 乳化及操作

要获得均匀稳定的乳化体系，必须具备两个条件。

1）选择合适的表面活性剂，才能在分散相细微液珠表面上，通过定向排列形成一层均匀的保护膜，同时降低两相之间的界面张力来形成稳定的乳化体。

2）通过强力机械搅拌，使分散相能快速均匀分散。配方中水相及油相之间的比例是否合理，以及与其他成分之间的相容性，都对乳化体的形态及稳定性有影响。所得的乳液的类型与油滴和水滴的聚集动力学有关。将油和水一起搅拌时，哪个聚结的相对速度快，就成为连续相。在 O/W 型中，水滴的聚结速度大于油滴。但在两相的速度相近时，则体积较大的形成连续相。

在整个乳化过程中，各种物质的加入顺序及温度也有一定关系。但最主要的还是乳化剂本身。

要获得稳定的乳液，必须具备下列条件。

1）界面张力处于最低状态。

2）乳液中必须有增溶现象产生，形成临界胶束浓度，以加强体系的稳定。

3）界面上能形成乳化复合膜，为此，应将水溶性及油溶性两种乳化剂混合使用为好。

4）界面应完全被带电离子覆盖，并且稳定。

5）粉碎液珠要细。

当乳化不良，乳液不稳定时就会产生乳化类型的突然转变，这与机械搅拌强度不够，或相中电荷的中和使液珠聚集，破坏了原来两相之间的平衡有关；或者与部分乳液不稳定，使乳化剂产生分层有关。当相位转变及分层都发生时，说明乳液已完全破坏，形成絮凝和聚结。

所以在乳化过程中，除设计配方合理，选用乳化剂得当外，乳化工艺条件也是需要十分注意的。

杀虫剂原药为水不溶性油状物，加水稀释时在乳化剂的作用下，以其极微小的油珠均匀地分散在水中，形成稳定的水乳液。从乳液的外观大致可以估计出油珠的大小，以便判断乳状液的好坏（见表9-45）。

表 9-45　乳液外观与油珠大小的关系

乳状液外观	油珠大小（μm）
透明蓝色荧光	<0.05
半透明蓝色荧光	0.1～1
乳白色	1～50

从表9-46可以看出，对杀虫剂原油加水稀释成乳液后，原油的粒子变得极微小，容易在虫体上黏附和展着，渗透进虫体内。

水基型杀虫气雾剂的产品料液应为油包水型水乳液，可以减少对马口铁及铝质气雾罐的腐蚀。当然油包水型也可以提高水基药滴对靶标昆虫蜡质层表皮的渗透能力，提高药剂的生物效果，还有利于提高与烃类抛射剂的相容性，形成单一均匀液相，喷射时不需要摇动。

五、水基杀虫气雾剂的配方设计及效果评价

（一）有效成分的选择原则

1. 生物活性优良

1）高击倒率。

2）高致死率。

3）驱赶或拒避作用（对飞虫）。

4）兴奋或奔出作用（对爬虫）。

5）有一定持效性。

2. 稳定性

1）相稳定，W/O不会转变为O/W。

2）降解（抗水解）。

3）相容性好。

3. 对气雾罐的腐蚀性极小

4. 毒性极低，刺激性极低或无刺激性

5. 能生物降解，与环境相容

（二）对昆虫的作用机制

1. 杀飞虫

击倒兼具驱赶与拒避，不能有刺激性。

2. 杀爬虫

兴奋驱出兼具持效，对刺激性要求不太高。

3. 全杀型

击倒与致死并重，兼考虑持效及刺激性。（不推荐使用）

（三）配方设计原则

1. 有效成分的选择

如果要求快速击倒，可以选择胺菊酯或炔丙菊酯；致死率高的可选用氯菊酯或右旋苯醚氰菊酯等。

2. 增效剂

（1）品种的选择

常用的增效剂有氧化胡椒基丁醚（PBO，S_1），增效胺（MGK–264），八氯二丙醚（已经禁用）及增效磷（SV_1）。近年来，我国开发出了多功能增效剂（九四零）。

在这些品种中，PBO 是到目前为止国际上公认的增效最好的增效剂，其次是 MGK–264。

PBO 最适宜用于气雾剂配方，是由于以下原因。

1）具有较好的增效活性，所需使用量较低；

2）对最终配方具有较好的毒理指标；

3）有利于改善性价比，可以降低使用者与制造者的经济成本，也有利于减少对环境的影响；

4）提高对已对杀虫剂产生抗性的昆虫的作用效果；

5）容易配制，对杀虫活性成分溶解性好；

6）配制后制剂稳定性好，即使在水剂气雾剂中也显示出良好的稳定性；

7）对气雾罐金属几乎无腐蚀性。

PBO 经美国环保局获准予以登记，可作为家庭、公共卫生及农业，包括作物和谷粒保护之用。这是因为 PBO 已具有大量的安全毒理资料，符合美国环保局的严格要求。

MGK–264 也是一个在国际上获得公认的增效剂，但它更多的是作为一种共增效剂，常常被建议与 PBO 联合使用。

对不同的增效剂加入各种杀虫有效成分后所进行的增效机制比较试验表明，当昆虫有氧化解毒作用，即显示抗性存在时，PBO 总是作为首选增效剂。

另外值得指出的是，PBO 具有优良的溶解性，这一点十分有利于杀虫有效成分在配制中的溶解。

（2）加入增效剂的作用

1）提高杀虫有效成分对昆虫的毒效。

2）在保证杀虫有效成分同等效果时，因加入增效剂后可以减少有效成分的用量，从而降低制剂的成本。当加入有效成分剂量约 10 倍的增效剂后，可以使有效成分的加入剂量减少近一半，仍能对蚊虫保持原来的击倒与致死效果，大大降低了使用成本。一般来说，其成本和效果之比（PBO/拟除虫菊酯）在 5∶1～10∶1 之间为宜。

3）氧化胡椒基丁醚（PBO）有助于延缓昆虫对杀虫剂的抗性，延长杀虫剂的使用寿命。在某些情况下，加入 PBO 后能使已被昆虫产生抗性的杀虫剂恢复其对昆虫的杀虫活性。增效剂的作用机制主要是抑制昆虫体内的多功能氧化酶（MFO 酶）和酯酶的代谢能力，降低昆虫对杀虫剂的代谢与降解作用，使杀虫有效成分的分解度降低，增加昆虫的死亡率。

4）PBO 还能延长配方中天然除虫菊及其他光敏感性拟除虫菊酯的有效性，增强它们的稳定性，PBO 对暴露在阳光下的天然除虫菊具有保护作用。

5）PBO 还对许多化合物是一个良好溶剂。PBO 的挥发性低，与许多油类物质相近，特别是对天然除虫菊萃取物具有优良溶解性。

（3）PBO 与 MGK - 264

PBO 用量：活性成分 0.05% ~ 0.10% 时，为其 10 倍，如 0.075% ~ 0.75%；

活性成分 0.20% ~ 0.30% 时，为其 5 倍，如 0.20% ~ 1.00%。

MGK - 264 用量为残留性杀虫剂的 1.5 ~ 4 倍，如活性成分 0.20% ~ 0.30%，用量为 0.80%。

SV₁ 适合用于有机磷杀虫剂中，将它与有机磷或拟除虫菊酯混用，对多种害虫有明显的增效，即使对已有抗性的害虫增效也很明显，广谱性好，效果优于 S₂，但有腥味。

多功能增效灵对拟除虫菊酯、有机磷及氨基甲酸酯类多种杀虫剂有明显的增效作用，加入卫生杀虫剂中后对蚊、蝇及蟑螂等卫生害虫的增效比能达 2 ~ 3 倍，尤其可使击倒率明显提高。

（4）PBO 在气雾杀虫剂中的应用演变（表 9 - 46）

表 9 - 46　PBO 在气雾剂配方中应用演变

年份	配方含量（质量分数）
20 世纪 60 年代	天然除虫菊 0.2%，Methoxychlor 1.5%，PBO 1.50%
20 世纪 60 年代后期	天然除虫菊 0.2%，PBO 1.5%，MGK - 264 0.75%
1974 年	天然除虫菊 0.4%，PBO 0.8%，生物苄呋菊酯 0.025%
1978 年	部分天然除虫菊由胺菊酯替代
20 世纪 80 年代	烯丙菊酯（20/80）0.27%，胺菊酯 0.241%，PBO 1.083%
20 世纪 90 年代	烯丙菊酯（20/80）0.27%，胺菊酯 0.241%，PBO 0.409%，MGK - 264 0.659%

3. 乳化剂

见上节，在此不再赘述。

（四）配方基本设计

1. 配方基本设计

水基杀虫气雾剂配方见表 9 - 47 ~ 表 9 - 51。

表 9 - 47　配方 1

成　分	含量（%，质量分数）	成　分	含量（%，质量分数）
胺菊酯	0.30	去离子水	55.0
PBO	1.20	乳化剂、缓蚀剂及 LPG	加至 100%
脱臭煤油	5.0		

表 9 - 48　配方 2

成　分	含量（%，质量分数）	成　分	含量（%，质量分数）
胺菊酯	0.20	去离子水	40.0
除虫菊萃取物（25%）	0.20	缓蚀剂	0.90
PBO	1.20	DME	45.0
异丙醇	12.5		

注：天然除虫菊可以用烯丙、右旋烯丙或生物烯丙菊酯来取代。

表 9 – 49 配方 3（全杀型，不推荐）

成 分	含量（%，质量分数）	成 分	含量（%，质量分数）
胺菊酯	0.30	去离子水	40.0
氯菊酯	0.15	缓蚀剂	0.55
PBO	1.5	DME	45.0
异丙醇	12.5		

注：氯菊酯可以用苄呋菊酯或右旋苯醚菊酯代替。

表 9 – 50 配方 4（全杀型，不推荐）

成 分	含量（%，质量分数）	成 分	含量（%，质量分数）
除虫菊素类	0.05	乳化剂	1.50
苄氯菊酯	0.40	缓蚀剂及其他	7.683
其他	0.10	去离子水	60.00
PBO	0.10	A – 70	30.00
MGK – 264	0.167		

注：此水基配方对蚊、蝇及蟑螂的效果与溶剂型效果相当。

表 9 – 51 配方 5（庭院花卉用）

成 分	含量（%，质量分数）	成 分	含量（%，质量分数）
胺菊酯	0.30	去离子水	57.0
氯菊酯	0.10	乳化剂、缓蚀剂	1.40
PBO	1.20	A – 70	35.0
脱臭煤油	5.0		

注：要求对植物无损害。

2. DME – WBA 与 LPG – WBA 效果分析比较

（1）烃类化合物——水基型（LPG – WBA）

在这种类型气雾剂制品中，由于烃类化合物与水不能相溶，所以在气雾罐内会形成上下两层液相，上层液相为烃类化合物抛射剂，下层液相为油包水乳剂，因为烃类抛射剂的相对密度平均值为 0.55 左右，比水的密度轻得多，杀虫剂有效成分主要被含在下层液相中，如图 9 – 26 中右图所示。在喷洒前需要对其做机械性摇动，使罐中的两层液相得以暂时混溶为单液相，否则前期喷出的多为较粗的水雾滴，而到后期喷出的则主要为烃类抛射剂的液相，由于烃类化合物的低沸点及蒸气压特性，一旦从阀门口被释放后，喷出的细雾滴又会立即蒸发汽化变得更细。

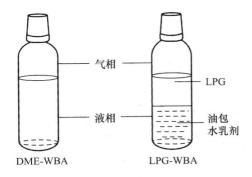

图 9 – 26 DME – WBA 与 LPG – WBA 系统液相的区别

如果不在喷前摇匀，则前、中、后期喷出物的杀虫剂有效成分含量不均匀，影响到杀虫气雾剂的使用效果。

这类水基型杀虫气雾剂的配方基础如下。

有效成分：按设计量；

乳化剂：1.0（％，质量分数）；

去离子水：50.0；

脱臭煤油：1~5（加至60）；

A-60：40。

喷雾特性：喷射率1g/s，雾滴直径41μm（25℃）。

（2）二甲醚——水基型（DME-WBA）

在这种类型杀虫气雾剂中，由于水与DME具有良好的互溶性，在气雾罐内共同构成单一均匀液相，如图9-26中左图所示。杀虫有效成分均匀地溶解在此水性溶液中，不需要添加乳化剂。必要时可以加入少量乙醇，以增加杀虫有效成分或DME在水中的溶解性。当然，这种杀虫气雾剂在喷洒前不需要摇动。

二甲醚——水基型杀虫气雾剂的配方基础如下。

有效成分：设计量；

去离子水：30.0（％，质量分数）；

异丙醇：1~3（加至55.0）；

二甲醚：45.0。

喷雾特性：喷射率0.8g/s，雾滴直径39μm（25℃）。

（3）压缩气体——水基型（CG-WBA）

这类水基型杀虫气雾剂的液相为受压乳剂，气相为压缩气体，如氮气、空气等。

上面所述的配方基础只是包括了一些最基本的组分，在实际配制时没有这么简单，往往还要根据具体情况加入一些助剂，如缓蚀剂、稳定剂、消泡剂、香精、助溶剂、酸度调节剂及其他。

对一个特定的制剂，究竟在配方中应加入何种助剂，最佳加入量多少，要先凭经验选定，必要时还应该通过长期稳定性贮存试验。

上述三种基本类型的水基型杀虫气雾剂中，LPG-WBA型水基杀虫气雾剂因为使用不方便，在推广中遇到了障碍。因操作使用者的人为因素，会影响到气雾剂的生物效果。CG-WBA型水基杀虫气雾剂，在喷用过程中罐内压力快速下降，影响到喷雾性能的均匀性，而如何调节补偿压力，尚需进一步研究，为实现产品实用化创造条件。DME-WBA型杀虫气雾剂，随着二甲醚对气雾罐、阀门密封材料及灌装设备的腐蚀问题的逐步解决，配方及灌装工艺日趋成熟，正获得日益广泛的发展。

用不同的击倒剂与致死剂杀虫有效成分组合进行的试验证明，DME-WBA配方水基杀虫气雾剂与LPG-WBA配方水基杀虫气雾剂对蚊、蝇的生物效果基本上近似。

在此要说明的是，表9-52所列的杀虫剂有效成分配方比例并不是最佳的，只是用以对比说明在杀虫有效成分品种与配方，以及阀门与促动器参数相同的情况下，DME-WBA系统与LPG-WBA系统的生物效果比较。

表9-52　DME-WBA系统与LPG-WBA系统的生物效果比较

有效成分（％，质量分数）	试验昆虫	DME-WBA		LPG-WBA	
		KT_{50}（min）	24h死亡率（％）	KT_{50}（min）	24h死亡率（％）
胺菊酯/右旋苯醚菊酯（0.4/0.1）	蝇	5.6	95	5.2	95
	蚊	13.6	96	9.1	99

续表

有效成分（%，质量分数）	试验昆虫	DME – WBA		LPG – WBA	
		KT$_{50}$（min）	24h 死亡率（%）	KT$_{50}$（min）	24h 死亡率（%）
右旋烯丙菊酯/右旋苯醚菊酯 （0.4/0.1）	蝇	5.6	95	6.1	97
	蚊	4.5	96	4.1	95
炔丙菊酯/右旋苯氰菊酯 （0.05/0.05）	蝇	6.9	79	6.3	77
	蚊	4.9	97	4.8	99
炔丙菊酯/右旋苄呋菊酯 （0.05/0.05）	蝇	7.6	87	7.0	84
	蚊	5.1	89	4.7	88
炔丙菊酯/氯菊酯 （0.05/0.05）	蝇	7.5	79	7.3	75
	蚊	5.1	89	4.6	89

六、影响效果因素分析

（一）雾滴尺寸分布对生物效果的影响

以 DME – WBA 系统水基杀虫气雾剂为例，可以在不改变化学配方组成的情况下通过改变阀门与促动器的喷出端孔、阀杆计量孔、阀室气相旁孔等的直径大小的组合，以获得不同的雾滴尺寸和喷射率。

由以右旋烯丙菊酯（0.4%，质量分数）和右旋苯醚菊酯（0.1%，质量分数）为有效成分配制成的水基气雾剂，用以对家蝇作生物效果测定。其生物效果与气雾剂雾滴直径及喷射率之间的关系如图 9 – 27 所示。

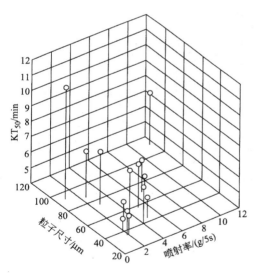

图 9 – 27　击倒效果与喷雾性能之间的关系

从图上显示结果表明，生物效果与雾滴尺寸之间的响应关系要比喷射率之间的大。试验表明适宜的雾滴直径在 35 ~ 55μm 范围，所需的喷射率为 2 ~ 5g/5s。四组测试数据为 38—2.3，43—2.1，45—4.8，52—3.1（雾滴直径，μm—喷射率，g/5s），它们相应的 KT$_{50}$ 值分别为 5.1，4.7，5.2 及 5.1（min），24h 死亡率均大于 90%。

（二）基型不同，最佳雾滴尺寸不同

对油基杀虫气雾剂来说，用于家蝇的最佳雾滴尺寸为 30μm 左右，而水基杀虫气雾剂用于家蝇的最佳雾滴尺寸则不同。雾滴尺寸对生物效果的影响，油基系统比二甲醚水基系统更大。水基与油基气雾剂对同一种昆虫的适宜雾滴尺寸之间的这种差异的出现，原因是所用溶剂/载体挥发性的不同。由 DME – WBA 系统释放出的雾滴，其溶剂是异丙醇和水，它们比油基中的煤油能更快挥发，因而更快形成小尺寸雾滴，所以在离喷头前30cm处测得的水基的雾滴尺寸分布比油基的大一些，不会影响到生物效果。这种现象可以形象地用图9-28表示。

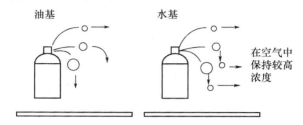

图9-28 油基和水基雾滴在喷出后的尺寸变化及运动示意

对油基气雾剂来说，大尺寸雾滴很快往下沉落，小尺寸雾滴浮在空间，所以油基雾滴在空中的浓度降低。但对水基气雾剂来说，大尺寸雾滴被喷至空气中后由于溶剂/载体的挥发很快就缩小，也与小尺寸雾滴一起悬浮在空气中，使空气中留存的水基雾滴数量比油基雾滴多，也使空气中所含杀虫有效成分浓度增加，并能保持较长一段时间（图9-29）。

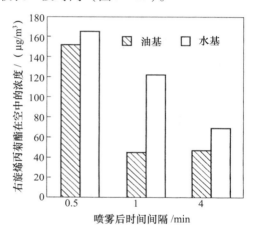

图9-29 右旋烯丙菊酯喷出不同时间后在空中测得的浓度

图9-30显示出油基杀虫气雾剂与水基杀虫气雾剂在喷雾后经过不同时段后悬浮雾云的尺寸分布情况。

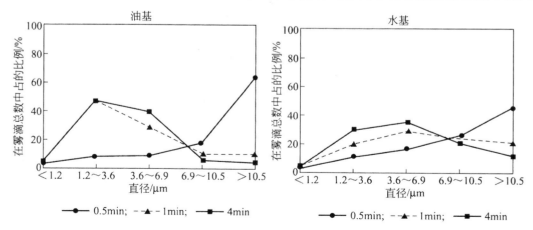

图9-30 喷雾后不同时段雾云中雾滴尺寸分布

表9-53列出了油基杀虫气雾剂与水基杀虫气雾剂在不同释放时间后显示出的生物效果。

表 9 - 53　油基与 DME 水基杀虫气雾剂不同释放时间与生物效果之间的关系

基型	喷出后时间 (min)	KT₁₅ (min)		KT₅₀ (min)		KT₉₀ (min)		死亡率 (%)	
		蚊	蝇	蚊	蝇	蚊	蝇	蚊	蝇
OBA	0	2.2	0.9	3.8	3.1	7.5	15.4	100.0	85.0
	1	3.1	5.1	4.7	10.9	8.1	28.0	98.0	31.0
	4	2.8	5.2	4.2	10.4	7.1	24.6	93.0	28.0
DME - WBA	0	3.0	2.1	4.5	4.2	7.4	9.8	100	100.0
	1	2.5	2.5	3.8	5.1	6.3	12.3	100	95.0
	4	2.5	3.1	3.7	6.0	6.1	13.5	100	82.0

从表 9 - 53 中可以看到，喷出后油基型杀虫气雾剂的击倒及致死效果下降很快，但水基型杀虫气雾剂的效果比油基型能保持更长一段时间。但也注意到，在刚喷出时（即 0min 时），油基型杀虫气雾剂的 KT_{15} 及 KT_{50} 值比水基型好，但水基的 KT_{90} 值比油基的好，这也可以用上面的理由来说明，由于悬浮在空气中的水基雾滴的缩小而使它的 KT_{90} 值减少所致。

表 9 - 54 列出了 LPG - WBA 水基杀虫气雾剂与油基杀虫气雾剂的 KT_{50} 与 KT_{90} 值之间的关系。

表 9 - 54　OBA 与 LPG - WBA 的 KT₅₀ 与 KT₉₀ 值之间的关系

基型	KT₅₀ (min)		KT₉₀ (min)	
	蚊	蝇	蚊	蝇
LPG - WBA	5.8	3.0	10.8	6.0
OBA	5.4	2.3	>20.0	8.2

表 9 - 54 所用的气雾剂配方如表 9 - 55 所示。

表 9 - 55　LPG - WBA 与 OBA 配方

组　成	LPG - WBA (%, 质量分数)	OBA (%, 质量分数)
右旋胺菊酯	0.25	0.25
右旋苯醚菊酯	0.25	0.25
乳化剂	1.0	—
脱臭煤油	8.5	59.50
去离子水	50.0	—
LPG（丙烷/丁烷）	40.0	40.0
合计	100.0	100.0

从上述结果也可以看到，水基的 KT_{50} 值不如油基的 KT_{50} 值小，但水基的 KT_{90} 值比油基的 KT_{90} 值小，这是由于水基系统中水的蒸发，使雾滴尺寸变小，因而悬浮在空气中的小雾滴量多，使空中的杀虫有效成分浓度较油基高所致。

在上述对比测定中，所用的阀门与促动器技术参数如表 9 - 56 所示。

表 9 - 56　阀门与促动器技术参数

基型	阀门孔直径 (mm)				雾滴尺寸 (μm)
	AC	ST	VP	HG	
OBA	0.41	0.33	0.33	2.03	38.0
WBA	0.51	0.61	0.46	2.03	36.0

注：AC—促动器喷出孔；ST—阀杆计量孔；VP—阀室气相孔；HG—阀室尾孔。

图9-31进一步描绘出了水基杀虫气雾剂与油基杀虫气雾剂对蚊、蝇的击倒及致死效果与雾滴直径之间的关系。

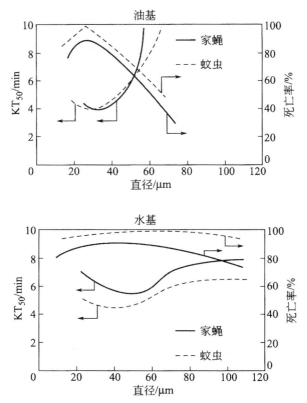

图9-31　水基与油基杀虫气雾剂雾滴尺寸与对蚊蝇生物效果之间的关系

从图9-31中可以看出，油基杀虫气雾剂对蚊蝇达到最佳击倒与致死效果时的雾滴直径为30μm，而水基杀虫气雾剂对蚊蝇达到最佳击倒与致死效果的雾滴直径在40~55μm。此结果进一步证实了上面的分析。

七、水剂配方推荐

对水基气雾杀虫剂来说，它的生物效果及其稳定性是最为重要的关键所在。至目前为止，采用炔丙菊酯作为击倒剂，醚菊酯作为致死剂，适当加入增效剂，可说是一种最佳配方组合。

（一）炔丙菊酯

炔丙菊酯是通过将烯丙菊酯3（醇）位置上用2-丙炔基团作为侧链替代一个丙烯基团后构成。关于它的理化性能可查阅《卫生杀虫药剂、器械及应用手册》，它有很多优点。

炔丙菊酯对昆虫具有优异的兴奋作用，快速击倒和高致死性，对蟑螂、蚤等爬虫效果尤其明显。

在水基中炔丙菊酯比其他拟除虫菊酯作用更快。据美国MGK公司介绍，这是至目前为止在水基配方中可以获得最快击倒速度的一种拟除虫菊酯，可以得到在油基中一样好的效果。

炔丙菊酯的优异击倒效果在以下测试结果中明显可见（表9-57）。

表9-57　炔丙菊酯的优异击倒效果

炔丙菊酯含量（%，质量分数）	KT_{90}（s）	炔丙菊酯含量（%，质量分数）	KT_{90}（s）
0.01	51	0.03	23
0.02	34		

注：对10只蟑螂重复测试10次所得时间平均值。

使用炔丙菊酯尚不存在昆虫抗药性问题。如以 0.025% 炔丙菊酯和 0.120% 右苯旋醚菊酯复配成的水基杀虫气雾剂，喷在一块有 25 只蚤的地毯上 1s，重复测试 3 次，2h 对敏感系蚤的平均击倒率为 100%，24h 死亡率达 100%。对有抗性的蚤的平均击倒率为 92%，24h 死亡率为 100%。

以 0.16% 炔丙菊酯和适量顺式氰戊菊酯复配成的水基杀虫剂对猫蚤的击倒与致死效果要优于 0.45% 天然除虫菊和氯菊酯复配成的制剂。

试验表明，炔丙菊酯/右旋苯醚菊酯复配制剂的用量仅为天然除虫菊/氯菊酯复配剂的三分之一，但效果却优于后者。无论在标准试验箱中还是在厨房中的试验，都取得良好效果。

再以 0.03% 炔丙菊酯与 0.05% 顺式氰戊菊酯复配成的水基杀虫剂按标准测试方法对三种蟑螂、蚁、蚤、扁虱、谷物甲虫及象鼻虫等进行测试，24h 死亡率都达到 100%。

以 0.10% 炔丙菊酯与 0.30% 右旋苯醚氰菊酯相同量配制成的水基和油基杀虫气雾剂，在胶合板上对蟑螂进行测试，结果证明水基效果比油基的好，比其他杀爬虫气雾剂的效果更好。

以炔丙菊酯为击倒剂制成的气雾剂的生物效果比较如表 9－58 所示。

表 9－58 炔丙菊酯气雾剂的生物效果

有效成分	含量（%，质量分数）	剂型	KT_{50}（min）—死亡率（%）	
			蝇	蚊
炔丙菊酯/右旋苯醚菊酯	0.15/0.12	OBA	7.3—88	3.5—100
	0.075/0.10	OBA	6.4—86	3.3—94
	0.10/0.075	OBA	5.2—83	3.1—92
炔丙菊酯/右旋苯醚菊酯	0.15/0.12	WBA	6.1—100	4.2—100
	0.075/0.10	WBA	5.4—100	3.4—100
	0.10/0.075	WBA	4.0—95	3.1—100
标准测试气雾剂		OBA	6.9—95	12.5—100
炔丙菊酯/右旋苯醚菊酯/S_1	0.75/0.075/0.30	OBA	6.1—91	4.1—99
	0.10/0.10/0.40	OBA	4.4—95	3.4—100
炔丙菊酯/右旋苯醚菊酯/S_1	0.75/0.075/0.30	WBA	5.7—100	4.8—100
	0.10/0.10/0.40	WBA	5.0—100	4.1—100
标准测试气雾剂		OBA	8.3—93	10.2—100

注：1. 标准气雾剂配方：0.2% 天然除虫菊 + 1.6% S_1。

2. OBA 油基气雾剂；WBA 水剂气雾剂。

3. 试验用昆虫：家蝇、埃及伊蚊。

4. 试验方法：CSMA 气雾剂试验法（彼得·格兰特柜）。

（二）醚菊酯

醚菊酯又称利来多，由日本三井东压公司开发生产，已在中国获准登记。

1. 特点

1）是"CHO 化合物"，只由碳、氢、氧三元素组成。

2）对卫生害虫广谱高效。

3）具有持久药效。

4）具有快速杀虫效力。

5）对鱼类及其他动物影响小。

6）无异味，对皮肤、眼睛不具任何刺激性。

2. 稳定性

1）光稳定性：在室内散光下室温存放 36 个月稳定，于 8×10^5 Lux/h 的荧光灯下稳定。但在直射阳光下稳定性较差。

2）热稳定性：在氮气密封的安瓿中在暗处80℃温度存放3个月稳定。在密封容器中暗处40℃温度存放6个月稳定。在与外界空气相通的100℃温度存放25h的条件下，含量减少约5%。

3）对湿度的稳定性：在容器开盖、暗处20℃、75%相对湿度（RH）条件下存放24个月稳定。在开盖、暗处30℃、75% RH条件下存放6个月稳定。同样在开盖、暗处30℃、82% RH条件下存放6个月稳定。

4）对酸、碱的稳定性：在0.00001mol/L、0.01mol/L和1mol/L的氢氧化钠溶液中，在同浓度的盐酸溶液中及水中，室温下一直加以震荡，试验10d的结果，稳定。

5）对溶媒的稳定性：分别溶解于丙酮酸乙酯、二甲苯、乙醇及甲醇中，置密封容器中在暗处存放40d稳定。

3. 安全性

醚菊酯的急性毒性如表9－59及表9－60所示。

表9－59　醚菊酯的急性毒性

药剂名	急性经口毒性 LD_{50}（mg/kg）		急性经皮毒性 LD_{50}（mg/kg）		急性吸入毒性 LC_{50}（mg/kg）
	大鼠	小鼠	大鼠	小鼠	大鼠
醚菊酯	雄，雌 >1000000	雄，雌 >40000	雄，雌 >2000	雄，雌 >2000	>5900

表9－60　醚菊酯的口服毒性

药剂名	腹腔内 LD_{50}（mg/kg）	
	大鼠	小鼠
醚菊酯	雄 >50000	雄，雌 >40000
	雌 >13000	
	<26000	

（三）水基杀虫气雾剂中的推荐用量

炔丙菊酯：0.05%～0.10%（质量分数）；

醚菊酯：0.25%～0.50%；

增效剂：PBO：0.20%～1.00%；

MGK－264：0.20%～0.80%。

生物效果见表9－61。

表9－61　该水基杀虫气雾剂的生物效果

	KT_{50}（min）	24h死亡率（%）
蚊	<2.0	100
蝇	<2.0	100
德国小蠊	<2.6	100

八、水基杀虫气雾剂的测定尚待商议

卫生杀虫剂的检测内容包括很广，如生物效果测定，毒理测定，质量测定等诸多方面。这些测定对保证和确定卫生杀虫剂的有效性、安全性及使用性能都是十分重要的，它们一起构成了全面评价卫生杀虫剂质量的完整体系，单有其中之一，只能局部地或只是从一个侧面肯定或否定卫生杀虫剂的质量状况，不能真实、客观、公正地对卫生杀虫剂的全面质量做出评价。

一个很简单的例子就能说明这一点。长期以来对气雾剂及喷雾剂生物效果的测定，不管用什么方法，都是在喷出后就开始计数它的击倒中时（KT_{50}）以及24h死亡率的，所以得出的结论是，在相同有效成分及配方的情况下，油基的生物效果要比水基的好。这一结论在多少年以来一直为业界所公认，几乎没有人反驳或提出异议。这一结论也影响和阻碍了人们对水基杀虫剂开发的积极性和信心。

那么事实是否如此呢？答案是否定的。表9-53及表9-54中所列的数据就十分明确地答复了这一问题。两表中很清楚地显示出，从在喷出后立即测定时所得到的KT_{50}结果数据来看，油基型杀虫剂的效果确实优于水基型杀虫剂的效果，但KT_{90}值就不同了，水基的比油基的要好。而如果在两者喷出后过1min及4min时再测定它们的KT_{50}值时，水基型杀虫剂的效果则明显优于油基型杀虫剂。在KT_{90}值及24h死亡率方面的结果也是如此。

对油基杀虫气雾剂来说，用于家蝇的最佳雾滴尺寸为30μm左右，与水基杀虫气雾剂用于家蝇的最佳雾滴尺寸不一致。雾滴尺寸对生物效果的影响，油基系统比二甲醚水基系统更大。水基与油基气雾剂对同一种昆虫的适宜雾滴尺寸之间的这种差异的出现，要归因于所用溶剂/载体挥发性的不同。由DME-WBA系统释放出的雾滴，其溶剂是异丙醇和水，它们比油基中的煤油能更快挥发，因而更快形成小尺寸雾滴，所以在离喷头前30cm处测得的水基的雾滴尺寸分布比油基的大一些，不会影响到生物效果。

雾滴通过一定的媒介缓慢地随流动空气飘移，沉积在被喷目标表面。它在空间飘浮的时间长短及能飞行的距离也与许多因素有关，但最主要的是与它的大小有关。在环境温度、压力、湿度及气流速度都相同的条件下，小雾滴可以在空中悬浮很长一段时间，而大雾滴则会很快降落至水平面上。这是因为小雾滴的质量小，它的沉降速度小，大雾滴的质量大，沉降速度大（表9-62）。

表9-62 不同雾滴尺寸在自由下落时的沉降末速度

雾滴大小（μm）	末速度（m/s）	雾滴大小（μm）	末速度（m/s）
500	2.08	50	0.07
250	0.94	10	0.003
100	0.27		

不同直径雾滴在不考虑蒸发的情况下从3m高度下落到地面所需的时间如表9-63所示。

表9-63 雾滴下降时间

滴径（μm）	从3m高下落时间	滴径（μm）	从3m高下落时间
5	67min30s	200	4s
33	1min33s	500	2s
50	37.6s	1000	1s
100	11s		

将表9-62与表9-63对照来看，若环境温度为23.9℃时，50μm以下的雾滴几乎不可能从3m高处下落到地面，在半空中就早已蒸发完毕。对于100μm的雾滴经过11s的蒸发落到地面，其雾滴直径也不是50μm。对于200μm以上的雾滴，因其下落时间很短，故其蒸发的影响就可忽略不计。所以一般来说，常量喷雾用不着考虑蒸发的影响，而对低量、微量喷雾，就不能忽略蒸发的影响。

在静止的空气中，雾滴在重力的作用下加速下落，直至重力与空气的阻力相平衡为止。这时雾滴再以一恒定的末速度下落，一般直径小于100μm的雾滴的末速度约为25mm/s，直径500μm的雾滴的末速度可达70cm/s。末速度受雾滴的大小、密度、形状以及空气的密度与黏度等综合因素的影响。

雾滴本身具有的重力是恒定不变的自然力。一个给定质量的雾滴，以它的沉降末速度穿过周围的空气而下降。表9－64为重力作用下雾滴的自由下落沉降末速度。

表9－64　雾滴在重力作用下的自由下降沉降末速度

雾滴大小（μm）	末速度（m/s）	雾滴大小（μm）	末速度（m/s）
10	0.003	250	0.94
50	0.07	500	2.08
100	0.27		

由于蒸发和凝聚，雾滴的尺寸还会随着时间而改变，例如，表9－65中给出了20℃和50%相对湿度下，一个水滴在空气中完全蒸发所需时间的理论计算值，这个时间一般是非常短促的。

表9－65　水性雾滴寿命

直径（μm）	完全蒸发所需时间（s）	直径（μm）	完全蒸发所需时间（s）
0.1	4.7×10^{-3}	10	0.15
0.4	3.6×10^{-3}	40	2.3
1.0	1.7×10^{-3}	100	12.0
4.0	0.024		

影响末速度的最重要的因素是雾滴的大小，不同大小雾滴的末速度如表9－66所示，密度相同的其他液体的雾滴末速度也与此相似。但较大的雾滴由于空气动力而使其有效直径减少，其末速度要比按球体计算的数值为低。

表9－66　雾滴的末速度

雾滴直径（μm）	下落末速度（m/s）	
	密度1.0	密度2.5
1	3×10^{-5}	8.5×10^{-5}
10	3×10^{-3}	7.6×10^{-3}
20	1.2×10^{-2}	3.1×10^{-2}
50	7.5×10^{-2}	0.912
100	0.279	0.549
200	0.721	1.40
500	2.139	3.81

小于30μm的雾滴，由于其末速度低，所以它们在静止的空气中下落需要几分钟。小雾滴在空气中暴露这样长的时间，就要受到空气运动的影响。

在微风情况下，与地面平行的恒定风速为1.3m/s时，1μm的雾滴从3m高处喷出后，在达到地面以前，理论上要顺风运动150km。但是对一颗直径为200μm的雾滴，假使其雾滴直径保持恒定，顺风飘移不到6m就可着地。

除密闭室内的空气可视作为处于静止状态外，在大多数场合空气总是流动的，这种空气的流动，包括顺气流向前或随乱流向上向下的运动，都是雾滴可以借此来达到目标上所需的外力。

在气流的运动下，几乎很少的雾滴能做垂直向下的自由落体运动。除特大雾滴外，大多数雾滴都要飞行一段距离，按难以简单描述的运动轨迹沉积。一些特小雾滴甚至会在空中悬浮很长一段时间，这一点正是空气消毒清新剂及空间喷洒所需要的。

不同雾滴直径在不同空气流动速度时的飘移距离如表9－67所示。

表 9 – 67　雾滴飘移距离与雾滴直径及气流速度之间的关系

雾滴直径（μm）	雾滴飘移距离（m）				
	气流 1m/s	气流 2m/s	气流 3m/s	气流 4m/s	气流 5m/s
20	8.9×10^3	1.8×10^4	2.7×10^4	3.6×10^4	4.5×10^4
30	7.5×10^2	1.5×10^3	2.3×10^3	3×10^3	3.8×10^3
40	1.4×10^2	2.8×10^2	4.2×10^2	5.6×10^2	7×10^2
50	3.7×10	7.3×10	1.1×10^2	1.5×10^2	1.8×10^2
60	1.2×10	2.5×10	3.7×10	4.9×10	6.1×10
70	4.87	9.75	14.6	19.5	24.3
80	2.19	4.38	6.57	8.76	10.95
90	1.08	2.16	3.24	4.32	5.40
100	0.57	1.15	1.72	2.30	2.87

从表 9 – 53 中可以看到，喷出后油基型杀虫气雾剂的击倒及致死效果下降很快，但水基型杀虫气雾剂的效果比油基型能保持更长时间。但也注意到，在刚喷出时（即 0min 时），油基型杀虫气雾剂的 KT_{15} 及 KT_{50} 值比水基型好，但 KT_{90} 例外，水基的比油基的好，这也可以用上面的理由来说明，由于悬浮在空气中的水基雾滴的缩小而使它的 KT_{90} 值减少所致。

那么事实是否果真如此呢？答案是否定的。从表 9 – 53 油基与 DME 水基杀虫气雾剂不同释放时间与生物效果的关系及表 9 – 54 OBA 与 LPG – WBA 的 KT_{50} 与 KT_{90} 值之间的关系就十分明确地答复了这一问题。两表中很清楚地显示出，从在喷出后立即测定时所得到的 KT_{50} 结果数据来看，确实油基型杀虫剂的效果优于水基型杀虫剂的效果，但 KT_{90} 值就不同了，水基的比油基的要好。而如果两者在喷出后过 1min 及 4min 时再测定它们的 KT_{50} 值时，水基型杀虫剂的效果明显优于油基型杀虫剂的。在 KT_{90} 值及死亡率方面的结果也如此。

两表中所列的数值显示，在刚喷出时，水基的 KT_{50} 值不如油基的 KT_{50} 值小，但水基的 KT_{95} 值比油基的 KT_{95} 值小，这是由于水基系统中水的蒸发，使雾滴尺寸变小，因而悬浮在空气中的小雾滴量多，使空中的杀虫有效成分浓度较油基的多所致。

但在喷出 1min 及 4min 时测定，水基的 KT_{50} 及 KT_{90} 值都比油基的小。

对蚊、蝇的测试结果是一致的，都存在着这种关系。

用对油基杀虫气雾剂的测试方法及评价标准来对水基型杀虫气雾剂测定及评价，忽略了油基药滴与水基药滴之间的物理特性差异，也就掩盖了水基杀虫气雾剂的潜在优点，不能反映出它的真实效果，也就失去公允性。上面的测试结果有力地说明了这一点。

这一测试结果，对传统的杀虫气雾剂生物效果测试方法提出了挑战，说明现用的测试方法存在着修改完善的必要。

第九节　正确全面认识水基气雾剂对容器的腐蚀问题

一、水基气雾剂中气雾罐的腐蚀问题的基本解决途径

（一）气雾罐的结构方面

1）单罐式马口铁及铝罐气雾剂。

2）双室隔离式气雾剂系统。

（二）配方系统方面

1）各组分的选择。

2）腐蚀抑制剂的选择。

（三）剂型及配方工艺方面

1）油包水。

2）水包油乳剂的技术处理。

二、解决气雾罐腐蚀问题中的几个要点

（一）一些认识上的误区

1）不少气雾剂生产厂均有生产水基气雾剂的迫切欲望，大都十分重视寻找能防止水基气雾剂腐蚀的气雾罐。而一些制罐厂，在气雾剂总产量下降，气雾罐市场供过于求的情况下，也都表示他们厂能够制造供水基气雾剂用的气雾罐。但由于他们对水基气雾剂系统中错综复杂关系认识不足或片面，往往经不起需求者的询问，或气雾罐厂方业务员与技术部门之间说法存在矛盾。

2）供求双方都对气雾剂系统中的整体性关系认识不足，如有些气雾剂产品厂不愿将已配制好的浓缩液及配方中的主要成分告知气雾剂罐厂，而一些气雾罐制造厂或者笼统说"我们已解决"，或者在得到了气雾剂厂提供的产品料浓缩液后，在进行对气雾罐的腐蚀试验时只简单将浓缩液盛在气雾罐内观察，或者剪一小块马口铁浸在产品浓缩液中，在试验中没有考虑产品料量、时间、温度、气相腐蚀、接口及焊缝腐蚀等因素。有的厂家对一种水基气雾剂配方系统的试验取得了成功，就以点代面，认为已经解决了水基气雾剂对罐的腐蚀。这些气雾罐制造厂对于气雾罐的腐蚀问题缺乏认识。

（二）气雾剂系统是一个多元复配的复合系统，必须从整体性上来充分认识

从大的系统来说，一个气雾剂产品由四大部分组成：阀门与促动器（或喷头盖）、气雾罐、产品料及抛射剂。有人认为用不锈钢气雾罐代替马口铁罐就可以适用于水基气雾剂，他们忽视了一点，气雾剂阀门固定盖仍是马口铁的。

从组成的各单个成分来说，如抛射剂，可以是烃类混合物（与水不相溶），也可以是二甲醚，两者在系统中对罐的腐蚀机制及作用点是不一样的。上面提到有人在试验时只将产品料盛在容器中或将一片马口铁浸在产品料中作观察，就是忽略了抛射剂对罐腐蚀的影响。

杀虫气雾剂产品由有效成分、各种添加剂和助剂等多种化合物组成，它们的纯度、pH 值、加入量等不同，即使是同一种成分因生产厂家不一也会产生差别，它们都会在整个系统中产生不同的作用及影响，这都是一些变量。每一种气雾剂产品都是一个特定的系统，系统中各组分之间具有相互影响、相互制约、相辅相成的关系。在这一特定水基气雾剂系统中适用的气雾罐，不具有广泛适用性的特性。

例如，笔者在 1998 年以醚菊酯和炔丙菊酯为有效成分制成的醇水混合溶剂型杀虫气雾剂，以二甲醚作为抛射剂，使用马口铁罐及阀门配套，保存的样品至今仍能良好喷雾，气雾罐外也无泄漏痕迹及锈斑。这是因为在设计中全面考虑了各组分的方方面面，并事前进行了多种贮存稳定性试验。

这是一个特定的配方系统，各组分之间取得了良好的相容性、匹配型和系统平衡关系。只要将其中一个因子做变更，原先的平衡稳定状态就会被破坏，必须重新寻找一个新的平衡点，以使新系统重新达到稳定状态。

再进一步说，同一个配方系统，如果换一家工厂生产，也不一定能取得相同的效果。

（三）水基气雾剂系统的平衡和稳定是暂态的、相对的

在一个水基气雾剂系统中，各组分之间是一种物理相容，不应发生化学变化（虽然在个别情

况下也会有少量键合反应等）。各组分的分子在不定地运动着，永不会停止，若各组分间选择配合不当，分子间的运动就会使系统产生凝絮、沉淀，破坏系统的平衡与稳定状态。

系统中各组分的分子量、粒子尺寸、纯度、理化性能、介电系数及静电位及相互间的相容性，对系统是否产生分解、水解、沉积、分层等破坏系统平衡状态影响很大。

一个设计及配制好的水基气雾剂系统，若它的平衡稳定状态较好，可以保持 3~5 年，反之则半年一年就会失效。

要确保水基气雾剂系统的有效货架寿命，必须要对足够数量的气雾剂成品（不少于96罐）分批编好号码作不同温度不同贮存期的长期贮存试验。

（四）抑止水基气雾剂配方系统对罐的腐蚀技术是一个永久性的课题

总而言之，要做好防止水基气雾剂配方系统对气雾罐的腐蚀问题是一个需不断研究探索的永久性课题。任何企求获得一个一劳永逸解决的途径，或声称已经能解决水基气雾剂罐腐蚀的说法，都是不现实或不切实际的。

气雾剂工业在发展，一是随着新产品、新材料、新工艺及新技术的开发，自身要寻求新出路，二是随着环保、安全、健康的要求，要不断改变气雾剂配方系统。系统的平衡和稳定随着配方中组分的变化而被打破，这就要不断寻找新的平衡点。

所以，解决水基气雾剂系统对气雾罐的腐蚀问题是一个动态问题，是各种变化因子的函数。

三、水基气雾剂产品中水对马口铁的腐蚀防护问题

在水基气雾剂产品中，罐体的腐蚀问题较为严重，尽管在气雾罐产品中对采用的去离子水有严格的要求，但由于不同产品的内容物的 pH 值、原料在水中水解等情况都会对罐体造成腐蚀。例如，在杀虫水中采用的敌敌畏，八氯二丙醚，在泡沫清洁剂中采用的十二烷基硫酸钠，均能在水中水解形成氯离子对罐产生腐蚀。

水对马口铁腐蚀和控制是一大难题，在这方面有大量的研究报告及文章，包括腐蚀的原理及缓蚀剂的选用。在此概括介绍一些较实用的方法。

水基气雾剂产品对马口铁的腐蚀可以从提高容器的耐腐蚀性和改变配方两方面着手解决。

1）采用内涂罐。高分子涂层材料能否耐受内容物的侵蚀，要在常温及 50℃ 温度下进行保持一定时间的试验。检验涂层部分或整体剥离的情况。

2）加入缓蚀剂。有阳极型缓蚀剂：如铬酸盐、硝酸盐、苯甲酸盐、硅酸盐等。

阴极型缓蚀剂：如酸式碳酸钙、聚磷酸盐、硫酸锌等。

混合型缓蚀剂：如含氮、含硫的有机物［吗啉、苯并三唑（BTA）硫脲］。

气阻缓蚀剂：如有机胺类及基盐类（三乙醇胺素），有机酸及基盐类（苯甲酸、苯甲酸钠），无机盐类（亚硝酸盐、纯盐类）等。

常用的交配组合如下。

尿素 + 亚硝酸钠 + 苯甲酸单乙醇胺；

尿素 + 苯并三唑；

苯甲酸钠 + 碳铵；

三乙醇胺 + 苯甲酸钠。

防腐是一个世界性的难题，随着新产品开发和各种新化合物的引入，腐蚀的防止存在着多变性和相对性。而缓解腐蚀所采取的措施，如罐壁内涂、加缓蚀剂、调节 pH 值等也只是控制腐蚀，使腐蚀速率延缓，气雾罐产品应保证其在保质期内质量不受影响。

第十节　杀虫气雾剂的质量特性及效果影响因素

一、杀虫气雾剂的优点

杀虫气雾剂与扳压式喷射剂（油剂）比较，具有很多优点，详见表9-68。

表9-68　杀虫气雾剂与扳压喷射剂的比较

杀虫气雾剂	扳压式喷射剂
喷雾粒子直径可以根据使用对象进行调整（防治飞翔害虫、爬行害虫用等）	因为喷雾粒子较粗，所以就防治飞翔害虫而讲，很难说有良好的效果
喷雾操作简便，使用中可以保持手的清洁	操作时要用手指的力量，黏液有可能沾到手上弄脏手
由于在短时间内能将必要的药量迅速喷雾，可以掌握驱除害虫时机	因为是手动式，调整良好的喷雾状态需要时间，而适时的驱除害虫机会可能已过
喷雾粒子极细，扩散性好，作空间喷雾时，仅用很少的药量即可解决问题，美国标准喷雾量约0.65g/5.8m³	喷雾粒子大，而且因为扩散性不好，空间喷雾时，需要较多的药量，美国标准喷雾量12ml（约9.5g）/5.8m³
由于喷雾粒子极细，且用量少，喷雾的地方很少被污染	喷雾粒子大，且喷雾量也大，使用时欠缺清洁感，使人不太舒服
因为喷雾量少，在内容量与扳压式油剂容量一样的情况下，使用效率将是扳压式油剂的10倍以上，而且容器内的有效成分也有良好的稳定性能	喷射剂泵机的使用寿命比较短，容易出故障。长期使用后性能逐渐低下，甚至无法再继续使用，容器内有效成分的稳定性相对较差

二、喷雾粒子直径与杀虫效力的关系

调整气雾剂的抛射压力阀门系统，使喷雾的粒子直径在20~50μm。使用有效成分为胺菊酯/右旋苯醚菊酯（0.4%/0.1%）制剂的油基气雾剂，在5.8m³室内对家蝇采用空间喷雾法进行效力试验，结果如图9-32所示。

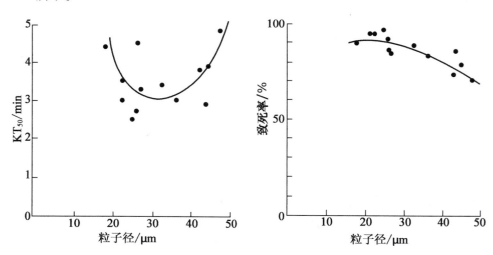

图9-32　喷雾粒子直径与杀虫效果的关系

上述的实验结果清楚地表明，气雾剂的喷雾粒子直径在 30μm 左右最合适。因此，希望在生产空间喷雾用气雾剂的配套阀门时，能使喷雾粒子直径在 30μm 左右。不过，用于杀蟑螂的气雾剂，其喷雾粒子直径在 70～100μm 更有效果。

三、溶剂碳原子数对使用效果的影响

根据用各种含碳原子数不同的溶剂调制成的胺菊酯/右旋苯醚菊酯（0.4%/0.1%）油基气雾剂对蝇、蚊、蟑螂进行杀虫效力试验，其结果如图 9-33 所示。

上述试验结果表明，最好使用碳原子数在 10～14 之间，沸点为 200～250℃的链烷（属）烃为溶剂配制的气雾剂，其杀虫效果较好。

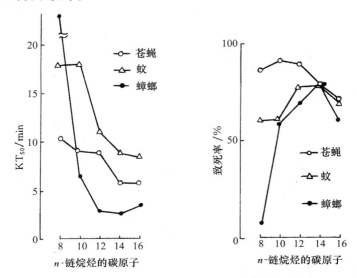

图 9-33　溶剂碳原子数对昆虫击倒和致死的影响

注：苍蝇、蚊，根据 5.8m³ 室进行空间喷雾的效果；蟑螂，根据向玻璃圆筒内（直径 20cm，高 60cm）直接喷雾的效果，另外，笔者认为此种试验方法并不合理。

四、影响气雾剂制品综合性能的因素分析（图 9-34）

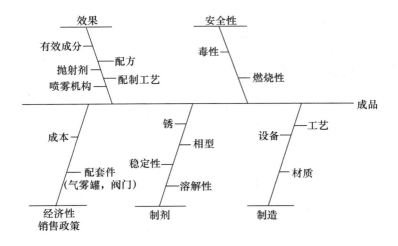

图 9-34　影响气雾剂制品综合性能的因素分析

五、影响气雾剂喷雾性能的因素分析（图9-35）

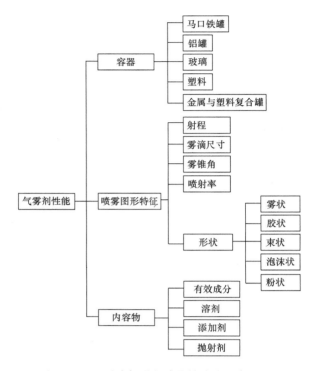

图9-35　影响气雾剂喷雾性能的因素分析

六、影响喷雾射程的因素（图9-36）

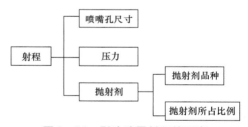

图9-36　影响喷雾射程的因素

七、影响雾滴尺寸的因素（图9-37）

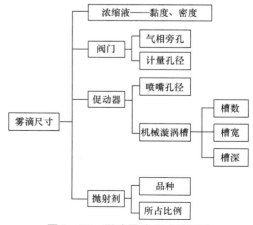

图9-37　影响雾滴尺寸的因素

八、气雾剂阀门的影响（图 9 – 38）

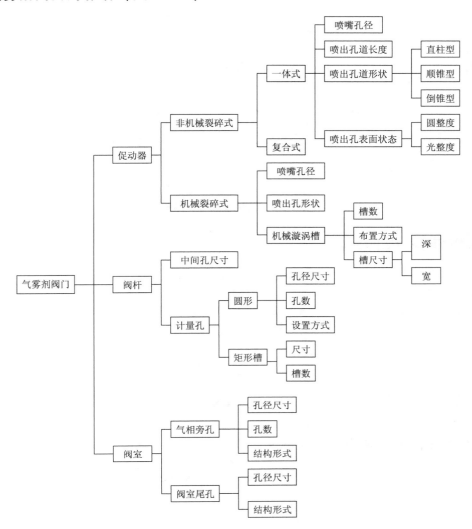

图 9 – 38 气雾剂阀门对雾滴尺寸的影响

九、影响雾锥角的因素（图 9 – 39）

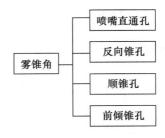

图 9 – 39 影响雾锥角的因素

十、影响喷射率的因素（图 9 – 40）

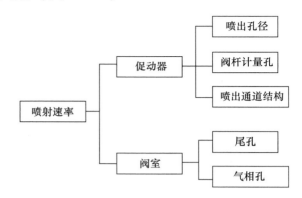

图 9 – 40　影响喷射率的因素

十一、喷雾图形（图 9 – 41）

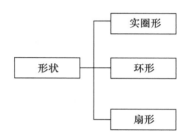

图 9 – 41　喷雾图形

十二、影响喷雾干燥度的因素（图 9 – 42）

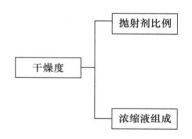

图 9 – 42　影响喷雾干燥度的因素

十三、影响泡沫密度及稳定性的因素（图 9 – 43）

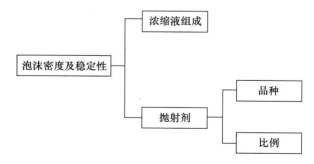

图 9 – 43　影响泡沫密度及稳定性的因素

喷雾均匀性，在一定喷出孔大小及喷出孔结构条件下，取决于喷出孔的表面状态，如圆整度及光整度，其中孔出口处的飞边、毛刺及缺损对其影响尤其大。

喷出雾流的干燥度，除了与产品配方、抛射剂种类及其产品物料的配合比例有关外，已有实验证实，尤其在使用压缩气体作为抛射剂的情况下，阀室上的微气相旁孔有助于使喷出雾呈干性。

气雾剂是一个复杂的多元系统，其中既存在各种复杂的机械配合关系，也存在不同形式的物理混合关系。气雾剂产品喷出及使用性能是由产品物料的理化性质、抛射剂的比例关系加之气雾剂阀门的机械作用几方面因素综合后而产生的，不是单独其中之一可以决定的，所有影响因素叠加在一起后才能获得最终的结果。

第十一节　杀虫气雾剂的安全性评估

一、概述

近年来，杀虫气雾剂的使用量剧增，药剂的安全性也就愈发得到重视，因为用药的目的，是要控制疾病媒介昆虫，除害灭病，保护人类身体健康，而且杀虫气雾剂又是直接应用于人群居住的地方，所以在对一种新的药物或制剂进行评价时，对药物的毒性指标应有明确的控制或要求。

药物若要充分发挥出它的效果，还要借助器械（如气雾剂中的阀门、喷嘴）的配合，杀虫气雾剂中药与械的优组配合，不但表现在药效发挥上，也同时包含使用安全性问题，包括配套器械本身的安全性及使用中对药物安全性的影响两个方面。

一般来说，所用的杀虫药剂的毒性越高，对卫生害虫的杀灭效果可能越强，但相应对人畜及环境的污染或残留危害也越大。急性中毒危害易被发觉，而慢性中毒危害往往被大多数使用者忽视。所以，在配制药剂时既不宜选用毒性较高的原药，又要控制杀虫有效成分的含量，即从"安全、有效、经济"三个方面来综合考虑设计。

在药剂配制中从质与量的方面进行安全性控制。这一点与器械无关，但在实际施布应用中对药物毒性的控制，必然会受到配套用器械的制约或影响。尽管器械不会使药剂本身的 LD_{50} 值或 LC_{50} 值改变，然而却会由于配套器具的不合适使药剂在环境中的残留毒性绝对量大幅度增加，有时甚至造成惊人的污染危害，这一点并不是都能被深刻认识到的。对于普遍使用的杀虫气雾剂，其雾化性能及喷量就直接影响到药剂对人畜及环境的残留毒性，即用药安全性。

器械的雾化性能可以从雾滴的大小与均匀度两个方面对药剂安全性产生影响。

由于液体表面张力的影响，从喷嘴中喷出的药剂雾滴一般可以认为呈球状。由数学计算可知，球体的体积比与直径比呈立方关系，即两个球体的直径相差一倍则其体积可差 8 倍。从这一基本关系出发就不难理解，如果一颗直径为 $20\mu m$ 的药滴所包含的杀虫剂有效成分足以致蚊子于死地，现因喷雾喷出的药滴直径达到 $80\mu m$，就等于比前者多用了 63 倍的杀虫有效成分，对环境多施放了 63 份毒性，当然也同样浪费了 63 份药剂，这实际上与将所用药剂的毒性提高了 63 倍并无区别。长此以往，对环境造成的残留毒性污染，对人畜产生的慢性危害，与浪费药剂的有限代价相比，是无法估量与挽回的。

因喷嘴质量差造成的雾化不均匀对药剂施布毒性的影响，往往不易被人们认识或重视。事实上，雾化不均匀的影响并不小。如果喷出的小雾滴为 $10\mu m$，而大雾滴为 $100\mu m$，其直径差为 10 倍，则两雾滴的体积差为 1000 倍。从上面的介绍可见，无论从药物的浪费，还是从药剂施布的毒性方面来看，影响都是相当大的了。

值得在此顺便一提的是，雾化性能除了影响到药剂使用中的浪费及毒性外，还对药物的杀虫效果、覆盖、利用率及昆虫的抗性都有很大的影响。

喷量的影响也如此。设计结构一定，按动一次阀门促动器产生的压力也就随之确定了。压力不变，一次喷量过大，生成雾滴（粗）直径大，则不适合空间喷洒。

从上可知，气雾剂阀门与促动器配套对施用药剂的安全性确实有明显的影响。如果说药物本身的毒性由其自身的性质，即从质的方面决定，那么，药械是通过量的控制来保证最低的有效施布毒性的途径。在实际使用中，往往由于气雾剂阀门与促动器组合不匹配，药剂所产生的毒性比本身的毒性更高。在农业施药中，由于使用器械不当而对作物造成药害的情况是常有的，从这一点上就可以理解笔者在杀虫气雾剂应用中提出这一观点的合理性和客观性。所以，笔者认为，对药剂的安全性评价，考核药剂本身的毒性指标固然重要，研究选用与之最佳或合适的配套使用气雾剂阀门和促动器组合也不容忽视，其中也包括部分使用技术。这样才能既达到控制疾病媒介昆虫、除害灭病的目的，又不致使人类及环境受危害。重视配套器械对药物施布毒性的影响，应与重视控制药物复配毒性提到同样重要的高度。

为了达到这一点，应在试验研究的基础上，确定出最终得出的安全性指标范围，如

$$K = \frac{有效药剂所含毒性}{喷出总药剂所含毒性}$$

显而易见，K 值总会小于 1，但越接近 1 越好（当然不可能为 1）。这样，也可以在今后作为评价或鉴定的器械一项重要指标来考虑。

合理正确使用杀虫气雾剂的三要素：药剂、配套器具及应用技术，这三者之间的优组配套思想是十分重要的。

二、其他安全性方面的考虑

杀虫气雾剂是一种药械一体化的剂型，一种带内压力的产品，除了在与药剂配套使用中，器具对药剂药效的制约或影响外，还应该关注器具本身的安全性指标。大致可归纳为以下几个方面。

（一）容器方面

1）结构方面：不应有碰伤人的尖角及锋利的棱角、棱边；连接处要牢固，不应有脱开或渗漏。

2）强度方面：要有该器械相应标准规定的机械强度，在按规定试验方法试验及正常使用时不破、不断、不裂；能达到规定的正常使用寿命等。

3）材质方面：使用材料应能耐药剂的腐蚀及溶解；应保证有足够的机械强度（抗拉、抗压及抗剪）。

4）耐压要求：用烃类抛射剂的气雾剂罐内压力一般为 41.7MPa（20℃），使用压缩气体（N_2，CO_2，空气）的气雾剂罐内压力一般为 0.59~0.78MPa，所以，马口铁罐的强度指标应达到以下标准。

①1.25MPa（或 1.27MPa）不变形；

②1.45MPa（或 1.47MPa）不爆裂；

③0.98MPa 密封试验不泄漏。

5）耐蚀要求：尽管马口铁表面有耐蚀能力较强的镀锡层，锡元素又比较稳定，但镀层较薄，而罐内容物又有一定的酸碱度（pH≠7）。如拟除虫菊酯类药物在碱性溶液中易分解，希望溶液的 pH 值在 6.5~6.8，略呈酸性，对罐的腐蚀性大，所以对马口铁罐内表层及焊缝表面需涂以环氧树脂或酚醛树脂保护层。

马口铁罐上下底盖及阀门座与罐身连接封口用的密封胶，也应有良好的耐蚀、耐溶剂及抗老化性能。

6）材质要求：马口铁罐筒身材料厚度不应薄于 0.25mm，上底不薄于 0.36mm，下底不薄于 0.32mm。

7）工艺要求：封口牢固。

（二）易燃性要求

应设计成不燃或弱燃性。

三、气雾剂产品的安全生产要进一步规范

1）一些气雾剂产品生产企业至今仍未将易燃易爆抛射剂的灌装与主生产车间隔离，未设立隔离区，或未设置对泄漏的易燃易爆抛射剂在空气中的浓度（LEL）探测装置，或缺乏应有的良好通风排气设备，或没有采用防爆电气设备，类似的安全隐患未消除。

2）对温水浴检测的必要性和重要性缺乏足够的认识，一些气雾剂产品生产企业至今仍未在生产线中设置温水浴检测设备，不做温水浴检测，甚至有个别大企业也存在这种不规范生产工艺。温水浴检测中还存在通风不良，温水浴上方缺乏吸风罩及易燃、易爆气体探测器，水浴温度控制不良等问题。

第十二节　温水浴检测及要求

一、概述

温水浴检测是指将已全部灌装完成的气雾剂产品浸没在温水浴槽中，使气雾罐内容物升高到50℃（50℃是在气雾罐上标示警语中规定的消费者最高安全贮存温度）。

为此，在实际操作中，一般应将气雾剂浸在55～60℃温水浴中保持3min，如图9-44。

温水浴检测主要用于气雾剂产品生产中的快速泄漏检查。

1）将气雾剂内容物升高到50℃，罐内压力随之也增大，检查气雾剂各处密封（气雾罐焊缝及密封材料）的完好性。

2）检查气雾罐在此温度下是否发生爆裂。其中较小变形（如气雾罐底及顶向外鼓起等）并不一定会导致爆裂，但也应作为不合格品予以剔出。

3）检查阀门封口牢度及密封性。若封口不牢，如封口直径及深度不合适，轻者会在阀门与气雾罐口封合处泄漏（有气泡冒出），重者则使阀门弹出。

4）检查气雾罐外标贴印制在罐体上的覆盖牢度（如翘起、脱落等）及色彩是否有泛色情况。

一般来说，在温水浴槽处应装设一个微量气体泄漏检测器，以检查水浴中是否有微量泄漏的气雾剂产品，并将其剔出，以达到可靠的安全质量保证。

温水浴一般为一个长方形大水槽，由蒸气热水或电热交换器加热。有一至四排气雾剂产品从槽内的一端通过向下倾斜的传送带进入后全部浸入水中，慢慢在水中移动并被加热，在槽的末端处有一位经过培训的工人在观察是否有泄漏气雾罐出现气泡，或者有变形及爆裂，最后气雾剂由向上倾斜的传送带送出水浴。此后由压缩空气向罐外吹扫，使残留在罐体上的水滴在数分钟内挥发干。

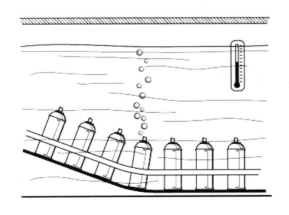

图9-44　温水浴槽示意图

温水浴的目的是将气雾剂成品在50℃温度水中保持3min或更长一些时间加热，使它的罐身及内容物全部达到相同温度。为了做到这一点，有时需要将水温升到55℃甚至高到58℃，但不可升到62℃以上，否则会使有些本来合格可用的气雾罐变形甚至破裂。

气雾剂在灌装时其灌装量不应超过其净容量的90%（20℃），否则在温水浴检测时罐中的液体膨胀会使罐内充满，此时，再进一步加热会让液体胀破罐体。在确定最大安全灌装量时，必须考虑灌液量及灌气量的误差容许度。如将气雾剂平均灌装量设计为容积量90%（体积分数）时，实际灌装容量应在88%~92%（体积分数）之间。

马口铁罐气雾剂产品由位于带下的磁铁固定在传送带上，铝罐没有磁性，需在罐底部分安装一个"小盘"，它是套在罐上的一个小型塑料杯，然后在每个盘上有一个大钢圈，开有一个直径约10mm的排水孔。用了这个小盘后，铝罐就可以由磁力固定在传送带上浸入温水浴中。盘不能太松否则气雾剂会浮在水表面，这种现象称之为浮罐。若这些浮罐位于热水进入处，就会被加热过度而产生危险。一旦发现这种情况，温水浴操作工应及时将它们用金属钳子（或夹子）取出。

大多数气雾剂生产厂在温水浴中加入硝酸钠（$NaNO_2$），以避免马口铁罐及马口铁阀门固定盖产生锈蚀。一般加10L 40%硝酸钠水溶液，在温水浴中最低浓度为0.04%。如果在温水浴水平面处安装溢流管，排掉在水表面上的污染物，硝酸钠浓度会慢慢降低，温水浴槽中的水溶液必须定期更换。此硝酸钠水溶液的浓度可以从使高锰酸钾（K_2MnO_4）标准溶液的变淡程度来检验。

通常将有泄漏或变形的气雾剂收集放在位于温水浴末端的40L容量的开口桶中。如果这类桶没有装有与排气系统相连的小管，当桶内已经放有5~10个泄漏气雾剂时就应及时移到室外去倒空。每天将这些泄漏及变形的不合格气雾剂产品送到室外去倒空，用金属工具将罐内物放出。对任何气雾剂工厂而言，戳穿这类不合格气雾剂是一项十分危险的工作，必须十分谨慎。一旦将它们戳穿排空就可将它们视为日常垃圾处理，可以收集在接地的桶或容器中。但有些国家将已用泵排空的杀虫剂罐仍视为危险废弃物。

在生产过程中，偶尔发生不正确的封装或灌气作业，可能会导致一些气雾剂泄漏。这些泄漏罐通常首先在温水浴中被发现，HAPs气体大量泄漏是十分危险的，应在温水浴槽上方安装可靠的向外排气装置。HAPs气体比空气重两倍多，所以在实际生产中必须将此排气系统安置在水浴槽上方并尽量装得低一些。例如，在水面上方1m的排风孔只能排除泄漏出的不到1%的HAPs气体。排气系统最好由铝或钢罩盖制成，吊在温水浴槽上方。中央排气管从罩盖的两端开口处吸进新鲜空气。此罩盖也可安装几个有机玻璃或其他坚韧塑料制的窗口，便于操作者观察。

必须十分重视检查温水浴内水是否会因机械故障而产生过热。过热的原因可以由热继电器失灵、传送带断裂、加热量气阀泄漏或电气停电产生。过热会造成很多气雾剂产品过热爆炸，释放出大量可燃气体使温水浴设备毁损。一旦温水浴发生了问题，操作员应立即关闭热水源。温水浴至少应装设两个可靠的温度计，轮流检查它显示的温度，以确认水浴的温度是否在设定的温度范围。

二、水浴检测中可能出现的问题

（一）安全问题

1）气雾罐泄漏；

2）气雾罐爆裂；

3）气雾罐弹出；

4）造成人员伤害。

（二）质量问题

1）泄漏检测不良；

2）水浴温度标定不良；

3）气雾罐误弹出或不良气雾罐不剔出。

（三）通风

1）气雾罐进出水浴应予封闭并通风；

2）以烟雾实验验证通风装置的工作状态；

3）对采用易燃易爆类抛射剂的气雾剂，还应有适当的易燃蒸气抽出装置。

（四）气体探测

1）安装一个探测器在排气管道内；

2）气体探测器应能自动关闭。

（五）水浴罩与结构

1）按规定设防护罩；

2）密封罩带通风装置；

3）各附件连锁；

4）过载保护。

（六）水温控制系统

1）以分设的热电偶高温跳闸机构控制水温，确保水温不能过高（高温跳闸机构必须与加热源隔离开）；

2）水温低报警；

3）定时检查水浴温度；

4）机器停机时，设备应有防止气雾罐留在热水中的装置，如自动排水、罐自动提升系统、罐离开水浴（对直线式水浴槽）或加冷水装置；

5）禁止供罐装置；

6）加热源的手动隔离装置；

7）水位控制装置。

（七）火焰检测

1）抑爆系统；

2）爆炸泄压。

（八）安全注意事项

1）在生产中常规检查，包括气雾罐完整性、封口深度及高度；

2）自动（在线）称重检查；

3）必须将整个气雾剂全部浸没在水浴槽水平面以下；

4）被水浴检测出的不合格品（泄漏、变形、爆裂等）必须及时取出放入安全密封、并有通风的废罐筐中；

5）保证操作者有足够的防护，保证安全；

6）应经常检查水的清晰度，以保证能看到泄漏产生的气泡；

7）水浴检测作业停止时，不可将气雾罐留在水浴中；

8）对采用压缩气体作为抛射剂的气雾剂，应检查使用的阀门是否正确，因为不合适的阀门会由于气雾罐内上部压力增高而发生爆裂。

第十三节　气雾剂产品开发中应考虑的几个方面

一、喷雾检验

对气雾剂来说，选择最佳的喷射形式是十分重要的一环。喷雾锥可以在离喷嘴一定距离（一般为20cm）处测定其平均直径。这种方法对糊状产品尤为重要，合适的喷雾图形可以减少操作者手腕的动作，防止由于过量喷出而下落。例如，喷发胶的目的是要让它全部喷在头发上，而不是掉在脸上或颈部。

二、喷雾均匀性

喷雾均匀性对气雾剂来说也是十分重要的。由于使用了机械裂碎式促动器，使气雾产品喷出时呈轮胎或半轮胎状，因为漩涡作用使喷出物聚集在喷雾锥周缘。较高的抛射剂压力能够加强这种漩涡作用。

1）对于那些需要将喷出物均匀地分布在表面的气雾产品，如喷漆、纤维织物处理剂、炉灶清洗剂及滞留喷洒杀虫剂等，则要求半轮胎状或部分填满式轮胎状喷雾式样。一个快速简便的测试方法是用裁成25.4mm宽的纸条，预先将纸条称重，边靠边的排放好，然后将气雾剂沿着裁切的方向喷在纸面上，喷完后再复称纸条的重量，以确认喷雾的均匀性。

2）对于飘浮式（air born）喷雾，对不同用途的气雾剂，雾滴尺寸是不同的。较小的雾滴在空中停留的时间长。杀飞虫气雾剂的最佳雾滴尺寸在 $25\sim35\mu m$，这对飞翔害虫能获得最好的击倒及致死效果。若雾滴太小，则有可能随气流在飞虫旁打转飘过而不起作用。滞留喷洒用杀虫剂，如蚂蚁、蟑螂及蜜蜂等杀虫剂的雾滴在 $50\sim80\mu m$，以减少杀虫剂雾滴的飘散及挥发。一般来说，若气雾剂中有任何一种固体含量的话，其雾滴尺寸应避免小于 $10\sim15\mu m$。这是因为这种小雾滴容易被吸入人体肺部（呼吸道支气管中），再要将它排除掉是十分困难的。

雾滴尺寸大小一般以莫尔文激光粒谱议测定。测定时，喷头离采样垫20cm。试验仅需几分钟时间。当然还可以用其他方法。

三、密度

产品料液灌入罐容量的85%（体积分数）是符合要求的。

确定气雾剂密度的一个简便方法是测定内容物的密度，按查表计算抛射剂的密度，然后推导出平均重量，这种方法特别适合于以 LPG 作抛射剂的水基型气雾剂制品，如糊状物、空气清新剂、剃须膏、一般用途清洁剂等，但不适用于油基型气雾剂配方制品。

四、释放速率

阀门的释放率受内容物密度的影响，但同时也与黏度、压力、摩擦力、阀门计量孔、引液管毛细孔尺寸、阀门气相旁孔及其他因素有关。

释放率会影响到可燃性试验，如火焰的延伸及回闪度试验结果。释放率慢的喷雾器可借自然空气的飘移来更有效地驱散火焰烟气。

相同的释放率可以用两个以上不同厂家生产的阀门来达到。一般在21℃时测得的释放率是平均值，且是一个范围。但可能因配方、制造工艺及阀门本身的误差（±10%～±12%）而不同。这种情况在小孔径，如0.25～0.33mm的情况下尤为突出。此外，孔的不圆度、飞边及光洁度对孔的释放率也有较大影响。

在对某些阀门产品进行两周的老化处理后，再进行复检，阀门的塑料，特别是密封圈剧烈膨胀，以致使阀门无法开启喷雾。另外，也发现阀门的阀芯密封圈经过一夜的膨胀后，促动器无法插入阀内，否则将会使阀门损坏。还有当将阀门装在含有挥发性、高溶解性溶剂的气雾罐上30min后封口，由于密封圈的膨胀而使产品立即渗漏出来。这些情况表明，对于那些特殊配方或用途的气雾剂，尤其是含有强溶剂如二氯甲烷、苯、酮、醇类的产品，须进行严格的强化测试。

五、pH 值

pH 值是浓缩液的重要参数。由于有效成分的差异，pH 值可能是不同的，所以大多数配方都要加入少量的酸（柠檬酸）或碱（氢氧化钠或氨水）来调节，以获得所需的 pH 值。

pH 值的重要性容易理解。一般来说水基产品的 pH 值在 8.1~8.5 显示腐蚀性较小。pH 值可以作为某些有效成分存在与否的指示剂，如氯化氢（酸性）或胺（碱性）。

天然脂肪酸盐酸分散相体系对 pH 值较为敏感。降低 pH 值，硬脂酸、软脂酸、肉豆蔻酸、月桂酸将会产生沉淀或乳化成游离酸，从而破坏了乳剂的特性。两性离子型清洁剂如含有羧基及胺基团时，它们的 pH 值具有阳离子型向阴离子型转换的特性。在等电位 pH 时，两性离子清洁剂产生沉淀。

对一般水基浓缩剂来说，pH 值的确定十分严格。对酒精剂、油基浓缩剂，可以对一份浓缩剂加 1~3 份去离子水，充分搅拌，将 pH 值电极插入含水醇溶液或水相中，就能调节合适。但对某些浓缩剂，如对 pH 值敏感的胶体，往往须经过较长时间才能达到平衡。

六、产品成分

气雾剂产品的成分可以从许多渠道取得信息后确定，然后进行试验改进，以达到所需产品性能的合适配方。配方设计人员可以选择香料、着色剂、调味成分，根据消费者调查情况做试验调整。如果市场认为价格太高，产品研究开发试验就要作相应的措施，如可以采用价格便宜一点的香料，或者使用高效表面活性剂。除水以外，液化石油气抛射剂是最便宜的组成物，所以常常会看到有些产品中加入过量的丙烷或丁烷气。

七、含水量

特别是对那些无水气雾剂产品来说，确定或规定其含水量十分必要。通常，产品浓缩液总是在连续生产的条件下，将溶剂与其他化合物调配而成，在此期间就要求使它在空气中暴露的时间最短，否则容易吸收空气中的水汽。配制完后，检查它的含水量。许多工厂对产品的最佳含水量控制及检测常常忽视或省略，这对某些产品来说可能会有问题。

例如，在实验室中，用石油精馏物配制成的滞留喷洒杀虫剂中，含水量为 60ppm，在标准中定为 100ppm（1ppm = 10^{-6}，下同）。在生产时，将暴露在夏天烈日照射下油罐中的热溶剂灌入气雾罐内。此时热态溶剂可以"吸入"90ppm 水分溶解在其中。气雾剂使用 CO_2 作为抛射剂，当它储存在较阴凉处后，约有 50ppm 水分从溶剂中被析出成为微小水珠，这些多余的水珠与 CO_2 起作用，其 pH 值在 21℃时为 3.25，会造成罐壁以至下底腐蚀穿孔，产生泄漏。

气雾剂产品中含水量的重要性还有其他方面的原因。如对一个由水、醇及异丁烷组成的三元配方系统，可以测下它的溶解度（单一液相）或不相容性（两液相），然后将此结果画成三角形图。由此可看出，当丁烷加的量达 20% 时，加入 12% 的水就会使配方系统出现不相容情形。这一点对于发胶及其他一些产品是很有参考意义的。若在此基础上将烷烃抛射剂的量加到 15%，此时配方中的水量可达 20% 不会使均匀相系统分层。

八、香料

大多数气雾剂制品中都要加入一定量的香料，以去除或掩盖难闻的化学物质的气味，或给消费者一种愉悦的芳香，加入量一般为 0.05% ~0.25% ，当然香水制品例外。在酸性（或中性）的气雾剂浓缩液中，加入过量会在溶液底层产生树枝状沉淀物，或改变香味。

九、色泽

对气雾剂制品来说，色泽相对地显得不太重要，因为产品装在罐内是看不见的，除非采用玻璃或加塑料护套的玻璃容器。

对色泽的试验一般采用两周老化工艺。

十、防腐剂

在气雾剂制品中，防腐剂既可以保护罐不受产品的腐蚀，又可以不受罐的影响，或者用于控制微生物，保持柔和的气味，延缓植物油类成分的腐败变质。在祛臭剂中，防腐剂可以作为有效组成分。可用的防腐剂品种有上百种，用在马口铁罐，或用在铝包装的水基型配制液中使用的，也称为腐蚀抑制剂，如亚硝酸钠、环己基胺及氨。有些原材料已加进了防腐剂。甲醛也是常用的一种。

十一、空气（氧）的含量

在气雾剂制品灌装生产中将罐内空气（含少量氧）予以抽掉是必不可少的工艺过程之一。通常在高速生产中，罐内上部空间约有 55% 空气可以有效地被抽掉。低速真空封口设备则可以抽掉更多一点，这取决于操作时的具体情况。

为什么要抽真空呢？这是因为残留在罐内的空气将会使罐内的最终压力增加，其量则取决于充入抛射剂后罐内部空气所减少的百分比。再加上溶解在产品液相中的空气所产生的压力，在真空封口后罐内空气部分的压力为 55 ~83kPa。但当温度升到 54.4℃时，此压力将会升高 15% ~20% 。

有时需要将罐内残余空气抽得彻底些，如达到 96% ~99% 的程度，这对试制气雾剂工作尤其重要，这样可以复制真空封口工艺，便于研究对比。

罐内的空气抽得越彻底，越可降低罐内的压力及释放率，这样可减弱对罐内壁的腐蚀性，并可减少罐内有效成分长期的氧化变质。所以罐内的残余空气量应该越少越好。

十二、流量特性

一般来说，应该掌握气雾剂制品浓缩液从 37.9 ~45℃的流量特性。对于热加工制品，如一些特殊乳浊液，必要时还应知道其在 100℃时的流量特性。

温度对产品稳定性的影响不能忽视。对许多浓缩液都要预先检测它们的耐冻耐融稳定性，先将其冷冻至 −29℃，然后加热至室温，如此重复数次。淀粉浆及其他一些分散在水中的聚合物，只能承受 5 次以下耐冻耐融液试验，否则其稳定性就会被破坏。对这类产品要注意避免冷藏货车及温室库房。

十三、产品与高压力抛射剂的相容性

二氧化碳、一氧化二氮及压缩空气之类高压力抛射剂已被广泛用在许多气雾剂产品中，如消毒剂、祛臭剂、杀臭虫剂、隐形眼镜清洗剂、汽车用气雾剂制品等。在欧洲许多厂商已开始将这类高压力抛射剂用在发胶、腋下祛臭剂等产品中。

每种抛射剂在给定的温度及压力条件下，在不同的浓缩液中具有不同的溶解度。如在相同条件下，氧化亚氮在甲缩醛二甲醇中的溶解度比在水中大 30 倍。乙醇气雾剂在设计配方时，应力求选用与产品配合最佳的抛射剂品种，采用耐较高压力的容器罐，如耐压力大于 1.8MPa 的罐，可以容许高压气体不溶的比例大一些，以改善雾化性能，或容许加入较多的产品。所有这些因素都要使其达到最佳化。

二氧化碳比一氧化二氮气及压缩空气的溶解能力大 10 倍或更多。当然这一比例只是反映了可以充入到罐内的量，而不是指实际溶解度。表 9 - 70 显示氮气在罐内上部的量是溶解在液相中量的 65 倍。

这一比例，不管如何改变压力，增加或减少液体的百分比，基本上是保持不变的。

表 9-69、表 9-70 分别列出了不同灌装量时氮气在乙醇或水及罐上部的分布量。

表 9-69 不同灌装量时氮气在乙醇及罐上部的分配量

乙醇灌装量（ml）	罐上部空容量（ml）	氮在乙醇中的量（g）	氮在罐上部的量（g）	氮总量（g）
0	405	0	3.29	3.29
118	287	0.131	2.33	2.46
177	228	0.192	1.85	2.04
237	168	0.253	1.36	1.61
296	109	0.324	0.89	1.21
355	50	0.385	0.41	0.80
405	0	0.437	0	0.44

注：1. 氮在乙醇中的溶解度 0.001090g/ml。

2. 氮在罐上部空间的压缩度 0.00812g/ml。

3. 氮的压缩度与溶解度之比 $\frac{0.00812}{0.001090} = 7.45$。

4. 罐尺寸 $\phi 65 \times 122mm$，罐内压力 0.62MPa，环境温度 25℃。

表 9-70 不同灌装量时氮气在水中及罐上部的分配量

灌水量（ml）	罐上部容积（ml）	在液相中的氮气（g）	罐上部空间的氮气（g）	总氮气量（g）
0	405	0	3.29	3.29
118	287	0.015	2.33	2.35
177	228	0.22	1.85	1.87
237	168	0.029	1.36	1.39
296	109	0.037	0.89	0.93
355	50	0.044	0.41	0.45
405	0	0.050	0	0.05

注：1. 氮对水的溶解度 0.0001246g/ml。

2. 氮气在罐上部空间的压缩性 0.00812g/ml。

3. 氮气的压缩度与溶解度之比 $\frac{0.00812}{0.00001246} = 65$。

4. 罐尺寸为 $\phi 65 \times 122mm$，罐内压力 0.62MPa，环境温度 25℃。

氮气在无水乙醇中的溶解度为其在水中的 8.75 倍。此时，它在罐内上部的量是其溶在液相中的 7.45 倍。压缩空气的溶解度比氧化亚氮约大 20%，基本上无大的差异。

一般来说，在 25℃ 情况下，浓缩剂的黏度超过 0.04~0.06Pa·s，可能会给充气带来麻烦。这个黏度范围大致相当于 60% 糖水溶液及 80% 甘油水溶液。

大多数均匀的对压力敏感的黏性溶液，如聚丁烯链润滑油、枝状黏性浓缩剂（一般也都为聚丁烯类）、巧克力糖浆和一些稠厚润滑剂的黏度较大。

黏度并不是唯一的标准，浓缩液的内聚力也是十分重要的。如将织物黏胶浆稀释成 10% 胶液，再充以 90% 的 CFC-12，此时只能喷溅出液体来，不能粉碎成雾状。所以对较高压力抛射剂气雾剂的压力平衡特性必须十分重视，可以从不同的容积观察产品在喷出中的压力下降量。对氮气及压缩空气来说，罐内上部空间的初始容积百分比是十分重要的。一般来说，当上部空间的容积小于罐容量的 40% 时，产品在使用中的压力下降就可从释放率的降低看出来。采用压力补偿式阀门，可以使释放率保持常数，也即改善了压力下降。表 9-71 显示在理想状态下（即抛射剂未溶解在液相产品中）罐内压力下降幅度。对氮气/水系统，其差异仅为 1%~2%。

表 9 – 71　氮气作抛射剂对气雾剂的罐内压降

起始灌装量（%，体积分数）	不同喷出容量后的压强（MPa）		
	50	75	90
起始压强	0.621	0.621	0.621
50%喷出的压强	0.380	0.188	0.060
75%喷出的压强	0.313	0.121	0
90%喷出的压强	0.268	0.094	0
起始灌装量（%，体积分数）	50	75	90
起始压强	1.000	1.000	1.000
50%喷出的压强	0.632	0.339	0.143
75%喷出的压强	0.529	0.237	0
90%喷出的压强	0.480	0.196	0

注：1. 设定氮气未溶解在液相中。

2. 对于水来说，这些数值也是精确的，在正常实验误差范围以内。

对于以压缩空气为抛射剂的气雾剂成品应该检查在 4.5 ~ 54.4℃ 范围内的压力，对某些制品还应在更低温度时检查它的压力及喷出特性。这些制品包括汽车挡风玻璃除冰剂、轮胎摩擦力喷雾剂、烷烃/醚启动液及轮胎充气/封补液，因为这类产品都是在寒冷天气条件下使用的。压缩气体用的喷雾罐的强度比一般罐高，这是因为除了要充入较多量气体外，还因为要用于许多汽车用制品，必须提高它在大热天及阳光照射条件下汽车或货车车厢环境温度过热时的耐高压能力。

上述制品的马口铁罐容量都在 118.2ml 以上。若用同样尺寸的铝罐时，或罐的尺寸改小时，则罐应可以承受 2.75 ~ 8.22MPa 的压力而不会爆裂。

此外，测量它的质量损失也是很重要的。一般情况下，根据罐的尺寸、产品种类、压力及气体本身的特性，对罐内压缩气体的充入量在 1 ~ 30g 之间。但有时以随时间的压力损失来决定。

对于新开发的，或改进过的气雾剂产品应作质量损失测试。测试温度分段为：室温 20 ~ 30℃，中温为 37 ~ 38℃，高温为 49 ~ 50℃，有时还要作冷冻试验。试验时罐的位置一般为直立放，有时也倒置放。放入位置对测得失重结果误差不会大于 15% 。失重检查一般在存放 3、6、12 个月后分别进行，当然也有例外。有些产品在半个月内要逐个检查，不但要检查其质量损失，还要破坏部分产品以获得相容性方面的资料。有人认为 9 个月的检查比较重要，具有较少质量损失及良好的相容性的可以有一年保证期。对药物气雾剂制品，则其质量损失及相容性检查要进行 3 年。

此外，还要进行储存试验。最后要作阀门测试，以检查是否有异常情况、影响释放率、导致性能失灵、密封圈泄漏等。比较存放前后的 pH 值可以发现化合物的变化情况，包括金属的不可见溶解。有些食物制品的初期 pH 值在 4.0 ~ 4.25 之间，微生物处于静止态，不能繁殖。若有酯化或其他反应发生，使酸性减弱，pH 值升高，使微生物得以繁殖。所以检查存放产品的 pH 值也是开发研究中的一个重要环节。

对气雾罐的长期检查常在破坏前进行，如色泽、味道的稳定性、药物有效成分的化验、塑料保护罩的软化或开裂。

对驱避剂（DEET）产品还要检查焊缝连续完整性，因为存放 15 ~ 24 个月后，有效成分从焊缝处渗漏会导致印刷剥落或其他问题。

十四、产品与低压力抛射剂的相容性

大量气雾剂产品都用低压抛射剂，如丙烷、丁烷、二甲醚、HFC – 152a 及 HFC – 134a，它们在 21.1℃ 时，无残留空气情况下的压强范围为 0.12 ~ 0.75MPa。在一般情况下它们不可能全部混合在有机溶剂中。尤其是 HFC – 134a 在乙醇、水及其他水性溶剂中的相容性均很差。

但由于在许多气雾剂中都用到水，所以产品溶液常常呈分散相及乳液状。剃须膏、掼奶油及摩丝就是其中的三个例子。它们都要在摇动后使用，否则喷出物泡沫太湿。这类产品都要在罐体使用说明中标出"使用前应先摇动"。

对于新开发的气雾剂产品，应该做出 $21.1 \sim 54.4℃$ 范围的压力—温度特性曲线。对冷藏制品，也应该掌握它在 $4.5℃$ 时的压力，这样可以保证它在低温下获得满意的使用性能。例如，轮胎充气密封剂在低温使用时就显得性能不佳，因为此时其中水性成分凝冻，罐内压力不足。

一般来说，使用低压抛射剂的气雾剂产品的适宜使用温度范围为 $15.5 \sim 32.2℃$。但是也要顾及一些特殊情况，如烹调喷雾剂在使用前放在冷藏箱内，以及在热带地区（$40 \sim 50℃$）的使用，此时适用温度范围就更应扩大。

在低温时，不但抛射剂的抛射性能减弱，产品浓缩液的黏度也会增加。如无水烹调喷雾剂在 $15.5℃$ 时的黏度比 $30℃$ 时大 2 倍。这对于喷雾尺寸分布、喷射量及其喷出物在目标表面上的性状等都有很大的影响。当产品中蓖麻油含量较高时，在 $10℃$ 以下几乎不能喷出。

确定产品有效性、相容性、失重等方面的试验，与前述高压力抛射剂的情况相同。

最后，对所有的气雾剂产品都要考虑的一个问题就是相对燃烧性。在这方面，过去已经做了大量的试验，以检测气雾剂对生产、运输、仓储及使用者的燃烧危险性。目前，一般按气雾剂制品内容物每克的燃烧热值将它分成三个等级。

第十四节　杀虫气雾剂开发中应注意的一些基本概念

一、开发中应注意的一些基本概念

在设计及开发杀虫气雾剂时，应该充分注意以下几个方面。

1）有效成分的选择。首先，在选择拟除虫菊酯药物时，应该考虑对人的安全性。这是由于杀虫气雾剂直接用于人群居住处，在能达到所需有效性的前提下，杀虫有效成分的毒性应该越低越好，使用量也不宜过多。

另外，要考虑到它的有效性，即对所需防治害虫有快速的击倒作用和优良的致死效果。

从这一观念出发，目前发达国家的趋势是主张采用对人畜比较安全的拟除虫菊酯药物，但同属于拟除虫菊酯的药物，有的毒性高、刺激性大，如溴氰菊酯、氯氰菊酯、杀灭菊酯等；有的毒性不高，效果好，也无刺激性，特别是在配制成水基型的情况下，如天然除虫菊、右旋胺菊酯、炔丙菊酯及右旋苯醚氰菊酯等。

2）溶剂与有效成分的相容性及稳定性。溶剂不能分解有效成分或产生降低药效的反应。在货架寿命期限内应十分稳定，不能使配制成的杀虫剂溶液产生混浊、絮状物甚至沉淀现象。特别在水基型的情况下，一定要认真、仔细，做好各方面的试验。

3）要考虑内容物（包括杀虫剂溶液及抛射剂）与气雾罐阀门的匹配性，对罐不能产生腐蚀。

杀虫剂生产灌装厂在选择气雾罐及阀门时，应该与气雾罐及阀门供货商探讨，使气雾罐及阀门中采用的密封材料能充分达到与灌入产品相适应，这是保证所生产的气雾剂产品质量的一个十分重要的方面。

4）产品的整体稳定性，包括杀虫剂、抛射剂、罐及阀门等各组成化合物及构件。按常规要求，在室温条件下至少在 3 年以内不发生质变。笔者在 1990 年配制成的杀虫灵气雾剂（L‐右旋胺菊酯加右旋苯醚氰菊酯），在 1994 年使用仍十分有效，罐体无锈蚀及渗漏，目测喷射压力无下降，雾化良好。

5）当在配方中加入的 LPG 量增加时，就应考虑生产场地、设备、人员、储藏、运输和使用者诸方面的安全性措施及保障。对 LPG 中丙烷、异丁烷、N‐丁烷及异戊烷的配比要求，以及总的加入量

（取决于产品所需罐内压力）要仔细计算试验。

6）其他应考虑的方面，如使用说明编制的合理性及确切性，配套件之间的匹配性，尤其是阀门结构及密封圈。构件材料与内容物的相容性也是保持产品稳定性的重要因素。

二、杀虫气雾剂的击倒与致死

在使用杀虫气雾剂中，击倒不是目的，最终是要使害虫致死。只倒而不死，只会对杀虫气雾剂的应用带来负面影响，抗性的增长就是其中之一。一般来说，所使用杀虫气雾剂的毒性越高，效果就越明显。

昆虫接触到一定量的杀虫剂，就会处于麻痹状态，即使还未被击倒，但危害能力已被抑制，所以一味追求击倒速度上的微小差异并没有特别的意义。

由于前些年一些厂商单以追求击倒速度来宣传推销自己的杀虫剂，使尚不甚了解其中道理的消费者心理被严重地扭曲了，致使逐渐形成单以击倒速度来作为评价杀虫剂优劣的依据，甚至已影响到国内的监督执法人员，这应在评价标准的修订中给予特别关注。

当然，事物是一分为二的。在用药安全合理的前提下，注重击倒速度也是有益的，可以起到安抚使用者的作用，但绝不可将其作为主导。发达国家对杀虫剂的击倒时间远没有我国看得重要。

在这种思路及市场心态下，国内有一个杀虫气雾剂产品罐体上标出的击倒剂胺菊酯的含量0.49%（质量分数）。这样加大剂量的后果会怎样呢？值得深思。有人说，只是标示而已，事实上没有用这么多。这是名不副实。或者可以推测，虽然胺菊酯未用到0.49%，但为了达到与0.49%胺菊酯同样的击倒速度，可能会加入敌敌畏之类药物，这就更值得关注了。

三、气雾剂阀门问题

分析目前国内所应用的阀门，从规格及质量来看，确实存在不少问题。这些都属于认识和技术水平问题，如对阀门品种与规格的选择，原材料的选用等。

在认识问题方面，照搬照仿的多，无论是在气雾剂产品选用上，还是仿制生产上，多盲从，缺乏试验验证。举例来说，某公司的319-S型号阀门，已广泛为国内生产杀虫气雾剂的厂家所认可和采用，还有厂家专门仿制生产这一种规格的阀门。殊不知国外开发这一规格的阀门时指明只适用于油基杀爬虫气雾剂，它的特点是射程远，雾状集中。将这一阀门用于杀飞虫气雾剂的话，显然就不合适，因为杀飞虫时需要的雾滴细，能在空中保持更长的滞留时间，增加药滴与飞行昆虫的碰撞与接触机会，提高对飞行昆虫的杀灭效果。若喷出的雾滴很快就掉在地上，哪里还会对在空中飞行的昆虫有杀灭机会？

那么目前为什么大多数厂商和使用者没有对此引起重视呢？有这样几种可能性。

一是被扭曲的市场心态掩盖，不少人对杀虫剂的效果缺乏一种科学的评价方法。杀虫剂的关键是要使害虫致死，这是所需的最终目的，而不是单纯的击倒，击倒只是一个过程，一种给人的直观感觉。在20世纪80年代中期有人出于投机而对刚兴起但不成熟的杀虫剂市场进行误导，以击倒（过程与感觉）来替代致死（结果和目的）宣传其杀虫剂产品，而这种误导产生的后果和影响如此深远和广泛，却是始料未及的。这种以对蚊虫直喷看它是否立即倒下作为评价杀虫剂好坏的片面方法，却十分有利于掩盖用319-S阀门的错误选择。道理十分简单，如一个直径小于$30\mu m$的雾滴所含的杀虫剂有效成分足以使蚊虫击倒并致死的话，采用PVS-319-S喷出的直径大好几倍的雾滴，如$120\mu m$，其所含的杀虫剂有效成分将会比$30\mu m$雾滴所含的杀虫剂有效成分多出63倍，这样大剂量的杀虫剂难道还不能击倒蚊虫吗？这如同用拳头打死蚂蚁不能被称为大力士的道理是一样的。

当然也许有不少人会说，只要蚊虫能击倒就行。但这样滥用杀虫剂会产生什么后果呢？浪费仅是一个方面，日积月累对环境造成的污染，使昆虫的抗性成百倍地快速上升，以及其他一系列的生态问题，会给子孙后代带来什么呢？

二是没有适用的阀门供应，也没有人引导如何正确选用阀门，没有做好技术服务及解说宣传。尤其是一些南方地区的经销商，他们的行动主要立足于扩大市场销量，能获利就可以。这一点客观上也助长了这种误导影响的扩大。

三是使用的烃化合物抛射剂不配套，掩盖了这种阀门的不适用性。

笔者在此着重说明这一问题的目的，是为了各方能重视正确选用阀门，充分认识到误用阀门所造成的后果，不要盲从。特别在采用国外产品时，对它要有正确的认识，否则对我国气雾剂工业的健康发展是十分不利的。其次，也借此机会再次宣传正确使用杀虫剂的重要性及行业的社会责任。

四、关于抛射剂的使用问题

在我国的杀虫气雾剂中所使用的抛射剂，除了飞机舱用杀虫剂对不燃性的特殊要求外，几乎都已由氯氟烃（CFC）改成了烃类，也有少量用二甲醚（DME）。

这从禁用氯氟烃角度来说是好事，符合我国环控［1997］366号文件《关于在气雾剂行业禁止使用氯氟化碳类物的通告》的要求。但由于烃类易燃易爆的危险性，在目前的实际使用中存在着许多隐患。

隐患之一：目前大多数气雾杀虫剂中使用的烃类抛射剂，都是一些指标不统一的丙烷、丁烷混合气体。由于混合气中丙烷与丁烷的混合比例不稳定，有的甚至含有较高比例的甲烷和乙烷，这将严重影响到它的温度压力特性的均一性及使用安全性。上海西西艾尔气雾剂抛射剂制造与罐装公司及中原油田天然气产销总厂能批量生产并供应气雾剂级烃类化合物（丙烷、异丁烷、正丁烷及其混合物），这为改变这一局面创造了条件。

隐患之二：绝大部分杀虫气雾剂灌装厂都没有将灌气工序进行隔离，在生产车间也未设置有效的通风排气装置，这使得整个车间厂房时刻存在着燃烧和爆炸的危险性。

隐患之三：不少厂家忽视了杀虫气雾剂生产中温水浴检测这一十分重要的工艺过程。

隐患之四：不少地方及单位在宣传推行两次灌装，这在实施CFC替代后更危险，空罐中残留的混合丙丁烷气容易引发燃烧爆炸事故。以不锈钢罐来推行反复灌装使用的做法，无疑是火上浇油，违反气雾剂安全灌装规程。

但令人高兴的是，国家有关部门已制订了《易燃气雾剂企业管理条例》，气雾剂级烃类抛射剂的国家标准已制定发布实施，这对规范气雾剂抛射剂的使用及气雾剂产品的安全生产会起到十分有效的作用。

五、关于雾滴尺寸与杀虫效果的关系

不同的喷射靶标、媒介昆虫及其栖身场所对雾滴尺寸的沉积要求是不一致的，都有它所需的最适宜雾滴尺寸。这不但是因为不同的雾滴尺寸具有不同的物理特性，不同的运动特性；而且因为不同靶标附近的气流状态不一，直接影响到运行中雾滴对沉积靶标的撞击能力。

对雾滴尺寸的要求也取决于应用目的。例如，对农业害虫的防治与卫生害虫的防治，两者对雾滴尺寸的要求就明显不同。在农业喷雾应用中的雾滴，都是以向下沉积到作物上为目的，所以要求雾滴的沉降性好，不会长时间停留在空中被风带走，所以要求雾滴直径要大一些，才能保证它有一定的质量，因而具有相对较快的沉积速度。但在卫生害虫防治应用中所需的雾滴，如防治蚊、蝇及不食性飞蛾等，则要求尺寸小一些，具有较好的悬浮及运动性能，在空中停留较长时间，而且小雾滴对较小沉积表面的撞击性能好，当飞翔中的昆虫通过翅膀的拍打或身体其他部位直接撞击到杀虫剂雾滴时，就足以使它致死。

当然，因为卫生害虫的种类很多，它们的生活习性、危害方式、运动形式及栖息场所等不同，对雾滴尺寸的要求也不是统一的。在这方面，已经做了大量的研究试验，所得到的结论及看法也还是有争议的。综合若干资料，有些资料认为喷洒95%工业马拉硫磷，杀灭三带喙伊蚊的有效雾滴直径为

$6.4 \sim 10.8 \mu m$，这比 $11 \sim 22 \mu m$ 的效果好；另一些认为 $11 \sim 16 \mu m$ 的效果好；还有的则认为 $20 \mu m$ 或更小些的效果好；但试验发现撞击蚊体最多的是 $1 \sim 16 \mu m$ 的雾滴，雾滴可以撞击到蚊体各部位，以翅膀和触角为最多。实验室试验发现 12 只不同的蚊体上找到 467 颗雾滴，87% 的雾滴直径为 $3 \sim 8 \mu m$。没有一颗雾滴的直径大于 $16 \mu m$ 或小于 $1 \mu m$。

小雾滴对于杀灭飞行害虫的杀灭效果较好，但这也不是绝对的。如前所述，杀死蚊虫的因素是多方面的，雾滴尺寸并不是唯一的影响因素。

无数试验证明，使用油基型杀虫剂时，杀灭室内蚊虫类飞虫的最佳雾滴直径在 $30 \mu m$ 左右，但杀灭蟑螂等爬虫时，最佳雾滴直径为 $80 \sim 120 \mu m$，两者差一倍多。显然这与它们的活动与栖息状况及喷出雾滴的运动特性有关，只有在这种最佳状态时，才能使药滴与害虫的接触碰撞机会增多，因而获得最大的触杀概率。

这里值得一提的是，不同毒性及类型的杀蚊制剂对同一种昆虫的最有效致死雾滴尺寸也有差异。例如，马拉硫磷为 $25 \mu m$，二溴磷为 $20 \mu m$，倍硫磷为 $17.5 \mu m$。

再如将水乳剂用于浸泡蚊帐时的最佳粒径为 $2 \sim 5 \mu m$，它可以牢固地黏附在蚊帐网孔上，可以手洗 4 次，能保持 $6 \sim 12$ 个月。而若使用可湿性粉剂，它的粒径在 $20 \sim 50 \mu m$，容易从蚊帐上脱落，且不可水洗。

在做滞留性喷洒时，药剂的雾滴或颗粒直径大小应随喷洒处理表面的粗糙程度而异，并不是用单一尺寸直径的颗粒都能得到与害虫最多的接触机会。例如，对于粗糙/吸收表面，需要较大一点的颗粒，此时可湿性粉剂的粒径在 $20 \sim 50 \mu m$ 就较合适。而使用小颗粒剂型，如粒径在 $2 \sim 5 \mu m$ 的油或水乳剂就不合适。这些小颗粒不能有效地覆盖在表面上，与害虫的接触机会减少，因而持效作用就差。

此外，在卫生害虫防治应用中最有效雾滴尺寸还要根据喷洒方式来选取。做空间喷洒时的雾滴尺寸一般应取气雾级为好（小于 $50 \mu m$），作滞留喷洒用的雾滴尺寸则要大一些，可取弥雾级（$50 \sim 100 \mu m$），或细雾级（$101 \sim 200 \mu m$）。

除了雾滴直径尺寸外，杀死飞翔于空间或栖息于植被等场合的蚊虫时，与雾滴数量（单位空间和面积）也有密切关系。试验证明 89ml 马拉硫磷雾化为直径 $25 \mu m$ 的雾滴，可产生 100 亿颗，这些雾滴足够用于 $11988 m^3$ 的空间（$3996 m^2 \times 3m$）的灭蚊。这样的雾滴密度是 1ml 空气中约有 5 颗 $10 \mu m$ 的雾滴。从表面来讲，每平方厘米有 10 颗以上雾滴，即可得到较好的灭蚊效果，当然这 10 颗雾滴在表面上的分布要均匀。如果在整个喷洒空间或表面上的雾滴分布很不均匀，虽有足够的雾滴数，也不一定能得到良好的杀灭效果。

六、关于杀菌型杀虫气雾剂

近些年，有几家公司先后推出了杀菌型杀虫气雾剂，在市场上受到一定程度的关注。这种产品也吸引了一些杀虫气雾剂生产厂的眼球，也欲投入开发，并来征求笔者的看法。

首先，杀虫剂与杀菌剂可以混配，以使复配后的药剂同时能具有杀虫与杀菌的功能。这一点，在笔者的《卫生杀虫药剂剂型技术手册》中已有阐述，有兴趣的开发者不妨先予以参考。

其次，应该认识到杀虫剂与杀菌剂的混配是有条件的，不是任何种类的杀虫剂与杀菌剂都可以混配，既要考虑它们之间的相容性，又要观察它们混配后的实际效果。

再次，在杀虫剂与杀菌剂混配时，要根据其应用目的及场合确定合适的剂型，这一点十分重要，否则会造成误导。

据了解，目前市场上有几种杀菌型杀虫气雾剂，均为煤油剂型。但是，杀菌是杀什么菌？杀空气中的菌？还是杀物体表面的菌？用煤油作为载体（溶剂）对空气及物体表面的污染怎么办？仔细阅读说明，产品称能杀灭蚊、蝇及蟑螂携带的各种菌。据目前所知，苍蝇携带的致病菌就有 40 多种。而杀菌型杀虫气雾剂能杀灭多少菌？不加注明，笼统称杀菌，不排除有为商业目的而误导消费者之嫌，因而值得商榷。

此外，若蟑螂已被杀死，杀灭它身上的菌还有没有实际意义？若蟑螂不死，反而有使杀虫杀菌剂及煤油污染被它爬过的食物、食具之嫌。

若将煤油基改为水基或酊基，似稍好一些，但提法上还是值得商榷的。

七、关于杀飞虫与杀爬虫气雾剂

目前，市场上绝大多数的杀虫气雾剂均为混合型，即"能有效杀灭蚊子、苍蝇及蟑螂等卫生害虫"。

在 20 世纪 80 年代，无论是英国威康公司的"必扑"，还是美国庄臣公司的"雷达"，均将杀虫气雾剂分为飞虫杀手与爬虫杀手两种，以明显不同的文字及色彩予以区分。这应该说是科学合理的。但近年来，这些企业也开始将两种杀虫剂合而为一了。这究竟是向前发展了，还是倒退了？

众所周知，蚊子及苍蝇的体重与蟑螂相比差上百倍。显而易见，对蚊、蝇与蟑螂所需的化学药剂致死剂量，虽不能说与它们的个体大小成正比，但其量肯定不应是相等的。对蚊、蝇的致死剂量无疑要比对蟑螂的小得多。

而且人们对蚊、蝇及蟑螂的感觉不一。前者危害直接明显，小小蚊子叮人后立即会痛痒，所以人们首先关心的是希望它快点倒下，失去危害能力，至于多长时间死是次要的（当然应该让它死亡），所以在设计配方时，在击倒剂量上要多做点文章，适当加大用量是一个主要办法。但要使蟑螂立刻被击倒，加上几倍甚至十几倍的击倒剂量也难以奏效，事实上也没必要。反之，用使蟑螂死亡的致死剂量去对付蚊蝇，则犹如以拳头打蚂蚁，显得小题大做。浪费，增加药剂成本，且有悖于环境保护。所以将杀飞虫与杀爬虫的气雾剂分开设计生产，无疑是明智之举。

另外，蟑螂肆虐的地方，蚊子不会很多。而蚊子成群的地方，苍蝇也不会少，但蟑螂却不会太多。分开设计生产，在适用范围及场合方面有其合理性。

蚊子与苍蝇虽均为飞行昆虫，但由于两种昆虫体征等方面的差异，对不同的化学杀虫剂在敏感性上反应不同。这当然也与化学毒物的结构有关，如蚊虫对烯丙菊酯类化学毒物敏感性较苍蝇强，而苍蝇对胺菊酯的敏感性较蚊子强。某些配方中只用胺菊酯来作为蚊蝇的击倒剂反映出了它的不足。若将胺菊酯与烯丙菊酯类以适当的比例组成复合击倒剂，则对蚊蝇就都会有令人满意的击倒效果。

在设计配方时，加上增效剂（如 PBO 或氧化胡椒基丁醚）则效果会更好。用增效剂，不仅仅是成本上的问题，而是因为它能抑止昆虫体内酶对化学毒物的解毒能力。

此外，大量测试证明，蚊蝇（飞虫）与蟑螂（爬虫）对油基杀虫气雾剂所需获得优异 KT_{50} 及 24h 死亡率的最佳雾滴尺寸大小是不一样的，前者的最佳药滴尺寸为 $30\mu m$ 左右，而后者的最佳药滴尺寸在 $100\mu m$ 左右。两者差距甚大。那么，对蚊、蝇及蟑螂兼杀型气雾剂的雾滴尺寸是多少？雾滴直径取中间值，对蚊蝇效果不一定就好，对蟑螂也不合适。

以喷出的药滴在 $60\sim70\mu m$ 为例，可以算一笔账。其直径比击倒和杀死蚊蝇的最佳雾滴尺寸 $30\mu m$ 大 1 倍。药滴体积与直径呈三次方关系，即一个 $60\mu m$ 的药滴的体积及有效成分含量是 $30\mu m$ 药滴的 8 倍。也就是说，用这么大的药滴去对付蚊蝇，浪费了 7 倍的杀虫剂。不但浪费很大，还对环境增加了 7 倍的污染。遗憾的是，大家对此已司空见惯，甚为麻木，杀虫气雾剂厂家该考虑这个事实了。

八、表面活性剂的应用

以前在很多论文及资料所述的配方中，标出的表面活性剂量均为常数（某一个数字），而不是一个区间。一些厂家在处理时也常常简单得很，如询问"乳化剂应加多少？3% 还是 4%？"这样的问题。

还有，表面活性剂在煤油型杀虫气雾剂中的应用也未被认识和重视。大多数厂家在使用表面活性剂时，只用了单一的种类，如吐温 80 等。

上述情况表明，在表面活性剂的应用方面认识欠缺，导致片面性。

表面活性剂（如乳化剂）在某一剂型配方系统中的应用量，确切地说应该是一个变量。笔者在

1995 年编著的《气雾剂技术》已指出这一点。配方中对乳化剂只标出一个固定数量（如 3%），但具体到底该加多少，要结合所用的各种组分，综合起来通过实验调整，此时才能得到所要的数据。

请注意，不要认为到此为止了。这仅仅是各种组分在它们所具有的理化特性一定的条件下配伍后获得的一个相对平衡体系时的特定值。一旦其中某一种组分改变了，或即使仅仅是其中一种组分的理化性能因来源不同而有所改变时，先前所获得的特定值也可能会改变，要做适当调整，以重新获得一个新的平衡体系，否则配方体系的形态及稳定性都会发生问题。

在此，配方设计者应该掌握一条基本定律："世界上一切的静止都是相对的，只有运动是绝对的。"所以设计者应该以变的眼光来处理事物，以变应付万变，而千万不可以不变应付一切变动着的东西。

此外应该认识到，如果在配方体系中只用一种表面活性剂，在实验获得最佳值后，虽然能够获得一个稳定体系，但这个体系的稳定（平衡）往往是暂时的，过一段时间后这种平衡会被打破。经验表明，比较合理的是将两种或两种以上的表面活性剂混合使用。如司斑（Span，失水山梨醇单油酸酯）和吐温（Tween，聚氧乙烯失水山梨醇单油酸酯），它们都属非离子表面活性剂，前者的亲油性好，后者的亲水性好，在使用中两者常以一定的比例配合使用（如 9∶1 或 8∶2），往往会使乳化作用更稳定。当然这只是一个粗略的比例，在实际调配中可能为 9.1∶0.9 等，但这并不奇怪，要取决于实际需要，目的是使所要的配方系统达到最佳化。

还要一提的是，司斑和吐温也只是一个统称，它还有很多规格或品种，如吐温 20（C_{12}）、吐温 60（C_{16}）等，具体要根据用途及其他各种参数选定。

此外，大多数配方设计者认为，对油基烃化物做抛射剂的气雾剂配方系统可以不用表面活性剂，这也是一个认识上的误区。一方面，在该系统中，尽管在气雾罐内只呈单液相，但由于煤油与液态烃化合物理化性能的差异，它们之间并不呈完全相溶状态。两者对杀虫剂有效成分的溶解度不同。若要使它们完全相溶，使有效成分在它们中的溶解度达到均一程度，就需要加入适量的表面活性剂。

表面活性剂的正确选择与合理应用，能一改过去烃化合物抛射剂与水基浓缩液之间不相溶的状况，可以使这种系统不需事前摇动就能喷出所需的雾滴，其生物效果可与 DME – WBA（二甲醚 – 水基气雾剂）系统媲美。

最后值得一提的是，不是选好了合适的表面活性剂后就万事大吉了，乳化工艺也是重要因素之一。油和水是两类互不相溶的物质，要使它们混合成一种均匀分散相体系，还必须要加入外力，通常为机械搅拌，使设计所定的分散相能快速、均匀地扩散到连续相中，搅拌要掌握速度及时间等因素。

除外力外，在乳化剂加入工艺条件中还要考虑各种组分加入的先后顺序及温度。

乳化工艺条件掌握不当，就会使乳化不良或不充分，使乳化类型（如 W/O 与 O/W）突然转型，或发生分层、絮凝或聚结，使稳定体系完全破坏。

杀虫气雾剂与化妆品的情况不同，以通过乳化获得油包水型（W/O）为主，即通过加入适当的乳化剂，并配之以合适的工艺条件提高油性组分相对于水的聚结速度，使油性组分成为连续相，而水则成为分散相被包在油相中。

九、网捕、粘、闷及冻杀方法

据日本气雾剂产业新闻报报道，近几年在日本市场上出现了几种不加化学杀虫有效成分的气雾剂，试图以网捕、粘、闷及冻使害虫致死的方式来防治蟑螂等爬虫，该创意的出发点是减少化学杀虫剂的使用，但此举并未解决环保及安全问题。这些新品用的抛射剂仍是易燃、易爆或挥发性有机物，而且实际使用效果也不尽如人意，因为蟑螂行走速度快，繁殖能力强、周期短，要追着它喷谈何容易，且势必要喷出很大的量，犹如用拳头打蚂蚁，而且大量喷出网状残留物，对室内环境也会造成污染。所以上述几种方法使用成本高，并不宜作为家庭卫生用品推荐。与其搞得如此复杂，还不如直接用物理防治方式，简单经济实用，又可节省不必要的资源消耗。

第十五节　杀虫气雾剂的发展趋向

杀虫气雾剂诞生已有 60 多年，今后肯定还要长期存在并得到发展。但 60 年后的今天与 60 年前的许多情况都已发生了根本性的变化。当时偏重于杀灭危害昆虫、保护人类免受病媒侵袭。诸如生态环境保护问题、药物毒性及昆虫抗性等问题都还未被发觉或引起重视。而当今除了要用杀虫剂防治病媒昆虫危害，还要顾及生态环境保护，以及地域、经济、观念及行政法规等方面的限制或约束。

杀虫气雾剂的许多优点是公认的，这也是它在发达国家得到迅速发展的基础。但它与其他气雾剂制品一样，它的发展也不是一帆风顺的，是经历了曲折的。如在 20 世纪 70 年代中期因 CFC 破坏大气臭氧层问题的第一次争议，紧接着在 80 年代又面临着 VOCs 问题的第二次挑战，迫使政府先后制定出了一系列行政法规，使气雾剂行业不得不重新设计配方，以符合或遵守有关法规，与此同时，社会舆论及公众的认识也不断得到了提高，在态度上有所改变。这些都发生在发达国家，至于发展中国家，情况也不尽相同，经济比较富裕的地区对杀虫剂的需求增加，可能会效仿发达国家的做法或模式，但在落后地区，还尚待解决温饱问题，顾不上对环保之类问题的关注和重视。所以，杀虫气雾剂的产量在发达国家将保持稳定，或有小幅度的变化，当然也因不同国家而异，因为各地的限制或影响因素不全相同。发展中国家则因杀虫剂市场大，且发展相对迅速，杀虫气雾剂的产量会呈上升势头，甚至会有大幅度的增长，其中中国、印度、巴基斯坦、印度尼西亚、泰国等国尤为重要，这些国家气候比较温暖，地域性病媒昆虫会给人类传布多种疾病，必须加以控制。

在欧洲方面，各国政府制定的杀虫剂法规，也将影响到杀虫气雾剂的发展，其增长势头也受到影响。

1982 年，美国加州大气资源局提出的规定气雾剂中挥发性有机物（VOCs）的上限含量及期限后，对整个气雾剂行业的影响很大，欧洲方面也提出了类似的条例（POCP），做出了相应的规定。为此，杀虫气雾剂向以下几方面发展。

1）在剂型方面，为了迎合 VOCs 法规，将向水基型方面发展。美国目前的杀虫气雾剂已全部为水基型。

2005 年笔者在第 25 届国际气雾剂论坛上发表的水基杀虫气雾剂的配方设计及效果评价报告受到国外各专业杂志争相报道，从一个侧面反映出世界各国对开发水基杀虫气雾剂技术的迫切性。

我国云南南宝生物科技有限责任公司及广州立白集团公司都已经开发成功以天然除虫菊作为有效成分的水基杀虫气雾剂，并且取得了农药登记证，投放市场。

福建蔡荣昌发明的水基杀虫气雾剂，存放了 6 年，杀虫效果依然保持良好，而且毒性 LC_{50} 超过了 $15000mg/m^3$。

2）在配套件方面，喷雾泵可能会部分替代气雾罐，不过要提高泵的结构及雾化性能，减少抛射剂及溶剂的使用量，改善杀虫剂对昆虫的驱杀效果。在气雾剂包装方面，可能趋向于多使用铝管，这是出于资源保护及再利用方面的考虑。

3）在有效成分方面，要使用安全性更高且效果好的除虫菊酯杀虫剂。日本住友化学及我国扬农化工公司开发的炔丙菊酯作为杀虫气雾剂中的有效成分，正在加快推广应用步伐，为杀虫气雾剂的发展注入了新的活力。美国《喷雾技术与市场》杂志曾做专题介绍推广。

随着社会对安全健康及环保要求的不断提高，天然除虫菊萃取成分的使用已经成为发展潮流。

4）在抛射剂方面，则加紧向压缩气体（如 CO_2、空气等）方面发展。作为过渡，采用 HAPs 与 DME，HAPs 与压缩气体混用的方式。这样为压缩气体抛射剂工艺技术的成熟提供了一个缓冲过渡过程。

5）在日本等国已重视对不快害虫（我国称骚扰性害虫）及黄蜂的杀虫剂，其剂型有气雾剂、烟熏剂、喷射剂、乳剂、粉剂等，总比例占到16.3%，其中尤以气雾剂品种较多。而在中国，这方面似尚未起步，这是一个可以考虑开发的领域。当然其进展速度及市场情况，要视人们的经济水平及认识程度，但也不可否认人们的消费节奏会有令人意想不到的局面发生。一旦有所认识或需要，就会形成气候。例如，日本1993年报道，随着家用空调的应用及房屋密封性的增加，室内空气与外界新鲜空气交换甚少，尘螨问题已逐渐引起社会的关注和重视。现已查明，人类支气管哮喘、过敏性皮炎及鼻炎等都可由它引起，特别是小儿90%以上哮喘患者主要发病原因就来自尘螨。尘螨的发病高峰在6~7月及9~10月，它们不能耐高温，在70℃时数分钟内即可死亡，在干燥状态也不可能生存繁殖。可以采用改善环境、对床垫加热或高频处理等物理方法来杀灭螨虫，但使用化学杀虫剂方法似更有效。其中杀虫气雾剂的效果是明显的。笔者相信，很快这类杀虫剂及气雾剂也会在中国市场出现。

第十六节　储罐场控制项目及最低要求

一、储罐场设计

（一）位置

1）一般设在地面上方；

2）远离火源；

3）不得将一个储罐安置在另一个储罐之上或上方。

（二）要求

1. 间距

严格按法规要求，如有更改应获当地安全生产及消防主管部门批准。

2. 储罐座

1）混凝土、石砌或钢结构（表面应有防锈保护层）；

2）应允许一端有热膨胀可伸缩性连接管路。

3. 储罐场区域

1）混凝土面低于储罐；

2）表面向蒸发区倾斜；

3）蒸发区离储罐3m以上；

4）最少应有两个应急出口；

5）有机械防护；

6）不可在储罐下铲挖。

4. 喷淋系统

1）完全覆盖祖露储罐及带路导轨的槽车表面；

2）喷淋量10L/（m² · min），连续60min；

3）手动启动或遥控操纵。

二、储罐要求

（一）设计压力及灌入量

1. 设计压力

设定压力应符合公认容器压力设计规范，丙烷可作为压力等级基准。

2. 压力指示

1）压力表装设在气相部位；

2）高压开关；

3）高压警报器。

3．灌入量

85%（最大值）。

4．内容物指示

1）最大液位指示器；

2）液位表（连续式指示器）。

（二）其他附件

1）人孔。

2）温度指示：1只温度表固定在液相部位。

3）防护墙：低坚固栏/围栏，高0.15～0.5m。

三、控制阀

（一）控制阀名称

1．释压阀

多级释压阀或两个叉开1.8m的独立释压阀，高于储罐并至少高于地面3m。

2．溢流阀

装设在可能有潜在大量泄压的所有管路连接处。

3．止回阀

固定在各进出部位，不设在储罐上。

4．隔离阀

手动式，设置在所有进出管路上。

5．排放阀

两个手动阀串联，安装在所需部位。

6．自动阀

1）故障安全设计。

2）在储罐进出口管隙（正常输送及储罐间传送）上应设有可遥控操作的阀门，这些阀门应尽量靠近储罐。

（二）阀连接

1）具有防静电，防火安全结构的可遥控进、出阀。

2）在所有液相连接处的切断阀直径大于3mm，所有气相连接处的切断阀直径大于8mm（如可用过流阀或止回阀）。

四、输送管路与泵

（一）埋置式管路

1）固定牢靠，防止露出地面。

2）适当防蚀保护。

3）无腐蚀，惰性背衬。

4）500mm原覆盖层。

5）暴露表面应有防暴雨保护。

（二）柔性软管

1）干式断开式联轴节。

2）抗静电结构。

3）使用前做肉眼检查。

4）每两年做压力检测，五年更换一次。

（三）对管路要求

1）额定压力按丙烷设定。

2）高出地面（当地另有规定者除外）。

3）设机械保护。

4）用无缝钢管。

5）近旁应无毒物、电或供热。

6）焊接点或焊接法兰接头。

7）大于 50mm 直径的管路不带螺纹。

8）适当的可膨胀装置。

9）在全部阀门之间设有流体静压释放阀。

10）在使用前对焊缝作 100% X 线检测。

11）在引擎工作后用爆破计做渗漏检查。

12）压力控制阀。

（四）泵

1）靠近储槽安装，但不得装在储罐下部。

2）防止从泵直接碰撞在储罐引起火苗。

3）其他防护（腐蚀、气候等）。

4）PD 泵应有过压保护。

5）在遥控点触动后，应有隔离及应急停机开关使装置停止运转。

（五）检查

按正常时间表对全部管路、阀门、泵及装置附件进行检查。

五、卸载区

1）在从槽车至储罐的液体输送管线上设止回阀，尽量靠近软管连接处。

2）如用气相回收线，设溢流阀。

3）槽车在灌装时应有溢流阀。

4）设机械保护。

5）卸载泵旁设气体检测器。

6）在取样槽车建筑区应有蒸发区。

7）卸载前槽车前面应有屏障。

8）卸载前槽车轮下应有轮挡。

9）卸载作业中操作者应能同时看得到槽车及储罐。

10）车辆（如底座或导轨）应有适当的防撞保护。

六、安全控制

（一）气体检测

1）输出应与安全切断系统相连。

2）邻近或在全部泵密封圈之下。

3）邻近分子筛（若采用）。

4）下限报警——达10%时自动隔离储罐区，并报警。

5）上限报警——25%时停止全部管路，并排空。

（二）静电控制及接地

1. 静电控制

1）只能穿抗静电衣服，如棉衣。

2）在储罐区内不可穿脱衣服。

3）轨道槽车卸车前应先接地。

2. 接地

最大接地电阻10Ω。

（三）火焰检测

易燃灯泡及/或易熔管（即热检测）。

（四）消防设施

1. 消防龙头

安装在储罐区内，听从当地消防部门的意见。

2. 灭火器

围栏区内设两个。

（五）监视器

监视进入储罐场的人员。

（六）照明

罐区应照明良好。

第十七节　热收缩塑料膜封装

一、概述

为了确保消费者能得到完整的气雾剂产品，同时确保气雾剂在运输中不因相互间碰撞或受潮而损坏外表，擦坏标贴表面使用说明标识，一些气雾剂灌装企业采取了对每支气雾剂成品外面用热收缩塑料薄膜封装的方式。

对气雾剂加设热收缩膜封装，是一道容易产生潜在危险的工序。

操作时首先要将热缩薄膜逐支正确套在气雾剂罐外，然后放在传送带上随气雾剂罐带入加热烘道。烘道温度远较水浴的高（100～200℃，根据产品大小、形状及热缩膜特性而定），否则不能使热缩薄膜受热变形收缩箍紧在气雾罐体上。这个加热过程又不能长，加热时间太长会使气雾罐内的压力急剧增大而发生爆裂。一旦有一罐发生爆裂，泄出的易燃易爆气体引起的燃烧爆炸会产生连锁反应，引爆其余气雾罐而导致大火灾。由此引起的燃烧爆炸火灾已有先例，所以对气雾剂这一工序的安全问题务必倍加重视。

二、设备

这类设备包括以下几个装置。

（一）隧道式加热烘道

烘道应有可调恒温装置。烘道的设计应有防止气雾罐落入或留在其中的装置，否则会导致气雾剂在烘道内被过分加热而发生爆炸起火。烘道的作用是对进入其内的气雾罐加热，使套在罐外的热缩膜受热均匀收缩箍紧在罐体上。

烘道加热也可以采用热空气从传送带任一侧或两侧向气雾剂吹烘的方式。

（二）传送装置

传送装置由驱动装置、传送带及附加装置等组成。

传送带的作用是将气雾剂带入加热烘道。传送带的速度应该根据热缩膜在气雾剂产品外完成收缩过程所需的加热温度及时间进行调节。原则上越快，即在烘道内停留的时间越短越好。

附加装置包括防止气雾剂落入烘道的护栏，烘道出口加速气雾剂冷却的冷气吹风机。

（三）安全检测装置

1）收缩薄膜破裂检测器；
2）传送带断裂检测器；
3）护围（控制通道），防止气雾剂跌落留在烘道内；
4）限温器或高温切断装置；
5）在烘道出口设冷气吹风机；
6）跌落气雾剂检测器；
7）气雾剂在烘道拥挤受阻检测器。

三、可能产生的危险

1）气雾剂泄漏；
2）气雾剂在烘道内爆裂；
3）烘道起火；
4）气雾剂弹射出烘道；
5）人员受伤害；
6）二氧化碳窒息。

四、安全措施及连锁控制

1）采用抗静电传送带及收缩膜；
2）安全推送动作；
3）尽量缩短烘道长度；
4）采用非直接式加热；
5）烘道出口端气雾剂拥塞时，有自动停止继续向烘道传送气雾剂的切断装置连锁；
6）烘道内检测有起火时，与二氧化碳（CO_2）自动喷洒动作连锁；
7）烘道加热器与各安全控制机构全部连锁关闭；
8）在正常工作中及应急关闭停车时要保证传送带将所有气雾剂带离烘道；
9）在无电源时，应备有压缩气体驱动传送带运动的装置。

连锁控制设计的目的是在各种状态下，不让气雾剂停留烘道内或留在烘道内时间过长而导致爆裂火灾事故。

第十八节　气雾剂的一些基本概念：组成、定义及行业归属

一、概述

对气雾剂没有正确完整的认识，是气雾剂企业及从业人员引发各种安全事故的根源。国内近二十

年来，对气雾剂类产品称法比较混乱，有称气溶胶的，有称压力包装产品的，还有称喷雾包装产品的，说法不一，存在着较大的争议。甚至存在将气雾剂的主要组分之一气雾罐及气雾剂阀门说成包装，将易燃易爆气雾剂归入包装产品这类原则性的概念误导，其负面影响，特别是由此带来安全方面的隐患，不容忽视。所以，对气雾剂及相关方面应有一个完整确切的定义及归属。

二、气雾剂组成

几乎所有的气雾剂产品都由阀门（包括促动器）、容器、保护罩（有时与促动器制成一体称喷雾盖）、产品物料及抛射剂几大部分组成。当然若进一步分解，产品物料包括主要成分、溶剂及各种添加剂，其中主要成分可能由一种或数种化合物（药物，聚合物等）复配；根据其功能，添加剂有表面活性剂、防腐蚀剂、稳定剂、抗静电剂、增效剂及促进渗透剂等许多种；抛射剂可以是单一种类，也可以是几种抛射剂组成的混合物（包括共沸混合物）；溶剂可以是一种或几种；还可能有助溶剂及增溶剂等。总之，气雾剂是一个貌似简单，实质上却十分复杂的多元混合系统。

三、气雾剂的完整定义

（一）三个国际组织对气雾剂的定义

1. UNO（联合国组织）定义

气雾剂意指一种雾化器，是任何类不可再灌装，符合法规第 9.8 条之要求（该规定要求每个气雾剂制品必须通过 55℃温水浴检测），容器以金属、玻璃或塑料制成，内部灌以压缩气体、液化或加压可溶解气体，且盛装或不装液体、胶浆或粉状物的制品。容器口配置有释放机构，可使内容物或以固体，或以液体微粒呈悬浮状喷出在大气中。喷出物可以呈泡沫、胶浆、粉末状，或呈液态，或呈气态。

2. EC（欧洲共同体）定义：EEC75/324

气雾剂雾化器意指任何不可重复使用，容器以金属、玻璃或塑料制成，内含压缩气体、液化或加压可溶性气体，且盛装或不装液浆或粉末，并配置以释放机构，可使内容物以固体或液体微粒呈泡沫、胶浆或粉末状，或呈液态喷出的制品。

3. ICAO（国际民航组织）定义

气雾剂是指任何不可再灌装，容器以金属、玻璃或塑料制成，灌有压缩气体、液化或加压可溶性气体，内含或不含液体、胶浆或粉末，并装有能自动关闭的释放机构，可使内容物或以固体或以液体微粒喷出的制品。喷出物可呈泡沫、胶浆状，呈液态或呈气态。

上述三个定义十分相近，但有以下五点微小差异。

1）在 UNO 定义中规定气雾剂在成为最终产品前必须通过泄漏检验，EC 也规定要对气雾剂进行类似的泄漏试验，但并未将其作为定义中的一部分列入；

2）在 UNO 及 ICAO 定义中特别提出了气雾剂内容物可以呈气态喷出；

3）UNO 定义认可世界范围内商业化中的通用词"气雾剂雾化器"；

4）EC 定义中使用"不可重复使用"，UNO 及 ICAO 定义中使用"不可再灌装"；

5）ICAO 定义中更进一步确定其释放机构必须具有自动关闭功能。

（二）定义包含的内容

从上述三个国际组织的定义可看出，一个完整的气雾剂定义是由以下九个方面组成的整体，缺一就不完整。这九个方面如下。

1）首先，是指一种雾化器——总体说明是使用喷的方法，不是采用涂、刷、浸等方法。

2）一开始就着重提出，不可重复灌装或使用——强调指明这是一次性使用的产品。

3）要求每个产品必须通过按规定的 55℃温水浴检测——说明这类产品每一个必须经过这一规定的检测，以保证安全储运及使用。

4）容器可以是金属、塑料或玻璃的——必须要有容器，规定容器的材料应能耐受一定压力，气雾剂的容器不是包装。

5）容器内灌有液化气、压缩气体或加压可溶性气体——气雾剂产品必须有抛射剂才能进行工作。

6）容器内盛装或不装液体、胶浆或粉状物——这是指发挥该种气雾剂产品功能的材料。

7）容器口装有能自动关闭的释放机构——如气雾剂产品上的控制阀门。

8）内容物喷出时可以是气态、液态或固态——喷出物质呈三态均可，不受限制。

9）喷射时喷出物呈雾状、粉状、束状或胶状——喷出物的状态已超出雾状的单一范围，说明气雾剂产品的含义已扩大。

从这个定义可知，只要符合上述9个方面的产品均可列入气雾剂产品的范畴。

这样，对气雾剂的完整定义可以表述如下。

气雾剂是指一类不可重复灌装、一次性使用的产品的总称。这类产品以喷射的方式使用，由金属、塑料或玻璃做容器，在容器口配置以具有自动关闭功能的释放机构。容器内灌装或不装液体、胶浆或粉状物，并灌以液化气类或压缩气体抛射剂作为喷出动力。喷出物可呈气态、液态或固态，喷出形状可为雾状、泡沫、粉末或胶束。这类产品在出厂前必须通过55℃温水浴历时2分钟以上的检测。

若再加以简化，可以表述如下。

气雾剂产品是指将内容物（产品料和抛射剂）一起密封盛装在装有阀门的容器内，在抛射剂压力下按预定形态喷出，一次性使用的产品。

所以，从气雾剂产品定义中可以明确认识到，在气雾剂的几大组成：气雾剂产品料、气雾剂抛射剂、气雾剂容器（罐）及气雾剂阀门中，气雾剂产品料及抛射剂属精细化工及石油化工类，气雾剂阀门与气雾剂罐分属于塑料及金属制品加工类，都不属于包装。

四、包装的定义、内容及功能

（一）定义

包装是指对已全部或部分加工而可成为中间或最终产品或材物所进行的加工程序。

（二）包装的内容

包装行业包括三个方面。

1）包装材料：用于被包装物包装用的材料，包括纸、塑料、木材、铁皮等；

2）包装设备（机械的，非机械的，如用手工）；

3）包装工艺或技术。

被包装物不能列入包装范畴。

（三）包装的主要功能

1. 美化装饰性

有利于加强宣传，激发使用者的购买欲望。但不等于所有的装饰性只有通过包装才能显示，许多情况下可以直接在产品本身完成。

2. 保护性

有利于在流通环节中的安全运输，防止被包装物损坏，或造成人身伤害。

包装的一个显著特点：包装材料与被包装物分离时不会对被包装物固有的品质、使用性能或其归类属性产生影响。也就是包装材料不会改变被包装物的性能或归属。

气雾剂产品的包装指的是纸箱、打包胶带、夹子、盒内垫衬等。

五、气雾罐的功能与要求

1）作为气雾剂内容物（包括产品物料与抛射剂）的盛装容器；

2）承受抛射剂气相部分所产生的压力，所以是压力容器；

3）承受气雾剂内容物的腐蚀；

4）作为气雾剂阀门的封装基座；

5）罐体外印贴标签，标示气雾剂品种及使用说明。

这些功能绝不是包装物所能完成的。

六、气雾剂阀门的功能与要求

1）保证对气雾剂产品有良好的密封作用；阀门具有一定的高速灌装性能；

2）气雾剂阀门应具有一定的牢固度及强度要求；

3）气雾剂阀门应有严格的配合尺寸精度及质量要求，尺寸精度是保证密封性能的重要环节；

4）对于定量阀门（或定量泵）应有一定的喷出量误差要求；

5）对气雾剂阀门（包括促动器）应有良好的外观质量要求。

将上述气雾罐及气雾剂阀门的功能及要求与包装的定义及功能一对照，就可明显看出，两者是完全不能等同或混淆的。气雾剂阀门、气雾罐、产品料、抛射剂（及塑料罩）是一个完整气雾剂产品必不可缺的主要组成部分，缺了其中之一，就不能成为气雾剂。

在此再三强调气雾剂与包装之间的异同，因为这涉及对气雾剂的安全管理要求及相应法规。众所周知，行业归属不同，对安全的要求及适用法规不同。对易燃易爆化工危险品行业的管理法规与对一般的包装行业的要求显然不可能相同。

七、气雾剂的行业与安全管理

气雾剂产品的行业分类，鉴于它的易燃易爆危险性，应该充分结合安全的因素来考虑。这是一件与人民生命及财产安全密切相关的严肃事情。

从行业分类角度，以对气雾剂率先产业化，产量及品种最多，而且最为发达的美国为例，主要将气雾剂归属为特种消费品（CSPA 前为特种化学品 CSMA 行业或单独成立气雾剂协会，共有六个）。其他发达国家均是独立的气雾剂协会。他们也都有包装行业协会，但没有一个国家将气雾剂归入包装行业。

我国政府一直将气雾剂行业归入轻工部日用化工办公室管理，有些石化系统、化工系统的企业也在生产气雾剂产品。由于后来国家轻工业局撤销，改制为中国轻工业联合会，加上人员调动等种种因素，致使体制改革中缺乏连续性，对气雾剂的行业管理形成了空白，埋下了安全生产监督管理上的隐患。这是值得引起各方严重关注的。气雾剂行业管理没有理顺，很多人都不认为它是易燃易爆化学危险品，希望在运输及监管方面放宽限制等。这样可能会对国家对人民造成重大损失和严重后果。

气雾剂产品在 CFCs 替代后的易燃易爆性是倍受世界各国关注的议题，也是联合国环境署十分关心的重点之一，为此还特意组织专家专门编写一本《气雾剂安全指南》发给各国。这值得引起有关部门的重视。国内还有人在大肆宣扬不锈钢气雾杀虫剂，理由之一是"可以反复灌装"。这是违反气雾剂产品不可重复灌装，只能一次性使用的最基本属性，也是与国家三令五申强调安全生产的指示相违背的。对易燃易爆危险品岂可如此轻率！

无论从保护我国气雾剂行业安全生产，便于监督管理，保障人身及财产安全，还是从加入 WTO 后与国际经贸往来及相关法规接轨等各个方面考虑，气雾剂在我国的行业管理归属问题，相信必将会引起有关部门的重视。

八、杀虫气雾剂产品与气溶胶

（一）气溶胶、喷雾器、喷雾剂

1. 气溶胶（aerosol）

气溶胶，顾名思义离不开气，它有三种构成形式。

一种气体微粒分散在另一种气体中（气气溶胶，如香气、液化气等），或一种或几种液体微滴分散在气体中（液气溶胶，如雾），或一种或几种固体微粒分散在气体中（固气溶胶，如烟、被风吹起的土壤微粒、植物的孢子和花粉及流星燃烧产生的细小微粒和宇宙尘埃等）。

悬浮在空气中的颗粒直径大小为 $0.01 \sim 10 \ \mu m$，通常将小于 $0.1 \ \mu m$ 的微粒称为超细微粒，能在空中滞留很长一段时间，至少几个小时。

当然这三种形式的气溶胶产生的方式不尽相同，但自身不会直接形成，要借助于加热、汽化、燃烧或压力雾化或其他外力或能量作用下才能产生。有自然产生的，也有人为产生的，如军事方面的烟幕弹，治疗呼吸道疾病的粉尘型药物气雾剂等。

气溶胶指的是一种物质所处状态或属性，不是产品。

2. 喷雾器（sprayer）

喷雾器是指一类被用于将一定量的液体喷出粉碎成为细小雾滴的器具。（dispenser 喷出器、atomizer 雾化器）它与气雾剂（aerosols）是两个不同的概念，所以将 aerosol 译为喷雾器显然是不确切的，与此相似的还有喷粉器（duster），它也是一种喷出器，但不同于液体，而是将一定量固体粉状物喷出成粉尘的器具。

喷雾器单靠其自身无法发挥功能，必须要与其他产品结合使用。喷雾器可以反复盛装被喷出物使用。

3. 喷雾剂（spray）

喷雾剂，是指一种必须借助于喷雾器或雾化器喷出成雾后达到使用目的的液体制剂。

喷雾剂本身是一种液体。液体应用的方式很多，可以分成浸渍剂、涂刷剂、灌剂、散布剂等。喷雾剂就是以雾化方式应用的液剂。

（二）气雾剂（产品）（aerosols，aerosol product 或 aerosol package）

气雾剂（产品）是指将所需喷出使用的物料，处于抛射剂的压力下密封盛装在耐压容器中，靠具有关闭及开启功能的阀门释放而达到使用目的的一类产品，具有易燃易爆危险性，取决于其自身的理化性质。

气雾剂（产品）是这一类产品的总称，使喷出器具与被喷出物（即内容物，包括产品料及抛射剂）结合后自成一体。它是这一类产品的归类属性。它可以独立产生所需的喷出图形并发挥喷出物的效用。

（三）气溶胶、喷雾器、喷雾剂之间的关系

气雾剂产品可以产生气溶胶这样的物质属性状态，但不全是气溶胶；气溶胶不属于气雾剂产品，大多数的气溶胶都不是由气雾剂产品产生的。所以气雾剂与气溶胶尽管在英文中同为 aerosol，但其内涵不同，在概念上不能混淆。笔者建议，aerosol 做名词时，单数指气溶胶，做形容词时，可指"气雾剂的"，如 aerosol product（aerosol packaging），气雾剂产品。而 aerosols 可代替 aerosol product，解释为气雾剂产品。因为，气溶胶为不可数名词，不存在复数，而气雾剂产品为可数的，可以有复数，所以将 aerosols 指代气雾剂产品。

相比之下，中文将气溶胶与气雾剂分得清清楚楚。两者有共同联系点，又有不同点。但两者不能画等号，前者是指自然界中一种物质状态，后者是指一类人工制造的相似产品的归类属性。气雾剂产品可以产生气溶胶，但气溶胶在自然界中到处存在，主要不是由气雾剂产品产生，更不能产生气雾剂产品。

第十章

缓 释 剂

第一节　缓 释 剂

一、概述

合适的剂型是使药物、农药、防疫药、化妆品、香水及清洁剂等能最有效地发挥其生理活性的基础。在某一规定的时限内，对一特定场合，施放一定量的有效成分，这是在应用中十分重要的一环。对杀虫剂的应用而言，理想的施药应该使药剂有效地到达该施药的部位，而在非靶标上的散落达到最小限度。

但令人遗憾的是，采用常规的剂型及方法很难做到这一点。大量的文献资料都指出，实际上真正能够达到靶标虫体上的药物有效成分仅是施药总量的 0.1%。

近年来，控制释放的新剂型——缓释剂被开发并引入应用，旨在借此克服常规杀虫剂剂型的不足。

因为大量使用杀虫剂，在环境中造成大量残留，对生态环境的污染和破坏日益严重，引起人们广为关注，要求开发高效低毒的杀虫剂，尽量减少在环境中的释放量。如果单从杀虫剂的防治效果考虑，就需要稳定性好且寿命长的药物。但这样的杀虫剂必然分解缓慢，在环境中的残留时间长，进入人类食物链中的可能性也大，这是需要加以严格限制的。反之，若杀虫剂的药效作用时间短，为了维持对害虫的持效作用，势必要施用高于有效量很多倍的杀虫剂剂量，或者增加施药次数，这同样会增加药物残留，危害环境，而且要增加施药的人力物力。

若能够将寿命较短的杀虫剂贮存在一定的剂型中，使它在规定的一段时间内，按所需剂量持续稳定地到达所需处理的部位，保持足够的持效作用时间，就能够很好地减少用药量，降低对生态环境的污染。这种按一定的有效剂量控制杀虫剂，在一定的期限内持续到达所需处理部位的技术，称之为控制释放技术。具有控制释放效用的制剂称之为缓释剂。

缓释剂型并不是制剂的形态，而是一种药物的控制释放方式，所以缓释剂剂型没有固定的形态，相反却有许多种形式（图 10 – 3）。缓释剂是一个大的剂型类别，它还可以包含其他多种基本剂型，如微胶囊剂、丸剂、片剂、浸泡蚊帐、膜剂等。缓释剂按其控制释放时间长短，可分为长效缓释剂和一般缓释剂，短的数小时，长的可达数月甚至数年。蚊香与电热蚊香若按其作用方式，也可以被列入缓释剂一类中。

由于缓释剂能够控制生物活性物质以设定的均匀速率和时间持续释放，对特定的靶标产生预期的效果，而且利用控制释放技术，可以减少药物的消耗量，有助于减少防治周期的作业次数，减少对环境的毒副作用，因此获得较快的发展。目前已获注册登记并商品化的杀虫剂缓释剂的品种已近百种。

二、缓释剂的优点

缓释剂具有很多优点。

1）可以减少对哺乳动物的毒性；

2）延长化合物活性作用时间；

3）降低化合物挥发损失及可燃性；

4）降低对植物的毒性；

5）保护农药不被环境降解；

6）减少农药被土壤滤取及流入河流造成的污染；

7）降低农药在环境的残留；

8）可以将农药由液体剂型改变为固体及可流动粉剂使用；

9）可将不同活性成分分开；

10）可控制有效成分按设定的剂量释放；

11）掩盖某些物质的味道；

12）由于减少了有效物质的使用量，可降低成本；

13）操作使用方便。

从应用后农药浓度的变化（图10-1）及缓释剂型与常规剂型农药使用量与作用时间之间的关系（图10-2）可以明显看到这些优点。

在使用杀虫剂时，施药量应介于最大可接受浓度与最低有效浓度范围之间，并尽可能用最少的量，但能最大限度地延长作用时间。一般来说，杀虫剂浓度随时间的降低是时间间隔的平方根的函数。

因此，对常规剂型杀虫剂而言，起始用药浓度必须大大高于最低有效浓度，才能在用药后一段时间内保持其有效性。即使使用量很高，甚至达到最大允许浓度，但因种种因素的影响，浓度很快就下降到最低有效浓度之下，因而失去作用，如图10-1中曲线 a 所示。而缓释剂型有效成分释放量缓慢而均匀，始终保持在最低有效浓度之上，因此它在使用后的持续作用时间长，如图10-1中曲线 b 所示。

从图10-2中可以看出，缓释剂使用的剂量虽不多，却能保持较长的持效作用时间，而常规剂型要达到与缓释剂同样的持效作用时间，就要成倍地加大使用剂量。图10-2中阴影部分显示，使用常规剂型杀虫剂比使用缓释剂浪费了大量的有效成分，可以推想它对生态环境等方面带来的潜在危害。

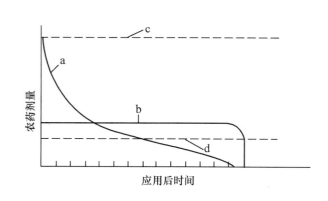

图10-1 应用后农药浓度的变化曲线

a—常规喷药；b—控制释放喷药；c—最大可接受量；d—最低有效量

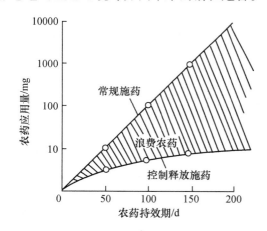

图10-2 缓释剂型与常规剂型
杀虫剂使用量与时间之间的关系

所以缓释剂的使用不仅可以减少杀虫剂对环境产生的影响，同时也有益于降低使用杀虫剂的成本。

三、缓释剂的应用前景及种类

由于缓释剂的上述诸多优点，已被广泛应用在各个方面。例如，在油漆中加入杀藻剂后，涂刷在船体外面，杀藻剂可以在水中维持较长一段作用时间，防止海藻植生在船壳底部；含有昆虫激素的缓释剂可用于控制及杀灭骚扰害虫；除草剂缓释剂可以阻碍杂草生长，其持效作用时间可长达数年至数十年，被应用于保持机场跑道整洁，防止下水道内杂草丛生而阻塞水流，还有为了增加作物的产量而将生长调节剂制成缓释剂型等。

缓释剂开发中首先要考虑的问题是有效成分的特性，充分考虑理化性质、效果及其他特性后，考虑应用目的和场合，据此决定选择什么形式的缓释系统，如薄膜、薄片、丸粒以及适宜的聚合物与其他原辅材料，以获得预期的持续作用时间及释放率。

近年来随着全球对环境卫生及生活质量的重视，注意维护人群健康，缓释剂在卫生杀虫剂中的剂型开工作为突出，大致可以分为以下几类。

1）具有速率控制膜的储存体系。这类制剂的释放作用透过囊壁的扩散渗漏、破裂或侵蚀来控制。代表品种有微胶囊剂。如 Penncap – M（甲基对硫磷）、Penncap – E（对硫磷）、Knos out 2FM（二嗪农）等。

2）没有速率控制膜的储存体系。这是利用空心纤维、多孔性和纤维状结构来释放挥发性药剂的体系，国内曾用于敌敌畏棉球、液体蚊香，国外开发的空心纤维控制释放技术用于施放棉红铃虫的性外激素。

3）整体控制释放体系。这种方法是将有效成分分散在高分子聚合物基体中，通过扩散、溶解或侵蚀来释放，如 Shell 公司的 No – pest strip（含敌敌畏的 PVC 基体）。杀虫涂料也属于此体系。

4）层压结构。这类结构是在含有效成分的中心层两面黏合能控制释放速度的外层。此类结构能加工成大片状、窄条状、碎屑或颗粒。

就具体的品种而言，按缓释系统的结构形态，有薄膜式、纸片式（厚）、微胶囊式、丸粒及珠状等。根据其应用场合，可分别将这些结构形态的缓释系统制成多种形式，以适合不同场合的需要。常见缓释剂产品的形式如图 10 – 3 所示。

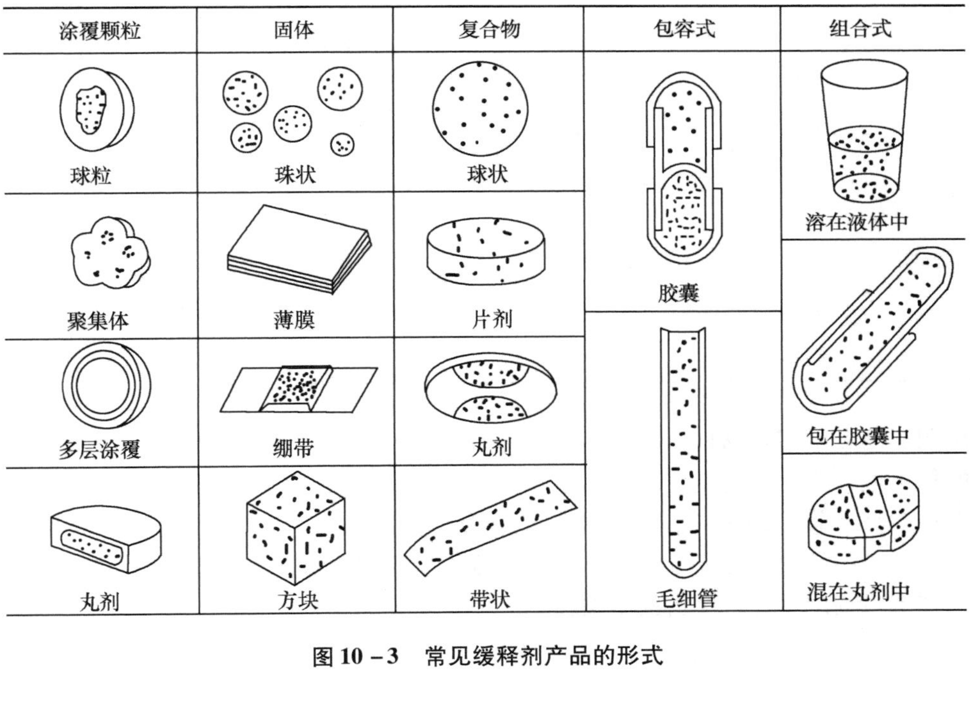

图 10 – 3　常见缓释剂产品的形式

四、缓释剂用的聚合物

在杀虫剂缓释系统中，聚合物的作用主要在于对泥土、非有机物、金属或类似的靶标应用时控制最佳的释放速率，或维持有效成分的释放。采用聚合物的主要原因，是基于它们良好的可加工性，获得均匀质量的有效性，以及能够有效控制杀虫有效成分释放的理化性能。

缓释剂主要是利用杀虫有效成分与高分子化合物之间的相互作用，设法使杀虫有效成分在一定的时间内连续不断地释放出来。缓释系统的释放方式一般可以分成两大类，如表 10 - 1 所示。一种是物理型缓释方式，通过选择适当的聚合物来控制其理化性能，如杀虫剂在聚合物中的可溶性及扩散。物理型缓释剂又可分成不均匀系统的贮存体和整体式系统的均一体，如利用包裹、掩蔽、吸附等原理将杀虫有效成分贮存于高分子物中的不均一体系（微胶囊剂、包结化合物等），具有外层保护，称之为控制膜系统；而空心纤维、吸附性载体及发泡体等多孔性制品无控制包膜，故称为开放式系统。所谓均一体，是指在适宜的温度条件下，将杀虫有效成分均匀溶解或分散于高分子化合物或弹性基质中形成固溶体、凝胶体或分散体，或者将有效成分与高分子化合物混为一体，制成高分子化合物与有效成分的复合物。总之，物理型缓释剂都是通过高分子化合物与有效成分间的物理结合来完成的。另一种方式是通过杀虫有效成分与高分子化合物之间的光分解、生物降解或水解等化学反应来切断聚合物与有效成分之间的连结链，使杀虫有效成分从聚合物中释放出来。

表 10 - 1 缓释系统的控制释放方式

控制方式	系统	例	
物理控制型	贮存系统（不均匀）	多层薄膜	衣物防蛀剂 白蚁控制 通风设备的害虫防护 电脑防蟑螂 防扁虱剂
		微胶囊	防治蟑螂
		跟踪纤维	
	均质系统（整体式）	薄膜	耳箍（动物） 宠物环 PVC 墙壁杀菌剂
		蚊帐——防治蚊虫	
化学控制型	溶剂激活系统	渗透 膨胀 可溶性聚合物	
	可浸药系统	可降解聚合物（水、生物、光）	
	垂吊链系统	水解 生物降解 光分解	

缓释剂所用的高分子聚合物材料的自然降解性及残留性，对杀虫剂的使用方法、释放速度、与自然条件变化的相关性，药物输送到作用点的速度和环境化学动力学，以及药物与作用对象接触或靠近时释放的信息传递具有较大的影响。天然高分子化合物具有易降解、无残毒等优点，因而倍受青睐，使之获得广泛应用。如何选择好高分子化合物，对缓释剂发挥效用是至关重要的。

制造杀虫剂缓释剂用高分子材料的要求如下。

1）高分子化合物的分子量，玻璃体转移温度和分子结构等应与制剂加工成型和控制释放的要求相适应；

2）加工和贮存运输中不分解；

3）不与农药发生分解失效的化学反应；

4）高分子化合物本身及分解产物对环境无不良影响；

5）加工成型容易，价格低廉。

常应用于缓释剂中的高分子聚合物如下。

天然高分子化合物：甲基纤维素、乙基纤维素、羟甲基纤维素、羟丙基纤维素、淀粉及其淀粉衍生物、树皮、木质素磺酸盐、阿拉伯胶、明胶、虫胶、某些蛋白质、蜡类、天然橡胶等。

合成高分子化合物：聚乙烯醇、聚乙烯吡咯烷酮、聚乙烯、聚丙烯、聚氯乙烯、聚氯偏乙烯、聚苯乙烯、聚丙烯腈、聚丙烯酸及其衍生物、聚脲、聚醋酸乙烯、聚羟乙基乙二醇、乙烯－醋酸乙烯共聚物、聚丁二烯、聚异戊间二烯、氯丁橡胶、二氯丁二烯、聚硅醚、苯乙烯－丁二烯橡胶、硅橡胶、丁基橡胶、腈橡胶、乙烯丙二烯聚合物、聚乳酸、聚乙二醇酸、乳酸－乙二醇酸共聚物等。

各种缓释剂的制剂形态、物理性状及使用方法，与常规剂型基本相似，如微胶囊剂、粉剂、包结化合物及可湿性粉剂等需要通过喷洒方法使用，而另一些制剂也可以采用类似片、块及粒剂的使用方法，如将它放置在需处理的部位、密闭空间或其他场所。

第二节　微胶囊剂

一、概述

微胶囊技术在美国最早起步于1940年，1950年相继出现了工业制取法及应用技术，经过约20年后开始用于药物剂型生产，20世纪80年代起逐渐被应用于开发杀虫剂制剂，澳大利亚等国先后制造出杀螟松、灭多威、辛硫磷对（E，E）－8，10－十二烯醇苹果囊蛾性外激素微胶囊剂，逐渐形成缓释剂类剂型家族中的一个新剂型——微胶囊剂。

我国的微胶囊技术首先从医药方面的研究开始，至今已获得较为广泛的应用。但将此技术应用于杀虫剂剂型开发方面，还刚进入起步阶段。

在杀虫剂方面，开始于航海材料的防污染研究应用。如船舶上用的橡胶件，是将6%氧化双三正丁基锡加氯丁二烯橡胶制成，浸在海水中的抗污能力可达8年之久，而药物用量只有漆膜用药量的1/8。以后此技术逐渐开发应用于控制软体动物，家庭卫生害虫及家畜家禽的体内外寄生虫方面。随着对环保的关注，人们对大量使用的农药提出了新的要求，降低毒性，减少污染，保护生态环境的呼声越趋强烈。另一方面，从杀虫剂本身来说，人们也希望延长它的药物作用时间和效果，克服害虫对它的抗性，这一切推动了物理缓释剂的发展，其中微胶囊剂首先作为代表逐步带动缓释剂走向商品化和实用化。

微胶囊制剂是利用微胶囊技术，将杀虫有效成分包含在微胶囊中制成。它由芯料与包料组成。芯料为固体或液体药物，包料为惰性聚合物或其他成膜材料。微胶囊的粒度大小一般为 $5 \sim 200\mu m$，但也有小至 $0.2\mu m$，大至数毫米的。包料层可以为单层，也可以为多层结构，其厚度在 $0.2\mu m$ 至数微米范围。同样，芯料也可以是单核，或多至数万个的多核。微胶囊的外形取决于芯料的形状及物理性质。液体芯料则可做成圆球状。

由于微胶囊能较好地保护有效成分，使有效成分通过微胶囊壁缓慢释放出来，因而它是目前具有恒定释放率的最好的控制释放型剂型之一。在1974年美国Pennwalt公司首先以微胶囊技术使高毒短效的甲基对硫磷降低了毒性，延长了药效。

近年来，国外一些较大的卫生杀虫剂原药及制剂开发商，各自相继开发出了利用自产杀虫剂有效成分制成的专用于防治卫生害虫的微胶囊制剂。其中已开始引入中国的有日本住友化学工业株式会社的10%右旋苯醚氰菊酯微胶囊剂，日本三井东压株式会社的5%醚菊酯微胶囊剂，英国捷利康的大灭CS（2.5% L－三氟氯氰菊酯）等。

二、微胶囊剂的优点

微胶囊剂具有很多优点，简要介绍如下。

1）由于杀虫剂有效成分被封在胶囊之中，控制了光、热、空气、水及微生物的分解作用，避免了流失与挥发，使杀虫剂有效成分通过微胶囊壁缓慢地释放出来，有利于提高药物的持效作用时间，尤其适合于水泥墙这类杀虫剂药效难以持久维持的物体表面。将微胶囊水乳剂以常规喷雾器具喷洒到目标表面，待水分蒸发后就留下干的微小胶囊，当靶标害虫经过被处理过的表面时，这些干的微小胶囊，就会粘在害虫的身体、腿、触角及体毛上，或者被害虫取食时吞食进体内，当杀虫有效成分从胶囊壁释放出来时，使害虫中毒致死。

2）由于杀虫有效成分被包裹在一种微小而无缝的薄膜壳中，改变了杀虫剂有效成分原有的表面性质，大大地降低杀虫有效成分的毒副作用及其本身具有的刺激味道及易燃性，给运输与使用带来安全方便。如敌敌畏的气味大，若将它制成微胶囊后，可以使气味减小，半衰期延长，环境污染得到有效控制。且由于其持效期长，减少了用药次数，有利于降低对环境的污染。

表 10 - 2 列出了以甲基对硫磷和地亚农为有效成分分别制成微胶囊剂与乳油两种不同剂型的制剂后测得的毒理指标。从此表中可以清楚地看到微胶囊剂制剂的毒性仅为乳油制剂毒性的数十分之一。

表 10 - 2　几种杀虫剂制成不同剂型后的毒性比较

杀虫剂	剂型	急性口服毒性 LD_{50}（mg/kg）	急性经皮毒性 LD_{50}（mg/kg）
甲基对硫磷	乳油 微胶囊	10 >60	100 ≥1200
对硫磷	乳油 微胶囊	10 ≥115	35 ≥1200
地亚农	乳油 微胶囊	300 ≥2100	285 ≥10000

3）由于微胶囊化后，胶囊壁膜的保护，改善了它的表面物理性能，减少了同外界的直接接触，降低药剂的挥发，因而有利于保持杀虫有效成分的药效稳定性，可以延长药物的持效作用时间，使杀虫剂易于储存，如敌敌畏的挥发很快，半衰期短，制成微胶囊后，使它的挥散得到抑制，半衰期延长。图 10 - 4 为氰菊酯微胶囊制剂与一般制剂的作用时间比较。

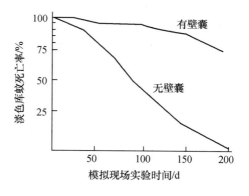

图 10 - 4　氰菊酯微胶囊制剂与一般制剂的作用时间比较

4）因为由胶囊壁与其他物质分离开了，容易与其他有效成分或各种助剂混合，而不会发生化学反应，有利于制剂的加工。

5）对某些有效成分，通过微胶囊化后可以使液态杀虫剂变成固态，方便了贮存和运输。

三、微胶囊剂的制备及胶囊包料高分子化合物的选择

（一）微胶囊的制备技术

用物理、化学或物理化学及其相结合的方法，首先使杀虫剂有效成分分散成几微米到几百微米的微颗粒，然后将它用高分子化合物包裹和固定起来，形成具有一定包覆强度的胶囊。

微胶囊剂的制备技术取决于杀虫有效成分的理化性质及其制得的微胶囊大小与释放特性。目前一般可分为物理法、物理化学法和化学法三大类，每类中又有几种不同方法。但实际的制备工艺往往会跨越两种方法或介于两种方法之间。

微胶囊化加工方法的适用芯料物质及每种方法所能获得的颗粒尺寸范围如表 10-3 所示。

表 10-3　微胶囊化方法、适用芯料物质及颗粒尺寸

方法	适用芯料物质	颗粒尺寸范围（μm）
多孔离心	固体和液体	1～5000*
相分离—凝聚法	固体和液体	2～5000*
锅包	固体	600～5000*
静电沉积	固体和液体	1～50
喷雾干燥和冻凝法	固体和液体	5～600
空气悬浮	固体	50～5000*

注：＊不是颗粒的最大上限。

现将常用的方法简要介绍如下。

1. 界面聚合法

界面聚合法属于化学法。它是利用了溶解在分散相与连续相中的单体会在相界面产生缩聚反应的原理。这种反应的速度很快，结果使形成的聚合物包料将芯料包裹，成为具有半透膜特性的微小胶囊壁。

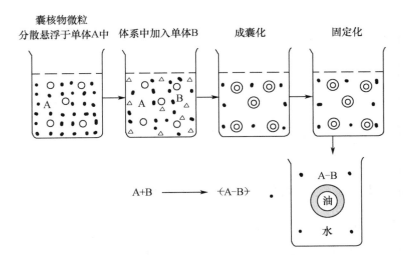

图 10-5　水油相中单体及成囊聚合物

2. 凝聚相分离法

凝聚相分离法属于物理化学方法之一。这种方法的微胶囊化过程是在连续搅拌下，由三个步骤组成。

1）三个互不相混溶的化学相的形成；

2）囊包料物质在囊芯核上的沉积；

3）囊壁的固化。

使用这种加工工艺时，一般将第三种物质加入杀虫剂有效成分与包料（囊材）的混合分散系中，或者采用改变温度等方法使包料的溶解度降低，在溶液中形成液滴而凝聚，使原来的均一相体系分成两相，其中含有包料的凝聚相围绕被包芯料——杀虫剂有效成分析出形成微胶囊。

相分离凝聚法又分为单凝聚法和复凝聚法，前者在微囊化过程中只用一种高分子化合物作为囊材（包料），将杀虫有效成分分散在囊材溶液中后加入凝聚剂，使水分与凝聚剂结合，导致其中的囊材溶解度降低而凝聚成微囊。有时这种凝聚具有可逆性。复凝聚法是在含有两种以上含相反电荷的水溶性高分子的混合水溶液中，造成这两种高分子间电荷相反的条件，使高分子囊材溶解度降低，凝聚析出分离相，包裹芯料形成微囊。

常用的包料（囊材）有阿拉伯胶、明胶或甲基纤维素等。凝聚剂有乙醇、丙酮、硫酸钠等亲水性电介质及淀粉等大分子化合物。

3. 喷雾干燥与冻凝法

喷雾干燥与冻凝法属于物理法，它是将杀虫剂有效成分分散在包料（囊材）溶液中，然后将它在适宜的环境中喷出成雾形成胶囊。喷雾干燥法利用包料溶媒的迅速蒸发形成囊膜，而冻凝法则通过冷却气流将包料冻凝成囊膜，根据所制成的微胶囊的结构、特性及尺寸分别选用。如喷雾干燥法制得的微胶囊，近似于圆形结构，粒径在 $5\sim400\mu m$，密度低，质疏松。

4. 溶媒–非溶媒法

溶媒–非溶媒法属于有机相分离法，它是在一种聚合物溶液中，加入一种对该聚合物不相混溶的非溶媒后引起相分离而形成凝聚液滴，将芯料包裹成胶囊。这种方法主要适用于水溶性固体或液体杀虫有效成分的微胶囊化。但这些有效成分必须不溶于聚合物的溶媒或非溶媒中，也不会相互发生反应。

在这种方法中使用的聚合物、溶媒及非溶媒组成，可以有许多种配合，表 10–4 列出了其中几例。

表 10–4　溶媒–非溶媒微胶囊化中聚合物、溶媒与非溶媒的配合关系

聚合物	溶媒	非溶媒
乙基纤维素	四氯化碳	石油醚
聚乙烯	二甲苯	正己烷
聚氯乙烯	环己烷	乙二醇
苯乙烯马来酸共聚物	乙醇	醋酸乙酯

微胶囊化工艺有多种方法，除上述方法，还有静电沉积法、机械法、锅包式涂层法、多孔离心挤压法、空气悬浮法、液中干燥法（又称复孔法）及辐射化学法等多种，不同方法的适用范围、需用的设备及技术要求等各不相同。

1）静电定向沉积法是使芯料物质和包料物质分别带有相反电荷，在涂层室内相遇，使之形成微囊。

2）锅包式涂层法，即在涂层锅内，将涂层液喷涂在粒状固体囊核上（$600\sim5000\mu m$）。

3）多孔离心挤压法是将芯料和包料物质热熔成液态，分别从内外孔道进入挤压机，当它们同时离开料孔时，冷却断裂而成微囊。

4）空气悬浮法是在空气悬浮设备中，固体微粒反复与高分子雾化物接触而包覆涂层（适于 $35\sim5000\mu m$ 的微粒）。

（二）芯料与包料的种类与选择

1）制作微胶囊的芯料又称核料或囊芯物质。不少固体（粉末）或液体杀虫有效成分均可以以微

囊化技术制成微胶囊，但它们的技术要求、所用的微胶囊化工艺要求随芯料的性质不同而各异。例如，对水不溶性芯料可采用水相分离工艺，而水溶性芯料则应采用有机相分离微胶囊工艺。芯料的直径也应视其本身特性及工艺而决定，过大或过小都对微胶囊稳定性有影响。

2）制作微胶囊的包料又称囊材、囊膜或囊壳等。它们都应该是惰性物质，对芯料不会起反应，成膜性好，具有一定的机械强度和韧性。

包料的选择必须考虑与芯料的相容性，即在配伍上不存在禁忌，而成囊后囊膜性质如吸湿性、溶解性、渗透性、稳定性及柔度等能达到要求。不同的微胶囊化方法适用的包料如表 10-5 所示。

表 10-5　几种制囊方法的包料物质

包料物质	相分离凝聚法 （2~5000μm）	界面聚合法 （2~5000μm）	喷雾干燥和冷凝 （5~600μm）	静电沉积法 （1~50μm）	多孔离心法 （1~5000μm）
白明胶	△		△		△
阿拉伯胶	△		△		
淀粉	△		△		
聚乙烯吡咯烷酮	△		△		△
羧甲基纤维	△		△		
羟乙基纤维	△		△		
甲基纤维	△		△		
阿戊糖半乳聚糖	△		△		
聚乙烯醇	△		△		△
聚丙烯酸	△		△	△	
乙基纤维	△		△		
聚乙烯					△
聚甲基丙烯酸酯	△	△	△		
聚酰胺		△		△	
聚乙烯-乙烯基乙酸酯	△		△	△	△
硝酸纤维	△		△		△
硅酮类			△		
聚酯类		△			
聚氨酯类		△			
聚脲类		△			
聚对苯二甲基		△			
石蜡	△		△	△	△
棕榈蜡			△		
鲸蜡	△		△		
蜂蜡			△		
硬脂酸			△		
十八碳醇			△		
硬脂酸甘油酯类			△		
虫胶	△		△		
醋酸苯甲酸纤维素	△		△		
玉米朊	△				

微胶囊囊壁对有效成分的渗透作用有很大的影响，因为芯料有效成分是通过囊膜渗透释放的，而

不同的包料其孔隙率和扭曲性不同，因而显示出不同的释放速度。如明胶囊膜的结构呈网状，孔隙大，芯料的释放速率就大。相反，尼龙囊膜的孔隙小，所以渗透释放速率小。四种包料的释放速度大小关系如下：

$$明胶 > 乙基纤维素 > 乙烯 - 马来酐共聚物 > 尼龙$$

可以通过适当的技术处理，在一定范围内调节微胶囊膜结构中的孔隙率。如在用邻苯二甲酸醋酸纤维素作包料时，为了加大它的孔隙率，可以在囊格中加入适量甘油。遇到水时，甘油首先被水溶解，使网状结构中囊格孔隙变大。反之，若对明胶加入适量低黏度乙基纤维素，可使囊壁上的网孔变小。

四、微胶囊的特征

（一）微胶囊的形状、颗粒尺寸与分布

如前所述，微胶囊的形状主要取决于芯料的大小与性质，也取决于囊壁的性质及微胶囊化工艺。

球形微胶囊最为理想，颗粒尺寸及分布均匀，分散性好，相互之间不会粘连。

在微胶囊化时应严格控制其颗粒大小与均匀度。

1. 控制芯料尺寸

将芯料尺寸控制在何种范围，要取决于微胶囊的颗粒尺寸。如微胶囊颗粒尺寸在 $10\mu m$ 左右时，要求芯料的尺寸应控制在 $2\mu m$ 以下。若微胶囊颗粒尺寸大到 $50\mu m$ 时，芯料的尺寸也相应放大到 $6\mu m$ 以下。

2. 控制乳化条件

在将液体杀虫有效成分微胶囊化时，首先要将其制成乳浊液。由于乳滴的尺寸与均匀度对微胶囊的颗粒尺寸与均匀度有着关键的影响，所以乳化浓度、乳化工艺的选择很重要。一般来说，乳化浓度增加，乳滴尺寸变小，均匀度好；在不用乳化剂时，增加搅拌速度也可以制得颗粒尺寸较小、均匀度好的微胶囊。

3. 控制微胶囊化工艺

1）使用不同的微胶囊工艺，可获得不同尺寸的微胶囊颗粒，如由喷雾干燥与冻凝法制得的微胶囊颗粒尺寸在 $5\sim600\mu m$ 范围，而用相分离—凝聚法制得的微胶囊，颗粒尺寸范围在 $2\sim5000\mu m$ 以上。

2）不同的微囊化温度对微囊颗粒尺寸及均匀度有影响。

如以明胶作为包料制备微胶囊时，在 $40\sim45℃$ 获得的微囊颗粒尺寸为 $5.5\mu m$ 的数量只占 34.7%，而 $50℃$ 时可获得 65% 以上的 $5.5\mu m$ 微胶囊颗粒。温度提高到 $55\sim60℃$ 时，大部分微胶囊颗粒的尺寸小于 $2\mu m$。

3）降低包料溶液的黏度，可以使生成的微胶囊颗粒变小，也可改善微囊颗粒之间的粘连现象。

4）微胶囊化过程中的搅拌速度，对胶囊颗粒尺寸有明显影响，如表 10-6 所示。

表 10-6　搅拌速度对胶囊颗粒尺寸的影响

转速（r/min）	颗粒尺寸分布（%）			
	<$10\mu m$	$30\mu m$	$50\mu m$	$70\mu m$
1000	59.5	38.4	2.1	–
750	35.7	30.6	28.5	5.2

（二）微胶囊囊壁的厚度

囊壁的厚度对保护杀虫有效成分，控制释放速率有着十分重要的影响。囊壁的厚度在纳米数量级范围，薄的在数纳米，较厚的可达数百纳米。所得壁厚度与微胶囊化制备工艺及供应聚合反应的单体量受限有关。

根据对芯料及微胶囊囊壁厚度的测定可知，在它们的密度相等，或质量比不变时，囊壁厚度与芯料颗粒尺寸成直线函数关系。但若包料量与芯料颗粒尺寸均匀度一定时，芯料量增加，则囊壁变薄。此外，在芯料量及包料量一定时，芯料颗粒尺寸变大，则囊壁厚度增加，因为颗粒尺寸增大，颗粒数减少，总的表面积减小，在每个芯料周围析出的包料量增多。

五、微胶囊剂的释放机制

微胶囊剂的释放是由于内部的蒸气压及渗透压导致向外渗滤，外部受到外界压力、摩擦、切变或收缩，浓度梯度的扩散，或由于胶囊壁受溶剂、微生物、酶及其他物质溶解而破裂，受热熔融或分解以及其他多方面的作用联合完成的。

微胶囊剂的释放速率主要决定于包料物质的渗透性、选择性、厚度，农药的溶出性质和浓度差以及外界温度、水和微生物等的作用。包料材料、交联度、用量和添加物，直接影响囊内农药的释放速率。

根据费克（Fick's）渗滤定律，若微胶囊内杀虫剂的热力学性质处于稳定状态，则其释放速度也是稳定的。其释放速率可以表达为：

$$\frac{\mathrm{d}M}{\mathrm{d}t} = \frac{AD(C_s - KC_e)}{h} \tag{1}$$

式中 A——囊壁的表面积；

h——囊壁的厚度；

D——杀虫剂在囊壁聚合物中的扩散系数；

C_s——杀虫剂在聚合物中的饱和溶解度；

K——杀虫剂在聚合物和周围环境之间的分配系数；

C_e——杀虫剂释放在环境中的浓度。

从上式可知，释放速率与囊壁的几何形状和尺寸有关，与杀虫剂和聚合物的相互作用有关。能透过囊壁的杀虫剂分子的迁移率也受到其自身分子的尺寸、形状和极性及囊壁结构的影响。将公式改写成：

$$\frac{\mathrm{d}M}{\mathrm{d}t} = \frac{ADK\Delta C}{h} \tag{2}$$

可知，释放速率的大小与微囊几何形状和大小、杀虫剂在聚合物中的扩散系数（D），囊壁与芯料之间的分配系数（K），囊内和囊外杀虫剂有效成分浓度差（ΔC）有关。

假设芯料是圆形的，囊壁是均匀的，则：

$$\frac{\mathrm{d}M}{\mathrm{d}t} = \frac{4\pi r_o r_i D}{r_o - r_i}(C_s - C_e K)$$
$$= \frac{4\pi r_o r_i D(C_s - C_e K)}{\left[\left(\dfrac{W_w}{W_n} + 1\right)^{1/3} - 1\right]r_i} \tag{3}$$

式中 W_w——囊壁膜质量；

W_n——芯料物质量。

即可看出囊壁厚度（$r_o - r_i$）是芯料半径 r_i 的直线函数（W_w/W_n 恒定时）；当芯料半径 r_i 恒定时，囊壁厚度是微囊内容质量比（W_w/W_n）立方根的函数（图 10 - 6）

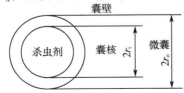

图 10 - 6 微胶囊结构模型

当芯料浓度固定，且处于饱和的固体或液体溶液情况下，其外部浓度可视为零，释放速率是常数，属于"零级释放"。此时的释放速率与囊壁渗透性和厚度有关，与囊壁形状无关。如果芯料浓度处于不饱和的情况下，释放速率通常按照指数关系随时间而降低，属于"一级释放"。实际上，开始的释放情况是很复杂的，如最初释放为0，然后按指数函数逐渐增至稳定状态，此段时间称为"时间延迟"。另一种情况是开始释放出比计算值更高的量，然后按指数函数逐渐减到近于稳定释放，这种现象称为"破裂效应"，此时一开始就显示出效果。

大颗粒微胶囊剂的释放速率小于小颗粒剂，释放速率与粒子直径 d 的平方成反比。同时大颗粒的释放时间也比小颗粒长。因此在研究微胶囊剂时，首先要根据释放速率和时间来确定其颗粒范围和加工方法。

在粒径基本确定后，释放速率还与囊壁厚度有关。在微胶囊释放过程中，微胶囊碰到水逐渐吸胀，水由囊壁渗入，开始溶解芯料，囊壁内外出现浓度差，芯料通过半透膜的囊壁扩散到水中，直到囊壁溶解或溶胀破裂。可见囊壁厚度直接影响扩散阻力。

当微胶囊呈圆球形，囊壁非常均匀时，囊壁厚度 h 可按下式计算

$$h = r_1 \left[\left(\frac{W_2 d_1}{W_1 d_2} + 1 \right)^{1/3} - 1 \right] \tag{4}$$

式中　r_1——芯料半径；

　　　W_1，W_2——芯料、包料质量；

　　　d_1，d_2——芯料、包料密度。

当囊壁极薄时，式（4）可简化为：

$$h = \frac{r}{3} \cdot \frac{W_2 d_1}{W_2 d_1 + W_1 d_2} \tag{5}$$

式（4）或式（5）在设计微胶囊结构时非常有用。

除了对扩散的影响外，囊壁厚度与使用场合也有很大的关系。如为了提高对爬行害虫的触杀效果，有时将囊壁加工得很薄，当害虫爬过微胶囊时会踏破囊壁沾上药剂，导致害虫死亡。但是囊壁过薄，破碎的胶囊就多，持效期将缩短。因此，囊壁与粒径必然存在一个最适宜的比值。当以杀螟硫磷微胶囊防治德国小蠊时，囊壁厚（r）与粒径（D）的最适比为 $1:150$。

$$\mathrm{RT}_{50} = \frac{\mathrm{C} \cdot T_h}{\mathrm{K}} \tag{6}$$

式中　RT_{50}——释放50%有效成分所需的时间；

　　　C——常数，一般可近似取在 $0.65 \sim 0.75$；

　　　T_h——微胶囊壁厚度；

　　　K——与杀虫有效成分有关的释放速率常数。

所以可以通过调节囊壁的厚度，控制杀虫有效成分的释放时间。

当然，单说壁厚的影响，这只是一个笼统的说法，实际上与囊壁的材料性质，如分子量、密度、极性、微胶囊化工艺及芯料自身的理化性质都有密切关系。

在某些情况下，加入的附加剂对药物的延缓释放有一定的影响。如在安定中加入一定量的熔融蜡后，在一定的微胶囊化工艺条件下制得的微胶囊，被鼠吸入后，可延缓戊二烯四唑对鼠的诱发惊厥达10小时之久。所以由不同包料制成的同一囊膜厚度，或同一包料的不同囊膜厚度，其释放速率都可能是不同的。在选取适宜的囊壁厚度时，就要根据实际情况做出考虑。

试验证明，微胶囊颗粒尺寸对囊内杀虫有效成分的释放速度有明显影响，如表10-7所示。

表 10 - 7　微胶囊颗粒尺寸对释放速度的影响

颗粒尺寸分布	<30μm 颗粒占 97.9%	<30μm 颗粒占 66.3%
有效成分质量（g）	3.2514	3.2514
平均释放量 [mg/（g·24h）]	10.8~6.0（均值 8.5）	5.86~4.81（均值 5.45）
三周总释放量（%）	17.7	12.1
半衰期（d）	59	86

为了能获得所需的微胶囊有效成分释放速率和持续释放时间，应按以下步骤进行。

1）将芯料的颗粒尺寸制成所需大小 r_1（可通过对固体芯材粉碎，液体芯材乳化等来获得）；

2）根据选用的微胶囊化方法及与芯材的相容性，选择合适的包料；

3）根据相关公式计算出微胶囊壁厚 h 及包料与芯料的用量比；

4）根据包料的性质考虑是否对其网状结构采取技术措施来调整其网孔尺寸，以确保获得所需的释放速率及持续作用时间；

5）根据所选定的方法，确定适当的加工工艺。

六、微胶囊制剂的持效作用

微胶囊剂作为杀虫剂的一种新剂型，它的前景已获得关注，将会逐渐扩大应用。

将氯氰菊酯杀虫剂制成微胶囊剂，并对它的持效作用时间与普通剂型作了对比测定，结果如表10-8所示。

表 10 - 8　氯氰菊酯微胶囊剂对淡色库蚊的持效作用时间

剂型	致死率（%）					
	25d	50d	75d	100d	150d	200d
氯氰菊酯微胶囊剂	100	100	95	94	90	80
氯氰菊酯乳剂	95	85	70	55	20	0

拟除虫菊酯类杀虫剂与有机磷杀虫剂复配制得的微胶囊剂的持效作用时间测定结果如表10-9所示。

表 10 - 9　微胶囊复配制剂的持续作用时间

复配有效成分	用量（g/m²）	持效时间（月）
4% 氯菊酯 + 96% 倍硫磷	3	6
4% 氯菊酯 + 96% 倍硫磷	1.5	6
4% 胺菊酯 + 96% 倍硫磷	3	>8
4% 胺菊酯 + 96% 倍硫磷	1.5	6
4% 氯菊酯	0.12	0.5

表 10 - 10 与表 10 - 11 分别列出了 10% 右旋苯醚氰菊酯微胶囊剂对德国蜚蠊与美洲大蠊的滞留接触致死效果。表中以氯氰菊酯乳油作对比。

表 10 - 10　右旋苯醚氰菊酯 10MC 与氯氰菊酯 EC 对德国蜚蠊滞留接触致死效果

药剂 （a. i. mg/m²）	药剂处理面 （材质）	经过不同时间致死率（%）		
		初期	4 周后	12 周后
右旋苯醚氰菊酯 10MC（62.5）	装饰板	100	100	100
	灰泥板	100	100	100
	胶合板	100	95	95
	烧泥板	100	100	100
氯氰菊酯 EC （62.5）	装饰板	100	100	100
	灰泥板	40	—	—
	胶合板	70	10	—
	烧泥板	30	—	—

表 10 - 11　右旋苯醚氰菊酯 10MC 与氯氰菊酯 EC 对美洲大蠊滞留接触致死效果

药剂 （a. i. mg/m²）	药剂处理面 （材质）	经过不同时间致死率（%）		
		初期	4 周后	12 周后
右旋苯醚氰菊酯 10MC（62.5）	装饰板	100	100	100
	灰泥板	100	100	100
	胶合板	100	100	100
	烧泥板	100	100	100
氯氰菊酯 EC（62.5）	装饰板	100	100	100
	灰泥板	75	50	—
	胶合板	100	87.5	62.5
	烧泥板	25	—	—

注：在经过各不同时间的每次试验中，使用室温条件下保存的药剂处理板，将蟑螂强制接触 2h。

表 10 - 12 列出了以 50 a. i. mg/m² 剂量的 10% 右旋苯醚氰菊酯微胶囊剂对德国小蠊进行的现场试验结果。

表 10 - 12　50 a. i. mg/m² 10MC 右旋苯醚氰菊酯对德国小蠊的现场试验结果

测定时间	布放粘蟑螂纸数（张）	捕获蟑螂数（只）	密度（只/张）	密度下降率（%）
处理前	8	181	22.63	–
处理后 24 小时	8	18	2.25	90.1
处理后 3 天	8	14	1.75	92.3
处理后 1 周	8	10	1.25	94.5
处理后 2 周	8	24	3.00	86.7
处理后 1 月	8	31	3.88	82.9

注：喷药前和喷药后 1 天、3 天、1 周、2 周、1 月以粘捕法作处理前后密度测定，计算密度下降率以评价其现场药效。

从表 10 - 10 ~ 10 - 12 可见，使用 50 a. i. mg/m² 剂量的 10% 右旋苯醚氰菊酯微胶囊剂防治蟑螂现场持效超过 1 个月，且无气味，无刺激。这种微胶囊剂适用于食品加工场所及饮食业防治蟑螂。

以英国捷利康 CS 大灭 2.5% 微胶囊剂对蚊、蝇及蟑螂所做的药效测定，也显示出微胶囊剂具有良好的生物效果。表 10-13 显示不同的测试板面，对蚊蝇的毒力大小依次为玻璃面 > 油漆面 > 石灰面，对蟑螂的毒力大小依次为玻璃面 > 油漆面 > 水泥面。应根据不同的处理表面状况选择合适的剂量，以达到所需的防治效果。

表 10-13 大灭 CS2.5％微胶囊剂在不同板面对蚊、蝇及蟑的药效测定结果

时间	试虫	板面种类	10 a. i. mg/m²		20 a. i. mg/m²		30 a. i. mg/m²	
			KT$_{50}$（min）	24h 死亡率（％）	KT$_{50}$（min）	24h 死亡率（％）	KT$_{50}$（min）	24h 死亡率（％）
0 天	蚊子	玻璃板	5.02	100.00	3.75	100.00	2.34	100.00
	家蝇		2.55	100.00	1.80	100.00	0.75	100.00
	蟑螂		2.89	100.00 *	2.74	100.00	2.65	100.00
4 周	蚊子		5.05	100.00	3.76	100.00	2.75	100.00
	家蝇		3.76	100.00	2.76	100.00	2.77	100.00
	蟑螂		4.43	100.00	3.62	100.00	3.29	100.00
8 周	蚊子		10.49	100.00	8.13	100.00	7.24	100.00
	家蝇		5.02	100.00	4.78	100.00	3.73	100.00
	蟑螂		4.59	100.00	4.19	100.00	3.89	100.00
10 周	蚊子		10.56	100.00	8.15	100.00	8.97	100.00
	家蝇		6.16	100.00	4.86	100.00	4.27	100.00
	蟑螂		5.17	100.00	4.53	100.00	3.90	100.00
12 周	蚊子		11.64	100.00	11.36	100.00	9.48	100.00
	家蝇		6.25	100.00	5.49	100.00	5.29	100.00
	蟑螂		5.76	100.00	5.88	100.00	4.44	100.00
0 天	蚊子	油漆板	8.84	100.00	5.33	100.00	4.62	100.00
	家蝇		5.80	100.00	4.17	100.00	3.37	100.00
	蟑螂		5.81	100.00	4.61	100.00	4.13	100.00
4 周	蚊子		9.12	100.00	5.52	100.00	6.93	100.00
	家蝇		11.65	100.00	8.91	100.00	6.90	100.00
	蟑螂		12.33	100.00	10.22	100.00	9.05	100.00
8 周	蚊子		>30	100.00	>30	100.00	>30	100.00
	家蝇		17.27	100.00	15.55	100.00	8.27	100.00
	蟑螂		16.15	100.00	10.91	100.00	10.69	100.00
10 周	蚊子		>30	93.33	>30	100.00	>30	100.00
	家蝇		17.73	96.67	16.62	100.00	11.78	100.00
	蟑螂		18.06	100.00	10.22	100.00	12.66	100.00
12 周	蚊子		>30	85.00	>30	93.33	>30	98.33
	家蝇		21.69	91.67	20.08	96.67	15.58	100.00
	蟑螂		22.57	100.00	17.98	100.00	12.69	100.00
0 天	蚊子	石灰板	19.15	100.00	14.13	100.00	11.05	100.00
	家蝇		5.59	100.00	5.32	100.00	4.82	100.00
4 周	蚊子		21.36	100.00	18.43	100.00	11.95	100.00
	家蝇		12.47	100.00	11.78	100.00	8.21	100.00

续表

时间	试虫	板面种类	10 a. i. mg/m²		20 a. i. mg/m²		30 a. i. mg/m²	
			KT$_{50}$（min）	24h 死亡率（%）	KT$_{50}$（min）	24h 死亡率（%）	KT$_{50}$（min）	24h 死亡率（%）
8 天	蚊子	石灰板	>30	96.67	>30	100.00	>30	100.00
	家蝇		17.85	100.00	17.57	100.00	15.19	100.00
10 周	蚊子		>30	90.00	>30	93.33	>30	96.67
	家蝇		18.82	95.00	18.15	98.33	17.19	100.00
12 周	蚊子		>30	85.00	>30	90.00	>30	95.00
	家蝇		26.62	90.00	21.52	95.00	18.64	96.67
0 周	蟑螂	水泥板	8.52	100.00	6.53	100.00	5.81	100.00
4 周	蟑螂		19.53	100.00	15.26	100.00	14.31	100.00
8 周	蟑螂		30.76	100.00	27.97	100.00	22.73	100.00
10 周	蟑螂		>30	100.00	>30	100.00	>30	100.00
12 周	蟑螂		>30	100.00	>30	100.00	>30	100.00

注：*此值对蟑螂全为 72h 死亡率。

模拟现场试验显示，CS 大灭 2.5% 微胶囊剂在施药量为 10、20 a. i. mg/m² 时，3 个月内对蚊蝇均有较好的致死效果。高剂量组明显优于低剂量组。表 10-14 列出了它对蚊蝇模拟现场的测定结果。

表 10-14　大灭 CS 2.5% 微胶囊剂模拟现场对蚊蝇药效测定结果

剂量（a. i. mg/m²）	测试时间（周）	1h 死亡率（%）		24h 死亡率（%）	
		蚊	蝇	蚊	蝇
10	0	98.0	96.0	99.0	99.0
	2	90.0	93.5	93.0	96.0
	4	88.0	89.5	90.0	94.0
	6	80.0	85.5	86.5	90.5
	8	76.5	84.0	85.0	89.0
	10	70.5	82.0	83.5	86.0
	12	69.0	76.5	76.0	83.5
20	0	99.0	99.5	99.5	100.0
	2	93.5	98.5	97.5	98.0
	4	89.5	96.5	93.5	97.3
	6	83.5	95.0	93.0	95.0
	8	82.5	93.5	90.0	93.7
	10	83.0	89.5	89.5	91.8
	12	80.0	88.0	82.0	89.0

杀螟松微胶囊剂和可湿性粉剂对不同目标表面处理后用短时间接触法对蚊虫的持效测定结果，再一次充分证明用同一种有效成分，因制成的剂型不同，而获得不同的生物效果的结论。表 10-15 是按 10min 接触法对白摩按蚊测得的持效结果，表 10-16 是按 30min 接触法对白摩按蚊测得的持效结果。

表 10－15　杀螟松微胶囊剂和可湿性粉剂处理各种表面后按 10min 接触法对白摩按蚊的持效结果

剂型	剂量 （a. i. mg/m²）	材料	处理后不同时间死亡率（%）							
			0 周	4 周	12 周	20 周	28 周	36 周	44 周	52 周
微胶囊剂	2	胶合板	100	100	100	100	100	100	100	96.6
		未上釉陶瓷	100	100	100	100	100	96.7	93.3	100
		泥土	100	96.3	96.7	80.0	86.7	37.9	—	—
	1	胶合板	100	100	100	100	93.3	90.0	80.0	67.9
		未上釉陶瓷	100	100	100	100	100	100	100	100
可湿性粉剂	2	胶合板	100	100	100	100	100	100	100	82.8
		未上釉陶瓷	100	100	100	96.6	10.0	—	—	—
		泥土	100	53.6	6.7	—	—	—	—	—
	1	胶合板	100	100	100	100	93.3	83.3	90.0	6.9
		未上釉陶瓷	100	100	90.0	26.7	—	—	—	—

表 10－16　杀螟松微胶囊剂和可湿性粉剂处理各种表面后按 30min 接触法对白摩按蚊的持效结果

剂型	剂量 （a. i. mg/m²）	材料	处理后不同时间死亡率（%）							
			0 周	4 周	12 周	20 周	28 周	36 周	44 周	52 周
微胶囊剂	2	胶合板	100	100	100	100	100	100	100	100
		未上釉陶瓷	100	100	100	100	100	100	100	100
		泥土	100	96.7	90	83.3	80.0	53.3	80.0	24.1
	1	胶合板	100	96.7	100	100	100	100	100	56.7
		未上釉陶瓷	100	100	100	100	100	100	100	100
可湿性粉剂	2	胶合板	100	100	100	100	100	100	100	100
		未上釉陶瓷	100	100	100	100	96.7	93.5	60.0	0.0
		泥土	100	76.9	27.6	69.0	60	—	—	—
	1	胶合板	100	100	100	100	93.3	90.0	100	3.4
		未上釉陶瓷	100	100	100	58.6	—	—	—	—

表 10－17 列出了苯醚菊酯微胶囊剂对德国小蠊的防治效果。

表 10－17　苯醚菊酯微胶囊剂对德国小蠊的持效作用

有效成分质量分数 （%）	有效剂量 （a. i. mg/m²）	速效结果		残效（11 天）	
		击倒时间 KT$_{50}$ （min）	3 天后死亡率 （%）	击倒时间 KT$_{50}$ （min）	两周后死亡率 （%）
98.1	500	58	100	>120	93
90.1	500	>120	100	>120	43
73.2	500	>120	75	>120	35
56.1	500	>120	62	>120	35
乳油	500	>120	77	>120	0
可湿性粉剂	500	29	100	78	88

注：采用胶合板强制接触法（微胶囊剂加在胶合板黏合剂中）。

第三节　包结化合物

一、包结化合物的性质及分类

包结化合物是属于分子化合物的一种，它是对一种化合物通过氢键、范德华力、自由电子接受、偶极矩感应及极化等作用，使它与其他化合物形成不同空间结构的新的分子化合物。

新的分子化合物的理化性质与原化合物有着很大的差异。它的形成只与所参与化合物的形状、长度、大小、空间结构排列及数量有关，但并没有固定的结合比、生成常数及生成物与反应物之间的平衡系数。

环状糊精（cyclodextrin），简称 CD，是一种典型的包结化合物，它是淀粉在某些芽孢杆菌产生的环状糊精葡萄基转移酶（CGT）的作用下，生成 6 个以上葡萄糖而以 α - 1,4 - 糖苷键结合的环状低聚糖。

环状糊精最早在 1891 年被 Villers 发现，以后因为 Schardiger 对此作了详细研究，所以又曾被称为 Schardiger 糊精。研究发现，这类环状糊精的性质与直链糊精有明显不同，它们所具有的独特性质有以下几个方面。

1）它们是一类有 6 至 12 个葡萄糖残基连接成的环状化合物。

2）由于分子是环状排列的，所以既没有还原末端，也没有非还原末端。总之，没有还原性质。

3）对酸和一般淀粉酶的耐受性比直链糊精强。

4）在水溶液和醇水溶液中能很好地结晶。

5）能与有机化合物形成结晶性的包结化合物。

6）也可与卤素等形成无机复合物。

在 CD 中，最主要的有三种，都是白色结晶性粉末，根据其分子中所含葡萄糖个数的不同，区分为 α - CD、β - CD、γ - CD。例如，含有 6 个葡萄糖的叫作 α - CD，含有 7 个葡萄糖的叫作 β - CD，含有 8 个葡萄糖的叫作 γ - CD。其中尤以 β - CD 对淀粉的转化产率最高，用途最广。

在 CD 的分子中有一个空心的腔道，其分子的立体结构像个圆筒。空腔外部属亲水性，但腔内具亲油性。其内径在 0.7～1nm 之间，因分子间范德华力的吸收作用，可使气体、液体或固体状态的许多亲水性化合物分子进入腔道，形成包结化合物，即分子胶囊。被包结物的理化性质起了变化，如抗氧化、抗紫外线、缓释、防止挥发、提高溶解度、乳化气味及颜色等，起到保护和控制释放的作用，从而提高了被包物的稳定性，延长了持效期，降低了毒性。这是 CD 得到广泛应用的一个极重要的性质。其中尤以 β - CD 在医药、农药、食品、香料、化妆品等工业中逐渐获得广泛的用途。CD 的性质见表 10 - 18，CD 的作用及应用见表 10 - 19。

表 10 - 18　环状糊精（CD）的性质

	α - CD	β - CD	γ - CD
葡萄糖残基数	6	7	8
分子量	973	1135	1297
腔直径	0.5～0.6nm	0.7～0.8nm	0.9～1nm
腔长度	0.7～0.8nm	0.7～0.8nm	0.7～0.8nm
溶解度（g），100ml 水，25℃	14.5	1.85	23.2
$[d]_D^{25}$（水）	+150.5°	+162.5°	+177.4°
与碘显色	紫	黄	褐
结晶形状（水中）	针状六角形	棱形	棱形

用 CD 包结的有机磷杀虫剂，原有的生物活性不受损失，对光和热稳定，可长时间保持杀虫效果，

刺激性及臭气减少甚至消失。有机磷－CD 包结复合物可以制成粉剂、水剂、乳剂或喷射剂使用。也可再加入适当的协力剂、抗氧化剂、紫外线吸收剂、表面活性剂和其他基材配合使用。

以除虫菊制剂为例，含 2% 除虫菊酯的滑石粉和糊精的混合物在日光下暴露 20 日，除虫菊酯残留50%。含除虫菊酯 5% 可湿性粉剂，日晒 5 日，残留 25%，8 日残留 12%。CD 对这种稳定性的改善有显著的功效。用除虫菊酯/β－CD 包结物制成的粉剂和可湿性粉剂日晒 8 日无损失，20 日只损失 14%，稳定性提高，也延长了杀虫效果。

表 10－19　环状糊精（CD）的作用及应用例

产品类别	用途	被包结化合物或最终产品
食品	乳化	蛋黄酱、调味油、掼奶油等
	增强发泡作用	蛋白、烘烤调制品
	稳定香味	口香糖香味、饼干香味
	掩盖味道	肉类加工
化妆品	覆盖颜色	
	稳定化	荧光物质、薄荷醇、牙膏（溶剂）
医药品	增加溶解度	前列腺素、氯霉素
	掩盖味道	前列腺素
	粉末化（不挥发性）	硝酸甘油、苯甲醛
	稳定化（UV，热）	前列腺素、维生素
农药	稳定化（UV，热）	除虫菊酯、拟除虫菊酯类
	粉末化	敌敌畏等
塑料	色素，气味的稳定	
其他		糨糊等

二、包结化合物的制取

从本质上，环状糊精是一种生物酶解反应的制品。环糊精葡萄糖基转移酶（CGT）是软化芽孢杆菌在淀粉发酵中产生的一种水解淀粉胞外酶，它具有液化、环化、偶合、岐化等多效催化作用，因此酶解产物中除 α、β 和 γ 环糊精之外，还有岐化环糊精、麦芽糖、葡萄糖等。环状糊精的制取工艺过程如下。

先称取土豆淀粉 120g，配成 2% ~5% 水悬浮液，在 126℃ 下糊化 30min，冷却后调整 pH 值至 6~7，按每克淀粉加入 2500 ~3000U（酶力价）的量加入至 CGT 酶中。在 55℃ 恒温条件下发酵 20~30h。当发酵液能使 0.01mol/L 碘液出现橙黄色时即为发酵结束。然后煮沸反应液，使酶失去活性并浓缩至原体积的 1/5，加入丙酮（或三氯乙烯）使 CD 析出或用喷雾干燥法干燥，可得到 CD 白色晶体粉末。

这样制得的环状糊精可溶于水（25℃时 100ml 水中可溶解 1.8g），但难溶于有机溶剂。熔点为 300~305℃，化学性质稳定，无毒。

1. 敌敌畏包结化合物

1 份 β－CD，加入 1.7 份水，搅匀，加入 0.25 份敌敌畏（敌敌畏与 β－CD 的分子量比是 1∶5），充分搅拌混合后，再加入 13.5 份水，搅匀即生成沉淀。过滤、干燥，可得与 β－CD 包结的敌敌畏不挥发粉末。

2. 拟除虫菊酯杀虫剂包结化合物

1）饱和水溶液法。将 β－CD 3.8g 溶于 200ml 的蒸馏水中，加入溶有 0.76g 的拟除虫菌酯丙酮溶液 1ml，室温下搅拌 8h，静置，过滤，用乙醚洗涤沉淀，干燥即得拟除虫菊酯包结化合物。

2）混练法。在捏合乳化器中加入 β－CD 3.8g 和蒸馏水 4ml，捏合后再加入溶有 0.76g 拟除虫菊酯丙酮溶液，充分混练后，放置过夜，用乙醚洗涤沉淀，干燥即可得成品。

三、包结化合物的加工和应用例

包结化合物和其他固体原药一样，可以继续加工成常规剂型和其他缓释剂。

如对敌敌畏包结化合物加入5%分散剂，配成500～1000mg/kg的悬浮液，对室内麦苗黏虫防治效果良好，残效期40d以上，室外残效期20d以上。防治稻褐飞虱的效果90%以上，残效期17d，而对照乳油仅有3d残效期。

50%拟除虫菊酯 β – CD 可湿性粉剂用于茶叶和观赏植物上的卷叶虫、蓟马和黏虫防治，效果显著；0.1%拟除虫菊酯–2%甲萘威的 β – CD 混合粉剂，对有抗性的黑尾叶蝉和褐飞虱有十分突出的防治效果。

烯丙菊酯在紫外光照射下的半衰期为150h，而制成包结化合物后的半衰期在500h以上。烯丙菊酯粉剂和可湿性粉剂，在阳光下10～30d完全分解，而包结化合物却分解甚微。如图10-7和表10-20所示，包结化合物对提高某些易光解杀虫剂（如拟除虫菊酯类）的稳定性，延长持效期有重要作用，这就为扩大某些易分解、易挥发的杀虫剂品种的应用范围创造了有利条件。

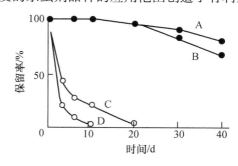

图 10 - 7　阳光照射下不同剂型的保留率

A—5% 烯丙菊酯 β – CD 可湿性粉剂；B—0.5% 烯丙菊酯 β – CD 粉剂；C—5% 烯丙菊酯可湿性粉剂；D—0.5% 烯丙菊酯粉剂

表 10 - 20　拟除虫菊酯不同剂型的持效性

剂型	质量分数 *（%）	赤松毛虫幼虫死亡率（%）		
		速效	7 天后	14 天后
拟除虫菊酯 β – CD 可湿性粉剂	0.1	90	100	90
	0.05	100	100	40
拟除虫菊酯乳油	0.1	90	10	0
	0.05	50	0	0

注：*用各质量分数药液浸渍松叶后进行接虫试验。

此外，亦可将液体杀虫剂（如杀螟松）制成包结化合物，变成固体，再与软氯乙烯制成膜剂，用于驱杀害虫的包装材料和保护性覆盖薄膜等方面。

第四节　膜式缓释剂

一、多层薄膜式缓释剂

（一）多层薄膜式缓释剂的结构及用途

多层薄膜式缓释系统有一个杀虫剂混合层，作为杀虫有效成分的贮存器，它的作用示意图见图10-8，杀虫剂有效成分连续不断地通过保护膜逐渐迁移至表面，然后发挥生物活性。整个系统厚度约为50μm，由聚氯乙烯或聚酯制成。其控制释放速率与时间成平方关系。

这种剂型使用灵活，携带方便、安全、持效期长。主要用于卫生害虫如蚊、蝇、蟑螂、蚂蚁及衣蛀虫等的防治，也可用于医院的垫被。有效成分常选用驱避剂、昆虫激素、性引诱剂等，其中以引诱与杀虫剂混用的效果最佳。

（二）多层薄膜式缓释剂的制造方法

多层制品主要由贮药层和保护层两部分组成。贮药层的基质物和保护层常由下列物质来制造。

贮药层基质物，如各种纸浆纤维、发泡纸、网状合成纸、编织品等带孔物、压敏胶、烯烃类高分子聚合物等。

保护层，如不同渗透性的聚乙烯、聚丙烯、乙烯基树脂、纤维素酯、聚乙烯醇、羟甲基纤维素、丙烯酸酯、聚酯、蜡、动物胶、松香、石油乳胶及生物或光降解的薄膜等。

其制造方法可分为黏接法、涂膜法和涂囊层法。

1. 黏接法

将100份聚氯乙烯和8份$CaCO_3$加到100份的二辛基邻苯二甲酸酯中，制成塑性物后再加入有效成分，混匀，制成13mm厚的聚氯乙烯塑料板，附加2mm底膜和3.75mm覆盖膜，加热压制而成三层制品。

另外，亦可将两种不同渗透性的薄膜，借助混有杀虫剂的热塑性黏合剂如热熔胶等，黏附一体成为多层制品，如图10-8所示。若制作药剂含量较高的多层制品，可先将载体层浸药后再涂以黏合剂，然后再将上下两层薄膜合为一体。

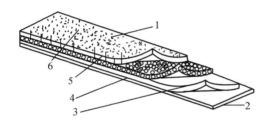

图10-8　多层制品结构示意图
1—活性物扩散面；2—压敏胶；3—保护层；
4—贮药层；5—保护层；6—活性表面

2. 涂膜法

在贮药基质物如编织布、发泡纸、网状合成纸、带孔纸等吸附性材料上，浸入5%～15%对二氯苯，或一定量拟除虫菊酯类杀虫剂和聚氨酯（$3g/m^2$）的醋酸乙酯溶液，表层再涂布14μm的聚乙烯醇或羧甲基纤维，经80℃干燥3～5s后，底层在50～60℃下压合成25μm厚的聚丙烯。用该多层制品再加工成30cm×40cm的毛料衣物防蛀包装袋。

亦可使制好的载药层通过热熔性聚合物液体或用易挥发溶剂配制的溶液中，待冷却或溶剂挥发后，载药层外即涂布好保护膜。如将牛皮纸条先吸附农药乳液至70%～100%，干燥后用打孔法与另一层纸紧贴，之后共同从聚乙烯或尼龙的稀溶液中通过。溶剂挥发后，纸条上附有树脂膜，底层亦可再附压敏胶，即可制得农药多层带。

其制作流程如图10-9所示。

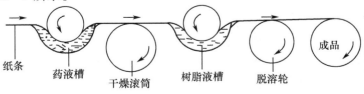

纸条　　药液槽　　干燥滚筒　　树脂液槽　　脱溶轮　　成品

图10-9　涂膜法制多层带示意图

3. 涂囊层法

即将液体药剂的微胶囊群排列成膜层，附着在支持膜（底膜）上。贮药层中由若干保护膜相互交错，形成各自独立的微胶囊。药剂的释放速度与膜壁厚度和药剂浓度有关。

将有效成分和一种或两种高分子聚合物，同时溶解于低沸点易挥发的一种或两种有机溶剂中，将溶液雾化成微粒，溶剂挥发，发生相分离凝聚现象，聚合物成膜扩展，有效成分被包裹于聚合物的微胶囊中。此时要求有效成分在聚合物中溶解度在 5% 以下，最好在 0.01% ~ 1%，要求溶剂能溶解有效成分和聚合物 10% ~ 40%，最好为 15% ~ 30%。

（三）多层薄膜式缓释剂用的聚合物和溶剂

1. 常用的高分子聚合物

常用的聚合物有聚砜、聚碳酸酯、聚苯乙烯、聚甲基丙烯酸酯、聚酰胺、聚酯、纤维素酯、再生纤维素、聚氨酯、聚乙烯醇、聚氯乙烯、聚乙烯、乙酸乙烯酯、氯乙烯 - 乙酸乙烯酯共聚物等及其多种混合物。

2. 常用的溶剂

溶剂有 CH_2Cl_2、$CHCl_3$、CCl_4、甲醇、乙醇、乙酸乙酯、乙腈、丙酮、乙醚、四氢呋喃等及其混合物。

3. 常用的液体有效成分

适用的液体有效成分有地亚农、二溴磷、杀螟松等杀虫剂，β - 丙内酯等杀菌剂，十二烷基乙酸酯、2，11 - 十四烯基乙酸酯、2，9 - 十二烯基乙酸酯、（Z） - 11 - 十六烯醇等引诱剂，三甘醇单乙醚，N，N - 二乙基间甲苯酰胺等驱避剂及萜二烯、苯甲醇等芳香剂。

4. 药物溶液的配制

如将聚砜 1g 溶于 10ml 二氯甲烷中，加入 1ml（Z） - 11 - 十六烯醇，使之成均一溶液。将此溶液雾化成 30 ~ 40μm 液滴，溶剂蒸发后，即可得含有效成分 40% 的微胶囊群，囊孔径为 2 ~ 20μm，囊膜厚度 0.2 ~ 2μm。（Z） - 11 - 十六烯醇在聚砜中的溶解度为 0.7%。

（四）多层薄膜式缓释剂贮药层的制取

可以将药物溶液直接喷布在高分子底物上，制法非常简单。支持物也可以是符合使用要求的任何底物。聚合物应与底物相容，溶液喷布后即可在支持膜上形成蜂巢状的药胶囊层（图 10 - 10），药剂通过囊膜释放出来。

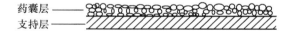

药囊层 ——

支持层 ——

图 10 - 10 药胶囊层制品示意图

如将昆虫性引诱剂、杀虫剂、驱避剂或芳香剂 1ml，聚砜 1g，溶于 10ml CH_2Cl_2 中，涂布于支持膜上，放置于室温下，溶剂挥发后，即在支持膜上形成含药物 50% 的药囊层。囊层总厚度 40μm，囊壁厚 0.1 ~ 5μm，囊孔径 0.5 ~ 10μm，空隙率 30% ~ 80%，最高药剂含量可达 70%。

将含聚合物的拟除虫菊酯、防霉剂等杀虫剂混入包装袋印刷用油墨中，把此油墨印刷在包装袋外，以杀灭危害毛料、毛皮、羽毛和纤维制品的昆虫及霉菌，非常容易。

（五）多层薄膜式缓释剂的释放速率

多层制品中杀虫剂的释放速度由贮药层中的药剂浓度、保护膜的厚度和面积、聚合物的硬度、添加剂、扩散药剂的分子量和化学结构等因素所决定。组合上述因素，可得到符合预期释放速度的多层制品。根据菲克定律，贮药层中浓度若保持一定，外围又被固定的薄膜所保护，则认为属稳定状态，此时的释放速率是零级释放。当杀虫剂处于不稳定状态，释放速率与微胶囊相似，即按照指数关系随时间而降低。在到达恒定释放之前，药剂在体系中需要一定时间才能形成浓度梯度，表现出释放延缓。当活性膜中药剂饱和，使用时又以较大速率释放而表现"突破"时，在使用初期也能显示出效力。其释放速率的数学表达形式为：

$$\frac{\mathrm{d}Mt}{\mathrm{d}t} = \frac{2AD}{h}(C_s - C_eK)$$

二、控制杀虫剂释放的伸展薄膜

使用聚合物材料与杀虫剂制成缓释型防蛀剂。这种系统由聚合物伸展薄膜与涂料及杀虫有效成分（除虫菊酯）组成，薄膜由聚乙烯材料作为基体，基体厚度为 $50\mu m$。在壁橱一类密闭环境内，试验证明该系统对蛀虫的防治有效期达 6 个月，而浸有杀虫剂的纸片的全部释放期仅为 2 个月，不能获得长效作用。

第五节 药剂涂料

一、概述

药剂涂料在本质上属于膜剂型缓释剂的一种，施用于物体表面，赋予表面生物活性涂覆物，包括各种溶剂型和水剂型有机树脂涂料与无机涂料，溶剂型及水性油漆等，一般可用喷洒或涂刷的方法使其覆盖在目标物的表面。由于药剂涂料应用量及面远较膜式缓释剂广，所以在此单列一节。

本节所述的涂料与一般涂料的区别，在于它是通过向涂料中加入一定量的药物有效成分后形成的一种药物缓释剂剂型，按其加入的药物种类，有杀虫涂料、灭菌涂料、除藻涂料之分。

每一类涂料所加入的药物有效成分可以是单一的，也可以同时加入几种进行混配。

这类涂料与普通涂料的另一个区别是，为了使加入的药物有效成分与涂料主体能达到相容，往往还需要加入相应的增效剂、稳定剂、助剂和保护剂等添加剂，在某些情况下还加入一定量的香精。

由于药物有效成分的种类多，其理化特性不一，故涂料的种类也不少，显示出差异很大的理化及应用特性。所以在将药物有效成分加入到某种涂料中去时，除考虑它们之间的相容性外，很重要的一点是涂料中的各种组分不能影响或破坏药物有效成分的活性及稳定性。不是任何的药物与任何的涂料均可以混溶的，需要通过大量的筛选试验，才能确定其配伍合理性。

近年来杀虫缓释涂料的研究得到重视，不少国家均相继投入开发。如美国 Biochemico Dynamic Group 开发了一种名为 Super IQ 的系列杀虫涂料，是一种兼具表面保护和装饰性的产品，杀虫持效可长达数年之久，对保护环境卫生具有一定的作用，它的杀虫有效成分为氯菊酯和毒死蜱。法国 Artilin 公司开发的杀虫涂料对蚊、蝇及德国小蠊的100%致死率持效长达 3 年。日本地球化学公司推出由避蚊胺和醇醛树脂制成的内墙涂料，防治蟑螂的持效可达 2 年。我国也已在 20 世纪 90 年代初研制成功杀虫涂料，对蚊、蝇及蟑螂等主要卫生害虫的100%致死率持效也长达 2 年。

二、杀虫涂料的组成与分类

（一）杀虫涂料的组成

1. 杀虫有效成分

一般来说，凡对光稳定且具有持效作用的杀虫剂，均可用作杀虫涂料中的有效成分，如毒死蜱、二嗪磷微囊、杀螟硫磷、残杀威、混灭威、恶虫威、氯菊酯、氯氰菊酯及溴氰菊酯等。

2. 成膜物质

成膜物质应该具有以下特点。

1）与杀虫有效成分能相混溶，但相互之间不会起反应，具有适当的理化性能；

2）不会破坏或降低杀虫有效成分的稳定性，如不能呈碱性；

3）施在靶标表面后，应有较大的附着力；

4）具有较好的防水冲刷性能。

常用的成膜剂有聚乙烯醇、聚乙烯醇半缩醛、羧甲基纤维素，丙烯酸树脂、聚醋酸乙烯酯共聚物及各类改性醇酸树脂共聚物。

3. 添加剂

1）增效剂，提高涂料的防治效果；

2）稳定剂；

3）助剂；

4）保护剂；

5）酸度调节剂；

6）消泡剂（对水性涂料）；

7）其他，如香精等。

（二）杀虫涂料的分类

1. 根据控制对象及功能

1）杀虫涂料；

2）灭菌涂料；

3）其他，如除藻涂料。

2. 根据其形态

1）杀虫涂料；

2）杀虫油漆；

3）杀虫薄膜。

三、杀虫涂料的生物效果

表 10 - 21　两种杀虫涂料对三种主要卫生害虫的持效试验比较

	相当持效时间（年）	淡色库蚊		家蝇		德国小蠊	
		KT_{50}（min）	24h 死亡率（%）	KT_{50}（min）	24h 死亡率（%）	KT_{50}（min）	24h 死亡率（%）
国产杀虫涂料	1	21.8	100	21.3	100	106.6	100
	2	39.8	100	35.0	100	122.8	100
	3	41.2	100	40.3	92.5	129.6	100
	4	54.4	100	49.3	85.0	155.9	78.5
Artilin（国外杀虫涂料）	1	31.8	100	32.0	100	92.4	100
	2	47.8	100	37.9	100	153.4	100
	3	48.6	96.9	52.4	96.1	491.7	100
	4	76.6	87.5	96.6	70.0	623.0	57.5

注：Artilin 为法国阿尔蒂兰公司提供。

从表 10 - 21 可看出，杀虫涂料比一般可湿性粉剂或乳油具有更好的持续缓释作用。

第六节　化学型缓释剂

一、概述

所谓化学型缓释剂，就是利用有效成分中的 $-OH$，$-SH$，$-COOH$ 及 $-NH_2$ 等活性基团，在不破坏其原有化学结构的情况下，使其产生自身缩聚，或者使它与高分子化合物直接或间接结合，最后形成可以逐步自行降解的新高分子有效成分。这种高分子杀虫有效成分具有缓释效能，但它在本质上与一般的物理型缓释剂不同，为区别起见，将这类缓释剂称之为化学型杀虫缓释剂。

化学型杀虫缓释剂大都为固体型，而且都不溶于水。在一般情况下它本身的生物活性不明显，因此不会危害处理目标，对人畜的毒性很低。但在使用环境下，它能逐渐发生化学或生物降解，慢慢将有效成分释放出来，此时就显现出生物活性。

根据它可能具有的结合方式，这类化学型缓释剂可以分为纤维素酯型、尿素聚合物型、金属盐络合物型多种形式，其中以纤维素酯型应用最为普遍。但因为它要受到合成和降解两方面因素的影响，还要考虑经济成本，所以能真正获得商业化应用的品种不多，其中纤维素酯较为成功。

二、化学型缓释剂的形成方式

化学型缓释剂的形成有多种途径，既可以自身缩聚，也可以与其他高分子聚合物结合。

1. 靠有效成分自身缩聚形成

如有的化合物能自然或在有其他物质存在的情况下脱水，生成酐，药物有效成分的释放速度就取决于生成酐的速度。释放速度的快慢与生成端的分枝数多少有关，随着枝数的增加，化合物的聚合度下降得越多，释放速度就越快。所以化合物初期的效果发挥好，但随着时间逐步下降。这种化合物的持续释放效果一般可维持 30d 左右，因化合物的品种而异。

2. 有效成分与高分子聚合物直接结合形成

有效成分与高分子聚合物能够直接结合的前提条件，是它们两者之一中必须含有可移动的活泼氢原子。

天然纤维素、树皮及多种木材，有些农副产品等都能与杀虫有效成分结合，它们的来源丰富，成本低，它们结构中的羟基侧链能够与杀虫剂形成酯键，应用效果好。

还有些有效成分能够与一些金属离子，如 Co，Fe，Ni，Ti，Cr，Mg 等元素的离子形成可以逐步被分解的金属盐络合物，它们具有控释作用。这类聚合物制成的缓释剂药效持续作用时间长，有的可达一年以上，且具有热缩性。已有试验证明它们可用于杀虫剂、除虫剂、杀菌剂、医药等许多方面，由于具有降低杀虫剂有效成分毒性的特性，也可用作某些防护性包装。

3. 有效成分通过交联剂与高分子化合物结合形成

由于有些杀虫剂中只有 $-OH$，$-SH$ 及 $-NH_2$ 基团，但没有 $-COOH$ 基，此时杀虫剂可以先与活泼的化合物结合，或者通过某些交联剂（如甲醛，PCl_3，$COCl_2$，$SiCl_4$ 等）的作用，然后再与高分子化合物结合成新的高分子杀虫剂或具有新性能的化合物，从而具有控制释放能力。

也可以对它加入二醛淀粉交联剂，生成浓稠物。对它稀释后施用，能在被处理表面形成一层可控制释放速度的薄膜，这种薄膜不溶于水，但可以使之膨胀，并被生物降解，因此可用作为化学型缓释剂。

三、化学缓释剂与物理缓释剂的比较

化学型缓释剂与物理型缓释剂相比，在原料、能源、时间和技术开发方面的投入可能会更多，相

比之下物理型缓释剂的制取比较容易，所以后者的形式、品种、发展及应用较快。

化学型缓释剂的制取过程，实际上就是对杀虫剂化学结构的修正过程，有利于克服昆虫的抗药性，增加效果，降低对人畜的毒性，降低对环境的不良影响。

第七节　浸泡蚊帐

蚊帐虽然是最普通和有效的防蚊工具，但往往因为破损或使用不当，以及蚊虫的隔帐叮咬，减弱了它的防护效果。20 世纪 70 年代末至 80 年代初，国内外许多学者在研究用拟除虫菊酯浸泡蚊帐，以期通过这类杀虫剂的毒杀和驱避作用提高其防蚊效果。1976 年至 1983 年，有人用氯菊酯乳剂浸泡蚊帐（用量 200 a. i. mg/m^2）经部队农场和营房 360 顶蚊帐试用，结果浸药后帐面成蚊密度减少 95% 以上的保护时间达 35d 左右、减少 80% 以上的保护时间达 70d 以上。以用氯菊酯（200 a. i. mg/m^2）浸泡农民蚊帐作为抗疟措施之一，试验区与对照区相比，在蚊帐上栖留的蚊虫大大减少，能基本控制恶性疟疾的发生。蚊帐浸药，具有简便和经济的优点，一次用药可有效防蚊 2 个月左右，而且该药对人畜的毒性很低，也不污染环境，使用安全，对预防和减少蚊媒传染病感染有一定的意义。

使用方法：将氯菊酯按 200 a. i. mg/m^2 剂量溶于水中，水量为能使蚊帐全部浸没，提起后不滴水为宜。一般对棉纱蚊帐可按 50ml/m^2 剂量处理，如小纱布蚊帐 1500ml，大纱布蚊帐 2500ml 左右，尼龙蚊帐水量酌减，因为尼龙蚊帐的吸水量约为 300ml/10m^2，而棉纱蚊帐的吸水量约为 1400ml/m^2，显然前者比后者少得多。蚊帐浸泡后挂于阴凉处晾干即可使用。

全世界各地大量的现场试验证明，蚊帐作为一种简便有效的物理防治方法，与拟除虫菊酯结合，能有效控制疟疾的传布，因此已被世界卫生组织（WHO）作为重点推荐使用的一种防治措施。

但利用普通蚊帐浸以拟除虫菊酯（如氯菊酯）使用，在实际应用中也存在一些问题。如一旦蚊帐有破洞出现，蚊虫当然会毫不客气地进入帐内叮咬人。其次，在药物有效期内，因灰尘及异味的关系总要对浸泡蚊帐进行清洗，使药物持效作用期减短。还有，现有的蚊帐网孔太小，帐内外通风不良，尤其不易被热带地区人群所接受。

为此，有人研究开发了一种称之为 Olyset 的粗网孔蚊帐，帐内外通风透气性良好，耐清洗。这种蚊帐以聚乙烯材料制成，在拉丝成型前按 2% 的剂量加入氯菊酯，然后织成纱网。它的网孔大至 0.4cm × 0.4cm。它是基于这样的驱灭蚊原理：当网眼孔小于蚊虫张开翅膀时的尺寸时，蚊虫一下子进不去，在进入前要先停留在蚊帐上。此时，蚊虫就会触及氯菊酯的致死剂量。表 10 – 22 显示了试验结果。

表 10 – 22　Olyset 蚊帐对蚊虫的阻止入侵效果

蚊虫状态		蚊虫数（头）	
		蚊帐内	蚊帐外
活蚊	未吸血	0	3
	已吸血	0	0
临死蚊	未吸血	0	20
	已吸血	0	0
死蚊	未吸血	3	53
	已吸血	0	0

试验时将数只小鸡放入蚊帐内，在蚊帐外释放许多雌性蚊虫，结果没有一头蚊虫能够对鸡群进行叮咬吸血。

混在聚乙烯材料中的氯菊酯，通过渗滤作用从树脂纤维中不断向外析出，即使在对蚊帐清洗时将析出纤维表面的药物洗去，在纤维内部的药物还会从内部向表面析出。图 10-11 列出了 Olyset 蚊帐数次清洗中测得的氯菊酯向纤维表面的渗滤覆盖速度。试验中以丙酮清洗，每次清洗时间为 1min。

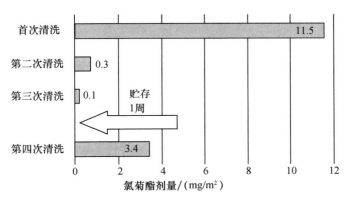

图 10-11 氯菊酯的反复渗滤作用

取此蚊帐的小块，连续以丙酮清洗 3 次，每次 1min。并分别对氯菊酯的量以气相色谱分析。然后将此块蚊帐在室内条件下保持一周后，以丙酮全部将氯菊酯清洗掉。氯菊酯向蚊帐纤维表面的再渗滤作用显著，但其渗滤速度并不很快。所以，对这种蚊帐的清洗应该定时进行。

Olyset 蚊帐可以制成单人、双人或其他尺寸，此外还可以将它作为窗帘、屏纱以至野营用帐篷。其作用机制和效果是相同的。这种蚊帐的开发成功，是对传统蚊帐的一次彻底革新，市场容量将会是十分巨大的。

除氯菊酯外，在世界卫生组织（WHO）热带病防治署/世界卫生组织农药评价方案（1997 年版）中，推荐可用于处理蚊帐或帘子的拟除虫菊酯类杀虫剂的品种、剂型与剂量如表 10-23 所示。

表 10-23　WHO 推荐可用于处理蚊帐或帘子的药剂、剂型与剂量

拟除虫菊酯品种	剂型	剂量（a. i. mg/m²）
顺式氯氰菊酯	悬浮剂（SC）	20~40
联苯菊酯	悬浮剂（SC）	25
氟氯氰菊酯	水乳剂（EW）	30~50
溴氰菊酯	悬浮剂（SC）	12~25
醚菊酯	乳油（EC）	200
三氟氯氰菊酯	微胶囊悬浮剂（CS）	10~20
氯菊酯	乳油（EC）	200~500

世界各地所进行的大量试验均证明，利用拟除虫菊酯对蚊帐作浸泡处理，其持效作用期最长可达一年，能够有效控制媒介昆虫传布疾病的发生与蔓延。如在所罗门群岛北部对 23 个村庄以氯菊酯 0.5a. i. mg/m² 的剂量进行的试验，使按蚊的叮咬率下降了 71%，生物效果测定证明其有效期为 12 个月。墨西哥用三氟氯氰菊酯 0.03a. i. mg/m² 剂量处理蚊帐，3h 后淡色按蚊有 65%~78% 飞离，外逃蚊虫的死亡率在 15%~46%，而未处理蚊帐房间的蚊虫飞离率仅为 53%~59%，外逃蚊虫死亡率仅 6%~8%。此外蚊虫在蚊帐上的停留时间，在处理蚊帐上为 5.8min（尼龙蚊帐）和 9.5min（棉纱蚊帐），死亡率达 90%~100%，而在未处理蚊帐上的停留时间为 14.4min，死亡率仅 10%。

表 10-24 列出了三氟氯氰菊酯对库态按蚊的击倒率与致死率。

表 10 - 24　三氟氯氰菊酯对库态按蚊的击倒率与致死率

处理后（月）	不洗帐			洗过帐		
	击倒率（%）		24h 死亡率（%）	击倒率（%）		24h 死亡率（%）
	15min	30min		15min	30min	
1	91.1	100	100	—	—	—
2	68.5	94.2	100	100	100	100
3	100	100	100	100	100	100
4	73.3	83.3	100	72.5	92.5	100
5	63.3	83.3	100	83.3	93.3	100

　　用醚菊酯喷洒或浸泡蚊帐，也有良好的效果。如印度尼西亚用 200 a. i. mg/m² 的剂量处理蚊帐后，蚊虫的吸血阳性率分别下降了 67%（喷洒）和 84%（浸泡）。

　　与浸泡或喷洒蚊帐类似，用于防治吸血昆虫的另一种方法是对织物进行喷洒或浸泡处理，可处理织物包括帐篷、纱门、纱窗、帘子及衣服等多种。对织物处理用得最多的还是光稳定型的氯菊酯以及三氟氯氰菊酯。Schreck（1978）用强迫吸血昆虫接触氯菊酯处理布的方法，以引起昆虫 100% 死亡为基准，测定了氯菊酯对 12 种吸血昆虫的最小有效剂量（MED），如表 10 - 25 所示。

表 10 - 25　吸血昆虫接触氯菊酯处理布，使昆虫达 100% 死亡的最小剂量

昆虫种类	最小有效剂量（mg/cm²）	
	15min	1h
埃及伊蚊	0.063	0.063
带喙伊蚊	0.125	0.125
淡色按蚊	0.032	0.008
四斑按蚊	0.063	0.032
黑须库蚊	0.032	0.032
厩螫蝇	0.016	0.008
家蝇	0.125	0.063
温带臭虫	>1.0	>1.0
印鼠客蚤	0.032	0.032
美洲钝眼蜱	>1.0	>1.0
四斑按蚊（抗 DDT 株）	0.25	0.25
厩螫蝇（抗狄氏剂株）	0.008	0.008

　　Schreck 还测定了在野外穿过 132h 的衣服对埃及伊蚊及四斑按蚊的击倒效果，表 10 - 26 列出了试验结果。

表 10 - 26　氯菊酯处理衣服对蚊虫的效果

处理剂量（mg/cm²）	100% 击倒时间（min）		1h 击倒率（%），暴露 30s	
	埃及伊蚊	四斑按蚊	埃及伊蚊	四斑按蚊
0.125	19	11	20	100
0.20	14	10	88	100

　　氯菊酯处理衣服对人的保护率根据不同的蚊种及处理条件而异，最低为 37%，最高可达 99.9%，这说明只要处理得当，其防护效果还是很好的。

　　此外处理衣服还可以降低蚊虫的吸血率，如处理衣服的吸血率为 2.8%，而对未处理衣服的吸血

率高达 60%。

处理衣服除对蚊虫有良好的防护作用外，对其他吸血昆虫，如蜱、螨及白蛉等均有较好的防治效果。表 10 - 27 列出了由 Sandra 在 1990 年分别以浸泡法和喷雾法处理衣服后所测得防蜱效果，两者基本相同。

表 10 - 27　氯菊酯处理衣服对三种蜱的防治效果

蜱种		防治效果（%）		
		浸泡处理 （剂量：0.200 a. i. mg/m²）	喷雾处理 （剂量：0.150 a. i. mg/m²）	避蚊胺
达敏硬蜱	稚虫	100	100	19.1
	幼虫	100	100	87.5
变异革蜱	成虫	64.3	82.1	50.0
美洲花蜱	成虫	89.3	87.5	50.0
	稚虫	95.2	95.6	50.0
	幼虫	97.8	98.8	61.2
	合计	97.5	98.5	60.4

在处理帐篷、纱门及纱窗的测定中，也显示出良好的防治效果。如以剂量为 2.58 a. i. mg/m² 的氯菊酯处理军用帐篷，在野外暴露一年做连续测定，结果显示在 1~6 个月中对蚊虫的击倒率在 81.9%~99.0% 之间，在 9 个月内叮咬率均在 10% 以下。以 33 a. i. mg/m² 剂量的氯菊酯和氯氰菊酯混合物制成的涂料处理窗纱，在 3~5 个月后蚊虫密度下降率仍在 80% 以上。

第八节　树脂型缓释剂

一、概述

将常温下具有较大挥发性的杀虫有效成分与热塑性树脂（如聚氯乙烯）载体一起加工成不同形状的树脂型缓释剂，能在较长一段时间内缓慢地释放出一定量的低浓度杀虫有效成分蒸气。

这类热塑性树脂，要求其分子量在 1000 以上，在室温下为固体。适用的树脂有聚烯烃类、丙烯酸类、乙烯树脂类、聚氯乙烯、聚偏二氯乙烯及合成或天然的弹性体聚合物，以及纤维素树脂。其中如聚苯乙烯、聚乙烯、聚丙烯酸酯等，尤其是聚氯乙烯，其原料易得，与大多数羟基化合物及二烷基 - β - 卤代乙烯基磷酸酯等具有很好的相容性。

可以根据需要将这类树脂型缓释剂制成多种形式，如板状、条状、粒状以及丸状等，以适应不同应用场合的需要。如条状可制成含有氰戊菊酯、氯菊酯的项圈，挂在猫、狗和家畜与家禽脖子上，当动物的耳朵和躯体活动时，能加速药效的挥发，并被其面部和体表吸附发挥作用，防治蝇、螨、虱、蜱及其他动物体外寄生虫，其持效作用一般可达 3 个月至半年以上。可将粒状及丸状埋入土壤中防治线虫、鳞翅目幼虫、根蛆等虫害。制成方板状，可用于贮粮害虫的熏蒸，也有较长的持效作用，如敌敌畏塑料块缓释剂已在粮棉库房、家庭卫生及地下建筑等方面应用，取得了良好的效果。

树脂型缓释剂中药剂从树脂体内部向表面扩张和渗滤，不断扩散到周围空间发挥生物效果，它的挥发速度取决于周围温度，活性成分浓度，树脂体外露表面的面积和活性成分从内向外的迁移速度。其中主要取决于迁移速度，即与制剂的扩散系数有关。热塑性树脂可以通过改善制剂强度来调节扩散系数。在聚氯乙烯树脂中使用活泼磷酸酯作为增塑剂时，通过对活泼磷酸酯的含量，制剂的尺寸大小、表面积和扩散系数等的调节，就能得到所需的有效成分初始释放速度和持续释放浓度。

二、释放速率的影响因素

树脂型缓释的渗滤扩散系统主要有两种剂型，一种是块状或整体式，另一种是贮存式。

块式缓释系统是由塑料块构成，杀虫有效成分被均匀地分散在其中。贮存式释放系统则是将杀虫有效成分与控制释放的聚合物薄膜分开单独贮存。

对于这类渗滤扩散系统，其释放率一般是由聚合物薄膜的厚度，渗滤扩散与解析系数，以及在释放速率控制聚合物薄膜上的有效成分浓度差异等因素所控制。对于供给室中恒量浓度及接受体渗滤状态浓度为 0 的贮存系统，在稳定静态条件下其释放率也保持恒定。反之，假设其释放速率随时间而降低，从块形系统释放出的有效成分累积量一般与所经过的时间成比例，但是可以通过对制剂释放面积的优化设计，使块形缓释系统获得零级释放。

三、渗滤扩散控释系统的数学模型

对于缓释型杀虫剂的渗滤扩散控制系统，在接受期渗透状态下的释放速率可以由平面方程式表述如下：

$$\frac{\mathrm{d}Q}{\mathrm{d}t} = 2Q_t - \frac{D}{\pi h^2 t} \quad (\text{对 } Q/Q_t \leq 0.6) \tag{7}$$

对于溶液型整体式系统，由于其初始浓度低于聚合物薄膜中的饱和浓度，所以

$$\frac{\mathrm{d}Q}{\mathrm{d}t} = \frac{A}{2}\left(\frac{DC_s(2C_o - C_s)}{t}\right)^{1/2} \tag{8}$$

对于分散型整体式系统，则其起始浓度高于饱和浓度，所以

$$\frac{\mathrm{d}Q}{\mathrm{d}t} = \frac{ADKC_d}{h} \tag{9}$$

对于贮存式系统，由薄膜调节的控释剂，其 A、C_d、C_o、C_s、D、h、K 及 Q_t 相应为表面积，供给状态浓度，有效成分的负载剂量，饱和浓度，扩散系数，薄膜厚度，解析系数及有效成分的总量。

上述三个公式清楚地表明，影响释放速率的主要因素是扩散系数及解析系数或薄膜的可溶性，它由聚合物的物理化学特性所决定。公式（7）和（8）假定整体式释放系统的释放速率不是恒定的，随时间而降低。为此做了许多尝试以求获得整体式剂型的零级释放。图 10 - 12 列出了可以提供虚拟零级释放的几种设计方案。图 10 - 14 列出了溶液型整体式系统中的一种典型的方案，圆柱形剂型，它具有一个小释放孔，能在一段较长时间内表现为虚拟零级释放，而普通圆柱形系统则很快释放有效成分。只要扩散系统及解析系数已知，或可由实验确定，则释放时间过程就可以以菲克（Fick）第二扩散定律为基础，由解析控制方程来确定。

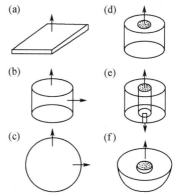

图 10 - 12　几种不同几何形体的整体式杀虫剂缓释剂型

（a）（b）（c）—常规形状系统，其释放速率随时间而降低；

（d）（e）（f）—能够在零级设计下释放有效成分

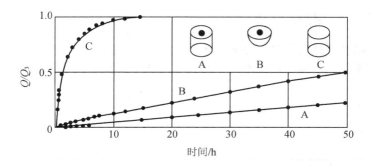

图 10-13　从不同几何形体中释放出的苯甲酸及有效成分的累积量

A—具有小释放孔的圆柱形（$a/R = 0.17$，$H/R = 1.0$，$R = 1.0$cm）；

B—半球体形设计（$a/R = 0.16$，$R = 1.25$cm）；

C—圆柱形设计（$H/R = 1.0$，$R = 1.0$cm，$D_A = 8.1 \times 10^{-6}$cm²/s，

$K_m = 0.005$cm/s，$K = 1$）有效成分只通过阴影区释放

假定在接受体状态中 $C_r = 0$，处于完全渗透条件，有效成分的扩散系数恒定，薄膜表面扩散边界层的厚度不变，圆柱形体内不同容积元中的有效成分量平衡式可由式（10）确定：

$$\frac{\delta C}{\delta t} = \frac{D}{r} - \frac{\delta}{\delta r}\left(r\frac{\delta C}{\delta r}\right) + D\frac{\delta^2 C}{\delta h^2} \tag{10}$$

其边界条件为

$$r = 0 \quad \frac{dC}{dr} = 0 \tag{11}$$

$$r = R \quad \frac{dC}{dr} = 0 \tag{12}$$

$$h = 0 \quad \frac{dC}{dh} = 0 \tag{13}$$

$$h = H \quad \frac{dC}{dh} = 0 \qquad (R \geqslant r > a) \tag{14a}$$

$$-\frac{dC}{dh} = Km(KC_a - C_o) \approx K_m K C_d \qquad (r \leqslant a) \tag{14b}$$

式中 K_m 为扩散边界层中的质量转移系数，即由扩散边界层解析的接受体溶液的扩散系数。有效成分释放累积量 Q：

$$Q = （浸入形体中的起始有效成分量） - （在时间 t 时残留在形体中的有效成分量） \tag{15}$$

式中右边第二部分可以结合形体中的浓度模型（双向量）来估算。图中的曲线由式（15）计算得。计算值与实验测定值一致。

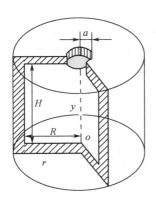

▨ 释放小孔

▨ 不可渗透涂层

图 10-14　小控制释放孔的圆柱形状剂型

四、确定扩散与分隔系数的方法

缓释剂的释放率可以通过适当选择聚合物材料来调节，因其受到聚合物中有效成分的扩散及解析系数的影响。为了确定聚合物材料中的扩散与解析系数，用一个相邻的扩散单体系统（图 10 – 15）做薄膜渗透实验。

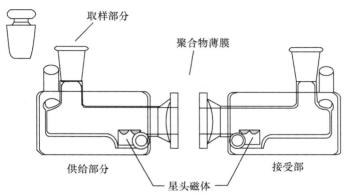

取样部分

聚合物薄膜

供给部分　　星头磁体　　接受部

图 10 – 15　相邻薄膜渗透系统用于测定透过聚合物薄膜的有效成分扩散和解析系数

此系统的有效表面积和容积分别为 4.80cm^2 与 55cm^3。两半部分的温度都可单独控制，以适应环境条件。对于水溶液，当磁头搅动速度为 1200r/min 时，在薄膜表面形成的边界扩散层的厚度约为 $40\mu\text{m}$。由于控制速率聚合物薄膜中的扩散系数通常远低于水中的扩散速率，扩散边界层对薄膜内部渗透性的影响一般可予以忽略不计。对高亲脂性有效成分黏滞溶液，扩散边界层的影响可以通过对内部扩散系数的估算予以近似计算。对扩散边界层的影响，可以通过一定的方法来调整。

聚合物薄膜中有效成分的扩散和解析系数分别可由（16）与（17）计算得：

$$D = \frac{h^2}{6td} \tag{16}$$

$$K = \frac{(\mathrm{d}Q/\mathrm{d}t)sh}{D\triangle C} \tag{17}$$

式中，$(\mathrm{d}Q/\mathrm{d}t)s$，$td$ 及 $\triangle C$ 分别为单位面积上稳定的渗透率，被定义为 Q 时间段对时间表的时间滞差及供给体与接受体溶液之间的浓度差。

五、缓释剂的释放速率

在缓释剂中，不同的形式所具有的释放速率是不尽相同的。

在固溶体情况下，杀虫剂是通过溶解－解析来实现控制释放，如图 10 – 16 所示。

开始释放的速率

$$\frac{\mathrm{d}M}{\mathrm{d}t} = 2M_\infty \left(\frac{D}{\pi L^2 t} \right)^{1/2} \qquad \left(0 \leqslant \frac{M_t}{M_\infty} \leqslant 0.6 \right) \tag{18}$$

后期释放速率

$$\frac{\mathrm{d}M}{\mathrm{d}t} = 8DM_\infty / L^2 \cdot \exp\left(\frac{-\pi^2 Dt}{L^2} \right) \qquad \left(0.4 \leqslant \frac{M_t}{M_\infty} \leqslant 1.0 \right) \tag{19}$$

式中　M_t——时间 t 里释放出的杀虫剂量；

　　　M_∞——最初溶解在体系中的杀虫剂总量；

　　　L——平板模型厚度；

　　　D——杀虫剂在聚合物中渗滤系数。

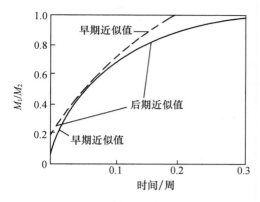

图 10 – 16 固溶体中解析量与时间的关系

即释放速率随着时间的延续而降低。初期的释放量（约60%）随 $1/\sqrt{t}$ 降低，以后的释放量和释放速率按 t 的指数关系降低。为得到一定的释放速率，必须抑制药剂向表面扩散，可用包覆表面膜的办法使透过率变小，使之达到恒定速率。

在分散体情况下，药剂表层向基体上溶出、扩散，如图 10 – 17 模型在任何时间的释放速率关系式：

$$\frac{\mathrm{d}M_t}{\mathrm{d}t} = \frac{A}{2}\Big[\frac{DC_s}{t}(2C_o - C_s)\Big]^{1/2} \tag{20}$$

式中　M_t——到达 t 的农药释放量；

　　　D——杀虫剂在膜中扩散系数；

　　　C_o——膜中心药剂初始浓度；

　　　C_s——膜表层药剂溶解度；

　　　A——平板两面的表面积。

通常 $C_o > > C_s$，所以减少的释放速率

$$\frac{\mathrm{d}M}{\mathrm{d}t} = \frac{A}{2}\Big(-\frac{2DC_sC_o}{t}\Big)^{1/2} \tag{21}$$

由此可见，从分散体制剂中杀虫剂的释放量按 $\sqrt{t}$ 增加，在任何时候杀虫剂的释放量和释放速率都随 $\sqrt{C}$ 增加，而释放速率按 $t^{-1/2}$ 降低。

同一种杀虫有效成分，因制成不同的制剂剂型，显示出不同的药物蒸发率。日本有人以杀螟松分别制成 20% 微胶囊剂（MC），40% 可湿性粉剂（WP）及 10% 浓乳剂（EC）三种剂型，然后分别用去离子水制成混悬液按 50ml/m² 喷洒在涂有油漆的胶合板上，在 25℃ 条件下干燥 24h 后，分两种不同的方法存放：一种放在 25℃，相对湿度 60%，敞开式试验室内；另一种放在 25℃ 的密闭铝箔袋内。经过一定时间后，对每块板用 50ml 丙酮浸渍，用超声波洗涤 10min，萃取杀螟松。萃取的杀螟松量用气相色谱法测定。存放期间杀螟松的分解率和蒸发率按下式计算：

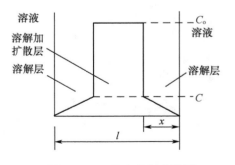

图 10 – 17　聚合物板式模型

$$分解率（\%）=100\% - 密闭条件下的残存率（\%） \tag{22}$$

$$蒸发率（\%）=密闭条件下的残存率（\%）-开放条件下的残存率（\%）$$

其结果如表 10 – 28 所示。

表 10 – 28　杀螟松微胶囊剂、可湿性粉剂、乳剂三种剂型喷洒在油漆胶合板上后的蒸发率

剂型	1 个月后（%）				6 个月后（%）			
	开放条件下残存率	密闭条件下残存率	分解率	蒸发率	开放条件下残存率	密闭条件下残存率	分解率	蒸发率
微胶囊剂	97.7	100.0	0.0	2.3	66.7	100	0.0	33.3
可湿性粉剂	87.3	100.0	0.0	12.7	45.8	85.6	14	39.8
乳剂	82.0	100.0	0.0	18.0	34.2	88.8	11.2	54.6

从表 10 – 28 明显可见，微胶囊剂的蒸发率最小，因而证明将杀虫有效成分制成微胶囊剂型后，比其他剂型具有优异得多的持效作用。在 6 个月开放式贮存条件下微胶囊剂型中的杀螟松的残存率最高，没有观察到分解现象，说明它的高稳定性，其他剂型中都有大于 10% 的有效成分已分解。

此外，生物试验证明，不同的杀虫有效成分对害虫（如以雌蚊成虫为例）的 LD_{50} 不同，如氯菊酯为 $0.0050\mu g$/虫，DDT 为 $0.0082\mu g$/虫，马拉硫磷为 $0.0075\mu g$/虫，杀螟松为 $0.0050\mu g$/虫。但同一种杀虫有效成分，因制成不同的剂型，对蚊虫所需的有效剂量也不尽相同，如以杀螟松为例，对淡色库蚊的 LD_{50}，微胶囊剂（MC）、可湿性粉剂（WP）和浓乳剂（EC）分别为 $1.25mg/m^2$，$2.5 \sim 5.0mg/m^2$ 和 $3.54mg/m^2$。可见与其他剂型相比，被蚊虫所带走的量以微胶囊剂为最高。

六、控制扩散系数的方法

一般来说，瞬时释放图形受聚合物材料中有效成分扩散系数的影响，关于这一点由式（16）可以看出。混合聚合物可用于控制扩散系数。图 10 – 18 为 vaporthrin（VEP）渗透过含不同比例 HDPE 的 LDPE/HDPE 混合聚合物的累积量与时间的关系，由图可以看出，VEP 渗透率变化范围较大，其取决于 HDPE 在聚合物中的比例。dQ/dt 稳定态释放速率，扩散系数 D 及解析系数 K 相应在图 10 – 19、图 10 – 20 及图 10 – 21 中以点线表示为 HDPE 的函数。值得指出的是 VEP 在这类高低密度聚乙烯混合薄膜中的渗透率只受聚合物中的扩散系数的影响，而与溶解性及解析系数无关。与高低密度聚乙烯混合物相对应，如采用另一类不同的聚合物薄膜，则可能控制溶解性和解析系数，而不是扩散系数。

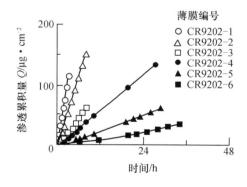

图 10 – 18　VEP 通过不同聚乙烯薄膜累积量与时间关系

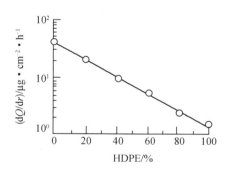

图 10 – 19　稳定态流量与聚乙烯混合物薄膜中 HDPE 比例的关系

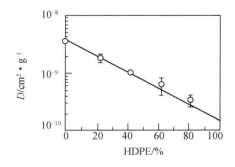

图 10 - 20　扩散系数与聚乙烯混合物薄膜中 HDPE 比例之间的关系

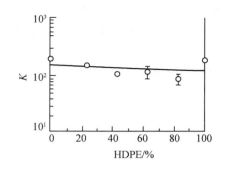

图 10 - 21　解析系数与聚乙烯混合物薄膜中 HDPE 比例之间的关系

图 10 - 22 列出了心血管药物对 EVA 共聚物薄膜的渗透率，它随 EVA 共聚物中醋酸乙烯质量比的变化而不同。它的稳定态渗透率，扩散系数及解析系数分别表示在图 10 - 23，图 10 - 24 及图 10 - 25 中。与聚乙烯混合物薄膜相对照，EVA 薄膜中稳定态渗透率主要由解析系数决定，尤其对醋酸乙烯比例低的共聚物。这一发现表明，杀虫剂制剂中有效成分的释放速率可以通过改变聚合物化学结构或制剂的几何形体设计等多种途径获得控制。

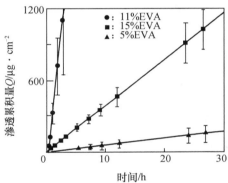

图 10 - 22　心血管药物透过不同 EVA 共聚物的累积量与时间的关系

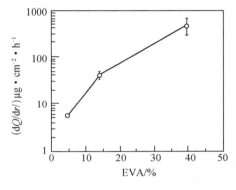

图 10 - 23　稳定态流量与 EVA 共聚物中醋酸乙烯比例之间的关系

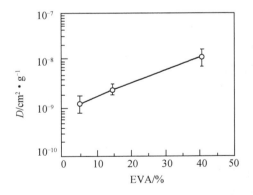

图 10 - 24　扩散系数与 EVA 共聚物中醋酸乙烯比例之间的关系

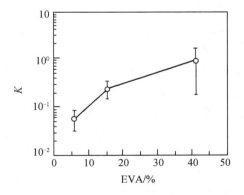

图 10 - 25　解析系数与 EVA 共聚物中醋酸乙烯比例之间的关系

七、实例及制作

先将热塑性树脂聚氯乙烯（26%），活性磷酸酯（27%）和己二酸二辛酯（36%）混合后，在低真空下快速加入10%羟基化聚乙烯醇缩丁醛，进一步混合，然后把混合物倒入模具中，或用高吸着性的热塑性树脂干混后挤压成型，用电炉或微波辐射，在150℃下处理30min即成。

又如75%敌敌畏，10%丙烯酸与聚烯丙基蔗糖共聚的羧乙烯基酸性聚合物，10%纤维素醋酸酯（平均乙酰量39.8%）和5%邻苯二甲酸二丁酯，慢慢凝胶化，150℃下处理25min即成。

第九节 其 他

一、空心纤维

空心纤维属于无控制膜的贮存系统。即利用空心纤维的毛细孔吸附来保持和控制农药的释放。

空心纤维是由平行排列的合成空心纤维组成，黏附在支承带上，如图10-26。纤维中充满有效活性物质，顺着带隔段封闭，使用时切断成施药单元。液体药剂由内切口蒸发出来，散布在大气中，由于毛细管内聚力作用，药剂不能流出纤维管外。

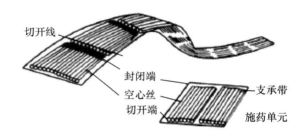

图10-26 空心纤维施药带

特制的空心纤维内层会把溶解的杀虫剂不断从切口迁至表面，发挥生物活性。当药剂离开后又有内部新药剂补充上来，直到全部药剂耗尽。

空心纤维的药液释放是通过气液界面的蒸发、纤维内气柱的扩散和纤维末端的对流作用，三者连续进行来完成的（图10-27）。它的释放速度与纤维的内径和纤维末端数有关；持续时间与纤维长度有关；释放量与时间的平方根$\sqrt{t}$成比例，即通常初期释放量较大，以后慢慢变小。如药液中加入黏着剂，能减缓挥发。

空心纤维中吸入昆虫驱避剂，在极微量时也有效，原有药剂浓度基本不变，因此能长期保持驱虫效果。日本山本昭等人用高密度聚乙烯制成直径0.1~0.3mm的空心纤维管，加入性引诱剂，研究了测定释放速度的方法。我国营口市石油化工研究所，用高压聚乙烯先制成管径0.8mm左右、长500mm的空心纤维，用真空吸入法加入桃小食心虫性外激素至300mm处，用热熔法封闭端部，在害虫预测和用迷向法、诱捕法防治方面，取得了初步成效。现有用三醋酸纤维素制成的多孔性制品Poroplastic、Sustrelle（有孔玻璃球粉）等商品，其孔径极小而且可变，能大量吸收几乎所有的液体物，外表面亲油，体系均一透明，但干燥时有收缩现象。

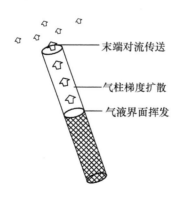

图10-27 空心纤维释放机制

二、吸附性剂型

将药剂吸附于无机、有机或天然吸附性载体中，以此作为贮存体，然后涂以控制性外膜。对吸附性载体的要求是吸附性能强，但不与有效物发生化学反应，而且能将药物全部释放出来。此外，希望原料易得、价格低廉等。常用的吸附性载体有 Al_2O_3、膨润土、沸石、硅藻土、锯末、离子交换树脂或合成的粒状载体。外膜或阻滞性物质有烯烃类高分子聚合物和蜡类物质，如蜡质乳剂等。

该类制品有包膜和浸渍两种成型方法。

1. 包膜法

上海昆虫研究所用 1% 双硫磷乳液浸泡 $3cm \times 4cm \times 1.5cm$ 的方木块 8～12h，晾干后再涂以聚氯乙烯外膜，每 $5m^2$ 放 1～2 块木方块，可维持对孑孓的残效 90d 以上；用同样体积大小的发泡玻璃砖作载体，采用相同的包膜和使用方法，残效期 5～7 周；而用原药、聚氯乙烯、邻苯二甲酸二甲酯混合，在 160℃ 下处理 1h 后再成型，制得成品的残效期 2～3 周。

包膜法则用普通的塑料袋来制成吸附性缓释剂制品。如将敌敌畏吸入木屑中，直接放入厚度 0.035mm 的聚乙烯袋内，封口后悬挂家畜、牛舍中，对吸血的中华按蚊有持久效果。或将 50% 双硫磷乳油和 50% 敌敌畏乳油，以 1:2 共 2ml 放入聚乙烯塑料袋中，袋内充满空气后封口，将袋投入水面，1 袋/$5m^2$，其残效期可达数月。

2. 浸渍法

将药剂与高分子聚合物溶合在一起，混入吸附性载体中，直接可得吸附性制品。

如将 20g 敌敌畏，18g 邻苯二甲酸二乙酯，0.4g 甲氧基苯乙烯，1.6g 乙烯基苯乙烯混合，浸渍在 360g 多孔性 Al_2O_3 片上即成敌敌畏缓释剂。

又如将 40 份聚氯乙烯，60 份聚乙烯醇，15 份甘油捏合一起，在 220℃ 下制成 3mm 直径的小条，冷却后粉碎成粒状物，然后用 20% 的 2，4-二氯甲苯溶液浸渍一夜，增重 27%，即得产物。残效期达两个月。

再如用纸片、纤维素板等直接浸渍农药溶液，除去溶剂即成。如将含有 0.2% 硫黄的敌敌畏浸于硬纸板上，干燥后即成。或将纤维片浸上敌敌畏、邻苯二甲酯及硅油的混合物，然后用塑料封闭 98% 的外表面，即得敌敌畏的缓释剂。还可将木材浸入二甲基对钛酸盐和苯的混合物，或将 0.005% 的溴氰菊酯溶液浸入，该木材对害虫有驱杀作用。

这种缓释剂是通过吸附、解析、扩散来释放农药，易受环境中雨水的影响而改变吸附平衡，使之难以达到稳定一致地释放，而加用包膜之后便可得以改善。

三、膜剂

膜剂也属薄膜式缓释剂之一种，但较之多层式薄膜缓释剂的形态及加工相对来说比较简单。

膜剂一般是将杀虫剂与高分子聚合物混合在一起，形成薄膜，或先制成液剂，将它喷涂或刷在处理表面上后，再形成一层薄膜，覆盖整个被处理表面。此后有效成分蒸发或扩散到覆盖面表面，并继续从薄膜再扩散到周围空间发挥药物作用，赋予被处理表面持久的生物活性。

在此所述的膜剂，主要是指将一些具有耐热特性的杀虫剂有效成分通过 $CaSO_4$、$CaCO_3$ 及沸石等载体的吸附制成包结化合物，从液态改变为固态，然后一起研磨成 200 目以下的细微粉粒，再混合在聚合物粉料中，最后再与烯烃类聚合物混合后通过挤出机成形为薄膜。膜中有效成分的含量在 0.1%～5%，药膜厚度以及大小根据有效成分的活性、需要防治的靶标及处理表面性状来取定。

这种膜剂两面能同时释放药物有效成分，与前面所述的多层复合膜缓释剂不同。当然，也可以根据需要将它制成单面释放药剂的药膜。

这种膜剂目前也已获得多方面的应用，如制成可以驱杀臭虫、跳蚤、蚂蚁等害虫、驱鼠及防霉防蛀的地毯、被褥或柜、橱等的衬里或垫层，能长期维持效果。

与此相类似的另一类膜剂，是先制成液剂，然后喷涂或刷涂在被处理物表面后，形成一层薄膜。杀虫涂料及杀菌涂料就是这种膜剂的典型形式。

成膜剂中一般含有黏着剂、固化剂、稳定剂（抗氧化剂）和溶剂等辅助物质，如水果保鲜成膜剂中常用油酸盐、蜂蜡、棕榈蜡、鲸蜡、虫胶、紫胶、液体石蜡、高级脂肪醇、卵磷脂、聚醋酸乙烯酯、吗啉脂肪酸、褐煤酸酯、香立酮茚树脂等成膜性物质。用浸渍或喷雾法（静电喷雾最好），在水果外表形成很薄的膜层，使水果呼吸强度降低，减少自身消耗和失水，能延长水果贮存期。若加入杀菌剂、乙烯吸收剂和植物生长调节剂等，可更好地防止水果腐烂和保持鲜度。作为油漆、涂料等使用的成膜剂，还须加入颜料和填充料等物质。如最早用于船舶的防污剂就是一例（表10-29）。

表 10-29　船舶用防污剂

配方①		配方②	
组成	质量分数（%）	组成	份
氯化橡胶	5	2，2-二溴-4'-氯苯乙酮	20
松香	25	滑石粉	7
铁朱	18	铁朱	15
滑石粉	10	乙烯树脂	12
二甲苯	40	甲基异丁基酮	20
氧化双三丁基锡	2	二甲苯	20

将配方②各组分混合，涂在钢板上，海水中浸一年，无藤壶和水螅附着。

表 10-30　噻菌灵防霉剂

噻菌灵（TBZ）	20g	渗透性防水剂	1000ml
冲淡浆	20g	亮漆稀释剂	4000ml（3480g）

表 10-30 中的配方可配成 0.94% 的持久性防霉液，以 66.6ml/m² （57.9g/m²）涂布木材、砖瓦、混凝土、墙壁等表面，结果均不长霉菌。

此类成膜剂可根据不同的使用要求，选用相应的活性成分和成膜助剂，配制成液体制剂，用各种涂布方法，涂附于水果、渔网、蚊帐、帐篷、门窗等表面，也可以涂料形式涂于房间内墙、壁橱、家具、木材、水泥、陶瓷、金属等表面，使装饰与防虫、防霉、防鼠结合成一体，起到保护、美化、防害的综合作用，持效期长达数年之久，如避蚊胺醇醛树脂涂料可防治蟑螂，有效期两年，含毒死蜱、氯菊酯或溴氰菊酯等的涂料均能长期持效。

四、发泡型缓释剂

这种剂型是由飘浮性颗粒剂制成的发泡型缓释剂，如将聚乙烯 40~45 份，邻苯二甲酸二丁酯 40~45 份，双硫磷 5 份和乳化剂（Triton-100）10 份（或不加），NH_4HCO_3 1 份，柠檬酸 3 份和水 1 份，混合一起，放入 0.635cm 厚的铝模中，加热至 130℃，保持 12min，使之熔化发泡，冷却后即得双硫磷的发泡体，用于水中灭蚊的持效期可超过 20 周。

水溶性无机玻璃与肥料、杀虫剂制成的混合缓释剂，在与水接触时，营养成分和杀虫剂不断释放出来发挥作用。如制成棒条插入花盆中，对花卉施肥和病虫防治管理十分方便。膨胀型的水凝胶型制剂的性能也很好。

五、缓释块

将倍硫磷制成软木块缓释剂，可用于杀灭小型积水中的致乏库蚊幼虫。每周换水一次，持效期为 20 周，若不换水，则持效可达 44 周。试验结果分别见表 10-31 及表 10-32。

表10-31　倍硫磷软木块缓释剂对水中蚊幼虫的持效作用（一）

试验期（周）	换水组			对照组	
	试虫数（条）	死虫数（条）	死亡率（%）	试虫数（条）	死虫数（条）
1~19平均	600	600	100	600	0
20	600	600	100	600	0
21	600	598	99.67	600	0
22	600	594	99.00	600	0
23	600	590	98.33	600	0

表10-32　倍硫磷软木块缓释剂对水中蚊幼虫的持效作用（二）

试验期（周）	不换水组			对照组	
	试虫数（条）	死虫数（条）	死亡率（%）	试虫数（条）	死虫数（条）
1~43平均	600	600	100	600	0
44	600	600	100	600	0
45	600	592	98.67	600	0
46	600	592	98.67	600	0
47	600	568	94.67	600	0

这种软木块缓释剂是由50%倍硫磷1g，滴注在每块重0.5g的软木块上，然后用酚醛树脂覆盖木块外层制成。

试验结果显示，这种倍硫磷软木块缓释剂对于防治水中蚊幼虫有着较好的持效作用。在实际应用中，由于现场环境的多变，持效期可能会缩短，特别在雨水多的季节，放在水池中的倍硫磷软木块缓释剂的持效期也会缩短，此时应适当缩短这种块剂的更换时间，以保证对蚊幼虫的控制。

六、塑料（或橡胶）结合剂

缓释剂的形式还有许多，如塑料（或橡胶）结合剂是杀虫剂与塑料（或橡胶）的均一混合物，或杀虫剂在其中的固态溶液。这种制剂用途广，制造简单，可采用废旧塑料来制取。塑料结合剂可加工成块状、颗粒状、粉状、条状，以适应不同的使用要求。如使用呋喃丹等农药加工成塑料块，持效达1年以上，用双硫磷制成的泡沫塑料制品，用于水塘灭蚊，持效可达数月之久。

1. 双硫磷塑料袋

将50%双硫磷乳油1份与50%敌敌畏乳油2份混溶，装入小塑料袋（管）内，每袋2ml，再向袋内充入少量空气，用热合机封口制成。使用时将小袋投入水中。每5m²水面投放1袋。小袋浮于水面，袋内的双硫磷，随敌敌畏逐渐渗透到水中，发挥药效，持效作用可达数月。

2. 双硫磷泡沫缓释剂

（1）组成

双硫磷原油：5份；

聚氯乙烯：40~45份；

邻苯二甲酸二丁酯：40~45份；

粹通-100（Triton-100）：10份；

碳酸铵：1份；

柠檬酸：3份；

水：1份。

（2）制作方法

先将聚氯乙烯溶于邻苯二甲酸二丁酯中，再将粹通-100及双硫磷原油加入其中。另将碳酸铵，柠檬酸和水混溶。把上述两溶液混合均匀后，放入0.635cm铝模中，加热至130℃，保持12min使之熔化并发泡，冷却后即得定形的双硫磷泡沫塑料。这种制剂用于水中灭蚊。持效可达20周。

第十一章 >>>

驱避剂与引诱剂

第一节　概　述

　　昆虫及其他许多动物都会对某些化学物质或天然植物释放出的气体分子中所含的特殊气味产生喜爱或厌恶，做出被引诱或驱避动作。若这种由化学物质发出的刺激或吸引气味为正向性，则昆虫或动物被吸引；若化学物质发出的刺激气味为负向性，则昆虫或动物被驱避。一般来说，这种对昆虫产生正向性的药剂，称之为引诱剂；反之，对昆虫产生负向性的药剂，称之为驱避剂。

　　由于引诱剂可以加入杀虫有效成分中制成引诱毒饵，使有害生物被引向引诱性杀虫剂而被一网打尽，所以较为引人重视，近年来在引诱剂方面的研究开发也大有进展。但对于驱避剂，往往被人误认为只具有将有害生物驱赶的消极作用，不具备杀灭功能，因而被人忽视。

　　但是实际上，大自然如此之浩瀚，有害生物种群及数量众多，许多有害生物多少年来一直与人类长期共存，互相争斗。而且地球上还有许多人类不及之处，为各类生物，包括有害生物的生存栖息提供了广阔的天地，人们根本不可能将化学杀虫剂布满所有的地区。即使是在人类从事各种活动的工地、矿区、野外、森林及边防前哨等地，其地域或范围之大也非区区数十人、数百人所能及，事实上无法将这些地点的所有有害生物全歼。即使某些地区的有害生物被杀灭清除了，有害生物还会从他处迁移过来。所以，对于那些地广人稀、害虫分布广泛的地区，不需要也不能大规模杀虫的地方，或对于某些杀虫在经济上不合算的情况，最好的办法还是设法达到个人防护，使人免受各种吸血昆虫叮咬或鼠蛇等有害生物的骚扰和侵袭。

　　这时就需要借助驱避剂的作用。驱避剂可以在一定时间内，使一些处在特定场所，如林区、牧场、海岛、边防、旅游等野外活动条件的人群免受昆虫叮咬，减少骚扰危害，防止虫媒病发生。

　　所以驱避剂与引诱剂是一对功能各异，作用方式相反，但目的都是为保护人群不为各种有害生物侵害的重要武器，是化学杀虫剂中一种特殊的群体。

　　驱避剂不同于杀虫剂，一般毒性较低，副作用小，因为其中有些品种直接施用于人体皮肤表面。还有许多不用于人体，但施布在家庭等人群频繁活动场所，以达到防止各种卫生害虫和老鼠等的危害。

　　驱避剂最早的开发目的是为了使人群免受蚊、跳蚤、虱及蚂蚁等的吸血危害，后来又用于在战争中防止军人被蚊虫侵袭。1929 年，美国首先研制出第一个合成驱避剂 DMP（邻苯二甲酸二甲酯），1937 年美国专利又报告了另一个合成驱避剂——避蚊酮（Indalone），在第二次世界大战期间，美国又把 DMP、避蚊酮与乙基己二醇混合在一起，定名为 6 - 2 - 2，用作万能军用驱避剂。这种直接用于人体上驱避吸血性害虫的药剂被称为人体用驱避剂。

　　其他驱避剂还有诸如防止蟑螂等害虫啃咬电线电缆，防止衣服被蛀蚀，阻止鸽子飞入或狂犬咬人等许多类品种。从广义上讲，这些都可被列入驱避剂范畴。为了保证人群的安全健康，已有许多种驱避剂开发成功并获得应用。至今为止，合成的各类驱避剂的原药已达 25000 种以上，这些化合物主要有酰胺类、亚胺类、醇类及酯类等，但真正获得实际应用的不多，如避蚊胺 DEET（N，N－二乙基间甲苯甲酰胺）自 1957 年研制开发以来，由于它的广谱长效驱避效能，一直为世界各地所合成生产和使用。

人类还使用植物性香精油类作为驱避剂，如桉叶油、香柏油、冬青油、大茴香油、丁香油、薰衣草油、松焦油和黄樟油等。但这些驱避物质气味浓郁，有效作用时间短，对人皮肤会产生刺激，所以一般不直接使用，而是加工成防蚊油、驱虫霜、驱虫帘或网等形式。

美国自 1980 年以来已见试验报告的驱避剂化合物达 150 多种，而且均属酰胺类，其中有的已开始进入实用化阶段，如 1993 年开发的驱避剂品种 A13－37220，经试验对斯氏按蚊及尖音库蚊的驱避效果均优于 DEET。

英国科学家从桉树成分中制得驱避剂 PMD，其经口与经皮毒性很低，但对疟疾媒介的效果与 DEET 相近。

日本通过对植物驱避剂的研究，合成了萜类化合物，如住友化学工业株式会社合成了 1S、2R、4R－p－烷二醇用于皮肤涂抹，效果良好。

德国拜耳公司研究了 acylated 1、3－aminopropanol 衍生物，其中化合物（KBR3023）1－[piperiden carboxylic acid－2－（2－hydroxyethyl）－1－methypropylester] 对双翅目吸血昆虫和蜱的驱避效果已等于或超过 DEET。

加拿大在近年也合成了 20 余个双取代恶唑烷类化合物，其中有的对蚊虫的驱避活性已与 DEET 相当。

印度对植物驱避剂的研究较多，这是得益于丰富的天然印楝油。印楝油涂抹皮肤对蚊和白蛉均有较好的驱避效果，也可以用来制成电热驱蚊片剂，其效果优于烯丙菊酯。

此外，自 20 世纪 80 年代中期以来，还研究了长效剂型的驱避剂，如具有控制释放效能的微胶囊剂、微粒剂以及聚合物制剂等，其中含 15%～35% DEET，效果超过或接近 75% DEET 乙醇涂抹液剂。

我国在驱避剂的研究开发方面也做了大量工作，取得了相当的进展。如通过对植物源驱避剂的研究，筛选出了柠檬桉、野薄荷等植物，具有较好驱避作用。开发出了驱蚊灵（对孟烷二醇－3.8）。在 20 世纪 70 年代合成出了 DEET。在 80 年代又合成了呋喃丙酰胺类化合物，其驱蚊活性（ED_{50}）和持效时间优于 DEET。开发了多种使用剂型，近年也研制出长效剂型。例如西北农林科技大学张兴教授等为解决精油在驱蚊产品中挥发快、持效时间短的问题，将驱蚊精油研制成微胶囊悬浮剂等水基化缓释剂型，其持续驱蚊时间可以达到 4h 以上。

引诱剂是各种引诱物质的总称，这些能产生引诱的物质包括：性引诱物质、食饵引诱物质、产卵引诱物质、吸血引诱物质及集合信息素。

其中以食饵引诱物质应用得最多，如捕杀蟑螂用毒饵及蝇类用毒饵等。其他引诱物质，由于其显示光谱的特异性、成本问题以及安全性问题等，除非在一些必要的特种场合外，在家用方面一般较少考虑。

食饵性引诱剂型的制剂很多，首先考虑的是将引诱剂与杀虫剂相混配制成，其目标是吸引害虫聚集前来取食，使其同时食入杀虫剂而毒杀致死。

其次，使用引诱剂的这种杀虫剂不能对有害生物具有丝毫的驱避特性。

再次，制成食饵时，一般需将杀虫剂与一些有机化合物混合，所以要考虑杀虫剂与所用化合物之间的相容性及稳定性。近年来，微胶囊化技术被用于杀虫剂后，可以将杀虫剂所具有的气味及驱避物质包封在微胶囊中，提高了杀虫剂在毒饵中的稳定性及可使用性。

第二节　驱避剂与引诱剂的种类

一、驱避剂

用于昆虫的驱避剂，在早期曾经使用煤油、吡啶、杂酚油、各种浸膏与波尔多液等制成。近来发现，喜马拉雅杉树油、樟脑、桉树油及甲酚等也具有驱避作用。

一般来说，不少昆虫对胺、氨酯、栗子油等中的官能基团具有驱避倾向，这些物质可作为对吸血昆虫的驱避剂。现在市售的商品制剂中大都以避蚊胺（DEET）为主要成分。其他还有一些化合物，如MGK－326，也具有驱避效果，但这些化合物的用量较少。DEET的驱避活性强，对现有的许多有害昆虫均有较广谱的驱避效果，价格也不贵，几乎无什么缺点可言，恐怕今后很长一段时间内也难以发现一种更好的替代物质。

人体用驱避剂的制剂规模及生产销售数量，在日本已超过30亿日元。在中国的使用量也逐渐增多，但剂型及品种有限，几乎只占到杀虫剂市场总量的1%～2%的水平，气雾剂形式的驱避剂尚未开发，所以市场发展前景潜力很大。

其他种驱避剂，有针对老鼠的环己亚胺（cycloheximide），对付乌鸦和灰椋等鸟类的亚铁盐及二烯丙基邻苯缓释剂等。针对衣服布料的有害昆虫如衣鱼类，历来是以二环苯（paradid）为驱避剂，近年来也有采用挥发性高的拟除虫菊酯类化合物的，使用量逐年增加。

二、引诱剂

家庭卫生害虫防治用引诱杀虫剂，主要是针对苍蝇或者蟑螂考虑的。对苍蝇的引诱成分多以糖蜜、砂糖、蜂蜜、鱼粉、淀粉以及各种香料与杀虫剂混合，这类杀虫剂有马拉硫磷、敌敌畏、三氯杀虫酯等。对蟑螂的引诱成分主要使用大米的抽出物及其他，食饵物用马铃薯、洋葱及淀粉等。

如今，在大规模垃圾堆场及畜舍等场所开始普遍使用苍蝇毒饵，但在一般场合使用的还不多。而蟑螂毒饵在家中使用已被认可。今后这方面的市场必将会逐步扩大。

从分类的角度说，无论是驱避剂还是引诱剂，按其来源，可以分为植物源性的与化学合成的。按其作用，可以分为针对卫生害虫的和用于啮齿动物的。另外可以根据它的剂型形式进行分类。

第三节　驱避剂与引诱剂的作用机制与特点

一、驱避剂

（一）作用机制

驱避剂对吸血昆虫的作用机制是复杂的，因为对吸血昆虫而言，宿主对它的刺激因素是多种的，包括视觉、嗅觉、温度、湿度和化学刺激。一般认为驱避剂直接对吸血昆虫的触觉器官和化学感受器产生作用，或同时对昆虫的多种感受器发生作用。

1985年，Davis提出了驱避剂对吸血昆虫的5种可能的作用机制。

1）可能干扰和抑制昆虫对正常引诱性化学信号的反应。

2）有些物质在低刺激强度（浓度）是引诱物，但在高刺激强度（浓度）时则变为驱避物，对昆虫产生驱避作用。

3）可能激活"无毒无味"感受器，驱避剂可使昆虫的某些纯感觉器官产生兴奋。

4）可能激活传送复杂行为方式的感受器系统，使化学感觉神经元增加抑制频率。

5）同时激活几个不同类型的感受器，干扰吸血昆虫寻找宿主的行为或趋向。

（二）影响驱避剂作用的因素

驱避剂对吸血昆虫的驱避活性来自于其本身化学结构中某些功能基所具有的驱避活性及理化性质，但在不同结构类型的化合物中其影响还是不同的。如亚甲氧基加在苯甲醛、苯甲醇及其缩醚的苯环上可以提高化合物的驱蚊效果，延长作用时间一倍多，但加在羟基酯和酰胺类化合物上却使其驱蚊效果降低。

　　化合物的沸点和蒸发率对驱避剂的驱避活性的影响是明显的，如沸点太低，驱避活性作用快，但有效时间短；反之若沸点太高，也会由于挥发性减弱而使其驱避活性降低。同样驱避剂的蒸发率高，驱蚊有效时间缩短。

　　但是化合物的内在特性并不是决定一切的，在实际使用中，驱避效果还受到多种直接或间接因素影响。

　　首先是吸血昆虫方面的影响。不同的虫种、密度及生长期会对同一种化合物表现出不同的响应效果。有试验表明，以避蚊胺（DEET）为例，即使是蚊虫，但因蚊种不同，其半数有效剂量（ED_{50}）显示出明显的差异。Buescher 在 1987 年测定了 DEET 对几种蚊种的 ED_{50} 值及 ED_{90} 值（表 11-1）。

表 11-1　5 种蚊虫对 DEET 的敏感性

蚊种	ED_{50}（mg/cm^2）	ED_{90}（mg/cm^2）
淡色按蚊	0.0577	0.3528
辛氏按蚊	0.0332	0.1231
带喙伊蚊	0.0027	0.0425
埃及伊蚊	0.0287	0.1301
尖音库蚊	0.0184	0.0606

　　试验表明，不同密度蚊虫对同一种驱避剂的不同浓度，以及不同种的驱避剂反映出的有效驱避时间也不同。如 1993 年弗朗西施（Frances）以 DEET 的三种不同浓度涂在人手臂后对蚊笼内不同数量的大劣按蚊做了实验观察，结果表明当蚊虫密度增加时，DEET 的有效驱避时间缩短，见表 11-2。

表 11-2　三种不同浓度 DEET 对不同密度蚊虫的有效驱避时间

DEET 浓度（%）	有效驱避时间（min）			
	25 只	50 只	100 只	200 只
5	37.5±12.4	22.5±6.5	7.5±16.3	7.5±6.5
10	82.5±6.5	37.5±6.5	97.5±6.5	15.0±7.5
20	120.5±18.4	105.5±22.5	52.5±14.4	22.5±7.5

注：人手臂试验，大劣按蚊。

　　在此基础上，弗朗西施又于 1996 年观察了三种不同驱避剂涂在人手臂后对不同蚊虫密度的有效驱避时间，也显示出相似的结果。表 11-3 是以 DEET，AI3-37220 及 CIC-4 三种驱避剂所做的试验结果。

表 11-3　三种不同驱避剂对不同密度蚊虫的有效驱避时间

驱避剂（20%）	有效驱避时间（min）			
	25 只	50 只	100 只	200 只
DEET	285.0±63.1	202.5±39.5	180±36.7	105.0±15.0
AI3-37220	225.0±63.1	120.0±42.4	52.5±25.6	<5
CIC-4	210.0±0	165.0±15.0	210.0±17.3	195.0±8.7

注：人手臂试验，刺叮 3 次的时间，不涂药臂刺叮数各笼分别为 3.4，7.4，10.4 和 12.0 只/min。

　　驱避剂的使用浓度（或剂量）对提高驱避效果和延长作用时间的影响，是显而易见的。试验结果显示，使用浓度和剂量提高，有效作用时间延长，但它们之间并不构成线性关系。而且如前所述，在同一种浓度（及剂量）时，不同蚊虫虫种和同一蚊种但不同密度时所表现出的有效驱避时间也不同。表 11-4 列出了不同浓度驱蚊灵的有效驱蚊时间，表 12-5 列出了三种不同驱避剂在两种不同浓度下的有效驱避时间。

表 11 - 4　不同浓度驱蚊灵的驱蚊效果（白纹伊蚊、人）

浓度（质量分数,%）	剂量（mg/cm²）	有效时间（h）
15	0.26	4.4
20	0.35	5.3
30	0.53	9.4
50	0.88	13.0

表 11 - 5　两种剂量三种不同驱避剂的驱蚊效果（致倦库蚊、人）

剂量（mg/cm²）	有效时间（h）		
	DMP	DEPA	DEET
0.25	1.5	5.0	6.0
0.50	3.0	6.75	6.0

此外，同一种药剂在相同剂量及剂型条件下，被施用于不同人体时，也会反映出不同的效果。这是因为人的个体差异表现为人体散发出的气味对昆虫的引诱力，以及皮肤对药剂的吸收与排斥情况不同。

对于驱避剂来说，使用环境对它的作用效果与持续时间有一定的影响。这些环境因素包括空气湿度、环境温度及空气流动情况，其中影响最大的要数环境温度。试验表明温度每升高 10℃，DEET 的效果降低近一半。其次，空气流动速度快，药剂挥发加快，有效保护时间缩短。湿度较高，使药剂挥发速率减低，则驱避剂的效果较好，有效保护时间长。

（三）驱避剂的优点

1）与杀虫剂的作用不同，不是杀灭昆虫，而是预防它叮咬骚扰人群。

2）产生效果迅速。

3）处理比较简单，只要在肌肤祖露部分涂抹就可对昆虫产生驱避效果。

4）与杀虫剂大面积喷洒不同，使用量少，可以避免污染环境。

5）毒性很低，可以制成多种剂型，便于携带。

二、引诱剂

（一）作用机制

引诱剂对有害昆虫的作用刚好与驱避剂相反。

驱避剂是发挥对昆虫驱避作用，目的只是不让它们接近人体对人进行叮刺和骚扰，并不将昆虫杀死，驱避剂本身没有杀虫性能，所以从这个意义上来说，它并不是一种杀虫剂，只能称之为防虫剂。

引诱剂虽然与驱避剂一样，本身也无杀虫性能，也不属于杀虫剂，但它的应用目的不是驱赶昆虫，而是引诱昆虫，对它起到集杀作用，所以一般总是将引诱物质与杀虫剂混制在一起。引诱物质的作用犹如杀虫剂的帮手，而真正杀灭昆虫的主力还是杀虫剂本身。

引诱物质本身对昆虫的作用机制，从本质来说是一种在引诱物与昆虫之间信息素的交换传递过程。每一种类的昆虫都具有多种信息讯号（或称信息素），如性信息、食欲信息、吸血信息、排泄信息等。同一种类的昆虫所具有的信息讯号强弱也不尽相同，而是处在一定区间内。同一种昆虫在不同生长期或时段内表现出的某种信息素倾向也不同，如处在交配期的昆虫，可能它的性信息素讯号最强，而当它饥饿欲取食时，则食物信息讯号处于最强状态，昆虫身上所具有的各种信息素之间的平衡状态总是处于不停的交替之中。

昆虫信息素如何发送和吸收，哪一种信息素主要由昆虫体上的哪一个器官或部位来完成传递，这些详细资料尚不清楚。如有资料表明，异戊醛蒸气是通过蝇类嗅觉器官产生引诱作用，但实际情况可能要复杂得多，有待深入研究。这是一个十分复杂的问题。

昆虫的这种信息素之间的不断交替平衡状态，就表现为对引诱物质的选择倾向上。所以这就不难解释为什么人们对某种昆虫采用一种引诱剂，有时表现出具有较强的作用，有时似乎显得效果不明显。

（二）影响引诱剂作用的因素

化学引诱剂对昆虫的引诱作用是十分复杂的，昆虫对化学引诱剂的要求也是很高的。稍有处理不当，就会影响引诱效果。据目前所知，包括以下影响因素。

1）引诱物质本身的化学结构及理化特性，如化学基、阈值及引诱光谱宽度。例如，呋喃酮对家蝇的引诱阈值为 $0.1\mu g$，乙基呋喃酮的引诱阈值为 $0.01\mu g$，其活性远高于呋喃酮，具有相对较好的引诱作用。引诱光谱宽度窄，显示其引诱作用范围小，引诱效果低。

2）引诱剂本身的纯度。如呋喃酮在测定仪上的检测阈值可达 0.01×10^{-9}，但若原料中间体含有有害杂质，即使是微量的，也会影响对昆虫的引诱作用。

3）引诱剂在配方中的用量。并不是引诱物质的浓度越高引诱作用越好，其中有一个最佳值。使用浓度低时对害虫的引诱作用不理想，但使用浓度过高时，不但不能增加对昆虫的引诱效果，反而会表现出相反的驱避特性。例如，异戊醛的 1.2×10^{-5}mol/L 水溶液（即每1000ml水中含异戊醛0.00103g）蒸气能对蝇类嗅觉器官产生最大的引诱作用，但当浓度处在 $2.0\times10^{-5}\sim2.8\times10^{-5}$mol/L 范围时，表现为对害虫既出现部分引诱，也出现部分驱避，当浓度超过 6.0×10^{-5}mol/L 时，对家蝇产生的驱避作用最大。

4）与引诱物质搭配的杀虫有效成分及饵料等其他组分之间的配伍性。如配伍不好，会产生拮抗作用，影响引诱效果。

特别要引起注意的是，无论是杀虫有效成分，还是其他组分，均不能对害虫有丝毫的驱避作用。因为大多数杀虫有效成分对昆虫均会表现出或多或少的驱避特性，在与引诱剂搭配制成引诱毒饵时，对此要作为首要的影响因素予以考虑。

5）昆虫的因素。如前所述，昆虫的种类、昆虫处在不同的生活周期或时段，都会对同一种引诱剂表现出信息反响上的差异。

6）环境因素，如环境温度及空气湿度。环境温度影响到引诱剂的蒸气浓度。湿度高，会导致毒饵潮解，尤其是对鼠引诱毒饵，影响到它的适口性，降低它对鼠的引诱力。

（三）引诱剂的优点

利用引诱剂来吸引害虫聚集并将其杀灭，这种应用方法已有很久的历史。它的优点如下。

1）虽然药效产生缓慢，但有持续性作用。一般将它与杀虫剂混在一起制成毒饵，凡被引诱来取食的害虫都会触及杀虫剂而致死，而且可以使杀虫剂作用较长时间。

2）使用方便。因为它能将害虫主动引诱过来，在撒布时只要在害虫密集区设有限的几个点或害虫行走通道就可以达到目的，不需要像其他杀虫剂一样遍地喷洒。

3）对环境不构成污染。因为一般将它设在有限的部位，不会大范围向环境扩散污染。

4）药剂具有明确失效期，便于将残留物收集处理，不会在环境中造成残留污染。

5）含有杀虫剂的引诱剂不会污染人手及其他部位，因而操作清洁、安全。

第四节 对驱避剂和引诱剂的要求

一种良好的驱避剂或引诱剂，其理化性能、驱避或引诱性能和效果、使用方便性与安全性，以及经济性方面应具备如下要求。

1. 驱避剂

1）良好的理化性能，如稳定性、适宜的蒸气压等，与其他相关成分相容性好，适合配制成一定的剂型。

2）具有广谱的驱避性，对多种有害昆虫均有良好的作用及较长的保护时间。

3）对温血动物毒性低，对人无毒害，对皮肤无刺激，无变态反应，耐汗水，不会与汗水反应或因汗水而降低效果。

4）无异味，易于被使用者接受。

5）无损衣服，且能耐水洗、雨淋。

6）原料来源丰富，生产工艺不复杂，成本低，价格适当。

2. 引诱剂

1）良好的理化性能，与杀虫剂及其他一些有机化合物有良好的配伍性及稳定性。与它相配合使用的杀虫剂不能有任何驱避作用。

2）不会因吸收空气中的湿气而变质，降低引诱功能，有较长的持续作用时间。

其他同驱避剂3）、4）、5）、6）。

第五节　驱避剂与引诱剂用化合物及常用配方

一、驱避剂用主要化合物

（一）避蚊胺

1）通用名称：N，N－diethyl－m－toluamide（DEET）。

2）化学名称：N，N－二乙基间甲苯甲酰胺。

3）其他名称：Delphene，DETA，Deet。

4）理化性质：纯品为无色透明液体，工业品为淡黄色液体。工业品有效成分含量为85%～95%，相对密度 d_4^{25} 为 0.996～0.998，折光率 1.5206，沸点 160℃/19mmHg（1mmHg＝0.133kPa），111℃/1mmHg。30℃时黏度为 0.0133Pa·s。难溶于水，易溶于乙醇、丙酮、醚和苯等有机溶剂，溶于植物油，难溶于矿物油。

5）毒性指标：急性经口 LD_{50} 2000mg/kg（大鼠）、1400mg/kg（小鼠）

急性经皮 LD_{50} 3000mg/kg（大鼠）、2000mg/kg（小鼠）。

6）应用范围及效果：对蚊、蠓、白蛉及蚋有良好驱避效果，对虻、蜱、螨、旱蚂蟥驱避作用一般。有效驱避时间 4～8h 不等，取决于多种因素。

（二）避蚊酯

1）通用名称：dimethyl phthalate（DMP）。

2）化学名称：邻苯二甲酸二甲酯。

3）其他名称：防蚊油，驱蚊油，NTM，DIMP。

4）理化性质：纯品为无色油状液体，工业品为淡黄色液体。相对密度 d_4^{20} 为 1.194，d_4^{25} 为 1.189（25℃）。沸点 283.7℃/760mmHg，257.8℃/400mmHg。熔点 5.5℃，闪点 150.8℃，折光率 1.5168。几乎不溶于水，在矿物油中20℃时溶解度为 0.34g/100ml。易溶于乙醇、乙醚、氯仿、丙酮等多种有机溶剂。遇碱水解。常规条件下稳定。

5）毒性指标：急性经口 LD_{50} 8200mg/kg（大鼠），急性经皮 LD_{50} ＞4800mg/kg（暴露90d），属低毒，较安全，对眼略有刺激。

6）应用范围及效果：避蚊酯是于 1929 年第一个人工合成的驱避剂。对蚊、白蛉、库蠓及蚋等吸血昆虫有驱避作用。有效驱避时间 2~4h。

（三）避蚊酮

1）通用名称：butopyronoxyl。

2）化学名称：丁基 - 3，4 - 二氢 - 2，2 - 二甲基 - 4 - 氧代 - 2H - 吡喃 - 6 - 甲酸酯

3）其他名称：Indalone，Dihydropyone。

4）理化性质：黄色至棕色液体。密度 1.052~1.060，沸点 256~257℃。折光率 1.4745~1.4755，难溶于水，可与醇、氯仿、乙醚、冰乙酸混溶。

5）毒性指标：急性经口 LD_{50} 3200mg/kg（大鼠）。

6）应用范围及效果：1937 年由美国人工合成。对埃及伊蚊、四斑按蚊及淡色按蚊有驱避作用，其中对四斑按蚊的有效驱避时间最长，可达 6h。

（四）驱蚊灵

1）化学名称：对 - 烷二醇 3，8。

2）其他名称：驱蚊剂 67 号

3）理化性质：白色晶体，熔点 76.5~77.5℃，沸点 139~141℃/8mmHg。溶于乙醇、丙二醇、异丙醇等有机溶剂，难溶于水。

4）毒性指标：急性经口 LD_{50} 3200mg/kg（小鼠）；

急性经皮 LD_{50} 12000mg/kg（小鼠）。

5）应用范围及效果：此品种由我国首次发现并投入生产。对蚊、蠓及蚂蟥等有驱避作用，有效时间因昆虫种类不同而异，30% 乙醇溶液对白纹伊蚊及淡色库蚊的有效驱避时间可达 5~6h，对旱蚂蟥的驱避作用有 5h。

（五）苯甲酸苄酯

1）通用名称：benzyl benzoat。

2）化学名称：苯甲酸苄酯。

3）其他名称：安息香酸苄酯。

4）理化性质：无色油状液体，低温下为叶状结晶。具有轻微的芳香气味，能随水蒸气少量挥发。不溶于水或丙三醇，能与乙醇、乙醚、三氯甲烷、油类混溶。熔点 21℃，沸点 189~191℃/16mmHg。相对密度 d_4^{25} 1.118。折光率 n_D^{21} 1.5681。闪点 147.7℃。

5）毒性指标：急性经口 LD_{50} 1.7g/kg（大鼠），对皮肤和黏膜有刺激。

6）应用范围及效果：对螨和蚤等有良好效果，用于处理衣服和鞋袜等，也用于混合驱避剂。

（六）内甲驱蚊酯

1）通用名称：dimethyl carbate。

2）化学名称：二甲基二环 [2，2，1] 庚 - 5 - 烯 2，3 - 二甲酸酯。

3）其他名称：卡巴酸二甲酯，Dimalone。

4）理化性质：纯品为结晶，工业品为糖浆状黏稠液体。沸点 137℃/12.5mmHg，130℃/5mmHg。密度 1.164，折光率 n_D^{20} 1.4852。难溶于水，可溶于有机溶剂。

5）毒性指标：急性经口 LD_{50} 1000~1400mg/kg（大鼠）。

6）应用范围及效果：对蚊虫有良好效果，也用于混合驱避剂。

（七）野薄荷精油

1）通用名称：d - 8 - acetoxycarvotanacetone。

2）化学名称：右旋 - 8 - 乙酰氧基别二氢葛缕酮。

3）其他名称：1247。

4）理化性质：无色柱状结晶。熔点 45.3～46.2℃。沸点 150～155℃。相对密度 $d_4^{25}1.505$。易溶于甲醇、乙醇、乙醚等有机溶剂。

5）毒性指标：急性经口 LD_{50} 1440mg/kg（小鼠）；

急性经皮 LD_{50} 3750mg/kg（小鼠），对皮肤刺激性小。

6）应用范围及效果：皮肤涂抹对中华按蚊、致倦库蚊驱避有效时间为 6～7h，对白纹伊蚊、骚扰阿蚊驱避有效时间为 4～5h（南方）。对刺扰伊蚊驱避有效时间为 1～1.5h，对蠓、蚋、虻为 2～3h（北方）。

（八）放线菌酮

1）化学名称：环己酰亚胺。

2）理化性质：纯品为无色或白色结晶，熔点 115.5～117℃。易溶于有机溶剂，如乙醇、氯仿及甲醇等，在酸性溶液中稳定，在碱性溶液中很快失效。具有一种特殊气味。

3）驱避作用：对老鼠口腔黏膜和皮肤有强烈刺激性，具有良好的驱鼠作用。此外对野兔、野猪、狗熊等也有驱避作用。

二、常用配方例

（一）避蚊油、霜、膏

1. 避蚊油配方

雄刈萱油：16ml；

香柏油：6ml；

樟脑：6ml；

酒精：12ml；

凡士林：100g。

2. 防蚊油配方

除虫菊素：0.5%（质量分数）；

邻苯二甲酸二甲酯（DMP）：5%；

桉叶油：3%；

芝麻油：5%；

盐蒿籽油：20%；

白油：66.5%。

3. 驱虫霜

（1）配方一

硬脂酸：15g；

无水 K_2CO_3：1g；

硼砂：0.5g；

甘油：5.5ml；

水：120g；

邻苯二甲酸二甲酯（DMP）：4g。

（2）配方二

DEET：15g；

DMP：4g；

硬脂酸镁：5g；

硬脂酸锌：12g；

薄荷脑：0.15g；

樟脑：0.15g；

司斑20：0.24g；

司斑60：0.96g；

花露油：0.1g；

4. 驱蚊膏

（1）配方一

驱蚊灵：30%（质量分数）；

乙醇：5%；

丙二醇：15%；

虫漆蜡：30%；

凡士林：15%

石蜡：5%。

（2）配方二

DEET：30%（质量分数）；

地蜡：9%；

硬脂酸：20%；

硬脂酸聚甘油酯：1%；

NaOH（10%）：3.4%；

KOH（8%）：1.2%；

司斑80：1.0%；

凡士林：24.0%；

水：10.04%。

（二）驱虫气雾剂

1. 驱蚊气雾剂

（1）配方一

DEET：2~7%（质量分数）；

基料：适量；

香料：适量；

乙醇：40%~60%；

HAP_s：40%~60%。

（2）配方二

苯氧乙酰二乙胺：52.5%（质量分数）；

邻苯二甲酸二甲酯：16.1%；

乙基纤维素：1.4%；

HAP_s：30.0%。

2. 驱蚊涂抹剂配方

邻苯二甲酸二甲酯：40%（质量分数）；

乙基己二醇：30%；

内甲驱蚊酯：30%。

3. 驱蚊喷雾剂（乳剂）配方

右旋-8-乙酰氧基别二氢葛缕酮：30%（质量分数）；

邻苯二甲酸二甲酯：10%；

阿拉伯胶：1%；

西黄蓍胶：6.5%；

吐温80：1%

尼泊金：0.01%；

甘油：6%；

水：52%；

4. 驱蚊、蝇气雾剂配方

N，N－二乙基－间甲苯酰胺（95%）：12.00%（质量分数）；

MGK－11：2.00%；

MGK－326：1.50%；

MGK－264：1.50%；

S、D醇40（无水）：62.95%；

柠檬香精：0.05%

HAP_s（A－46）：20.00%。

5. 驱蚊、蝇、蟑螂气雾剂配方

十八醇聚氧乙烯醚：4%（质量分数）；

乙醇：35%；

甘油：3%；

蒸馏水：30%；

乙基己二醇：20%；

抛射剂：8%。

6. 驱虱、蚤气雾剂配方

MGK－264：10%～25%（质量分数）；

异丙醇：70%～55%；

抛射剂（A－46）：20%。

7. 防螨喷雾液配方

邻苯二甲酸二甲酯：5%（质量分数）；

双戊烯：5%；

轻质白樟油：5%；

山苍子混合头子（液）：15%；

黄樟油头子（液）：16%；

香樟油脚子（液）：24%；

煤油：28%；

白油（三号）：2%。

8. 防蛀气雾剂配方

	配方一	配方二	配方三
甲氧氯：	5.0%	5.0%	25%（质量分数）
二甲苯：	26.0%	—	—
香精：	1.0%	0.2%	—
氯丹：	—	1.5%	—
二氯甲烷：	—	9.5%	—
脱臭煤油：	—	23.8%	25%
薰衣草香精：	—	—	25%
抛射剂：	68%	60%	25%

（三）其他

1. 驱鼠气雾剂配方

放线菌酮：4.2%（质量分数）；

工业乙醇：50%；

醋酸乙酯：20.8%；

抛射剂（A-60）：25.0%。

2. 驱猎狗气雾剂

（1）配方一

薄荷醇：20%（质量分数）；

白煤油（脱臭）：40%；

丁烷：40%。

（2）配方二

薄荷油（薄荷醇含量80%）：25%（质量分数）；

白煤油（脱臭）：35%；

丁烷：40%。

（四）驱蚊纸巾配方

避蚊胺+增效剂：10.0%～25.0%（质量分数）；

异丙醇：56.0%～50.0%；

水：34.0%～25.0%。

使用：将酊剂浸湿无纺布或餐巾纸，然后封装在塑料袋内。

（五）驱蚊皂

含20%DEET和0.5%氯菊酯，有效驱蚊时间4～6h。

（六）聚合物制剂

以35%DEET加聚丙烯酸酯为成膜剂，或20%DEET加聚乙烯吡咯烷酮为成膜剂制成，其驱避有效时间可长达12h。

（七）驱虫条配方

避蚊胺+驱避剂：20%（质量分数）；

异丙醇：64.5%；

甘油：5.0%；

山梨醇溶液：4.0%；

硬脂酸钠：6.0%；

硬脂醇：0.5%。

三、引诱剂用主要化合物

（一）诱虫烯

1）通用名称：muscalure。

2）化学名称：顺-二十三碳-9-烯。

3）理化性质：诱虫烯为白色至琥珀色油状物，熔点<0℃，沸点为378℃。在27℃时蒸气压为0.47kPa。折光指数 n_D^{20} 1.46，闪点>110℃。

4）毒理指标：急性口服 $LD_{50} > 2307mg/kg$（大鼠），急性经皮 $LD_{50} > 2025mg/kg$（家兔），对眼睛和皮肤无刺激性，对人和动物非常安全。

5）适用对象及效果：主要用于家蝇，是当前最高效的家蝇引诱剂。可与敌敌畏、敌百虫、灭蝇威、皮蝇磷、残杀威以及灭多威等杀虫剂配伍制成诱饵。

（二）呋喃酮

1）通用名称：sotolone。

2）化学名称：3－羟基－4，5－二甲基－2（51—1）呋喃酮。

3）理化性质：其性质与蔗糖类似，可供食用，对人畜安全无毒。

4）适用对象及效果：主要用于家蝇，也适用于蟑螂和蚁类。在毒饵中加入 $0.1\mu g$ 呋喃酮，其诱蝇率比不加的对照毒饵高出 9 倍。

（三）吲哚

1）通用名称：indole。

2）化学名称：1－氮茚。

3）理化性质：为白色叶片状固体，熔点 $52.5℃$，沸点 $253～254℃$。不溶于冷水，但溶于热水。甚溶于乙醇和乙醚，略溶于苯和石油英，性质稳定。

4）毒理指标：急性经口 LD_{50} $1000mg/kg$（大鼠），急性经皮 LD_{50} $790mg/kg$（家兔）

5）适用范围及效果：对家蝇有引诱力，对体虱成虫高毒，并有杀卵作用。

（四）其他引诱物

1）家蝇：食糖、瓜果、饭菜、鱼、牛奶、肉等；

绿蝇：腥臭腐败动物尸体、皮毛、骨、脓血、脏器、鱼及虾等。

2）蟑螂：含糖和淀粉物，如米饭、米糠、面包、土豆、红糖、豆粉、豆渣等；

油，如菜籽油、棉籽油、黄油及其他食用油等；

其他，如发酵产品（酒、酒糟）、洋葱、瓜果残余物等；

松节油、樟脑油、萘、苯甲醛等。

3）家鼠：粮食、油料等；

田鼠：植物种子、茎叶、蔬菜及瓜果等。

四、引诱毒饵常用配方

（一）引诱毒饵的组成及特点

引诱剂或引诱物能散发出各种不同的气味信息，能吸引不同的昆虫前来聚集，但它不具备杀灭昆虫的效力。因此一般总是将它与触杀性杀虫剂及食物等物质混合在一起，制成具有一定形态，能诱使有害生物取食而致死的制剂。这种制剂以其形态或性状称为毒饵、毒液、毒糊、毒纸及毒粉等。通常将这类引诱毒饵统称为诱杀剂。

诱杀剂的优点是使用简便、经济、效率高，而且只在局部小范围内施布，因此不构成环境污染，也便于集中收集处理，不会残留，但其效力在很大程度上受到有害生物选择性的影响，因为有害生物容易对诱杀剂产生保护性反应而在连续使用后拒食，有的还产生抗药性使药效降低。

诱杀剂一般由杀虫有效成分、诱饵物、引诱剂组成，对某些品种还加入必要的警戒色。加入警戒色的目的，是因为诱杀剂中用的诱饵物大多是人畜及家禽的食物，需防止人畜误食中毒。所加入的警戒色物质，一是要与诱饵的本色不同，二是对杀灭对象没有拒避性，不会导致有害生物对诱饵的拒食。

在此需要补充说明的是，并不是所有的诱杀剂中都具有引诱物，如毒粉（包括药粉笔）中就没有。药粉笔作为一种涂抹型诱杀剂，也可当作缓释剂对待。制作方法一般为对每支普通粉笔浸渍以 3ml 药液后晾干。常用的药液有 50% 敌敌畏乳油、50% 脱臭乌拉磷乳油、50% 双硫磷乳油、50% 辛硫磷乳油或2.5%敌杀死乳油。在应用中，一般将药笔涂抹在有害生物活动通道或躲藏部位，有害生物在迁移或活动中触及，发挥作用使其致死，药笔对有害生物没有主动吸引作用。

（二）灭蝇诱剂

（1）配方一

诱虫烯：0.003%（质量分数）；

烯虫酯（或苯醚威）：3%；

聚乙烯苯二甲酰亚胺：10%；

蔗糖：10%；

蔗糖脂肪酸酯：3%；

脱脂牛奶：10%；

水：加至100%。

（2）配方二

诱虫烯：0.4%（质量分数）；

灭蝇威：0.5%；

蔗糖：40.0%；

玻璃粉：59.1%。

（3）配方三

吲哚：1%（质量分数）；

亚油酸：1%；

三甲胺盐酸盐：5%；

硫酸铵：5%；

鱼粉：88%。

（4）配方四

呋喃酮：97.122%（质量分数）；

敌百虫：0.0251%；

蔗糖：0.425%；

水：2.429%。

（三）灭蟑螂引诱剂

与其他昆虫相比，蟑螂的生长期较长，食欲旺盛，属杂食性昆虫，在配制灭蟑螂引诱性毒饵时，应充分顾及这些特点。

（1）配方一

硼酸：10.00%（质量分数）；

敌敌畏：1.90%；

残杀威：1%～2%；

乙酰甲胺磷：1.00%；

其他辅料：加至100.00%。

（2）配方二

敌百虫：2%（质量分数）；

硼酸：10%；

麦芽糖：20%；

淀粉：20%；

面粉：48%。

（四）磷化锌鼠毒饵配方

磷化锌：3%（质量分数）；

聚氯乙烯悬浮液（10%）：18%；

大豆油渣：68.5%；

氧化铁：3%；

向日葵籽粉：7%；

亚麻仁油：0.5%。

（五）蚂蚁毒饵配方

	配方一	配方二	配方三
硼砂：	50%	45%	—（质量分数）
糖：	37.5%	50%	50%
淀粉：	12.5%	—	—
敌百虫：	—	5%	—
氟化钠：	—	—	50%

五、可与引诱剂配伍使用的杀虫有效成分

（一）蝇毒磷

1）通用名称：蝇毒磷，coumphos。

2）化学名称：O，O－二乙基－O－（3－氯－4甲基香豆素－7）硫逐磷酸酯。

3）理化性质：蝇毒磷为无色结晶，熔点95℃，20℃时的蒸气压为1.33×10^{-5}Pa，相对密度$d_4^{20}1.474$。在室温下，水中的溶解度为1.5mg/L。在有机溶剂中的溶解度有限。工业品为棕色结晶，熔点90~92℃。

4）毒理指标：急性口服LD_{50}为41mg/kg（雄，大鼠），经皮LD_{50}为860mg/kg

急性口服LD_{50}为15.5mg/kg（雌，大鼠）

用含100mg/kg蝇毒磷的饲料喂养大鼠，忍受期为两年。

5）作用特点：蝇毒磷属高毒有机磷杀虫剂，对双翅目昆虫有显著的毒杀作用。是防治家畜体外寄生虫，如蜱和疥螨等的特效药。毒杀机理为抑制乙酰胆碱酯酶。该药残效期较长，但用药后在高等动物体内残留量低于世界卫生组织的规定标准。因此，是畜牧业上取代有机氯农药的较好药剂。

6）制剂：15%蝇毒磷乳油，由15%蝇毒磷原粉，15%环氧乙烷蓖麻油及70%甲苯组成，呈黄褐色透明液体。

（二）皮蝇磷

1）通用名称：皮蝇磷，ronnel。

2）化学名称：O，O－二甲基－O（2，4，5－三氯苯基）硫代磷酸酯。

3）理化性质：纯品为白色结晶。熔点41℃，沸点97℃/0.01mmHg，相对密度d_4^{20}为1.4850。微溶于水，室温下溶解度为44mg/L，易溶于多数有机溶剂。60℃下稳定，在中性或酸性介质中稳定，于碱性介质中迅速分解失效。工业品纯度在90%以上。

4）毒理指标：急性经口LD_{50}为1740mg/kg，对人畜低毒，但对植物有药害。

5）作用特点：皮蝇磷是一种选择性有机磷杀虫剂，对双翅目害虫有特效，有内吸作用。主要适用于蝇、虱、蜱及螨等家畜体外寄生昆虫。

表 11 – 6 常用驱避剂的性能及应用

名称	代号	性状	溶剂	LD_{50}（mg/kg）	驱避对象	剂型	有效驱避时间（h）	备注
邻苯二甲酸二甲酯	DMP	淡黄色油状液体	乙醇、乙醚等有机溶剂	8200（大） 4800（皮）	蚊、白蛉、蠓、蚋	原油、20%酊剂、40%霜剂	1～6 2～4	对刺扰伊蚊0.5～1h
避蚊胺	DETA（DEET）	淡黄色液体	乙醇、丙酮及植物油	2000（大） 3000（皮）	蚊、蠓、蚋、虻、蜱、螨、旱蚂蟥	原油、30%酊、乳剂、40%霜剂	4～7 4～5	对刺扰伊蚊1～2.5h
驱蚊灵	67号	淡黄色蜡状物	乙醇、丙二醇、异丙醇	3200（小） 12000（皮）	蚊、蠓、旱蚂蟥	原油、30%酊、膏剂	4～7 4～5	对刺扰伊蚊1～2.5h
混合对-烷二醇（广西黄皮油）	9525	淡黄色蜡状物	乙醇、丙二醇、异丙醇	1405（小）	蚊、蠓、旱蚂蟥	30%酊剂、30%乳、膏剂	4～6 1～3	对刺扰伊蚊1～1.5h
对-烯二醇-1,2	42号	白色结晶	乙醇、丙酮、醋酸乙酯	7000（小）	蚊、蠓、蚋、旱蚂蟥	30%酊剂	3～6	对刺扰伊蚊1～1.5h
防蚊叮	癸酸	白色结晶	乙醇、丙酮	15600（小）	蚊、蠓、蚋	20%酊剂、20%霜剂	3～6	对刺扰伊蚊1～2.0h
野薄荷精油	1247	无色结晶	乙醇、氯仿	1440（小） 3750（皮）	蚊、蠓、蚋	30%酊剂、30%乳剂	4～5 2～3	对刺扰伊蚊1～1.5h

注：大——大白鼠；小——小白鼠；皮——经皮。

第十二章 >>>

烟剂及热（油）烟雾剂

第一节　概　　述

烟剂最早由英国 ICI 公司开发，当时用的杀虫剂为林丹（γ - BHC），利用它能升华的特点，制成以直径 3 cm、厚 5 cm 块状赛璐珞为基体的林丹烟雾剂，使用时将它点燃，利用燃烧生热使林丹升华产生烟雾扩散到空间。后来从使用安全性及商品化方面的种种考虑，对其逐步进行改良。

烟剂是杀虫剂中的一种特殊剂型。它是通过化学反应、热力或机械力将固体药剂或液体药剂（或其油溶液）分散成极细小的颗粒后长久地悬浮在空气中形成的一种分散体系。由固体杀虫剂分散在气体中形成的气溶胶，称为烟剂或烟雾剂。

我国早在 2000 多年以前就曾用烧纸的方法来驱赶害虫，800 多年前用点燃艾蒿来熏杀蚊虫，之后又用烟草杆、鱼藤根生烟防治蚜虫，用挥发偶氮苯防治红蜘蛛。在 20 世纪 50 年代曾研制了多种六六六烟剂，60 年代又研制出敌敌畏烟剂。

烟剂在防治农作物、森林、仓储、下水道、家具隐蔽面及各种缝隙中的害虫时是最合适的剂型之一，在某些场合可以弥补其他剂型或施药方法无法达到的不足。烟剂有许多突出的优点，这是其本身的特点所决定的，也是别的剂型所难以比拟的，包括以下优点。

1）烟雾颗粒十分细小，直径约为 0.3 ~ 2μm。由于改变了药剂原来的形态，因而改变了它的运动特性，使它的沉积速度变得非常缓慢，沉降途径也由大颗粒的单纯向下自由降落或在一定风速下呈抛物线下降，改变为随空气横向运动及向上运动，因而扩大了在各个方向目标面的沉积概率。

2）由于颗粒尺寸细小，烟云能在空气中长久悬浮，一般可持续 6h 左右。它的扩散穿透能力提高，可以深入到一般喷雾或喷粉无法达到的目标部位。如能渗入隙缝，到达目标背面及反面，穿透茂密的林冠或植被等。

3）若药剂本身在高温下容易挥发，与易燃物质混合后，药剂能借助燃烧产生的高温挥发，随后冷凝成细小烟状颗粒，获得烟剂的运动特性与施药效果。这种烟剂就省去了施药器具，降低了作业强度和成本。

4）由于烟剂的运动及理化特性，除了对昆虫发挥触杀及胃毒作用之外，还能进入昆虫的呼吸系统，对昆虫产生强烈的熏蒸致死作用。

5）烟剂操作方便，效率高，而且在使用某些品种时还具有省力的优点，不需要借助机械设备，只要一点燃烟剂就进入工作状态。

第二节　烟剂的分类

烟剂可从不同的角度进行分类（图 12 - 1）。

1）按用途，可分为杀虫、杀菌、灭鼠及除臭四大类。

2）按使用的有效成分，可分为有机氯、有机磷与氨基甲酸酯、拟除虫菊酯、杀菌消毒剂及灭鼠剂五类。

3）按性状，可分为一般烟剂、熏烟剂、线香、蚊香、电热蚊香、化学蚊香、热（油）烟雾剂等。

4）按热源的提供方式，可分为自燃型和加热型。

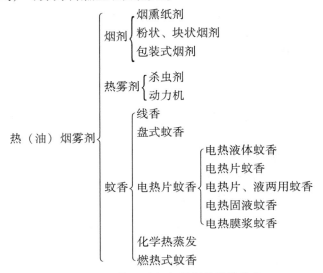

图 12 - 1　热（油）烟雾剂按性状分类

由于蚊香及电热蚊香使用量大面广，且有许多特殊性，所以另立章节介绍。

第三节　烟剂的作用机理

杀虫剂烟雾粒子是通过昆虫体表面、呼吸道及口器进入体内的，然后借助昆虫体液的流动而最终到达神经发生作用使其休克致死。附着在昆虫体表的杀虫剂，除经由表皮到达体内外，还从口器进入体内。昆虫的体外有一层硬质表皮，用以呼吸，故昆虫常对此外表皮进行清洁。昆虫擦拭表皮时，常用口器来去除附着的灰尘，在它动作时，就由口器将附着在体表的杀虫剂粒子吸入体内。

对蚊、蝇等飞翔害虫可实施烟剂防治，对蟑螂及蚂蚁等爬行害虫也可进行喷烟处理。由于蟑螂等爬行类害虫总是栖息在家具背面及缝隙里，用其他杀虫剂处理比较困难，难以到达这类缝隙及害虫栖息处，但烟雾粒子细，容易渗入这类部位从而达到防治的目的。试验表明，用烟剂处理德国小蠊，效果良好。

烟剂的效果与使用剂量及处理场所密闭的时间有关。

$$E = V \cdot T$$

式中　E——烟剂的效力；

　　　V——使用的剂量；

　　　T——处理场所密闭时间。

上式表明，当加大施药剂量时，减少处理场所的密闭时间，缩短药剂与昆虫的接触时间，也可达到相同的效力。

第四节　组　成

烟剂主要由以下几个部分组成。根据不同的制剂及所采用的成烟、成雾原理，有的制剂由其中某几个部分组成，有的制剂品种由另外几个部分组成，但其中主要成分则无论在哪种制剂品种中都是不可少的。

一、有效成分

杀虫剂或杀菌剂有效成分。杀虫剂如林丹、敌敌畏、敌百虫、西维因、速灭威、马拉硫磷原油、邻二氯苯及硫黄粉等，某些拟除虫菊酯，如胺菊酯、氰戊菊酯、氯氰菊酯等；杀菌剂如五氯酚钠、敌菌灵、百菌清、多菌灵等，可用作熏蒸剂的有效成分。

二、燃烧剂

简称燃料，即在氧存在下能燃烧生热的物质，要求它在150℃以下不与氧作用，在200～500℃时才与少量氧发生燃烧反应放出大量热，不产生有害物质，在弱酸条件下物理、化学性质稳定，易粉碎，不易吸湿潮解，价格低。如各种碳水化合物及其他可燃有机化合物，常用的有木粉、木屑、木炭、纤维素、尿素、淀粉、白糖、煤粉、硫黄、锌粉、除虫菊渣、废布等。

其中木粉和木炭为最常用燃料，其性能比较如表12－1所示。

表12－1　两种常用燃料性能比较

燃料品种	主要成分	堆积密度（g/cm³）	有氧燃烧温度（℃）	发热量（kJ/g）	燃烧产物及其特点
木粉	2/3 的纤维素和木质素 $(C_6H_{10}O_5)_n$	<1	>150	12.56～14.65	C、CO、CO_2、水、氧化纤维素，有余烬
木炭	碳	<1	>150	27.21～33.49	CO_2、水，无余烬

注：木粉燃烧的同时发生氧化（生成 CO_2、H_2O 和氧化纤维素）、裂解（生成 CO、CO_2、H_2O）和水解等降解反应。

三、发烟剂

顾名思义，它的作用是使烟剂在燃烧时产生的高温下挥发汽化，遇到空气后冷却成烟。发烟剂的汽化温度应略低于烟剂的燃烧温度，以获得较好的均匀稳定成烟效果。在燃烧过程中发烟剂本身应不燃，也不会分解产生残渣。常用的有氯化铵（NH_4Cl）、蒽、萘、六氯乙烷、氰氨、氨基甲酸酯及松香等。

NH_4Cl：在300℃下迅速升华成烟，由200℃增至400℃时，离解度由57%增到79%，即产生 NH_3 和 HCl，冷却时又结合成 NH_4Cl。

萘：有特殊气味，80℃时的熔化热144.9J/g，汽化热316.1J/g，高温下易升华，并部分燃烧而成含碳的灰色烟云。

某些发烟剂生成的烟粒相对密度较大，能加重整个烟云，称这种发烟剂叫加重剂。而含有加重剂的烟剂称为重烟剂。重烟剂的烟云靠近地面飘移、沉降，不易受气象条件影响，具有封闭、覆盖保护对象的作用，在耕地、沼泽、苗圃、果园中有消灭病虫、防霜冻等多种特殊用途。加重剂具有相对密度大而能升华的特点，多为有机物和某些无机物，如硝酸、水杨酸、$CHCl_3$、S、HgS、$FeCl_3$、$ZnCl_2$、$SnCl_2$ 等。

NH_4Cl 和萘两种发烟剂的物理性能如表12－2所示。

表 12-2　两种常用发烟剂的物理性能

发烟剂	外观	密度（g/cm³）	比热（J/g·℃）	熔点（℃）	开始升华温度（℃）	溶解性
NH₄Cl	白色晶体	1.52	1.63	500（密闭）	250	易溶于水及甘油
萘	白色片状晶体	1.16	1.26	80	218（沸腾）	不溶于水

四、助燃剂

也称氧化剂，提供燃烧时所需的氧气，促进燃烧。对它的要求是：它应具有适度的氧化能力，在150℃以下稳定，在 150~160℃ 分解释放氧；有较高的含氧量；不易受潮水解；在轻微的碰撞下不会起燃起爆，以保证使用运输贮存安全；来源广泛，价格便宜。如氯酸钾、氯酸钠、硝酸钾、硝酸钠、过氯酸盐、亚硝酸钾、高锰酸钾、过氧化合物和多硝基有机化合物等。

常用的三种助燃剂性能见表 12-3。

表 12-3　三种助燃剂性能

氧化剂品种	外观	密度（g/cm³）	熔点（℃）	放氧温度（℃）	放氧量（%）	放热量（kJ/mol）	开始吸水时的空气湿度（%）	20℃水溶性（g/100ml）	安全性
KClO₃	白色粉、粒	2.32	368	400	39	41.88	97	7	易爆炸
KNO₃	无色透明棱柱晶体粉末	2.10	336	400	40	108.86	92.5	24	不敏感
NH₄NO₃	无色斜方单斜晶体	1.73	169	270	20 60 （引爆时）	107.18 368.44 （引爆吸热）	67	64	水大于2%时不敏感

注：NH₄NO₃ 在不同条件下分解，产物不同，210℃时生成 NO 和 H_2O，270℃时生成 N_2、O_2 和 H_2O，引爆作用下生成 N_2、O_2 和 H_2。

五、阻燃剂

主要消除烟剂在燃烧时产生的明火，并阻止燃渣复燃。也能抑止有效成分燃烧分解。

阻燃剂中，有的是在受热时分解放出大量 CO_2 或其他惰性气体，以冲淡烟剂燃烧时放出的可燃物（C，CO）和氧气浓度，来达到消焰目的。从消焰角度说阻燃剂又可称之为消焰剂，如 Na_2CO_3、$NaHCO_3$、NH_4HCO_3、NH₄Cl 等。以降低烟剂燃烧残渣温度来阻止继续燃烧为目的的惰性物质，又称为阻火剂，如陶土、滑石粉、石灰石、石膏等。

六、导燃剂

导燃剂是能降低烟剂燃点，促进引燃并加速燃烧的物质。一般在燃点较高，不易引燃或燃烧速度缓慢的配方中添加。导燃剂燃点较低、还原性强，如硫脲、二氧化硫脲、蔗糖、硫氰酸铵等。

七、降温剂

它的作用是在烟剂燃烧时吸收并带走部分热量，有助于降低燃烧温度及减缓燃烧速度，防止有效成分因温度过高而分解破坏，降低生物效果。常用的有氧化锌、氧化镁、氯化铵、硫酸铵、硅藻土、滑石粉、陶土、白干土等，其中氯化铵是最常用的降温剂，用量少，降温作用强。

八、稳定剂

能防止有效成分及其他成分在制作、贮存过程中发生分解而降低效果。氯化铵、高岭土等是首选的稳定剂。

九、防潮剂

它属一种疏水性物质，防止烟剂中各成分吸潮。防潮剂在烟剂粉粒表面或界面上形成疏水性薄膜，阻止其与空气中水分的接触，使其免受潮解。在含有 NH_4NO_3 等吸潮性强的烟剂配方中，若不添加防潮剂，就不能引燃。常用的防潮剂有：柴油、润滑油、锭子油、高沸点芳烷烃、蜡类等。

十、中和剂

某些烟剂在贮存或发烟中产生酸性物，对作物或被处理物有腐蚀作用，需用碱中和，一般用碳酸盐类〔如 $(NH_4)_2CO_3$、Na_2CO_3、$NaHCO_3$、$CaCO_3$、$MgCO_3$、白垩等〕、草酸铵〔$(NH_4)_2C_2O_4$〕，同时还能吸热降温，增大烟云体积，常把该类物质称为中和剂。

十一、黏合剂

黏合剂是使烟剂成型并保持一定机械强度的黏胶性物质。多在线香、盘香和蚊香片中采用，如酚醛树脂、树脂酸钙、虫胶、石蜡、沥青、糊精、石膏等。

第五节　烟剂的配制

一、烟剂的配制要求及配方骨架

烟剂与蚊香及电热蚊香的主要区别之一是，它们所含有效成分的加热挥散时间不同，蚊香与电热片蚊香挥散时间一般达 7~8h，电热液体蚊香则可连续工作数百小时，但烟剂中的有效成分在数分钟内即可全部挥散完。

所以，在烟剂设计与配制中，对杀虫有效成分加热挥散的供热剂的选择至关重要。供热剂包括燃料、助燃剂与氧化剂。在烟剂设计与配制中，应达到下列要求。

1）首先考虑有效成分的热挥散及分解特性，从而取定烟剂的适当加热温度，尽量减少有效成分在燃烧过程中的热分解损失，以达到良好的熏杀效果；

2）易点燃，烟云浓白，且有适当的发烟速度；

3）在燃烧过程中没有明火，燃烧完全，残存物松软，没有余火；

4）包装适宜，能长期贮藏而不受潮，也不会发生自燃；便于使用，在贮存及运输中有良好的保护；

5）各组分来源广泛，价格便宜。

烟剂的配方骨架如表 12-4 所示。

表 12-4　烟剂的配方组成骨架

组分	加入量（%，质量分数）	组分	加入量（%，质量分数）
主剂	5~15	降温剂	0~20
燃料	7~20	稳定剂	0~10
助燃剂	15~30（30~45）	防潮剂	0~5
发烟剂	20~50	黏合剂	0~10
阻燃剂	0~15	加重剂	0~20
导燃剂	0~5		

在烟雾剂配制中，除有效成分及发烟物质外，还需配制适当的发烟引火线，也称引芯。引芯有两种，一种为药粉引芯，按氯酸钾、硝酸钾、木炭粉、虫胶粉以1:2:3:4比例配制，加适量水混合后搓成条状晾干。另一种为药剂引芯，以4份水溶解1份硝酸钾制成溶液后，将折叠牛皮纸浸入3h后烘干。有时也以引火粉代替，如以40%硝酸钾、40%木粉、20%滑石粉粉碎至60~80目粒度后混合，在每千克烟剂中只要2~3g即可点燃。

二、配制技术

（一）烟剂燃烧温度的确定与计算

适宜的烟剂燃烧温度主要应根据配方中有效成分的理化性能选定，然后通过调整烟剂中供热剂成分来获得。但由于在燃烧过程中，烟剂在热对流、传导及辐射作用下与周围介质产生热交换，且反应生成物的热参数不稳定，通过理论公式计算所得值，一般总比实际测定值来得高。

理论计算可以根据盖斯定律进行。

燃烧反应热 = 燃烧生成物生成热 - 供热剂各成分的生成热

= （摩尔生成热 × 摩尔数）之和 - 供热剂各成分的生成热之和

$$燃烧最高温度 = \frac{燃烧反应热 - 生成物的熔化热 × 汽化热 × 升华热之和}{反应生成物比热容（摩尔比热 × 摩尔数）之和}$$

以氯酸钾45%、木粉30%、NH_4Cl 25%的100g供热剂为例，根据燃烧反应方程式和化合物的热参数计算燃烧反应热和燃烧最高温度。

（木粉）

$$2KClO_3 + C_6H_{10}O_5 + NH_4Cl \rightarrow 2KCl + 6CO + NH_4Cl + 5H_2O + 生成热$$

NH_4Cl 不参加燃烧反应，则100克供热剂的反应热按上述公式计算如下：

　　　　　　　　　（KCl）　　（CO）　　（H_2O）　　　　（$KClO_3$）　（木粉）

燃烧反应热 = （106 × 0.366 + 26 × 1.098 + 68 × 0.915） - （96 × 0.366 + 251 × 0.183）

= 129.6 - 81.07

= 48.53（kcal）

即热效应为2.03kJ（0.4853kcal/g）

　　　　　　　　　　　　　　（H_2O）　　　　（NH_4Cl）

$$燃烧最高温度 = \frac{48.53 - (0.915 × 9.7 + 0.467 × 39)}{13.3 × 0.366 + 36 × 0.467 + 8.3 × 0.915 + 7.1 × 1.098} × 1000$$

　　　　　　　　（KCl）　　　（NH_4Cl）　　　（H_2O）　　　（CO）

$$= \frac{21430}{37.07} = 578（℃）$$

若改变供热剂的组分和配比，结果必然是燃烧的热效应不同。相同的热效应，由于反应生成物比热、熔化热、汽化热、升华热和潜能等不同，其燃烧温度也不一致。如供热剂中的 NH_4Cl 在燃烧过程中的物态变化消耗能量，就大大降低了燃烧温度，因此，热效应高的供热剂，不一定有高的燃烧温度。

常用供热剂的燃烧温度分别如下。

1）硝酸盐或亚硝酸盐加上热分解促进剂（碱土或碱金属盐）或重铬酸盐、铬酸盐加上胍类盐为主要成分，燃烧温度为200~300℃，适用于二嗪农及对硫磷等有机磷农药。

2）硝化棉加燃烧抑制剂、稳定剂等，燃烧温度为300~400℃，适用于氯菊酯等。

3）氯酸钾加上硝酸钾为主要成分，燃烧温度为500~700℃。

4）木粉等燃料加供氧剂，燃烧温度一般在200~700℃，与上述组分相比，燃烧速度较慢。

一些常用作供热剂的化合物的热参数如表12-5所示。

表 12 - 5　一些常用作供热剂的化合物的热参数

化合物	分子量	生成热 （kJ/mol）	平均摩尔比热容 （J/mol·℃）	熔化热 （kJ/mol）	汽化热 （kJ/mol）
KNO_3	101	498		20	
$NaNO_3$	85	465			
NH_4NO_3	80	368			
$KClO_3$	123	402			
$KClO_4$	139	452			
纤维素	162	1051			
淀粉	162	950			
酚醛树脂	730	2278			
KCl	74.6	444	13.3	26	167
CO_2	44	394	10.3		
CO	28	109	7.1		
H_2O（液）	18	285		5.9	41
H_2O（气）	18	239	34.8		
NH_4Cl	53.5		151		163

（二）烟剂燃烧速度的控制

要确保烟剂充分发挥其生物效果，控制烟剂的燃烧速度就显得十分重要。

为了保证烟剂中的有效成分能在单位时间内达到一定的浓度，并能在设定的时间内均匀燃烧，能有效地保持所需的燃烧速度，就要对影响它的四个因素有所了解。

1）燃料燃烧所需的活化能和燃烧温度。活化能小，还原能力强，燃烧速度高，燃烧温度高，燃烧区与非燃烧区的温差大，有利于热传导和热冲力的产生，可加快热分解，提高氧化活性。

2）氧化剂的分解温度和吸热量。分解温度较低，则吸热量较少，热分解速度较快。

3）供热剂各组分间的接触程度、空隙率及热传导能力。供热剂的粉粒细，堆积密度小，内表面积大，有充分的空隙，可促进反应速度。减少供热剂与大气接触面积，保持内部高温度和压力，减少热损失，可加快燃烧速度。

4）周围环境温度和压力。

从上可知，影响烟剂燃烧速度的因素，除正确选择供热剂原料组分本身之外，对供热剂的加工细度，包装材料的种类、形状及大小等都要充分考虑，这是一个整体系统，它们之间还可能会有相互制约、相互影响的一面。

（三）燃料与助燃剂的选择

燃烧的实质是氧化还原反应，即木粉等还原性可燃物质在氧化剂作用下进行化学变化。所以燃料与助燃剂之间的选择配伍，实际上就是氧化能力与还原能力之间的搭配关系。若使两者均弱的物质相配，不易引燃和燃烧，自然起不到供热剂的作用。反之，若采用两者均强的物质相配，能迅速燃烧，但自燃可能性也加大，这不利于烟剂的安全性。

根据经验，一般应取反向的搭配关系，即氧化能力强的物质与还原能力弱的物质搭配，起到强弱调节作用。

氧化能力：氯酸钾 > 硝酸钾 > 硝酸铵；

还原能力：木粉 < 白糖 < 硫脲。

以木粉为例，它与氯酸钾、硝酸钾及硝酸铵之间的搭配比例常可取以下两种情况，如表 12 - 6所示。

表 12 – 6　木粉与三种助燃剂的搭配比例

	A	B
木粉：氯酸钾	1：3	2：3
木粉：硝酸钾	1：3	2：3
木粉：硝酸铵	1：6	1：3

在上述两种配比中，由于主剂与发烟剂等添加物的影响，A 组实际燃烧温度与燃烧速度都比较低，会造成燃料不完全燃烧，甚至过剩。而按 B 组配比所得结果与实际情况基本相符。

第六节　烟雾剂的形式

当点燃杀虫烟剂时，其中燃料和助燃物质便开始作低温（200～300℃）且不发出明火的闷燃，燃烧产生的热传递给杀虫剂有效成分，使它逐渐受热挥发成蒸气。当蒸气遇到周围的冷空气时，便会迅速凝集成为白色杀虫烟云。

根据点燃方式，烟剂有加热式和自燃式两种。但不管是哪一类烟雾剂，有效成分的理化性质，特别是热稳定性是极其重要的。同样是用有机磷类杀虫剂加工成的烟雾剂，其杀虫效果有的稳定，有的不稳定，就与此有关。如加热至 250℃ 时有的有效，有的效果很差；加热至 300℃ 时有几种有机磷效果不佳。现在家庭使用的氯菊酯烟雾剂，加热至 400℃ 时挥发扩散而不分解，性能比其他拟除虫菊酯好得多，它的最适宜加热温度为 300～500℃。并不是所有的杀虫剂都能加热产生烟雾，即使能产生烟雾也有一个最适宜温度，因此在加工烟雾剂时必须充分考虑杀虫有效成分的耐热稳定性。

常用的烟剂制剂很多，其组成特点因产品而异。蚊香就是一种最典型烟剂。在一般概念上，提到烟剂时总是较多的与烟熏纸相联系，但实际上并非如此。以下列举几个实例。

一、烟纸

（一）DDVP 纸烟剂

将尺寸为 20cm×26cm 的草纸（或黄纸板）以 10% 硝酸钾溶液浸泡后，取出晾干，然后将 50% 敌敌畏乳油或原油涂在纸上。这是一种最简单的纸烟剂。这种纸烟剂的使用剂量按每立方米空间 0.05～0.1g DDVP 计算处理。其中硝酸钾用作助燃剂。

（二）7504 纸烟剂

先将黄纸板浸泡以 5% 硝酸钾溶液，干燥后再涂以硫酸铵或氯化铵晾干。再以 10% 7504 丙酮溶液浸透，待丙酮挥发后即可使用。在熏蒸使用时按每立方米 200mg 的剂量处理，灭蚊效果可达 100%。其中氯化铵或硫酸铵作为降温剂，使烟纸在点燃后抑止明火产生。

（三）速灭威与胺菊酯混配纸烟雾剂

将一定尺寸（如 6cm×12cm）的黄纸板浸泡以 5% 硝酸钾溶液，完全浸透后取出晾干。之后将 50g 速灭威和 150g 胺菊酯杀虫有效成分溶入 800g 丙酮制成溶液，滴入纸内，待干燥后即可使用。在熏蒸使用时按每立方米 0.2g 的剂量处理，速灭威兼有触杀和熏蒸作用。

二、块状与粉状烟剂

（一）DDVP 块状烟剂

1. 配方

敌敌畏乳油（80%）：20%（质量分数）；

KClO$_3$：20%；

（NH$_4$）$_2$SO$_4$：15%；

干锯末：20%；

陶土：25%。

2. 制法

将硫酸铵、氯酸钾、干锯末和陶土分别研细过筛，按配方比例均匀混合后再加入80% DDVP原油，充分搅匀后以模型压制成一定尺寸和形状的块状烟雾剂。使用时只要将它点燃，它就会以阴火的形式受热发烟，杀虫有效成分随烟雾载体向空间挥散。

也可以先将3份70%敌敌畏原油与10份干锯末混合拌匀密封2～3h，制成敌敌畏锯末。然后按下列配方比例搅拌均匀，放在压片机上压成每片5g的敌敌畏片状烟剂（每片含DDVP有效成分422mg）。

敌敌畏锯末（含16% DDVP）：27%（质量分数）；

KClO$_3$：22%；

黄土：26%；

淀粉：10%；

NH$_4$Cl：13%；

干锯末：2%。

（二）西维因烟剂

1. 配方

西维因：60%（质量分数）；

KClO$_3$：20%；

（NH$_4$）$_2$SO$_4$：10%；

干锯末粉：10%。

2. 制作方法

将西维因、氯酸钾、硫酸铵与干锯末分别研细过筛后混合均匀制成。

（三）速灭威烟剂

1. 配方

速灭威（78%原药）：9.7%（质量分数）；

KClO$_3$：14.9%；

木粉：23.8%；

陶土：45.4%；

煤油：6.2%。

2. 制作方法

将速灭威以煤油稀释，浸于木粉上，晾干后与研细过筛的氯酸钾及陶土一起混合搅匀，然后装入塑料袋压紧，封口即成。

三、包装式烟剂与烟雾弹

将以杀虫有效成分及其他组分配制成的烟雾剂，盛装在一定的容器里，根据容器的形状及尺寸，可以有许多形式，图12-2为一种筒式烟剂包装示例。

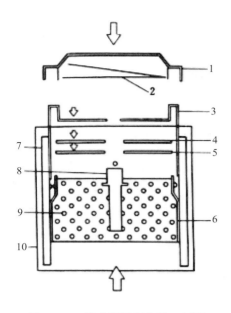

图 12 – 2　筒式烟雾剂包装示例图

1—罩；2—使用说明书；3—外筒；4—振动片；5—衬；6—内管；
7—纸管；8—引燃器；9—发烟剂料；10—密封薄膜

烟剂料的制造工序：称取杀虫有效成分及基料→混合→搅拌均匀→造粒→成型→干燥。

国内在 20 世纪 70 年代曾制成插管式多品种烟雾剂，有 10 多个配方，其中以 741 敌敌畏插管烟雾剂为主。主剂有敌敌畏原油、六六六原粉或高丙体六六六和晶体敌百虫，其中后两种主剂又是供热剂配制的成分；供热剂组分为六六六原粉或丙体六六六 30 份，90% 晶体敌百虫 5 份，硝酸铵 29 份，木粉 16 份，氧化铵 20 份。采用混合法配制，即一次混合粉碎，充分混合均匀粉碎并通过 80 目网筛，包装在塑料袋里，用热合机热合封口，以防吸潮。其中，主剂敌敌畏装在特制不渗油的聚乙烯薄膜管中，每管装敌敌畏原油 18ml，管口用热合封口，以防挥发。使用时插入敌敌畏主剂（插入管数视害虫种类和虫龄大小而定），再在供热剂中央插上一根引火线，点燃引火线燃烧，便产生白色载药浓烟雾毒杀害虫。该制剂的特点是点燃容易，燃烧均匀，不冒火焰，燃烧温度不超过 300℃，1kg 烟雾剂烟熏 18min 左右，残渣疏松，不留余火；主药敌敌畏与供热剂分开存放，不会在贮存或运输过程中发生自燃现象。在施放插管烟雾剂过程中，既发挥敌敌畏、敌百虫高效的杀虫作用，又保留六六六药效持久的特性，这种剂型明显地提高了防治效果。采用硝酸铵取代氯酸钾作为降温剂，既降低了生产成本，又保证加工过程中的安全。

烟雾剂在燃烧过程中，主剂有效成分在热力作用下，一部分升华、汽化呈烟雾状气溶胶，发挥毒杀作用，一部分同时受热分解而失效，还有一部分仍残留在残渣中。因此，烟雾剂的有效成分成烟率测定量至关重要。741 插管烟雾剂的成烟率达 90% 以上。

741 敌敌畏插管烟剂由敌敌畏塑料插管和六六六 – 敌百虫混合烟剂两部分组成，如图 12 – 3 所示。插管采用聚乙烯薄膜管，长 10cm，内径 1.5cm，壁厚 0.4mm。每管内盛放 80% 敌敌畏原油 25g（25ml）。供热剂组成如下。

硝酸铵：29%（质量分数）；

木粉：16%；

NH_4Cl：20%；

敌百虫（≥90%）：5%；

六六六原粉（丙体 12% ~ 14%）：30%。

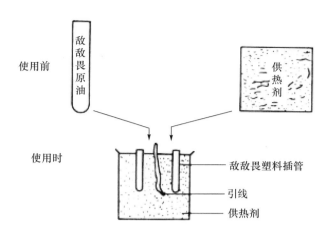

图 12 - 3　插管烟剂使用法

烟雾弹也是一种包装式烟雾剂，它有两种形式，一种是采取化学发热原理，当它自动点燃后使杀虫有效成分蒸发汽化，以烟雾的形式散发于空间；另一种是气雾剂形式，打开阀门后利用抛射剂的汽化能量，将杀虫有效成分发射至空间扩散。这种阀门为全释型，即一旦将它打开就不能关上，直至气雾罐内容物全部释放完。

图 12 - 4 所示为一种采用化学发热原理自动点燃的烟雾弹。

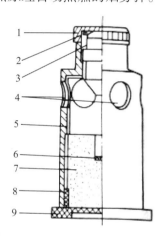

图 12 - 4　烟雾弹结构示意图

1—顶盖；2—击针；3—点燃具；4—释烟孔；5—内衬；

6—杀虫药柱；7—壳体；8—底座；9—点燃药剂

这种烟雾弹的主体由三个部分组成：杀虫药柱，点燃装置和弹体。

杀虫药柱包括载体和有效成分两部分。配制杀虫药柱时必须满足以下要求。

1）发烟后的药柱燃烧持续均匀，中途不得中断或燃烧过快；

2）发烟时不会有明火；

3）燃烧时温度低于 200℃，不会使杀虫有效成分分解；

4）产生的烟雾呈白色，不含其他有害气体，防止污染环境和损害人体健康；

5）产生的烟雾粒子具有良好的穿透力；

6）含水量不超过 2%；

7）体积要小，发烟量要大；

8）在应用剂量为 500mg/m³ 时，对室内卫生害虫的 KT_{50} 不超过 30min，24h 死亡率达到 100%；

9）保质期不小于 1.5 年。

杀虫药柱由供氧剂、助燃剂、降湿剂、发烟剂、中和剂、增效剂、黏合剂和杀虫剂等 8 种成分构成。

点燃装置又称点火器，它是烟雾弹中用来点燃杀虫药柱的动力部分，要求它的点燃可靠率达 99% 以上、操作简单、价格便宜、在常温下保质期不小于 1.5 年、触发延期时间在 3s 以上，确保安全使用。

弹体的作用有三个，一是通过弹体将杀虫药柱和点燃装置结合为一个整体；二是防潮作用，使杀虫药柱及点燃装置不受潮，保障点燃可靠性和杀虫效果；三是通过弹体包装使它便于贮存、携带和运输。弹体采用硬质工程塑料，有足够的强度，能耐 200℃ 以上高温而不会燃烧。

这种烟雾弹的杀虫效果如表 12 - 7 所示。

表 12 - 7 烟雾弹对蚊蝇及蟑螂的效果测定

	KT_{50} （min）	24h 死亡率（%）
蚊	6.5 ~ 8.84	100
蝇	9.75 ~ 11.63	100
蟑螂	18.07	100

注：击倒 KT_{50} 仅作参考。

烟雾弹的可应用范围很广，也适用于舰艇、船只等杀灭蚊、蝇及蟑螂等有害昆虫，效果较好。将含一定杀虫有效成分的烟雾弹用于舰艇杀灭蟑螂的试验结果如表 12 - 8 所示。

表 12 - 8 烟雾弹对舰船杀灭蟑螂的效果试验

处理部位	剂量（g/m³）	容积（m³）	蟑螂数量		24h 下降率（%）
			处理前	处理后	
声呐室		5	20	0	100.00
军医室		9	5	0	100.00
前住舱	1	20	37	1	97.30
粮舱		7	97	1	98.06
小库房		8	103	2	98.06
走廊		13	74	5	92.00
合计			336	9	97.32

四、植物源杀虫有效成分复配烟剂例

1）百部 30%，狼毒 20%，氯酸钾 20%，雄黄 10%，皂角 10%，明矾 4%，硫黄 4%，硫酸铵 3%。

2）百部 30%，氯酸钾 20%，天明精 13%，雄黄 10%，皂角 10%，松香 10%，明矾 3%，硫黄 4%。

将各成分研细成粉后过筛，然后按上述比例混合配成。灭蚊时每立方米使用剂量为 0.2 ~ 0.3g。

第七节 烟剂的生物效果

表 12 - 9 所示为含 92% 高效顺反式氯氰菊酯 1g、总质量为 50g 的烟雾弹，对淡色库蚊、家蝇及德

国小蠊的试验室效果。表 12 – 10 为现场灭蟑螂效果。

表 12 – 9　高效顺反式氯氰菊酯烟雾弹室内灭虫效果

昆虫	击倒率（%）		致死率（%）	
	密闭 30min	密闭 60min	24h	48h
淡色库蚊	100	100	100	100
家蝇	100	100	100	100
德国小蠊	100	100	91.7	96.7

注：1. 测试室容积 105m³；

　　2. 昆虫被置于尼龙丝网中；

　　3. 击倒率仅作参考。

表 12 – 10　高效顺反式氯氰菊酯烟雾弹现场灭蟑效果

	死亡数（只）		活虫数（只）
	德国小蠊	美洲大蠊	
面包房	4	25	0
库房	0	1	0
动物房	0	5	0

注：1. 每房使用 1 枚烟雾弹；

　　2. 点燃烟弹，密闭 1h，检查；

　　3. 检查发现该烟雾弹对室内小黄家蚁也有较好杀灭作用。

表 9 – 11 与表 9 – 12 为 DDVP 与氯菊酯混合烟剂对德国小蠊及家蚁的效力。

表 12 – 11　DDVP 与氯菊酯混合烟剂对德国小蠊的效力

熏烟量（g/m³）	暴露时间（min）	经过不同时间的击倒率（%）						24h 死亡率（%）
		10min	20min	30min	45min	60min	90min	
0.25	60		0	30.0	80.0	96.7	100	100
0.50	30	0	13.3	80.0	100			100
	60	0	23.3	80.0	100			100
1.00	30	0	73.3	100				100

注：击倒率仅作参考。

表 12 – 12　DDVP 与氯菊酯混合烟剂对家蚁的效力

熏烟量（g/m³）	暴露时间（min）	致死率（%）		
		烟熏后	24h 后	48h 后
0.5	60	52.5	99.2	100
	120	77.4	100	
1.0	30	98.3	100	
	60	100		

表 12 - 13　DDVP 与氯菊酯混合烟剂的急性吸入毒性

试验动物		LC$_{50}$（g/m^3）	95%可信限
大白鼠	雄	21.8	20.2 ~ 23.4
	雌	25.5	23.3 ~ 27.9
小白兔	雄	23.8	19.0 ~ 29.7
	雌	26.8	24.6 ~ 29.1

注：吸入 60min，14 日后观察。

　　浙江省卫生防疫站俞小林分别将以高效氯氰菊酯为主剂的筒式烟炮、以右旋苯氰菊酯为主剂的片剂以及 7504 与拟除虫菊酯复配制剂，按 GB 13917.3 及 GB 13917.8—92 测试方法，对德国小蠊、美洲大蠊及蚊、蝇作了实验室及模拟现场测试，其结果如表 12 - 14 所示。

表 12 - 14　三种灭蟑烟雾剂实验室及模拟现场测试结果（测试方法：GB 13917.3、GB 13917.8—92）

剂型及试药量	测试虫种	实验室测试（70cm×70cm 有机玻璃方箱）			模拟现场测试（28m^3）			
		死亡率（%）			2h 击倒率（%）	死亡率（%）		
		24h	48h	72h		24h	48h	72h
筒式烟炮，高效氯氰菊酯 20mg/m^3	德国小蠊	95.83	96.67	96.67	91	92.5	94.17	94.17
	美洲大蠊	95.83	90.83	87.5	89.5	85.5	85.0	82.5
片剂，右旋苯氰菊酯 9.28mg/m^3	德国小蠊	96.67	95	95	89	91	91	91
	美洲大蠊	95.83	89.5	89.5	87.5	87.5	89	89
片剂，7504 与拟除虫菊酯杀虫剂复配剂 60mg/m^3	家蝇	100	97.33	85	100	95.5	92.5	92.5
	致乏库蚊	86.67	86.67		92.5	90.5		
	德国小蠊				90.5	92.5		

第八节　热（油）烟雾剂

一、概述

　　将液体杀虫剂有效成分溶解在具有适当闪点和黏度的有机溶剂中，再添加一些其他必要成分调制成一定规格的制剂，使用时借助烟雾机产生的机械力或电加热的综合作用，使它定量地被压送至烟化管内与高温高速气流混合后喷出到大气中，之后迅速挥发并形成直径为数微米至数十微米的液体颗粒分散悬浮于空气中形成气溶胶，称之为热油雾剂。

　　若所用的杀虫有效成分为固体，与有机溶剂一起被喷出挥发后，形成直径为 0.3 ~ 2.0μm 的固体微粒分散悬浮于空气中，形成气溶胶，此时称为热烟剂。

　　热油雾剂与热烟剂这两类制剂统称为热（油）烟雾剂。热（油）烟雾剂与一般烟剂之间的差别，前者需要借助于机械力发送，后者则靠（电）热力或化学力直接蒸发或挥发。

二、热（油）烟雾剂的组成

　　热（油）烟雾剂除有效成分外，还有溶剂、助溶剂、黏着剂，闪点、黏度调节剂以及稳定剂等。当然也有组成很简单的热雾剂，如林丹热雾剂由 2% 高丙体六六六、80% 轻柴油及 18% 12 号机油三部分组成。

　　敌敌畏热雾剂则更简单，仅由 5% 敌敌畏与 95% 轻柴油组成。

此外，胺菊酯10%~20%乳油，右旋苯醚菊酯10%乳油，均可用作热（油）烟雾剂有效成分。

（一）有效成分品种及浓度

有效成分品种要根据所需处理的对象来取定。在决定制剂浓度时，除处理对象外，还要考虑杀虫有效成分的生物活性和烟雾机的发烟效率。有效成分浓度过高，可能因烟雾机发烟量不够，影响杀虫剂的利用率；反之，若有效成分浓度过低，溶剂及各种添加剂的增加会使制剂的成本提高。

（二）溶剂

溶剂的作用主要是使有效成分充分溶解，但除了它的溶解性能外，还要从它的挥发性、闪点、黏度等多方面综合考虑。如挥发性太大，使形成的雾滴直径很小，不能有效沉积到处理面上。如闪点太低，在贮存及运输中易着火。黏度太高，使喷出物难以形成细微雾滴，影响防治效果。如1%氰戊菊酯热雾剂的黏度为6×10^{-3}Pa·s，与一定型号的烟雾机配合使用，可获得80%~90%直径为5μm左右的雾滴，防治效果良好。当然，在必要时可以适当加入闪点及黏度调节剂。

（三）稳定剂

凡用于配制热（油）烟雾剂的有效成分，它的受热及贮存稳定性要较好。必要时可以在制剂中添加热稳定剂。常用的稳定剂有酯类、有机酸类、抗氧剂、妥尔油及环氧氯丙烷等。

（四）其他

为了使有效成分容易分散并在靶标上黏附，视需要应在制剂中加入某些表面活性剂。常用的表面活性剂有OBHL、S-250、BY-130及O201B等，可通过试验筛选。

三、油烟剂的配制

油烟剂或烟雾剂在配制时以溶剂或称稀释剂（如柴油、太阳油、变压器油、锭子油或煤焦油中的蒽油或松油等）来对杀虫有效成分进行稀释，一般只要加2~3倍就可以喷烟雾施药。为了促进药剂在溶剂中的溶解，往往在配制时加入少量各种必要的助溶剂。可以做助溶剂的有环己烷醇、苯甲醇、丁醇、戊醇、乙二醇、一缩乙二醇及二氯乙烷等。

烟雾剂的配比可以有许多种，表12-15列出了几种质量组分比。

表12-15　五种混配烟雾剂的配比（%，质量分数）

组分	一	二	三	四	五
DDVP原油	6	6	6	7	4
林丹	2				
DDT原粉		2			
马拉硫磷原油			2		
邻二氯苯（助溶剂）	2	2	2	3	5
柴油（溶剂）			适量		

四、使用效果

国内有人制成20%残杀威热雾剂，其配方中含溶剂63%、助溶剂15%、表面活性剂2%。在使用时以40倍轻柴油稀释，用Burgess脉冲式烟雾机防治列车蜚蠊，24h杀灭率达100%，持效期为40天。

由于烟雾剂的颗粒小，穿透性好，将杀虫有效成分制成热烟剂，在处理较大（密闭）空间时，显示出其效果优于超低容量法，处理时稀释倍数也可减少。如以S-生物烯丙菊酯和顺反比为25:75的氯菊酯为主要成分，分别配制热（油）烟雾剂与超低容量制剂后做空间喷洒，对家蝇的生物效果如表12-16所示。

表 12 - 16　热烟雾法与超低容量法对家蝇的生物效果

处理方法	药剂稀释比例	试验虫数（头）	击倒时间（min）		24h 死亡率（%）
			初期	95%	
热烟雾法	1:25	40	1.5	5.0	100
	1:50	40	1.5	7.0	100
超低容量法	1:10	40	1.5	7.0	100
	1:20	40	2.0	9.0	100

注：击倒仅作参考。

对由上述有效成分组成的制剂用 0#柴油以 1:20 稀释，按 0.5mL/m³ 的剂量喷烟处理封闭式阴沟灭蟑，也显示出良好的效果，如表 12 - 17 所示。对这种特殊场合，使用其他喷洒方法，是很难处理的。

表 12 - 17　对封闭式阴沟灭蟑处理效果

处理点	阴沟数	处理前平均密度（头/沟口）	处理后不同时间的杀灭率（%）		
			1d	3d	5d
1	121	5.3	99.1	97.6	87.5
2	98	5.2	100.0	99.2	86.3
3	54	4.3	99.6	98.1	85.4
4	21	4.4	100.0	98.0	86.9

利用 95%氯氰菊酯原油制成烟雾剂，配合 2600 型热烟雾机对下水道主渠及高层建筑垃圾通道进行灭蟑处理，显示效果良好。试验结果如表 12 - 18 所示。

处理前，先将氯氰菊酯原油用 0#柴油按 1:99 比例稀释，制成约 1% 浓度的烟雾剂，然后以 20mg a.i/m³ 的剂量对下水道主渠及高层建筑垃圾通道喷烟雾处理。喷烟处理的效果检验，可按下列公式计算相关密度指数（RPI）及密度下降率。

$$相关密度指数（RPI）= \frac{对照区处理前平均密度 \times 实验区处理后某时密度值}{对照区处理后某时密度值 \times 实验区处理前平均密度值} \times 100$$

表 12 - 18　热烟雾处理灭蟑效果

处理区	有效成分	剂量（mg/m³）	第一次处理		第二次处理		第三次处理	
			RPI	密度下降率（%）	RPI	密度下降率（%）	RPI	密度下降率（%）
下水道主渠	氯氰菊酯	20	14.5	85.5	4.4	95.6	0	100.0
垃圾通道	氯氰菊酯	20	9.8	90.2	3.4	96.6	0	100.0

从表 12 - 18 中可以看出，经过间隔为 15 天的连续三次喷烟处理，蟑螂密度就可下降至零，效果十分显著。

使用 90#汽油与残杀威配制成含 4% 残杀威的烟雾剂，配合 TF35 型手提式烟雾机可用于旅客列车杀灭蟑螂。广州铁路中心卫生防疫站陈建国、袁新盖及卢国才等所做的试验结果如表 12 - 19 与表 12 - 20 所示。

表 12 – 19   对空调列车不同类型车厢的热烟雾灭蟑效果

车厢类型	调查车厢数	平均灭前蟑密度（只/点）	平均灭后蟑密度（只/点）		杀灭率（%）	
			2h	30d	2h	30d
硬座车	20	15	1.0	4.0	93.3	73.3
硬卧车	10	10	0.6	2.4	94.0	76.0
软卧车	6	4	0	0.5	100	87.5
餐车	4	20	0.8	3.0	96.0	85.0
软座车	10	8	0	1.5	100	81.2
合计	50	57	2.4	11.4	95.8	80.0

注：喷烟 90s，密闭 40min。

表 12 – 20   对普通列车不同类型车厢的热烟雾灭蟑效果

车厢类型	调查车厢数	平均灭前蟑密度（只/点）	平均灭后蟑密度（只/点）		杀灭率（%）	
			2h	30d	2h	30d
硬座车	20	25	2.5	5.5	90.0	78.0
硬卧车	10	12	1.0	3.0	92.7	75.0
软卧车	5	5	0.1	0.5	98.0	90.5
餐车	5	10	0.5	2.0	95.0	80.0
合计	40	52	4.1	11.0	92.1	78.8

注：喷烟 90s，密闭 40min。

试验结果显示，将热（油）烟雾剂用于对旅客列车防治蟑螂，效果良好。要进一步提高对蟑螂的杀灭率，可以考虑适当提高用药浓度，增加喷烟时间，或延长密闭时间。但根据蟑螂的繁殖及活动规律，为更好地使列车内的蟑螂处于低密度，应在处理后彻底清除车厢内残存蟑螂及其卵荚，在 30 天内应重新处理一次，才能巩固热烟雾灭蟑效果。

青岛市卫生防疫站姜法春、宋明亮及李国武使用 80% 敌敌畏原油以 20 倍柴油稀释后制成热（油）烟雾剂，配合金鹰热烟雾机分别用于普通、三星级及四星级各一家，共 3 家宾馆灭蟑处理，取得良好效果，使蟑螂密度大幅度下降。其结果分别列于表 12 – 21 至 12 – 23。

表 12 – 21   某宾馆采用敌敌畏热烟雾熏杀蟑螂效果观察

熏杀场所	灭前密度（只/间）	死蟑螂密度（只/m²）	24h 死亡率（%）	灭后一周密度（只/间）	密度下降率（%）
灶间	28.48	68.75	100.00	1.23	95.68
面食厅	21.45	52.34	100.00	1.10	94.87
餐厅	15.21	35.72	100.00	0.23	98.49
水上厅	9.75	21.23	100.00	0	100.00
仓库	12.34	31.25	100.00	0	100.00

注：熏杀 6h。

表 12 – 22   某三星级宾馆采用敌敌畏热烟雾熏杀蟑螂效果观察

熏杀场所	灭前密度[只/（板·夜）]	死蟑螂密度（只/m²）	24h 死亡率（%）	灭后密度[只/（板·夜）]	密度下降率（%）
灶间	135.21	345.28	100.00	1.25	99.10
餐厅	35.48	82.45	100.00	0.89	97.49
职工灶	27.34	79.52	100.00	0.54	98.02
仓库	18.76	76.85	100.00	0	100.00
地下室	8.74	19.68	100.00	0	100.00

注：熏杀 6h。

表 12 - 23　某四星级宾馆采用敌敌畏热烟雾熏杀蟑螂效果观察

熏杀场所	灭前密度（只/间）	死蟑螂密度（只/m²）	24h 死亡率（%）	灭后一周密度（只/间）	密度下降率（%）
泰式餐厅	32.45	85.92	98.76	4.21	87.03
海鲜餐厅	36.84	92.78	97.69	3.85	89.55
中餐厅	12.32	25.45	100.00	0.18	98.54
财务部	9.47	17.21	96.78	0	100.00
机房	3.21	8.94	100.00	0	100.00
更衣室	6.75	12.55	98.78	0	100.00

注：熏杀 4h。

从表 12 - 23 结果可以看出，由于四星级宾馆处理后密闭熏杀时间仅有 4h，所以效果明显低于表 12 - 21 及表 12 - 22 所示值。因此在实际操作中为取得最佳效果，应尽量延长熏杀时间。

第九节　制作烟剂及热（油）烟雾剂用的化学杀虫剂品种

一、制作烟剂的化学杀虫剂品种

表 12 - 24　国内外制作烟雾剂的杀虫剂品种

杀虫剂名称	熔点（℃）	沸点（℃）	稳定性	20℃蒸气压（mmHg）	使用范围	大鼠口服急性毒性 LD_{50}（mg/kg）
林丹	112.9	—	对 O_2、CO_2、光、热、酸稳定	9.4×10^{-6}	果树、蔬菜、烟草、马铃薯、粮仓、森林等各种害虫	125
三氯杀虫酯	82 ~ 84	—	碱性分解	1.1×10^{-7}	防治蝇、蚊、衣蛾	>10000
敌百虫	83 ~ 84	—	180℃ 开始分解	7.8×10^{-6}	防治双翅目、鳞翅目、鞘翅目害虫，林业和家庭卫生害虫	630
敌敌畏	—	35（0.05mmHg）	热不稳定易分解	1.2×10^{-2}	触杀、胃毒、熏蒸、渗透作用，做家庭和公共场所熏蒸剂，杀蝇、蚊等	80
地亚农	—	83 ~ 84（0.0002mmHg）	120℃ 以上分解	1.4×10^{-4}	防治园林害虫和食叶害虫，温室蝇、蝉	300 ~ 850
倍硫磷	—	87（0.01mmHg）	对热、光、碱稳定	3×10^{-5}	触杀、胃毒、渗透作用，防治果蝇、叶蝉科、谷物类害虫	190 ~ 350
芬硫磷	16.2 ± 0.3	120（0.01mmHg）	130℃ 分解，不水解	4.1×10^{-8}	果树、蔬菜上长效杀螨剂（0.02% 有效）	182
氯菊酯	34 ~ 39	200（0.01mmHg）	碱性水解	—	蚊、蝇、蟑螂、臭虫、虱、跳蚤、牛虻及农业害虫	1300
右旋苯氰菊酯			遇碱易分解	1.22×10^{-4}	蚊、蝇、蟑螂、臭虫、虱、跳蚤、牛虻及农业害虫	340 ~ 2250
除虫菊	黏稠油状液		在碱、光作用下分解	难挥发	家庭、食品等杀蚊蝇、蟑螂，用于仓房、车船、畜牧等	820

杀虫剂名称	熔点（℃）	沸点（℃）	稳定性	20℃蒸气压（mmHg）	使用范围	大鼠口服急性毒性 LD_{50}（mg/kg）
炔呋菊酯	—	120～122（0.2mmHg）	对光、碱性不稳定	14.2（200℃）	室内蚊、蝇等卫生害虫	1000
甲醚菊酯		142～144（0.02mmHg）	遇碱分解，铜促分解	—	防治蚊、蝇等卫生害虫	4040
胺菊酯	65～80（工业品）	185～190（0.1mmHg）	稳定	3.5×10^{-8}	家蝇、臭虫、库蚊等害虫	4600
丙烯除虫菊		约160	同除虫菊	—	蝇、蚊	920
西维因	142	—	光、热稳定，碱分解	0.005（25℃）	广谱性杀虫剂	500～850
速灭威	76～77		碱分解		击倒作用强，残效持久，杀水稻叶蝉飞虱、苹果食心虫等	498～580
叶蝉散	96～97	128～129	碱分解		飞虱、叶蝉、厩蝇等	403～485
氯杀螨	72	—	酸、碱稳定，易氧化	2.59×10^{-6}	杀螨卵和成螨	10000
消螨酚	106	—	与胺、碱金属离子生成盐	室温下低	杀树木叶螨、蚜、介壳虫	50～125
灭螨猛	169.8～170	—	不易氧化	2×10^{-7}	杀苹果、柑橘螨成虫和卵、防治白粉病	2500～3000
偶氮苯	68	295	化学性质稳定	—	熏蒸性杀螨剂、防治甲虫类	1000
甲基磺酰氟	—	121～123	不着火		熏杀家畜体外寄生虫	3.5（皮下注射）
烟碱	-80	247	蒸气在空气中不稳定	4.25×10^{-2}（25℃）	果树、蔬菜防治蚜、介壳虫、潜叶蝇	50～60
硫黄	115	444.6	易燃烧，缓慢氧化	3.96×10^{-6}	杀白粉病、锈病、虫螨、介壳虫等	无毒
五氯酚钠	190～191	—	易氧化成四氯对醌	1.2×10^{-1}（100℃）	杀虫、菌、蚁及脱叶除草	210
氟菌唑	63.5	—	—	1.4×10^{-6}（25℃）	对果树、蔬菜等病害有预防和抑制作用，10%烟剂	695～715

注：1mmHg = 133.32Pa。

二、制作热（油）烟雾剂的化学杀虫剂品种

表 12 – 25　制作热（油）烟雾剂的杀虫剂品种

农药名称	熔点（℃）	蒸气压（mmHg）	有效成分含量（%）	防治对象	大鼠口服急性毒性 LD_{50}（mg/kg）
氰戊菊酯		2.8×10^{-7}/（25℃）		马尾松毛虫和杀毒蛾	706.85，经皮 $LD_{50} > 2000$
林丹	112.9	9.4×10^{-6}/（20℃）	2	室内蚊、蝇、臭虫等	125
敌敌畏		1.2×10^{-2}/（20℃）	5	室内蚊、蝇、蟑螂等	80
敌敌畏 + 马拉硫磷		马拉硫磷 4×10^{-5}/（30℃）	60 + 20	室内蚊、蝇、臭虫、蟑螂等	2800
胺菊酯20%乳油				室内蚊、蝇、臭虫、蟑螂等	4600
d – 苯醚菊酯10%乳油				室内蚊、蝇、臭虫、蟑螂等	>10000
氯菊酯				室内蚊、蝇、臭虫、蟑螂等	1300
氯氰菊酯				室内蚊、蝇、臭虫、蟑螂等	251

注：1mmHg = 133.32Pa。

第十三章

灭鼠剂及其剂型

第一节 概 述

一、鼠害及灭鼠剂

众所周知，鼠害是一个很严重的全球性问题，鼠类的数量大大超过人口总数，据估计，地球上家栖鼠类的数量约是总人口数的 4 倍。鼠害对人类的危害涉及多方面，首先是传布疾病，危害人类生命健康；其次是损坏农作物，糟蹋粮食，造成食物短缺，据统计全世界的农业约有 20% 损于鼠害，极大地影响人类基本生存条件；鼠类还会破坏现代化工业生产及交通通信设施等，给人类的经济造成巨大的威胁。总之，鼠害扰乱了人类生活环境，阻碍人类文明进程。

老鼠在我国被列为四害中的首害，"老鼠过街，人人喊打"，是四害中的主要防治对象。

老鼠的种类很多，生活习性与危害方式差异很大，尤其是它十分敏锐，各种器官相当发达，生存活动适应能力极强，防治难度大。所以要根据不同的情况，采取相应的对策。在鼠害防治中也要采取综合治理的方针，充分利用各种技术方法，注意这些方法的使用程序，以最大限度地发挥综合作用，获得预期的最佳效果。其中利用化学药剂仍不失为当前最有效的大面积快速灭鼠的重要手段和方法。

灭鼠剂的开发已有悠久的历史，早在 16 世纪，地中海沿岸各国已用红海葱灭鼠。早期的灭鼠多用亚砷酸、碳酸钡、马钱子、磷酸锌、硫酸亚铊等天然或无机杀鼠剂。1933 年出现了第一个有机合成杀鼠剂甘伏（Gliflor），以后又相继出现了氟乙酸钠、鼠立克、安妥等品种，到 1944 年合成了第一代抗凝血杀鼠剂杀鼠灵；70 时代中期又开发了以溴敌隆为首的第二代抗凝血杀鼠剂。

按作用方式分类，杀鼠剂又可分胃毒、熏毒、驱避、引诱和不育等。

在胃毒类化学杀鼠剂中，分为急性、亚急性及慢性；慢性杀鼠剂又可分第一代抗凝血杀鼠剂和第二代抗凝血杀鼠剂。

二、灭鼠剂的作用机制

灭鼠剂的作用机制因其作用方式而异。

对于抗凝血类杀鼠剂来说，它的作用机制主要是通过抑制维生素 K_1 环氧化物还原酶阻止肝脏生产凝血酶原，破坏血液的凝固功能，导致皮下、内脏及肠胃等部位出血不止而致死。

实际应用证实，将抗凝血灭鼠剂以多次给药对被毒鼠的毒力大于一次给药的急性毒力，如连续五天每天给药杀鼠灵一次的慢性毒力比一次给药的急性毒力大 4 倍。多次低浓度毒饵让鼠类反复取食，符合鼠类的摄食行为，能充分发挥其慢性毒力。这种毒饵的缓慢作用，不会引起鼠类拒食，因此能获得良好防治效果。所以抗凝血灭鼠剂主要是利用毒物在体内的慢性累积毒力作用。

对于熏蒸类灭鼠剂，是通过有毒气体的吸入，在被毒鼠的心血管系统中起抗胆碱酯酶的作用，经血液分布到肝、脾、肾等处，并遍及全身，强烈刺激其呼吸道，损伤中小支气管，引起肺水肿，并对中枢神经系统和心肌造成严重损害，进而产生抽搐、麻痹、昏迷，最后窒息死亡。

另一类灭鼠剂，如灭鼠优，其作用较缓慢，对鼠类具有选择性毒力。它的作用机制是抑制烟酰胺的代谢。其中毒症状表现为中枢和周边神经、肌神经接头部、自主神经系统的传导受阻及胰腺组织损坏，并使其产生严重的维生素 B 缺乏症，后肢瘫痪，呼吸麻痹死亡。

毒鼠磷类急性有机磷灭鼠剂，是使鼠类通过进食、胃吸收后抑制血液中胆碱酯酶而致效。

溴甲灵和敌溴灵灭鼠剂，它的作用机制主要是阻止线粒体的氧化磷酸化作用，抑制产生三磷酸腺苷，降低 Na^+/K^+ 的活性，引起细胞充盈液体，器官水肿。脑脊髓质水肿，中枢神经受压迫，鞘膜脱落，神经传导减弱，最后导致呼吸衰竭死亡。

胆骨化醇则是通过在肝脏中先代谢成 25 - 羟基胆骨化醇，然后再在肾脏中转化成 1 - α - 25 - 双羟基激素型胆骨化醇，刺激小肠大量吸收钙和磷，同时与副胸腺素协同作用使大量的钙和磷从骨组织中释放进入血浆，形成高钙血症。使肺、肾及心血管系统组织钙化，导致心肾功能衰弱死亡。

第二节　化学灭鼠剂的剂型及其组成

相对于杀虫剂剂型来说，目前化学灭鼠剂的剂型要少得多，这与它的作用机制有关。

化学灭鼠剂的剂型主要有以下几种类型。

一、毒饵

毒饵是灭鼠剂的最主要剂型，它占到化学灭鼠剂的 90% 以上，可以制成颗粒剂。

（一）组成

灭鼠毒饵由以下几个部分组成。

1. 有效毒物

有效毒物主要为各种化学灭鼠剂，见第三节。

2. 诱饵

常用的诱饵是各种谷物种子和瓜、果、蔬菜等。粉面比整粒或粗皮谷物更易被鼠类接受。家鼠喜食低蛋白、高碳水化合物和适度脂肪，或者含有高蛋白、低碳水化合物和高脂肪的种子和荚果。含一定水分则吸引力更大。

3. 黏着剂

植物油可作为灭鼠药的黏着剂，还能增进药物的吸收，而且鲜品能增进适口性；2% 以下的工业纯矿物油可做黏着剂，但无引诱力。

4. 防腐剂

防腐剂为 0.25% 对砂基酚或 0.2% 去氢乙酸，但容易降低适口性。

为防止毒饵在下水道中或其他潮湿地方发霉变质，可将谷物浸到液体石蜡中，不加或少加植物油来增加适口性。

5. 其他

性激素对异性鼠有强大的引诱力。

用无色的剧毒灭鼠剂配制毒饵时，应加入警戒色，以防人们误食中毒。常用警戒色为少量红墨水或蓝黑墨水。

（二）对毒饵的一般要求

1. 毒力

衡量药物毒力强弱的标准是药物对鼠的致死中量（半数致死量，LD_{50}）。药物毒力对鼠类的个体差异较大，需用一定方法方能测出药物对鼠的毒力，每次测得的最高致死量和最低致死量的差异较大，故最常采用半数致死量。但实际灭鼠的目的是将鼠全部杀死，故应当考虑药物的最高致死量。

一般而言，对鼠的致死中量在 $1.0 \sim 50.0 \mathrm{mg/kg}$ 的灭鼠药比较适用。药物的毒力过低常需提高使用浓度，但会影响鼠类接受程度，杀灭效果往往不佳，成本也随之提高；药物的毒力过高时，容易出现人、禽、畜误食中毒，不够安全。

为保障人畜安全，应采用具有选择性毒力的灭鼠药，即只对鼠类有强毒，对人畜则为弱毒或无毒。

2. 适口性

鼠的味觉和嗅觉很敏锐，对经口灭鼠药的适口性要求很高。经口灭鼠药一般是混入诱饵中使用的，适口性好有两种效果，一是鼠类不能觉察到毒饵中的药物；另一是虽能觉察但不厌弃或可耐受，也可能更乐于取食。

药物中有些杂质会显著降低适口性，进而影响效果，应避免混入灭鼠药饵中。

3. 抗药性

数十年来，由于广泛地使用抗凝血灭鼠剂，出现了对该药物的抗药性鼠类种群，而且这种抗药性可以遗传。但鼠对有些药物（如安妥）虽然也可产生相当高的耐药性，但未证明有遗传可能。

4. 稳定性

对需要长期投毒场所，灭鼠剂应越稳定越好，但当突击灭鼠，尤其是使用毒力无选择性的药物时，则希望它在投毒后经一段较短的时间后失效，以免污染环境，遗留后患。

5. 作用速度

通常以适中为宜。作用过快常使部分个体在食足致死量前不适，中止取食活动，不仅幸免于死，并可产生拒食或耐药，成为不易消灭的残存鼠。作用太慢则不适于各处紧急处理时应用（如处理疫区），同时也往往不太受群众欢迎。

6. 经济性

价格便宜，来源广。

二、熏蒸剂

（一）概述

某些药剂在常温下易汽化为有毒气体或通过化学反应产生有毒气体，这类药剂通称熏蒸剂。利用有毒气体使鼠吸入致死的灭鼠方法称为熏蒸灭鼠。

熏蒸灭鼠的优点是：具有强制性，不必考虑鼠的拒食性；不使用粮食和其他食品；收效快，效果一般较好；兼有杀虫作用；对禽、畜安全。缺点是：只能在可密闭的场所使用；毒性大，作用快，使用不慎时容易中毒；用量较大，有时费用较高；熏杀洞内鼠时，需找洞、投药、堵洞，效率较低。

熏蒸灭鼠主要使用于船舶、舰艇、火车、仓库及其他密闭场所的灭鼠，还可用以杀灭洞内鼠。

目前使用的熏蒸剂有两类：一类是化学熏蒸剂，如磷化氢、氯化苦、氰化氢等；另一类是灭鼠烟剂。

（二）常用的化学熏蒸剂

1）磷化氢；

2）氯化苦；

3）氰化氢；

4）二氧化硫；

5）硫酰氟。

（三）烟剂

灭鼠烟剂又称烟炮或灭鼠炮。它具有熏蒸剂的一般特点，并有其独特之处：对人、畜无害；制作容易，可就地取材；制作或使用不慎时，易发生火灾。

目前使用的大多数烟炮，对杀灭洞鼠起主要作用的是一氧化碳。一氧化碳为无色、无臭的气体，对温血动物毒性很大，可使血红蛋白变性，失去交换氧气的能力导致窒息而死。

烟炮的主要成分是燃料和助燃剂。燃料燃烧时产生烟，其中含有不少二氧化碳和一氧化碳。常用的燃料有木屑、煤粉、炭粉和畜粪末等。助燃剂能使燃料在较短的时间内燃尽，迅速增加有毒气体的浓度。助燃剂的用量，以能使燃料在短时间内燃尽，又不产生火焰为宜。常用的助燃剂有硝酸钾、硝酸钠、硝酸铵，也可用氯酸钾或黑火药。硝酸钾、硝酸钠助燃性能好，不易潮解；但硝酸钾价格高，硝酸钠较低。硝酸铵助燃性能尚好，价格很低；但易潮解，用量较大。在烟炮中，一般情况下硝酸钾或硝酸钠用量为 25% ~ 30%，硝酸铵为 40% ~ 50%，硝酸钠、硝酸铵合用的，各占 20%。

为兼顾杀虫，可在烟炮中再加入杀虫剂，常用的有敌敌畏、敌百虫、六六六等。

三、驱鼠剂

在物品表面涂抹某些药物，能防止鼠类咬啮，这类药物常被称为驱鼠剂，如放线菌酮。它们只作用于鼠的味觉，起防鼠咬啮的作用，而不能驱鼠。

目前驱鼠剂存在的问题是来源困难、持效期短等，很少应用。

四、化学不育剂

化学不育剂指服用后使动物丧失生育能力的一类药剂。

第三节 化学灭鼠剂

一、敌鼠 (diphacinone)

化学名称为 2 - (二苯基乙酰基) - 1,3 - 茚满二酮。

其他名称有野鼠净，敌鼠（钠），双苯杀鼠酮，Diphacin，Ramik。

纯品为无色无臭淡黄色粉末，工业原药为稍有气味的暗黄色结晶粉末，含量 98%，熔点 145℃，相对密度 1.281 (25℃)，蒸气压 13.7nPa (25℃)。100℃ 时水中溶解度 5%，可溶于乙醇、丙酮等有机溶剂，不溶于苯和甲苯。该药稳定性好，可长期贮存。其钠盐为淡黄色无气味粉末，无明显熔点，加热至 207 ~ 208℃ 则由黄变红色，至 325℃ 分解.

敌鼠为高毒农药。对大鼠急性经口毒性 LD_{50} 为 3mg/kg、狗 3 ~ 7.5mg/kg。其钠盐对大鼠急性经口毒性 LD_{50} 为 15mg/kg。敌鼠对鱼毒性耐药中量 (TLm) 大于 10mg/L；对鸟毒性 LD_{50} 大于 270mg/kg。

敌鼠是目前广泛应用的第一代抗凝血杀鼠剂，具有适口性好、作用缓慢、灭鼠效果好等特点。鼠类吞食后，可使害鼠血液凝固作用受阻，导致皮下、内脏、胃肠等部位出血不止而致死。本品从胃肠道吸收，皮肤和呼吸道吸收很慢，吸收后大部分进入肝脏。排泄很快，大部分于 48h 内从粪便中排出体外。蓄积作用很小。潜伏期 3 ~ 14d，对小家鼠为 3 ~ 21d。狗和猫很敏感，有二次中毒的危险。猪很耐药，在养猪场使用很安全。由于该药剂无臭无味，可使鼠类重复取食，不易产生拒食。

本剂误食后应即口服或注射维生素 K_1 解毒。为防止二次中毒，死鼠应深埋处理。

二、氯敌鼠 (chlorophacinone)

化学名称为 2 - [2 - (4 - 氯苯基) - 2 - 苯基乙酰基] - 1,3 - 茚满二酮。

其他名称有氯鼠酮，鼠顿停，Reclentin，Caid，Afnor，Drat，Quick，Delta，Ratomet 等。

原药为淡黄色无臭无味结晶，熔点 142 ~ 144℃，20℃ 时蒸气压为 0。不溶于水，可溶于丙酮、乙醇、乙酸乙酯。在酸性条件下不稳定。

本剂为高毒杀鼠剂。对雌、雄大鼠急性经口毒性 LD$_{50}$ 分别为 9.6mg/kg 和 13.0mg/kg。

氯敌鼠的特点是急性毒力大，0.025% 毒饵一次给药，受试大白鼠的毒杀比为 15/20，而同样条件杀鼠灵的毒杀比只有 2/20。用 0.005% 浓度的毒饵对褐家鼠做无选择性摄食试验，潜伏期为 5d，试鼠全部死亡。氯敌鼠对各种动物的毒力见表 13−1。

表 13−1　氯敌鼠对各种动物的毒力

动物名称	急性口服 LD$_{50}$ [mg/ (kg·d)]	慢性口服 LD$_{50}$ [mg/ (kg·d)]
大白鼠	2.1	
褐家鼠	5.0	
屋顶鼠	15.0	
小家鼠	1.06	
长爪沙鼠	0.05	0.012×3d
家兔	50	
吸血蝙蝠	7.5	
鸡	430	

氯敌鼠的药理作用除抗凝血之外，还有抗氧化磷酸化的作用。

氯敌鼠是唯一油溶性的抗凝血灭鼠剂。用油剂配制毒饵很方便，油溶液容易浸入谷物内。油剂和蔬菜、水果等植物诱饵也能很好地混合均匀。用油剂配制的毒饵很适于毒杀野外的鼠类，使用浓度 0.0125% ~ 0.025%。

氯敌鼠配制的毒饵适口性很好，鼠类不拒食。

氯敌鼠对人的毒性较小，使用比较安全。口服 0.025% 毒饵 450g（含原药 112.5mg），凝血酶原从 100 下降到 32，不需任何治疗。

氯敌鼠主要通过胃肠道吸收，经皮吸收时毒性很小。动物试验，将 5mg 原药溶于 2ml 液体石蜡中，涂抹在去毛的家兔皮肤上，只是引起轻度的凝血酶原降低。

鸟类对氯敌鼠也很耐药，每日用 2.25mg 原药喂鹦鹉，15d 后没有任何症状。

氯敌鼠在野外能耐各种气候因素的作用，在土壤中能存留很长的时间，但是在植物体内的转移和代谢尚不清楚。

三、杀鼠新 （Shashuxin）

化学名称为 2 − 双（对甲基苯基乙酰基）−1，3 − 茚满二酮铵盐。

其他名称有双甲敌鼠铵盐。

原药为土黄色粉末，纯品无臭无味，可溶于乙醇、丙酮，微溶于苯和甲苯，不溶于水。熔点 172 ~ 174℃。铵盐无腐蚀，化学性质稳定。

本剂为高毒杀鼠剂。对雄大鼠急性经口毒性 LD$_{50}$ 为 34.8mg/kg、雌大鼠 6.19mg/kg，雄小鼠大于 9.4mg/kg，雌小鼠 92.6mg/kg。

本剂用途同敌鼠钠盐。

四、杀鼠灵 （warfarin）

化学名称为 4 − 羟基 − 3 −（3 − 氧代 − 1 − 苯基丁基）香豆素。

其他名称有灭鼠灵，华法令，抗鼠灵，Banarat，Coamafene，Dathnell，Coumefene，Warfarat，Dethmor，WARF − 42 等。

该药剂于 1942 年合成。杀鼠灵属 4 − 羟基香豆素类抗凝血杀鼠剂，是第一个推广使用最为普遍的慢性抗凝血灭鼠剂。

纯品呈无臭无味白色结晶粉末，工业品略带粉色。溶于丙酮，微溶于醇类和油类，不溶于水。在碱液中形成水溶性的钠盐。25℃时溶解度60g/100ml。本品有一个不对称的碳原子，形成2个异构体。S-异构体的毒力是R-异构体的7~10倍。工业品为异构体的混合物。

本品主要通过胃肠道吸收，皮肤接触和呼吸道也能吸收。没有长期的蓄积作用，大部分药物在体内代谢解毒，代谢产物从粪便和尿中排泄。潜伏期4~17d。

鼠类和猪对杀鼠灵很敏感，鸡有很大的耐药性，二次中毒的危险性很小，但对猪很危险，吃了中毒致死的鼠尸也会中毒致死。

杀鼠灵对各种动物的毒力见表13-2。

表13-2 杀鼠灵对各种动物的毒力

动物名称		急性口服 LD$_{50}$ [mg/（kg·d）]	慢性口服 LD$_{50}$ [mg/（kg·d）]
褐家鼠	S-异构体	14~20	（0.75~1.0）×5d
	R-异构体	186	0.4×（4~15）d
小家鼠		374	0.6×（3~9）d
家兔		800	30×（6~15）d
猪		1.5~3	0.05×7d
狗		20~50	5×（5~15）d
猫		6~40	（3~5）×10d
牛、羊		5~50	1×5d
鸡		1000	

杀鼠灵作为慢性灭鼠剂，在有足够的毒饵供取食的情况下，用0.025%~0.1%含量的毒饵，鼠类中毒死亡的时间没有显著差别。但是浓度超过0.05%时适口性大减。显然使用高浓度的毒饵防治家栖鼠不会加速灭鼠的效果，只会增加对其他非靶动物的危险性。

五、杀鼠迷（coumatetralyl）

化学名称为4-羟基-3-（1，2，3，4-四氢-1-萘基）香豆素。

其他名称有立克命，克鼠立，杀鼠萘，Endox，Endrocid，Racumin，Ratbate，Ratex，Bay25634，Bay ENE1183B等。

该药剂于1956~1957年间由德国拜耳（Bayer）公司推广。

纯品为黄白色结晶，熔点172~176℃。工业原药为黄色结晶，熔点166~173℃。20℃时蒸气压为13.33Pa。不溶于水，微溶于苯和乙醚，可溶于丙酮、乙醇。遇光迅速分解，水中不水解。

杀鼠迷亦为高毒杀鼠剂。对大鼠急性经口毒性LD$_{50}$为16.5mg/kg；急性经皮毒性LD$_{50}$为25~50mg/kg。对猫、狗和鸟类无二次中毒危险。对鱼类毒性为：虹鳟TLm（96h）约1000mg/L，鲤鱼TLm（48h）为40mg/L。

本品只通过胃肠道吸收，连续服用有蓄积作用。潜伏期5~12d，大剂量第2天即能出现鼠尸。二次中毒的危险性很小。

杀鼠迷的生物活性优于其他第一代的抗凝血灭鼠剂。主要表现在适口性好，配制的毒饵带有香蕉味，对鼠类有一定的引诱力。鼠类对杀鼠迷毒饵不拒食，在临死前仍然不断摄食毒饵。所以很少出现亚致死中毒的现象，能完全消灭所有的鼠患。杀鼠迷对抗药鼠也有效，Greaves和Ayres（1969）报告0.05%杀鼠迷毒饵对抗药性鼠种的效果相当于0.025%杀鼠灵对敏感鼠种的效果。迄今还没有因长期使用杀鼠迷而引起抗药的现象。杀鼠迷对各种动物的毒力见表13-3。

表 13 - 3　杀鼠迷对各种动物的毒力

动物名称	急性口服 LD_{50} [mg/（kg·d）]	慢性口服 LD_{50} [mg/（kg·d）]
褐家鼠	16.5，20.0	$0.3 \times 5d$
小家鼠	155	$6.5 \times 5d$
豚鼠	250	
猪		$(1 \sim 2) \times (7 \sim 12) d$
鸟		6.73/只·23 天
母鸡		50/只·8 天

六、毒鼠磷（phosazetim）

化学名称为 O，O - 双（对氯苯基）- N - 亚氨乙酰基硫逐磷酰胺酯。

其他名称有 GTophacide，Phosacetim，Bay38819，DRC - 714。

本剂为白色结晶粉末，熔点 104 ~ 106℃。不溶于水，极易溶于四氯化碳、二氯甲烷、丙酮，微溶于乙醇、苯和醚。在干燥环境中稳定，遇碱易分解。

毒鼠磷为高毒杀鼠剂。对雄大鼠急性经口毒性 LD_{50} 为 7.5mg/kg、雌大鼠 3.5mg/kg，对雄大鼠急性经皮毒性 LD_{50} 为 25mg/kg。对鸟类毒性（LD_{50}），鹊 5 ~ 75mg/kg、小鸡 1700mg/kg。对土狼和鹰无影响。

毒鼠磷为急性有机磷杀鼠剂，对鼠类具极强的胃毒作用。它通过抑制鼠类血液中胆碱酯酶而起效，是一种广谱杀鼠剂，对野鼠及杂拟谷盗等害虫有良效，主要用于农田、林区、农牧场等野外灭鼠。

七、溴代毒鼠磷（bromophosazetim）

化学名称为 O，O - 双（对溴苯基）- N - 亚氨逐乙酰基硫逐磷酰胺酯。

其他名称有 bromogophacide。

其纯品为白色粉末，熔点 115 ~ 117℃。工业原药为浅粉色或浅黄色粉末。不溶于水，微溶于乙醇、氯仿、苯，易溶于二氯甲烷、丙酮。常温、常压、干燥状态下长期贮存稳定，不分解、不吸潮。

溴代毒鼠磷对人高毒。对小鼠急性经口毒性 LD_{50} 为 10mg/kg，对褐家鼠 6mg/kg、黄胸鼠 25mg/kg、沙土鼠 8mg/kg、黑线姬鼠 8mg/kg、黄毛鼠 11mg/kg。

八、溴敌隆（bromadiolone）

化学名称为 3 - [3 - [4 - 溴 -（1，1 - 联苯）- 4 - 基] - 3 - 羟基 - 1 - 苯丙基] - 4 - 羟基 - 2H - 1 - 苯并吡喃 - 2 - 酮。

其他名称有乐万通，Miki，Bromone，Canadien2000，Contfrac，Musal，Ratimus，Temus，LM - 637 等。

原药为白色至黄色粉末，有效成分含量为 98%，熔点 200 ~ 210℃，70℃时蒸气压为 18.7μPa。可溶于丙酮、乙醇、二甲基亚砜，微溶于氯仿、醋酸乙酯，难溶于乙醚、水。20℃时溶解度为水 19mg/L，乙醇 82g/L、二甲基甲酰胺 730g/L。在正常条件下稳定，当温度高达 40 ~ 60℃时仍稳定。常温下可贮存 2 年以上，但在高温及阳光下可降解。

本剂为高毒杀鼠剂。对雄大鼠急性经口毒性 LD_{50} 为 1.75mg/kg，雌大鼠为 1.125mg/kg，兔 1.0mg/kg。对大鼠急性经皮毒性 LD_{50} 为 9.4mg/kg；大鼠吸入 LC_{50} 为 200mg/m³。对眼睛有中度刺激作用，对皮肤无明显刺激作用。无致畸、致癌、致突变作用。该药剂对鱼类为中等毒性，鲇鱼 LC_{50}（48h）为 3mg/L。对鸟低毒，如鹌鹑 LD_{50} 为 1690mg/kg。动物取食中毒死亡老鼠后，会引起二次中毒。

制剂有原粉，0.5% 母粉，0.5% 母液及 0.005% 毒饵。

　　溴敌隆为第二代抗凝血杀鼠剂，具有适口性好、毒力大、靶谱广的特性。它不但具有敌鼠钠盐、杀鼠迷等第一代抗凝血杀鼠剂的作用缓慢、不易引起鼠类察觉等特点，并对第一代抗凝血杀鼠剂的抗性鼠甚为有效。

九、敌鼠隆（brodifacoum）

　　化学名称为3－［3－（4′－溴联苯－4－基）－1，2，3，4－四氢－1－萘基］－4－羟基香豆素。

　　其他名称有大隆，溴鼠隆，溴联苯鼠隆，溴敌拿鼠，Talon，Havoc，Klerat，Ratake，Plus，Volid，WBA8119 等。

　　原药为白色至灰色结晶粉末，熔点228～232℃，蒸气压小于0.133mPa。易溶于氯仿，稍溶于丙酮、苯、乙醇、醋酸乙酯及甘油，不溶于水和石油醚。工业品为顺式和反式的5：5 和 7：3 异构体混合物。

　　两种异构体的生物活性，包括毒力和适口性都没有明显差别。经试验本品没有诱变作用。

　　敌鼠隆是抗凝血灭鼠剂中毒力最强的一种，对受试的啮齿动物的急性口服 LD_{50} 都没有超过 1mg/kg。本品通过胃肠道吸收，适口性好，鼠类不拒食毒饵。潜伏期对褐家鼠为 4～12d，小家鼠为 1～26d。由于急性毒力大，对非靶动物和二次中毒危险性都比较大。敌鼠隆对各种动物的毒力见表13－4。

表13－4　敌鼠隆对各种动物的毒力

动物名称	急性口服 LD_{50}［mg/（kg·d）］	慢性口服 LD_{50}［mg/（kg·d）］
大白鼠（N，M）	0.26	0.06×5d
大白鼠（F）		0.14×5d
大白鼠（R）		100%[1]
褐家鼠（N）	0.32	0.07×5
褐家鼠（R，M）		0.05×5d
小白鼠	0.64	0.07×5d
小白鼠（R）		100%[2]
小家鼠（N）	0.85	0.10×5d
小家鼠（R）		100%[3]
黄胸鼠	0.39	0.06×5d
屋顶鼠	0.73	100%[4]
黄毛鼠	0.4	
长爪沙鼠	0.002～0.003	
大仓鼠	0.86	0.10×3d
布氏田鼠	0.80	
达乌尔黄鼠	0.093	
高原鼠兔	0.14	
家兔	0.29	
猪	0.5～2.0	
狗	356	
猫	25.0	
绵羊	2～25	
鹌鹑		0.8

注：N 为敏感鼠种，R 为抗性鼠种，M 为雄性，F 为雌性。
　　[1]5mg/kg 毒饵 2 天；[2]50mg/kg 毒饵；[3]50mg/kg 毒饵 21 天；[4]50mg/kg 毒饵 2 天。

　　从敌鼠隆对各种啮齿动物的毒力来看，是一种较为理想的灭鼠剂，兼有急性和慢性灭鼠剂的优点。

其对眼睛有中等程度刺激，对皮肤稍有刺激、不致敏。对鱼、鸟亦有毒。无致癌、致畸、致突变性。

本剂为第二代抗凝血杀鼠剂，具有急性和慢性作用。其靶谱广、毒力高，效果居抗凝血剂之首，且适口性好，不易产生拒食，并对第一代抗凝血杀鼠剂抗性鼠类有效。

十、灭鼠优（pyrinuron）

化学名称为 N（3 - 吡啶基甲基） - N′ - （4 - 硝基苯基）脲。

其他名称有鼠必灭，抗鼠灵，Vacor，Vacot，Pyrinurom，RH - 787，HL - 105，DLP - 87。

纯品为淡黄色粉末，熔点 223 ~ 225℃，无臭、无味，微溶于水，易溶于丙酮、甲醇、乙腈、二甲基甲酰胺等有机溶剂。

原药为高毒杀鼠剂。对雄大鼠急性口服毒性 LD_{50} 为 12.3mg/kg、屋顶鼠（雄）为 18.0mg/kg、小鼠（雄）84mg/kg、豚鼠（雄）30 ~ 100mg/kg、田鼠 205mg/kg。对兔急性经口毒性 LD_{50} 为 300mg/kg、狗 500mg/kg、猫 62mg/kg、猪 500mg/kg、羊 300mg/kg。对鱼低毒。

本剂为速效杀鼠剂，有极强的胃毒作用。该药剂适口性好，不易引起拒食，也不易产生抗性，选择性强。

灭鼠优是一种对家栖鼠和部分野鼠具有选择性毒力的灭鼠剂。对鼠类的作用机制是抑制烟酰胺的代谢。中毒症状主要表现为中枢和周边神经、肌神经接头部、自主神经系统的传导受阻及胰腺组织损坏等方面。摄食致死量的灭鼠优，鼠类会出现严重的维生素 B 缺乏症，后肢瘫痪，死于呼吸肌麻痹。潜伏期 3 ~ 4h，8 ~ 12h 后死亡。

十一、溴甲灵（bromethalin）

化学名为 N - （2, 4 - 二硝基 - 6 - 三氟甲基） - N - 2, 4, 6 - 三溴苯基 - N - 甲基苯胺。

本品为淡黄色结晶，无臭无味。不溶于水（< 10μg/kg），微溶于饱和烃，可溶于氯仿、二氯甲烷、丙酮等溶剂。常态下稳定。

溴甲灵和敌溴灵同属二甲胺类化合物。二者在化学结构上的差别在于溴甲灵的氮原子上带甲基，而敌溴灵却不带。

二苯胺类化合物是一种杀霉菌剂，由于对哺乳动物有很大的毒力，20 世纪 80 年代美国 Eli Lilly 实验室对溴甲灵进行了实验室和现场试验，并在美国环境保护局登记作为灭鼠剂。

溴甲灵和敌溴灵的作用速度明显慢于常用的急性灭鼠剂。潜伏期长达 12 ~ 21h，这是一个很大的优点。

溴甲灵中毒动物肝脑组织中提取的主要成分是敌溴灵。进一步用 C_{14} 溴甲灵动物体内试验证明敌溴灵是溴甲灵的初级代谢产物。溴甲灵在动物体内由于酶的作用，在氮原子上脱甲基而转变为敌溴灵。溴甲灵要转换成敌溴灵才有毒性。豚鼠体内缺乏这种转换酶，故溴甲灵不能转变成敌溴灵，这就是豚鼠对溴甲灵非常耐药而对敌溴灵非常敏感的原因。溴甲灵和敌溴灵对各种动物的毒力见表 13 - 5。

表 13 - 5　溴甲灵和敌溴灵对各种动物毒力

动物名称	LD_{50} [mg/（kg·d）]	
	溴甲灵	敌溴灵
大白鼠	2.0	♂0.92　♀0.81
小白鼠	5.3　4.5	♂1.50　♀1.71
褐家鼠	♂2.5　♀2.0	
小家鼠	♂5.3　♀8.1	

动物名称	LD$_{50}$ [mg/（kg·d）]	
	溴甲灵	敌溴灵
黄胸鼠	1.5 10	1.19
屋顶鼠	6.0	
黄毛鼠		3.97
草原黄鼠		0.31
黑线仓鼠		1.93
豚鼠	>1000 >500	7.5
兔	13.0 1000（经皮）	
猫	1.8	
狗	4.1	
鸡	9.0	

溴甲灵和敌溴灵是很有使用前途的急性灭鼠剂，可以作为慢性抗凝血灭鼠剂的替换药物。缺点是尚无特效的解毒剂，使用要特别注意安全。

十二、磷化锌（zinc phosphide）

化学名称为磷化锌。分子式 Zn_3P_2。

本剂为灰黑色带蒜臭味粉末，熔点420℃，沸点1100℃，在缺氧时加热则升华，相对密度4.55。不溶于水和乙醇，可溶于苯和二硫化碳。在干燥条件下稳定，在湿空气中慢慢分解。与酸接触，分解出可自燃磷化氢。具有大蒜味。

本剂为剧毒杀鼠剂。磷化锌对哺乳类动物的毒力没有选择性，是一种广谱的灭鼠剂。对大鼠急性经口毒性 LD$_{50}$ 为40mg/kg，大鼠吸入 LC$_{50}$ 为234mg/m^3。对家栖鼠类等 LD$_{50}$ 大约在20~50mg/kg；其他啮齿动物则比较敏感，如长爪沙鼠为12.0mg/kg，东方田鼠17.0mg/kg，莫氏田鼠9.1mg/kg，背纹仓鼠4.0mg/kg，囊鼠6.8mg/kg，跳鼠8.0mg/kg，河狸5.55mg/kg；猪、狗40.0mg/kg，牛50.0mg/kg。其吸潮自行分解释出磷化氢，对人剧毒。

磷化锌毒饵的大蒜味对鼠类具有一定的引诱力，对人畜却可起警戒作用。是一种很好的急性灭鼠剂，现仍广泛用于防治农林的鼠害。

磷化锌在胃内与胃酸作用产生磷化氢，吸收后在中枢神经系统中起对抗胆碱酯酶的作用。对肺、肝、肾、中枢神经系统和心肌均有严重的损害。晚期症状为抽搐、麻痹、昏迷，死于窒息。磷化锌可能也具有累积毒性，长期和磷化锌接触会有慢性中毒的危险。

磷化锌在土壤中很快分解放出磷化氢。其中一部分释放于大气中，一部分在土壤中形成磷酸盐和锌的络合物。只有很少一部分为植物所吸收。植物根吸收磷化氢后，转移到其他部位转变成无毒害的磷酸盐。因此，使用磷化锌毒饵防治田间野鼠不会污染食用植物。

磷化锌对成人的致死量为1~5g。每日吸入0.1g引起不会急性中毒，但是吸入0.03g即会引起恶心。这种现象在一定程度上起警戒作用。在接触磷化锌的过程中，若感到恶心时立即离开工作区不再接触毒物，是不会发生中毒的。所以磷化锌对操作者来说是一种较为安全的灭鼠剂。

十三、放线菌酮

放线菌酮是生产链霉素或制霉菌素时的副产品，是多种链丝菌均能产生的一种抗生素，为环己酰亚胺的衍生物。纯品是无色或白色结晶，熔点115.5~117℃。易溶于有机溶剂，如甲醇、乙醇、氯仿等，在酸性溶液中稳定，碱性溶液中很快失效。

放线菌酮有一种人们感觉不到而老鼠很敏感的特殊气味，对老鼠口腔黏膜和皮肤有强烈刺激性。除老鼠之外，对野兔、野猪、狗熊等也有驱避作用。在农林、粮库中直接以粉剂、可湿性粉剂喷撒施用，或者做成防鼠涂料，涂布于包装袋外部，或制成纸条贴于袋外或袋口，有效期 6 ~ 12 个月，使用浓度 0.05% ~ 0.2%，25 ~ 50μg/cm² 即能生效。

八甲磷（八甲基焦磷酰胺）、马拉硫磷、福美双、灭草隆、敌草隆等也有驱鼠作用，三丁基氯化锡、酰亚氨基团化合物、β – 萘芬、薄荷、萜烯、聚丁烯、噻吩、杂酚油、胍肼、N，N – 二甲基二硫代氨基甲酸叔丁酯等化合物可作为驱鼠剂使用。

十四、磷化氢（hydrogen phosphide）

化学名称为磷化氢。

分子式 PH_3，分子量 34.04。

本品常温下为无色气体，有类似大蒜或电石的气味。相对密度 1.183，沸点 – 87.4℃，熔点 133.5℃。稍溶于冷水，不溶于热水，溶于乙醇、乙醚和丙酮等有机溶剂。空气中浓度达 26mg/L 时可爆炸。扩散性和渗透性强，散毒快。

磷化锌加硫酸生成的磷化氢，小白鼠吸入 1h 后的 LC_{50} 为 235mg/m³。

磷化氢被机体吸收后，除对肠胃道有局部刺激和腐蚀作用外，可经血液分布到肝、肾、脾等处，1h 后即遍及全身，并可在尿中检出。主要作用于中枢神经系统、呼吸系统、心血管系统及肝、肾，其中以中枢神经系统受害最早且重。磷化氢有剧毒，空气中最高容许浓度为 0.3mg/m³。人在 556mg/m³ 空气中停留，30 ~ 60min 有生命危险。磷化氢对人的毒性见表 13 – 6。

表 13 – 6　磷化氢对人的毒性

空气中浓度（mg/m³）	毒性反应
6.95	可嗅出气味，用硝酸银试纸能检知毒气存在
9.37	接触 6h 有中毒症状
139.00	可忍受 30 ~ 60min
556.00	接触 30 ~ 60min 有生命危险
1390.00	立即死亡

十五、氯化苦（chloropicrin）

化学名称为三氯硝基甲烷（trichloronitromethane）。

其他名称为氯苦、硝基氯仿（nitrochloroform）。

分子式 CCl_3NO_2，分子量 164.39。

纯品为无色油状液体，工业品呈黄绿色，有强烈的刺激气味。相对密度 1.66，沸点 112.4℃，熔点 –64℃。难溶于水，易溶于石油醚、二硫化碳等有机溶剂。易挥发，在 20℃ 以上使用效果较好，低于 12℃，一般不宜使用。氯化苦蒸气相对密度 5.7，能较快下沉，深入洞内。它的蒸气易被潮湿多孔的物体吸附，故在土壤湿度高或过于疏松处使用，效果很差。性较稳定，不燃烧，不爆炸。长时间暴露在阳光下，可发生化学变化，故应贮存在有色玻璃瓶中，放置于暗处。对金属和各种天然纤维腐蚀性不大，对橡胶和某些塑料能引起变性，使其失去弹性，甚至部分溶解。

灭鼠性能及毒性，口服 LD_{50}，雄小白鼠为 271mg/kg，雌小白鼠为 126mg/kg。

当空气中氯化苦浓度为 0.8mg/L 时，豚鼠、兔接触 20min，分别在 2d 及 3d 死亡。当空气中浓度在 5mg/L 时，兔 10min 死亡。

氯化苦主要由呼吸道进入机体，皮肤也可少量吸收。对呼吸道刺激强烈，中小支气管损伤较重，甚至可引起肺水肿。对中枢神经系统及心、肝、肾等也有一定的损伤作用。有催泪作用。若沾及皮肤，可引起红肿、溃烂。空气中最高容许浓度为 $1.0 mg/m^3$。当空气中浓度为 $7.3 mg/m^3$ 时，即可嗅出；浓度为 $800 mg/m^3$ 时，人接触 30min 即可能死亡。

十六、氰化氢（hydrogen cyanide）

化学名称为氢氰酸（hydrocyanic acid）。

其他名称有 Zyklon。

分子式 HCN，分子量 27.03。

本品在 26.5℃ 以下为无色液体，略带杏仁味。相对密度 0.6970，沸点 26.5℃，熔点 -13.3℃。易溶于水成弱酸性溶液，也易溶于乙醇和乙醚等有机溶剂。极易挥发，气体相对密度 0.94，略轻于空气。空气中含一般浓度时（2% 以下）不燃烧，但浓度超过 5.6% 即能引起燃烧以至爆炸。氰化氢的扩散性和渗透性都较强，通风时散毒也较快。对金属无腐蚀性。

氰化氢对人和温血动物均有剧毒，当吸入大量氰化氢或食入大量氰化物时，能很快死亡。当空气中浓度为 $0.2 mg/L$ 时，猫、狗和猴在 5～10min 死亡；浓度升至 $0.35 mg/L$ 时，这三种动物很快死亡。

氰化氢除经呼吸道外，尚可经皮肤吸收。进入体内能抑制细胞的呼吸机能，造成细胞内窒息。由于中枢神经系统对缺氧特别敏感，而氰化氢在类脂质内溶解度比较大，故中枢神经首先受害，使之先兴奋，后抑制，呼吸麻痹而至死亡。空气中最高容许浓度为 $0.3 mg/m^3$。人的口服致死量为 $0.8 mg/kg$。

十七、二氧化硫（sulfur dioxide）

化学名称为二氧化硫。

其他名称有亚硫酐。

分子式 SO_2，分子量 64.06。

二氧化硫常温下为无色气体，有刺激性气味。相对密度 2.26，沸点 -10℃，熔点 -72.2℃。易溶于水、乙醇、甲醇、醚及氯仿。渗透性强，能较快地透入各种缝隙，也易被物品吸附，特别是潮湿的物品。从织物上消失很慢，依织物性质不同，消散要 6～25d。能使织物褪色、变质，书籍失去光泽，还能腐蚀金属（熏蒸时，机器、仪器应涂油），使食品不能吃。

二氧化硫对小白鼠的致死量如下：当空气中浓度为 $1.6 mg/L$ 时为 5h；$2 mg/L$ 时为 20min。对大白鼠的致死量为 $2.6 mg/L$，20min。

二氧化硫吸入后，在呼吸道黏膜表面与水作用形成亚硫酸，再经氧化形成硫酸，直接刺激呼吸道黏膜。大量吸入后，可引起肺充血、肺水肿，以至反射性喉头痉挛而窒息致死。空气中最高容许浓度为 $15 mg/m^3$。二氧化硫对人的毒性见表 13-7。

表 13-7 二氧化硫对人的毒性

空气中浓度（mg/m^3）	毒性反应
30	刺激喉头
50	刺激眼结膜，引起咳嗽
60	强烈刺激鼻部，引起咳嗽、喷嚏
120	仅能忍受 3min
1000	致死浓度

第四节　灭鼠剂典型剂型配方及应用例

一、毒饵

（1）配方1

0.5%溴敌隆母液：1份；

水：7~10份；

大米（或碎玉米、小麦等）：95份；

糖精：总量1%；

菜油（熟）：2.5~3.5份。

（2）配方2

0.5%溴敌隆母粉：1份；

油条（或苹果、薯块、梨子等任选一样）：99份；

防腐剂：适量。

（3）配方3

80%敌鼠钠盐：0.125kg；

水：25kg；

糖精：0.05%；

稻谷：97kg；

警戒色（红）：适量；

菜油：21kg。

（4）配方4

立克命0.75%追踪粉：50g；

碎玉米：550g；

碎麦粒：350g；

食糖：50g。

（5）配方5

立克命2%油剂：1份；

碎米或全麦：50份。

（6）配方6

杀鼠灵原粉（2.5%）：1份；

植物油：3份；

饵料：96份。

先将饵料与植物油混合均匀，然后将杀鼠灵原粉再一起拌匀。可采取分段加工法，以确保原粉在毒饵中的均匀性。

二、毒糊

（1）配方

0.5%敌鼠隆药液：2份；

水：73份；

cmc（羧甲基纤维素）：25份。

（2）制法

将 cmc 溶解于水中，然后加 0.5% 敌鼠隆药液。配好后用纸板或其他容器根据需要决定面积大小，涂 0.5cm 厚放在老鼠必经之处，老鼠会用嘴自洁而中毒。

三、毒粉

磷化锌：10%；

硫酸钙：90%；

黑色染料：适量。

四、液剂

（1）立克命 0.8% 液剂

这是一种特殊的灭鼠药剂，外观为淡蓝色液体。使用时，将立克命液剂 10ml，以 30～40 倍比例，即用 300～400ml 水稀释后，放在一定的容器内，老鼠在饮用后中毒死亡。适用于水源缺乏和食物含水量低的场所。

（2）溴敌隆液剂

0.5% 溴敌隆母液：1 份；

糖：5 份；

水：94 份；

防腐剂：0.1 份；

警戒色（红）：适量。

五、熏蒸剂

（一）化学熏蒸剂

1. 磷化氢

剂型和用法：灭鼠时不直接使用磷化氢，而是使用某些金属的磷化物。最常用的是磷化铝和磷化钙，它们遇水蒸气或水均能很快反应，放出磷化氢。

2. 氯化苦

剂型和用法：氯化苦常为大包装，用前需分装到较小容器中，以便携带。氯化苦是一种有效的灭鼠、灭蚤剂，主要用于消灭洞内野鼠，用量根据鼠洞容积、洞型和土质等确定。每洞用量一般为：黄鼠 5～10g，沙鼠 5g，每洞群至少投两个洞口；旱獭则需 50～100g。用法有：①直接注入或喷入洞中；②用干畜粪、干草把、废棉球等吸附氯化苦，投入洞中；③按每千克细沙加氯化苦 300ml 配成毒沙，用长柄勺投入洞中。

简易鉴定方法：氯化苦有强烈的刺激气味和催泪作用，用感官即可察觉。

使用评价：氯化苦是一种有效的灭鼠、灭蚤剂，主要用于鼠洞内熏蒸灭鼠。它对人刺激性强，易被察觉，使用较安全。因毒性强烈，连续吸入高浓度蒸气可中毒死亡，故贮存、使用时，应注意安全。不宜在较低温度（12℃以下）以及土壤湿度高或过于疏松处使用。

3. 氰化氢

剂型和用法：除船舶、火车和仓库等灭鼠直接使用氰化氢外，一般多采用氰化钙。

4. 二氧化硫

1）液体二氧化硫。贮存于钢筒中。用于室内灭鼠时，按 100～150g/m³ 喷洒，熏蒸 8～12h。因用量大，需运送很多笨重的钢筒，故仅在船舶上使用。

2）硫黄。用于船舶、仓库或下水道等处，用量为 5～7.5kg/100m³。将硫黄放在平底铁锅（或特制燃硫器）中，每个铁锅散放硫黄 3kg，每千克硫黄用酒精 50ml 引火，点燃后密闭熏蒸 8～12h。本法也需较多工具，操作比较复杂，工效不高，且散毒甚慢。

5. 硫酰氟

详见熏蒸剂一章。

（二）烟剂

1. 配方

表13－8列出5种灭鼠烟炮的组成及其百分比。

表13－8　五种灭鼠烟炮的组成

配方编号	各组成成分的质量分数（%）								
	硝酸钾	硝酸钠	硝酸铵	黑火药	硫黄	煤粉	牛粪末	六六六原粉	6%六六六
1	40	—	—	—	5	5	10	40	—
2	40	—	—	—	20	30	—	10	—
3	—	20	—	20	10	20	—	30	—
4	—	30	—	—	—	60	—	—	10
5	—	20	20	—	—	15	40	—	5

2. 制法

将烟炮各成分研细，按比例拌匀，装入用报纸卷成的小圆筒（直径约2cm，长约10～15cm）中，封口即成。为便于点燃，可在烟炮一端插入一长约3～4cm的引线（如无引线，可将多孔纸浸泡在饱和硝酸钾溶液中，晾干后搓成纸捻使用；也可将纸筒的一端浸入加有墨水的饱和硝酸钾溶液中再晾干，用时点燃着色部分）。

烟炮使用硝酸铵作助燃剂时，因易潮解，应现配现用，或配好后装于塑料袋内扎口保存，引线亦应在使用时临时插入。

六、其他

（一）蜡块

蜡块一般应用在潮湿环境下，例如污水道、水田、水渠或棕榈树下等。

1）立克命0.0375%蜡饵，每块重250g，施用量为5～8块/10000m²。

2）1%灭鼠优蜡块。

灭鼠优原粉：1份；

植物油：4份；

鱼粉：15份；

莜麦：45份；

石蜡（54号）：35份。

制法：将灭鼠优原粉、鱼粉、莜麦、植物油混合均匀，倒入熔融的石蜡中，快速混匀，立即制成所需剂型，冷却后即成1%蜡块毒饵。

（二）驱避剂

1. 配方一

放线菌酮水溶液（25g/L）：80份；

30%胶质液：20份。

制法：将上述成分混合后，使纸板浸入。待浸透后捞出，自然晾干。放线菌酮含量约为1.2g/m²。

2. 配方二

1%放线菌酮醋酸乙酯溶液：95份；

聚氯乙烯：3 份；

松香：2 份。

制法：将驱鼠液均匀涂在照片印刷纸上，自然干燥。放线菌酮含量为 $0.65g/m^2$。

（三）杀鼠饵剂胶囊

灭鼠灵：0.15g；

胡萝卜汁：300mg；

Poly Sorb 3005：10g。

第十四章 >>>

其 他 剂 型

第一节　粉　剂

一、概述

将杀虫剂原药、填料和适量助剂混合并粉碎至一定细度的粉状制剂称之为粉剂。它是农药中的主要剂型之一。

粉剂使用方便、药粒细、散布效率高，使用时不需用水稀释，特别适合于缺水或供水困难地区使用。使用时也不易为皮肤吸收，不会污染衣物，适合于喷撒处理床垫、被服及害虫寄生地等，用以杀灭驱除室内卫生害虫，如跳蚤、臭虫、蟑螂。

粉剂的缺点是其有效成分分布均匀性及药效一般不如液剂，且易飞扬在空中污染环境，因而逐渐被液态制剂和颗粒剂替代，使用量不断减少，但作为杀虫剂的一个基本剂型，它不会消失。随着填料及相关技术的提高和发展，正在向高浓度、混合型及多规格方向发展。

二、粉剂的种类及要求

（一）种类

1. 按有效成分浓度

可分为浓粉剂（有效成分含量 >10%）和直接使用浓度粉剂两种。

2. 按粉剂粉粒细度分为三种

1）DL 型粉剂，平均粒径 20 ~ 25μm（飘移少粉剂）；

2）一般粉剂，平均粒径 10 ~ 12μm；

3）微粉剂，平均粒径 <5μm。

（二）要求

1. 粉粒细度

粉粒细度是指粉粒子的大小。在理论上可假设粒子呈球形，但实际上粉粒的形状很不规则。

粉粒尺寸大小及其分布均匀度对粉剂药效的发挥具有显著的影响。粒子越细，其比表面积就越大，相应的药效就越高。但粒子过细，容易飘失。

2. 流动性

粉剂的流动性好，粒子间不易凝结，在生产过程中可避免阻塞，也容易喷洒使用。

3. 分散性

粉剂粒子的分散性好，粒子间凝集力小，易分散，易于喷粉施用。

4. 水分

粉剂中的水分含量过高，在存放中易结块，使粉剂的流动性和分散性降低，还会导致有效成分分解，降低药效。所以水分含量对粉剂的物理化学性能有重要影响。

5. 稳定

性

一般要求粉剂在该产品规定的有效存放期内，有效成分含量不应低于标明的含量。

三、粉剂的组成及配制

（一）组成

粉剂一般由有效成分、填料及适量助剂组成。

1. 有效成分

一般来说，各种杀虫剂均可加工成粉剂。

2. 填料

在粉剂中填料的含量可达99%之多，所以填料的品种和性能，如粒子形状、细度、密度、活性、硬度等对粉剂的质量有着很大的影响。较好的填料应易于粉碎、不变硬、分散性好、不吸湿、不会导致有效成分分解。

填料有无机填料，如高岭土、陶土、滑石粉及碳酸钙等，及植物性碎渣填料，如玉米芯粉、木薯粉等。为了改善填料的性能，必要时对填料进行表面处理。

3. 助剂

为改善和提高有效成分的效果，满足生产与使用中的要求，必要时加入适量的助剂，如黏着剂、非离子型表面活性剂、分散剂及稳定剂等，视不同的产品特点及需要选取。

（二）配制

粉剂的配制方式及工艺，因原药、填料及助剂的物理形态及其他理化性质不同而取定。

四、粉剂的质量指标

粉剂的技术指标如下。

1）外观应是自由流动的粉末，不应有团块。

2）有效成分含量。

3）杂质含量。

4）水分，一般要小于1.5%。

5）pH值范围，根据实测结果而定。

6）细度通过75μm试验筛的百分比，一般要求≥98%或≥95%。

7）热贮稳定性，一般要求（54±2）℃贮存14d，有效成分分解率≤10%。对于一些稳定性差的原药，加工的粉剂热贮稳定性可放宽到（54±2）℃贮存14d，有效成分分解率小于15%；或（50±1）℃贮存14d，有效成分分解率小于10%，甚至15%。

联合国粮农组织（FAO）农药标准规定的技术指标有：实测有效成分含量与标明有效成分含量的允许误差、酸度、流动性、细度、热稳定性等。

第二节　毒　饵

一、概述

毒饵是一种以有效成分与引诱性物料混合制成，引诱有害昆虫取食而使其受药致死的一类制剂的剂型的总称。

毒饵使用方便，效率高，用量少，布放集中，不扩散污染环境。尤其在防治蟑螂、蚂蚁等爬行类害虫及控制鼠害方面获得广泛使用，发展潜力较大。

按其形态，毒饵可以分为碎屑状、粒状、片状、块状及丸状等多种形式，近年来又新开发了胶饵形式。

按其作用对象，主要分为杀虫剂毒饵及杀鼠剂毒饵两大类。

按使用方式，可以分为直接使用及稀释后使用两类，以前者为多。有时也将使用前需稀释的固体诱饵称之为浓诱饵。

二、组成

（一）毒饵的组成成分

毒饵由毒杀有效成分、饵料、引诱物质、增效剂、黏合剂、防腐剂及警色剂等多种成分组成。各组成成分的选择、相互间的匹配性、加工中的调合均匀程度以及最后形态对毒饵的防治效果关系很大。

（二）各组分的选择及要求

1. 毒杀有效成分

选择有效成分种类及使用浓度时必须根据处理靶标物来分别取定，这直接影响到对防治对象的毒杀效果。

2. 饵料

饵料作为毒杀对象的食用物，在选择时首先应该考虑毒杀对象对它的喜食性。不同的毒杀对象的喜食性差异较大，如蟑螂喜食糖和淀粉，蝇类喜食糖、果、鱼、肉、腐败物，鼠类喜食植物种子、蔬菜、瓜果等。

可以作为饵料的品种是很多的。各种食品均可作为饵料，如谷类、玉米、燕麦、淀粉、面粉等均可，但不同的地区各有选择侧重。

在选择饵料时应考虑多种因素，如饵料的颗粒大小和气味、毒杀对象的种类等。此外还应注意到，即使是同一种毒杀对象，它们之间也存在着毒食性的差异，甚至会受到环境的影响。

3. 附加剂

（1）引诱物质

引诱物质是能使毒饵对有害生物产生引诱力的物质。所以在制备毒饵时，一般都应加入引诱物质，以提高毒饵与毒杀对象的接触机会和毒杀效果。这种引诱物质所产生的引诱力可以来自多个方面，如增加味道，或具有装饰作用，或起性引诱作用。除引诱剂对有害生物具有引诱作用外，许多食品都具有引诱作用，如巧克力、奶油、香料及油类食品。此外有些化合物如萘、苯、甲醛等的气味对某些昆虫也具有引诱作用。

（2）增效剂

常用的增效剂有增效醚、增效磷及某些含氟表面活性剂等，用来提高毒物对毒杀对象的效果。

（3）黏合剂

黏合剂又称黏着剂，其作用是使毒杀有效成分能均匀地分散并黏附在诱饵外表面，使其与诱饵均匀地混合。常用的黏合剂有植物油或矿物油、糨糊、糖汁、水及某些溶剂。

（4）防霉防腐剂

为防止毒饵变质，可把石蜡沾在毒饵外面防霉防水。在热带使用的毒饵可以使用高熔点的蜡。常用的防腐剂还有对硝基苯酚、硫酸钠、苯甲酸及脱氢醋酸及其钠盐等。

（5）警戒剂

如在杀鼠剂毒饵中常加入红色或蓝色染料，鼠类对此感觉不出来，但对人和其他动物，特别是鸟类却可起警戒作用。常用的染料有普鲁士蓝、亚甲蓝、曙红等。红墨水也可用在少量毒饵中作为警戒剂。

（6）安全剂

为了防止毒饵被非毒杀动物误食致死，常常在毒饵中掺入老鼠不能呕吐，但能使误食动物呕吐的致吐剂，如吐洒石。安全剂对鼠药毒饵尤为重要。

三、毒饵的配制

毒饵的配制质量是保证毒饵毒杀效果的重要保证。配制毒饵时，应注意以下几点。

1）所用的饵料要新鲜，不能用变质的食物和腐败的植物油及陈仓谷物。

2）所用的毒杀有效成分质量要好，纯度高。

3）严格按经试验设定的配方要求及比例，浓度过高过低都不适用。

4）调拌要均匀。

根据毒饵品种及形式的不同，其加工工艺可分成为浸泡吸附法、滚动包衣法及捏合成型法三种。

四、常用毒饵配方

（一）灭蟑毒饵

1. 灭蟑螂片

（1）配方

硼酸：10%；

敌百虫：2%；

麦芽糖：20%；

玉米粉：20%；

面粉：48%。

（2）加工方法

先以开水溶解麦芽糖，冷后再将敌百虫溶于其中。均匀混合后加均匀研碎的硼酸、面粉和玉米粉。加水适量揉搓成面团。用造粒机制成直径 3~5mm 丸剂，或用压片机压成片剂，装入密封容器内备用。

2. 灭蟑螂粉或灭蟑螂颗粒剂

（1）配方一

敌百虫：4%；

硼酸：2%；

食糖：9%；

木茨淀粉：15%；

炒面粉：70%。

加工方法：将敌百虫、硼酸、食糖加水适量溶解后，再加入木茨淀粉与炒面粉的混合粉中，充分搅拌，和成湿粉备用，用时每室 30g，每 10g 放置一处。

（2）配方二

乙酰甲胺磷：1%；

红糖：15%；

炒面粉：84%。

加工方法：将面粉炒黄有香味即可，不要炒焦。倒入溶解的红糖水和乙酰甲胺磷，充分搅拌均匀。粗的颗粒要压碎，拌好的颗粒剂用防水纸包好备用，每包 3g。居民厨房每间放 5 包，主要放在碗橱、灶台、洗碗水池旁，案桌或煤气炉架子上面等蟑螂寻食活动场所，晚放晨收，药粉不要受潮。

3. 灭蟑螂糊剂

取馒头或窝窝头 500g，切碎放在搪瓷盆内，加入 0.5% 敌敌畏水溶液 360ml，均匀混合拌成糊状即成。用时于夜晚将糊状毒饵涂在蟑螂隐蔽活动场所。对面板、锅台、碗橱宜用涂有糊剂的牛皮纸，晚放晨收，以免污染食物。用过的毒饵，取回加药液后可再用。由于毒饵对卵荚无效，故于 1 ~ 2 个月后须再布放一次。

4. 灭蟑螂糟

敌敌畏：3%；

敌百虫：3%；

糖：10%；

酒糟：84%。

加工方法：先将酒糟晾干，拌入已溶好的敌百虫，然后再按顺序放糖、敌敌畏，搅拌均匀即成蟑螂糟。定量（100g）装入塑料袋内，便于使用和存放。灭蟑螂时可将药剂均匀撒布在蟑螂栖息活动场所。两天后如发现药物干燥，可喷些水，使之湿润，可连续保持毒杀效果。

5. 灭蟑螂果酱

将 4% 敌百虫溶液（或 2% 敌敌畏）拌在适量的水果或番茄中（将水果或番茄搅烂即成），用盘子盛，于晚间放置在蟑螂的活动场所，蟑螂食后即中毒死亡。注意做好标记，晚放晨收，避免儿童误食。

（二）灭蝇毒饵

1. 敌百虫灭蝇毒饵

（1）配方

敌百虫原粉：0.5%（质量分数）；

糖：5%。

（2）加工方法

将敌百虫、糖、水混合成毒液，倒入装有面包渣（或米饭粒、麸皮、玉米粒）的浅盘内，让固体物稍露出液面、毒液浸透诱饵、放在家蝇活动处以杀家蝇。

2. 敌百虫毒蝇纸

（1）配方

敌百虫：3g；

糖：5g；

水：加至 100ml。

（2）加工方法

用上述毒液于搪瓷盘内浸泡宽 8cm、长 96cm 的纸带，浸透后取出干燥，然后将纸带切成 8cm×8cm 的小片，每张纸片约含 250mg 敌百虫，将此纸片装入塑料袋内保存，用时把纸片放入浅容器中，加入少量水润湿即可。

（三）灭蚂蚁毒饵

1. 配方一

硼砂：50%，糖：37.5%，淀粉：12.5%，将上述原料混合均匀即可。

2. 配方二

敌百虫：5%，硼砂：45%，糖：50%，混匀即可。

3. 配方三

氟化钠：50%，糖：50%，混匀即可。

将毒饵布放于蚁窝周围，可毒杀窝内大量成蚁和幼蚁。

（四）灭鼠毒饵

1. 1% 磷化锌毒饵

1）水泡麦粒：99 份（990g）；

磷化锌：1 份（10g）。

2）玉米面（含5%食糖）：99份（990g）；

磷化锌：1份（10g）。

3）鲜红薯或鲜胡萝卜块：99份（990g）；

磷化锌：1份（10g）。

注意：最好现配现用，防止酸败失效。要在通风良好的场所配制。

2. 0.025% 杀鼠灵或敌鼠毒饵

玉米面：19份（1900g）；

0.5% 杀鼠灵（或0.5% 敌鼠）母粉：1份（100g）。

3. 0.0375% 杀鼠迷毒饵

玉米面：17份（1700g）；

食糖：1份（100g）；

植物油：1份（100g）；

0.75% 杀鼠迷母粉：1份（100g）。

4. 溴敌隆毒饵

（1）配方

溴敌隆液剂（0.5%）：1份；

溶剂：100份；

饵料：100份；

警戒色：微量。

警戒色可直接加入溶剂中，并计入溶剂。

（2）加工方法

将溴敌隆液剂用溶剂稀释，然后将小麦、大米、玉米等饵料投入稀释液中，拌匀，晾干即可。

5. 敌鼠钠盐毒饵

（1）配方

敌鼠钠盐：6.25g（含有效成分5g）；

大米：1000g；

热水（80℃）：适量。

（2）加工方法

将敌鼠钠盐粉剂加热水溶解后，与大米混合、拌匀、吸附晾干后备用。

6. 0.95% 安妥毒饵

（1）配方

安妥原粉：1份；

玉米面：7份；

鱼骨粉：1份；

食用油：1份；

水：适量（含警戒色）。

（2）加工方法

将安妥原粉、鱼骨粉、食用油与玉米面混匀，加水和成面团，制成黄豆粒大小的毒饵，备用。

7. 灭鼠优毒饵块

（1）配方

灭鼠优原粉：1份；

淀粉：9份；

胡萝卜块：90份（边长5mm为佳）。

（2）加工方法

将灭鼠优原粉与淀粉混合，充分搅拌研细，然后倒入胡萝卜块、拌匀，即成饵块。用胡萝卜丝亦可。

8. 灭鼠优颗粒毒饵

（1）配方

灭鼠优原粉：1份；

淀粉：9份；

麦粒：90份（加少许植物油浸泡）。

（2）加工方法

将灭鼠优原粉与淀粉充分搅拌研细，然后倒入已泡好的麦粒，拌匀即可。

五、几种毒饵的生物效果例

表14-1～表14-4列出几种毒饵的效果。

表14-1　灭蝇毒饵实验室及模拟现场测试结果

配方	试验虫种	0.34 m³ 有机玻璃方箱实验室测试	28m³ 模拟现场测试
		24h 死亡率（%）	24h 死亡率（%）
1.5%灭多威毒饵	家蝇	98	94.67
1%灭多威复配毒饵	家蝇	100	98

注：测试方法参照 GB 13917.7—92。

表14-2　灭蟑毒饵实验室测试结果

配 方	试验虫种	24h 死亡率（%）			48h 死亡率（%）			72h 死亡率（%）			96h 死亡率（%）	
1%乙甲胺磷复配毒饵	德国小蠊	21			73			98			100	
1%乙甲胺磷毒饵	德国小蠊	1d	2d	3d	4d	5d	6d	7d	8d	9d	10d	
		3.33	17.78	35.56	48.89	65.56	77.17	86.67	90.45	94.44	100%	
灭蟑毒饵	德国小蠊	1d	2d	3d	4d	5d	6d	7d	8d	9d	10d	
		0	0	10	25	38.3	46.6	71.3	85.4	96.6	100%	

注：测试方法参照 GB 13917.7—92。

表14-3　灭鼠毒饵现场灭鼠实验结果

配 方	试验区域	灭前鼠密度，粉块法（%）	灭后鼠密度，粉块法（%）	灭后鼠密度下降率（%）	校正灭鼠率（%）
0.005%大隆灭鼠毒饵	试验区	8.88	0.57	93.58	91.36
	对照区	8.45	8.38	5.20	
0.005%溴敌隆鼠毒饵	试验区	8.45	0.67	92.01	90.52
	对照区	7.88	7.67		

注：灭鼠毒饵现场灭鼠试验方法参照浙江省卫生防疫站 SOP "灭鼠饵现场测试方法"。

表14-4　灭鼠毒饵对小白鼠适口性和毒杀率实验室测试结果

配方	适口性			毒杀率			备注
	毒饵：正常饲料三天损耗量（g）	摄食系数	适口性判定	开始死亡时间（d）	死亡高峰时间（d）	20d 内死亡率（%）	①适口性判定：摄食系数＞0.3 较好，0.1～0.3 为中等，低于 0.1 为差
0.005%溴敌隆毒饵	151.58:111.4	（1.36:1）＞0.3	较好	4	5～8	100（15d 部死亡）	②毒杀率：＞80% 为合格
0.005%大隆毒饵	126.29:103.7	（1.22:1）＞0.2	中等	6	12～15	100（19d 部死亡）	

注：测试方法参照浙江省卫生防疫站 SOP "毒饵对鼠适口性测试方法"和灭鼠毒饵毒杀率测试方法。

第三节 片 剂

一、概述

片剂和膜剂是以制剂的物理形态而取的剂型名称。

制成片剂型的制剂，按其作用方式，可以分成三种。

1）毒饵（毒饵片剂）。

2）控制释放片（如熏蒸性磷化铝片）。

3）一种固态浓缩制剂，使用时将它投入一定稀释倍数的水中后，就很快溶解成透明或半透明状乳剂，然后再作喷射剂施用。

但不管是哪一种片剂，其显著优点包括①剂量准确；②使用时无须再称量，操作方便；③有效成分及该制剂产品的理化性质稳定性好；④便于识别，如片剂可以刻上标志，或染上不同颜色；⑤便于大量生产，成本低廉。

在 20 世纪 80 年代家庭室内用喷射剂发展高潮期间，曾有人试将杀虫有效成分与乳化剂及其他助剂（如成膜剂等）一起通过适当的加工工艺制成一层薄膜，然后按剂量裁切成一定大小的小片，使用时与片剂一样将它放入规定量的水中溶解后形成喷射剂。也就是说，它是作为喷射剂的一种固体浓缩剂开发的。膜剂的优点与片剂的优点相似，但由于后来喷射剂向气雾剂型发展，这一开发项目未予继续下去。

二、组成及加工

（一）片剂的组成

片剂由有效成分，填料、助流剂、吸附剂、润滑剂、饵料及呕吐剂（毒饵）、乳化剂，分散剂及崩解剂（水溶性浓缩片剂），抗黏剂，香料，色素以及其他助剂组成。

但如前所述，不同作用方式的片剂，组成是不同的，因片剂作用方式而异。如毒饵片剂应具有抗吸潮能力，否则易变质变味，影响它对有害生物的引诱及适口性，因而也就会降低效果。作为熏蒸剂的片剂，要使它能完全汽化分解，不宜有残留渣粉。水溶性浓缩片剂，则要加入崩解剂、分散剂等助剂，使它投入水中后能很快溶解、分散及均匀扩散，在数分钟内（甚至不需摇动）就能形成均匀的透明或半透明的水剂或水乳剂，类似泡腾片。

膜剂主要由有效成分、乳化剂、成膜剂、崩解剂及其他有关助剂组成。

（二）加工

片剂的加工方法，取决于该种片剂的配比及组成，可以采用不同的工艺路线，最后压片成型。压片成型机的规格很多，可根据生产批量及要求选定。

四种典型的制片步骤如表 14 - 5 所示。

表 14 - 5 不同方法制片的步骤

湿颗粒法压片	一步制粒法压片	干粒法压片	直接压片
1. 将药物和赋形剂进行粉碎	1. 将药物和赋形剂进行粉碎	1. 将药物和赋形剂进行粉碎	1. 将药物和赋形剂进行粉碎
2. 已粉碎的粉末进行混合	2. 混合物置流动床内	2. 已粉碎的粉末进行混合	2. 处方成分混匀
3. 制备黏合剂	3. 送入一定温度气流	3. 压成大片	3. 压片
4. 黏合剂和粉末混合物进行混合形成软材	4. 喷黏合剂形成颗粒	4. 大片过筛制粒	
5. 软材过 6 ~ 12 目筛	5. 颗粒干燥或包衣	5. 与润滑剂、崩解剂等混合	
6. 湿粒干燥	6. 与润滑剂、崩解剂混合	6. 压片	
7. 干粒通过 14 ~ 20 目筛制粒	7. 压片		
8. 与润滑剂、崩解剂混合			
9. 压片			

膜剂的加工工艺如图 14-1。

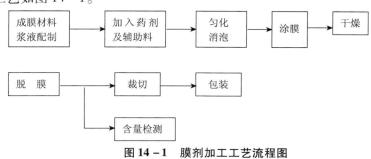

图 14-1　膜剂加工工艺流程图

第四节　其　他

一、药笔

药笔是将粉笔浸渍吸附足够的杀虫有效成分或将石膏粉与杀虫有效成分混合均匀制成粉笔的一种剂型。药笔原先用于灭虱，在衣缝等虱子栖息场所画几道就可消灭虱子。现在发展到用于防治蟑螂。

防治蟑螂用的药笔，杀虫有效成分是溴氰菊酯，含量为 0.25% 至 0.6%。药笔制造时可将石膏粉与凯素灵搅拌均匀，放在粉笔模子里制成。如果用市购粉笔加工，必须浸渍敌杀死，因为浸渍凯素灵悬浮液不易均匀，如果杀虫有效成分采用溴氯菊酯和辛硫磷复配，效果不好。药笔可直接使用，非常方便。只要在蟑螂经常活动场所和栖息处画上几道，在几日内就有较好的效果。除蟑螂外，药笔对潮虫、蚂蚁也都有效。

经过长期使用后，蟑螂已对溴氰菊酯产生了抗性，即使有效成分使用浓度增加到 0.6%，剂量增加到 15mg/m^2，也只能与最初的剂量 5mg/m^2 的效果相当，存放有效期也从原来的 2～3 年下降到 1 年半以下。

浙江省卫生防疫站俞小林经过多年研究，已研制成复方灭蟑药笔，生产成本比单方溴氰菊酯药笔低，并对复方灭蟑药笔与单方溴氰菊酯药笔做了 2 年跟踪测定。

测定时，分别先将两种药笔按 15mg/m^2 的剂量涂在 33cm×33cm 无漆三合板上，用有机玻璃强迫接触器对实验室饲养的敏感品系德国小蠊及美洲大蠊成虫做 KT$_{50}$ 及 72h 死亡率测定。涂有药膜的三合板在常温室内自然存放。测定分别在涂药膜后 24h，0.5 年，1 年，1.5 年及 2 年进行，共做 5次测定，每次测定重复 3 次，在每次试验昆虫接触药膜 30min 后，将试虫全部移入复苏笼内正常饲养，观察 24h、48h 及 72h 死虫数，然后计算 KT$_{50}$ 及 72h 死亡率，其结果如表14-6所示。

表 14-6　复方灭蟑药笔与单方药笔对两种蟑螂灭效结果比较

虫种	药膜板存放时间	复方灭蟑药笔				单方灭蟑药笔			
		KT$_{50}$（min）	95% 可信限（min）	KT$_{95}$（min）	72h 死亡率（%）	KT$_{50}$（min）	95% 可信限（min）	KT$_{95}$（min）	72h 死亡率（%）
德国小蠊	24h	9.57	9.20～10.15	14.04	100	10.26	9.17～11.49	17.21	100
	0.5 年	10.22	9.50～10.99	16.42	100	10.92	9.87～12.09	21.11	100
	1 年	10.29	8.94～11.84	19.60	100	13.25	12.09～14.51	23.96	100
	1.5 年	12.33	11.18～13.60	23.37	100	14.60	12.68～16.80	27.88	93.33
	2 年	15.10	13.66～16.68	26.63	88.33	19.77	17.06～22.92	39	81.67

虫种	药膜板存放时间	复方灭蟑药笔				单方灭蟑药笔			
		KT$_{50}$（min）	95%可信限（min）	KT$_{95}$（min）	72h死亡率（%）	KT$_{50}$（min）	95%可信限（min）	KT$_{95}$（min）	72h死亡率（%）
美洲大蠊	24h	10.92	9.97~12.09	20.15	100	13.46	11.88~15.25	23.91	100
	0.5年	11.76	10.50~13.18	19.83	100	14.11	13.41~15.22	26.33	95
	1年	11.96	11.05~12.94	19.97	100	17.44	19.25~15.08	33.14	93.33
	1.5年	15.06	14.14~16.16	23.76	91.67	17.53	15.41~19.94	31.71	85
	2年	20.45	18.17~22.35	39.41	83.33	24.06	20.89~27.71	46.06	76.67

从上结果可见，复方药笔的效果明显优于单方溴氰菊酯药笔，这为解决蟑螂对溴氰菊酯的抗性，降低药笔的成本提供了一条新途径。

结果也显示，药笔对德国小蠊的杀灭效果优于对美洲大蠊的效果。

二、药膏

药笔的优点很多，但画处有白色粉笔痕迹，且易被擦去。海军军事医学研究所研制了含溴氰菊酯0.25%的灭蟑螂药膏。这种药膏是用敌杀死和纤维素配制的制剂，用软管保存，使用时挤出一段用毛笔涂抹在蟑螂栖息出没和活动场所，干燥后形成一层对施药表面有较强附着力的药膜层。这层药膜无色，不易擦去，而且有一定的缓释作用，因此药效高、持效长，施药4周后蟑螂密度下降率仍可达99%以上，其作用方式与胶饵相似。

三、药纸

用0.08%溴氰菊酯水溶液2ml，均匀地涂于15cm×10.5cm的白卡纸上（每张含有效成分8mg），晾干后可用。在10户物件较多的8m²厨房里，按每平方米平均投放1.25张溴氰菊酯杀蟑螂纸后，第6天蟑螂密度下降率均为100%。在2个医院食堂，每平方米投放1张，第6天也均未发现死虫和活虫。药纸的优点有两点，一是在医院病房、住户厨房等不宜做滞留喷洒的蟑螂活动场所可以有效杀灭蟑螂；二是用药量少，可以回收后在别的场所反复使用。

四、毒蝇绳（条、索）

利用家蝇在室内喜欢停留在绳索等悬挂物上的习性，将直径2.4~4.8mm的棉绳、麻绳、尼龙绳或布条浸泡于有机磷类或长效拟菊酯类杀虫剂中，待绳索吸饱药液后，取出晾干，将它分截成1~2m一段，悬挂在房屋、餐厅、禽舍、家畜厩舍屋顶下或天花板下，剂量按地板面积计算，每1m²需1m药绳（带）。可供浸泡的杀虫剂如下。

倍硫磷，10%~25%乳油；

马拉硫磷，10%~25%乳油；

残杀威，10%~20%乳油；

二氯苯醚菊酯，1%~2%乳剂；

溴氰菊酯，1%~1.25%乳油；

杀灭菊酯，1%~2%乳剂。

此外灭蝇硫磷、二嗪农、乐果、皮蝇硫磷等亦可应用。

五、长效喷涂剂

将缓释和滞留喷洒技术结合，可制成"长效杀虫喷涂剂"。实验室表明对蚊蝇和蟑螂具有很强的击倒作用和杀灭能力，在三种建筑材料表面喷洒 120d 后，对蚊蝇和蟑螂的 KT_{50} 分别为 12.7、19.2 和 60.4min，24h 死亡率均达 100%。模拟现场释放试验表明，使用 120d 后，对蚊蝇的 KT_{50} 分别为 20.8 和 15.8min，死亡率分别为 100% 和 93.0%。实验小屋使用 84d 后，能阻止大量蚊虫侵入室内吸血，杀死 51.7% ~ 99.1% 侵入室内的蚊虫，杀死 50.7% ~ 95.8% 的外逸蚊虫。现场使用 120 ~ 180d 后，能分别使蚊蝇和蟑螂密度下降 96.9%、81.6% 和 100%。这种剂型性能稳定，对人、畜安全，使用简便，价格低廉。

（一）实验室试验

对喷有"喷涂剂"的涂料板、塑料窗纱和瓷砖 3 种模拟板，每月测试其持效。处理 1 ~ 4 个月后，对淡色库蚊的 KT_{50} 为 5.9 ~ 14.6min，家蝇为 6.2 ~ 19.1min，德国小蠊为 16.7 ~ 60.4min，24h 死亡率均达 100%。

表 14 - 7　长效喷涂剂对蚊、蝇及蟑螂的实验室试验结果

试验昆虫	处理时间（月）	涂料板		瓷砖板		塑料窗纱	
		KT_{50}（min）	24h 死亡率（%）	KT_{50}（min）	24h 死亡率（%）	KT_{50}（min）	24h 死亡率（%）
淡色库蚊	1	8.0	100	9.1	100	5.9	100
	2	7.0	100	11.9	100	6.6	100
	3	13.2	100	9.8	100	7.6	100
	4	12.7	100	14.6	100	10.8	100
家蝇	1	8.5	100	12.3	100	7.4	100
	2	11.7	100	6.2	100	9.5	100
	3	7.4	100	7.0	100	9.9	100
	4	19.2	100	18.6	100	11.5	100
德国小蠊	1	32.3	100	20.3	100	16.7	100
	2	17.0	100	20.7	100	21.6	100
	3	19.3	100	24.5	100	21.9	100
	4	60.4	100	52.6	100	45.2	100

注：击倒率 KT_{50} 仅作参考。

（二）现场试验

分别在三个不同场所的墙面，按 $25ml/m^2$ 的剂量喷涂。4 ~ 6 个月后，根据处理前后蚊蝇和蟑螂平均密度值计算，蚊虫为 1.44，蝇为 14.68，蟑螂为 0.28，其相关密度指数均 <50。密度下降情况分别为：蚊 96.9% ~ 100%，蝇 78.8% ~ 87.8%，蟑螂 99.5% ~ 100%（表 14 - 8）。

表 14 - 8　长效喷涂剂对蚊蝇及蟑螂及现场试验结果

试验昆虫	不同时间密度下降率（%）					
	1 个月	2 个月	3 个月	4 个月	5 个月	6 个月
蚊	100	100	100	100	96.9	—
蝇	87.8	84.4	78.8	81.6	—	—
蟑螂	99.5	99.8	98.9	100	100	100

（三）实验小屋试验

喷涂处理第 1 天后，侵入小屋蚊虫的死亡率为 97.2%，第 10 天为 99.1%，第 20 天为 82.8%，第 32 天为 67.1%，第 59 天为 60.0%，第 84 天为 51.7%。

第十五章 >>>

卫生杀虫剂型的质量管理及安全性

第一节 卫生杀虫剂型的质量及管理

一、卫生杀虫剂型的质量特性

卫生杀虫剂型产品的质量包括内在质量特性和外观质量特性。内在质量特性指的是有效成分含量、生物效果、毒性及代谢等。密度、色泽、香味等属于外观质量特性。

卫生杀虫剂型是以人为保护对象，直接作用于人类居住环境的产品，对卫生杀虫剂型的质量要求显然要比一般产品来得高，可概括为以下四个方面。

（一）有效性

卫生杀虫剂型对防治卫生害虫应具有良好的生物效果，这是必须具备且最重要的质量要求。由于卫生杀虫剂型用于不同的防治目的和对象，在有效性方面有不同的要求。

1. 防治对象及杀虫谱

卫生杀虫剂型对防治对象必须是有效的。按照防治对象要求，可分为广谱类和选择类两类。

广谱类：杀虫谱比较广，对多种卫生害虫有效。如喷射剂、杀虫气雾剂能防治蚊、蝇、蟑螂，甚至对臭虫、衣鱼、衣蛾、恙螨等卫生害虫都有一定的防治效果。

选择类：在一定杀虫谱范围内对某种卫生害虫具有特别显著的防治效果。如蚊香和电热蚊香、液体蚊香都是用于防治蚊虫的。蓝罐雷达（Raid）和黄罐必扑（Pif Paf）用于防治飞行昆虫（蚊、蝇），红罐雷达、绿罐必扑用于防治爬行昆虫。由于制剂品牌不同，配方各异，分别显示出不同的生物效果。

由于广谱类卫生杀虫剂型杀虫谱广，可防治多种卫生害虫，所以使用比较方便。但是由于一个制剂的药剂对不同害虫需要量是不同的，所以防治对象比较专一（如室内灭蚊）的选择类杀虫剂型，是比较科学合理的。

2. 作用时间

按照不同需要，卫生杀虫剂型的作用时间大致可以分为三类。

速效类：施药后迅速发挥生物效果，即在短时间内就能有效地杀灭防治对象。如室内使用的喷射剂和杀飞虫型杀虫气雾剂都是以速杀为主的品种，喷洒后几分钟内就可使空间蚊蝇致死，但一旦药滴降落地面，就与飞虫失去接触机会，作用也随之消失。

短期类：施药后在一个不长的时间段内能发挥其作用。如蚊香的有效时间为 6~8h，电热蚊香可达 8~10h，在这段时间内可保护人们安寝而不受蚊虫的侵袭和骚扰。

持效类：一次施药可以在比较长的时间段内发挥作用。持效期短的仅几天，长的可达一年。如杀螟松喷药一次可以有一周左右的效果，但氯氰菊酯的持效可长达三个月。

持效期的长短主要由杀虫有效成分的化学稳定性、配方组成及制剂剂型来决定的。氯氰菊酯不易分解，所以持效期长。持效时间还可以通过剂型加工来调节，如氯菊酯配在喷射剂或气雾剂中用于室内空间喷洒时，它是作为速效药剂内的致死剂配入的，作用时间只有几分钟至几小时（决定于微小药滴在空间的悬浮时间），如将氯菊酯制成微胶囊剂型，持效期可长达几个月。

3. 作用范围

不同卫生杀虫剂型单独使用或配以相应的器械，可以处理不同的空间或范围。驱避剂是典型的局部保护用剂型，它只能保护涂药者本人。蚊香和电热蚊香的作用区域也只有二十余立方米空间。喷射剂和气雾剂可以按实际面积计算后按推荐剂量喷洒。高大密闭空间可以用烟剂。大面积喷洒处理时则要机动喷洒，甚至动用车载式喷雾器。对很大范围的处理，必要时由专用飞机喷洒。对密闭空间以及用常规喷雾难以到达的隐蔽部位或隙缝等，可使用烟剂及熏蒸剂，这样方能发挥其效果。

（二）安全性

卫生杀虫剂型直接应用于人群居住的环境，与人接触的机会较多，因此必须要求它具有较高的安全性。从广义的角度，卫生杀虫剂型的安全性应包括多方面，但其核心问题首先是有效成分本身的毒性。

卫生杀虫剂型是有效成分与适量助剂分散在载体中制得的。只要药剂中的有效成分与助剂、载体之间不发生化学反应，那么药剂的毒性主要取决于有效成分。

除了毒性还应考察其代谢和残留，对外环境用药还要注意其对环境的影响。

在涉及制剂毒性时不能只以原药的毒性作为唯一的标准。因为高等脊椎动物和昆虫不同，导致了不同品种原药对高等脊椎动物和昆虫在毒性上的选择性差异。这个选择性差异通常以该品种对大白鼠和家蝇的毒性比值"选择因子"来表示。

$$选择因子 = \frac{对大白鼠的急性口服 LD_{50}（mg/kg）}{对家蝇 LD_{50}（\mu g/g）（虫体点滴法）}$$

选择因子越大，表示选择性差异越大。表15－1列出几种杀虫剂原药的选择因子。

表15－1　几种杀虫剂的选择因子

杀虫剂	大白鼠急性口服 LD_{50}（mg/kg）	家蝇 LD_{50}（$\mu g/g$）	选择因子
敌敌畏	80	8	10
残杀威	129	10	12.9
马拉硫磷	2800	56	50
天然除虫菊素	500	5.6	89
氯菊酯	200	0.9	2200
溴氰菊酯	129	0.025	5160
生物苄呋菊酯	8800	0.56	15700

综合以上因素，可用于卫生杀虫剂型的原药品种是有选择性的，尽管有的农业用杀虫剂价格便宜，杀虫效果好，但不适宜用于卫生杀虫剂。对原药标明有卫生级及农业级时，应选择卫生级的品种。

为了生产低毒安全的杀虫剂型，还必须注意，当使用政府主管部门允许使用于卫生杀虫型剂的原药品种时，如尚无卫生级与农业级之分，就要注意其纯度，一般应选择纯度较高，即有效成分含量高的品种。有的原药品种虽然选择因子较高，但其本身毒性也比较高，在配方中的加入量一定要严格控制。

为了取得较好的生物效果，往往采用两种或两种以上的有效成分复配。复配时，不同有效成分之间会发生一些复杂的变化。最理想的结果是对防治对象的毒杀作用增加，但对人畜的毒性下降。

复配后原药对人畜的毒性称为联合毒性。联合毒性一般由按配比计算所得复配原药对白鼠的理论 LD_{50}（PLD_{50}）与实际测得复配原药的实际 LD_{50}（OLD_{50}）的比值来评价。PLD_{50}/OLD_{50} 大于 2.7 表示增毒，小于 0.4 表示减毒，在 2.7 与 0.4 之间则为相加。一般不建议使用增毒的复配药剂。

（三）稳定性

卫生杀虫剂型从配制到使用，要经过一段较长的时间。为了保证它在使用时的效果，必然要求药剂在此时间内的物理状态和化学成分都是稳定的。生产厂应保证药剂在有效期内有效成分的含量合乎要求，用户则应在有效期内使用。

原药通常是比较稳定的，但一旦加工成制剂后情况就会发生某些变化。

原药必须选择合适的载体。一种原药在不同的载体里，稳定性往往有很大的差异。表 15 - 2 列出了右旋烯丙菊酯在煤油、异丙醇、二甲苯、三氯甲烷和甲醇中的稳定性。试验测定了右旋烯丙菊酯于 40℃ 恒温条件下不同时间的分解率。

表 15 - 2　右旋烯丙菊酯在各溶剂中的稳定性

溶剂	不同条件下分解率（%，质量分数）			
	初期	40℃　1 个月	40℃　2 个月	40℃　3 个月
煤油	0	0.2	0.2	3.5
异丙醇	0	1.6	2.2	2.4
二甲苯	0	2.0	4.8	6.6
三氯甲烷	0	2.9	4.9	5.4
甲醇	0	2.2	11.8	12.0

容器材料与制剂的稳定性也有非常密切的关系，表 15 - 3 列出了三种容器材料对喷杀克（PS - 102）50 倍水稀释液稳定性的影响。此稀释液含右旋烯丙菊酯 0.1% 和右旋苯醚菊酯 0.1%。测试条件为 40℃ 恒温一个月。

表 15 - 3　不同容器材料下喷杀克（PS - 102）的稳定性

包装材料	水稀释液中有效成分的残存率（%）	
	右旋烯丙菊酯	右旋苯醚菊酯
玻璃	102	101
聚乙烯	91	87
聚氯乙烯	96	99

对卫生杀虫剂型稳定性的影响因素还有很多。在卫生杀虫剂型中所用的拟除虫菊酯大多属于光不稳定性的，因此通常采用棕色容器避光保存。根据阿仑尼乌斯定律，温度的升高也会导致有效成分分解加速，所以卫生杀虫剂型不宜在高温下生产和贮存。

（四）经济性

卫生杀虫剂型是夏秋之际人们经常使用的用品。较低的价格有利于减轻用户负担和卫生杀虫剂型的普及应用。因此经济性对保障人们身体健康有着直接作用。

衡量卫生杀虫剂型的经济性要在符合有效性、安全性和稳定性的前提下，通过科学合理的配方努力降低原料成本，加强管理降低生产成本。

当然，对产品经济性应该做全面的分析。在生产活动中与经济性有关的因素是很多的，如以下几点。

1）生产规模；

2）管理水平；

3）原料来源不同导致价格上的差异等。

相对固定这些因素，可以考察质量水平与经济性的关系，图 15 - 1 即表示质量水平与成本和销售之间的关系。

　　曲线 c 表示质量水平与成本的关系。质量提高，成本增加，但质量达到一定程度后再提高将导致成本的大幅度增加。曲线 s 表示质量水平与销售的关系。低劣的质量价格虽然便宜，但不受用户欢迎，销售量上不去。如果实现高质量而花费成本很高，价格昂贵，用户也难以接受，同样会使销售量下降。所以只有在图中阴影区才是盈利区，即质量水平在 Q_1 到 Q_3 之间在经济性上是适宜的，而 Q_2 表示最大盈利水平。

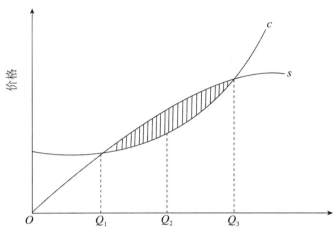

图 15 - 1　质量水平与成本及销售之间的关系

　　有效性、安全性、稳定性和经济性就是卫生杀虫剂型产品的综合质量特征，也可称为产品的适用性。产品的适用性实质上也就是产品的质量。具备适用性的卫生杀虫剂型才是能够满足除害灭病需要的产品。

二、影响卫生杀虫剂质量的因素

　　影响卫生杀虫剂型质量的因素很多，可以归纳为以下几个方面。

1）配方；

2）工艺条件；

3）设备；

4）操作。

　　配方是质量的基础。产品质量，即其有效性、安全性、稳定性的关键取决于配方的科学性和合理性。一般来说，大部分卫生杀虫剂制剂的配制生产过程相对比较简单，工序短、占用设备投入少，因此在产品总成本中杀虫有效成分原料成本占比例较高。所以配方设计就直接影响到产品的经济性，且对产品质量有着重要和直接的关系。

　　配方决定了产品中各种成分的比例。从保证产品质量的角度，在配方设计中必须认真考虑以下几点。

　　1. 根据需要合理选用有效成分

　　杀虫有效成分，即原药，是配方的核心。原药品种是否选择合适，直接影响到配方设计的成功与否。可用于配制卫生杀虫剂型的原药品种很多，应合理选用原药品种，必须对各个原药品种认真地研究，全面了解它的杀虫谱、毒性、制剂性能、价格、供应情况等。若对原药的性能了解得不够，在配方设计中就容易造成失误。如将胺菊酯与烯丙类菊酯混配在喷射剂或气雾剂中是可行的，但将胺菊酯与烯丙类菊酯混配于蚊香中却是不妥的，因为胺菊酯的蒸气压很低，在蚊香中基本上不能挥发。再如氯氰菊酯在油基喷雾杀虫剂中可以使用，但若将同等剂量的氯氰菊酯配在水基配方中时刺激性就很大。在水基配方中不推荐使用氯氰菊酯，特别是用于空间喷洒的制剂，应该使用氯菊酯、右旋苯醚菊酯等不含氰基的原药品种。这还与剂型有关，如将氯氰菊酯配制成微胶囊剂型，则其刺激性可以获得有效的掩盖，对使用范围的限制就小得多。

选用时，应充分考虑以下几个方面。

1）防治的靶标昆虫种类，蚊、蝇、蟑螂、螨、蚂蚁等；

2）处理的方法，空间喷洒，滞留喷洒，还是撒布施放；

3）处理物表面状态，粗糙表面（木板，水泥墙面等），光滑表面，还是多孔表面或网状物；

4）加工成制剂的剂型，性质及状态；

5）所需处理昆虫对该药物的抗性情况；

6）其他相关因素，如使用环境状况条件。

2. 充分重视配方中各组分之间的配伍性

卫生杀虫剂型的配方一般由以下三部分组成。

1）杀虫有效成分，有时还包括增效剂；

2）助剂、酸度调节剂、香精，如乳化剂、增溶剂、润湿剂、稳定剂和消泡剂等。有些药剂如电热蚊香还使用挥发调整剂，可湿性粉剂使用钝化剂（详见第三章）；

3）载体，如溶剂及填料，水溶性无机盐（硫酸钠、硫酸铵等），不溶于水的填料（如黏土，白炭黑，轻质碳酸钙等）。

如果配方中各组分之间的配伍性不好，将会导致药效的降低或变得不稳定。

3. 按照科学程序进行配方试验

为了保证配方的质量，经过国内外长期研究结果，总结出一套程序，可供参考，程序见图 15－2。

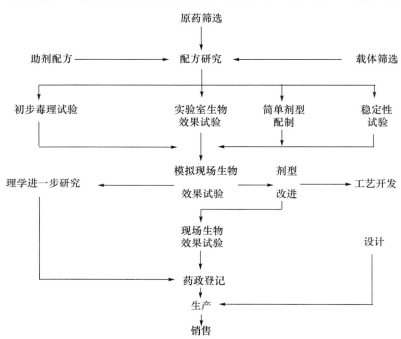

图 15－2　配方研究程序

在卫生杀虫剂型的配方确定之后，为了使产品能达到配方设定的质量，必须重视研究配制工艺。卫生杀虫剂型的生产过程是由操作人员利用多种设备，按照一定顺序，将原料及辅料加工成成品。在整个生产过程中，各种因素都可能影响产品的质量，所以工厂必须根据配方和生产规模进行设计，选用相应的设备，按照工艺流程进行布置，制定操作规程和培训工人，尽可能消除影响产品质量的因素，使产品达到配方应有的效果。因此，工艺流程、设备设计、人员培训等与配方一样都是生产优良的卫生杀虫剂型所不可缺少的因素。

三、卫生杀虫剂型的质量管理

卫生杀虫剂型的质量管理包括生产工厂质量管理、行政主管部门监督和消费者社会监督三个方面。工厂质量管理是产品质量管理中最根本也是最重要的。控制产品质量必须有产品标准。产品标准应具有先进性和可操作性，以促使产品质量不断提高。日用化工产品的产品标准包括六项内容。

1）原料；

2）配方；

3）操作规程；

4）成品标准；

5）包装材料标准；

6）检验方法。

产品标准是生产过程中质量控制的依据。质量控制的目的如下。

1）使产品质量达到产品标准的规定水平；

2）防止发生质量事故；

3）降低不合格品率。

产品的质量管理是由质量检验部门承担的。质检部门是不从属于生产管理部门的独立机构。质检部门按产品标准对原料、半成品和产品进行检验，并将检验结果通知生产管理部门，作为指导生产，防止质量事故的依据。有关检验有以下内容。

1. 原料检验

卫生杀虫剂型是由多种原料配制而成，各种生产原料的规格、含量及质量指标的变化都会直接在产品中表现出来，影响到产品质量的稳定性。因此必须对每批原料取样检验，经检验合格方能投入生产，确保产品质量。原料检验包括取样、分析和取舍三个环节。

1）进厂每批原料必须严格核对出厂日期、产品合格证和有效成分分析报告。

2）有效期内的原料，应在有效期内按先进先用的原则使用。

3）超过有效期的原料，必须经测定其有效成分并进行试验后决定是否可继续使用。

4）原料应按原料品种规定取样方法取样。样品分为两份，其中一份标记品名、来源、批号、日期等，存样以备复验。样品一般应保存两年。另一份按该品种规定方法测定其有效成分。

5）技术部门按原材料有效成分含量向生产车间下达最终产品组成配比。

2. 成品检验

成品检验是产品出厂前的全面检验，也是对产品质量最重要的检验。成品检验与原料检验一样，要经过取样、分析和取舍三个步骤。出厂成品每件都应标明批号。

制剂成品检验中有效成分分析远较原药分析困难，这是因为成品中有效成分含量很低，而且还存在杂质的干扰。生物测试的影响因素也很多，应尽可能减少误差。生物测试应以标准样品作对照。对含有某些较强选择性的原药品种的制剂，建议增加对不敏感试虫的试验。

对生产流程较长的生产过程如高度稀释的粉剂或可湿性粉剂，还应做半成品检验。

每批成品和半成品都应留样。

3. 存样试验

除生产中的质量控制外，留样可以观察正常贮存条件下产品质量变化的情况，发现产品的缺点和不足，为提高产品质量提供依据。留样也可为在市场上销售的产品发生质量问题时进行研究提供实样。

1）每批产品至少应取4件留样。

2）留样样品上应标明生产日期及批号，并按次序排列，存放于避光干燥处。

3）留存样品存放期必须达到产品标准规定的有效期限。超过有效期后存放样品才能处理。

除了常温条件外，存样试验还可在不同贮存条件，如高温、低温、潮湿、光照等情况下进行，为产品的稳定性研究提供依据。

4. 对液体产品，应进行灌装试验

灌装是将制品装入容器的工序。灌装量必须在产品标准规定的允许误差之内。

1）定期对灌装设备进行检验及保养，检查灌装量是否准确，有无溅漏，以保证设备处于良好工作状态。

2）容器必须洁净，完整，规格统一。不得在同一批号生产中使用不同规格的容器。

3）灌装过程中应经常检查净重，以免灌装不足。在灌装过程中发现的次品应立即拣出。

4）对特殊要求的卫生杀虫剂型，如杀虫气雾剂，应经过规定的温水浴试验，检查有无漏损并测定失重。

5. 市场检验

为了确保工厂信誉，保证消费者利益，工厂除了对出厂产品进行严格的质量检验外，还必须对市场销售负责。用户对产品质量产生疑问或提出意见时，工厂必须及时反馈信息，并及时查找原因予以处理解决。

1）定期对上市销售产品进行抽样检验，及时了解和控制市场上产品的质量情况。

2）检验退货产品，发现产品存在的问题，研究改进意见。

3）定期访问销售网点和用户，征求意见，作为改进产品质量及对质量控制的依据。

由于卫生杀虫剂型直接作用于人类生活环境，所以对它的行政监督是必不可少的。行政监督是带有强制性的。

卫生杀虫剂型的生产必须领取登记证。

卫生杀虫剂行政监督管理的主要工作是对已经投放市场的卫生杀虫剂的检查，包括检查是否有未取得登记证的产品在市场上流通以及对取得药证的产品实行定期或不定期的抽检。抽检的关键是检查实际投放市场的产品各组分的含量与申报药证时呈报的配方是否相符，并据此对生产厂商提出相应的处理意见。还有一项重要任务是接受消费者的投诉。

消费者直接使用卫生杀虫剂型产品，为了维护消费者利益，对卫生杀虫剂实行社会监督是万不可少的。消费者的社会监督是通过向商店或工厂反映、向监督部门投诉、向新闻媒体或消费者协会投诉等形式体现。工厂应重视消费者的社会监督，并根据消费者的意见来改进的产品并不断提高其质量。

工厂和监督部门应该通过多种形式向消费者普及合理选购、使用卫生杀虫剂型的知识。对消费者因使用不当而未能充分发挥卫生杀虫剂型效果的情况作必要的说明和指导。工厂对本厂产品效果的宣传要恰如其分，因为消费者是根据广告宣传的效果而寄予期望的，若效果不能达到期望的程度时，消费者会对此产品的质量提出疑问。

工厂的自身管理、行政监督和消费者社会监督是保证卫生杀虫剂型质量的有机整体。

第二节　卫生杀虫剂型的安全性评估

一、概述

近年来，卫生杀虫剂型的使用量剧增，药剂本身的安全性也日渐受到重视。因为用药的目的，是要控制疾病媒介昆虫，除害灭病，保护人类身体健康，而且又是直接应用于人群居住的地方，所以在对一种新的药物或制剂进行评价时，对药物的毒性指标有明确的控制要求。在 20 世纪 90 年代后期制定的《卫生用杀虫药剂暂行管理条例》和《卫生用杀虫药剂质量标准》中也相应规定了药物的急性口服致死中量（LD_{50}）及吸入致死中量（LC_{50}）范围。

药物要充分发挥出它的效果，还需借助器械的配合，如喷射剂用的喷雾器，气雾剂中的阀门、喷嘴，电热蚊香中的加热器等。药剂本身的药效配伍得再好，但若没有适当的器械配合，药效就发挥不充分。我国卫生杀虫药械的奠基人朱成璞教授把这种优组配合关系简明生动地喻为子弹与枪的关系，子弹如无枪的配合，也难以达到杀伤敌人的目的。

随着认识的深化，药与械的优组配合，不但表现在药效发挥上，也同时包含着使用安全性问题。

二、药械优化组合对安全性的影响

一般来说，杀虫药剂的毒性越高，对卫生害虫的生物效果可能越强，但相应对人畜及环境的污染或残留危害也越大。急性中毒危害易被发觉，而慢性中毒危害往往被大多数使用者忽视。所以，在配制药剂时一方面不宜选用毒性高的有效成分，另一方面也要控制杀虫有效成分的含量，即从"安全、高效、经济"三个方面来综合考虑设计。

药剂配制中从质与量两方面进行安全性控制，可以与器械无关。但在实际施布应用中，药物毒性必然会受到配套用器械的制约或影响。在此应予指明的是，尽管器械不会使药剂本身的 LD_{50} 值或 LC_{50} 值改变，然而却会由于配套器具的不合适使药剂在环境中的残留量大幅度增加，有时甚至造成惊人的污染危害，这一点并不是都被深刻认识到的。

举例来说，对于普遍使用的喷射剂，喷雾器的雾化性能及喷量就直接影响到药剂对人畜及环境的残留毒性，即用药安全性。

喷雾器的雾化性能对药剂安全性的影响可以从雾滴的大小与均匀度两个方面来说明。

由于液体表面张力的影响，从喷嘴中喷出的药剂雾滴一般可以近似为球状。由数学计算可知，球体的体积比与直径比呈立方关系，即两个球体的直径（或半径）相差 1 倍则其体积（或个数）可差 7 倍。从这一基本关系出发就不难理解，如果一颗直径为 $20\mu m$ 的药滴所包含的杀虫剂有效成分足以致蚊子于死地的话，若喷雾喷出的药滴直径达到 $80\mu m$（或更大），就等于比前者多用了 63 倍的有效成分，对环境多释放了 63 份毒性，当然也同样浪费了 63 份药剂，这实际上与将所用药剂的毒性提高了 63 倍并无区别。长此以往，对环境造成的残留毒性污染，对人畜产生的慢性危害，与浪费药剂的有限代价相比，则是无法估量与挽回的。

因喷嘴质量差造成的雾化不均匀对药剂施布毒性的影响，更不易被人认识或重视。事实上，雾化不均匀的影响并不比雾滴尺寸的影响小。如果喷出的小雾滴为 $10\mu m$，而大雾滴为 $100\mu m$，后者的直径为前者的 10 倍，则后者的体积则为前者的 1000 倍，从上面的介绍可见，无论从药物的浪费，还是从药剂施布的毒性方面来看，影响更大了。

另外，雾化性能除了影响到药剂使用中的浪费及毒性外，还对药物的杀虫效果、覆盖或利用率及昆虫的抗性有很大的影响。

喷雾器喷量的影响也很大。以小型手动喷雾器为例，设计结构决定其扳动一次产生的压力。若一次喷量过大，生成雾滴直径大，便不适合用于空间喷洒。

从上可知，卫生杀虫药械对施用药剂的安全性有明显的影响。如果说药物本身的毒性由其自身的性质，即从质的方面决定的话，那么，药械配合是通过量的控制，来保证最低的有效施布毒性。目前，在实际使用中，由于配套器械的不匹配所产生的毒性往往很高，在农业施药中，由于使用器械不当而对作物造成药害也是常有的情况。所以，笔者认为，对药剂的安全性评价，考核药剂本身的毒性指标固然重要，研究选用合适的配套使用器械也不应忽视，这其中也包括了部分使用技术。这样，才能既达到防治疾病媒介昆虫，除害灭病的目的，又不致使人类及环境受危害。重视器械对药物施布毒性的影响，应与控制药物复配时不应产生增毒提到同样重要的高度予以重视。

为了达到这一点，应在试验研究的基础上，确定出药械配套使用的安全性指标范围。

$$K = \frac{有效药剂所含毒性}{喷出总药剂所含毒性}$$

显而易见，K 值总会小于 1，但越接近 1 越好，可以在今后作为评价或鉴定器械的一项重要指标来考虑。

合理正确使用卫生杀虫剂的三要素，药剂、器械及应用技术，这三者之间的优组配套思想，就是朱成璞教授首创的"现代中国卫生杀虫药械学"的核心。

同样，当前市场上的电热片蚊香或电热液体蚊香，也并不是任何一种驱蚊药片或驱蚊液与任何一种加热器配合使用都是合适的。

三、器具的安全性

对于目前几种药械一体化的剂型，如杀虫气雾剂与电热蚊香等，除了在与药剂配套使用中，器具对药剂毒性（安全性）的制约或影响外，还应该关注器具本身的安全性指标，大致可归纳为以下几个方面。

（1）结构方面

不应有可能碰伤人的尖角及锋利的棱角、棱边；连接处要牢固，不应有脱开或渗漏；要有防止碰触到带电部位、发热件及运转部位的保护装置；要有防淋防潮湿的防护装置。

（2）强度方面

要有该器械相应标准规定的机械强度，在按规定试验方法试验及正常使用时不破、不断、不裂，能达到规定的正常使用寿命等。

（3）材质方面

使用材料应能耐药剂的腐蚀及溶解；应保证有足够的机械强度（抗拉、抗压及抗剪等）；能耐热耐寒；保证电气绝缘安全等。

在此分别对杀虫气雾剂及电热蚊香加热器的安全性提出如下几点意见。

（一）杀虫气雾剂

除了药剂配方的安全性以外，作为一种带内压力的产品，对它的安全要求有以下三个方面。

1. 容器方面

（1）强度要求

气雾罐的强度指标应达到以下标准。

1）1.25MPa（或1.27MPa）不变形；

2）1.45MPa（或1.47MPa）不爆裂；

3）0.98MPa密封试验不泄漏。

（2）耐蚀要求

尽管马口铁表面有耐蚀能力较强的镀锡层，锡元素又比较稳定，但镀层较薄，而罐内容物又有一定的酸碱度（pH≠7）。如拟除虫菊酯类药物在碱性溶液中易分解，希望溶液的pH值在6.5~6.8之间，略呈酸性，所以对马口铁罐内表层及焊缝表面，视内容物的pH值应涂以环氧树脂或酚醛树脂保护层。

马口铁罐上下底盖及阀门座与罐身连接封口用的密封胶，也应有良好的耐蚀、耐溶剂及抗老化性能。

（3）材质要求

马口铁罐筒身材料厚度不应薄于0.25mm，上底不薄于0.36mm，下底不薄于0.32mm。

（4）工艺要求

封口应牢固。

2. 易燃性要求

见第九章"杀虫气雾剂"。

3. 抛射剂方面

见第九章"杀虫气雾剂"。

（二）电热驱蚊片或驱蚊液用的电加热器

1. 电气安全要求

作为不带接地线，只靠结构设计保证安全的二类家用电器产品，在结构设计及选用材质方面必须按 IEC 335—1 或 GB 4706.1—84 规定的要求达到以下标准。

1）冷态、工作温度及潮态条件下的电气强度，应能耐受 3750V 历时 1min 不发生击穿或闪络现象；

2）工作温度及潮态条件下的泄漏电流 <0.25mA；

3）电源导线截面积应 >0.55mm²；

4）外壳防护等级不应低于 IP2X。

2. 不燃性要求

加热器的发热元件温度在 110～170℃，电热驱蚊液芯棒挥发口的温度也在 80℃ 以上，所以支持发热元件及挥发口的非金属材料必须选用阻燃耐热型材质。

此外，材料在受热后不应挥发出有毒烟气。

3. 结构要求

人手或皮肤暴露部位触摸不到带电体、发热元件、药物挥发芯棒（液体蚊香）或驱蚊片。

4. 材质要求

应按 GB 2423.8 标准中规定，在 0.5m 高度自由跌落两次，外壳不应有裂纹，紧固件不得松动；在正常使用状态下，不得有明显的变形或损坏；保证有第 1 条所列的电气绝缘性能。

第十六章

公共卫生与家庭用杀虫剂型的
有关检测方法及评价标准

第一节 概 述

对卫生杀虫剂型的检测内容广泛，如生物效果测定、毒理测定、质量测定等诸多方面。这些测定对保证卫生杀虫药剂的安全性、有效性及使用性能都是十分重要的，它们一起构成了全面评价卫生杀虫药剂质量的完整体系，单以其中之一，只能从一个侧面评价卫生杀虫药剂的质量状况，而不能真实、客观、公正地对卫生杀虫药剂的质量做出全面评价。

只有对卫生杀虫剂产品制定标准并进行测定及评价，才能真实、客观、公正、全面地反映出被测产品的质量，广告于社会公众，也利于促进厂家对产品质量的改进。

因室内用卫生杀虫剂与人群直接接触，评价标准应该包括安全性（环保）、有效性及可使用性等，首先应该把安全放在第一位。这一观点在朱成璞与笔者自1987年起编著的系列卫生杀虫剂专著中都反复提出。但1992年由中国科学院动物研究所负责制定的GB—13917.1~13917.8—92《农药登记卫生用杀虫剂室内药效试验方法》系列国家标准中，都采用了密闭圆筒装置，以卫生杀虫剂剂型对试虫的KT_{50}及24h死亡率作为该种卫生杀虫剂剂型的药效标准。在GB/T 17322.1—11—98《分级标准》中，把24h死亡率的检测也作为蚊香药效等级的评价标准，这种测定方法脱离了实际使用条件，没有考虑到蚊香是在开启式环境下驱赶蚊虫而不是杀灭蚊虫的，而且，在测试中不适合采用强迫给药的方式，这样不可能真实反映出杀虫剂的实际药效。

由此可以看出制定标准前，首先要对卫生杀虫剂剂型开发的目的、定位及作用方式与功能有一个十分明确的认识，不能把概念混淆。针对不完善的标准，应充分重视积极修正。

例如，长期以来对气雾剂及喷雾剂生物效果的测定，不管用什么方法，都是在喷出时一瞬间就开始计数它的击倒中时（KT_{50}）以及24h死亡率的，所以从对油基及水基杀虫剂测定中得出的结论是，在相同有效成分及配方的情况下，油基的生物效果要比水基的好。这一结论影响和阻碍了人们对水基杀虫剂开发的积极性和信心。

本书第九章中已说明，从喷出后立即测定的KT_{50}结果数据来看，油基型杀虫剂的效果优于水基型杀虫剂的效果，但KT_{90}值就不同了，水基的比油基的要好。而在喷出后1分钟及4分钟时再测定KT_{50}值时，水基型杀虫剂的效果明显优于油基型杀虫剂的，KT_{90}值及死亡率的结果也如此。这一测试结果，对现用的测试方法提出了挑战，说明现用测试方法需反思和完善。现用的测定方法对于配方设计中的合理性，配方中各组分的理化性能（沸点、蒸气压等）及它们相互之间的相容性（混合均匀性），以及所用配套辅料及器具的一致性（可比性或重现性）等方面的差异，均不能很好地反映。

与喷雾剂相比，对电热类蚊香的测定方法，因为跟踪它的整个使用时段，所得出的测定结果就比较客观。以电热液体蚊香来说，由于杀虫有效成分与溶剂之间蒸气压、沸点之间的差异造成挥发的不同步性，可能会产生两种情况：开始时溶剂挥发量多而有效成分挥发量少，表现为初始效果差后期效果好；或者有效成分挥发速度大于溶剂挥发速度，表现为初期生物效果好，后期效果差。这两种情况均为挥发不均衡状态。所以对一瓶可使用 30 天的电热液体蚊香的测试一般要通过连续跟踪 2h，36h，84h，168h 及 336h 五个时段测定，这样得到的结果能客观反映出该产品在整个使用过程中的效果，该产品的配制质量也就同时得到了反映。当然可使用 60 天的电热液体蚊香测试时段也要相应延长。对电热片蚊香采用 0.5h，2h，4h，6h，8h，10h，12h 几个时段连续测定其生物效果的方法，也能真实反映出它在整个使用过程中的效果。但相比而言，对盘式蚊香只测定 20min 9 个时段（圆筒法），2~32min 5 个时段（小柜法）及 5~60min 9 个时段（7.8m³ 法）等，就不能像电热片蚊香与电热液体蚊香那么客观、全面地反映出它们在整个使用有效期内的效果，而且未考虑使用中蚊香的断裂、火苗熄灭等因素。

由此推论，若对气雾剂也设几个时段分批测试，而不是单测一个初始值，是否会更客观、公正、全面呢？由于杀虫有效成分在浓缩液及抛射剂液相中的溶解度是不同的，也会出现前期、中期及后期喷出物中有效成分含量的差异。

有关毒理方面的测定，与生物效果测定相比，就显得更为复杂，而且对生产厂家来说，在开发研究筛选杀虫剂配方的摸底试验中，似无必要投入那么多的精力和物力，所以在本章中就未予涉及。

产品质量测定方面是生产卫生杀虫剂厂家必不可少的重要环节，在此对有关内容作一介绍。考虑我国的实际情况，蚊香和气雾剂在卫生杀虫剂的使用、生产与发展中占有很大的比重，将对其作主要介绍，并介绍一些国外有关测试方法。

第二节　公共卫生与家庭用卫生杀虫剂型的生物测定

一、生物测定的意义及研究范围

（一）意义

生物测定（bioassay）是一种测定具有生物活性物质的生物效应的技术。对卫生杀虫剂而言是研制、生产及应用中的一个重要环节。

一种卫生杀虫剂或新剂型的研究开发成功与否，它的药效及安全性是关键所在，也是它能否得以推广使用的基础。药效评价包括两个方面：一是指有效成分（杀虫剂原药）本身对卫生害虫的致死能力，也称毒力测定，一般在实验室用大量养殖的代表性卫生害虫（如蚊虫），在控制环境条件下采用标准方法进行；二是药效，这是指以有效成分制成的剂型，对主要卫生害虫进行一定规模的试验来评定其实际效果。

毒力和药效两者既有区别又有联系，互相不能代替。在一般情况下，毒力高的药剂，它的药效也好。但并不是所有杀虫剂都符合这种关系。所以要全面评价药效，必须要同时进行实验室毒力测定和半现场或现场效果试验。前者实验条件相对稳定，得出的数据可靠，便于比较；后者试验条件接近实际，对应用防治有指导作用，能比较真实地反映出药物的性能。

（二）范围

综上所述，生物测定的范围包括：

1）筛选研究新杀虫剂的化学结构变化与毒力的关系；

2）测定与比较卫生杀虫剂对试虫的生物效果；

3）研究测定不同药剂剂型及制剂对试虫的药效关系；

4）研究试虫的内在生理状态及外界条件因素对药剂效力的影响；

5）研究与比较卫生杀虫剂混配使用时的生物效果及毒力；

6）研究与测定被试昆虫对杀虫剂的抗药性及其防治措施；

7）测定杀虫剂在环境中的残留量及残留影响。

二、生物测定的试验条件要求

为了保证测定结果的有效性、可比性及客观性，对生物测定的试验条件有一定的要求，以排除因各种因素对测定效果产生的直接或间接影响，所以测定时各种条件应力求达到一致，即必须标准化。

（一）试验昆虫

试验昆虫应采用饲养室正常饲养的敏感品系，不应用野外采集的具有不同抗性的品种。

1. 蚊虫

1）成蚊：3～5 日龄未吸血淡色库蚊雌蚊（北方地区）或致倦库蚊（南方地区），体重为 1.8～2.0mg。

2）幼虫：3 龄末或 4 龄初淡色库蚊幼虫。

2. 家蝇

羽化后 3～6 天成虫，体重为 18～20mg，雌雄各半。

3. 蟑螂

2～3 周龄德国小蠊成虫，雌雄各半。

（二）试验条件

1）室温：26℃±1℃。

2）相对湿度：60%±5%。

（三）试验次数

每种试验进行 3～5 次，不能少于 3 次。试验时应设相应的空白对照。

（四）效果观察

1. 击倒时间

从实践中可知，最终所得的 KT_{50} 值与如何记录有关。一般来说，所取的记录间隔时间越短，获得的数值越正确，求得的 KT_{50} 值越小。每隔 4s 记数记录一次所求得的 KT_{50} 值，要比每隔 12s 计数记录一次所得的 KT_{50} 值要小。同样，每隔 12s 计数记录一次所得的 KT_{50} 值又要比每隔 16s 计数记录一次所得的 KT_{50} 值要小。

当然对计数记录时间间隔长短的选择，还与所采用的试验方法有关。若试验昆虫不多，击倒速度又不很快，也就不必将间隔时间取得那么短，无此必要。对蚊虫测定，如果试验虫数较多，击倒速度快，就要将时间间隔取得短一点。

2. 死亡率

1）蚊、蝇试虫在规定时间受药后，将其收集在干净纱笼内喂以 5% 葡萄糖水棉球并移入饲养室内，24h 后观察其死亡率。

2）蟑螂试虫在规定时间受药后，将其收集在清洁果酱瓶内，喂以少量奶粉、砂糖及吸水棉球，移入饲养室并观察其 24、48、72h 死亡率。

（五）数据处理

对照组死亡率大于 20% 时，试验结果报废重做。小于 20% 大于 5% 时应用 Abbott 公式校正试验组死亡率，然后用计算机程序进行统计运算。

$$校正死亡率 = \frac{A - B}{B} \times 100\%$$

式中　A——对照组试虫生存百分率；

B——处理组试虫生存百分率。

（六）试验仪器操作方法及部分装置

视不同卫生杀虫剂剂型而定，参考相关国家标准。

（七）操作人员

除非是在异地进行测试，在同一场所进行的测定以同一个人完成为宜，这样可将人为因素影响减少到最低限度，否则会造成以下后果。

1）对蚊虫判定标准不一。因为蚊虫在被药物麻痹后下跌时的状态不可能一致，各种形态都有，不同的测试操作人员会判断为不同的结果。

2）在操作进行时交替动作的速度、操作方式、人的反应速度等方面的差异。

3）对试验筒、柜或房的清洗技术处理彻底与否，也会因人而异。在每次试验结束后，需要对除木质支架外的全部试验装置进行认真清洗，防止药物污染残留。

三、生物测定中常用的几个表示量

1）LD_{50}：致死中剂量，或半数致死量。它表示在试验中使一半被试验昆虫或动物致死所需的药剂量，一般以"mg/kg"为单位。其值越大，表示该药效的毒性越低，即越安全。

急性经口毒性及急性经皮毒性一般均以 LD_{50} 来表示。在国外也偶有用 LD_{95} 的。

2）LC_{50}：致死中浓度，或半数致死浓度。它表示在试验中使一半被试验昆虫或动物致死所需的药剂浓度，一般以"g/L"为单位。其值越大，表示该药剂毒性越低，即越安全。

急性吸入毒性以 LC_{50} 表示，对熏蒸剂，一般均采用 LC_{50} 为标准。

3）LT_{50}：半数致死时间。某化合物在一定气体浓度下使半数被测昆虫致死的时间。

4）KT_1：在一定药剂量的试验条件下，第一只被测试昆虫被击倒的时间。一般以"min"为单位。

5）KT_{50}：在一定药剂量的试验条件下，半数测试昆虫被击倒的时间，一般以"min"为单位。其值越小，表示该药剂效力越高。

6）KT_{95}：在一定药剂量的试验条件下，95%测试昆虫被击倒的时间，一般以"min"为单位。

在日本有用 KT_{90} 代替 KT_{95} 的，其表示意义同理。

7）RT_{50}：在一定药剂量的试验条件下，半数测试昆虫被驱避的时间，一般以"min"为单位。

8）FT_{50}：在一定药剂量的试验条件下，半数测试昆虫被激奋奔出的时间，一般以"min"为单位。

9）ED_{50}：它表示除死亡外引起刺激、头晕目眩及其他生理反应的有效剂量。

10）EC_{50}：它表示除死亡外引起刺激、头晕目眩及其他生理反应的有效浓度。

11）KD_{50}：在一定药剂量的试验条件下，半数被试昆虫被击倒的速度，一般以"min"为单位。其值越小，表明该药剂的效力越高。

12）MD_{50}：在对蟑螂类爬虫进行测定时，在一定药剂量的试验条件下，半数被试昆虫能从试验板上中心爬动到的距离，一般以"cm"为单位。此值越小，说明该药剂的效力越高。

13）ALD 及 ALC：平均致死剂量及平均致死浓度。在小型试验程序中所做的试点性试验表示量，一般只需用 6 只试验动物就可获得。

14）MLD 及 MLC：最小致死量及最小致死浓度。

15）MTD 及 MTC：最大耐受剂量及最大耐受浓度。

16）TDL_0 及 TCL_0：最小中毒剂量及最小中毒浓度。

17）两种有效成分之间的药效比较表示法。

相对活性：指相同浓度的两种有效成分获得的 KT_{50} 之比。

相对效力：指两种有效成分获得相同效果时的浓度比。这是在实际条件下常用的一种表达法。

四、生物测定原理

（一）毒力及药效测定的目的及相互关系

测定杀虫剂的毒力的目的是为了知道它对某种昆虫的毒性程度或比较几种杀虫剂对某种昆虫的毒力程度差别，以此衡量一种杀虫剂对昆虫的毒力大小。而杀虫剂的药效测定是在已知道了某种杀虫剂对某种昆虫的毒力，然后根据该昆虫对此杀虫剂的反应来测定此杀虫剂的剂量。尽管两者采用的测定方法有时会完全相同，但目的是完全不同的。

因此，二者对测试条件的要求会不一样。在毒力测定中，为了提高测定的精确性，要求控制环境条件，采用生理状态一致的昆虫，才能正确找出杀虫剂剂量与昆虫之间的反应关系，获得真正可靠的毒性数据（如 LD_{50}）。而在药效测定中，有时不一定需要严格控制。

（二）毒力及药效与昆虫的关系

昆虫在杀虫剂的作用下会有两种反应：一是在一定剂量下死亡；二是在一定剂量下没有影响或出现麻痹后又恢复。杀虫剂的剂量不同，昆虫的反应也不同，一种杀虫剂对不同的昆虫产生的作用也不同，即使对同一种昆虫，也会有不同的反应（如雌性的敏感性一般较低），不同的发育阶段其反应也不同。此外昆虫的生理状态对杀虫剂的毒力及药效影响极大，所以测定时不宜用野外采集的昆虫，而应采用标准化饲养的昆虫，使个体对这种杀虫剂的反应尽量相似。

蚊子的幼虫能大量获得，大量饲养，具有达到标准化的条件，而且有遗传学上的纯系，易比较。

作为测定用标准昆虫，一般采用淡色库蚊为多（南方地区则采用致乏库蚊），而且多取羽化后 3～4 天，未吸血的雌蚊成虫。其原因一是因为它是家栖优势蚊种，主要对人叮咬吸血；二是它对杀虫药物的敏感性不是很强，这样对杀虫有效成分做出的试验数据比较接近实际，富有真实意义。

（三）杀虫剂混合的毒力及药效测定

有时将两种或两种以上杀虫剂复配混合使用。这样可能出现三种情况：

相加作用，等于各药物单独作用相加的总和。

协同作用，大于各单药相加的总和，即增效作用。

拮抗作用，小于各单药相加的总和，即减效作用。

理想的混配应是对昆虫有增效作用，而对温血动物无增毒作用。

在进行混合测定时，先测出各单药的 LD_{50} 或 LC_{50} 值，然后按各药在配方中的百分含量称取药量，以丙酮为溶剂配制药液，按与单药同样方法测出混合药的 LD_{50} 或 LC_{50} 实测值。

同时用 Finney 公式求出混合药的 LD_{50} 理论值：

$$\frac{1}{LD_{50}} = \frac{a}{LD_{50}(A)} + \frac{b}{LD_{50}(B)} + \cdots\cdots$$

式中 a，b…分别为各单药 A，B…在混合液中的百分含量。再根据 LD_{50} 实测值与 LD_{50} 理论值之比进行判定。

$$\frac{LD_{50}（实测值）}{LD_{50}（理论值）} = K$$

若 $K > 2.7$，则为增效作用；

　$K < 0.4$，则为拮抗作用；

$0.4 \leqslant K \leqslant 0.27$，则为相加作用。

第三节　目前常用的药效测定方法

一、密闭圆筒法（closed cylinder method）

测试装置如图 16 - 1 所示。图中 8 为座架（铁板或木材制），高 15cm。1 为玻璃圆筒，直径 20cm，高 43cm。（0.0135m³）它下端与 30cm 高的座架 8 之间由白色塑料圆板 5 隔开。在圆板 5 中央开有一直径 5cm 的圆孔，以软木塞 7 塞住。玻璃圆筒 1 的上端也盖有一块透明有机玻璃圆板 4，在圆板 4 中央有一直径 2cm 的圆孔，用橡皮塞 6 塞住。玻璃圆筒 1 与塑料圆板 4 及 5 之间分别衬以橡皮垫圈 3 及 2，使圆筒内保持密封。

二、通风式圆筒法（open cylinder method）

通风式圆筒法的测试装置如图 16 - 2 所示。1 为不锈钢制圆筒，内径 20cm，高 80cm（0.025m³），下端坐落在座架 6 上。2 为透明塑料制圆筒，通过连接部分 4 与 1 筒相连，内径 20cm，高 30cm。连接部分 4 中间横梁上有 2 个 4cm 直孔安装盛放蚊虫的玻璃容器用。3 为两个盛放蚊虫试样的玻璃容器，内径 4cm，高 12cm。上部为排气装置，上下距离可以调节。

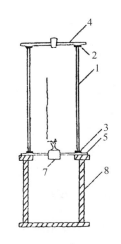

图 16 - 1　密闭圆筒法测试装置示意图

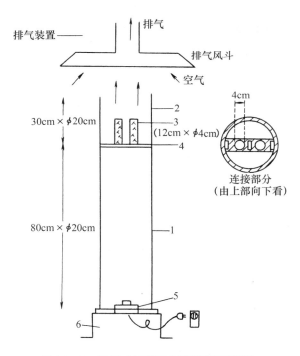

图 16 - 2　通风式圆筒法测定装置示意图

1—不锈钢制圆筒；2—透明塑料制圆筒；3—玻璃容器（装蚊虫用）；

4—连接部分；5—试样；6—座架

对于上述两种方法，因其严重脱离实际的情况，在此只是作为一种历史性的介绍，并不推荐采用。

三、玻璃小柜法（glass chamber method）

测试装置如图 16 - 3 所示。

玻璃柜呈立方形，每边长 70cm，它的容积为 0.34m³。在 2 面左下角设一窗孔（可用橡皮圈塞住），或一小门，高 15cm、宽 20cm，放试样及昆虫用。在中上方设有一直径 3cm 圆孔，用橡胶塞塞紧，在开门处用密封条防止烟雾或有效成分向外泄漏。在箱底涂上一层白漆，或放一块白色塑料板，便于观察记录击倒蚊虫只数。

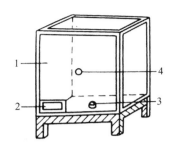

图 16 - 3　玻璃小柜法测定装置示意图
1—玻璃柜；2—小门；3—药剂（蚊香、电热蚊香等）；4—放虫口

为了利于柜内空气的流动，在靠近一角处放置一微型电扇，风向面对柜壁。

四、彼得－格拉第法（Peet－Grady）

此种方法在 1928 年由 C. H. Peet 与 A. G. Grady 首先研制，以后做了改进。

测试装置采用美国 CSMA 标准的彼得－格拉第柜，容积为 6ft³（0.1698m³），在一侧的墙上有一个大小适于人进出的密闭门。门关上时与墙为同一平面。在四周墙上或天花板上设置几个观察窗口，最好对称设置使用比较方便。还设有纱窗、通气孔及药剂喷入孔。目前实际使用的设备比它大 30 倍，接近自然状态。

五、模拟房法

模拟房法，也称大房法（large chamber）或模拟现场法。试验房的容积为 28m³，试验房长 4.30m，宽 2.65m，高 2.45m（英国威康公司的试验房容积为 25m³）。

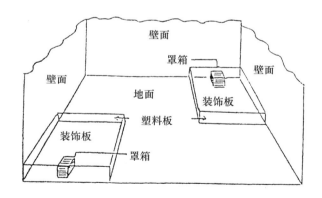

图 16 - 4　模拟房示意图

六、房屋法（house method）

房屋法选用的居室容积为 36m³。

七、Huntingdon 法

这是英国 Huntingdon Reseach Centre 采用的试验方法。该研究中心是英国 Shell（壳牌）公司的合

作伙伴。由于这种方法在中国未采用，在此就不作介绍。

第四节　目前在药效试验方法及等级评价标准等方面存在的问题及建议

一、蚊香与电热蚊香的药效试验方法及等级评价标准中存在的问题

（一）蚊香及电热蚊香的药效试验方法及等级评价标准值得进行反思

蚊香使用十分广泛，全国每年有好几亿人口都在使用。但是目前蚊香的标准及等级评价充分反映出各方对于蚊香的定位、功能及使用的认识，至今仍然不够明确。

蚊香及电热蚊香的首要功能是用来驱赶蚊虫，防止蚊虫对人（或者动物）的骚扰和叮咬，不是杀灭蚊虫。

蚊香（及电热蚊香）一般都用在敞开式条件下，如打开门窗的房间或室外晾台庭院内，在空间的有效成分浓度不断被稀释，只要达到这种尚不致死的浓度就可以防止蚊虫的骚扰叮咬。要达到能使蚊虫击倒或者致死的高浓度是没有必要的，只能是增加对人的毒性危害和对环境的污染。

1993年，笔者编写的《电热蚊香技术》一书中十分清晰地讲述了蚊香对蚊虫的作用机制。

然而1986年时中央爱卫会办公室制订了用密闭圆筒法测试蚊香的药效，并以蚊香点燃后对标准试验蚊虫的半数击倒时间（KT_{50}值）作为评定蚊香等级的依据，如KT_{50}值少于2min为特级蚊香；KT_{50}值在2～3min为一级蚊香；KT_{50}值在3～5min为二级蚊香；KT_{50}值在5～8min为三级蚊香；KT_{50}值在8min以上为不合格蚊香。对市场上蚊香的卫生监督就以此为依据。这种划分方法单以KT_{50}值作为评价蚊香质量分级的唯一依据，没有将蚊香使用的有效成分的毒性考虑进去。对人毒性高的杀虫剂的KT_{50}值可能比毒性低的杀虫剂的KT_{50}值小，难道就能说前者的蚊香比后者的好？这显然是不全面、不科学的。然而，这种只重视药效，无视对人的健康安全的做法依然持续了很长一段时间。

以杀虫气雾剂为例，表16-1列出了我国部分省、市及部分国家卫生杀虫气雾剂的有效成分含量快速增加的情况，由此也可以推测蚊香、电热蚊香等剂型中有效成分的增加情况。这也增大了对人体的毒性和对环境的污染。

表16-1　我国部分省、市及部分国家卫生杀虫气雾剂的有效成分含量统计

年度	指标	天津	北京	上海	广东	江苏	浙江	山东	河北	日本	德国
2001	$-X$	0.492	0.504	0.448	0.445	0.539	0.523	0.435	0.627	0.361	0.523
	Sx	0.286	0.356	0.243	0.307	0.248	0.227	0.140	0.281	0.175	0.495
	n	12	8	25	68	46	29	41	30	17	6
2003	$-X$	0.572	0.576	0.497	0.490	0.550	0.523	0.387	0.553	0.390	0.568
	Sx	0.504	0.395	0.277	0.309	0.260	0.227	0.120	0.256	0.281	0.540
	n	13	10	33	83	66	29	88	42	13	5
X增长率（%）		16.4	14.3	10.9	10.1	2.1	0	-11.2	-11.8	8.1	8.5

注：有些省份含量升高不明显与有效成分改变有关，如2001年后不再登记含DDVP的制剂，使用高活性有效成分如高氯替代残杀威等。

表16-2数据显示，在日本蚊香中的有效成分都用右旋烯丙菊酯，但是将它笼统作为对蚊香等级的分级标准也是片面的。

表16-2　日本右旋烯丙菊酯蚊香的分级

蚊香等级	右旋烯丙菊酯含量（%，质量分数）	KT_{50}（min）	24h死亡率（%）
优质蚊香	0.30	<5	100
标准蚊香	0.20	<6	100
普通蚊香	0.10	≤7	100

笔者认为，对于蚊香质量的分级应同时从生物效果（KT_{50}值）及有效成分（包括品种、浓度、毒性等）多方面综合评价。它们既有一定的内在联系，但又不呈简单的正比关系，例如，对同一种有效成分，浓度高，KT_{50}值小，但毒性也大。不同的有效成分，获得同样的KT_{50}值，所需浓度不同，显示的毒性大小就不一样。

表16-3为原英国威康基金会列出的不同烯丙菊酯有效成分浓度产生的不同药效，以此作为药效等级的分类。

表16-3　蚊香药效等级

KT_{50}（min）	药效等级	所需大致剂量（%，质量分数）	
		右旋烯丙菊酯	益必添
≤10	优	0.276	0.162
10.1~14.9	良	0.191	0.112
≥15	中	0.106	0.063

在考虑蚊香等级评价时，不应只以药效作为蚊香评级的唯一标准。因为使用有效成分毒性较高的蚊香的KT_{50}值可能比有效成分毒性较低的蚊香的KT_{50}值小，提示前者的生物效果比后者好；或含有相同有效成分的两种蚊香，第一种蚊香因挥散率高而产生了较好的效果，但只能使用5.5h，而第二种蚊香因挥散率略低而显示的生物效果较第一种略差，但能点燃使用7h。在这两种情况下，都不能下结论说使用有效成分毒性较高的蚊香及挥散率较高的蚊香的质量比较好。

（二）蚊香应该与电热类蚊香一样，药效检测应设定几个检测时段

应该考虑测定时间段的因素。在对蚊香测试时，测定的时段仅限于20min。这种方法只能反映蚊香前期的效果，不能反映蚊香在整个点燃过程中的效果，点燃中的熄火或断裂等问题被掩盖了。一种蚊香按起始20min内的药效测定值被评为甲级，但1h熄火了，评级却无法反映。

应该设定在8~10h的有效使用寿命内取几个检测时段进行测试，考虑两个问题：该检测蚊香的实际有效使用时间，包括是否发生中途熄火或者断裂；从开始点燃一直到8~10h结束时整个过程中的药效稳定性。这样才能比较客观、全面地反映出蚊香产品的质量水平，至少比目前只根据20min内的药效检测来评价质量等级要进了一步。

（三）蚊香与电热蚊香的药效检测应该以驱赶和拒避为主要依据

蚊香及电热蚊香在点燃或加热后，达到较低剂量的药物浓度，即尚不致死的浓度时，对室内蚊虫就能产生刺激和驱赶作用，使蚊虫从室内被驱赶出去。当蚊虫在飞行中接触到更多的药物时，进一步产生拒避或击倒。尚不致死浓度大大低于对害虫的中毒致死剂量。

同时，这种尚不致死的浓度对在室外附近的蚊虫产生拒避，不让它们进入室内，并将原来栖息在室内的蚊虫驱赶出去，即由驱赶而产生拒避；这种浓度还可以干扰蚊虫寻觅被咬者，抑制蚊虫叮咬的响应频率，当蚊虫受到这种尚不致死浓度药物的作用，一般只要较短时间就可以使蚊虫产生麻痹，失去叮咬人的能力，甚至可能将蚊虫击倒跌落在地上。

当空间药物浓度高于这种尚不致死的浓度时，就会对蚊虫产生击倒，再高时使蚊虫致死。当然，浓度越高，击倒的时间越快，致死率也越高。

笔者建议从安全及实际使用要求的角度出发，应该使用标准蚊香产品对蚊虫进行驱赶和拒避试验，找出它对蚊虫尚不致死的浓度范围或者数值，然后将它乘以一个系数，作为药政登记用的药效是否合格判定标准。当然，必须设计一种新的驱赶和拒避试验方法，以替代现在脱离实际的击倒试验方法。

（四）药效试验方法

目前实验室试验采用密闭圆筒法（closed cylinder method）及通风式圆筒法（open cylinder method），在只有 0.0135m³ 及 0.0251m³ 这么小一个圆筒密闭空间中进行实验，脱离实际使用情况实在太远了。

玻璃小柜法（glass chamber method），比密闭圆筒法及通风式圆筒法测试药效进了一步。

用 28m³ 试验房做模拟现场试验，比玻璃小柜法更能客观真实地反映药物的效果，而且与实际使用情况靠近。这样得到的试验结果尚能够反映蚊香的实际使用效果，对蚊香的测试结果也进一步说明了这一点。

用模拟房试验比玻璃小柜法更能客观真实地反映药物的效果，在日本住友化学对益多克与右旋烯丙菊酯的效力对比试验中证明了这一点。

表 16-4　玻璃小柜法测得益多克与右旋烯丙菊酯的效力比较

| 有效成分 | 不同加热时间的 KT_{50}（min） | | |
（mg/片）	0.5h	4h	8h
益多克 10	2.6	2.0	2.8
右旋烯丙菊酯 40	3.4	3.4	3.2

由表 16-4 试验可计算出益多克的效力只有右旋烯丙菊酯的 4 倍左右，但在实际使用中，益多克比右旋烯丙菊酯的效力远大于 4 倍。

表 16-5　28m³ 房法测得益多克与右旋烯丙菊酯在驱蚊片中的效力比较

通电加热时间（h）	平均 KT_{50}（min）	益多克（mg）	右旋烯丙菊酯（mg）	相对效力比（右旋烯丙菊酯:益多克）
0~10	5.04	10	55.0	1:5.5
	4.52	12	64.3	1:5.4
	3.74	15	78.1	1:5.2
0~8	4.69	10	60.1	1:6.0
	4.26	12	69.0	1:5.8
	3.60	15	82.7	1:5.5

从 28m³ 的大房中得出的结果可以看出，益多克在电热片蚊香中的效力为右旋烯丙菊酯的 5~6 倍，比从 0.34m³ 玻璃柜法得出的效力比更高（表 16-5）。试验条件越接近实际使用条件，所得数据越能反映真实效力。

二、杀虫气雾剂的药效试验方法及等级评价标准中存在的问题

1）密闭圆筒法在气雾剂药效测试中反映出的弊端十分严重。例如一个众所公认的事实是喷出药滴尺寸大小的最佳值问题。在 0.135m³ 的密闭小空间中，大小药滴之间的差异被掩盖掉了，而它们在大空间中就会在自身运动特性及生物效果等方面表现出明显的差异。测试条件脱离实际太远，所得的结果就不能反映出杀虫剂的真实效果。在 2009 年修订的测试方法中，用的仍然是密闭圆筒法，建议给予

重新考虑。

2）对气雾剂的药效测试，也应该分几个测试时段进行。长期以来对气雾剂及喷雾剂生物效果的测定，不管用什么方法，都是在喷出后就开始计数它的击倒中时（KT_{50}）以及24h死亡率的，但在实际使用中，卫生杀虫剂并不是只利用它喷出一瞬间的效果，而是利用它在整个使用寿命中的效果。

杀虫有效成分在浓缩液及抛射剂液相中的溶解度是不同的，各个组分之间的相容性及相溶解性具有不稳定性，随着喷雾过程的进行，液态相中分子之间不停地布朗运动，使得液态相中的不均匀性慢慢增加，上、中、下部之间的均匀性发生了变化，就会出现前期、中期及后期喷出物中有效成分含量的差异，体现为药效的不稳定。按现用方法测定所得的结果，得到的只是测定瞬间的一个特定值，不能代表该气雾剂整个使用寿命中的药效。

所以对于杀虫气雾剂的药效测试也应该在它的使用寿命中划分几个时间段来进行，以此判定它的药效稳定性及均匀性，这样才具有真实性。

3）建议早日制定水基气雾剂的测试方法，不宜按油基标准执行，后者本身也应考虑修正。

尽管由于技术上尚欠成熟及各种相关因素，水基杀虫气雾剂在市场上尚属少数，但从环保、健康及安全的角度，由油基型杀虫气雾剂向水基杀虫气雾剂发展，这是历史的必然。用对油基杀虫气雾剂的测试方法及评价标准来对水基型杀虫气雾剂进行测定及评价，忽略了油基药滴与水基药滴之间的物理特性差异，不能体现水基药滴的良好挥发特性，也就掩盖了水基杀虫气雾剂的潜在优点，不能反映出它的真实效果，也就失去公允性。

4）应重视药滴尺寸在测试与应用中的差异带来的影响，提倡将杀灭飞行害虫与爬行害虫的药剂分开设计、生产、销售。不同的喷射靶标、媒介昆虫及其栖身场所对药滴尺寸的沉积要求是不一致的，都有它所需的最适宜药滴尺寸，因为不同的药滴尺寸具有不同的物理特性，决定了它的运动特性，而且不同靶标附近的气流状态不一，直接影响到运行中药滴对沉积靶标的撞击能力。

对药滴尺寸的要求也取决于应用目的。在农业喷雾应用中的药滴，都是以向下沉积到作物上为目的，所以要求药滴的沉降性能好，直径要大一些。但对防治蚊、蝇及非食性飞蛾等，则要求尺寸小一些，具有较好的悬浮及运动性能，在空中停留较长时间，而且小药滴对较小沉积表面的撞击性能好，当飞翔中的昆虫的翅膀或身体其他部位直接撞击到杀虫剂药滴时，就足以使它致死。

一般来说，对于蚊虫及蝇类飞行害虫，最佳适用药滴直径应该在 $30 \sim 50\mu m$，而对于爬行类害虫，最佳适用药滴直径应该在 $80 \sim 100\mu m$。当然在特种场合，如在飞行器机舱内，药滴直径大小应该在 $10\mu m$ 左右。使用杀灭爬行害虫的药滴来杀灭飞行害虫的话，不但效果不好，带来的负面影响也大，这是与杀虫气雾剂安全第一的原则是相违背的，希望引起有关管理部门和杀虫气雾剂生产企业的关注和重视。

对于其他类似剂型的药效测试方法及药效评价中存在的不合理之处，大多数与气雾剂中存在的问题类似，在此不再重复。

三、熏蒸剂

熏蒸剂品种不多，但是毒性很高，如甲基溴高毒，环氧乙烷毒性高并且致癌，磷化氢剧毒，硫酰氟中毒并且温室效应很高等。这些特点限制了它们的使用。因为毒性高，对于操作者的防护措施要求也特别高。

许多重要的密闭场所，如对于安全要求高的医院、宾馆、饭店、疗养院等以及类似的密闭场所，特种军备场合，如潜水艇、飞行器、武器弹药库等，都需要用熏蒸剂处理。

因为没有标准，检测单位就用对烟雾剂及热油雾剂的药效测试方法来测试熏蒸剂。这是不合适的。

目前采用 GB 13917.3—09《小型烟雾剂及烟片剂的药效试验方法》来测试熏蒸剂的药效，但小型烟雾剂及烟片剂产生的是微米级药滴、药粒，而熏蒸剂产生的是纳米级气体动力学分子，它们之间的直径相差 $4 \sim 6$ 个数量级，体积大小更是相差十几个数量级。药滴、药粒的大小对它们的运动特性、使用场合及效果有着极大的影响，检测方法不能通用。目前对熏蒸剂的概念模糊，对它的检测及使用情况比较混乱。以硫酰氟为例，目前国内有四个地区在生产：浙江临海、山东龙口、上海奉贤及浙江杭州，各地药政部门的药效测试数据差别很大，检验检疫系统行业标准中确定的使用剂量差别也较大。

目前发展环保熏蒸剂已经被列入国家农药产业政策，熏蒸剂必然会得到大发展。熏蒸剂的重要性与特殊性应该引起社会各方广泛关注及重视。

熏蒸剂可应用于一般杀虫剂无法应用的场所，如舰船、火箭、导弹发射基地、武器库等很多特种重要军事设备中的有害生物处理，进出口集装箱及机船的检疫熏蒸处理，粮仓烟草、仓库熏蒸处理，国家重要文物档案存放库处理，建筑物及易燃易爆场所的处理，农田大棚虫害处理等，所以熏蒸剂的应用及需要量十分大，在对有害生物控制中发挥着极其重要的作用。只有采用科学合理的检测方法，确定它们的真实效果和正确的应用技术，才能指导应用单位及人员规范使用。

第五节　其他常用卫生杀虫剂剂型的生物效果测定

不同剂型的卫生杀虫剂，由于其自身的物理状态、有效成分的释放方式、对靶标的毒杀作用方式以及施用方式的不同，必须设计相应的测定方法，使用不同的测试仪器和装置，按照操作程序进行。

喷射剂、小型烟雾剂及烟雾片、蚊香、电热片蚊香及电热液体蚊香、气雾剂、蜚蠊毒饵等七种主要剂型的生物测定操作步骤可以参考有关国家标准。

一、可湿性粉剂、悬浮剂及乳油等的生物测定

（一）测定原理

将这类剂型按产品说明书规定的稀释比例加水（或溶剂）稀释，并按使用剂量，以适合的配套器具喷洒（或涂刷）在不同的处理表面上后，在不同的施药天数后测定该药剂对卫生害虫的药效及持效期，最后做出评价。

（二）测试仪器设备

1）强迫接触器（图16－5，图16－6）；

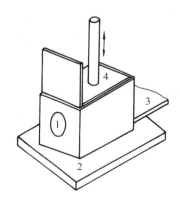

图16－5　测试蚊用强迫接触器
1—进虫口；2—测试表面；3—挡板；4—活动压板

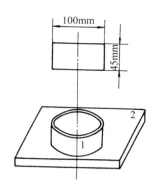

图 16 - 6　蟑螂强迫接触法测试装置
1—测试圈；2—测试板

2）电子秒表；

3）电子秤；

4）吸管。

（三）试验材料

1）试虫：蚊、蝇、蟑螂；

2）模拟表面板、涂漆木板、白灰板面或水泥板面、玻璃板；

3）干净纱笼；

4）待测药样。

（四）试验步骤

1. 在不同模拟板面施药

将测试药样按质量浓度配制成所需浓度，再按实际用药量有效成分将药液吸入吸管内，用吸管均匀地涂抹在板面上备用。

2. 强迫接触测试

1）蚊蝇：每次将 20 只试虫放入接触器内，待其活动正常时抽开挡板（图 16 - 5），推下活动压板，使试虫充分与板面上药膜接触，同时计时，并在不同时间间隔轻轻提上活动压板，观察试虫击倒数，然后继续推下，30min 后收集试虫观察死亡数，观察药剂的残效应每周测定一次直至死亡率低于 70% 为止。

2）蟑螂：将测试圈（图 16 - 6）内壁涂上白油、凡士林混剂，以防蟑螂爬出，在测试板面上平放 1 张滤纸，将测试圈放在滤纸上，取 10 只蟑螂（雌：雄为 1:1）放进圈内，待其活动正常时，轻轻抽出滤纸，同时计时，在一定时间间隔内观察试虫击倒数，30min 时收集试虫观察死亡率。测试残效试验及观察同蚊蝇测试。

（五）注意事项

用药剂处理不同表面的数量应根据估计残效期而定，做过试验的含药板面下次做试验时不能再用，应更换施药后未用过的表面。

二、驱避剂的生物测定

（一）测定原理

由于驱避剂与杀虫剂不一样，它不是将试验昆虫击倒或致死，而是对试验昆虫产生一种防护性的驱赶，所以测定方法与杀虫剂不同。

驱避剂的评价基本步骤为：动物试验筛选→动物毒性试验→实验室人体试验→野外人体试验→野

外人群体试验。

影响驱避剂效果的因素很多，这些因素也就必然反映到对它的生物测定结果上来。归纳起来，大致有以下几个方面：

1）动物及人群因素，包括动物或人的个体及试验部位、药物涂抹均匀性等差异造成对试虫引诱力的不同。

2）试验条件因素，包括试验环境温湿度、气流中药物的情况、试验笼子的物理因素（形状、尺寸等）与试虫的密度等。

3）试虫因素，包括试虫的个体差异、龄期、个体大小、贪食性、适应性等。

4）其他因素，如光，风等。

这些因素都会对测定结果的正确性、客观性及可比性产生重要影响，所以在测定中应尽量减少这些因素的差异，使试验条件具有较好的重复再现性。

（二）试验仪器设备

1）试虫：实验室饲养品系，白纹伊蚊，羽化后 5~6d，未吸血雌性成虫。若用野外采集的蚊虫，应在实验室养殖 48h 方可使用。试验前对蚊虫断糖水 12h，让其饥饿。

2）蚊笼尺寸及虫数：40cm×30cm×30cm，每笼 300 只雌蚊，或 600 只雌雄各半。

3）受试体：人手背或前臂内侧，涂药面积约为 5cm×6cm。

（三）试验步骤

1）攻击力试验。将受试者手背暴露 40cm×40cm，将手伸入蚊笼中放置 2min，前来吸血的试虫多于 30 只者为攻击力合格，此人及此笼蚊虫可用于驱避试验。

2）驱避实验。在受试者手背画出 50mm×50mm 面积，按 1.5mg/cm^2 或 1.5μl/cm^2（视剂型不同而定）的剂量均匀涂抹待测的驱避剂。暴露其中的 40cm×40cm，其余部分严密遮蔽，涂抹驱避剂后每小时测试一次，每次将手伸入攻击力合格的蚊笼中放置 2min，观察有无蚊虫前来吸血。只要有 1 只蚊虫前来吸血即判断驱避剂失效。同时记录驱避剂的有效保护时间。

在晚间试验期间关闭日光灯，用红色塑料布将手电筒头部包起来，用红光照亮涂药部位，观察是否有蚊虫叮咬。每间隔 30min 或 1h 观察 1 次，伊蚊每次观察 3min，库蚊、按蚊观察 5min，1 次观察有 2 只蚊虫叮咬或累计有 3 只以上蚊虫叮咬即为失效。

（四）注意事项

1）受试者必须 3 人以上。

2）昼夜活动的白纹伊蚊及埃及伊蚊，白天晚上均可用于试验。

3）晚间活动的淡色库蚊、致倦库蚊、三带喙库蚊及中华按蚊等，应在傍晚前涂药，夜间蚊虫活动期间进行试验。

三、烟剂和烟片的生物测定

（一）试虫选择

采用实验室饲养的敏感品系标准试虫。淡色库蚊（北方地区）或致倦库蚊（南方地区），羽化后 3~5d，未吸血的雌性成虫。家蝇选择羽化后 3~4d 的成虫，雌雄各半。德国小蠊选择 10 日龄至 15 日龄成虫，雌雄各半。

（二）烟剂和烟片的实验室药效测定

采用方箱装置（GB/T 13917.3—2009）。将试虫（家蝇 50 只或蚊 50 只或蜚蠊 30 只）由放虫孔释放于方箱中，塞住放虫孔。按待测药剂的推荐量折算出测试所需用药量。按使用说明推荐的方法在方箱内施药完毕后，立即关闭箱门，密封，并计时。24h（蜚蠊 72h）时检查死亡虫数。测试应设三次及以上重复。每次试验结束，应清洗试验装置。

（三）烟剂和烟片的模拟现场药效测定

释放试虫（蚊 100 只或家蝇 100 只或蜚蠊 50 只）于模拟现场内，根据产品推荐使用剂量折算模拟现场试验用量，待试虫恢复正常活动后，将供试药剂放置于模拟现场地面中央，按推荐方法施药处理后，试验人员立即离开现场，关紧门窗并计时。1h 后将被击倒试虫收集至清洁的养虫笼中，用 5% 糖水棉球饲喂。未被击倒的试虫不收回，计入活虫数。24h 检查死亡试虫数。

四、饵剂的有关测定

（一）试虫选择

采用实验室饲养的敏感品系标准试虫。家蝇选择羽化后 3~4d 的成虫，雌雄各半。德国小蠊选择 10 日龄至 15 日龄成虫，雌雄各半。蚂蚁选择 3 日龄以上的小黄家蚁工蚁。

（二）饵剂的模拟现场药效测定

1. 蝇

模拟现场中放入 200 只家蝇，按一个房间饵剂推荐的实际用量放于两个培养皿中，对角放置，另一对角放置蝇饲料，模拟现场中央放置一个盛有浸水棉球的培养皿。24h 检查死亡试虫数。

2. 蜚蠊

模拟现场中设置蜚蠊藏匿场所。释放 100 只蜚蠊于模拟现场内。待试虫恢复正常活动后，按一个房间饵剂推荐的实际用量对角放置于两个培养皿中，另一对角放置盛蜚蠊饲料的培养皿，各培养皿旁均应平行放置一个盛有浸水棉球的培养皿。也可以按照饵剂的推荐方法设置饵点。关闭门窗并计时，每天检查并记录死亡虫数，连续观察至投饵后 12d。

3. 蚂蚁

采用白色搪瓷桶，在桶口内壁涂抹 50mm 宽的凡士林带，桶内重叠放置 100mm×100mm 纸片 2 片，放入小黄家蚁的蚁后 2 只，工蚁 100 只，同时放置蚂蚁饲料和盛有浸水棉球的培养皿，正常喂养 24h 后再放入饵剂样品。观察期内搪瓷桶应保持敞口状态，每天检查并记录死亡虫数，连续观察至投饵后 12d。

五、粉剂和笔剂的有关测定

德国小蠊选择 10 日龄至 15 日龄成虫，雌雄各半。蚂蚁选择 3 日龄以上的小黄家蚁工蚁。跳蚤选择 3 日龄至 10 日龄的印鼠客蚤或猫栉首蚤，雌雄各半。

蜚蠊、蚂蚁和跳蚤死亡率均为 100% 属合格产品。

六、防蛀剂的有关测定

（一）试虫选择

采用标准试虫：黑毛皮蠹（Attagenus unicolor japonicus）幼虫，活动正常，体长 6~8mm。

（二）防蛀剂的药效测定

根据目测试样受损害程度和计算失重保护率判断药效，对于化学合成类防蛀剂，具备下列条件之一即为合格。

1）受损程度观察，损害级别 0 级或 1 级；

2）受损程度观察，损害级别 2 级；

3）试样失重保护率≥90%。

对于非化学合成类防蛀剂，具备下列条件之一即为合格。

1）受损程度观察，损害级别 0 级或 1 级；

2）受损程度观察，损害级别 2 级；

3）试样失重保护率≥60%。

七、驱蚊帐的有关测定

（一）试虫选择

采用实验室饲养的敏感品系标准试虫。淡色库蚊或致倦库蚊或中华按蚊，羽化后 2 ~ 5d 未吸血雌性成虫。

（二）驱蚊帐的模拟现场药效测定

随机选择 3 顶以上的驱蚊帐作为样品进行测试。在 15L 以上的洗涤桶内加入 10L 隔夜自来水，并加入 20g 切碎的肥皂（pH 值为 10 ~ 11），将水温调至 30℃，待肥皂充分溶解后，将整顶驱蚊帐浸没于洗涤桶中，以 20 圈/min 的速度人工搅动蚊帐 10min，或放在振荡器上以 155 次/min 的振速振荡洗涤 10min，将蚊帐取出，再用隔夜自来水漂洗 2 次，漂洗条件同上；室温下晾干，存放于黑暗环境中备用。间隔 24h 以上，再进行下次洗涤。用不含药的同质蚊帐作空白对照，并进行相同的洗涤处理。洗涤 20 次后测试 1 次。

模拟现场中央挂待测驱蚊帐 1 顶，驱蚊帐中央放置鼠笼，内装大白鼠 6 只，雌雄各半。于 20：00 将羽化 2 ~ 5d，未吸血的雌蚊 100 只放入驱蚊帐外模拟现场内，翌日 8：00 记录蚊虫击倒数，并将击倒的蚊虫移至干净的容器中，恢复标准饲养，24h 观察记录蚊虫死亡数，未击倒试虫按活虫计。同时设置不含药剂的同质蚊帐作为空白对照。若空白对照组死亡率 > 20%，试验需重新进行。

根据死亡率进行评价，24h 死亡率 ≥ 80% 为合格。

八、灭螨和驱螨剂的有关测定

（一）试虫选择

采用标准试虫：粉尘螨雌、雄成螨和若螨。

（二）灭螨和驱螨剂的实验室药效测定

1. 灭螨试验

取 4 个培养皿，其中 3 个按使用方法放入待测药剂或用待测药剂处理过的载体（药量根据剂量折算）。另一个培养皿不放待测药剂，或放一块未经待测药剂处理的载体（与处理载体面积相同）作为对照。每个培养皿内壁上缘均匀涂抹白油凡士林混合物。每个培养皿中心放入 200 只试虫，30min 时在培养皿中心放入螨虫饲料 0.05g，之后将培养皿置于隔水式培养箱内。48h 检查并记录死亡螨虫数。

2. 驱螨试验

取 7 个培养皿（直径 60mm，高 15mm），1 个为中心培养皿，其余 6 个培养皿围绕中心培养皿摆放并与中心培养皿接触，接触处用透明胶带粘住。最后将 7 个培养皿粘在黏胶纸板上使其固定。中心培养皿中放入不少于 1000 头试虫，周围 6 个培养皿间隔放入面积与皿底一致的待测物 1 块或对照物 1 块，在待测物和对照物上面放螨虫饲料 0.05g。将试验装置放入有盖瓷盘中，最后置于隔水式培养箱内。24h 用解剖镜观察并记录待测物和对照物上的螨虫数。

根据灭螨率或驱螨率进行药效评价，灭螨率 100% 为合格。

第六节　国外有关生物测定方法

一、对蚊虫的测定

（一）模拟现场药效测试方法

对蚊香的模拟现场药效测试包括击倒活性与驱避活性测试两部分。日本住友化学株式会社介绍了一种实验方法，其操作步骤如下：

1. 试虫

蚊虫，2~3 日龄雌蚊。

2. 设备

大柜，28m³（4.30m×2.65m×2.45m）；电风扇；蚊笼（评价击倒活性的 4 只带有金属框架和尼龙网的蚊笼，其直径 30cm，长 30cm；评价驱避活性的 2 只带有金属框架和尼龙网的蚊笼，其直径 25cm，长 40cm）。

3. 操作方法

1）评价击倒活性：在 4 只蚊笼中，每只均放入 25 只雌蚊，悬挂于距底面 60cm 处。4 只蚊笼呈等距对称放置，每只距正方形中心点 60cm（图 16-7）。

2）评价驱避活性：柜内一只蚊笼中放入 50 只雌蚊，与柜外另一只蚊笼通过连通管相连通，挂架在柜一侧的上方（图 16-7）。

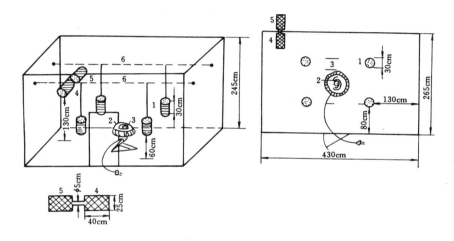

图 16-7　蚊香的模拟现场实验

1—蚊笼；2—托盘；3—电风扇上点燃的蚊香；4—柜内蚊笼；5—柜外蚊笼；6—悬挂蚊笼的绳线

柜底放一台小电扇，电扇上方放一只同样直径大小的托盘，将实验用蚊香放于托盘上。点燃蚊香，开启电扇，使烟雾向各个方向均匀扩散。

（笔者注：加一个小电扇的做法是不必要的，脱离实际，反而失去真实性。）

4. 实验结果观测与评价

1）击倒活性评价：在 80min 内观察不同时间间隔中蚊虫击倒数。将被击倒蚊虫转至有食物和水的干净器皿饲养，计算 24h 死亡率。

2）驱避活性评价：观察从柜内蚊笼通过连通管飞至柜外蚊笼的蚊虫数，做出评价。

5. 实验条件

1）实验室温度：26℃±2℃；

2）实验室相对湿度：60%±10%。

（二）阻碍蚊虫吸血叮咬率的测定

1. 试验设备

金属圆筒：直径 20cm，高 80cm；玻璃管两个，两端盖有 16 目尼龙网，直径 4cm，高 12cm；试验蚊香。

2. 试虫

5 只未吸血雌蚊。

3. 操作方法

1）将试验蚊香放入金属筒底中央，并点燃。

2）将放入试虫的玻璃管置于金属筒上部，使蚊虫受蚊香烟熏适当时间（一般取 30s）。

3）用手掌心紧按住熏过后的玻璃管两端尼龙网，保持 3min，检查蚊虫的叮刺情况。为防止被蚊虫直接叮刺，在人手掌心与玻璃管尼龙网之间衬一直径 4cm、厚 1cm 的塑料圆片。

4）观察蚊虫在受药后 1~2h 的叮刺情况，记录下蚊虫的叮刺数。

4. 说明

此法也可以用来观察蚊虫受蚊香烟熏后的击倒及致死情况。

此实验也可以在 28m³ 试验室内进行。试验前先使室内通风 4~5min。试验时将蚊香放在室内中央地面上。点燃 10min 后，一名志愿者进入试验室内坐下。然后向室内释放一头雌蚊，对蚊虫的活动倾向观察 3min，记录下它停落在志愿者身上的时间。不能在 3min 之内停落在志愿者身上的蚊虫，被认为是无叮刺能力的。记录下能停落蚊虫的百分比及停落所需的平均时间。

随后调查叮咬情况。在此之前，将 5 只未吸血雌蚊放入玻璃容器笼内。观察叮刺情况，实验方法同上。然后将全部蚊虫移入直径为 8cm，高为 12cm 的尼龙网笼中，放在试验室内受蚊香烟熏数分钟。熏后立即将蚊虫移入上述玻璃管，用同样的方法观察蚊虫的叮咬情况，并予记录。

也可用此法，将 10 头雌蚊放入尼龙网笼中挂在室内受蚊香烟熏，然后在一定时间段（60min 内）分别记录蚊虫击倒数，计算 KT_{50} 值，记下死亡率。

二、蟑螂的测定

（一）蟑螂奔出率的测定

有些药剂对蟑螂有一定的刺激和驱出性。试验通过在玻璃箱内空间喷药，观察人工设置的隐匿处中的蟑螂在不同时间间隔奔出率的大小，为选择灭蟑药及混配灭蟑药剂提供科学依据。同时还可据此选药用于密度调查。

1. 试验设备

1）玻璃箱 70cm×70cm×70cm（图 16-8）。

2）电子秒表。

3）电动喷雾器。

2. 试验材料

1）隐匿盒：由长 15cm、宽 4cm 的 3 块三合板对成，供蟑螂在内栖息，两端用塑料纱网封口（图 16-8）。

2）药液及干净果酱瓶。

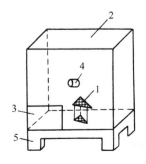

图 16-8　测定蟑螂奔出率装置

1—蟑螂生长处；2—玻璃柜；3—小门；4—放虫口；5—箱腿

3. 试验步骤

1）试验前一天，将 10 只蟑螂（雌：雄为 1：1）放入隐匿盒内并喂以少量食物及浸水棉球。

2）试验前将隐匿盒上端口的塑料纱窗切断两面（即三角形的两个边），将断边的口朝上放置在玻璃箱的中央（图 16－8）。

3）用电动喷雾器以 2.4ml／箱的施药剂量向玻璃箱上方空间喷雾，同时计时。

4）在一定时间间隔内观察隐匿盒中蟑螂从断端纱窗处爬出的数量，求出其 FT_{50}。

（二）蟑螂受药后活动距离的测定

在评价药剂对爬行害虫的生物效果时，还可以采用试验昆虫活动距离试验方法（moving distance measurement method），并使用 MD_{50} 的概念来表示，指测定在受药后 50% 试验昆虫被击倒时离开喷药点的距离。

此方法在操作时，先在一块聚氯乙烯板上离中心 10～140cm 范围内每隔 10cm 画一个同心圆，然后将此板放在试验室地板上，如图 16－9 所示。再将一透明塑料无底圆筒同轴心地放在聚氯乙烯板上。最后将德国小蠊及美洲大蠊自由释放在其中。

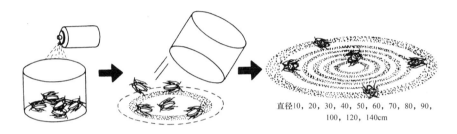

直径 10、20、30、40、50、60、70、80、90、100、120、140cm

图 16－9　活动距离试验方法示意图

将水基型杀虫气雾剂离蟑螂 30cm 处直接对试虫喷药。喷药后立即将透明塑料无底圆筒移去，可使受药后蟑螂自由爬动。测定从中心至蟑螂被击倒并停止爬动位置之间的距离，然后用 Finney 方法计算得 KD_{50} 值。

三、驱避剂对试虫驱避率的测定

1. 目的

通过对不同试样进行此试验，求出相应的 RT_{50}（50% repellent time），对试样的驱避效果予以正确评价，还可为今后的实际应用及新品的研制开发提供科学依据。

2. 试验设备

1）大试验屋（large chamber），4m×3m×2.32m；

2）两个可相互套入的试验纱笼（图 16－10）；

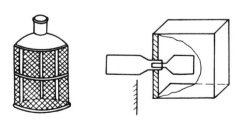

图 16－10　驱避剂对试虫驱避试验装置

3）电子秒表。

3. 试验材料

1）试虫：蚊或蝇。

2）测试样品。

4. 试验步骤

1）在试验纱笼内放入定量的试虫（蚊或蝇），将笼末端细口自试验屋内墙壁伸出，室外用另个纱笼与室内伸出的细口套合（图 16-10）。

2）将驱避剂按一定剂量施在室内，同时计时，并在一定时间间隔观察室外笼内进入的试虫数，同时还要观察室内笼内试虫的击倒数。然后计算出相应的 RT_{50} 及 KT_{50}，试验观察至 60min。

5. 注意事项

1）如试样对试虫有击倒作用，还要将试虫收集在干净纱笼内，观察 24h 死亡率。

2）试验观察的时间间隔为 2、3、5、7、10、15、20、25、30、35、45、60min。

美国在实验室内测试驱避剂 ED_{50} 的标准方法是用一个 5 孔的小型实验笼固定在前臂上（图 16-11），在对应每个孔的皮肤上涂上不同浓度的驱避剂，笼内放入雌性蚊虫 10~20 只，间隔一定时间观察 1 次。此法也可以用来测试驱避剂的 95% 有效剂量，即 ED_{95}。

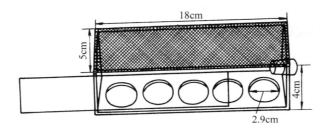

图 16-11　5 孔小型实验笼

此外，当对驱避剂进行筛选试验时，可以使用陷阱笼的方法。试验用装置如图 16-12 所示。

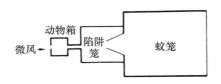

图 16-12　空间驱避剂试验装置原理示意图

取 100 只雌蚊放入试验笼内，鼠、兔等作为引诱物放入动物箱内，驱避剂放置在风道口处，微风携带动物及驱避剂气味从风道送入陷阱笼和蚊笼，观察一定时间或不同时间内进入陷阱笼的蚊虫数量。另一种筛选方法是无生命引诱物试验。这种化合物的气味随热湿气流一起通过风道导入图上的陷阱笼。如果不引诱蚊虫，说明化合物有驱避作用，也可根据引诱蚊虫数量的多少判断驱避效力。

第七节　其他测定方法介绍

一、对蚊香的测定

（一）对蚊香强度的测定

蚊香的强度在使用及运输中具有一定的商业价值。在日本一般用加重法测定。测定时，取一段

6cm 长的蚊香，放在测试仪器上，然后逐渐对它施加负载，达到一定值时蚊香即折断。能承受负载不应低于800g。

（二）蚊香燃烧速率测定

在正常使用条件下，一盘蚊香应可连续使用6~8h。

试验时用2根棉纱线分别挂重约3g，悬挂在蚊香一端相距4cm处。点燃蚊香，燃至第一根棉纱线处，第一根线点着，挂重掉下时，按下秒表。当蚊香继续燃烧使第二根棉纱线点燃，挂重掉下时，停住秒表。根据测得的燃烧时间及蚊香的挂重相距长度，可以计算出蚊香燃烧速率。

（三）蚊香密度的测定

蚊香的断面是不规则四边形或梯形。截取一段7~8cm的蚊香，量出蚊香断面的上边长及下边长以及厚度，算出截面积，再乘以实际截取的长度，就得出该段蚊香的体积。将它称重，质量除以体积求出密度。

蚊香的密度小，说明其内部空隙大，因而容易较快燃完。

（四）蚊香易点燃性测定

用一根长为5cm的火柴，是否可以将蚊香点燃。若此蚊香不容易点着，说明容易中间熄火。这是一个简易的测定方法，但却较具有商业价值。

（五）原辅材料的测定

1. 木粉中砂土含量的测定

1）要求：木粉中砂土易使蚊香熄火，一般应控制在5%以下。

2）试验仪器设备。

马弗炉：0~950℃；

磁坩埚：容量20ml；

干燥器：直径15cm；

电炉：800~1000W；

坩埚钳。

3）操作方法：称取1g（准确至0.2mg）木粉样品，置于850℃磁坩埚中，然后把坩埚放在电炉上加热使木粉灰化（不得有明火，若有明火，可盖上坩埚盖使其熄火），至不冒黑烟为止，再将此坩埚置入850℃的马弗炉中燃烧至恒重。

$$砂土（灰分）\% = \frac{（灰分＋坩埚）重 － 坩埚重}{样品重} \times 100\%$$

2. 木粉中含水量的测定

1）要求：木粉的含水量应控制在10%以下，防止木粉发霉变质。

2）试验仪器设备。

电热烘干箱：0~300℃；

表玻璃：直径12cm；

药物天平：刻度5度值0.1g。

3）操作方法：取10g木粉样品（准确至0.1g）放入已知质量表玻璃中，然后一起放入电烘箱中，在105℃烘干至恒重。

$$含水量 = \frac{烘干前（样品＋表玻璃）重 － 烘干后（样品＋表玻璃）重}{样品重} \times 100\%$$

（六）黏末粉黏度的测定

1）试验仪器。

旋转黏度计：NDJ－1型，上海天平仪器厂；

石研钵：内径 11 ~ 12cm，平底，深度约 6cm，容积约 500ml，磨杆直径 5cm，长 17cm；

试液杯：内径 5cm，高度为 14cm，容积 250ml 的塑料杯；

酒精温度计：100℃；

量筒：250ml；

冰箱（夏天使用）；

水浴（冬天使用）。

2）试验条件。

试液：木黏粉∶水 = 3∶100；

试液温度：24 ~ 25℃；

转子和转速：1 号转子，转速 60r/min。

3）操作方法：称取黏末粉（80 目）7.5g（准确至 0.1g）放入石研钵中后，先加入 50ml 水，小心研磨至浆状（4 ~ 5min），再加 50ml 水，研磨均匀（4 ~ 5min），再加入 100ml 水，继续研磨至均匀浆状液（4 ~ 5min），整个操作过程应在 20min 内完成。

把研磨好的浆状液倒入 500ml 烧杯中，置此烧杯于冰箱（夏天）或水浴（冬天）中，用搅棒搅拌使液体达到 24 ~ 25℃（这是在读取黏度读数时的温度，应根据室温情况调整），然后移入试液杯中（约 200ml），用 NDJ - 1 型旋转黏度计测其黏度（使用 1 号转子，转速 60r/min），在 1min 后读取黏度读数。

（七）木粉堆积密度的测定

核对测量杯容积：取平口玻璃杯一只，洗净烘干后，称重（准确至 0.1g），然后小心倒入蒸馏水至满杯，用滤纸吸干杯外壁水，再称重。求出水量（1g 水 ≈ 1ml）即可求得杯的容积。

木粉堆积密度测定操作：把要测试堆积密度的木粉倒入已核定容积的测量杯中，用木棒轻轻敲打测量杯外壁，使木粉充实，然后用直尺沿杯口刮去多余木粉，用手刷扫去杯外壁木粉，称量，堆积密度计算如下：

$$堆积密度 = \frac{（杯 + 木粉）重 - 空杯重}{（杯 + 水）重 - 空杯重}（g/cm^3）$$

（八）木粉细度的测定

为保证蚊香面美观和蚊香条的紧密度，木粉必须通过 80 目分样筛，大于 40 目的木粉不得超过 3%。

操作方法：称取 100g 样品，置于 40 目分样筛过筛，不得有大于 40 目的粉末存在。将通过 40 目的样品，再用 80 目分样筛过筛，大于 80 目，小于 40 目的粉末量不得大于 3%。

（九）蚊香成品检测

蚊香的成品检测，可按行业标准 QB 1692.1—93 中的有关规定执行，检测的项目有外观和感观质量，烟雾（对无烟香），点燃时间，抗折力，易脱圈，平整度等。

（十）蚊香中有效成分含量的测定

1. 气相色谱条件

检测器：氢火焰离子化检测器；

色谱柱：φ3 × 1000mm 不锈钢柱，内填充涂布 3% SE - 30　Chromosorb W Aw DMCS 80 ~ 100 目；

柱温：180℃；

汽化室、检测器温度：210 ~ 230℃；

载气：N_2，流速 15 ~ 20ml/min；

燃烧气：H_2，流速 30 ~ 40ml/min；

助燃气：空气，流速 300 ~ 400ml/min；

进样量：1 ~ 2μl。

2. 气相色谱图（图16-13）

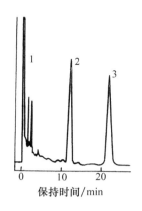

16-13 蚊香有效成分气相色谱图
1—甲苯；2—烯丙菊酯；3—硬脂酸乙酯

3. 操作方法

将蚊香样品置于研钵中粉碎，全部通过40目分样筛过筛。

根据蚊香中药物含量大小，称取样品1~10g（使有效成分含量在10~30mg之间），放入容量为100ml三角瓶中。若称样量小于2g，可直接在10ml比色管中称量。

用10ml微型烧杯准确称取邻苯二甲酸二丁酯15~25mg，用少量甲醇、丙酮（体积比为1:1）混合剂分数次把小烧杯中的邻苯二甲酸二丁酯洗入盛有样品的三角瓶中，最后加入适量甲醇丙酮混合溶剂以淹没样品为止。盖上磨塞，用力摇动15~20min，静止后让溶液澄清。小心倒出上层澄清液，置于100ml烧杯中。再将烧杯置于80~90℃水浴上，小心使溶液浓缩至3~10ml后，倒入10ml比色管中，用微量注射器吸取1~2μl注入恒定条件的气相色谱仪中，进行气相色谱分析。

在进行样品分析同时，根据样液组分与内标物峰面积比（或峰高比），配制接近样液峰面积比的含量组分标准溶液。用微量注射器吸取1~2μl，进行气相色谱分析。

把样液、标准溶液测定数据，填进表16-6中并计算出盘香中药物含量。

表16-6列出了一个计算例。

表16-6 盘香中有效成分含量测定记录

样品名称	盘式蚊香		样品原编号	
商 标			分析编号	
送样单位			样品数量	
送样日期			分析日期	

| | 标准品名称 烯丙菊酯
标准品浓度 92.4%
标准品质量 0.0286g
内标物名称 邻苯二甲酸二丁酯内标物纯度 100%
内标物质量 0.0301g
$\dfrac{0.0286 \times 92.4\%}{0.0301 \times 100\%} = 0.880$ | | 实验次数　标准品峰面积　内标物峰面积　标准品/内标物峰面积比
1　　　31652　　39565　　0.800
2　　　31446　　39112　　0.804
3　　　33029　　41390　　0.798
标准品/内标物平均峰面积比 0.8007 |
| 标准溶液 | | | |

续表

		被测组分 峰面积	内标物 峰面积	被测组分/ 内标物峰面积比
样品测定	试样内标物重　0.0305 试样重　　　　10.10	实验次数 1 2 3		
		38655 29415 40973	43678 33503 46560	0.885 0.878 0.880
		被测组分/内标物平均峰面积比0.881		
结果计算	蚊香中药物含量计算式： $\dfrac{\text{被测成分峰面积比×标准品重量比×试样中内标物重×内标物纯度×100\%}}{\text{标准品峰面积比×试样重}}$ $\dfrac{0.881\times0.880\times0.0305\times100\%\times100}{0.8007\times10.10}=0.292\%$（右旋烯丙菊酯含量）			

分析者签字：

二、电热类蚊香用主要配件的有关测定及设计要求

（一）挥发芯孔隙率的测定

测量时，先将干挥发芯称重 W_1，并测定体积 $V_{芯}$，然后将挥发芯浸入溶剂内，把盛溶剂的容器连同挥发芯一起移到真空干燥器中抽真空减压，直至挥发芯无气泡溢出，然后恢复到常压，取出挥发芯，用过滤纸擦去表面的溶剂。再对挥发芯称重 W_2，求出挥发芯的增重 ΔW

$$\Delta W = W_2 - W_1$$

$$空隙率\,P(\%) = \frac{\Delta W}{\rho_{溶}\cdot V_{芯}}\times100\%$$

式中　$\rho_{溶}$——溶剂的密度；$V_{芯}$——挥发芯的体积。

（二）PTCR 发热元件的热设计

1. 与热效应有关的参数

（1）耗散系数 δ

这是指热敏电阻中功率耗散的变化量与元件相应温度变化量的比值，单位为 mW/℃。

（2）热时间常数 τ

在零功率条件下当环境温度发生变化时，热敏电阻的温度变化了环境温差的 63.2% 所需的时间，以 τ 表示。

（3）热容量 C

热敏电阻的温度增高时所需要的热量和升高的温度之比，单位为 J/℃。

2. 影响发热效果的因素

影响 PTCR 元件发热效果的因素很多，包括材料性能、结构形式、电极构造、通风状况及相对湿度等。以下仅就与各种类型 PTCR 发热体均有关的材料性能对发热效果的影响作一简介。

（1）材料居里温度的影响

根据公式

$$P = \frac{U_2}{R} = \delta(T - T_a)$$

当 $T = T_c$ 时，可得

$$P = \delta(T_c - T_a)$$

由此可知，当其他条件一定时，发热功率与居里温度成正比。从实用角度来看，只要满足发热功

率的要求，材料居里温度选得尽可能低一些，这样对电极材料及绝缘材料的要求也可以低一些，对降低成本，提高可靠性是有利的。

（2）材料耐电压特性的影响

电热器中用的 PTCR 元件，主要是应用了它的伏—安特性。从伏—安特性曲线上可知，在同一电压下，电流小的元件耐电压高。因为 PTCR 材料具有明显的电压效应。在一般情况下流过元件的电流大，其发热功率也大，但耐电压性能会有所降低。在设计时，元件能耐受的电压至少应是工作电压的 2 倍以上。

3. PTCR 发热体电热参数的计算

PTCR 发热体的热设计，就是根据材料的电阻温度特性计算出发热元件的耗散系数，目前大都将电热蚊香加热器的功率设定为 5W，根据公式 $\delta = \dfrac{P}{T - T_R}$ 可计算得在 25℃ 工作环境下，电热片蚊香加热器用圆片形 PTCR 元件的耗散系数在 0.024W/℃ 左右。而电热液体蚊香加热器用环片形 PTCR 元件的耗散系数为 0.035W/℃。电热蚊香加热器的风量很小，一般在 0.1 ~ 0.2m³/min。

电热蚊香出口处的空气温度是指把室温下的空气经过发热体加热后，在发热体出口处的热空气温度。一般可由下式给出：

$$T_b = \frac{PH}{60QC_P\gamma} + T_a$$

式中　T_b——出口处空气温度，℃；

　　　　T_a——室温，℃；

　　　　P——发热功率，kW；

　　　　C_p——空气的定压比热，J/（kg·℃）；

　　　　γ——空气密度，kg/cm³；

　　　　H——抑散系数，数值为 3.6×10^6 J/kW。

根据不同的风量及流入空气温度，可求出它们与吹出空气温度的关系。

（三）熔断器的热熔安全要求及设计

依据热电能之间的转换计算，应保证过载电流使加热器产生的热量，在加热器外壳选用材料所能承受的极限温度之下，这样才不会发生加热器外壳熔化甚至燃烧等事故。其条件是

$$Q_1 \leqslant KQ_2$$

式中　Q_1——电功率产生的热量；

　　　　Q_2——加热器外壳所能承受不熔化的热量；

　　　　K——常数，应大于 1，越大当然越安全。

$$Q_1 = 0.24IUt$$

式中　I——熔断电流，A；

　　　　U——加热器电源电压，V；

　　　　t——发热时间，s。

$$Q_2 = cm(t_2 - t_1)$$

式中　c——加热器外壳材料的比热，J/（g·℃）；

　　　　m——受热外壳材料的质量，g；

　　　　t_1——室温，℃；

　　　　t_2——加热器外壳熔化温度，℃。

将 Q_1 与 Q_2 两式代入

$$0.24IUt \leqslant Kcm(t_2 - t_1)$$

$$I_{熔} \leqslant \frac{Kcm(t_2 - t_1)}{0.24Ut}（A）$$

以一般工程塑料（如聚丙烯、ABS 等）加热器外壳来计算，在实际应用中采用 1A 或 1.5A 规格的熔断器，是能保证安全使用的。

三、气雾剂的有关测定

（一）气雾剂内压测试

1. 测试用仪器及样品

压力表：量程 0 ~ 1.6MPa，精度 2.5 级；

专用接头：安装在压力表上，与阀芯配合用；

计时器；

温水浴：25℃ ±1℃；

气雾剂样品：3 罐。

2. 测试程序

1）按该产品要求的使用方式，将阀门及引液管中的抛射剂气体喷射排除；

2）将测试样品浸在温水浴槽中保持 30min，浸入高度为罐高的 4/5；

3）取出样品后将其适当摇动 6 次（不允许摇动的除外）；

4）卸除促动器，将压力表专用接头套入阀芯压紧，记下达稳定时的压力表指示值，重复 3 次，取其平均值；

5）依次测定 3 罐样品，取 3 罐样品的算术平均值作为该样品的测得内压。

测量示意图如图 16 – 14。

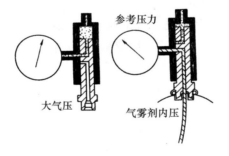

图 16 – 14　气雾剂内压测定示意图

3. 注意事项

1）接头与阀芯的配合必须严密，必要时在接头内衬弹性密封材料。

2）所取的压力读数值必须是指针达到稳定时的值。在操作时必须用力将连接头压紧阀芯。

（二）气雾剂内容物稳定性试验

1. 对测试用样品的要求

试验用的样品必须是合格产品，包括选用的阀门及容器应该合格；充装成品后，阀门与罐的封口合格；经温水浴检漏合格；在 50℃ 时产品内压应低于容器的允许耐受压力。

2. 测试方法设计

1）在 –17 ~ 0℃ 温度下贮存 4 周。每周取样 1 次测试，每次不少于 2 罐。总共样品不少于 8 罐。

2）在 50℃ 温度条件下贮存 8 周。每隔 2 周取样 1 次测试，每次取样不少于 2 罐。总共样品不少于 8 罐。

3）在室温下贮存 1 年。每隔 3 个月取样 1 次测试，每次取样不少于 2 罐，总共样品不少于 8 罐。

在整个试验过程中，每周详尽记录下环境温度，以做参考。

在上述 3 种测试方法中，应根据具体产品的需要选择。

3. 测试内容

1）一般理化性能测定，按所测定产品的标准中规定的相应理化指标项目要求及方法进行。

2）产品效果测定，按所测定产品的标准或标示中规定的相应指标项目及方法进行。

4. 评价及注意事项

按测试所得结果，对比该产品的标准进行稳定性评价。

在试验中如发现异常，应及时清理试样，中断试验。

4 周及 8 周贮存试验，均应使样品回复到室温后进行。

（三）容器耐贮性试验

1. 对测试用样品的要求

同上述"气雾剂内容物稳定性试验"的要求。

2. 试验方法设计

1）将所试样品分为两组，分别编号Ⅰ，Ⅱ。

2）两组试验样品各以相等的数量分正放与倒放两组，以分别观察内容物气相及液相与阀门接触后的情况。

3）试验贮存温度及周期。

①在 −17～0℃ 下 4 周贮存试验。对Ⅰ组样品中正放与倒放的试样每隔 2 天各抽取不少于 2 罐进行喷射，喷射 1 次约 3～5s。每周测试 1 次。样品总数不少于 32 罐。

②50℃ 8 周贮存试验。对Ⅰ组样品中正放与倒放的试样每隔 4 天各抽样不少于 4 罐进行喷射试验，喷射 1 次约 3～5s。样品总数不少于 64 罐。

③室温 1 年贮存试验。对Ⅰ组样品每隔 2 周各抽取不少于 2 罐进行喷射试验，喷射 1 次约 3～5s。样品总数不少于 32 罐，但对于小容量的样品，可每隔半年喷射 1 次。

在上述试验中，Ⅱ组试样均不做喷射试验。应根据具体产品的需要，在上述 3 种试验方法中选择。

3. 测试内容

1）密封性能测试，仅测定Ⅱ组样品的贮存泄漏量。

2）喷出速度和雾滴直径测试，仅对喷雾状产品测定。

3）阀门功能及零部件检查。

4）容器检查，检查有何变形，各部位的腐蚀情况。

4. 评价及注意事项

同上述"内容物稳定性试验"。

（四）喷出率测试

1. 测试用装置及样品

温水浴：25℃ ±1℃；

气雾剂样品：3 罐。

2. 测试程序

1）将样品浸在温水浴中保持 30min，浸入高度为罐高的 4/5。

2）取出试样，擦干罐外水迹，称重得试验样品重 W_1（精确到 0.1g）。

3）将其适当摇动 6 次后按该产品所示喷射方法将内容物喷出，至喷完为止，称重得喷完后罐重 W_2（精确到 0.1g）

4）将已喷不出的气雾罐开孔，倒出剩留液及排出罐内气相物，再称空罐重 W_0（精确到 0.1g）。

5）计算喷出率。

$$喷出率 = \frac{W_1 - W_2}{W_1 - W_0} \times 100\%$$

6）依次对第二、三罐试样进行测定并求得喷出率，然后取 3 次喷出率的算术平均值，即代表该产品的喷出率。

在喷射试验时注意通风。

（五）喷出速度测试

1. 仪器及样品

秒表：精度0.2s；

温水浴：25℃±1℃；

压力表：分度值2psi（2lbf/in²，1lbf/in²=6.89kPa）；

天平：分度值0.1g；

试样：3罐。

2. 试验程序

1）将试验样品浸入25℃温水浴中保持30min，浸入高度为罐高的4/5，使罐内温度达到水浴温度。

2）取出样品后擦干，并喷射1s，将阀门中可能渗入的水分排除。

3）测量试样内压力（按内压测试方法），称重得W_1（精确到0.1g）。

4）将试样用手或其他方法适当摇动6次或3s（不允许摇动的例外），然后以秒表计时喷射10s。

5）擦去表面残留液后称重得W_2（精确到0.1g）。

6）计算喷出速度：

$$喷出速度 = \frac{W_1 - W_2}{10}(g/s)$$

7）依次按上述程序测定第二、三罐试样的喷出速率，取3次结果的算术平均值作为该产品的喷出速度。

（六）净重测试

1. 仪器及试样

天平：分度值0.1g；

试样：3罐。

2. 试验程序

1）对试样称重得W_1（精确到0.1g）。

2）按试样标示的喷射方法将内容物喷完，然后对罐开孔，排净余气及液体，再对空罐称重得W_2（精确到0.1g）。

3）计算净重$W_净$：$W_净 = W_1 - W_2$（g）。

4）依次对第二、三罐试样测得它们的净重，然后取3次测得净重的算术平均值作为该产品的净重。

（七）泄漏速率测试

1. 仪器及样品

恒温箱：25~30℃；

天平：精确度0.01g；

试样：5~10罐。

2. 试验程序

1）按试样标示的喷射方法排除滞留在阀门及引液管中的气体。

2）对试样称重得W_1（精确到0.01g）。

3）在25~30℃环境下静置30天，称重得W_2（精确到0.01g）。

4）计算泄漏速率。

$$泄漏速率 = \frac{W_1 - W_2}{720} \times (365 \times 24 + 6)(g/y)$$

5）取 5～10 罐试样上测得的泄漏速率的算术平均值，就是代表该产品的泄漏速率。

（八）可燃性试验

气雾剂可燃性试验的方法有多种，这里仅介绍气雾剂火焰延伸长度试验。严格地说，它只能从一个侧面来判断气雾剂产品的相对燃烧性，然后根据其火焰延伸长度来确定其可燃性等级。这只是对已制成品的测定而言，并不能有助于改进气雾剂的配方，从而降低产品的可燃性。

由于气雾剂的可燃性问题已越来越得到人们的关注，要求在罐上明显标示出可燃性等级。根据气雾剂内容物中各种成分的燃烧热值来计算确定其可燃性等级的方法不但比较科学合理，而且能使配方设计者拟定配方时在调整其可燃性等级的同时，改善配方的 VOC_s 含量等问题，所以这是一种较有前途的方法。

以下对火焰延伸性试验方法作一叙述。

1. 试验装置及试样

专用测定装置：可按要求自制，横向标尺长 1m，分度值单位为 mm，标尺可上下平行移动或固定；

蜡烛：直径 25mm；

温水浴：25℃±1℃；

试样：3 罐。

2. 试验装置及环境

1）将蜡烛置于横向标尺的零刻度处，并使其火焰顶端 1/3 处与标尺等高。将测试气雾剂放在离蜡烛 15cm 处，且使它的喷头与蜡烛火焰顶部 1/3 处等高，如图 16-15 所示，这样可以使气雾剂喷射物通过火焰顶部 1/3 处，保证试验的正确进行。为了便于观察，标尺后面衬以黑色背景。

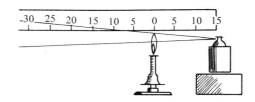

图 16-15　火焰延伸试验示意图

2）试验应在无空气流动的室内进行，室温在 18～25℃。

3. 试验程序

1）将试样浸在 25℃温水浴中保持 30min，浸入高度为罐高的 4/5。

2）取出后将试样擦干，先按试样标示的喷射方法将阀门及引液管中的气体排除。标示规定须摇动的，应适当摇动 6 次。

3）点燃蜡烛，调节火焰高度达 50mm。按下促动器（注意必须按到底，让阀门全开），连续喷射 4s，记录下火焰延长最大长度。

此火焰在撤离试样后应持续 5s 以上。低于此时间的不计。

4）每罐试样重复试验 3 次，取其算术平均值，以此作为产品的火焰延伸长度，根据此长度确定可燃性。

4. 注意事项

1）试验室不宜太小，每次试验后应及时通风。

2）试验时人不能站在产品喷射方向前面。

3）试验场所不能有易燃物。

（九）有效成分的测定

1. 试验设备及仪器

1）标准品：如右旋胺菊酯及右旋苯醚氰菊酯，已知含量。

2）标准溶液：精确称取 1.0g 二苯基酞（分析级）盛入 100ml 量杯内，以氯仿溶解稀释。

3）萃取柱填料以 2% 二甘醇琥珀聚酯涂在彩色吸附层上（60～80 目）用于气相色谱。

4）氯仿：分析试剂级。

5）气相色谱仪（带火焰离子检测器）。

6）自动积分仪。

2. 样品溶液的制备

1）精确称取气雾剂质量 Ag。

2）将气雾剂放在干冰丙酮浴（或干冰异丙醇浴）中冷却数小时。

3）在气雾剂上盖处钻小孔，逐渐在室温下放掉液化气。

4）之后将气雾剂罐身浸在 35～40℃ 热水浴中，使溶解的气体挥发掉。

5）称取气雾罐与留下的液体（产品）质量 Bg。

6）将液体倒入 250ml 量杯，并每次以 20ml 氯仿对罐内壁清洗 3 次，将每次清洗液倒入该量杯，并以氯仿稀释制取样品溶液。

7）精确称取空罐质量 Cg，按下式计算气雾剂内容物总质量及产品液料质量：

$$气雾剂内容物质量（g）＝A－C$$
$$产品液料质量（g）＝B－C$$

3. 测定

（1）校准曲线

1）称取 0.04g 右旋胺菊酯标准品及 0.2g 右旋苯醚氰菊酯标准品盛入量杯中，以氯仿溶解稀释。

2）分别吸取 1ml，2ml 及 3ml 上述溶液，盛入 3 只 20ml 锥形细颈杯内，并对每个杯内加入 2ml 标准溶液。

3）以氯仿将它们稀释至 10ml，使它们充分混合均匀。

4）将 1μl 此标准溶液注入气相色谱仪内，用自动积分仪测量出右旋胺菊酯、右旋苯醚氰菊酯及二苯基酞的峰值面积。

5）按质量比画出右旋胺菊酯对二苯基酞的峰值面积比率，做出确定右旋胺菊酯的校准曲线（图 16－16）。

6）按质量比画出右旋苯醚氰菊酯对二苯基酞的峰值面积比率，做出确定右旋苯醚氰菊酯的校准曲线（图 16－17）。

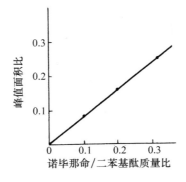

图 16－16　右旋胺菊酯校准曲线

测定条件如下。

萃取柱：玻璃柱，内径 3mm，高 1m，在彩色吸附层上涂以 2% DEGS（HP60～80 目）。

温度：柱加热器，200℃；注入部及检测器，250℃。

气体载体：氮气，50ml/min。

衰减范围：$10^2 \times 16$（16×10^{-10}A，满刻度）。

（2）样品分析

1）吸出样品溶液相当于 20mg 右旋胺菊酯或 20mg 右旋苯醚氰菊酯，盛入 20ml 锥形细颈量杯内。

2）加入 2ml 标准溶液，并以 10ml 氯仿稀释混合制成样品溶液。

3）在上述条件下将样品溶液注入气相色谱仪中。

4）以自动积分仪测量右旋胺菊酯、右旋苯醚氰菊酯及二苯基酞的峰值区。

5）分别计算右旋胺菊酯对二苯基酞及右旋苯醚氰菊酯对二苯基酞的峰值面积比率，并用校准曲线转换成质量比。

6）用下列公式计算气雾剂中右旋胺菊酯含量：

$$Wa_1(mg) = R_1 \times W_i \times (2/100) \times (PI/100) \times (250/V)$$

式中　R_1——由校正曲线所得之右旋胺菊酯对二苯基酞的质量比；

　　　W_i——二苯基酞的质量；

　　　PI——标准品右旋胺菊酯的含量；

　　　V——从样品溶液中吸出的溶液容量。

7）含量百分比可由下式求得：

$$右旋胺菊酯含量(\%) = (W_{a_1}/1000)/(A - C) \times 100\%$$

式中　W_{a_1}——右旋胺菊酯的含量，mg；

　　　$(A - C)$——气雾剂中内容物的总质量。

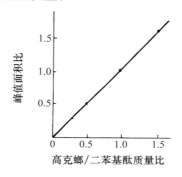

图 16-17　高克螂校准曲线

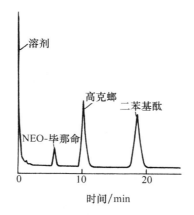

图 16-18　在气雾剂中右旋胺菊酯及右旋苯
醚氰菊酯的含量在色谱上的反映

8）右旋苯醚氰菊酯的含量及含量百分比计算方式与右旋胺菊酯相同，需将上述两个计算式中的 R_1 及 W_{a_1} 改为 R_2（由校准曲线所得之右旋苯醚氰菊酯对二苯基酞的质量百分比）及 W_{a_2}（右旋苯醚氰菊酯的含量）（图 16 – 17）。图 16 – 19～图 16 – 22 为分析打印记录，表 16 – 7 为分析结果。

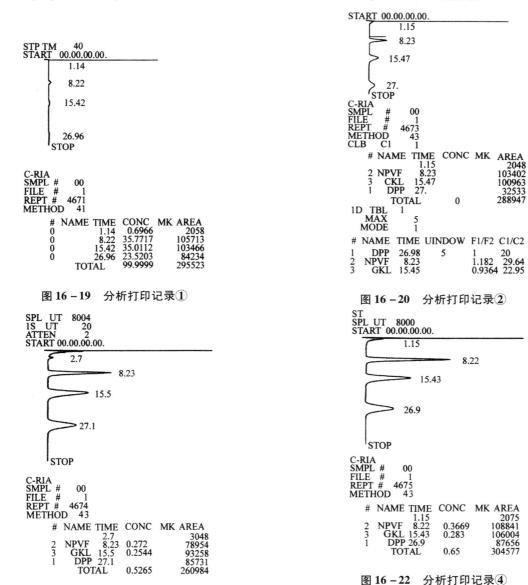

图 16 – 19　分析打印记录①

图 16 – 20　分析打印记录②

图 16 – 21　分析打印记录③

图 16 – 22　分析打印记录④

表 16 – 7　气相色谱分析结果

分析气雾剂含量：NPYF/GKL 0.15/0.15OBA（右旋胺菊酯/右旋苯醚氰菊酯 0.15/0.15 油基气雾剂）

气相色谱仪：QC – 7AG　柱温度：200℃　气体载体：N₂，50ml/min

玻璃柱：2% DEGS（60～80 目）汽化室温度：250℃　H₂：0.078MPa

IS：二苯甲酞　　范围：$10^2 \times 16$　　空气：0.05MPa

注入量：1µl　　　　　　　　　　　　　　　　　　　　　　　　　　分析时间：40min

试料名称	试料量	IS 量	质量及质量分数	平均
①			校准	
②			校准	

续表

④STA 修正	8000mg	20mg	右旋胺菊酯 8000 × 0.003669 = 29.35mg 实重　29.64mg 29.35/29.64 = 0.990	据表上得右旋胺菊酯 8000mg 0.3669% → 0.003669
	8000mg	20mg	右旋苯醚氰菊酯 8000 × 0.00283 = 22.64 实重 22.95mg 22.64/22.95 = 0.986	据表上得右旋苯醚氰菊酯 8000mg 0.283% → 0.00283
③OBA 分析	8004.3mg	20mg	右旋胺菊酯 0.272/0.990 = 0.275% 气雾剂中含量 0.275 × 0.6* = 0.165% 右旋苯醚氰菊酯 0.2544/0.986 = 0.258% 气雾剂中含量 0.258 × 0.6 = 0.155%	

* 气雾剂：液体/气体 = 60/40。

续表

第十七章 >>>

病媒生物及其防治技术

第一节 概 述

病媒生物传播多种疾病，直接关系到人类生命健康。控制病媒生物有许多种方法，如环境防治法、物理防治法、化学防治法、生物防治法及遗传绝育防治法等。但如何以最低的代价，花最少的时间，用最省的力气，来达到最大及最快的控制效果，且使药物对环境造成的污染最少，一直是病媒生物控制中的一个重要研究课题。

在不断总结实践经验的基础上，又出现了综合防治的概念和措施，逐渐为疾病控制与环境保护工作者采纳和重视，并充分应用到病媒生物控制实践中。

各种病媒生物防治方法虽然各有其特点，但化学防治仍是当前以至今后相当一段历史时期中应用最广、最多的手段，这是基于它高效性和速杀性的显著特点，特别是病媒生物肆虐，其传播疾病突发流行时，更显示出它的重要作用。

即使有时需要数种方法并用，化学防治仍在整个防治过程中起主导作用，而其他方法常作为辅助。在某些特定环境中，化学防治可能并不起主导作用，但却少不了它在必要时的有效配合。

喷雾方法是化学防治中的最为主要手段。通常将化学药物喷在整个空间或者病媒生物栖息地。

这种喷雾方法，一方面可以控制飞行的病媒生物或者已栖息的病媒生物，另一方面也可以做预防处理，控制在此处栖息的病媒生物。

在对有害生物实施化学防治时，能否达到安全、有效、快速、经济的防治效果，不是单由卫生杀虫剂一个因素决定的，而是由药物、器械、使用技术、处理靶标及其所处的环境状态五个方面综合作用的结果。它们之间存在着相互制约，相互影响，相互作用的复杂机制。

第二节 蚊 虫 防 治

一、简述

蚊虫属于双翅目的长角亚目蚊科，有三个亚科，即按蚊亚科、巨蚊亚科和库蚊亚科。我国现在已知有 18 属，48 亚属，361 种。由于蚊虫不仅是多种疾病的传播媒介，而且吸血骚扰人的安宁，因此蚊虫的防治受到了人们的广泛重视。

二、蚊虫的习性

蚊虫是完全变态昆虫，它的生活史包括卵、幼虫、蛹和成蚊四个阶段。雌蚊产卵在水面，卵在水中孵化，幼虫和蛹都在水中生活，成蚊则营陆上生活（图17-1）。

蚊虫中的雌蚊需要吸血才能满足卵巢发育的需求。雌蚊吸血后，离开宿主，寻找合适的场所栖息，等待蚊胃中的血液消化和卵巢发育成熟，在室内栖息的蚊虫，喜欢停留在潮湿的房内，尤其是在悬挂汗污的衣物上停留。在野外的栖息场所有桥洞、土穴、灌木丛、草丛、树洞和鼠洞等隐蔽的地方。

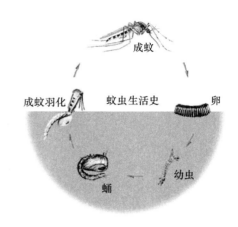

三、蚊虫的危害

蚊虫除了叮人吸血、骚扰外，还可以传播多种疾病，如疟疾、登革热、乙脑、基肯孔亚热等。

四、蚊虫综合防治

图17-1　蚊虫生活史

从蚊虫和环境以及社会经济条件的整体观念出发，标本兼治而以治本为主，根据安全有效、经济、简便、对环境无害的原则，因地，因时制宜地对有害蚊种综合采用环境防治、化学防治、生物防治或其他有效手段，组合成一套系统的防治措施，把防治对象种群控制在不足为害的水平，并在有条件的局部地区，争取予以清除，以达到除害灭病和（或）减少骚扰的目的。

1）强调蚊虫与环境，以及环境与防治的统一性，即既要以生态学理论和蚊虫的生态习性为防治基础，又要在实施防治的过程中注意环境保护。

2）强调治本，即尽可能将环境防治放在首位，同时也提倡合理使用其他手段，发展新的防治途径。

3）强调结合蚊媒病的防治。

4）强调以减低和控制种群数量为一般防治目的，同时在有条件的特殊局部地区，提倡把对象蚊虫清除。

5）强调防治措施方法的系统组合，针对一个地区的蚊虫危害情况，或针对一种蚊媒病的危害，提出一套比较完整的系统防治方法。

（一）环境防治

世界卫生组织媒介生物学和防治专家组定义："环境改造是环境治理的形式之一，包括为了防止、清除或减少媒介的栖生地而对土地、水体或植被进行的，对人类环境条件无不良影响的各种实质性和永久性改变。"其中比较常用的包括以下几种形式。

1）清除和破坏滋生点。对容易滋生蚊虫的小型容器，如罐头盒、瓶子、废旧轮胎、各类无用的缸和罐等予以清除和破坏。

2）填塞。用泥土、石头、橡胶等物填塞或填充水坑、洼地、废弃的池塘和沟渠，防止积水生蚊。

3）排水。在开挖水渠和修建堤防设施时应注意同时建设排水系统，农业上的排水系统和城市中的污水排放系统是蚊虫的重要滋生场所。

4）隔离和封闭滋生场所。在储水容器、水井等可能滋生蚊虫的场所，可制作各类合适的盖子，防止蚊虫滋生。

（二）化学防治

1. 室内滞留喷洒

室内滞留喷洒是应用最广泛的化学防治方法，多用于防治媒介按蚊。主要是杀灭夜晚进入室内吸血的媒介按蚊，通过这种防治方法，可以减少或切断疟疾的传播。使用具有残效的触杀杀虫剂，喷洒在室内（住屋或厕舍）蚊虫栖息的表面，如墙壁、天花板、衣柜、背面等，当侵入室内的蚊虫栖息在这种表面后，接触药物而中毒死亡。可选择的杀虫剂见表17-1。

表17-1　可用于室内滞留喷洒灭蚊的杀虫剂及剂量

杀虫剂	类型[①]	剂量（g a. i/m²）	持效期（月）	WHO危害分级
恶虫威	C	0.1~0.4	2~6	II
残杀威	C	1~2	3~6	II
杀螟硫磷	OP	2	3~6	II
马拉硫磷	OP	2	2~3	III
甲基嘧啶磷	OP	1~2	2~3	II
顺式氯氰菊酯	PY	0.02~0.03	4~6	II
联苯菊酯	PY	0.025~0.05	3~6	II
氟氯氰菊酯	PY	0.025~0.05	3~6	II
溴氰菊酯	PY	0.02~0.025	3~6	II
醚菊酯	PY	0.1~0.3	3~6	U
高效氯氰菊酯	PY	0.02~0.03	3~6	II

① C—氨基甲酸酯类杀虫剂；OP—有机磷类杀虫剂；PY—拟除虫菊酯类。

2. 空间喷洒

与室内滞留喷洒的处理方式不同，空间喷洒是通过器械将杀虫剂喷洒在一定空间，使杀虫剂直接与蚊虫体表接触，将蚊虫杀死。这种方法的优点是处理速度快，可以在短时间内处理很大面积，适用于登革热和登革出血热、乙型脑炎等蚊媒病暴发流行时快速控制蚊虫危害。

空间喷洒包括常规喷洒、超低容量喷洒、热雾喷洒等。在室外一般以热雾喷洒和超低容量喷洒为普遍，热雾喷洒由于穿透力比较强，无须使用高浓度制剂，而在居民区内可以达到快速灭蚊的目的。超低容量喷洒是利用一个超低容量喷头将原药或高浓度制剂分散成为很小的高浓度雾粒，蚊虫接触到雾粒中毒。超低容量喷洒适用于大面积紧急处理控制蚊媒病流行的情况。空间喷洒杀虫剂及使用剂量见表17-2。

表17-2　可用于冷雾和热雾的杀虫剂原药及剂量

杀虫剂	类型[①]	剂量（g a. i/hm²）		WHO危害分级
		冷雾	热雾	
杀螟硫磷	OP	250~300	250~300	II
马拉硫磷	OP	112~600	500~600	III
甲基嘧啶磷	OP	230~330	180~200	III
生物苄呋菊酯	PY	5	10	U
氟氯氰菊酯	PY	1~2	1~2	II
氯氰菊酯	PY	1~3	-	II
苯醚氰菊酯	PY	2~5	5~10	II
右旋反式苯醚氰菊酯	PY	1~2	2.5~5	NA
溴氰菊酯	PY	0.5~1	0.5~1	II
右旋苯醚菊酯	PY	5~20	-	U
醚菊酯	PY	10~20	10~20	U
高效氯氟氰菊酯	PY	1	1	II
氯菊酯	PY	5	10	II
苄呋菊酯	PY	2~4	4	III

①OP—有机磷类杀虫剂；PY—拟除虫菊酯类。

3. 杀灭幼虫

对于尚未清理的滋生地，或无法清除的积水，如已经积水的轮胎、防火缸等，可以使用化学杀虫剂进行防治，可供选择的杀虫剂以及剂量见表17-3。需要指出的是倍硫磷的毒性较大，不宜在室内使用。世界卫生组织推荐双硫磷可以用于饮用水中，但我国的产品由于杂质较多，导致对哺乳动物的毒性较高，不能用于饮用水中。

表17-3　可用于防治蚊幼虫常量喷洒和颗粒撒布的杀虫剂及剂量

杀虫剂	类型[①]	剂型	剂量（g a.i/hm²）	使用方式	WHO危害分级[②]
除虫脲	IGR	乳化浓缩剂	25~100	喷洒	U
烯虫酯	IGR	乳化浓缩剂	20~40	喷洒	U
吡丙醚	IGR	乳化浓缩剂/颗粒	5~10	喷洒/撒布	U
甲基嘧啶磷	OP	乳化浓缩剂	50~500	喷洒	Ⅲ
双硫磷	OP	乳化浓缩剂/颗粒	56~112	喷洒/撒布	U
毒死蜱	OP	乳化浓缩剂	11~25	喷洒	Ⅱ
氟酰脲	IGR	颗粒	10~100	撒布	NA
苏云金杆菌		可湿性粉剂/悬浮剂[③]	1000~2000/2~5[④]	喷洒	

①IGR—生长调节剂；OP—有机磷类杀虫剂。

②WHO危害分级，Ⅱ级—中等危害性；Ⅲ级—轻度危害性；U级—正常使用不可能出现危害性；NA—没有得到数据（以下表格中危害分级相同）。

③苏云金杆菌可湿性粉剂≥1200ITU/mg，悬浮剂≥400ITU/μl。

④剂量为ml/m²。

4. 生物防治

是指利用生物或生物代谢产物来控制和杀灭蚊虫。

在自然界蚊虫和它们的天敌是一对矛盾，在无其他因素影响的条件下，天敌增多则蚊虫减少，反之亦然，彼此消长，在一个稳定的生态系统中，两者数量保持一定的动态平衡状态。蚊虫生物防治的基本原则，就是人为地增加蚊虫天敌的数量或种类，打破这种相对平衡，使环境不利于蚊虫种群的增长，从而减少和防止蚊虫的危害。实际应用的生物防治方法有细菌杀虫剂（苏云金杆菌和球形芽孢杆菌）和鱼类。

1) 鱼类治蚊：在我国利用家鱼防治蚊虫中，稻田养鱼占首要地位，主要以鲤鱼为主，其次为草鱼，或两者混合放养，近来也有放养罗非鱼。据部分省的调查结果，放养鱼的稻田中按蚊幼虫密度和蚊幼虫密度，比对照稻田都明显下降，高的下降达80%。鱼类均可食蚊，包括柳条鱼、网斑花鳉、斗鱼、青鱼等。福州市在城市建筑工地的地基和地下层积水中放养革胡子鲶鱼后发现，在放养1周后蚊虫幼虫的密度大幅下降，养鱼区在观察期间幼虫和成蚊密度平均为每4.6条和12.3只，平均密度下降率为98.7%和90.5%。

2) 病原微生物治蚊：苏云金杆菌血清型14是比较广泛的细菌杀虫剂，它的杀虫原理是蚊虫的幼虫取食后，其伴孢晶体对蚊虫的中肠上皮细胞具有毒性，从而发挥毒杀作用。国内外有大量的实验室和现场的研究和应用报告表明，苏云金杆菌血清型14对伊蚊幼虫的毒效最高。对库蚊幼虫的毒效次之，对按蚊幼虫的毒效较差。

球形芽孢菌对蚊虫幼虫的作用原理类似苏云金杆菌血清型14，但球形芽孢杆菌的杀蚊谱比较窄。对库蚊和按蚊的幼虫有较好的毒杀作用，但对伊蚊幼虫的作用就比较差。苏云金杆菌和球形芽孢杆菌的使用方法见表17-4。

表 17 - 4 作为杀幼剂的苏云金杆菌血清型 14 和球形芽孢菌

种类	剂型	有效剂量（g/hm²）	持效（周）	有效成分的毒性
苏云金杆菌血清型 14	BR EC GR WP	100 ~ 6000	1 - 2	在正常使用中无毒
球形芽孢菌	BR EC GR	500 ~ 5000	2 - 8	在正常使用中无毒

第三节 蝇类防治

一、简述

蝇类属于昆虫纲，双翅目，环裂亚目。苍蝇包括不少种类，是主要的病媒昆虫之一，骚扰人畜，传播多种疾病。某些蝇类能刺吸人畜血液，或寄生于人畜体内致蝇蛆症，危害极大。

二、苍蝇的习性

苍蝇是完全变态昆虫。它的发育过程分为卵、幼虫（蛆）、蛹和成蝇四个时期（图 17 - 2）。不同蝇种的发育时间受温度和环境的影响而不同，在适宜温度范围内，气温越高发育越快，最短一周可以繁殖一代。

蝇类滋生在各类废弃的有机物中，通常蝇类滋生物可分五大类型：人粪类、垃圾类、腐败植物类、腐败动物类和禽畜粪类。滋生物质存在的场所称为滋生场所或滋生地。蝇类控制的关键措施是清除蝇类滋生地。

苍蝇活动主要受温度和光线的影响，如家蝇在 30℃ 时最活跃，15℃ 时尚能正常取食，12℃ 时尚能飞行，9 ~ 10℃ 时只能爬行。在秋凉的季节，特别是刮风时大量侵入室内，常在天花板、电灯挂线、窗框等处栖息。温暖的夜晚，相当数量的家蝇栖息在室外的树枝、树叶、电线、篱笆、栏杆等处。丽蝇、麻蝇等主要在室外栖息活动。

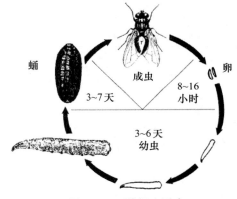

图 17 - 2 苍蝇生活史

三、蝇类综合防治

苍蝇的防治方法，主要是控制和管理滋生地，这是消灭苍蝇的重要环节，要有效地控制好苍蝇的滋生地，必须熟悉和掌握苍蝇各期的生态习性和特点。采取治本的滋生地控制与治标的杀灭成蝇、防蝇与灭蝇、物理防治与化学防治相结合，以专业队伍防治为主的原则控制苍蝇密度，并定期监测苍蝇种群与密度变化，考核蝇类防治效果。

1. 捕蝇笼灭蝇

在多蝇场所室外可放捕蝇笼诱捕。蝇笼为方形或圆形，笼底呈喇叭形，诱饵放在喇叭口下方。利用苍蝇向上飞行的特点来诱杀，一天能诱捕大批苍蝇。市售的天幕式捕蝇笼可用作蝇类密度随季节消长的测定。用于捕蝇的诱饵最好荤素搭配，以鱼做饵时最好选海鱼，素的物质可以用酱制品或馊饭。气温高时放置在遮阴面，气温低时放置在朝阳面。诱饵要定期更换，一般一星期更换 1 次，高温季节需 3 天更换 1 次。也可在诱饵中加入 0.2% 的敌百虫。

2. 粘绳纸灭蝇

将粘纸放置于或悬挂于室内多蝇场所，用过后连同捕获的蝇一同烧掉。此法适用于家庭及蝇密度调查。

3. 灭蝇灯灭蝇

灭蝇灯灭蝇是根据苍蝇的趋光原理设计的一种适合室内暗环境中用的灭蝇工具。一般采用光波为 360nm 的光源，以高压电网或粘蝇纸或陷阱来杀灭或捕捉苍蝇。每 $50m^2$ 安装 1 台，安装时不要靠近门和能开启的窗，可以与日光灯靠近安装。

4. 毒饵灭蝇

毒饵适用于室内外成蝇聚集处，如牲畜棚、奶牛场、农贸集市、食品加工厂、垃圾处置场等场所内或周围灭蝇。用于灭蝇毒饵的杀虫剂见表 17 - 5。灭蝇毒饵可以用蔗糖、糖蜜、腐鱼等诱饵自配，也可直接使用商品毒饵；干毒饵含 0.5% ~ 2% 的杀虫剂，液体毒饵含 0.1% ~ 1.25% 的杀虫剂和 10% 的糖，黏性涂刷毒饵含 0.7% ~ 12.5% 的杀虫剂，其他为胶和糖。

使用方法：将颗粒毒饵置于容器中，$6 ~ 25g/10m^2$，每 1 ~ 2 周补充或更换 1 次；液体毒饵置于盛器内，$200 ~ 400ml/10m^2$，每 1 ~ 2 周补充或更换 1 次；黏性涂刷毒饵用刷子在蝇类聚集处涂成点状使用，每 1 ~ 2 个月补充 1 次；毒饵应布放在儿童和家畜不可触及的地方，并有警示标识。

表 17 - 5　用于毒饵控制蝇类的杀虫剂

杀 虫 剂	化 学 类 型	WHO 危害分类[①]
多杀菌素 Spinosad	生物杀虫剂	U
残杀威 Propoxur	氨基甲酸酯类	II
吡虫啉 Imidacloprid	硝基亚甲基类	II
噻虫嗪 Thiamethoxam	硝基亚甲基类	NA
甲基吡恶磷 Azamethiphos	有机磷类	III
二嗪农 Diazinon	有机磷类	II
二溴磷 Naled	有机磷类	II
辛硫磷 Phoxim	有机磷类	II
敌百虫 Trichlorfon	有机磷类	II

[①] II 级—中等危害；III 级—轻微危害；U 级—正常使用造成危害的可能性不太。

5. 毒蝇绳灭蝇

毒蝇绳适用于室内成蝇活动与栖息处灭蝇。

用于浸泡毒蝇绳的杀虫剂有：甲基吡恶磷、甲基嘧啶磷、二嗪磷、倍硫磷、马拉硫磷、残杀威、氯菊酯、溴氰菊酯等；有机磷和氨基甲酸酯化合物的浓度为 10% ~ 25%，拟除虫菊酯为 0.05% ~ 1%；将深色或红色的棉绳、麻绳、绒布条等绳索浸泡在杀虫剂药液中，待绳索吸足药液后，取出晾干后备用；在毒蝇绳制作过程中可加入 5% ~ 10% 红糖或其他引诱剂。

使用方法：将毒蝇绳横或竖挂于房屋、餐馆、家禽或动物厩舍的橡或天花板下，每平方米地面空间用 1m，可每隔 1 ~ 3 个月更换 1 次。挂置毒蝇绳时，应当戴手套；不应将毒蝇绳挂在食品容器和水槽上方或动物可及处。

6. 滞留喷洒灭蝇

滞留喷洒是将残效期长的杀虫剂喷洒在苍蝇栖息场所，以保持较久的杀虫效能。滞留喷洒灭蝇药物及用量见表 17 - 6。用于滞留性喷洒的剂型有：乳油（EC）、悬浮剂（SC）、可湿性粉剂（WP）和胶悬剂（CS）。

实施滞留性喷洒宜采用手持储压式或动力驱动喷雾器，选用扇形喷头，根据滞留表面的吸水量调节杀虫剂的使用浓度。滞留性喷洒的受药面应为蝇类成虫栖息处，尤其是夜晚停栖处，如屋顶、墙、梁、橡、柱、杆等。在药液中可添加 5% ~ 10% 砂糖，但应避免在一些特别潮湿的地方喷洒添加砂糖的药液，以防引起霉变。滞留性喷洒的周期依据杀虫剂、剂量、处理表面、气候和当地蝇种的抗性而定。一般室外每 0.5 ~ 1.5 个月处理 1 次，室内 2 ~ 3 个月处理 1 次，或依据受药面强迫接触试验，试蝇死亡率小于70%作为确定处理时间的依据。滞留性喷洒易加速形成抗药性，不推荐集中、长期使用同一类杀虫剂进行滞留性喷洒。

实施滞留性喷洒应当做好个人防护，掩盖好食物、餐具、饮用水和水生生物，避免在食物操作台上方施用。

表 17 - 6　控制蝇类滞留喷洒药剂

杀虫剂	化学类型①	剂量（mg a. i/m²）	WHO 危害 a. i 分级②	备注③
二嗪磷 Diazinon	Op	1000～2000	Ⅱ	1
甲基嘧啶磷 Pirimiphos - methyl	Op	1000～2000	Ⅲ	1
α - 氯氰菊酯 α - Cypermethrin	Pyr	10～20	Ⅱ	1
β - 氯氰菊酯 β - Cypermethrin	Pyr	10～20	Ⅱ	1
高效氟氯氰菊酯 Betacyfluthrin	Pyr	20～30	Ⅱ	1
氟氯氰菊酯 Cyfluthrin	Pyr	20～30	Ⅱ	1
氯氰菊酯 Cypermethrin	Pyr	10～20	Ⅱ	1
右旋苯氰菊酯 Cyphenothrin	Pyr	10～20	Ⅱ	1
溴氰菊酯 Deltamethrin	Pyr	10～20	Ⅱ	1
顺式氰戊菊酯 Esfenvalerate	Pyr	10～20	Ⅱ	1
醚菊酯 Etofenprox	Pyr	100～200	U	1
氰戊菊酯 Fenvalerate	Pyr	1000	Ⅱ	2
氯氟氰菊酯 λ - cyhalothrin	Pyr	10～30	Ⅱ	1
右旋苯醚菊酯 D - Phenothrin	Pyr	-	U	

①化学类型：Op—有机磷，Pyr—拟除虫菊酯。

②级别Ⅱ—中等毒性；级别Ⅲ—轻微毒性；级别U—在通常的使用中不太可能出现剧烈的毒性。

③备注：1. 能用于牛奶场，餐厅和食品仓库；2. 在施药时动物必须被移走，不能用于牛奶场；3. 只有优质级别的马拉硫磷可用于牛奶场和食品加工厂；4. 不能用于牛奶场，只有2.5g/L（0.25%）的浓度可用于儿童卧室和不移走鸟的鸟窝，动物必须被移走；5. 在儿童的房间，鸟必须在施药时被移走，并在4小时后移回。

7. 空间喷洒灭蝇

空间喷洒适用于快速杀灭室内、外的成蝇。超低容量喷洒和热烟雾喷洒作用快、用量少，但持效短。

室内处理，推荐使用低毒卫生杀虫剂；室外处理，推荐使用中等毒至低毒卫生杀虫剂，推荐使用的空间喷洒卫生杀虫剂见表17 - 7、17 - 8。

表 17 - 7　空间处理成蝇的药剂

杀虫剂名称	类型	剂量（g a. i/hm²）	WHO 危害 a. i 分级
马拉硫磷 malathion	Op	672	Ⅲ
甲基嘧啶磷 pirimiphos - methyl	Op	250	Ⅲ
生物苄呋菊酯 bioresmethrin	Pyr	5～10	U
氯氰菊酯 cypermethrin	Pyr	2～5	Ⅱ
溴氰菊酯 deltamethrin	Pyr	0.5～1.0	Ⅱ
顺式氰戊菊酯 esfenvalerate	Pyr	2～4	Ⅱ
醚菊酯 etofenprox	Pyr	10～20	U
氟氯氰菊酯 λ - cyhalothrin	Pyr	0.5～1.0	Ⅱ
氯菊酯 permethrin	Pyr	5～10	Ⅱ
右旋苯醚菊酯 d - phenothrin	Pyr	5～20	U

表 17 - 8   超低容量喷洒和热烟雾喷洒控制成蝇的拟除虫菊酯类混配制剂

序号	拟除虫菊酯类合剂	浓度（g a. i/hm²）	
		超低容量喷洒	热烟雾喷洒
1	氯菊酯 permethrin +	5.0 ~ 7.5	5.0 ~ 15.0
	S - 生物烯丙菊酯 S - bioallethrin +	0.075 ~ 0.75	0.2 ~ 2.0
	增效醚 piperonyl butoxide	5.25 ~ 5.75	9.0 ~ 17.0
2	生物苄呋菊酯 bioresmethrin +	—	5.5
	S - 生物烯丙菊酯 S - bioallethrin +	—	11.0 ~ 17.0
	增效醚 piperonyl butoxide	—	0 ~ 56
3	苯醚菊酯 phenothrin +	5.0 ~ 12.5	4.0 ~ 7.0
	胺菊酯 tetramethrin +	2.0 ~ 2.5	1.5 ~ 16.0
	增效醚 piperonyl butoxide	5.0 ~ 10.0	2.0 ~ 48.0
4	醚菊酯 etofenprox +	5 ~ 10	0.18 ~ 0.37
	除虫菊酯 pyrethrins +	5 ~ 10	0.18 ~ 0.37
	增效醚 piperonyl butoxide	10 ~ 20	10 ~ 20
5	氯氟氰菊酯 λ - cyhalothrin +	0.5	0.5
	胺菊酯 tetramethrin +	1.0	1.0
	增效醚 piperonyl butoxide	1.5	1.5
6	氯氰菊酯 cypermethrin +	2.8	2.8
	S - 生物烯丙菊酯 S - bioallethrin +	2	2
	增效醚 piperonyl butoxide	10	10
7	胺菊酯 tetramethrin +	12 ~ 14	12 ~ 14
	右旋苯醚菊酯 d - phenothrin	6 ~ 7	6 ~ 7
8	右旋胺菊酯 d - tetramethin +	1.2 ~ 2.5	1.2 ~ 2.5
	右旋苯氰菊酯 cyphenothrin	3.7 ~ 7.5	3.7 ~ 7.5
9	右旋胺菊酯 d - tetramethin +	1.2 ~ 2.5	1.2 ~ 2.5
	右旋苯醚菊酯 d, d - trans - cyphenothrin	2 ~ 8	2 ~ 8
10	溴氰菊酯 deltamethrin +	0.3 ~ 0.7	0.3 - 0.7
	S - 生物烯丙菊酯 S - bioallethrin +	0.5 ~ 1.3	0.16 ~ 1.3
	增效醚 piperonyl butoxide	1.5	1.5

使用方法：①室内用超低容量喷雾器喷洒；室外用手持或车载超低容量喷雾器和热烟雾器喷洒。②室外单位面积卫生杀虫剂的喷洒量由靶标剂量、人行或车行速度、气象条件和喷洒处理带的宽度等确定，依次为超低容量 0.5 ~ 2.0L/hm²，热烟雾 10 ~ 50L/hm²。③室外空间喷洒应在早上气温升高前或傍晚气温下降后进行。④空间喷洒周期依据蝇密度监测结果而定，当蝇密度超过控制指标后，采取空间喷洒措施降低蝇密度。⑤室内喷洒处理时应当做好个人防护，掩盖好食物、餐具、饮用水和水生生物；室外喷洒处理时无关人员和动物应远离喷雾区域。

8. 控制苍蝇滋生

应以清除和治理蝇类滋生地为主，在滋生物未得到有效控制，出现苍蝇幼虫时，需采用杀虫剂灭蝇幼虫。

常量喷洒的杀虫剂和剂量见表 17 - 9。

表 17 - 9　可用于防治蝇幼虫的杀虫剂及剂量

杀虫剂	化学类型	剂型	剂量（g a. i/m²）	使用方式
除虫脲 Diflubenzuron	IGR	乳化浓缩剂	0.25 ~ 0.5	喷洒
灭蝇胺 Cyromazine	IGR	乳化浓缩剂	0.25 ~ 0.5	喷洒
吡丙醚 Pyriproxyfen	IGR	颗粒	0.25 ~ 0.5	撒布
杀铃脲 Triflumuron	IGR	乳化浓缩剂	0.25 ~ 0.5	喷洒
甲基嘧啶磷 Pirimiphos - methyl	OP	乳化浓缩剂	1 ~ 2	喷洒
二嗪磷 Diazinon	OP	乳化浓缩剂	1 ~ 2	喷洒
倍硫磷 Fenthion	OP	乳化浓缩剂/缓释剂	1 ~ 2	喷洒/撒布
敌百虫 Trichlorfon	OP	固体	1 ~ 2	喷洒
杀螟松 Fenitrothion	OP	乳化浓缩剂	1 ~ 2	喷洒

使用方法：喷洒化学杀虫剂时应针对不同类型的滋生物，采取不同的浓度和喷洒量，以期达到有效的作用剂量。对于干燥、固体状滋生物喷洒药液量应能够浸润滋生物表面 10 ~ 15cm，对于液状滋生物喷洒，一般喷洒量为 0.5 ~ 5L/m²，使药剂能充分渗透到滋生物中的蝇幼虫活动处。喷洒频次夏季每周 2 次，春秋季每周 1 次，或根据滋生物被覆盖状况增加喷洒频次；喷洒时应使用常量或高容量喷雾器。对液状蝇类滋生地，直接撒布灭蝇颗粒制剂，根据药物的作用期长短及滋生物被覆盖状况调整施药频次。

第四节　蟑螂及其防治

一、简述

蟑螂学名蜚蠊，在 3 亿 5 千万年前就生活在地球上了，分布很广，对人类的危害较大，人类居住或活动的场所都遭受其害（图 17 - 3）。

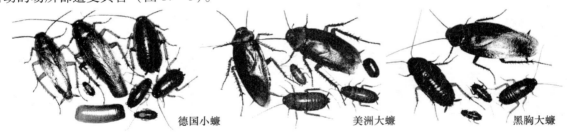

德国小蠊　　　　美洲大蠊　　　　黑胸大蠊

图 17 - 3　常见蟑螂种类

我国室内常见的有德国小蠊和美洲大蠊。

德国小蠊在轮船、火车和飞机上，饭店、食品加工业、医院等场所最常见。

美洲大蠊，体形最大，多见于酱品厂、酿造厂、下水道、地下室以及其他阴暗潮湿的地方。

黑胸大蠊，体形大，常见于居民厨房的碗橱、盛放食品杂物的柜橱、桌子抽屉角落、炉灶边缝隙、水斗下及其周围的开裂墙缝、杂物堆、闲置少动物品的存放处、书柜，甚至在居室衣柜、被柜、缝纫机处发现。

蟑螂总是喜欢在比较温暖而又潮湿的场所栖息。侵害最严重的场所就是厨房，因厨房具备其滋生、繁殖必需的基本条件，温暖、潮湿、食源丰富和多缝隙。蟑螂一般在夜晚出来活动觅食，白天都躲藏在阴暗、安静的隐蔽场所，靠近热源、水源、食源附近的缝隙、角落和杂物堆等处。

二、蟑螂的危害

1）携带病原体。在蟑螂体表和消化道内携带着各种各样的细菌、病毒、霉菌和寄生虫卵等病原体，当它爬到食品取食，爬到餐具上停息，或爬到人身上，就有可能把疾病传染给人。

2）引起过敏反应。蟑螂的排泄物、肢体是强致敏原，对过敏人群易引起变态反应。

3）事故隐患。蟑螂善于钻缝隙，易造成电视机、通信器材、电脑等设备中线路或元件短路，引起通讯中断，设备发生故障。

4）咬损物品。蟑螂食性广，食品、毛衣、皮草、书籍、布匹等可能被它咬坏。

三、蟑螂的综合防治

世界卫生组织媒介生物学和控制专家委员会对于蟑螂的综合防治的定义是："应用所有适当的技术和管理方法，以经济上合算的方法取得有效的媒介控制。"

1. 蟑螂综合防治要点

1）强调以生态学为防治基础。蟑螂在某一场所发生、发展是由温度、湿度、食源、栖息地等环境条件和害虫自身的生活习性等诸多因素决定的。

2）强调标本兼治，以治本为主；防与灭结合，以防为主；环境防治与化学防治、物理防治、生物防治等结合，以环境防治为主。

3）选择的措施、方法要符合安全、有效、简便和经济的原则。

4）防治方法多样性和相辅相成。

2. 常用杀虫剂

世界卫生组织（WHO）推荐用于防治蟑螂的常用杀虫剂及相关数据见表17－10。

表 17－10　灭蟑螂常用杀虫剂、剂型、浓度及毒性

杀虫剂名称	类别	使用方法	使用浓度（%）	毒性（大白鼠经口 LD$_{50}$）
氯菊酯	P	喷洒	0.25～0.5	1200
溴氰菊酯	P	喷洒	0.03～0.05	139
氯氰菊酯	P	喷洒、烟剂	0.05	250
顺式氯氰菊酯	P	喷洒	0.03～0.06	79
苯氰菊酯	P	喷洒、烟剂	0.3	318
氟氯氰菊酯	P	喷洒	0.025～0.04	450
三氟氯氰菊酯	P	喷洒	0.015～0.03	56
毒死蜱	O	喷洒、毒饵	0.5，0.5	135
敌敌畏	O	喷洒、毒饵	0.5，2.0	56
敌百虫	O	毒饵	3.0	560
乙酰甲胺磷	O	喷洒、毒饵	0.75～1.0，1.0	866
地亚农	O	喷洒、喷粉	0.5，2.0	300
杀螟松	O	喷洒、毒饵	1.0，5.0	500
马拉硫磷	O	喷洒、喷粉	3.0，5.0	2100
残杀威	C	喷洒、毒饵	1.0，2.0	95
恶虫威	C	喷洒	0.3～0.5	55
硼酸	C	毒饵	10	－
氟蚁腙	F	胶饵	2.0	1200
氟虫胺	F	胶饵	1.0	543

注：P—拟除虫菊酯；O—有机磷；C—氨基甲酸酯；F—有机氟。

（1）喷洒方法。

1）由防疫人员或专业有害生物防治员操作；

2）喷药前应对喷洒的场所进行虫情调查，掌握蟑螂的分布情况和周围环境；

3）选用具备扇形喷头和线状喷头的压力喷雾器，分别用于表面滞留喷洒和缝隙喷洒；

4）喷药前必须把食品、餐具以及饲养的鸟、鱼等搬出；

5）喷药时先关闭门、窗、风扇和排风扇等；并打开橱柜门，拉出桌子的抽屉，喷药结束后密闭1小时左右，充分发挥药物的作用；

6）喷药开始时，先在门、窗以及其他与室外相通的通道口喷洒一圈宽约20cm的屏障带，使蟑螂从这些出入口逃跑时能触到药物。一般由外向内、从上到下对所要处理的表面实施喷洒；

7）对蟑螂栖息的缝、孔和角落等处，用线状喷头对准缝洞进行缝隙喷洒。

（2）布放毒饵

蟑螂栖息和活动的任何场所都可投饵布点。颗粒和片剂易受潮，盛放在瓶盖或小碟中定点投放。用毒饵盒可以立体投饵。膏剂、胶饵的优点是使用更方便，可以粘在任何地方，电脑、复印机和饮水机之类设备处，使用膏剂、胶饵更适宜。

投放毒饵应采取量少、点多、面广的方式，1g毒饵可分放4个点左右。

（3）施放烟雾剂

用专用的烟雾发生器或燃烧等方法将杀虫药剂分散成极细的药滴或粉粒，使其较长久地悬浮在空气中，成为分散在气体中的气溶胶烟雾。

烟雾剂有许多优点，烟雾的粉粒或药滴非常细小，可以较长时间地飘浮在空气中，并渗入到一般喷雾或喷粉不能到达的缝洞和角落，对蟑螂发挥特有的防治作用。使用烟雾剂要注意安全，应预先警示，以免误判为火警。

（4）喷撒粉剂

粉剂具有较好的飘逸性能，适合用于喷撒缝洞、夹墙、角落和一些固定设备，如橱柜、冰箱、货架等。

用于防治蟑螂的粉剂有1%毒死蜱、0.05%溴氰菊酯和硼酸等。

（5）杀虫油漆（涂料）

用杀虫药和油漆等加工成。杀虫油漆是一种缓释剂型，用在船舶、医院、宾馆和火车等特殊场所杀蟑螂，可以保持较长时间的处理效果。

3. 特殊场所蟑螂防治

近年来，蟑螂的侵害越来越严重，德国小蠊特别猖獗。过去以黑胸大蠊为优势种的中、小饭店，贸易集市等场所，现在已被德国小蠊取代，居民住房德国小蠊侵害也越来越多。

（1）饭店（宾馆）的蟑螂防治

1）主要侵害场所：在餐饮部，蟑螂侵害严重的场所有厨房、面包房、洗涤间、蒸饭间、食品仓库、餐厅、酒吧间等，主要的栖息地是：①各种紧贴墙壁安置的橱柜和吊柜与墙壁之间的缝隙；②墙面的砖缝和瓷砖裂缝；③冰箱、冷藏柜的底座、压缩机部位；④操作台周边的卷边空隙和柜内角落、边缝；⑤各种管、线穿墙孔，开关箱和灭火机箱内；⑥食品包装箱、杂物箱、墙角落；⑦水池下、下水道和窨井内；⑧职工的更衣柜、工具箱、办公桌。

在客房部、储藏室、开水房、服务员工作间和客房等都可能会有蟑螂。在客房内，它们大多栖息在卫生间水池底下、桌子抽屉、床头柜、衣帽柜和地毯下。

2）防治方法：一是做好预防工作，强调环境治理；二是强调综合防治，因地制宜。

做好预防工作：宾馆、饭店中蟑螂最初大多是随货物如各类食品、日用品、家具等带入的，少数情况下，由旅客的行李、物品等带入。据调查，在盛禽蛋的箱（盒）中，食品、饮料的包装纸盒中，甚至在卷面中都曾发现蟑螂躲藏。由于宾馆、饭店的环境温暖、食源丰富，到处都有可供它们栖息的缝、洞、角、堆，湿度也适中，蟑螂一旦被带入，可迅速繁殖。因此，饭店进货时，在卸货、入库的过程中，加强检查，把好这一关，严防蟑螂进入。这对新建的饭店，还未发现蟑螂的饭店尤为重要。

搞好环境治理：脏乱差的环境条件易造成蟑螂危害，消除其害的良策就是治本清源，搞好环境治理。这项措施，一是抓清洁卫生，地面、桌面、灶面、柜面、搁板层面等都要洁净、整齐、无油污、无残屑；房间空气流通，地面干燥。二是墙面、桌面、柜面无缝洞，平整、光洁，具体方法可参照《有害生物防治教程（中级版）》。

3）化学防治：宾馆（饭店）对化学防治要求较高，必须谨慎行事，安全第一。

滞留喷洒：对可以喷药物的场所可实施滞留喷洒，如蟑螂经常爬行的墙面、柜面、角落等。现在，厨房的墙面大多是瓷砖面，柜橱大多是不锈钢板，吸水性很差，如果用可湿性粉剂兑水喷洒，或用一般的乳剂兑水喷洒，药水都不能吸收，全部流淌到地面，起不了滞留杀虫的效果。对这些光滑、吸水性差的物体表面，就应该选用悬浮剂型或微胶囊剂型的杀虫剂进行喷洒，才能发挥滞留的效果。喷洒方法还是遵循缝隙加滞留的操作规范。

投放毒饵：宾馆、饭店有许多场所是不适合用药物喷洒的，投放毒饵更能发挥因地制宜的作用，但它也可以作为喷洒方法的补充，两者结合，杀灭效果更佳。毒饵形式多样，有颗料、有胶饵，也有方便贴等，但要掌握量少、点多和投放到位的操作要求。

施放烟剂：烟剂具有弥漫、扩散和渗透的优点，用以杀灭蟑螂效果理想，还省时省力。烟剂的形式也较多，有烟雾发生器产烟、有点燃烟炮、烟片发烟、还有一种粉末的不发生明火的烟剂，使用更安全。烟剂适宜在仓库、地下室、垃圾通道、下水道等密闭的场所使用。

（2）医院的蟑螂防治

医院的环境条件同宾馆比较类似，室内都有空调，温度恒定，冬季暖和，人员集中，进出频繁，也很适合蟑螂滋生。近年来，发现有蟑螂的医院数有增加的趋势，蟑螂在医院的分布面，也有扩大的迹象。

1）主要侵害场所：同宾馆，医院的厨房、食品仓库、食堂等是蟑螂主要侵害场所。除此之外，各科病房、医生和护士值班室、配餐间、洗涤间、厕所、中药房、洗衣房、被服仓库等都有蟑螂侵害。在各科病房中，妇产科、小儿科和外科病房等的侵害率比其他病房高一些。医院的蟑螂多数是德国小蠊，也有黑胸大蠊。

蟑螂大多躲藏在病房床边柜内和卫生间、值班室以及配餐间等的橱柜和桌子内。在中药房，药柜也是主要栖息地。

2）防治方法：厨房、食品仓库、食堂等的蟑螂防治可参考宾馆的方法。病房和药房内蟑螂防治有特殊要求，因为病房长期有病员居住，有治疗用的药品、器械等，一般不适宜使用药物喷洒法灭虫。

清除栖息点。病床的床边柜不能贴墙放，应离开墙壁 3～5cm。病床墙壁和床边柜如有裂缝、洞穴，用油灰、石灰或水泥堵塞抹平。每次老患者出院、新患者未入院之前，清洗床边柜。

投放毒饵或粘蟑盒。在病房，点胶饵、粘方便贴和放粘蟑盒最为合适，也安全，在床边柜、办公桌、橱柜等处都可投放。

（3）商务（办公）楼的蟑螂防治

商务（办公）大楼的建筑结构同宾馆颇类似，大多是封闭式，有中央空调，橱柜和办公桌很多，有些地面铺地毯，温、湿度很适宜，最大的特点是置有较多的电脑、传真机、复印机和饮水机等设备。近年来，蟑螂已悄悄入驻这些现代化的大楼，侵害日趋严重。

1）主要侵害场所：如果大楼里有厨房、食堂等，这些地方无疑是蟑螂的重要侵害场所。有些大楼里没有厨房、食堂，楼里职员往往就在公共房间或在自己的办公室里用午餐、喝饮料，因此，很多办公室也就成了蟑螂的侵害场所。它们常钻在办公桌抽屉里，甚至钻进电脑、传真机、复印机和饮水机等设备内和地毯下栖息藏身，这是一种新现象。

2）防治方法：由于大楼内的特殊环境，一般不适宜对各房间进行药物喷洒，施放烟剂应该可以取得较好的杀灭效果，但不宜用热烟雾发生器，因为烟雾发生器用的杀虫剂一般都是用油作为载体。最好的方法是投放毒饵，例如点胶饵，或放置粘蟑盒等，或采用其他对环境安全的方法。

第五节　鼠类防治

一、简述

鼠类为啮齿动物，在哺乳动物中种类最多，约占2/5。我国有145种鼠种，约占我国427种哺乳动物的34%。其中小家鼠、褐家鼠、黄胸鼠是城镇各类建筑物内的主要害鼠（图17-4）。

小家鼠

褐家鼠

黄胸鼠

图17-4　常见鼠种

二、鼠类的危害

鼠类能携带数十种病原体，如细菌、病毒、立克次体和寄生虫，传播鼠疫、流行性出血热、黑热病等疾病，严重危害人类生命健康。

鼠喜欢啃咬硬物，破坏力极大，不仅能咬破门窗、家具和电缆，还能咬穿其他坚硬物质。鼠的活动距离通常有30m左右，褐家鼠还能从下水道及抽水马桶进入室内。

三、鼠类习性

鼠类的嗅觉十分灵敏，能辨识自己的同伴，准确无误地回归老巢；鼠的味觉发达，它能辨别出甜、酸、苦、辣、咸、鲜等多种味道；当它受到突然或不良的刺激，如电击、惊吓、恶味、急性灭鼠剂中毒等，能保持较长时间的记忆。

四、鼠密度调查

鼠密度是表示某地区鼠类数量的指标。一般可用个体数量或生物量来表示。鼠密度能反映出鼠的危害程度、流行病的发生和流行强度的关系，所以鼠密度调查是进行灭鼠和除害防病首先要取得的资料。可以采用以下几种常用的方法。

1）鼠夹法。调查室内家鼠时每15m²房间布一夹；将鼠夹带有诱饵的一端垂直于墙根，离墙约1cm布放，这样可以捕获来自左右两个方向的鼠。

2）粉块法。一般用20cm×20cm直角或凹形框架，在墙角或墙边摆放，撒布滑石粉形成粉块，每间房（15m²左右）撒2块。粉块厚度约2mm。晚布晨查，凡粉块上有鼠足印和尾迹者为阳性块，以此计算鼠密度。

3）食饵法。灭鼠前，在一定的调查范围内投放足够数量的食饵，如每15m²投2堆，每堆10g。对小家鼠投4堆，每堆5g。傍晚投放，次日上午检查耗食情况。

4）查鼠迹法。鼠在活动时会留下痕迹，包括咬痕、器具尘埃上的足印、鼠洞、鼠道及鼠粪。

五、灭鼠方法

化学灭鼠法，包括经口毒杀、经呼吸道毒杀两大类。至于化学不育剂，则是通过抑制生育来控制鼠密度。经口灭鼠剂一般制成毒饵，吸入毒药主要是（气体）熏蒸剂。

毒饵投放在老鼠活动的路径上可有效降低鼠密度。老鼠活动有一定的规律，通常是沿着熟悉的路线来回奔走，形成鼠道。很多情况下，鼠从门口进入室内后沿墙脚右侧行走，之后仍沿此进入路径返回。鼠类一般不会离开鼠道很远去觅食。因此，利用鼠类行为上的这种特点将毒饵投放在鼠道上及鼠洞附近，可得到最佳灭鼠效果。

六、灭鼠剂

灭鼠剂的毒力、适口性和作用速度决定了鼠药的灭鼠效果。

1）毒力。灭鼠药的毒力包括两个方面，一是毒力的强弱，二是毒力的选择性。

2）适口性。经口灭鼠药只能由鼠自行食入。由于鼠类的感觉比较灵敏，适口性更显得重要。一是鼠类不能觉察到毒饵中的毒药，二是虽能察觉但并不厌弃，甚至有乐于取食的倾向。

3）作用速度。灭鼠药的作用速度包括两方面，一是从服药至产生不适感的时间；二是从服药至死亡经历的时间，两者都能影响效果，但并不完全对应。

灭鼠药剂应具备的条件如下。

1）鼠类不拒食，摄入的毒饵量中所含有效成分能达到足以致死的剂量。

2）对鼠类具有选择性毒力。

3）操作安全，使用方便。

4）作用缓慢，能使鼠类有时间吃够致死剂量。

5）二次中毒危险性小。

6）所用浓度对人和其他动物安全。

7）没有积累毒性。

8）对鼠类没有内吸毒性。

9）在环境中能很快生物降解。

10）有特效的解毒或治疗方法。

11）价格低廉。

12）不产生生理耐药性。

13）经登记合格的产品。

现有的灭鼠剂，按其对鼠类中毒的作用速度和形式，习惯上分为急性或单剂量灭鼠剂和慢性或多剂量灭鼠剂，其中急性灭鼠剂一直是人类灭鼠的主要药物。由于急性灭鼠剂使用不安全，同时缺少特效解毒药，近几十年来，抗凝血灭鼠剂出现后，已逐渐衰退。

慢性灭鼠剂主要指抗凝血灭鼠剂。由于具有高效、低毒、安全及特有的作用机制，已成为当前主要灭鼠药物。

抗凝血灭鼠剂按其化学结构可分为两类，即香豆素类灭鼠剂（coumarin rodenticides）和茚满二酮类灭鼠剂（indandione rodenticides）。第一代抗凝血灭鼠剂，其慢性毒力远比急性毒力强，但有两个明显缺陷：①急性毒力小，需要鼠多次摄食才能发挥其慢性毒力作用；②对抗性鼠类无效。第二代抗凝血灭鼠剂，也称为非杀鼠灵抗凝血剂，可以使鼠群都有可能吃到毒饵，能完全控制鼠患；使用浓度低，减少非靶动物误食的机会。

七、毒饵配制技术

毒饵的质量是保证毒饵灭鼠效果的重要因素，配制时必须注意：①所用的基饵要新鲜，不要用陈仓谷物、变质食物、酸败的植物油等；②所用的灭鼠剂要符合规格，不含影响适口性的杂质；③严格按配方要求，浓度太高太低都会影响质量；④搅拌要均匀，一般毒饵在2kg以内，可以在容器内手工混合，超过2kg的必须使用机械搅拌器。2kg毒饵配方如下。

1. 1%磷化锌毒饵

1）油条：1980g；

　磷化锌：20g。

2）玉米面粉：1880g；

　食糖：100g；

　磷化锌：20g。

3）鲜红薯或鲜胡萝卜块：1980g；

　磷化锌：20g。

现用现配，防止酸败失效。应在通风良好场所配制。

2. 敌鼠钠盐毒饵

1）玉米面粉：1700g；

　食糖：100g；

　植物油：100g；

　0.5%敌鼠钠盐：100g。

2）大米：1800g；

　植物油：100g；

　0.5%敌鼠钠盐：100g。

3. 0.0375%杀鼠迷毒饵

1）玉米面粉：1700g；

　食糖：100g；

　植物油：100g；

　0.75%杀鼠迷母粉：100g。

2）稻谷或瓜子：1880g；

　谷氨酸钠：20g；

　酒精：20ml；

　水：300～500ml；

　0.75%杀鼠迷母液：100ml。

4. 0.0125%氯鼠酮毒饵

　大米或小麦：1950g；

　0.5%氯鼠酮油剂母液：50g。

注：将0.5%氯鼠酮油剂缓缓滴加搅拌均匀。

5. 0.005%溴敌隆毒饵

1）0.005%溴敌隆颗粒毒饵

　玉米面粉：1680g；

　面粉：280g；

　添加剂：20g；

　0.5%溴敌隆母粉：20g。

注：先将0.5%溴敌隆母粉与面粉及添加剂混匀，再加玉米粉拌匀，后加工成粒。

2）0.005%溴敌隆浸泡毒饵

　稻谷或瓜子：2000g；

0.5%溴敌隆母液：20ml；

水：400～600ml；

酒精（作渗透剂用）：20ml。

注：先将0.5%溴敌隆母液与水及酒精混合，再加入稻谷，充分搅拌后晾干。

3）0.005%溴敌隆黏附毒饵

大米：1900g；

植物油：40g；

0.5%溴敌隆母粉：20g；

面粉：40g。

注：将0.5%溴敌隆母粉以面粉稀释，均匀地拌在沾有植物油的大米上。

4）0.005%溴敌隆果蔬毒饵

苹果（或哈密瓜等）：1900g；

面粉等：80g；

0.5%溴敌隆母粉：20g。

注：将苹果、哈密瓜、番薯或胡萝卜切成0.5～1cm见方的小块，将0.5%溴敌隆母粉与面粉的混合物散布其上，边撒边搅拌，投于缺水或其他毒饵灭效差的场所。

配制低浓度的黏附毒饵一般可用面粉或滑石粉与灭鼠剂粉，反复拌匀。

灭鼠剂与稀释粉的量约为总毒饵量的2%。

上述各种毒饵中均可加适量蓝或红墨水作为警戒色。

5）0.005%溴敌隆蜡块毒饵

细玉米面粉：920g；

食糖：360g；

石蜡：700g；

1%溴敌隆母粉：10g；

染料及其他附剂：10g。

注：先将1%溴敌隆母粉与约200g玉米面粉、染料混匀，再与食糖、剩下的玉米面粉充分搅拌，最后加入溶化的石蜡中拌匀，倒入有很多小格的模具中，冷却取出即为一定形状一定大小的蜡块。

八、毒水及其配制

家栖鼠，尤其是褐家鼠和黄胸鼠缺水不能生存，水往往比食物对鼠更具有引诱力。用毒水灭鼠已有很长历史，但常被忽视。

几种常用灭鼠毒水配方如下。

1. 水溶性的灭鼠毒水配方（以100ml水为单位）

1）0.1%敌鼠钠盐毒水

水：100ml；

0.5%敌鼠钠盐：1g；

糖：5g；

色泽剂（伊红，亚甲蓝或苯胺黑）：0.1g。

2）0.01%溴敌隆毒水

水：98ml；

0.5%溴敌隆母液：2ml；

糖：5g；

色泽剂：0.1g。

2. 不溶于水的灭鼠剂毒水配制

1）1%磷化锌毒水

水：100ml（置于开口面积约为100cm² 的容器内）；

糖：5g；

色泽剂：0.1g；

磷化锌：1g。

注：先将糖与色泽剂溶于水中，然后再把1g磷化锌粉均匀撒在水面上。

2）0.2%杀鼠灵毒水

水：100ml；

食糖：5g；

染剂：0.1g；

杀鼠灵：0.2g。

注：配制方法同上。

九、毒粉及其配方

毒粉灭鼠不受鼠摄食行为影响。将毒粉散布在鼠洞口或鼠道上，当鼠走过时，毒粉粘在鼠的腹毛、爪及脚垫上。鼠通过舔毛和爪吞入毒粉中毒。毒粉中灭鼠剂浓度为毒饵的5～10倍。

以下列出几个参考配方。

1. 10%磷化锌毒粉

滑石粉：85g；

磷化锌：10g；

硫酸钙：4g；

染剂：1g。

注：将磷化锌研细后与滑石粉、硫酸钙与色泽剂充分拌匀。

2. 20%安妥毒粉

滑石粉：75g；

安妥：20g；

硫酸钙：4g；

染剂：1g。

3. 1%杀鼠灵毒粉

滑石粉：94g；

杀鼠灵：1g；

硫酸钙：4g；

染剂：1g。

4. 0.05%溴敌隆毒粉

滑石粉：85g；

05%溴敌隆母粉：10g；

硫酸钙：4g；

染剂：1g。

上述毒饵、毒水、毒粉等剂型都是经口使鼠类中毒，达到灭鼠目的。还有一类可以经呼吸道使鼠类中毒而死的熏蒸灭鼠剂及烟剂。其中熏蒸灭鼠剂，如硫黄燃烧放出 SO_2 毒气熏杀；能放出有毒气体的固体或液体物毒杀，如固体剂型的磷化铝、氰化钙及液体剂型的氯化苦及液化气类硫酰氟。

十、特殊环境灭鼠

1. 列车、车站及车库

列车、车站及车库相互关系密切，在治理鼠害时应综合安排，否则效果将受影响。

列车鼠害集中于客车，尤其是餐车和卧铺车，应突出防范，清除和破坏鼠类定居条件，包括切断鼠类进入夹层的通道，用忌避剂涂抹在车厢的一定部位，必要时设置毒饵盒，或在车辆停运时突击使用鼠夹灭鼠。特殊情况下，可整车厢熏蒸。

车站的治理重点是餐厅、商场、仓房和站台。

车库治理应突出环境管理，辅以其他措施，应设置长期毒饵站。

2. 船舶与码头

船舶鼠害的重点是大、中型客船和大型杂货轮，短程内河的中型客轮因靠岸频繁，客流大，行包多，有时鼠害相当严重。客轮鼠害多见于旅客餐厅、厨房以及客房，货轮则多见于船员的生活区。运送食品和粮食时，也可见于货舱。曾发生过数次由于鼠咬断电缆导致潜艇电气短路，最终沉没并造成人员全部伤亡的重大事故。

船舶鼠害的治理，首先应破坏和减少其栖息、隐藏场所，防止鼠类进入夹层。

码头和港口的鼠类既与船舶有关，亦会受所在地的居民区影响，应综合考虑。港口灭鼠的重点与车站类似，主要为餐厅、商场、仓房。

3. 飞机和机场

飞机几乎无定居鼠，只有窜入鼠，但一旦出现危害后果十分严重。治理的重点是客机、行李舱和客舱。机场候机楼餐厅、商场是治理的中心。

4. 地铁

一般来说，地铁鼠害很少出现在车体内，绝大多数出现在站台内的设施和工作场所。治理时堵塞鼠洞及时清理鼠类能够窃取的食物和垃圾，适当使用毒饵或鼠夹。

5. 大、中城市下水道

常常是褐家鼠的集居场所。可用竹片绑蜡块毒饵灭鼠。

6. 宾馆与饭店

宾馆和饭店食品多，夹层多，生存环境好，是鼠类生活和繁殖的良好场所。治理的重点是做到建筑防鼠，对关键部位，如厨房、食品库所有的管道、缝隙、孔洞都应采取切实有效的堵截措施。

7. 医院

医院的鼠密度一般较高，尤其是大型综合医院，可出现严重鼠害。治理的重点同样是做好建筑物防鼠，同时关注厨房、食堂、配餐室、中药房以及妇产科、小儿科病房的灭鼠。

8. 供电场所

电力系统的鼠害是工业鼠害危害之首，后果最为严重，鼠害可造成停电，或中断生产，或影响生活，或中断通讯，或引起火灾，如20世纪八九十年代，上海某石化厂就因鼠咬断电线而引发震惊全国的重大火灾事故。治理重点放在防鼠设施上，做到无鼠进入配电室，拒鼠于电器设备之外。电力操作场所，与外界相通的门应设挡鼠板；与外界相通的孔洞，都必须封死堵严；与下水道、暖气管相通之处要安置网栅。

第六节 臭虫防治

一、简述

臭虫俗称壁虱、木虱，隶属于昆虫纲、半翅目、臭虫科。臭虫后足基部前方有1对臭腺，当受惊动时会放出臭液，臭虫爬过的地方都留下难闻的臭气，故得名为臭虫。

主要防治对象为臭虫属的温带臭虫和热带臭虫。两者形态和生活史均相似，温带臭虫分布在我国从东北、西北往南直至福建厦门、广西桂林和云南蒙自一线的广大温带地区。热带臭虫分布在南方诸省往北至湖南衡阳、贵州遵义、四川成都一线的热带和亚热带地区。

二、臭虫习性

臭虫生活史分卵、若虫、成虫三期，为不完全变态昆虫。

臭虫产卵于成虫栖息场所，在温暖地区适宜条件下臭虫每年可繁殖 6 ~ 7 代，成虫寿命可达 9 ~ 18 个月。

臭虫形态见图 17 - 5，身体扁平，善于钻缝，所以其栖息场所多为住宅的墙壁、天花板、地板、床架、棕棚、蚊帐、草席、桌椅、书籍、箱柜等的缝隙内，尤其喜欢在床缝和草垫中潜伏隐蔽，在严重侵害处，墙缝、地板、门窗、画镜线等处缝隙均能发现。雌、雄臭虫和若虫均吸血，臭虫畏强光，多在夜间活动吸血，但白天也能吸血。臭虫白天隐匿于栖息场所的缝隙中，夜间熄灯后即出来吸血。其活动高峰多在人入寝后 1 ~ 2 小时以及拂晓前一段时间。吸血时能分泌一种防止血液凝固的碱性涎液，通过口器注入人体，使叮刺部位红肿奇痒，抓破后易引起继发感染。成虫在隐蔽的场所交配后，把卵产在墙壁、床板等缝隙中。雌虫每次产卵数个，一生产卵 6 ~ 50 次，可产卵 200 ~ 300 个，最多达 500 个以上。

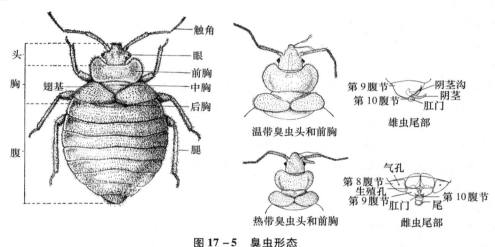

图 17 - 5　臭虫形态

臭虫喜群居，并可隐匿在家具或衣服行李中，随这些物件而传播扩散。

三、臭虫综合防治

（一）环境治理

环境防治是治理臭虫的根本措施，通过铲除臭虫的滋生条件，如整顿室内卫生，清除杂物；对床板、墙壁、棕棚等容易滋生臭虫的缝隙，用石灰或油灰堵嵌；撕掉适宜躲藏臭虫的墙纸，对染臭虫的纸必须烧掉。

有臭虫活动的居室内的行李家具需迁移（搬迁或买卖）时，务必严格检查，并做处理，以防止臭虫被带出而造成传播扩散。

（二）物理防治

1) 人工捕捉。敲击床架、床板、炕席、草垫等，将臭虫震下并处死，或用针、铁丝挑出缝隙中的臭虫，予以杀灭。

2) 沸水浇烫。臭虫不耐高温，可用开水将虫卵和成虫全部烫死。对有臭虫滋生的床架、床板等用具可搬至室外，用装有沸水的水壶口对准缝隙，缓慢移动浇烫，务必使缝隙处达到高温，以烫死臭虫及其卵，对滋生有臭虫的衣服、蚊帐，可用开水浸泡。

也可用各种蒸气发生器，从喷头的小孔喷出蒸气，烫杀缝隙内的臭虫和虫卵。

3）太阳曝晒。对不能用开水烫泡的衣物，可放到强烈的太阳光下曝晒 1～4 小时，并勤翻动，使臭虫因高温晒死或爬出后被杀死。

（三）化学防治

实践证明倍硫磷是消灭臭虫效果最好的药物，其特点如下：①高效，处理一次能达基本消灭；②持效长，涂药一次能维持药效数月，故不仅能杀灭环境中的成虫、若虫，亦能杀灭处理后从卵中新孵出的若虫以及从外界新侵入的臭虫；③使用简便，不需喷药工具，只需用旧毛笔蘸取药液，涂刷缝隙；④费用低；⑤较安全，倍硫磷毒性比敌敌畏小 2/3，涂缝方法也不易被人触摸。

1. 涂刷法

将 50% 倍硫磷用水稀释 50 倍，成乳白色的 1% 倍硫磷药液，用毛笔蘸取，涂于有臭虫的缝隙中，涂药量单人床每张 50ml。侵害轻的，要涂在有臭虫的缝隙中；侵害严重的，需全面处理室内家具、门窗、画镜线、踏脚板等缝隙。旅馆、浴室、集体宿舍等，只要查见一处，同室床铺、物件需全面处理。涂药前，要先擦去灰尘，以防药剂随灰尘落下。涂药后要晾干几小时。

涂药宜选晴天进行，同时晒洗衣被，最好一个单位（或一个居委会）统一行动。在虫情调查的基础上，尽可能做到一处不漏。

除倍硫磷外，杀螟硫磷、辛硫磷及溴氰菊酯等拟除虫菊酯类杀虫剂有相似的灭臭虫效果，它们的使用技术同倍硫磷。

2. 灭臭虫药纸

将 6% 倍硫磷和 0.4% 氯菊酯及助溶剂等配制成液体水溶液后，以 10ml/m² 药液对包装纸进行涂刷或喷洒处理（倍硫磷 600mg/m²，氯菊酯 40mg/m²），经自然晾干或干燥处理后，裁剪成单人床板大小（1.2 m×2.2m）的规格，用密闭塑料袋包装备用。

使用方法为，先把床上的被褥卷起，然后把药纸铺在床板上，再把被褥放回原处即可。如果墙壁上有臭虫时，最好把药纸在床板与墙壁接触的地方向上折叠 10 cm，这样有利于臭虫来回爬行时接触药纸，提高杀虫效果。

3. 药剂喷洒法

一般认为臭虫防治不宜用喷洒的方法，那样不仅效果差，且会使药剂飞溅，既浪费药液又不安全。但是济南市以 10% 高效氯氰菊酯可湿性粉剂滞留性喷洒控制臭虫取得了满意的效果。他们采用帕特星常量喷雾器，按照 25～30mg a.i./m² 剂量针对臭虫栖息的缝隙进行滞留喷洒。处理后第 3 天密度下降率 67.32%，第 7 天为 91.36%，第 15 天达到 100%。

济南市还在另一现场用烟雾法控制臭虫，也获得了满意的效果。该场所处理前臭虫栖息场所阳性率为 22.79%，采用右旋苯氰菊酯烟雾剂用 TF35 热烟机进行施药，每个封闭房内施药剂量约 10mg a.i./m³ 处理后，密闭 3 小时，通风后检查即可见死虫或击倒虫，第 2 天检查未发现阳性点。考虑到臭虫卵的抵抗力较强，为彻底起见，间隔 14 天后虽未发现活虫，仍进行了第 2 次熏杀，之后经过 2 个月的跟踪访问及调查，结果未再发现臭虫危害。

第七节　蜱类防治

一、简述

蜱隶属于蛛形纲、蜱螨目、后气门亚目、蜱总科。体形囊状，分为假头和躯体两部分，无头、胸、腹之分。体长为 2~10mm，吸饱血后虫体长可达 30mm（图 17-6）。

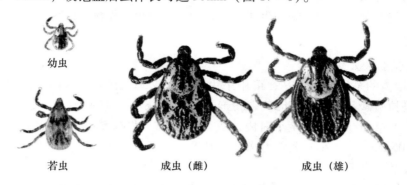

幼虫　　　　若虫　　　　成虫（雌）　　　　成虫（雄）

图 17-6　蜱生活史

蜱吸血时唾液中含有促进溶血和抗凝血的物质，可以使局部血管舒张并抑制血小板凝集，还含有类似麻醉剂的物质，可以保证蜱持续不断吸血的时候宿主不会产生疼痛感，因此不易被察觉。另一方面，其唾液中可能含有致病性的微生物，如病毒、螺旋体、立克次体、细菌或原生动物，还可能含有毒素，这些都可能导致人、畜患发热伴血小板减少综合征或森林脑炎（蜱传脑炎）、出血热、斑疹伤寒、Q 热、回归热、莱姆病、布氏杆菌病、鼠疫、原虫病、蜱瘫等疾病。

除了森林和野外有蜱活动外，现在宠物犬身上也常有蜱发生。

二、蜱类习性

蜱的发育分为卵、幼虫、若虫和成虫 4 个时期。

幼虫、若虫和成虫均营寄生生活，硬蜱的交配大多在宿主体上进行，只交配一次。软蜱的交配则在宿主窝巢处进行，可多次交配。交配后的雌蜱跌落至地面，爬到草根、树根、畜舍等处的表层缝隙中，静伏不动，一般经 4~8 天开始产卵，每次产卵量与产卵天数随种类和吸血量而异。硬蜱一生只产卵一次，数天内连续产卵直到产毕，可产卵千个，多至万个以上；软蜱一生可产卵 6~9 次，每次几十至几百个，卵产毕后，虫体皱瘪而死。蜱的生活史，完成一代所需时间随蜱的种类及气候条件而定，可以由 2 个月至 3 年不等，如在不利气候条件下，有些蜱类可出现滞育现象。

各种蜱的滋生地多半在野外人烟稀少的地方。有一些蜱类能生活在牧场及其周围的畜舍，有一些则可出现在破庙、窑洞之中，一般都与其宿主的活动有密切关系，或是直接滋生在其所寄生的温、湿度较稳定的野生动物巢穴内，或在宿主活动的过道和栖息场所。

除卵期外，蜱在生活史其他各期都吸血，对宿主有一定的选择性。成蜱大多侵袭大型哺乳动物，而幼虫与若虫以侵袭啮齿类、食虫类、鸟类等小型动物为主，有些蜱常见于蝙蝠体上或专门寄生在爬行类和两栖类动物体上。某些种类则选择性很差，宿主范围很广。

温、湿度能影响蜱的活动，如林区气温在 10~20℃、相对湿度 60%~80% 时，是全沟蜱的活动高峰，所以爬上草木尖端的时候一般都在清晨，如果白昼日照过于强烈，它会退回地表。若遇风雨交加，它可静伏不动。人类被蜱侵袭主要是因在有蜱滋生的建筑物或窑洞、山洞内宿夜，或者清晨和傍晚进入蜱的滋生地与草木接触，或者坐卧在草地上休息，才被蜱爬到身体上。

三、蜱类综合防治

（一）环境治理

1）经常打扫室内卫生，保持室内外清洁。住区周围 30~50m 范围内及道路两侧 1~2m 内应铲除杂草、清除垃圾，平整地面，堵塞鼠洞（包括室内外），防蜱滋生栖息和鼠将蜱带入住区内，畜圈、禽舍和粮仓应与住室分开，以免鼠类将蜱带入。

2）打扫畜棚、禽舍卫生，清除垃圾和垫物，堵鼠洞，抹缝隙等。

3）在草原地带可以采取牧区轮换放牧和隔离牧场来消灭蜱。

4）改善生态环境，使其不利于蜱的生活。开垦荒地，种植农作物，既可增产，又能灭蜱。

（二）化学防治

1. 住地周围及作业区灭蜱

对人员活动区域内的草地或灌木丛，可用杀虫剂进行灭蜱。在居住区的外周喷洒（撒）2m 宽的药剂保护带，3% 马拉硫磷粉剂或 2% 倍硫磷粉剂，$50 \sim 100g/m^2$，防蜱侵入。超低容量喷洒，50% 马拉硫磷乳油，$0.4 \sim 0.75ml/m^2$，于 24 小时内杀灭森林硬蜱，并有 $8 \sim 13$ 天残效；50% 杀螟松乳油或 90% 辛硫磷原油 $0.05g/m^2$，24 小时灭效为 99% $\sim 100\%$。

2. 住室（或帐篷）内灭蜱

门窗入口及墙角四壁（1m 以下）用 50% 马拉硫磷、50% 倍硫磷、50% 辛硫磷等乳油，任选一种滞留性喷洒，用量为 $1 \sim 2g/m^2$，稀释后药水 $50ml/m^2$，喷药一次可有 $2 \sim 4$ 个月残效。床周围处理亦同。

3. 畜圈、禽舍灭蜱

畜圈、禽舍常是钝缘蜱等的栖息活动场所，灭蜱方法与住室灭蜱相同。2% 倍硫磷粉剂与黏土拌和成泥状，用以堵塞缝隙和鼠洞；用 50% 马拉硫磷或 50% 倍硫磷乳油，对圈、舍内墙面及门窗做滞留性喷洒，方法和用量同住室。

4. 畜体灭蜱

粉剂涂抹，用 3% 马拉硫磷及 2% 甲基嘧啶磷粉剂，涂抹于家畜体表，重点是头、颈部、腿内侧、腹部及尾部。每头牛（或马）用粉剂 $50 \sim 80g$，每头羊或狗用 30g。其方法是先向畜体表喷水，再喷药粉，然后擦毛，使粉剂渗入毛间，亦可用纱布包将药粉直接涂擦于体毛间。液剂喷涂，用 1% 马拉硫磷、0.2% 辛硫磷、0.25% 倍硫磷等乳液喷涂畜体，大家畜每头 500ml，小家畜每头 200ml，每隔 3 周喷涂一次。

5. 宠物防护

家中如果有猫、狗等宠物，尽量不要让它们到杂草茂密的地方去，以防被蜱叮咬。此外，要经常给宠物洗澡，如果发现宠物有异常的抓痒举动，更要仔细检查其毛发下是否有蜱，重点检查耳内、脖子下、四肢下以及阴囊和尾巴下面，若发现蜱要及时采取正确的处理措施，这样做一方面保证宠物的安全，另一方面也间接地保护了家人。

6. 防蜱叮咬

在有蜱区域居住，应防蜱进入室内，可于墙基环布黏性胶纸粘捕侵入室内的蜱。在有蜱地区作业时，须穿防疫服或"五紧服"。无防疫服时，须将裤脚、袖口扎紧，领部围以毛巾，上衣塞入裤腰并用皮带紧束，防蜱侵入。

身体裸露部分可涂抹避蚊胺，手、脸每次涂 2ml，小腿每次涂 3ml；用 0.1% 二氯苯醚菊酯处理衣服的裤腿、袖口、领口等处，驱杀爬于衣服上的蜱类；用凡士林涂蜱体，使其窒息，易从人体上取下。于野外作业时，勿坐卧于草地上休息，脱下的衣帽也不要放在草地上；休息或工作时，要互相检查身体和衣服上是否有蜱附着；如发现蜱叮咬时，可用氯仿或乙醚棉球，将蜱麻醉后取下，切勿硬拔，以防口器断在皮肤内不易取出；或用烟头熏烤，使其自行脱落。

第八节　蚤类防治

一、简述

蚤，俗称跳蚤，隶属于昆虫纲、蚤目。成虫体小，一般长 3mm，体形左右侧扁，棕黄至深棕色，体壁坚硬，体分头、胸、腹 3 部分，无翅，有 3 对足，尤以第 3 对足最发达。

　　蚤类是重要的医学昆虫类群之一，它们不仅是一些重要疾病，如鼠疫及鼠源性斑疹伤寒等的主要传播媒介，而且刺叮吸血直接危害人畜。根据蚤类与人的关系，主要防治对象是人蚤、猫栉首蚤和印鼠客蚤。

二、蚤类习性

　　蚤属于完全变态昆虫，生活史有卵、幼虫、蛹、成虫四个时期（图 17－7）。

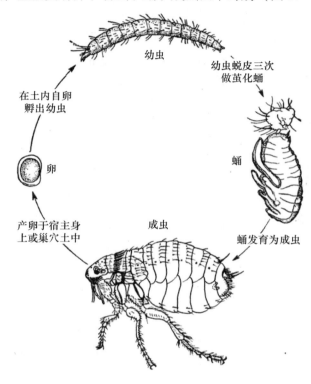

图 17－7　跳蚤的生活史

　　蚤卵常掉落在宿主的巢穴中，在巢穴内以成蚤粪便为食；在居室，可由家鼠、狗、猫等动物带入，可在屋角、墙缝、床下、土炕等处的尘土中滋生。

　　蚤类雌雄均能吸血，对宿主的选择一般并不严格。蚤对温度反应敏感，只有宿主体温正常时，它才寄生，若宿主发病体温升高或死亡后体温下降，则立即转移至其他宿主身上吸血，因此犬、猫、鼠体上的蚤都可以到人体上吸血，这就有着极大的流行病学意义。

三、蚤类综合防治

（一）环境治理

　　环境防治是根本性措施。保持环境卫生，包括个人和居室卫生；家畜的窝巢要远离人的居室，畜体要经常灭蚤，注意保持环境清洁以断绝幼虫的食物，避免跳蚤滋生。

　　灭蚤工作必须与灭鼠工作相结合，在鼠疫疫区应该注意在灭鼠的同时实施灭蚤，否则鼠死后，蚤另寻宿主，增加人畜感染的危险。

（二）化学防治

　　一般采用喷洒杀虫剂杀灭跳蚤，以迅速降低跳蚤的密度。生产车间、仓库等可以暂时离人的场所可喷洒倍硫磷、甲基嘧啶磷等有机磷杀虫剂；在有人居的环境，应喷洒三氟氰菊酯等拟除虫菊酯类杀虫剂。此法具有快速、高效和比较简便的特点，可在疫区大面积处理，能收到较好的效果。

对不同防治环境要有相应的防治方法和药剂。防治宠物体外寄生蚤时，应该充分考虑药剂对环境和人，尤其是对幼儿的毒性，应仔细阅读产品的使用说明，选择低毒的杀虫剂产品，并注意应用场所。室内用药，不能污染室内器具、儿童玩具，更不能污染动物的食物和饮用水，以免发生药物中毒。

目前常用的蚤类杀虫剂类型较多，如有机磷、氨基甲酸酯以及拟除虫菊酯类等（表17-11）。不同的治理场所选用的杀虫剂及其剂型有一定的区别。一般地面灭蚤可选用有机磷、拟除虫菊酯以及有机磷与拟除虫菊酯的混剂、氨基甲酸酯与拟除虫菊酯的混剂等药剂，所用剂型可选择粉剂、水剂、可湿性粉剂、乳剂等；对衣物灭蚤可选用拟除虫菊酯杀虫剂的粉剂；对畜体灭蚤选用拟除虫菊酯杀虫剂的乳剂、粉剂等，或杀虫项圈和洗发液等；鼠洞灭蚤可选用上述药剂中的所有剂型。

表 17-11　常用地面灭蚤杀虫剂

杀虫剂	商品名	类别	剂型	浓度（%）	用量（/m²）
敌敌畏	敌敌畏	有机磷	乳油	0.1	100ml
敌百虫	敌百虫	有机磷	粉剂	2.5	40g
敌百虫	敌百虫	有机磷	水溶液	1.0	100ml
二嗪磷	二嗪磷	有机磷	粉剂	1.0~2.0	15g
杀螟松	速灭松，灭蝇硫磷	有机磷	粉剂	2.0	15g
马拉硫磷	马拉松，4049	有机磷	粉剂	5.0	30g
马拉硫磷	马拉松，4049	有机磷	乳油	1.0	100ml
甲基嘧啶磷	甲基嘧啶磷	有机磷	粉剂	2.0	30g
残杀威	残杀威	氨基甲酸酯	粉剂	1.0	15~30g
氯菊酯	除虫精	拟除虫菊酯	粉剂	0.1	30~40g
溴氰菊酯	凯素灵	拟除虫菊酯	粉剂	0.05	15~45g

第九节　特种环境的防治技术

一、舰船卫生害虫防治

（一）舰船常见卫生害虫的种类、栖息活动场所及其危害

舰船常见的卫生害虫有蜚蠊（俗名蟑螂）、臭虫、蚊及蝇等。其中蟑螂和臭虫还可以在舰船上生长繁殖。

1. 蟑螂

我国舰船上的蟑螂以德国小蠊最为常见，美洲大蠊少见，偶见驻泊海区的地区性种群。广州、福建海区以澳洲大蠊，上海海区以黑胸大蠊，大连海区以日本大蠊为地区性种群。由于舰船机动性强，活动海域宽广，因而有助于蟑螂的种群传播。

蟑螂爬行快，范围广，所以分布广泛、复杂。除了机舱之外，几乎每个舱室，每个部位都是其栖息或活动的场所。如舰船上的橱、灯罩、电扇、写字台、书架、衣柜、沙发、暖气包、扩音器、电缆、墙面等处，均可见蟑螂活动。尤以厨房、饭厅、住舱的夹缝等处居多。

蟑螂对舰船侵害程度严重。蟑螂能钻进舰船通信设备、电器仪表的箱（盒）中并大量聚集，致使电路短路，通讯中断，自控失灵，机件烧毁，可造成极其严重的后果。

2. 臭虫

舰船上，臭虫分为温带臭虫和热带臭虫两种。前者主要分布在北海、东海舰船上，后者则分布于南海的舰船上。臭虫在舰船上的栖息场所较多，通常住人的舱室多，非住人的舱室少；舱内靠两舷的床铺多，中间的床铺少；下层铺多，上层铺少；木板床及帆布铺上多，钢丝床上少。在木板床上主要栖息于缝隙、孔洞；帆布床上多栖息于系帆布的折缝内；钢丝床则多栖息于弹簧孔内。此外，在舰船的床垫、凉席、沙发、舱壁缝隙等处均可藏匿。

臭虫不仅频繁叮人吸血，引起瘙痒等过敏性皮肤病，扰人睡眠休息，影响工作，而且能携带乙型肝炎表面抗原（HbsAg）达 120 天之久，可能是乙型肝炎的传播媒介。

3. 蚊、蝇

舰船上，成蚊以住舱内为多见，苍蝇则主要在厨房及饭厅内活动。靠近码头时，舰船蚊蝇受当地密度影响，有所增加，出航时则不多见。

（二）舰船常用卫生害虫防治技术

主要是防止蟑螂、臭虫入侵舰船，以及蚊和蝇等卫生害虫滋生。主要控制方法是化学防治。由于舰船一般舱室狭窄，人员集中，通风不佳，因此应选用低毒、高效、速效、长效、广谱的杀虫剂。同时应选用对人体无刺激，对仪表、金属和涂漆表面无明显损害的制剂。为防止昆虫产生抗药性，还应经常更换药剂，以达到虫媒控制之目的。

潜艇是一个密闭的环境，对所用杀虫剂的要求较高，水下和水面航行状态或岸泊时，也只能使用水溶性杀虫剂，因为烃类有机溶剂对空气净化系统有损害。潜艇上不能储存杀虫剂原液，需要时应由基地或补给船供给。

（三）舰船灭蟑螂

在开展灭蟑之前，首先应调查蟑螂的密度。最简单的方法是按定人、定点、定时的原则进行调查。由专人在晚上观察一个舱室 5 分钟内的虫口密度，每次调查的范围必须相同。虫口密度＝虫口数/5 分钟。其次应确定防治范围。若害虫侵扰的舱室超过舰船全部舱室的半数，应对所有舱室全部处理；若只有少数舱室受侵扰，则仅对部分舱室处理。其三，应确定防治方法。对蟑螂侵扰严重的高密度舱室，应选用喷洒杀虫剂，辅以其他控制方法。对侵扰不严重的低密度舱室，宜用物理方法或毒饵、撒粉等方法，喷洒杀虫剂作为辅助。此外，由于舰船上机构复杂，食源丰富，有利于蟑螂生长繁殖，故舰船上灭蟑螂应标本兼治，多次反复进行才能奏效。

1. 化学防治

不同的化学防治手段有着显著的优缺点差异，必须因时、因地制宜地科学组合，使之相互协调、取长补短。当舰船侵害率超过 50% 时对全舰进行处理，侵害率不足 50% 时只对重点舱室和阳性舱室进行处理。舰船的船舱都是密闭系统，药物喷雾或滞留喷洒在蟑螂密度高时效果明显，但由于蟑螂多隐匿藏身，药物直接喷杀致死的可能性很小，只是在出没时接触到地板、墙面等界面上残留的药物时才被触杀或中毒，且其接触的药量往往低于致死的剂量，因此蟑螂对滞留性喷洒、喷雾最易产生抗性。且药物大部分挥发或被界面吸收分解，防治效果较低。因此舰船灭蟑以使用烟雾剂或灭蟑毒饵为主，二者配合使用效果更佳。

1）烟（雾）剂灭蟑。烟剂微粒直径 0.3~2μm，气雾剂微粒直径也在几微米到几十微米之间，能使杀虫剂较长时间悬浮于空间，发挥触杀乃至熏蒸作用，对蟑螂起到快速杀灭的效果。烟剂使用方便，施药后环境污染较小。雾剂，特别是热雾剂技术需要使用大量的柴油或无臭煤油等燃油，成本较高，易引发安全事故，施药后易留有污迹，特别是住舱使用后被褥衣物受污染较为明显。此外，烟雾剂常用药物以拟除虫菊酯类为主，蟑螂的抗性水平使药物用量不断增大，环境污染问题不容忽视。

有实验显示，在以德国小蠊为优势种群的舰艇上，厨房、餐厅、储物间等侵害率达到 57.14% 的舰船上使用 2% 热烟雾（1.2% 胺菊酯＋0.8% 苯氰菊酯）灭蟑，10 天密度下降 84.4%，30 天下降 77.8%。在厨房、餐厅、储物间等侵害率 86.36% 的舰艇上，使用 7.2% 右旋苯醚氰菊酯烟剂和 0.16%

氟虫腈胶饵灭蟑，30 天密度下降率达 90%。在厨房、餐厅、储物间等的侵害率达 68.97% 的舰船上首次用 7.2% 右旋苯醚氰菊酯烟剂和 0.16% 氟虫腈胶饵灭蟑，30 天后再次使用烟剂灭蟑，60 天密度下降 97%，90 天达 91%，120 天时仍可达到 79%。可用于舰船灭蟑的烟雾剂还有 2% 高效氯氰菊酯烟雾弹。1 个/5m² 烟雾弹，关闭舱室门窗熏杀 40 分钟后，打开门窗通风，15 天密度下降 96.8%，60 天密度下降 87.1%。

2）毒饵或胶饵灭蟑。毒饵灭蟑螂效果显著，尤其是胶饵，事先不需要做复杂的准备工作，操作简单，对正常生活和工作无影响，效果可持续数月，能弥补喷洒药物或烟雾剂无持效的缺陷。颗粒毒饵在舰船高湿环境下易受潮，导致引诱性明显降低，且船体摇晃造成布撒困难，实际应用较少。

在舰船上采用定时定点观察计数法，在现场用手电筒照明观察并计数蟑螂，施药前德国小蠊平均密度为 43 只/5 分钟。将 2% 伏蚁腙杀蟑胶饵以小圆点状施放于蟑螂巢穴周围及经常出没的开水炉附近、抽屉里、天花板缝隙、电源开关接缝、管线头、柜子后、灶台周围等场所，施放量为 0.25 ～ 0.50g/m²（以蟑螂实际侵害面积计算）。施药后 7 天，蟑螂的平均杀灭率为 75.18%，第 21 天为 84.94%，第 30 天为 90.89%，第 45 天为 98.31%，第 60 天为 99.71%。

用 2.5% 乙酰甲胺磷灭蟑毒饵时，按 5g/10m² 投放灭蟑毒饵，分别放置在蟑螂经常活动的地点如墙角、橱柜搁板、桌子抽屉、冰箱和水池下等，30 天密度下降 94.4%。

2. 物理防治

各种物理防治措施都具有安全、易行、经济、简便等共同优点。

1）捕打。晚上 20：00 至 22：00 是蟑螂活动高峰时间，此时进舱开灯用蝇拍等工具突击捕打。

2）诱捕。用罐头玻璃瓶或广口瓶，在瓶口涂一圈香油或凡士林，瓶内放些面包块，瓶口处用硬纸板搭一条"引桥"，蟑螂从桥上爬进瓶中即被捕获。

3）黏捕。此法成本低廉，连续使用可使虫口密度下降，适于舰船上使用，对大小蟑螂都有很好的黏着力。使用时将黏胶纸板上的防黏纸撕掉，在中央放小块面包，蟑螂爬入即被黏住。有人曾在 10 艘船上投放黏捕盒 1030 个，黏捕蟑螂的阳性率为 90.97%，平均每盒捕虫 29.65 只/夜，最多一盒为 405 只/夜。

4）烫杀。舰船上所有耐热的器具、炊具、缝隙、管道、洞穴均可沸水浇烫或蒸气喷灌。高温对蟑螂成虫、若虫和卵均有杀灭作用。

5）冻杀。舰船在冬季（0℃以下）进厂大修或人员离舰中修时，可敞开舱室门窗，充分暴露在冷空气中，24 小时后，蟑螂成虫、若虫可全部冻死。但对日本大蠊无效，因其若虫能在 -15 ～ -20℃ 条件下越冬。

3. 环境防治

改造舰船环境，消除蟑螂栖息、繁殖场所，是舰船杀灭蟑螂的治本措施。

1）搞好舰船内务卫生。对蟑螂停息的舰船物体表面、角落，经常擦洗，除去其粪便残迹和卵块。

2）根除舰船栖息场所。改进舰船设计和装配工艺，尽量减少缝洞、孔洞和死角；舱室装饰材料有破损、裂缝、孔洞时，可用油灰或水泥、油漆等材料堵塞填平，大的缝洞用木板或铁皮钉住，根除蟑螂的聚集场所。

3）断绝蟑螂食物和水源。加强舰船食品保管，及时处理垃圾、泔水，洗净、擦干餐具；保持地面、台桌洁净，舱内应通风、干燥。

4. 综合防治

目前国内外所倡导的综合防治措施具有双重意义。一是指从昆虫与环境的整体出发，因时、因地、因虫制宜，合理采用化学、物理、环境等多种防治手段，使之互相协调，取长补短，提高防治效果。在多种防治措施中，应根据蟑螂的生活习性，技术条件，选出最佳主导措施，辅以其他措施，以便突出重点，有的放矢。二是指一种杀虫剂多种用途。现用的杀虫剂多为广谱，灭蟑螂的杀虫剂及其有效浓度，对舰船的其他卫生害虫也都有效。可根据不同情况，做出周密的防治计划，争取一次用药，收到多种效果，既可节省用药又可减少污染。

（四）舰船灭臭虫

对舰船上的臭虫，应按"统一、细致、彻底"的原则加以消灭。"统一"即统一行动，全舰开展，防止出现死角；"细致"即在喷药前把衣被搬出晾晒，把床垫对折架起来，而后进行药物处理；"彻底"即是喷药要周到，凡是臭虫隐藏的缝隙均要喷到。

倍硫磷灭臭虫效果较好，0.5%倍硫磷、0.5%甲基嘧啶磷、0.1溴氰菊酯溶液用滴管滴进缝隙中，或用喷雾器喷洒，用量100~200ml/m²。施药后3天即可见大量臭虫死亡，7天内可基本杀灭，持效2~4个月，夏季处理1~2次基本可控制臭虫的危害。

此外，开水烫仍是灭臭虫的简易有效方法。

二、旅客列车上蟑螂防治

（一）蟑螂在车上的栖息特点

旅客列车为蟑螂栖息的特殊环境。车上食源丰富，温湿度条件适宜，并有栖息繁殖的缝隙。

蟑螂的登车途径及借助条件为：①食品，餐料携带；②行李包裹携带；③车辆停库时自行爬上。

蟑螂在旅客列车上的场所分布呈散栖形，但在每个栖息点上又近似群居的岛状分布，这种分布的特性取决于车内食源的多寡、温湿度的适宜与否。在餐车上，主要栖息在后厨灶旁的卧式冰箱下，洗刷池的边缘和底部的缝隙内，上橱柜内部及后厨外端门旁的立式菜橱内。前厅内的烟酒柜橱，端部的杂品库、粮食及食品库及碗筷橱柜等是蟑螂栖息的主要部位，暖管下是其经常窜行的主要途径。此外，某些破旧冰箱（立或卧）往往也是蟑螂较好的栖居处所。存放食品的部位多数都有蟑螂栖息。在软卧车上，各包房中蟑螂分布比较均匀，无明显差异，在门上部的物品橱和底部暖管下稍多于其他部位，但总量并不多于其他车辆。在硬卧车和硬座车上，主要的栖息部位是乘务室。应该注意的是乘务员宿营车蟑螂指数往往高于其他车厢。

（二）密度（指数）调查方法

1. 蟑螂（蜚蠊）登车途径的调查

1）对餐料（食品）和行包带蠊的调查。采用直检法，在蟑螂出现高峰期及活动季节中，以随机抽样，每次调查对不少于100件（一个包装）餐料（食品）、行包等进行直观检查，记录带有蟑螂的件数，计算带蠊率（%）。对同类物品、同类车辆或不同线路（列车行向）、不同列车带蠊率进行比较，以掌握蟑螂登车途径和概率。

2）用上述直检法也可以进行带蠊指数的调查。即在检查每件物品，记录蠊数的同时，记录每件物品中带蠊只数，计算不同类物品的带蠊指数（只/件）。

2. 车内蟑螂指数的调查

调查的目的在于掌握车上蟑螂的种类分布，季节消长及评价防治效果。

1）种类分布和季节消长调查。目的是确切掌握车内蟑螂的本底状况。采用药激法，即在一列车中对餐车的后厨、乘务员宿营车和一辆硬座的乘务室（最好是出售食品的车厢）用0.05%溴氰菊酯水溶液进行喷雾，待蟑螂兴奋爬出击倒后，将蟑螂收集带回实验室进行分类鉴定，记数，并计算种类构成（%）。每季抽查3列有代表性的列车，绘制曲线图。

2）评价防治效果的调查。采用上述药激法，于防治前后（灭前3天，灭后3天）各调查一次，喷药后30分钟记录爬出的蟑螂数，然后计算指数（只/喷药车厢数）以代表全列车蟑螂指数。

密度计算公式：

$$I = \frac{x}{y}$$

式中　I——平均指数；

　　　x——喷药后30分钟内爬出的蟑螂总数；

　　　y——调查车辆数。

根据防治前后的平均指数，计算杀灭率。

计算公式：

$$K = \frac{Bc - Ac}{Bc} \times 100\%$$

式中　K——杀灭率（％）；

　　　Bc——防治前平均指数；

　　　Ac——防治后平均指数。

（三）旅客列车上蟑螂防治方法

蟑螂在列车上生存的条件，除与列车食源的多寡和温、湿度有关外，也与环境卫生状态的优劣密切相关。因为蟑螂是典型的杂食性害虫，任何种类的有机垃圾都可成为其良好食物，列车蟑螂防治应从以下方面进行。

1. 环境防治

基本方法就是彻底搞好环境卫生，特别是应确实搞好微小部位（如各种缝隙等）的卫生，彻底清除栖息场所和食源。

1）彻底清除餐车后厨内各种缝隙中的食物残渣。不少餐车的卫生状况粗观还能过得去，而细观时则问题很大，其中最为明显的就是后厨下部的各种缝隙中都塞满残食渣和油（污）垢，给蟑螂的生存提供了非常优越的条件，因此必须对这一部位进行重点彻底清除。

2）彻底搞好各车厢的乘务室和暖管下部的经常性卫生。加强小型清扫工具的使用，保持各种缝隙中无垃圾，无食物残渣，经常清洗厕所，保持无粪便积存。

3）加强食品上车前的检查，随时清除蟑螂虫源。

4）及时维修好破旧冰箱，对使用的冰箱要经常洗刷。

5）在条件许可时堵塞车内各种不必要的缝隙，以防蟑螂繁殖。

2. 化学防治

（1）对化学杀虫剂的要求

能够用于卫生害虫防治的化学杀虫剂应达到下述标准：高效、速效、对人畜禽低毒，对环境无或少污染，使用简单，来源方便，成本低，无特殊化学性气味，无色，易保存，不易燃易爆。

（2）杀虫剂的应用原则

1）所用药剂浓度（或剂量）要准：杀虫剂应用浓度（或剂量）的选择，可参考某药对某虫的毒力（即 LD_{50}），将 LD_{50} 乘以 40～200 倍，就是现场的应用浓度（或剂量）。例如，某一杀虫剂 LD_{50} 是 0.05μg/虫，乘以 200 倍，为 10μg/虫，若检测 LD_{50} 的点滴量为 0.5μl/虫，乘以 40 倍，则使用浓度为 20μg/μl，转换单位得 2％。

2）单位面积上的用量要足：杀虫剂在单位面积上的用量直接关系到杀虫速率和效果。而单位面积（或体积）上的用量又决定于被作用表面对水分吸附度的大小，如在 1m² 白灰墙面与 1m² 油漆面的家具上，由于其对水分的吸附度不同，药液的用量就不同。一般常规用量不少于 50～100ml/m²，原则是以使处理表面完全润湿为准。

列车蟑螂防治时，由于蟑螂均栖息于缝隙中，只是在觅食时才在夜间爬出活动。因此，施药的主要方式应以线状滞留喷洒为主，将足量药液喷入蟑螂栖息的缝隙内，使药液完全达到环境作用点上。其次，要反复地在环境作用点上施药以维持足量的毒力，随时可对触及药物的成虫和孵化出的若虫进行杀灭。每次（特别是第一、二次）施药的间隔时间为 15～20 天，以保证持效。

3）作用时间要够：任何杀虫剂对目标起作用（即达 90％～100％）均需一定时间，即便是速效杀虫剂也是同样。

（3）旅客列车蟑螂防治要点

1）季节控制：列车上的温、湿度适合蟑螂越冬，但冬季多为高龄若虫，因此，早春和秋末时期的防治工作对控制当年及翌年的蟑螂密度非常有利。每年2月（北方在3月）和10月（北方在9月）各进行一次彻底的消杀，以杀灭准备越冬的若虫和初、末代成虫。在夏季蟑螂活动高峰季节，应结合列车的日常卫生管理，经常进行必要的防治，特别在7～9月蟑螂世代交替时期，进行1～2次（最少间隔半月）控制。能有效控制密度指数的增长。

2）重点与全面防治结合：蟑螂在列车上的栖息场所虽有一定倾向性，但总体来说是无孔不入的。因此，防治工作以点面防治相结合的原则，由重点部位餐车开始逐步向两侧车厢进行，要对每节车厢从上到下喷洒，不漏掉蟑螂可以匿栖的缝隙和孔洞，使得药物在每一个环境作用点上都能发挥最大的效率，不遗留任何一个蟑螂可以躲藏的场所。

3）旅客列车灭蟑原则是降低蟑螂密度指数，一次防治指标为杀灭率100％，日常监测蟑螂密度应低于每车厢2只。

三、飞机舱内卫生害虫防治

（一）飞机除虫的特点及要求

一些传染病毒的潜伏期较长（如黄热病的潜伏期一般为6天），在这个期限内，飞机可以绕地球飞若干圈，因此需要尽快地发现和消灭有关传播媒介，保护乘客和机组免遭疾病的侵袭，防止飞机把带有病毒的病媒生物从一个地区迅速带到另一个地区，造成疾病的传播和蔓延。

根据世界卫生组织的规定，当每架飞机离开处于黄热病疫区的机场或从有该病传播病媒生物存在的地域飞往无这些病媒生物或这些病媒生物已被消灭的地方时，以及飞机飞离处于疟疾或其他病媒生物传播疾病地区的机场时，均应按WHO规定的方法进行病媒生物控制。

按国际卫生条例的要求，在进行病媒生物控制操作时应注意：①不应有令人不愉快的、刺激性或有损于健康的气味，不含毒性残留物；②不应造成飞机的结构、操作设备、仪表或零件的任何损害，对机窗或风挡无任何腐蚀作用；③无发生火灾的危险；④有符合要求的、可接受的生物效果。

（二）飞机舱内用杀虫气雾剂

将用液化气作抛射剂的杀虫气雾剂用于飞机上防治卫生害虫及农业害虫的传播，始于1942年。当时气雾剂配方中的杀虫有效成分是天然除虫菊及芝麻油。自滴滴涕出现后，有效成分采用滴滴涕与除虫菊混配，此后就一直作为标准的气雾剂配方。随后一些国家采用了6.45％除虫菊＋2.70％胡椒基丁醚配方。随着对环境问题的关注，气雾剂配方也在不断研究改进。美国、英国、日本及法国的科学家研究开发了一批对卫生害虫及农业害虫具有广谱杀虫效果的合成除虫菊酯，其中两种拟除虫菊酯：苄呋菊酯（NRDC－104）及右旋苄呋菊酯（NRDC－107）经WHO在世界范围内进行的飞机除虫试验证实，它们对伊蚊、按蚊及库蚊具有高效。1977年5月经WHO第十三次会议（日内瓦）批准，可在飞机用杀虫气雾剂中使用。

国际卫生条例中对飞机的病媒生物控制，建议了气雾剂的规格以及批准的杀虫气雾剂配方，要求在用生物测试法检验时，气雾剂的灭虫作用应不低于标准参考气雾剂SPA的作用（在SRA标准参考气雾剂中以DDT为技术标准得出的生物效果，但在实际使用中决不能将DDT用在机舱杀虫气雾剂中）。

WHO早期推荐的配方为：苄呋菊酯或生物苄呋菊酯2％（不加溶剂），抛射剂CFC－12/CFC－11（50/50）98％。

1977年5月WHO日内瓦会议批准的推荐配方为：右旋苯醚菊酯（不加溶剂）2％，抛射剂CFC－11/CFC－12（50/50）98％，日本住友的商品名为2％速灭灵气雾剂。

右旋苯醚菊酯（日本住友化学产品）的毒性（$LD_{50} > 10000mg/kg$）比苄呋菊酯（$LD_{50} > 5000mg/kg$）及生物苄呋菊酯（$LD_{50} > 9000mg/kg$）更低，因而更安全。

卫生杀虫用的药物和器具都有一定的适用性，2％飞机用速灭灵气雾剂的使用场合和方法是特定的，严格按其特殊性操作使用方能达到最佳的除虫效果。曾有人将它用于露天航空食品垃圾灭苍蝇，说它对苍蝇击倒力不强，不如敌敌畏；也有人说它对蚊虫的击倒速度不如胺菊酯，因为胺菊酯属击倒型杀虫剂，而速灭灵属致死型杀虫剂。这些说法都只顾及了一个侧面，而忽视了它对特殊场合的适用性。

由于 2% 速灭灵杀虫气雾剂对病媒生物优异的致死能力，对人的高安全性、不燃性，对喷洒环境无残留污染损害，以及因药滴细而具有的良好缝隙穿透性能，除了用于飞机除虫外，还适合于宾馆、高级住宅、医院、餐厅、食品加工场所及其他交通工具上。过去船上的油库及电气间是禁区不能用药，所以除虫总是不彻底。上海远洋公司防疫站在远洋轮上使用 2% 速灭灵气雾剂后，提高了船上的除虫效果，在高级精密的仪器间使用，可把隐藏的病媒引诱出杀死，但仪器仪表无损无蚀。此外，2% 速灭灵气雾剂还可用作检查有无蟑螂的工具，药滴的穿透性好，加之速灭灵对蟑螂有兴奋引诱作用，只要稍微一喷，在几分钟内蟑螂就会从缝隙中纷纷爬出，逐渐击倒死亡。这一功能对检查机、船及列车有否携带蟑螂入境，提供了一种小巧、灵便而有效的方式。2% 速灭灵杀虫气雾剂经美国环保局批准（登记号 39398－1），许可用于机舱内除虫。在法国及日本，也是唯一准许用于机舱除虫的气雾剂。国内已由笔者 1989 年组织试制，并在民航及远洋系统使用。

（三）飞机舱内用杀虫气雾剂使用方法

飞机舱内控制病媒生物一般有在飞机开始滑行时和快要到达时实施两种方法，前者又称"取掉轮挡"灭虫法，现已作为国际检疫目的地的标准灭虫方法。通常要求航空公司尽量执行前一种方法，在有特别程序要求时才执行后一种方法。因为要防止病媒生物危害，就应在病媒生物对机组人员或旅客造成骚扰或卫生危害之前，即在飞机准备起飞时就予以杀灭。

"取掉轮挡"除虫方法一般是指在旅客登机，当机门关闭后到实际起飞前的一段时间内，即从机轮取掉轮挡后立即执行灭虫，这样不会干扰或延误航班出发。这种方法要求对机舱内各部位，包括厕所、食品舱、客舱都必须进行喷洒。对驾驶舱则在机组人员登机之前由地面人员先进行喷洒。

对于机上灭虫，国际航空运输协会医学手册及 WHO 规定了灭虫程序，包括用药量，用药时间、地点及使用方法等都有详细介绍。

起飞前"取掉轮挡"灭虫法，对单通道飞机和双通道飞机要求略有不同。

1）单通道飞机：①驾驶舱灭虫应在预计机组人员登机之前的适当时间，用气雾剂喷射 3～5 秒钟灭虫，但在任何情况下不能早于机组登机前 30 分钟，因药滴沉降需一定时间，30 分钟以后，空气中基本上已无药滴；②货舱灭虫应在装货后，飞机在关上货舱门之前，按适当剂量配方充分喷药；③客舱区，包括厕所、存衣间、厨房（应无食物或厨具暴露），应在乘客登机，登机门已经关闭，起飞前灭虫。

2）多通道飞机亦应符合上述三条。喷药时由两名乘务员，每通道一人，同时从客舱的一端开始，向客舱的另一端缓慢移动进行喷药。喷嘴高度应在高于座位上乘客的头部，低于行李架的位置，喷出的药液不应喷湿舷窗或侧壁。飞机内昆虫所有可能隐藏之处都要喷药，包括碗柜、箱柜、存衣间、行李和货物。喷洒杀虫剂时应保护好飞机内的食品和器皿免遭污染。在对主要机舱区灭虫之后，一位乘务员可对飞机的楼梯和上层舱进行喷药，同时另一位乘务员可对所有存衣间及厕所喷药，每个存衣间或厕所喷雾 4～5 秒钟。在喷药时，通风系统应关闭一段时间，一般为喷药后不少于 5 分钟，但现代化的喷气式飞机不可能做到这一点，建议将通风系统的空气交换量降低到乘客和机组所能接受的最低水平。

对这种除虫方法，要求航空站提供 4 罐 140g 飞机舱内专用气雾杀虫剂，两罐使用，两罐留待飞机出故障时备用，也可以用 7 罐 49g 容量的气雾杀虫剂，以期达到同样的除虫标准。杀虫气雾罐应标明编号，并将此编号填写在卫生申报栏中。杀虫气雾剂空罐在喷完后应保存好。当飞机到达终点时，须与总申报单一起作为飞机已除虫的证据提交卫生部门。

用 2% 右旋苯醚菊酯杀虫气雾剂均匀全面地喷洒全部需处理的空间，用药量按每 100m³ 密闭空间35g。

在"取掉轮挡"喷药作业完成后，若因任何原因飞行中止，飞机需返回停机坪并将机门打开时，则在重新起飞前再按此步骤进行灭虫。

对驾驶舱、货舱（包括前货舱和尾舱）、货物集装箱和飞机起落架的喷药工作由地面人员进行。但也应采用经世界卫生组织批准的配方制成的飞机专用杀虫气雾剂，并应在飞机总申报单上特别写明喷药的地点、日期、次数和方法。

在某些情况下，如果飞机到达地的卫生部门认为有迹象表明飞机上的除虫措施执行得不够令人满意的话，国际卫生条例允许该地卫生部门对飞机进行再次除虫。当然也有一些国家为了防止飞机将害虫携带入境造成危害，也使用了一些世界卫生组织批准之外的杀虫剂，但此时为防止意外情况发生，也必须注意以下三点：①喷药只能在所有机组人员及旅客都下机后进行；②实施该项喷药工作的部门必须肯定所使用的杀虫剂对飞机结构不会留下有害的影响，如腐蚀、化学反应、破坏或降低电气线路的绝缘等；③在喷药后至开始登机之前必须留有足够的时间进行通风。显然，①、③两条主要是考虑到杀虫剂毒性对人的影响。当飞机在某机场短暂中转停留时，其他杀虫剂就不能使用，而只能应用世界卫生组织批准的2%速灭灵气雾剂。

四、集装箱有害生物防治

（一）概述

随着世界各国的经贸往来，进出口货物量日益增长。集装箱作为一种高效、经济、安全的货物装运手段，在各类货物运输方面均获得了大量应用，发展十分迅速，上海港2013年吞吐量达3361.7万标准箱，居全球第一。全国各大港口，如上海、大连、秦皇岛、天津、青岛、连云港、南通、宁波、温州、广州、湛江、海口，北海等，再加上国际铁路货运量，每年集装箱吞吐量达几千万标准箱。

然而与此同时，各种有害生物，包括害虫、病原体及啮齿动物等也随之夹杂在货物中随集装箱一起到处传播，带来灾难性的疾病及财产损失，严重危及国家卫生安全、人民生命健康，更造成巨大的经济损失。据查随着集装箱货物传布的有害生物涉及的种类十分广泛。1990～1995年，上海某口岸针对废旧物品中携带有害生物开展了重点调查，在入境集装箱中就发现病媒生物2纲3目4科，其他害虫1纲3目10科（表17-12，表17-13）。

表17-12　入境集装箱检获病媒生物种类

目	科	属	种	数量（只）	进口国家及地区	时间	货名
双翅目	丽蝇科	优丽蝇属	优丽蝇	21	美国旧金山	1990.10	废纸
		粉蝇属	粗野粉蝇	1	德国汉堡	1995.1	设备
	蝇科	腐蝇属	厩腐蝇	33	美国	1995.8	废纸
		厕蝇属	夏厕蝇	13	加拿大	1994.9	设备
		家蝇属	家蝇	64	美国	1993.8	设备
蜚蠊目	蜚蠊科		卵鞘	3	美国	1995.8	盐湿牛皮

表 17 –13 入境集装箱有害节肢动物及其他昆虫

纲	目	科	属	种	数量（只）	进口国家及地区	时间	货名
蜘蛛纲					2	马来西亚	1994.9	设备
					3	荷兰	1993.7	废塑料
					2	荷兰	1994.9	废塑料
					1	韩国	1994.11	设备
昆虫纲	鞘翅目	长蠹科		谷象鼻虫	5	印度	1994.10	纺织品
		天牛科		天牛	1	意大利	1995.3	拆胎机
		布甲科			2	德国	1995.8	设备
		阎甲科			1	德国	1995.8	设备
		隐翅虫科			1	荷兰	1995.4	废塑料
		长角跳虫科			21	荷兰	1995.6	废塑料
		螳螂科		螳螂	1	日本	1995.8	废马达
		毒蛾科		桑毛虫	2	日本	1995.8	废马达

其中粗野粉蝇在欧洲常见，这次在上海口岸首次发现，而优丽蝇属仅分布于美洲，澳洲也有少量分布，整个亚洲地区没有该属，在这次检查中被检出，也属国内首见。所检获的蝇类均是在熏蒸击倒后在集装箱内发现的，一旦飞出则难寻觅，就会在我国境内繁殖，破坏我国昆虫种类的生态平衡。

其他动物还有蚂蚁、鼠类等，几乎各种有害生物随时随地都有可能进入集装箱内，或通过货物及包装夹带入，或在集装箱空箱状态时即已进入潜伏。

除昆虫及有害节肢动物外，在集装箱内也检疫到大量病原体，如布氏杆菌，铜绿假单胞菌，大肠杆菌，炭疽杆菌及痢疾杆菌等。

集装箱运输造成的卫生问题还包括其经常装载各类废旧物品，如旧轮胎、动物毛皮、废纸及废塑料等，有些物品污秽不堪，形同垃圾，已腐蚀变质，携带许多病菌如痢疾杆菌等。大连口岸卫检对进口集装箱的旱獭皮采样检验，检出鼠疫菌 F1 抗原。上海口岸卫检在检查时，发现集装箱废旧物品中夹有注射器、血浆袋，废纸中混有动物尸体等。可见国际集装箱存在的卫生问题是非常严重的。

某一只集装箱究竟携带什么有害生物和病原体，是一个无从探查的未知数，因而不可能对它采用选择性的处理方式，而且在消毒及杀虫两方面均不可疏忽，不能单取其一，否则就达不到防治的目的。因此必须采用全面、彻底的处理，让喷施的药剂能完全充满集装箱内的一切空间，包括隙缝等，甚至还要求它能有效渗透过包装进入货物内部，这样才能达到有效处理的目的，守好国门安全第一关。

（二）集装箱内害虫的调查方法

人工翻找。以三人一组对入境的集装箱和废旧物品进行翻动检查，发现昆虫即用毛刷、毛笔或镊子获取，装入试管或纸盒中带回，并做好登记工作。

紫外灯诱法。在夜间对装有废塑料（生活塑料）的集装箱进行紫外灯诱。使用 8W，360nm 紫外灯悬挂于半开的集装箱门上，黄昏时分亮灯，翌晨日出前收灯。而后将收集到的虫类携回实验室进行分类鉴定，并做好登记。

熏蒸检查法。对废纸、废五金等物品先行熏蒸，24 小时后开箱散气，而后用手电和毛刷小心地在箱门的边缘及侧面等处查找搜寻，将击倒的有害生物一一取出并分类，登记，编号，带回实验室处理。

（三）防治技术

目前常用的集装箱主要有两种规格，内容积大小按立方米计，一种为 33.4m³，即 20 立方英尺标准集装箱（TEU），另一种的规格比它大一倍，容积为 67m³（40 立方英尺）。整个集装箱关闭后呈密闭状态，门框上装有橡胶密封，在两对角上部留有出气孔。

由于集装箱内装的货物种类繁多，大到机器设备，小到散装废旧塑料，包装形式也五花八门，从木板箱、纸箱到塑料编织袋，不一而足。货物在集装箱内的堆放有的有序，有的无序，几乎充满了整个空间。各种有害生物及病原体或躲在隙缝处或藏在货物中，呈随机分布，各种病毒、细菌更是到处附在货物及包装上。

这样一种特殊场合，排除了化学药剂喷射及物理防治方法。因为这些方法都不能使药剂遍布整个箱内，更不要说使药剂渗透入塑料袋包装的货物内部起作用了。

目前常用的方法是采用熏蒸剂。使用时将钢瓶容器内的加压熏蒸剂通过容器阀门管路连接在插入集装箱内的钢针上。当打开钢瓶阀门时，熏蒸剂就从钢针管口向集装箱内释放汽化，这种汽化产生的药滴粒径可以小到纳米级，因而具有优良的穿透能力，迅速充满整个集装箱内的空间，甚至透过包装进入到货物内部深处，从而达到良好的处理效果。

根据1992年4月1日起实行的《中华人民共和国进出境动植物检疫法》，出入境的动植物产品及其运输工具（国际海轮、国际列车和国际空运飞机的货舱）和包装器具（如集装箱，木板箱等）都必须经过检疫合格后才能出入境。货物到岸后检疫人员按合同规定对货物取样抽检。如发现货物及舱室有害虫时，必须就地熏蒸处理后才能入境。我国的检疫法并没有规定使用何种熏蒸剂处理。

现行使用较广泛的药剂有：①虫菌畏（12%环氧乙烷+88%CFC-12），使用剂量为$50g/m^3$，主要用于除虫、灭鼠，兼消毒；②溴甲烷，使用剂量为$30g/m^3$，主要用于杀虫兼消毒；③硫酰氟，使用剂量为$12g/m^3$，主要用于杀虫及灭鼠。

操作时，根据集装箱的规格，由操作人员以人工计时方式控制剂量。

目前使用的这些方法存在一些缺点：①消毒和杀虫不能同时进行，需要分别重复操作；②以人工计时控制施药剂量，人为因素造成误差大，影响防治效果；③操作劳动强度大，作业效率低；④操作人员接触药物的机会多，中毒危险性较大。因而需开展新药械配套应用的研究。

溴甲烷（CH_3Br）是一种多用途的广谱杀虫熏蒸剂。它的沸点较低，常温常压下为气体，压力下液化，释压时易于汽化，无色无味，不燃，毒性很强。溴甲烷有很强的渗透力，因此，杀虫效果很好，对各种昆虫、虫卵以及霉菌等都能杀伤。同时，由于它不溶解在蛋白质中，也不易水解，所以用它处理谷物、水果、新鲜蔬菜、花卉等，表面不会变色，内部不变味。人们食用时十分安全。

溴甲烷自20世纪70年代开发应用以来，使用量逐年增加。这些溴甲烷最后全部进入大气。1992年11月23～25日在哥本哈根召开的议定书缔约国第4次全体会议上修订的《蒙特利尔议定书》中，已将溴甲烷列为受控物质，规定从1995年1月1日起，溴甲烷的生产量和消费量（不包括进出口植物产品的检疫和装运前处理所消费的数量）冻结在1991年实际生产和消费（不包括植物产品检疫和装运前处理）的数量水平上。

但是，由于检疫处理要保证防止各地区病虫害的交叉传播，要求熏蒸处理100%有效，所以不得不继续使用溴甲烷。其中包括在集装箱上的应用。

已有报道当溴甲烷与环氧乙烷按一定的比例混合使用时，两种化合物之间有许多协同作用，不但可以提高对消杀物及包装的穿透力，增强消杀效果，而且能够防爆，降低易燃性。由于环氧乙烷能对蛋白质分子起烷基化作用，干扰微生物酶的正常代谢而使之死亡，对各类微生物都具有良好的杀灭作用，所以目前也广泛使用在集装箱的卫生检疫处理上。在使用中为了防燃防爆，常常采用防爆合剂，如10%的环氧乙烷与90%二氧化碳或90%CFC-12混合。

硫酰氟是一种广谱性熏蒸杀虫剂，渗透力强，用药量少，不燃不爆，对熏蒸物安全，尤其适合低温使用。硫酰氟作为一种临时性的溴甲烷替代物，逐步用于集装箱的害虫防治。目前硫酰氟在世界范围内只有4～5个公司在生产，其中美国陶氏益农公司最大，生产最早，我国有浙江黎明化工厂、山东龙口化工厂及杭州茂宇公司在生产供应。

日本住友化学工业株式会社采用0.48%～1%高克螂（或速灭灵）二氧化碳制剂来处理，防治效果良好。据介绍，这种制剂具有以下特点：①由于二氧化碳作溶媒，喷出成雾后仍是二氧化碳，不对大气构成污染。②喷雾粒子径细达0.3～2μm，喷射距离可达10m，因而穿透及扩散性好，有利于药物均匀分布。与溴甲烷熏蒸处理相比，不必强调采取防止漏气发生爆炸等措施。

日本住友化学工业株式会社介绍的这种方法，在雾化原理上与溴甲烷熏蒸剂等不同。溴甲烷熏蒸剂等是利用药剂本身的沸点，一旦进入空气后就自然蒸发汽化，从而达到均匀扩散的目的。而高克蟑或速灭灵等本身无蒸发汽化能力，而是以二氧化碳作为载体，靠二氧化碳汽化时的能量将它粉碎雾化成细小药滴。前者的使用要受到环境温度的影响，当环境温度低于该药剂的沸点时，给使用操作带来困难，而后者的使用则不受环境温度的限制。

我国科技人员在溴甲烷替代方面开展了大量研究试验工作，取得了突破性的进展。美国环保局发现硫酰氟的温室效应是二氧化碳的 4870 倍，加上其他潜在危害，硫酰氟也开始受到质疑，这一点与溴甲烷在 20 世纪 70 年代损害臭氧层受到质疑相似。尽管如此，硫酰氟的大量应用是目前必然的趋势，它有广阔的潜在市场，而且至今为止还没有更好的替代物可以与它竞争。

五、地铁等地下设施及空间病媒生物的调查及控制

地铁等地下设施及空间病媒生物的控制是病媒生物防治的新领域，具有较大的发展前景和实用价值，本节将以较大篇幅详细介绍轨道交通病媒生物的调查及控制。

（一）地铁病媒生物调查

地下铁道具备大量、不间断的输送能力，且安全、快速、准时，已成为城市交通的主体。在国外，伦敦、巴黎、莫斯科、东京、纽约、首尔等城市已形成了上下数层、四通八达的地铁网络，有的城市还建设了地下的大型商场、娱乐场所，并与地铁网络组成了地下城市。在国内，北京、天津、上海、重庆、广州、深圳、南京、沈阳、成都、佛山、西安、苏州、武汉、大连、昆明、杭州、哈尔滨、香港、台北、高雄等城市都有了地铁，还有更多城市的地铁正在建设中。由于地铁运行方式的特殊性，一旦发生事故，其后果特别严重，各国地铁都特别重视安全问题。其中，地铁的鼠害不容忽视，老鼠会咬破电缆等，造成电气线路短路起火。一旦发生火灾，产生浓烟和热浪，同时会产生大量有毒的气体，或因停电造成一片黑暗，给人员的安全疏散、消防员的抢险救生与火灾扑救带来很大困难，造成生命财产巨大损失。

截至 2013 年 6 月，上海市已有的轨道交通运营里程达 439 千米，车站数目 288 个，其中换乘站 34 个，日均客流突破 700 万人次，几项数据均位于世界前列，安全保障成为保证其运行稳定良好的重要工作。病媒生物（如鼠、蚊、蝇、蟑螂等）不仅干扰人们的正常工作、生活，造成损失，更为严重的是可能造成火灾等重大危害。在特大型城市火灾是城市运行安全的重大隐患，在不明原因的火灾中，约三分之一是鼠类引起的。为了掌握上海市轨道交通系统内病媒生物分布情况、生态习性，评估病媒生物对轨道交通系统造成的安全隐患，保障人民群众的健康与安全，上海市疾病预防控制中心于 2013 年 7 月 1 日至 5 日，在全市 12 条轨道交通线路内组织开展了轨道交通病媒生物调查。

1. 调查方法

按上海市病媒生物控制地方标准及上海市疾病预防控制中心病媒生物监测方案，抽取一部分站点作抽样调查，调查鼠类、蚊虫及蟑螂的侵害及分布情况。

（1）抽样范围

从各线路选取起点站、终点站及 3～5 个其他站点（13 号线除外，表 17 - 14），其他站点主要选取人流较为密集的换乘站。由于换乘站中不同线路的站台及地下设备互相分离，故不同线路中统计同一换乘站并不导致重复调查。

表 17 - 14　调查范围

线路	起点站	终点站	站 1	站 2	站 3	附加站	
1 号线	富锦路	莘庄	上海火车站	人民广场	上海体育馆	上海南站	常熟路
2 号线	徐泾东	浦东国际机场	南京东路	静安寺	江苏路	人民广场	世纪大道
3 号线	江杨北路	上海南站	中山公园	虹桥路	镇坪路		
4 号线	西藏南路	上海体育馆	上海火车站	世纪大道	中山公园	宜山路	
5 号线	莘庄	闵行开发区	东川路				
6 号线	港城路	东方体育中心	高科西路	蓝村路	世纪大道		
7 号线	美兰湖	花木路	镇坪路	静安寺	耀华路	高科西路	常熟路
8 号线	市光路	航天博物馆	四平路	虹口足球场	老西门	人民广场	东方体育中心
9 号线	杨高中路	松江南站	宜山路	徐家汇	陆家浜路		
10 号线	新江湾城	虹桥火车站/航中路	海伦路	南京东路	陕西南路	四平路	
11 号线	嘉定北	安亭	嘉定新城	曹杨路	江苏路		
13 号线	金运路	金沙江路					

主要调查取样站点的站台及站厅层的设备用房、办公区域、仓储用房、站台区域、清扫用房。其中设备用房主要包括环控机房、配电间、废水泵室、污水泵室、排热风室、通信机房等；办公区域主要包括车控室，办公区域内的厕所、茶水间、办公室、员工休息室等；仓储用房主要包括楼梯间、电梯间、行车备品房、工具房等；站台区域主要包括站台、乘客休息室、车辆两端屏蔽门等；清扫用房主要包括清扫间、垃圾箱房等。

（2）调查内容

调查主要涉及鼠类、蚊虫及蟑螂三类病媒生物。

1）鼠类调查。①鼠迹调查：根据 DB31/330.1—2005《鼠害与虫害预防与控制技术规范　第 1 部分　鼠害防治》，使用目测法调查鼠类觅食、啃咬、排泄、行走等活动时留下的各种鼠咬迹、足迹、粪迹、尿迹、鼠道、鼠洞等鼠类活动痕迹。按 15m² 标准间折算。记录调查地点、调查标准间数、调查阳性间数。②拖食率调查：在站厅层和站台层各放置不少于 5 个饵点，每个饵点在容器内各放置 5 粒犬粮，饵点选择在工作区域，第二天检查拖食数，计算拖食率。③鼠药、粘鼠板调查：调查鼠药和粘鼠板等控制措施。

2）蚊虫调查。①滋生地调查：根据 DB31/330.2—2006《鼠害与虫害预防与控制技术规范　第 2 部分　蚊虫防治》，检查地铁环境中的各类积水，记录阳性滋生地、积水位置、类型、是否有积水、积水是否有蚊蚴滋生；②人诱停落法调查：每条线路检查 5 个车站以下的设一个调查点，5 个车站以上的设 2 个调查点，用人诱停落法调查成蚊密度，2 名调查人员暴露单侧小腿，捕捉 30 分钟内前来叮咬的蚊虫，将捕获的蚊虫分类计数。

3）蟑螂调查。根据 DB31/330.4—2007《鼠害与虫害预防与控制技术规范　第 4 部分　蟑螂防治》，使用目测法调查蟑螂的尸体、残体、空卵鞘、粪便等蟑迹，以 15m² 为标准间折算，记录调查点位置、标准间数、阳性间数。

2. 调查结果

本次调查抽样调查了上海市 12 条轨交线路中的 65 个站点。

（1）鼠类侵害与分布

由于鼠类活动范围广，适应地下阴暗潮湿的环境，并且喜好啃咬物体，对于轨交内的电缆、信号线缆等具有较大危害，故轨交内鼠类防治尤为重要。

1）总体侵害情况：在本次调查中抽样的 65 个站点，总计调查房间（按 15m² 标准间折合）1456间，其中发现鼠征阳性的为 56 间，阳性率 3.8%；其中鼠征新鲜的 27 间，新鲜鼠征率 1.9%。其中 2

号线鼠类侵害状况最为严重，其鼠征阳性率为12.9%，新鲜鼠征率为8.0%（表17－15）。

表17－15　各线路鼠类侵害概况

线路	调查标准间数	鼠征阳性间数	阳性率（%）	新鲜鼠征间数	新鲜鼠征率（%）
1	281	13	4.6	4	1.4
2	163	21	12.9	13	8.0
3	62	3	4.8	0	0.0
4	114	4	3.5	1	0.9
5	80	1	1.3	0	0.0
6	102	6	5.9	6	5.9
7	158	4	2.5	0	0.0
8	110	1	0.9	1	0.9
9	128	0	0.0	0	0.0
10	107	1	0.9	0	0.0
11	98	2	2.0	2	2.0
13	53	0	0.0	0	0.0
全市	1456	56	3.8	27	1.9

使用拖食法调查鼠类侵害情况，全市共投放诱饵529点，每点投放5粒诱饵，总计投放诱饵2645粒。其中被拖食52点，总体拖食率为9.8%。在全部拖食点位中，有75.0%点位五粒诱饵全部吃完，剩余的25.0%点位诱饵被鼠类部分啃食或拖动（表17－16）。

表17－16　各线路拖食情况汇总

线路	投饵粒数	所剩粒数	剩余率（%）	有效点数	拖食点数	拖食率（%）	全拖点数	全拖占比（%）	部分拖食点数	部拖占比（%）
1	320	291	90.9	64	9	14.1	5	55.6	4	44.4
2	350	280	80.0	70	14	20.0	14	100.0	0	0.0
3	135	120	88.9	27	4	14.8	2	50.0	2	50.0
4	250	249	99.6	50	1	2.0	0	0.0	1	100.0
5	150	145	96.7	30	1	3.3	1	100.0	0	0.0
6	250	180	72.0	50	14	28.0	14	100.0	0	0.0
7	325	325	100.0	65	0	0.0	0	—	0	—
8	255	243	95.3	51	4	7.8	2	50.0	2	50.0
9	220	219	99.5	44	1	2.3	0	0.0	1	100.0
10	135	127	94.1	27	3	11.1	0	0.0	3	100.0
11	155	155	100.0	31	0	0.0	0	—	0	—
13	100	95	95.0	20	1	5.0	1	100.0	0	0.0
全市	2645	2429	91.8	529	52	9.8	39	75.0	13	25.0

2）鼠类在轨交中的分布情况。

垂直分布：鼠类喜好在阴暗处活动，规避人类。本次调查发现，鼠类在轨交系统的垂直分布呈下多上少的趋势。轨交系统中越是深层的部分，鼠类侵害越严重，鼠类活动越频繁；层数越高，鼠类活动越少。在B2（地下二层，含）及更深层数，鼠迹阳性率及新鲜鼠征率高，分别为5.6%、3.8%；B2～B1（地下二层到一层，含），B1～1（地下一层到一层，含），2层及以上的范围，鼠征阳性率逐渐降低（分别为3.8%、2.1%、1.0%，见表17－17）。

表 17 – 17　地铁内鼠类垂直分布情况

层数	折合标准间	阳性间	新鲜间	阳性率（%）	新鲜率（%）
−2 及以下	499	28	19	5.6	3.8
−2 ~ −1	528	20	6	3.8	1.1
−1 ~ 1	336	7	1	2.1	0.3
2 及以上	103	1	1	1.0	1.0

拖食情况与鼠征调查结果一致，呈下多上少分布（见表 17 – 18）。

表 17 – 18　地铁内鼠类拖食情况垂直分布

层数	投放堆数	拖食次数	全部拖食	部分拖食	拖食量（%）	拖食率（%）	全部拖食占比（%）	部分拖食占比（%）
−2 及以下	179	24	17	7	10.8	13.4	70.8	29.2
−2 ~ −1	128	7	4	3	3.6	5.5	57.1	42.9
−1 ~ 1	114	5	4	1	4.0	4.4	80.0	20.0
2 及以上	58	2	0	2	1.0	3.4	0.0	100.0

房间类型分布：将调查的点位分成五类，分别为设备用房、办公区域、仓储用房、站台区域、清扫用房。其中设备用房分为涉水设备用房和非涉水设备用房两类，涉水设备用房主要包括废水泵房、污水泵房、消防泵房等能为鼠类提供水源的房间；非涉水用房主要包括环控机房、排热风室、内机室、电缆井、通讯机房等放置大型器械、信号传输电缆集中的房间。

调查显示，仓储用房长期堆积大量工具或用品，鼠类长期活动，痕迹量大且疏于清扫，阳性率最高，为9.1%；涉水设备用房能为鼠类提供水源，鼠类活动非常频繁（阳性率8.0%、新鲜鼠征率3.8%）；清扫用房内有清扫员堆放的物品，垃圾箱房提供丰富的食源，鼠类活动较为频繁，阳性率及新鲜鼠征率也较高；站台由于人员活动非常密集，加之清扫频繁，难见鼠征，但不排除有鼠类夜间活动（表 17 – 19）。

表 17 – 19　不同房间类型鼠类分布情况

调查房间类型	折合标准间数	鼠征阳性间数	新鲜鼠征间数	阳性率（%）	新鲜率（%）
办公区域	526	10	6	1.9	1.1
仓储用房	22	2	0	9.1	0.0
清扫用房	86	6	3	7.0	3.5
站台	71	0	0	0.0	0.0
非涉水设备用房	494	17	8	3.4	1.6
涉水设备用房	261	21	10	8.0	3.8

不同房间类型拖食率情况与鼠征调查法调查结果基本吻合。涉水设备用房的鼠密度较高，有丰富水源，且没有食源干扰诱饵的效果，故涉水设备用房的拖食率最高，为18.6%；清扫用房的拖食率不高，可能是因为受到了垃圾箱房丰富食源的影响；站台，特别是列车上下行两端的端头门鼠类拖食情况较为严重（表 17 – 20）。

表 17-20　不同房间类型鼠类拖食率比较

房间类型	投放粒数	投放堆数	所剩粒数	拖食次数	全部拖食次数	部分拖食次数	拖食量（%）	拖食率（%）	全部拖食占比（%）	部分拖食占比（%）
办公区域	670	134	657	4	2	2	1.9	3.0	50.0	50.0
仓储用房	80	16	75	1	1	0	6.3	6.3	100.0	0.0
非涉水设备用房	645	129	618	7	5	2	4.2	5.4	71.4	28.6
清扫用房	190	38	184	2	1	1	3.2	5.3	50.0	50.0
涉水设备用房	430	86	360	16	13	3	16.3	18.6	81.3	18.8
站台	380	76	355	8	3	5	6.6	10.5	37.5	62.5

鼠征阳性在市区、郊区均有分布（表 17-21）。市区内的地下站点、老站点较郊区多，人流量较郊区密集；而郊区的外环境较市区差，故而两者在鼠征阳性率及新鲜鼠征率上差异并不显著。

表 17-21　鼠征市、郊区分布

	折合标准间数	鼠征阳性间数	新鲜鼠征间数	阳性率（%）	新鲜率（%）
郊区	526	20	12	3.8	2.3
市区	934	36	15	3.9	1.6

（2）鼠药、粘鼠板使用情况抽查

本次调查抽查了 pco 公司在轨交内部投放的部分鼠药、粘鼠板。共计抽查鼠药投放 89 处，粘鼠板投放 114 处。其中鼠药投放合格率较低，仅为 68.5%。部分线路查见鼠药随意投放在地板上、鼠药投放时间过长导致发霉失效等情况（表 17-22）。

表 17-22　鼠药、粘鼠板检查情况

线路	鼠药查见	位置合理	数量合理	合理率（%）	警示标志	粘鼠板查见	位置合理	数量合理	合理率（%）	警示标志
1	16	16	16	100.0	8	10	6	10	60.0	0
2	20	16	14	70.0	17	20	17	15	75.0	0
3	5	3	3	60.0	0	7	7	5	71.4	0
4	8	8	5	62.5	1	10	9	10	90.0	9
5	2	2	2	100.0	2	7	7	7	100.0	7
6	0	0	0	-	0	0	0	0	-	0
7	6	5	5	83.3	4	27	24	26	88.9	24
8	7	7	7	100.0	6	13	13	13	100.0	13
9	9	6	8	66.7	8	4	3	4	75.0	4
10	9	6	1	11.1	2	4	3	4	75.0	0
11	7	0	0	0.0	5	3	1	1	33.3	5
13	0	0	0	-	0	9	9	9	100.0	9
全市	89	69	61	68.5	53	114	99	104	86.8	71

（3）蚊虫人诱停落率及滋生地

在 12 条地铁线路中设立人诱停落法点位 28 个，每个点位进行半小时人诱，捕捉蚊虫。共在 14 小时内捕获蚊虫 67 只，人诱法密度为 2.4 只/0.5 人工小时。其中，捕获蚊虫绝大部分为淡色库蚊，计 64 只，其余为白纹伊蚊。

共计调查蚊虫滋生地 284 处，发现阳性滋生地 16 处，阳性率为 5.6%（表 17-23）。

表 17 - 23 蚊虫人工小时法及滋生地调查结果

线路	人工小时法					滋生地		
	人诱时间	捕获蚊虫数（只）	密度（只/0.5 小时）	淡色库蚊	白纹伊蚊	检查处数	阳性处数	阳性率（%）
1	1：00	2	1	2	0	35	1	2.9
2	1：00	5	2.5	5	0	33	0	0.0
3	1：00	4	2	2	2	4	2	50.0
4	1：00	14	7	14	0	28	2	7.1
5	1：00	0	0	0	0	13	0	0.0
6	1：00	2	1	1	1	48	1	2.1
7	1：00	2	1	2	0	55	4 *	7.3
8	1：00	24	12	24	0	-	-	-
9	1：00	1	0.5	1	0	29	6	20.7
10	3：00	13	2.17	13	0	9	0	0.0
11	1：00	0	0	0	0	20	0	0.0
13	1：00	0	0	0	0	10	0	0.0
全市	14：00	67	2.4	64	3	284	16	5.6

（4）蟑螂侵害

在 1、2、3、5、10 号线发现蟑螂侵害。总计发现蟑迹 10 处；卵鞘 1 处；蟑 21 只，均为德国小蠊。总计阳性率为 1.0%（表 17 - 24）。

表 17 - 24 蟑螂侵害情况汇总

线路	调查标准间数	蟑迹阳性间数	阳性率（%）	蟑迹处数	卵鞘处数	活蟑只数
1	281	7	2.5	7	1	20
2	163	1	0.6	1	0	0
3	62	1	1.6	1	0	0
4	114	0	0.0	0	0	0
5	80	5	6.3	0	0	1
6	102	0	0.0	0	0	0
7	158	0	0.0	0	0	0
8	110	0	0.0	0	0	0
9	128	0	0.0	0	0	0
10	107	1	0.9	1	0	0
11	98	0	0.0	0	0	0
13	53	0	0.0	0	0	0
全市	1456	15	1.0	10	1	21

不同于鼠类分布，蟑螂分布主要集中在地面层。这可能与轨交系统地面层食源较多，如便利店、饭店有关（表 17 - 25）。

表 17 - 25 蟑螂垂直分布

线路	标准间数	阳性间数	蟑迹处数	卵鞘处数	活蟑只数	阳性率（%）
-2 及以下	499	4	5	0	19	0.8
-2 ~ -1	528	3	2	1	1	0.6
-1 ~ 1	336	8	3	0	1	2.4
2 及以上	103	0	0	0	0	0.0

3. D2E 鼠情智能监测系统鼠情监测

随着传感技术和网络技术的发展，未来的鼠情测报工作，包括鼠情数据的采集、传输、处理，都可以借助物联网平台来完成。数字化和信息化将成为今后鼠情测报的趋势。

（1）D2E 鼠情智能监测系统介绍

1）系统硬件组成：系统由近程感知单元和 RFID 读写器组成，可感知并记录老鼠的活动频次（图 17 - 8）。

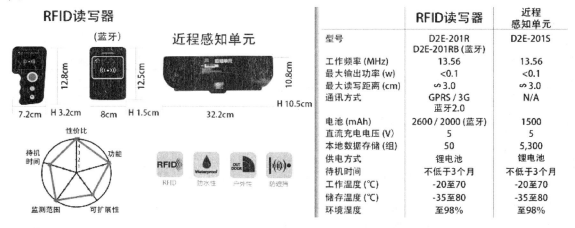

图 17 - 8　D2E 鼠情智能监测系统

2）适用场所：D2E 鼠情智能监测系统适用于鼠害高风险和零容忍区域。

3）工作原理：当感知单元侦测到鼠类活动时，会将鼠类活动信息（活动时间和次数）储存在感知单元中，当工作人员现场检查时，可用手持 RFID 读写器读取储存在感知单元中的鼠情数据、并将这些信息实时发送回后台，客户方管理层即可通过这些数据信息了解目标区域内是否有鼠类活动及活动的频率。

（2）监测结果

本次上海地铁使用 D2E 系统侦测的工作始于 2013 年 7 月 1 日，截止于 7 月 15 日，共部署监测用感知单元 24 台，共部署在以下 6 个站点：莘庄站（3 台）、上海南站站（7 台）、上海体育馆站（4台）、常熟路站（4 台，丢失 1 台）、人民广场站（5 台）、上海火车站站（1 台）；其中 6 台感知单元获取了大量鼠情数据，分别为上海南站站（2 台）、常熟路站（1 台）、人民广场站（3 台）。

1）发现鼠情地点：此次获取鼠情数据的 6 台感知单元，5 台部署在地铁站台端头门内，1 台部署在人民广场站的清扫间内。

2）活动频率分析：获取监测数据最多的 2 个监测点分别在上海南站站和常熟路站端头门内，每天鼠类活动的频率大致相等，说明这 2 个区域鼠类活动非常频繁，如图 17 - 9。

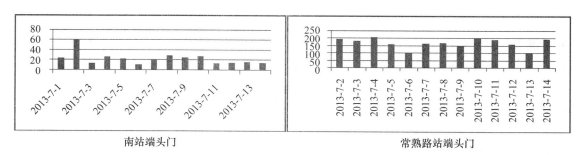

图 17 - 9　老鼠活动频率统计图

3）鼠类活动时间分析：将 24 小时划分为 4 个时段（从 0 点开始每 6 个小时为一个时段），可以发现鼠情活动时间段集中在上午 6：00 ~ 12：00 和 12：00 ~ 18：00 这 2 个时段，18：00 ~ 24：00 也有部分活动，而 24：00～6：00 这个时段几乎没有监测到鼠类活动，这与人们通常的想法（鼠类在夜间大量活动）相悖。分析可能的原因是 6：00～24：00 为地铁营运时间，人流量大导致鼠类食物来源丰富，因此鼠类在这一时间段内觅食活动（图 17－10）。

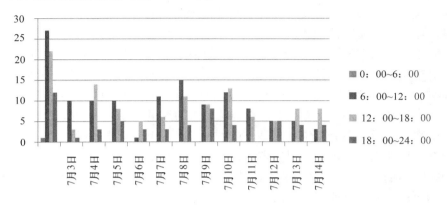

图 17－10　上海南站站 007 号感知单元数据分析

4）对南站 007 号感知单元数据进行进一步分析：将 6：00～24：00 这一时段进一步细分为 2 个小时一个区间，得到的数据见表 17－26。

表 17－26　南站 007 号感知单元数据每日不同时段老鼠活动频率

时间/日期	7月2日	7月3日	7月4日	7月5日	7月6日	7月7日	7月8日	7月9日	7月10日	7月11日	7月12日	7月13日	7月14日
0：00～6：00	1	0	0	0	0	0	0	0	0	0	0	0	0
6：00～8：00	5	1	3	4	0	2	4	3	5	2	0	3	0
8：00～10：00	9	8	3	5	0	4	5	6	6	2	5	1	2
10：00～12：00	13	1	4	1	1	5	6	0	1	4	0	1	1
12：00～14：00	6	0	2	4	0	3	5	3	6	2	1	3	2
14：00～16：00	7	2	7	1	5	1	3	5	3	1	3	3	5
16：00～18：00	9	1	5	3	1	2	3	1	4	3	1	2	1
18：00～20：00	8	0	2	2	1	2	3	2	0	4	2	1	1
20：00～22：00	4	1	0	2	2	1	1	0	4	0	1	2	1
22：00～24：00	0	0	1	2	2	1	0	6	0	0	0	0	2

其中鼠类活动频率最高峰为 8：00～10：00，为 56 次；次高峰为 14：00～16：00，为 46 次。

（3）监测 D2E 系统系统应用价值分析

1）监测数据具有较好的连续性和准确性。由于系统部署在监测区域长期工作，采集的数据具有连续性；同时，系统最大限度地避免了人为因素和环境因素的干扰，大大提高了数据的准确性。完整而准确的数据为分析和研究监测区域的鼠情、制定鼠害防治方案、监测鼠害防治效果提供了翔实可靠的第一手资料。

2）系统硬件具有优异的耐候性，能适应各种复杂的气候、地理条件；节省了传统方法大量部署鼠夹等设施和隔夜鼠情调查的繁重人工，改善了鼠情调查的工作条件。

4. 备注及分析

1）在调查过程中，调查人员问询了轨交系统工作人员，有部分列车司机反映在夜晚行驶过程中，车头灯光照射下常能发现鼠类在轨道旁的线缆上窜动；有保洁人员反映在清扫垃圾时，在垃圾箱房中常能发现死鼠；有乘务员反映在车控室及其他办公室，尤其在夜间，能听到鼠类在天花板顶活动的声音，并且时常受到蚊虫骚扰；有乘客反映在便利店中能发现类似鼠粪的物体。

2）鼠类有新物反应，对于陌生的物体（食物）需要一段适应的时间，在确保安全后才会接触（食用），在日常的监测和研究中，鼠类对于陌生食物的拖食率一般在食物布放后两至三日达到高峰，本次拖食率调查中狗粮摆放时间仅一天，全市平均仍有 9.8% 的高拖食率，故实际的鼠类活动情况应较调查结果更为严重。与此相对，轨交系统对于乘客区域的清扫非常频繁，可能造成公共区域，尤其是站台区域鼠征法阳性率较实际偏低的情况。

3）本次调查在一号线试用了一种新型探鼠仪。该探鼠仪一经布放，能够记录鼠类经过探鼠仪的确切时间和次数，并能连续工作一个月左右。调查人员在 7 月 1 日~7 月 3 日的三日内对一号线的 6 个调查站点（除富锦路）布放了新型探鼠仪 24 个，7 月 15 日将该探鼠仪收回。在布放的 24 个探鼠仪中，有 7 个记录到了鼠类活动。其中一个布放在列车屏蔽门内的探鼠仪在 14 天内总计记录到鼠类活动 2204 次，平均每天 157 次，提示该布放点位可能是一族群的鼠类每日活动的必经之路。地铁屏蔽门内有各类信号设备、电缆、监控设备，若遭到鼠类破坏，势必对轨交安全造成重大影响。

4）除鼠类以外，调查人员还在轨道交通内的多个污水泵房内发现大量毛蠓，数量非常巨大，死亡的毛蠓尸体在污水泵的房间内常能铺开一浅层，新生的毛蠓从污水泵井口源源不断飞出。

对于轨交系统存在的各类病媒生物，首先应了解其分布、习性等信息，然后要采取合理、规范、有针对性的物理及化学控制措施，降低病媒生物的危害水平，尤其需要保障信号控制、电路传输等重要系统不遭受侵害，降低造成重大安全事故的可能性，并且要减少病媒生物对于乘客、工作人员的骚扰。

（二）地铁车站病媒生物控制

1. 灭鼠

地铁车站一般分为站厅层和站台层，站台层除了乘客上下车的区域外，还有数倍于该区域的空间，包括车辆运营控制室、配电间、计算机房、热排风室、废水泵站、污水泵站、清扫间、电梯间、茶水间、卫生间、垃圾箱房等功能区。

（1）防鼠

地下空间管道众多，四通八达，车辆运营控制室、配电间、计算机房等相对独立，且又十分重要的场所应做好防鼠设施建设，所有对外相通的管道、电缆管道、天花板、门缝、空调进出口、孔洞、排风口、管道边缘缝隙，要全面堵住或封闭，不留死角。

（2）灭鼠

车站内的站厅层、站台层及站厅外商店都应纳入灭鼠范围，在乘客不能进入的轨行区等场所设置毒饵站，对毒饵站进行编号，投放抗凝血灭鼠剂蜡块、颗粒、瓜子、稻谷等饵剂，每月进行 1~2 次检查、补充、更换饵剂。机房、车控室、商店可以用粘鼠板进行灭鼠。

2. 灭蚊

地铁站台层和轨行区有许多积水点，如热排风扇、废水泵站、电动扶梯井等，这些积水难以清除，可每月进行 1~2 次灭蚊工作，投放安备（1% 双硫磷）、蚴克（0.5% 吡丙醚）控制蚊虫滋生。

3. 灭蟑

对地铁内商店、清扫间、电梯间、茶水间、卫生间、垃圾箱房等，需定期检查是否有蟑螂活动，对于有蟑螂活动的场所，每月点施一次灭蟑胶饵灭蟑。

第十节　超低容量喷雾技术

一、超低容量喷雾的定义及发展

喷洒化学杀虫剂或杀菌剂的目的是要保证喷出药液能良好地到达靶标，这个过程包含三个方面：①使药液雾化或粉碎成适当大小的药滴；②使药滴通过一定的媒介（如喷出的气流、风或者静电力等）沉积在被喷目标表面；③药滴在目标表面的移位或再分布，即从喷洒目标表面扩展至昆虫的药物作用部位。

常规喷雾技术一直延续了很多年，所以也称为传统喷雾法。这种喷雾法虽然方法简单，但它存在着许多弊端：①处理效率低；②操作强度高，施药者负担沉重；③大量用水，对环境、土地及水源造成的污染大；④用药量高，药物流失浪费大；⑤药滴在目标上的滞留性差，残效低；⑥靶标生物易对药剂产生抗性，防治效果差；⑦对操作者的健康及安全威胁大。

从药剂、药械、施药方法、病媒生物及目标环境等五个方面进行完整考虑，超低容量喷雾技术都具有许多无可比拟的显著优点。

首先，超低容量喷雾中使用无水或极少掺水稀释的油性化学药剂，由于油性药滴不易挥发，使它从喷雾器喷出直到沉积在目标上的整个过程中大小近乎保持不变，就可以获得稳定的喷雾重叠，形成良好而均匀的药物覆盖；油剂可以渗透到病媒生物的神经中枢，有效性高；油与喷洒目标的浸润性好，使药滴较好依附在目标物上，有利于它的均匀分布及位移；油性细药滴黏附在目标表面后，能产生较长的残效。

其次，从施药方法上来看，超低容量喷雾中使用的是均匀微细药滴，药滴的大小差异比较小，即粒谱带比较集中。这样，药物的浪费大大减少，对环境的污染大大减轻，而在目标上的覆盖均匀度及密度大大提高。

第三，超低容量喷雾技术中使用的超低容量喷雾器与常规喷雾器相比，具有以下优越之处：①质量轻，劳动强度低；②成雾均匀，粒谱带窄，浪费少，效果好，器具结构及工作参数确定后，成雾条件稳定，雾化性能较好；③工作效率比常规喷雾器具高数十倍；④不用水或极少用水，对环境、水源及土地的污染少，在缺水干旱地区及山区更显其优越性；⑤使用成本低；⑥对施药者较安全。可以减少中毒事故的发生。

综上所述，超低容量技术较之常规喷雾法大大前进了一步，故被称之为第二代先进喷雾技术。

（一）超低容量喷雾与浓缩喷雾

"超低容量喷雾"这一名称最早出现于1950年，但由于当时美国的波兹等人称其为"浓缩喷雾"，为了统一，将这种技术一律称为"浓缩喷雾"。这个名称的由来，主要与其使用的农药有关，因为这种喷雾中所使用的农药是不加稀释的浓缩油剂。随着超低容量喷雾技术应用的不断扩大，人们发现，使用经过少量稀释的农药进行超低容量喷雾，不但没有过度消耗农药，没有加大对环境的污染，相反还获得与浓缩油剂喷雾同样甚至更好的效果。于是，又很快地改用"超低容量喷雾"这一称谓，认为这是比较恰当的。

美国农业部对超低容量喷雾的定义：在应用浓缩杀虫剂（不用稀释的浓油剂）时，其稀释液少于杀虫剂本身容积的50%。

在我国农业喷药中，一般对每亩地施药量在30L以上的称为常规喷雾，也称高容量喷雾（HV）。每亩地施药量在0.3~30L的称为低容量喷雾（LV），每亩地施药量在0.3L以下的称为超低容量喷雾（ULV），还有中容量喷雾（MV）及很低容量喷雾（VLV）等。

从喷洒的药滴大小及类型上来分，超低容量喷雾中使用的药滴在30~50μm及50~100μm两个范围（表17-27）。

表 17-27 药滴大小、类型及使用范围

药滴的体积中径（μm）	按药滴大小分类	使用范围
小于50	气药滴	超低容量喷雾
50~100	弥药滴	超低容量喷雾
101~200	细药滴	低容量喷雾
201~400	中等药滴	高容量喷雾（即常规喷雾）
大于400	粗药滴	高容量喷雾（即常规喷雾）

超低容量（ULV，ultra low volume）不可简称为超低量，因为超低量包括两个方面的含义，即超低容量（ULV）及超低剂量（ULD，ultra low dosage），二者不可混为一谈。

（二）超低容量喷雾技术

超低容量喷雾技术最早是在 1940 年，在中非洲应用不加稀释的 20% 油性杀虫剂进行飞机喷雾灭虫，取得了成功。1949 年美国加利福尼亚大学利用超低容量喷雾对住宅附近的潮湿地进行了蚊虫防治。1952～1957 年间出现了一种装在车辆上的地面超低容量喷雾设备，使用不挥发的 20% 地特灵油剂防止害虫，喷出药滴直径为 70～80μm。超低容量喷雾技术的早期试验以飞机喷雾较多。地面超低容量喷雾在 20 世纪 60 年代才逐步发展起来。超低容量喷雾器具最先由英国研制，采用旋转雾化式喷头，此后，日本等国相继研制出不同类型的超低容量喷雾器具。

地面超低容量喷雾比起空中超低容量喷雾，有下列优点：①地面喷雾可以借助喷头的配置和摆动，使喷射药滴呈立体状散布，并可针对病媒生物发生的部位进行重点防治，而飞机喷雾从上向下喷，药滴呈平面状散布，不利于在靶标上的均匀沉积；②地面喷雾距靶标近，不易被风吹走，可以减少杀虫剂对环境的污染及飘移危害；③地面喷雾不受居住情况等的限制，即使在复杂环境中也适用；④地面喷雾设备成本低，使用技术简单，便于掌握及推广。

由于超低容量喷雾技术的这些显著优点，超低容量喷雾机具及技术日益广泛地应用于病媒生物及农业害虫的防治。

1. 超低容量喷雾的目标

防治病媒生物的目的在于，若一种病媒生物的发展直接对环境和人类造成危害，则需要抑制它们在发展阶段的密度。当病媒生物发生并急需防治时，喷洒杀虫剂是一个经济、有效、快速的手段。对许多病媒生物的防治可以直接在幼虫阶段进行，但是在幼虫阶段进行防治，杀虫剂对卵、蛹和成虫的效果很小，故在幼虫大量发生阶段需要反复施药，这样才可以把由幼虫发展而来的新成虫及从其他场所迁移过来的成虫一并杀灭。

实际上，无论是喷洒杀虫剂还是杀菌剂，由于靶标及疾病传播媒介的分布情况错综复杂，不可能进行选择性喷洒，使杀虫剂只沉落在靶标及媒介昆虫上，一般只能采取折中的方案，即将杀虫剂尽可能均匀连续地喷洒在靶标及媒介昆虫的体表及其栖息处，在喷雾中不允许有无效覆盖出现，以达到有效的防治。这实际上也是一种预防性的处理方法，换句话说，这是一种借助于间接途径的方法，即通过对媒介昆虫的栖息处（或食物）喷洒杀虫剂，使得杀虫剂与媒介昆虫接触，来达到杀灭它们的目的。然而在大多数情况下，媒介昆虫的栖息处（或食物）往往就是人们的住处或食物，而这恰是人们需要保护的对象。这就对杀虫剂提出了一个严格的要求：对防治媒介昆虫高效，而对人畜低毒。

对媒介昆虫及其栖息处的有效覆盖，应该包括媒介昆虫及其栖息处的全部暴露面。这就要求所喷洒的药滴要有一定的穿透性。媒介昆虫的整个栖息处犹如一层大型过滤网，人们希望一部分（较大的）药滴撞击在它们所遇到的第一个障碍物上，而另一部分（较小的）药滴则能不被这个滤网吸收而继续向内部深处穿透，在媒介昆虫栖息处内部的紊流运载下撞击在媒介昆虫体上，从而使媒介昆虫与杀虫剂接触致死。

超低容量喷雾方法能使这一愿望得以基本实现。

2. 药滴大小对目标的适合性

在滞留喷洒应用中的药滴，都是以直接沉积到靶标上为目的，所以要求这种药滴的沉降性能好，不会长时期停留在空中被风带走，因而它的直径就要大一些，以保证有一定的质量及沉积速度。但也有完全相反的情形，如防治蚊、蝇及飞蛾时，则要求药滴细（直径在 20μm 左右），能在空中长期漂浮，因为小药滴对小表面的沉积性能好。当飞虫在空中飞行时，通过翅膀的拍打，就能使它有效地采集药滴而中毒致死，而这种喷雾法在飞虫栖息处只留下极少的药滴沉积。在理论上，喷出的所有杀虫剂药滴应该全部喷到媒介昆虫及其栖息环境上，当然这实际上是不可能的。由于杀虫剂的生物活性很高，想要提高杀虫剂的应用效果，不需要使其湿润覆盖整个施药目标，只要选择最佳的药滴大小，以增加药液在目标上黏着的比例即可。

如前文所述，较大药滴沉积性好，而较小药滴的穿透性好。如果将喷洒空间设想为一个过滤器，则过滤器的最大过滤深度位于其水平面上，目标物在垂直方向的药滴过滤深度为1m左右，在水平方向则可达数百米，由此可见，水平路径较垂直路径能更有效过滤药滴。因此为了使靶标的上、中、下及内部都能获得有效均匀的药滴沉积，对药滴大小的要求并不是单一的，而是要有一定尺寸范围，不过这个范围要尽量小，习惯上将此范围称为粒谱范围或粒谱带。

通常的药滴直径大致在40~100μm，但不同的目标物对药滴大小的要求也不同。宽大的目标物要求的药滴直径在60~80μm，窄小目标物则要求直径在40~60μm。一般来说，药滴的直径取在70μm左右，它的沉降末速度约为15cm/s（540m/h）。这样的药滴其穿透性和覆盖度均较好，在静止空气中将会沉降在所有大大小小的水平表面上，而任何空气运动会使这样的药滴撞击在垂直于药滴飞行轨道的表面上。在风的吹动下，目标物会摇晃，就更易于让较小药滴沉积在其表面上。

但对于杀菌剂，则要求药滴更小些，用更多的药滴数，增加目标物表面的覆盖率，以便更有效地控制细菌。

一颗直径为70μm的药滴，它的容积为0.2μL，1L药液可以产生500亿个这样大小的药滴。若把它喷在10000m²的平面上，理论覆盖度为每1cm²平面上有60个药滴。假定10000m²平面上有30000m²的表面积，则可以期望平均每1cm²平面上有20个药滴沉积。

根据施药目标，使用适宜尺寸的药滴和药滴密度，这一方法在国外也称之为控滴喷雾（CDA）。控滴喷雾强调使用较窄的药滴大小范围。表17-28列出了药滴大小与单位面积理论覆盖密度的关系。

表17-28　药滴大小与单位面积理论覆盖密度的关系

药滴大小（μm）	覆盖密度（颗/cm²）	药滴大小（μm）	覆盖密度（颗/cm²）
20	4768	120	22
30	1414	130	18
40	596	140	14
50	306	150	12
60	176	160	10
70	116	170	8
80	74	180	6
90	52	190	6
100	38	200	4
110	28		

一定的药液产生的药滴数目，与药滴直径的立方成反比，落在1cm²平滑表面上的药滴数目 n 可以由下式算出：

$$Qn = \frac{60}{\pi}\left(\frac{100}{d}\right)^3$$

式中　d——药滴直径，μm；

　　　Q——10000m²平面上的施液量，L。

3. 药滴的运动和沉积方式

药滴的漂流运动分为三个阶段。首先，当微细药滴离开超低容量喷雾的雾化器时，处于短暂的高初速度阶段，速度可达35m/s，但在离开雾化器约20cm时，药滴就会失去雾化器给它的全部动能。接着，如果药滴不能立即沉降到目标上，就进入漂流状态，缓慢地随气流飘移。最后阶段，在空中漂浮的小药滴随着空气紊流，直到在末速度下沉积到目标物而停止运动。

药滴向目标的沉降过程接近于平抛运动，当然实际情况远不止这么简单，各种不同尺寸大小的药滴的运动规律并不是一样的。在 3.6~18km/h 的顺风气流中，药滴的沉降末速度与它们的直径的平方成反比。直径小于 5μm 的药滴几乎很难沉降，直径在 10~50μm 的药滴就能较多地沉降，而直径为 100μm 的药滴则能很快沉降下来，飘移的距离很短。当然，药滴的飘移距离也与空气流速有关，流速高时，即使是 100μm 的药滴也会飘散。原则上，侧向气流速度越大或药滴降落高度越高时，药滴飘移的距离越大；而药滴沉降速度越大（药滴直径越大），药滴飘移的距离越小。

此外，细小药滴在空中飘移时，还会受到两种地面气体乱流的影响：一种是风速过大（大于 5m/s），接近地面处有较大的机械乱流，使细小药滴不易沉积下来，造成药滴飘失；另一种是烈日照射地表，使目标物表面温度升高，当地面温度显著高于目标物顶端的气温时，就会有强烈的热气上升乱流，也使细小药滴不易往下沉积而造成飘失。

1 个 g 下，直径 70μm 药滴的沉降末速度近似于 0.5km/h，因此若风速为 35km/h，将给药滴一个水平:垂直 = 7:1 的速度矢量。将这个药滴从 2 米高处释放时，理论上将会在 14 米距离外沉降。事实上，在实际的气流扰动下，结果将完全不同，因为气流扰动将带动药滴向上或向下运动。假设药滴不因挥发而改变大小，不受热不稳定性的影响，它们将会顺风沉降在 2~50m 的距离区间内。表 17-29 列出了不同直径的药滴在不同风速下的飘移距离。当目标物具有一片过滤区时，药滴很难飘移出 50 米之外。直径为 5~15μm 范围的极小药滴只占整个喷液量的 1%。

表 17-29　药滴大小及其在不同风速下的飘移距离

药滴大小（μm）	飘移距离（m）		
	2m/s	3m/s	5m/s
10	333	1000	1666
50	14.3	42.9	71.5
70	7.2	21.5	36.0
100	3.8	11.5	19.0
200	1.4	4.2	7.0
500	0.48	1.44	2.4

药滴在重力下产生垂直运动，这保证了它在水平面上的沉降，大药滴容易沉降在水平面上。而小药滴相对于周围空气之速度为零时，它的水平运动就由气流支配。当流动的空气遇到不可渗透的障碍物时，不能渗透过障碍物的空气就携带着小药滴围着障碍物漂浮，若药滴具有足够的动能继续它原来的飞行路线，就会与目标相撞。药滴越大，惯性动能也大，对目标的撞击可能性也增大；另一方面，风力越大，它传递给药滴的动能也越大，撞击作用也越好。若药滴大小适宜，平衡地利用这些力，使它们一部分撞击在第一个障碍物上，另一部分继续向目标物内部深入渗透，这样可得到较好的沉积覆盖。

用体积中径为 70~120μm 的药滴作喷洒试验，结果表明，空气的运动能将这些小药滴带到目标物的四周，但大部分药滴仍沉积在目标物的上表面。当小药滴经过目标物上层过滤，渗透到目标物内部后，其中较大一些的药滴在气体乱流中能得到足够的能量，直接撞击在目标物的正面上，而较小药滴的能量太小，就会随着乱流转向，绕过目标物的正面，沉降到目标物的背面或其他表面上。因此，使用细小药滴进行的超低容量喷雾，就为目标物背面上药滴的沉积提供了较大的可能性，这对目标物背面虫害的防治是十分有利的。

药滴在目标物上的撞击率，又称沉积效应，与气流速度和药滴直径的平方成正比，与目标物的宽度成反比。

$$E = \frac{\rho \cdot V \cdot d^2}{18n \cdot r}$$

式中　E——撞击率；

V——气流速度；

ρ——药滴密度；

n——空气黏度；

d——药滴直径；

r——目标物宽度。

对直径小于 $50\,\mu m$ 的药滴，除了在静止或有遮蔽的情况下，撞击聚集显得特别重要。有关药滴撞击的研究表明，药滴的大小与它们运动途径上的障碍物以及它们的相对速度之间，有着复杂的关系。位于气流中的障碍物聚集药滴的效率，取决于撞击该障碍物的药滴数量与被气流吹走而未撞击到障碍物的药滴数的比例。一般来说，聚集效率随药滴大小和药滴相对于障碍物的速度的增大而增大，而随障碍物尺寸的增大而减小。

到达目标表面的药滴，不一定会停留在它上面，很多目标物都会排斥液体药滴落在它的表面上，这个问题可以通过降低药液的表面张力、药滴的直径以及改变下落的角度来解决。撞在目标物表面上的药滴开始时呈扁平，但随后会缩回并溅离。直径小于 $150\,\mu m$ 的药滴没有足够的动能克服表面能量和黏性变化，不能弹回，但很大的药滴（大于 $200\,\mu m$）则有很大的动能，致使其在撞击时破碎。从目标物表面弹回。

不同目标物之间，表面的粗糙度是很不同的，这也会影响药滴在其上的分布。除去由纹理引起的显著表面特征以外，昆虫表皮的形状（可能是平的，凸形的或毛状的表面）也会造成影响，可能形成复杂的表面轮廓。有时在目标物表面上会有各种毛状物，造成毛细管作用，这可以增加表面的润湿性。

综上所述，在气流的作用下，大药滴飘移时间短，在很短距离内就会降落，而且较多沉积在水平面上；小药滴则不同，飘移时间长，大都沉积在垂直面上。药滴在目标物的垂直面和水平面上的分布随空气流速的不同而变化，风速大，药滴在空中的飘移角（即药滴沉积途径与水平面之间的夹角）就小，垂直面与水平面的药滴分布量的比值就大；当气流速度一定时，药滴越小，垂直面与水平面的药滴分布量的比值也越大。因此，对于垂直放置的目标物，在无上升气流干扰的情况下，采用较小药滴能取得良好的防治效果。

4. 药液分散度及其在使用中的意义

有害生物的分布范围很广，但是目标物的密集程度不同，而杀虫剂的有效成分用量相当小，要使如此少量的药剂同大面积分布的有害生物接触，最好的办法是提高药液分散度，将药剂粉碎成为细小药滴，以提高药滴同有害生物的撞击频率，增加药液同有害生物的接触机会。药滴直径减少一半，药滴数量可变为 8 倍。如果用统计方法比较，一百颗药滴与一百只昆虫撞击，其概率仅为 37%，药滴数变为 8 倍后，撞击概率可以增加到 79% 左右，同时，药滴的覆盖面积也大大增大，有利于提高药剂的防治效果和利用效率。

药滴的减小，还会给它的物理性质、运动特性及化学反应速度带来重要的影响，如可以提高药剂的溶解速度、汽化速度及反应速度，药效表现也比较快，还会延长药滴在空中的漂浮时间，使它不会很快就沉降下来，从而也就增强了药滴在目标物空间中的穿透能力。

相反，大药滴的垂直沉降能力强，容易直接沉降到地面上。大药滴在目标物表面上会发生弹跳现象，这使 80% 以上的药滴滚落到地上，白白浪费掉。

5. 药滴在喷洒目标上的覆盖

使用常规喷雾，即高容量（HV）喷雾的目的，是要获得完全覆盖，但实际上很难达到这一目标。要达到这一目标，需要了解药滴覆盖密度及药滴在喷洒目标上的分布等因素，对于触杀性杀虫剂来说，药滴的分布至关重要。

若沉积的药滴足够密集，击中个体小的蚊虫的可能性很高，而使用大药滴时就可能出现困难，因为害虫可以避开单个的大药滴。有报告表明，用超低容量喷雾喷洒杀虫剂防治蛾幼虫时，用 $100\,\mu m$ 的药滴就比用较分散的大药滴（300~700μm）的效果好，幼虫的死亡率高，因为幼虫能够觉察大药滴并避开它们。用杀菌剂防治病害时，若药剂覆盖不完全，甚至不能奏效，因为每一个药滴中的杀菌剂成分都有一个活性区。

实际上，需要处理的施药目标面积通常要比地面面积大得多，所以目标单位表面积上的施药量很重要。因为喷洒出的药液需要覆盖所有的表面，因而对目标物的表面指数（LAI，目标物表面积与地面面积之比）要有一个适当的估计，喷洒量要根据表面指数决定，才能得到所需要的覆盖密度。

二、超低容量喷雾对溶剂及稀释剂的要求

超低容量喷雾用的杀虫剂一般是以具有高沸点的有机溶剂为载体的，可以直接喷施的油剂。超低容量喷雾对杀虫剂所用的溶剂及稀释剂的要求，大致包括以下几方面。

1）对人畜和环境安全，毒性低，安全系数高，不会产生危害；

2）挥发度低，可以保证喷出的药滴大小适宜，在喷雾、飘移、穿透及沉积过程中不因挥发而显著改变体积和质量，不产生飘散损失，在被喷目标上有足够的药滴数量和良好的覆盖密度；

3）对多种杀虫剂有较大的溶解度，能保证与杀虫剂均匀地混溶；

4）具有适当的黏度、表面张力和密度，稳定的黏度可以使喷雾流量稳定，以保证药液的覆盖密度；油剂的表面张力比水小，利于雾化，可获得较细的药滴；密度大于1，可以减少药滴的飘散损失，具有较好的沉降性能及覆盖密度；

5）冷热贮藏稳定性好，运输安全，经过一年仓库贮藏，其有效成分分解不超过5%；

6）来源丰富，价格低廉。

多年来，针对飞虫的防治方法选择甚少，多是用有机溶剂为载体来进行空间超低容量喷洒。这样可以在不同环境下准确、均匀地喷洒杀虫剂。但使用有机溶剂为载体给人们的生活和工作带来一系列的负面影响，如环境污染问题、油剂的储存和运输安全问题、高成本问题等。如果有更环保、更经济的水基产品，将会更符合社会和环境的需要。然而，由于温度等问题，传统的水基产品会很快蒸发，很难接触到飞虫，达不到理想的防治效果。

拜耳公司经过10年的研究和开发，开发出了 FFAST（Film-Forming Aqueous Spray Technology，薄膜包水雾喷洒技术），允许用水做载体，解决了雾滴快速蒸发的技术难题，在高温下亦是如此，被世界卫生组织指定为空间喷洒使用。FFAST 技术应用了长链醇分子，将每个雾滴包裹住，在瞬间形成一层抗蒸发形成一层薄膜，防止水分蒸发，以保持 ULV 喷雾的雾滴大小，并保持比有机溶剂更长的时间（图 17-11）。

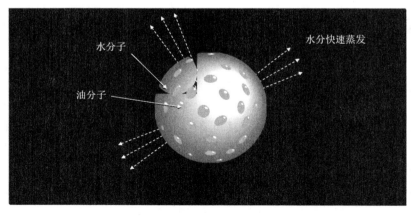

（a）水滴的组成

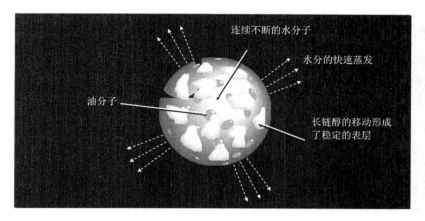

（b）长链醇薄膜的形成

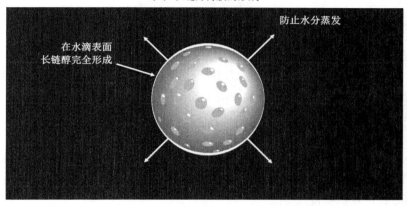

（c）长链醇薄膜完全形成，阻止水分的蒸发

图 17 – 11　FFAST 技术图解

拜耳公司的列喜镇应用了 FFAST 技术，提升了水乳剂的空间喷洒效果，其特点如下。

1）环保：直接用水进行稀释，没有火灾危险，没有油渍附着表面，对环境更友善；

2）安全：无气味，无刺激，对使用者更安全；

3）高效：氯菊酯作为致死剂，S – 生物烯丙菊酯作为击倒剂，胡椒基丁醚作为增效剂，可瞬间击倒飞虫；

4）经济：用药量低至 0. 0125ml／m³，1L 列喜镇可喷洒 80000m³，适合大面积处理。

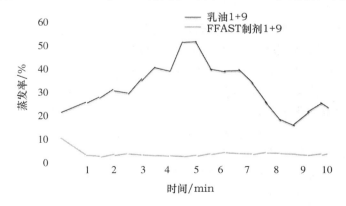

图 17 – 12　应用 FFAST 技术的产品与常规乳油剂型产品的对比

三、适合超低容量喷雾的杀虫剂及用量

根据实验观察，一颗直径 $100\mu m$ 或更小的水性药滴，它在空中保持的最长时间只有数秒钟；如果周围温度不低，而辐射热又强的话，保持的时间不到 $1s$。当它变为直径小于 $5\mu m$ 的药滴时，基本上就在空中漂移，几乎很难垂直向下沉积，似乎处于一种失重的状态，这就达不到我们所希望的药滴在目的区内的回收，相反，还会残留于空中造成空气污染，故这是不允许的。超低容量喷雾的药滴直径几乎都选在 $100\mu m$ 之内。因此，选用水性杀虫剂来进行喷雾是不合适的。相反，使用无水不易挥发的油剂型杀虫剂具有许多优点，具体表现在以下几个方面。

1）由于油性药滴不易挥发，故它从喷出后一直到沉积在目标上的整个过程中几乎保持不变，就可以获得稳定的喷雾重叠。在不同喷雾作业时间中沉降下药滴，凭借它所遇到的不同微气候区的影响，自动地调节喷洒中的空白点，能使沉积密度均匀。

2）长期以来，有害生物已对水性药剂产生抗性，而以油剂作为杀虫剂载体可以使药剂较快地渗透到虫体的神经中枢。也就是所要达到的真正喷洒目标上。

3）许多喷洒目标对象是不沾水的。由于目标物表面的疏水性，水性药滴易从目标表面流失。而油性药滴的浸润性好，能完全依附在其表面上，有利于药剂在目标上的均匀分布及扩散。

4）油性小药滴黏附在目标表面上后，被洗刷去的可能性较小，这有利于药剂在目标上的滞留，药剂残效长。特别适用于滞留喷洒。

试验证明，超低容量喷雾油剂药物比常规水剂喷雾法的药物回收率要高 30 倍。$50g$ 有效成分用合适的油剂载体稀释成 $500ml$ 药剂，能和常规水剂喷雾法获得相同的效果。所以使用超低容量油剂不但可以节省费用，同时对环境的污染也可大大减少。所以，超低容量喷雾应使用油剂型，施药量应根据不同的虫害及不同的处理目标情况决定。

超低容量喷雾的关键问题之一是雾滴大小，雾滴大小和密度与杀虫效果有着密切的关系。由试验得知，杀死一只三带喙库蚊的剂量平均为 $10ng$，而一个直径为 $25\mu m$ 的雾滴就含有大于此剂量的马拉硫磷，使用直径大于 $25\mu m$ 的雾滴不仅得不到好的效果，还会浪费杀虫剂。根据某些杀虫剂致死剂量的毒性试验结果，在地面喷雾灭蚊时，雾滴的质量中径为 $5\sim10\mu m$，也有资料认为 $11\sim22\mu m$ 的雾滴效果好；空中喷雾时采用 $10\sim25\mu m$ 的雾滴，杀灭成蚊和采采蝇的有效雾滴直径为 $10\sim30\mu m$，而试验发现，撞击蚊体最多的是 $1\sim16\mu m$ 的雾滴，蚊子的死亡数与雾滴的质量中径成反比。雾滴可以撞击到蚊体的各部分，但以撞击翅膀和触角较多。试验中在 12 只不同蚊体上找到的 467 个雾滴，其中 87% 是直径为 $3\sim8\mu m$ 的雾滴。直径小于 $1\mu m$ 的雾滴容易绕过蚊虫而漂移，而直径大于 $16\mu m$ 的雾滴则沉降太快而难与蚊体撞击。

减小雾滴的直径，能够大大增加单位体积药剂产生的雾滴数，使药剂与更多的蚊虫接触，形成更良好的覆盖。如把 $89ml$ 马拉硫磷雾化为直径 $10\mu m$ 的雾滴，总共可产生 1760 亿个雾滴，这些雾滴可以用于 $11988m^3$ 空间的灭蚊（$3996m^2\times3m$），其分布密度是每 $1m^3$ 空气中约有 0.15 亿个雾滴。

超低容量灭蚊的一个重要问题是喷雾时机，这是灭蚊成功与否的关键。如喷药太早，大批媒介蚊虫尚未羽化，而几天后蚊虫羽化出来时，喷洒的药物已失效。如喷药太晚，大量蚊虫已进入活动高峰，受病毒感染且超过外潜伏期，已将病毒传播给动物宿主及人，此时杀虫剂已不能阻断疾病传播。只有在一批蚊虫羽化，成蚊数量达到高峰，大部分蚊虫尚未吸血或大部分已吸血而仍在外潜伏期的前半阶段，才是理想的喷雾灭蚊时机。当然也要考虑其他因素，如具体时间、用药量、气象条件、蚊虫生态习性、喷洒处理面积等。

超低容量灭蚊的优点是功效高、效果好。稻田喷药一次，杀灭蚊幼虫比较彻底，药效可保持 $2\sim7$ 天，对成蚊可保持药效 $2\sim4$ 天，具体与蚊种和环境条件有关。马拉硫磷和杀螟松原油对竹林和灌木丛内白纹伊蚊有特别好的杀灭作用。野外植被内喷洒马拉硫磷时对笼蚊有 $3\sim10$ 天的熏杀作用，在居民点用辛马合剂每 10 天喷药一次进行全面处理，可以将成蚊密度控制在较低水平。

在稻田中于黎明时喷洒不同浓度的马拉硫磷和其他几种杀虫剂进行中华按蚊、笼蚊杀灭试验，喷药后 2h 及 12h 检查，其死亡率如表 17-30 和表 17-31 所示。

表 17-30　不同剂量的马拉硫磷对笼蚊的杀灭效果

药物	用药量（毫升/亩）	试验次数	喷药 2h 死亡率（%）			喷药 12h 死亡率（%）		
			10m	20m	30m	10m	20m	30m
90% 原油	49.5	3	83.3	46.6	1.6	98.3	98.3	95.0
50% 原油	25.0	3	30.0	21.6	0	98.3	93.3	58.3
25% 原油	12.5	3	0	1.6	0	90.0	51.6	0
5% 原油	2.5	3	3.3	1.6	0	25.0	26.6	0

表 17-31　不同药物对笼蚊的杀灭效果

药物	用药量（毫升/亩）	试验次数	喷药 2h 死亡率（%）			喷药 12h 死亡率（%）		
			10m	20m	30m	10m	20m	30m
50% 巴沙乳剂	25.0	3	98.6	96.6	98.6	100	100	100
50% 马拉硫磷乳剂	25.0	3	30.0	21.6	0	98.3	93.3	58.3
40% 混灭威乳油	20.0	3	68.3	5	3.3	85.0	46.6	6.6
0.3% 胺菊酯油剂	0.15	3	98.6	33.3	8.3	100	53.3	13.3

地面超低容量杀灭成蚊的效果及地面超低容量杀灭蚊幼虫的效果分别见表 17-32 及表 17-33。

表 17-32　地面超低容量杀灭成蚊的效果

地区	场所	面积（亩）	农药规格	用药量（毫升/亩）	次数	逐日密度下降率（%）					考核方法
						1	2	3	4	5	
山东	稻田	308	90.97% 马拉硫磷原油	80	7	80.5	79.8	72.4	78.9		电动吸蚊器白天稻田捕蚊
湖北	营房和周围稻田等	267	50% 杀螟松乳油	29.1	1	100	94.9	51.7		82.9	牛栏白天捕蚊 15min
						100	88.4	80.7		61.9	人房白天捕蚊 15 min
			50% 倍硫磷乳油	29.5	1	100	61.7	68.0		47.3	牛栏白天捕蚊 15 min
						100	49.9	70.0		40.0	人房白天捕蚊 15 min
			25% 二二三乳剂	33.6	1	93.7	76.6	74.9		61.5	牛栏白天捕蚊 15 min
						66.6	80.0	66.6		71.4	人房白天捕蚊 15 min
	村庄稻田等	145	97.4% 马拉硫磷原油	60	1	94.9	83.0	65.0			人房全夜捕蚊
安徽	村庄稻田等	200	90% 马拉硫磷原油	42	3	93.4	90.4	53.3	49.2	43.2	人房白天捕蚊 1h
						68.3	77.6	53.3	42.5	37.5	牛栏白天捕蚊 1h
四川	稻田	23	90% 马拉硫磷乳油	153	1	60.3	65.6	71.5	46.3	0	牛栏白天捕蚊 15min
						12.5	0				牛栏晚间捕蚊 15min
河南	村庄稻田	167	50% 马拉硫磷乳剂	88	1	61	71	56			牛栏牛诱捕蚊 1h
云南	村庄甘蔗田		50.% 马拉硫磷乳剂	0.025ml/ m³	3	36	36	36	36	36	人房、牛栏捕蚊 15min
						100	100	98	81	21	野外挂笼蚊法
						100	100	100	100	100	室内挂笼蚊法
广西	竹林	80	90.4.% 马拉硫磷原油	30	1	100	100	100	100	100	叮咬次数/5min
广东	营房周围灌木丛	10	50% 杀螟松乳剂	260	1	100	100	100			叮咬次数/5min
	山林	24	90% 马拉硫磷原油	191	1	59	82	39			叮咬次数/5min

表 17 - 33 　地面超低容量杀灭蚊幼虫的效果

地区	场所	面积（亩）	农药规格	用药量（毫升/亩）	次数	逐日幼虫密度下降率（%）						
						1	2	3	4	5	6	7
山东	稻田	8	90.97%马拉硫磷原油	54	7	96.1	97.7	40.2			未查	
	稻田	1	90.97%马拉硫磷原油	100	1	81.2	90.8	89.9	98.6			
	稻田	3	90.23%马拉硫磷原油	83.5	4	84.7	90.7					
湖北	稻田	200	97%马拉硫磷原油	60	3	97	100	90	84			
	地头		90%双硫磷原油	66.6	1	100						
	稀粪坑		90%双硫磷原油	133.3	1	93.6	100					
	稻田		50%杀螟松乳油	29.1	1	100	100	100		100		
			50%倍硫磷乳油	29.5	1	100	100	100		100		100
			25%二二三乳油	33.6	1	84.7	89.7	43.0		51.2		
	池塘		50%杀螟松乳油	29.1	1	100	100	100		100		100
			50%倍硫磷乳油	29.5	1	100	100	100		100		100
			25%二二三乳油	33.6	1	100		83		33.2		
安徽	稻田	200	90%马拉硫磷原油	42	3	88.5	100	95	89.8	88.7		
四川	稻田	23	50%马拉硫磷乳油	153	1	100	100		100			67.7
河南	水沟		85%马拉硫磷原油	30	1	93.5						
				40	1	98						
				50	1	98.5						
云南	稻田		50%马拉硫磷乳油	80	3	100	100					
	臭水沟		85%马拉硫磷原油	1g/ m³	1	100	100	100				

第十一节　静电喷雾技术

一、概述

常规喷雾技术劳动强度大，效率低，药滴覆盖不均匀，对环境污染大。虽然超低容量喷雾技术对这些问题已有显著改善，但因超低容量喷雾的药滴直径比常规喷洒法大幅度减小，故受气象及环境因素影响较大，药滴对目标定向能力差，需借助于外力完成，在喷洒目标背面及隐藏部位只有极少或没有药滴沉积，另外还存在小药滴的飘失及环境污染问题。在室内进行超低容量喷雾时，器具产生的均匀小药滴除了雾化器提供的少量动能外，只能靠其自身的重力及流动空气运送，对靶标缺乏沉积能力，因此不能用来做选择性的定向喷洒。

静电喷雾技术的明显特点是使药滴带有一种电荷（一般为负电荷），使药滴在静电场力的作用下向目标快速而有效地定向沉积，这样就解决了药滴高效快速均匀沉积的问题。由于带电药滴间相互排斥，在目标表面不会产生药滴重叠，药滴分布均匀（因为药滴大小均匀，带电量也差不多，周围造成的电场也近乎相等）；药滴带电后可以对目标定向沉积；静电具有包裹效应，靶标背面也会有药滴沉积，有利于目标物背部虫害的防治，提高了治虫效果；带电药滴在电场力作用下向目标快速撞击，使药滴对目标的机械黏附性更好，提高了药滴的滞留性，保证药滴有较长的残效作用；药滴在目标上的回收率大幅度提高，残留在空气中的药滴减少，对环境的污染大大减低。

因此，静电喷雾技术被誉为第三代喷雾技术。

带电喷射液体最早的实验是在 19 世纪末期，由法国物理学家诺来特教士进行的，他发现带电液体从喷嘴口释离时受到冲击，增加了它的流率，最终形成一股被吸向接地目标的雾云。

1946—1947 年首次进行了大田作物带电喷药试验，使用药量缩减到原来的 1/5。由于药滴带有同名电荷，相互排斥，所以在目标上的分布更均匀，在作物叶子背面也吸附了相当数量的药粒，对躲在叶背的虫害防治起到了很好的效果。带电药粒向目标的高速撞击，增加了它在作物表面的机械黏附力，抗雨冲刷能力强，残效好。

虽然实地试验应用已证明带电喷雾法的优点，但当时化学药物充足，同时环境污染问题尚未引起人们重视。1950 年以后，欧洲的粮食产量迅速增长，对大量滥用农药毫不干预。静电喷药不符合当时人们的既得利益，所需设备费用又比较昂贵，农民舍不得大量投资，农业用静电喷雾用设备的安全性和便利性都难以提高，处于停滞状态。但工业静电喷涂却一直在迅速发展，一方面因为工业喷涂量大，使用静电喷涂可以比常规喷涂法减少浪费 50% ~80% 的涂料，提高了工作效率和喷涂质量。

我国对静电喷雾器具及应用技术的研究工作，是从笔者 1978 年 2 月接受国家 523 军工科研任务开始，主要用于控制蚊虫等病媒生物。经过一年半研制，解决了药效、安全性、可携带等一系列难题后，成功设计制造了第一台手持式可携带静电喷雾器，并能投入批量生产。在研制过程中，协作单位第二军医大学流行病教研室及上海市卫生防疫站负责进行静电喷雾效果性能测定。

二、静电喷雾原理

静电，就是处于静止状态的电荷或者说不流动的电荷，当电荷聚集在某个物体上或表面时就形成了静电，而电荷分为正电荷和负电荷两种。静电有两个基本法则：第一法则，同名电荷相斥，异名电荷相吸；第二法则，带电体通过它附近的导体（或电介质）感应（或极化），使导体（或电介质）上诱发出等量的异名电荷。

静电喷雾中要解决两个问题：对药滴（或粒）充以单极性电，使它具有足够大的电荷 q；在喷头和喷射目标之间建立起具有电场强度 E 的电场。这样，药滴所受的电场力就等于其乘积 Eq。带电粒子的沉积能力就决定于此电场力 qE 的大小。

喷雾中的油剂或液体药滴大都由中性分子构成，使它们获得一个电子呈负电的可能比使它们失去一个电子而呈正电的可能性大，因为在空气中有一定浓度的负离子存在，带负电荷药滴的电晕击穿电压又比带正电的高，而且由于电子在空气中的移动速度比正离子快得多，所以大都采用使药滴带负电荷的方法，这样可以提高电场强度 E，即提高了药滴在电场中所受沉积力 qE，显然，这对静电喷雾是有利的。

首先若能通过适当的方法使药滴（或药粒）带上负电荷，则药滴之间彼此互相排斥，不会凝聚。同时若在喷头处设置一个高压电极，与药滴带的电荷同号，它就会将附近的目标诱发出异名电荷。根据第一法则，药滴与喷头电极互相排斥，而与目标互相吸引。这样，带电药滴与目标之间的吸引力就来自两个方面，第一个是带电药滴本身产生的电场，第二个是喷头电极产生的电场。若使电极电场导向目标，则药滴就会被吸向目标。分析这两个电场，第一个电场 $E_1 = q/4\pi\varepsilon_0 d^2$，式中 q 为药滴所带电荷，一般很小，为 10^{-13} C 量级，d 为药滴与目标之间的距离，$\varepsilon_0 = 8.85 \times 10^{-12}$ C/N · m²。第二个电场，当喷头离目标较近时，$E_2 \cong V/d$，V 为喷头电极电压，一般为数万伏。药滴与目标之间的电场力 $F_1 = qE_1$，电极与目标之间的电场力 $F_2 = qE_2$。由于 $E_2 >> E_1$，所以 $F_2 >> F_1$，故对药滴朝目标定向沉积起主要作用的是 F_2。F_1 的作用主要是在药滴到达目标之前，彼此之间存在斥力，不致相互碰撞凝集成大药滴，到达目标时则使药滴吸向目标。F_1 对于药滴从形成到吸附在目标上的整个过程中保持不变是有利的。当然，实际上带电药滴的受力远非这么简单，药滴之间还有错综复杂的各种相互作用。

药滴离开喷头后，除受药滴重力（$F_{重力}$）、浮力（$F_{浮力}$）、空气黏滞阻力（$F_{黏滞阻力}$）、风力（$F_{风力}$）作用之外还受静电力（$F_{静电力}$）、邻近带电药滴的同号电荷斥力、邻近固体表面感应异号电荷吸引力等各种力的作用。其中：

$$F_{重力} = \frac{1}{6}\pi d^3 \cdot p_{液} \cdot g$$

$$F_{浮力} = \frac{1}{6}\pi d^3 \cdot \rho_{气} \cdot g$$

$$F_{黏滞阻力} = \frac{1}{2}C_D r^3 \cdot \rho_{液气} \cdot V_1^2$$

$$F_{静电力} = E \times q_0 \approx \frac{\Delta V}{\Delta S} \cdot q$$

式中　d ——药滴直径；

　　　$\rho_{液}$——液体密度；

　　　g ——重力加速度；

　　　$\rho_{气}$——空气密度；

　　　C_D——黏滞阻力系数；

　　　r——药滴半径；

　　　V_1——药滴的末速度；

　　　E ——电场强度；

　　　q_0——药滴带电量；

　　　ΔV ——电压；

　　　ΔS——电极与作用间距。

通常认为风力是与地面呈水平方向的气流，空气浮力与药滴重力方向相反，远小于重力，它和同样微小的黏滞阻力均可忽略不计。带电药滴的运动轨迹，主要取决于重力、风力和静电力的合力作用。风力对带电药滴的作用是随机因素，而静电力与重力的比值（荷质比）则决定药滴的沉积方式和在靶标上的沉积部位，若静电力远大于重力，带电药滴就能够沿着电力线的方向运动，可沉积在靶标的正、反面或所有表面，这就是带电药滴的尖端效应和包抄效应。因而，荷质比是衡量静电喷雾质量的极为重要的指标，荷质比愈大，带电药滴的静电效应愈强，其单位通常以 C/kg 来表示。而欲使荷质比增大，除加大充电电压外，还可以使药滴粒径变小，一则减小重量，二则增大表面面积——增加载电荷量的面积。

静电喷雾的药滴粒径一般均较小，药滴容量中值直径为 $40\mu m$ 左右。在宏观世界中，静电力的作用力是很小的，但随着带电药滴质量的减小，静电力却能对这些粒子的运动起支配作用。例如，一个直径为 $10\mu m$ 的药滴，它在空气中不产生电晕的最大带电量为 $0.5 \times 10^{-14}C$，在 $E = 106V/m$ 的电场中，它受到的静电力为 $0.5 \times 10^{-8}N$，而它受到的重力仅为 $0.5 \times 10^{-11}N$（设药滴的密度为 1）。显然，静电力较重力大三个数量级，控制着药滴的运动。

静电力控制着药滴的运动，能使药滴沉降在其他的力无法沉降到的表面上，但这并不是说静电力代替了所有其他的力，其他的力也会对药滴的运动造成决定性的影响。例如，一颗直径为 $20\mu m$ 的药滴，在无风的情况下其下落速度仅为 3.5cm/s，一阵微风就可使它以很快的速度飘去，若是在阳光充足的条件下，直径小于 $20\mu m$ 的液性药滴单靠其自身重力则几乎无法沉积到目标表面的，这是由于"热推力"，即一种由于目标表面与空气的温度差而形成的力，作用在药滴上使其难以沉降。从节省药液角度来看，当然希望药滴尽量小，只要它能有效地沉落在目标表面上，静电力就能很好地达到此目标。此时静电力的作用大小，主要取决于药滴的带电量的大小及雾云中电荷的分布情况。例如，直径小于 $10\mu m$ 的药滴是很难沉落下来的，但在 $E = 10^5 V/m$ 的电场中，它可以得到 $10^{-5}C/m^2$ 的表面电荷，就会以 100cm/s 的速度奔向目标，不会被风刮跑。

三、手持式可携带静电喷雾器需要解决的难题

1. 怎么使蚊虫带电

蚊虫不是导体，怎么让它带电呢？在研发之初，笔者带领研发助手访问了上海许多大学的电学、

物理学及相关专业的教授，很多单位的有关人员，都认为这是一个十分棘手的难题，甚至认为是完全不可能办到的。

但是笔者并未就此停下脚步。笔者开始思考，对农作物的农药静电喷雾是如何进行的呢？经过反复研究思考，笔者发现许多人忽视了静电中一个最为基本的原理：介质极化。蚊虫虽然不是导体，但也是介质，那么当它们处在电场中时，也会有极化现象出现，此时蚊虫朝向电场一侧就会产生正电荷，而背向电场一侧产生负电荷，此时带负电荷的药滴就会与蚊虫正面的正电荷相互吸引而使药滴击中蚊虫，犹如导弹打飞机，百发百中。

试验证实了笔者的设想是正确的。

2. 电极及雾化器的设计

静电喷雾中需要解决两个问题。其中，使药滴带上一定电量的单极性电荷为关键，充电的方式有多种，机制也比较复杂。另外，在喷头与目标之间还要建立适当的电场，这可以通过在喷头加设一电极来实现。喷头设置电极，这是静电喷雾器不同于其他喷雾器的主要特征。如前所述，为了在喷洒目标与喷头之间形成一个适宜的高压静电场，使带电药滴在此电场力的作用下，能迅速有效地飞向目标，在喷头处应设置一个电极。电极的大小和形状对带电药滴的沉积有很大的影响。

以旋转式雾化器为例，如果没有其他外力（风力、电场力等）的作用，从旋转式雾化盘上靠离心力形成的药滴，沿离心力方向由转盘外缘甩出，几乎不会撞出在转盘所处平面以外的目标上。也就是说，离心式雾化产生的药滴本身没有朝目标定向沉积的能力。

从转盘上甩出的药滴，它获得的动能使它在离雾化盘圆周边缘15cm内，仍能保持其原来的惯性运动状态。从 $F = mV^2/R$ 知，大药滴受到的离心力比小药滴大，式中 F 为离心力，m 为药滴质量，V 为线速度，R 为雾化盘的半径。当目标与电极之间的距离较小时，目标与电极形成一个局部平行电场。如果电场力 F_q 小于离心力 F，则电场力对药滴沉积的作用不大，显然无法使药滴撞击在目标上。要使 $F_q >> F$，则要提高电场强度 E，而 $E = U/d$，如果距离 d 不变，升高电压 U 可使 E 增大，但若把电压 U 升得太高，将会加大电源功率，而且在绝缘等方面均会带来许多麻烦。

笔者所设计的静电喷头上设置的电极，是通过改变局部电场强度的分布状态来增大 qE 的。根据实验结果，将电极板的直径加大，使其外径接近或大于药滴能保持惯性运动的最大直径，如图 17 – 13 所示。则在 E 值保持不变时，由于电极面积的增加，药滴电量也相应增加，对药滴向目标的沉积是有利的。电极直径的增加，使电场力对药滴运动的作用半径增大，药滴离雾化盘越远，由离心力获得的动能变得越小，药滴就会受电场力的影响而撞向目标。

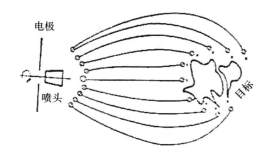

图 17 – 13　喷嘴诱发靶标产生异名电荷，带电药滴迅速被吸引向目标

为了满足这一要求，笔者设计了成由许多圈铜丝组成的电极板，也可以采用薄金属圆板，电极板上的高压静电是由晶体管静电高压发生器通过高压电缆供给的。

从药滴在目标上的沉积情况来看，以后者为佳。当圆板直径为30cm，电极电压为30000V，距离目标1m时，2～3s即可在目标上获得有效喷洒（10颗药滴/平方米），半径为1.25m，有效喷洒圆面积为4.91m²，效率是相当高的。

电极板解决了静电喷雾中的两个问题中的后一个，即在喷头与喷射目标中建立电场 E。若把电极板卸除，则喷洒效果就大大降低。可见电极板对药滴的定向沉积起着相当重要的作用。

3. 手持式静电喷雾器的使用安全性

由于手持式静电喷雾器带有 20～30kV 的静电高压，而且静电高压发生器由操作者直接背在身上进行工作，所以它的使用安全问题格外重要。

通常对其有两个方面的安全性疑虑：一是电击危险，二是辐射危害。

首先，它对操作者无电击危险性。一般说的电击危险，需要同时从两个指标上考虑，两者缺一不可。这两个指标就是电击能量及电流。

在一般情况下，当电击能量小于 0.25J 时的暂态电击是人所感觉不到的，而电击能量大于 25J 时则会导致触电危险。手持式静电喷雾器的静电高压发生器的最大输出电压为 30kV，最大输出电流为 50μA，最大输出能量只有 1.5J，对人有刺激感，但无危险。

从电击电流这个指标来看，一般当流经人体的电流小于 1mA 时，人体几乎感觉不出有电流流过，小于 8mA 时，仍不能引起人的麻木感。静电喷雾的输出电流远远低于 1mA，在安全范围之内。若操作者偶然碰到电极，也绝不会有任何电击危险，只有一种瞬间不舒服的刺痛感觉。

对于高压静电发生器开关接通后的电容放电则更不必担忧，一瞬间放电就结束，其能量及感知程度更在上述安全范围之内。

关于辐射危害问题，有人怀疑高压静电会伴随有射线，特别是对人体有害的 γ 射线。实际上，手持式静电喷雾器的放射能量很小，用仪器根本测不出。将未曝光胶卷放在高压输电线端部、周围及静电发生器四周的不同距离处，让高压发生器正常工作半小时，再将这些胶卷显影定影，在底片上均未发现有任何射线引起的曝光形迹，证明手持式静电喷雾器的高压发生器不存在辐射危害。

四、手持便携式静电喷雾器

静电喷雾器的功能主要是使喷出药滴带电，同时使带电药滴在静电场力的作用下向靶标快速均匀地沉积，所以它除了要有产生均匀药滴的装置外，还必须要有一套能使药滴带电，并产生适宜电场的高压静电装置。这就使其比大型固定式静电喷雾装置多出许多额外的要求，如携带轻便，操作灵活，尤其是高压下对人的安全及零部件之间的良好绝缘等，所以在结构设计、元件及材料的选择方面都要格外认真考虑。（图 17－14）

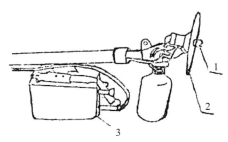

1—喷头；2—电极；3—高压静电装置

图 17－14　手持式静电喷雾器

使药液呈雾化状态并喷出，主要有以下方式：液力式，气力式，离心式，撞击式和热力式等。离心式雾化，经过长期的实践证明，是目前世界上普遍公认获得均匀药滴的最佳方式，而其他雾化方式产生的药滴大小悬殊。因为在离心式雾化中，只要在其他参数（如药剂表面张力、黏度、密度、流量、雾化器结构等）确定后，只需要简单地调节雾化器的旋转速度就能得到所需大小的药滴。只要转速保持恒定，得到的药滴直径就会保持在设定大小的药滴谱范围内。

雾化器的动力是 6V 直流电源（电池），由永磁直流微型电机来驱动，转速 8000～10000rpm。电动机的工作电流在 0.3A 以内，电池电源可以连续使用 10h。

当雾化盘直径为 40mm，转速为 10000rpm 时，测得 80% 药滴的数量中径（nmd）为 46.7μm，容积中径（vmd）为 53.2μm，两者之比为 0.88；测试 100% 药滴的数量中径为 51.4μm，容积中径为 68.85μm，两者之比为 0.74，均大于 0.67，符合超低容量喷雾对药滴均匀度的要求。

均匀药滴产生装置由以下几个部分组成，结构见图 17-15。

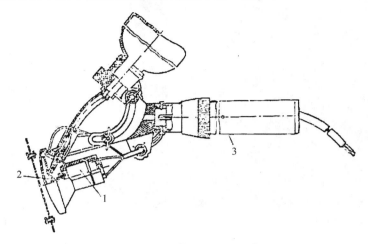

1—微电机；2—雾化盘；3—伸缩把
图 17-15　均匀雾滴产生装置——离心式喷雾器

雾化盘呈碗状，也可制成杯状，或片状，要有一定的机械强度、硬度，成型时应有良好的流动性及尺寸稳定性。它是喷雾器的最关键零件之一，直接影响到雾化质量。为了使雾滴带电良好，对雾化盘表面采用真空镀膜方式涂以一层硬铬。

在碗形雾化盘的内侧制成 300 只均匀的半角锥状尖齿，作为药液从雾化盘上摔出的发射点，减少雾化盘表面液膜的附着力，使药液沿着尖齿有规则地甩出一条条细液丝，以保证获得均匀的雾滴。雾化盘的中间有凸肩，凸肩中心孔紧压配合在电机轴上，使它随电机一起转动。为了使雾化均匀，雾化盘的表面应平滑、光整、尖齿应均匀一致。

雾滴大小与雾化盘直径呈负相关。在其他参数不变的情况下，加大雾化盘的直径有利于雾滴变小。但若雾化盘直径太大，电机的负荷过大，喷头处设置的电极板直径也将过大，从这两方面来考虑的话，雾化盘的直径又不应太大，这方面的损失可以通过提高雾化盘的转速来弥补。

五、静电喷雾的优点

(一) 用药量少，效率高

喷雾用药量少，处理效率高，对于爆发性和流行性病虫害能够及时控制。

做墙面或其他直立面的滞留性喷洒时，应使喷头电极所在平面与墙面平行，相距 0.5~1m，以 1m/s 的速度平行移动，药滴在墙面上就会形成均匀带状分布，喷洒效率可达 60m²/min，可见其效率是相当高的。在蚊虫滋生地（如粪坑、河边杂草处等）喷洒时，只要将喷头对准目标喷洒 2~3s 即可。

静电喷雾用药量明显少于常规喷雾，例如，在卫生处理上要达到 80% 以上蚊虫触杀死亡率，静电喷雾马拉松剂量为 0.158m/m²，常规喷雾的标准剂量为 2g/m²。

(二) 效果好，持效长

由于药液覆盖均匀，附着性好，残效长，而且能够覆盖小表面目标背面，解决背面害虫的防治问题，其效果明显好于一般喷雾（图 17-16）。

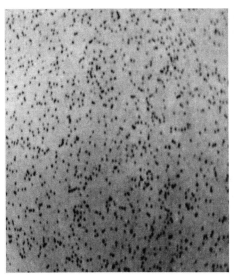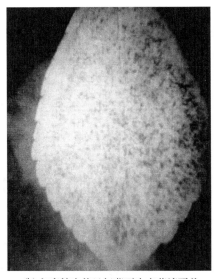

(a)静电喷出的药滴很小，而且分布均匀　　　　　(b)包裹效应使目标背面也有药滴覆盖

图 17 - 16　静电喷雾的效果

（三）环境污染少

试验证明，由于电荷的作用，静电喷雾的药滴能够有效击中靶标或黏附在需要处理的表面。不会在空气中滞留。对人体的污染也相对减少了。

（四）用途广泛，操作方便

喷雾器一机多用，例如，如果要对屋顶进行喷洒时，只要调节手持式静电喷雾器的喷头角度即可，而做空间杀虫喷雾时，只要将喷头对准昆虫或其栖息处喷洒就行。

六、静电喷雾使用的农药

（一）对静电喷雾使用的农药的要求

由于静电喷雾也属于超低容量喷雾，所以超低容量喷雾对农药的要求，同样也适用于静电喷雾对农药的要求。

1）对人畜和作物必须安全无害、毒性低。

2）挥发度低，可以保证喷出的药滴在喷雾、飘移、穿透及沉积过程中不因挥发或蒸发而显著改变直径和质量，减少飘散损失，在喷洒目标上达到足够的药滴数量和良好的覆盖密度。所以一般选择沸点较高、挥发度低的油性溶剂。

3）具有适当的黏度、表面张力和密度。稳定的黏度可以使喷雾流量稳定，以保证药液在目标上具有稳定的覆盖密度；油剂的表面张力较小，利于雾化，可获得较细的药滴；药剂密度大，可以减少药滴的飘散损失，具有较好的沉降性能及覆盖密度。

4）冷、热贮藏稳定性好，运输安全。

5）对用于静电喷雾的药剂，还要具有一定的电阻率，这样才能保证药滴具有良好带电性能。油剂的电阻率一般在 $1.1 \times 10^7 \Omega/cm$。

（二）静电喷雾使用的剂型

根据实验观察，一颗直径 $100\mu m$ 或更小的水性药滴，它在空中保持的最长时间只有数秒钟；如果周围温度不低，而辐射热又强的话，保持的时间不到 $1s$。当它变为直径小于 $5\mu m$ 的药滴时，基本上就在空中漂移，几乎很难垂直向下沉积，似乎处于一种失重的状态，这就达不到我们所希望的药滴在目的区内的回收，相反，还会残留于空中造成空气污染，故这是不允许的。超低容量喷雾的药滴直径几

乎都选在 $100\mu m$ 之内。因此，选用水性杀虫剂来进行喷雾是不合适的。相反，使用不易挥发的油剂型有如下优点。

1）由于油性药滴不易挥发，故它从喷出后一直到沉积在目标上的整个过程中几乎保持不变，就可以获得稳定的喷雾重叠。在不同喷雾作业时间中沉降下药滴，凭借它所遇到的不同微气候区的影响，自动地调节喷洒中的空白点，能使沉积密度均匀。

2）长期以来，有害生物已对水性药剂产生抗性，而以油剂作为杀虫剂载体可以使药剂较快地渗透到虫体的神经中枢。也就是所要达到的真正喷洒目标上。

3）许多喷洒目标对象是不沾水的。由于目标物表面的疏水性，水性药滴易从目标表面流失。而油性药滴的浸润性好，能完全依附在其表面上，有利于药剂在目标上的均匀分布及扩散。

4）油性小药滴黏附在目标表面上后，被洗刷去的可能性较小，这有利于药剂在目标上的滞留，药剂残效长。特别适用于滞留喷洒。

在静电喷雾中，药滴是靠电场力作用快速沉积到目标上的，沉积速度大大快于蒸发速度；而且带电后药滴在目标上的黏附力强，所以部分水基型农药也能适用于静电喷雾。

（三）目前已经在卫生静电喷雾处理中使用过的药剂

1）马拉松原油（8%，密度1.23）；

2）杀螟松原油（78%）；

3）甲氯菊酯制剂（氯菊酯5%，甲醚菊酯5%，无水酒精90%）等。

七、静电喷雾雾化性能及药效试验结果

（一）雾化性能的测定

1. 试验目的

测定手持式静电喷雾器的雾化指标，以判定其雾化性能。

2. 试验方法

使用带30kV静电高压输出的静电喷雾器，喷头置于离地1.75m，离墙1.5m处向墙壁喷洒红墨水，喷洒5s。在墙上离喷雾中心位置左、右、上、下方向距离0.25m、0.5m、1m、1.25m、1.5m处贴上涂有阿拉伯树胶采样垫的玻片，让喷洒药滴沉积，然后在显微镜下测数药滴直径，用统计方法分别计算80%药滴的质量中径和数量中径，算出扩散比。

喷雾两次，将离中心等距位置玻片上测得的药滴加在一次取其平均值，作为测定结果。并以不带电的超低容量喷雾作为对照。

3. 试验结果

结果表明，超低容量喷雾带上静电后，雾化性能良好，达到超低容量的雾化指标（表17-34）。

表17-34　雾化性能的测定结果

	数量中径 nmd（μm）	质量中径 mmd（μm）	扩散比
静电喷雾	46.7	52.2	0.88
超低容量喷雾	44.3	49.1	0.90

（二）墙壁药滴密度的测定

1. 试验目的

测定对墙面静电喷雾时墙面上药滴密度的分布规律。

2. 试验方法

将静电喷头设置在离地高1.75m处，分别在离墙壁1m、1.5m、2m三种距离处向墙壁喷洒红墨水5s。采样方法见图17-17，即在墙上喷洒位置中心、上、下、左、右及两侧对角线上的8个方向，每

隔0.25m粘贴一张2cm×7cm的铜版纸，加上中心一张，共57张采样纸，分别按其所在位置标记。喷雾后在显微镜下计数各纸片上每平方厘米内的药滴数，然后把离中心等距的8点编为一组，共试验5次，取其平均值作为测试结果。

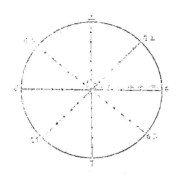

图17-17 采样点

3. 试验结果

墙壁上离喷洒中心不同距离的药滴密度（颗/平方厘米）的平均值如表17-35所示。总的趋势是药滴密度在喷洒中心部位较低，离中心0.25～0.5m范围内较高，然后随着离中心距离的加大而逐渐降低。药滴的这种分布特点，与喷头旋转时的离心力有关。喷距为1m时，有效喷洒（药滴在10颗/平方厘米以上）半径为1.25m，有效喷洒圆面积为4.91m²。喷距为1.5～2m时，有效半径增加到1.5m，有效喷洒圆面积增加到7.07m²。可见静电喷雾器的有效喷洒面积相当大，药滴能快速、定向、均匀地被吸附在墙壁上，大大克服了小药滴的飘散损失。

表17-35 静电喷洒时墙壁上不同部位药滴密度（颗/平方厘米）

喷距（m）	离喷洒中心距离							
	中心	0.25m	0.50m	0.75m	1.00m	1.25m	1.50m	1.75m
1.0	453	760	358	108	32	12	4	1
1.5	319	374	294	148	75	40	16	6
2.0	44	100	137	108	70	47	19	7

注：表上所示值为中心等距八个方向采样纸上的平均值。

（三）不同电压、不同喷距下墙面不同部位的药滴覆盖密度及有效面积的测定

1. 试验目的

研究带电药滴在墙面上的分布特点，有效覆盖面积及降落在地面上的药滴密度（颗/平方厘米），以观察静电喷雾能否满足墙面残留喷洒杀虫剂药滴分布密集而均匀的技术要求，并进一步选择适宜的静电压。

2. 试验方法

以不同静电压（5、10、15、20……50kV）、不同喷距（喷头离墙面0.5m、1m）进行喷雾红墨水，喷雾3s（流量30ml/min），喷雾时喷头固定。喷雾前于墙面上划2条垂直交叉直线，交叉点在喷头正前方位置，在其左、右、上、下4根线上每0.25m设一药滴采样纸片（2.5cm×7.5cm），喷头与墙面间的地面上，每0.25m放一排采样纸片。喷雾后计数各纸片上的雾滴数量，算出有效覆盖面积（统计每条线上每平方厘米大于10颗药滴的纸片离交叉点的距离，计算出平均半径，再算出圆面积）及药滴密度。

3. 试验结果

1）有效覆盖面积。在同一喷距下，有效面积随静电压升高而增大，达最大值后逐渐减小，趋于一稳定值，例如，喷距1m时，最大有效覆盖面积约为7.0m²，于静电压为25～35kV时出现（表17-36）

表 17－36　不同静电压、不同喷距墙面喷雾的有效面积及药滴密度

喷距（m）	项目	静电压（kV）									
		5.0	10.0	15.0	20.0	25.0	30.0	35.0	40.0	45.0	50.0
1.0	有效覆盖面积（m²）	0.05	0.44	2.41	4.43	7.07	7.07	7.07	4.43	6.49	3.98
	有效覆盖面积的雾粒密度（颗/平方厘米）	0.85	22.5	57.74	326.0	343.8	295.8	329.5	505.1	572.0	716.5
	地面降落的雾粒密度（颗/平方厘米）	128.8	80.0	112.8	49.6	38.1	42.9	34.3	1.1	2.4	0.4
0.5	有效覆盖面积（m²）	1.23	2.76	2.76	2.41	1.23	1.48	1.23	—	—	—
	有效覆盖面积的雾粒密度（颗/平方厘米）	40.98	280.78	599.96	436.95	542.66	592.09	613.68	—	—	—
	地面降落的雾粒密度（颗/平方厘米）	171.30	47.24	6.04	17.25	2.37	0.36	0.40	—	—	—

注：墙面中心（0）的药滴未计算在内，表中值为三次试验的平均值。

2）药滴的平均密度一般随静电压的升高和喷距的缩短而明显增加。如喷距为 1m，静电压为 5kV 时药滴密度为 0.85 颗/平方厘米，静电压为 35kV 时，为 329.5 颗/平方厘米。

3）药滴降落地面的密度一般随静电压的升高和喷距的缩短而明显减少。如喷距 1m，静电压从 5kV 增高至 35kV，地面药滴密度从 128.8 颗/平方厘米下降至 34.4 颗/平方厘米。

4）墙面上药滴分布的均匀度与静电压的高低和喷距的长短均有一定的关系。如表 17－37 所示，当静电压较低（小于 15kV）和喷距较长（1m）时，药滴分布有不均匀现象，并出现空斑区；静电压提高到 25kV 后，药滴较均匀，也无空斑。静电压为 35kV 时，喷距 0.5m 的药滴密度为 611.3～660.5 颗/平方厘米，喷距 1m 的药滴密度为 431.4～307.7 颗/平方厘米。

表 17－37　不同电压、不同喷距喷雾时墙面各采样线上药滴密度（颗/平方厘米）

喷射条件	5kV		15kV		25kV		35kV	
	1m	0.5m	1m	0.5m	1m	0.5m	1m	0.5m
中心线	8	60.0	666	>1000	>1000	>1000	>1000	>1000
上线	0	22.0	41.0	806.5	403.8	320.0	431.4	611.3
下线	12.0	86.6	95.2	363.4	334.2	523.6	325.5	637.3
左线	0	63.0	36.0	609.3	321.5	653.0	275.6	655.5
右线	0	28.0	69.1	585.0	377.5	584.0	307.7	660.5

注：本表数值为有效面积内各采样线上的采样纸片上的药滴平均数。

试验的结果表明，静电喷雾器喷出的带电药滴，分布均匀，药滴密集，药滴落下地面很少，符合残留喷洒杀虫剂的技术要求。根据本试验的数据，25～30kV 的静电压便可达到通常所需（喷距为 1m）均匀喷雾的性能。

表 17－38　静电喷雾墙壁时地面药滴密度的分布（颗/平方厘米）

喷距（m）	离喷头前后距离						合计	平均
	－0.5m*	0	0.5m	1.0m	1.5m	2.0m		
1.0	1	4	13	4	—	—	22	5.5
1.5	3	21	48	6	8	—	86	17.2
2.0	3	13	58	179	114	8	375	62.5

* 离喷头后面的距离

从表 17-37 和表 17-38 中可知，若以同样有效喷洒面积计算，喷距 1m 时，墙壁药滴密度比喷距 1.5m 和 2m 时高，落地的药滴密度低（平均为 5.5 颗/平方厘米）。喷距愈大，落地药滴愈多，如喷距为 1.5m 时，平均为 17.2 颗/平方厘米，2m 时平均为 62.5 颗/平方厘米。这个现象与电场强度有关，静电电场强度 $E = V/d$（V 为喷头电压，d 为喷距），电场强度与喷距成反比。当喷头离墙壁较远时，电场强度较弱，故墙壁上雾粒吸附相对减少；此时喷头与地面之间距离（1.75m）较喷头与墙壁之距离（2m）为短，地面对药滴的吸附较强，加上重力作用，故落地药滴较多。因此，用该设备静电喷洒墙壁时，若喷距小于 1m，可减少药滴落到地面上带来的损失，而所用静电电压也不需要太高。

（四）墙壁表面杀虫效力的测定

1. 试验目的

对墙面进行静电喷雾，测定墙面上不同部位的受药量及其对蚊虫的触杀死亡率。

2. 试验方法

将喷头置于离地面 1.75m，离墙面 1.5m 处，向墙面喷雾马拉松原油（密度 1.23，含量 80%），喷雾 5s，试验两次分别采样并测定喷雾密度（颗/平方厘米）、受药量（g/m^2）及蚊虫触杀死亡率，取其平均值作为测试结果。

3. 试验结果

如表 17-39 所示，首先，可以看出这三种数值变动的总趋势是一致的。即药滴密度越高，受药量越高；其次，蚊虫触杀死亡率达到 90% 以上的范围，是离开中心的 0.5~1.0m，但实际喷洒时，因为是连续性喷洒，所以药滴的重叠必将扩大蚊虫触杀死亡率较高的范围，并消除喷雾中心及边缘位置死亡率较低的问题。

表 17-39　静电喷雾墙壁药滴密度、受药量与生物效应的关系

	离中心距离							
	中心	0.25m	0.50m	0.75m	1.00m	1.25m	1.50m	1.75m
药滴密度（颗/平方厘米）	96	189	370	390	190	91	38	12
受药量（g/m^2）	0.070	0.094	0.159	0.184	0.183	0.080	0.032	0.015
蚊虫死亡率（%）	51	82	97	97	93	43	33	0

（五）墙壁杀虫药物利用率的测定

1. 试验目的

静电喷雾墙面，测定杀虫药物的利用率

2. 试验方法

对"（四）墙壁表面杀虫效力的测定"的数据进行换算，计算出药物利用率。

3. 实验结果

表 17-40 是根据表 17-39 中离墙壁喷洒中心不同距离的受药量换算而成，在有效喷雾面积上的受药量是 0.853g，而总的喷出量是 1.254g（15.3ml/min ÷ 60s/min × 5s × 1.23 × 80%），故墙壁上有效喷雾面积中的药物利用率为 67.99%。因为有效喷雾面积以外的墙面上还有不少药滴沉积，故整个喷雾目标范围内的药物利用率更高。由此可见，静电喷雾墙壁可减少药物的浪费和对环境的污染，同时，蚊虫触杀死亡率 90% 以上区域是在离喷洒中心 0.5~1.0m 范围内，其面积为 2.355m²，其受药量为 0.389g，故每平方米的受药量只有 0.165g，其杀虫效率是值得肯定的。

表 17 - 40 静电喷雾墙壁有效面积、受药量和蚊虫死亡率90%面积受药量

离中心距离（m）	面积（m²）	受药量（g/m²）	有效面积的受药量（g）
中心	0	0.070	0
0.25	0.196	0.094	0.016
0.50	0.589	0.159	0.075
0.75	0.981	0.184	0.168
1.00	1.374	0.138	0.221
1.25	1.766	0.080	0.192
1.50	2.159	0.032	0.121
1.75	2.551	0.015	0.060
合计	9.616		0.853

（六）对墙面进行滞留喷雾时灭蚊效力的测定

1. 试验目的

在室内墙壁上，比较静电喷雾与常规压缩式喷雾的灭蚊效力。

2. 试验方法

常规压缩喷雾使用联合14型压缩喷雾器，出水量500ml/min，药滴直径 >200μm。药剂为杀螟松，静电喷雾使用原油（78%）及浓缩乳剂（50%），常规喷雾则用稀释油剂（3.12%）及乳剂（2%），剂量相同，分别按操作技术要求进行喷雾。

灭蚊效果的考核，采用常规受药板（三夹板，20cm×30cm）强迫触杀试验法。将受药板分上、下或上、中、下部位固定于墙壁上，从喷药后次日起每隔7天以淡色库蚊（人工饲养、敏感品系）吸血雌蚊（谢拉氏3~4期）触杀30min，每板20只蚊，每批试验蚊龄相同，触杀试验后饲养观察24h再计算死亡率。

3. 试验结果

静电喷雾的灭蚊效果，比常规喷雾器更好，见表17-41。

例如，剂量均为1.95g/m²时，静电法喷雾78%原油，历经四周，其触杀死亡率仍大于90%，而常规喷雾器喷雾3.12%油剂，其触杀死亡率已降为71.0%。喷雾剂量均为1.31g/m²时，静电法喷雾50%乳剂，常规喷雾法2%乳剂，在第二周两者的触杀死亡率分别为74.0%与59.0%；第三周分别为63.0%与53.0%（一般将低于60.0%的触杀死亡率认定为无效）。以上结果可见，静电喷雾的残留效力比常规喷雾长。

表 17 - 41 静电喷雾与常规喷雾杀螟松的蚊虫触杀死亡率（%）

	静电喷雾		常规喷雾	
	78%油剂（1.95g/m²）	50%乳剂（1.37g/m²）	3.12%油剂（1.95g/m²）	2%乳剂（1.37g/m²）
次日	96.0	89.0	94.0	82.0
一周	/	83.0	/	75.0
二周	96.0	74.0	91.0	59.0
三周	93.0	63.0	/	57.0
四周	92.0	/	71.0	/

* 死亡率为各受药板上所得值的平均值

静电喷雾油剂时各受药板的触杀死亡率差别不大，能达到受药均匀的要求，这与常规喷雾相似（表17-42）。但静电法喷雾稀释药剂时（如3.15%油剂，用量约31.5ml/m²），其受药均匀程度比喷雾浓缩药剂时（2.5~2.6ml）稍差。所以静电法不适用于稀释药剂。

表 17 –42　两种喷雾法对墙面喷雾时不同部位的蚊虫触杀死亡率（%）

	静电喷雾		常规喷雾		
	78% 油剂 （1.95 g/ m²）	3.12% 油剂 （0.98 g/ m²）	50% 乳剂 （1.31 g/ m²）	3.17% 油剂 （1.95 g/ m²）	2% 油剂 （1.31 g/ m²）
上部受药板	91.1	90.6	89.4	94.6	73.1
中部受药板	/	/	85.2	/	85.0
下部受药板	92.7	80.0	92.1	93.6	87.0

（七）空间静电喷雾灭蚊效力的测定

1. 试验目的

测定静电喷雾的室内空间灭蚊效力，并与使用 JM – II 型喷头的常规喷雾进行比较。

2. 试验方法

取两间空室（各为 75m³），试验药物为甲氯菊酯合剂（二氯苯醚菊酯 5%、甲醚菊酯 5%、无水乙醇 90%），剂量为 0.25ml/m³，试验蚊为猪厩吸血库蚊（以三带喙库蚊为主）。将蚊虫计数释放入室内，关闭门窗，然后进行静电喷雾，受药后于 5、10、15、20min 时分别计算蚊虫击倒率。同时对照组以 JM – II 型喷雾器喷雾（药滴平均直径 5μm 左右）。

3. 试验结果

结果证明，静电喷雾后 15min，击倒率为 82.5%，20min 全部击倒，接近于 JM – II 型喷头喷雾的高灭蚊效力。国内外文献上未见室内空间静电喷雾灭蚊的记载，从试验的结果看来，静电喷雾是可用于室内空间喷雾灭蚊的，它比常规喷雾器空间喷雾的灭蚊效力优良，因为常规喷雾的药滴直径大于 200μm，药滴不能在空中长久悬浮，与蚊虫的碰撞机会低。在静电场范围内的蚊虫，带有异极感生电荷，与电带电药滴相吸，从而提高空间喷药的杀虫效力。

表 17 –43　室内空间喷雾灭蚊效力

	喷药后不同时间击倒率（%）			
	5min	10min	15min	20min
静电法	39.0	74.0	82.5	100.0
JM – II	10.0	66.5	100.0	/

（八）相对湿度对静电药滴在目标表面沉着的影响

湿度对静电的影响很大，这主要表现在两个方面。

首先，随着湿度的增加，空气中的小分子增多，电子与小分子碰撞的机会增多，碰撞后形成负离子。由于负离子的活动能力较电子差，使得碰撞电离能力减弱，不易发生火花放电现象。同时，随着湿度的增加，空气中导电性蒸气及其他能够导电的杂质增多，使空气的击穿电压降低，因此静电电压降低。

另一方面，空气中湿度增加后，绝缘体，特别是吸湿性较大的绝缘体的表面会凝结出一层薄薄的水膜，厚度只有 10^{-5}cm。它能溶解空气中的二氧化碳和绝缘体析出的电解质，有较好的导电性，使绝缘体表面电阻大为降低，从而加速静电的损失。

如在某试验中，当相对湿度低于 50% 时，测得静电电压为 40kV，但当相对湿度增加到 65% ~ 80% 时，静电电压降为 18kV，当相对湿度超过 80% 时，静电电压只有 11kV 了。

一般来说，当大气相对湿度高于 50% 时，湿气会被吸附在大多数固体上，使电介质表面导电率明显增加。即使是十分优良的绝缘体，当它们表面上形成薄湿气层后，也会有电流产生。此时若摩擦起电或接触起电，电荷在数分之一秒内就会流失。因此，相对湿度较低时表现比较明显的电效应，在湿度较高时几乎消失了。高湿度对介质表面导电率的影响与表面洁净度有关，若是表面带有一些吸湿性污垢及盐分，则更为明显。

湿度除了使电介质的电阻率产生变化外，也影响电荷的分离过程，从而影响静电现象。在一些实验中已经观察到，在湿度增加时，颗粒状蔗糖粒子撞击在金属电极上所得到的电荷数量减少到零，而在相反极性上的电荷却增加。

1. 试验目的

探索相对湿度对静电喷雾的影响，研究在不同相对湿度条件下带电药滴的分布规律。

2. 试验方法

在相对湿度分别为 60%（29℃）、75%（29～30℃）及 92%（29～30℃）三种情况，对一棵高1.5m、宽1.3m的小青树喷雾红墨水3s。青树树叶中等茂密，喷头位于树顶上方0.3m，垂直向下喷雾。药滴取样纸片放在青树的上、下层叶面的正反面，每层设5个，上下层正反面共20张取样纸片。喷雾取样重复试验3次，取平均值。

3. 试验结果

1）相对湿度对药滴在目标表面的分布密度变化趋势无明显影响，雾滴密度由多到少次序均是：上层叶正面、上层叶反面、下层叶正面、下层叶反面。

2）相对湿度增大时，药滴的沉积密度呈下降趋势，相对湿度对药滴的绝对沉着量有影响。

3）地面的带电药滴沉积量，在相对湿度较高时达到最大值。

第十二节　熏蒸处理技术新进展

一、概述

常量喷雾技术、超低容量喷雾技术及静电喷雾技术是当前常用的病媒生物控制技术，但不能满足所有需求。某些对毒性及安全性要求高的场所，如医院、宾馆、餐厅的厨房、电气间等公共及特殊场所；国防军备场所、特种军事设备设施等密闭场所，如兵工厂、武器弹药仓库、潜艇、火箭发射基地、导弹发射基地及控制指挥所等；室内结构复杂、隙缝多、病媒生物多发的各类密闭仓库等。这些场所应用上面所述方法进行灭蟑和灭鼠，效果都不够理想，因为上述药剂及处理方式都是以微米级药滴起作用的，它们无法渗透进缝隙里面，更不可能穿透包装进入物品内。

熏蒸剂是以纳米级气体分子动力学直径大小的药滴起作用的，与上述常规喷雾方法的微米级药滴有着极大的区别。两者之间的药滴直径大小相差3～4个数量级，而这一点导致它们的运动特性有根本上的差异。这就是熏蒸剂能够处理各类密闭场所的有害生物的关键，它的防治效果是其他杀虫剂剂型无法比拟的。

目前使用的熏蒸剂品种不多。一是因为它们的毒性很高，许多场所都不可以使用；二是其中比较常用的溴甲烷是臭氧损耗物质，即将被禁止使用，硫酰氟虽然在局部替代使用，但它的毒性也较高，在很多场所仍然不能或者不适合使用。目前相关单位仍然处于没有低毒安全、高效广谱的环保熏蒸剂可以使用的尴尬局面，而且长期以来人们对熏蒸剂的特性及应用方面的认识不足或存在误区，熏蒸剂这一剂型没有得到足够的重视。

特种重要军备及公共场所使用熏蒸剂的要求如下。

1）符合环保要求，不破坏臭氧层；

2）渗透和扩散能力强，广谱，对病媒生物及致病菌控制效果好；

3）对动植物和人毒性低；

4）需要时应该具有警戒气味，使人易察觉；

5）对金属不腐蚀，对纤维及处理场所内的物品不会造成损害；

6）不燃不爆；

7）不溶于水；

8）化学稳定性好，不容易凝结成块，液体不容易分解，不会变质；

9）生产、使用和储运安全、方便。

由于现有熏蒸剂损耗臭氧层，存在严重环保问题，世界各国都在寻找它们的替代物，但是要开发一个新的熏蒸剂替代产品，其难度要比开发一般的杀虫剂大得多，成了一个世界性难题，至今没有寻找到溴甲烷的合适替代物。但是，近年来，我国以笔者为首的一批科技人员在这方面坚持不懈，开展了大量的工作，并且取得了可喜、可信的成果。

二、复配熏蒸剂药效试验

（一）复配熏蒸剂 A 的药效试验

1. 试验一，对蚊、家蝇、蜚蠊的室内药效和模拟现场药效实验

1）经中国疾病控制中心传染病研究所对蚊、家蝇、蜚蠊的的室内药效试验，24h 死亡率均为100%；模拟现场药效试验，淡色库蚊、家蝇、蜚蠊 1h 击倒率均为100%，24h 死亡率均为100%。

2）经湖南省疾病控制中心对蚊、蝇、蜚蠊，黑皮蠹及白蚁的室内药效试验，24h 死亡率均为100%；模拟现场药效试验，蚊、蝇，蜚蠊，黑皮蠹及白蚁 1h 击倒率均为100%，24h 死亡率均为100%。

2. 试验二，对仓储害虫药效试验

经国家粮食储备局成都粮食储藏科学研究所及广东粮食科学研究所对谷蠹、赤拟谷盗、玉米象的熏蒸处理结果，24h 死亡率及校正死亡率均为100%。

3. 试验三，全军疾病预防控制中心现场灭蟑药效试验

餐厅等特殊场所灭蟑是一件较为复杂的工程，食物丰富，使用饵剂效果不明显，烟雾剂、热雾剂、滞留喷洒易造成食品、炊事器械和环境污染，防治效果也不够理想。

试验场所位于某市某宾馆，餐厅位于宾馆西侧，为相对独立的 6 层楼，2~5 层均有一操作间提供主、副食。冷热操作间内炊事工具、设备较多，密闭性较好，平时用胶饵施药，但蟑螂密度仍较高。试验的场所具有一定代表性。

为了观察复配熏蒸剂 A 的现场熏蒸灭蟑效果，选择具有代表性的某宾馆餐厅特殊场所施用一定剂量，观察一定时间内蟑螂密度变化。按照 10~20g/m³ 剂量施药 6h 后，目测可见许多蟑螂击倒死亡，也有部分爬行，标示蟑螂 6~72h 死亡率为88.04%~100%，处理后72h 时现场蟑螂密度平均下降率为82.46%~98.09%。可见复配氟熏蒸剂 A 可用于密闭场所灭蟑（表 17-44、表 17-45）。

表 17-44　复配熏蒸剂 A 在餐厅操作间按 10g/m³ 剂量施药 72h 后蟑螂密度下降率

部位	体积（m³）	施药前蟑螂密度指数	施药后蟑螂密度指数	密度下降率（%）
二层	370	9.13	1.73	81.05
四层	350	9.21	1.07	88.38
六层	410	11.43	2.43	78.74
平均值	—	9.92	1.74	82.46

表 17-45　复配熏蒸剂 A 在餐厅操作间按 20g/m³ 剂量施药 72h 后蟑螂密度下降率

部位	体积（m³）	施药前蟑螂密度指数	施药后蟑螂密度指数	密度下降率（%）
三层	356	12.62	0.0	100
五层	408	6.77	0.23	96.60
另楼十二层	420	5.18	0.12	97.68
平均值	—	8.19	0.12	98.09

注：每层基本包括后厨与面点间，高2.5m。楼道外垃圾箱底有残存蟑螂。

4. 试验四，复配熏蒸剂 A 现场杀灭标示蟑螂试验

现场杀灭标示蟑螂结果，按 20g/m³ 剂量施药 6h，蟑螂平均死亡率为 97.78%，72h 死亡率 100%，结果见表 17 – 46、表 17 – 47。

表 17 – 46　复配熏蒸剂 A 在餐厅操作间按 10g/m³ 剂量施药对标示蟑杀灭率

部位	体积（m³）	试虫数	6h 死亡率（%）	72h 死亡率（%）
二层	370	120	76.67	85.00
四层	350	118	93.22	96.61
六层	410	120	75.83	82.50
平均值	—	—	81.91	88.04

表 17 – 47　复配熏蒸剂 A 在餐厅操作间按 20g/m³ 剂量施药对标示蟑杀灭率

部位	体积（m³）	试虫数	6h 死亡率（%）	72h 死亡率（%）
三层	350	120	98.33	100.0
五层	320	120	100.0	100.0
另楼十二层	420	120	95.00	100.0
平均值	—	—	97.78	100.0

5. 试验五，复配熏蒸剂 A 的毒理检测

经中国疾病控制中心试验：复配熏蒸剂 A 对雌雄 SD 大白鼠急性吸入浓度 LC_{50} 大于 $10000mg/m^3$，属微毒级。

6. 试验六，硫酰氟浓度残留检测

硫酰氟浓度检测结果显示，施药后空间浓度很高，楼道和施药者体表有一定残留，但低于安全允许浓度，结果见表 17 – 48。试验现场室内开窗通风后检测仪指示迅速回零（室外风力约 4 ~ 5 级，风速 5 ~ 10m/s）。

表 17 – 48　复配熏蒸剂 A 的现场灭蟑试验后硫酰氟的残留量检测结果

楼层与部位	施药剂量 20g/m³，不同部位、时间空气中硫酰氟含量（×10⁻⁶）							
	房间内		房间门口		楼道或楼梯口		施药者体表	
	施药后 5 ~ 30min	施药后 6h	施药后 5 ~ 30min	施药后 6h	施药后 5 ~ 30min	施药后 6h	施药后 5 ~ 30min	施药后 6h
三层	>500	80 ~ 300	20 ~ 50	0	40	0 ~ 30	20 ~ 60	0 ~ 5
五层		130 ~ 480	>205*	0	500*	0 ~ 15		
另楼十二层		40 ~ 80	0 ~ 25	12	0	0		

注：* 为服务人员开启封闭胶条入室洗碗约 3min，气体外泄所致，服务员无不良反应。

试验结果表明，复配熏蒸剂 A 用于密闭场所灭蟑螂，具有速效和高效的特点，为餐厅、操作间等灭蟑困难的特殊场所提供了一种安全、高效、方便的灭蟑新剂型。

使用复配熏蒸剂时，使用环境的密闭性很关键，现场应用情况复杂，很难做到绝对密闭，因此施药剂量要略高于实验室推荐剂量，必要时可采用连续动态监测施药空间有效成分浓度。在时间上，对宾馆、饭店及餐厅操作间等，一般可在晚上 12 时到早上 6 时熏蒸，浓度适当提高，即可达到 CT 值。

现场试验同时表明该制剂的安全性较高（$LC_{50} > 10000mg/m^3$），操作者及工作人员与药物接触后均无不良反应。

（二）复配熏蒸剂 B 的药效试验（表 17 – 49、表 17 – 50）

本试验目的是要测试复配熏蒸剂 B 是否能够达到一次处理可以同时有效杀灭卫生害虫、鼠及致病

菌的要求。复配熏蒸剂 B 的药效试验是在 1997 年进行的，没有加入金黄色葡萄球菌，之后在复配熏蒸剂 C 药效试验中加入了金黄色葡萄球菌。

表 17 - 49　复配熏蒸剂 B 对蚊、蝇、蟑、鼠及大肠杆菌的模拟现场试验结果

试验次数	项目	蚊	蝇	蟑	鼠	大肠杆菌
第一次	试验后头数	0	0	0	0	0
	24h 死亡率	100%	100%	100%	100%	100%
第二次	试验前头数	125	125	40	40	20
	试验后头数	0	0	0	0	0
	24h 死亡率	100%	100%	100%	100%	100%
第三次	试验前头数	125	125	40	40	20
	试验后头数	0	0	0	0	0
	24h 死亡率	100%	100%	100%	100%	100%
	平均死亡率	100%	100%	100%	100%	100%
	对照组	0	0	0	0	0

表 17 - 50　复配熏蒸剂 B 的现场试验结果

集装箱编号	24h 杀灭率（%）			
	家蝇	德国小蟑	小白鼠	大肠杆菌
1	100	100	100	100
2	100	100	100	100
3	100	100	100	100
平均值	100	100	100	100
对照组	0	0	0	0

（三）复配熏蒸剂 C 的药效试验

1. 试验一，复配熏蒸剂 C 对蚊、蝇、蟑、衣蛾、黑皮蠹、家蚁及鼠的实验室试验（表 17 - 51）

表 17 - 51　对蚊、蝇、蟑、衣蛾、黑皮蠹、家蚁及鼠的实验室试验结果

试验样品	试虫数（只）	KT_{50}（min）（下限～上限）	24h 死亡率（%）	24h 复苏率（%）	48h 复苏率（%）
致乏库蚊	100	3.6（3.1～4.0）	100.0	0	0
家蝇	100	2.2（2.0～2.4）	100.0	0	0
德国小蟑	100	4.2（3.7～4.8）	100.0	0	0
衣蛾	100	3.3（2.9～3.7）	100.0	0	0
黑皮蠹	20	1.2（1.1～1.4）	100.0	0	0
家蚁	100	1.2（1.1～1.3）	100.0	0	0
大白鼠	10	3.1（2.8～3.5）	100.0	0	0
对照组		0	0	0	0

注：以上数据为 3 次试验平均值。

2. 试验二：复配熏蒸剂 C 对蚊、蝇、蟑、衣蛾、黑皮蠹、家蚁及鼠的模拟现场试验（表 17 - 52）

表 17 - 52　对蚊、蝇、蟑、衣蛾、黑皮蠹、家蚁及鼠的模拟现场试验结果

试验样品	试虫数（只）	30min 击倒率（%）	24h 死亡率（%）	24h 复苏率（%）	48h 复苏率（%）
致乏库蚊	100	100.0	100.0	0	0
家蝇	100	100.0	100.0	0	0

续表

试验样品	试虫数（只）	30min 击倒率（%）	24h 死亡率（%）	24h 复苏率（%）	48h 复苏率（%）
德国小蠊	100	98.0	100.0	0	0
衣蛾	100	100.0	100.0	0	0
黑皮蠹	20	100.0	100.0	0	0
家蚁	100	99.8	100.0	0	0
大白鼠	10	99.8	100.0	0	0
对照组		0	0	0	0

注：以上数据为 3 次试验平均值。

3. 试验三，复配熏蒸剂 C 对大肠杆菌及金黄色葡萄球菌的试验（表 17 - 53 ~ 表 17 - 56）

根据卫生部 2002 年发布的消毒规范，要判定一种药剂的消毒效果，必须通过两种致病菌，大肠杆菌及金黄色葡萄球菌的消毒试验，为此，设计了复配熏蒸剂 C 的消毒试验。结果显示，复配熏蒸剂 C 对于大肠杆菌及金黄色葡萄球菌均有效。实验室试验及模拟现场试验按照卫生部 2002 年消毒规范要求，分别由广东省疾病控制中心及湖南省疾病控制中心单独进行。现场试验由广东省疾病控制中心提供菌株，将它们分别放在试验区域顶面四个角、中间及底面四个角，共九个点进行，以客观、真实地测试该复配熏蒸剂在整个空间中的有效性。

表 17 - 53　对大肠杆菌及金黄色葡萄球菌的实验室试验结果

菌种	试验次数	对照组回收菌（cfu/片）	作用不同时间的杀灭率（%）		
			5h	7h	9h
大肠杆菌	1	8.75×10^5	99.96	99.99	100
	2	2.15×10^6	99.95	99.99	100
	3	3.50×10^6	99.95	99.99	100
	均值	2.18×10^6	99.95	99.99	100
金黄色葡萄球菌	1	6.75×10^5	99.59	99.98	100
	2	1.95×10^6	99.85	99.99	100
	3	8.25×10^6	99.77	99.98	100
	均值	1.15×10^6	99.78	99.98	100

表 17 - 54　对大肠杆菌及金黄色葡萄球菌的模拟现场试验结果

菌种	试验次数	对照组回收菌（cfu/片）	24h 杀灭率（%）				
			东	南	西	北	中
大肠杆菌	1	3.75×10^6	100	100	100	100	100
	2	6.25×10^5	100	100	100	100	100
	3	2.10×10^6	100	100	100	100	100
	均值	2.10×10^6	100	100	100	100	100
金黄色葡萄球菌	1	6.25×10^5	100	100	100	100	100
	2	1.95×10^6	100	100	100	100	100
	3	2.10×10^6	100	100	100	100	100
	均值	2.16×10^6	100	100	100	100	100

表 17 – 55　33m³ 及 67m³ 现场试验结果

试验样本	样本数	24h 及 12h 死亡率（%）	对照组死亡率（%）	48h 复苏率
蚊子	100	100	0	0
家蝇	100	100	0	0
德国小蠊	100	100	0	0
黑皮蠹	50	100	0	0
衣蛾	50	100	0	0
白蚁	100	100	0	0
鼠	10	100	0	0

表 17 – 56　对大肠杆菌及金黄色葡萄球菌的试验结果

	东	西	中	南	北
大肠杆菌	99.9%	99.9%	99.9%	99.9%	99.9%
金葡球菌	99.9%	99.9%	99.9%	99.9%	99.9%
对照	0	0	0	0	0

复配熏蒸剂 C 可使消毒、杀虫、灭鼠三次处理变为一次处理，大大提高了处理效率。具有良好的环保效益、经济效益及社会效益。

（四）复配熏蒸剂 D 的药效试验

1. 实验室试验

实验室试验结果见表 17 – 57、表 17 – 58。

表 17 – 57　第一省地试验结果

试虫（鼠）	试虫数	1h 击倒率（%）	24h 死亡率（%）	48h 复苏率（%）	72h 复苏率（%）	对照组死亡率（%）
库蚊	20	100.0	100.0	0	0	0
家蝇	20	100.0	100.0	0	0	0
德国小蠊	20	100.0	100.0	0	0	0
衣蛾	20	100.0	100.0	0	0	0
黑皮蠹	20	100.0	100.0	0	0	0
白蚁	20	100.0	100.0	0	0	0
大白鼠	5	100.0	100.0	0	0	0
赤拟谷盗	20	100.0	100.0	0	0	0
天牛	20	100.0	100.0	0	0	0
果蝇	20	100.0	100.0	0	0	0

表 17 – 58　第二省地试验结果

试虫（鼠）	试虫数	KT_{50}（min）	KT_{50} 上限（min）	24h 死亡率（%）	对照组死亡率（%）
库蚊	20	3.6	4.0	100.0	0
家蝇	20	2.2	2.4	100.0	0
德国小蠊	20	4.2	4.8	100.0	0
衣蛾	20	1.2	1.4	100.0	0
黑皮蠹	20	1.2	1.3	100.0	0
白蚁	20	3.3	3.7	100.0	0

续表

试虫（鼠）	试虫数	KT₅₀（min）	KT₅₀上限（min）	24h 死亡率（%）	对照组死亡率（%）
大白鼠	10	3.1	3.5	100.0	0
赤拟谷盗	10	4.5	4.9	100.0	0
天牛	20	3.3	3.5	100.0	0
果蝇	20	2.3	2.5	100.0	0

2. 模拟现场试验

模拟现场试验结果见表 17 - 59、表 17 - 60。

表 17 - 59　第一省地试验结果

试虫（鼠）	试虫数	1h 击倒率（%）	24h 死亡率（%）	48h 复苏率（%）	72h 复苏率（%）	对照组死亡率（%）
库蚊	90	100.0	100.0	0	0	0
家蝇	90	99.7	100.0	0	0	0
德国小蠊	90	85.0	100.0	0	0	0
衣蛾	90	100.0	100.0	0	0	0
黑皮蠹	90	99.8	100.0	0	0	0
白蚁	90	100.0	100.0	0	0	0
大白鼠	45	100.0	100.0	0	0	0
赤拟谷盗	90	100.0	100.0	0	0	0
天牛	45	100.0	100.0	0	0	0
果蝇	90	100.0	100.0	0	0	0

表 17 - 60　第二省地试验结果

试虫（鼠）	试虫数	30min 击倒率（%）	24h 死亡率（%）	对照组死亡率（%）	48h 复苏率（%）	72h 复苏率（%）
库蚊	90	100.0	100.0	0	0	0
家蝇	90	99.7	100.0	0	0	0
德国小蠊	90	85.0	100.0	0	0	0
衣蛾	90	100.0	100.0	0	0	0
黑皮蠹	90	99.8	100.0	0	0	0
白蚁	45	100.0	100.0	0	0	0
大白鼠	90	100.0	100.0	0	0	0
赤拟谷盗	90	100.0	100.0	0	0	0
天牛	45	100.0	100.0	0	0	0
果蝇	90	100.0	100.0	0	0	0

3. 现场试验

现场试验结果见表 17 - 61。

表 17 - 61　现场试验结果

试虫（鼠）	试虫数	24h 死亡率（%）	空白对照	48h 复苏率（%）	72h 复苏率（%）
库蚊	90	100.0	0	0	0
家蝇	90	100.0	0	0	0
德国小蠊	90	100.0	0	0	0

试虫（鼠）	试虫数	24h 死亡率（%）	空白对照	48h 复苏率（%）	72h 复苏率（%）
衣蛾	90	100.0	0	0	0
黑皮蠹	90	100.0	0	0	0
白蚁	90	100.0	0	0	0
大白鼠	45	100.0	0	0	0
赤拟谷盗	90	100.0	0	0	0
天牛	45	100.0	0	0	0

三、复配熏蒸剂与常用熏蒸剂及其他剂型的比较

1. 复配熏蒸剂与常用熏蒸剂及其他剂型的比较（表 17 - 62）

表 17 - 62　复配熏蒸剂与常用熏蒸剂、烟剂及热油雾剂比较

	苯醚 - 硫酰氟复配熏蒸剂	甲基溴与硫酰氟	烟剂	热油雾剂
创新性与技术特点	具有高度创新性，填补国内外空白，处于世界领先水平，突破了寻找甲基溴替代物的世界难题 －25℃～45℃均可使用，避免了在低温下使用时因加热而产生的危险性	传统方法，不能保证有效处理及满足处理需要 环境温度低于10℃时使用困难	传统方法	传统方法
环保性	不破坏臭氧层	甲基溴破坏臭氧层；硫酰氟温室效应很高，是二氧化碳的4870倍		
有效性	用同一剂量处理，对蚊，蝇，蜚蠊，黑皮蠹，白蚁，老鼠及仓储害虫玉米象、谷蠹、赤拟谷盗等，24h 都能达到 100% 致死率	硫酰氟对老鼠有优异的致死效果，对多种害虫也有不同效果，但对蚊虫杀灭效果不佳	不能保证有效处理，对老鼠无致死效果	不能保证有效处理，对老鼠无致死效果
药滴（粒）径	纳米级	纳米级	微米级	微米级
穿透性	优异	优良	一般	一般
效果	广谱优异	有选择性	不广谱	不广谱
毒性	微毒复配熏蒸剂，LC_{50}大于 10000mg/m³	甲基溴属高毒农药，硫酰氟属中毒农药		
残留污染	无	无	严重	严重
使用剂量	10～25 g/m³	甲基溴 50～100g/m³，硫酰氟 20～60g/m³		
处理效率	高	低，不能保证有效处理及满足发展需要	效率低，不能保证有效处理及满足发展需要	效率低，不能保证有效处理及满足发展需要
易燃性	不燃	不燃	易燃	易燃
安全性及劳动保护要求	操作者与药物的接触时间短，降低了中毒危险性，人员劳动保护费用及要求较低	操作者与药物的接触时间长，劳动保护要求严，费用高		
综合成本	综合成本大大降低，可以处理更多的集装箱。	综合成本高		

四、复配熏蒸剂的应用前景

上述几个复配熏蒸剂的研究开发成功，使熏蒸剂从传统的中毒、高毒、剧毒变成微毒，打破了传统观念，是熏蒸剂发展中一个跨时代的重要里程碑。对它的毒性检测、对操作者及处理场所的药物残留检测、对各种主要疾病媒介和致病菌的药效检测等结果充分表明，这些熏蒸剂能够达到甚至超过目前常用熏蒸剂的药效水平，而且在环保、安全及杀虫广谱性等方面更是前进了一大步。可以有理由预言，我国研究开发的这些系列复配熏蒸剂基本上解决了某些对毒性及安全性要求高的场所、国防军备场所、病媒多发场所的病媒生物处理问题，弥补了没有低毒安全、高效广谱的环保熏蒸剂可以使用的尴尬局面，填补了杀虫剂型的一个空白。这在保护人民生命健康、国防安全、国民经济等各个方面都将会有相当大的实用意义，并且具有相当可观的经济价值。

我们希望从事疾病媒介控制的单位、部门及科技人员对此给予关注和重视，将它推广应用到实际使用中去，为保护环境，维护人类生命财产安全做出贡献。

第十三节　蚊虫诱捕器（Mosquito Magnet）及其应用技术

一、概述

目前市场上非化学性的民用捕蚊器主要分两大类。

第一类是利用蚊虫的趋光性，即使用特定波长的紫外线来引诱蚊虫，这类产品对于库蚊有一定的效果，但对伊蚊和蠓等则效果不佳。

第二类是以二氧化碳为主，辅以引诱剂来吸引捕捉蚊虫，使蚊虫触电击毙或将其诱至捕蚊袋内脱水而死。这类产品的优点是可以捕捉各种蚊。

这两类产品的共同优点是不会污染环境，不会对人体健康产生危害，但难以大面积使用，只适用于直径60m左右的范围，所以这两类产品大都以防护工厂、会所、公园或庭院等场所为主。第二类是目前最先进、最有效，且可以广泛使用的捕蚊器具之一。本节中对第二类环保型捕蚊器具的产品发展历程，理论基础，应用范例做一阐述。

二、蚊虫诱捕器的起源

蚊虫诱捕器（Mosquito Magnet，笔者译为蚊虫诱捕器，此名称已获得生产厂商认可）的开发始于1991年，当时美国陆军总部邀请美国国内企业、研究机构及个人参与蚊子捕捉技术及器具的研发，以便深入了解蚊种的分布、迁移、传播途径与携带病毒的类型（如疟疾、登革热、西尼罗河病毒等）。其研发重点要求之一是捕捉到的蚊子必须是活的，如此才能供研究之用。

针对美国陆军总部这一要求，Bruce Wigton于1991年创立美国生物物理公司（American Biophysics Corporation），利用蚊虫习性，发明了使用二氧化碳钢瓶释放二氧化碳将蚊子引至机器附近，再以风扇产生的微吸力将蚊子吸入网袋内的首台蚊虫诱捕器（ABC PRO）。由于蚊虫未经风扇或电击击伤，捕获的蚊子是活的。

Wigton与其伙伴Miller对此产品进行改良，开发了第一代具备自身发电功能的蚊虫诱捕器，并获美国专利6145143。产品以液化石油气（丙烷）燃烧产生二氧化碳取代二氧化碳钢瓶，燃烧产生的热能经热电转换驱动风扇，将二氧化碳由内管呼出，在外管形成真空，构成对流装置。

1998年，美国罗得岛州企业家Raymond Innetta与发明家Emma Durand应邀参与捕蚊器项目的商业推广工作。Durand主导研发部门，设计出了第二代蚊虫诱捕器，加设了多项安全保护装置，采用蜂巢式触媒转换器使液化石油气燃烧更完全，在二氧化碳出口处加装辛烯醇引诱剂等，大大增加了捕蚊效果，并获得美国食品与药品管理局许可及美国安全规定认证，奠定了蚊虫诱捕器商业化的基础。

虽然二氧化碳与辛烯醇对库蚊、蠓及埃及伊蚊都有良好的引诱效果，但对其他伊蚊，如白纹伊蚊等却效果不佳。Durand 带领公司资深研究员曹淼涌及研究员刘翠霞共同开发新的引诱剂（美国专利号8067469）——乳酸与碳酸氢铵，使蚊虫诱捕器成为诱捕各类蚊的最佳选择之一。

蚊虫诱捕器首先在美国加勒比海海岸警卫队（Coast Guard）及美国农业部开展测试。加勒比海海军基地遍布蠓及蚊子，当时没有一种方法可有效控制蚊虫数量，因此美国政府甚至曾一度计划放弃驻守加勒比海基地。蚊虫诱捕器诞生后，美国海岸警卫队决定在基地尝试使用蚊虫诱捕器来控制蚊虫，在基地布置了 12 台蚊虫诱捕器。一个月后，蚊、蠓数量大量减少，基地人员不再需要在皮肤及衣服上喷涂任何化学驱蚊剂，就可以在日落时分从事户外运动及船舶保养工作。海军基地的试用首次证实了蚊虫诱捕器的实用性及有效性。

美国农业部与海岸警卫队对蚊虫诱捕器的使用结果非常满意，海岸警卫队司令亲自致函美国生物物理公司表示感谢，并发函至美国各政府机构加以推荐，打开了蚊虫诱捕器的商业化渠道。此后，美国生物物理公司针对不同市场需求开发了一系列产品，曾经于 2003 年荣登《Inc.》及《福布斯》杂志，被评为美国发展最快速的小型企业之一。

三、关于引诱剂的重要文献

Rudolfs，N. 在 J. Agric. Exp. Sta. Bull. 367（1922）与 Gouck，在 J. Econ. Entomol.，55，386 – 392（1962）曾经分别发表文章表明人体散发出的二氧化碳与气味可以吸引蚊虫，但单凭二氧化碳一种气体吸引效果并不显著。直到 Willis 在 J. Exp. Zool，121，149 – 179（1952）证明二氧化碳对黄热病毒传播者埃及伊蚊具有吸引力后，许多研究机构才开始重视将二氧化碳作为吸血蚊虫引诱剂的研究。Acree，et al. 在 Science 161，1346 – 7（1968）发表文章，表明由人类皮肤提取的乳酸对埃及伊蚊有一定吸引力，但必须与二氧化碳同时存在。这一发现启发了生物学家在此领域的研究方向，即何种化合物与二氧化碳同时存在时，对吸血蚊虫具有更强吸引力。

Davis J. 在 Insect Physiol.，34，443 – 449（1988）从电子生理学角度，进行了针对蚊子触角内神经元对乳酸及相似结构化合物（包括乳酸、羧酸、醇类、烃基、烃酸、醛类、烯醇等）反应的研究，Davis 发现，乳酸最能激发蚊子神经元的反应。Talkken 和 Kline，在 J. Am. Mosq. Control Assoc.，5，311 – 6（1989）发表了二氧化碳与辛烯醇可以作为蚊虫引诱剂的研究成果。Van Essen 在 Med. Vet. Entomol.，63 – 7（1993）发表文章表明二氧化碳、辛烯醇及灯光可以吸引不同蚊种。Geier，在 Olfaction in Mosquito – Host Interactions，132 – 147（1996）发表文章表明，以二氧化碳为主要引诱剂，乳酸作为次要引诱剂，两者并用可以达到增效作用。Geier 在 Chem. Senses 24：647 – 653（1999）和 Chem. Senses 25：323 – 330（2000）分别发表文章，表明氨与其他引诱剂共用时存在增效作用。

综合上述研究结果，二氧化碳是吸引蚊虫的主要因素，与辛烯醇、乳酸及氨混合使用时，具有增效作用，能够吸引不同蚊种。

四、蚊虫诱捕器工作原理

吸血蚊虫能在远距离（60m）探测到由生物呼吸系统呼出或皮肤散发出的一定温度的二氧化碳，以此锁定并攻击目标。蚊虫诱捕器正是依据蚊虫这种习性，模拟动物生态来诱捕蚊虫的科技产品。蚊虫诱捕器的基本结构见图 17 – 18。

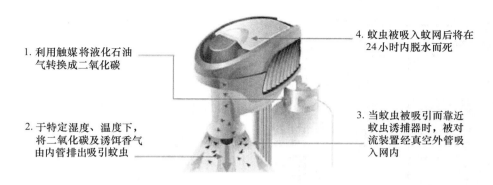

1. 利用触媒将液化石油气转换成二氧化碳

2. 于特定湿度、温度下，将二氧化碳及诱饵香气由内管排出吸引蚊虫

3. 当蚊虫被吸引而靠近蚊虫诱捕器时，被对流装置经真空外管吸入网内

4. 蚊虫被吸入蚊网后将在24小时内脱水而死

图 17 - 18　蚊虫诱捕器基本结构

（一）二氧化碳产生器

液化石油气的主要成分为丙烷和丁烷，经流量控制调压阀进入燃烧室，未燃烧完全的一氧化碳、碳氢化合物等经过触媒转换器处理后，排出二氧化碳、水及二氧化氮，再经过散热器，将气体温度控制在 40 ~ 42℃，从离地高约 30cm 的内管排出。二氧化碳浓度、湿度及温度是影响捕蚊效果的重要因素。如燃烧不完全，会产生一氧化碳与碳氢化合物，当其超过一定浓度时，反而会产生驱蚊效应，导致捕蚊效率降低。

（二）自身发电

热电转换器（thermoelectric generator）是一种将热能转为电能的薄型发电板，常用于卫星与潜水艇等军事装备。将此发电板一面置于捕蚊器燃烧室上端，另一面则紧贴铝质散热器。液化石油气燃烧时一面吸收热量（热端），另一面则快速将热量散发（冷端），两面的温差使发电板产生电力驱动风扇。自身发电的功能使蚊虫诱捕器突破电力供应和摆放位置的局限。

（三）风扇功能

自主电力驱动的风扇具有多种功能：补充燃烧室所需空气、增强散热器的效率使发电板产生足够电力、控制排出气体温度、将二氧化碳与引诱剂由内管排出并于蚊虫诱捕器外管形成负压。

（四）蚊虫捕捉

外管末端设计为喇叭口以减少乱流，使靠近排出口处形成负压并逐渐增强。当蚊子被吸引至二氧化碳与引诱剂排出口附近时，它们先围绕排出口飞行，而后渐渐靠近喇叭口，当蚊子感觉到乱流时，本能地向上改变飞行方向，由外管吸入捕蚊袋内。

五、引诱剂的组成与效果

二氧化碳必须与其他引诱剂一起使用方可产生诱蚊增效作用。实验证明，目前最有效的引诱剂包括辛烯醇、乳酸、氨等。选择引诱剂与控制散发浓度是设计蚊虫诱捕器的重要工艺之一。

美国生物物理公司的蚊虫诱捕器主要的引诱剂是将传统辛烯醇和专利产品 LUREX（乳酸溶液加碳酸氢铵）一起使用，将引诱剂置于 40℃ 左右的二氧化碳排出口处，辛烯醇与乳酸自然挥发，碳酸氢铵热解为氨和二氧化碳，达到适合的引诱剂配比。

K. E. McKenzie 和 S. D. Bedard 于 2004 年秋季在美国夏威夷的瓦胡岛，以同一型号蚊虫诱捕器分别测试辛烯醇与乳酸溶液加碳酸氢铵（LUREX）的捕蚊效果对比。图 17 - 19 数据显示所有蚊种捕获量，引诱剂 LUREX 的效率较辛烯醇提高 100% 以上，图 17 - 20 显示，引诱剂 LUREX 更为有效。

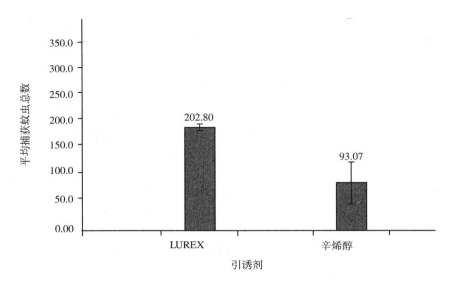

图 17 - 19   2004 年秋季在美国夏威夷瓦胡岛使用两种不同引诱剂测试所得到的对比数据

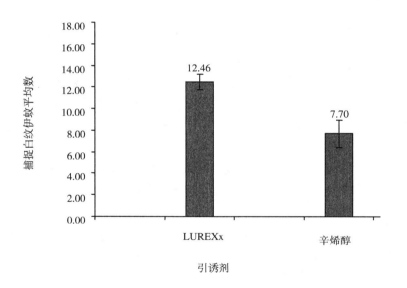

图 17 - 20   2004 年秋季在美国夏威夷的瓦胡岛使用两种不同引诱剂测试所捕捉到的伊蚊对比数据

六、蚊虫诱捕器的应用及其效果

蚊虫诱捕器是第一个利用二氧化碳技术捕蚊，且获得商业化成功的环保捕蚊产品。蚊虫诱捕器诱捕吸血雌蚊极其有效，使用后雌蚊大量减少，而雄蚊则依其生命周期自然减少，使用数周后即可影响蚊子种群的繁殖周期。当室外蚊子数量大量下降后，室内蚊子亦同时得到控制。

（一）蚊虫诱捕器的放置

首先确定蚊子的主要栖息及繁衍场所，如死水、植被多的场所等，然后测定风向，将捕蚊器置于蚊子栖息地的上风位置且离人 10m 以外（图 17 - 21）。蚊虫由聚集地或滋生地逆风追逐引诱剂香气，靠近捕蚊器后被捕获。

图 17 - 21　蚊虫诱捕器的放置

（二）家庭及公共场所的使用

蚊虫诱捕器已广泛用于户外庭院、咖啡厅、游泳池、高尔夫球场等。例如，桂林愚自乐园地处常年温暖潮湿的漓江边，使用蚊虫诱捕器后，蚊子扰人的情形大大减少；2011 年 8 月世界大学生运动会在广东省深圳市举行，为保护运动员健康，宿舍区禁止使用杀虫或驱蚊剂，蚊虫诱捕器成为官方指定捕蚊产品。图 17 - 22 为各地应用案例。

图 17 - 22　蚊虫诱捕器设置现场图

以香港为例，香港每个公园、口岸、政府机构、住宅小区及传染病高发地区均按其面积配备一定数量的蚊虫诱捕器，私人别墅、会所、庭院，以及空中花园、大型游乐场等场所也广泛配置蚊虫诱捕器。香港已经成为蚊虫诱捕器使用密度最大的地区之一。

（三）工业使用案例

例如，以生产黑人牙膏著称的好来化工（中山）有限公司，其生产基地坐落在广东省中山市，位于珠江三角洲，每年蚊虫高发期达九个月以上，严重影响了生产环境。该公司部署多台蚊虫诱捕器对生产车间进行防护，无须喷洒杀虫剂，保证了良好的生产环境。

（四）疾病控制方面的应用

虽然蚊子一般不移居，但借助交通工具，如车辆、轮船、飞机等，可传播至世界各地。美国于 20 世纪 80 年代中期在佛罗里达州首次发现白纹伊蚊（又称亚洲虎蚊），白天叮人并传染多种病毒，以后随交通工具逐渐扩散至美国东部各州。20 世纪 90 年代后期美国疾病控制中心正式使用蚊虫诱捕器对蚊虫的种类、密度及迁移等进行监控。

目前，蚊虫诱捕器已广泛应用于蚊虫监控与研究。例如，2004 年，M. Kulo 与 K. E. McKenzie 以二氧化碳加辛烯醇引诱剂在佛罗里达州的研究显示：该州四、五月份主要蚊种为库蚊，占蚊子总数的 64%（图 17-23）；七，八月份蚊种稍有不同但数量分布比较平均，捕获库蚊比例降至 18%（图 17-24）。

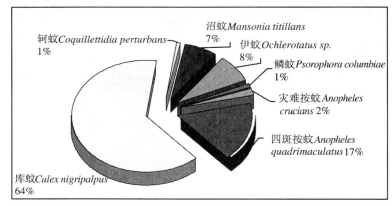

图 17-23　2004 年 4 至 5 月美国佛罗里达州所捕蚊子种类分析（三次测试）

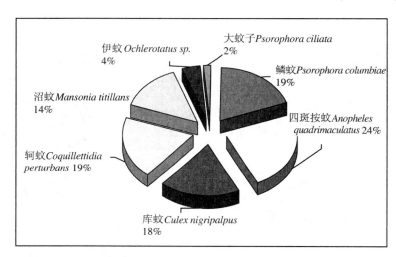

图 17-24　2004 年 7 至 8 月美国佛罗里达州所捕蚊子种类分析（三次测试）

我国改革开放以来，国际贸易快速发展，全国出入境口岸用于监控境外疾病媒介的设备也随之不断更新。原先蚊虫监控以传统的人工小时法捕捉方式为主，广东省检验检疫局于 2008 年首先试用了蚊虫诱捕器。

曾建芳等使用蚊虫诱捕器在深圳盐田港做了一系列蚊虫监控对比测试，使用蚊虫诱捕器配以三种混合引诱剂，捕捉的蚊种与国家标准电动吸蚊器人工小时法取得的数据相同，此研究结果发表于《中国国境卫生检疫杂志》2011 年 7 月第 34 卷增刊 43~44 页。由于蚊虫诱捕器使用方便，针对性强，大大节省人工及综合开支，又可避免诱捕人员感染疾病，许多地区的检验检疫单位已广泛使用蚊虫诱捕器作为监控蚊虫的手段。

七、蚊虫诱捕器的优点及发展前景

蚊虫诱捕器具有以下优点。

1）环保，无毒，不污染环境，不破坏生态，不影响或侵害其他生物。

2）安全，由于不使用化学杀虫剂，故不对人及其他动物的健康产生危害，亦不会因长期使用而使蚊虫产生抗药性。

3）方便，易安装，一般家庭都可使用，适用范围和覆盖范围大。

蚊虫诱捕器尚处于新兴发展阶段，有许多可以改进的空间。例如，蚊虫诱捕器的某些设计基于西方发达国家的现状，如美国的液化石油气为高纯度丙烷而且随处可买，而在一些发展中国家，常在液化石油气中添加燃烧值低的二甲醚以降低燃气成本，液化石油气的燃烧值达不到蚊虫诱捕器的设计标准，从而影响它的正常工作，这在一定程度上限制了蚊虫诱捕器的推广应用。

如何在现有产品的基础上改良设计，降低燃气品质的影响，简化结构，降低成本，使蚊虫诱捕器能在全国普及使用，甚至包括相对贫穷落后地区，是我国科技人员目前需要努力完成的重点任务之一。相信这样一类环保且有益于群众健康的科技产品，随着城镇化的加速发展，一定会有巨大的潜在市场，拥有巨大的环保效益、社会效益和经济效益。

八、蚊虫诱捕器应用实例

为了让读者及使用者对蚊虫诱捕器有一个全面、详细的理解，正确掌握蚊虫诱捕器在成蚊监测中的正确操作方法和监测要求，科学、合理评价蚊虫诱捕器控制成蚊密度的效果，在此列举三个蚊虫诱捕器应用案例，具有一定的参考价值。

凡是掌握有害生物防治知识，具有有害生物防治实践经验的人都应该知道，任何药物都具有一定的适用性和使用范围。鉴于当时的实际情况，在这些应用试验中使用的引诱剂均为辛烯醇，显示出其对于蚊虫的控制及检测具有良好的效果。如果改用之后开发的专利产品 LUREX 作为引诱剂，对于库蚊比辛烯醇更有效，而且对于传染登革热的白蚊伊蚊及传染黄热病的埃及伊蚊等也十分有效。

（一）实例一，蚊虫诱捕器在口岸成蚊监测中的应用及效果评价①

1. 概述

为了掌握蚊虫诱捕器在口岸成蚊监测中的正确操作方法和监测要求，评价蚊虫诱捕器控制成蚊密度的效果，为热带病防控工作与口岸卫生安全提供科学依据。2011 年在深圳盐田口岸采用蚊虫诱捕器诱捕蚊虫，对成蚊密度、种群构成及季节消长进行监测，用统计学方法分析监测结果，并与传统人工小时法进行比较，在蚊类活动高峰期对口岸蚊密度进行动态监控效果对比。监测结果显示，共捕获成蚊 2 属 3 种，致倦库蚊为优势种，用蚊虫诱捕器诱捕法测得平均密度为 0.86 只/单位小时，用传统人工小时法测得平均密度为 0.81 只/人工小时，动态监控口岸内蚊平均密度为 1.27 只/单位小时，口岸外蚊平均密度为 174 只/单位小时，对成蚊密度控制效果明显。两种方法监测结果进行配对 t 检验，$P>0.05$，采用蚊虫诱捕器诱捕法与传统人工小时法监测结果比较，无显著性差异。

2. 蚊虫诱捕器监测操作及保养要点

为保证蚊虫诱捕器的正常运行并保证其对成蚊监测及控制效果，要正确掌握操作方法和监测要求，定期进行维修保养工作。

1）蚊虫诱捕器充电或更换电池后，检查蚊网及煤气连接是否正确，按电源键，黄灯亮 15min 后转为绿灯，真空器口周围感觉有热风流动，表示正常运行。

2）取下真空器口上护盖，装上诱蚊片（做引诱剂用），再装回护盖。

3）监测点应选择有成蚊活动的场所，且避风、避人群干扰，监测范围 2 周内没有使用杀虫剂等其他方式灭蚊，一个监测周期中监测点不能随意改变。

4）天黑前 1h 开始监测，连续 3h。最好能在蚊虫诱捕器前面加装半透明"∩"字形防风纤维板（图 17 - 25），若遇风雨天气，试验改期进行。

5）监测结束关机前，先收紧蚊网，扎紧网口后取出，防止成蚊逃逸，再关闭煤气及电源。收集样本后将捕获成蚊送检鉴定，用清水清洗蚊网晾干。

① 摘自盐田口岸曾建芳等的报道。

6）操作完成后，取出引诱剂，密封保存（1 片引诱剂可每天 24h 使用 21 天），待下次使用。一瓶 15kg 液化石油气供一台蚊虫诱捕器使用，可每天 24h 使用 30 天，如频繁启动或长时间未使用时，使用前应先将电池充电。

7）蚊虫诱捕器应存放于阴凉干爽处，防潮防爆，确保使用安全，严禁倒置或用腐蚀性溶液清洁。

图 17－25　蚊虫诱捕器前面加装半透明"∩"字形防风纤维板

3. 监测方法

（1）蚊虫诱捕器诱捕法

参照 SN/T 1300－2003《国境口岸蚊类监测规程》，按《盐田口岸蚊虫诱捕器监测规程》在盐田港调查区内选择 2 个有代表性的蚊类监测点，分别为查验场和生活区（查验场监测范围包括垃圾中转站、草坪及海关办公大楼等区域，生活区监测范围包括行政楼、社区医疗站及饭堂等区域）。采用蚊虫诱捕器诱捕法对成蚊进行监测，每月定时、定点、定人，上下旬各调查 1 次，日落前 1h 开始，连续监测 3h，待蚊虫诱捕器正常运行（开机后 15min 绿灯亮）开始计时，以 1 个单位小时内所捕获的成蚊为 1 个计时单位，每个计时单位 1h 内捕获的某一种成蚊数，即为该蚊种的成蚊密度（只/单位小时）。

（2）人工小时法

在监测时间、地点与蚊虫诱捕器诱捕法相同的条件下，按照 SN/T 1300－2003《国境口岸蚊类监测规程》采用电动吸蚊器人工小时法进行，每月定时、定点、定人，分上下旬各调查 1 次，日落前 1h 开始，连续监测 3h，从捕获第 1 只蚊（或开始后 15min）开始计时，以 1 个人工小时内所捕获的成蚊为 1 个计时单位，每个计时单位 1 小时内捕获的某一种成蚊数，即为该蚊种的成蚊密度（只/人工小时）。

（3）分类鉴定与计数

将用两种不同方法捕获的成蚊分别收集，带回实验室进行分类鉴定并计数。

4. 结果

2011 年，盐田口岸使用两种捕蚊方法比较成蚊密度、种群构成及季节消长监测，捕获成蚊 2 属 3 种，致倦库蚊为优势种；蚊平均密度分别为 0.86 只/单位小时和 0.81 只/人工小时，季节消长曲线呈双峰形，峰值出现在 5 月和 9 月。

（1）盐田口岸成蚊种群构成

2 属 3 种，分别是库蚊属的致倦库蚊、三带喙库蚊、伊蚊属的白纹伊蚊，2 种监测方法结果比较见表 17－63。采用卡方检验，$x^2 = 3.364$，$P > 0.05$，不能认为两种方法捕获的蚊类种群构成不同。

表 17 - 63　2011 年盐田口岸两种监测方法蚊类种群构成比较

监测方法	地点	捕蚊数（只）	致倦库蚊		三带喙库蚊		白纹伊蚊	
			捕蚊数（只）	构成比（%）	捕蚊数（只）	构成比（%）	捕蚊数（只）	构成比（%）
诱捕器诱捕法	生活区	71	60	84.51	2	2.81	9	12.68
	查验场	53	47	88.68	0	0	6	11.32
	合计	124	107	86.29	2	1.61	15	12.10
人工小时法	生活区	66	49	74.24	1	1.52	16	24.24
	查验场	51	43	84.31	0	0	8	15.69
	合计	117	92	78.64	1	0.85	24	20.51

（2）盐田口岸蚊密度及季节消长

盐田口岸蚊密度及季节消长见表 17 - 64。采用配对 t 检验，$t = 0.876$，$P > 0.05$，不能认为两种方法监测的成蚊密度不同。

表 17 - 64　2011 年盐田口岸两种监测方法成蚊密度比较

监测方法	1月	2月	3月	4月	5月	6月	7月	8月	9月	10月	11月	12月	平均值
诱捕器诱捕法（只/单位小时）	0	0.5	1.2	1.5	2.0	1.4	0.7	0.9	1.0	0.8	0.3	0	0.86
人工小时法（只/人工小时）	0	0.4	0.9	1.3	2.3	1.2	0.8	0.7	1.2	0.5	0.3	0.1	0.81

（3）盐田口岸内与口岸外蚊密度动态监控结果

盐田口岸内与口岸外蚊密度动态监控结果见表 17 - 65、图 17 - 26。

表 17 - 65　2011 年盐田口岸内外蚊虫诱捕器诱捕蚊密度（只/单位小时）

监测地点	监测时间	4月	5月	6月	8月	9月	10月	平均值
盐田港（区内）	6h	1.5	2.0	1.4	0.9	1.0	0.8	1.27
盐田食街（区外）	6h	135	408	156	67	186	94	174

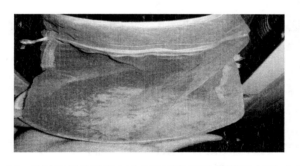

图 17 - 26　盐田口岸外蚊密度动态监测高峰期 6h 捕获 2400 多只成蚊

5. 结论

1）蚊虫诱捕器是一种比较理想的成蚊监测及控制器具，正确应用蚊虫诱捕器和成蚊监测及控制技术，能有效控制蚊密度。用于监测时从天黑前 1h 开始，连续运作 3h；用于控制时 24h 运作，结合环境综合治理，效果更加明显。

2）盐田口岸内与口岸外成蚊密度动态监测及控制效果明显，高峰期口岸内蚊密度与口岸外相比，最高相差 400 多倍，平均相差 174 倍。蚊虫诱捕器诱捕法不仅适用于口岸成蚊监测，还适用于口岸内或口岸外成蚊密度控制，具有双重作用。

3）蚊虫诱捕器诱捕法和人工小时法在同等条件下比较（地点、时间、人员），捕获的成蚊种群构成及平均密度较接近，分别为 0.86 只/单位小时和 0.81 只/人工小时，配对 t 检验两方法无显著差，控制指标均符合 SN/T1415-2004《国境口岸医学媒介生物控制标准》。

4）蚊虫诱捕器诱捕法突破了传统成蚊监测方法的限制，为口岸成蚊检测技术、卫生风险控制手段、热带病防控工作与口岸卫生安全工作提供了一种新的方法。

5）蚊密度的高低与口岸或当地卫生环境、防控设施、气候因素直接相关。在蚊密度较高的地区，在进行综合治理的同时，采用蚊虫诱捕器诱杀成蚊，可以有效降低蚊密度。

6）采用蚊虫诱捕器诱捕法进行成蚊监测，可保障检测人员的健康安全，避免被蚊虫叮咬感染疾病的风险。盐田口岸应用 4 台蚊虫诱捕器 24h 运作，下水道还安装防蚊闸 1036 个，控制蚊密度效果明显。

（二）实例二，蚊虫诱捕器现场捕蚊效果初步观察[①]

利用蚊虫诱捕器产生的 CO_2、温度、湿度，同时使用气味类似人体表皮分泌物的引诱剂，观察蚊虫诱捕器对主要蚊种的诱捕效果，实际有效保护范围及其在蚊虫密度监测中的作用。试验结果显示，蚊虫诱捕器对主要蚊种有较强的诱捕作用，在使用一段时间后，试验区内蚊密度明显低于空白对照区，居民反映良好。引诱剂能显著增强对蚊虫的诱捕作用。

1. 材料

1）美国生物物理公司生产的蚊虫诱捕器，实用经济型 1 台，豪华型 3 台，蚊网由盛怡（香港）有限公司提供。

2）国产 15L 液化气钢罐，30 天换一次液化气；相应数量的引诱剂，21 天换一次引诱剂。

3）电动吸蚊器

2. 选点

江汉油田机关和居民区、武汉经济技术开发区管委会大楼院内及郊区三个村。

3. 方法

1）油田及经济开发区在开机后每周收集一次诱捕到的蚊虫，进行分类、鉴定、计数。居民区每半个月收集一次，听取居民反映。

2）居民户室内蚊密度调查：在黄陵徐湾进行，以蚊虫诱捕器布放点半径 40m 内为试验区，200m 以外为对照区，开机前调查一次，开机后每周调查一次。调查时使用电动吸蚊器捕捉，每户捕捉 10min，试验区 4 户，对照区 2 户，捕捉时间为上午 9~11 时，以捕蚊数（只/人工小时）作为该户密度。

3）开机后，24h 连续观察，每 2h 收集诱捕到的蚊虫。

4）对每天诱捕到的蚊虫进行分类、鉴定、计数，同时记取当日的气象资料。

4. 结果

1）油田 6 月中旬开机，正值蚊虫高峰。每天捕获不计其数（估计万只以上）。必须每天清理捕蚊网。第 10 天起对每周收集捕获到的蚊虫进行计数，以后所捕蚊虫逐步减少，7 月下旬平均每天只捕到 10 只，8 月中旬气温上升，几乎捕不到蚊子。

2）开发区开机后 3 天，共捕蚊 2931 只，其中库蚊 2883 只，占 98.36%，按蚊 28 只，占 0.96%，伊蚊 20 只，占 0.68%。

3）居民户室内蚊密度调查结果。

开机前居民室内共捕获 908 只，其中致倦库蚊 602 只，占总捕蚊数 66.3%，中华按蚊 12 只，占 1.32%，白纹伊蚊 6 只，占 0.66%，骚扰阿蚊 288 只，占 31.2%（表 17-66）。

---

① 摘自袁光明等的报道。

表 17 - 66 居民户室内蚊密度调查结果（只/人工小时）

	试验区				对照区			
	合计	致倦库蚊	中华按蚊	白蚊伊蚊	骚扰阿蚊	合计	致倦库蚊	中华按蚊	白蚊伊蚊	骚扰阿蚊
开机前	302	12	6	259	578	300	0	0	30	330
第一周	192	6	0	30	228	180	0	0	36	216
第二周	222	6	0	60	288	252		12	24	288
	126	2	0	18	145	258	0	0	24	282
	842	25	6	366	1239	990	0	12	114	1116

4）开机后每隔 2h 对诱捕到的蚊虫进行分类，计数，连续 24 小时（重复三次），结果如表 17 - 67、图 17 - 27。

表 17 - 67 24 小时昼夜捕蚊种类鉴定及计数

时间（h）	诱蚊数（只）				小计
	致倦库蚊	中华按蚊	白蚊伊蚊	骚扰阿蚊	
12	0	0	0	0	0
14	0	0	0	0	0
16	0	0	0	0	0
18	47	1	1	4	53
20	199	0	0	0	199
22	120	0	0	1	121
24（0）	96	0	0	1	97
1	87	1	1	0	89
4	71	1	0	0	72
6	33	0	0	1	34
8	5	0	0	0	5
10	0	0	0	0	0
12	0	0	0	0	0
	658（98.21%）	3（0.45%）	2（0.30%）	7（1.04%）	670

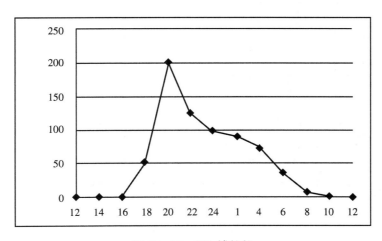

图 17 - 27 24h 捕蚊数

5）黄陵徐湾，开机后每天收集诱捕的蚊虫进行分类鉴定、计数，同时记取每天气温。结果见表17－68、图17－28。

表 17－68 连续28天每日捕蚊种类和数量

时间（天）	温度	诱蚊数（只）				小计
		致倦库蚊	中华按蚊	白蚊伊蚊	骚扰阿蚊	
1	25～36℃					
2	25～30℃	658	3	2	7	670
3	24～32℃	1070	5	3	14	1092
4	25～35℃	794	2	4	10	810
5	27～35℃	1572	2	1	10	1585
6	27～35℃	1750	3	5	10	1768
7	23～29℃	994	3	4	12	1013
8	20～24℃	50	0	0	3	53
9	10～24℃	186	3	6	6	201
10	10～21℃	355	4	0	11	370
11	12～20℃	436	1	0	10	447
12	12～23℃	450	1	0	7	458
13	10～23℃	629	0	0	0	629
14	11～23℃	450	3	1	8	462
15	21～29℃	415	2	1	5	423
16	19～26℃	618	4	4	17	643
17	22～26℃	623	3	4	12	642
18	21～23℃	451	0	0	4	455
19	17～22℃	103	0	0	0	103
20	16～22℃	35	0	0	0	35
21	18～22℃	70	0	0	0	70
22	19～25℃	128	1	1	5	135
23	18～27℃	79	4	0	10	93
24	18～28℃	75	4	0	6	85
25	17～26℃	69	7	1	7	84
26	18～26℃	98	2	1	6	107
27	18～28℃	73	0	0	3	76
28	18～27℃	92	5	0	6	101
合计		12323（97.72%）	60（0.48%）	38（0.30%）	189（1.53%）	12610

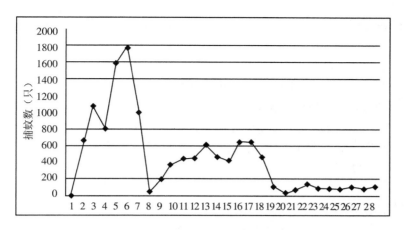

图 17-28　连续 28 天每日捕蚊数及种类

5. 讨论

初步观察表明，蚊虫诱捕器对主要蚊种（尤其是致倦库蚊）诱捕效果明显，使用后，试验区蚊密度较对照区明显减少，居民反映较好。

经反复检测，蚊虫诱捕器送风口 CO_2 浓度保持在 2000~8000 ppm（ppm = 10^{-6}），而机身四周略高于自然本底（500ppm 左右），稍远一点距离则与本底相同，说明 CO_2 在空气中极易稀释，送风口及周边未检测到 CO 和其他对人畜有害的气体，说明蚊虫诱捕器使用时是安全的。

捕获的蚊虫绝大多数为雌蚊，偶尔捕到一两只雄蚊，未见其他昆虫如蜂、蝇之类，表明该装置只对吸血蚊有诱捕作用，不会对生态环境造成不良影响。

在试验中发现，人工捕捉的蚊种构成与蚊虫诱捕器诱捕的蚊种构成有显著的不同，尤其是骚扰阿蚊，人工捕捉蚊虫中占 31.2%，而蚊虫诱捕器所捕蚊虫中，骚扰阿蚊仅为 1.04%~1.53%。造成这种现象的原因可能是，第一，骚扰阿蚊体形大，工作人员在人工捕捉时往往首先发现骚扰阿蚊，在捕捉过程中将其他蚊种忽略。这种状况在后来的工作中有所改善；第二，美国生物物理公司提供的引诱剂对骚扰阿蚊的引诱作用不够明显。通常认为，骚扰阿蚊嗜畜禽血，对人主要起骚扰作用，媒介生物学工作者对它的研究、关注不多。但近年来有报道表明，在农村居民室内，骚扰阿蚊逐渐从稀有蚊种演变成优势种群，取代了库蚊的优势种群地位。而骚扰阿蚊的叮人率也在逐年上升。骚扰阿蚊体形大，攻击猛，不仅嗜畜禽血，而且也嗜人血，其在流行病学中的意义值得重视和研究。

一般来讲，蚊虫昼夜活动有两个高峰，即黄昏和黎明。从这次诱捕的结果看来，黄昏时捕蚊最多，之后逐步减少，未见黎明的高峰。这可能是试验在秋季进行。昼夜温差太大所致，有报道表明若温度低于 16℃，CO_2 对蚊虫的引诱作用明显降低。

美国生物物理公司提供的引诱剂的有效期为 21 天，某单位的一台蚊虫诱捕器连续 40 余天未更换引诱剂，每天捕蚊 30~40 只，更换引诱剂后，第二天即捕到蚊虫 100 多只，捕蚊效果明显提高。在使用过程中，定时更换引诱剂、补充液化气、清洁蚊网及出风口，都会对蚊虫诱捕器的捕蚊效果产生影响。由于时间短、样本少、范围小、观察点距离太远，加之气候和人为因素干扰大、蚊虫诱捕器在实际使用中的有效范围、运作管理模式都有待进一步观察研究。

综上所述，蚊虫诱捕器是一种可用于灭蚊、蚊密度监测、蚊虫种类调查、引诱剂筛选的新工具，值得推广使用。

（三）实例三，蚊虫诱捕器捕蚊效果观察①

蚊虫诱捕器是美国生物物理公司开发，用于诱捕蚊虫的器械，2002 年由安徽大学介绍到国内。有

---

① 摘自安徽大学王本富等的报道。

文献报道该器械能捕获大量的蚊虫。为了了解该器械在国内生活小区的捕蚊效果，于 2002 年 6—10 月进行了连续观察。

1. 材料与方法

1）诱捕器械：蚊虫诱捕器，由美国生物物理公司生产。

2）观察地点：合肥市银杏苑生活小区。

3）调查方法：将蚊虫诱捕器放置在小区花园中，按照使用说明，启动蚊虫诱捕器。早上 8：00 将蚊虫诱捕器内的捕蚊网取出，更换新网。网内的蚊虫经麻醉后鉴别计数，同时记录当天温度、湿度。从 6 月中旬到 10 月中旬连续观察 118 天。

2. 结果

（1）蚊虫诱捕器的捕蚊效果

蚊虫诱捕器的捕蚊效果良好，从 6 月 13 日～10 月底的 118 天内，捕蚊达到 43653 只，平均每天捕蚊 369.9 只，其中最高日捕蚊数量达到 3113 只。在捕到的蚊虫中，库蚊 43296 只，占所捕总数的 99% 以上，按蚊和伊蚊捕获的数量很少（表 17－69）。此结果可能与城市居民小区中库蚊数量占绝对优势有关，而不一定是因为蚊虫诱捕器对库蚊诱捕效果好，对按蚊、伊蚊效果差。

（2）蚊虫数量的季节变化

根据日捕蚊数，6 月下旬是 2002 年银杏苑小区蚊虫发生的最高峰，然后数量开始下降，到 8 月中旬以后又缓慢上升，9 月上旬有一个小高峰，10 月下旬捕到的蚊虫数量很少（图 17－29）。从气象因素来看，6、7、8 三个月多雨水，尤其是 6 月下旬、7 月中旬和 8 月中旬，而 9、10 月比较干燥。6 月雨水多，造成积水多，利于蚊虫繁殖，但蚊虫发生受高温影响很大。7 月连续高温，最高温度超过了 35℃，高温不利于蚊虫繁殖。进入 9 月以后，日气温温差较大，低温较低，气候干燥，9、10 月的 49 天调查期间雨天只有 6 天，蚊虫数量会逐渐减少（表 17－70）。

表 17－69　2002 年 6～10 月蚊虫诱捕器捕蚊数量

调查时间		调查天数	蚊虫数量（只）				
			按蚊	伊蚊	库蚊	总数	日均*
6 月	中旬	7	1	2	3667	3670	524.3（213～803）
	下旬	10	5	97	15328	16430	1643.0（785～3113）
7 月	上旬	10	4	16	6085	6105	610.5（325～1115）
	中旬	9	8	9	5269	5286	587.3（102～1433）
	下旬	11	5	29	3071	3115	283.2（70～562）
8 月	上旬	7	0	20	1179	1199	171.3（53～302）
	中旬	10	11	25	1147	1183	118.3（23～238）
	下旬	5	11	38	733	782	156.4（39～303）
9 月	上旬	10	5	25	2190	2210	221.0（40～322）
	中旬	10	5	13	2125	2143	214.3（20～1007）
	下旬	10	4	12	848	864	86.4（21～193）
10 月	上旬	9	2	7	381	390	43.3（3～80）
	中旬	10	1	2	273	276	27.6（15～47）
总计		118	62	295	43296	43653	369.9

*括号内数字表示每个周期捕获的最低和最高数量。

表 17 - 70　　2002 年使用蚊虫诱捕器调查期间的气候状况

调查日期		调查时间（天）	晴天（天）	多云（天）	阴雨天（天）	最低气温（℃）	最高气温（℃）	温差（℃）
6 月	中旬	7	4	1	2	24	32	8
	下旬	10	2	2	6	20	31	11
7 月	上旬	10	2	2	6	20	31	11
	中旬	9	3	3	3	25	37	12
	下旬	11	2	2	7	23	36	13
8 月	上旬	7	4	0	3	26	37	11
	中旬	10	2	1	7	19	32	13
	下旬	5	1	3	1	24	33	9
9 月	上旬	10	4	5	1	19	35	17
	中旬	10	1	5	4	17	31	14
	下旬	10	6	3	1	15	29	14
10 月	上旬	9	7	2	0	11	27	16
	中旬	10	5	5	0	15	31	16
合计		118	46	36	36	-	-	-

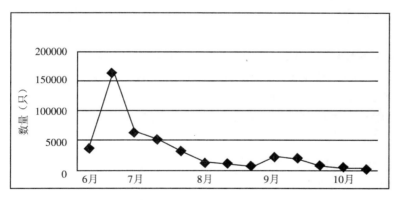

图 17 - 29　蚊虫数量的波动曲线

3. 讨论

蚊虫诱捕器日最高捕蚊达 3000 多只，对蚊虫有较好的诱捕能力。由于蚊虫诱捕器对环境条件、气象条件要求较低，可以用于不同场所捕蚊。但是其对蚊虫数量的控制以及作为灭蚊防病的手段是否满足居民的实际需要和对媒介生物的基本控制要求，还需要进行更多的实验和比较研究。从蚊虫诱捕器捕蚊结果分析，危害城市居民小区的蚊虫主要是库蚊，其次是伊蚊，而按蚊数量很少。因此，城市小区的蚊类控制应以控制库蚊为主。

用蚊虫诱捕器诱捕蚊虫并分析其数量消长规律，与人工捕蚊的方法相比，其结果十分接近，如使用蚊虫诱捕器调查合肥市 6～10 月的蚊虫数量曲线图与宁夏 1976 年人工调查的结果曲线图相似，蚊虫发生高峰季节与上海 1973 年调查的淡色库蚊发生高峰季节相同。蚊虫的人工调查受采集地点的环境条件、气象条件、人员熟练程度等影响，而蚊虫诱捕器为蚊媒调查工作开辟了一条新途径，可以消除人为误差，做到每天观察，还可增加监测点，提供大量数据，提高数据的科学性和连续性。

第十四节　世界卫生组织农药评估方案[①]

一、第一阶段，实验室生物效果评价

（一）成蚊

1. 空间喷雾

试验蚊虫在小风道中分别暴露于不同浓度杀虫剂中。风道直径 15cm，风速 6.5km/h，试验使用 25 只羽化后 3~6 天未吸血雌蚊，蚊笼放入风道中心位置。用 0.25ml 杀虫剂丙酮溶液，9806kPa 喷雾，暴露时间 0.35s。之后将蚊虫移入 500ml 容器中，喂以 20% 糖水。

标准：$LC_{90} \leq 0.05\%$（24h）。

2. 滤纸接触法

筛选杀虫剂时使用致倦库蚊或淡色按蚊。用不同等级剂量杀虫剂处理 9cm 滤纸，用 1ml 丙酮溶液。干燥 1 小时。然后卷起来放入 8cm × 2.5cm 小瓶中，放入 20 只蚊，暴露 1h。然后放入饲养笼，确定 24h 剂量－死亡率曲线。重复 3 次，最后以平均对数－概率曲线表示结果。

标准：$LD_{50} \leq 0.16mg/cm^2$（24h）。

3. 在胶合板、石灰、泥土和茅草上的残留作用

木板放入 Power 塔内喷雾，使用候选的化合物，剂型为水悬剂或乳剂，剂量 $1g/m^2$，活性成分约 3%。试验板应放在架子上，室温 25℃，相对湿度 50%~55%，保持环境黑暗。

处理后，在不同间隔时间，将 12~15 只蚊虫（2~3 天吸血雌蚊，辛氏按蚊）暴露在处理面上，直径 7cm，深 2.5cm 的容器中，温度 25℃，相对湿度 50%~55%。经过所需时间后，用 CO_2 麻醉蚊虫并移入纸杯中，放在 25℃，相对湿度 70% 环境下。

标准：在 8 个周期间，暴露 1h 后的 24h 死亡率至少达到 70%。

（二）蚊幼虫

使用敏感株和抗性株致倦库蚊或淡色库蚊。至少采用 5 个浓度的杀虫剂丙酮溶液，水 100ml，丙酮溶液 1ml，每个浓度用 20 只 4 龄幼虫。

标准：$LC_{50} \leq 0.1mg/L$（24h）。

昆虫生长调节剂的试验程序详见 WHO 技术报告 No.585（1976）。

（三）蚤

1. 滤纸接触法

使用新华 I 号或 II 号滤纸，15mm × 50mm，浸 0.13ml 含 0.031% 杀虫剂的丙酮溶液，药物浓度 $0.54\mu g/cm^2$，干燥 1h 后将滤纸放入玻璃管（13mm × 150mm）底部，放入 20 只新羽化未吸血蚤，用纱布盖上，暴露后移走蚤。处理纸放在试管内，1、2、4 周时各试验 1 次，以后每 4 周试验 1 次。

标准：4 周内 24h 死亡率 ≥ 90%。

2. 粉剂

将化合物以粉剂剂型在实验室土壤表面试验。将 30g 标准粉碎土壤放在直径 100mm 平皿中摊平。表面上施粉剂，剂量 $20mg/m^2$，粉剂分别含杀虫剂 0.01%、0.05%、0.25%、1.0% 和 5.0%。暴露室是一个塑料盘，直径 95mm，高 170mm，底面留有直径 25mm 圆孔。插入土壤中，在顶部开孔，将 50 只新羽化成蚤通过开孔放入，与处理土壤接触 24h。

---

① 材料摘译自 WHO/VBC/88·957。

标准：24h 死亡率≥90%，4 周后稍低于90%。

（四）家蝇成虫

1. 点滴法

试验使用敏感株家蝇和抗有机磷、抗拟除虫菊酯品系家蝇。用微量点滴法，标准丙酮溶液点滴雌蝇前胸背板。不同浓度杀虫剂系列，各浓度点滴 20 只 2～4 日龄家蝇。确定24h 剂量－死亡率曲线，重复 3 次。最后以平均对数－概率曲线表示结果。

标准：$LD_{50} \leqq 1$ 微克/虫（24h）。

2. 空间喷雾

使用 4～5 日龄雌蝇，在小风道中暴露于不同浓度杀虫剂中，试验方法与蚊相同。

标准：$LD_{90} \leqq 1\%$（24h）。

3. 胶合板上的残留作用

使用杀虫剂丙酮溶液、乳剂或可湿性粉剂的悬浮液，喷在 30.5cm × 30.5cm 胶合板上，剂量 $1g/m^2$，20 只家蝇在半个平皿下与处理板接触 60min（5～60min）后转入纱笼，喂蜂蜜水。24h 后计算死亡率。

标准：暴露 1h 后，24h 死亡率≥70%，8 周期间应得到相似结果。

（五）臭虫

使用新华 I 号或 II 号滤纸，直径 38mm，用含 0.31% 杀虫剂的丙酮溶液 0.2ml 浸渍。药物浓度 $75\mu g/cm^2$。干燥 1h 后，放入 50 毫升烧杯中，并放入 10 只已经饥饿 3 天的臭虫。暴露 24h 后，将活的和受影响的臭虫取出，放入清洁的 50ml 烧杯内未处理的滤纸上，再放 24h，记录死亡率。1、2、4 周时各试验 1 次，以后每 4 周试验 1 次，直到死亡率低于 90% 为止。

（六）蜚蠊

1. 玻璃表面接触

德国小蠊若虫，暴露在 $0.3\mu l/cm^2$ 和 $1.5\mu l/cm^2$ 化合物处理过的玻璃表面。确定各浓度下的 LT_{50} 值。记录各浓度的 24h 死亡率，用苯醚菊酯作为比较标准，试验化合物的 LT_{50} 应小于苯醚菊酯，24h 死亡率应等于或大于苯醚菊酯，下面的项目中至少满足 3 项。

$0.3\mu g/cm^2$，$LT_{50} \leqq 20min$；

$1.5\mu g/cm^2$，$LT_{50} \leqq 9min$；

$0.3\mu g/cm^2$，24h 死亡率≥73%；

$1.5\mu g/cm^2$，24h 死亡率 = 100%。

2. 昆虫生长调节剂

1）食入：不同浓度的试验化合物溶解在丙酮中，均匀地加在已称重的狗饲料上，丙酮挥发后将饲料进一步混合，保证均匀。样品称重并放入蜚蠊盒内，放入 20 只较大的蜚蠊若虫，供水，饲料容器称重。1 周后再称重，记录死蜚蠊并取出，试验 3 周，此后将存活蜚蠊转入清洁容器继续观察，至雌虫产卵结束。

标准：使用 20mg/kg 能够有效地抑制生殖。

2）玻璃罐接触：使用试验制剂处理玻璃罐，将蜚蠊若虫放入罐中，给水和食。3 周内每周检查一次，3 周后将活虫转入清洁容器，进一步观察。

标准：使用 $2ng/cm^2$ 能够有效地抑制生殖。

3）空间喷雾：使用试验化合物，浓度 0.5% 和 2.0% 的丙酮溶液空间喷雾，10 只雄性成蠊放入柱形金属纱笼，然后放入风道，空气流速 $12.9km/h$，9806kPa 喷雾。暴露后将蜚蠊移入清洁平皿，10、30、60min 和 24h 后分别记录击倒和死亡数。使用毒死蜱和丙酮分别作为标准和对照。

标准：$LC_{90} \leqq 0.5\%$（24h）。

二、第二阶段，抗性评价

当将一种化合物提交评价时，评价毒物的交叉抗性，确定使用后目标种类可能发展的潜在抗性类型是很重要的。在媒介蚊虫方面，这些研究尤为重要，许多蚊虫对几类杀虫剂产生了抗性。

1. 交叉抗性

致倦库蚊株对有机磷杀虫剂的多抗性来自酶，对氨基甲酸酯的抗性来自氧化酶，对拟除虫菊酯类的抗性来自其神经敏感性的降低（kdr 基因）。淡色按蚊株对有机磷和氨基甲酸酯的多抗性是来自其对乙酰胆碱酶敏感性的降低。

2. 潜在抗性

最近养殖的库蚊和按蚊种群，受到新杀虫剂，尤其是作用类型、化学结构不同的化合物的选择压力，可以为确定其潜在抗性并为研究这些抗性机制提供生物学资料。

选择了抗性株之后，研究其如下几方面特性。

1）对不同类型杀虫剂的抗性谱。

2）对多种结构变化的杀虫剂，尤其是选择试验的杀虫剂的抗性特征。

3）研究杀虫剂和其他同类化合物的效果以及增效剂的作用，在此方面也应进行较长期的研究。

4）抗性的生化性质，重点是遗传特征，杂合子和纯合子抗性个体的基因表达。

另外应提供合理选择替换杀虫剂的必要资料。这些研究对解释、避免或阻止目标生物的抗性发展是有价值的。

三、第三阶段，现场生物学效果试验

1. 村庄和较大规模现场试验

要考虑以下几个因素。主要的项目是评价滞留喷洒、空间喷洒、杀幼剂的使用和其他技术与制剂对媒介昆虫自然种群的效果，尤其是疟疾媒介。如果有可能，应着重确定滞留喷洒对媒介的效果和对疾病传播的影响。

从应用的角度，应关注用于处理村庄住宅时的可接受性、应用技术的简便性，以及喷雾器械效果方面的资料，也应确定在良好控制条件下对操作人员和居民是否安全，以及制剂在使用和贮存中的稳定性等。

为了确定滞留喷洒对在人群中目标疾病的影响，也必须进行流行病学评价。对于室外应用杀幼剂和空间喷洒，也应做对环境中非目标生物影响的检测。

2. 可接受性标准

与未处理区和/或试验区处理前的基线资料比较，应用适宜剂量的杀虫剂是希望降低处理区的媒介效能（人蚊接触和蚊虫寿命）。精确地指明媒介效能的降低并不容易，因为地区之间有很大差异，决定于媒介和人群的生态学特征。在村庄规模的试验里，蚊密度下降50%以上和经产率下降一般是效果良好的指征。可接受性标准依村庄的不同有变化，取决于计划的目的。如在某些计划中，使用某种剂量的杀虫剂，8～10周有效即是可接受的，而其他某些计划有较严格的要求，要求经一段时期的处理后能够有效地阻止疾病的传播。

应使用生物测定技术对资料进行补充，若在2～3个月或更长时间内死亡率达到70%或更高，说明候选化合物有适于实际应用的可能性，也应获取杀虫剂敏感性资料，并估计其性价比。

村庄及更大规模的现场试验一般希望获取以下方面资料：①适合的剂量；②适宜的处理期或处理时间；③持效期；④对媒介行为的观察，如对成虫的驱避性和刺激作用。

3. 应用效果

在此阶段也应进行应用效果方面的研究：①杀虫剂的物理性质，决定其是否容易应用；②施药器械及其零件的效果和影响；③居民对杀虫剂喷雾的接受程度，如气味等；④制剂贮存的稳定性。

四、第四阶段

世界卫生组织负责确定农药的规格（WHO 规格），并从 1953 年开始，出版农药规格手册。这项工作由世界卫生组织化学专家委员会执行，关于农药规格的确定是评价计划的一个重要部分。

工业级原药或制剂的 WHO 规格，包括产品的正确描述、活性成分含量、杂质的限制、物理性质、包装和标签的要求以及检验其各种物理化学性质的精确方法，如 CIPAC（国际合作农药分析会议）和/或 AOAC（化学分析官员协会）所描述的，也包括对加速贮存试验的描述。

临时的规格不能成为 WHO 规格，除非分析方法一致，且在不同实验室得到的结果一致。形成 WHO 规格的程序是，首先搜集在小规模现场试验中使用的产品资料，再搜集在较大规模现场试验中使用制剂样品和资料。

第十八章 >>>

我国卫生杀虫剂的登记管理

第一节 我国的卫生杀虫剂管理体系

我国对卫生杀虫剂的管理属于行政许可，根据《中华人民共和国农药管理条例》，卫生杀虫剂属于农药范畴，是指用于预防、消灭或者控制人类生活环境和农林业、养殖业中的蚊、蝇、蜚蠊、蚂蚁和其他有害生物的农药。在我国境内生产、经营和使用农药的，都应当遵守《农药管理条例》。

一、卫生杀虫剂的登记许可

《农药管理条例》中明确规定卫生杀虫剂产品必须取得农业部颁发的登记证才能在国内生产、销售和使用。对于国内首次生产和首次进口的卫生杀虫剂产品，需按照三个阶段进行：①试验阶段，需取得《农药试验批准证书》后才能进行试验，试验阶段的产品不能销售。②临时登记阶段，试验后需要进行试验示范、试销的农药以及在特殊情况下需要使用的产品，由其生产者申请临时登记，取得农药临时登记证后，方可在规定的范围内进行试验示范、试销。③正式登记阶段，经试验示范、试销可以作为正式商品流通的产品，由其生产者申请正式登记，经农业部发给农药登记证后，方可生产、销售。

登记证有效期限届满，需要在中国继续生产或者继续出售产品的，应当在登记有效期限届满前申请续展登记。卫生杀虫剂的临时登记证号表示为 WLXXXXXX，临时登记证有效期为 1 年，可以续展，累积有效期不得超过 3 年；卫生杀虫剂的正式登记证号表示为 WPXXXXXX，登记证有效期为 5 年，可以续展。临时登记证续展，应当在登记证有效期满 1 个月前提出续展登记申请；正式登记证续展，应当在登记证有效期满 3 个月前提出续展登记申请。逾期提出申请的，应当重新办理登记手续。

已经获得正式登记的相同农药产品，其他申请人经田间试验后应当直接申请正式登记。经正式登记和临时登记的产品，在登记有效期限内改变剂型、含量或者使用范围、使用方法的，应当申请变更登记。

二、卫生杀虫剂的生产许可

我国实行农药生产许可制度，生产有国家标准或者行业标准的卫生杀虫剂产品，应当向国务院化学工业行政管理部门申请农药生产许可证。生产尚未制定国家标准、行业标准但已有企业标准的农药的，应当经省、自治区、直辖市化学工业行政管理部门审核同意后，报工信部批准，发给农药生产批准文件。

卫生杀虫剂生产企业一般应是经过定点核准的企业，但首次申请登记新有效成分的申请人，可以先办理该产品登记，然后再办理定点核准。境外申请人应为所在国家（地区）的农药生产企业，并已有产品在本国（地区）或其他国家（地区）获得登记，在我国境内设有依法登记的办事处或代理机构。

卫生杀虫剂的生产应当符合国家农药工业的产业政策。农药生产企业经工信部批准后，方可依法向工商行政管理机关申请领取营业执照。开办农药生产企业（包括联营、设立分厂和非农药生产企业设立农药生产车间）具备与生产相适应的技术人员和技术工人、厂房、生产设施和卫生环境；有符合国家劳动安全、卫生标准的设施和相应的劳动安全、卫生管理制度；有产品质量标准和产品质量保证体系；所生产的产品必须依法取得农药登记；有符合国家环境保护要求的污染防治设施和措施，并且污染物排放不超过国家和地方规定的排放标准。生产企业应当按照农药产品质量标准、技术规程进行生产，生产记录必须完整、准确。产品出厂前，应当经过质量检验并附具产品质量检验合格证；不符合产品质量标准的，不得出厂。

产品包装必须贴有标签或者附有说明书，注明产品名称、企业名称、产品批号和农药登记证号或者农药临时登记证号、农药生产许可证号或者农药生产批准文件号以及农药有效成分、含量、产品性能、毒性、用途、使用技术、使用方法、生产日期、有效期和注意事项等；分装生产的，还应当注明分装单位。

第二节　卫生杀虫剂登记的种类与资料要求

卫生杀虫剂登记按登记阶段分为药效试验、临时登记和正式登记；按登记产品分为原药登记和制剂登记；按登记类别分为首次申请的新农药、新原药或新制剂、相同产品等。

卫生杀虫剂产品的登记程序为：申请企业提出申请并提交申请资料，经企业所在地的省级农药管理机构初审，初审合格递交到农业部行政审批综合办公室行政许可受理，资料受理后由农业部农药检定所技术审查和农药登记评审委员会评审，农业部在评审意见的基础上做出行政许可批复。境外企业可直接将申报资料递交到农业部行政审批综合办公室进行行政许可受理。

企业申请产品登记时，需按照《农药登记资料规定》准备完整、齐全的申报和技术评价资料。

一、药效试验阶段

企业在申请登记前按规定需取得试验许可。卫生杀虫剂的药效试验按试验场所划分为室内试验、模拟现场试验和现场试验3项。根据产品剂型、使用方式或使用场所，需相应选择完成其中1项或2项药效试验。申请药效试验时，需提交产品摘要、毒理学、药效等评价资料。具体资料要求如下。

1）填写完整的药效试验申请表。

2）产品化学资料摘要：需提供包括有效成分和原药的物化性质，有效成分分析方法，制剂产品的主要物化参数、质量控制指标等信息。

3）毒理学摘要资料：需提供包括原药和制剂的急性经口、急性经皮、急性吸入毒性，皮肤和眼睛刺激性及皮肤致敏性以及中毒急救治疗措施等信息。

4）药效资料：包括有效成分或产品的作用方式、作用谱、作用机制，室内活性测定试验报告或混剂的室内配方筛选报告等。

5）产品开发及在其他国家或地区的登记、使用情况。在境外GLP试验室完成的毒理、环境、全分析报告等产品化学资料可用于国内产品登记。

二、产品登记阶段

首次申请登记的新化合物，其原药和制剂需同时申请登记；首次申请正式登记的有效成分，需提供资料经过全国农药登记评审会评审。申请产品登记时，需提交产品化学、毒理学、药效等评价资料，用于外环境使用的产品，还需提供环境试验资料。具体资料要求如下。

1）填写完整的卫生杀虫剂登记申请表。

2）产品摘要：包括产地、产品化学、毒理学、环境影响、境外登记情况等资料简述。

3）产品化学资料：有效成分的识别及在产品中的存在形式，并注明确切的名称、结构式、实验式和相对分子质量，有效成分存在异构体且活性有明显差异的，应当注明比例；有效成分的物化性质及燃点、爆炸性等相关物化参数检测报告；产品的质量控制项目及指标相对应的检测方法和方法确认报告，采用现行国家标准、行业标准或 CIPAC 方法的，需提供色谱图原药，原药需提供 5 批次全组分分析报告；由具有资质的国家级或省级质量检测机构出具的产品质量检测和方法验证报告；生产工艺和流程图；产品包装、运输和贮存注意事项、安全警示、验收期等。

4）毒理学资料：急性毒性试验，根据产品的剂型可有选择地提供急性经口、经皮、吸入毒性试验，皮肤和眼睛刺激试验和皮肤致敏性试验资料；原药产品登记还需提供 90 天大鼠喂养的亚慢性毒性试验资料、致突变性试验资料和迟发性神经毒性试验资料；用于加工成蚊香、气雾剂、防蛀剂或驱避剂等的原药，需提供 28 天亚急性吸入或 28 天亚急性经皮毒性试验资料。

5）环境影响资料：根据加工制剂的使用场所，可有选择地提供环境行为和环境影响试验资料；外环境使用的卫生杀虫剂产品需提供对蜂（经口、接触）、鸟（经口）、鱼、蚕、藻、溞的急性毒性试验资料，室内用制剂需提供对家蚕的毒性试验资料，菊酯类卫生杀虫剂产品可减免对家蚕的毒性试验资料，但需在标签上注明对家蚕高毒及安全使用说明。

6）药效资料：试验批准证书；室内活性测定报告或混剂的室内配方筛选报告；在我国境内 2 个以上省级行政区、1 年以上的室内药效测定报告；室内用制剂提供 2 个以上省级行政区、1 年以上的模拟现场试验报告，防白蚁和外环境用制剂提供 2 个以上省级行政区、1 年以上的现场试验报告；以及作用方式、作用谱、产品特点和使用注意事项等资料。

7）产品标签样张及使用说明书、商标注册批文等。

8）制剂产品需提供原药来源证明。

9）其他资料还包括产品安全数据单（MSDS）、企业生产经营能力和资质等。

由于卫生杀虫剂使用频繁，与人体接触密切，为保障使用人群的健康安全，我国也参照欧美等国家的先进做法，引入再评价和卫生杀虫剂安全风险评估机制，建立我国特有的卫生杀虫剂暴露模型，严格评审，科学评估，以确保长期使用不会对人体产生慢性或其他特殊危害。

第三节 卫生杀虫剂的管理政策

一、卫生杀虫剂品种和含量管理的规定

根据《农药管理条例》规定，高毒、剧毒农药不得用于防治卫生害虫。为保障使用安全，卫生杀虫剂产品目前参照世界卫生组织（WHO）推荐用于卫生杀虫剂的有效成分名单及其含量规定进行审批。首次申请的新有效成分，其中文通用名称应参照国家标准《农药通用名称》（GB 4839—2009）；尚未列入上述标准的有效成分，应提供国家农药标准化技术委员会出具的"命名函"。对首次申请登记的有效成分，应提供产品配方的科学依据及相关安全性试验数据和风险评估报告；随后申请登记的产品含量原则上不得超过首家产品含量；如要提高产品含量，则需提供保障使用者安全的试验资料或安全评估资料。

农业部 946 号公告规定如下。

1）已有国家标准、行业标准的同类产品，含量不能低于国家标准、行业标准中的含量。

2）尚未有国家标准、行业标准的产品，若含量大于等于 10%，含量变化间隔值不小于 5%（绝对值）；若含量小于等于 10%，间隔值不小于已有含量的 50%（相对值）。

3）乳油、可湿性粉剂、微乳剂产品，含量不低于已批准产品。

4）含有渗透剂或增效剂的产品，含量不能低于同类的单剂产品含量。

农业部1158号公告规定：新增登记产品的有效成分含量原则上以质量分数（％）表示；不经稀释而直接使用的农药产品，其有效成分含量及梯度设定可根据实际应用情况设定。

为了使农药剂型名称科学、准确、规范、与国际接轨，申请登记农药的剂型应执行国家标准《农药剂型名称及代码》，以及国家标准《农药登记管理术语》中第2部分"产品化学"中"农药剂型"。当申请产品的剂型名称不能确定时，应出具剂型鉴定报告。

为降低卫生杀虫剂的使用风险，在登记中还有如下特别规定。

1）不再批准有效成分含量高于WHO推荐的含量上限的卫生杀虫剂产品；不再批准制剂为中等毒的卫生杀虫剂在室内使用，但可批准用于室外；不批准以氯氟化碳类物质、空气作为抛射剂的气雾剂产品登记；禁止使用八氯二丙醚作为助剂用于卫生杀虫剂产品。

2）对未列入WHO推荐名单的，申请登记产品有效成分含量不应超过已登记产品含量，否则需提供保障使用者安全的试验资料或安全评价资料；对卫生杀虫剂混配产品，不再批准新增三元有效成分混配产品登记；混剂中各有效成分含量与WHO对应有效成分含量推荐的百分比之和不能超过100％，对超量在100％～200％之间的产品，需进一步提交28天亚急性毒性试验资料，以证明产品的安全性。

3）对于申请卫生杀虫剂原药产品登记，符合下列条件之一时，应当提供急性吸入毒性试验资料。

①气体或液化气体；

②可能用于加工熏蒸剂的；

③可能用于加工产烟、产雾或者气体释放制剂的；

④可能在施药时需要雾化设备的；

⑤蒸气压 $> 10^{-2}$ Pa；

⑥可能会被包含在粉状制剂中，且其含有直径 $< 50\mu m$ 的粒子或小滴占相当大的比例（按质量计 $> 1\%$）；

⑦用于加工的制剂在使用中产生的直径 $< 50\mu m$ 的粒子或者小滴占相当大的比例（按质量计 $> 1\%$）。

4）对于申请卫生杀虫剂制剂产品登记，符合下列条件之一时，应当提供急性吸入毒性试验资料。

①气体或液化气体；

②发烟制剂或者熏蒸制剂；

③用雾化设备施药的制剂；

④蒸气释放制剂；

⑤气雾剂；

⑥含有直径 $< 50\mu m$ 的粒子占相当大的比例（按质量计 $> 1\%$）；

⑦用飞机施药可能产生吸入接触的制剂；

⑧含有的活性成分的蒸气压 $> 10^{-2}$ Pa，并且可能用于仓库或者温室等密闭空间的制剂；

⑨根据使用方式、能产生直径 $< 50\mu m$ 的粒子或小滴占相当大的比例（按质量计 $> 1\%$）的制剂。

申请临时登记转正式登记时，符合上述条件的，如可湿性粉剂、粉剂、可溶性粉剂等剂型产品需要补充急性吸入毒性试验资料。

5）对有效成分含量低于1％的卫生用农药品种异构体拆分的具体要求是：企业可以不提供制剂的异构体拆分方法及方法验证报告，但提交的资料中应包括以下内容。

①当产品中有效成分含量是指某一特定异构体的含量时，有效成分总含量应当是总含量乘以所使用原药中异构体的比例系数；

②当有效成分由一个以上异构体按不同比例组成时，应规定总含量及不同异构体所占比例（如甲

氟甲醚菊酯，应规定总酯含量，R 体比例和顺反异构体比例）；

③鉴别试验中，应说明原药中异构体的比例范围及原药异构体的测定方法和色谱图。

6）鉴于五氯酚钠对环境存在较大风险，卫生系统已停止用于钉螺的防治。停止仲丁威用于卫生杀虫剂产品的登记和续展登记。不再批准蝇香产品的登记和续展登记。毒死蜱不能在室内以易接触的方式使用，如喷洒剂、片剂等，饵剂必须做成儿童触摸不到的饵盒。花露水、驱蚊液类卫生杀虫剂，原则上不允许加入中草药等成分，如确需加入的，应提供可以证明其使用安全的相关证明材料，如化妆品、食品等允许加入的证明。

二、卫生杀虫剂的产品名称表示方法

根据《农药标签和说明书管理办法》，卫生杀虫剂的产品名称有两种表示方法：一种是使用时需要稀释配制的产品，单制剂用有效成分通用名称表示，如 1.5% 除虫菊素水乳剂；复配制剂用有效成分简化通用名称表示，如 8.5% 烯丙·氯菊水乳剂。另一种是不需要稀释直接使用的卫生杀虫剂，以功能描述词语和剂型作为产品名称，如杀虫气雾剂等。

第四节　我国卫生杀虫剂发展概况

我国卫生杀虫剂产业经历了由小到大，由弱变强的发展过程，品种从单一到多元化，生产从手工作业到加工、罐装全程自动化，产品从单一进口到拥有制剂和原药的自主知识产权。特别近几年卫生杀虫剂产品登记及生产增长迅速，截至 2013 年底，有 570 多家生产企业的 2200 多个产品取得卫生杀虫剂产品登记，产品零售总额已突破 200 亿元，产品不仅满足国内需要，还出口到美国、澳大利亚、日本、东欧、东南亚、非洲、拉丁美洲等 20 多个国家和地区。

良好的经济环境和规范化管理体制，促进了卫生杀虫剂企业做大做强，目前注册登记的专门生产卫生杀虫剂的企业已达 300 家以上，在广东、江苏、河北等省出现了一批产值超亿的卫生杀虫剂企业，如中山榄菊、江苏扬农、上海庄臣、广州立白、成都彩虹、河北康达等。江苏扬农作为国内最大的卫生杀虫剂原药生产企业，在新产品研发方面不断创新，已成功开发并规模化生产多个具有自主知识产权的品种，打破了日本公司在卫生杀虫剂领域的垄断地位，为国内企业参与国际竞争提供了有力的技术支撑。

经过近 30 年的发展，卫生杀虫剂的数量增长迅速，品种繁多。目前国家批准用于卫生杀虫剂的品种有 100 多个，仍以菊酯类为主（表 19 - 1）。随着近年对环境和健康的要求不断提高，新产品的开发和应用加快，出现了以微生物如苏云金杆菌（以色列亚种）、球形芽孢杆菌、金龟子绿僵菌，以天然植物提取物如除虫菊素等为主要成分的新品种。卫生杀虫剂的剂型也在不断丰富和创新，已从原有的蚊香、气雾剂为主发展为多个品种、多个功能的产品系列（表 18 - 1），产品使用更加方便、安全、环保。

表 18 - 1　国家批准用于卫生杀虫剂的农药品种

中 文 名 称	英 文 名 称
d - 柠檬烯	d - limonene
Es - 生物烯丙菊酯	esbiothrin
S - 生物烯丙菊酯	S - bioallethrin
zeta - 氯氰菊酯	zeta - cypermethrin
胺菊酯	tetramethrin
苯甲酸苄酯	benzyl benzoate

中 文 名 称	英 文 名 称
苯醚氰菊酯	cyphenothrin
吡丙醚	pyriproxyfen
吡虫啉	imidacloprid
避蚊胺	diethyltoluamide
避蚊酯	dimethyl phthalate
残杀威	propoxur
虫螨腈	chlorfenapyr
除虫菊素	pyrethrins
胆钙化醇	cholecalciferol
敌敌畏	dichlorvos
对二氯苯	p – dichlorobenzene
多氟脲	noviflumuron
噁虫酮	metoxadiazone
噁虫威	bendiocarb
氟丙菊酯	acrinathrin
氟虫胺	sulfluramid
氟虫腈	fipronil
氟啶脲	chlorfluazuron
氟硅菊酯	silafluofen
氟磺酰胺	flursulamid
氟铃脲	hexaflumuron
氟氯苯菊酯	flumethrin
氟氯氰菊酯	cyfluthrin
氟酰脲	novaluron
氟蚁腙	hydramethylnon
富右旋反式胺菊酯	rich – d – t – tetramethrin
富右旋反式苯醚菊酯	rich – d – t – phenothrin
富右旋反式苯醚氰菊酯	rich – d – t – cyphenothrin
富右旋反式苯氰菊酯	rich – d – t – cyphenothrin
富右旋反式炔丙菊酯	rich – d – t – prallethrin
富右旋反式戊烯氰氯菊酯	rich – d – t – pentmethrin
富右旋反式烯丙菊酯	rich – d – transallethrin
富右旋反式烯炔菊酯	rich – d – t – empenthrin
高效氟氯氰菊酯	beta – cyfluthrin
高效氯氟氰菊酯	lambda – cyhalothrin
高效氯氰菊酯	beta – cypermethrin
环戊烯丙菊酯	terallethrin
甲基吡噁磷	azamethiphos
甲基壬基酮	methyl nonyl ketone
甲醚菊酯	methothrin

中 文 名 称	英 文 名 称
甲氧苄氟菊酯	metofluthrin
联苯酚	o－phenylphenol
联苯菊酯	bifenthrin
硫酰氟	sulfuryl
氯胺菊酯（酊剂）	暂无
氯氟醚菊酯	meperfluthrin
氯菊酯	permethrin
氯氰菊酯	cypermethrin
氯烯炔菊酯	chlorempenthrin
钼酸钠	sodium molybdate dihydrate
硼酸	boric acid
硼酸锌	zinc
七氟甲醚菊酯	暂无
羟哌酯	icaridin
球形芽孢杆菌	bacillus sphaericus H5a5b
球形芽孢杆菌（2362 菌株）	bacillus sphaericus strain 2362
驱蚊酯	ethyl butylacetylaminopropionate
炔丙菊酯	prallethrin
炔咪菊酯	imiprothrin
炔戊菊酯	empenthrin
噻虫嗪	thiamethoxam
噻嗯菊酯	kadethrin
三氯杀虫酯	plifenate
杀虫畏	tetrachlorvinphos
杀螺胺	niclosamide
杀螺胺乙醇胺盐	niclosamide
杀螟硫磷	fenitrothion
生物苄呋菊酯	bioresmethrin
生物烯丙菊酯	bioallethrin
双硫磷	temephos
顺式氯氟醚菊酯	暂无
顺式氯氰菊酯	alpha－cypermethrin
四氟苯菊酯	transfluthrin
四聚乙醛	metaldehyde
四水八硼酸二钠	disodium
四溴菊酯	tralomethrin
苏云金杆菌（以色列亚种）	bacillus
天然香樟油	暂无
钨酸钠	sodium tungstatr dihydrate
无定型二氧化硅	amorphous silicon dioxide

中 文 名 称	英 文 名 称
戊烯氰氯菊酯	pentmethrin
烯丙菊酯	allethrin
香叶醇	geranil
辛硫磷	phoxim
溴氰菊酯	deltamethrin
右旋胺菊酯	d – tetramethrin
右旋苯醚菊酯	d – phenothrin
右旋苯醚氰菊酯	d – cyphenothrin
右旋苯氰菊酯	d – cyphenothrin
右旋苄呋菊酯	d – resmethrin
右旋反式苯氰菊酯	d – trans – cyphenothrin
右旋反式苄呋菊酯	d – trans – resmethrin
右旋反式氯丙炔菊酯	暂无
右旋反式炔呋菊酯	d – trans – furamethrin
右旋反式烯丙菊酯	d – transallethrin
右旋七氟甲醚菊酯	暂无
右旋炔丙菊酯	prallethrin
右旋炔呋菊酯	d – furamethrin
右旋烯丙菊酯	d – allethrin
右旋烯炔菊酯	empenthrin
右旋樟脑	d – camphor
诱虫烯	muscalure
樟脑	camphor
蟑螂病毒	periplaneta fuliginosa densovirus（PfDNV）

表 18 – 2　主要卫生杀虫剂产品剂型

剂 型 名 称				
笔剂	饵粒	可湿性粉剂	驱蚊乳	微乳剂
长效蚊帐	饵片	块剂	驱蚊霜	蚊香（碳基、纸基）
超低容量剂	防蛀剂	母药	驱蚊液	细粒剂
超低容量液剂	防蛀片	浓饵剂	驱蚊帐	悬浮剂
醇基气雾剂	防蛀片剂	泡腾片剂	热雾剂	悬乳剂
油基气雾剂	防蛀球剂	喷射剂	乳油	熏蒸剂
滴加液	防蛀液剂	片剂	杀螨纸	烟棒
电热蚊香浆	粉剂	气体制剂	水分散粒剂	烟剂
电热蚊香块	膏剂	气雾剂	水分散片剂	烟片
电热蚊香片	胶饵	球剂	水基气雾剂	烟雾剂
电热蚊香液	颗粒剂	驱蚊花露水	水剂	大粒剂
毒饵	可分散粒剂	驱蚊粒	水乳剂	原药
饵膏	可溶粉剂	驱蚊露	涂抹剂	展膜油剂
饵剂	可溶液剂	驱蚊片	微囊悬浮剂	蟑香

附录一　可以用于卫生杀虫剂型的原药（有效成分）品种

一、氯氟醚菊酯

通用名称　氯氟醚菊酯

英文通用名称　meperfluthrin

CAS 登记号　352271 – 52 – 4

化学名称　2，3，5，6 – 四氟 – 4 – 甲氧甲苄基（1R，3S）– 3 – （2，2 – 二氯乙烯基）– 2，2 – 二甲基环丙烷羧酸酯

分子式、分子量　$C_{17}H_{15}Cl_2F_4O_3$，414.2

理化指标　纯品为白色粉末，工业品为淡棕色固体，熔点 48 ~ 50℃，密度 1.232g/ml，难溶于水，易溶于氯仿、丙酮、乙酸乙酯等有机溶剂，在酸性介质中稳定，常温下可贮存两年。

毒性　本品对大鼠急性经口 LD_{50} 为 > 500mg/kg，属低毒。对大鼠急性经皮 LD_{50} > 2000mg/kg，对大鼠急性吸入 LC_{50} > 2000mg/m³，对眼、皮肤无刺激性，属弱致敏。

应急及处置　加工时应穿戴防护服、靴和手套等劳保用品，避免药雾吸入或接触人体。用过的包装物应妥善处理，不可随意丢弃。

药液接触皮肤，用肥皂和大量清水冲洗干净；接触眼睛，用大量清水冲洗；不慎吸入，立即将患者转移至空气清新处。本品无专用解毒药，若误服或中毒，应立即送医院对症治疗。

应用范围　本品为新型含氟菊酯，可用于防治蚊、蝇、蟑螂、臭虫等卫生害虫，对双翅目害虫如蚊类有快速击倒作用，活性约为富右旋反式烯丙菊酯 15 倍。

推荐剂量　蚊香：0.015% ~ 0.08% 氯氟醚菊酯；电热蚊香片：5mg 氯氟醚菊酯 + 5mg 炔丙菊酯；液体蚊香：0.4% ~ 1.2%。

开发登记　2008 年由江苏扬农化工股份有限公司首次登记，拥有自主知识产权。

二、四氟醚菊酯

通用名称　四氟醚菊酯

英文通用名称　tetramethylfluthrin

CAS 登记号　84937 – 88 – 2

化学名称　2，2，3，3 – 四甲基环丙烷羧酸 – 2，3，5，6 – 四氟 – 4 – 甲氧甲基苄基酯

分子式、分子量　$C_{17}H_{20}F_4O_3$，348.0

理化指标　工业品为淡黄色透明液体，熔点为10℃，相对密度为1.2173，难溶于水，易溶于有机溶剂。在中性、弱酸性介质中稳定，但遇强酸和强碱能分解，对紫外线敏感。

毒性　属中等毒，大鼠急性经口 LD_{50} <500mg/kg。

应急及处置　加工时应穿戴防护服、靴和手套等劳保用品，避免药雾吸入或接触人体。用过的包装物应妥善处理，不可随意丢弃。

药液接触皮肤，用肥皂和大量清水冲洗干净；接触眼睛，用大量清水冲洗；不慎吸入，立即将患者转移至空气清新处。本品无专用解毒药，若误服或中毒，应立即送医院对症治疗。

应用范围　该产品具有很强的触杀作用，对蚊虫有卓越的击倒效果，其杀虫毒力高于右旋烯丙菊酯，可用于室内蚊蝇害虫的防治。

可以用于蚊香、气雾剂、液体蚊香、驱蚊片等剂型。

推荐剂量　蚊香中0.01%～0.08%，气雾剂0.01%～0.05%。

开发登记　江苏扬农化工股份有限公司，拥有自主知识产权。

三、七氟甲醚菊酯

通用名称　七氟甲醚菊酯

英文通用名称　待定

CAS登记号　1130296－65－9

化学名称　2，3，5，6－四氟－4－甲氧甲基苄基－3－（3，3，3－三氟－1－丙烯基）－2，2－二甲基环丙烷羧酸酯

分子式、分子量　$C_{18}H_{17}F_7O_3$，414

理化指标　淡黄色油状液体，能溶于甲苯、丙酮、乙醇、煤油等多种有机溶剂，几乎不溶于水，200℃时蒸气压为1713.8Pa。

应急及处置　加工时应穿戴防护服、靴和手套等劳保用品，避免药雾吸入或接触人体。用过的包装物应妥善处理，不可随意丢弃。

药液接触皮肤，用肥皂和大量清水冲洗干净；接触眼睛，用大量清水冲洗；不慎吸入，立即将患者转移至空气清新处。本品无专用解毒药，若误服或中毒，应立即送医院对症治疗。

应用范围　七氟甲醚菊酯是一种新型卫生用拟除虫菊酯类杀虫剂，可有效地防治蝇、蚊虫、臭虫等，具有高效、高蒸气压的特点，对双翅目昆虫如蚊类有快速击倒作用，其对蚊虫的药效远高于烯丙菊酯，其击倒活性是甲氧苄氟菊酯的2倍，而且由于其蒸气压高于同类拟除虫菊酯，因此适合在蚊香、液体蚊香、气雾剂等多种剂型中应用。由于其蒸气压高，且活性高，特别适用于近几年出现的新剂型如驱蚊风扇、驱蚊挂件等需要使用高活性且具有常温挥发性的有效成分剂型。

推荐剂量　目前蚊香中登记的含量是0.01%～0.03%。

开发登记　江苏扬农化工股份有限公司，拥有自主知识产权。

四、右旋烯丙菊酯

通用名称　右旋烯丙菊酯、强力毕那命

英文通用名称　d－allethrin

CAS登记号　42534－61－2

化学名称　（1R）－顺，反式－2，2－二甲基－3－（2－甲基－1－丙烯基）环丙烷羧酸－（R，S）－2－甲基－3－烯丙基－4－氧代－环戊－2－烯基酯

分子式、分子量　$C_{19}H_{26}O_3$，302.42

理化指标　工业品为淡黄色至琥珀色清亮黏稠液体，顺反比20∶80，蒸气压 1.6×10^{-2} Pa（30℃），相对密度1.02，不溶于水，沸点153℃（53.3Pa），不溶于水，室温时在丙酮、甲醇、二甲苯、氯仿和

煤油中溶解度均大于50%（质量分数），常温两年稳定，遇碱易分解。

毒性　大鼠急性经口 LD_{50} 为 440～1320mg/kg，急性经皮 $LD_{50} > 2.5g/kg$，急性吸入 $LC_{50} > 1.65g/m^3$（3h）。

应急及处置　加工时应穿戴防护服、靴和手套等劳保用品，避免药雾吸入或接触人体。用过的包装物应妥善处理，不可随意丢弃。

药液接触皮肤，用肥皂和大量清水冲洗干净；接触眼睛，用大量清水冲洗；不慎吸入，立即将患者转移至空气清新处。本品无专用解毒药，若误服或中毒，应立即送医院对症治疗。

应用范围　杀虫毒力是烯丙菊酯的2倍。具有触杀、胃毒作用，是制造蚊香、电热蚊香片、电热蚊香液、气雾剂的原料，对蚊成虫有驱散和杀伤作用。

另有81%乳油剂型。

推荐剂量　气雾剂：0.1%～0.5%；蚊香：0.1%～0.3%；电热蚊香片：25～60mg/片；电热蚊香液：3%～6%。

五、富右旋反式烯丙菊酯

通用名称　富右烯丙菊酯、生物烯丙菊酯

英文通用名称　rich – d – transallethrin

CAS 登记号　584 – 79 – 2

化学名称　富 –（1R）–反式菊酸 –（R、S）–2 – 甲基 – 3 – 烯丙基 – 4 – 氧代 – 环戊 – 2 – 烯基酯

分子式、分子量　$C_{19}H_{26}O_3$，302.42

理化指标　清亮淡黄色至琥珀色黏稠液体。工业品含量≥90%，沸点 125～135℃（9.33Pa），蒸气压 $5.6×10^{-3}Pa$（20℃）。不溶于水，溶于大多数有机溶剂。遇光遇碱易分解。

毒性　大鼠急性口服 LD_{50} 为 753mg/kg（雌雄），大鼠急性经皮 $LD_{50} > 2500mg/kg$，急性吸入 $LC_{50} > 50mg/L$ 空气，对家兔眼睛无刺激，对动物皮肤亦无刺激。

应急及处置　加工时应穿戴防护服、靴和手套等劳保用品，避免药雾吸入或接触人体。用过的包装物应妥善处理，不可随意丢弃。

药液接触皮肤，用肥皂和大量清水冲洗干净；接触眼睛，用大量清水冲洗；不慎吸入，立即将患者转移至空气清新处。本品无专用解毒药，若误服或中毒，应立即送医院对症治疗。

应用范围　杀虫毒力是右旋烯丙菊酯的1.1倍。具有触杀、胃毒作用，是制造蚊香、电热蚊香片、电热蚊香液、气雾剂、杀虫烟片的原料，对蚊成虫有驱除和杀伤作用。

推荐剂量　气雾剂：0.1%～0.5%；蚊香：0.1%～0.3%；电热蚊香片：25～60mg/片。

六、Es – 生物烯丙菊酯

通用名称　Es – 生物烯丙菊酯、EBT

英文通用名称　Es – biothrin

CAS 登记号　28434 – 00 – 6

化学名称　（1R）–反式菊酸 –（R、S）–2 – 甲基 – 3 – 烯丙基 – 4 – 氧代 – 环戊 – 2 – 烯基酯

分子式、分子量　$C_{19}H_{26}O_3$，302.42

理化指标　工业品为淡黄色油状黏稠液体，含量≥93%，比旋光度 $[\alpha]_D^{20}$ – 37.5°（5%甲苯溶液），相对密度 1.00～1.02。蒸气压：20℃为 $4.4×10^{-2}Pa$，150℃为 $30.7×10^{-2}Pa$，闪点约120℃（开杯）；20℃时可完全溶于正己烷、甲苯、氯仿、异丙醚、丙酮、甲醇、乙醇等有机溶剂，25℃时水中溶解度为 4.6mg/L。在大多数油基或水基型制剂中稳定，遇紫外光不稳定，在强酸和碱性介质中能分解。

毒性　大鼠急性经口 LD_{50} 为 378～432mg/kg（玉米油），大鼠急性经皮 $LD_{50} > 2500mg/kg$；大鼠急

性吸入 LC_{50} 为 2630mg/cm³。

应急及处置　加工时应穿戴防护服、靴和手套等劳保用品，避免药雾吸入或接触人体。用过的包装物应妥善处理，不可随意丢弃。

药液接触皮肤，用肥皂和大量清水冲洗干净；接触眼睛，用大量清水冲洗；不慎吸入，立即将患者转移至空气清新处。本品无专用解毒药，若误服或中毒，应立即送医院对症治疗。

应用范围　本品具有强烈的击倒作用，性能优于胺菊酯，主要用于喷射剂、气雾剂、电热蚊香片、蚊香等剂型中防治家蝇、蚊虫等家庭害虫。

推荐剂量　蚊香 0.05% ~ 0.3%；电热蚊香片 15 ~ 30mg/片；气雾剂 0.1% ~ 0.5%。

七、四氟甲醚菊酯

通用名称　四氟甲醚菊酯、霹蚊灵

英文通用名称　dimefluthrin

CAS 登记号　271241 - 14 - 6

化学名称　2，2 - 二甲基 - 3 - （2 - 甲基 - 1 - 丙烯基）环丙烷羧酸，2，3，5，6 - 四氟 - 4 - （甲氧基甲基）苄酯

分子式、分子量　$C_{19}H_{22}F_4O_3$，374.37

理化指标　工业品为浅黄色透明液体，熔点32℃，蒸气压 1.1×10^{-3}Pa（20℃），难溶于水，易溶于丙酮、乙醇、己烷和二甲基亚砜。

毒性　大鼠急性经口 LD_{50} 2036mg/kg（雄）、2295mg/kg（雌），大鼠急性经皮 LD_{50} 2000mg/kg。

应急及处置　加工时应穿戴防护服、靴和手套等劳保用品，避免药雾吸入或接触人体。用过的包装物应妥善处理，不可随意丢弃。

药液接触皮肤，用肥皂和大量清水冲洗干净；接触眼睛，用大量清水冲洗；不慎吸入，立即将患者转移至空气清新处。本品无专用解毒药，若误服或中毒，应立即送医院对症治疗。

应用范围　本品为拟除虫菊酯类杀虫剂，具有强烈触杀作用，能有效防治卫生害虫和储藏害虫；对双翅目昆虫如蚊类有快速击倒作用。可用于蚊香、气雾杀虫剂、电热片蚊香及电热蚊香液等多种制剂中。

推荐剂量　气雾剂：0.002% ~ 0.05%；蚊香：0.004% ~ 0.03%；电热蚊香片：10 ~ 15mg/片；电热蚊香液：0.01% ~ 1.5%。

八、四氟苯菊酯

通用名称　四氟苯菊酯、拜奥灵

英文通用名称　transfluthrin

CAS 登记号　118712 - 89 - 3

专利　制备方法专利 CN200310121743.6（已授权）

化学名称　2，3，5，6 - 四氟苄基（1R，3S）- 3 - （2，2 - 二氯乙烯基）- 2，2 - 二甲基环丙烷羧酸酯

分子式、分子量　$C_{15}H_{12}Cl_2F_4O_2$，371.15

理化指标　纯品为无色晶体，熔点32℃，沸点135℃（0.1mPa），蒸气压 1.1×10^{-3}Pa（20℃），密度1.5072g/cm³（28℃），在水中溶解度 5.7×10^{-5}g/L（20℃），易溶于煤油、丙酮、甲苯等有机溶剂，200℃ 5 小时后未分解。

毒性　大鼠急性经口 LD_{50} > 500mg/kg，小鼠急性经口（雄）LD_{50} 为 583mg/kg，小鼠急性经口（雌）LD_{50} 为 688mg/kg。

应急及处置　加工时应穿戴防护服、靴和手套等劳保用品，避免药雾吸入或接触人体。用过的包

装物应妥善处理，不可随意丢弃。

药液接触皮肤，用肥皂和大量清水冲洗干净；接触眼睛，用大量清水冲洗；不慎吸入，立即将患者转移至空气清新处。本品无专用解毒药，若误服或中毒，应立即送医院对症治疗。

应用范围 本品杀虫广谱，能有效防治卫生害虫和储藏害虫；对双翅目昆虫如蚊类有快速击倒作用，且对蟑螂、臭虫有很好的残留效果。可用于蚊香、气雾杀虫剂、电热片蚊香等多种制剂中。

剂型 气雾剂、喷射剂、蚊香、电热蚊香液、电热蚊香片等。

推荐剂量 有效成分含量蚊香中为 $0.02\% \sim 0.05\%$，电热蚊香片中 $6 \sim 15\text{mg}/$片，电热蚊香液中为 $0.8\% \sim 1.5\%$。

开发登记 江苏扬农化工股份有限公司、中山凯中有限公司、常州康美化工有限公司、拜耳有限责任公司。制备方法拥有国内专利。

九、右旋七氟甲醚菊酯

通用名称 右旋七氟甲醚菊酯

英文通用名称 待定

CAS 登记号 1208235 - 75 - 9

化学名称 2，3，5，6 - 四氟 - 4 - 甲氧甲基苄基 - 1R，反式 - （Z） - 3 - （3，3，3 - 三氟 - 1 - 丙烯基） - 2，2 - 二甲基环丙烷羧酸酯

分子式、分子量 $C_{18}H_{17}F_7O_3$，414

理化指标 淡黄色油状液体，能溶于甲苯、丙酮、乙醇、煤油等多种有机溶剂，几乎不溶于水，沸点 $160℃$（133Pa），密度 1.319g/cm^3（20℃）。

应急及处置 加工时应穿戴防护服、靴和手套等劳保用品，避免药雾吸入或接触人体。用过的包装物应妥善处理，不可随意丢弃。

药液接触皮肤，用肥皂和大量清水冲洗干净；接触眼睛，用大量清水冲洗；不慎吸入，立即将患者转移至空气清新处。本品无专用解毒药，若误服或中毒，应立即送医院对症治疗。

应用范围 右旋七氟甲醚菊酯是一种新型高效卫生用拟除虫菊酯类杀虫剂，具有高效、高蒸气压的特点，对双翅目昆虫如蚊类有快速击倒作用，其对蚊虫的药效为烯丙菊酯的 76.7 倍，而且由于其蒸气压高于同类拟除虫菊酯，因此适合多种剂型中应用。

剂型 蚊香、液体蚊香、气雾剂等，另外由于其蒸气压高，且活性高，特别适用于近几年出现的新剂型如驱蚊风扇、驱蚊挂件等需要使用高活性且具有常温挥发性的有效成分剂型。

推荐剂量 目前蚊香中使用的含量是 $0.0025\% \sim 0.01\%$。

开发登记 江苏扬农化工股份有限公司。拥有自主知识产权，属于国内创制品种。

十、炔丙菊酯

通用名称 炔丙菊酯、益多克（ETOC）

英文通用名称 prallethrin

CAS 登记号 103065 - 19 - 6

化学名称 （1R） - 2，2 - 二甲基 - 3 - （2 - 甲基 - 1 - 丙烯基）环丙烷羧酸 - （S） - 2 - 甲基 - 3 - （2炔丙基） - 4 - 氧代 - 环戊 - 2 - 烯基酯

分子式、分子量 $C_{19}H_{24}O_3$，300.40

理化指标 工业品为淡黄色黏稠液体，蒸气压 $4.67 \times 10^{-3}\text{Pa}$（20℃），相对密度 $1.00 \sim 1.02$，不溶于水，易溶于煤油、二甲苯、丙酮等大多数有机溶剂。常温下贮存两年无变化，遇碱、紫外线能促其分解。

毒性 本品对大鼠的急性口服 LD_{50} 为 640mg/kg，雌大鼠 LD_{50} 为 460mg/kg，急性经皮 $LD_{50} >$

5000mg/kg。大鼠急性吸入 LC$_{50}$（4h）为 288～333mg/m^3。对小鼠（300mg/kg，口服），狗（0.5mg/kg，静脉注射），兔（500mg/kg，皮下注射），猫（0.5mg/kg，静脉注射）都可出现震颤和惊厥的中枢兴奋作用。但当兔的 EEG 静脉注射剂量为 0.1～0.5mg/kg，观察不到对动物中枢兴奋作用的惊觉和发作状态；在皮下注射剂量为 125～l000mg/kg 时，亦没有影响兔的体温。对猫静脉注射剂量为 0.1mg/kg，不影响动物的腹膜收缩。对狗静脉注射剂量为 0.5mg/kg 后，能导致低血压，但在 3～5 分钟内可完全恢复。据认为，在较高浓度下虽能致使低血压、中枢兴奋、在消化道中出现抗毒蝇蕈碱作用和阻滞神经肌肉传递，但对哺乳动物仍是低毒的。

应急及处置　加工时应穿戴防护服、靴和手套等劳保用品，避免药雾吸入或接触人体。用过的包装物应妥善处理，不可随意丢弃。

药液接触皮肤，用肥皂和大量清水冲洗干净；接触眼睛，用大量清水冲洗；不慎吸入，立即将患者转移至清新空气处。本品无专用解毒药，若误服或中毒，应立即送医院对症治疗。

应用范围　具有强烈的触杀作用，对蚊、蝇、蟑螂均有很好的击倒效果，主要用于制作蚊香、电热蚊香和液体蚊香。

剂型　蚊香、电热蚊香片、电热蚊香液、气雾剂。

推荐剂量　气雾剂：0.05%～0.4%；蚊香：0.03%～0.08%；电热蚊香片：6～15mg/片；电热蚊香液：0.6%～1.5%。

开发登记　日本住友化学株式会社，江苏扬农化工股份有限公司。

十一、富右旋反式炔丙菊酯

通用名称　富右旋反式炔丙菊酯

英文通用名称　rich - d - t - prallethrin

CAS 登记号　23031 - 36 - 9

化学名称　（1R）- 顺，反式 - 2，2 - 二甲基 - 3 - （2 - 甲基 - 1 - 丙烯基）环丙烷羧酸 - （R，S）- 2 - 甲基 - 3 - （2 - 炔丙基）- 4 - 氧代 - 环戊 - 2 - 烯基酯

分子式、分子量　C$_{19}$H$_{24}$O$_3$，300.40

理化指标　工业品为黄色或黄褐色液体，顺反比 20:80，蒸气压为 1.33×10^{-2}Pa（30℃），相对密度 1.00～1.02，几乎不溶于水 8mg/L（25℃），可溶于己烷、二甲苯、乙醇和脱臭煤油中。

毒性　大鼠急性经口 LD$_{50}$为 794mg/kg。

应急及处置　加工时应穿戴防护服、靴和手套等劳保用品，避免药雾吸入或接触人体。用过的包装物应妥善处理，不可随意丢弃。

药液接触皮肤，用肥皂和大量清水冲洗干净；接触眼睛，用大量清水冲洗；不慎吸入，立即将患者转移至空气清新处。本品无专用解毒药，若误服或中毒，应立即送医院对症治疗。

应用范围　本品性质与右旋烯丙菊酯类似。在室内防治蚊蝇和蟑螂，它在击倒和杀死活性上，比右旋烯丙菊酯高 4 倍。主要用于加工蚊香、电热蚊香、液体蚊香和喷雾剂，防治家蝇、蚊虫、虱、蟑螂等家庭害虫。

剂型　蚊香、电热蚊香片、液体蚊香、气雾剂。

推荐剂量　蚊香 0.05%～0.1%；电热蚊香片 含本品 10～15mg/片；液体蚊香 0.6%～1.2%；气雾剂 0.05%～0.2% 配以适量的致死剂。

十二、右旋苯醚氰菊酯

通用名称　右旋苯醚氰菊酯

英文通用名称　d - cyphenothrin

CAS 登记号　39515 - 40 - 7

化学名称 （1R）－顺，反式－2，2－二甲基－3－（2－甲基－1－丙烯基）环丙烷羧酸－（R，S）－α－氰基－3－苯氧基苄基酯

分子式、分子量 $C_{24}H_{25}NO_3$，375.47

理化指标 工业品为黄色黏性液体，相对密度1.08，蒸气压为$4×10^{-4}Pa$（30℃），黏度3.4Pa·s（20℃），燃点130℃，可溶于己烷、二甲苯等有机溶剂，对热相对稳定。

毒性 大鼠急性经口（雄）LD_{50}为318mg/kg，大鼠急性经口（雌）LD_{50}为419mg/kg，急性经皮$LD_{50}>5000mg/kg$。大鼠急性吸入LC_{50}（3h）为1850mg/m³。

应急及处置 加工时应穿戴防护服、靴和手套等劳保用品，避免药雾吸入或接触人体。用过的包装物应妥善处理，不可随意丢弃。

药液接触皮肤，用肥皂和大量清水冲洗干净；接触眼睛，用大量清水冲洗；不慎吸入，立即将患者转移至空气清新处。本品无专用解毒药，若误服或中毒，应立即送医院对症治疗。

应用范围 本品具有较强的触杀力、胃毒和残效性，击倒活性中等，适用于防治家庭、公共场所、工业区的苍蝇、蚊虫、蟑螂等卫生害虫。对蟑螂特别高效（尤其是体型较大蟑螂，如烟色大蠊、美洲大蠊等），并有显著驱赶作用。本品在室内以0.005%～0.05%浓度喷洒，对家蝇有明显驱赶作用，而当浓度降至0.0005%～0.001%时，又有引诱作用。本品处理羊毛可有效防治袋谷蛾、幕谷蛾和单色毛皮，药效优于氯菊酯、甲氰菊酯、氰戊菊酯、丙炔菊酯和右旋苯醚菊酯。在以该品和氯菊酯、右旋苯醚菊酯、甲氰菊酯、氰戊菊酯等浸泡蚊帐所做防蚊试验中，浸泡蚊帐9个月后对尖音库蚊的药效，以该品最佳。

剂型 蟑香、烟片、水乳剂、喷射剂、烟雾剂、气雾剂等。

推荐剂量 本品在气雾剂中的含量0.1%～0.2%，作为致死剂和胺菊酯等击倒剂复配使用；在灭蟑螂片中的含量为7%～14%。

十三、右旋苯醚菊酯

通用名称 右旋苯醚菊酯

英文通用名称 d－phenothrin

CAS登记号 26046－85－5

化学名称 （1R）－顺，反式－2，2－二甲基－3－（2－甲基－1－丙烯基）环丙烷羧酸－3－苯氧基苄基酯

分子式、分子量 $C_{23}H_{26}O_3$，350.46

理化指标 工业品为淡黄色油状液体，相对密度1.06，蒸气压为$5.6×10^{-4}Pa$（30℃），黏度0.191Pa·s（20℃），燃点180℃，沸点290℃（760mmHg），不溶于水，在丙酮、正己烷、苯、二甲苯、氯仿、乙醚、甲醇和脱臭煤油中溶解度都大于50%。在常温下放置两年无变化。

毒性 大鼠急性经口$LD_{50}>10000mg/kg$，急性经皮$LD_{50}>10000mg/kg$。大鼠急性吸入LC_{50}（4h）为2100mg/m³。

应急及处置 加工时应穿戴防护服、靴和手套等劳保用品，避免药雾吸入或接触人体。用过的包装物应妥善处理，不可随意丢弃。

药液接触皮肤，用肥皂和大量清水冲洗干净；接触眼睛，用大量清水冲洗；不慎吸入，立即将患者转移至空气清新处。本品无专用解毒药，若误服或中毒，应立即送医院对症治疗。

应用范围 本品杀虫谱广，对害虫的致死力强。它对家蝇的活性要比除虫菊素高8.5～20倍，对光比烯丙菊酯稳定，但击倒作用差，故常与胺菊酯、烯丙菊酯复配使用。对人及哺乳动物毒性低，广泛用于家居、仓储、公共卫生、工业区害虫防治，也是美国环保署唯一指定可以在飞机上使用的卫生用药。本品在水基杀虫剂中广泛使用，稳定性特别好。

剂型 气雾剂、乳油、喷射剂。

推荐剂量　本品在气雾剂中的含量0.05%～0.5%，作为致死剂和胺菊酯等击倒剂复配使用，用于室间喷雾5～10g/hm² 防治成蚊，喷洒2.5g/m² 防治成蝇。

十四、右旋反式氯丙炔菊酯

通用名称　右旋反式氯丙炔菊酯、倍速菊酯

英文通用名称　待定

CAS 登记号　399572－87－3

化学名称　右旋－2，2－二甲基－3－反式－（2，2－二氯乙烯基）环丙烷羧酸－（s）－2－甲基－3（2－炔丙基）－4－氧代－环戊－2－烯基酯

分子式、分子量　$C_{17}H_{18}Cl_2O_2$，325

理化指标　本品原药为浅灰黄色晶体，熔点为90℃。不溶于水及其他羟基溶剂。可溶于甲苯、丙酮、环己烷等众多有机溶剂。其对光、热均稳定，在中性及微酸性介质中亦稳定，但在碱性条件下易分解。

毒性　对大鼠急性经口 LD_{50} 为1470mg/kg（雄）和794mg/kg（雌），属低毒农药。对大鼠（雄、雌）急性经皮 LD_{50} >5000mg/kg，属微毒。经兔试验表明，对眼睛和皮肤均无刺激性。对大鼠（雄、雌）急性吸入 LC_{50} 为4300mg/m³。

应急及处置　加工时应穿戴防护服、靴和手套等劳保用品，避免药雾吸入或接触人体。用过的包装物应妥善处理，不可随意丢弃。

药液接触皮肤，用肥皂和大量清水冲洗干净；接触眼睛，用大量清水冲洗；不慎吸入，立即将患者转移至空气清新处。本品无专用解毒药，若误服或中毒，应立即送医院对症治疗。

应用范围　采用气雾剂剂型对蚊、蝇、蜚蠊等卫生害虫试验发现，该药剂具有卓越的击倒活性，效果优于右旋炔丙菊酯，为胺菊酯的10倍以上。右旋反式氯丙炔菊酯对蚊、蝇的致死活性较差，故应与氯菊酯、苯醚菊酯等致死剂复配使用为宜。

剂型　气雾剂、喷射剂。

推荐剂量　气雾剂0.02%～0.06%。

开发登记　江苏扬农化工股份有限公司自主知识产权。

十五、炔咪菊酯

通用名称　炔咪菊酯、咪唑菊酯

英文通用名称　imiprothrin

CAS 登记号　72963－72－5

化学名称　（1R，S）－顺反式2，2－二甲基－3－（2－甲基－1－丙烯基）环丙烷羧酸－［2，5－二氧－3－（2－丙炔基）］－1－咪唑烷基甲基酯

分子式、分子量　$C_{17}H_{22}N_2O_4$、318.34

理化指标　工业品为金黄色黏稠液体，蒸气压1.8×10⁻⁶Pa（25℃），相对密度0.979，黏度0.06Pa·s，闪点110℃。不溶于水，水中溶解度为93.5mg/L（25℃），可溶于甲醇、丙酮、二甲苯等有机溶剂。常温下贮存两年无变化。

毒性　大鼠急性经口 LD_{50} 为1800mg/kg，对大鼠急性经皮 LD_{50} >2000mg/kg，对大鼠急性吸入 LC_{50}（4h）>1200mg/m³。

应急及处置　加工时应穿戴防护服、靴和手套等劳保用品，避免药雾吸入或接触人体。用过的包装物应妥善处理，不可随意丢弃。

药液接触皮肤，用肥皂和大量清水冲洗干净；接触眼睛，用大量清水冲洗；不慎吸入，立即将患者转移至空气清新处。本品无专用解毒药，若误服或中毒，应立即送医院对症治疗。

应用范围　炔咪菊酯是一种新型杀虫剂，属拟除虫菊酯类化合物，主要用于防治蟑螂、蚊、蚂蚁、

跳蚤、尘螨、衣鱼、蟋蟀、蜘蛛等害虫和有害生物，其中对蟑螂有很好的击倒和杀死活性。

剂型　主要用于气雾剂。

推荐剂量　气雾剂中含量在 0.04% ~0.3%，一般与致死剂复配。

十六、氯烯炔菊酯

其他名称　二氯炔戊菊酯、中西气雾菊酯

英文通用名称　chlorempenthrin

CAS 登记号　54407－47－5

化学名称　α－炔基－β－甲基－3－戊烯－2，2－二甲基－3－（2，2－二氯乙烯基）－环丙烷羧酸酯

分子式、分子量　$C_{16}H_{20}Cl_2O_2$，315

理化指标　淡黄色至白色粉状固体，相对密度 1.12，沸点：128 ~130℃（40Pa），蒸气压0.0413Pa（25℃），易溶于丙酮、乙醇、苯等有机溶剂，难溶于水。在碱性条件下易分解。

毒性　大鼠急性经口 LD_{50} 340mg/kg。

应急及处置　加工时应穿戴防护服、靴和手套等劳保用品，避免药雾吸入或接触人体。用过的包装物应妥善处理，不可随意丢弃。

药液接触皮肤，用肥皂和大量清水冲洗干净；接触眼睛，用大量清水冲洗；不慎吸入，立即将患者转移至空气清新处。本品无专用解毒药，若误服或中毒，应立即送医院对症治疗。

应用范围　本品对蚊、蝇、蟑螂均有较好效果，对蝇类害虫有特效。在喷雾和熏蒸时的击倒效果更为显著。

剂型　目前主要用于专杀蝇类害虫的蝇香剂型。

推荐剂量　蝇香 0.5% ~1.0%。

十七、右旋烯炔菊酯

通用名称　右旋烯炔菊酯、百扑灵

英文通用名称　empenthrin

CAS 登记号　54406－48－3

化学名称　（IR）－顺，反式－2，2－二甲基－3－（2－甲基－1－丙烯基）环丙烷羧酸－（±）－E－1－乙炔基－2－甲基－戊－2－烯基酯

分子式、分子量　$C_{18}H_{26}O_2$，274.41

理化指标　原药为淡黄色油状液体，顺反比 20∶80，蒸气压为 $2.09×10^{-1}$Pa（25℃），相对密度0.927（20℃），黏度 $4.7×10^{-3}$Pa·s（25℃），沸点295.5℃（760mmHg）。溶解性：水0.111mg/L，与己烷、甲醇、丙酮完全混溶（20℃），常温下至少在两年内稳定。

毒性　大鼠急性经口（雄）LD_{50} 为 2280mg/kg，大鼠急性经口（雌）LD_{50} 为 1680mg/kg，大鼠急性经皮 LD_{50} >5000mg/kg，空气中浓度达71.5mg/m³ 对小鼠无中毒症状。对皮肤和眼睛无刺激。

应急及处置　加工时应穿戴防护服、靴和手套等劳保用品，避免药雾吸入或接触人体。用过的包装物应妥善处理，不可随意丢弃。

药液接触皮肤，用肥皂和大量清水冲洗干净；接触眼睛，用大量清水冲洗；不慎吸入，立即将患者转移至空气清新处。本品无专用解毒药，若误服或中毒，应立即送医院对症治疗。

应用范围　本品因蒸气压高而有优异的熏蒸效果，可作为加热和不加热熏蒸剂用于家庭或禽舍防治蚊蝇等害虫，或替代樟脑丸防治危害织物的害虫。本品用作低温熏蒸剂、驱避剂，制造防虫涂料以及制造防虫的家具涂料。如防治袋衣蛾及毛毡黑皮蠹及其幼虫，混入涂料中可驱除蟑螂。

剂型　防蛀片剂、蝇香、加压喷射剂。

推荐剂量　1m³ 衣柜，使用有效成分 1~2g，防效可达半年以上；蝇香 1%。

十八、氟氯苯菊酯

通用名称　氟氯苯菊酯、氯苯百治菊酯

英文通用名称　flumethrin

CAS 登记号　69770－45－2

化学名称　3－［2－氯－2－（4－氯苯基）乙烯基］－2，2－二甲基环丙烷羧酸－α－氰基－（4－氟－3－苯氧苯基）－甲基酯

分子式、分子量　$C_{29}H_{22}Cl_2FNO_3$，522

理化指标　工业品为澄清的棕色液体，有轻微的特殊气味。相对密度为 1.013，蒸气压 1.33×10^{-8}Pa（20℃）。不溶于水，在水中的溶解度 0.0003mg/L，可溶于甲醇、丙酮、二甲苯等有机溶剂，常温下贮存两年无变化。

毒性　大鼠急性经口 LD_{50} 为 258mg/kg，大鼠（雌）急性经皮 $LD_{50} \geqslant 2000$mg/kg。

应急及处置　加工时应穿戴防护服、靴和手套等劳保用品，避免药雾吸入或接触人体。用过的包装物应妥善处理，不可随意丢弃。

药液接触皮肤，用肥皂和大量清水冲洗干净；接触眼睛，用大量清水冲洗；不慎吸入，立即将患者转移至空气清新处。本品无专用解毒药，若误服或中毒，应立即送医院对症治疗。

应用范围　以本品 30mg/L 药液喷射或泼浇，即能 100% 防治单寄生的微小牛蜱、具环牛蜱和褪色牛蜱；小于 10mg/L 能抑制产卵。用 40mg/L 亦能有效防治希伯来花蜱、彩斑花蜱、附肢扁头蜱和无顶璃眼蜱等，施药后的保护期在 7 天以上。剂量高过建议量 30~50 倍，对动物无害。当喷药浓度小于等于 200mg/L 时，牛乳中未检测出药剂的残留量。

本品还能用于防治羊虱、猪虱和鸡羽螨。

剂型　1%~10% 乳油，5% 喷雾剂，1% 喷射剂。

推荐剂量　泼浇洗浴时浓度 10~50mg/L。

原药涉及的专利见表 1。

表 1　原药涉及的专利

序号	产品名称	涉及专利号	申请日
1	右旋反式氯丙炔菊酯	ZL99126022.8	1999.12.13
2	四氟苯菊酯	ZL200310121743.6	2003.12.22
3	四氟醚菊酯	ZL200310121742.1	2003.12.22
4	氯氟醚菊酯化合物	ZL200810132612.0	2008.07.07
5	右反氯烯炔菊酯	ZL200810132506.2	2008.07.15
6	右旋七氟甲醚菊酯	ZL200910142187.8	2009.06.05

附录二　蚊香及电热蚊香用有效成分的发展及要求

一、发展简述

在最早的蚊香中（出现于约公元前 700 年）并没有杀虫有效成分，当时主要靠对某些植物加热燃烧产生烟气熏赶蚊虫（如用橘皮、艾蒿等）及蚊帐来防止蚊虫叮咬。约在 1890 年，当时使用的直线蚊香中，开始使用天然除虫菊花，这种线蚊香点燃一根只能使用一个小时。在 1900 年盘式蚊香发明时，它的有效成分也主要是天然除虫菊花，不过一盘蚊香能够点燃使用 6~8 小时。直至 20 世纪 50 年代初

烯丙菊酯问世并获工业化后，在盘式蚊香上开始采用烯丙菊酯，1975年日本住友化学生产的右旋烯丙菊酯已成为蚊香中主要的有效成分。

中国由于除虫菊原料的缺乏，早在1957年上海市化学工业社曾研制了DDT蚊香，接着广州、杭州及湖州等地相继出售以DDT为原料的1.2%～2% DDT蚊香。后卫生部在（57）卫药字第293号文中规定"不能用DDT代替除虫菊制造蚊香"。但终因价格便宜，DDT蚊香遍及全国。1962年国外有报道发现DDT能在各种食肉动物体内残留，并使人体受一定的影响，后禁止使用。中国在1982年提出禁用DDT，1983年6月25日由轻工部、商业部及中央爱卫会联合发通知，重申禁止使用DDT做原料生产蚊香。

电热蚊香因为开发较晚，所以一开始就使用了拟除虫菊酯作为活性成分。

今后蚊香及电热蚊香用药的总趋势，是要向着更高效的方向发展。由于右旋炔丙菊酯在蚊香及电热蚊香中的药效比烯丙菊酯和SR-生物烯丙菊酯都要好得多，如含0.05%右旋炔丙菊酯蚊香的药效，要比含0.20%右旋烯丙菊酯蚊香的效力高5～6倍，每片含右旋炔丙菊酯10mg的电热驱蚊片的效力，也比每片含右旋烯丙菊酯40mg的驱蚊片的效力高出5～6倍，药效是SR-生物烯丙菊酯的3～4倍。电热液体蚊香是今后蚊香产品发展的方向，而右旋炔丙菊酯又特别适宜于用作驱蚊液，所以可以预料，右旋炔丙菊酯将会逐渐成为蚊香及电热蚊香的主要有效成分而扩大应用。

二、蚊香及电热蚊香对有效成分的要求

不是任何一种有效成分都可以在蚊香及电热蚊香中使用。如胺菊酯对卫生害虫具有较强的击倒作用，但它的蒸气压较低，在香条燃烧时挥发度较低，加上它对蚊虫的效力又不如烯丙菊酯，即使当它在蚊香配方中的含量高达0.5%时，药效仍然不够理想。胺菊酯虽在喷射剂及气雾剂中作为击倒剂使用效果很好，但不适用于制作蚊香。

蚊香及电热蚊香中使用的有效成分应满足以下几点要求。

1）要有较高的蒸气压及热稳定性。蚊香及电热蚊香作为一种加热挥散使用的卫生杀虫剂型，一定要具有较好的挥发度，这样才能在所需的空间范围内达到使蚊虫尚不致死的有效成分浓度，从而对蚊虫产生驱赶、拒避及击倒作用。但若有效成分的蒸气压太低，达不到所需的挥发浓度，就不能产生良好的药效。所以用于蚊香及电热蚊香的有效成分，一定要有较高的蒸气压（表2）。

蚊香及电热蚊香中的有效成分长时间在较高温度下工作，一定要有良好的热稳定性，才能保持它的活性成分不分解而降低药效，这一点是十分重要的，也是与一般喷射剂中的有效成分的主要区别之一。

表2 几种常用有效成分的蒸气压

有 效 成 分	蒸气压（Pa）	有 效 成 分	蒸气压（Pa）
烯丙菊酯	$9.3325 \times 10^{-3}/20℃$	炔呋菊酯	$1.7332 \times 10^{-2}/20℃$
右旋烯丙菊酯	$1.5999 \times 10^{-2}/30℃$	天然除虫菊	$1.3332 \times 10^{-2}/30℃$
右旋炔丙菊酯	$1.332 \times 10^{-2}/30℃$	SR-生物烯丙菊酯	$4.3996 \times 10^{-2}/20℃$
呋喃菊酯	$0.1332/20～30℃$	甲醚菊酯	$3.4664 \times 10^{-2}/130℃$

2）分子量的范围应在280～330之间。化合物的分子量与它的挥发性有直接的关系。分子量高出这个范围时，挥发度会太小；而分子量低于这个范围时，挥发度会太大，这两种情况都不适合于蚊香及电热蚊香使用。

3）对人畜要安全。蚊香中用的有效成分浓度虽然很少，但要连续挥发8～10小时，空间长时间保持着这一浓度，人吸入药物的时间很长，这就要充分考虑有效成分对人的安全性。千万不能因为价格低，效力强，而把农用杀虫剂当作家庭卫生杀虫剂使用，目前这在世界各国都是不允许的。已经发现盘式蚊香在燃烧烟雾中的苯并芘（Bap）是一种致癌物质。当杀虫有效成分从有机磷及氨基甲酸酯改

为拟除虫菊酯类药物后，对人的安全性大大提高了，特别是电热蚊香，有效成分的吸入毒性更低。如日本住友生产的 0.66% 电热驱蚊液，小白鼠经口毒性 LD_{50} 大于 15g/kg，急性吸入毒性浓度（MLC）大于 $12.7g/m^3$，十分安全。

4）对蚊虫的击倒效果优良，忌避效能显著，是蚊香及电热蚊香用有效成分最重要的条件。

蚊香中有效成分的杀虫活性是保证蚊香及电热蚊香生物效果的关键，如在蚊子吸血前将其麻痹抑制，使之失去行动的能力，或者在忌避效果的作用下，使蚊虫不进入室内。凡是具有除虫菊素 I 化学结构的拟除虫菊酯，一般对蚊虫有较好的击倒、驱赶和杀灭作用，还要看该化合物中所含有效异构体的比例，比例越高，药效越好。右旋烯丙菊酯比烯丙菊酯好，又比 SR-生物烯丙菊酯的活性高。

5）在加热挥发中无异味，对人的眼睑及皮肤无刺激性。这一点对长时间使用的蚊香及电热蚊香也是十分重要的。

6）经济性要好，达到预期驱蚊效果所需的成本便宜。蚊香和电热蚊香作为一种常用的卫生杀虫剂型，要满足千家万户的使用需求，价格成本直接影响到它的推广使用。例如呋喃菊酯制成蚊香后药效虽然良好，但因成本高，在蚊香生产上未能获得推广，而右旋烯丙菊酯就获得了大量应用。

附录三　可用于蚊香及电热蚊香产品的有效成分

一、烯丙菊酯系列产品

（一）烯丙菊酯系列产品的异构体数及其组成

为了进一步提高烯丙菊酯的杀虫活性，国外对产品中的高效异构体进行了拆分、提纯等一系列化学处理，逐渐使烯丙菊酯衍生出多种系列产品，如右旋烯丙菊酯含有 4 个异构体，药效比工业烯丙菊酯约高一倍，生物烯丙菊酯、SR-生物烯丙菊酯及 S-生物烯丙菊酯都只含有两个异构体。烯丙菊酯系列产品的异构体数及其组分见表 3。

表3　烯丙菊酯系列产品的异构体组分

商品名称		烯丙菊酯	右旋烯丙菊酯	生物烯丙菊酯	SR-生物烯丙菊酯（EBT）	S-生物烯丙菊酯
异构体总含量（%）		90	92	93	93	95
含异构体数		8个	4个	2个	2个	2个
酸	醇	分别含量（%）	分别含量（%）	分别含量（%）	分别含量（%）	分别含量（%）
反式右旋	右旋	18	36.8	46.5	72	90
反式右旋	左旋	18	36.8	46.5	21	5
反式左旋	右旋	18	—	—	—	—
反式左旋	左旋	18	—	—	—	—
顺式右旋	右旋	4.5	9.2	—	—	—
顺式右旋	左旋	4.5	9.2	—	—	—
顺式左旋	右旋	4.5	—	—	—	—
顺式左旋	左旋	4.5	—	—	—	—

（二）右旋烯丙菊酯与 SR – 生物烯丙菊酯的对照（表4）

表4 右旋烯丙菊酯与 SR – 生物烯丙菊酯对照

名称		右旋烯丙菊酯	SR – 生物烯丙菊酯
构型表示	醇	（R，S）或 dl，或（±）	S/R = 77/23
	酸	（IR）顺，反式或 d – 顺，反式或（+）– 顺，反式	（IR）– 反式或 d – 反式或（+）– 反式
异构体数		4	2
顺反比		约 2 : 8	反式
外观		黄或黄褐色黏稠液体	黄棕色黏稠油状液体
相对密度		1.01	1.01 ~ 1.020
蒸气压（133.322Pa）		1.2×10^{-4}（30℃）	3.3×10^{-4}（20℃）
溶解性		同烯丙菊酯	同烯丙菊酯
稳定性		遇光、遇碱易分解	遇光、遇碱易分解
急性毒性	经口 LD_{50} mg/kg	1320（大鼠）	784 ~ 860（大鼠）
	经皮 LD_{50} mg/kg		570 ~ 5000（大鼠）

（三）烯丙菊酯系列产品的运用

烯丙菊酯系列产品具有较高的蒸气压（200℃时为8.0Pa），在不太高温度下加热，有效成分能很好挥发扩散到空间，表现出较好的击倒及驱赶作用，因而非常适合加工成蚊香及电热蚊香防治蚊虫。目前全世界蚊香和电热蚊香的生产几乎耗用了天然除虫菊酯和拟除虫菊酯（不包括光稳定性的）世界总产量的40%，而烯丙菊酯及其系列产品用于蚊香及电热蚊香中的量，约占其总产量的75%。

烯丙菊酯在国际上的生产和使用已近40年的历史，在这段时间先后有约二十种光不稳定拟除虫菊酯商品进入市场，但其中还没有一种产品能取代烯丙菊酯的地位。如苄呋菊酯对害虫的杀伤力很大，超过烯丙菊酯，但因蒸气压低，即使在蚊香的配方中含量提高到0.5%，其药效仍然不好。呋喃菊酯（以前称炔呋菊酯）是唯一可用在蚊香中替代烯丙菊酯的，它的蒸气压稍高于烯丙菊酯，制成蚊香后药效甚好，但生产成本高，且由于呋喃环的存在使其稳定性变差，所以在蚊香中未能获得大量使用。

1953年日本各蚊香生产厂开始采用住友化学生产的烯丙菊酯作为蚊香的有效成分，在1957年又将右旋烯丙菊酯（住友化学生产）作为蚊香的有效成分，至1987年时已经全部采用右旋烯丙菊酯。

（四）烯丙菊酯系列产品的相对活性

关于烯丙菊酯系列产品的相对活性，尤其是对右旋烯丙菊酯与 S – 生物烯丙菊酯之间的相对活性比，一直存在着较大的争议。之所以出现分歧，问题在于对化合物中有效异构体的估价。

一般认为，在烯丙菊酯的8个异构体中，由右旋反式菊酸与右旋醇构成的异构体的杀虫活性最高，也就单以这一异构体在烯丙菊酯系列产品中的含量多少作为依据来确定它们的理论相对效力。如英国威康公司的资料就采取这种评估法（表5）。

表5 威康公司资料介绍烯丙菊酯系列的理论相对效力

化合物名称	右旋烯丙醇中反式右旋菊酸（%）	按结构推算得相对效力
烯丙菊酯	20	50
右旋烯丙菊酯	40	100
生物烯丙菊酯	50	125
SR – 生物烯丙菊酯	77.4	194
S – 生物烯丙菊酯	94.7	237

这种评估法忽略了化合物中其他异构体的杀虫活性，所以不够全面。

事实上，除由右旋反式菊酸和右旋烯丙醇构成的异构体外，右旋顺式菊酸和右旋烯丙醇构成的异构体也能显示出相当强的杀虫活性。这样，在比较烯丙菊酯系列化合物的相对效力时，应把它们一起考虑进去，才能得出比较全面的评估结论。

英国 M · Elliott 博士就各异构体的相对效力进行试验，认识到在 8 个构体中杀虫活性较强的为 d，d-trans 和 d，d-cis 两个异构体，它们结构中的相对效力如表 6 所示。

表 6　烯丙菊酯 8 种异构体的立体构型及相对效力

序号	立体构型				对蚊虫的相对效力		
	菊酸		醇		* Elliott 报告结果	罗素优克福结果	住友按 Elliott 简化计算
	R，S 法	（+）（-）法	R，S 法	（+）（-）法			
1	1R，3R	（+）反式	S，	（+）	100	100	100
2	1S，3S	（-）反式	R，	（-）	0.5	0	—
3	1R，3R	（+）反式	R，	（-）	25	8	—
4	1S，3S	（-）反式	S，	（+）	2	0	—
5	1R，3S	（+）顺式	S，	（+）	48	28	48
6	1S，3R	（-）顺式	R，	（-）	0.2	0	—
7	1R，3S	（+）顺式	R，	（-）	12	3	—
8	1S，3R	（-）顺式	S，	（+）	0.8	0	—

M · Elliott 博士被誉为拟除虫菊酯之父，此材料发表在 *J. Sci. Food Agric.* 1954，5，505 - 514。

从表 7 可见，Elliott，优克福公司及日本住友化学三者求得的理论相对效力是接近的，日本住友化学公司实测的相对效力也证明了理论相对效力的正确性，结果也是一致的。

表 7　烯丙菊酯系列产品的相对效力

化合物名称	根据 Elliott 结果求得的理论相对效力	根据优克福公司结果求得的理论相对效力	根据住友简化方法求得的理论相对效力	住友公司实测的相对效力
烯丙菊酯	50	49	49	
d - 烯丙菊酯	100	100	100	100
富右旋反式烯丙菊酯	99.5	103	99	
生物烯丙菊酯	113	118	113	100
SR - 生物烯丙菊酯	150	173	175	168 ~ 180
S - 生物烯丙菊酯	177	212	218	180 ~ 210

根据上表，计算得的相对效力如表 8 所示。

表 8　烯丙菊酯系列产品的相对效力理论值

化合物名称	相对效力（将 d · d - trans 作为 100）	相对效力（将右旋烯丙菊酯作为 100）
右旋烯丙菊酯	41.2	100
生物烯丙菊酯	46.5	113
SR - 生物烯丙菊酯	72.0	175
S - 生物烯丙菊酯	90.0	218
d · d - trans，烯丙菊酯	100	

相对效力的计算。

右旋烯丙菊酯：$100 \times 36.8\% + 48 \times 9.2\% = 41.2$；

生物烯丙菊酯：$100 \times 46.5\% = 46.5$；

SR – 生物烯丙菊酯：$100 \times 72.0\% = 72.0$；

S – 生物烯丙菊酯：$100 \times 90\% = 90$。

表 9 所示的烯丙菊酯系列化合物之间的相对效力理论值，与在市场上销售的烯丙菊酯系列化合物的相对效力测定值，基本上是一致的。

表 9　在蚊香中使用的四种烯丙菊酯的相对效力

化合物名称	相对效力（右旋烯丙菊酯为 100 时）	化合物名称	相对效力（右旋烯丙菊酯为 100 时）
右旋烯丙菊酯	100	SR – 生物烯丙菊酯	160 ~ 180
生物烯丙菊酯	100	S – 生物烯丙菊酯	180 ~ 210

据此，笔者认为要全面客观地评估烯丙菊酯系列化合物的相对效力，必须顾及其中全部具有杀虫活性的异构体，这样才能揭示其真实的效力，如表 5 所示。否则，只反映了其部分，因而也就缺乏全面性，因此，根据 M·Alliott 博士的试验为依据对烯丙菊酯系列化合物相对效力做出的计算，是比较科学而且符合实际的。

另外根据罗索优克福的技术资料，该公司在法国马赛生物研究中心根据烯丙菊酯各个异构体的活性及它们在每个化合物中的比例，评价出烯丙菊酯重要异构体的理论相对效力如表 10。

表 10　烯丙菊酯重要异构体的理论相对效力

异构体	理论相对效力	
	优克福	烯丙菊酯生产厂家
右旋—反式右旋	100	100
左旋—反式左旋	8	25
右旋—顺式右旋	28	48
左旋—顺式左旋	8	12

然后通过计算杀虫剂指数 $[I = \sum (异构体 i 的含量 * i 的相对效力)]$ 求得烯丙菊酯系列产品的理论相对效力（表 11）。

表 11　烯丙菊酯系列产品的理论相对效力

化合物名称	理论相对效力
烯丙菊酯	50
右旋烯丙菊酯	100
生物烯丙菊酯	118
SR – 生物烯丙菊酯	173
S – 生物烯丙菊酯	212

表 11 与表 10 中所列结果，基本上是一致的。

用定量熏烟法对埃及伊蚊雌蚊成虫进行的一系列对比试验，进一步证实了右旋烯丙菊酯与 SR – 生物烯丙菊酯这种相对效力比例关系（表 12 ~ 17）。

1. 试验一（表 12、13，图 1）

表 12　右旋烯丙菊酯与 SR－生物烯丙菊酯的效力

蚊香编号	有效成分	指示浓度（%，质量分数）	所定时间 KD（%）									KT_{50}（min）
			1min	2min	3min	4min	5min	7min	10min	15min	20min	
1	右旋烯丙菊酯	0.1	0	5	18	44	70	94	100	100	100	4.1
2		0.15	3	21	49	92	96	100	100	100	100	2.7
3		0.2	10	35	71	96	99	100	100	100	100	2.1
4		0.3	9	66	92	100	100	100	100	100	100	1.8
5	SR－生物烯丙菊酯	0.05	0	0	9	32	58	88	99	100	100	4.6
6		0.1	3	22	62	90	99	100	100	100	100	2.5
7		0.15	5	27	86	99	100	100	100	100	100	2.2
8		0.2	12	69	95	100	100	100	100	100	100	1.6

表 13　右旋烯丙菊酯与 SR－生物烯丙菊酯的浓度

蚊香编号	指示浓度（%，质量分数）	分析值（%，质量分数）
1	0.1	0.094
2	0.15	0.158
3	0.2	0.194
4	0.3	0.303
5	0.05	0.049
6	0.1	0.100
7	0.15	0.143
8	0.2	0.202

试验一结论如下。

图 1 是表 13 中浓度与 KT_{50} 的关系用对数进行标示的图解。

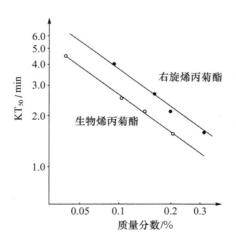

图 1　右旋烯丙菊酯与生物烯丙菊酯的浓度和 KT_{50} 之间的关系

图 1 的两条回归线解释如下。

右旋烯丙菊酯：

$$Log_{10}KT_{50}（min）= -0.7244Log_{10}浓度（\%）-0.1485$$

SR－生物烯丙菊酯：

$$Log_{10}KT_{50}（min）= -0.7244Log_{10}浓度（\%）-0.2954$$

由此可见，右旋烯丙菊酯与SR－生物烯丙菊酯的相对效力比为：

右旋烯丙菊酯∶SR－生物烯丙菊酯 = 1∶1.60

2. 试验二（表14、图2）

表14 右旋烯丙菊酯与SR－生物烯丙菊酯的效力

蚊香编号	有效成分	指示浓度（%，质量分数）	所定时间 KD（%）								KT_{50}（min）
			1min	1.5min	2.5min	4min	6.5min	10min	15min	20min	
1	右旋烯丙菊酯	0.1	0	0	4	30	79	97	100	100	4.9
2		0.2	0	1	22	74	98	100	100	100	3.2
3		0.3	0	6	50	93	100	100	100	100	2.5
4		0.4	3	26	78	96	100	100	100	100	1.9
5	SR－生物烯丙菊酯	0.05	0	0	0	10	65	97	100	100	5.8
6		0.1	0	0	9	70	99	100	100	100	3.5
7		0.2	0	6	69	96	100	100	100	100	2.4
8		0.3	2	26	90	99	100	100	100	100	1.8

试验二结论如下。

图2是表17－16的浓度与KT_{50}的关系用对数进行标示的回归线。

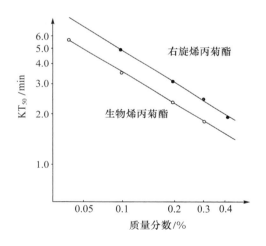

图2 右旋烯丙菊酯与生物烯丙菊酯的浓度和KT_{50}之间的关系

图2的两条回归线解释如下。

右旋烯丙菊酯：

$$Log_{10}KT_{50}（min）= -0.6660Log_{10}浓度（\%）+0.0318$$

SR－生物烯丙菊酯：

$$Log_{10}KT_{50}（min）= -0.6660Log_{10}浓度（\%）-0.1023$$

由此可见：右旋烯丙菊酯与SR－生物烯丙菊酯的相对效力比为：

右旋烯丙菊酯∶SR－生物烯丙菊酯 = 1∶1.59

3. 试验三（表15、16，图3）

表15　右旋烯丙菊酯与SR－生物烯丙菊酯的效力

有效成分	指示浓度（%，质量分数）	所定时间 KD（%）									KT$_{50}$（min）
		1min	2min	3min	4min	5min	7min	10min	15min	20min	
右旋烯丙菊酯	0.1	0	0	4	19	50	97	97	100	100	5.0
	0.2	0	5	36	72	91	100	100	100	100	3.3
	0.3	1	19	61	95	95	100	100	100	100	2.6
	0.4	1	45	86	99	100	100	100	100	100	2.1
SR－生物烯丙菊酯	0.1	0	6	26	55	76	99	99	100	100	3.3
	0.15	0	13	50	98	78	100	100	100	100	2.8
	0.2	1	29	66	91	99	100	100	100	100	2.5
	0.3	6	64	93	100	100	100	100	100	100	1.8

试验三结论如下。

如图3所示，右旋烯丙菊酯与SR－生物烯丙菊酯的相对效力比为：

右旋烯丙菊酯∶SR－生物烯丙菊酯 = 1∶1.67

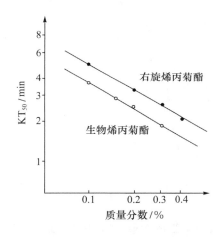

图3　右旋烯丙菊酯与生物烯丙菊酯的浓度和 KT$_{50}$ 之间的关系

表16　右旋烯丙菊酯与SR－生物烯丙菊酯的效力

有效成分	试验次数	所定时间 KD（%）									24h后死亡率（%）
		5min	10min	15min	20min	25min	30min	40min	50min	60min	
0.25%右旋烯丙菊酯	1	2.4	24.2	62.7	78.2	92.3	100				97.5
	2	1.7	50.0	85.0	95.2	100					81.7
	3	1.3	37.7	75.4	86.9	95.1	100				93.4
	平均	1.8	37.3	74.4	86.8	95.8	100				90.9
0.15% SR－生物烯丙菊酯	1	4.5	24.2	62.1	87.9	92.4	98.5	100			95.1
	2	3.0	32.8	61.2	83.6	91.0	98.5	100			94.0
	3	0	19.7	54.1	70.5	85.2	95.2	98.4	100		82.1
	平均	2.5	25.6	59.1	80.7	89.5	97.4	99.5	100		90.4

4. 试验四（表 17、图 4）

试验单位：Huntingdon Research Centre，英国；

药样：蚊香（模冲蚊香）；

供试用虫：埃及伊蚊（*Aedes aegypti* 雌蚊）；

试验方法：The Huntingdon Method；

试验四结论如下。

试验结果见表 17。

表 17　0.25% 右旋烯丙菊酯与 0.15% 生物烯丙菊酯的效力

	质量分数	KT$_{50}$（min）	KT$_{50}$（min）
右旋烯丙菊酯	0.25%	12.0	24.0
SR – 生物烯丙菊酯	0.15%	12.8	27.5

由表 17 可见，右旋烯丙菊酯 0.25% 蚊香比 SR – 生物烯丙菊酯 0.15% 蚊香效力更强。

从图 4 可以看出右旋烯丙菊酯的 KD 率高于 SR – 生物烯丙菊酯的 KD 率。

试验结果表明右旋烯丙菊酯与 SR – 生物烯丙菊酯的相对效力比为：1∶1.67。

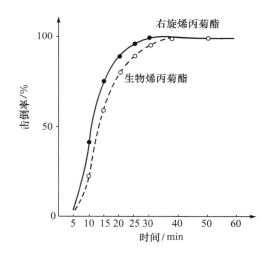

图 4　右旋烯丙菊酯与生物烯丙菊酯蚊香的熏烟时间与击倒率的关系

5. 实验五（表 18）

试验单位：住友化学宝冢综合研究所；

药样：蚊香（模冲蚊香）；

供试用虫：库蚊（*Culex pipiens.* 雌蚊）；

试验方法：定量熏烟法（各反复四次）。

表 18　相同有效成分时右旋烯丙菊酯与 SR – 生物烯丙菊酯的 KT$_{50}$ 值

有 效 成 分	在各有效成分浓度（%，质量分数）的 KT$_{50}$ 值					
	0.05%	0.1%	0.15%	0.2%	0.3%	0.4%
右旋烯丙菊酯	—	7.2	5.2	5.1	3.9	3.3
SR – 生物烯丙菊酯	7.0	5.3	4.5	3.6	3.1	—

药量：0.5g 蚊香/0.34m³ 玻璃柜

烯丙菊酯系列产品在蚊香及电热片蚊香中的挥发特性不同，因而表现为有效成分剂量与生物效果之间的响应关系不同，但是，它们在蚊香及电热片蚊香中呈现的活性关系或效力比还是相同的。

二、右旋烯丙菊酯及其制剂

（一）概述

烯丙菊酯是第一个人工合成的拟除虫菊酯，由于它在防治家庭卫生害虫方面的许多突出优点，特别是它具有合适的蒸气压及较好的热稳定性，适合在加热状态下使用，很快成为蚊香中的活性成分。日本住友化学也于 1953 年研制出烯丙菊酯，并获得专利，推广作为蚊香活性成分。之后，又于 1975 年制造出右旋烯丙菊酯，获得专利。目前右旋烯丙菊酯已成为蚊香的主要活性成分。

右旋烯丙菊酯异构体数由烯丙菊酯的 8 个减少到 4 个，但是由右旋反式酸和右旋醇构成的杀虫活性最高的异构体含量却由烯丙菊酯的 18% 增加到 36.2%，增加了 1 倍多，因此比烯丙菊酯大大提高了毒力，与天然除虫菊酯的毒力相近。

近年来，随着电热蚊香的兴起，住友化学为了蚊香及电热蚊香生产厂家的需要及方便，分别开发了专门适用于蚊香生产的右旋烯丙菊酯 81 剂型和电热片蚊香生产用右旋烯丙菊酯 40 剂型，与右旋烯丙菊酯原油一起供应市场需要。

（二）右旋烯丙菊酯原药

1. 右旋烯丙菊酯有效成分的含量

右旋烯丙菊酯≥90%（质量分数）。

2. 右旋烯丙菊酯原药的物理性能

性状：黄色油状液体；

相对密度 d_4^{25}：1.010；

蒸气压：8.0Pa（30℃）；

黏度：$6.36 \times 10^{-2} Pa \cdot s$（20℃）。

3. 右旋烯丙菊酯在各种溶剂中溶解度（表19）

表 19　右旋烯丙菊酯在各种溶剂中溶解度

溶　剂	溶解度（%，质量分数）	溶　剂	溶解度（%，质量分数）
丙酮	>50	二甲苯	>50
甲醇	>50	煤油	>50
异丙醇	>50	三氯甲烷	>50

4. 右旋烯丙菊酯在溶剂中的稳定性（表20）

表 20　右旋烯丙菊酯在溶剂中的稳定性

溶　剂	不同条件下分解率（%，质量分数）			
	初期	1 个月/40℃	2 个月/40℃	3 个月/40℃
煤油	0	0.2	0.2	3.5
异丙醇	0	1.6	2.2	2.4
二甲苯	0	2.0	4.8	6.6
三氯甲烷	0	2.9	4.9	5.4
甲醇	0	2.2	11.8	12.0

5. 右旋烯丙菊酯原药的稳定性（表 21）

表 21　右旋烯丙菊酯原药的稳定性

温度	不同条件下有效成分残存率（%，质量分数）						
	初期	1 个月	2 个月	3 个月	6 个月	1 年	2 年
40℃	100	98.7	98.4	95.5	—	—	—
60℃	100	99.3	96.8	95.0	—	—	—
室温	100	—	—	98.8	98.1	97.4	94.8

（三）右旋烯丙菊酯 81

1. 右旋烯丙菊酯 81 的主要成分及其含量

右旋烯丙菊酯：≥81%（质量分数）；

乳化剂：10%；

溶剂：平衡。

2. 右旋烯丙菊酯 81 的物理性能

性状：黄色油状液体；

相对密度 d_4^{25}：1.021；

燃点：>80℃；

黏度：$9.45 \times 10^{-2} Pa \cdot s$（25℃）。

3. 右旋烯丙菊酯 81 的稳定性（表 22）

表 22　右旋烯丙菊酯 81 的稳定性

温度	不同条件下的有效成分残存率（%，质量分数）			
	初期	3 个月	6 个月	1 年
40℃	100	—	100	98.2
60℃	100	100	100	96.8
室温	100	—	—	100

4. 右旋烯丙菊酯 81 在蚊香中的稳定性（表 23）

表 23　右旋烯丙菊酯在蚊香中的稳定性

蚊香中右旋烯丙菊酯的含量	温度	不同条件下有效成分残存率（%，质量分数）	
		初期	1 年
0.3%	室温	100	93.4
0.15%	室温	100	97.9

（四）右旋烯丙菊酯 81 与 SR - 生物烯丙菊酯对蚊虫的效力对比

为了对右旋烯丙菊酯 81 与 SR - 生物烯丙菊酯对蚊虫的效力做出比较，分别以右旋烯丙菊酯 81 与 SR - 生物烯丙菊酯按一定的含量制作蚊香，然后对蚊虫进行效力试验（表 24）。

（1）含量：每 100ml 溶液中含 81% 右旋烯丙菊酯 0.6635g，每 100ml 溶液中含 93% SR - 生物烯丙菊酯 0.2837g；

（2）木料质量：各蚊香中木料质量均为 50g；

（3）试验虫种：淡色库蚊。

表 24　右旋烯丙菊酯与 SR - 生物烯丙菊酯蚊香对蚊虫的效力

药　　名	蚊香编号	加入溶液量（ml）	有效成分计算值（%）	有效成分测定值（%）	KT$_{50}$（min）	全部击倒时间（min）
右旋烯丙菊酯	1	10	0.108	0.093	9.37	18.50
	2	15	0.161	0.139	8.16	21.52
	3	20	0.215	0.186	7.11	21.52
	4	25	0.269	0.232	5.91	9.33
SR - 生物烯丙菊酯	5	10	0.0528	0.054	9.16	23.28
	6	15	0.0792	0.081	8.35	17.30
	7	20	0.106	0.108	6.97	15.77
	8	25	0.132	0.135	6.34	10.05

（五）右旋烯丙菊酯在蚊香中对蚊虫吸血的阻碍作用

人们通常都重视蚊香的击倒效果，但是，为了人们不遭受蚊虫叮咬，蚊香使蚊虫丧失吸血机能的作用也是重要的。

将蚊虫暴露在含有右旋烯丙菊酯的蚊香烟雾里，来观察蚊虫的吸血状态。试验的结果表明，含有右旋烯丙菊酯的蚊香具有卓越的阻碍蚊虫吸血作用。

试验内容：

1）正常的蚊虫羽化后，所经过天数与吸血率；

2）将蚊虫暴露在含有右旋烯丙菊酯的蚊香中进行烟熏，阻碍蚊虫吸血的比率。

供试验用蚊香：

1）含 0.05% 右旋烯丙菊酯的蚊香；

2）含 0.1% 右旋烯丙菊酯的蚊香；

3）含 0.1% 天然除虫菊的蚊香。

供试验用蚊虫：

埃及伊蚊（Aedes aegypti），使用 50 只羽化后 2~3 天的雌成蚊进行试验。

试验方法：

1）将蚊虫暴露在已经点燃蚊香的 0.34m³ 玻璃柜，烟熏 1min 及 4min。

2）将被烟熏的蚊虫，移入由铁网固定住小鸡雏的直径 30cm、高 30cm 尼龙编织的小箱里，放置 24h，记录吸血蚊虫数。

3）以同样方法，记录未经过蚊香烟熏处理的蚊虫吸血的比率，然后与上述烟熏处理的蚊虫吸血的比率相比较，计算出吸血蚊虫的相对阻碍吸血率。

试验结果见表 25。

表 25　右旋烯丙菊酯与天然除虫菊蚊香对蚊虫的相对阻碍吸血率

蚊香	暴露时间（min）	吸血率（%）				相对阻碍吸血率（%）
		第一次	第二次	第三次	平均	
0.05% 右旋烯丙菊酯	1	68	55	67	63	17
	4	66	43	43	51	33
	未处理	82	69	76	76	0
0.1% 右旋烯丙菊酯	1	44	62	44	50	34
	4	0	8	11	6	92
	未处理	82	69	76	76	0

蚊香	暴露时间（min）	吸血率（%）				相对阻碍吸血率（%）
		第一次	第二次	第三次	平均	
0.1%天然除虫菊	1	48	56	36	47	22
	4	30	34	32	32	47
	未处理	56	63	60	60	0

$$相对阻碍吸血率（\%）=100-\frac{暴露烟熏时吸血率（\%）}{未经处理时吸血率（\%）}\times100$$

试验结果表明，右旋烯丙菊酯蚊香对蚊虫阻碍吸血的作用，大约是天然除虫菊的2倍，而含0.05%右旋烯丙菊酯的效果与含0.1%天然除虫菊相比基本相同。蚊虫在含0.1%右旋烯丙菊酯蚊香中，暴露烟熏仅4min时，阻碍吸血率为92%，已丧失了吸血的能力。

（六）右旋烯丙菊酯40

1. 右旋烯丙菊酯40的主要成分及其含量

右旋烯丙菊酯：40%（质量分数）；

稳定剂：10%；

染料：平衡。

2. 右旋烯丙菊酯40的物理性能

性状：青色油状液体；

相对密度d_4^{20}：0.905；

燃点：>80℃；

黏度：2.4×10^{-2}Pa·s（20℃）。

3. 右旋烯丙菊酯40的稳定性（表26）

表26　右旋烯丙菊酯40的稳定性

温　　度	不同条件下有效成分残存率（%，质量分数）				
	初期	1个月	3个月	6个月	9个月
40℃	100	99.9	99.3	100.8	99.4
60℃	100	99.5	98.6	97.7	—

4. 右旋烯丙菊酯40在电热蚊香中对致乏库蚊吸血的阻碍作用

为了进一步观察右旋烯丙菊酯40在不同剂型及载体中对蚊虫吸血的阻碍作用，将右旋烯丙菊酯40加滴入电热驱蚊片后，对致乏库蚊吸血阻碍作用进行了试验。

供试电热驱蚊片：

1）含40mg右旋烯丙菊酯（每片滴注100mg右旋烯丙菊酯40药液）；

2）含48mg右旋烯丙菊酯（每片滴注120mg右旋烯丙菊酯40药液）；

3）含56mg甲醚菊酯（每片滴注280mg甲醚菊酯20药液）。

供试蚊虫：经实验室饲养羽化后2~3d未吸血之雌性致乏库蚊。

试验方法：室温26℃±2℃，相对湿度70%±10%。

试验步骤：

1）设实验组和空白对照组。

2）事先将电加热器加热1h，放上驱蚊片（分为加热处理和未处理两组），置于0.34m³玻璃柜内，放入50只蚊虫暴露1min与4min后取出。

3）将暴露一定时间的蚊虫（注意肢体完整）放入 $25cm \times 25cm \times 25cm$ 的蚊笼，再将小白鼠放进笼内，在恒温、暗室环境条件下饲养 24h，记录吸血虫数和吸血率。同时进行对照实验，方法相同。

4）根据空白对照组蚊虫吸血率和实验组吸血率，计算相对阻碍吸血率。

实验结果见表27。

表27　右旋烯丙菊酯 40 对致乏库蚊的相对阻碍吸血率

电热驱蚊片	暴露时间（min）	吸血率（%）				相对阻碍吸血率（%）
		第一次	第二次	第三次	平均	
40mg 右旋烯丙菊酯	1	54	37	34	42	42
	4	11	51	53	38	47
	对照组	72	70	74	72	0
48mg 右旋烯丙菊酯	1	38	29	38	35	53
	4	17	27	20	21	70
	对照组	72	76	74	74	0
56mg 甲醚菊酯	1	80	62	72	71	5
	4	68	78	50	65	13
	对照组	83	78	64	75	0

$$相对阻碍吸血率（\%） = 100 - \frac{暴露烟熏时吸血率（\%）}{未经处理时吸血率（\%）} \times 100$$

表中试验结果清楚表明，含右旋烯丙菊酯的电热蚊香片具有对蚊虫阻碍吸血的作用，且效果优于甲醚菊酯。

三、右旋炔丙菊酯及其制剂

（一）概述

炔丙菊酯属拟除虫菊酯类杀虫剂，它是改变烯丙菊酯化学结构，也就是将烯丙菊酯 3 位置上用 2 - 丙炔基团替代一个烯丙基团而获得的。右旋炔丙菊酯在 1961 年由 Gersdorff 等，1969 年由 Katsuda 等合成试验成功。但是由于缺乏简易的合成方法，对炔丙菊酯异构体的进一步研究没有完成。1987 年，日本住友化学工业株式会社的科学家应用酶化学方法成功地解决了炔丙醇酮的拆分技术，有效地合成了炔丙菊酯的单个立体异构体，并详细观察了这类立体异构体的生物活性。他们发现（S）- α - 甲基 - 4 - 氧代环戊 - 3 - （2 - 丙炔基）环丙烷 - 2 - 烯基（IR）- 顺，反菊酸酯结构对蚊虫、家蝇及蟑螂具有优异的击倒效果，而且对蟑螂具有意外的高致死率。

炔丙菊酯与右旋烯丙菊酯及天然除虫菊素 I 具有相似的化学结构。

炔丙菊酯的物理和化学性质（表28）与右旋烯丙菊酯十分相近，热分析表明炔丙菊酯对热相对更稳定，在 150℃ 左右开始蒸发。这表明其适用于加热熏蒸，如蚊香、电热片蚊香及电热液体蚊香。

炔丙菊酯对蚊虫具有优异的击倒性能，除了用于防治家庭害虫的油基及水基气雾杀虫剂，如与速灭灵、右旋苯醚菊酯配伍杀灭蚊蝇飞行害虫，与高克蟑（右旋苯氰菊酯）配伍杀灭蟑螂等爬行害虫外，日本住友化学工业株式会社专门开发了用于电热片蚊香的剂型炔丙菊酯 10 滴加液及用于电热液体蚊香的剂型炔丙菊酯 0.66% 驱蚊液。

表 28 炔丙菊酯的物理及化学性能

项　目	性能及参数
其他名称	丙炔菊酯
化学名称	（S）－2－methyl－4－oxo－3－（2－propynyl）cyclopent－2－enyl（IR）－Cis，trans－chrysanthemate
分子式及分子量	$C_{19}H_{24}O_3$，300.40
代号	S－4068SF
外观	黄色至黄褐色液体
气味	微弱的独特香味
相对密度 d_4^{20}	1.03
蒸气压	$5.72 \times 10^{-3}Pa$（20℃）
黏度	1.06Pa·s（20℃），0.302Pa·s（30℃）
燃点	116℃（Pensly－Martens 法）
溶解性	在 n－己烷，甲醇，乙醇，丙酮，异丙酮，环己酮，乙醚，甲基玻璃溶剂，氯仿，三氯乙烷，醋酸乙酯，甲苯，二甲苯，煤油及大部分芳烃中均可溶解 微溶于乙二醇中 难溶于水，溶解度 2.69mg/kg（25℃）
稳定性	在日常贮存条件下稳定，在大部分有机溶剂中稳定，在低含量醇及异丙醇中略不稳定，对光辐射的抵抗能力差

（二）炔丙菊酯 10 制剂

1. 炔丙菊酯 10 的配方

炔丙菊酯：10%（质量分数）；

增效剂：5%；

稳定剂：2%；

颜料：0.07%；

香料：0.5%；

溶剂：加至 100%。

2. 炔丙菊酯 10 的物理性能

外观：蓝色油状液体；

相对密度 d^{20}：0.84；

燃点：82℃；

黏度：$4.44 \times 10^{-3}Pa·s$（20℃）。

3. 炔丙菊酯 10 的稳定性（表 29）

表 29 在各种不同条件下有效成分残存率（%，质量分数）

温度	初期	一个月	二个月	三个月	六个月
40℃	100	—	—	98.0	100
60℃	100	99.4	97.9	98.7	—

（三）炔丙菊酯电热片蚊香的生物效果

1. 炔丙菊酯与强力烯丙菊酯及 SR－生物烯丙菊酯的玻璃柜法比较

试验方法：$0.34m^3$ 玻璃柜法；

试验昆虫及虫数：淡色库蚊成虫，20 只。

试验结果见表 30。

表 30　炔丙菊酯、SR－生物烯丙菊酯与右旋烯丙菊酯在不同加热时间的 KT_{50} 值

有效成分（mg/片）	不同加热时间的 KT_{50} 值（min）		
	0.5h	4h	8h
炔丙菊酯（ETOC）10	2.6	2.0	2.8
SR－生物烯丙菊酯（EBT）25	3.4	3.0	3.0
强力烯丙菊酯（PYN－F）40	3.4	3.4	3.2

上述试验结果表明，10mg 炔丙菊酯电热驱蚊片的效力，比 SR－生物烯丙菊酯 25mg 及右旋烯丙菊酯 40mg 电热驱蚊片的效力好，是 SR－生物烯丙菊酯效力的 2.5 倍，是右旋烯丙菊酯效力的 4 倍，用于电热片蚊香，是目前最高效的药物。

2. 炔丙菊酯与强力烯丙菊酯及 S－生物烯丙菊酯的模拟房试验比较

试验方法：28m³（2.7m×4.3m×2.4m）试验房；

试验昆虫：淡色库蚊成虫。

试验结果见表 31。

表 31　炔丙菊酯与右旋烯丙菊酯及 S－生物烯丙菊酯的比较

有效成分（mg/片）	不同加热时间的 KT_{50}（min）		
	0.5h	4h	8h
炔丙菊酯 10	27.4	21.2	35.9
右旋烯丙菊酯 40	45.7	29.3	35.0
S－生物烯丙菊酯 20	28.6	26.7	50.5

上述试验结果表明，10mg 炔丙菊酯电热驱蚊片的效力，比 S－生物烯丙菊酯 20mg 及右旋烯丙菊酯 40mg 电热驱蚊片的效力好，是 S－生物烯丙菊酯效力的 2 倍，是右旋烯丙菊酯的 5～6 倍。而 S－生物烯丙菊酯是烯丙菊酯五个系列产品中效力最高的菊酯（烯丙菊酯效力从低至高依次为：烯丙菊酯→右旋烯丙菊酯→生物烯丙菊酯→SR－生物烯丙菊酯→S－生物烯丙菊酯），所以可由此得出结论：炔丙菊酯用于蚊香中，是当今最高效的拟除虫菊酯。

（四）0.66% 炔丙菊酯制剂

1. 0.66% 制剂的特点

0.66% 制剂作为专用于电热液体蚊香中的驱蚊液已经显示了它的优异生物效果。对它的配方、物理性能、生物效果、挥散量及毒性等，在前文中已作了介绍。

它之所以十分适用作为电热液体蚊香的有效成分，除前述理由之外，还有以下几个原因。

1）十分稳定，几乎不受加热影响；

2）只要用极少的剂量，对蚊虫就有十分高的击倒活性；

3）在药液瓶中不会在挥发芯上产生阻塞，因而不会影响正常挥散量及其稳定性。

其中第 3 条，对电热液体蚊香是至关重要的。挥发芯作为影响电热液体蚊香的一个关键因素，对发挥电热液体蚊香的生物效果具有十分重要的作用，而挥发芯的孔隙率对正常挥散量有影响。它不会在挥发芯上产生阻塞，也就保证了挥发芯的正常挥散。

2. 0.66% 炔丙菊酯驱蚊液与右旋烯丙菊酯的效果比较

试验方法：28m³（2.7m×4.3m×2.4m）试验房。

试验昆虫：淡色库蚊成虫。

试验结果见表 32。

表 32 0.66%炔丙菊酯制剂与右旋烯丙菊酯的效力比较

有效成分	每瓶药量 (g/45ml)	不同时间的击倒率（%）								KT₅₀ (min)
		10min	15min	20min	25min	30min	35min	45min	60min	
0.66%炔丙菊酯制剂	0.30*	1	6	35	69	91	99	100	100	21.8
右旋烯丙菊酯	1.20**	0	2	6	15	31	52	73	93	35.6

注：*即0.66%驱蚊液。

　　**右旋烯丙菊酯2.67%驱蚊液。

上述试验结果表明，使用0.66%制剂的0.30g电热液体蚊香的效力比右旋烯丙菊酯1.20g电热液体蚊香的效力好，其效力是右旋烯丙菊酯效力的5~6倍。

在日本电热蚊香市场上，占主导地位的日本象球公司，它出品的电热液体蚊香，其有效成分全部采用该制剂。

3. 0.66%炔丙菊酯驱蚊液对蚊虫的生物效果

0.66%炔丙菊酯驱蚊液也在中国生产的电热液体蚊香上得到应用，使用者反映驱蚊效果优异，各地防疫部门对它进行生物效果检测，也都一致认为0.66%炔丙菊酯驱蚊液是当今比较理想的电热液体蚊香用制剂，它对埃及伊蚊、致乏库蚊、白纹伊蚊及中华按蚊均有较好的驱杀效果。从试验一、二、三明显可见。

（1）试验一：0.66%炔丙菊酯驱蚊液对致乏库蚊的药效

试验方法：0.34m³玻璃柜法；

试验昆虫及只数：致乏库蚊，羽化后2~3天未吸血雌蚊，40只。

试验结果见表33。

表 33 0.66%炔丙菊酯驱蚊液对致乏库蚊的效力

药名	通电时间 (h)	不同时间击倒率（%）					KT₅₀（min）
		2min	4min	8min	16min	32min	
空白液体	2	0	0	0	0	0	—
0.66%炔丙菊酯驱蚊液	2	2.5	37.5	92.5	100	100	4.74
空白液体	36	0	0	0	0	0	—
0.66%炔丙菊酯驱蚊液	36	17.5	45.0	80.0	97.5	100	4.33
空白液体	84	0	0	0	0	0	—
0.66%炔丙菊酯驱蚊液	84	5.0	22.5	72.5	90.0	100	5.84
空白液体	168	0	0	0	0	0	—
0.66%炔丙菊酯驱蚊液	168	17.5	37.5	70.0	95.0	100	4.90
空白液体	336	0	0	0	0	0	—
0.66%炔丙菊酯驱蚊液	336	25.0	45.0	67.5	97.5	100	4.91

注：上表为试验3次的平均值。

从试验一可见，0.66%炔丙菊酯驱蚊液对致乏库蚊的击倒作用较快，其KT₅₀均在4min左右，而且在测试时间内波动不大，复苏率均较低。

（2）试验二：0.66%炔丙菊酯驱蚊液对白纹伊蚊的药效

试验方法：0.34m³玻璃柜法；

试验昆虫及只数：白纹伊蚊，羽化后2~3天未吸血雌蚊，40只。

试验结果见表34。

表34　0.66%炔丙菊酯驱蚊液对白纹伊蚊的效力

药　名	通电时间（h）	不同时间击倒率（%）				KT$_{50}$（min）
		1min	3min	5min	7min	
空白液体	2	0	0	0	0	—
0.66%炔丙菊酯驱蚊液	2	15.0	51.7	92.5	99.2	2.27
空白液体	36	0	0	0	0	—
0.66%炔丙菊酯驱蚊液	36	20.0	75.0	98.3	100	1.76
空白液体	84	0	0	0	0	—
0.66%炔丙菊酯驱蚊液	84	14.4	56.3	75.0	95.0	2.37
空白液体	168	0	0	0	0	—
0.66%炔丙菊酯驱蚊液	168	16.7	62.5	88.8	97.5	2.12
空白液体	336	0	0	0	0	—
0.66%炔丙菊酯驱蚊液	366	26.7	82.1	99.6	100	1.57

注：上表为试验3次的平均值。

从试验二可见，0.66%炔丙菊酯驱蚊液在连续通电加热情况下，对白纹伊蚊的KT$_{50}$在2min左右，击倒作用快，全部击倒时间仅为7~8min，复苏率亦较低，显示药效很好。

（3）试验三：0.66%炔丙菊酯驱蚊液对中华按蚊的药效

试验方法：0.34m^{3}玻璃柜法；

试验昆虫及只数：中华按蚊，羽化后2~3天未吸血雌蚊，40只。

试验结果见表35。

表35　0.66%炔丙菊酯驱蚊液对中华按蚊的效力

药　名	通电时间（h）	不同时间击倒率（%）				KT$_{50}$（min）
		2min	4min	6min	8min	
空白液体	2	0	0	0	0	—
0.66%炔丙菊酯驱蚊液	2	2.5	29.2	94.2	99.2	4.14
空白液体	36	0	0	0	0	—
0.66%炔丙菊酯驱蚊液	36	4.2	43.3	87.5	100	4.02
空白液体	84	0	0	0	0	—
0.66%炔丙菊酯驱蚊液	84	2.5	35.0	77.5	98.5	4.42
空白液体	168	0	0	0	0	—
0.66%炔丙菊酯驱蚊液	168	7.5	44.2	91.7	100	3.75
空白液体	336	0	0	0	0	—
0.66%炔丙菊酯驱蚊液	366	2.5	29.2	68.3	94.2	4.81

注：上表为试验3次的平均值。

从试验三可见，0.66%炔丙菊酯驱蚊液在连续通电加热情况下，对中华按蚊的KT$_{50}$在4min左右，击倒作用快，在8~9min件能全部击倒。复苏率亦较低，显示药效很好。

（4）以上试验的试验条件

室温：25℃±1℃；

相对湿度：65%±10%。

试验一、二、三数据摘自广东省卫生防疫站安志儒、梁卓南、林立峰、梁永昂、黄湘《0.66%驱蚊剂药液剂药效实验报告》。

4. 0.66％炔丙菊酯与SR－生物烯丙菊酯在电热液体蚊香中的效力比较

表36　0.66％炔丙菊酯与SR－生物烯丙菊酯在电热液体蚊香中的效力比较

杀虫剂	含量（％）	KT_{50}（min）
0.66％炔丙菊酯	0.66	35
SR－生物烯丙菊酯	2.1	36

从表36可知，0.66％炔丙菊酯的效力为SR－生物烯丙菊酯效力的3倍多。

目前0.66％炔丙菊酯驱蚊液的实际含量已升高至0.7％及以上。

四、甲醚菊酯及其制剂

1. 甲醚菊酯的理化性能

化学名称　4－甲氧基苄基－（R，S）－顺，反－2，2－二甲基－3－（2－甲基－1－烯丙基）环丙烷羧酸酯。

分子式及分子量　$C_{19}H_{26}O_3$，302

其他名称　甲苄菊酯

异构体数及顺反比　4个，顺反比为3∶7及0.5∶9.5两个品种。

外观　纯品为微黄色透明，油状液体，工业品为黄褐色透明油状液体。

沸点　150～151℃

相对密度　0.978～0.983

折光率　$n_4^{20}=1.5132$

溶解性　易溶于醇、丙酮、芳烃等有机溶剂。也溶于煤油，但不溶于水。

稳定性　遇光及碱易分解失效，紫外线有促进分解作用。

刺激性　对皮肤及黏膜均无刺激作用。

毒性　急性经口LD_{50}　4040mg/kg（大鼠），急性吸入43mg/m³，4h/d×90d，家兔无不良反应。

规格　精制品含量≥90％，工业品含量80％。常温下储存两年，有效成分含量变化不大；甲醚菊酯遇碱易水解，紫外线和热也能加速其分解。

2. 毒性

本品在空气中的安全浓度为9mg/m³，属低毒杀虫剂。原油大鼠急性经口LD_{50}为4g/kg，小鼠急性经口LD_{50}为2.24g/kg。豚鼠皮肤涂药未见变化，家兔眼结膜囊内滴甲醚菊酯0.1ml后，2min可见结膜轻度充血，24h后消失，眼球做病理组织学检查，无特殊现象发现。在动物体内无明显蓄积毒性。大鼠经口无作用剂量为53.88mg/kg，家兔无作用浓度（NEL）为43mg/m³，在试验条件下，未见致突变作用。

3. 应用范围

可以用来制作蚊香及电热驱虫片，对蚊蝇、蟑螂等害虫有击倒作用。

4. 推荐剂量

蚊香0.35％～0.4％。

5. 甲醚菊酯的特点

1）挥发性较大，具熏蒸作用，适用于蚊香。用量为0.40％～0.50％，同时应加增效剂。

2）击倒作用中等，有一定的残效性及忌避效果。

3）稳定性好，可长期贮存，年降解量在2％以内。

6. 甲醚菊酯20％乳油

甲醚菊酯20％乳油是专为用于蚊香有效成分而开发的剂型。外观呈黄棕色均相透明油状液体，能溶于水，呈乳白色。比密度为 1.3 ~ 1.4。不燃，无腐蚀性及氧化性，对人畜安全。

经与日本的 K - 4 粉在蚊香中对淡色库蚊进行药效对比试验，效果相近（表 37）。

表 37　甲醚菊酯与 K - 4 粉在蚊香中的药效对比

化合物名称	含量	KT$_{50}$（min）	95% 可信限（min）
甲醚菊酯	0.2%	4.8	5.6 ~ 3.8
K - 4 粉	0.2%	5.1	6.3 ~ 4.1
甲醚菊酯	0.25%	4.1	5.17 ~ 3.25
K - 4 粉	0.25%	3.4	4.1 ~ 2.83
甲醚菊酯	0.30%	2.8	3.6 ~ 2.2
K - 4 粉	0.30%	3.2	4.032 ~ 2.54

注：摘自天津市卫生防疫站检测报告。

甲醚菊酯 20% 乳油是由甲醚菊酯与 7504 及 S$_2$ 复配成的制剂。目前 S$_2$ 已被禁用。

五、呋喃菊酯及 DK - 5 液

1. 化学名称

5 - （2 - 丙炔基） - 2 - 呋喃甲基 - 2。2 - 二甲基 - 3 - （2 - 甲基 - 1 - 丙炔基）环丙烷羧酸酯。

2. 呋喃菊酯系列产品的理化及毒理指标（表 38）

表 38　呋喃菊酯系列产品理化及毒理性能

通　用　名		呋喃菊酯（炔呋菊酯）	右旋呋喃菊酯
商品名		烯丙菊酯 - DR	DK - 5 液
构型表示	醇	—	—
	酸	同烯丙菊酯	同右旋烯丙菊酯
异构体数		4	2
顺反比		约 2 : 8	约 2 : 8
相对药效		1	2
外观			茶褐色液体
相对密度 d_4^{20}		0.86	
蒸气压		186.65Pa（200℃）	
溶解性		易溶于有机溶剂，难溶于水	
稳定性		对光及碱不稳定（原油中已加稳定剂）	
急性毒性经口 LD$_{50}$		约 10000mg/kg（大白鼠）	>7140mg/kg（小白鼠）
经皮 LD$_{50}$		>7500mg/kg（大白鼠）	>7500mg/kg（大白鼠）

3. 呋喃菊酯的特点

1）对蚊蝇的击倒力均强，但对蟑螂作用不佳。

2）蒸气压较高，适合于做加热熏蒸剂，如蚊香。

3）稳定性差，容易分解降效。

4. DK - 5 液

DK - 5 液是专门为电热驱蚊片设计配制的滴加液。

（1）配方

d - 呋喃菊酯：5.3%。

挥散调整剂：39%；

稳定剂：3.5%；

溶剂：52.2%。

（2）每片驱蚊片上滴加 DK – 5 液 280mg（其中含 d – 呋喃菊酯约 14mg）。

5. 应用范围

可以用来制作蚊香及电热驱虫片，对蚊蝇、蟑螂等害虫有击倒作用，杀灭效果优于胺菊酯。该药剂蒸气压较低，对害虫熏杀效果不好。也可制成煤油喷射剂，用于杀灭室内蚊蝇。

在日本市场上，d – 呋喃菊酯也在电热液体蚊香的驱蚊液中作为杀虫有效成分使用。但价格昂贵，且其中的呋喃环易分解，所以其应用量远不及右旋烯丙菊酯来得广，在中国未得到推广使用。

剂型：单剂主要为 20% 乳油，资料报道，单独使用主要用于防治卫生害虫，使用时将一定量的乳油加适量水稀释成白色乳液，再倒入蚊香干基料中搅拌均匀，即可加工成蚊香，一般用量为每吨干基料中加 20% 乳油 20kg，制成含量为 0.35% ~ 0.4% 的蚊香。亦可制作电热蚊香片、喷雾剂、气雾剂、驱避剂等。

六、氯氟醚菊酯

通用名称　氯氟醚菊酯

英文通用名称　meperfluthrin

化学名称　2，3，5，6 – 四氟 – 4 – 甲氧甲苄基（1R，3S）– 3 –（2，2 – 二氯乙烯基）– 2，2 – 二甲基环丙烷羧酸酯

分子式、分子量　$C_{17}H_{15}Cl_2F_4O_3$，414.2

理化指标　纯品为白色粉末，工业品为淡棕色固体，熔点 48 ~ 50℃，密度 1.232g/ml，难溶于水，易溶于氯仿、丙酮、乙酸乙酯等有机溶剂，在酸性介质中稳定，常温下可贮存两年。

毒性　本品对大鼠急性经口 $LD_{50} > 500mg/kg$，属低毒。对大鼠急性经皮 $LD_{50} > 2000$ mg/kg，对大鼠急性吸入 $LC_{50} > 2000mg/m^3$，对眼、皮肤无刺激性，属弱致敏。

应用范围　本品为新型含氟菊酯，可用于防治蚊、蝇、蟑螂、臭虫等卫生害虫，对双翅目害虫如蚊类有快速击倒作用，活性约为富右旋反式烯丙菊酯 15 倍。

推荐剂量　蚊香：0.015% ~ 0.08% 氯氟醚菊酯；电热蚊香片：5mg 氯氟醚菊酯 + 5mg 炔丙菊酯；液体蚊香：0.4% ~ 1.2%。

七、七氟甲醚菊酯

通用名称　七氟甲醚菊酯

英文通用名称　待定

化学名称　3，5，6 – 四氟 – 4 – 甲氧甲基苄基 – 3 –（3，3，3 – 三氟 – 1 – 烯丙基）– 2，2 – 二甲基环丙烷羧酸酯

分子式、分子量　$C_{18}H_{17}F_7O_3$，414

理化指标　淡黄色油状液体，能溶于甲苯、丙酮、乙醇、煤油等多种有机溶剂，几乎不溶于水，200℃ 时蒸气压为 1713.8Pa。

应用范围　七氟甲醚菊酯是一种新型卫生用拟除虫菊酯类杀虫剂，可有效地防治蝇、蚊虫、臭虫等，具有高效、高蒸气压的特点，对双翅目昆虫如蚊类有快速击倒作用，其对蚊虫的药效远高于烯丙菊酯，其击倒活性是甲氧苄氟菊酯的 2 倍，而且由于其蒸气压高于同类拟除虫菊酯，因此适合在多种剂型中应用。

推荐剂量　蚊香中的含量：0.01% ~ 0.03%。

八、右旋七氟甲醚菊酯

通用名称　右旋七氟甲醚菊酯

英文通用名称　待定

化学名称　2，3，5，6－四氟－4－甲氧甲基苄基－1R，反式－（Z）－3－（3，3，3－三氟－1－烯丙基）－2，2－二甲基环丙烷羧酸酯

分子式、分子量　$C_{18}H_{17}F_7O_3$，414

理化指标　淡黄色油状液体，能溶于甲苯、丙酮、乙醇、煤油等多种有机溶剂，几乎不溶于水，沸点160℃（133Pa），密度1.319g/cm^3（20℃）。

应用范围　右旋七氟甲醚菊酯是一种新型高效卫生用拟除虫菊酯类杀虫剂，具有高效、高蒸气压的特点，对双翅目昆虫如蚊类有快速击倒作用，其对蚊虫的药效为烯丙菊酯的76.7倍，而且由于其蒸气压高于同类拟除虫菊酯，因此适合多种剂型中应用。

推荐剂量　蚊香中使用量：0.0025%～0.01%。

九、四氟醚菊酯

通用名称　四氟醚菊酯

英文通用名称　tetramethylfluthrin

CAS登记号　84937－88－2

专利　制备方法专利CN200310121742.1（已授权）

化学名称　2，2，3，3－四甲基环丙烷羧酸－2，3，5，6－四氟－4－甲氧甲基苄基酯

分子式、分子量　$C_{17}H_{20}F_4O_3$，348.0

理化指标　工业品为淡黄色透明液体，熔点为10℃，相对密度为1.2173，难溶于水，易溶于有机溶剂。在中性、弱酸性介质中稳定，但遇强酸和强碱能分解，对紫外线敏感。

毒性　属中等毒，大鼠急性经口LD_{50}＜500mg/kg。

应用范围　该产品具有很强的触杀作用，对蚊虫有卓越的击倒效果，其杀虫毒力高于右旋烯丙菊酯，可用于室内蚊蝇害虫的防治。

推荐剂量　蚊香中0.01%～0.08%、气雾剂0.01%～0.05%。

十、四氟苯菊酯

通用名称　四氟苯菊酯、拜奥灵

英文通用名称　transfluthrin

CAS登记号　118712－89－3

专利　制备方法专利CN200310121743.6（已授权）

化学名称　2，3，5，6－四氟苄基（1R，3S）－3－（2，2－二氯乙烯基）－2，2－二甲基环丙烷羧酸酯

分子式、分子量　$C_{15}H_{12}Cl_2F_4O_2$，371.15

理化指标　纯品为无色晶体，熔点32℃，沸点135℃（0.1mPa），蒸气压$1.1×10^{-3}$Pa（20℃），密度1.5072g/cm^3（28℃），在水中溶解度$5.7×10^{-5}$g/L（20℃），易溶于煤油、丙酮、甲苯等有机溶剂，200℃5小时后未分解。

毒性　大鼠急性经口LD_{50}＞500mg/kg，小鼠急性经口（雄）LD_{50}为583mg/kg，小鼠急性经口（雌）LD_{50}为688mg/kg。

应用范围　本品杀虫广谱，能有效防治卫生害虫和储藏害虫；对双翅目昆虫如蚊类有快速击倒作用，且对蟑螂、臭虫有很好的残留效果。可用于蚊香、气雾杀虫剂、电热片蚊香等多种制剂中。

推荐剂量　有效成分含量蚊香中为0.02%～0.05%，电热蚊香片中6～15mg/片，电热蚊香液中为0.8%～1.5%。

十一、环戊烯丙菊酯

通用名称 环戊烯丙菊酯、甲烯菊酯

英文通用名称 terallethrin

CAS 登记号 15589 - 31 - 8

化学名称 （RS）- 3 - 烯丙基 - 2 - 甲基 - 4 - 氧代环戊 - 2 - 烯基 - 2，2，3，3，- 四甲基环丙烷羧酸酯

分子式、分子量 $C_{17}H_{24}O_3$，276.37

理化指标 原药为淡黄色油状液体，在20℃时的蒸气压为0.027Pa。不溶于水（计算值为15mg/L），能溶于多种有机溶剂。在日光照射下不稳定，在碱性中易分解。

毒性 大鼠急性经口 LD_{50} 为174～224mg/kg。

应用范围 本品蒸气压高于烯丙菊酯，具有良好的熏蒸效果，故用作热熏蒸防治蚊虫时特别有效。它对家蝇和淡色库蚊的击倒活性高于烯丙菊酯和天然除虫菊素。

推荐剂量 蚊香0.1%～0.15%

十二、四氟甲醚菊酯

通用名称 四氟甲醚菊酯、霹蚊灵

英文通用名称 dimefluthrin

CAS 登记号 271241 - 14 - 6

化学名称 2，2 - 二甲基 - 3 - （2 - 甲基 - 1 - 烯丙基）环丙烷羧酸，2，3，5，6 - 四氟 - 4 - （甲氧基甲基）苄酯

分子式、分子量 $C_{19}H_{22}F_4O_3$，374.37

理化指标 工业品为浅黄色透明液体，熔点32℃，蒸气压$1.1×10^{-3}$Pa（20℃），难溶于水，易溶于丙酮、乙醇、己烷和二甲基亚砜。

毒性 大鼠急性经口 LD_{50} 2036mg/kg（雄）、2295mg/kg（雌），大鼠急性经皮 LD_{50} 2000mg/kg。

应用范围 本品为拟除虫菊酯类杀虫剂，具有强烈触杀作用，能有效防治卫生害虫和储藏害虫；对双翅目昆虫如蚊类有快速击倒作用。可用于蚊香、气雾杀虫剂、电热片蚊香等多种制剂中。

推荐剂量 气雾剂：0.002%～0.05%；蚊香：0.004%～0.03%；电热蚊香片：10～15mg/片；电热蚊香液：0.01%～1.5%。

十三、富右旋反式烯丙菊酯

通用名称 富右烯丙菊酯、生物烯丙菊酯

英文通用名称 rich - d - transallethrin

CAS 登记号 584 - 79 - 2

化学名称 富 - （1R）- 反式菊酸 - （R、S）- 2 - 甲基 - 3 - 烯丙基 - 4 - 氧代 - 环戊 - 2 - 烯基酯

分子式、分子量 $C_{19}H_{26}O_3$，302.42

理化指标 清亮淡黄色至琥珀色黏稠液体。工业品含量≥90%，沸点125～135℃（9.33Pa），蒸气压$5.6×10^{-3}$Pa（20℃）。不溶于水，溶于大多数有机溶剂。遇光遇碱易分解。

毒性 大鼠急性口服 LD_{50} 为753mg/kg（雌雄），大鼠急性经皮 LD_{50} >2500mg/kg，急性吸入 LC_{50} > 50mg/L（空气），对家兔眼睛无刺激，对动物皮肤亦无刺激。

应用范围 应用情况同右旋烯丙菊酯，但其杀虫毒力是右旋烯丙菊酯的1.1倍。具有触杀、胃毒作用，是制造蚊香和电热蚊香片的原料，对蚊成虫有驱除和杀伤作用。

推荐剂量　气雾剂：0.1% ~ 0.5%；蚊香：0.1% ~ 0.3%；电热蚊香片：25 ~ 60mg/片。

十四、Es – 生物烯丙菊酯

通用名称　Es – 生物烯丙菊酯、EBT

英文通用名称　esbiothrin

CAS 登记号　28434 – 00 – 6

化学名称　（1R）– 反式菊酸 –（R、S）– 2 – 甲基 – 3 – 烯丙基 – 4 – 氧代 – 环戊 – 2 – 烯基酯

分子式、分子量　$C_{19}H_{26}O_3$，302.42

理化指标　工业品为淡黄色油状黏稠液，含量≥93%，比旋光度 $[\alpha]_D^{20}$ – 37.5°（5% 甲苯溶液），相对密度 1.00 ~ 1.02。蒸气压：20℃ 为 4.4×10^{-2} Pa；150℃ 为 30.7×10^{-2} Pa，闪点约 120℃（开杯）。20℃ 时可完全溶于正己烷、甲苯、氯仿、异丙醚、丙酮、甲醇、乙醇等有机溶剂，25℃ 时水中溶解度为 4.6mg/L。在大多数油基或水基型制剂中稳定，遇紫外光不稳定，在强酸和碱性介质中能分解。

毒性　大鼠急性经口 LD_{50} 为 378 ~ 432 mg/kg（玉米油），大鼠急性经皮 $LD_{50} > 2500$mg/kg；大鼠急性吸入 LD_{50} 为 2630mg/cm³。

应用范围　本品具有强烈的触杀作用，击倒性能优于胺菊酯，主要用于家蝇、蚊虫等家庭害虫。

推荐剂量　蚊香 0.05% ~ 0.3%；电热蚊香片 15 ~ 30mg/片；气雾剂 0.1% ~ 0.5%，一般与致死剂复配。

十五、富右旋反式炔丙菊酯

通用名称　富右旋反式炔丙菊酯

英文通用名称　rich – d – t – prallethrin

CAS 登记号　23031 – 36 – 9

化学名称　（1R）– 顺，反式 – 2，2 – 二甲基 – 3 –（2 – 甲基 – 1 – 烯丙基）环丙烷羧酸 –（R，S）– 2 – 甲基 – 3 –（2 – 炔丙基）– 4 – 氧代 – 环戊 – 2 – 烯基酯

分子式、分子量　$C_{19}H_{24}O_3$，300.40

理化指标　工业品为黄色或黄褐色液体，顺反比：20∶80，蒸气压为 1.33×10^{-2} Pa（30℃），相对密度 1.00 ~ 1.02，几乎不溶于水 8mg/L（25℃），可溶于己烷、二甲苯、乙醇和脱臭煤油中。

毒性　大鼠急性经口 LD_{50} 为 794mg/kg。

应用范围　本品性质与右旋烯丙菊酯类似。在室内防治蚊蝇和蟑螂，它在击倒和杀死活性上，比右旋烯丙菊酯高 4 倍。主要用于加工蚊香、电热蚊香、液体蚊香和喷雾剂，防治家蝇、蚊虫、虱、蟑螂等家庭害虫。

推荐剂量　蚊香 0.05% ~ 0.1%；电热蚊香片，含本品 10 ~ 15mg/片；液体蚊香 0.6% ~ 1.2%；气雾剂 0.05% ~ 0.2% 配以适量的致死剂。

附录四　常用卫生杀虫剂有效成分鉴别及测定方法

一、胺菊酯（tetramethrin）

定量分析　采用气相色谱法。

（1）方法提要

试样用三氯甲烷溶解，以癸二酸二丁酯为内标，用 DB-1 毛细管柱和 FID 检测器，对试样中的胺菊酯进行气相色谱分离和测定。

（2）试剂

标样：胺菊酯，已知质量分数，99.0%；

内标物：癸二酸二丁酯，不含干扰分析的杂质；

溶剂：三氯甲烷。

（3）仪器

气相色谱仪，具有氢火焰离子化检测器（FID）；色谱数据处理机或色谱化学工作站。

色谱柱：DB-1 30m×0.32mm（id）×0.25μm 膜厚。

（4）操作条件

温度（℃）：柱室 230，汽化室 250，检测室 250；

气体流速（ml/min）：载气（N$_2$）1.0，氢气 40，空气 400；

进样量：1.0μL；试样浓度：有效成分 0.5mg/ml，内标 0.5mg/ml。

（5）峰保留时间

顺式胺菊酯约 7.15min，反式胺菊酯约 7.40min，癸二酸二丁酯约 4.3min。

二、右旋胺菊酯（d-tetramethrin）

定量分析　采用气相色谱法。

（1）方法概述

右旋反式胺菊酯原药用乙酸乙酯溶解，以 TBDM-β-CD 毛细管柱和 FID 检测器，对试样中的右旋反式胺菊酯进行气相色谱分离和测定。

（2）试剂

标样：右旋反式胺菊酯，已知质量分数，99.0%；溶剂：丙酮。

（3）仪器

气相色谱仪，具有氢火焰离子化检测器（FID）；色谱数据处理机或色谱化学工作站。

色谱柱：TBDM-β-CD 毛细管柱 30m×0.32mm（id）×0.25μm 膜厚。

（4）操作条件

温度（℃）：柱室 150，汽化室 200，检测室 200；

气体流速（ml/min）：载气（N$_2$）1.0，氢气 30，空气 300；

进样量：1.0μL；试样浓度：有效成分 0.5mg/ml。

（5）计算

此条件下，可分离 4 个非对映异构体。右旋胺菊酯质量分数 X（%）按下式计算：

$$X = \frac{(A_{右顺} + A_{右反}) \cdot X_{总}}{A_{右顺} + A_{右反} + A_{左顺} + A_{左反}}$$

式中　$X_{总}$——试样中胺菊酯的质量分数（见胺菊酯测定方法），%。

三、苯醚氰菊酯 （cyphenothrin）

定量分析　采用气相色谱法。

（1）方法提要

苯醚氰菊酯用三氯甲烷溶解，以邻苯二甲酸二丁酯为内标，用 HP－5 毛细管柱和 FID 检测器，对试样中的苯醚氰菊酯的总酯含量进行气相色谱分离和测定。另取试样用乙酸乙酯溶解，以 TBDM－β－CD 毛细管柱和 FID 检测器，对试样中的苯醚菊酯异构体进行气相色谱分离和测定它们的比例。

（2）苯醚氰菊酯总酯含量测定

1）试剂。

标样：苯醚氰菊酯，已知质量分数，99.0%；

内标物：邻苯二甲酸二丁酯，不含干扰分析的杂质；

溶剂：三氯甲烷。

2）仪器。

气相色谱仪，具有氢火焰离子化检测器（FID）；色谱数据处理机或色谱化学工作站。

色谱柱：HP－5 30m×0.32mm（id）×0.25μm 膜厚。

3）操作条件。

温度（℃）：柱室 220，汽化室 250，检测室 250；

气体流速（ml/min）：载气（N_2）1.0，氢气 30，空气 300；

进样量：1.0μl；试样浓度：有效成分 0.5mg/ml，内标 0.5mg/ml。

4）峰保留时间。

苯醚氰菊酯约 11min，邻苯二甲酸二丁酯约 5.5min。

（3）异构体拆分方法

1）试剂。

标样：右旋苯醚菊酯，已知质量分数，99.0%；溶剂：丙酮。

2）仪器。

气相色谱仪：具有氢火焰离子化检测器（FID）；色谱数据处理机或色谱化学工作站。

色谱柱：TBDM－β－CD 毛细管柱 30m×0.32mm（id）×0.25μm 膜厚。

3）操作条件。

温度（℃）：柱室 150，汽化室 200，检测室 200；

气体流速（ml/min）：载气（N_2）1.0，氢气 30，空气 300；

进样量：1.0μL；试样浓度：有效成分 0.5mg/ml。

4）计算。

根据标样溶液的主峰保留时间确定样品溶液中对应苯醚菊酯的异构体保留时间，计算所求异构体的比例 K，有效异构体的质量分数等于试样中苯醚菊酯的质量分数乘以其比例系数。

四、避蚊胺 （diethyltoluamide）

定量分析　采用气相色谱法。

（1）方法提要

试样用三氯甲烷溶解，以邻苯二甲酸二丁酯为内标，用 DB－1 毛细管柱和 FID 检测器，对试样中的避蚊胺进行气相色谱分离和测定。

（2）试剂

标样：避蚊胺，已知质量分数，99.0%；

内标物：邻苯二甲酸二丁酯，不含干扰分析的杂质；溶剂：三氯甲烷。

（3）仪器

色谱仪，具有氢火焰离子化检测器（FID）；色谱数据处理机或色谱化学工作站。

色谱柱：DB-1 30m×0.32mm（i. d.）×0.25μm 膜厚。

（4）操作条件

温度（℃）：柱室190，汽化室230，检测室230；

气体流速（ml/min）：载气（N₂）1.0，氢气30，空气300；

进样量：1.0μl；试样浓度：有效成分 0.5mg/ml，内标 0.5mg/ml。

（5）保留时间

避蚊胺约 3.7min，邻苯二甲酸二丁酯约 7.5min。

五、残杀威（propoxur）

定量分析 采用高效液相色谱法。

（1）方法提要

试样用甲醇溶解，以甲醇和水为流动相，使用以 Inertsil ODS-SP 为填料的不锈钢柱和可变波长紫外检测器对试样中的残杀威进行反相高效液相色谱分离和测定，外标法定量。

（2）试剂和溶液

甲醇：色谱纯；水：新蒸二次蒸馏水；

残杀威标样：已知质量分数，≥98.0%。

（3）仪器

高效液相色谱仪，具有可变波长紫外检测器；色谱数据处理机或色谱工作站。

色谱柱：250mm×4.6mm（i. d.）不锈钢柱，内装 Inertsil ODS-SP、5μm 填充物。

（4）高效液相色谱操作条件

流动相：甲醇：水 =70:30（体积比）；

流量：1.0ml/min；柱温：30℃；检测波长：270nm；

进样体积：5.0μl；试样溶液浓度：0.5mg/ml。

（5）保留时间

残杀威约 4.0min。

六、除虫菊素（pyrethrins）

定量分析 采用高效液相色谱法。

（1）方法提要

试样用正己烷溶解，以正己烷和四氢呋喃为流动相，使用以 ZORBAX SIL 为填料的不锈钢柱和可变波长紫外检测器，对试样中的除虫菊素进行正相高效液相色谱分离和测定，外标法定量。

（2）试剂和溶液

正己烷：色谱纯；四氢呋喃：色谱纯；

除虫菊素标样：已知质量分数，≥99.0%。

（3）仪器

高效液相色谱仪，具有可变波长紫外检测器；色谱数据处理机或色谱工作站。

色谱柱：250mm×4.6mm（i. d.）不锈钢柱，内装 ZORBAX SIL、5μm 填充物。

（4）高效液相色谱操作条件

流动相：正己烷：四氢呋喃 =95:5（体积比）；

流量：2.0ml/min；柱温：30℃；检测波长：225nm；

进样体积：10.0μL；试样溶液浓度：0.5mg/ml。

（5）保留时间

茉酮菊素Ⅰ约4.8min、瓜叶菊素Ⅰ约5.2min、除虫菊素Ⅰ约6.0min、茉酮菊素Ⅱ约13.1min、瓜叶菊素Ⅱ约14.5min、除虫菊素Ⅱ约17.5min。

七、毒死蜱（chlorpyrifos）

产品剂型　乳油、水乳剂、饵剂。

防治对象　蚊、蝇、蜚蠊、白蚁、蚂蚁。

理化性状　无色结晶，具有轻微的硫醇气味。熔点42～43.5℃，沸点＞400℃，蒸气压2.7mPa（25℃），K_{ow} logP＝4.7，密度1.44g/cm³（20℃）。溶解度：水1.4mg/L（25℃），苯7900，丙酮6500，氯仿6300，二硫化碳5900，乙醚5100，二甲苯5000，异辛醇790，甲醇450（g/kg，25℃）。稳定性：随pH增加水解速度加快，存在铜和其他金属会形成螯合物；半衰期1.5d（水，pH8，25℃）到100d（磷酸盐缓冲液，pH7，15℃）。

定量分析　采用气相色谱法。

（1）方法提要

试样用丙酮溶解，以邻苯二甲酸二丙烯酯为内标物，使用HP-5毛细管柱和氢火焰离子化检测器，对试样中的毒死蜱进行气相色谱分离和测定，内标法定量。

（2）试剂和溶液

丙酮：分析纯；毒死蜱标样：已知质量分数，≥99.0%；

内标物：邻苯二甲酸二丙烯酯，不应含有干扰分析的杂质。

（3）仪器

气相色谱仪，具有氢火焰离子化检测器，分流/不分流进样口；色谱数据处理机或色谱工作站。

色谱柱：30m×0.32mm（i.d.）HP-5毛细管柱，膜厚0.25μm。

（4）气相色谱操作条件

温度（℃）：柱室200，汽化室230，检测室270；

气体流量（ml/min）：载气（N_2）1.5，氢气30，空气300；

分流比：50∶1；进样体积：1.0μl；

试样溶液浓度：毒死蜱2.0mg/ml，邻苯二甲酸二丙烯酯酯1.0mg/ml。

（5）保留时间

毒死蜱约6.8min，邻苯二甲酸二丙烯酯约3.7min。

八、恶虫威（bendiocarb）

定量分析　采用高效液相色谱法。

（1）方法提要

试样用乙腈溶解，以乙腈和水为流动相，使用以ZORABX SB-C_{18}为填料的不锈钢柱和可变波长紫外检测器对试样中的恶虫威进行反相高效液相色谱分离和测定，外标法定量。

（2）试剂和溶液

乙腈：色谱纯；水：新蒸二次蒸馏水；

恶虫威标样：已知质量分数，≥99.0%。

（3）仪器

高效液相色谱仪，具有可变波长紫外检测器；色谱数据处理机或色谱工作站。

色谱柱：250mm×4.6mm（i.d.）不锈钢柱，内装ZORABX SB-C_{18}、5μm填充物。

（4）高效液相色谱操作条件

流动相：乙腈∶水＝60∶40（体积比）；

流量：1.0ml/min；柱温：30℃；检测波长：275nm；

进样体积：3.0μl；试样溶液浓度：0.5mg/ml。

（5）保留时间

恶虫威约4.2min。

九、氟虫胺（sulfluramid）

产品剂型 饵剂。

防治对象 蜚蠊、白蚁。

理化性状 外观为无色晶体，熔点96℃（原药87～93℃），沸点196℃，蒸气压0.057mPa（25℃），K_{ow} logP>6.8；溶解性：不溶于水（25℃），二氯甲烷18.6、己烷1.4、甲醇833（g/L）。稳定性：50℃下稳定>90d，密闭容器中对光稳定>90 d。pKa9.5，弱酸。闪点>93℃。

定量分析 采用气相色谱法。

（1）方法提要

试样用三氯甲烷溶解，以邻苯二甲酸二甲酯为内标，用HP－5毛细管柱和FID检测器，对试样中的氟虫胺进行气相色谱分离和测定。

（2）试剂

标样：氟虫胺，已知质量分数，99.0%；

内标物：邻苯二甲酸二甲酯，不含干扰分析的杂质；溶剂：三氯甲烷。

（3）仪器

气相色谱仪，具有氢火焰离子化检测器（FID）；色谱数据处理机或色谱化学工作站。

色谱柱：HP－5 30m×0.32mm（id）×0.25μm膜厚。

（4）操作条件

温度（℃）：柱室150，汽化室230，检测室230；

气体流速（ml/min）：载气（N_2）1.0，氢气30，空气300；

进样量：1.0μl；试样浓度：有效成分0.5mg/ml，内标0.5mg/ml。

（5）峰保留时间

氟虫胺约3.38min，邻苯二甲酸二甲酯约6.25min。

十、氟虫腈（fipronil）

产品剂型 悬浮剂、乳油、微乳剂、饵剂。

防治对象 蜚蠊、白蚁、红火蚁。

理化性状 白色固体，熔点200～201℃（原药195.5～203℃），蒸气压$3.7×10^{-4}$mPa（25℃），K_{ow} logP＝4.0（摇瓶法），密度1.477～1.626g/cm³（20℃）。溶解度（g/L，20℃）：水1.9×10^{-3}（pH5）、$2.4×10^{-3}$（pH9）、$1.9×10^{-3}$（蒸馏水），丙酮545.9，二氯甲烷22.3，正己烷0.028，甲苯3.0。稳定性：在pH5和7水中稳定，pH9时缓慢水解（半衰期约28d）；对热稳定，在日照下缓慢降解（连续照射12d后损失约3%），在水溶液中快速光解（半衰期约0.33d）。

定量分析 采用液相色谱法。

（1）方法提要

试样用甲醇溶解，以甲醇＋水为流动相，使用以ZORBAX SB－C18为填料的不锈钢柱和可变波长紫外检测器对试样中的氟虫腈进行反相高效液相色谱分离和测定，外标法定量。

（2）试剂和溶液

甲醇：色谱纯；水：新蒸二次蒸馏水；

氟虫腈标样：已知质量分数，≥98.0%。

（3）仪器

高效液相色谱仪，具有可变波长紫外检测器；色谱数据处理机或色谱工作站。

色谱柱：250mm×4.6mm（i. d.）不锈钢柱，内装 ZORBAX SB - C18、5μm 填充物。

（4）高效液相色谱操作条件

流动相：甲醇∶水 = 80∶20（体积比）；

流量：1.0ml/min；柱温：30℃；检测波长：280nm；

进样体积：10.0μl；试样溶液浓度：0.5mg/ml。

（5）保留时间

氟虫腈约 4.0min。

十一、氟磺酰胺（flursulamid）

产品剂型　饵剂。

防治对象　蜚蠊。

理化性状　溶解性：不溶于水，溶于丙酮、甲醇、乙醇。稳定性：在弱酸、碱和光照的条件下不分解，在温度小于 70℃ 时加热不分解。

定量分析　采用气相色谱法。

（1）方法提要

试样用三氯甲烷溶解，以邻苯二甲酸二甲酯为内标，用 HP - 5 毛细管柱和 FID 检测器，对试样中的氟磺酰胺进行气相色谱分离和测定。

（2）试剂

标样：氟磺酰胺，已知质量分数，99.0%；

内标物：邻苯二甲酸二甲酯，不含干扰分析的杂质；溶剂：三氯甲烷。

（3）仪器

气相色谱仪，具有氢火焰离子化检测器（FID）；色谱数据处理机或色谱化学工作站。

色谱柱：HP - 5 30m×0.32mm（i. d.）×0.25μm 膜厚。

（4）操作条件

温度（℃）：柱室 160，汽化室 200，检测室 200；

气体流速（ml/min）：载气（N_2）1.0，氢气 30，空气 300；

进样量：1.0μL；试样浓度：有效成分 0.5mg/ml，内标 0.5mg/ml。

（5）保留时间

氟磺酰胺约 4.0min，邻苯二甲酸二甲酯约 4.95min。

十二、氟氯苯菊酯（flumethrin）

产品剂型　喷射剂。

防治对象　蚂蚁。

理化性状　淡黄色、高黏性油状液体。沸点 >250℃。

定量分析　采用高效液相色谱法。

（1）方法概述

试样用乙腈溶解，以乙腈 + 水为流动相，使用 C_{18} 不锈钢柱和可变波长紫外检测器在 265nm 波长下，用外标定量法对试样中氟氯苯菊酯含量进行分离测定。

（2）试剂

标样：氟氯苯菊酯，已知质量分数，99.0%；溶剂：色谱级乙腈，超纯水。

（3）仪器

液相色谱仪：Agilent - 1100。

色谱柱：ZORABX 80ÅExtend - C_{18} 不锈钢柱，250mm×4.6mm（i. d.），粒度 5μm。

（4）试验条件

流动相：乙腈：水 = 85：15（体积比）；流速：1.0ml/min；柱温：30℃；

检测波长：265nm；样品溶液浓度：1mg/ml；进样量：5.0μL。

（5）峰保留时间

t_R = 10.0 min。

十三、氟氯氰菊酯（cyfluthrin）

理化性状 由四对对映体组成的混合物。无色晶体（原药为棕色黏稠油状液体，部分结晶）。熔点（Ⅰ）64℃、（Ⅱ）81℃、（Ⅲ）65℃、（Ⅳ）106℃（原药约60℃），沸点 >220℃分解，蒸气压（Ⅰ）9.6×10^{-4}、（Ⅱ）1.4×10^{-5}、（Ⅲ）2.1×10^{-5}、（Ⅳ）8.5×10^{-5}（mPa，20℃），K_{ow} logP（Ⅰ）6.0、（Ⅱ）5.9、（Ⅲ）6.0、（Ⅳ）5.9（20℃），密度1.28g/cm^3（20℃）。溶解度（g/L，20℃）：（Ⅰ）水 2.5×10^{-6}（pH3）、2.2×10^{-6}（pH7），二氯甲烷、甲苯 >200，正己烷 10~20，异丙醇 20~50；（Ⅱ）水 2.1×10^{-6}（pH3）、1.9×10^{-6}（pH7），二氯甲烷、甲苯 >200，正己烷 10~20，异丙醇 5~10；（Ⅲ）水 3.2×10^{-6}（pH3）、2.2×10^{-6}（pH7），二氯甲烷、甲苯 >200，正己烷、异丙醇 10~20；（Ⅳ）水 4.3×10^{-6}（pH3）、2.9×10^{-6}（pH7），二氯甲烷 >200，甲苯 100~200，正己烷 1~2，异丙醇 2~5。稳定性：室温下热稳定，水中半衰期Ⅰ：36、17、7d，Ⅱ：117、20、6d，Ⅲ：30、11、3d，Ⅳ：25、11、5d（pH 分别为 4、7 和 9，22℃）。闪点107℃（原药）。

定量分析 采用气相色谱法。

（1）方法提要

试样用丙酮溶解，以邻苯二甲酸二环己酯为内标物，使用 HP - 5 毛细管柱和氢火焰离子化检测器，对试样中的氟氯氰菊酯进行气相色谱分离和测定，内标法定量。

（2）试剂和溶液

丙酮：分析纯；氟氯氰菊酯标样：已知质量分数，≥99.0%；

内标物：邻苯二甲酸二环己酯，不应含有干扰分析的杂质。

（3）仪器

气相色谱仪，具有氢火焰离子化检测器，分流/不分流进样口；色谱数据处理机或色谱工作站。

色谱柱：30m×0.32mm（i. d.）HP - 5 毛细管柱，膜厚 0.25μm。

（4）气相色谱操作条件

温度（℃）：柱室 260，汽化室 280，检测室 280；

气体流量（ml/min）：载气（N_2）1.5，氢气 30，空气 300；

分流比：50：1；进样体积：1.0μl；

试样溶液浓度：氟氯氰菊酯 1.0mg/ml，邻苯二甲酸二环己酯 1.0mg/ml。

（5）保留时间

氟氯氰菊酯低效顺式约 7.5min、低效反式约 7.6min、高效顺式约 7.8min、高效反式约 7.9min，邻苯二甲酸二环己酯约 4.7min。

定量方法 也可以采用高效液相色谱法。

（1）方法提要

试样用正己烷溶解，以正己烷和乙酸乙酯为流动相，使用以 ZORBAX SIL 为填料的不锈钢柱和可变波长紫外检测器，对试样中的氟氯氰菊酯进行正相高效液相色谱分离和测定，外标法定量。

（2）试剂和溶液

正己烷：色谱纯；乙酸乙酯：色谱纯；

氟氯氰菊酯标样：已知质量分数，≥99.0%。

（3）仪器

高效液相色谱仪，具有可变波长紫外检测器；色谱数据处理机或色谱工作站。

色谱柱：250mm×4.6mm（i.d.）不锈钢柱，内装 ZORBAX SIL、5（m 填充物。

（4）高效液相色谱操作条件

流动相：正己烷：乙酸乙酯 = 98：2（体积比）；

流量：1.0ml/min；柱温：30℃；检测波长：270nm；

进样体积：20.0μl；试样溶液浓度：0.5mg/ml。

（5）保留时间

氟氯氰菊酯低效顺式约 19.1min、高效顺式约 21.7min、低效反式约 25.3min、高效反式约 27.8min。

十四、氟蚁腙（hydramethylnon）

产品剂型　饵剂。

防治对象　蜚蠊、德国小蠊、美洲大蠊、红火蚁。

理化性状　外观为黄色到黄褐色晶体。熔点 189～191℃，蒸气压 <0.0027mPa（25℃），$K_{ow}logP = 2.31$，亨利常数 $7.81 × 10Pa · m^3/mol$（25℃），密度 $0.299g/cm^3$（25℃）。溶解性：水 0.005～0.007mg/L（25℃），丙酮360、乙醇72、1，2-二氯乙烷170、甲醇230、异丙醇12、二甲苯94、氯苯390（g/L，20℃）。稳定性：密封容器中贮存，稳定时间超过 24 个月（25℃）、12 个月（37℃）、3 个月（45℃）；半衰期 1h（光），半衰期 24～33d（水悬浮液，pH4.9，25℃）、10～11d（水悬浮液，pH7.03，25℃）、11～12d（水悬浮液，pH8.87，25℃）。

定量分析　采用反相高效液相色谱法。

（1）方法概述

试样用甲醇溶解，以乙腈 + 三乙胺水溶液为流动相，使用 C_{18} 不锈钢柱和可变波长紫外检测器在 295nm 波长下，用外标定量法对试样中氟蚁腙含量进行分离测定。

（2）试剂

标样：氟蚁腙；溶剂：色谱级乙腈，三乙胺、超纯水。

（3）仪器

液相色谱仪：Agilent – 1100。

色谱柱：Hypersil ODS – C_{18} 不锈钢柱，150mm×4.0mm（i.d.），粒度 5μm；

（4）试验条件

流动相：乙腈：三乙胺水溶液 = 85：15（体积比）；流速：1.2ml/min；柱温：30℃；

检测波长：295nm；样品溶液浓度：1mg/ml；进样量：5.0μl。

（5）保留时间

$t_R = 7.43$min

十五、高效氯氟氰菊酯（lambda – cyhalothrin）

产品剂型　微囊悬浮剂、悬浮剂、可湿性粉剂、水分散粒剂、泡腾片剂、乳油、水乳剂。

防治对象　蚊、蝇、蜚蠊。

理化性状　纯品为无色固体（原药为深褐色或深绿色固体）。熔点 49.2℃（原药47.5～48.5℃），在大气压条件下不沸腾，蒸气压 $2 × 10^{-4}$mPa（20℃）、$2 × 10^{-1}$mPa（60℃），$K_{ow}logP = 7$（20℃），亨利常数 $2 × 10^{-2}$Pa · m^3/mol，密度 $1.33g/cm^3$（25℃）。溶解性：水 0.005mg/L（pH6.5，20℃），丙

酮、甲醇、甲苯、己烷、乙酸乙酯 > 500g/L。稳定性：对光稳定，15 ~ 25℃下可稳定贮存 6 个月以上。pKa > 9。闪点 83℃（彭斯基马顿闭口杯试验法）。

定量分析　采用正相高效液相色谱法。

（1）方法概述

试样用正己烷溶解，以正己烷 + 乙酸乙酯为流动相，使用硅胶色谱柱不锈钢柱和可变波长紫外检测器，在 278nm 波长下，用外标定量法对试样中高效氯氟氰菊酯含量进行分离测定。

（2）试剂

标样：高效氯氟氰菊酯，已知质量分数，99.0%；溶剂：色谱级正己烷、异丙醇。

（3）仪器

液相色谱仪：Agilent - 1100；

色谱柱：硅胶 Nova - Pak　SiO_2 不锈钢柱，250mm × 4.6mm（i. d.），粒度 5μm。

（4）试验条件

流动相：正己烷：乙酸乙酯 = 99：1（体积比）；流速：1.0ml/min；柱温：30℃；

检测波长：278nm；样品溶液浓度：1mg/ml；进样量：5.0μL。

（5）峰保留时间

t_R = 11 min。

定量方法　也可以采用气相色谱法。

（1）方法提要

试样用三氯甲烷溶解，以磷酸三苯酯为内标，用 HP - 5 毛细管柱和 FID 检测器，对试样中的高效氯氟氰菊酯进行气相色谱分离和测定。

（2）试剂

标样：高效氯氟氰菊酯，已知质量分数，99.0%；

内标物：磷酸三苯酯，不含干扰分析的杂质；溶剂：三氯甲烷。

（3）仪器

气相色谱仪，具有氢火焰离子化检测器（FID）；色谱数据处理机或色谱化学工作站。

色谱柱：HP - 5 30m × 0.32mm（i. d.）× 0.25μm 膜厚。

（4）操作条件

温度（℃）：柱室 260，汽化室 280，检测室 280；

气体流速（ml/min）：载气（N_2）1.0，氢气 30，空气 300；

进样量：1.0μL；试样浓度：有效成分 0.5mg/ml，内标 0.5mg/ml。

（5）峰保留时间

高效氯氟氰菊酯约 5.7min，磷酸三苯酯约 4.6min。

定量分析　也可以采用液相色谱法。

（1）方法提要

试样用乙腈溶解，以乙腈和氨水为流动相，使用 ZORABX Extend - C_{18} 为填充物的不锈钢柱和可变波长紫外检测器，对试样中的甲氨基阿维菌素苯甲酸盐进行反相高效液相色谱分离和测定，外标法定量。

（2）试剂和溶液

乙腈：色谱纯；水：新蒸二次蒸馏水；

氨水（$NH_3 \cdot H_2O$）：NH_3 = 26% ~ 30%（质量分数）；氨水溶液：H_2O：$NH_3 \cdot H_2O$ = 300：1（体积比）；

甲氨基阿维菌素苯甲酸盐标样：已知质量分数，≥99.0%。

（3）仪器

高效液相色谱仪，具有可变波长紫外检测器；色谱数据处理机或色谱工作站。

色谱柱：250mm×4.6mm（i.d.）不锈钢柱，内装 ZORABX Extend－C_{18}、5μm 填充物。

（4）高效液相色谱操作条件

流动相：乙腈：氨水溶液＝85：15（体积比）；

柱温：30℃；流量：1.0ml/min；检测波长：246nm；

进样体积：5.0μl；试样溶液浓度：0.6mg/ml。

（5）保留时间

甲氨基阿维菌素 B_{1a} 约 10.6min，甲氨基阿维菌素 B_{1b} 约 8.5min。

十六、甲氨基阿维菌素苯甲酸盐（emamectin benzoate）

产品剂型　饵剂。

防治对象　蜚蠊。

理化性状　白色至灰白色粉末。熔点 141～146℃，蒸气压 $4×10^{-3}$ mPa（21℃），K_{ow} logP＝5.0（pH7），密度 1.20g/cm^3（23℃）。溶解度：水 0.024g/L（pH7，25℃）。稳定性：25℃ 时在 pH5～8水溶液中稳定，光解迅速。pKa 4.18（酸性，由苯甲酸盐反荷离子产生）、8.71（碱性，由甲氨基阿维菌素基团产生）。

定量分析　采用液相色谱法。

（1）方法提要

试样用乙腈溶解，以乙腈和氨水为流动相，使用 ZORABX Extend－C_{18} 为填充物的不锈钢柱和可变波长紫外检测器，对试样中的甲氨基阿维菌素苯甲酸盐进行反相高效液相色谱分离和测定，外标法定量。

（2）试剂和溶液

乙腈：色谱纯；水：新蒸二次蒸馏水；

氨水（$NH_3·H_2O$）：NH_3＝26%～30%（质量分数）；氨水溶液：H_2O：$NH_3·H_2O$＝300：1（体积比）；

甲氨基阿维菌素苯甲酸盐标样：已知质量分数，≥99.0%。

（3）仪器

高效液相色谱仪，具有可变波长紫外检测器；色谱数据处理机或色谱工作站。

色谱柱：250mm×4.6mm（i.d.）不锈钢柱，内装 ZORABX Extend－C_{18}、5μm 填充物。

（4）高效液相色谱操作条件

流动相：乙腈：氨水溶液＝85：15（体积比）；

柱温：30℃；流量：1.0ml/min；检测波长：246nm；

进样体积：5.0μl；试样溶液浓度：0.6mg/ml。

（5）保留时间

甲氨基阿维菌素 B_{1a} 约 10.6min，甲氨基阿维菌素 B_{1b} 约 8.5min。

十七、甲基吡恶磷（azamethiphos）

产品剂型　饵剂、可湿性粉剂。

防治对象　蝇、蜚蠊。

理化性状　纯品为无色晶体（原药为浅褐色至灰白色粉末）。熔点 89℃，蒸气压 0.0049mPa（20℃），K_{ow}logP＝1.05，亨利常数 $1.45×10^{-6}$ Pa·m^3/mol，密度 1.60g/cm^3（20℃）。溶解性：水 1.1g/L（pH7，20℃），二氯甲烷 610、苯 130、甲醇 100、正辛醇 5.8（g/kg，20℃）。稳定性：对酸、

碱不稳定；半衰期 800h（水，pH5，20℃），260h（水，pH7，20℃）、4.3h（水，pH9，20℃）。闪点 >150℃。

定量分析 采用反相高效液相色谱法。

（1）方法概述

试样用乙腈溶解，以乙腈 + 水为流动相，使用 Hypersil C_{18} ODS 不锈钢柱和可变波长紫外检测器在 292nm 波长下，用外标定量法对试样中甲基吡恶磷含量进行分离测定。

（2）试剂

标样：甲基吡恶磷，已知质量分数，99.0%；溶剂：色谱级乙腈，超纯水。

（3）仪器

液相色谱仪：Agilent - 1200。

色谱柱：Hypersil C_{18} ODS 不锈钢柱，250mm × 4.6mm（i. d.），粒度 5μm。

（4）试验条件

流动相：乙腈：水 = 9:1（体积比）；流速：1.0ml/min；柱温：30℃；

检测波长：292nm；样品溶液浓度：1mg/ml；进样量：2.0μl。

（5）保留时间

t_R = 4.27min。

十八、联苯菊酯（bifenthrin）

产品剂型 悬浮剂、水分散粒剂、乳油、水乳剂、微囊悬浮剂。

防治对象 白蚁。

理化性状 纯品为黏稠液体，结晶或蜡状固体。沸点 320 ~ 350℃，熔点 68 ~ 70.6℃，蒸气压 1.78 × 10^{-3} mPa（20℃），$K_{ow} \log P > 6$，密度 1.210g/cm^3（25℃）。溶解度：水 < 1（g/L，20℃），溶于丙酮、二氯甲烷、乙醚和甲苯，微溶于正庚烷和甲醇。稳定性：在 25 ~ 50℃ 时稳定两年（原药）；在 pH5 ~ 9、21℃ 时稳定 21d；在自然光照射下，半衰期 255d。闪点 165℃（泰格开口杯法）、151℃（潘斯基 - 马腾斯闭口杯法）。

定量分析 采取国家标准 GB 22619—2008，也可以采用下述的气相色谱法。

（1）方法提要

试样用丙酮溶解，以邻苯二甲酸二异戊酯为内标物，使用 HP - 5 毛细管柱和氢火焰离子化检测器，对试样中的联苯菊酯进行气相色谱分离和测定，内标法定量。

（2）试剂和溶液

丙酮：分析纯；联苯菊酯标样：已知质量分数，≥99.0%；

内标物：邻苯二甲酸二异戊酯，不应含有干扰分析的杂质。

（3）仪器

气相色谱仪，具有氢火焰离子化检测器，分流/不分流进样口；色谱数据处理机或色谱工作站。

色谱柱：30m × 0.32mm（i. d.）HP - 5 毛细管柱，膜厚 0.25μm。

（4）气相色谱操作条件

温度（℃）：柱室 240，汽化室 270，检测室 270；

气体流量（ml/min）：载气（N_2）1.5，氢气 40，空气 400；

分流比：50:1；进样体积：1.0μl；

试样溶液浓度：联苯菊酯 1.0mg/ml，邻苯二甲酸二异戊酯 1.0mg/ml。

（5）保留时间

联苯菊酯约 7.0min，邻苯二甲酸二异戊酯约 3.2min。

十九、氯氟醚菊酯（meperfluthrin）

产品剂型　电热蚊香液、电热蚊香片、蚊香。

防治对象　蚊。

理化性状　外观为淡灰色至淡棕色固体，熔点：72～75℃，蒸气压：686.2Pa（200℃），密度1.2329g/cm³。溶解性：难溶于水，易溶于甲苯、氯仿、丙酮、二氯甲烷、二甲基甲酰胺等有机溶剂中。稳定性：在酸性和中性条件下稳定，在碱性条件下水解较快；在常温下可稳定贮存两年。

定量分析　采用气相色谱法。

（1）方法提要

试样用三氯甲烷溶解，以癸二酸二丁酯为内标，用 HP－5 毛细管柱和 FID 检测器，对试样中的氯氟醚菊酯总酯进行气相色谱分离和测定。另外，酸化处理后，使用 βDEX－120 涂壁石英毛细管柱和分流进样装置和氢火焰离子化检测器，对上述酸化产物进行分离测定。用面积归一法计算氯氟醚菊酯右旋反式体比例 K。

（2）试剂

标样：氯氟醚菊酯，已知质量分数，99.0%；

内标物：癸二酸二丁酯，不含干扰分析的杂质；溶剂：三氯甲烷。

（3）仪器

气相色谱仪：具有氢火焰离子化检测器（FID）；色谱数据处理机或色谱化学工作站。

色谱柱：HP－530m×0.32mm（i.d.）×0.25μm 膜厚。

（4）操作条件

温度（℃）：柱室 230，汽化室 250，检测室 250；

气体流速（ml/min）：载气（N_2）1.0，氢气 40，空气 400；

进样量：1.0μl；试样浓度：有效成分 0.5mg/ml，内标 0.5mg/ml

（5）峰保留时间

氯氟醚菊酯约 8.35min，癸二酸二丁酯约 7.62min。

氯氟醚菊酯中右旋反式体比例 K 分析测定如下。

（1）方法提要

样品皂化后吹干。用少量水溶解后，将其转移至分液漏斗中，用乙醚震荡洗涤，弃去乙醚层。水层酸化处理后，用乙醚萃取，乙醚层保留备用。使用 βDEX－120 涂壁石英毛细管柱和分流进样装置和氢火焰离子化检测器，对上述乙醚溶液进行分离测定。

（2）试剂和溶液

试剂：10% 氢氧化钠甲醇溶液；10% 盐酸溶液；乙醚。

（3）仪器

气相色谱仪，具有氢火焰离子化检测器；

毛细管色谱柱：30m×0.25mm（i.d.）熔融石英柱，内壁涂 βDEX－120，膜厚 0.2μm；

进样系统：具有分流进样装置和熔融的石英内衬；分流比：1∶20。

（4）气相色谱操作条件

温度（℃）：柱温 150；汽化室 250；检测室 250；

载气：He，0.1MPa；氢气，0.05MPa；空气，0.05MPa

（5）测定步骤

1）试样溶液的配制。

称取氯氟醚菊酯试样 0.2g，加 2ml10% 氢氧化钠甲醇溶液于 50～60℃ 水浴中皂化 3h，用氮气将甲醇吹走，加少量水溶解，用乙醚萃取两次，保留水层。然后，水层用 10% 盐酸溶液酸化至pH3～4，用

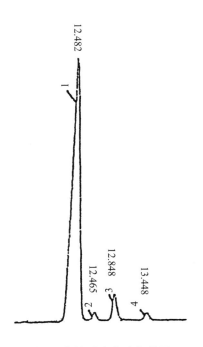

图5 右旋反式菊酸色谱图

1—右旋反式菊酸；2—右旋顺式菊酸；3—左旋反式菊酸；4—左旋顺式菊酸

乙醚萃取两次，保留菊酸乙醚溶液备用。

2）测定。

在上述气相色谱操作条件下，待仪器稳定后，注入上述制备溶液，得出四个异构体峰（图5）。

3）计算。

氯氟醚菊酯中右旋反式体比例 K 按下式计算：

$$K = \frac{A_1}{A_1 + A_2 + A_3 + A_4}$$

式中　A_1——右旋反式菊酸的峰面积；

　　　A_2——右旋顺式菊酸的峰面积；

　　　A_3——左旋反式菊酸的峰面积；

　　　A_4——左旋顺式菊酸的峰面积。

二十、氯菊酯（permethrin）

产品剂型　气雾剂、喷射剂、乳油、水乳剂、微乳剂、饵剂、可湿性粉剂、可溶液剂。

防治对象　蚊、蝇、蜚蠊、白蚁、黑皮蠹、蚂蚁、尘螨、跳蚤。

理化性状　原药为黄褐色至褐色液体，在室温下有时会有部分结晶。熔点 34～35℃、顺式异构体 63～65℃、反式异构体 44～47℃，沸点 200℃（13.3Pa）、＞290℃（0.101MPa），蒸气压顺式异构体 2.9×10^{-3} mPa（25℃）、反式异构体 9.2×10^{-4} Pa（25℃），$K_{ow} \log P = 6.1$（20℃），密度 1.29g/cm³（20℃）。溶解度（25℃）：水 6×10^{-3} mg/L（pH7，20℃）、顺式异构体 0.20mg/L、反式异构体 0.13mg/L（未标明 pH，25℃）；二甲苯、正己烷 ＞1000，甲醇 258（g/kg，25℃）。稳定性：对热稳定（≥2y，50℃）酸性条件下比碱性条件下稳定，大约 pH4 时有最佳稳定性；半衰期 50d（pH9）、稳定（pH5、7，25℃）；实验室研究中观察有一些光化学降解，但田间试验表明不会对生物活性有不利影响。闪点 ＞100℃。

定量分析　采用气相色谱法。

（1）方法提要

试样用丙酮溶解，以邻苯二甲酸二环己酯为内标物，使用 HP－5 毛细管柱和氢火焰离子化检测器，对试样中的氯菊酯进行气相色谱分离和测定，内标法定量。

（2）试剂和溶液

丙酮：分析纯；氯菊酯标样：已知质量分数，≥99.0%；

内标物：邻苯二甲酸二环己酯，不应含有干扰分析的杂质。

（3）仪器

气相色谱仪，具有氢火焰离子化检测器，分流/不分流进样口；色谱数据处理机或色谱工作站。

色谱柱：30m×0.32mm（i.d.）HP－5 毛细管柱，膜厚 0.25μm。

（4）气相色谱操作条件

温度（℃）：柱室 260，汽化室 270，检测室 270；

气体流量（ml/min）：载气（N$_2$）1.5，氢气 30，空气 300；

分流比：50:1；进样体积：1.0μl；

试样溶液浓度：氯菊酯 1.0mg/ml，邻苯二甲酸二环己酯 1.0mg/ml。

（5）保留时间

顺式氯菊酯约 6.4min，反式氯菊酯约 6.6min，邻苯二甲酸二环己酯约 4.7min。

二十一、氯氰菊酯（cypermethrin）

产品剂型　气雾剂、喷射剂、热雾剂、乳油、水乳剂、微乳剂、粉剂、笔剂、烟剂、涂抹剂。

防治对象　蚊、蝇、蜚蠊、白蚁、黑皮蠹、蚂蚁、尘螨、跳蚤、臭虫。

理化性状　无味晶体（原药室温下为棕黄色黏稠半固体状）。熔点 61~83℃（取决于异构体比例），蒸气压 2.0×10^{-4}mPa（20℃），K_{ow}logP＝6.6，密度 1.24g/cm^3（20℃）。溶解度（g/L，20℃）：水 4×10^{-6}（pH7），丙酮、氯仿、环己酮、二甲苯＞450，乙醇 337，正己烷 103。稳定性：在中性和弱酸性条件下稳定，pH4 时稳定性最好；碱性条件下水解，半衰期 1.8d（pH9，25℃）；在 20℃、pH5和 7 条件下稳定；在田间对光相对稳定，热稳定至 220℃。闪点不自燃，无爆炸性。

定量分析　采用气相色谱法。

（1）方法提要

试样用丙酮溶解，以邻苯二甲酸二环己酯为内标物，使用 HP－5 毛细管柱和氢火焰离子化检测器，对试样中的氯氰菊酯进行气相色谱分离和测定，内标法定量。

（2）试剂和溶液

丙酮：分析纯；氯氰菊酯标样：已知质量分数，≥99.0%；

内标物：邻苯二甲酸二环己酯，不应含有干扰分析的杂质。

（3）仪器

气相色谱仪：具有氢火焰离子化检测器，分流/不分流进样口；色谱数据处理机或色谱工作站；

色谱柱：30m×0.32mm（i.d.）HP－5 毛细管柱，膜厚 0.25μm。

（4）气相色谱操作条件

温度（℃）：柱室 260，汽化室 280，检测室 280；

气体流量（ml/min）：载气（He）1.5，氢气 30，空气 300；

分流比：50:1；进样体积：1.0μl；

试样溶液浓度：氯氰菊酯 1.0mg/ml，邻苯二甲酸二环己酯 1.0mg/ml。

（5）保留时间

氯氰菊酯低效顺式约 6.7min、低效反式约 6.9min、高效顺式约 7.1min、高效反式约 7.2min，邻苯二甲酸二环己酯约 4.3min。

定量方法　也可以采用高效液相色谱法。

（1）方法提要

试样用正己烷溶解，以正己烷和无水乙醚为流动相，使用以 ZORBAX RX – SIL 为填料的不锈钢柱和可变波长紫外检测器对试样中的氯氰菊酯进行正相高效液相色谱分离和测定，外标法定量。

（2）试剂和溶液

正己烷：色谱纯；无水乙醚：分析纯；

氯氰菊酯标样：已知质量分数，≥99.0%。

（3）仪器

高效液相色谱仪：具有可变波长紫外检测器；色谱数据处理机或色谱工作站。

色谱柱：250mm×4.6mm（i. d.）不锈钢柱，内装 ZORBAX RX – SIL、5μm 填充物。

（4）高效液相色谱操作条件

流动相：正己烷:无水乙醚 =98:2（体积比）；

流量：2.0ml/min；柱温：30℃；检测波长：278nm；

进样体积：10.0μl；试样溶液浓度：0.5mg/ml。

（5）保留时间

氯氰菊酯低效顺式约 6.7min、高效顺式约 7.8min、低效反式约 8.8min、高效反式约 10.1min。

二十二、高效氯氰菊酯（beta – cypermethrin）

定量分析方法同氯氰菊酯测定方法。高效顺式（约 7.8min）、高效反式（约 10.1min）为有效异构体峰。

二十三、顺式氯氰菊酯（alpha – cypermethrin）

定量分析方法同氯氰菊酯测定方法。高效顺式（约 7.8min）为有效异构体峰。

二十四、zeta – 氯氰菊酯（zeta – cypermethrin）

定量分析　采用高效液相色谱法。

（1）方法提要

试样用正己烷溶解，以正己烷和二氯乙烷为流动相，使用以 D – Phenyl Glycine 为填料的不锈钢手性柱和可变波长紫外检测器，对试样中的 zeta – 氯氰菊酯进行正相高效液相色谱分离和测定，外标法定量。

（2）试剂和溶液

正己烷：色谱纯；二氯乙烷：色谱纯；

zeta – 氯氰菊酯标样：已知质量分数，≥99.0%。

（3）仪器

高效液相色谱仪：具有可变波长紫外检测器；色谱数据处理机或色谱工作站。

色谱柱：250mm×4.6mm（i. d.）不锈钢柱，内装 D – Phenyl Glycine、5μm 填充物。

（4）高效液相色谱操作条件

流动相：正己烷:二氯乙烷 =93:7（体积比）；

流量：1.5ml/min；柱温：30℃；检测波长：278nm；

进样体积：10.0μl；试样溶液浓度：2.0mg/ml。

（5）保留时间

zeta – 氯氰菊酯四个异构体分别约 16min、19min、20min、21min 和 22min。

二十五、氯烯炔菊酯（chlorempenthrin）

定量分析　采用气相色谱法。

（1）方法提要

试样用三氯甲烷溶解，以邻苯二甲酸二丁酯为内标，用 HP - 5 毛细管柱和 FID 检测器，对试样中的氯烯炔菊酯进行气相色谱分离和测定。

（2）试剂

标样：氯烯炔菊酯，已知质量分数，99.0%；

内标物：邻苯二甲酸二丁酯，不含干扰分析的杂质；

溶剂：三氯甲烷。

（3）仪器

气相色谱仪，具有氢火焰离子化检测器（FID）；色谱数据处理机或色谱化学工作站。

色谱柱：HP - 5 30m × 0.32mm（i.d.）× 0.25μm 膜厚。

（4）操作条件

温度（℃）：柱室 185，汽化室 230，检测室 230；

气体流速（ml/min）：载气（N_2）1.0，氢气 30，空气 300；

进样量：1.0μl；试样浓度：有效成分 0.5mg/ml，内标 0.5mg/ml。

（5）峰保留时间

氯烯炔菊酯约 9.8min，邻苯二甲酸二丁酯约 7.7min。

二十六、氰戊菊酯（fenvalerate）

防治对象　蜚蠊、白蚁。

理化性状　原药为黄色或棕色黏稠液体，在室温下有时部分结晶。熔点 39.5 ~ 53.7℃（纯品），沸点：蒸馏时分解，蒸气压 1.92×10^{-2}mPa（20℃），K_{ow} logP = 5.01，密度 1.175g/cm³（25℃）。溶解度：水 < 0.01mg/L（25℃），正己烷 53、二甲苯 ≥200、甲醇 84（g/L，20℃）。稳定性：对热和潮湿稳定，在酸性介质中相对稳定，在碱性介质中快速水解。闪点 230℃。

定量分析　采用气相色谱法。

（1）方法提要

试样用丙酮溶解，以邻苯二甲酸二环己酯为内标物，使用 HP - 5 毛细管柱和氢火焰离子化检测器，对试样中的氰戊菊酯进行气相色谱分离和测定，内标法定量。

（2）试剂和溶液

丙酮：分析纯；氰戊菊酯标样：已知质量分数，≥99.0%；

内标物：邻苯二甲酸二环己酯，不应含有干扰分析的杂质。

（3）仪器

气相色谱仪：具有氢火焰离子化检测器，分流/不分流进样口；色谱数据处理机或色谱工作站。

色谱柱：30m × 0.32mm（i.d.）HP - 5 毛细管柱，膜厚 0.25μm。

（4）气相色谱操作条件

温度（℃）：柱室 270，汽化室 290，检测室 290；

气体流量（ml/min）：载气（N_2）1.5，氢气 30，空气 300；

分流比：50:1；进样体积：1.0μl；

试样溶液浓度：氰戊菊酯 1.0mg/ml，邻苯二甲酸二环己酯 1.0mg/ml。

（5）保留时间

氰戊菊酯约 7.8min 和 8.3min，邻苯二甲酸二环己酯约 3.8min。

二十七、S－氰戊菊酯（esfenvalerate）

理化性状　无色晶体（23℃时原药为黄棕色黏稠液体或固体）。熔点 38～54℃（原药），沸点＞200℃（0.101MPa），蒸气压 0.067mPa（25℃），K_{ow} logP = 6.5（pH7，25℃），密度 1.26g/cm³（4～26℃）。溶解度（g/L，20℃）：水 2×10⁻⁶，二甲苯、丙酮、三氯甲烷、乙醇、甲醇、二甲基甲酰胺、乙二醇＞450，正己烷 77。稳定性：对热和光相对稳定，pH5、7 和 9 时稳定不易水解（25℃）。闪点 256℃（潘斯基－马腾斯闭口杯法）。

定量测定方法　采用液相色谱法。

（1）方法提要

试样用正己烷溶解，以正己烷、1，2－二氯乙烷和乙醇为流动相，使用以 SUMIPAX OA－2000 为填料的手性不锈钢柱和可变波长紫外检测器对试样中的 S－氰戊菊酯（或对映体）进行正相高效液相色谱分离和测定，外标法定量。

（2）试剂和溶液

正己烷：色谱纯；1，2－二氯乙烷：优级纯；乙醇：优级纯；

S－氰戊菊酯标样：已知质量分数，≥99.0%。

（3）仪器

高效液相色谱仪，具有可变波长紫外检测器；色谱数据处理机或色谱工作站。

（4）高效液相色谱操作条件

流动相：正己烷∶1，2－二氯乙烷∶乙醇 = 500∶30∶0.15（体积比）；

流量：1.0ml/min；柱温：30℃；检测波长：230nm；

进样体积：20.0μl；试样溶液浓度：0.5mg/ml。

（5）保留时间

S－氰戊菊酯约 13.9min（有效异构体），RS－氰戊菊酯约 12.2min，SR－氰戊菊酯约 12.7min，RR－氰戊菊酯 14.7min。

二十八、驱蚊酯（ethyl butylacetylaminopropionate）

产品剂型　驱蚊液、驱蚊花露水、液剂、驱蚊霜。

防治对象　蚊。

理化性状　外观为无色或微黄色液体。熔点 20℃，沸点 300℃，密度 0.998 g/cm³（25℃），蒸气压 0.15 Pa（20℃）。溶解性（g/L）：水 70±3，丙酮＞1000、甲醇 865、乙腈＞1000、二氯甲烷＞1000、正庚烷＞1000。

定量分析　采用气相色谱法。

（1）方法提要

试样用三氯甲烷溶解，以林丹为内标，用 HP－5 毛细管柱和 FID 检测器，对试样中的驱蚊酯进行气相色谱分离和测定。

（2）试剂

标样：驱蚊酯，已知质量分数，99.0%；内标物：林丹，不含干扰分析的杂质；

溶剂：三氯甲烷。

（3）仪器

气相色谱仪，具有氢火焰离子化检测器（FID）；色谱数据处理机或色谱化学工作站。

色谱柱：HP－5 30m×0.32mm（i.d.）×0.25μm 膜厚。

（4）操作条件

温度（℃）：柱室 175，汽化室 230，检测室 230；

气体流速（ml/min）：载气（N₂）1.0，氢气30，空气300；

进样量：1.0μl；试样浓度：有效成分0.5mg/ml，内标0.5mg/ml。

（5）峰保留时间

驱蚊酯约3.9min，林丹约5.0min。

二十九、炔丙菊酯（prallethrin）

产品剂型　气雾剂、电热蚊香片、电热蚊香液、蚊香。

防治对象　蚊、蝇、蜚蠊、蚂蚁、跳蚤。

理化性状　ISO通用名称prallethrin定义的是8个异构体的外消旋混合物，但这里所用的数据来自（S，1R trans）和（S，1R cis）异构体比例4∶1的混合物。原药为黄色到黄褐色液体。沸点313.5℃（大气压），蒸气压<0.013mPa（23.1℃），K_{ow}logP=4.49（25℃），亨利常数<4.9×10⁻⁴ Pa·m³/mol，密度1.03g/cm³（20°C）。溶解性：水8mg/L（25℃），己烷、甲醇、二甲苯>500（g/kg，20～25℃）。稳定性：在一般贮存条件下，至少可以稳定贮存2年。闪点139℃（马顿闭口杯测试法）。

定量分析　采用气相色谱法，（S，1R trans）和（S，1R cis）异构体比例4∶1的混合物。

1. 炔丙菊酯总酯含量测定方法

（1）方法提要

试样用三氯甲烷溶解，以邻苯二甲酸二丁酯为内标，用HP-5毛细管柱和FID检测器，对试样中的炔丙菊酯进行气相色谱分离和测定。

（2）试剂

标样：炔丙菊酯，已知质量分数，99.0%；

内标物：邻苯二甲酸二丁酯，不含干扰分析的杂质；溶剂：三氯甲烷。

（3）仪器

气相色谱仪，具有氢火焰离子化检测器（FID）；色谱数据处理机或色谱化学工作站。

色谱柱：HP-5 30m×0.32mm（i.d.）×0.25μm膜厚。

（4）操作条件

温度（℃）：柱室210，汽化室250，检测室250；

气体流速（ml/min）：载气（N₂）1.0，氢气30，空气300；

进样量：1.0μL；试样浓度：有效成分0.5mg/ml，内标0.5mg/ml。

（5）峰保留时间

炔丙菊酯约7.2min，邻苯二甲酸二丁酯约4.9min。

2. 菊酸部分的测定

（1）试剂：正己烷、乙酸、甲醇、氢氧化钾、盐酸、硫酸钠、水；1∶1稀盐酸；1mol/L氢氧化钾甲醇溶液。

（2）仪器

液相色谱仪：Waters-Alliance 2695-2996。

色谱柱：CHIRAL OA-2200不锈钢柱，250mm×4.6mm，5μm。

（3）试验条件

流动相：正己烷∶乙酸=1000∶1；

流速：1.0ml/min；柱温：常温；

检测波长：230nm；样品溶液浓度：5mg/ml；进样量：5.0μl。

（4）测定步骤

样品溶液的配制：称取试样约0.15mg（精确至0.0002 g）于100 ml圆底烧瓶中，加入5ml甲醇溶解，加入1 mol/L氢氧化钾甲醇溶液20ml，在水浴上回流30 min后冷却，将反应物全部转移到分液漏斗中。用 30 ml 正己烷分三次振荡洗涤，合并正己烷层，供做炔丙醇酮部分异构体比例的测定之用（试样溶液 A）。

水层用稀盐酸 10ml 酸化，再用 10ml 流动相萃取炔丙菊酯菊酸的部分。用 5g 无水硫酸钠干燥流动相层后，过滤，得试样溶液 B 进行色谱分析。

（5）峰保留时间

1R－反式异构体约 30min、1S－反式异构体约 32min、1R－顺式异构体约 33min、1S－顺式异构体约 35min。

（6）计算

用面积归一法计算反式异构体或 1R 异构体的比例。注意，顺式体与反式体的单位质量的响应值是不同的，顺式体面积需乘以系数 0.82（参照 CIPAC 方法）。

3. 醇部分的测定

（1）仪器

液相色谱仪：Waters－Alliance 2695－2996；

色谱柱：Sumichiral OA－4700 不锈钢柱，250mm×4.6mm，5μm；

（2）试验条件

流动相：正己烷：乙醇＝1000：20；

流速：1.0ml/min；柱温：常温；

检测波长：230nm；样品溶液浓度：5mg/ml；进样量：5.0μl。

（3）测定步骤

将试样溶液 A 加入无水硫酸钠 5g 进行干燥，然后过滤。取 5μl 注入色谱仪进行测定。

（4）峰保留时间

S－异构体约 30min、R－异构体约 32min。

（5）计算

按下式计算 S－异构体的比例 K：

$$K = \frac{A_S}{A_S + A_R}$$

式中　A_S——S－异构体的峰面积；

　　　A_R——R－异构体的峰面积。

三十、炔咪菊酯（imiprothrin）

产品剂型　气雾剂。

防治对象　蚊、蝇、蜚蠊、蚂蚁、尘螨、跳蚤。

理化性状　黏稠液体。蒸气压 1.8×10^{-3} mPa（25℃），K_{ow} logP＝2.9（25℃），密度 1.1g/cm³（20℃）。溶解度：水 93.5mg/L（25℃）。稳定性：水解半衰期 < 1d（pH9）、59d（pH7）、稳定（pH5）。闪点 141℃（闭口杯法）。

定量分析　采用气相色谱法。

（1）方法提要

试样用丙酮溶解，以邻苯二甲酸二环己酯为内标物，使用 HP－5 毛细管柱和氢火焰离子化检测器，对试样中的炔咪菊酯进行气相色谱分离和测定，内标法定量。

（2）试剂和溶液

丙酮：分析纯；炔咪菊酯标样：已知质量分数，≥98.0%；

内标物：邻苯二甲酸二环己酯，不应含有干扰分析的杂质。

（3）仪器

气相色谱仪，具有氢火焰离子化检测器，分流/不分流进样口；色谱数据处理机或色谱工作站。

色谱柱：30m×0.32mm（i. d.）HP－5 毛细管柱，膜厚 0.25μm。

（4）气相色谱操作条件

温度（℃）：柱室 250，汽化室 270，检测室 270；

气体流量（ml/min）：载气（N₂）1.5，氢气 30，空气 300；

分流比：50∶1；进样体积：1.0μl；

试样溶液浓度：炔咪菊酯 1.0mg/ml，邻苯二甲酸二环己酯 0.5mg/ml。

（5）保留时间

炔咪菊酯约 3.6min，邻苯二甲酸二环己酯约 5.5min。

三十一、杀螟硫磷（fenitrothion）

产品剂型　气雾剂、饵剂、可湿性粉剂。

防治对象　蚊、蝇、蜚蠊。

理化性状　黄褐色液体，具有轻微的特殊气味。熔点 0.3℃，沸点 140～145℃，蒸气压 18mPa（20℃），$K_{ow} \log P = 3.43$（20℃），密度 1.328g/cm³（25℃）。溶解度：水 14mg/L（30℃），易溶于乙醇、酯、酮、芳香烃和氯化烷烃，正己烷 24，异丙醇 138（g/L，20℃）。稳定性：在通常条件下相对稳定不易水解，半衰期 108.8d（pH4）、84.3d（pH7）、75d（pH9）（22℃）。闪点 157℃。

定量分析　采用气相色谱法。

（1）方法提要

试样用丙酮溶解，以邻苯二甲酸二丙烯酯为内标物，使用 HP－5 毛细管柱和氢火焰离子化检测器，对试样中的杀螟硫磷进行气相色谱分离和测定，内标法定量。

（2）试剂和溶液

丙酮：分析纯；杀螟硫磷标样：已知质量分数，≥99.0%；

内标物：邻苯二甲酸二丙烯酯，不应含有干扰分析的杂质。

（3）仪器

气相色谱仪，具有氢火焰离子化检测器，分流/不分流进样口；色谱数据处理机或色谱工作站。

色谱柱：30m×0.32mm（i. d.）HP－5 毛细管柱，膜厚 0.25μm。

（4）气相色谱操作条件

温度（℃）：柱室 200，汽化室 230，检测室 270；

气体流量（ml/min）：载气（N₂）1.5，氢气 30，空气 300；

分流比：50∶1；进样体积：1.0μl；

试样溶液浓度：杀螟硫磷 1.0mg/ml，邻苯二甲酸二丙烯酯 0.5mg/ml。

（5）保留时间

杀螟硫磷约 5.6min，邻苯二甲酸二丙烯酯约 3.9min。

三十二、苄呋菊酯（resmethrin）

理化性状　含有 20%～30%（1RS）－顺式异构体和 80%～70%（1RS）－反式异构体。熔点 56.5℃（纯 1RS 反式异构体），沸点 ＞180℃会分解，蒸气压 ＜0.01 mPa（25℃），$K_{ow} \log P ＞ 5.43$（25℃）。溶解性：水 ＜37.9mg/L（25℃），易溶于乙醇、丙酮、三氯甲烷、二氯甲烷、乙酸乙酯、甲苯。稳定性：对热、氧化剂稳定。光照射迅速分解，在碱性环境中易分解。旋光度 $[\alpha]_D^{20} -1°$ 至 $+1°$。闪点 129℃。

定量分析　采用气相色谱法。

（1）方法提要

试样用三氯甲烷溶解，以邻苯二甲酸二辛酯为内标，用 DB－1 毛细管柱和 FID 检测器，对试样中的苄呋菊酯进行气相色谱分离和测定。

（2）试剂

标样：苄呋菊酯，已知质量分数，99.0%；

内标物：邻苯二甲酸二辛酯，不含干扰分析的杂质；溶剂：三氯甲烷。

（3）仪器

气相色谱仪，具有氢火焰离子化检测器（FID）；色谱数据处理机或色谱化学工作站。

色谱柱：DB-1 30m×0.32mm（i.d.）×0.25μm 膜厚。

（4）操作条件

温度（℃）：柱室 240，汽化室 260，检测室 260；

气体流速（ml/min）：载气（N_2）1.0，氢气 30，空气 300；

进样量：1.0μl；试样浓度：有效成分 0.5mg/ml，内标 0.5mg/ml。

（5）峰保留时间

苄呋菊酯约 5.7min，邻苯二甲酸二辛酯约 4.2min。

定量分析　也可以采用高效液相色谱法。

（1）方法概述

试样用乙腈溶解，以乙腈+水为流动相，使用 NOVA-PAKE C_{18}ODS 不锈钢柱和可变波长紫外检测器在 210nm 波长下，用外标定量法对苄呋菊酯含量进行分离测定。

（2）试剂

标样：苄呋菊酯，已知质量分数，99.0%；溶剂：色谱级乙腈，超纯水。

（3）仪器

液相色谱仪：Waters-Alliance 2695-2487。

色谱柱：NOVA-PAKE C_{18}ODS 不锈钢柱，150mm×3.9mm（i.d.），粒度 5μm。

（4）试验条件

流动相：乙腈：水=80:20（体积比）；流速：1.0ml/min；柱温：30℃；

检测波长：220nm；样品溶液浓度：1mg/ml；进样量：5.0μL。

（5）保留时间

t_R=10.2、10.8min。

三十三、右旋苄呋菊酯（d-resmethrin）

理化性状　无色到淡黄的液体，室温下有时部分结晶。蒸气压原药 0.45 mPa（20℃）。密度 1.040 g/cm³（20℃）。稳定性：紫外线照射会分解。

定量分析　采用气相色谱法。

（1）方法概述

试样用乙酸乙酯溶解，以 TBDM-β-CD 毛细管柱和 FID 检测器，对试样中的苄呋菊酯 4 个异构体进行气相色谱分离和测定。

（2）试剂

标样：右旋苄呋菊酯，已知质量分数，99.0%；溶剂：丙酮。

（3）仪器

气相色谱仪，具有氢火焰离子化检测器（FID）；色谱数据处理机或色谱化学工作站。

色谱柱：TBDM-β-CD 毛细管柱 30m×0.32mm（i.d.）×0.25μm 膜厚。

（4）操作条件

温度（℃）：柱室 150，汽化室 200，检测室 200；

气体流速（ml/min）：载气（N_2）1.0，氢气 30，空气 300；

进样量：1.0μl；试样浓度：有效成分 0.5mg/ml。

（5）计算

根据标样溶液的主峰保留时间确定样品溶液中各异构体的保留时间，用面积归一法计算 1R 顺式和 1R 反式体之和占总酯 的比例系数 k，按下式计算右旋苄呋菊酯质量分数 X（%）：

$$X = kX_总$$

式中　$X_总$——试样中苄呋菊酯的质量分数，%。

三十四、生物苄呋菊酯（bioresmethrin）

产品剂型　气雾剂。

防治对象　蚊、蝇。

理化性状　原药是黄色到褐色的黏性液体，静置时会部分凝固。熔点 32℃，沸点 >180℃，会分解，蒸气压 18.6mPa（25℃），$K_{ow}logP > 4.7$，密度 1.050g/cm³（20℃）。溶解性：水 < 0.3 mg/L（25℃），可溶于乙醇、丙酮、三氯甲烷、二氯甲烷、乙酸乙酯、甲苯和己烷，乙二醇 <10g/L。稳定性：180℃以上会分解，紫外线照射会分解，在碱性环境中易分解，对氧化剂敏感。旋光度 $[\alpha]_D^{20} -5°$ 至 $-9°$（100g/L 乙醇）。闪点 92℃。

定量分析　采用气相色谱法。

（1）方法概述

与生物苄呋菊酯测定方法相同。

（2）计算

根据标样溶液的主峰保留时间确定样品溶液中 4 个异构体的保留时间，用面积归一法计算（1R，3R）体占总酯 的比例系数 k，按下式计算生物苄呋菊酯质量的分数 X（%）：

$$X = kX_总$$

式中　$X_总$——试样中苄呋菊酯的质量分数，%。

三十五、双硫磷（temephos）

产品剂型　颗粒剂。

防治对象　蚊、孑孓。

理化性状　纯品为无色晶体（原药为棕色黏性液体）。熔点 30.0~30.5℃，沸点 120~125℃分解，蒸气压 8×10^{-3} mPa（25℃），$K_{ow}logP = 4.91$，亨利常数 1.24×10^{-1} Pa·m³/mol（25℃），密度 1.32 g/cm³（原药）。溶解性：水 0.03mg/L（25℃），能溶于常见的有机溶剂，如乙醚、芳香烃、氯化烃类，己烷 9.6g/L。稳定性：被强酸强碱水解（pH5~7 时最稳定），不能贮存在 49℃以上。

定量分析　采用反相高效液相色谱法。

（1）方法概述

试样用甲醇溶解，以甲醇 + 水为流动相，使用 ZORABX 80 Extend - C_{18} 不锈钢柱和可变波长紫外检测器在 250nm 波长下，用外标定量法对试样中双硫磷含量进行分离测定。

（2）试剂

标样：双硫磷；溶剂：色谱级甲醇，超纯水。

（3）仪器

液相色谱仪：Agilent - 1100。

色谱柱：ZORABX 80 Extend - C_{18} 不锈钢柱，150mm × 4.6mm（i.d.），粒度 5μm。

（4）试验条件

流动相：甲醇∶水 = 80∶20（体积比）；流速：1.0ml/min；柱温：30℃；检测波长：250nm；样品溶液浓度：1mg/ml；进样量：5.0μl。

（5）保留时间

t_R = 8.4min。

三十六、四氟苯菊酯（transfluthrin）

产品剂型 气雾剂、电热蚊香片、电热蚊香液、电热蚊香块、电热蚊香浆、驱蚊片、喷射剂、蚊香。

防治对象 蚊、蝇、蜚蠊。

理化性状 外观为无色晶体。熔点 32℃，沸点 135℃（10Pa），蒸气压 4.0×10^{-1} mPa（20℃），$K_{ow} \log P$ = 5.46（20℃），亨利常数 2.60Pa·m^3/mol，密度 1.5072g/cm^3（23℃）。溶解性：水中 5.7×10^{-5}g/L（20℃），有机溶剂 > 200 g/L。稳定性：200℃下 5 h 不分解，半衰期 > 1y（水，pH5，25℃）、> 1y（水，pH7，25℃）、14d（水，pH9，25℃）。旋光度 $[\alpha]_D^{29}$ +15.3°（c = 0.5，CHCl$_3$）。

定量分析 采用气相色谱法。

（一）总酯测定方法

（1）方法提要

试样用三氯甲烷溶解，以邻苯二甲酸二丁酯为内标，用 DB - 1 毛细管柱和 FID 检测器，对试样中的四氟苯菊酯进行气相色谱分离和测定。

（2）试剂

标样：四氟苯菊酯，已知质量分数，99.0%；

内标物：邻苯二甲酸二丁酯，不含干扰分析的杂质；溶剂：三氯甲烷。

（3）仪器

气相色谱仪：具有氢火焰离子化检测器（FID）；色谱数据处理机或色谱化学工作站。

色谱柱：DB - 1 30m × 0.32mm（i. d.）× 0.25μm 膜厚。

（4）操作条件

温度（℃）：柱室 190，汽化室 230，检测室 230；

气体流速（ml/min）：载气（N$_2$）1.0，氢气 30，空气 300；

进样量：1.0μl；试样浓度：有效成分 0.5mg/ml，内标 0.5mg/ml。

（5）峰保留时间

四氟苯菊酯约 6.6min，邻苯二甲酸二丁酯约 7.5min。

（二）异构体拆分方法

（1）方法提要

用 Hydrodex - β - 6TBDM（Macherey Nagel）毛细管柱和 FID 检测器，对试样中的四氟苯菊酯异构体进行气相色谱分离和测定。

（2）试剂

标样：四氟苯菊酯，已知质量分数，99.0%；

无水二氯甲烷、甲醇。

（3）仪器

气相色谱仪，具有氢火焰离子化检测器和分流/不分流进样；色谱数据处理机或色谱化学工作站。

色谱柱：Hydrodex - β - 6TBDM 25m × 0.22mm（id）× 0.3μm 膜厚，Macherey Nagel。

（4）操作条件

温度（℃）：汽化室 200，检测室 230。柱室：120℃保持 15min，1℃/min 升至 140℃保持 15min，

1℃/min升至145℃保持10min，1℃/min升至160℃保持10min。

气体流速（ml/min）：载气（N₂）100，氢气30，空气300，氮气（补充气）30。

（5）操作步骤

将样品融化混匀后称取适量样品，用二氯甲烷溶解，配制成有效成分浓度为1mg/ml的试样溶液，进样量1.0μl。

（6）峰保留时间

1R－顺式异构体约68min，1S－顺式异构体约68.5min，1R－反式异构体约75.3min（有效异构体），1S－反式异构体约76.3min。

三十七、四氟甲醚菊酯（dimefluthrin）

产品剂型　电热蚊香片、电热蚊香液、蚊香。

防治对象　蚊。

理化性状　原药外观为浅黄色透明液体，具有特异气味。沸点134～140℃（26.7Pa），密度1.18g/cm³，蒸气压0.91mPa（25℃），与丙酮、乙醇、己烷、二甲基亚砜混溶。

定量分析　采用气相色谱法。

（1）方法提要

试样用三氯甲烷溶解，以邻苯二甲酸二丁酯为内标，用DB－1毛细管柱和FID检测器，对试样中的联苯菊酯进行气相色谱分离和测定。

（2）试剂

标样：四氟甲醚菊酯，已知质量分数，99.0%；

内标物：邻苯二甲酸二丁酯，不含干扰分析的杂质；

溶剂：三氯甲烷。

（3）仪器

气相色谱仪，具有氢火焰离子化检测器（FID）；色谱数据处理机或色谱化学工作站。

色谱柱：DB－1 30m×0.32mm（i.d.）×0.25μm膜厚。

（4）操作条件

温度（℃）：柱室200，汽化室250，检测室250；

气体流速（ml/min）：载气（N₂）1.0，氢气30，空气300；

进样量：1.0μl；试样浓度：有效成分0.5mg/ml，内标0.5mg/ml。

（5）峰保留时间

四氟甲醚菊酯约8.7min，邻苯二甲酸丁酯约6.5min。

三十八、四氟醚菊酯（tetramethylfluthrin，sifumijvzhi）

产品剂型　气雾剂、电热蚊香液、蚊香、驱蚊片。

防治对象　蚊、蝇、蜚蠊。

理化性状　原药外观为淡黄色透明液体。熔点10℃，沸点110℃（0.1mPa）。溶解性：难溶于水，易溶于有机溶剂。

定量分析　采用气相色谱法。

（1）方法提要

试样用三氯甲烷溶解，以邻苯二甲酸二丁酯为内标，用HP－5毛细管柱和FID检测器，对试样中的四氟醚菊酯进行气相色谱分离和测定。

（2）试剂

标样：四氟醚菊酯，已知质量分数，99.0%；

内标物：邻苯二甲酸二丁酯，不含干扰分析的杂质；溶剂：三氯甲烷。

（3）仪器

气相色谱仪，具有氢火焰离子化检测器（FID）；色谱数据处理机或色谱化学工作站。

色谱柱：HP – 5 30m × 0.32mm（i.d.）×0.25μm 膜厚。

（4）操作条件

温度（℃）：柱室 185，汽化室 250，检测室 250；

气体流速（ml/min）：载气（N_2）1.0，氢气 30，空气 300；

进样量：1.0μL；试样浓度：有效成分 0.5mg/ml，内标 0.5mg/ml。

（5）峰保留时间

四氟醚菊酯 9.5min，邻苯二甲酸二丁酯约 7.6min。

三十九、四聚乙醛（metaldehyde）

产品剂型　悬浮剂。

防治对象　钉螺。

理化性状　结晶粉末。熔点 246℃，沸点 112 ~ 115℃，蒸气压 6.6×10^{-3} mPa（25℃），K_{ow} logP = 0.12，密度 1.27g/cm^3（20℃）。溶解度（mg/L，20℃）：水 222，甲苯 530，甲醇 1730。稳定性：超过 112℃解聚并升华。闪点 50 ~ 55℃（阿贝尔闭口杯法）。

定量分析　采用气相色谱法。

（1）方法提要

试样用三氯甲烷溶解，以邻苯二甲酸二甲酯为内标物，使用 HP – 5 毛细管柱和氢火焰离子化检测器，对试样中的四聚乙醛进行气相色谱分离和测定。

（2）试剂和溶液

三氯甲烷：分析纯；四聚乙醛标样：已知质量分数，≥99.0%；

内标物：邻苯二甲酸二甲酯，不应含有干扰分析的杂质。

（3）仪器

气相色谱仪，具有氢火焰离子化检测器，分流/不分流进样口；色谱数据处理机或色谱工作站。

色谱柱：30m × 0.32mm（i.d.）HP – 5 毛细管柱，膜厚 0.25μm。

（4）气相色谱操作条件

温度（℃）：柱室 120，汽化室 150，检测室 270；

气体流量（ml/min）：载气（N_2）1.5，氢气 30，空气 300；

分流比：50∶1；进样体积：1.0μl；

试样浓度：四聚乙醛 1.0mg/ml，邻苯二甲酸二甲酯 0.5mg/ml。

（5）保留时间

四聚乙醛约 3.3min，邻苯二甲酸二甲酯约 15.5min。

四十、右旋烯丙菊酯［allethrin（1R – 异构体）］

产品剂型　气雾剂、电热蚊香液、电热蚊香片、蚊香。

防治对象　蚊。

理化性状　d – allethrin 的组成中（1R）– 异构体含量≥95%，其中（1R）– 反式 – 异构体≥75%。原药为黄色至黄褐色液体。沸点 281.5℃（0.101MPa），蒸气压 0.16 mPa（21℃），K_{ow} logP = 4.96（室温），密度 1.01 g/cm^3（20℃）。溶解性：不溶于水，正己烷 0.655、甲醇 72.0（g/ml，20℃）。稳定性：紫外光下分解，碱性条件下水解。闪点 87℃。

定量分析　采用气相色谱法（参见 S – 生物烯丙菊酯）。

四十一、生物烯丙菊酯（bioallethrin）

理化性状　橙黄色黏性液体。熔点尚未被证实，在 –40℃ 观察不到结晶，沸点 165～170℃（20Pa），蒸气压 43.9 mPa（25℃），K_{ow} logP = 4.68，亨利常数 2.89 Pa·m³/mol（cacl.），密度 1.012g/cm³（20℃）。溶解度：水 4.6mg/L（25℃），完全溶解于丙酮、乙醇、二氯甲烷、乙酸乙酯、己烷、甲苯和二氯甲烷（20℃）。稳定性：紫外线照射分解；半衰期 1410.7 d（水，pH5）、547.3d（水，pH7）、4.3d（水，pH9）。旋光度：$[\alpha]_D^{20}$ –18.5° 至 –22.5°（50g/L 甲苯）。闪点 87℃。

定量分析　采用气相色谱法（参见 S – 生物烯丙菊酯）。

四十二、S – 生物烯丙菊酯（S – bioallethrin）

理化性状　橙黄色黏性液体。熔点暂无数据，在 –40℃ 未观察到结晶。沸点 165～170℃（20Pa）（OMS 3046）、163～170℃（20Pa）（OMS 3045），蒸气压 44 mPa（25℃），K_{ow} logP = 4.68，亨利常数 1.0Pa·m³/mol，密度 1.010g/cm³（20℃）。溶解度：水 4.6mg/L（20℃），在乙醇、丙酮、二氯甲烷、二异丙醚、甲苯、正己烷、三氯甲烷、乙酸乙酯、甲醇、正辛醇和石油等溶剂中完全互溶（20℃）。稳定性：紫外线照射分解。旋光度：OMS 3046：$[\alpha]_D^{20}$ – 47.5° 至 – 55°（50g/L 甲苯）、OMS 3045：$[\alpha]_D^{20} \geq$ – 37°（50 g/L 甲苯）。闪点 113℃（开口测试法）。

定量分析

1. 烯丙菊酯总酯质量分数测定方法

（1）方法提要

试样用丙酮溶解，以邻苯二甲酸二正丁酯为内标，用 HP – 5 毛细管柱和 FID 检测器，对试样中的烯丙菊酯进行气相色谱分离和测定。

（2）试剂

标样：烯丙菊酯，已知质量分数，99.0%；

内标物：邻苯二甲酸二丁酯，不含干扰分析的杂质；溶剂：丙酮。

（3）仪器

气相色谱仪，具有氢火焰离子化检测器（FID）；色谱数据处理机或色谱化学工作站。

色谱柱：HP – 5 30m×0.32mm（i.d.）×0.25μm 膜厚。

（4）操作条件

温度（℃）：柱室 210，汽化室 250，检测室 250；

气体流速（ml/min）：载气（N₂）30，氢气 30，空气 300；

进样量：1.0μl；

试样浓度：有效成分 1 mg/ml，内标 1 mg/ml。

（5）峰保留时间

烯丙菊酯约 8.3 min，邻苯二甲酸二正丁酯约 6.3 min。

2. 右旋或右旋反式烯丙菊酯含量测定（气相色谱法 – 皂化法）

（1）方法概述

试样经皂化、酸化和酰氯化处理后与 L – 薄荷醇酯化，使用 DB – 210 三氟丙基甲基聚硅氧烷交联键合毛细管柱和氢火焰离子化检测器，对上述酯化产物进行气相色谱分离和测定，测出右旋和右旋反式菊酸 – L – 薄荷酯所占比例，计算出右旋和右旋反式烯丙菊酯的质量分数。

（2）试剂

标样：右旋反式烯丙菊酯，已知质量分数；

L – 薄荷醇，已知质量分数，100%（e.e）；

亚硫酰氯，新蒸馏，称取 0.8g 亚硫酰氯（精确至 0.1g）溶解于 500 ml 蒸馏水，用甲醇稀释至 1000ml；

甲醇，分析纯；甲苯，分析纯；吡啶，分析纯；石油醚（60~90℃），分析纯。

（3）仪器

恒温水浴、油浴；水抽真空泵；磁力搅拌器；

气相色谱仪，具有氢火焰离子化检测器（FID）；色谱数据处理机或色谱化学工作站；

色谱柱：0.32mm（内径）×30m×0.25μm（膜厚）DB-210 三氟丙基甲基聚硅氧烷交联键合石英毛细管柱。

（4）操作条件

温度（℃）：柱室 135，汽化室 200，检测室 200；

气体流速（ml/min）：载气（N_2）20，氢气 25，空气 250；

进样量：2.0μl，不分流进样。

（5）测定步骤

样品溶液的配制：称取试样约 0.06 g（精确至 0.0002 g）于 100 ml 圆底烧瓶中，加入 1 mol/L 氢氧化钾甲醇溶液 20ml，在水浴上回流 30 min 后冷却，加 20 ml 蒸馏水稀释，用 30 ml 三氯甲烷分三次振荡洗涤，每次洗涤后用吸管吸取、合并三氯甲烷层，供做烯丙醇酮部分异构体比例的测定之用（试样溶液 A）。

水层用 10% 盐酸 8ml 酸化，再用 30ml 三氯甲烷萃取三次，将含菊酸的三氯甲烷层并入 50ml 三角烧瓶中，用无水硫酸钠干燥后，抽滤，并用水抽真空泵脱除三氯甲烷，留下菊酸用 4ml 石油醚溶解，加吡啶约 20μL；于室温磁力搅拌下，缓缓滴加 1ml 亚硫酰氯的石油醚溶液，合计反应 1h 后，再用水抽真空泵在 40℃ 下脱尽溶剂挥发物，立即向制得的菊酰氯中加 2ml 甲苯和约 0.07g（精确至 0.0002g）L-薄荷醇，轻掩瓶塞，浸入 100℃ 硅油浴中酯化 1.5h，取出冷却后待测（试样溶液 B）。

（6）峰保留时间（试样溶液 B）

顺式菊酸-L-薄荷酯约 4.3min；左旋反式菊酸-L-薄荷酯约 4.8min；右旋反式菊酸-L-薄荷酯约 5.5min。

（7）计算右旋或右旋反式烯丙菊酯质量分数

用面积归一法计算出右旋或右旋反式烯丙菊酯占总酯的比例 k_1，用 k_1 乘以总酯含量即得出相关异构体的含量。

3. S-生物烯丙菊酯含量测定方法

（1）方法概述

试样溶液 A 在 30m×0.32mm（i.d.）×0.25μm（膜厚）10% 二甲基-β-环糊精手性石英毛细管柱上作气相色谱分析，使 S-与 R-烯丙醇酮分离。

（2）操作条件

温度（℃）：柱室 150，汽化室 180，检测室 180；

气体流速（ml/min）：载气（N_2）20，氢气 25，空气 250；

进样量：2.0μL，不分流进样。

（3）峰保留时间

S-烯丙醇酮约 20.6min；R-烯丙醇酮约 21.8min。

（4）计算 S-生物烯丙菊酯含量

用面积归一法计算出 S-烯丙醇酮占总烯丙醇酮的比例 k_2，用 k_2 乘以生物烯丙菊酯含量得出 S-生物烯丙菊酯含量。

四十三、辛硫磷（phoxim）

产品剂型 可溶液剂、乳油。

防治对象　蚊、蝇。

理化性状　黄色液体（原药为红褐色油状液体）。熔点＜－23℃，沸点：蒸馏时分解，蒸气压 0.18mPa（20℃），K_{ow} logP＝4.104，密度 1.18g/cm³（20℃）。溶解度（g/L，20℃）：水 0.0034，二甲苯、异丙醇、聚乙二醇、正辛烷、乙酸乙酯、二甲基亚砜、二氯甲烷、乙腈、丙酮＞250、正庚烷 136。稳定性：水解比较缓慢；半衰期 26.7d（pH4）、7.2d（pH7）、3.1d（pH9）（22℃）；在紫外光照下逐渐分解。

定量分析　采用高效液相色谱法。

（1）方法提要

试样用甲醇溶解，以甲醇和水为流动相，使用以 ZORABX SB－C₁₈ 为填料的不锈钢柱和可变波长紫外检测器，对试样中的辛硫磷进行反相高效液相色谱分离和测定，外标法定量。

（2）试剂和溶液

甲醇：色谱纯；水：新蒸二次蒸馏水；辛硫磷标样：已知质量分数，≥99.0%。

（3）仪器

高效液相色谱仪，具有可变波长紫外检测器；色谱数据处理机或色谱工作站。

色谱柱：250mm×4.6mm（i.d.）不锈钢柱，内装 ZORABX SB－C₁₈、5μm 填充物。

（4）高效液相色谱操作条件

流动相：甲醇：水＝85：15（体积比）；流量：1.0ml/min；柱温：30℃；检测波长：280nm；进样体积：5.0μl；试样溶液浓度：0.5mg/ml。

（5）保留时间

辛硫磷约 4.7min。

四十四、右旋烯炔菊酯（empenthrin）

产品剂型　防蛀片剂。

防治对象　黑皮蠹。

理化性状　淡黄色液体。熔点 295.5℃（0.101MPa），蒸气压 14mPa（23.6℃），亨利常数 3.5×10Pa·m³/mol，密度 0.927g/cm³（20℃）。溶解性：水 0.111mg/L（25℃），完全与己烷、丙酮、甲醇混溶（20℃），稳定性：常温下可稳定贮存 2 年以上。闪点 107℃。

定量分析　采用气相色谱法。

（1）方法提要

试样用三氯甲烷溶解，以邻苯二甲酸二丁酯为内标，用 DB－1 毛细管柱和 FID 检测器，对试样中的烯炔菊酯进行气相色谱分离和测定。

（2）试剂

标样：烯炔菊酯，已知质量分数，99.0%；

内标物：邻苯二甲酸二丁酯，不含干扰分析的杂质；溶剂：三氯甲烷。

（3）仪器

气相色谱仪，具有氢火焰离子化检测器（FID）；色谱数据处理机或色谱化学工作站。

色谱柱：DB－1 30m×0.32mm（i.d.）×0.25μm 膜厚。

（4）操作条件

温度（℃）：柱室 200，汽化室 250，检测室 250；

气体流速（ml/min）：载气（N₂）1.0，氢气 40，空气 400；

进样量：1.0μl；试样浓度：有效成分 0.5mg/ml，内标 0.5mg/ml。

（5）峰保留时间

烯炔菊酯约 4.06、4.13、4.18、4.29min，邻苯二甲酸二丁酯约 7.0min。

四十五、溴氰菊酯（deltamethrin）

产品剂型 驱蚊帐、悬浮剂、可湿性粉剂、水分散片剂、气雾剂、粉剂、饵剂、笔剂。

防治对象 蚊、蝇、蜚蠊、蚂蚁、臭虫。

理化性状 无色晶体。熔点 $100 \sim 102℃$，蒸气压 1.24×10^{-5} mPa（25℃），K_{ow} logP = 4.6（25℃），密度 $0.55 g/cm^3$（25℃）。溶解度：水 <0.2（g/L，25℃），二氧杂环乙烷900，环己酮750，二氯甲烷700，丙酮500，苯450，二甲基亚砜450，二甲苯250，乙醇15，异丙醇6（g/L，20℃）。稳定性：在空气中非常稳定，190℃以下稳定；在紫外线和日光照射下，会造成顺、反异构体相互转化、酯键断裂和溴原子丢失等现象发生；在酸性介质比碱性介质中稳定；半衰期31d（pH8）、2.5d（pH9），在pH5和7时稳定。比旋光度 $[\alpha]_D$ +61°（40g/L 苯）

定量分析 采用气相色谱法。

（1）方法提要

试样用丙酮溶解，以邻苯二甲酸二环己酯为内标物，使用 HP-5 毛细管柱和氢火焰离子化检测器，对试样中的溴氰菊酯进行气相色谱分离和测定，内标法定量。

（2）试剂和溶液

丙酮：分析纯；溴氰菊酯标样：已知质量分数，≥99.0%；

内标物：邻苯二甲酸二环己酯，不应含有干扰分析的杂质。

（3）仪器

气相色谱仪，具有氢火焰离子化检测器，分流/不分流进样口；色谱数据处理机或色谱工作站。

色谱柱：30m×0.32mm（i.d.）HP-5 毛细管柱，膜厚 0.25μm。

（4）气相色谱操作条件

温度（℃）：柱室270，汽化室290，检测器290；

气体流量（ml/min）：载气（N_2）1.5，氢气30，空气300；

分流比：50:1；进样量：1.0μl；

试样溶液浓度：溴氰菊酯1.0mg/ml，邻苯二甲酸二环己酯1.0mg/ml。

（5）保留时间

溴氰菊酯约10.7min，邻苯二甲酸二环己酯约4.3min。

四十六、乙酰甲胺磷（acephate）

产品剂型 饵剂。

防治对象 蜚蠊、蚂蚁。

理化性状 纯品为无色结晶，原药纯度 >97%，为无色固体。熔点 $88 \sim 90℃$（原药 $82 \sim 89℃$），蒸气压 0.226mPa（24℃），K_{ow} logP = -0.89，密度 $1.35 g/cm^3$（20℃）。溶解度（g/L，20℃）：水790，丙酮151，乙醇 >100，乙酸乙酯35，苯16，正己烷0.1。稳定性：水解半衰期50d（水 pH5~7，21℃），光解半衰期55h（λ=253.7nm）。

定量分析 采用气相色谱法。

（1）方法提要

试样用丙酮溶解，以邻苯二甲酸二丙烯酯为内标物，使用 HP-5 毛细管柱和氢火焰离子化检测器，对试样中的乙酰甲胺磷进行气相色谱分离和测定，内标法定量。

（2）试剂和溶液

丙酮：分析纯；乙酰甲胺磷标样：已知质量分数，≥99.0%；

内标物：邻苯二甲酸二丙烯酯，不应含有干扰分析的杂质。

（3）仪器

气相色谱仪，具有氢火焰离子化检测器，分流/不分流进样口；色谱数据处理机或色谱工作站。

色谱柱：30m×0.32mm（i.d.）HP-5毛细管柱，膜厚0.25μm。

（4）气相色谱操作条件

温度（℃）：柱室190，汽化室220，检测室270；

气体流量（ml/min）：载气（N₂）1.5，氢气30，空气300；

分流比：50:1；进样体积：1.0μl；

试样溶液浓度：乙酰甲胺磷1.0mg/ml，邻苯二甲酸二丙烯酯0.3mg/ml。

（5）保留时间

乙酰甲胺磷约2.6min，邻苯二甲酸二丙烯酯约4.7min。

定量分析方法　也可以采用高效液相色谱法。

（1）方法提要

试样用流动相溶解，以乙腈和水为流动相，使用以ZORBAX SB-C₁₈为填料的不锈钢柱和可变波长紫外检测器，对试样中的乙酰甲胺磷进行反相高效液相色谱分离和测定，外标法定量。

（2）试剂和溶液

乙腈：色谱纯；水：新蒸二次蒸馏水；磷酸：分析纯；

乙酰甲胺磷标样：已知质量分数，≥99.0%。

（3）仪器

高效液相色谱仪，具有可变波长紫外检测器；色谱数据处理机或色谱工作站。

色谱柱：250mm×4.6mm（i.d.）不锈钢柱，内装ZORBAX SB-C₁₈、5μm填充物。

（4）高效液相色谱操作条件

流动相：乙腈：水（0.1%磷酸）=10:90（体积比）；

流速：1.0ml/min；柱温：30℃；检测波长：210nm；

进样体积：5.0μl；试样溶液浓度：0.4mg/ml。

（5）保留时间

乙酰甲胺磷约5.6min。

四十七、茚虫威 （indoxacarb）

产品剂型　饵剂。

防治对象　蜚蠊。

理化性状　白色粉末。熔点88.1℃，蒸气压2.5×10⁻⁵mPa（25℃），K_{ow} logP=4.65，密度1.44g/cm³（20℃）。溶解度（25℃）：水0.20mg/L，正辛醇14.5g/L，甲醇103g/L，乙腈139g/L，丙酮>250g/kg。稳定性：水解半衰期1y（pH5）、22d（pH7）、0.3h（pH9）（25℃）。

定量分析　采用高效液相色谱法。

（1）方法提要

试样用流动相溶解，以正己烷和异丙醇为流动相，使用CHIRALECL OD-H不锈钢柱和可变波长紫外检测器，对试样中的茚虫威进行正相高效液相色谱分离和测定，外标法定量。

（2）试剂和溶液

正己烷：色谱纯；异丙醇：色谱纯；

茚虫威标样：已知质量分数，≥99.0%。

（3）仪器

高效液相色谱仪，具有可变波长紫外检测器；色谱数据处理机或色谱工作站。

色谱柱：250mm×4.6mm（i.d.）不锈钢柱，内装CHIRALECL OD-H、5μm填充物。

（4）高效液相色谱操作条件

流动相：正己烷∶异丙醇＝70∶30（体积比）；

流量：1.0ml/min；柱温：25℃；检测波长：310nm；

进样体积：10.0μl；试样溶液浓度：0.5mg/ml。

（5）保留时间

茚虫威约12.6min（有效异构体），异构体约10.8min。

四十八、樟脑（camphor）

产品剂型 防蛀片剂、防蛀球剂。

防治对象 黑皮蠹。

理化性状 外观为白色结晶性粉末或无色半透明固体，有刺激性臭味。常温下易蒸发，燃烧时发生黑烟及有光的火焰。溶解性：极易溶于氯仿，在乙醇、乙醚、脂肪油或挥发油中易溶，微溶于水。

定量分析 采用反相高效液相色谱法。

（1）方法概述

试样用甲醇溶解，以甲醇＋水为流动相，使用 Hypersil C_{18} ODS 不锈钢柱和可变波长紫外检测器在286nm 波长下，用外标定量法对试样中樟脑含量进行分离测定。

（2）试剂

标样：樟脑，已知质量分数，99.0%；溶剂：色谱级甲醇，超纯水。

（3）仪器

液相色谱仪：Agilent－1200；

色谱柱：Hypersil C_{18} ODS 不锈钢柱，150mm×4.6mm（i.d.），粒度5μm。

（4）试验条件

流动相：甲醇∶水＝70∶30（体积比）；流速：1.0ml/min；柱温：30℃；

检测波长：286nm；样品溶液浓度：1mg/ml；进样量：5.0μl。

（5）保留时间

t_R ＝5.2min。

附录五　世界卫生组织推荐用于防治公共卫生
害虫的农药品种、剂量范围及应用技术

世界卫生组织（WHO）公布的《用于控制公共卫生害虫的农药及其应用》（Pesticides and Their Application for the Control of Vectorsand Pests of Public Health Importance）中，系统介绍了防治蚊、蝇、蜚蠊、鼠的农药品种、剂量范围及其使用方法，包括用于人体防护的驱避剂和家庭卫生杀虫剂剂型。

一、蚊虫的防治技术及使用剂型

（一）室内滞留喷洒

许多蚊种都已对有机氯类农药产生了抗药性，而有的蚊子则对有机磷类、氨基甲酸酯类和拟除虫菊酯类农药产生了抗药性。因此选择杀虫剂之前，应对蚊子敏感性进行先期评估，长期使用某种杀虫剂时则应定期监测蚊子的抗药性。世界卫生组织推荐用于室内滞留喷洒防治蚊子的农药及其剂量见表39。

表 39　WHO 推荐在室内滞留喷洒防治蚊子的农药

农药	剂量〔g（a.i.）/m²〕	农药	剂量〔g（a.i.）/m²〕
恶虫威 bendiocarb	0.1~0.4	顺式氯氰菊酯 alpha-cypermethrin	0.02~0.03
残杀威 propoxur	1~2	联苯菊酯 bifenthrin	0.25~0.05
滴滴涕 DDT	1~2	氟氯氰菊酯 cyfluthrin	0.25~0.05
杀螟硫磷 fenirothion	2	溴氰菊酯 deltamethrin	0.05~0.025
马拉硫磷 malathion	2	醚菊酯 etofenpox	0.1~0.3
甲基嘧啶磷 pirimiphos-met	1~2	高效氯氟氰菊酯 lambda-cyhaloth	0.05~0.03

（二）驱蚊帐

为防止蚊子透过常规的蚊帐叮咬皮肤，常常采用对人体安全的杀虫剂做成驱蚊帐。含有杀虫剂的驱蚊帐，即使有破损，也可起到很好的防蚊效果。由于菊酯类农药与人体接触也是安全的，对蚊子又有速效、持久的效果，因此菊酯类农药是目前唯一被推荐用于处理蚊帐的杀虫剂种类。但由于日趋增强的抗药性问题，也正在寻找其他可用于处理蚊帐的非菊酯类农药品种。世界卫生组织推荐用于处理蚊帐的农药制剂及剂量见表40。

表 40　WHO 推荐用于处理蚊帐的农药制剂及剂量

农药品种	制剂	每个蚊帐中的剂量①
顺式氯氰菊酯 alpha-cypermethrin	10%悬浮剂②	6ml
氟氯氰菊酯 cyfluthrin	5%乳油	15ml
溴氰菊酯 deltamethrin	1%悬浮剂	40ml
溴氰菊酯 deltamethrin	25%可分散片剂	一片
醚菊酯 etofenprox	10%乳油	30ml
高效氯氟氰菊酯 lambda-cyhalothrin	2.5%微囊悬浮剂	10ml
氯菊酯 permethrin	10%乳油	75ml

①上述剂量基于 WHO 推荐的每平方米蚊帐中的有效成分最高值（顺式氯氰菊酯 20~40mg/m²、氟氯氰菊酯 50mg/m²、溴氰菊酯 10~25mg/m²、醚菊酯 200mg/m²、高效氯氟氰菊酯 10~15mg/m²、氯菊酯 200~500mg/m²）和 15m² 家庭用蚊帐的尺寸以及聚酯或棉质蚊帐对液体的吸收情况。

②以 6% 顺式氯氰菊酯悬浮剂处理时用 10ml。

（三）空间喷雾

空间喷雾是迅速降低蚊虫密度的最有效方式，使用成本较低。世界卫生组织推荐用于空间喷雾的剂型，以及气雾剂或热雾剂防治蚊子的农药品种及其剂量见表41。

表 41　WHO 推荐适用气雾剂和热雾剂防治蚊子的农药

农药	剂量〔g（a.i.）/hm²〕	
	气雾剂	热雾剂
杀螟硫磷 fenirothion	250~300	250~300
马拉硫磷 malathion	112~600	500~600
甲基嘧啶磷 pirimiphos-methyl	230~330	180~200
生物苄呋菊酯 bioresmethrin	5	10
氟氯氰菊酯 cyfluthrin	1~2	1~2
氯氰菊酯 cypermehrin	1~3	–
苯醚氰菊酯 cyphenothrin	2~5	5~10

农药	剂量〔g（a. i.）/hm²〕	
	气雾剂	热雾剂
精右旋苯醚氰菊酯 d，d－trans－cyphenothrin	1～2	2.5～5
溴氰菊酯 deltamethrin	0.5～1	0.5～1
右旋苯醚菊酯 d－phenothrin	5～20	－
醚菊酯 etofenprox	10～20	10～20
高效氯氟氰菊酯 lambda－cyhalothrin	1	1
氯菊酯 permethrin	5	10
苄呋菊酯 resmethrin	2～4	4

（四）室外防孑孓

由于有机氯在环境中存留期长，一般不推荐使用，而高毒性的杀虫剂也不采用。尽管燃油会带来一些生态方面的影响，但在孑孓繁殖区域使用燃油也是一种有效的防治方式。由于菊酯类农药对非靶标生物具有普杀性且易诱发孑孓抗药性，通常不被推荐用作防治孑孓的农药品种。世界卫生组织推荐用于防治孑孓的农药品种、剂型及其剂量见表42。防治污水中的孑孓时，通常采用表中的高剂量。

表42　WHO 推荐用于防治孑孓的农药品种、剂型及其剂量

农药	剂型	有效成分用量（g/hm²）	有效成分 WHO 危害分级
燃油 fuel oil	油剂	142～190L/hm²；在加扩散剂时为 19～47L/hm²	—
苏云金杆菌（以色列亚种）B. thurigiensis ismelensis	水分散粒剂	开放水体中为 125～750g 制剂/hm²；封闭容器中为 1～5mg（a. i.）/L	—
除虫脲 diflubenzuron	可湿性粉剂	25～100	U
烯虫酯 methoprene	乳油	20～40	U
双苯氟脲 novaluron	乳油	10～100	NA
吡丙醚 pyriproxyfen	颗粒剂	5～10	U
毒死蜱 cholrpyrifos	乳油	11～25	Ⅱ
倍硫磷 fenthion	乳油、颗粒剂	22～112	Ⅱ
甲基嘧啶磷 pirimiphos－methyl	乳油	50～500	Ⅲ
双硫磷 temephos	乳油、颗粒剂	56～112	U

二、蝇的防治技术及使用剂型

（一）滞留喷洒

在选择杀虫剂时应对杀虫剂敏感性进行先期评估，因为家蝇对常规杀虫剂的抗药性已经十分普遍，如世界各地的家蝇已经对 DDT 产生了抗药性。家蝇对有机磷农药的抗性也比较普遍，且不断增强；家蝇对氨基甲酸酯类和拟除虫菊酯类农药的抗性也在不断增强。

适用于以滞留喷洒方式防治苍蝇的农药品种及其剂量见表43。悬浮剂、可湿性粉剂和胶悬剂比乳油的滞留效果更好。一般而言，滞留喷洒方式对成蝇产生的抗药性要比以其他处理方式发展得更快，因此不推荐采用拟除虫菊酯农药通过滞留喷洒方式集中进行防治，除非没有更合适的可用农药。若防治幼蝇和成蝇时，采用同一种农药，会增强抗性的发展，因此苍蝇繁殖区的防治处理与苍蝇栖息地的防治处理应选择不同的杀虫剂。

表 43　适用于滞留喷洒方式防治苍蝇的农药品种及其剂量

农药品种	制剂使用浓度（g/L）	有效成分剂量（g/m²）	有效成分 WHO 危害分级	备注
恶虫威 bendiocarb	2 ~ 8	0.1 ~ 0.4	Ⅱ	4
甲基吡噁磷 azamethiphos	10 ~ 15	1.0 ~ 2.0	Ⅲ	1
甲基毒死蜱 chlorpyrifos – methyl	6 ~ 9	0.4 ~ 0.6	U	1 或 5
二嗪磷 diazinon	10 ~ 20	0.4 ~ 0.8	Ⅱ	1
乐果 dimethoate	10 ~ 25	0.046 ~ 0.5	Ⅱ	2
杀暝硫磷 fenitrothion	50	1.0 ~ 2.0	Ⅱ	1
马拉硫磷 malathion	50	1.0 ~ 2.0	Ⅲ	3
二溴磷 naled	10	0.4 ~ 0.8	Ⅱ	4
甲基嘧啶磷 pirimiphos – methyl	12.5 ~ 25	1.0 ~ 2.0	Ⅲ	1
顺式氯氰菊酯 alpha – cypermethrin	0.3 ~ 0.6	0.015 ~ 0.03	Ⅱ	1
高效氯氰菊酯 beta – cypermethrin	1	0.05	Ⅱ	1
高效氟氯氰菊酯 beta – cyfluthrin	0.15	0.0075	Ⅱ	1
联苯菊酯 bifenthrin	0.48 ~ 0.96	0.024 ~ 0.048	Ⅱ	1
氟氯氰菊酯 cyfluthrin	1.25	0.03	Ⅱ	1
氯氰菊酯 cypermehrin	2.5 ~ 10	0.025 ~ 0.1	Ⅱ	1
苯醚氰菊酯 cyphenothrin	—	0.025 ~ 0.05	Ⅱ	1
溴氰菊酯 deltamethrin	0.15 ~ 0.3	0.0075 ~ 0.015	Ⅱ	1
S – 氰戊菊酯 esfenvalerate	0.5 ~ 1	0.025 ~ 0.05	Ⅱ	1
醚菊酯 etofenprox	2.5 ~ 5	0.1 ~ 0.2	U	1
氰戊菊酯 fenvalerate	10 ~ 50	1.0	Ⅱ	2
高效氯氟氰菊酯 lambda – cyhalothrin	0.7	0.01 ~ 0.03	Ⅱ	1
氯菊酯 permethrin	1.25	0.0625	Ⅱ	1
右旋苯醚菊酯 d – phenothrin	—	2.5	U	1

注：1. 也可用于牛奶房、餐馆、食品店。2. 喷洒时应将动物移开；不得用于牛奶房。3. 只有优质马拉硫磷可用于牛奶房或食品加工厂。4. 不得用于牛奶房；喷洒时应将动物移开；2.5g/L（0.25%）浓度下可用于雏鸡场、鸟巢等，无须移开禽类。5. 大禽舍中使用时必须移开禽类，且要隔4h后再放回去。

（二）空间喷雾

空间喷雾是迅速降低室内外苍蝇数量的最有效方式，但由于没有滞留效果，且不杀灭幼蝇和蝇蛹，处理过的区域往往会很快出现新的蝇群。在室内使用时，推荐采用水基型或以脱臭煤油为溶剂的杀虫剂。适用于空间喷雾方式防治苍蝇的农药品种及其剂量见表44，适用于以冷雾剂和热雾剂防治苍蝇的菊酯类农药混剂及其剂量范围见表45。

表 44　适用于以空间喷雾方式防治苍蝇的农药品种及其剂量

农药品种	有效成分剂量（g/hm²）	有效成分 WHO 危害分级
甲基吡恶磷 azamethiphos	100 ~ 150	U
二嗪磷 diazinon	336	Ⅱ
乐果 dimethoate	224	Ⅱ
马拉硫磷 malathion	672	Ⅲ
二溴磷 naled	224	Ⅱ
甲基嘧啶磷 pirimiphos – methyl	250	Ⅲ
生物苄呋菊酯 bioresmethrin	5 ~ 10	U
氯氰菊酯 cypermehrin	2 ~ 5	Ⅱ

农药品种	有效成分剂量（g/hm²）	有效成分WHO危害分级
苯醚氰菊酯 cyphenothrin	5~10	II
精右旋苯醚氰菊酯 d，d-trans-cyphenothrin	2.5~5	NA
溴氰菊酯 deltamethrin	0.5~1	II
S-氰戊菊酯 esfenvalerate	2~4	II
醚菊酯 etofenprox	10~20	U
高效氯氟氰菊酯 lambda-cyhalothrin	0.5~1	II
氯菊酯 permethrin	5~10	II
右旋苯醚菊酯 d-phenothrin	5~20	U
苄呋菊酯 resmethrin	2~4	III

表45 适用于以冷雾剂和热雾剂防治苍蝇的菊酯类农药混剂及其剂量范围

菊酯类混配制剂	有效成分剂量（g/hm²）	
	冷雾剂	热雾剂
氯菊酯 permethrin +	5.0~7.5	5.0~15.0
S-生物烯丙菊酯 s-bioallethrin +	0.075~0.75	0.2~2.0
增效醚 piperonyl butoxide	5.25~5.75	9.0~7.0
生物苄呋菊酯 bioresmethrin +	—	5.5
S-生物烯丙菊酯 s-bioallethrin +	—	11.0~17.0
增效醚 piperonyl butoxide	—	0~56.0
苯醚菊酯 phenothrin +	5.0~12.5	9.0~17.0
胺菊酯 tetramethrin +	2.0~2.5	1.5~16.0
增效醚 piperonyl butoxide	5.0~10.0	2.0~48.0
醚菊酯 ctofenprox +	5.0~10.0	0.18~0.37
除虫菊素 pyrethrins +	5.0~10.0	0.18~0.37
增效醚 piperonyl butoxide	10.0~20.0	10.0~20.0
高效氯氟氰菊酯 lambda-cyhalothrin +	0.5	0.5
胺菊酯 tetramethrin +	1.0	1.0
增效醚 piperonyl butoxide	1.5	1.5
氟氰菊酯 cypermehrin +	2.5	2.8
S-生物烯丙菊酯 s-bioallethrin +	2.0	2.0
增效醚 piperonyl butoxide	10.0	10.0
胺菊酯 tetramethrin +	12.0~14.0	12.0~14.0
右旋苯醚菊酯 d-phenothrin	6.0~7.0	6.0~7.0
右旋胺菊酯 d-tetramethrin +	1.2~2.5	1.2~2.5
苯醚氰菊酯 cyphenothrin	3.7~7.5	3.7~7.5
右旋胺菊酯 d-tetramethrin +	1.2~2.5	1.2~2.5
精右旋苯醚氰菊酯 d，d-trans-cyphenothrin	2.0~8.0	2.0~8.0
溴氰菊酯 deltamethrin +	0.3~0.7	0.3~0.7
S-生物烯丙菊酯 s-bioallethrin +	0.5~1.3	0.16~1.3
增效醚 piperonyl butoxide	1.5	1.5

（三）杀灭蝇幼虫

杀灭蝇幼虫方式在防治苍蝇措施中既有有利的一面，也有不利的一面。苍蝇繁殖场所一般比较集中且不断变化，因此需要多次用药处理，但杀虫剂的渗透和转移将是一个问题，苍蝇天敌也会被杀死，杀虫剂有效浓度不足时又会刺激抗药性发展。由于昆虫调节剂与成蝇杀灭剂没有化学上的相关性，昆虫调节剂是杀灭蝇幼虫的更好药剂（表46）。尽管许多常规农药也对蝇幼虫有良好的效果，但仍应该使用蝇杀灭剂，以降低抗性选择压力。拟除虫菊酯农药通常用作空间喷雾方式。

表46　防治蝇幼虫的昆虫生长调节剂农药品种及其剂量

农药品种	有效成分剂量（g/m^2）	有效成分 WHO 危害分级
除虫脲 diflubenzuron	0.5~1	U
灭蝇胺 cyromazine	0.5~1	U
吡丙醚 pyriproxyfen	0.05~0.1	U
杀铃脲 triflumuron	0.25~0.5	U

（四）饵剂

固体饵剂中有效成分含量一般为 5~20g/kg（即 0.5%~2%），载体为糖或糖拌砂等；液体饵剂中有效成分含量一般为 1~12.5g/L（即 0.1%~1.25%），水中糖的含量为 100~112.5g/L（即 10%~11.25%）。饵剂中还可加入苍蝇引诱剂，如鱼肉、奶酪或家蝇信息素。适用于以毒饵方式防治苍蝇的农药品种见表47。

表47　适用于以毒饵方式防治苍蝇的农药品种

农药品种	有效成分 WHO 危害分级	农药品种	有效成分 WHO 危害分级
多杀霉素 spinosad	U	二嗪磷 diszinon	Ⅱ
残杀威 propoxur	Ⅱ	乐果 dimethoat	Ⅱ
吡虫啉 imidacloprid	Ⅱ	二溴磷 naled	Ⅱ
噻虫嗪 thiamethoxam	NA	辛硫磷 phoxim	Ⅱ
甲基吡恶磷 szamethiphos	Ⅲ	杀铃脲 triflumuron	Ⅱ

三、蜚蠊的防治技术及使用剂型

蜚蠊俗称蟑螂，防治方法包括使用饵剂、膏剂或滞留喷洒方式，但抗药性是一个突出问题，研究发现，最常见的德国蜚蠊对有机氯、有机磷、氨基甲酸酯和拟除虫菊酯类农药均有抗性，因此逐步使用更现代的杀虫剂来防治蜚蠊。

饵剂和膏剂易于对防治过程进行监控，使用饵剂还可观察到蜚蠊所消耗的数量，也不会受打扫卫生的影响。为延缓抗性发展，最好交替使用 2 种不同的杀虫剂。

对蜚蠊的灭杀效果应及时进行跟踪，1 周后如果还有蜚蠊出现，则应采用另一种杀虫剂进行灭杀处理。如采用滞留喷洒方式，则在 1 个月后还应采用其他的灭杀方式，以便杀灭新孵化出来的蜚蠊。在一些场所，如动物园或宠物店，不应采用滞留喷洒或粉剂方式进行灭杀，而应使用饵剂和膏剂；为安全起见，厨房中不应使用粉剂。有些喷射剂还会对墙纸、织物、地砖或其他材料造成污染。适用于防治蜚蠊的农药品种及其含量范围见表48。

表48　适用于防治蜚蠊的农药品种及其含量范围

农药品种	剂型	含量（g/kg 或 g/L）	有效成分 WHO 危害分级
恶虫威 bendiocarb	喷射剂	2.4~4.8	Ⅱ
	粉剂	10	
	气雾剂	2.5~10	

农药品种	剂型	含量（g/kg 或 g/L）	有效成分 WHO 危害分级
氟蚁腙 hydramethylono	饵剂	21.5	III
硼酸 boricacid	饵剂	1～100%	—
双氧威 fenoxycarb	喷射剂	1.2	U
氟虫脲 flufenoxuron	喷射剂	0.3	U
吡丙醚 pyriproxyfen	喷射剂	0.4～1.0	U
烯虫乙酯 hydroprene	喷射剂	0.1～0.6	U
呋虫胺 dinotefuran	喷射剂	0.5	NA
	饵剂	0.2～1.0	
吡虫啉 imidacloprid	饵剂	1.85～2.15	II
毒死蜱 cholrpyrifos	喷射剂	5	II
	气雾剂	5～10	
	粉剂	10～20	
	饵剂	5	
	微囊悬浮剂	2～4	
甲基毒死蜱 chlorpyrifos – methyl	喷射剂	7～10	U
二嗪磷 diazinon	喷射剂	5	II
	粉剂	20	
	微囊悬浮剂	3～6	
杀螟硫磷 fenitrothion	喷射剂	10～20	II
	气雾剂	5	
	饵剂	50	
	微囊悬浮剂	2.5～5	
马拉硫磷 malathion	喷射剂	30	III
	粉剂	50	
甲基嘧啶磷 pirimiphos – methyl	喷射剂	25	III
	粉剂	20	
顺式氯氰菊酯 alpha – cypermethrin	喷射剂	0.3～0.6	II
高效氟氯氰菊酯 beta – cyfluthrin	喷射剂	0.25	II
联苯菊酯 ifenthrin	喷射剂	0.48～0.96	II
氟氯氰菊酯 cyfluthrin	喷射剂	0.4	II
	粉剂	0.5	
	气雾剂	0.2～0.4	
苯醚氰菊酯 cyphenothrin	喷射剂	1～3	II
	粉剂	1～3	
	微囊悬浮剂	1～3	
精右旋苯醚氰菊酯 d，d – trans – cyphenothrin	喷射剂	0.5～1.5	NA
	粉剂	0.5～1.5	
	微囊悬浮剂	0.5～1.5	
氯氰菊酯 cypermethrin	喷射剂	0.5～2.0	II

农 药 品 种	剂 型	含量（g/kg 或 g/L）	有效成分 WHO 危害分级
溴氰菊酯 deltamethrin	喷射剂 粉剂 气雾剂	0.3 0.5 0.1～0.25	II
S - 氰戊菊酯 esfenvalerate	喷射剂	0.5～1	II
醚菊酯 etofenprox	喷射剂 粉剂 气雾剂	5～10 5 0.5	U
高效氯氟氰菊酯 lambda - cyhalothrin	喷射剂	0.15～0.3	II
氯菊酯 permethrin	喷射剂 粉剂 气雾剂	1.25～2.5 5 2.5～5.0	II
氟虫睛 fipronil	饵剂	0.1～0.5	II
氟虫胺 sulfuramid	饵剂	10	III

四、鼠的防治技术及使用剂型

急性杀鼠剂一般药物含量较高，且比较便宜，但对非靶标动物如对人的毒性也很高，无特定解毒药，且易诱发老鼠产生抗药性。在老鼠十分密集的地方可使用急性杀鼠剂达到短期内迅速降低老鼠数量的效果。

抗凝血杀鼠剂的作用方式缓慢，对人相对安全，可用维生素 K_1 作为解药。第一代抗凝血杀鼠剂对多数老鼠种类有良好的效果，但两个常见的老鼠种（*Mus musculus and R. rattus*）对第一代抗凝血杀鼠剂具有天然的抗药性；第二代抗凝血杀鼠剂克服了第一代抗凝血杀鼠剂的缺点。杀鼠灵曾是使用最广的第一代抗凝血杀鼠剂，但部分地区的老鼠种已经产生了抗药性；钙化醇是一种急性杀鼠剂，尽管对人的毒性很高，但对已对抗凝血杀鼠剂产生抗药性的鼠种十分有效。

在使用急性杀鼠剂之前，应先将不含杀鼠剂的饵料放置几天，待老鼠习惯取食后再放置含有杀鼠剂的相同饵料，以达到更好的效果。1～2 个晚上取食后会使大多数老鼠毙命，存活下来的老鼠应再用抗凝血杀鼠剂杀灭。

因此，为达到最好的杀鼠效果，建议轮用不同类型的杀鼠剂。部分适用的急性杀鼠剂和抗凝血杀鼠剂品种及其含量见表49。

表 49　部分适用的急性杀鼠剂和抗凝血杀鼠剂品种及其含量

农 药 品 种	作 用 形 式	剂 型	含量（%）	有效成分 WHO 危害分级
溴鼠灵 brodifacoum	第二代抗凝血	饵剂、蜡块	0.005	Ia
溴敌隆 bromadiolone	第二代抗凝血	饵剂、蜡块 母粉	0.005 0.1～2	Ia
溴鼠胺 bromethalin	急性	饵剂	0.005～0.01	Ia
钙化醇 calciferol	亚急性	饵剂	0.075～0.1	NA
氯鼠酮 chlorophacinone	第一代抗凝血	饵剂母液 母粉	0.005～0.05 0.25 0.20	Ia

续表

农药品种	作用形式	剂型	含量（%）	有效成分 WHO 危害分级
杀鼠灵 coumatetralyl	第一代抗凝血	饵剂、蜡块 母粉	0.0375 0.75	Ib
鼠得克 difenacoum	第二代抗凝血	饵剂、蜡块	0.005	Ia
噻鼠灵 difethialone	第二代抗凝血	饵剂、蜡块	0.002 5	Ia
敌鼠 diphacinone	第一代抗凝血	母粉 母液 饵剂	0.1 ~ 0.5 0.1 ~ 2.0 0.005 ~ 0.05	Ia
氟鼠灵 flocoumafen	第二代抗凝血	蜡球	0.005	Ia
杀鼠灵 warfarin	第一代抗凝血	母药 饵粉	0.5 ~ 1.0 0.025 ~ 0.05	Ib
磷化锌 zinc phosphide	急性	饵剂	1 ~ 5	Ib

五、个人防护和家庭保护技术及使用剂型

（一）驱避剂

使用人工合成的驱避剂是人体防止蚊虫叮咬的最普遍的方式之一。驱避剂是直接施用于皮肤或衣物上用于防止害虫攻击人和动物的一类产品，尤其适用于户外防止蚊虫叮咬及在不适合使用电热蚊香片等其他化学方式的条件下使用。

避蚊胺（diethyltoluamide 或 DEET）是世界卫生组织（WHO）推荐用于人体防止蚊虫叮咬的最普遍的产品，因其高效、低毒，已在国际上使用几十年，也是公认的最好的驱避剂之一，并成为驱避剂的标杆产品。另外 2 个产品驱蚊酯（IR3535）和羟哌酯（icaridin）也是广泛使用的驱避剂产品。

驱避剂有洗涤剂、液剂、膏剂、管状剂等各种剂型，可直接用于裸露的皮肤上，也可用手涂抹在身体上，但应避免用于脸部、嘴唇部位，用后应洗手。在有破损或烧伤的皮肤上不应涂抹。每隔 3 ~ 4h 可重复使用 1 次，但不应超量使用，对小孩尤其要注意用量。

（二）家庭用卫生杀虫剂型

家庭卫生杀虫剂是家庭防治害虫的最普遍的方式，包括气雾剂、蚊香、电热蚊香片、电热蚊香液和饵剂等。在温和气候条件下，最主要的家庭害虫有蟑螂、蚂蚁和跳蚤，夏天时有蚊子、苍蝇。在热带气候条件下，蚊子是最主要的害虫，其他还有家蝇、蟑螂、蚂蚁和臭虫等。家庭卫生杀虫剂产品要求毒性低，效果好。

气雾剂是最广泛使用的家庭卫生杀虫剂产品，分为杀飞虫、杀爬虫气雾剂，还分为油基和水基气雾剂，由于水基气雾剂的臭味不明显，更受消费者欢迎。杀飞虫和杀爬虫气雾剂的主要区别在于有效成分的性质和含量不同以及雾滴大小存在差异，杀飞虫气雾剂用于空间喷雾，杀爬虫气雾剂用于对物体表面喷洒；杀飞虫气雾剂的有效成分主要为起击倒作用的拟除虫菊酯农药，杀爬虫气雾剂则通常为有滞留效果的拟除虫菊酯农药，有时两种类型的气雾剂包含相同的有效成分，但杀爬虫气雾剂的含量会更高，以便滞留在物体表面。

蚊香是非洲、亚洲和西太平洋地区使用最普遍的产品。蚊香由有效成分和载体经混合加工而成，载体包括锯末或椰子壳及颜料等，有效成分通常为起快速击倒作用的拟除虫菊酯农药，当蚊香燃烧时有效成分将被带入烟气中，从而阻止蚊子或其他飞虫进入房间，并使蚊虫叮咬程度降低 80% 以上。由于蚊香在开放空间使用效果不理想，因此在户外使用蚊香并不能起保护作用。

电热蚊香片由纤维板加工而成，在纤维板中注有杀虫剂、稳定剂、释放控制剂、香料和颜料等，

电热蚊香片的加热温度为110～160℃，此时杀虫剂蒸气被释放到空气中后形成一个较低的浓度，通过亚致死作用方式达到影响蚊虫行为的目的，包括驱赶、抑制和击倒，持续接触后也能杀死蚊虫。电热蚊香片不会像蚊香那样释放出烟气，但价格比蚊香贵。

电热液体蚊香的工作原理与电热蚊香片相似，它包含一个液体瓶，液体为碳氢化合物溶剂与拟除虫菊酯农药的混合物，使用时液体可通过棒芯吸出，棒芯由碳、陶瓷或纤维等做成。电热蚊香片需要每天更换蚊香片，但电热蚊香液仅需1～2个月更换1次液体瓶。

粉剂常用于爬行害虫的防治，如蟑螂、蚂蚁等，使用粉剂常使物体表面留下残存物，但粉剂相对较便宜。

饵剂用于防治蚂蚁、蟑螂、家蝇等，可以做成各种大小的颗粒、特定饵站或胶状物，诱饵由食物引诱剂（如葡萄糖）和杀虫剂组成。通常用作家庭卫生杀虫剂的有效成分及含量见表50。

表50　通常用作家庭卫生杀虫剂产品的有效成分及含量

产品类型	有效成分	含量范围（%）	有效成分WHO危害级别
气雾剂 aerosol	右旋烯丙菊酯 d–allethrin	0.1～0.5	NA
	右旋反式烯丙菊酯 d–trans allethrin	0.1～0.5	NA
	S–生物烯丙菊酯 S–bioallethrin	0.04～0.7	NA
	恶虫威 bendiocarb	0.1～0.5	Ⅱ
	生物苄呋菊酯 bioresmethrin	0.04～0.2	U
	毒死蜱 chlorpyrifos	0.1～1.0	Ⅱ
	氟氯氰菊酯 cyfluthrin	0.01～0.1	Ⅱ
	氯氰菊酯 cypermethrin	0.1～0.35	Ⅱ
	苯醚氰菊酯 cyphenothrin	0.1～0.5	Ⅱ
	精右旋苯醚氰菊酯 d,d–trans–cyphenothrin	0.05～0.25	NA
	溴氰菊酯 deltamethrin	0.005～0.025	Ⅱ
	四氟甲醚菊酯 dimefluthrin	0.002～0.05	NA
	呋虫胺 dinotefuran	0.5～2	NA
	醚菊酯 etofenprox	0.5～1.0	U
	氰戊菊酯 fenvalerate	0.05～0.3	Ⅱ
	炔咪菊酯 imiprothrin	0.04～0.3	NA
	甲氧苄氟菊酯 metofluthrin	0.002～0.05	NA
	恶虫酮 metoxadiazone	1～5	NA
	氯菊酯 permethrin	0.05～1	Ⅱ
	右旋苯醚菊酯 d–phenothrin	0.05～1.0	U
	甲基嘧啶磷 pirimiphos methyl	0.5～2	Ⅲ
	炔丙菊酯 prallethrin	0.05～0.4	Ⅱ
	残杀威 popoxur	0.5～2	Ⅱ
	除虫菊素 pyrethrins	0.1～1.0	Ⅱ
	胺菊酯 tetramethrin	0.03～0.6	U
	右旋胺菊酯 d–tetramethrin	0.05～0.3	NA

产品类型	有效成分	含量范围（%）	有效成分 WHO 危害级别
蚊香 mosquito coil	右旋烯丙菊酯 d – allethrin	0.1 ~ 0.3	NA
	右旋反式烯丙菊酯 d – trans allethrin	0.05 ~ 0.3	NA
	四氟甲醚菊酯 dimefluthrin	0.004 ~ 0.03	NA
	甲氧苄氟菊酯 metofluthrin	0.004 ~ 0.01	NA
	炔丙菊酯 prallethrin	0.03 ~ 0.08	Ⅱ
	四氟苯菊酯 trans – fluthrin	0.02 ~ 0.05	U
电热蚊香片 vaporizing mat	右旋烯丙菊酯 d – allethrin	25 ~ 60mg/片	NA
	右旋反式烯丙菊酯 d – trans allethrin	15 ~ 30mg/片	NA
	S – 生物烯丙菊酯 S – bioallethrin	15 ~ 25mg/片	NA
	四氟甲醚菊酯 dimefluthrin	1 ~ 300mg/片	NA
	甲氧苄氟菊酯 metofluthrin	1 ~ 300mg/片	NA
	炔丙菊酯 prallethrin	6 ~ 15mg/片	Ⅱ
	四氟苯菊酯 trans ~ fluthrin	6 ~ 15mg/片	U
电热蚊香液 liquid vaporizer	右旋烯丙菊酯 d – allethrin	3 ~ 6	NA
	右旋反式烯丙菊酯 d – trans allethrin	1.5 ~ 6	NA
	S – 生物烯丙菊酯 S – bioallethrin	1.2 ~ 2.4	NA
	四氟甲醚菊酯 dimefluthrin	0.01 ~ 1.5	NA
	甲氧苄氟菊酯 metofluthrin	0.01 ~ 1.5	NA
	炔丙菊酯 prallethrin	0.6 ~ 1.5	Ⅱ
	四氟苯菊酯 trans – fluthrin	0.8 ~ 1.5	U
粉剂 dust	恶虫威 bendiocarb	0.5	Ⅱ
	溴氰菊酯 deltamethrin	0.05	Ⅱ
	氯菊酯 permethrin	0.5	Ⅱ
	右旋苯醚菊酯 d – phenothrin	0.4 ~ 1.0	U
	残杀威 propoxur	0.5 ~ 1.0	Ⅱ
饵剂 bait	阿维菌素 abamectin	0.05 ~ 0.1	~
	硼酸 boric acid	1.0 ~ 52	~
	毒死蜱 chlorpyrifos	0.1 ~ 2	Ⅱ
	杀螟松 fenitrothion	1 ~ 5	Ⅱ
	氟虫睛 fipronil	0.05	Ⅱ
	氟蚁腙 hydramethylnon	1 ~ 2.15	Ⅲ
	甲基嘧啶磷 pirimiphos methyl	0.5 ~ 2	Ⅲ
	残杀威 propoxur	0.25 ~ 2	Ⅱ
	氟虫胺 sulfluramid	0.5 ~ 2	Ⅲ

附录六 其 他

1. 常用杀虫剂原药毒理资料对比（表51）

表51 常用杀虫剂原药毒理资料对比

名称	急性经口 LD_{50}（mg/kg）	急性经皮 LD_{50}（mg/kg）	吸入 LC_{50}（mg/m³）
烯丙菊酯（毕那命）	920（大鼠）	3700（大鼠）	
右旋烯丙菊酯（强力毕那命）	1320（大鼠）		
SR－生物烯丙（益必添）	784～860	570～5000	
呋喃菊酯（毕那命－DR）	约10000（大鼠）	>7500（大鼠）	
右旋呋喃菊酯（DK－5液）	>7140（小鼠）	>7500（小鼠）	
胺菊酯（诺必那命）	>5000（大鼠）	>15000（大鼠）	
右旋胺菊酯（强力诺必那命）	>5000（大鼠）	>5000（大鼠）	
苯醚菊酯	>5000（大鼠）	>5000（大鼠）	
右旋苯醚菊酯（速灭灵）	>10000（大鼠）	>5000（大鼠）	1180（大鼠）
苄呋菊酯（SBP－1382）	>5000（鼷鼠）	5000（鼷鼠）	
右旋苄呋菊酯	>5000（小鼠）	>5000（大鼠）	
生物苄呋菊酯	9000（大鼠）		
氯菊酯（克死命）	1200（大鼠）	>2500（大鼠）	
氯氰菊酯（NRDC－149）	251（大鼠）	>1600（大鼠）	
高效氯氰菊酯	649（大鼠）	1830	
顺式氯氰菊酯（奋斗呐）	368（大鼠）	>500（兔）	
溴氰菊酯（原药）	129～139	2900	
敌杀死	535（大鼠）		
凯素灵	15000（大鼠）		2800（大鼠）
戊菊酯（S5439）	2146（雄鼠）	4766（小鼠）	
氰戊菊酯（速灭杀JR）	310（雄鼠）	>5000（大鼠）	
Esfenvalerate（来福灵）	325（大鼠）	>500（大鼠）	
氯烯炔菊酯	790（小鼠）		
右旋苯氰菊酯	340～2250（大鼠）		43
甲醚菊酯	4040		
炔丙菊酯	640	>5000	288～333
克敌菊酯	650～1324	>3200	
氟氯氰菊酯	590～1270	>5000	496～592

续表

名称	急性经口 LD$_{50}$ （mg/kg）	急性经皮 LD$_{50}$ （mg/kg）	吸入 LC$_{50}$ （mg/m³）
戊烯氰氯菊酯	4640		
三氟氯氰菊酯	79	696	
醚菊酯	>100000	10000	5900
氧化胡椒基丁醚（PBO）	约7500		
八氯二丙醚（S$_2$）	1900~2400		1400
增效胺（MGK-264）	2710		
残杀威	90~128	800~1000	
敌敌畏	56~80	75~107	14.8（大鼠）
双硫磷	1000~4000	1370~4000	15
西维因	400	>500	5.0
氯丹	283	>1600	0.5
六六六（丙体）	200	500~100	0.5
二溴磷	430	300~500	3.0
苄菊酯	40000	60~120	
醚硫磷	8~17	200~250	0.5
马拉松	1400	>6000	15
倍硫磷	200		
甲氧DDT	5000~7000	67	15

2. 几种杀虫剂的相对活性

（1）几种杀虫剂在 0.25g/ml 浓度时对德国小蠊 FT$_{50}$ 值（表52）

表52　几种杀虫剂在 0.25g/ml 浓度时对德国小蠊 FT$_{50}$ 值

杀虫剂	FT$_{50}$ （min）	相对活性
炔丙菊酯	2.0	229
右旋胺菊酯	4.2	110
胺菊酯	5.7	81
生物烯丙菊酯	7.9	58
右旋烯丙菊酯	8.7	53
烯丙菊酯	10.9	42
苯氰菊酯	2.7	170
右旋苯醚菊酯	8.7	53
氯菊酯	4.6	100
天然除虫菊酯	4.6	以此为100基准计算
杀螟松 DDVP 残杀威	>10（1.0%溶液）	

注：1. 剂型：油基，脱臭煤油／甲基氯仿（9:1）。

2. 喷雾量：4.2ml/0.34m³。

3. 试验方法：0.34m³ 玻璃小柜。

4. 试验时，将德国小蠊放在三夹板制三棱柱内两端以丝网封住，如图5。

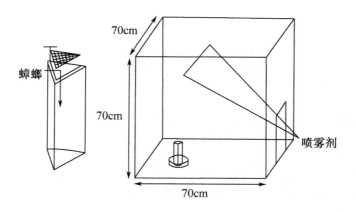

图5 三棱柱结构

（2）几种杀虫剂对家蝇在不同浓度时的 KT_{50} 值（表53）

表53 几种杀虫剂对家蝇（*Musca domestica*）的 KT_{50} 值

杀虫剂	KT_{50}（min）	
	0.025（g/ml）	0.10（g/ml）
炔丙菊酯	1.3	—
右旋胺菊酯	1.7	0.7
胺菊酯	2.9	1.2
生物烯丙菊酯	4.1	1.6
右旋烯丙菊酯	4.5	1.7
苯氰菊酯	5.8	3.5
右旋苯醚菊酯	>10	7.6
苯氰菊酯	5.0	—
氯菊酯	>10	7.3
天然除虫菊酯	6.4	1.9
杀螟松	>10	>10
DDVP	>10	3.8
残杀威	>10	>10

注：1. 油基：脱臭煤油／甲基氯仿（9:1）。

2. 喷雾量：0.7ml 溶液/0.34m³。

3. 试验室：玻璃小柜法。

参 考 文 献

[1] 蒋国民. 卫生杀虫剂剂型技术手册 [M]. 北京：化学工业出版社，2001.

[2] 蒋国民. 超低容量喷雾技术 [M]. 福州：福建科技出版社，1985.

[3] 蒋国民. 静电喷雾技术 [M]. 上海：上海喷雾技术开发中心，1986.

[4] 蒋国民. 气雾剂技术 [M]. 上海：复旦大学出版社，1995.

[5] 蒋国民，李宝福，李士荣. 电热蚊香技术 [M]. 上海：上海交通大学出版社，1993.

[6] 蒋国民. 气雾剂抛射剂手册 [M]. 上海：上海喷雾与气雾剂研究中心，1997.

[7] 蒋国民，Montfort A Johnsen. 气雾剂阀门与泵手册 [M]. 香港：天地图书公司，1998.

[8] 蒋国民. CDA喷雾技术 [M]. 上海：上海喷雾技术开发中心，1987.

[9] 蒋国民. 当代施药新技术 [M]. 上海：上海交通大学出版社，1989.

[10] 蒋国民. 卫生杀虫药械应用指南 [M]. 上海：上海交通大学出版社，1988.

[11] 蒋国民. 卫生杀虫药剂、器械及应用手册 [M]. 上海：百家出版社，1997.

[12] 蒋国民. 气雾剂抛射剂技术 [M]. 上海：上海喷雾与气雾剂研究中心，1997.

[13] Jiang Guomin, Montfort A Johnsen, Chen Yongdi. Aerosol propellant handbook [M]. Hongkong：Cosmos Books, 1998.

[14] 王焕明，张子明，等. 新编农药手册 [M]. 北京：中国农业出版社，1989.

[15] 刘步林. 农药剂型加工技术 [M]. 北京：化学工业出版社，1998.

[16] 张宾，张怿. 农药 [M]. 北京：中国物资出版社，1997.

[17] 消毒杀虫灭鼠手册编写组. 消毒杀虫灭鼠手册 [M]. 北京：人民卫生出版社，1984.

[18] 王早骧. 农药助剂 [M]. 北京：化学工业出版社，1994.

[19] 张瑞亭，等. 混用与混剂 [M]. 北京：化学工业出版社，1992.

[20] 董桂蕃. 化学防护 [M]. 北京：军事医学科学出版社，1999.

[21] 王君奎. 农药剂型目录与国际代码系统：第二版 [J]. 农药译丛，1984，5.

[22] 今井正芳. 新规农药制剂 [J]. [出版地不详]：住友化学，1990.

[23] 刘程，张万福，陈长明. 表面活性剂应用手册 [M]. 北京：化学工业出版社，1995.

[24] Cliver Tomlin. The Pesticide Manual [M]. [S. l.]：British Crop protection council, 1994.

[25] D Glynne Jones. Piperonyl Botoxide [M]. [S. l.]：Academic Press, 1998.

[26] Wachs H, Jones H, Bass L. New Safe Insecticides [J]. Advances Chem, 1950, 1：43 – 48.

[27] Brown N C, et al. The role of synergists in the formulation in insecticide [M]. [S. n.].

[28] Anon. Testing standards for insecticides, aerosol and pressurized space sprays [J]. Chemical Times&Trends, 1979.

[29] Sullivan W N. History of insecticide aerosol [M]. [S. n.], 1974.

[30] Jiang Guomin. Aerosol Valve & Spray Pump Hand Book. Hongkong：Cosmos Books, 1998.

[31] 陈永弟，李宏. 气雾剂安全技术 [M]. 香港：天地图书公司，2000.

[32] Chen Yongdi, Lee Hong. Aerosol Safety Technology [M]. Hongkong：Cosmos Books, 2003.

[33] Jiang Guomin. The Handbook of Insecticide Formulations and Its Technologies for Household and Public Health Uses [M]. Hongkong：Cosmos Books, 2003.

[34] 田兰，曲和升，等. 化工安全技术 [J]. 北京：化学工业出版社，1984.

[35] 北川初三. 化学安全工程学 [J]. 北京：群众出版社，1980.

[36] Jiang Guomin, et al. Aerosol Safety Guide [M]. [S. l.]：UNEP, 2007.

[37] 气溶胶技术委员会. 关于消耗臭氧层物质的蒙特利尔议定书 [C]. 蒙特利尔：[出版者不详]，1994.

[38] R R 赖歇. 燃烧技术手册 [J]. 北京：石油工业出版社，1982.

[39] W 卡德尔. 危险场所的电气安全与仪器的防护 [J]. 北京：机械工业出版社，1986.

[40] Montfort A Johnsen. The Aerosol Handbook [M]. 2nd ed. New Jersey：Wayne Dorland Co, 1982.

［41］ J J Sciarra. The Science and Technology of Aerosol Packaging ［M］. London：John Wiley & Sons Inc，1974.

［42］ P A Sanders. Handbook of Aerosol Technology ［M］. ［S. l. ］：Van Nostrand Reinhold Co，1979.

［43］ 日本エアゾール協会技術委員会. 日本エアゾール包装技術 ［M］. ［S. l. ］：エアゾール産業新聞社，1998.

［44］ Wolfgang E，Tauscher. Aerosol Technologies，Handbuch der Aerosol – Verpackung ［M］. Heidelberg：Melcher Verlag GmbH. 1996.

［45］ 华东化学民用爆破器材所. 危险品货运 ［M］. 北京：国防工业出版社，1988.

［46］ William H Marlow. Aerosol ［M］. Berlin：Springer，1982.

［47］ Augerstein wilfried. Aerosolfibel ［M］. Beriln：Gesundheit，1982.

［48］ Hanspeter P Witschi & Joseph D Brain. Aerosol toxicology ［M］. Berlin：［S. n. ］，1985.

［49］ Paul A Sanders. The Principle of Aerosol technology ［M］. ［S. l. ］：Van Nostrand Reinhold，1988.

［50］ Thomas P Nelson & Sharon L Wevill. Alternative Formulations to Reduce use of CFCs ［M］. New Jersey：Noyes Data Corp，1990.

［51］ 佚名. 家庭用杀虫气雾剂 ［J］. 住友化学工业株式会社气雾剂月报，1992.

［52］ R E Barlow，et al. Mathematical Theory of Reliability ［M］ New York：John Wiley & Sons Inc，1965.

［53］ Anon. Consideration for Effective Handling in the Aerosol Plant and Laboratory ［J］. CSMA，1979.

［54］ BSI. BS 3914 – 1：1974 Specification for Aerosol dispensers ［S］. ［S. l. ］：BSI，1974.

［55］ Department of Trade and Industry. The Aerosol Dispenser（EEC Requirements）Regulations ［S］. ［S. n. ］，1996.

给读者的话

一、简短回顾

我在古稀之年祈望通过这本书,将自己在卫生杀虫药剂、器械及应用技术;在气雾剂理论与技术开发;在环保方面进行的氯氟化碳替代、环保熏蒸剂开发,为媒介生物控制提供"枪炮子弹"三个领域中40多年来积累的知识、技术、经验及实践所得,贡献给大众和后人参考。

在此归纳为七方面的工作,回顾如下。

第一,在卫生杀虫药剂、器械与应用技术及系列气雾剂方面编写了系列中英文专业著作22本,为促进公共卫生与家庭用杀虫剂及气雾剂概念的形成提出了独特的观点、见解及研究结果。

第二,开发了公共卫生与家庭用杀虫剂配套用的系列器械,有的项目获得了国家专利;在20世纪70年代初期及中期相继完成了超低容量喷雾器及静电喷雾器的研制,后者领先世界;1981年初开发的系列微型塑料雾化器,已是浙江余姚市第四大特产,在国内外获得广泛使用,也使浙江余姚成为全球微型喷雾器的生产供应基地。

第三,1993年,在住友化学资助与支持下编写出版的《电热蚊香技术》,是1963年电热片蚊香发明30年来世界上第一本该领域的专业技术书,从技术上普及并引领整个业界,带动了我国温州的一批企业家,也带动了电热蚊香用药的发展。20年来,温州已成为全球电热蚊香供应基地。

第四,编著了六本中文气雾剂技术专著,启发与带动了不少人及企业投身气雾剂行业;翻译出版四本英文版气雾剂著作,都属世界范围中的"第一本",这些著作在美欧同样热销,俄罗斯人称其是世界气雾剂工业的金矿。2010年由化工出版社出版的《气雾剂理论与技术》,填补了世界气雾剂工业80年来的理论与技术空白,使中国人走在了世界前列。

第五,在我国氯氟化碳替代工程中,从1995年起接受国家环保局及联合国环境署、中国轻工业部、国家生产技术监督局等的委托,开展了一系列工作和活动。

在甲基溴替代方面,经过十多年漫长的努力,已开发的和正在研制的环保熏蒸剂,既能替代破坏臭氧的甲基溴,又大幅降低甚至排除温室效应,且具备广谱杀虫效果,将熏蒸剂从剧毒、高毒、中毒变为微毒,使熏蒸剂的使用更环保、更安全、更有效、适用范围更广、使用技术更先进、处理效率更高。国家级机构查新报告显示,该技术领先世界。

第六,先后开发设计了气雾剂系列产品,如双室式气雾剂产品、水基气雾杀虫剂、飞机舱用杀虫气雾剂、空气清新剂及其他个人护理用品、外用药气雾剂、工业与其他用途气雾剂产品、360度气雾剂阀门、充空气式塑料气雾罐,以及电动喷雾器、电热蚊香等。获得了多项国家专利,都已实现产业化。

第七,1978年,在中国军事医学科学院研究员朱成璞带领下,成立了中央爱卫会杀虫药械专题组(现中华预防医学会媒介与生物控制分会杀虫药械学组)。

在朱成璞教授的敬业精神感动和引导下,我至今仍坚持奋斗在媒介生物控制第一线。

二、关于写书与做人处世原则

很多人都以为我是专门写书的。实际上，我是一个搞科研、技术开发的，一生中研制、设计过很多产品。除喷雾与气雾剂技术方面以外，还主持设计过许多项目，如微型电机设计、各种金属模具设计、塑料产品及其成型模设计、机床加工制造、数控线切割设计计算、多种工夹具革新设计、厂房设计、电动自行车设计等。

我的态度是：自己不会的、不懂的，抱着边学边做的态度，多做、多学、多积累。知识、技术、经验都在于积累。

第一，我从小崇拜和敬重写书出书的科学家，因为书可以让我们学到许多知识。小时候，我就暗自下定决心，长大以后也要写书，让人家读我写的书，能够从中获得不同的收益。

第二，我抱着一种再学习，再提高自己的态度，把写书当作系统反思、检讨的过程，整理自己已经积累的知识和经验。我写的每一本书，都是在完成一个或者几个科技项目后进行的，每一本书中都有我自己的新成果与新设计，或者新的观点和见解，在每一本书中，都能找到我的影子。

第三，为其他人开启一道方便之门，把我的知识和心得提供给大家参考。让人从中得到启发或者收获，这也是我写书的出发点之一。南京的周飞先生说过一段话："在当今这样（市场经济）的社会环境下，我们为了能有您这样的人，这样的书而倍感欣慰。感谢您，蒋先生，谢谢您对中国气雾剂行业、环保事业的贡献！"这是一支强心针，促使我更加努力、认真，把自己能够贡献的一切全部交还给社会。

原中山凯达精细化工公司一位副总梁先生在《气雾剂理论与技术》一书序言中说："从蒋国民教授著作的字里行间可以充分领略到他是一位讲科学，逻辑思维严谨，对读者循循善诱、彻底负责，为人正直的科学家。"这评价时刻提醒我，怎么可以辜负人们对我的真切期望呢？

为了把本书的第一个重点"植物源杀虫剂"写好，我专门到云南南宝公司实地参观、学习、交流、探讨。该公司对植物源杀虫剂具有丰富的知识和开发经验，并把它作为一个系统工程来运作，从种植原料、有效成分萃取、剂型开发、技术辅导到销售，形成了一个完整的产业链。这不仅让我学习到了很多新的知识，而且领略到了他们的整体观，他们高度的前瞻性和社会责任感。这使我找到了知音，获益匪浅，看到了我国植物源杀虫剂的希望，产生了新的灵感、思路和设想。

有一些国内外同行及朋友戏称我什么"一代宗师""泰斗"之类。我想，这些称呼，一是对我的鼓励，在给我补气；二是对我的期盼，希望我继续多做点有益的事。这些促使我从停下脚步休息的愿望中又萌发出要继续努力拼搏的激情和动力。累了，也舍不得躺下，否则在见上帝时，也会感到汗颜！

三、编写本书获得的种种人生感悟

在编写这本书的过程中，通过对一些事情的认识、思考、再认识，使我想通了一些问题，总结了一点人生感悟。在此，将它与大家分享并共勉。

一个人要做好人，做成功事，首先自己要有"六气"：志气、大气、骨气、勇气、正气、争气。

在主观上，要有扎实的基础知识、深厚的专业知识、广阔的综合知识、科学严密的逻辑思维方法、全面深入的综合分析问题的观点、认真踏实的工作态度、持之以恒的毅力和克服困难的勇气；在实施中要有时间观念，但不可以有时间界线；心中要怀有对社会高度负责的使命感和明确的目标；不要浮于满足单位或者个人的名望或权位；不要把回报放在工作前面。这样，才能真正做成一件好事，一个人才能有所作为。

学习、学习，学无止境，不能停止学习的脚步。

在客观上，离不开朋友、同事及其他志同道合者在各个方面的合作、支持和帮助。这包括家庭、长辈和亲人的关心爱护，母校师长的教导和培养，组织或单位的支持、鼓励和帮助。

个人的能力都是有限的。如果有了一点成绩，做成了一件事，首先应该想到对于别人的感恩！一个人如果忘记了自己是怎么成长过来的，就是一个不懂得人情道理的人。

刻苦学习，认真工作，热诚待人，踏实做人，走自己的道路！

懂得尊重别人，就有了自尊自重。永远要摆正自己的定位，才不会把自己看得过高过重！

虽然这是一本技术书，但是技术并不是超脱的，要靠人去研究开发，要有思路和方法，所以必然涉及开发的目的、过程、结果等。而对于新技术、新产品的种种方面，也会反映出不同人的心态、素质、道德修养、知识功底、个人或者某个集团利益与社会责任之间的关系等。所以我在写完这本新书后，把上面想到的说出来，也是公开接受大家的批评指正。我把自己定位为"奇人"，那就是别人没有想到的或不去想的，我去想，而且竟然想出了一点道道；别人没有看到的，我却看到了蛛丝马迹；别人不想说或者不敢说的，我说出来了，即使处于少数派，我也不会放弃。真理是需要坚持的。这也是我自己接受公开监督的一种方式，考验自己说真话的勇气。

四、声明和感谢

在此我要声明的是，这本书不是我一个人编写的，是一整个编写团队，所以尽管我在这三年中不停地修改、重新写，不断地把棱角磨平，也请朋友帮助修整，但是书中难免还有疏忽、出格不当甚至错误之处，都由我个人负责。恳请大家毫无保留的给我批评指正。我一定会认真、虚心接受并公开改正致歉。

最后，我想趁此机会，向在不同时期，不同地方，不同阶段，不同方面，不同领域给过我理解、支持、帮助、鼓励及合作的所有国内外朋友、专家、领导、企业家及合作者表示衷心的感谢！是他们激发了我的努力和决心！

谨以此书敬献给大家！

蒋国民　谨识
2014 年 5 月于上海